Manfred Bauer

Vermessung und Ortung mit Satelliten

AF288297

Inhalt

Im Jahr 1995 wurde nach einer etwa 25 Jahre dauernden Entwicklung das Globale Navigationssatellitensystem (GNSS) der USA unter der Bezeichnung Global Positioning System (GPS) offiziell in Betrieb genommen. Das als Dual-Use-System konzipierte GPS wird weltweit genutzt, wobei davon ausgegangen werden kann, dass es bei Weitem mehr zivile als militärische Nutzer gibt.

Ende 2011 erreichte GLONASS – das russische GNSS – mit 24 Satelliten den Status eines voll funktionsfähigen globalen Satellitennavigationssystems. Auch GLONASS ist ein Dual-Use-System. Seine Entwicklung begann in den 1980er-Jahren.

Die Bedeutung der GNSS-Technologie geht weit über den Bereich von Vermessung und Ortung hinaus. Eine Unterbrechung von GNSS-Diensten stellt eine Bedrohung für Wirtschaft und Sicherheit dar. Daher bauen zum Erhalt ihrer Sicherheit und Souveränität die Europäische Union (EU) und China ihre eigenen GNSS auf: die EU das System Galileo, China das System BeiDou Navigation Satellite System mit dem Kürzel BDS.

China macht keine konkreten Aussagen darüber, wann BDS global verfügbar sein wird. In China selbst und in den benachbarten Gebieten hat BDS aber schon im Dezember 2012 den Status „endgültige Einsatzfähigkeit (Full Operational Capability – FOC)" erreicht. Galileo erklärte im Dezember 2016 mit elf funktionierenden Satelliten den Übergang von der Testphase zu einer Anfangsverfügbarkeit (Initial Operational Capability). Im Jahr 2020 soll Galileo mit 27 Satelliten voll ausgebaut sein und so den Status FOC erlangen.

Damit stehen voraussichtlich in wenigen Jahren Signale von ca. 120 Navigationssatelliten zur Verfügung. Schon Ende 2017 können auf jedem Punkt der Erde Signale von 20 Satelliten und mehr gleichzeitig genutzt werden, weit mehr, als unter rein technischen Gesichtspunkten erforderlich sind. Die zusätzlich noch vorhandenen regionalen satellitengestützten Ergänzungssysteme zu den GNSS, wie EGNOS für Europa, WAAS für die USA, GAGAN für Indien und QZSS für Japan, sind dabei nicht mitberücksichtigt.

GNSS sind hocheffiziente Werkzeuge zur Beschaffung von Orts-, Geschwindigkeits- und/oder Zeitinformationen. Das Buch vermittelt Praktikern und Studierenden die Grundkenntnisse, die zum Verständnis der GNSS-Technologie erforderlich sind. Ziel der Darstellung ist, Anwendern ein Urteil darüber zu ermöglichen, ob GNSS zur Lösung ihrer Probleme geeignet sind. Zu diesem Buch gibt es die Website www.vermessung-und-ortung-mit-satelliten.de. Die dort zur Verfügung gestellten Excel-Tabellen und -Grafiken sollen helfen, einige Aspekte der GNSS-Technologie leichter zu verstehen. Darüber hinaus bietet diese Website Informationen rund um das Thema GNSS.

Autor

Prof. Dipl.-Ing. **Manfred Bauer,** Jahrgang 1941, Studium des Vermessungswesens an der Universität Bonn. 1972-1979 Dezernent bei der Wasser- und Schifffahrtsdirektion Hamburg. Schwerpunkte: Erprobung von Ortungssystemen für die Gewässervermessung, Automation in der Gewässervermessung, Bauwerksüberwachungsmessungen. Seit 1979 Dozent für Vermessungswesen an der FH Hamburg. Seit 1986 Vorlesungen über praxisrelevante Verfahren der Satellitengeodäsie. Durchführung von Weiterbildungskursen über GPS am Institut für Kontaktstudien der FH Hamburg. 1994 Gastvorlesung an der Moskauer Hochschule für Geodäsie (MIGAIIK). Mitwirkung bei Transit und GPS-Kampagnen im In- und Ausland. Untersuchung von Navigationsempfängern, RTK-Systemen sowie geodätischer GPS-Auswertesoftware verschiedener Hersteller. Seit April 2006 im Ruhestand.

Manfred Bauer

Vermessung und Ortung mit Satelliten

Globale Navigationssatellitensysteme (GNSS) und
andere satellitengestützte Navigationssysteme

7., neu bearbeitete und erweiterte Auflage

 Wichmann

Alle in diesem Buch enthaltenen Angaben, Daten, Ergebnisse usw. wurden vom Autor nach bestem Wissen erstellt und von ihm und dem Verlag mit größtmöglicher Sorgfalt überprüft. Dennoch sind inhaltliche Fehler nicht völlig auszuschließen. Daher erfolgen die Angaben usw. ohne jegliche Verpflichtung oder Garantie des Verlags oder des Autors. Sie übernehmen deshalb keinerlei Verantwortung und Haftung für etwa vorhandene inhaltliche Unrichtigkeiten.

Titelbild: © OHB SE

Bibliografische Information der Deutschen Nationalbibliothek
Die Deutsche Nationalbibliothek verzeichnet diese Publikation in der Deutschen Nationalbibliografie; detaillierte bibliografische Daten sind im Internet über http://dnb.d-nb.de abrufbar.

ISBN 978-3-87907-634-5 (Buch)
ISBN 978-3-87907-635-2 (E-Book)

© 2018 Wichmann, eine Marke der VDE VERLAG GMBH · Berlin · Offenbach
Bismarckstr. 33, 10625 Berlin
www.vde-verlag.de
www.wichmann-verlag.de

Druck & Bindung: druckhaus köthen GmbH & Co. KG, Köthen (Anhalt)
Printed in Germany   2017-11

Vorwort zur 7. Auflage

Als im Jahr 1989 die erste Auflage dieses Buchs erschien, gab es für die Durchführung von GPS/GLONASS-Messungen – das Akronym GNSS gab es noch nicht – weniger als zehn GPS- und weniger als zehn GLONASS-Satelliten. Messungen mit GPS waren nur an wenigen Stunden des Tags möglich, kombinierte GPS/GLONASS-Empfänger standen noch nicht zur Verfügung[*]. GPS-Empfänger hatten vier bis vielleicht acht Kanäle. Knapp 30 Jahre später ist die Anzahl der Navigationssatelliten auf fast 90 gestiegen. Überall auf der Erde stehen zu jeder Tageszeit mehr als 15 Navigationssatelliten gleichzeitig über dem Horizont – Tendenz steigend. Es gibt nicht nur GPS und GLONASS, sondern zusätzlich BDS und Galileo; daneben das indische regionale Satellitennavigationssystem NAVIC – ein Akronym für Navigation with Indian Constellation – und zahlreiche Ergänzungssysteme. Hochwertige GNSS-Empfänger können die Signale aller GNSS mit ihren je drei Frequenzbereichen in 500 Kanälen und mehr registrieren.

1989 war GPS eine Technologie, die nur für wenige Spezialisten von Bedeutung war – die Geodäten gehörten sehr früh zu dieser Gruppe. Erinnert sei an die im Jahr 1984 von deutschen Vermessungsbehörden erstmalig durchgeführte GPS-Erprobung im TP-Netz 1. Ordnung (TP gibt es in Deutschland nicht mehr, sie wurden ersetzt durch GGP (geodätische Grundnetzpunkte)).

Anders als 1989 ist im Jahr 2017 GNSS eine Technologie, die für jedermann von Bedeutung geworden ist, wenngleich einer breiten Öffentlichkeit kaum bekannt ist, in welchem Umfang GNSS-Technologie das Alltagsleben beeinflusst.

Mit dieser neuen Auflage werden über die Inhalte der vorhergehenden Auflage hinaus die neueren GNSS – also das chinesische BDS und das europäische Galileo – genauer beschrieben. Dem Verfahren des Precise Point Positioning wird entsprechend seiner zunehmenden Bedeutung ein breiterer Raum eingeräumt.

In den letzten Jahren wurde immer deutlicher, wie verwundbar die GNSS-Technologie ist. Die auf der Erde extrem geringen GNSS-Signalstärken von ca. –150 dBW (~ $3 \cdot 10^{-20}$ Watt) sind der Grund für diese Verwundbarkeit. Mit einfachsten im Internet verfügbaren Störsendern kann jeder Laie den GNSS-Empfang über kleine, aber auch große Gebiete unterbinden. Häufig wird das von Personen gemacht, denen nicht bewusst ist, dass damit Flugzeuglandungen und andere sicherheitskritische Anwendungen gefährdet werden können. Aber nicht nur das: Z. B. können auch Mobiltelefone durch GNSS-Störungen unbrauchbar werden. Beispiele dafür hat es gegeben, bisher aber ohne ernsthafte Konsequenzen. Nicht so einfach, aber dennoch möglich ist es, GNSS-gesteuerte Schiffe oder Flugzeuge in die Irre zu leiten. Auch dafür gibt es Beispiele. Das Thema „Verwundbarkeit der GNSS-Signale" wird in dieser Auflage erstmalig in einem eigenen Kapitel behandelt.

Voraussetzung für das Verstehen von GNSS-Störungen, vor allem aber für das Verstehen möglicher Strategien zur Bekämpfung der GNSS-Störungen, sind Kenntnisse über die Merk-

---

[*] Den ersten GPS/GLONASS-Empfänger gab es 1992.

male der GNSS-Signale und der Funktionalität moderner GNSS-Empfänger. Entsprechende Abschnitte wurden in diese Auflage neu eingefügt.

Auch beim Verfassen der 7. Auflage konnte ich mich wieder auf Mails, Telefonate, Literaturhinweise und Korrekturvorschläge zahlreicher kompetenter Fachkollegen stützen. Auf eine Liste dieser Kollegen muss ich verzichten, denn sie wäre zu lang. Daher nur diese Bemerkung: „Ohne Ihre Unterstützung, liebe Kollegen, hätte ich diese Neuauflage nicht schreiben können. Vielen Dank!"

Dank gebührt Herrn Gerold Olbrich, Lektor des Wichmann Verlags, für die vertrauensvolle und geduldige Zusammenarbeit bei der Herstellung der Druckvorlage.

Und wie immer gilt auch für diese Auflage das Zitat von David Wells (1986): „Trotzdem, für verbleibende Fehler und Missgriffe ist allein der Autor verantwortlich."

Hamburg, im Oktober 2017   *Manfred Bauer*

Inhaltsverzeichnis

1 Einführung

Anhand eines Rückblicks auf die Entwicklung des Vermessungswesens werden grundlegende geodätische Begriffe wie:

- Geoid,
- Referenzellipsoid,
- Geoidundulation,
- Bezugssysteme der Geodäsie/Geodätisches Datum

dargestellt. Es wird erläutert, warum in der klassischen Landesvermessung unterschiedliche Referenzflächen für Höhe- und Lagevermessungen verwendet werden und dass mit konventionellen Mitteln gewonnene Höhenangaben von Punkten der Erdoberfläche nur dann eindeutig sind, wenn Schweremessungen berücksichtigt werden.

Benötigt werden diese Informationen zum besseren Verständnis der Ergebnisse herkömmlicher Vermessungen. Die grundsätzlich unterschiedlichen Ansätze bei Satellitenvermessungen und bei herkömmlichen Vermessungen zwingen dazu, sich der Grundlagen des jeweiligen Verfahrens bewusst zu sein, wenn man beim Vergleich von Ergebnissen falsche Schlüsse vermeiden will.

Abgeschlossen wird das Kapitel durch einen Überblick über Möglichkeiten der Erdvermessung mit Satelliten und wichtigen dabei erzielten Resultaten.

Die Darstellung stützt sich im Wesentlichen auf folgende Quellen: Bialas (1982), NOAA (1983), Langemeyer (1985), Ramsayer (1966), Sigl (1983), Sigl (1984), Torge (2001). Weitere Fundstellen sind im laufenden Text aufgeführt.

1.1 Vermessung, Ortung, Geodäsie – Versuch einer Abgrenzung

Ziel einer Vermessung ist, die Geometrie eines Objekts durch geeignete Verfahren so zu erfassen, dass nach Weiterverarbeitung der Vermessungsergebnisse (nach den vermessungstechnischen Berechnungen) eine Beschreibung des Objekts durch Koordinaten in einem für den jeweiligen Zweck geeigneten Koordinatensystem möglich ist. Häufig erfolgt eine Veranschaulichung des Objekts mittels Karten. Der klassische Aufgabenbereich des Vermessungswesens ist die Erdoberfläche, sei es in ihrer Gesamtheit (Erdmessung) (s. Abb. 1.1a) oder in Teilen (Landesvermessung) (s. Abb. 1.1b). In der vermessungstechnischen Praxis spielen Aufgaben in Verbindung mit Bauwerken und Eigentumsgrenzen eine große Rolle. Benötigt werden Aufmessungen dieser Objekte für ganz unterschiedliche Zwecke (z. B. Sicherung des Eigentums (s. Abb. 1.1c), Erfassung eventueller Veränderungen an Bauwerken (s. Abb. 1.1d)). Aber auch die Kennzeichnung des Orts geplanter Bauwerke (Absteckung) – wenn man so will, die „Umkehrung" der Vermessung – gehört zum Aufgabenbereich „Vermessung". Gemeinsames Merkmal der skizzierten Vermessungsaufgaben ist, die Koordinaten von Punkten, die sich in Ruhelage relativ zum Erdkörper befinden, zu bestimmen.

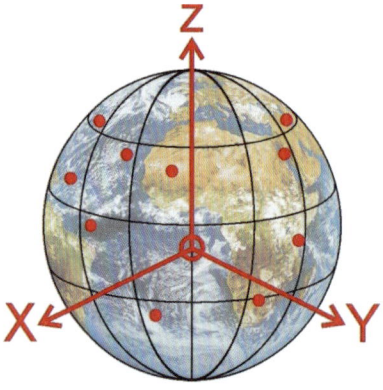

a) Erdmessung

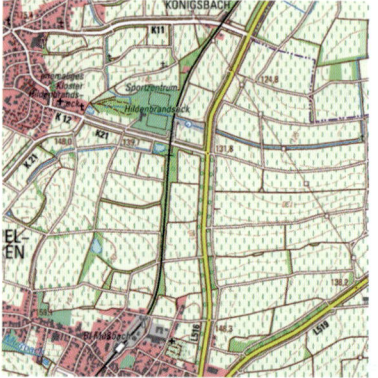

b) Landesvermessung (Quelle: GeoBasis-DE/ LVermGeoRP2017, dl-de/by-2-0, www.lvermgeo.rlp.de)

c) Katastervermessung

d) Bauwerksüberwachung (Quelle: Ingenieur-Vermessung Dresden Henke-Hofmann GmbH)

Abb. 1.1: Vermessungsaufgaben

Ziel einer Ortung ist, den momentanen Ort eines beweglichen Fahrzeugs auf dem Wasser, in der Luft oder auf dem Land zu bestimmen (s. Abb. 1.2). Die Ortung ist also Teil der Navigation, die zur Aufgabe hat, den Standort eines Fahrzeugs zu bestimmen sowie dessen Kurs zu wählen und zu kontrollieren. Auch bei der Ortung wird der gesuchte Ort so erfasst, dass Koordinaten errechnet werden können.

Der entscheidende Unterschied zwischen Ortung und Vermessung ist, dass bei der Vermessung die zu erfassenden Punkte in der Regel mit der Erdoberfläche fest verbunden sind, während bei der Ortung momentane Koordinaten eines in Bezug zum Erdkörper sich bewegenden Punkts gesucht werden. *Gemeinsam ist Ortung und Vermessung* das Ziel, Koordinaten von Punkten zu bestimmen. Es kann somit kaum verwundern, dass es Verfahren gibt, die in beiden Bereichen eingesetzt werden können. Z. B. ist die astronomische Ortsbestimmung – wenn man es vom Grundsätzlichen her betrachtet – nach wie vor die einzige Möglichkeit, eine „absolute" Position auf dem Erdkörper zu bestimmen. Astronomische Ortsbestimmung ist daher ein Verfahren, welches sowohl bei der Vermessung als auch bei der Ortung seine Bedeutung hat. Da im Allgemeinen die Anforderungen an die Genauigkeit bei Vermessungsaufgaben größer sind als bei Ortungsaufgaben, andererseits aber die Koordinatenbestimmung eines beweglichen Punkts prin-

Abb. 1.2: Ortung: Bestimmung der Position beweglicher Fahrzeuge (Quelle: Naventik)

zipiell schwieriger ist als die Bestimmung der Koordinate eines ruhenden Punkts, wurden Ortungsverfahren zur Lösung vermessungstechnischer Aufgaben in der Vergangenheit nur in Ausnahmefällen eingesetzt. Wie in dieser Einführung gezeigt werden soll, hat sich dies mit satellitengestützten Ortungsverfahren dramatisch geändert.

Von Friedrich Robert Helmert (1843 – 1917), der als einer der angesehensten Vertreter der Geodäsie gilt, stammt die klassische Definition:

> *„Geodäsie ist die Wissenschaft von der Ausmessung*
> *und Abbildung der Erdoberfläche.“*

Diese Definition ist heute nicht mehr völlig unumstritten, da sie wesentliche Aufgabenfelder, die von Geodäten bearbeitet werden, zumindest auf den ersten Blick nicht erkennen lässt (Draheim 1971). Diese Aufgaben betreffen z. B. Messung und Darstellung geodynamischer Phänomene wie Polbewegungen, Erdgezeiten und Erdkrustenbewegungen sowie die Bestimmung des Erdschwerefelds einschließlich seiner zeitlichen Veränderungen. Alle diese Aufgaben ergeben sich aber im Zusammenhang mit der Ausmessung der Erdoberfläche, sodass, so gesehen, die Definition von Helmert auch heute noch ihre Gültigkeit hat (so z. B. Wolf in Draheim 1971). Hier soll vor allem deutlich werden, dass der Begriff „Geodäsie" umfassender als der Begriff „Vermessung" ist, zumindest wenn man Vermessung so definiert wie zu Beginn dieses Abschnitts. Dennoch bleibt es fraglich, ob es sinnvoll ist, eine Unterscheidung zwischen Geodäsie und Vermessung zu treffen. Dies gilt insbesondere im Lichte der Helmert'schen Definition. Vanicek und Krakiwsky führen aus, dass Voraussetzung für die sachgemäße Durchführung und Auswertung von Vermessung (und Ortung) theoretische Grundlagen aus einer Vielzahl wissenschaftlicher Disziplinen sind und dass diejenige Disziplin, die sich um die theoretischen Grundlagen des Vermessungswesens bemüht, unbestritten als Geodäsie bezeichnet wird (Vanicek & Krakiwsky 1986).

Diese pragmatische Unterscheidung zwischen Geodäsie und Vermessung – *Geodäsie liefert die theoretischen Grundlagen für die vermessungstechnische Praxis* – erscheint (zumindest) plausibel.

1.2 Vermessung ohne Satelliten – Arbeitsweise, Ergebnisse

Im folgenden Abschnitt wird gezeigt, dass mit herkömmlichen vermessungstechnischen Mitteln der Erdkörper als Ganzes nur mit begrenzter Genauigkeit vermessen werden kann. Z. B. muss bei einer Entfernungsangabe zwischen Europa und Amerika, die auf konventionellen Vermessungsergebnissen beruht, mit einem Fehler in der Größenordnung von 100 Metern gerechnet werden. Dies liegt daran, dass die großen Entfernungen zwischen den Kontinenten mit herkömmlichen vermessungstechnischen Mitteln nicht überbrückt werden können.

Sehr viel genauer kann man Teile der Erdoberfläche relativ zu mehr oder weniger willkürlich definierten Ausgangspunkten vermessen. Bei der Definition eines entsprechenden herkömmlichen Koordinatensystems für eine Vermessung sind dabei Vereinbarungen zu treffen, die zwar zweckmäßig getroffen werden können, aber keinesfalls zwingend sind.

Daher entstand eine Vielzahl unterschiedlicher nur regional gültiger Koordinatensysteme für Vermessungsaufgaben ohne gegenseitige Verbindung. Die in diesen unterschiedlichen Systemen erzielten Vermessungsergebnisse können nicht direkt miteinander verglichen werden. Dies gilt auch für benachbarte Länder auf einem Kontinent, da die Einrichtung eines Vermessungssystems von national zuständigen Stellen oft ohne Abstimmung mit den benachbarten Ländern vorgenommen wurde.

1.2.1 Historische Wurzeln des Vermessungswesens

Als F. R. Helmert in seinem berühmten Werk „Die mathematischen und physikalischen Theorien der höheren Geodäsie" seine Definition des Begriffs „Geodäsie" gab, definierte er keine eine neue technisch-wissenschaftliche Disziplin, sondern versuchte, für eine historisch gewachsene Disziplin eine griffige Definition zu finden.

Das Wort „Geodäsie" setzt sich zusammen aus den griechischen Wörtern

γη (ge): Erde und δαιω (daio): ich teile.
Ein Geodät ist demnach eine Person, die die Erde aufteilt.

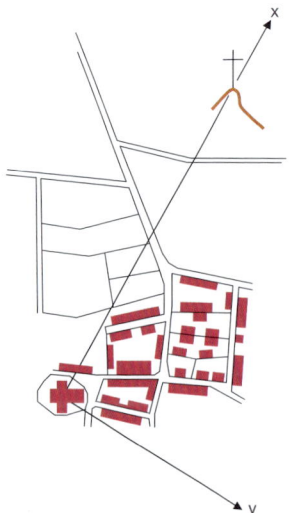

In den alten Kulturen des Mittleren Ostens wurden Geodäten in diesem Sinne benötigt, um nach den jährlichen Überschwemmungen des Nils bzw. von Euphrat und Tigris den Bauern das Land erneut zuzuteilen. Im europäischen Kulturkreis wurden Grundstücksgrenzen bis in die Neuzeit nur durch Texte beschrieben. Ein Berufsstand, der für die Sicherung der Grenzen durch Vermessungen sorgte, war nicht nötig. Dies änderte sich zu Beginn der Neuzeit, als die Landesherren die Grenzen ihrer Herrschaftsbereiche durch Grenzsteine festlegen und vermessen ließen. Es entstand die Zunft der Feldmesser (16. Jh.). Die Vermessungen dieser Zeit wurden in „örtlichen Systemen" durchgeführt, bei denen je zwei willkürlich gewählte Punkte im Gelände eine der Achsen des jeweiligen Koordinatensystems definiert (s. Abb. 1.3).

Abb. 1.3:
Örtliches Koordinatensystem

Eine auf Vermessungen beruhende Darstellung größerer Teile der Erdoberfläche gab es nicht. Dies änderte sich auch nicht, als zu Beginn des 19. Jh. mit der Einrichtung des Katasters zum Zweck einer gerechteren Besteuerung des Grundbesitzes begonnen wurde.

Der entscheidende Anstoß zur exakten Darstellung größerer Teile der Erdoberfläche kam im 18./19. Jh. von militärischer Seite. Bei der Schaffung eines geschlossenen topographischen Kartenwerks mit geeigneter Geländewiedergabe – so die militärische Forderung – benötigt man in mehr oder weniger regelmäßigen Abständen im gesamten Vermessungsgebiet Vermessungspunkte in einem einheitlichen Koordinatensystem (das Festpunktfeld). Dieses Festpunktfeld bildet den Rahmen, in den die Detailaufmessung der Erdoberfläche eingefügt wird (s. Abb. 1.4). Das Militär baute sich die für die Schaffung dieser Festpunktfelder notwendigen Vermessungsorganisationen auf.

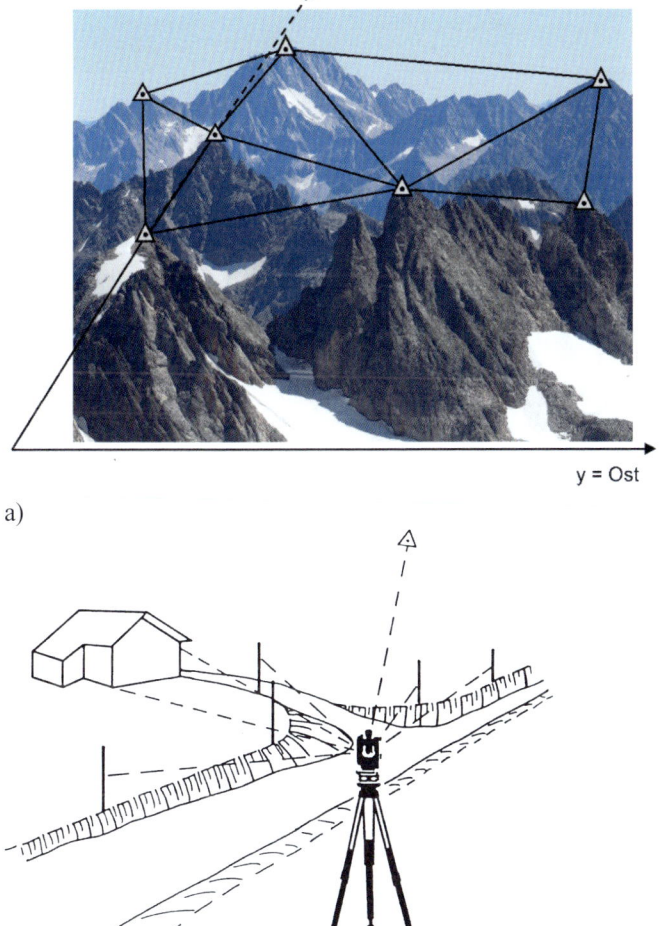

a)

b)

Abb. 1.4: Detailaufnahme b) im Anschluss an das Festpunktfeld a)

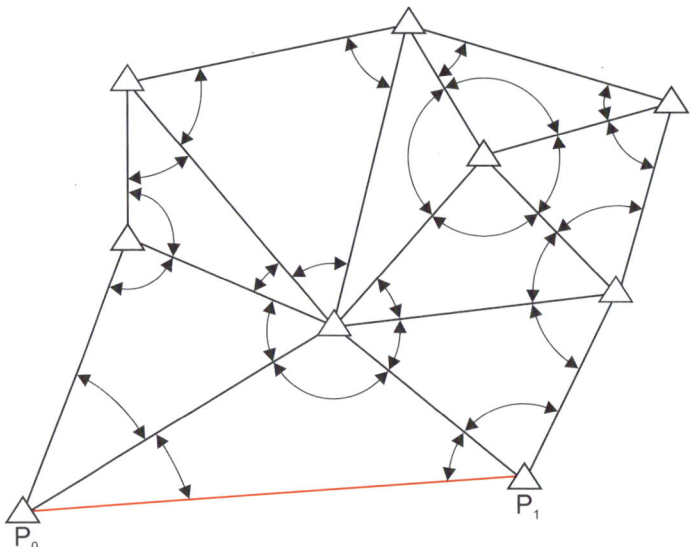

Abb. 1.5: Triangulation

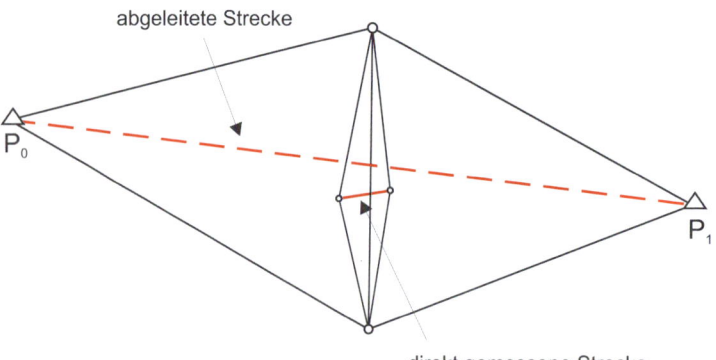

Abb. 1.6: Basisvergrößerungsnetz

Das wichtigste Messverfahren bei der Schaffung des Lagefestpunktfelds war die *Triangulation*, ein Verfahren, welches der holländische Astronom Frisius im 16. Jh. entwickelt hatte. Bei einer Triangulation wird die gegenseitige Lage von Dreieckspunkten durch die Messung der Dreieckswinkel bestimmt (s. Abb. 1.5). Zur Festlegung der Seitenlängen der Dreiecke muss die Länge einer Dreiecksseite bestimmt werden. Dies geschah durch ein Basisvergrößerungsnetz (s. Abb. 1.6). Im Basisvergrößerungsnetz wird eine relativ kleine Strecke mit großem Aufwand so genau wie möglich direkt gemessen. Aus Winkelmessungen im Basisvergrößerungsnetz wird die Strecke $P_0\,P_1$ als Länge einer Dreiecksseite im Triangulationsnetz indirekt bestimmt. Während man bei den Vermessungen zur Erfassung des Grundbesitzes in örtlichen Systemen die Erde ohne Genauigkeitsverlust als eine Ebene ansehen konnte – die mit diesem „Erdmodell" verbundenen Widersprüche gehen völlig in den aus Messungsunsicherheiten resultierenden Widersprüchen unter – kann man bei weiträumig angelegten Triangulationen *das Problem „Figur der Erde"* nicht mehr vernachlässigen. Andernfalls erhält man Messungswidersprüche, die weit größer sind als dies von der Messgenauigkeit her zu erwarten wäre, da die Gesetze der ebenen Trigonometrie nicht mehr gelten.

Bei der Herstellung maßstabsgetreuer großräumiger Karten wird also im 18. Jh. aus der zuvor akademisch diskutierten Frage nach der Gestalt der Erde ein praktisches Problem der mit der Ausmessung und Abbildung (Kartierung) der Erdoberfläche befassten Geodäten.

1.2.2   Figur der Erde

Die Frage nach der Figur des Erdkörpers ist die Frage nach dem mathematischem Modell[1], mit dem diese Figur beschrieben werden kann. Nun ist aber die Erdoberfläche z. B. in Gebirgsgegenden so unregelmäßig, dass sie sich einer mathematischen Modellierung entzieht. Daher kann sich die Fragestellung nach der Figur der Erde nicht auf die Erdoberfläche als Grenzfläche zwischen den festen und flüssigen Teilen der Erde einerseits und der Erdatmosphäre andererseits beziehen.

Als Figur der Erde wählen wir daher eine abstrakte, aber dennoch der Anschauung zugängliche Fläche: *die Horizontalfläche*. Diese ist eine Fläche, die senkrecht zur Richtung des Erdschwerefelds (der Lotrichtung) verläuft. Punkte der Erdoberfläche können wir in Bezug auf diese Horizontalfläche durch Maßzahlen – durch Lage- und Höhenkoordinaten – beschreiben.

Wenn wir nun die Horizontalfläche als „Figur der Erde" verstehen, stellt sich das Problem, dass es beliebig viele Horizontalflächen gibt. Wir wählen daher von den beliebig vielen Horizontalflächen eine besondere aus – *diejenige Horizontalfläche, die mit der mittleren Meeresoberfläche zusammenfällt* – und stellen uns vor, dass sich diese Fläche mittels kommunizierender Röhren unter den Landflächen über den gesamten Erdkörper ausbreitet. Damit ist die Frage nach der Figur der Erde etwas präziser gestellt: als Frage nach der Figur der mittleren Meeresoberfläche.

Noch im Mittelalter waren in Europa höchste Autoritäten davon überzeugt, dass die Erde eine Scheibe sei. Im Zeitalter täglicher Fernsehbilder des Erdkörpers von Wettersatelliten muss man sich heute keine grundsätzlichen Gedanken mehr darüber machen, welche Figur die Erde bildet: Sie hat sichtbar eine kugelähnliche Gestalt.

Wie wir aber im vorangehenden Abschnitt gesehen haben, ist dies eine Frage, mit der sich praktisch arbeitende Vermessungsingenieure etwas genauer befassen müssen. Um dies noch ein wenig besser zu verstehen, rufen wir uns in das Bewusstsein, dass bei geodätischen Messungen die meisten Vermessungsinstrumente mithilfe von Libellen so aufgestellt werden, dass die Drehachse der Instrumente mit der Richtung des Schwerevektors im jeweiligen Aufstellungsort übereinstimmt. Mit der Ausrichtung der Stehachse unserer Instrumente in die Lotrichtung realisieren wir also gleichzeitig in jedem Aufstellungsort *eine Horizontalfläche*: eine Fläche senkrecht zum jeweiligen Schwerevektor (s. Abb. 1.7).

---

[1] Modell: der Ersatz der physikalischen Realität durch eine mathematische Fiktion.

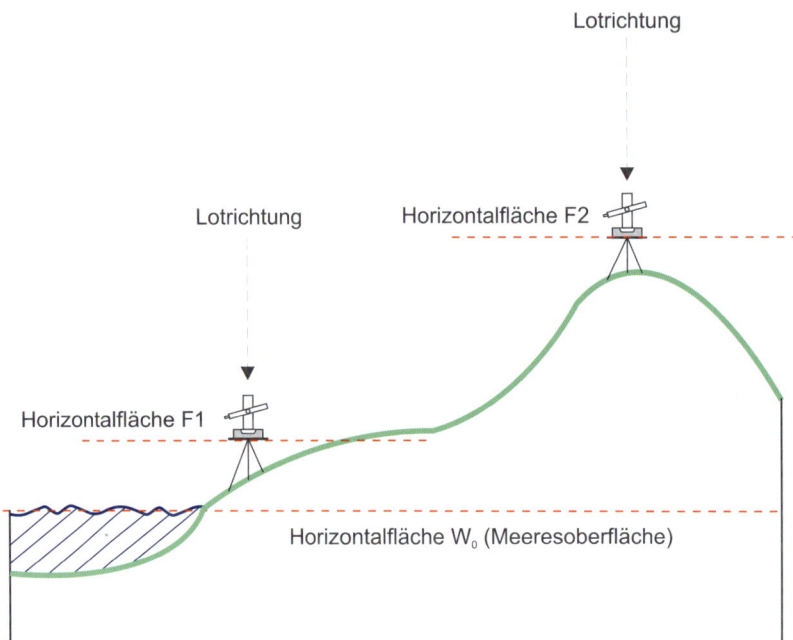

Abb. 1.7: Erdmodell „Ebene"

Wenn wir nun aus den gemessenen geómetrischen Größen (Winkeln, Strecken) Koordinaten zur Beschreibung der Geometrie von Objekten (Geländeformen, Grundstücksgrenzen, Gebäude-punkte) berechnen, können wir das nur dann richtig tun, wenn wir wissen, welche Form die Horizontalfläche hat, auf der wir messen. Handelt es sich um eine Ebene, können wir die Gesetze der ebenen Trigonometrie anwenden; falls die Horizontalfläche eine Kugel ist, müssen wir mit den Formeln der sphärischen Trigonometrie arbeiten. Das heißt, wir benötigen als Vermessungs-ingenieure Kenntnisse über die Form der Horizontalflächen im Schwerefeld der Erde – insbe-sondere auch über die Form der mittleren Meeresoberfläche –, um ein geeignetes Modell für unsere Berechnungen wählen zu können.

1.2.2.1 Modell „Ebene"

Sofern das Messgebiet nicht zu groß ist und die Genauigkeitsansprüche nicht zu hoch sind, kann man bei einer Vermessung davon ausgehen, dass Horizontalflächen mit hinreichender Genauigkeit als „Ebenen" angesehen werden können. Wir modellieren Horizontalflächen also als Ebenen. Gleichzeitig unterstellen wir in diesem Modell, dass wir in den Instrumen-tenstandpunkten Ebenen realisieren, die parallel zueinander liegen (s. Abb. 1.7). In diesem Modell lässt sich leicht ein rechtwinkliges Koordinatensystem definieren: Eine Horizontal-fläche ist die X,Y-Ebene, der Abstand der übrigen Instrumentenstandpunkte zu der X,Y-Ebene – die Höhe – kann dann leicht bestimmt werden (z. B. durch ein geometrisches Nivel-lement). Die Behandlung der Messelemente in diesem Koordinatensystem ist sehr einfach: Horizontalstrecken und Horizontalwinkel werden unverändert in der X,Y-Ebene abgebildet.

Diese Modellierung ist ausreichend, solange wir das Messgebiet nicht zu sehr ausdehnen. Dann nämlich sind die Schwerevektoren – und damit die Stehachsen unserer Instrumente – ausreihend genau parallel, wenn auch nicht streng. Tatsächlich ändern sich aber die Lotrichtungen – ausgehend von einem Bezugspunkt – in alle Richtungen linear um den Betrag 0,10 mgon/10 m.

Bei größeren Vermessungen können wir aber auch empirisch feststellen, dass bei diesem Modell Widersprüche auftreten, die nicht hingenommen werden können. Es ergibt sich z. B., dass die Winkelsumme in Dreiecken nicht 180° ist. Bei der Auswertung von Vermessungen treten also Widersprüche auf, die durch Messungsungenauigkeiten nicht mehr zu erklären sind. Dies zwingt dazu, das Modell für die gewählte Bezugsfläche zu verbessern.

1.2.2.2 Modell „Kugel"

Seit Jahrhunderten ist bekannt, dass die Erde ein kugelähnliches Gebilde ist, auch wenn dieses Wissen in Europa im Mittelalter eine Zeit lang vergessen war. Auch Zahlen über den Erdradius liegen lange vor. Unterstellen wir, dass der Erdkörper eine Kugel ist, deren Massen gleichmäßig im Erdkörper verteilt sind und vernachlässigen wir die Erdumdrehung, so müssen aus physikalischen Gründen die Linien des Schwerefelds der Erde – die Lotlinien – in Richtung des Massenmittelpunkts der Erde zeigen. Also sind in diesem Erdmodell die Flächen, die wir jeweils in den Instrumentenstandpunkten realisieren, keine Ebenen, sondern senkrecht zu den Lotlinien verlaufende parallele Kugelscharen (s. Abb. 1.8). Auch die mittlere Meeresoberfläche ist in diesem Modell eine Kugel. Somit können wir die Modellierung der Horizontalfläche dadurch verbessern, dass wir anstelle des Modells „Ebene" das Modell „Kugel" einführen. Wir müssen dann auf unsere Messungen die Gesetze der sphärischen Trigonometrie anwenden, wobei dazu der Radius der Kugel bekannt sein muss.

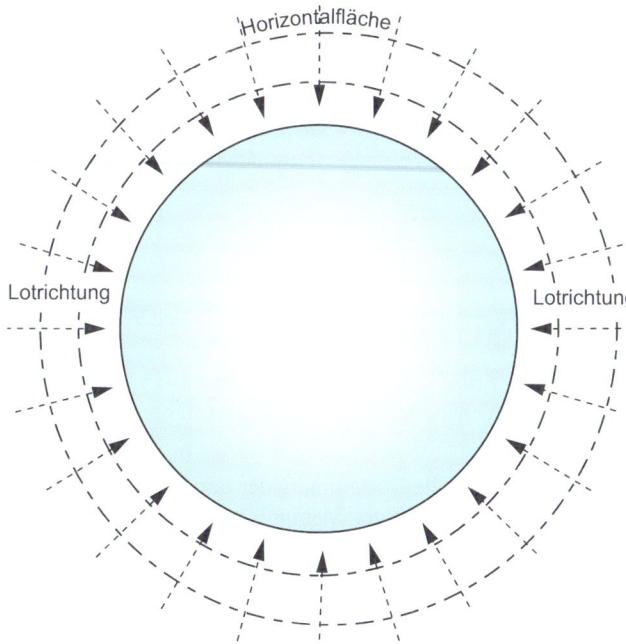

Abb. 1.8:
Erdmodell „Kugel"

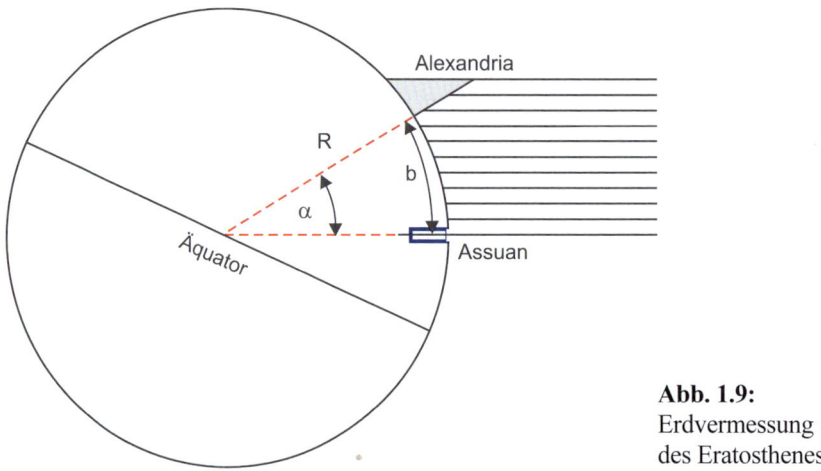

Abb. 1.9:
Erdvermessung
des Eratosthenes

Die erste überlieferte Messung zur Bestimmung des Radius der Erdkugel wurde im Jahre 250 v. Chr. von Eratosthenes durchgeführt. Eratosthenes wandte bei seiner Vermessung ein Verfahren an, dessen Grundgedanke auch bei späteren Erdvermessungen angewandt wurde. Es soll hier kurz skizziert werden (s. Abb. 1.9).

Die Entfernung b zwischen den nahezu auf einem Meridian liegenden Orten Assuan (Oberägypten) und Alexandria war aus der Auswertung der Reisedauer zwischen den beiden Orten bekannt. In Assuan gab es einen lotrecht in den Boden getriebenen Brunnen, in den am Mittag zur Sommersonnenwende die Sonne senkrecht hineinschien.
Am gleichen Mittag warf ein in Alexandria lotrecht stehender Obelisk einen Schatten. Das Verhältnis zwischen der (gemessenen) Länge des Schattens und der bekannten Höhe des Obelisken ermöglicht die Berechnung des Winkels α. Dieser Winkel ist – wenn die Erde eine Kugel ist und die Lotrechten zum Erdmittelpunkt zeigen – identisch mit dem Winkel, unter dem sich die Verlängerung der Brunnenachse und die der Achse des Obelisken im Erdmittelpunkt schneiden. Mit der Formel

$$\frac{b}{2\pi R} = \frac{\alpha}{360°} \tag{1.1}$$

kann der unbekannte Erdradius R berechnet werden.

Eratosthenes erhielt einen Erdradius von ca. 7.360 km. Dies ist zwar ein um 15 % zu großer Wert, er ist aber unter Berücksichtigung der Unzulänglichkeiten des Messverfahrens erstaunlich genau.

Das Grundprinzip der Messung des Eratosthenes – die Bestimmung der Länge eines Meridianbogens durch terrestrische Messverfahren bei gleichzeitiger Messung des Breitenunterschieds durch astronomische Verfahren – wurde auch bei späteren, sehr viel genaueren Messungen unter der Bezeichnung „*Gradmessung*" zur Bestimmung des Radius der Erdfigur angewandt. Ein wesentliches Element zur Steigerung der Genauigkeit einer Gradmessung war die Messung der Bogenlänge durch das Verfahren der *Triangulation*. Im Jahr 1615 führte der Niederländer Snellius eine Messung zur Ermittlung der Größe der Erdkugel aus, wobei er für die notwendige Bestimmung der Bogenlänge eines Meridianabschnitts erstmals das Prinzip der Triangulation

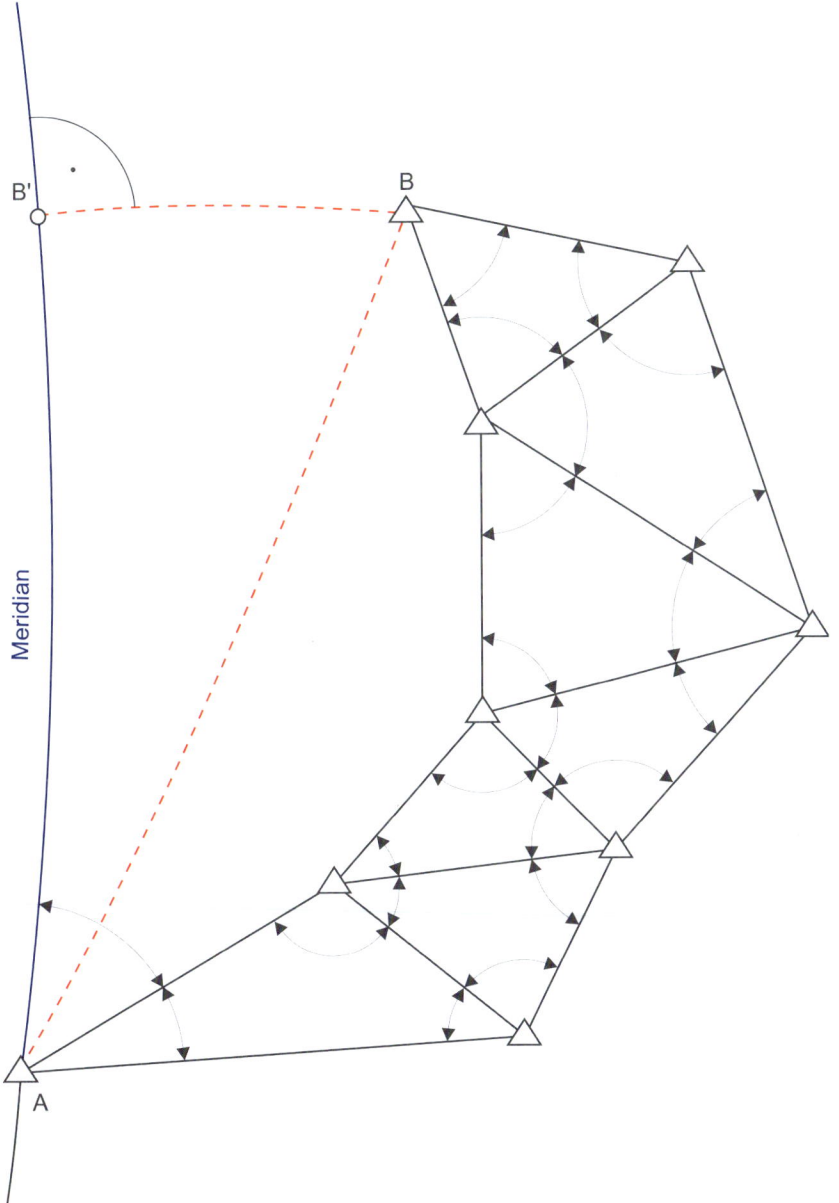

Abb. 1.10: Gradmessung mithilfe einer Triangulation

anwandte. Wegen der grundsätzlichen Bedeutung sei auch das Prinzip der Snellius'schen Messung erläutert (s. Abb. 1.10):

(1) Auswahl von zwei Punkten *A* und *B*, die näherungsweise auf dem gleichen Meridian der Erdkugel liegen.

(2) Ermittlung der astronomischen Breiten Φ_A und Φ_B der Punkte A und B durch astronomische Verfahren.

(3) Verbindung der Punkte A und B durch eine Triangulation. Das Azimut (Richtung gegen geographisch Nord) mindestens einer Dreiecksseite wird durch astronomische Beobachtungen bestimmt.

(4) Berechnung von Azimut und Streckenlänge $\overline{AB}$ durch Berechnung der Dreieckskette.

(5) Berechnung der Länge der Projektion von $\overline{AB}$ auf den Meridian durch A.

Damit liegt die Bogenlänge b eines Teils des Meridians vor sowie – aus der Differenz der astronomischen Breiten der Punkte A und B – der zugehörige Zentriwinkel, sodass nach der Formel (1.1) der Erdradius R berechnet werden kann.

Durch Gradmessungen auf der Grundlage von Triangulationen und Basisvergrößerungsnetzen war der Erdradius im 17. Jh. mit hinreichender Genauigkeit bekannt, sodass die mittlere Meeresoberfläche als Kugel modelliert werden konnte.

1.2.2.3 Modell „Rotationsellipsoid"

Aber auch das Erdmodell „Kugel" erweist sich bei einer nochmaligen Vergrößerung unseres Messgebiets und entsprechenden Genauigkeitsansprüchen als nicht genau genug. Auch hier treten irgendwann Widersprüche auf, die nicht auf Messungenauigkeiten zurückzuführen sind. Vor allem aber erhält man bei Messungen zur Bestimmung des Erdradius in unterschiedlichen Messgebieten unterschiedliche Ergebnisse. Diese Widersprüche können aufgelöst werden, wenn man das Modell „Kugel" durch das Modell „Rotationsellipsoid" ersetzt. Gegen Ende des 17. Jh. wurden zwei unterschiedliche Modelle diskutiert:

1. Das Oblongum:
    Ein Rotationsellipsoid mit der *größeren* Halbachse in der Erdumdrehungsachse.

2. Das Oblatum:
    Ein Rotationsellipsoid mit der *kleineren* Halbachse in der Erdumdrehungsachse.

Die theoretische Begründung für das Oblatum stammt von Newton, der ausgeführt hat, dass es bei einem sich um eine Achse drehenden elastischen Erdkörper aufgrund der Zentrifugalkräfte zu einer Auswölbung am Äquator und am Pol zu einer Abplattung kommen muss (Abb. 1.11). Für das Modell Oblongum sprachen Messungsergebnisse, die von der Familie Cassini im Laufe mehrerer Jahrzehnte gegen Ende des 17./Beginn des 18. Jh. gewonnen wurden. Um das Problem endgültig zu lösen, organisierte die französische Akademie der Wissenschaften um 1735 Gradmessungen in Peru (Äquatornähe) und Lappland (Polnähe). Das Ergebnis dieser Messungen war eindeutig:

Einem Grad Breitendifferenz in Äquatornähe entsprachen 110,606 km.
Einem Grad Breitendifferenz in Polnähe entsprachen 111,949 km.

Die Erde erwies sich am Pol als abgeplattet. Die Theorie von Newton hatte sich als richtig herausgestellt.

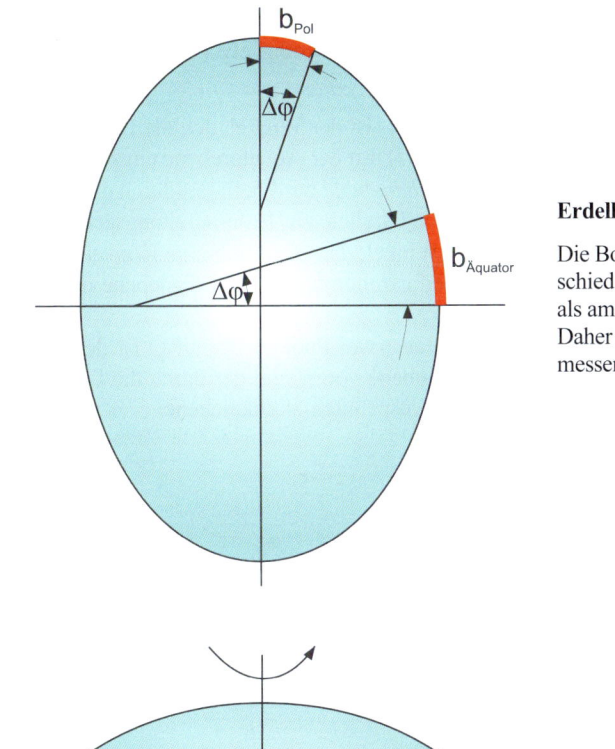

Erdellipsoid nach Cassini

Die Bogenlänge b, die einem Breitenunter-
schied $\Delta\varphi$ entspricht, ist am Äquator größer
als am Pol.
Daher ist am Äquator der Krümmungshalb-
messer des Ellipsoids kleiner als am Pol.

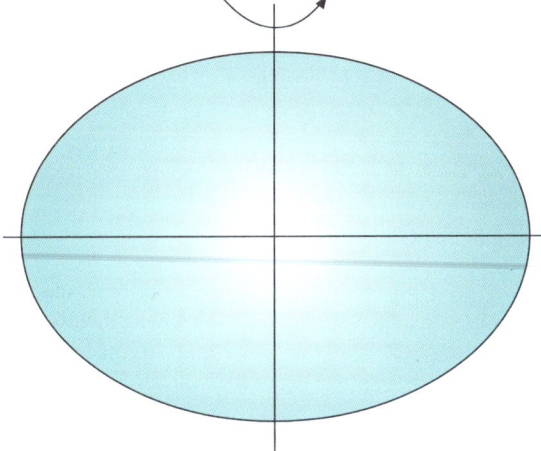

Erdellipsoid nach Newton

Wegen der Erdrotation und der damit verbundenen Zentrifugalkraft erfolgt eine Verlagerung der Erdmassen zum Äquator.
Daher ist der Erdkörper am Äquator aufgewölbt und am Pol abgeplattet.

Abb. 1.11: Erdmodell „Rotationsellipsoid"

1.2.2.4 Geoid

Am Ende des 18. bzw. zu Beginn des 19. Jh. wurde in verschiedenen Staaten Europas verstärkt
mit der Herstellung topographischer Karten für militärische Zwecke begonnen. Das für die Aufnahme der topographischen Details notwendige Festpunktfeld wurde dabei durchweg durch Triangulationen geschaffen.

Wesentlicher Bestandteil dieser Triangulationen waren die Messung von Länge und Breite sowie Azimutmessungen durch astronomische Verfahren. Es ist notwendig, etwas genauer zu beschreiben, welche Messungsgrößen man dabei erhält (s. Abb. 1.12):

- Die *astronomisch gemessene Breite* Φ eines Punkts ist der Winkel, den die Lotrichtung im Messpunkt (d. h. die Richtung des Schwerevektors) mit der Äquatorebene einschließt.
- Die den Punkt P enthaltene *astronomische Meridianebene* wird definiert durch den Punkt P, die Lotrichtung in P und die durch P verlaufende Parallele zur Erdumdrehungsachse.
- Die *astronomisch gemessene Länge* Λ ist der Winkel, den die durch eine Konvention definierte Meridianebene durch Greenwich mit der astronomischen Meridianebene durch P in der Äquatorebene bildet.
- Das *astronomisch gemessene Azimut* A zwischen zwei Punkten P und Q ist definiert als Winkel zwischen der astronomischen Meridianebene von P und der durch die Lotrichtung und die Verbindungslinie zwischen P und Q aufgespannten Vertikalebene.

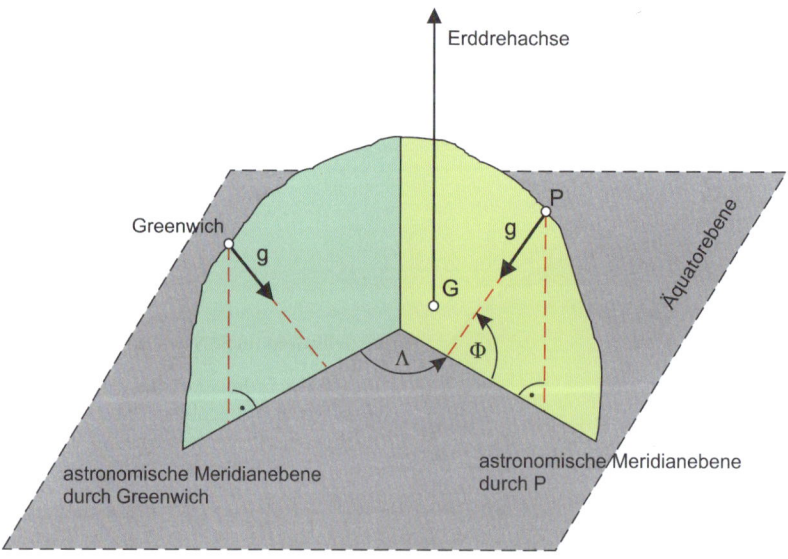

Abb. 1.12: Astronomische Länge Λ und Breite Φ

Zu einem tiefergehenden Verständnis der hier wiedergegebenen Begriffe sowie zur Frage der Messungsverfahren sei auf die entsprechende Literatur hingewiesen (Sigl 1983, Heck 2003). Wichtig ist in diesem Zusammenhang in erster Linie, dass die *physikalisch definierte Lotrichtung bestimmend für Breite, Länge und Azimut* ist, die durch astronomische Verfahren gemessen werden. Der Grund dafür ist, dass die Achsen der benutzten Messgeräte mithilfe von Libellen im Schwerefeld der Erde orientiert werden. (Astronomische Breite, astronomische Länge werden in der Literatur auch als geographische Breite, geographische Länge bezeichnet.)

Die Triangulationen im Zusammenhang mit der Erstellung topographischer Karten liefen fast ebenso ab wie die Triangulationen zur Ermittlung der Größe der Erdfigur. Der wesentliche Unterschied bestand darin, dass die Größe der Erdfigur (große und kleine Halbachse des Erdellipsoids) als bekannt vorausgesetzt wurde und die Geometrie des Netzes sich allein nach den Notwendigkeiten der Geländeaufnahme richtete.

Durch astronomische Messung von Breite und Länge wurden die Lagekoordinaten eines Punkts des Triangulationsnetzes (des *Fundamentalpunkts F*) bestimmt. Weiter wurde das *Azimut einer Seite des Dreiecksnetzes* mithilfe astronomischer Verfahren festgelegt sowie die *Länge einer Dreiecksseite* durch ein Basisvergrößerungsnetz ermittelt. Bei den Koordinatenberechnungen, die sich auf diese Ausgangsparameter sowie Winkelmessungen stützen, werden die geometrischen Eigenschaften des nunmehr bekannten Erdellipsoids berücksichtigt. Durch unvermeidliche Messungenauigkeiten werden die nach diesem Schema berechneten Koordinaten mit größerem Abstand vom Fundamentalpunkt immer unsicherer, und man versuchte daher, das Netz durch zusätzliche astronomische Beobachtungen und Basismessungen zu kontrollieren. Dabei stellte man im 18. Jh. schon fest, dass sowohl die Abweichungen zwischen berechneten und astronomisch bestimmten Längen und Breiten als auch die Abweichungen zwischen berechneten und astronomisch bestimmten Azimuten größer waren als von den Messunsicherheiten her zu erwarten war.

Die Auseinandersetzung mit diesem Ergebnis führt uns zu den Feststellungen zurück, die schon weiter oben getroffen wurden:

> Bei den Winkelmessungen wird ein Messgerät – der Theodolit – benutzt, dessen Stehachse mithilfe von Libellen senkrecht gestellt wird. Anders ausgedrückt: Die Stehachse des Theodoliten wird so ausgerichtet, dass sie mit der Richtung der Anziehungskraft der Erde (mit dem Schwerevektor) übereinstimmt. *Wir messen also in jedem Messpunkt auf einer Fläche, die die Richtung der Schwere senkrecht schneidet. Diese Fläche ist eine Horizontalfläche. In der Physik wird eine solche Fläche Niveaufläche genannt.* Es gibt unendlich viele Niveauflächen des Schwerefelds der Erde.

Wenn bei den geodätischen Berechnungen die jeweils gewonnenen Winkelmessungen ohne weitere Korrekturen übernommen werden, gehen wir davon aus, dass in dem jeweiligen Messpunkt die Niveaufläche und das gewählte Erdellipsoid genügend genau parallel verlaufen. Das Ergebnis der Messungen und Berechnungen – die Abweichungen zwischen berechneten und astronomisch beobachteten Breiten, Längen und Azimuten – weist darauf hin, dass diese Hypothese nicht zutreffend ist. Wir stellen vielmehr fest, dass eine von dem Fundamentalpunkt ausgehende Triangulation für die übrigen Punkte des Dreiecksnetzes andere Breiten und Längen liefert als astronomisch bestimmte Breiten und Längen.

Bei den Triangulationsberechnungen geht man von einem Ellipsoid bekannter Dimension aus. Auch setzt man voraus, dass im Fundamentalpunkt die gemessene astronomische Breite und Länge gleich der ellipsoidischen Breite und Länge ist. Ellipsoidische Breite und Länge sind wie folgt definiert (s. Abb. 1.13):

- Die *ellipsoidische Breite* φ eines Punkts P ist der Winkel, den die Ellipsoidnormale durch P mit dem ellipsoidischen Äquator einschließt.
- Die *ellipsoidische Länge* λ eines Punkts P ist der Winkel, den die ellipsoidische Meridianebene durch P mit der ellipsoidischen Nullmeridianebene einschließt.

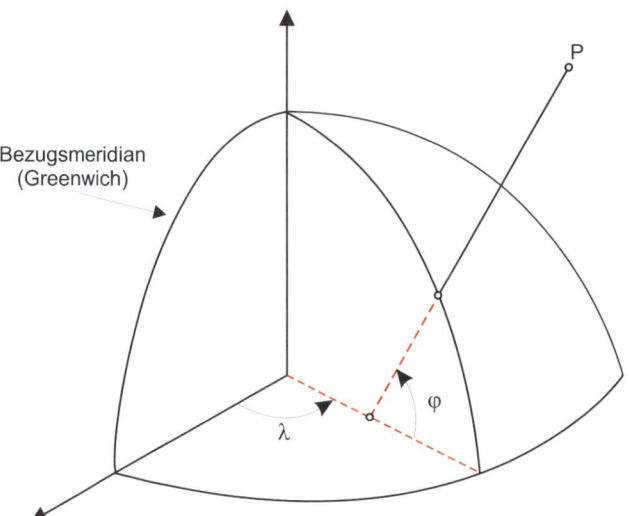

Abb. 1.13: Ellipsoidische Koordinaten

Die Triangulationsberechnungen werden auf dem Ellipsoid durchgeführt. D. h., dass die gerechneten Breiten und Längen ellipsoidische Breiten und Längen sind. Die Abweichungen zwischen den berechneten und den beobachteten Breiten und Längen zeigen, dass die Richtung der Lote in den Punkten des Dreiecksnetzes und die Richtung der Ellipsoidnormalen nicht übereinstimmen. Diese Abweichungen nennt man *Lotabweichungen* (s. Abb. 1.14).

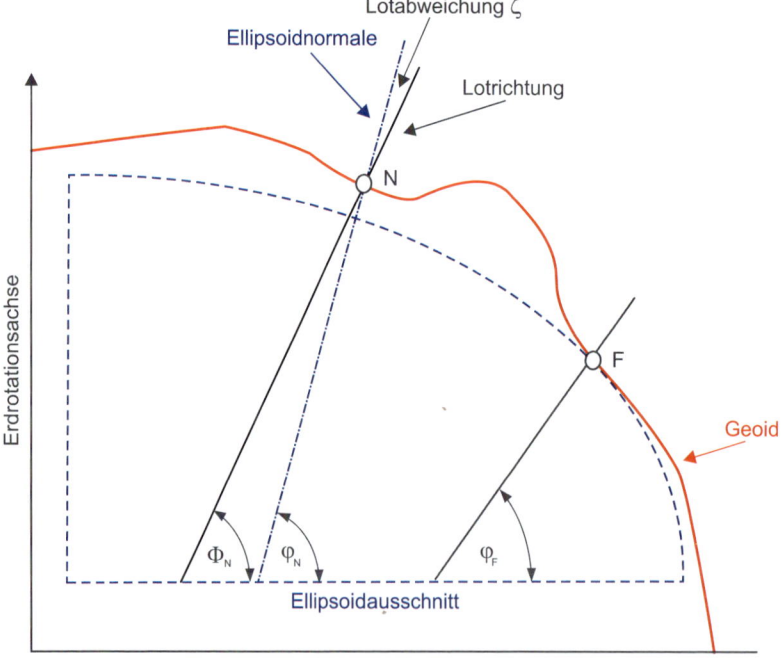

Abb. 1.14: Lotabweichung

C. F. Gauß hat dazu 1828 Folgendes ausgeführt (Hervorhebung Bauer, zitiert nach Moritz 1977):

„Was wir im geometrischen Sinn Oberfläche der Erde nennen, ist nichts anderes als die-jenige Fläche, welche überall die Richtung der Schwere senkrecht schneidet, und von der die Oberfläche des Meeres einen Teil ausmacht. Die Richtung der Schwere an jedem Punkt wird aber durch die Gestalt des festen Teils der Erde und seine ungleiche Dichtigkeit be-stimmt und an der äußeren Rinde der Erde, von der allein wir etwas wissen, zeigt sich diese Gestalt und Dichtigkeit als höchst unregelmäßig; die Unregelmäßigkeiten der Dichtigkeit mag sich leicht noch ziemlich tief unter die äußere Rinde erstrecken und entzieht sich ganz unseren Berechnungen, zu welchen fast alle Daten fehlen. Die geometrische Oberfläche ist das Produkt der Gesamtwirkung dieser ungleich verteilten Elemente und anstatt vorkom-mende unzweideutige Beweise der Unregelmäßigkeit befremdend zu finden, scheint es eher zu bewundern, dass sie nicht noch größer ist. "

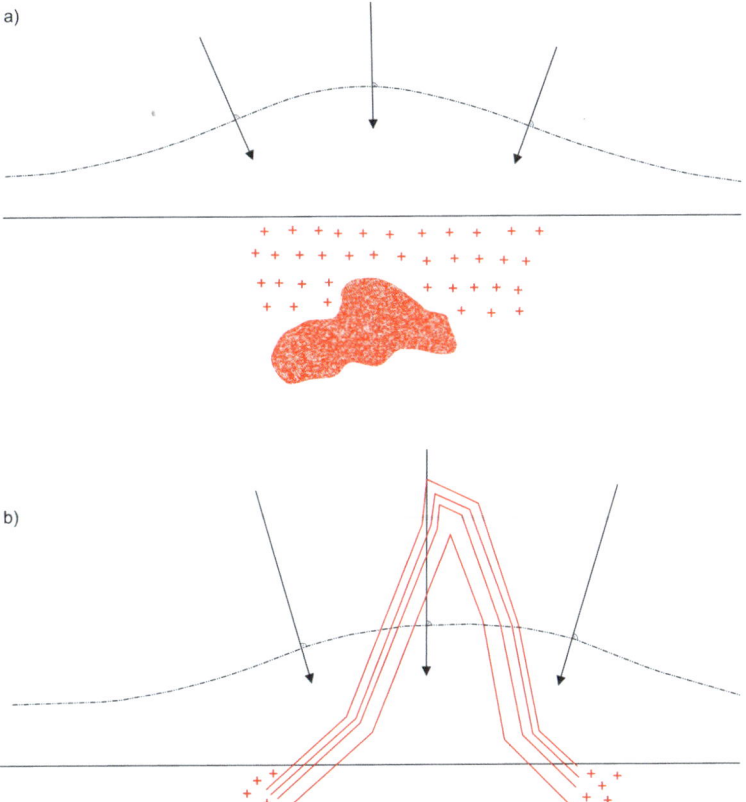

Abb. 1.15: Beeinflussung der Lotrechten durch Massenunregelmäßigkeiten

Dieses Zitat sei an zwei Beispielen erläutert:

(a) (s. Abb. 1.15a)

In einer fiktiven Fläche, die vollkommen mit dem Erdellipsoid übereinstimmen möge, werde die Stehachse eines Theodoliten mithilfe seiner Libellen senkrecht ausgerichtet. Im Unter-grund dieser Fläche, nicht weit weg vom Instrumentenstandpunkt, aber auch nicht genau unter dem Instrumentenstandpunkt, möge ein riesiger Gesteinsbrocken eingeschlossen sein, dessen Dichte erheblich größer sei als die Dichte des sonst dort vorherrschenden Materials. Aufgrund der von dem Gesteinsbrocken ausgehenden Gravitationswirkungen würde ein auf dem Instrumentenstandpunkt aufgehaltenes Lot zu dem Gesteinsbrocken abgelenkt. Da aber die Realisierung der „Senkrechten" nichts anderes ist als die Richtung des Lots in einem Punkt, würde der Theodolit nicht senkrecht zu der Tangentialebene der fiktiven Fläche aufgestellt, sondern lotrecht.

(b) (s. Abb. 1.15b)

Aus der gleichen fiktiven Ebene möge ein Gebirge herausragen. Auch hier würde an einem Standpunkt, der nicht allzu weit von dem Gebirge entfernt läge, die Ablenkung der Lotrechten zu den Gebirgsmassen erfolgen. Den prinzipiellen Verlauf der Lotrichtungen zeigt Abbildung 1.15.

Wegen der ungleichen Verteilung der Massen der Erde oberhalb oder unterhalb der Erdoberfläche, wie dies die Beispiele deutlich machen sollen, verlaufen die Lotrichtungen unregelmäßig und die Niveauflächen bilden daher auch keine regelmäßigen geometrischen Flächen. Im Gegensatz zur Erdoberfläche kennen die Niveauflächen aber keine Unstetigkeitsstellen.

Abbildung 1.16 zeigt schematisch die Erde mit der Schar ihrer Niveauflächen. Die Kurven, die diese Niveauflächen überall senkrecht schneiden, sind die Lotlinien; die Lotrichtung ist die Tangente an die Lotlinie im betreffenden Punkt.

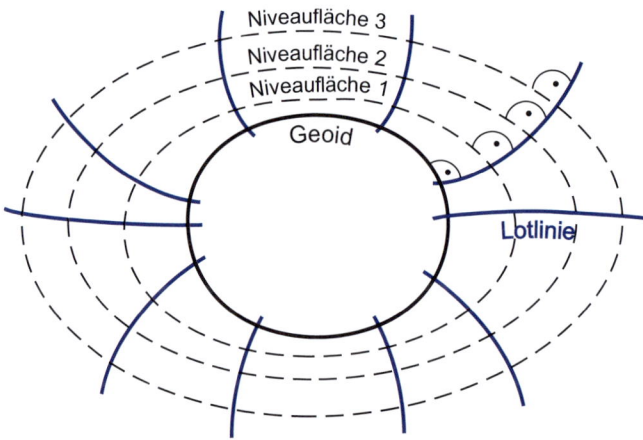

Abb. 1.16: Niveauflächen des Schwerefelds der Erde

Die Oberfläche des ruhenden Meers bildet bei entsprechender Idealisierung einen Teil einer Niveaufläche, die nach C. F. Gauß „die Oberfläche der Erde im geometrischen Sinn" bzw. die „mathematische Figur der Erdoberfläche" ist und für die J. B. Listing 1872 den Namen Geoid prägte.

Es gibt keine Möglichkeit, das Geoid durch eine geschlossene mathematische Formel zu beschreiben. Da aber die Abweichungen zwischen Geoid und einem geeigneten Ellipsoid gering sind bzw. die Abweichungen beider Flächen rechnerisch berücksichtigt werden können, wurde auch nach der Entdeckung des Geoids als „Figur der Erde" das Konzept der Berechnung von Lagekoordinaten auf einem Ellipsoid nicht aufgegeben.

1.2.2.5 Verfahren zur Geoid-/Ellipsoidbestimmung

Mit der Erkenntnis, dass das Geoid die gesuchte Erdfigur ist, erschließt sich für den wissenschaftlich arbeitenden Geodäten eine neue Aufgabe: die Bestimmung der Form des Geoids. Die Praktiker der Landesvermessung interessierten sich für ein Ellipsoid als mathematisch brauchbare Fläche, das sich dem Geoid so gut anpasst, dass Abweichungen zwischen Geoid und Ellipsoid – *die Geoidundulationen* – in der Praxis nur eine geringe Rolle spielen. Zur Lösung dieser Fragen gibt es zwei prinzipiell unterschiedliche Ansätze:

(a) Die geometrische Methode
Der Ansatz zur Geoidbestimmung nach dieser Methode beruht darauf, das Geoid auf ein prinzipiell frei zu wählendes Rotationsellipsoid zu beziehen und den Abstand zwischen Geoid und Ellipsoid zu ermitteln. Das von Helmert konzipierte astronomisch-geodätische Nivellement verfolgt folgendes Grundprinzip (s. Abb. 1.17):

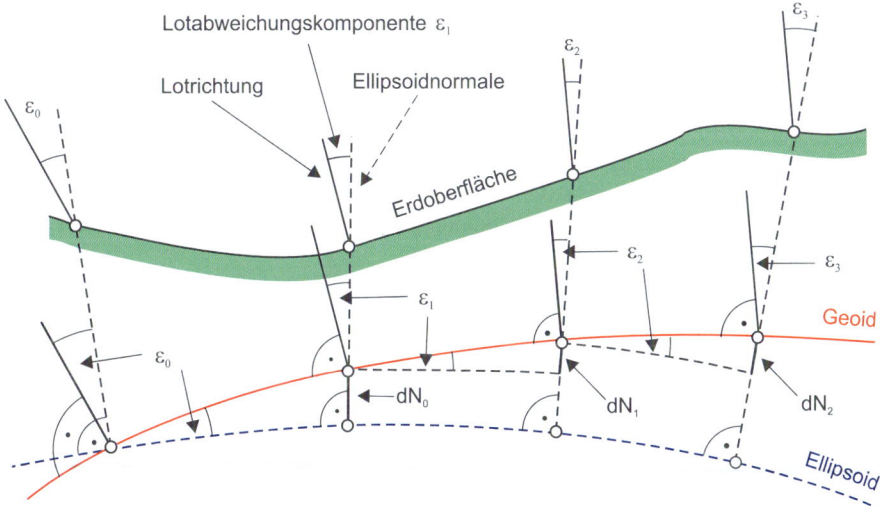

Abb. 1.17: Astronomisch-geodätisches Nivellement

Geoidundulation und Lotabweichung eines Punkts der Erdoberfläche erhalten prinzipiell willkürliche Werte (man bemüht sich natürlich, gute Näherungen für Geoidundulation und Lotabweichung zu finden: z. B. die NN-Höhe des Punkts als Geoidundulation und die Lotabweichung „null").

Sind ε_0, ε_1, … ε_i die in Richtung eines Profiles P_0, P_1, … P_i entfallenden Lotabweichungskomponenten und kennt man die Punktentfernungen S_{01}, S_{12}, …, so lassen sich die Geoidhöhenunterschiede gemäß

$$dN_0 = S_{01}\,\frac{\varepsilon_0}{\rho}\,;\quad dN_1 = S_{12}\,\frac{\varepsilon_1}{\rho}\quad \text{mit}\ \rho = \frac{180^\circ}{\pi} \tag{1.2}$$

bestimmen und die Geoidhöhen – relativ zur Höhe des Ausgangspunkts – berechnen.

Die Methode ist bei geringen Punktabständen sehr genau, erfordert aber viele astronomische Beobachtungen, die in der erforderlichen Genauigkeit nur auf Landflächen durchgeführt werden können.

Nach einer ersten Geoidberechnung kann man die Parameter des Ellipsoids mit dem Ziel ändern, ein Ellipsoid zu bekommen, welches sich dem Geoid besser anpasst als das zunächst gewählte. Dafür gibt es viele Möglichkeiten: Z. B. kann man die Parameter so festlegen, dass die Summe der Lotabweichungen möglichst klein wird. Genauso aber kann man zu erreichen versuchen, die Summe der Geoidundulationen so gering wie möglich zu machen. Anstelle des Ziels, die „Summe" der Abweichungen so klein wie möglich zu machen, kann man auch anstreben, die „Quadratsumme" der Abweichungen so klein wie möglich zu machen. Eine zwingende Begründung für irgendein Verfahren gibt es aber nicht (Moritz 1962). Neben einer Änderung der Ellipsoidparameter wird bei diesem Prozess durch die Änderung der Lotabweichungen eine Änderung der räumlichen Lagerung des Ellipsoids erreicht. Die kleine Hauptachse des Ellipsoids verläuft dann weitgehend – wenn auch nicht streng – parallel zur Drehachse der Erde.

Da mit diesem Verfahren jedoch nur Teile der Erdoberfläche erfasst werden können, ist das Ergebnis immer nur ein

lokal bestanschließendes Ellipsoid.

Es kann nicht verwundern, wenn in anderen Gebieten ein anderes Ellipsoid besser geeignet ist, da das Geoid wegen der abweichenden Verhältnisse dort eine wesentlich andere Gestalt haben kann. Abbildung 1.18 zeigt dies schematisch. Besonders zu beachten ist, dass die Figurenachsen der Rotationsellipsoide nicht durch den Erdmittelpunkt verlaufen.

(b) Die gravimetrische Methode
In Abbildung 1.15 kann man den Grundgedanken dieses Verfahrens erkennen: Die ungleiche Verteilung der Erdmasse auf und unter der Erdoberfläche führt zu Veränderungen der Schwerevektoren – Größe und Richtung der Schwerewerte weichen von den Sollwerten ab.

Die theoretische Durchdringung dieser Feststellung führt zu dem Theorem von Stokes:

Wenn sich ein Körper der Gesamtmasse M mit konstanter Winkelgeschwindigkeit um eine feste Achse dreht und wenn die Fläche S eine ellipsoidische Niveaufläche (Niveauellipsoid) ist, die die gesamte Masse M einschließt, dann sind die Schwerewerte (Größe und Richtung der Schwerebeschleunigung) der Fläche S eindeutig definiert.

Wenn man nun für die Erde eine bestimmte Masse und eine bestimmte Rotationsgeschwindigkeit annimmt, dann ergibt sich daraus ein theoretisches Niveauellipsoid mit theoretischen Ellipsoidparametern und theoretischen Schwerewerten für die Erde. Abweichungen von den theoretischen Schwerewerten lassen Rückschlüsse auf die tatsächliche Ausbildung der Niveaufläche – auf das Geoid – zu.

Die berühmte Stokes'sche Formel liefert das Rezept zur Berechnung der Höhen des Geoids über dem Niveauellipsoid (Fischer 1977):

$$N = C \int_S (F \Delta \mathbf{g})\, ds \,. \tag{1.3}$$

Die Geoidhöhe N eines Punkts P erhält man, indem man Schwereanomalien Δg in jeder Teilfläche ds des Geoids bestimmt, diese mit der (bekannten) Stokes-Funktion F multipliziert, dann über den ganzen Globus summiert (integriert) und mit einer Konstante C multipliziert.

Hierbei ist die Schwereanomalie $\Delta \mathbf{g}$ die Differenz zwischen der mithilfe eines Gravimeters gemessenen Größe des Schwerevektors und der theoretischen Größe des Schwerevektors.

In der Wirklichkeit sind mit der Stokes'schen Formel eine Reihe von Problemen verbunden, die es unmöglich machen, das „Rezept", so wie zitiert, auszuführen:

(1) Die Schweremessungen müssen auf dem Geoid durchgeführt werden, die tatsächlichen Beobachtungen aber werden irgendwo über oder unterhalb der Geoidfläche gemacht.

(2) Die Fläche S des Stokes'schen Integrals (das Geoid) muss alle Massen der Erde umfassen. Es darf keine Massen außerhalb geben. Das trifft für die Ozeane in erster Näherung zu, nicht aber für die Gebirge.

(3) Man benötigt Schwerebeobachtungen für den ganzen Globus, wenn auch mit zunehmendem Abstand vom Messpunkt weniger genauer.

Diese wenigen Anmerkungen mögen genügen, um die mit der Formel verbundenen Schwierigkeiten zu verdeutlichen. Es müssen komplexe mathematisch-physikalische Modelle entwickelt werden, um aus gemessenen Schwereanomalien die Geoidform zu berechnen. Der Weg aber ist möglich, und er ist auch erfolgreich beschritten worden.

Die Weiterentwicklung der Stokes'schen Formel durch den Holländer Venning Meinesz ermöglicht neben den Geoidundulationen die Berechnungen der Lotabweichungen.

Das Verfahren der Ellipsoid-/Geoidbestimmung läuft bei der gravimetrischen Vorgehensweise in gewisser Hinsicht ähnlich wie bei der geometrischen Methode: Man definiert hypothetische Anfangswerte für die Ellipsoidparameter sowie die Gesamtmasse der Erde und berechnet daraus die theoretischen Schwerewerte. Durch Bedingungen wie:

Quadratsumme der Schwereanomalien zum Minimum

oder

Quadratsumme der Geoidundulationen zum Minimum

wird anschließend das Niveauellipsoid den Schwereanomalien optimal angepasst, wobei das Ergebnis je nach der Minimumsbedingung im geringen Maß unterschiedlich ist. Immer aber ist das Ellipsoid ein *mittleres Erdellipsoid*, dessen Figurenmittelpunkt mit dem Schwerpunkt der Erde zusammenfällt (Moritz 1962).

Die gravimetrische Methode der Ellipsoidbestimmung konnte wegen der genannten Probleme und da nicht genügend Schwerebeobachtungen zur Verfügung standen in der Praxis der Landesvermessung lange Zeit nicht angewendet werden. Die Ende des 19./Anfang des 20. Jh. durchgeführten Ellipsoidbestimmungen, die zu den Ellipsoidparametern führten, die zum größten Teil heute noch von den nationalen Landesvermessungen verwendet werden, wurden daher überwiegend nach dem geometrischen Verfahren durchgeführt. Die Ellipsoide der nationalen Landesvermessungen sind daher in der Regel lokal bestanschließende Ellipsoide mit nichtgeozentrischen Figurenmittelpunkten (s. Abb. 1.18). Wir kommen darauf noch zurück.

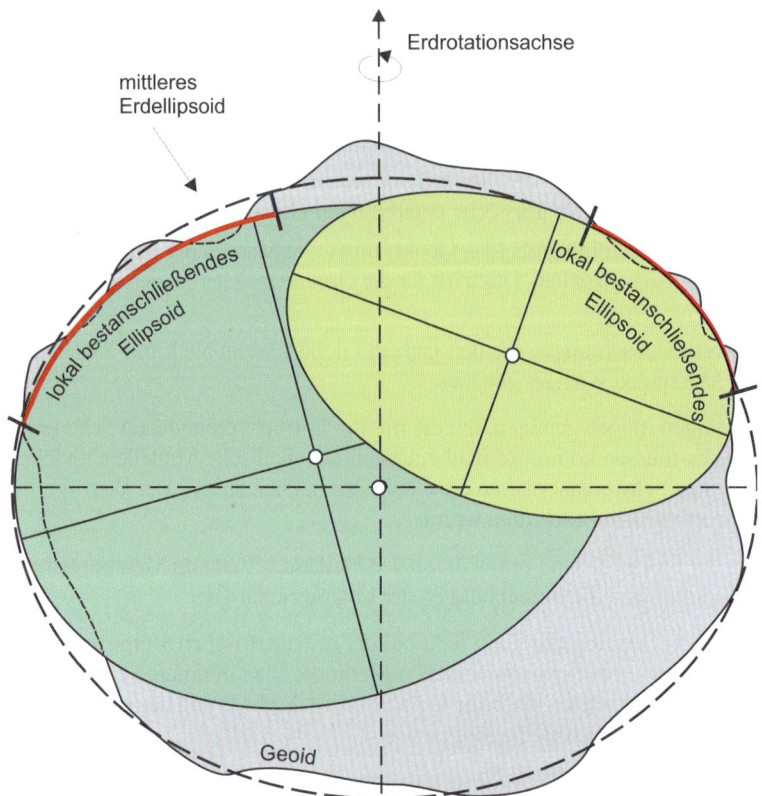

Abb. 1.18: Lokal bestanschließende Ellipsoide

1.2.2.6 Zusammenfassung

Die Frage nach der Figur der Erde ist gleichzusetzen mit der Frage nach der Figur der im Schwerefeld der Erde verlaufenden Horizontalfläche, die mit der mittleren Meeresoberfläche zusammenfällt. Diese Fläche wird als Geoid bezeichnet. Das Geoid ist wegen der ungleichen Verteilung der Massen im Erdkörper unregelmäßig und kann nicht durch eine geschlossene Formel beschrieben werden.

In erster Näherung kann das Geoid durch ein Rotationsellipsoid approximiert werden. Die Abweichungen zwischen einem derartigen Rotationsellipsoid und dem Geoid sind die Geoidhöhen oder Geoidundulationen. Deren Größe kann nur indirekt bestimmt werden. Genauere Kenntnisse über die Geoidundulationen gibt es erst, seitdem Satellitenbeobachtungen mit zur Berechnung verwendet werden können (s. Abschnitt 1.3). In dem zu dem geodätischen Bezugssystem WGS84 gehörenden Geoidmodell gibt es Geoidundulationen zwischen +65 m und –100 m. Am Kap der guten Hoffnung beträgt die Geoidundulation in diesem Modell +35 m, im Indischen Ozean –100 m. Ein Schiff, das auf dem mittleren Meeresspiegel vom Kap der guten Hoffnung (Südafrika) in den Indischen Ozean fährt, überwindet in diesem Geoidmodell also auf horizontaler Fläche einen geometrischen Höhenunterschied von 135 m (relativ zu dem Bezugsellipsoid). Diese absoluten Beträge der Geoidundulationen können aber leicht darüber hinwegtäuschen, wie gering die Geoidundulationen in Relation zu der Größe des Erdkörpers sind. Stellt man sich die Erde als Kugel mit einem Radius von 2 m vor, würden die Geoidundulationen Beträge in der Größenordnung von maximal 0,1 mm erreichen. Diese Beträge wären mit bloßem Auge nicht erkennbar und nur mit großem Aufwand messbar.

Das Maß für die Abweichung zwischen der großen Halbachse a und der kleinen Halbachse b eines Rotationsellipsoids ist die Abplattung f, die wie folgt definiert ist:

$$f = \frac{a-b}{a} \ .$$

Die Abplattung f der in der Geodäsie verwendeten Rotationsellipsoide liegt zwischen 1/297 und 1/300. Wenn wir einmal $f = 1/299$ unterstellen, führt dies bei einem Rotationsellipsoid mit einer großen Halbachse von 2 m zu einer kleinen Halbachse von 1,993 m. Auch hier wäre die Abweichung zwischen Rotationsellipsoid und Kugel mit dem Auge nicht erkennbar, aber – anders als bei den Geoidundulationen – mit relativ geringem Aufwand messbar.

Die Vergleiche des Erdkörpers mit einer Kugel von 2 m Radius sollen deutlich machen, wie gering in Relation zur Größe der Erdfigur die Abweichungen zwischen dem Modell „Kugel", dem Modell „Rotationsellipsoid" und dem Geoid sind. In der Navigation wird daher auch heute noch mit dem Erdmodell „Kugel" gerechnet. Bei höheren Genauigkeitsansprüchen muss das Kugelmodell jedoch durch ein Rotationsellipsoid ersetzt werden. Bei geodätischen Grundlagenvermessungen bzw. bei Untersuchungen zur Veränderung des Erdkörpers müssen auch die Geoidundulationen berücksichtigt werden.

1.2.3 Definition und Messung von Höhen

Aus rein geometrischer Sicht erscheint es sinnvoll, die Höhe eines Punkts der Erdoberfläche als ellipsoidische Höhe wie folgt zu definieren (s. Abb. 1.19):

Die ellipsoidische Höhe eines Punkts P ist
gleich der Länge des Lots vom Punkt P auf das Ellipsoid.

Würde man so verfahren, hätte man ein einheitliches System zur Darstellung von Lage- und Höhenkoordinaten der Punkte der Erdoberfläche. Ein derartiges Konzept ist aber mit Konsequenzen verbunden, von denen einige im Folgenden behandelt werden.

Die Praxis (z. B. Wasserbau) benötigt Höhenangaben relativ zu einer „waagerechten" Fläche. (Die Höhe einer ungestörten Wasseroberfläche soll überall gleich sein.) Waagerecht ist eine Fläche, die senkrecht zu den Lotlinien verläuft, also eine Niveaufläche. Sobald Lotabweichungen vorliegen, verlaufen die Niveauflächen nicht parallel zum Ellipsoid. Daher können ellipsoidische Höhen einer Wasseroberfläche deutlich unterschiedlich sein (s. Abb. 1.20). (Lotabweichungen liegen im Gebiet der Bundesrepublik Deutschland in der Größenordnung zwischen 0″ und 20″. Ein 10 km langer See hat, wenn in dieser Richtung die Lotabweichung 20″ beträgt, im System ellipsoidischer Höhen Höhendifferenzen bis zu 0,97 m.)

Eine andere Schwierigkeit bei Einführung von ellipsoidischen Höhen liegt darin, dass die Messgeräte zur Messung von Höhenunterschieden – die Nivelliere – Höhenunterschiede relativ zur Waagerechten (zu den Niveauflächen) liefern und ellipsoidische Höhenunterschiede erst durch Korrektur der Nivellementsergebnisse errechnet werden könnten. Die Einführung ellipsoidischer Höhen als Gebrauchshöhen ist also zumindest „unpraktisch".

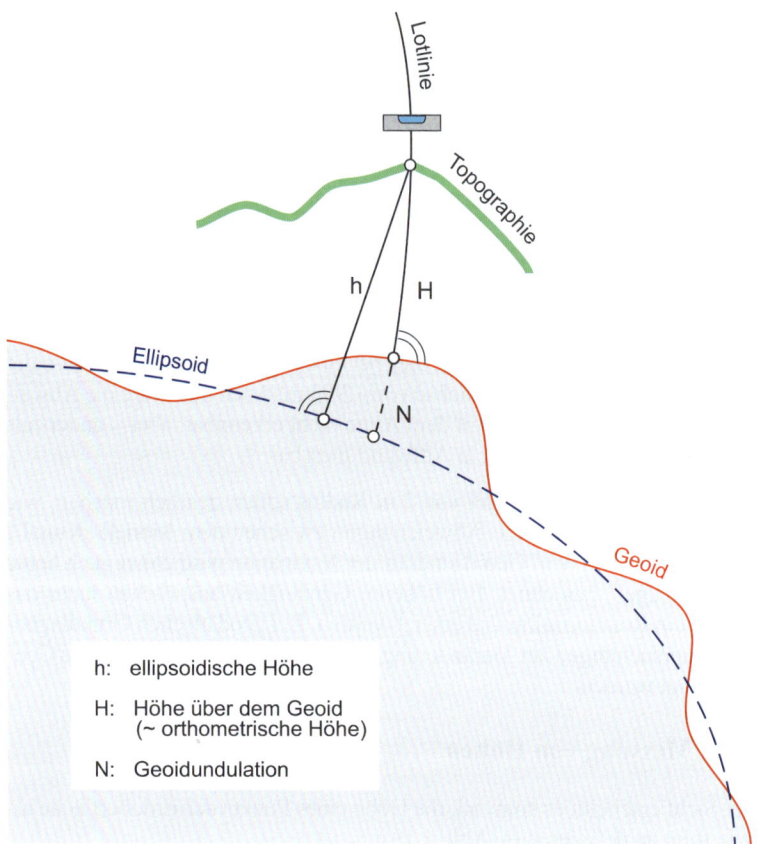

Abb. 1.19: Ellipsoidische Höhe h, Geoidhöhe, Geoidundulation

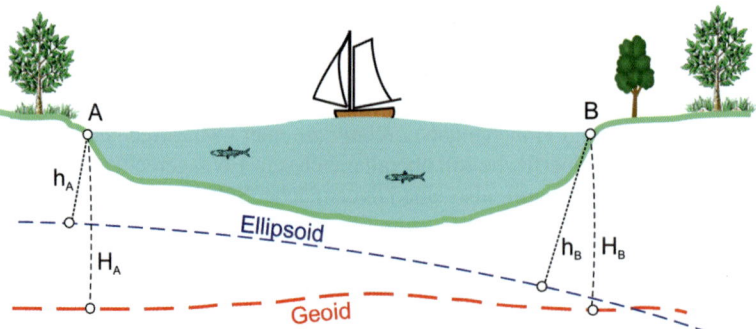

Abb. 1.20: Ellipsoidische und orthometrische Höhen einer Wasseroberfläche

Da das Geoid nach seiner Definition eine Fläche ist, die waagerecht verläuft, ist es naheliegend, das Geoid als Bezugsfläche für Höhenmessungen einzuführen. Doch auch dabei gibt es einige Probleme.

Zunächst einmal lässt sich das Geoid als mathematische Figur – so wie es C. F. Gauß getan hat – *definieren*, aber (s. Abschnitt 1.2.2.4) nur mit begrenzter Genauigkeit und nicht ohne willkürliche Annahmen realisieren. (Wo verläuft die idealisierte Meeresoberfläche?) Dieses Problem ist für den Praktiker nicht besonders wichtig, da es bei fast allen Anwendungen nur auf „relative" Höhen, auf Höhenunterschiede innerhalb des Messgebiets ankommt.

Wenn man nun – ausgehend von einer aus langjährigen Pegelbeobachtungen gewonnenen mittleren Meereshöhe – ein großräumiges Höhenfestpunktfeld für die Landesvermessung schafft und dabei durch geometrisches Nivellement (s. Abb. 1.21) gewonnene Höhenunterschiede ohne Korrekturen zur Berechnung der Höhen benutzt, kommt man zu einem zunächst unerwarteten Ergebnis: Bei der Berechnung großräumiger Schleifen bei einem Nivellement, bei dem Anfangs- und Endpunkt identisch sind, ist die Summe aller Höhenunterschiede nicht, wie zu erwarten, immer gleich null. Die Abweichungen von dem erwarteten Wert „null" sind so groß, dass Messunsicherheiten als Ursache dafür auszuschließen sind.

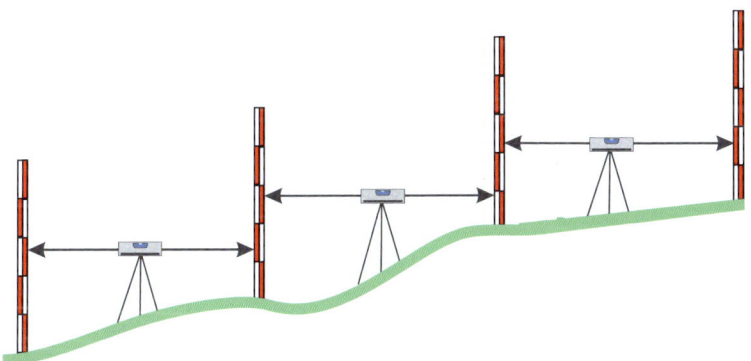

Abb. 1.21: Geometrisches Nivellement

Eine Erklärung dafür erhält man, wenn physikalische Aspekte mit in die Überlegungen einbezogen werden:

Das Geoid ist eine der unendlich vielen Niveauflächen des Schwerefelds der Erde. Wenn man einmal von Reibungskräften absieht, wird beim Transport eines Körpers von einem Punkt einer Niveaufläche zu einem anderen Punkt derselben Niveaufläche weder Energie gewonnen noch wird dem Körper zusätzliche Energie zugeführt. Die Lageenergie (potenzielle Energie) eines Körpers auf einer Niveaufläche ist also konstant.

Die Niveauflächen des Schwerefelds haben weiter die Eigenschaft, dass gleiche Niveauflächen das gleiche „Schwerepotenzial" haben.

Dieser Begriff soll erläutert werden:

Die Energie pro Masseneinheit, die aufgewendet werden muss, um eine Masse in einem Schwerefeld von einem Punkt P_0 zu einem von der das Schwerefeld erzeugenden Masse unendlich weit entfernt gelegenen Punkt P_∞ zu verlagern, nennt man das Schwerepotenzial des Punkts P_0.

Das Schwerepotenzial eines im Schwerefeld einer Kugel mit der Masse M gelegenen Punkts lässt sich wie folgt berechnen (s. Abb. 1.22):

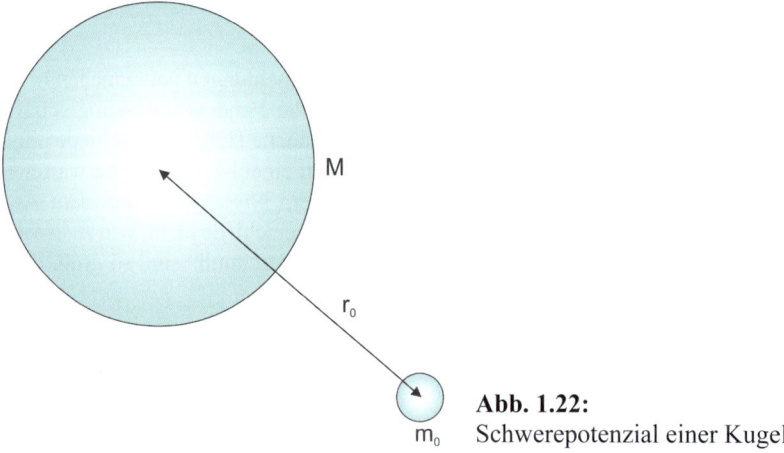

Abb. 1.22:
Schwerepotenzial einer Kugel

Nach dem Gravitationsgesetz von Newton wirkt auf die Prüfmasse m_0 (Masseneinheit), die sich im Abstand r_0 vom Massenmittelpunkt der kugelförmigen Masse M befindet, die Kraft:

$$F = G \frac{m_0 M}{r_0^2}. \tag{1.4}$$

Dabei ist G die Gravitationskonstante, eine Naturkonstante, deren numerischer Wert aufgrund sorgfältiger Messungen auf

$$(6,672 \pm 0,004)\ 10^{-11} \mathrm{m^3 kg^{-1} s^{-2}}$$

geschätzt wird (vgl. **Committee on Data** for Science and Technology (CODATA) system of physical constants 1973).

Bei der Überführung der Prüfmasse vom Abstand r_0 zum Abstand $r_0 + dr$ wird die Arbeit

$$dE = F \cdot dr \tag{1.5}$$

geleistet.

Die bis zum Abstand $r = \infty$ zu leistende Arbeit ergibt sich aus der Integration der Gleichung (1.4):

$$E = \int_{r_0}^{r_\infty} F dr = G \int_{r_0}^{r_\infty} \frac{m_0 M}{r_0^2} dr = G m_0 M \left(-\frac{1}{\infty} + \frac{1}{r_0}\right) = m_0 \frac{G M}{r_0}. \tag{1.6}$$

Um zum Schwerepotenzial (Energie [= Arbeit] pro Masse) zu kommen, wird Folgendes gebildet:

$$w_0 = \frac{E}{m_0} = \frac{G M}{r_0}. \tag{1.7}$$

W_0 ist das Schwerepotenzial eines im Schwerefeld einer Kugel mit der Masse M im Abstand r_0 vom Massenmittelpunkt gelegenen Punkts.

Sofern die Lageenergie eines Körpers auf einer Fläche konstant ist, ist auch das Schwerepotenzial (im Folgenden als Potenzial bezeichnet) dieser Fläche in allen Punkten konstant. Dies kann man sich mit folgender Überlegung vor Augen führen (s. Abb. 1.23):

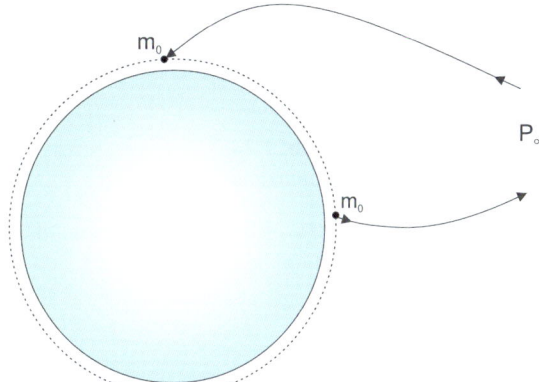

Abb. 1.23:
Schwerepotenziale und Lageenergie

Zur Verschiebung eines Körpers der Masse m von einem Punkt P_0 einer Niveaufläche zu einem unendlich weit gelegenen Punkt P_∞ muss die Energiemenge E_0 aufgewendet werden. Diese Energiemenge entspricht der Energie pro Masseneinheit:

$$W_0 = \frac{A_0}{m} = \frac{[\text{Energie}]}{[\text{Masse}]} = [\text{Potenzial}] . \tag{1.8}$$

Bei der Rückkehr von P_∞ zum Punkt P_1, der auf der gleichen Niveaufläche liegt wie P_0, könnte die Energie A_1 gewonnen werden. Die Verlagerung der Masse vom Punkt P_1 zum Punkt P_0 verläuft ohne Gewinn oder Verlust von Energie. Wäre die zurückgewonnene Energie A_1 größer als die aufgewendete Energie A_0, könnte der alte Zustand wiederhergestellt und dabei Energie gewonnen werden. Dies aber ist ein Widerspruch zum Energieerhaltungssatz. Daraus ergibt sich, dass die Energie pro Masseneinheit, die aufgewendet werden muss, um einen Körper von einem beliebigen Punkt einer Niveaufläche zu einem unendlich weit entfernt liegenden Punkt zu verlagern – das Potenzial –, für alle Punkte einer Niveaufläche konstant ist. Niveauflächen werden daher auch

Äquipotenzialflächen

genannt.

Wir wollen jetzt einmal die Anordnung der Äquipotenzialflächen um den Erdkörper (kugelsymmetrisches Erdmodell) betrachten.

Wenn die Masseneinheit m_0 vom Punkt P_0 aus um den Betrag Δh gegen die Richtung der Schwere $\mathbf{g}$ zum Punkt P_{01} angehoben wird (s. Abb. 1.24), so erfährt die Masseneinheit eine Energiezufuhr ΔE um den Betrag

$$\Delta E = \mathbf{g} \cdot m_0 \cdot \Delta h$$
$$[\text{Kraft}] \times [\text{Weg}] = [\text{Arbeit}] = [\text{Energie}] . \tag{1.9}$$

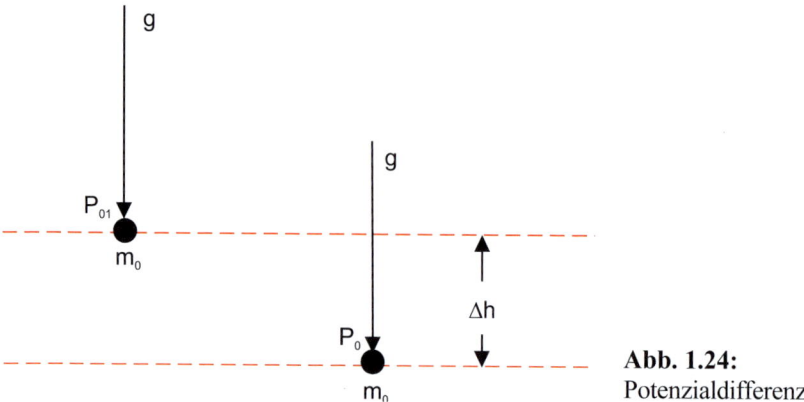

Abb. 1.24:
Potenzialdifferenz

Diese Energie muss bei der Verlagerung von m_0 zu einem Punkt P_∞ nicht mehr geleistet werden. Das Potenzial (die Energie pro Masseneinheit) des Punkts P_{01} ist um den Betrag

$$\frac{\Delta E}{m_0} = \mathbf{g} \cdot \Delta h \qquad \text{Dimension:} \qquad \left[\frac{\text{m}^2}{\text{s}^2}\right] \tag{1.10}$$

geändert worden. Die Größe $\mathbf{g} \cdot \Delta h$ ist daher die Potenzialdifferenz der durch P_0 bzw. P_{01} laufenden Äquipotenzialflächen.

In Gleichung (1.10) ist $\mathbf{g}$ die Schwerebeschleunigung, die eine Resultierende aus der Gravitation und der aus der Erdrotation folgenden Fliehkraft darstellt (s. Abb. 1.25). Während man die Gravitation – zumindest bei kugelsymmetrischem Aufbau des Erdkörpers – für den ganzen Erdkörper als konstant ansehen kann, ist die Fliehkraft als Auswirkung der Erdrotation breitenabhängig (an den Polen ist sie gleich null, am Äquator erreicht sie ihr Maximum).

F_s Schwereanziehung (Gravitation) F_z Zentrifugalbeschleunigung

g Schwerebeschleunigung

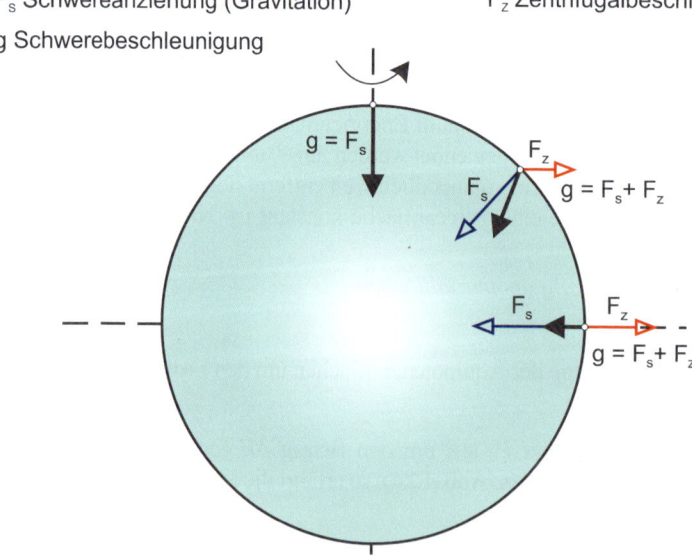

Abb. 1.25: Schwerebeschleunigung $\mathbf{g}$ als Funktion der geographischen Breite

Demnach ist die Schwerebeschleunigung als Resultierende aus Gravitation und Fliehkraft der Erdrotation breitenabhängig. D. h., die in der obigen Formel vorkommende Schwerebeschleunigung ist keine Konstante. Am Äquator ist der Einfluss der Erdrotation am größten und damit der Betrag des Schwerevektors **g** am kleinsten; am Pol gibt es keinen Einfluss der Erdrotation auf den Schwerevektor, **g** erreicht dort seinen größten Betrag (der Betrag des Schwerevektors **g** schwankt zwischen 9,78 ms^{-2} am Äquator und 9,83 ms^{-2} am Pol). Richtung und Betrag des Schwerevektors **g** sind also eine Funktion der geographischen Breite. Es gilt folglich:

$$\mathbf{g}_{\ddot{A}q} < \mathbf{g}_{Pol} . \tag{1.11}$$

Daraus ergeben sich Konsequenzen.

Wir betrachten die benachbarten Horizontalflächen W_1 und W_2 (s. Abb. 1.26). Auf jedem Punkt einer Horizontalfläche haben identische Massen identische Lageenergien. Bei der Verschiebung einer Masse auf einer Horizontalfläche wird keine Höhe überwunden und somit keine Arbeit geleistet. Zwei benachbarte Horizontalflächen W_1 und W_2 unterscheiden sich dadurch voneinander, dass beim Übergang von W_1 nach W_2 die Masseneinheit den Energiezuwachs erfährt:

$$\Delta E_1^2 = m \cdot \mathbf{g} \cdot \Delta h . \tag{1.12}$$

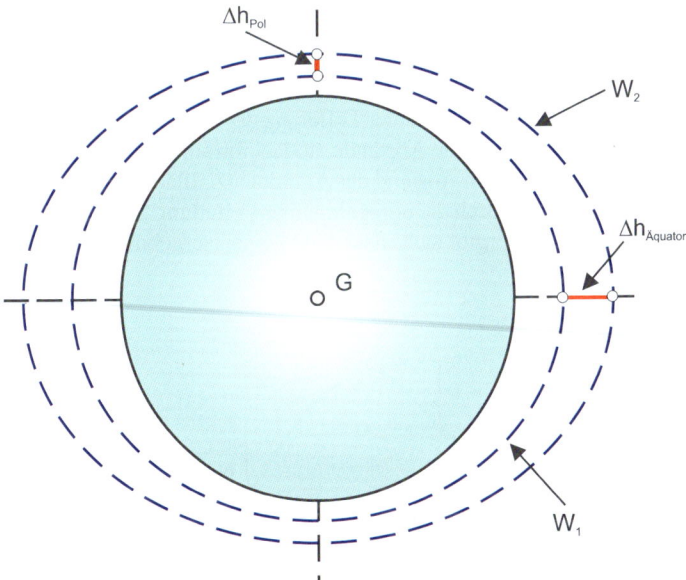

Abb. 1.26: Äquipotenzialflächen der Erdkugel

Wir machen jetzt gedanklich eine Reise und bilanzieren dabei die Lageenergie. Die Reise beginnt am Äquator auf W_1. Wir steigen dort zunächst auf W_2. Dies führt zu dem Energiezuwachs

$$\Delta E_1^2 = m \cdot \mathbf{g}_{\ddot{A}q} \cdot \Delta h_{\ddot{A}q} . \tag{1.13}$$

Auf der Horizontalfläche W_2 bewegen wir uns jetzt zum Pol. Da wir uns auf der Horizontalfläche bewegen, verläuft diese Reise mit dem Energiezuwachs = 0. Am Pol steigen wir von W_2 zurück auf W_1. Dies ist mit dem Energieverlust

$$\Delta E_2^1 = -m \cdot \mathbf{g}_{Pol} \cdot \Delta h_{Pol} \tag{1.14}$$

verbunden. Zum Abschluss unserer Reise kehren wir auf W_1 zu unserem Ausgangspunkt zurück.

Nach dem Energieerhaltungssatz können wir auf dieser Reise weder an Energie gewonnen noch verloren haben. Es gilt also:

$$\Delta E_1^2 + \Delta E_2^1 = 0 \tag{1.15}$$

und mit (1.13) und (1.14)

$$m \cdot \mathbf{g}_{\ddot{A}q} \cdot \Delta h_{\ddot{A}q} - m \cdot \mathbf{g}_{Pol} \cdot \Delta h_{Pol} = 0 \tag{1.16}$$

bzw.

$$\mathbf{g}_{\ddot{A}q} \cdot \Delta h_{\ddot{A}q} = \mathbf{g}_{Pol} \cdot \Delta h_{Pol}. \tag{1.17}$$

Wegen $\mathbf{g}_{\ddot{A}q} < \mathbf{g}_{Pol}$ (s. 1.11) folgt:

$$\Delta h_{\ddot{A}q} > \Delta h_{Pol}. \tag{1.18}$$

Benachbarte Äquipotenzialflächen (Flächen mit konstanter Differenz der Lageenergie: benachbarte Horizontalflächen) haben also unterschiedliche Abstände, anders formuliert: Sie verlaufen nicht parallel. (Die Konvergenz kann pro 1.000 m Abstand der Äquipotenzialflächen 0,01 % der jeweiligen Horizontalentfernung erreichen.) Durch die unregelmäßige Verteilung der Massen im Erdkörper wird dies noch verstärkt. Daraus ergibt sich, dass Nivellementsergebnisse wegeabhängig sind (s. Abb. 1.27).

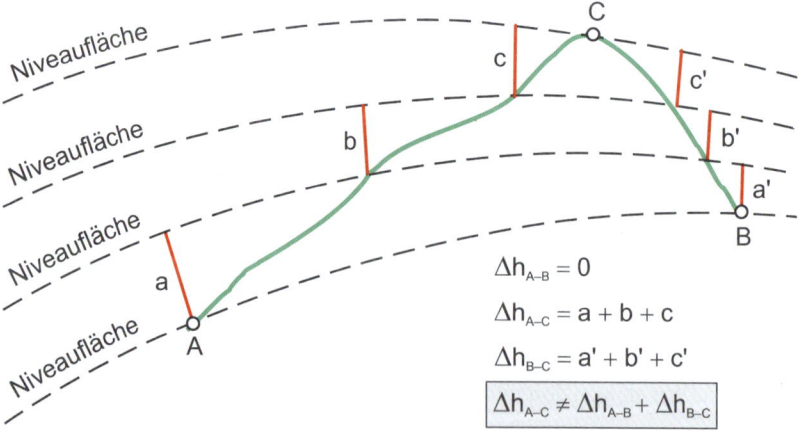

Abb. 1.27: Wegeabhängigkeit des geometrisches Nivellements

Es gibt für dieses Problem eine Lösung. Zusätzlich zu den Höhen müssen die Beträge des Schwerevektors gemessen werden. Man erhält dann als Messgröße

$$\sum_{i=1}^{n} \mathbf{g}_i \cdot \Delta h_i .$$

(1.19)

Dies ist die in Formel (1.10) vorgestellte *Potenzialdifferenz*. Sie ist wegeunabhängig, da die bei der Verlagerung einer Masse von einem Punkt zu einem anderen gewonnene oder verloren gegangene Lageenergie wegeunabhängig ist. Aus der Addition gemessener Potenzialdifferenzen mit dem Potenzial des Geoids entstehen *geopotenzielle Koten*. Sofern man über genügend Schwerebeobachtungen verfügt, um geopotenzielle Koten einführen zu können, muss aber auch noch eine Lösung dafür gefunden werden, dass geopotenzielle Koten die Dimension $[m^2/s^2]$ haben, nicht aber die in der Praxis benötigte Dimension einer Länge (s. Gleichung (1.10)). Dies wird durch Division der geopotenziellen Koten durch einen mehr oder minder hypothetischen Schwerewert erreicht (Wolf 1974).

Die Umsetzung dieser Erkenntnis in die vermessungstechnische Praxis bereitet jedoch erhebliche Schwierigkeiten. Während Höhenunterschiede mithilfe von Nivelliergeräten leicht, schnell und sehr genau gemessen werden, ist die Messung von Schwerewerten nur mit großem Aufwand – und damit erheblichen Kosten – möglich. Dies ist der Grund dafür, dass zum Beispiel in der Bundesrepublik Deutschland ein modernen Ansprüchen genügendes Schwerenetz erst Ende der 1980er-Jahre fertiggestellt wurde (Czuczor & Lux 1987). In vielen Ländern aber gibt es auch heute noch Höhensysteme, die ohne nennenswerte Schweremessungen erstellt wurden. Die Höhenangaben dieser Systeme müssen aus den geschilderten Gründen systematisch fehlerhaft sein. Da die Größenordnung dieser Fehler für viele praktische Anwendungen (Kartographie, Ingenieurvermessung) unbedeutend ist, wird sich dieser Zustand nicht sehr schnell ändern.

Das Problem der Festlegung des Ausgangspotenzials eines Punkts für ein System geopotenzieller Koten ist im Prinzip nicht schwieriger als die Festlegung der Ausgangshöhe eines Punkts. Beide Festlegungen sind ohne willkürliche Annahmen nicht möglich. Die übliche Festlegung eines über längere Zeiten gemittelten Pegelstands als Ausgangshöhe mit der Höhe „null" ist eine derartige Festlegung, deren Willkür wesentlich dazu beiträgt, dass z. B. identische Berge im Höhensystem Österreichs und Deutschlands unterschiedliche Höhen haben. Das Höhensystem Österreichs schließt an einen Pegel im Mittelmeer an, das Höhensystem Westdeutschlands an einen Nordseepegel.

Sofern man über genügend Schwerebeobachtungen verfügt, um geopotenzielle Koten einführen zu können, muss aber auch noch eine Lösung dafür gefunden werden, dass geopotenzielle Koten nicht die in der Praxis benötigte Dimension der Länge haben. Dies wird durch Division der geopotenziellen Koten durch einen mehr oder minder hypothetischen Schwerewert erreicht (Wolf 1974).

Eine in Europa häufig benutzte metrische Höhe ist die

orthometrische Höhe.

Die Höhendefinition für die orthometrische Höhe lautet (s. Abb. 1.19):

Die orthometrische Höhe ist die Länge der Lotlinie
vom Geländepunkt bis zum Geoid.

Diese Höhendefinition kann nur exakt realisiert werden, wenn der mittlere Schwerewert entlang der Lotlinie vom Punkt P bis zum Geoid bekannt ist (Heiskanen & Moritz 1985). Es gibt zahlreiche Ansätze, um den benötigten Schwerewert aus dem im Punkt P gemessenen Schwerewert zu interpolieren. In all diesen Ansätzen müssen Annahmen über das Verhalten der Dichte innerhalb der Erde getroffen werden. Alle Ergebnisse dieser Ansätze sind daher nur Näherungen an die tatsächliche orthometrische Höhe.

Abgesehen von dem Problem der Realisierung führt die orthometrische Höhe wegen der unterschiedlichen Abstände der Äquipotenzialflächen zu dem theoretisch unbefriedigenden Ergebnis, dass verschiedene Punkte einer Äquipotenzialfläche (einer „Waagerechten") verschiedene Höhen haben (s. Abb. 1.27). (Da die Unterschiede gering sind, spielt dies in der Praxis keine Rolle.)

Die orthometrische Höhe ist eine unter anderen metrischen Höhen. Daneben gibt es die *„dynamische Höhe"* und die *„Normalhöhe"*.

Seit einigen Jahren ist in Deutschland die Normalhöhe der amtlich eingeführte Höhentyp. Sie wird durch Division der geopotenziellen Kote durch den Schwerewert eines Niveauellipsoids gebildet. Dies soll näher erläutert werden (s. dazu Abb. 1.28).

- Niveauellipsoid (s. dazu auch Abschnitt 1.2.2.5)
  Das Niveauellipsoid der Erde ist ein Körper mit den *geometrischen Parametern* eines bestanschließenden Erdellipsoids (große Halbachse a und Abplattung f) und den *physikalischen Parametern* Masse und Winkelgeschwindigkeit des Erdkörpers. Das Niveauellipsoid hat die Eigenschaft, dass seine Oberfläche S eine Niveaufläche seines eigenen Schwerefelds ist. Für diesen auch als Äquipotenzialellipsoid bezeichneten Körper ist ein aus Gravitation und Zentrifugalbeschleunigung zusammengesetztes Normalschwerefeld berechenbar – auch in seinem Außenraum.

- Telluroid
  Ausgangspunkt ist ein z. B. durch einen Pegel festgelegtes Geoid. Die geopotenzielle Kote C_p eines Punkts P auf der Erdoberfläche ist dessen Potenzialdifferenz zu diesem Geoid. T ist der unterhalb von P liegende Punkt, dessen aus den Parametern des Niveauellipsoids berechnetes Normalpotenzial U_T die gleiche Potenzialdifferenz C_P zum Niveauellipsoid hat wie der Punkt P zum Geoid. Die durch alle möglichen Punkte T aufgespannte Fläche ist das *Telluroid*. Es verläuft nahe der Erdoberfläche.

- Quasigeoid
  Der Abstand H_N des Punkts T vom Niveauellipsoid kann aus seiner geographischen Breite, seinem *Normalpotenzial* berechnet werden. Trägt man vom Punkt P H_N nach unten ab, so liegt der abgetragene Punkt auf einer Fläche mit der Bezeichnung Quasigeoid.

- Normalhöhe
  Der Abstand H_N des Punkts auf dem Quasigeoid von der Erdoberfläche ist die Normalhöhe. Der Abstand des Quasigeoids vom Niveauellipsoid sind die Höhenanomalien ξ.

Mit den Ausführungen über die verschiedenen Höhentypen soll vor allem deutlich werden, dass Höhenangaben ebenso wie Lagekoordinaten der Landesvermessungen auf einer Vielzahl von Annahmen und Hypothesen beruhen, die in den einzelnen Ländern unterschiedlich festgelegt wurden. Z. B. sind die Höhenangaben Frankreichs und Deutschlands Normalhöhen, während die Höhen der an beide Länder angrenzenden Länder Belgien und Niederlande orthometrische Höhen sind.

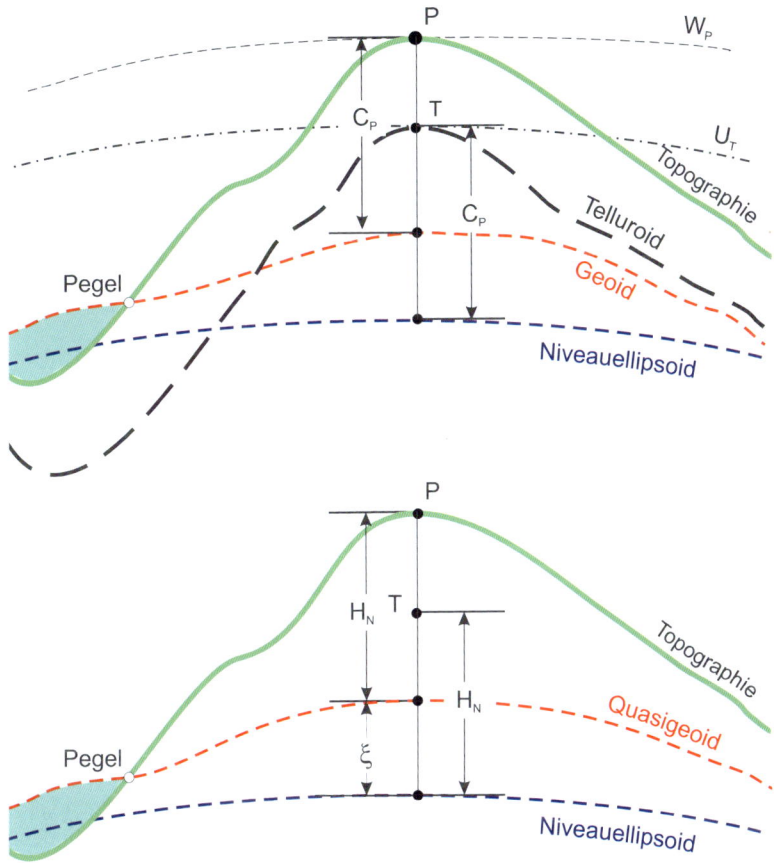

Abb. 1.28: Normalhöhen

Zusammenfassend kann das Problem der Höhenmessung wie folgt dargestellt werden:

(1) Die Höhenangaben einer Landesvermessung können immer nur so gut sein wie die zugrunde liegenden gravimetrischen Messungen. Diese Messungen liegen in vielen Ländern auch heute noch nicht in ausreichendem Maße vor. In vielen Ländern sind gravimetrische Messungen überhaupt nicht berücksichtigt.

(2) Höhenangaben hängen in signifikanter Weise (einige Meter) von den Hypothesen ab, unter denen die Schweremessungen zur Reduktion der Höhenmessungen herangezogen werden.

(3) Die weit verbreitete „orthometrische Höhe" bezieht sich auf eine mehr oder weniger gute „Näherung" des Geoids. Realisiert wird das Geoid durch langjährige Pegelbeobachtungen an Bezugspegeln. Da die mittleren Wasserstände an den Bezugspegeln der verschiedenen Landesvermessungen nicht notwendigerweise auf derselben Niveaufläche liegen, sind orthometrische Höhen verschiedener Landesvermessungen nicht notwendigerweise direkt miteinander vergleichbar.

(4) Es gibt keinen einfachen Zusammenhang zwischen ellipsoidischen Höhen und den Gebrauchshöhen der Landesvermessungen. Die Summe aus orthometrischer Höhe (Länge einer Raumkurve) und Geoidundulation (s. Abb. 1.19) ist nur eine verhältnismäßig günstige Näherung der ellipsoidischen Höhe.

Die Konsequenz aus den Punkten 1 bis 3 dieser Zusammenfassung ist, dass Höhenangaben verschiedener Landesvermessungen nicht miteinander vergleichbar sind. Die aus Satellitenvermessungen gewonnenen Höhen sind – wie noch zu zeigen ist – ellipsoidische Höhen relativ zum Ellipsoid des Satellitendatums und daher nicht direkt mit den Gebrauchshöhen der Landesvermessungen vergleichbar.

1.2.4 Stand der Erdmessung vor dem Satellitenzeitalter

Hofmann (1963) führte dazu Folgendes aus:

> *„Als der erste künstliche Satellit seinen Lauf um die Erde begann, wurde es offenbar, in welch eklatantem Rückstand sich die Geodäsie befand. Zwar haben sich seit den Zeiten von Gauß, Bessel und Bayer Geodäten aller Länder in gemeinsamer Anstrengung um die Erforschung der Größe und Figur der Erde bemüht. Wenn wir trotzdem bis heute noch kein einheitliches, die ganze Erde umspannendes geodätisches Punktfeld besitzen und daher beispielsweise eine Entfernung zwischen Europa und Amerika nicht genauer als etwa hundert Meter angeben können, so liegt das in erster Linie daran, dass die genaueste Methode der Geodäsie, die Triangulation, in ihrer klassischen Form an den Küsten der Weltmeere eine unüberwindbare Schranke findet und dass die gravimetrische Methode noch immer an der Lückenhaftigkeit der Schweredaten, zumal auf den Ozeanen, krankt."*

Draheim (1960) berichtet, dass O'Keef – ein amerikanischer Wissenschaftler – den mit den konventionellen Mitteln der Triangulation, Astronomie und Schweremessungen arbeitenden Geodäten mit einem blinden Mann vergleicht, der versucht, die Gestalt des Geoids herauszufinden.

Die von Bruns 1878 entwickelte Konzeption einer hypothesenfreien Vermessung des Erdkörpers in einem dreidimensionalen kartesischen Koordinatensystem (Wolf 1963) konnte aus messtechnischen Gründen nicht realisiert werden, und so blieb es bei dem Konzept der unterschiedlichen Bezugsflächen für Lage- und Höhenkoordinaten. Die lokal bestanschließenden Referenzellipsoide der Landesvermessungen wurden von Marussi als Parasiten, ungebetene Gäste, fantastische Figuren und heimtückische Elemente bezeichnet, durch deren Verwendung die begriffliche Entwicklung der praktischen Geodäsie sehr gelitten habe (Draheim 1960).

Der Umstand, dass bei der Landesvermessung auch heute noch diese Konzeption beibehalten wird, zeigt, dass sie für praktische Arbeiten der Landesvermessung nicht so schädlich ist, wie dies nach der temperamentvollen Charakterisierung durch Marussi erscheinen mag.

Eine genauere Kenntnis der Erdfigur war Ende der 1950er-Jahre – und ist auch heute – kein dringend zu lösendes Problem der konventionell arbeitenden Landesvermessung. Für einen Nautiker ist die aus unterschiedlich dimensionierten und gelagerten Erdellipsoiden herrührende Ortungsungenauigkeit von einigen Hundert Metern auf hoher See bzw. im freien Luftraum kein Problem. Die Ortung in küstennahen Bereichen bzw. über den Kontinenten konnte sich ohne Probleme auf die jeweiligen unterschiedlichen Referenzsysteme stützen. Die wissenschaftlich orientierte Erdvermessung aber benötigte für ihr Ziel, die geometrische Gestalt der Erde so genau wie möglich zu beschreiben, neue Techniken.

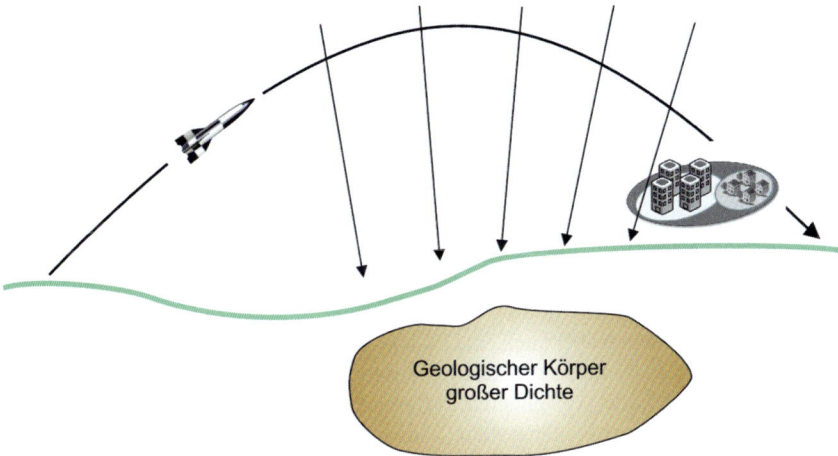

Abb. 1.29: Raketenbahn und Schwereanomalie

Dennoch kam der entscheidende Impuls zur noch genaueren Erforschung der Erdfigur von militärischer Seite, da dort der Wunsch nach weltweit arbeitenden Ortungsverfahren höchster Genauigkeit neben dem Wunsch nach noch genauerer Kenntnis des Erdschwerefelds als Voraussetzung für die exakte Berechnung von Raketenbahnen hohe Priorität hatte (s. Abb. 1.29). Die Grundlagen für die Realisierung dieser Wünsche lieferten in hohem Maß Satelliten und mit Satelliten mögliche geodätische Grundlagenforschungen (s. dazu z. B. Müller 1990).

1.3 Überblick über die Erdmessung mit Satelliten

1.3.1 Methoden der Satellitengeodäsie

Die Satellitengeodäsie gewinnt aus Messungen (Beobachtungen) zu künstlichen Satelliten geodätische Informationen.

Bei der Auswertung der Beobachtungen sind zwei Methoden zu unterscheiden:

1. die geometrische Methode,
2. die dynamische Methode.

1. Die geometrische Methode:
   Der Satellit wird in seiner Eigenschaft als hochfliegendes – und damit weit sichtbares – Hochziel genutzt. Man kann dieses Ziel von Punkten der Erdoberfläche, deren gegenseitiger Abstand einige 1.000 km beträgt, beobachten und auf diese Weise die Weltmeere überbrücken. Ähnlich wie bei Punkten eines terrestrischen Dreiecksnetzes, die bei Richtungsmessungen nur von außen angezielt werden, auf denen aber selbst nicht gemessen werden kann, können Koordinaten mithilfe des angezielten Satelliten übertragen werden, ohne dass die Koordinaten des Satelliten bekannt sein müssen.

Wegen der Bewegung des Satelliten müssen die Beobachtungen streng synchron durchgeführt werden. Dies führt zu Zeitübertragungsproblemen, die einen erheblichen Teil der Schwierigkeiten dieser Methode ausmachen. Bahndaten von Satelliten werden nur in dem Umfang benötigt, wie sie zum Auffinden der Satelliten erforderlich sind.

2. Die dynamische Methode:

Das Grundprinzip dieser Methode beruht darauf, dass die Bewegung des Satelliten eine Funktion des Schwerefelds der Erde ist. Der Satellit dient als Sensor im unbekannten Schwerefeld der Erde. Beobachtungen zum Satelliten liefern Informationen über seine Bewegung und die Bewegungen erlauben Rückschlüsse auf das Schwerefeld der Erde und damit auf das Geoid.

Da die Satellitenbeobachtungen aber auch eine Funktion der Koordinaten der Beobachtungsstation sind, lassen sich auch die Koordinaten der Beobachtungsstationen bestimmen. Die bei der dynamischen Methode verwendeten Differenzialgleichungen gelten grundsätzlich nur für ein geozentrisches Koordinatensystem. Man erhält also – wenn man mithilfe der dynamischen Methode Koordinaten von Beobachtungsstationen berechnet, Koordinaten im geozentrischen Koordinatensystem (Koch 1969).

1.3.2 Beobachtungsverfahren

Von Satellitenbeobachtungsstationen werden folgende Beobachtungen zu Satelliten gemacht:

- Richtungsbeobachtungen,
- Streckenbeobachtungen,
- Beobachtungen von Entfernungsänderungen.

Satelliten können selbst über Systeme verfügen, mit denen von ihnen Beobachtungen durchgeführt werden. Zu nennen sind:

- Entfernungsmessung Satellit – Meeresoberfläche (Altimetrie),
- Satellit-zu-Satellit-Beobachtung (**S**atellite-to-**S**atellite **T**racking; SST).

1.3.3 Ergebnisse der Satellitengeodäsie

Aus der Sicht des „Praktikers" kann man die Ergebnisse dieser Spezialdisziplin der Geodäsie wie folgt zusammenfassen:

- Es gibt weltweite geozentrische Koordinatensysteme in der Genauigkeitsgrößenordnung „wenige Zentimeter".
- Die Parameter des Erdschwerefelds sind mit sehr guter Genauigkeit bekannt.

Mit beiden Ergebnissen liegen die Voraussetzungen dafür vor, dass mit Satellitenvermessungsverfahren auch Messungen der praktischen Landesvermessung heute routinemäßig durchgeführt werden. Ebenfalls Routine ist die Ortung mithilfe von Satelliten.

Mit den satellitengestützten **G**lobalen **N**avigations-**S**atelliten-**S**ystemen (GNSS) der USA (GPS) und Russlands (GLONASS) werden Genauigkeiten im Bereich „cm" und besser bei vergleichsweise geringem Beobachtungs- und Auswerteaufwand erreicht. Insbesondere mit GPS gemachte Erfahrungen haben gezeigt, dass mit satellitengestützter Vermessung ein großer Teil der überirdischen terrestrischen Vermessungsaufgaben erledigt werden kann.

Bei der Lösung rein wissenschaftlicher Fragestellungen hat die Satellitengeodäsie u. a. wesentliche Beiträge geliefert zur

- Geoidbestimmung,
- besseren Kenntnis der Polschwankungen der Erde,
- Bestimmung der Erdgezeiten,
- Geodynamik.

Mithilfe von Satelliten ist der Erkenntnisstand der Geodäsie in einer Weise vorangetrieben worden, die vor wenigen Jahrzehnten noch fast undenkbar erschien. GNSS ist in der praktischen Vermessung ein Standardverfahren geworden. Es wird herkömmliche Verfahren nicht vollständig verdrängen können, ist aber in vielen Fällen an die Stelle jener getreten. Unter rein technischen Gesichtspunkten wird es zukünftig möglich sein, eine Ortung nahezu ausschließlich mithilfe von Satelliten durchzuführen. Dies wird aber erst dann umgesetzt werden können, wenn es zuvor gelingt, wesentliche administrative Aspekte zu lösen (z. B. Zertifizierungsprobleme, Garantien).

1.4 Referenzsysteme der Geodäsie – das Geodätische Datum

1.4.1 Referenzsystem, Datumsfestsetzung und Referenznetz

In Abschnitt 1.1 wurde dargelegt, dass es das Ziel der Landesvermessung ist, die Topographie und die Grundstücksgrenzen eines Landes zu erfassen und in Karten bzw. amtlichen Verzeichnissen darzustellen. Dies wird dadurch erreicht, dass topographisch markanten Geländepunkten und Grenzpunkten Zahlen zugeordnet werden, mit deren Hilfe die Gelände- bzw. Grenzpunkte eindeutig auf einer Fläche oder im Raum festgelegt werden. Diese Zahlen werden Koordinaten genannt. Auf der Grundlage der Koordinaten werden dann die Karten und amtlichen Verzeichnisse erstellt. In der Geodäsie sind die Koordinaten Zahlenpaare oder Zahlentripel, in Sonderfällen – durch Hinzunahme der Zeitinformation – auch Zahlenquadrupel.

Koordinaten können auf verschiedene Weise gewonnen werden; das Mittel, sie festzulegen, sind die Koordinatensysteme. Koordinaten und Koordinatensysteme sind abstrakte, mathematische Gebilde. Sie sind geodätisch erst dann nutzbar, wenn sie mit dem Erdkörper konzeptionell in Verbindung gebracht werden, wenn also Vereinbarungen über die Realisierung eines Koordinatensystems getroffen werden. Dazu gehören Verabredungen über Bezugsflächen und die Behandlung der geodätischen Messgrößen bei den Berechnungen. Dann entsteht aus einem mathematisch definierten Koordinatensystem ein geodätisches Referenzsystem. Wir definieren:

Ein geodätisches REFERENZSYSTEM ist die Summe der theoretischen Vereinbarungen zur Konkretisierung eines Koordinatensystems für geodätische Zwecke.

Die klassischen geodätischen Beobachtungsgrößen „Richtung", „Strecke", „Höhendifferenz" sowie aus zwei Richtungsbeobachtungen abgeleitete „Winkel" liefern Informationen über die relative Lage der Punkte eines geodätischen Netzes (z. B. eines TP-Netzes). D. h., die Beobachtungen beschreiben die innere Netzgeometrie, nicht aber die Anordnung des Netzes in dem Koordinatensystem. Ein Lagenetz kann beliebig verschoben und gedreht werden, ohne dass sich die Beobachtungsgrößen ändern.

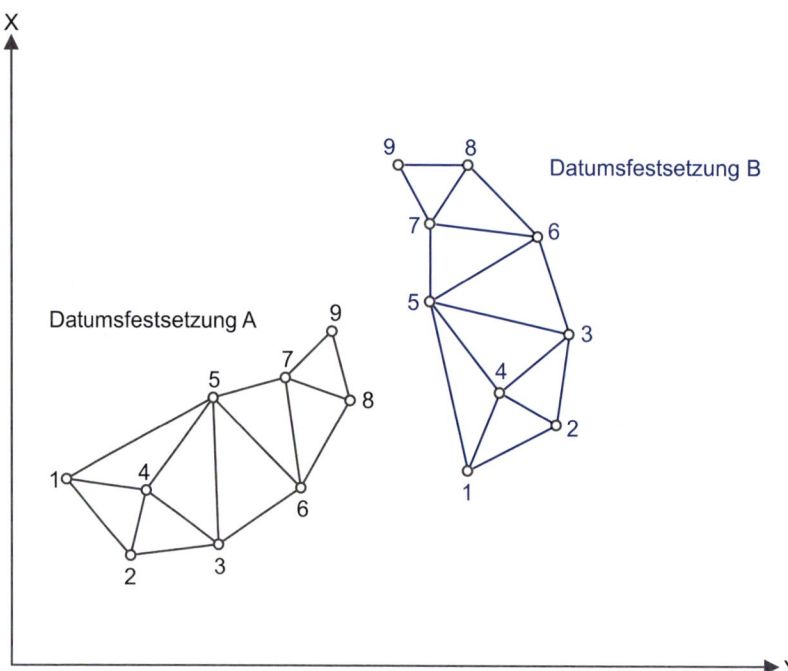

Abb. 1.30: Datumsproblem in einem ebenen Lagenetz

Abbildung 1.30 zeigt dies an einem hypothetischen Beispiel: Die zwei dargestellten geodätischen Lagenetze sind in ihrer inneren Geometrie identisch. Sie liegen aber auf unterschiedlichen Stellen in dem Koordinatensystem. Damit haben die einander entsprechenden Netzpunkte unterschiedliche Koordinaten. Ein geodätisches Lagenetz kann also nur berechnet werden, wenn vor Auswertung der Beobachtungsgrößen Verabredungen zur Anordnung des geodätischen Netzes in dem gewählten Koordinatensystem getroffen werden.

Dies gilt auch für Höhennetze. Die Beobachtungsgröße zur Berechnung von Höhen ist die Höhendifferenz. Zur Ableitung der Höhen aus Höhendifferenzen muss in einem Höhennetz über die Höhe eines Punkts im Netz (mit der Bezeichnung *Datumspunkt*) prinzipiell beliebig – natürlich zweckmäßig – verfügt werden. Wir definieren allgemein:

> *Die Verabredungen zur Anordnung eines geodätischen Netzes in einem gewählten Koordinatensystem werden DATUMSFESTSETZUNG genannt.*

Ausgehend von den gewählten Referenzsystemen (einschließlich den Datumsfestsetzungen) können mithilfe der geodätischen Beobachtungen für die auf dem Erdkörper vermarkten Punkte Lagekoordinaten und Höhen berechnet werden. So entsteht aus einem Referenz*system* ein Referenz*netz* (engl. reference *frame*), auf das bei weiteren Vermessungsarbeiten zugegriffen wird.

> *Das REFERENZNETZ ist die geodätische Realisierung des Referenzsystems.*

Solange Vermessungsingenieure und Nautiker in nur einem Referenznetz arbeiten, sind Kenntnisse über die grundsätzlichen Probleme im Zusammenhang mit verschiedenen Referenznetzen für die Praxis von untergeordneter Bedeutung. Für einen Vermessungsingenieur ist es in diesem Fall ausreichend, über folgende Informationen zu verfügen:

- Er muss das für das Referenznetz gewählte Modell der Erdfigur kennen, um die bei den Verdichtungsarbeiten gewonnenen Messgrößen auf dieses Modell reduzieren zu können.
- Er muss Kenntnisse über die Genauigkeit des Referenznetzes haben, um Widersprüche, die bei der Auswertung von Messungen in dem Referenznetz unvermeidlich sind, richtig zu verstehen und zu behandeln.

Seit einigen Jahren sind für die Praxis in Vermessung und Ortung diese Informationen nicht mehr ausreichend:

- Satellitengestützte Vermessungsverfahren spielen eine zunehmend größere Rolle. Bei satellitengestützter Messung arbeitet man allerdings i. d. R. nicht im Referenznetz der Landesvermessung des eigenen Landes, muss die Ergebnisse der Satellitenvermessung aber in das Referenznetz der Landesvermessung einpassen.
- Jeder Einzelstaat Europas hat seine eigenen Referenzsysteme und -netze für geodätische Messungen (s. Tabelle 1.1)[2]. Durch das Zusammenwachsen dieser Staaten gibt es jedoch zunehmend Anforderungen an das Vermessungswesen, die mit den unterschiedlichen Referenznetzen der Einzelstaaten nicht lösbar sind. Das für ganz Europa realisierte Lage-Referenznetz mit der Datumsbezeichnung *European Datum 1950* ist für diese Aufgaben nicht genau genug.

Tabelle 1.1: Geodätische Referenzsysteme in Europa (Auswahl)

Land	Lagevermessung		Höhenvermessung	
	Ellipsoid	**Lagerungspunkt**	**Datumspunkt**	**Höhensystem**
Frankreich	Clarke 1880	Pantheon	Marseille	Normalhöhe
Belgien	Hayford 1924	Ukkel	Ostende	orthometrisch
Niederlande	Bessel 1841	Amersfoort	Amsterdam	orthometrisch
Polen	Krassowski 1942	Pulkowo	Kronstadt	Normalhöhe
Österreich	Bessel 1841	Hermannskogel	Triest	normalorthometrisch
Schweiz	Bessel 1841	Bern	Marseille	orthometrisch
Italien	Hayford 1924	Rom	Genua; Catania	orthometrisch
Spanien	Hayford 1924	Potsdam (ED50)	Alicante	orthometrisch
Portugal	Bessel 1841	Lissabon	Cascais	orthometrisch

---

[2] Auf die in der Tabelle 1.1 verwendeten Begriffe „Lagerungspunkt", „Datumspunkt" und „Höhensystem" kommen wir noch zurück.

Im Zusammenhang mit diesen nationalen Referenzsystemen gibt es folgende Probleme:

Bei den Lagevermessungen:

- Die zu den Systemen gehörenden Rotationsellipsoide haben unterschiedliche große und kleine Halbachsen: Dies ist ein leicht überwindbares Problem.
- Die Figurenmittelpunkte der Ellipsoide fallen nicht zusammen und die Achsen der Ellipsoide verlaufen nicht parallel: Die Ellipsoide sind also unterschiedlich im Erdkörper gelagert. Dies ist ein schwer lösbares Problem.

Bei den Höhenvermessungen:

- Die Höhen beziehen sich auf unterschiedliche Datumspunkte (diverse Pegel). Die Höhenunterschiede zwischen den Pegeln sind nicht bekannt. Außerdem werden die gemessenen Höhendifferenzen nach unterschiedlichen Verfahren in Höhen umgerechnet. So entstehen unterschiedliche Höhensysteme.

Dies alles führt dazu, dass mit unterschiedlichen Lagekoordinaten und Höhen für im Grenzbereich von zwei Ländern liegende identische Punkte gerechnet werden muss (die Koordinaten von „Straßburg" sind anders als die Koordinaten von „Strasbourg"). Dies kann zu Schwierigkeiten führen. Bei der Einrichtung der Systeme im 19. Jh. waren diese Schwierigkeiten von untergeordneter Bedeutung. Sie wurden daher in Kauf genommen (s. Abschnitt 1.4.2).

Deutschland geht seit dem Jahr 2016 einen anderen Weg. Die traditionelle Trennung zwischen einem Referenzsystem für Lagevermessungen und einem Referenzsystem für Höhenvermessungen wurde aufgegeben. An deren Stelle trat der in Anhang A beschriebene „integrierte geodätische Raumbezug".

Neben nationalen Referenznetzen spielen in der Praxis von Vermessung und Ortung in Europa auch überregionale Lage-Referenznetze eine gewisse Rolle:

- für Seekarten und militärische Karten:
  das Referenznetz des *Europäischen Datums;*
- für Arbeiten mit dem US-amerikanischen satellitengestützten Navigationsverfahren GPS:
  das Referenznetz des *World Geodetic System 84 Coordinate System;*
- für Arbeiten mit dem russischen satellitengestützten Navigationsverfahren GLONASS:
  das Referenznetz *Parametri Zemli 1990;*
- als zukünftiges einheitliches Referenznetz für Europa ist vorgesehen:
  der *European Terrestrial Reference Frame 1989 (ETRF89).*

Auf diese Referenznetze kommen wir später noch zurück. Es existiert also in Europa, ebenso wie in anderen Erdteilen, eine Vielzahl nebeneinander bestehender geodätischer Referenzsysteme für geodätische Messungen und für Navigationsaufgaben. Dies zwingt den Praktiker dazu, sich mehr als bisher mit dem Begriff *„Referenznetz"* zu befassen. Dies soll in diesem Abschnitt geschehen.

Besonders wichtig ist das Verständnis dieser Probleme für die Navigation. Grenzüberschreitende Aufgaben sind für Navigatoren Alltagsarbeit. Wer z. B. als Flugzeugführer im Vertrauen auf die hohe Genauigkeit des Ortungssystems GPS ohne Berücksichtigung dieser Probleme den Flughafen Hamburg anfliegt, wird bei der Landung die unter Umständen tödliche Erfahrung machen, dass die Höhenangabe seines GPS-Sensors mit der Höhe, die für diesen Flugplatz in den topographischen Karten nachgewiesen ist, um ca. 40 m differiert: Das GPS zeigt ihm an, dass er noch ca. 40 m über dem Flugplatz fliegt, obgleich er schon Bodenberührung hat. Ein Schiffskapitän, der in ähnlicher Weise versucht, auf der Elbe den Hafen von Hamburg anzusteuern, wird sein Schiff ca. 120 m außerhalb der Mitte der Fahrrinne manövrieren. Dies würde in der engen Elbe zu Grundberührungen führen.

Daher sollen in den folgenden Abschnitten die Verfahren, die bei der Datumsfestsetzung geodätischer Referenznetze angewendet wurden oder werden, ein wenig genauer beschrieben werden. Dabei geht es vor allem darum, ein Bewusstsein für diese Probleme zu erzeugen. Es geht nicht um Einzelheiten, sondern lediglich um grundsätzliche Konzeptionen. Das Verständnis dieser Grundprinzipien ist notwendig, wenn man bei der Durchführung praktischer Arbeiten auf verschiedene Referenznetze gleichzeitig trifft. Dies ist – im Gegensatz zu früheren Zeiten – heute eher die Regel als die Ausnahme.

1.4.2 Datumsfestsetzung in konventionellen geodätischen Referenzsystemen

1.4.2.1 Datumsfestsetzung bei Lagevermessungen

In Abschnitt 1.2 wurde erläutert, dass in der Landesvermessung die aufgemessenen Geländepunkte auf ein mit der Erde verbundenes Rotationsellipsoid abgebildet werden (s. Abb. 1.11). Die horizontale Lage der auf das Ellipsoid projizierten Punkte wird durch die ellipsoidischen Koordinaten Länge λ und Breite φ beschrieben. Dies ist die grundlegende *Definition* des geodätischen Referenzsystems für Lagevermessungen in der Landesvermessung. Diese Definition muss noch um die Datumsfestsetzung ergänzt werden. Dabei werden Verabredungen über Dimension und Lagerung des gewählten Rotationsellipsoids im Erdkörper (Position des Figurenmittelpunkts im Erdkörper, Richtungen der Hauptachsen) getroffen. Die Lagerung erfolgt meist durch Verabredungen in Zusammenhang mit *einem* Netzpunkt: dem *Lagerungspunkt*.

In Abschnitt 1.2.2.4 wurde ausgeführt, dass die heute verwendeten Referenznetze für die Landesvermessung überwiegend schon im 19. Jh. geschaffen wurden. Bei der Datumsfestsetzung arbeitet man entsprechend den damaligen technischen Möglichkeiten überwiegend nach der *Zentralpunktmethode*, gelegentlich auch nach der *Mehrpunktmethode* (Wolf 1987).

Zentralpunktmethode
Konzeptionell wird bei dieser Methode in folgenden Schritten gearbeitet:
1. Ableitung geeigneter Ellipsoidparameter aus Gradmessungen.
   Die möglichen Konzepte sind in Abschnitt 1.2 beschrieben. Im Wesentlichen handelt es sich um die Messung der Bogenlängen von Meridianabschnitten durch Triangulationen. Daraus können Ellipsoidparameter abgeleitet werden. Leser, die an einer detaillierteren Beschreibung der bei Gradmessungen anzuwendenden Methoden interessiert sind, seien auf Pellinen & Deumlich (1982) verwiesen.
2. Bestimmung der astronomisch-geographischen Länge und Breite eines Netzpunkts.
   Der ausgewählte Netzpunkt P_0 wird als *Zentralpunkt* (auch *Fundamentalpunkt*) des Netzes bezeichnet. Die Bestimmung von Länge und Breite des Fundamentalpunkts erfolgt durch astronomische Beobachtungen. Bei diesen Beobachtungen werden die verwendeten Instrumente im Erdschwerefeld orientiert: Die Stehachse des Instruments fällt mit der Lotrichtung zusammen. Die so bestimmten *astronomischen Koordinaten* sind nichts anderes als die in einem astronomischen Koordinatensystem beobachteten Lotrichtungen im Beobachtungspunkt und haben zunächst keinerlei Zusammenhang mit einem wie auch immer gearteten Ellipsoid. Da ellipsoidische Koordinaten nicht zur Verfügung stehen, werden die astronomischen Koordinaten – eventuell mit einer zusätzlichen Höhenfestlegung – als ellipsoidische Koordinaten Länge λ, Breite φ und Höhe h für den Beobachtungspunkt definiert. Damit ist

das gewählte Ellipsoid mit dem Erdkörper in **einem** Punkt verbunden. Das Ellipsoid kann in diesem Punkt aber noch beliebig gedreht werden. Dies führt zu unterschiedlichen Lagerungen des Ellipsoids, die ellipsoidischen Koordinaten des Fundamentalpunkts bleiben dabei aber unverändert (s. Abb. 1.31a).

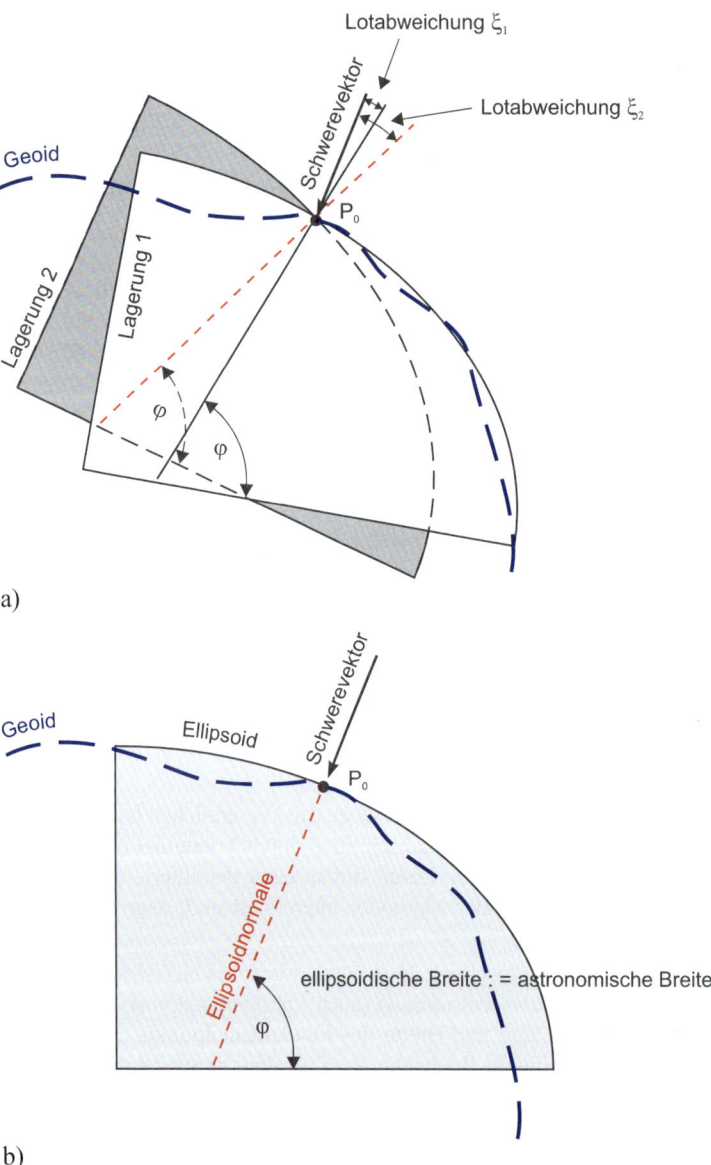

Abb. 1.31: Zentralpunktmethode: a) Unterschiedliche Ellipsoidlagerungen bei identischen ellipsoidischen Koordinaten des Fundamentalpunkts; b) Ellipsoidlagerung mit Lotabweichung „null"

3. Verfügung über die Richtung des Schwerevektors im Zentralpunkt relativ zur Ellipsoidoberfläche.

   Die Lotrichtung im Lagerungspunkt wird in der Regel als *Flächennormale* des Ellipsoids aufgefasst (Abb. 1.31b). Möglich ist aber auch, dass dem Fundamentalpunkt Lotabweichungen zugeordnet werden (Abb. 1.31a).

   Wenn über die Lotrichtung verfügt wurde, ist die Lage des Ellipsoids im Erdkörper immer noch nicht endgültig fixiert: Das Ellipsoid kann noch um eine Achse – um die Flächennormale im Zentralpunkt – gedreht werden, ohne dass sich die gewählten ellipsoidischen Koordinaten oder die Lotabweichungen ändern.

4. Festlegung des Azimuts vom Zentralpunkt zu einem anderen Punkt auf der Erdoberfläche.

   Auch diese Festlegung stützt sich auf astronomische Beobachtungen und damit auch auf das Schwerefeld. Da keine anderen Informationen zur Verfügung stehen, wird das astronomische Azimut als ellipsoidisches Azimut übernommen. Das Ellipsoid wird dabei so um die Flächennormale im Zentralpunkt gedreht, dass das ellipsoidische Azimut mit dem astronomischen Azimut übereinstimmt. Mit dieser Festlegung sind nunmehr die Lage des Ellipsoides im Erdkörper (Orientierung und Lagerung des Erdellipsoides) und gleichzeitig das Netz auf dem Ellipsoid eindeutig fixiert: Das Datumsproblem ist – bis auf den Netzmaßstab – gelöst.

Danach können die geodätischen Beobachtungen ausgewertet und ellipsoidische Koordinaten für alle Netzpunkte berechnet werden. Konzeptionell, aber auch wegen der unvermeidlichen Messunsicherheiten[3], entsteht so ein Referenznetz, dessen zugehöriges Rotationsellipsoid nicht geozentrisch gelagert ist und dessen Figurenachsen nicht zwangsläufig parallel zur Erdumdrehungsachse verlaufen. Da im 19. Jh. die Landesvermessungen der Länder ihre Referenznetze ohne Absprachen eingerichtet haben, haben die Rotationsellipsoide der entstandenen Referenznetze keinen gemeinsamen Figurenmittelpunkt und ihre Figurenachsen verlaufen nicht parallel.

Mehrpunktmethode

Im 20. Jh. wurde bei der Schaffung nationaler Referenzsysteme zur Datumsfestsetzung auch die *Mehrpunktmethode* (astronomisch, gravimetrisch) angewandt. Dabei geht man wie folgt vor:

   Nach einer vorläufigen Datumsfestsetzung nach der Zentralpunktmethode und Berechnung der ellipsoidischen Koordinaten der Netzpunkte werden auf ausgewählten Netzpunkten Lotabweichungen bestimmt. Dies kann mithilfe von astronomischen, gravimetrischen und topographischen Methoden geschehen. Auch können die Verfahren kombiniert angewendet werden. Dann wird das Ellipsoid so neu gelagert und orientiert, dass die Lotabweichungen minimiert werden (auch dazu gibt es unterschiedliche Ansätze).

Auch die Mehrpunktmethode führt zu nichtgeozentrischer Lagerung des verwendeten Rotationsellipsoids.

Ein Beispiel für ein nach der Mehrpunktmethode entstandenes Lagenetz ist das im Jahre 1947 entstandene, über ganz Europa ausgebreitete Lagenetz mit der Datumsbezeichnung *„Europäisches Datum (ED50)"*. Durch Minimierung der Quadratsumme der Lotabweichungen in den Zentralpunkten der einzelnen Ländernetze erreichte man eine in Bezug auf die einzelnen Ländernetze mittlere Lage und Orientierung des Netzes. Als Rotationsellipsoid wurde das internationale Ellipsoid von Hayford verwendet (Torge 2001). Das so entstandene Referenznetz wurde bis vor einigen Jahren in Europa in Seekarten und militärischen Karten verwendet. Ein anderes

---

[3] Z. B. ±0,1 – 0,2" für die Bestimmung von astronomischer Länge und Breite, ±0,3 – 0,5" für die Azimutbestimmung.

Beispiel ist das ebenfalls nach dem 2. Weltkrieg entstandene astronomisch-geodätische Lagenetz der damaligen Mitgliedstaaten des Warschauer Pakts (östliche Teile Europas, damalige Sowjetunion). Das dort verwendete Referenzellipsoid von Krassowski wurde nach einer vorläufigen Lagerung im Lagerungspunkt Pulkowo (bei St. Petersburg) durch Minimierung der astronomisch-geodätischen und gravimetrischen Lotabweichungen gelagert und orientiert.

1.4.2.2 Datumsfestsetzung bei Höhenvermessungen

Höhen- und Lageinformationen von Punkten des Erdkörpers dienen dazu, den Erdkörper – im Sinne der Trennfläche zwischen festem/flüssigem Erdkörper und der Atmosphäre – genügend genau zu beschreiben. Die im vorangehenden Abschnitt beschriebenen Rotationsellipsoide sind unter rein geometrischer Betrachtung auch als Referenzflächen für die Höhen geeignet. Als Höhen würde man dann ellipsoidische Höhen erhalten. In Abschnitt 1.2.3 wurde erläutert, dass ellipsoidische Höhen nicht nur unpraktisch sind – für großräumige ingenieurtechnische Aufgaben sind sie ungeeignet, u. U. läuft das Wasser „bergauf" –, sondern auch messtechnisch mit klassischen Messverfahren nicht realisiert werden konnten. Deshalb wird in der herkömmlichen Landesvermessung zwischen einer Referenzfläche für die Lagekoordinaten und einer Referenzfläche für die Höhenkoordinaten unterschieden. Diese getrennte Behandlung von Lage und Höhe durch die Einführung zweier getrennter Referenzflächen ist charakteristisch für die klassische Landesvermessung.

Höhenangaben beziehen sich in den meisten Fällen also auf das Geoid. Ähnlich wie bei der Bestimmung von Lagekoordinaten können Höhenwerte nur aus Informationen über die innere Geometrie der Höhenpunkte abgeleitet werden: aus gemessenen Höhendifferenzen. Dies bedeutet, dass für einen Punkt des Höhennetzes die Höhe „willkürlich" definiert werden muss: Dieser Punkt ist der *Datumspunkt des Höhennetzes*. Durch den Datumspunkt ist das Höhensystem eindeutig mit dem Erdkörper verbunden, das Datum des Höhensystems festgelegt. Als Datumspunkt wählt man meist eine durch langjährige Beobachtungen festgelegte Marke eines Meeresspiegels, der die am Pegel vorherrschende mittlere Meereshöhe kennzeichnet. Diese Marke erhält die Höhe „null". *Referenzfläche für die Höhenmessung* ist die durch den Datumspunkt verlaufende Fläche, auf der eine Masse ohne Gewinn oder Verlust an Lageenergie verschoben werden kann: die Äquipotenzialfläche im Datumspunkt. Aus Abschnitt 1.2.3 ging aber auch hervor, dass mit der Festlegung des Datumspunkts und der Referenzfläche das Problem der Auswertung von Nivellementsergebnissen nicht gelöst ist. Vielmehr müssen Modelle eingeführt werden, die die bei der Auswertung von Nivellementsmessungen zu berücksichtigenden Einflüsse des Schwerefelds der Erde einbeziehen (s. dazu z. B. Weber 1994).

Die Höhenangaben der europäischen Landesvermessungen beziehen sich auf unterschiedliche Pegel. Auch die Modelle zur Berücksichtigung der Schweremessungen und damit die Höhensysteme sind unterschiedlich (s. Tabelle 1.1). In vielen Staaten Europas werden noch orthometrische Höhen verwendet, in Deutschland seit 2016 Normalhöhen. Auch hier müssen wir festhalten, dass Höhen identischer Punkte wegen unterschiedlicher Systemfestsetzungen abweichend sein können.

Zur Einrichtung eines für ganz Europa gültigen einheitlichen Höhensystems mit einem angestrebten Genauigkeitsniveau für das Höhendatum von 0,1 m wurde seit 1955 das *United European Leveling Network (UELN)* betrieben. Der Datumspunkt dieses Netzes ist der Pegel von Amsterdam. Die Höhen in diesem Netz sollten Normalhöhen sein (Augath u. a. 1996). Auf der Grundlage von UELN wurde ab dem Jahr 2000 das European Vertical Reference System

(EVRS) definiert und als European Vertical Reference Frame (EVRF) realisiert. EVRF2007 ist seit 2008 Höhenbezugssystem für europäische Geoinformationen (Sacher & Liebsch 2015).

1.4.3 Datumsfestsetzung in globalen Referenzsystemen – das Geodätische Datum

Mit dem Einzug der Satellitenvermessung und anderer Raumtechniken konnten weltweit definierte globale geodätische Referenzsysteme geschaffen werden. Das dabei benutzte dreidimensionale, geozentrische kartesische Koordinatensystem ist wie folgt *definiert* (s. Abb. 1.32):

1. Koordinatenursprung: *Massenmittelpunkt der Erde (Geozentrum)*
2. Z-Achse: *Drehachse der Erde*
3. XZ-Ebene: *Definiert durch die Z-Achse und einen ausgesuchten Punkt auf der Erde (Sternwarte von Greenwich)*
4. Y-Achse: *Drehung der X-Achse um 90° gegen den Uhrzeigersinn*

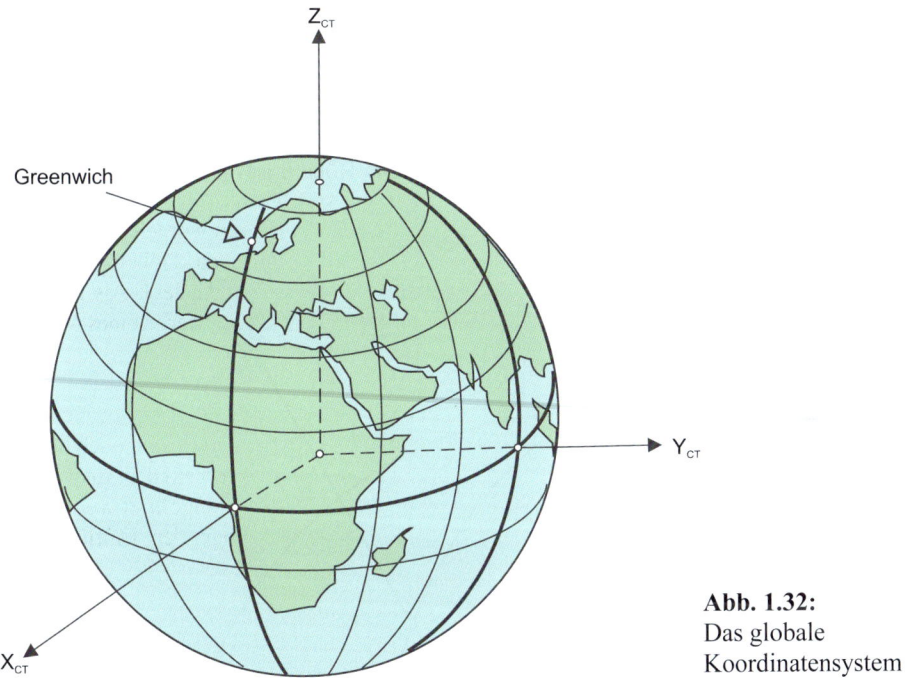

Abb. 1.32:
Das globale
Koordinatensystem

Wegen ihrer geozentrischen Lagerung und ihrer festen Verbindung mit der Erde werden die Koordinaten gelegentlich mit dem Kürzel ECEF (**E**arth-**C**entered **E**arth-**F**ixed) gekennzeichnet.

Bei der *Realisierung* eines globalen geozentrischen Referenzsystems ist man auf die Hilfe unterschiedlicher Satellitenverfahren und anderer Raumtechniken angewiesen (s. dazu Abschnitt 1.3). Bei der Verarbeitung der dabei entstandenen Beobachtungen müssen Verabredungen über eine Vielzahl von Parametern getroffen werden, die in die Berechnung der Koordinaten der

Punkte auf dem Erdkörper – also die Berechnung des Referenznetzes – einfließen: z. B. Lichtgeschwindigkeit, Erdumdrehungsgeschwindigkeit, Masse der Erde, Verhalten der Erdumdrehungsachse, das Schwerefeld der Erde (Geoidmodell). Man benötigt ein vollständiges geometrisches und geodätisches Weltmodell. Ein solches Modell wird als *geodätisches Weltsystem* bezeichnet (z. B. **W**orld **G**eodetic **S**ystem 19**84** (WGS84), **G**eodetic **R**eference **S**ystem 1980 (GRS80)). Diese Modelle beruhen letztlich auf einer Vielzahl von Konventionen. Daher werden die Koordinaten globaler kartesischer Koordinatensysteme häufig auch mit dem Kürzel „CT" (**C**onventional **T**errestrial) versehen (s. dazu auch Abschnitt 2.2).

Als Ergebnis der Realisierung des Systems erhält man dreidimensionale kartesische Koordinaten global verteilter Referenzstationen. Diese Koordinaten bestimmen indirekt die Lage und Orientierung des Koordinatensystems im Erdkörper. Sie sind also die Träger der Datumsfestlegung der globalen Referenzsysteme und gleichzeitig das Referenznetz des Systems.

Mithilfe eines kartesischen Koordinatensystems können alle Punkte des Erdkörpers beschrieben werden. Die dabei zu verwendenden X-, Y-, Z-Koordinaten sind jedoch wenig anschaulich. Daher führt man ein Rotationsellipsoid als *mittleres Erdellipsoid* ein, dessen Mittelpunkt mit dem Koordinatenursprung des CT-Systems übereinstimmt. Die Umrechung der X-, Y-, Z-Koordinaten in die anschaulicheren Werte Breite, Länge und (ellipsoidische) Höhe ist leicht durchführbar (s. dazu Abb. 1.33). Die ellipsoidische Breite eines Punkts P ist der Winkel φ, den das vom Punkt auf das Rotationsellipsoid gefällte Lot mit der X-Y-Ebene bildet. Die ellipsoidische Länge ist der Winkel λ, den die ellipsoidische Meridianebene durch P mit der Ebene des konventionell festgelegten Anfangsmeridians (Nullmeridian) bildet. Die Höhe h ist die Länge des Lots vom Punkt P bis zum Ellipsoid.

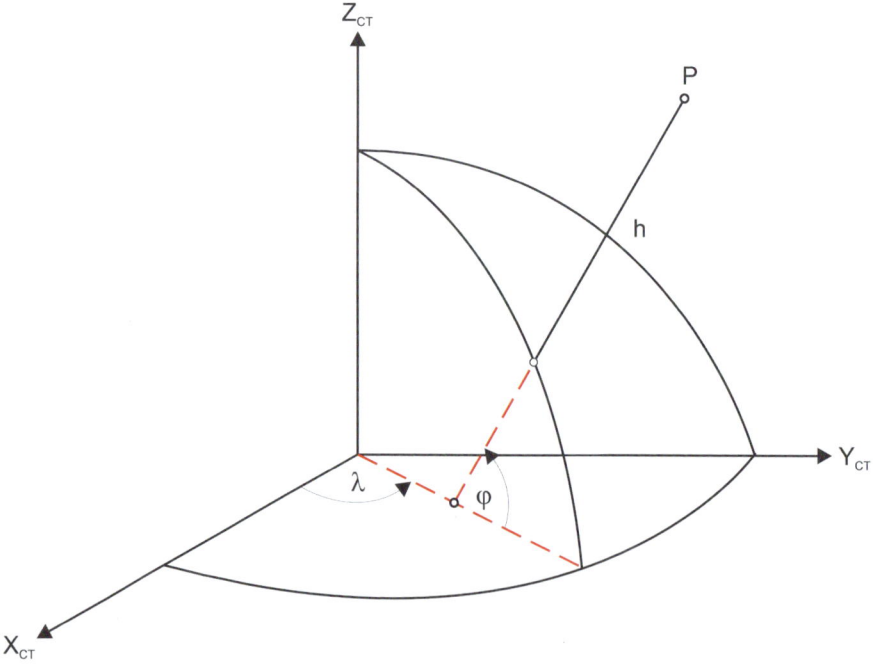

Abb. 1.33: Umrechnung kartesischer Koordinaten in ellipsoidische Koordinaten

Diese globalen ellipsoidischen Koordinaten sind lediglich eine andere mathematische Darstellung globaler kartesischer Koordinaten. Sie sind nicht identisch mit ellipsoidischen Breiten und Längen der herkömmlichen Landesvermessung (s. dazu Abschnitt 1.2.4) und nicht identisch mit astronomisch bestimmten geographischen Breiten und Längen (s. Abschnitt 1.2.2.3), auch wenn die numerischen Differenzen zwischen diesen unterschiedlichen Koordinaten oft sehr klein sind.

Anders als bei den konventionellen geodätischen Bezugssystemen gibt es bei den globalen kartesischen Referenzsystemen keine Trennung zwischen einem Referenzsystem für Lagemessungen und einem Referenzsystem für Höhenmessungen. Die Höhenangaben beziehen sich auf das mit dem globalen System vereinbarte globale Rotationsellipsoid, sind also ellipsoidische Höhen. Meist wird jedoch zusätzlich noch ein Bezug zu der „natürlichen Höhenbezugsfläche" – dem Geoid – hergestellt. Dazu dient ein globales Geoidmodell, welches mit der *berechneten* globalen mittleren Meeresoberfläche (Mean Sea Level) – nicht also mit einem bestimmten Wasserstand an einem bestimmten Pegel – übereinstimmt. Das Geoidmodell enthält Angaben über die Geoidhöhen: über die Abweichung des Geoids von dem verwendeten globalen Rotationsellipsoid. In Norddeutschland beträgt die Geoidhöhe in dem Geoidmodell des WGS84-Coordinate-Systems etwa 40 m. Um diesen Betrag muss man die ellipsoidische Höhe verringern, um auf eine Höhe über dem mittleren Meeresspiegel im Geoidmodell des WGS84-Coordinate-Systems zu kommen.

Die derzeit wichtigsten realisierten globalen Referenzsysteme sind:
- International Earth Rotation Service (IERS) Terrestrial Reference Frame (ITRF),
- World Geodetic System 84 Coordinate System (WGS84),
- European Terrestrial Reference Frame 89 (ETRF89),
- Parametri Zemli 90 (PZ90).

Diese globalen geozentrischen Referenzsysteme sind – entsprechend der obigen Definition – theoretisch identisch. Aus den unvermeidlichen Unsicherheiten bei der Realisierung ergeben sich aber auch hier Unterschiede: Koordinatenursprung und Koordinatenachsen fallen nicht exakt zusammen. Auf die damit verbundenen Probleme kommen wir noch zurück.

Aus den Ausführungen in Abschnitt 1.4.2 ergibt sich, dass die Figurenmittelpunkte der im 19. Jh. nach der Zentralpunktmethode geschaffenen regionalen Referenznetze mit dem Koordinatenursprung und den Figurenachsen eines globalen Referenzsystems nicht übereinstimmen. Dies führt zur Definition des Begriffs „Geodätisches Datum":

Diejenigen Parameter, die die Orientierung der Koordinatenachsen eines konventionellen geodätischen Koordinatensystems zu dem globalen geozentrischen Koordinatensystem beschreiben (drei Drehwinkel, drei Translationsparameter) und die Parameter des Referenzellipsoids des konventionellen geodätischen Koordinatensystems werden horizontales geodätisches Datum genannt *(Vanicek & Krakiwsky 1986).*

Von den zu diesem Datum gehörenden Werten sind immer die große und kleine Halbachse des Referenzellipsoids bekannt, aber nicht immer die Orientierung des Referenzellipsoides zu einem globalen geodätischen Koordinatensystem, also die wesentlichen Datumsparameter für die Rotation und Translation.

1.4.4 Datumstransformation

Bei der Durchführung von Vermessungs- und Ortungsaufgaben bestimmt man in der Praxis seine Position im Anschluss an ein gegebenes Referenznetz. Daher befinden sich z. B. mit satellitengestützten Ortungsverfahren gewonnene Koordinaten im Referenznetz des jeweiligen Satellitensystems. Dieses kann aus theoretischen Gründen nur ein globales geozentrisches Referenznetz sein. Gewünscht wird jedoch in den meisten Fällen eine Ortsinformation in dem jeweiligen lokalen Referenznetz. Dieses ist in fast allen Fällen ein nichtgeozentrisches konventionelles Referenznetz: Wer z. B. in Österreich mit GPS ortet, will die Ortsinformation in dem dort gültigen Referenznetz mit der Datumsbezeichnung „Austria Datum", nicht aber im Referenznetz des GPS, dem „WGS84-Coordinate-System". Daher müssen die mit dem Satellitenempfänger erhaltenen „WGS84-Koordinaten" in „Austria-Datum-Koordinaten" umgerechnet werden. Diese Umrechnung wird Datumstransformation genannt.

Um die Datumstransformation zu verstehen, führen wir uns vor Augen, dass ein im System der Landesvermessung gegebenes Rotationsellipsoid mit seinen Figurenachsen auch ein kartesisches Koordinatensystem definiert:

Koordinatenursprung: *Figurenmittelpunkt des Rotationsellipsoids*
Z-Achse: *Kleine Halbachse des Rotationsellipsoids*
X-, Z-Ebene: *Ellipsoidischer Nullmeridian*
Y-Achse: *Drehung der X-Achse um 90° gegen den Uhrzeigersinn*

Die in diesem System gegebenen ellipsoidischen Koordinaten können wir mithilfe von Standardformeln in kartesische Koordinaten überführen. Dabei gibt es aber folgendes Problem: Neben den Lagekoordinaten λ und φ benötigen wir die ellipsoidischen Höhen h der zu transformierenden Punkte. Wir müssen also die auf die Höhenbezugsfläche bezogenen Höhen in ellipsoidische Höhen umrechnen. Dazu benötigen wir ein für das konventionelle System geltendes Geoidmodell. Wir wollen dieses Problem aber für den Augenblick als gelöst ansehen. Dann können wir mit den in Abschnitt 2.3 gegebenen Formeln ellipsoidische Koordinaten in kartesische Koordinaten umrechnen.

Das so definierte kartesische Koordinatensystem der Landesvermessung kann sich von einem globalen kartesischen Koordinatensystem in folgenden Punkten unterscheiden (s. Abb. 1.34):

- Koordinatenursprung
  Während globale Systeme konzeptionell geozentrisch gelagert sind, ist dies bei konventionellen Systemen nicht der Fall. Die Abweichungen zwischen den Koordinatenursprüngen derartiger Systeme liegen in der Größenordnung von einigen 100 m.

- Richtung der Achsen der Koordinatensysteme
  Durch unvermeidliche Messungenauigkeiten bei der Realisierung konventioneller und globaler Systeme muss davon ausgegangen werden, dass die Koordinatenachsen nicht parallel sind. Die Abweichungen sind allerdings klein. Sie liegen in der Größenordnung weniger Bogensekunden.

- Maßstab
  Durch unvermeidliche Messungenauigkeiten muss davon ausgegangen werden, dass die Maßstäbe in beiden Systemen unterschiedlich sind.

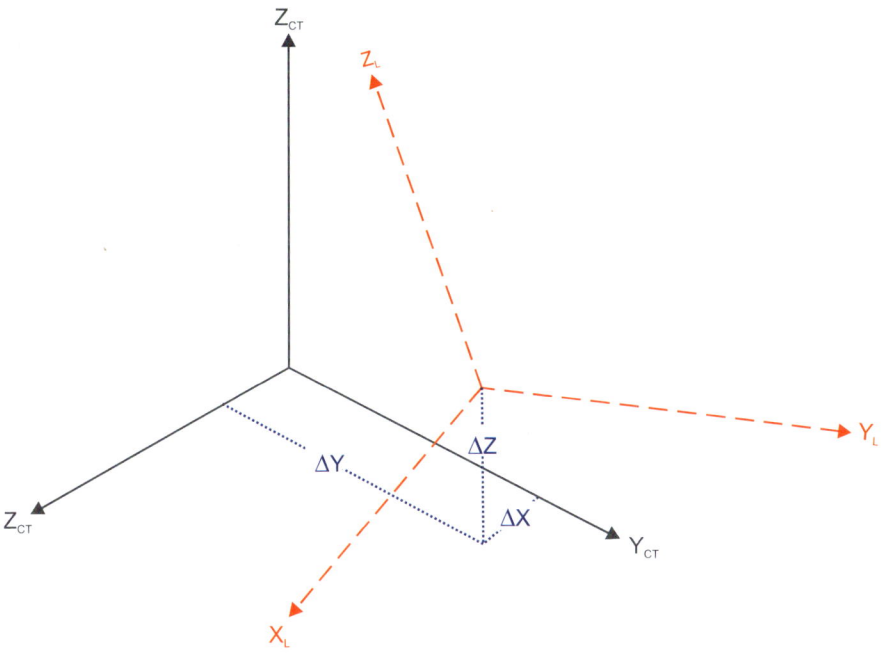

Abb. 1.34: Datumstransformation

Der Übergang zwischen beiden Systemen erfolgt demnach durch

- Verschiebungen des Koordinatenursprungs um Δx, Δy, Δz,
- Rotationen um die drei Koordinatenachsen,
- Änderung des Maßstabs.

Benötigt werden also sieben Transformationsparameter (drei Translationsparameter, drei Rotationsparameter, ein Maßstabsparameter), die bei rein mathematischer Betrachtungsweise berechnet werden können, wenn zwei Punkte mit ihren kartesischen Koordinaten in beiden Systemen bekannt sind und ein Punkt bekannt ist, für den je eine kartesische Koordinate in beiden Systemen vorliegt.

Der Zusammenhang zwischen den Koordinaten eines globalen Systems (X_{CT}, Y_{CT}, Z_{CT}) und den Koordinaten eines lokalen Datums (X_L, Y_L, Z_L) ist in guter Näherung durch das folgende Gleichungssystem gegeben:

$$\begin{bmatrix} X_{CT} \\ Y_{CT} \\ Z_{CT} \end{bmatrix} = \begin{bmatrix} \Delta X \\ \Delta Y \\ \Delta Z \end{bmatrix} + (1+\Delta) \cdot \begin{bmatrix} 1 & \Omega_Z & -\Omega_Y \\ -\Omega_Z & 1 & \Omega_X \\ \Omega_Y & -\Omega_X & 1 \end{bmatrix} \cdot \begin{bmatrix} X_L \\ Y_L \\ Z_L \end{bmatrix}. \tag{1.20}$$

In diesem System bezeichnet

Δ: *den Maßstabsparameter,*

Ω_X, Ω_Y, Ω_Z: *die Drehung der Koordinatenachsen,*

ΔX, ΔY, ΔZ: *die Translationsparameter zur Verschiebung des Koordinatenursprungs.*

Gleichung 1.20 ist die bekannte 7-Parameter-Datumstransformation. Sie ist in dieser relativ einfachen Form gültig, wenn die Rotationswinkel klein sind. Mit großen Drehwinkeln sähe sie etwas komplizierter aus. Rechnerisch stellt die Datumstransformation kein Problem dar: Das Problem ist die Beschaffung der Transformationsparameter. Darauf kommen wir in späteren Kapiteln noch zurück.

Bei geringen Genauigkeitsansprüchen und/oder sehr kleinen Messgebieten ist es häufig ausreichend, die Rotationsparameter zu vernachlässigen und mit folgenden Transformationsgleichungen zu arbeiten:

$$\begin{bmatrix} X_{CT} \\ Y_{CT} \\ Z_{CT} \end{bmatrix} = \begin{bmatrix} \Delta X \\ \Delta Y \\ \Delta Z \end{bmatrix} + \begin{bmatrix} X_L \\ Y_L \\ X_L \end{bmatrix} . \tag{1.21}$$

Die beschriebene Datumstransformation kann nicht nur zwischen einem globalen kartesischen Koordinatensystem und einem konventionellen Koordinatensystem durchgeführt werden, sondern darüber hinaus in gleicher Weise zwischen zwei unterschiedlichen konventionellen Systemen. In zwei konventionellen Systemen definieren die ellipsoidischen Koordinaten auch kartesische Koordinaten in Koordinatensystemen, die unterschiedlich im Erdkörper gelagert sind. Der Übergang zwischen beiden Systemen erfolgt auch hier durch

- Verschiebungen des Koordinatenursprungs um Δx, Δy, Δz,
- Rotationen um die X-Achse, Y-Achse, Z-Achse,
- Änderung des Maßstabs.

Benötigt werden also auch hier sieben Transformationsparameter.

Datumstransformationen können und werden also bei der Transformation zwischen allen denkbaren geodätischen Referenzsystemen durchgeführt. Die Transformationsgleichungen sind immer die gleichen. Schwierig ist immer die Beschaffung der Transformationsparameter.

1.4.5 Koordinaten der Landesvermessung

1.4.5.1 Ellipsoidische Koordinaten

Die originären Koordinaten der Landesvermessung sind die ellipsoidischen Koordinaten Breite λ und Länge φ (bezogen auf das verwendete Referenzellipsoid) und eine Höhenangabe bezüglich der Referenzfläche für die Höhenmessungen. Die originären Koordinaten der Landesvermessungen beziehen sich also auf unterschiedliche Referenzflächen.

1.4.5.2 Ebene kartesische Koordinaten

Geodätische Berechnungen auf dem Ellipsoid sind numerisch unbequem. Daher benutzt man in der vermessungstechnischen Praxis *Abbildungen des Ellipsoids* in eine Rechenebene. Dies führt zu *ebenen kartesischen (rechtwinkligen) Koordinaten*, gelegentlich auch als abgebildete Koordinaten bezeichnet. Die Achsen des zugehörigen Koordinatensystems fallen in der Regel mit einem Meridian und einem Breitenkreis zusammen. Ebene Koordinatensysteme sind im Vermessungswesen als Rechtssysteme definiert: Die Nord-Süd-Achse ist die X-Achse, die Ost-West-Achse die Y-Achse und der Drehsinn für die Winkel verläuft – wie bei den geodätischen Instrumenten – im Uhrzeigersinn. Da diese von der Mathematik abweichenden Konventionen insbesondere hinsichtlich der Bezeichnung der Koordinatenachsen gelegentlich zu Verwirrungen führen, werden die Y-Koordinaten in der deutschen Terminologie häufig auch als *Rechtswerte* und die X-Koordinaten als *Hochwerte* bezeichnet (in der englischen Terminologie: „*Eastings*", „*Northings*").

Eine Abbildung des Ellipsoids in eine Ebene ist ohne Verzerrungen nicht möglich. Man kann jedoch die Abbildung so wählen, dass die Verzerrungen gering bleiben und der größte Teil der in der Praxis anfallenden vermessungstechnischen Berechnungen in dem gewählten ebenen Koordinatensystem unter Verwendung der Formeln der ebenen Trigonometrie erledigt werden kann.

Die Abbildung kann in verschiedener Form durchgeführt werden. Zur Information seien ohne jeden Anspruch auf Vollständigkeit einige in Europa eingeführte Abbildungen aufgeführt:

- Transversale Mercator-Abbildung
  - Gauß-Krüger-Koordinaten (England, Russland)
  - UTM-Koordinaten (Deutschland, NATO-Karten, zukünftig ganz Europa)[4];
- Konforme Lambert-Abbildung (Frankreich, Belgien, Dänemark);
- Stereographische Abbildung (Holland, Polen, Rumänien);
- Konforme Doppelprojektion (Schweiz).

Auch aus diesen unterschiedlichen Abbildungen ergeben sich gelegentlich Missverständnisse. Bei Ortungsaufgaben wird jedoch fast nur mit ellipsoidischen Koordinaten gearbeitet.

1.5 Grundprinzipien der GNSS-Ortung

Die bei Weitem wichtigsten globalen Navigationssatellitensysteme (GNSS) sind derzeit das US-amerikanische GPS und das russische GLONASS. Das europäische GNSS Galileo hat 2016 den Status „Initial Operational Capability" (Anfangsbetriebsfähigkeit) erreicht. China entwickelt sein BDS genanntes GNSS. All diese GNSS arbeiten nach den gleichen, erstmalig beim US-amerikanischen GPS angewandten Grundprinzipien. In den folgenden Abschnitten sollen diese Grundprinzipien dargestellt werden.

1.5.1 Absolute Ortung (Stand-alone GNSS)

Alle modernen GNSS sind passive Systeme. Das bedeutet, der Nutzer eines GNSS *empfängt* mithilfe eines Empfängers Satellitensignale und kann daraus seine Position und Geschwindigkeit berechnen. Zusätzlich bekommt er eine Zeitinformation. Man kann auch formulieren: Ein GNSS beantwortet die Fragen:

1. Wo bin *ich*?
2. Wie schnell bewege *ich* mich?
3. Wie spät ist es?

Diese Informationen bleiben prinzipiell beim Empfänger. Das schließt nicht aus, dass in vielen Fällen die Weitergabe dieser Informationen an Dritte nützlich sein kann und auch erfolgt.

---

[4] Siehe dazu die Excel-Tabellen auf der Webseite http://www.vermessung-und-ortung-mit-satelliten.de/excel.html im Bereich „Transformationen".

Dazu sind aber Einrichtungen erforderlich, die von dem originären GNSS nicht zur Verfügung gestellt werden.

Die Ortsbestimmung erfolgt dadurch, dass der Empfänger mithilfe der Satellitensignale zunächst berechnet, wie lang die Strecken zwischen den Satelliten und dem Empfänger sind. Gemessen werden diese Entfernungen dadurch, dass die Satelliten zu nominell gleichen Zeitpunkten eine Abfolge von Signalen aussenden, deren Strukturen im Empfänger bekannt sind. Im Empfänger werden zu den gleichen Zeitpunkten im Wesentlichen gleiche Signale erzeugt. Da die Satellitensignale eine gewisse Zeit benötigen, um vom Satelliten zum Empfänger zu gelangen, sind die im Empfänger erzeugten Signale gegenüber den im Empfänger empfangenen Signalen zeitversetzt. Diese Zeitversetzungen ΔT_i ($i = 1$ … Anzahl der empfangenen Satellitensignale) werden gemessen. Die Produkte von $\Delta T_i \cdot v$ (v = Ausbreitungsgeschwindigkeit der Satellitensignale in der Atmosphäre) ergeben – sofern die Zeitversetzung fehlerfrei gemessen wurde und v bekannt ist – die Entfernungen zwischen den Satelliten und dem Empfänger (s. Abb. 1.35).

Zur Berechnung der Empfängerposition müssen im Empfänger die Satellitenpositionen zur Verfügung stehen. Diese Informationen sind in den Satellitensignalen enthalten. Wir können davon ausgehen, dass für den Empfänger mithilfe der in den Satellitensignalen enthaltenen Informationen die Satellitenkoordinaten im erdfesten, geozentrischen Koordinatensystem für jeden gewünschten Zeitpunkt berechenbar sind.

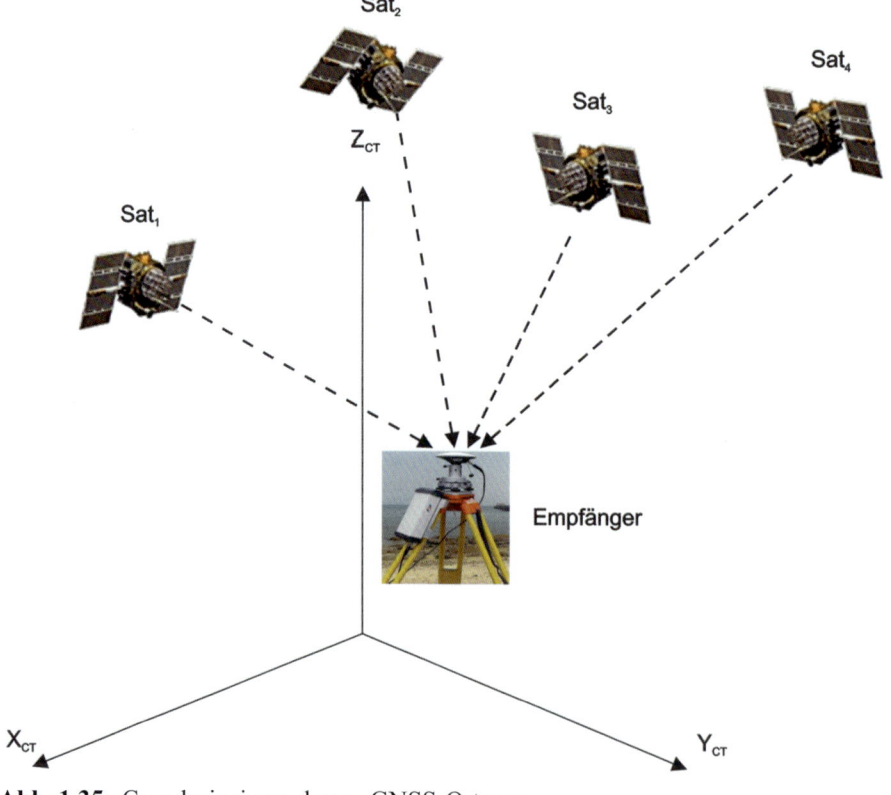

Abb. 1.35: Grundprinzip moderner GNSS-Ortung

Wir gehen zunächst davon aus, dass Strecken zu drei Satelliten und die zugehörigen Satellitenkoordinaten bekannt sind (in Abb. 1.35 sind vier Satelliten dargestellt).

Aus Abbildung 1.35 kann unter Verwendung des räumlichen Pythagoras folgendes Gleichungssystem abgelesen werden:

$$\left(\Delta T_i \cdot v\right)^2 = S_i^{\,2} = \left(X_i - X_E\right)^2 + \left(Y_i - Y_E\right)^2 + \left(Z_i - Z_E\right)^2 \; ; \; i = 1, 2, 3. \tag{1.22}$$

Dabei bezeichnet

ΔT_i:	die gemessenen Laufzeiten der Satellitensignale,
v:	die Ausbreitungsgeschwindigkeit der Satellitensignale,
X_i, Y_i, Z_i:	die bekannten Satellitenkoordinaten,
X_E, Y_E, Z_E:	die unbekannten Empfängerkoordinaten.

Gleichung 1.22 ist ein System von drei Gleichungen mit drei Unbekannten. Das Gleichungssystem ist also prinzipiell lösbar. Es bleibt aber ein Problem. Sofern eine nur annähernd befriedigende Genauigkeit bei der Koordinatenbestimmung erreicht werden soll, sind die Anforderungen für die im Empfänger durchgeführten Zeitmessungen so hoch, dass mit diesem Ansatz eine ausreichend genaue Lösung wirtschaftlich nur schwer zu realisieren ist.

Daher wird in den GNSS folgender Weg beschritten:
Es wird akzeptiert, dass die Uhr im Empfänger um einen unbekannten Betrag Δt vor- oder nachgeht, anders formuliert, es wird ein *Empfängeruhrenfehler* akzeptiert. Daher werden die Zeitmessungen im Empfänger zu falschen Zeitpunkten durchgeführt – zu früh oder zu spät. Dies führt zu einer falschen Streckenmessung. Die gemessenen Strecken werden daher auch *Pseudostrecken* genannt. Für eine *tatsächliche* Strecke vom Empfänger zum Satelliten gilt $S = (\Delta T + \Delta t) \cdot v$ mit ΔT = gemessene Laufzeit, Δt = unbekannter Uhrenfehler.

Damit wird aus Gleichung 1.22

$$\left(\Delta T_i \cdot v + \Delta t \cdot v\right)^2 = \left(X_i - X_E\right)^2 + \left(Y_i - Y_E\right)^2 + \left(Z_i - Z_E\right)^2 \; ; \; i = 1, 2, 3. \tag{1.23}$$

Wir müssen zusätzlich zu den drei Koordinatenunbekannten den Empfängeruhrenfehler Δt bestimmen. Es gibt also vier Unbekannte. Da dies für jeden Messzeitpunkt gilt, brauchen wir jederzeit Messungen zu mindestens vier Satelliten, um zu vier Gleichungen für die vier Unbekannten und damit zu einer genügend genauen Position zu kommen (s. Abb. 1.35). Die Gleichung zur Bestimmung der Empfängerposition lautet also:

$$\left(\Delta T_i \cdot v + \Delta t \cdot v\right)^2 = \left(X_i - X_E\right)^2 + \left(Y_i - Y_E\right)^2 + \left(Z_i - Z_E\right)^2 \; ; \; i = 1, 2, 3, 4. \tag{1.24}$$

Dies ist die für alle GNSS gültige Gleichung zur Ortsbestimmung.

1.5.2 Differenzielle Ortung

Bei den modernen GNSS können durch die oben geschilderte absolute Ortung Genauigkeiten im „Meterbereich" erreicht werden. Wenn die Anforderungen höher sind, muss eine differenzielle Ortung durchgeführt werden. Auch hier ist das Grundprinzip bei allen GNSS identisch.

Hauptursache für Fehler in der Positionsbestimmung sind die mangelnde Kenntnis der Ausbreitungsgeschwindigkeit der Satellitensignale in der Erdatmosphäre sowie ungenaue Bahndaten. Um diese und andere Fehlereinflüsse so gut wie möglich auszuschalten, wird ein Verfahren angewendet, das auch schon in terrestrischen Navigationsverfahren angewandt wurde. Dabei muss mit zwei Satellitenempfängern gearbeitet werden.

Einer der beiden Empfänger – der Referenzempfänger – wird auf einem Punkt aufgebaut, dessen Position bekannt ist. Der Referenzempfänger bestimmt nach dem Prinzip der Gleichung 1.24 permanent seine Position neu. Damit kann festgestellt werden, in welchem Umfang die immer wieder neu bestimmten Koordinaten von den bekannten Koordinaten abweichen.

Der zweite Empfänger – der Rover – befindet sich in der Nähe des ersten Empfängers. Nun wird davon ausgegangen, dass Positionsfehler, die durch die unzureichend bekannte Ausbreitungsgeschwindigkeit der Satellitensignale und die unzureichend bekannten Bahndaten entstehen, beim Referenzempfänger und Rover gleich sind. Daher hat der Rover die Möglichkeit, seine Koordinaten mithilfe von Korrekturdaten der Referenzstation zu verbessern. Nach diesem Prinzip und unter Verwendung aufwendiger Algorithmen können mit den GNSS Genauigkeiten im Millimeterbereich erreicht werden.

2 Theoretische Grundlagen

Eine auch nur annähernd umfassende Darstellung der theoretischen Grundlagen der Satelliten-geodäsie würde den Rahmen dieser Einführung bei Weitem überschreiten und muss der speziellen Fachliteratur vorbehalten bleiben (z. B. Kaula 1966, Arnold 1970, Schneider 1988).

Hier werden lediglich die Elemente einer solchen Theorie, soweit sie für den Anwender von Bedeutung sind, skizziert. Beschrieben werden

- die für Satellitenbewegungen geltenden Gesetze der Himmelsmechanik,
- die benötigten Koordinatensysteme,
- die verschiedenen Zeitsysteme,
- das Laufzeitverhalten der Satellitensignale.

Die bei praktischen Anwendungen benötigten Transformationsgleichungen werden – ohne Ableitung – mitgeteilt. Leser, die an einer vertiefenden Darstellung der Zusammenhänge interessiert sind, seien auf die im jeweiligen Zusammenhang zitierte Literatur hingewiesen.

2.1 Satellitenbahn

2.1.1 Ungestörte Kepler-Ellipse

Grundlage für die Berechnung von Satellitenbahnen sind die von Kepler (1571–1630) gefundenen Gesetze, die die Bewegung der Planeten um die Sonne beschreiben.

Angewendet auf die Bewegung eines Satelliten um die Erde lauten die Kepler'schen Gesetze:

(1) *Die Bahn eines Satelliten ist eine Ellipse, in deren einem Brennpunkt sich das Geozentrum (Massenschwerpunkt der Erde) befindet (s. Abb. 2.1).*

(2) *Der Radiusvektor eines Satelliten – die Verbindungslinie Geozentrum – Satellit – überstreicht in gleichen Zeiten gleiche Flächen (Flächensatz) (s. Abb. 2.2).*

(3) *Das Quadrat der Umlaufzeit eines Satelliten ist proportional zur dritten Potenz der großen Achse der Bahnellipse.*

Mithilfe dieser Gesetze – sowie einer später durch Newton gefundenen Ergänzung zum 3. Kepler'schen Gesetz – kann die Position eines Satelliten zu jedem Zeitpunkt t in der Ebene der Bahnellipse berechnet werden, wenn die Ellipsenparameter sowie die Position des Satelliten zu einem beliebigen Zeitpunkt T_0 bekannt sind.

Die entsprechenden Gleichungen werden im Folgenden ohne Herleitung mitgeteilt. (Die Herleitung findet man in Lehrbüchern der analytischen Geometrie.)

Die Geometrie der Satellitenbahn ist durch die große Halbachse a und die kleine Halbachse b der Bahnellipse vollständig beschrieben (s. Abb. 2.1). Einer der Brennpunkte der Bahnellipse, dessen Figurenmittelpunkt in Abbildung 2.1 mit M bezeichnet ist, ist das Geozentrum G.

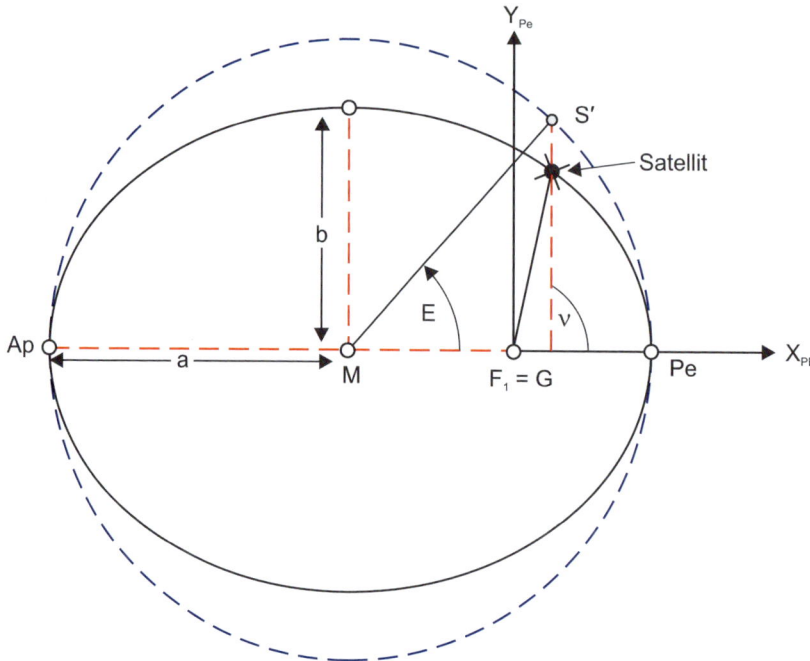

Abb. 2.1: Die Ellipse als Satellitenbahn

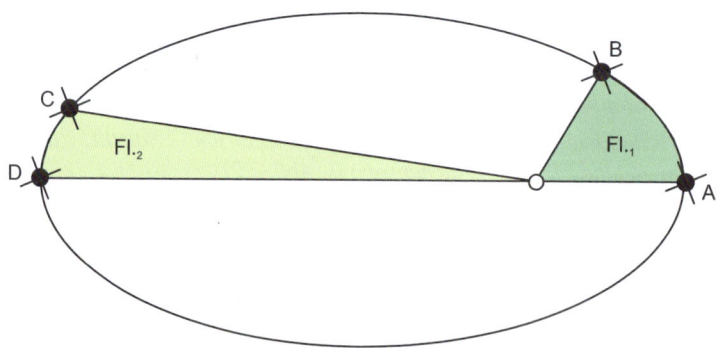

Benötigt ein Satellit die Zeit Δt, um von A nach B oder von C nach D zu gelangen, so sind die Flächen $Fl._1$ und $Fl._2$ von gleicher Größe.

Abb. 2.2: Flächensatz

Es gelten folgende **Definitionen** (s. Abb. 2.1):

Perigäum Pe:	*Erdnächster Punkt der Ellipsenbahn*	(D 2.1)
Apogäum Ap:	*Erdfernster Punkt der Ellipsenbahn*	(D 2.2)

Apsidenlinie:	*Verbindungslinie Pe – Ap*	(D 2.3)
Numerische Exzentrizität e:	$e = \sqrt{\dfrac{a^2 - b^2}{a^2}}$	(D 2.4)
Exzentrische Anomalie E:	*Winkel Pe-M-S';*	(D 2.5)
	S' ist die Projektion des Satelliten auf den Scheitelkreis der Ellipse	
Wahre Anomalie v:	*Winkel Pe-G-S; S ist die Position des Satelliten*	(D 2.6)
Radiusvektor r:	*Strecke G – S*	(D 2.7)

Die Lage der Satellitenbahn im Raum wird in einem astronomisch-kartesischen Koordinatensystem beschrieben, welches wie folgt definiert ist (s. Abb. 2.3):

Koordinatenursprung:	*Geozentrum*
Z-Achse:	*Drehachse der Erde*
X-/Z-Ebene:	*Definiert durch die Z-Achse und den Frühlingspunkt*
Y-Achse:	*Drehung der X-Achse um 90° gegen den Uhrzeigersinn*

Der „*Frühlingspunkt*" ist ein fiktiver Fixstern, der in Richtung der Schnittgeraden der Ebene der Erdbahn um die Sonne (Ekliptik) und der Äquatorebene liegt (auf der Seite, auf der die Sonne sich vom Süden nach Norden durch die Äquatorebene bewegt). Die mit dieser Definition verbundenen Schwierigkeiten, die sich u. a. dadurch ergeben, dass die Drehachse, und damit auch die Äquatorebene, nicht streng raumfest ist, werden in Abschnitt 2.2 dargestellt.

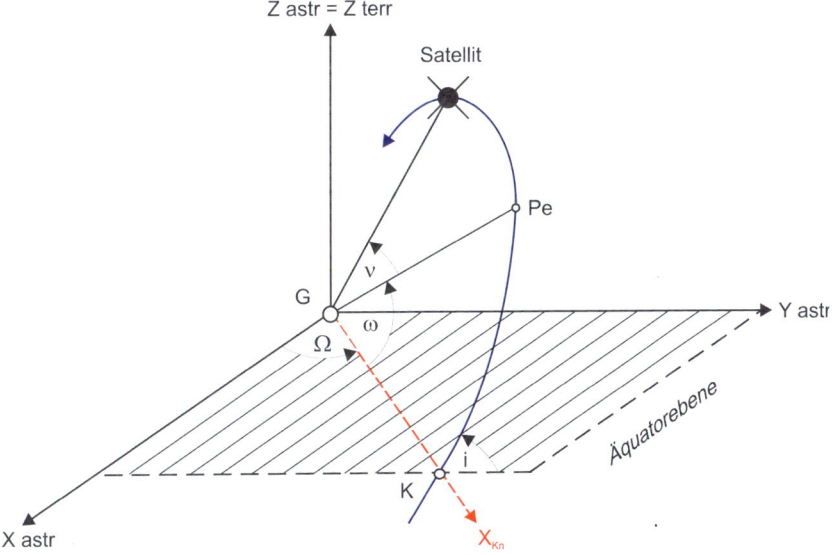

Abb. 2.3: Räumliche Festlegung der Satellitenbahn

Es gelten folgende **Definitionen** (s. Abb. 2.3):

Aufsteigender Knoten (K): (D 2.8)
Punkt der Bahnellipse, in dem der Satellit die Äquatorebene von Süden nach Norden durchstößt.

Rektaszension des aufsteigenden Knotens (Ω): (D 2.9)
  Winkel zwischen der X-Achse des astronomischen Koordinatensystems
  und der Verbindungslinie Geozentrum – aufsteigender Knoten.

Argument des Perigäums (ω): (D 2.10)
  Winkel K-G-Pe.

Bahnneigung (i): (D 2.11)
  Winkel zwischen der Äquatorebene und der Ebene der Ellipsenbahn.

Argument der Breite (u): (D 2.12)
  Argument des Perigäums + wahre Anomalie; u = ω + v.

In Abbildung 2.3 ist erkennbar, dass die räumliche Lage einer Ellipse in diesem Koordinatensystem mithilfe der Winkel

$Ω$: Rektaszension des aufsteigenden Knotens,
$ω$: Argument des Perigäums,
i: Bahnneigung

beschrieben werden kann.

Aus der *Geometrie der Ellipse* können folgende Formeln hergeleitet werden:

Fläche der Ellipse:

$$F = \pi \cdot a \cdot b \tag{2.1}$$

Fläche im Ellipsenabschnitt G, Pe, S:

$$F = \frac{1}{2} a \cdot b (E - e \cdot \sin E) \tag{2.2}$$

Radiusvektor r:

$$r = a(1 - e \cdot \cos E) \tag{2.3}$$

Koordinaten des Satelliten in der Bahnebene:
(a) Koordinatensystem des Perigäums (s. Abb. 2.1)
  Koordinatenursprung: Geozentrum
  X-Achse (X_{Pe}):   Gerade Geozentrum – Perigäum
  Y-Achse (Y_{Pe}):   Drehung der X-Achse um 90° gegen den Uhrzeigersinn

$$X_{Pe} = a (\cos E - e)$$
$$Y_{Pe} = a \sqrt{1 - e^2} \, \sin E \tag{2.4}$$

(b) Koordinatensystem des Knotens (s. Abb. 2.3 und 2.4)
  Koordinatenursprung: Geozentrum
  X-Achse (X_{Kn}):   Gerade Geozentrum – aufsteigender Knoten
  Y-Achse (Y_{Kn}):   Drehung der X-Achse um 90° gegen den Uhrzeigersinn

$$X_{Kn} = r \cdot \cos u$$
$$Y_{Kn} = r \cdot \sin u \tag{2.5}$$

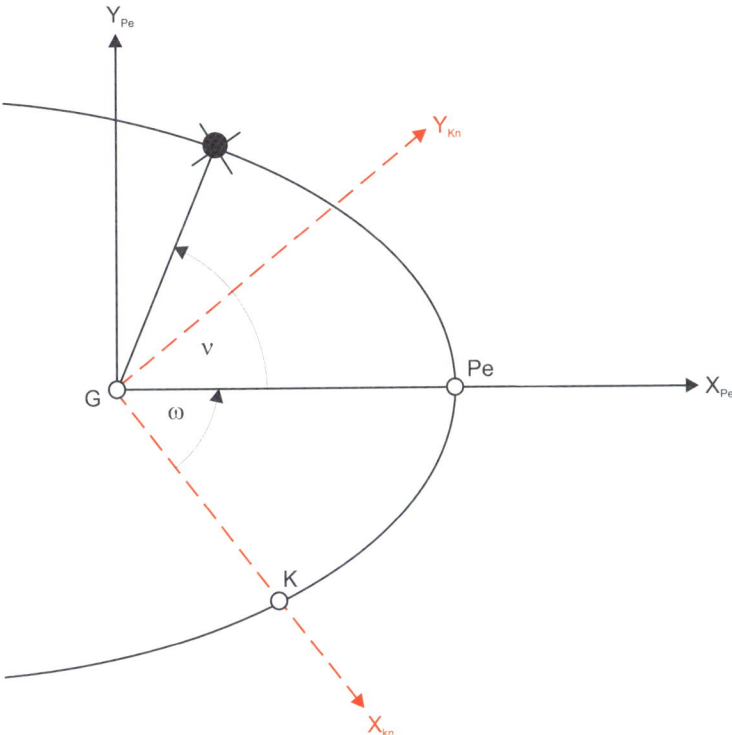

Abb. 2.4: Koordinatensystem des Knotens

Die bisher aufgeführten Gleichungen 2.1 bis 2.5 beruhen ausschließlich darauf, dass die Satellitenbahn eine Ellipse ist, d. h. auf dem 1. Kepler'schen Gesetz. Aus dem 2. Kepler'schen Gesetz wird die Kepler-Gleichung hergeleitet. Das 2. Kepler'sche Gesetz kann wie folgt formuliert werden (s. Abb. 2.2):

Die Umlaufzeit des Satelliten ist proportional zu der vom Radiusvektor überschrittenen Fläche.

Mit den Bezeichnungen

U: Laufzeit des Satelliten für einen ganzen Umlauf,
T: Zeitpunkt des Satellitendurchgangs durch das Perigäum,
t: Zeit der aktuellen Satellitenposition

folgt damit aus den Gleichungen 2.1 und 2.2

$$\frac{\pi \cdot a \cdot b}{\frac{1}{2}a \cdot b(E - e \cdot \sin E)} = \frac{U}{(t-T)} \quad \Rightarrow \quad (E - e \cdot \sin E) = \frac{2\pi}{U}(t-T). \tag{2.6}$$

Definitionen:

Mittlere Winkelgeschwindigkeit: $\quad n = \dfrac{2\pi}{U}$ $\hfill$ (D 2.13)

Mittlere Anomalie: $\quad M = n(t-T)$ $\hfill$ (D 2.14)

Die mittlere Anomalie M ist ein Winkel, der die Position eines Satelliten in der Bahnebene in Bezug auf das Perigäum beschreibt. M wächst mit gleichmäßiger Winkelgeschwindigkeit während einer Umlaufzeit des Satelliten von 0° auf 360°.

Mit den Definitionen D 2.13 und D 2.14 wird aus Gleichung 2.6:

$$(E - e \cdot \sin E) = M. \tag{2.7}$$

Gleichung 2.7 wird Kepler-Gleichung genannt.

Das 3. Kepler'sche Gesetz lautet:

> *Das Quadrat der Umlaufzeit eines Satelliten ist proportional der dritten Potenz der großen Halbachse der Bahnellipse.*

Aus dem Newton'schen Gravitationsgesetz kann der fehlende Proportionalitätsfaktor hergeleitet werden. Es gilt die Formel:

$$U^2 = a^3 \frac{4\pi^2}{G\,(M+m)} \qquad \textit{mit } G : \textit{Gravitationskonstante} \tag{2.8}$$

$$M : Masse\ der\ Erde\ ;\ m : Masse\ des\ Satelliten.$$

Die Umstellung der Gleichung 2.8 – unter Berücksichtigung der geringen Masse des Satelliten im Vergleich zur Masse der Erde – führt zu:

$$U = 2\pi \sqrt{\frac{a^3}{G \cdot M}}. \tag{2.9}$$

Mit den Formeln 2.1 bis 2.9 kann bei bekannten Halbachsen a, b und bekannter Zeit T des Perigäumdurchgangs die Position eines Satelliten in der Bahnebene zum Zeitpunkt t in folgenden Schritten berechnet werden:

Algorithmus zur Berechnung kartesischer Satellitenkoordinaten der Bahnebene aus den Kepler-Elementen a, e, T, t, ω

(A) Zeit U für einen Gesamtumlauf
   (s. Gleichung 2.8)

$$U = 2\pi \sqrt{\frac{a^3}{G \cdot M}}$$

(B) Mittlere Anomalie M
   (s. Gleichungen 2.6 und 2.7)

$$M = \frac{2\pi}{U}(t-T) = n(t-T)$$

(C) Exzentrische Anomalie E
   (s. Gleichung 2.7 – Kepler-Gleichung)
   $E - e \cdot \sin E = M$ *(e: numerische Exzentrizität; D 2.4)*

   Die Kepler-Gleichung ist transzendent. Sie ist z. B. durch Iteration lösbar:
   $E_1 = M,\ E_2 = M + e \cdot \sin E_1,\ E_3 = M + e \cdot \sin E_2, \ldots$

(D) Satellitenkoordinaten
   1. System des Perigäums (s. Gleichung 2.4)

$$X_{Pe} = a(\cos E - e) \qquad Y_{Pe} = a\sqrt{1 - e^2}\,\sin E$$

   2. System des Knotens (s. Gleichung 2.5)

$r = a(1 - e \cdot \cos E)$	s. Gleichung 2.3
$\cos v = \dfrac{\cos E - e}{1 - e \cdot \cos E}$	s. Gleichungen 2.3, 2.4 und Abb. 2.4
$u = \omega + v$	s. D 2.12 und Abb. 2.4
$X_{Kn} = r \cdot \cos u$	$Y_{Kn} = r \cdot \sin u$

Die so berechneten Satellitenkoordinaten sind kartesische Koordinaten in der Ebene der Bahnellipse. In Abschnitt 2.3 werden die Gleichungen zur Transformation dieser Koordinaten in das astronomische bzw. terrestrische Koordinatensystem mitgeteilt.

Die bisherigen Ausführungen werden wie folgt zusammengefasst:

Für die Festlegung einer Satellitenbahn in einem raumfesten Koordinatensystem werden Parameter für die Geometrie der Bahnellipse (z. B. große und kleine Halbachse der Ellipse) und deren Lage im Raum benötigt. Üblicherweise werden folgende Parameter angegeben:

- *Zur Definition der Geometrie der Ellipse:*
  a (große Halbachse), e (numerische Exzentrizität).
- *Zur Definition der Lage der Ellipse im Raum:*
  Ω (Rektaszension des Knotens), ω (Argument des Perigäums),
  i (Bahnneigung).

Zur Beschreibung der Position des Satelliten in der Bahnebene zum Zeitpunkt t wird ein weiterer Parameter benötigt. Im Allgemeinen wird die mittlere Anomalie des Satelliten angegeben.

Die angegebenen Gleichungen zur Berechnung einer Satellitenposition mithilfe dieser Parameter gelten für den Fall eines Zentralkörpers, der als homogene Kugel oder als Kugel mit konzentrischen Kugelschalen jeweils einheitlicher Dichte ausgebildet ist. In einem solchem Fall liegt ein kugelsymmetrisches Gravitationsfeld vor. Da dies bei dem Erdkörper nicht der Fall ist, gelten die genannten Gleichungen nur näherungsweise bzw. sind die Satellitenbahnen nur näherungsweise Ellipsen.

2.1.2 Gestörte Kepler-Ellipse

Die Abweichung der Erdfigur von der Kugelsymmetrie und die ungleiche Dichteverteilung im Erdkörper sind die wichtigsten Ursachen dafür, dass Satelliten keine exakten Kepler-Ellipsen durchlaufen. Die Unregelmäßigkeiten des Schwerefelds, die dazu führen, dass die Lotlinien Raumkurven sind, deren Tangenten in der Regel nicht zum Geozentrum ausgerichtet sind (s. Abb. 1.16), sorgen für Störungen der Kepler-Ellipse. Darüber hinaus gibt es weitere Störquellen.

Die gestörte Ellipse ist durch säkulare und periodische Änderungen der Bahnparameter gekennzeichnet. Eine besonders ausgeprägte Störung ergibt sich aus der nahezu ellipsoidischen Gestalt der Erdfigur, d. h. aus den „Wülsten" am Äquator. Sie bewirkt relativ große Änderungen der Rektaszension des aufsteigenden Knotens (Ω) und des Arguments des Perigäums (ω), während große und kleine Halbachse der Satellitenbahn sowie die Bahnneigung verhältnismäßig stabil sind.

Die täglichen Änderungen von Ω und ω lassen sich durch Näherungsformeln beschreiben:

$$\frac{\Delta\Omega}{\text{Tag}} = -\frac{9{,}96°}{\left(\dfrac{a}{R}\right)^{\frac{7}{2}} \cdot (1-e^2)^2} \cos i \, , \tag{2.10}$$

$$\frac{\Delta\omega}{\text{Tag}} = \frac{4{,}98°}{\left(\dfrac{a}{R}\right)^{\frac{7}{2}} (1-e^2)^2} (5 \cdot \cos^2 i - 1) \, . \tag{2.11}$$

In den Formeln bezeichnet R den Äquatorhalbmesser.

Die Gleichung 2.10 zeigt, dass die Bahnebene einer Satellitenbahn mit einer Bahnneigung i von weniger als 90° von Ost nach West rotiert. Die Gleichung 2.11 zeigt, dass die Apsidenlinie einer Satellitenbahn mit der Bahnneigung $i = 0°$ eine Vorwärtsrotation durchführt, dass bei der Bahnneigung $i = 63{,}4°$ die Rotation der Apsidenlinie gleich null ist und bei Polbahnen ($i = 90°$) eine Rückwärtsrotation erfolgt.

Die unregelmäßigen Abweichungen der Erdfigur von einem Ellipsoid – das unregelmäßige Geoid – bewirken zusätzliche Veränderungen der Bahnparameter. Weitere Ursachen für Störungen der Satellitenbahn sind:

- *Einwirkungen der Schwerefelder von Mond und Sonne*
  Hier spielen ein direkter und ein indirekter Effekt eine Rolle. Der direkte Effekt ergibt sich aus der Anziehung des Satelliten durch Mond oder Sonne (s. Abb. 2.5). Dabei spielt wegen der größeren Nähe das Schwerefeld des Monds die weitaus deutendere Rolle. Der indirekte Effekt ergibt sich aus der Verformung des Erdkörpers durch Sonne und Mond (Gezeiteneinfluss). Diese Verformungen führen zu Veränderungen des Schwerefelds der Erde und damit zu zusätzlichen Störungen der Satellitenbahnen.

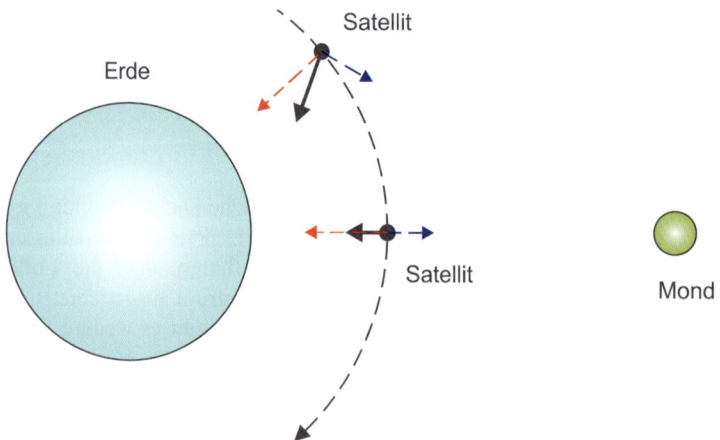

Abb. 2.5: Der Einfluss des Monds auf die Satellitenbahn

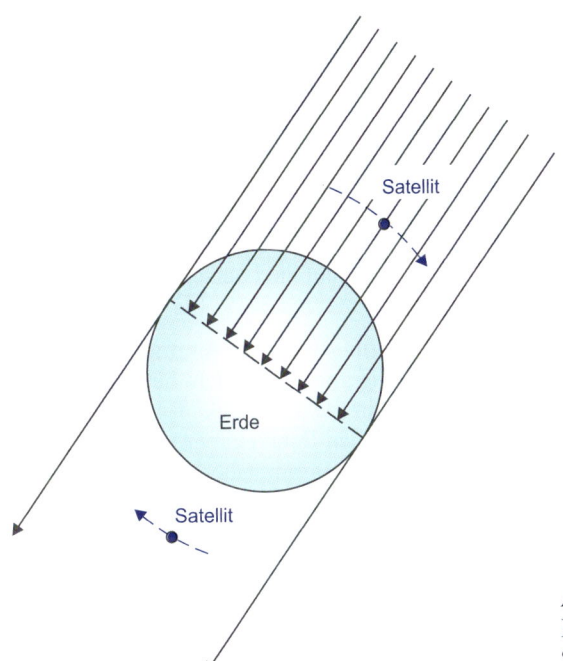

Abb. 2.6:
Einfluss des Strahlungsdrucks auf die
Satellitenbahn

- *Strahlungsdruck*
  Der von der Sonne auf den Satelliten ausgeübte Strahlungsdruck sowie der indirekte Strahlungsdruck durch die von der Erde reflektierte Strahlung (Albedo-Effekt) führt zu Verän-
  derungen der Satellitenbahn. Im Erdschatten ist dieser Einfluss nicht vorhanden (Abb. 2.6).
- *Reibung der Atmosphäre*
  Die geringe in der Höhe von Satellitenbahnen noch vorhandene Restatmosphäre reicht aus,
  um die Bewegung des Satelliten durch Reibungskräfte zu beeinflussen. Überraschend ist,
  dass dies zu einer Beschleunigung und nicht, wie zu erwarten, zu einer Verzögerung der
  Satellitenbewegung führt. Die Ursache ist in der Energiebilanz des Satelliten zu finden
  (Arnold 1970).

Mithilfe der Methoden der Himmelsmechanik ist es möglich, mathematische Zusammenhänge
(Differenzialgleichungen) zu formulieren, die den Zusammenhang zwischen den Änderungen
der Bahnelemente und dem unregelmäßigen Schwerefeld beschreiben. Man kann diese Differenzialgleichungen bei bekanntem Schwerefeld dazu benutzen, die Bahnelemente einer Satellitenbahn vorauszuberechnen oder – in der Umkehrung – aus Beobachtungen der Satellitenbahn
die Struktur des Schwerefelds abzuleiten (Beutler u. a. 1985).

Die Bestimmung der Parameter des Erdschwerefelds galt bei der Entwicklung des TRAN-
SIT[5]-Systems als eine der am schwierigsten zu lösenden Aufgaben (Stansell 1971). Nach drei
Jahrzehnten geodätischer Grundlagenforschung mithilfe von Satelliten sind die Parameter des
Schwerefelds der Erde – einschließlich ihrer zeitlichen Änderungen – sehr gut bekannt. Daher
bereitet die Berücksichtigung der Unregelmäßigkeiten des Erdschwerefelds bei der Berech-
nung von Satellitenbahnen heute keine besonderen Schwierigkeiten mehr.

---

[5] TRANSIT war das Vorgängersystem zu GPS.

Etwas anders verhält es sich mit den aus nichtgravitativen Störungen resultierenden Einflüssen, die zusätzlich in mathematischen Modellen berücksichtigt werden müssen. Hier spielt indirekt die Sonnenfleckentätigkeit eine Rolle. Die Sonnenflecken – unregelmäßig begrenzte Stellen der Sonne von 1.000 km bis 100.000 km Durchmesser mit geringerer Energieausstrahlung – beeinflussen die Dichte der Restatmosphäre und den Strahlungsdruck. Das Problem liegt darin, dass die Sonnenfleckentätigkeit nur in Grenzen vorhersehbar ist und daher Vorausberechnungen dieser Störungen kaum möglich sind. Die Größenordnung dieser Störungen ist aber relativ klein. Sie spielen daher als Störungen für die Satellitenbahnen keine besonders wichtige Rolle. (Anders sind die Auswirkungen der Sonnenfleckentätigkeiten auf die Laufzeiten der Satellitensignale zu betrachten.)

Die Summe aller gravitativen und nichtgravitativen Störungseinflüsse führt zu einer spiralen Bahn des Satelliten, deren Lage im Raum sich ständig ändert. Mit dem heutigen Kenntnisstand kann die unregelmäßige Bahn eines Satelliten in der Genauigkeitsgrößenordnung „Dezimeter" angegeben werden. Man ordnet der spiralischen Bahn eine Folge von Ellipsen zu, die mit der wirklichen Bahn jeweils nur den Punkt gemeinsam haben, an welchem sich der Satellit gerade befindet. Man nennt eine solche Ellipse eine

oskulierende Ellipse.

Dem Nutzer eines Navigationssatellitensystems werden die sich ständig ändernden elliptischen Bahnelemente (Ephemeriden) über Funk zur Verfügung gestellt. Dabei sind dies bei reinen Navigationsaufgaben (Echtzeitlösung) im Voraus berechnete Bahndaten, während bei Vermessungsaufgaben auch Bahndaten, die aus Beobachtungen während der Messungsperiode gewonnen werden, verwendet werden können.

2.1.3 Orbittypen

Die für Satelliten gewählten Bahndaten sind abhängig von den Aufgaben, die die Satelliten durchzuführen haben. Dabei gibt es viele Möglichkeiten, Bahnparameter zu kombinieren, um damit zu dem gewünschten Orbit zu gelangen. Im Zusammenhang mit den modernen GNSS werden die Orbittypen

MEO, GEO, IGSO und HEO

verwendet[6].

MEO
MEO steht für Medium Earth Orbit (mittlere Erdumlaufbahn). Die Längen der großen Halbachsen der GNSS-Satellitenbahnen dieses Typs liegen zwischen 25.000 und 30.000 km.
Die Fußpunktkurve[7] (englisch: Ground Track) eines MEO-Satelliten wandert in einer wellenförmigen Kurve von West nach Ost über die Erdkugel (s. Abb. 2.7).
Werden etwa 30 MEO-Satelliten in drei bis sechs Bahnebenen gleichmäßig verteilt, können auf jedem Punkt der Erde die Signale von mindestens vier Satelliten gleichzeitig empfangen werden. Daher ist der Typ MEO der am weitesten verbreitete Orbittyp bei den GNSS.

---

[6] Siehe dazu die Excel-Tabellen Bodenspuren der GNSS (GPS, GLONASS, BDS, Galileo), Bodenspuren des japanischen Quasi-Zenith-Satelliten-Systems (QZSS), Bodenspuren des indischen regionalen Navigationssatellitensystems (IRNSS) im Bereich „Bahninformationen" unter http://www. vermessung-und-ortung-mit-satelliten.de/excel.html.

[7] Die Fußpunktkurve (Bodenspur) ist die Projektion der Satellitenbahn lotrecht auf den Erdkörper.

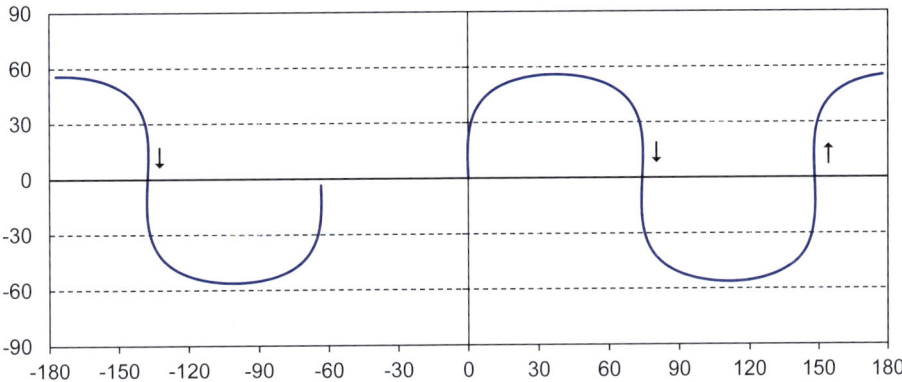

Abb. 2.7: Fußpunktkurve eines MEO-Satelliten (Galileo; zweimaliges Durchlaufen des Orbits)

GEO

GEO steht für Geostationary Earth Orbit (geostationäre Erdumlaufbahn). GEO-Satelliten haben die Bahnneigung null Grad – die Bahn liegt in der Äquatorebene – und eine Umlaufzeit von einem Sonnentag. Der Satellit bewegt sich also mit der Winkelgeschwindigkeit, mit der sich auch die Erde dreht. Ein Beobachter auf der Erde sieht diesen Satellitentypen in immer gleicher Position. Für Beobachter an den Polen stehen GEO-Satelliten unter dem Horizont. Die Signale eines GEO-Satelliten können daher nur regional und nicht in den Polgebieten empfangen werden. Sie werden im Zusammenhang mit den GNSS daher vor allem zur Ergänzung von MEO-Konstellationen eingesetzt.

IGSO

IGSO steht für Inclined Geosysnchronous Orbit (geneigte geosynchrone Umlaufbahn). IGSO-Satelliten haben eine Umlaufzeit von einem Sonnentag, ihre Bahn ist gegenüber der Äquatorebene geneigt. Die Fußpunktkurve eines IGSO-Satelliten hat die Form einer Acht (s. Abb. 2.8).

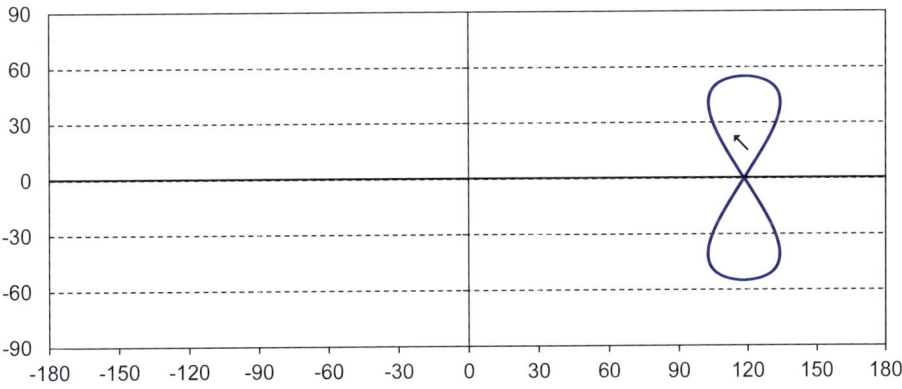

Abb. 2.8: Fußpunktkurve eines IGSO-Satelliten (BDS; einmaliges Durchlaufen des Orbits)

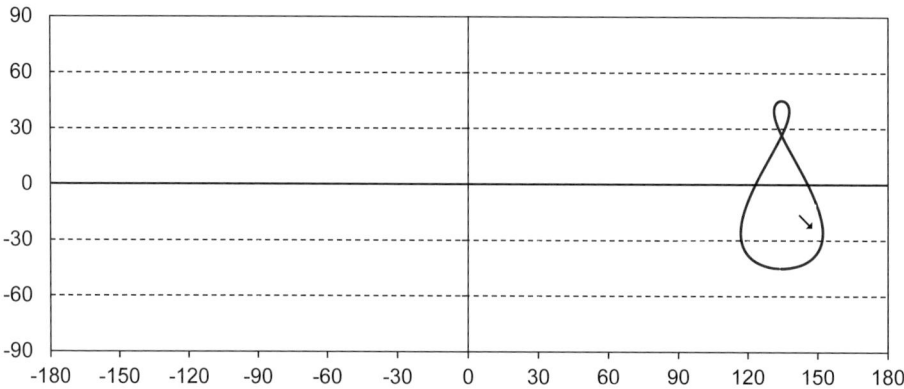

Abb. 2.9: Fußpunktkurve eines HEO-Satelliten (QZSS; einmaliges Durchlaufen des Orbits)

Die Signale von IGSO-Satelliten können daher nur regional empfangen werden. IGSO-Satelliten werden für regionale satellitengestützte Navigationssysteme und als Ergänzung für GNSS verwendet, so z. B. bei dem chinesischen GNSS BDS.

HEO

HEO steht für Highly Elliptical Orbit (hochelliptische Umlaufbahn). HEO-Satelliten bewegen sich auf Bahnellipsen großer Exzentrizität. Daraus ergeben sich große Unterschiede zwischen dem erdnächsten und dem erdfernsten Punkt der Ellipsenbahn. Bezüglich der Fußpunktkurve haben HEO-Satelliten mit einer Umlaufzeit von einem Sonnentag und großen Bahnneigungen ähnliche Eigenschaften wie die IGSO-Satelliten (s. Abb. 2.9). Sie sind daher für Ortungszwecke auch nur regional verwendbar: so z. B. bei dem japanischen System *Quasi-Zenith Satellite System (QZSS)*.

Die Bahnparameter der QZSS-Satelliten sind so gewählt, dass ihre Fußpunktkurven im Mittel auf 135° Ost verlaufen. Das entspricht der mittleren geographischen Länge Japans. Ebenfalls über Japan erreichen die QZSS-Satelliten ihre größte Bahnhöhe – fast 40.000 km. Damit stehen die QZSS-Satelliten in Japan (quasi) fast im Zenit. Ihre Signale können daher auch noch in engen Straßenschluchten empfangen werden.

2.2 Koordinatensysteme

2.2.1 Astronomische Koordinatensysteme

Die unter 2.1 erwähnten funktionalen Zusammenhänge zwischen dem Schwerefeld der Erde und der Bahn eines Satelliten gelten streng nur für ein

Inertialsystem.

Ein Inertialsystem ist ein Koordinatensystem, das zwei Eigenschaften hat:

(1) Der Koordinatenursprung ist entweder in Ruhelage oder er führt eine lineare Bewegung durch.

(2) Die Richtungen der Koordinatenachsen sind raumfest.

Ein Koordinatensystem mit dem Geozentrum als Koordinatenursprung ist damit im strengen Sinn kein Inertialsystem, da sich die Erde bekanntlich in einer Ellipsenbahn um die Sonne bewegt. Allerdings sind die aus dieser Bewegung resultierenden Kräfte auf einen Satelliten so

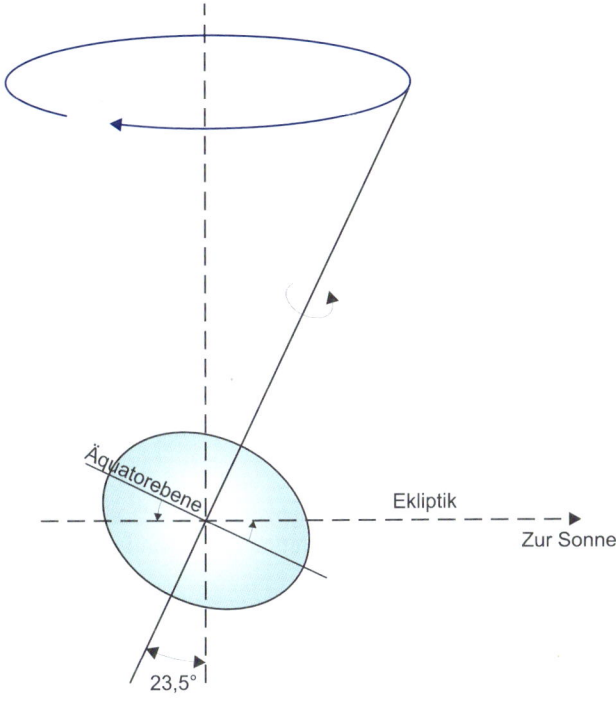

Auflagerung der Nutation auf die Präzession

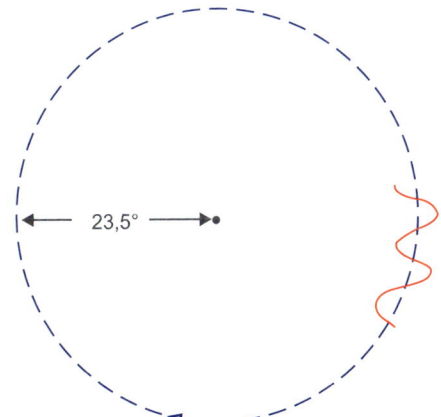

Abb. 2.10: Erde als Kreisel

gering, dass die Bewegung des Geozentrums bei der Definition eines Inertialsystems zur Beschreibung der Satellitenbewegung vernachlässigt werden kann.

Nicht ganz so einfach liegen die Verhältnisse bei der Definition der Achsrichtungen des Koordinatensystems. Das schon im Abschnitt 2.1.1 definierte astronomisch-kartesische Koordinatensystem (s. Abb. 2.3) verwendet als Z-Achse die Rotationsachse der Erde. Damit ist dieses Koordinatensystem nur dann raumfest, wenn die Rotationsachse der Erde raumfest ist. Dies ist aber aus folgenden Gründen nicht der Fall.

Wegen seiner täglichen Drehung um die Erdachse ist der Erdkörper ein Kreisel, der sich um einen anderen Körper – die Sonne – bewegt. Die Ekliptik (die Ebene, in der die Erde sich einmal im Jahr um die Sonne bewegt) und die Äquatorebene schließen einen Winkel von ca. 23,5° ein. Die Erde ist wegen ihrer ellipsoidischen Gestalt am Äquator aufgewölbt. Daher wirkt – wie Abbildung 2.10 zeigt – auf die Erde ein Drehmoment mit dem Ziel, die Erdachse senkrecht zur Ekliptik zu stellen. Nach den Kreiselgesetzen weicht der Kreisel dieser Kraft aus und führt eine *Präzessionsbewegung durch: Die Erdachse wandert auf einem Kegelmantel.* Eine vollständige Präzessionsbewegung dauert 25.700 Jahre (ein platonisches Jahr).

Der Präzessionsbewegung aufgelagert ist die *Nutationsbewegung.* Sie entsteht dadurch, dass der Mond bei seiner Bewegung um die Erde zusätzlich auf den „Kreisel" Erde wirkt. Die Periode der Nutationsbewegung dauert 18,61 Jahre.

Die Z-Achse des astronomischen kartesischen Koordinatensystems erweist sich also als nicht raumfest. Damit ist das ganze System nicht raumfest. Zur Definition eines raumfesten Koordinatensystems wird daher eine *Konvention* getroffen:

- Die Lage der Erdachse am 1. Januar 2000 ist die Z-Achse des Koordinatensystems.
- Die X-Achse liegt in der Ebene senkrecht zur Z-Achse in der Äquatorebene in Richtung des konventionellen Frühlingspunkts.

(Der „konventionelle Frühlingspunkt" liegt in Richtung der Schnittlinie der Äquatorebene vom 1. Januar 2000 mit der Ebene der Ekliptik.)

Damit ist das *konventionelle astronomische Koordinatensystem* als inertiales Koordinatensystem definiert. In Übereinstimmung mit dem einschlägigen Schrifttum bezeichnen wir die entsprechenden Koordinaten mit dem Index „CI" (Conventional Inertial).

Die jeweiligen Beobachtungen erfolgen im *momentanen astronomischen Koordinatensystem,* bei dem die momentane Erdachse die Z-Achse definiert.

Der Übergang vom momentanen astronomischen Koordinatensystem zum konventionellen astronomischen Koordinatensystem vollzieht sich in zwei Schritten:

(1) Zunächst erfolgt eine Reduktion der Koordinaten zur Berücksichtigung der Nutationsbewegungen. Dies führt zum mittleren astronomischen Koordinatensystem.

(2) Die weitere Reduktion wegen der Präzessionsbewegungen führt zum konventionellen astronomischen Koordinatensystem.

Die benötigten Transformationsparameter stehen aus Untersuchungen, die von der Internationalen Astronomischen Union weltweit durchgeführt wurden, zur Verfügung.

Abbildung 2.11 zeigt schematisch den Zusammenhang zwischen den verschiedenen astronomischen Koordinatensystemen.

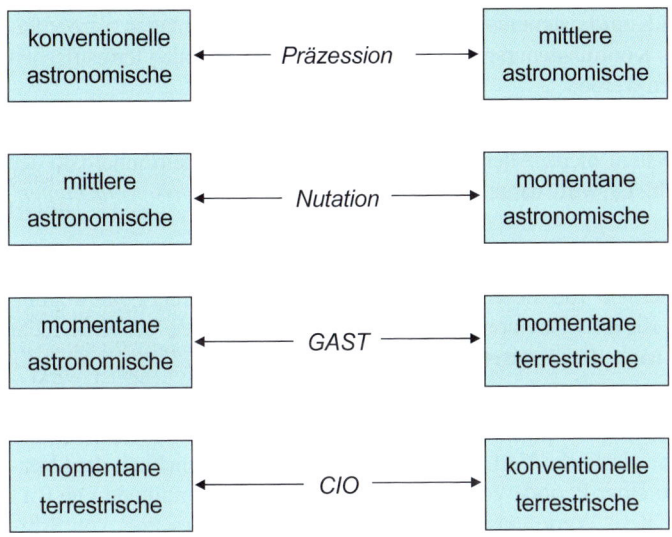

Präzession: Langperiodische Bewegung der mittleren Erdachse
(Periode 25.700 Jahre).

Nutation: Kurzperiodische Bewegung der mittleren Erdachse
(Periode 14 Tage bis 18,6 Jahre).

GAST: Greenwich Apparent Sidereal Time;
Rotationswinkel zwischen dem Frühlingspunkt und
dem Meridian von Greenwich.

CIO: Conventional International Origin;
mittlere Lage des Pols für die Periode von 1900 bis 1905.

Abb. 2.11: Astronomische und terrestrische Koordinatensysteme

2.2.2 Terrestrische Koordinatensysteme

Zur Lösung von Vermessungs- und Navigationsaufgaben auf dem Erdkörper sind astronomische Koordinaten nicht geeignet, da wegen der Erddrehung Punkte des Erdkörpers keine festen astronomischen Koordinaten haben.

Da die Bewegungsgleichungen für Satelliten nur für ein inertiales, d. h. in der Praxis, für ein astronomisches Koordinatensystem formuliert werden können, andererseits aber die Beobachtungen der Satelliten vom Erdkörper aus erfolgen, ist es notwendig, terrestrische Koordinaten der Beobachtungspunkte in astronomische Koordinaten umzurechnen. Bei der Berechnung von terrestrischen Koordinaten aus Satellitenpositionen werden die Satellitenpositionen in terrestrischen Koordinaten benötigt.

Die Zusammenhänge zwischen terrestrischen und astronomischen Koordinatensystemen müssen also bekannt sein.

2.2.2.1 Globale kartesische Koordinaten

Die grundlegende Definition eines dreidimensionalen kartesischen Koordinatensystems, welches mit dem Erdkörper fest verbunden ist, wurde schon in Abschnitt 1.4.3 gegeben. Diese

Definition bleibt gültig, wenn Koordinatenursprung und Z-Achse des momentanen astronomischen Koordinatensystems als Koordinatenursprung und Z-Achse eines globalen terrestrischen Koordinatensystems angesehen werden.

Die oben beschriebene ständige Verlagerung der Erdachse im Raum (Präzession und Nutation) beeinflusst das Koordinatensystem nicht. Allerdings ist das Koordinatensystem innerhalb des Erdkörpers nicht unbeweglich. Es wird daher als *„momentanes terrestrisches Koordinatensystem"* bezeichnet.

Die Bewegung dieses Koordinatensystems im Erdkörper wird durch die Verlagerung der Rotationsachse des Erdkörpers innerhalb von diesem verursacht. Dies macht sich als Polbewegung bemerkbar. Der Grund dafür ist, dass Rotationsachse und Hauptträgheitsachse der Erde nicht zusammenfallen. Dies führt nach den Kreiselgesetzen zu einer ständigen *Verlagerung der Rotationsachse der Erde relativ zum Erdkörper* (Vanicek & Krakiwsky 1986).

Wäre die Erde ein vollständig starrer Körper, würde die Polbewegung eine Periode von 305 Tagen haben (Euler-Periode). Das elastische Verhalten der Erde und die Beweglichkeit der Ozeane führt abweichend davon zu einer Periode von rd. 430 Tagen mit einer Amplitude von 0,1" bis 0,2" (Chandler-Periode). Diese Werte entsprechen einer Verlagerung des Pols von 3 bis 6 m. Die Polbewegungen werden durch internationale Dienste aus astronomischen Beobachtungen ermittelt. Abbildung 2.12 zeigt die Polbewegungen vom Januar 1984 bis Dezember 1986.

Wegen der Polbewegung ist die obige Definition eines terrestrischen Koordinatensystems also zeitabhängig. Man spricht daher von dem *„momentanen"* terrestrischen Koordinatensystem. Um terrestrische Koordinaten miteinander vergleichen zu können, muss man sich auf eine bestimmte Lage der Erdachse im Erdkörper einigen. Diese *„konventionelle"* Lage der Erdachse im Erdkörper (**C**onventional **I**nternational **O**rigin (CIO)) ist als mittlere Lage des Pols für die Periode von 1900 bis 1905 definiert.

Erst nach Reduktion der momentanen terrestrischen Koordinaten auf CIO erhält man vergleichbare konventionelle globale terrestrische Koordinaten. Auch daher werden die entsprechenden Koordinaten mit dem Index „CT" (**C**onventional **T**errestrial) versehen.

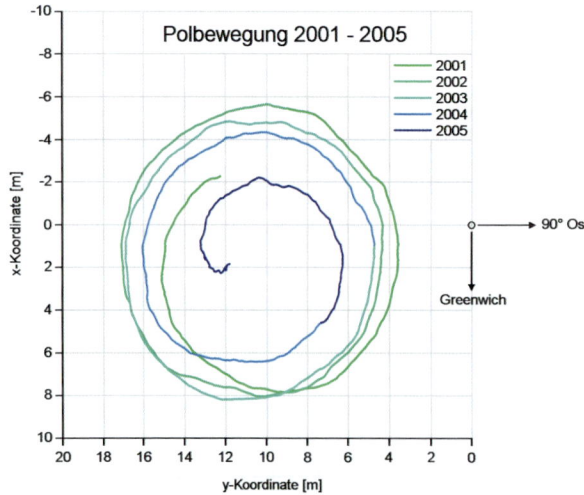

Abb. 2.12:
Polbewegung 2001 – 2005
(Quelle: Wikimedia Commons, GNU-Lizenz für freie Dokumentation; Urheber: Sch; https://de.wikipedia.org/wiki/Polbewegung)

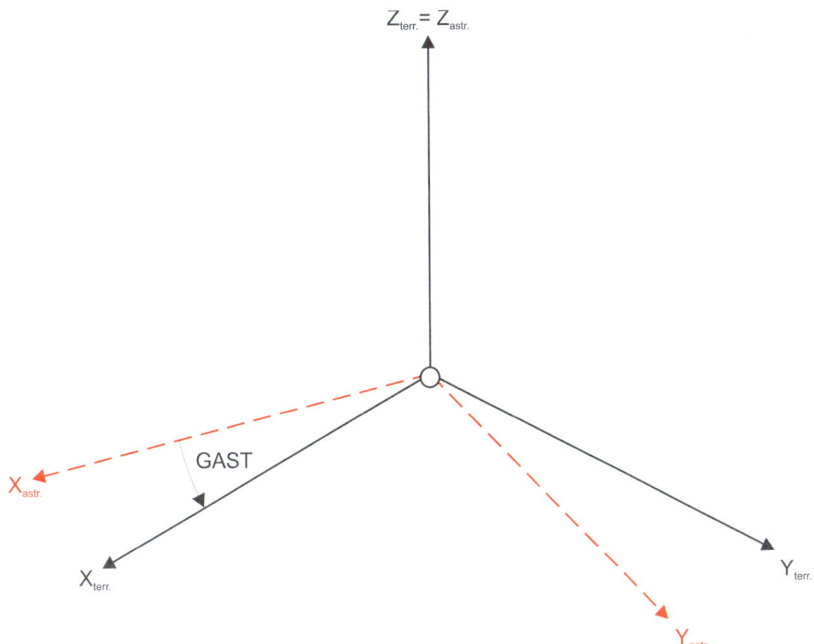

Abb. 2.13: Momentane astronomische und terrestrische Koordinaten, GAST

Wie in Abbildung 2.13 dargestellt, stimmt das momentane erdfeste Koordinatensystem mit dem momentanen astronomischen Koordinatensystem bis auf eine Drehung um die Z-Achse überein. Wie noch gezeigt werden wird (s. Abschnitt 2.5), dreht sich die Erde an einem „Sterntag" einmal in dem momentanen astronomischen Koordinatensystem um 360°. Der Winkel zwischen der X-Achse des momentanen terrestrischen Koordinatensystems und der X-Achse des momentanen astronomischen Koordinatensystems zum Zeitpunkt t kann also aus der momentanen Greenwicher Sternzeit (**G**reenwich **A**pparent **S**idereal **T**ime (GAST)) berechnet werden (24 h $\equiv$ 360°).

2.2.2.2 Globale ellipsoidische Koordinaten

In der Praxis von Landesvermessung und Navigation werden kartesische Koordinaten i. d. R. nicht verwendet, da diese wenig anschaulich sind. Üblicherweise wird mit den Parametern *Breite, Länge* und *Höhe* die Lage eines Punkts auf dem Erdkörper beschrieben (s. auch Abb. 1.13).

2.2.2.3 Topozentrische Koordinaten

Bei den topozentrischen Koordinaten muss zwischen geodätisch- und astronomisch-topozentrischen Koordinaten unterschieden werden.

Das *geodätisch-topozentrische Koordinatensystem* ist wie folgt definiert (s. Abb. 2.14):

Koordinatenursprung: *Standpunkt P des Beobachters, das Topozentrum*
Z-Achse: *Die Normale durch P auf dem Ellipsoid der globalen ellipsoidischen Koordinaten*

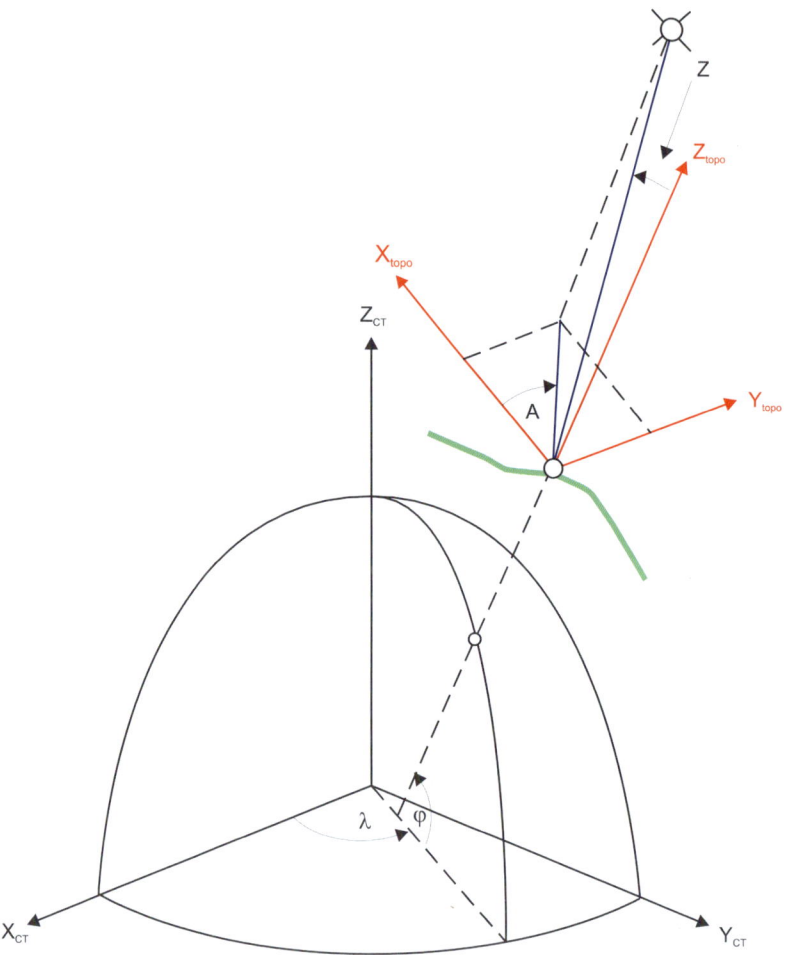

Abb. 2.14: Das topozentrische Koordinatensystem

X-Achse:	*Sie steht senkrecht auf der Z-Achse und liegt in der Meridianebene des Ellipsoids der globalen ellipsoidischen Koordinaten, die P enthält*
Y-Achse:	*Drehung der X-Achse um 90° gegen den Uhrzeigersinn*

Die Bedeutung dieses Koordinatensystems liegt darin, dass es nur geringfügig von dem *astronomisch-topozentrischen Koordinatensystem* abweicht, das wie folgt definiert ist:

Koordinatenursprung:	*Standpunkt des Beobachters*
Z-Achse:	*Astronomischer Zenit (die Lotrechte des Beobachtungsorts)*
X-Achse:	*Nordrichtung*
Y-Achse:	*Ostrichtung*

Azimut A, Zenitdistanz Z und Raumstrecke S sind die Beobachtungen, mit denen der Ort eines Satelliten in diesem astronomisch-topozentrischen Koordinatensystem erfasst werden kann.

Das astronomisch-topozentrische Koordinatensystem und das geodätisch-topozentrische Koordinatensystem unterscheiden sich lediglich dadurch, dass ihre Achsen geringfügig gegeneinander verdreht sind. Dies liegt daran, dass die mathematisch definierte Ellipsoidnormale und die durch das Schwerefeld der Erde definierte Lotrechte nur näherungsweise übereinstimmen. Bei der Berechnung von *Näherungswerten* für Azimut und Entfernung von einem Beobachter zu einem Satelliten können diese Drehungen ebenso vernachlässigt werden wie die prinzipiell unterschiedlichen Koordinaten des Topozentrums im globalen Koordinatensystem einerseits und im jeweils zur Verfügung stehenden Referenzsystem andererseits.

2.3   Koordinatentransformationen

Der Übergang zwischen den unter Abschnitt 2.2 vorgestellten Koordinatensystemen erfolgt durch Transformationen. Die benötigten Formeln werden im Folgenden aufgeführt.

2.3.1   Berechnung terrestrischer Koordinaten aus Kepler-Elementen

Unter 2.1.1 wurden Formeln zur Berechnung kartesischer Koordinaten der Position eines Satelliten in der Ebene der Satellitenbahn mitgeteilt (s. Gleichungen 2.4 und 2.5 bzw. Algorithmus Abschnitt 2.1.1). Zur weiteren Umrechnung in das terrestrische Koordinatensystem wird im Fall der Formeln 2.4 zunächst eine Rotation des Systems um den Winkel ω (Argument des Perigäums) zur Transformation in das Koordinatensystem des Knotens durchgeführt (s. Abb. 2.4). Man erhält:

$$
\begin{aligned}
X_{Kn} &= X_{Pe} \cos\omega - Y_{Pe} \sin\omega, \\
Y_{Kn} &= X_{Pe} \sin\omega + Y_{Pe} \cos\omega.
\end{aligned}
\tag{2.12}
$$

Diese Koordinaten sind identisch mit den nach den Formeln 2.5 berechneten Koordinaten.

Die Rotation dieser Koordinaten um

- die Z-Achse des astronomischen Koordinatensystems (Winkel Ω: Rektaszension des aufsteigenden Knotens),
- die X-Achse des astronomischen Koordinatensystems (Winkel i: Bahnneigung der Ellipse)

führt in das astronomische Koordinatensystem (s. Abb. 2.3).

Die anschließende Rotation um

- die Z-Achse des terrestrischen Koordinatensystems (Winkel *GAST*: Sternzeit von Greenwich)

führt in das terrestrische Koordinatensystem (s. Abb. 2.3 und Abb. 2.13).
Mit der Bezeichnung $\beta = \Omega - GAST$ (s. Abb. 2.3) gelten die Formeln:

$$
\begin{aligned}
X_{CT} &= X_{Kn} \cos\beta - Y_{Kn} \cos i \sin\beta, \\
Y_{CT} &= X_{Kn} \sin\beta + Y_{Kn} \cos i \cos\beta, \\
Z_{CT} &= Y_{Kn} \sin i.
\end{aligned}
\tag{2.13}
$$

Die angegebenen Formeln berücksichtigen nicht die oben geschilderten Unterschiede zwischen den verschiedenen terrestrischen und astronomischen Koordinatensystemen (momentane, konventionelle Koordinaten!). Diese Unterschiede müssen gesondert betrachtet werden.

Die Ephemeriden der Navigationssatelliten enthalten neben den Kepler-Elementen meistens Informationen über die Änderung der Kepler-Elemente als Funktion der Zeit. Bei der Beschreibung des jeweiligen GNSS wird dargestellt, wie diese Informationen berücksichtigt werden[8].

2.3.2 Berechnung ellipsoidischer Koordinaten aus kartesischen Koordinaten

Diese Koordinatentransformation wird benötigt, um die im Vermessungswesen und in der Navigation üblichen Koordinaten ellipsoidische Länge λ, ellipsoidische Breite φ und ellipsoidische Höhe h aus den kartesischen Koordinaten berechnen zu können (s. Abb. 1.13).

Es gelten in ausreichender Näherung folgende Formeln (Hoar 1982):

(a und b sind die große bzw. kleine Halbachse des Ellipsoids)

$$\varphi = \arctan\left(\frac{z + e'^2 b \sin^3\theta}{p - e^2 a \cos^3\theta}\right)$$

$$\text{mit} \quad p^2 = X^2 + Y^2 \qquad \theta = \arctan\left(\frac{Za}{pb}\right)$$

$$e^2 = \frac{a^2 - b^2}{a^2} \qquad e'^2 = \frac{a^2 - b^2}{b^2}$$

$$\lambda = \arctan\left(\frac{Y}{X}\right) \quad ; \quad h = \frac{p}{\cos\varphi} - v \quad \text{mit} \quad v = \frac{a}{\sqrt{1 - e^2 \sin^2\varphi}} \ .$$

(2.14)

2.3.3 Berechnung kartesischer Koordinaten aus ellipsoidischen Koordinaten

Mithilfe dieser Transformation können die Koordinaten ellipsoidische Breite φ, ellipsoidische Länge λ und ellipsoidische Höhe h der Landesvermessung (Navigation) in kartesische Koordinaten umgerechnet werden. Die Transformation wird benötigt, da üblicherweise Positionsberechnungen der Satellitennavigation zunächst in kartesischen Koordinaten ausgeführt werden. Dabei sind gelegentlich kartesische Koordinaten des Beobachters als Näherungskoordinaten erforderlich. Für diese Berechnungen ist es in der Regel ausreichend, die im vertikalen Datum gegebene Höhe h eines Punkts gleich der ellipsoidischen Höhe zu setzen sowie Datumsunterschiede zwischen Satellitendatum und lokalem Datum zu vernachlässigen.
Die Transformationsgleichungen lauten:

$$X = (v + h) \cos\varphi \cos\lambda$$
$$Y = (v + h) \cos\varphi \sin\lambda \qquad \text{mit } v \text{ siehe (2.14).}$$
$$Z = \left[v(1 - e^2) + h\right] \sin\varphi$$

(2.15)

---

[8] Ausnahme: GLONASS.

2.3.4 Berechnung topozentrischer Polarkoordinaten

Mithilfe dieser Transformation wird die Satellitensichtbarkeit über einem Beobachtungsstandort berechnet.

Die kartesischen Koordinaten des Beobachtungsorts und des Satelliten sowie die ellipsoidischen Koordinaten des Beobachtungsorts müssen bekannt sein. Zunächst werden die Koordinatendifferenzen gerechnet und dann können mithilfe der angegebenen Formeln Azimut (A), Zenitdistanz (Z) und Raumstrecke (S) zum Satelliten berechnet werden (s. Abb. 2.14).

Der Satellit ist theoretisch sichtbar, wenn die Zenitdistanz kleiner als $90°$ ist. Vielfach vermeidet man aber die Verwendung von Beobachtungen, die unter Zenitdistanzen größer als $80°$ durchgeführt werden, da diese besonders starken Fehlereinflüssen ausgesetzt sind.

Die Formeln lauten folgendermaßen (nach Heck 2003):

$$A = \arctan\left(\frac{-\Delta X \sin\lambda + \Delta Y \cos\lambda}{-\Delta X \sin\varphi \cos\lambda - \Delta Y \sin\varphi \sin\lambda + \Delta Z \cos\varphi} \right)$$

$$S = \sqrt{\Delta X^2 + \Delta Y^2 + \Delta Z^2} \tag{2.16}$$

$$Z = \arccos\left(\frac{\Delta X \cos\varphi \cos\lambda + \Delta Y \cos\varphi \sin\lambda + \Delta Z \sin\varphi}{S} \right)_.$$

2.4 Überführen ellipsoidischer Höhen in Gebrauchshöhen

Vorbemerkung

In den nachfolgenden Ausführungen wird zur Vereinfachung anstelle der Begriffe *Geoid, Quasigeoid* der Begriff *Höhenbezugsfläche (HBF)*, anstelle der *Begriffe Geoid-, Quasigeoidhöhe* der Begriff *Undulation N* benutzt. Bei den Gebrauchshöhen *H* bleibt der Höhentyp unerwähnt.

2.4.1 Einleitung

In Abschnitt 2.3.2 wurden Formeln mitgeteilt, mit deren Hilfe die bei der Positionierung mit Satelliten anfallenden kartesischen Koordinaten in ellipsoidische Längen λ und Breiten φ und ellipsoidische Höhen h umgerechnet werden können. In Abschnitt 1.2.3 wurde ausgeführt, dass ellipsoidische Höhen nicht direkt mit den Gebrauchshöhen der Landesvermessungen vergleichbar sind. Somit ergibt sich die Aufgabenstellung, die bei Satellitenvermessungen anfallenden geometrisch definierten *ellipsoidischen* Höhen in physikalisch definierte *Gebrauchshöhen* umzurechnen. Konzeptionell ist diese Aufgabenstellung leicht zu lösen. Die Schwierigkeit liegt darin, zu einer ausreichend *genauen* Gebrauchshöhe zu kommen.

Unter diesem Aspekt wird das Problem seit spätestens Mitte der 1980er-Jahre diskutiert. J. Collins und A. Leick berichten 1985, dass sie mit dem US-amerikanischen GPS Genauigkeiten für die Gebrauchshöhen in der Größenordnung von 1 cm bis 4 cm erreichen. 1995 kommt J. Boljen, übereinstimmend mit G. W. Hein (1990a), zu dem Ergebnis, dass bei einem Punktabstand von etwa 5 km Höhenpunkte mit einer Genauigkeit von 1 cm bis 1,5 cm durch GPS bestimmt werden können und dass mit dieser Genauigkeit das GPS-

Verfahren vorerst für den Einsatz innerhalb des amtlichen Höhenfestpunktfeldes in Schleswig-Holstein ausscheidet. Boljen schrieb damals sinngemäß, dass man der Undulationsberechnung in Zukunft mehr Aufmerksamkeit widmen müsse, wenn man die GPS-Technik im Bereich der Höhenbestimmung in Höhenfestpunktfeldern einsetzen möchte.

15 bis 20 Jahre später kann festgestellt werden, dass es auf diesem Gebiet deutliche Fortschritte gibt. Neben der an der Fachhochschule Karlsruhe seit 1998 entwickelten **D**igitalen **Finite Element Höhenbezugsfläche** (*DFHBF*) stehen mit dem Quasigeoidmodell **German Combined QuasiGeoid 2016** (*GCG16*) insgesamt zwei hochgenaue Höhenbezugsflächen für den in Deutschland seit wenigen Jahren eingeführten Höhentyp *Normalhöhe* zur Verfügung. Im deutschen amtlichen Vermessungswesen wird allerdings seit dem 1. Juli 2017 ausschließlich mit dem GCG16 als Höhenbezugsfläche gearbeitet. Das Konzept der DFHBF bleibt aber außerhalb Deutschlands eine etablierte Höhenbezugsfläche.

Dies hat dazu geführt, dass Höhenbestimmung auf der Grundlage von GNSS als operationelles Verfahren angesehen werden kann. Dabei ist allerdings zu beachten, dass mit GNSS bestimmte Gebrauchshöhen nie genauer sein können als die Genauigkeit der Undulationen der Höhenbezugsflächen (1 bis 2 cm). Eine mit dem klassischen Verfahren für die Höhenmessung – dem Nivellement – vergleichbare Genauigkeit kann erreicht werden, wenn man Höhenübertragungen über größere Entfernungen durchführt (> 10 km). Bei einer Höhenübertragung mithilfe eines geometrischen Nivellements von 1 km Länge können sehr leicht Genauigkeiten von 1 bis 3 mm erreicht werden. Diese Genauigkeitsgrößenordnung ist mit GNSS nicht möglich. Nur unter diesem Aspekt ist zu verstehen, was das Landesvermessungsamt Baden-Württemberg schon Mitte 2001 ausgeführt hat: *„Damit[9] kann direkt im Feld die mit GPS gemessene Ellipsoidhöhe h in die amtliche Landeshöhe H – Höhe über Normalnull im neuen System – mit Zentimetergenauigkeit umgerechnet werden."*

In den folgenden Abschnitten werden die dabei anzuwendenden Berechnungsverfahren beschrieben.

2.4.2 Höhenberechnung unter alleiniger Verwendung eines Geoidmodells

Das Verfahren kann angewendet werden, wenn folgende Voraussetzungen gegeben sind:
- Die Undulation der Höhenbezugsfläche (HBF) bezieht sich auf das Ellipsoid, auf das sich auch die ellipsoidischen GNSS-Höhen beziehen,
- die Maßstäbe für die Gebrauchshöhe H und die ellipsoidische Höhe h sind identisch,
- das vorhandene Höhenfestpunktfeld ist weitestgehend frei von Netzspannungen.

---

[9] Gemeint war die DFHBF für Baden-Württemberg.

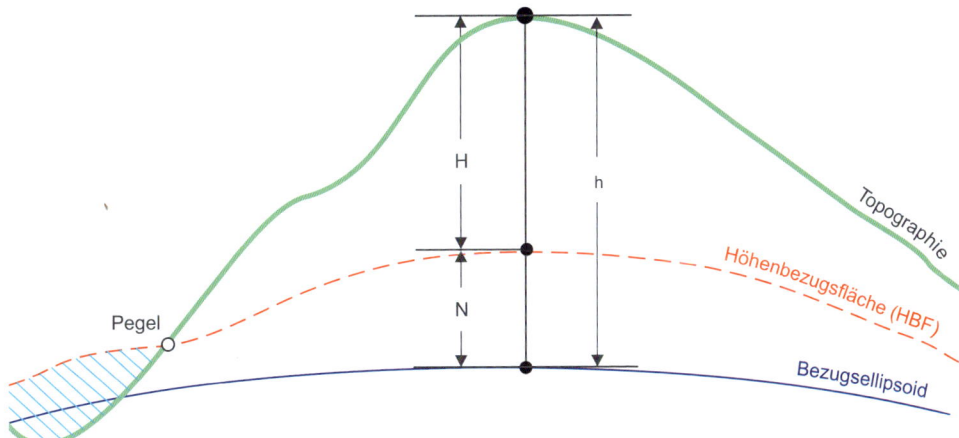

Abb. 2.15: Höhenbezugsfläche, Bezugsellipsoid

In diesem Fall gilt für die Umrechnung der ellipsoidischen Höhen h in die Gebrauchshöhen H die aus Abbildung 2.15 ablesbare einfache Formel

$$h = H + N \quad bzw. \quad H = h - N. \tag{2.17}$$

Alle HBF stellen die in Abbildung 2.15 dargestellten Undulationen N als ellipsoidische Höhe über einem Referenzellipsoid als Funktion der jeweiligen Lagekoordinaten zur Verfügung.

Es gilt also für das jeweilige Referenzellipsoid:

$$N_i = f(\lambda_i, \varphi_i). \tag{2.18}$$

Die obige Gleichung (2.17) lautet also genauer:

$$H(\lambda, \varphi) = h(\lambda, \varphi) - N(\lambda, \varphi). \tag{2.19}$$

Die Genauigkeit der so bestimmten Gebrauchshöhe H ist abhängig von der Genauigkeit der Höhenbezugsfläche (1 bis 2 cm) und der Genauigkeit der mit GNSS bestimmten ellipsoidischen Höhen h (je nach Aufwand wenige Millimeter oder einige Zentimeter).

2.4.3 Höhenberechnung unter Verwendung von Passpunkten

2.4.3.1 Einleitung

Mit Passpunkten muss gearbeitet werden, wenn folgende Voraussetzungen vorliegen:

- Die Undulationen N beziehen sich nicht zwingend auf ein Ellipsoid, das identisch mit dem Ellipsoid ist, auf das sich die ellipsoidischen GNSS-Höhen h beziehen,
- die Maßstäbe für die Gebrauchshöhe H und die ellipsoidische Höhe h sind nicht zwingend gleich,
- es kann nicht ausgeschlossen werden, dass das vorhandene Höhenfestpunktfeld Ungenauigkeiten bzw. Netzspannungen aufweist und dass damit die Höhenbezugsfläche kein Ellipsoid ist.

Mit diesem Fall muss häufig in historisch gewachsenen Höhennetzen gerechnet werden. Die Gebrauchshöhen in diesen Netzen sind nicht selten durch unterschiedliche Verfahren entstanden, *z. B. durch Präzisionsnivellement, übliches geometrisches Nivellement, trigonometrisch, tachymetrisch, photogrammetrisch oder wie auch immer (Schmidt 1991).* Auch ist nicht immer sichergestellt, dass Schweremessungen in ausreichender Weise bei den Berechnungen der Höhen berücksichtigt worden sind. Dies alles führt dazu, dass mit Diskrepanzen zwischen den bestehenden Höhenfestpunktfeldern und deren theoretischen Bezugsflächen gerechnet werden muss.

Zur Einpassung ellipsoidischer Höhen aus satellitengestützten Vermessungen in derartige Höhennetze ist man auf Passpunkte zur Bestimmung der Abweichung von Gebrauchshöhe und ellipsoidischen Höhen angewiesen. Wie noch zu zeigen sein wird, können geeignete Geoidmodelle zur Verbesserung der Einpassung beitragen. Die ermittelten Parameter zur Höhenüberführung sind im Allgemeinen nur lokal gültig. Mit dem von Dinter u. a. (1996) vorgestellten Konzept der Digitalen Finite Element Höhenbezugsfläche (Weiterentwicklung: s. z. B. Jäger 1998, Jäger & Schneid 2001) ist es dennoch möglich, überregional gültige Höhenbezugsflächen zur direkten Umwandlung ellipsoidischer Höhen in Gebrauchshöhen zu berechnen und für Echtzeitanwendungen bereitzustellen.

2.4.3.2 Flächenapproximation durch bivariate Polynome

Ausgangspunkt der Berechnung ist auch in diesem Fall die Gleichung 2.19.

Zwecks Berücksichtigung unterschiedlicher Maßstäbe schreiben wir diese Gleichung ein wenig anders:

$$m \cdot H(\varphi, \lambda) = h(\varphi, \lambda) - N(\varphi, \lambda) .$$ (2.20)

Für die weitere Behandlung ist es zweckmäßig, die ellipsoidischen Koordinaten durch ebene rechtwinklige Koordinaten zu ersetzen, z. B. durch Gauß-Krüger-Koordinaten oder UTM-Koordinaten (s. Abschnitt 1.4.5.2). Dann wird aus Gleichung 2.20

$$m \cdot H(y, x) = h(y, x) - N(y, x) .$$ (2.21)

Liegen Punkte vor, von denen neben der Ortsinformation die ellipsoidische Höhe h und die Gebrauchshöhe H bekannt sind, so besteht die Möglichkeit, Koeffizienten für eine näherungsweise geltende analytische Darstellung der Ortsfunktion $N(y,x)$ abzuleiten (Flächenapproximation). Durch welche Fläche – durch welches Modell – die Ortsfunktion $N(y,x)$ zu approximieren ist, hängt von der Größe des Messgebiets, der Verfügbarkeit identischer Punkte und den Genauigkeitsansprüchen ab. Folgende Modelle sind möglich:

- *Modell 1: Höhenbezugsfläche und Ellipsoid sind zwei parallel zueinander verlaufende Flächen.*
  Die gesuchte Ortsfunktion $N(y,x)$ lautet in diesem Modell wie folgt:

$$N(y, x) = h(y, x) - m \cdot H(y, x) = a_{00} .$$ (2.22)

Zur Bestimmung des Koeffizienten a_{00} und des Maßstabs m werden zwei Punkte benötigt, deren ellipsoidische Höhe h und Gebrauchshöhe H bekannt sind. Sofern mehr als zwei identische Punkte zur Verfügung stehen, erhält man eine Überbestimmung, die zur Überprüfung der Gültigkeit der Flächenapproximation genutzt werden kann.

Es ist unmittelbar einsehbar, dass diese Flächenapproximation für $N(y,x)$, wenn überhaupt, nur im Flachland möglich ist – dort verlaufen Höhenbezugsfläche und Ellipsoid einigermaßen parallel – und auch dort nur für eine Fläche geringen Ausmaßes (etwa 1 km × 1 km). Wir betrachten dieses Modell in erster Linie zum besseren Verständnis der nachfolgenden Modellverfeinerungen.

- *Modell 2: Höhenbezugsfläche und Ellipsoid sind in gleicher Weise gekrümmt, aber gegeneinander geneigt.*
  Aus dieser Modellannahme folgt, dass sich der Abstand von Höhenbezugsfläche und Ellipsoid linear mit den Ortskoordinaten verändert.

  Dann gilt für die Ortsfunktion $N(y,x)$ folgende Gleichung:

$$N(y,x) = h(y,x) - m \cdot H(y,x) = a_{00} + (a_{10}y + a_{01}x) . \tag{2.23}$$

In diesem Modell müssen neben dem Maßstab m die drei Koeffizienten a_{00}, a_{10} und a_{01} bestimmt werden. Man benötigt also mindestens vier Punkte mit bekannten ellipsoidischen und Gebrauchshöhen. Aus den sich damit ergebenden vier linearen Gleichungen:

$$\begin{aligned}
N(y_1,x_1) &= h(y_1,x_1) - m \cdot H(y_1,x_1) = a_{00} + (a_{10}y_1 + a_{01}x_1) \\
N(y_2,x_2) &= h(y_2x_2) - m \cdot H(y_2,x_2) = a_{00} + (a_{10}y_2 + a_{01}x_2) \\
N(y_3,x_3) &= h(y_3x_3) - m \cdot H(y_3,x_3) = a_{00} + (a_{10}y_3 + a_{01}x_3) \\
N(y_4,x_4) &= h(y_4x_4) - m \cdot H(y_4,x_4) = a_{00} + (a_{10}y_4 + a_{01}x_4)
\end{aligned} \tag{2.24}$$

können der Maßstab und die benötigten drei Koeffizienten berechnet werden. Stehen mehr als vier identische Punkte zur Verfügung, können Maßstab und Koeffizienten mittels einer Ausgleichung bestimmt werden.

Illner & Jäger (1995) berichten, dass sie mit diesem Ansatz entlang eines 45 km langen Teilstücks einer Autobahn Höhenpunkte bestimmt haben. Es standen 33 Passpunkte zur Verfügung. Aus der Ausgleichung ergaben sich Restklaffungen für die identischen Höhenpunkte von besser als 3 mm. Testberechnungen ergaben, dass mit nur sieben ausgewählten über die Trasse verteilten identischen Punkten nahezu gleiche Ergebnisse zu erzielen waren.

- *Modell 3: Höhenbezugsfläche und Ellipsoid sind in unterschiedlicher Weise gekrümmt und gegeneinander geneigt.*
  Aus der Modellannahme folgt, dass die mit den Ortskoordinaten lineare Veränderung des Abstands von Höhenbezugsfläche und Ellipsoid noch durch weitere Veränderungen überlagert wird.
  Für die Ortsfunktion $N(y,x)$ gilt dann in einer ersten Näherung folgende Gleichung:

$$\begin{aligned}
N(y,x) &= h(y,x) - m \cdot H(y,x) \\
&= a_{00} + (a_{10}y \cdot + a_{01}x) + (a_{20}y^2 + a_{11}y \cdot x + a_{02}x^2) .
\end{aligned} \tag{2.25}$$

Da hier neben dem Maßstab fünf Koeffizienten zu bestimmen sind, werden mindestens sechs identische Punkte benötigt.

Illner & Jäger (1995) kommen bei Anwendung dieses Ansatzes auf das schon oben zitierte Beispiel zu dem Ergebnis, dass die Parameter a_{20}, a_{11} und a_{02} nicht bzw. nur schwach signifikant berechnet werden konnten. Dies kann als Hinweis darauf gewertet werden, dass in Gebieten, bei denen von einer nur mäßigen Rauigkeit des Geoids ausgegangen werden kann – Mittelgebirge, Flachland –, schon mit dem einfachen Ansatz einer ausgleichenden Fläche gute Ergebnisse erzielt werden können.

Die in diesen Modellen eingeführten Flächenapproximationen werden mathematisch als bivariater Polynomansatz bezeichnet. In allgemeiner Schreibweise lautet der Ansatz:

$$N_i = N(y_i, x_i) = \sum_{j=0}^{n} \sum_{k=0}^{n-j} a_{jk} \cdot y^j \cdot x^k \, . \tag{2.26}$$

Er lässt sich auch als Skalarprodukt eines Vektors $f(x,y)$ von Konstanten und eines zweiten Vektors mit dem unbekannten Polynomparameter p schreiben (Dinter u. a. 1996).
Aus Gleichung 2.25 wird dann:

$$N_i = N(x_i, y_i) = \sum_{j=0}^{n} \sum_{k=0}^{n-j} a_{jk} \cdot y^j \cdot x^k =$$

$$(1, x, y, x^2, xy, y^2, \ldots) \cdot (a_{00}, a_{10}, a_{01}, a_{11}, \ldots) = f(x,y) \cdot p \, . \tag{2.27}$$

Der Ansatz wurde 1983 von Heitz zur lokalen Beschreibung von Äquipotenzialflächen des Erdschwerefelds vorgeschlagen. 1995 greifen Illner & Jäger dieses Modell auf und verwenden es zur Approximation von Höhenbezugsflächen. Durch Gleichung 2.22 ist der Laufparameter j in Gleichung 2.27 auf 0 festgesetzt. Damit ergibt sich die Flächenapproximation durch eine Konstante. Wird der Laufparameter höher gesetzt, ergibt sich mit $n = 1$ die lineare Approximation (Gleichung 2.23), mit $n = 2$ die quadratische Approximation (Gleichung 2.24). Mit $n = 3$ würde sich eine kubische Approximation ergeben.

2.4.3.3 Finite-Element-Darstellung der Höhenbezugsfläche

Wenn man nach dem im vorangehenden Abschnitt beschriebenen Verfahren eine Höhenbezugsfläche modelliert, ist dies immer nur für Gebiete begrenzter Ausdehnung möglich. Wie groß dieses Gebiet im Einzelfall sein kann, hängt von den jeweiligen Umständen ab. In Gebieten mit ausgeprägten Massenunregelmäßigkeiten – z. B. Gebirgsgegenden – wird die Flächengröße tendenziell kleiner sein als in Gegenden mit gleichmäßiger Massenverteilung. Wenn man eine Höhenbezugsfläche für größere Gebiete schaffen will, ist es zweckmäßig, das zu modellierende Gebiet in Teilgebiete zu untergliedern. Dann steht man vor dem Problem, dass sich an den Rändern der Teilgebiete unterschiedliche Höhenbezugsflächen – und damit unterschiedliche Höhen – ergeben.

Das Problem lässt sich durch eine Finite-Element-Darstellung der Höhenbezugsfläche lösen. Interessierte Leser finden Einzelheiten zu diesem Ansatz in Anhang B.

2.4.3.4 Datumstransformation von Geoidmodellen

Moderne hochgenaue Höhenbezugsflächen können zur Umrechnung von GNSS-Höhen auch dann verwendet werden, wenn die verwendete Höhenbezugsfläche einer Datumstransformation unterzogen werden muss. Jedoch ist das Quasigeoidmodell aus Gründen der mathematisch-physikalischen Definition und der entsprechenden Berechnung prinzipiell nur zur Umrechnung von ellipsoidischen Höhen in Gebrauchshöhen des Typs Normalhöhen geeignet. Das Geoidmodell – als echte Äquipotenzialfläche des Erdschwerefelds – ist geeignet zur Umrechnung ellipsoidischer Höhen in orthometrische Höhen.

Da sich beide Geoidtypen – Geoid, Quasigeoid – in ihrer Form aber nur geringfügig unterscheiden, ergibt es in jedem Fall Sinn, die modernen hochgenauen Quasigeoidmodelle zur Umrechnung von GNSS-Höhen in Gebrauchshöhen zu verwenden. Dies gilt auch für Höhenbezugsflächen, die nur über Punkte bekannter Höhe realisiert sind. Auch die Form derartiger Höhenbezugsflächen hat große Ähnlichkeit mit einer Geoidfläche.

Interessierte Leser finden Einzelheiten zu diesem Ansatz in Anhang C.

2.4.3.5 Digitale Finite-Element-Höhenbezugsfläche (DFHBF)

Mit den in den beiden vorangegangenen Abschnitten beschriebenen Verfahren stehen zwei unterschiedliche Konzepte zur Integration von GNSS-Höhen zur Verfügung. 1998 stellt Jäger erstmals ein Konzept vor, das beide Ansätze zusammenführt. Jäger charakterisiert das Konzept als *Geoidverfeinerungsansatz*.

In einer gemeinsamen Ausgleichung werden geschätzt:
- Parameter zur Datumsanpassung des Geoidmodells,
- Koeffizienten zur Verfeinerung des datumsangepassten Geoidmodells durch bivariate Polynome.

Um die von einem datumsangepassten Geoidmodell zu erwartenden Restfehler klein zu halten, wird in dem Ausgleichungsansatz das Gebiet in mehrere Teilgebiete – „Geoid-Patches" – aufgeteilt. Jedes Geoid-Patch hat seine eigene Datumsanpassung mit stetigem Übergang zum jeweiligen Nachbarpatch. Innerhalb der Geoidpatches werden in relativ kleinen Maschen (< 10 km $\times$ 10 km) unter Einhaltung von Stetigkeitsbedingungen die Koeffizienten für die Geoidverfeinerungen geschätzt.

Das Ergebnis der Ausgleichung ist die Digitale Finite Element Höhenbezugsfläche (DFHBF). Sie wird in einer Datenbank abgelegt. Mithilfe der DFHBF können ellipsoidische GNSS-Höhen (h_{GNSS}) unter Verwendung der Formel $H = h - N$ in Gebrauchshöhen umgerechnet werden (online im Feld oder im Postprocessing).

2.5 Zeitsysteme

In der Naturwissenschaft ist die Zeit eine der fundamentalen Größen zur Beschreibung von Vorgängen in der belebten und unbelebten Natur. Die Bedeutung der Zeit für die Satellitengeodäsie wird deutlich, wenn man sich vor Augen führt, dass

a) die Position eines Satelliten eine Funktion der Zeit ist und
b) die Koordinaten von Punkten der Erde in dem für die Satellitengeodäsie notwendigen astronomischen Koordinatensystem wegen der Erdrotation Funktionen der Zeit sind.

Voraussetzung für die Durchführung einer Zeitmessung ist eine geeignete Zeiteinheit. Weiter wird ein Gerät benötigt, mit dessen Hilfe das Verhältnis eines zu messenden Zeitraums zur Zeiteinheit bestimmt werden kann: eine Uhr.

Als Zeiteinheit wird die Dauer eines sich wiederholenden Vorgangs gewählt, dem man unterstellt, dass er streng periodisch sei. Welche Zeiteinheiten und welche damit verbundenen Zeitsysteme in der Satellitengeodäsie von Bedeutung sind, soll im Folgenden erläutert werden. Auf gerätetechnische Fragen – wie funktioniert eine Uhr? – soll nicht eingegangen werden (eine Einführung dazu findet man bei Langley 1991).

2.5.1 Sonnenzeit – UT

Als „natürliche" Zeiteinheit bietet sich die tägliche Umdrehung der Erde um ihre Achse (die Erdrotation) an. Durch die Beobachtung aufeinanderfolgender Höchststände der Sonne am Beobachtungsort kann diese Zeiteinheit realisiert werden. Die so definierte *Zeiteinheit ist der wahre Sonnentag*, die damit verbundene *Zeitskala ist die wahre Sonnenzeit*. Um zu einer einheitlichen Zeitskala für den gesamten Erdkörper zu kommen, wird dem Sonnenhöchststand durch den Meridian von Greenwich die Zeit 12.00 Uhr zugeordnet. (Die daran anschließende Bildung von Zonenzeiten wird in ihren Grundzügen als bekannt vorausgesetzt und daher nicht weiter beschrieben.)

Die so definierte „Zeiteinheit" wahrer Sonnentag ist – wie eine genauere Betrachtung (oder der Vergleich mit genau gehenden Uhren) zeigt – allerdings keine unveränderliche Größe, da der wahre Sonnentag im Lauf eines Jahrs unterschiedlich lang ist. Dies hat folgende Ursachen:

Aus dem 2. Kepler'schen Gesetz folgt, dass die Geschwindigkeit eines Planeten abhängig von seiner jeweiligen Position in seiner Bahnellipse ist. Daraus ergibt sich, wie Abbildung 2.16 zeigt, dass im Lauf eines Umlaufs der Erde um die Sonne – also im Lauf eines Jahrs – der wahre Sonnentag (die Zeitspanne zwischen zwei aufeinanderfolgenden Höchstständen der Sonne) unterschiedlich lang ist. (Bei größerer Bahngeschwindigkeit – z. B. Bewegung in der Nähe des Perihels – ist der Sonnentag länger als bei geringer Bahngeschwindigkeit.) Eine weitere Ursache für die unterschiedliche Länge eines wahren Sonnentags besteht darin, dass die Ebene, in der die Erde um die Sonne läuft (die Ekliptik), nicht rechtwinklig zur Rotationsachse der Erde liegt (s. Abb. 2.17).

Damit ist die für den Sonnentag „wirksame" Bahn – die Projektion der Erdbahn in eine Ebene senkrecht zur Erdachse und durch den Mittelpunkt der Sonne – eine Verzerrung der tatsächlichen Bahnellipse. (Die Zeit wird am Äquator gemessen.) *Insgesamt muss also festgestellt werden, dass der Sonnentag keine strenge „Zeiteinheit" ist.*

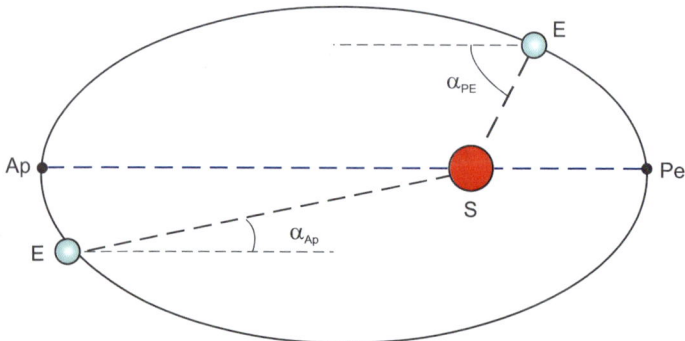

Sonnentag: Zeitraum zwischen zwei Meridiandurchgängen der Sonne
    Sonnentag – Periphel:
    Zeitraum für die Erdumdrehung $360° + \alpha_{Pe}$
    Sonnentag – Aphel:
    Zeitraum für die Erdumdrehung $360° + \alpha_{Ap}$
Da im Periphel die Bahngeschwindigkeit der Sonne größer ist als im Aphel (Flächensatz) $\rightarrow$ $\alpha_{Ap} > \alpha_{Pe}$ $\rightarrow$
    Sonnentag Periphel > Sonnentag Aphel

Abb. 2.16: Die unterschiedliche Zeitdauer der Sonnentage

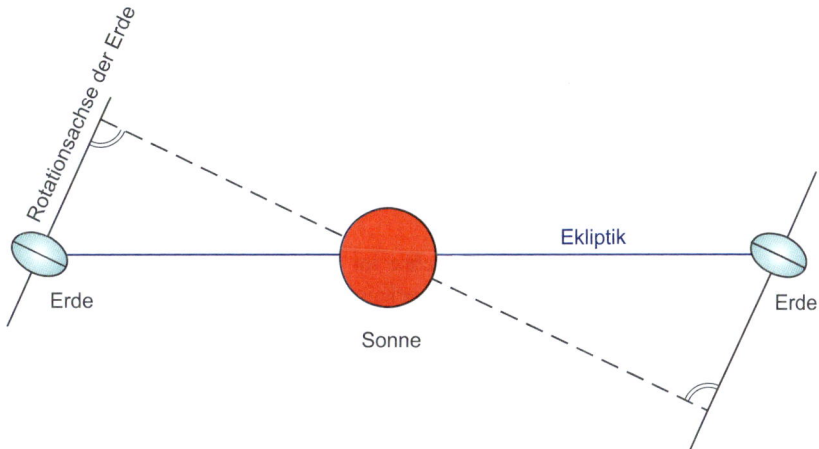

Abb. 2.17: Ekliptik und Zeitmessung

Wegen der Bedeutung des Sonnentags für den Lebensrhythmus des Menschen wird der Sonnentag als Zeiteinheit aber nicht aufgegeben. Vielmehr wird eine mittlere Sonnenbahn definiert, die die Eigenschaft hat, zu einem Sonnentag zu führen, dessen Dauer im Lauf eines Jahrs konstant ist (Einzelheiten siehe z. B. Sigl 1983). Der so definierte Sonnentag wird *„mittlerer Sonnentag"* genannt, das darauf beruhende Zeitsystem trägt die Bezeichnung *„mittlere Sonnenzeit"*. Die Abweichung zwischen der mittleren Sonnenzeit und der wahren Sonnenzeit wird durch die Zeitgleichung (s. Abb. 2.18) beschrieben.

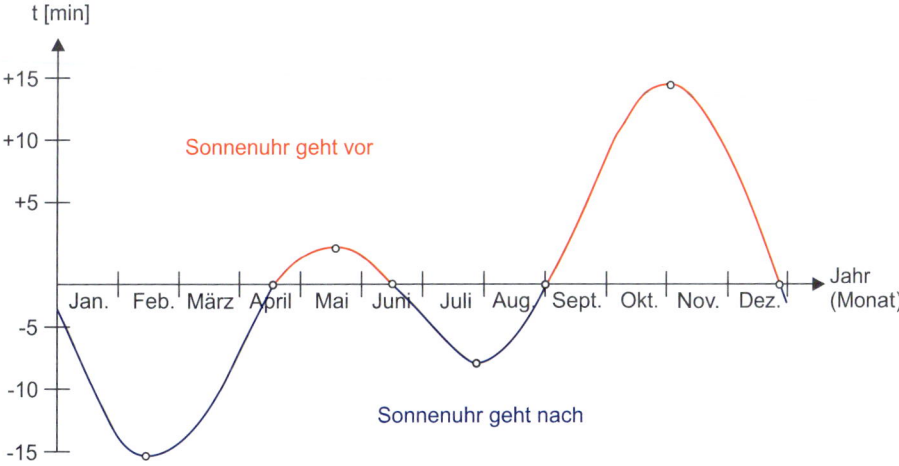

Abb. 2.18: Zeitgleichung

Die mittlere Sonnenzeit für den Nullmeridian wird Weltzeit, englisch

UT (Universal Time)

genannt.

Die UT wird routinemäßig von 50 astronomischen Stationen, die über den ganzen Erdkörper verteilt liegen, aus astronomischen Beobachtungen abgeleitet. Sie bezieht sich definitionsgemäß auf die augenblickliche Rotationsachse der Erde.

Polschwankungen (die Verlagerung der Rotationsachse im Erdkörper) beeinflussen die UT. Man kann zeigen (Sigl 1983), dass unterschiedlich gelegene Beobachtungsstationen die UT unterschiedlich beeinflussen. Um einen Vergleich der weltweit gewonnenen UT zu ermöglichen, muss daher eine Reduktion der beobachteten UT auf den konventionellen Pol (CIO) durchgeführt werden. Diese Reduktion führt zu einer Zeit, die

UT1

genannt wird. *UT1 bezieht sich definitionsgemäß auf die aktuelle Erdrotation, eine mittlere Sonnenbahn und den mittleren Pol.* UT1 entspricht damit der wahren Winkelgeschwindigkeit der Rotation des konventionellen terrestrischen Koordinatensystems und ist damit für astronomisch-geodätische Ortsbestimmungen maßgebend.

Werden zur Verbesserung der Gleichmäßigkeit der Zeitskala die jährlichen und halbjährlichen Veränderungen der Drehgeschwindigkeit der Erde berücksichtigt, entsteht

UT2.

UT2 ist wegen der heute üblichen Atomzeit unbedeutend geworden (s. dazu Abschnitt 2.5.3).

2.5.2 Sternzeit

Eine andere Möglichkeit, eine Zeit mithilfe der Erdrotation zu definieren, besteht darin, den Meridiandurchgang eines Fixsterns zu beobachten. Als „Fixstern" wird dabei der Frühlingspunkt gewählt.

Wie man aus Abbildung 2.19 erkennen kann, ist der so definierte Sternentag kürzer als der Sonnentag (rd. 4 min. täglich).

Definitionsgemäß spielt beim Sternentag der Frühlingspunkt eine Rolle. Der Frühlingspunkt hängt mit der Lage der Erdachse im Raum zusammen, die aus den in Abschnitt 2.2.1 dargestellten Gründen nicht raumfest ist. Daraus ergibt sich eine Bewegung des Frühlingspunkts. Wegen dieser Bewegung muss eine Reduktion des Sterntags auf den mittleren Frühlingspunkt vorgenommen werden, um zu einer „Zeiteinheit", dem „mittleren Sternentag", zu gelangen.

In der Satellitengeodäsie ist auch die Sternzeit, bezogen auf den augenblicklichen Frühlingspunkt, von Bedeutung. Diese Zeit heißt momentane Sternzeit – in der angelsächsischen Literatur GAST (**G**reenwich **A**pparent **S**idereal **T**ime).

Sterntag: Umdrehung der Erde um 360°
Sonnentag: Umdrehung der Erde um 360° + α

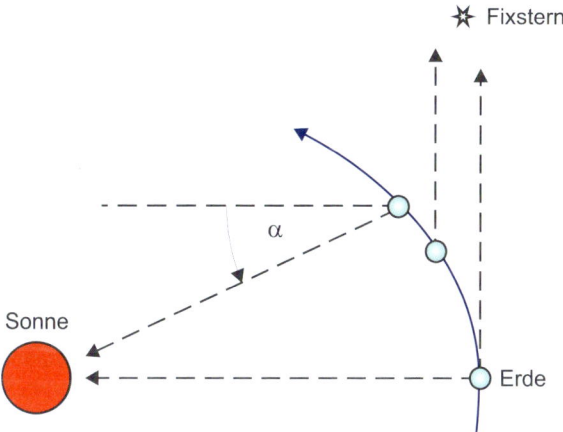

Abb. 2.19: Sterntag < Sonnentag

2.5.3   Atomzeit – UTC

Die Wahl der Erdrotation galt bis vor wenigen Jahrzehnten als die zuverlässigste und genaueste Methode zur Definition einer Zeiteinheit. Aber schon im 19. Jh. war bekannt (Stoyko 1966), dass die Erde sich nicht gleichmäßig dreht, sondern säkularen und periodischen Schwankungen unterliegt. Dies erkannte man daran, dass bei Vergleichen der beobachteten Örter von Himmelskörpern mit theoretisch berechneten Positionen keine hinreichende Übereinstimmung gefunden wurde. Dies ließ auf Fehler der mithilfe der Erdrotation geeichten Uhren schließen.

Eine eindrucksvolle Bestätigung für säkulare Veränderungen der Rotationsgeschwindigkeit erbringt die Paläontologie (George 1977):

„Auf Grund von sorgfältigen Studien an heute lebenden Einzelkorallen weiß man, daß diese Lebewesen ihr Kalkgerüst, ihren steinharten Panzer – den sie durch Kalkausscheidungen an ihrem Fußende erbauen – im Rhythmus der Jahreszeiten ausbilden. So auch die Einzelkorallen von dem Saharariff aus dem Devonzeitalter. Auf ihrer Außenseite sind mit dem bloßen Auge zahlreiche ringförmige Wülste und Einschnürungen zu erkennen, die den Jahresringen eines durchsägten Baumstammes entsprechen. Die Anzahl dieser steinernen Jahresringe entspricht dem Lebenszeitalter der Einzelkoralle.

Als Wells (ein amerikanischer Geologe) sich die klar voneinander abzugrenzenden Jahresringe unter einem Mikroskop genauer betrachtete, entdeckte er, daß jeder dieser dicken Ringe noch in Tagesringe unterteilt war, die dadurch entstanden waren, daß der Korallenpolyp jedes Mal bei Anbruch der Nacht seine Kalkausscheidungen eingestellt hatte. Als der Wissenschaftler diese Tagesringe auszählte, erzielte er ein verblüffendes Ergebnis. Jeder Jahresring und damit jedes Jahr enthielt vor 380 bis 400 Millionen Jahren nicht wie heute 365 Tage, sondern 395 Tage.

Da man davon ausgehen kann, daß der Umlauf der Erde um die Sonne sich innerhalb der letzten 400 Millionen Jahre nicht wesentlich verändert haben kann und somit die Dauer eines Jahres auch gleich geblieben ist, müssen die Tage im Devon entsprechend kürzer gewesen sein, damit 395 von ihnen in den Zeitraum eines Jahres hineinpassten."

Die Ursachen für die Änderung der Rotationsgeschwindigkeit sind nicht genau bekannt. Diese kann aber mit heute zur Verfügung stehenden Präzisionsuhren zweifelsfrei nachgewiesen werden.

Da aber – insbesondere für die Physik – ein Bedarf an einer extrem exakten Zeiteinheit vorlag, musste nach einer Zeiteinheit gesucht werden, die genauer ist als eine aus der Erdrotation abgeleitete Zeiteinheit. (Die dazu über längere Zeit benutzte Ephemeridenzeit – heute dynamische Zeit genannt – soll hier nicht beschrieben werden, da sie im Zusammenhang mit Satelliten keine Rolle spielt.)

Als genaueste Zeiteinheit gilt heute die 1967 von der internationalen Kommission für Maße und Gewichte eingeführte Sekunde.

Die Definition der Sekunde im Système International (SI-Sekunde) lautet:

„Die Sekunde ist 9.192.631.770-mal die Periode der ausgesandten Strahlung, die dem Übergang zwischen zwei Hyperfeinenergieniveaus des Grundzustandes des Cäsium-133-Atoms entspricht."

Das zu dieser Zeiteinheit gehörende Zeitsystem ist die *Atomzeit* (TAI: **T**emps **A**tomique **I**nternational). Der Nullpunkt der Zeitskala ist so gewählt, dass er mit der UT zum 1. Januar 1958 übereinstimmt. TAI wird durch sogenannte „Atomuhren" realisiert.

Die Realisierung einer sehr genauen Zeit durch Atomuhren und die Weitergabe dieser Zeit über Funk an Interessenten ist mit den heute zur Verfügung stehenden Mitteln kein besonderes Problem.

Für astronomische Zwecke wird aber die auf der Erdrotation beruhende UT1 benötigt, sodass man auf die ständige Beobachtung von UT1 durch die schon erwähnten 50 Beobachtungsstationen nicht verzichten kann.

Um beiden Aspekten Rechnung zu tragen, wurde 1965

UTC (Universal Time Coordinated)

eingeführt. Die Zeiteinheit von UTC ist die SI-Sekunde der Atomzeit, ihre Skala ist UT1 angepasst. Die Differenz UT1 – UTC ändert sich aber wegen der unterschiedlichen Zeiteinheit ständig. Daher wird UTC gelegentlich durch Schaltsekunden an UT1 angepasst. Die jeweils gültige Differenz UT1 – UTC wird mit über die Zeitdienste ausgestrahlt. Damit steht mit UTC eine Zeit höchster Konstanz und gleichzeitig – mithilfe der bekannten Zeitdifferenz UT1 minus UTC – UT1 als wichtige Referenzzeit für die Astronomie zur Verfügung.

2.5.4 GNSS-Systemzeiten

Bei den GNSS spielen Messungen von Satellitensignallaufzeiten eine besonders wichtige Rolle. Jedes vorhandene oder geplante GNSS verfügt daher über sein eigenes Zeitsystem, das von speziellen, den Systemen zugehörigen Atomuhren, erzeugt wird. Diese Zeitsysteme liegen in der ausschließlichen Zuständigkeit der jeweiligen Systembetreiber und sind nicht identisch mit

TAI. Die Differenzen dieser Systemzeiten minus UTC sind aber bekannt und werden den Nutzern der Systeme in Echtzeit mitgeteilt. Damit können die GNSS-Systemzeiten auch als Zeitsysteme für astronomische Zwecke verwendet werden.

2.5.5 Relativistische Aspekte der Zeitmessung

Eine wichtige Konsequenz aus der Relativitätstheorie von Einstein besteht darin, dass die in der Physik seit Newton bis dahin geltende Annahme einer *absoluten Zeit* nicht zutreffend ist. Eine absolute Zeit liegt vor, wenn zwei Ereignisse entweder gleichzeitig sind oder nicht und einen Zeitabstand haben, wobei die Gleichzeitigkeitsrelation unabhängig von der Art der Messung ist.

Einstein konnte zeigen, dass es eine Zeit mit dieser Eigenschaft immer nur in einem speziellen Inertialsystem gibt, dass aber die Inertialzeiten relativ zueinander bewegter Inertialsysteme auch bei Wahl gleicher „Normaluhren" in beiden Systemen verschieden sind. Weiterhin wird die Zeit durch das Gravitationsfeld, in dem die Zeitmessung durchgeführt wird, beeinflusst.

Für eine in einem Satelliten eingebaute Uhr ergeben sich daraus Effekte, die sich gegenseitig teilweise aufheben:

- Einerseits geht die Satellitenuhr wegen der Geschwindigkeit des Satelliten relativ zur Erde langsamer als eine auf der Erdoberfläche ruhende Uhr,
- andererseits geht die Satellitenuhr wegen des schwächeren Schwerefelds in der Satellitenbahn schneller als eine auf der Erdoberfläche stehende Uhr.

Die konkrete Differenz des Zeitverhaltens hängt vom jeweiligen Satelliten ab. (Bei einem geostationären Satelliten spielt nur das schwächere Schwerefeld eine Rolle.)

Die genannten Effekte sind zwar sehr gering, müssen jedoch bei den GNSS in Rechnung gestellt werden, da hier an die Zeitmessung besonders hohe Anforderungen gestellt werden.

2.6 Elektromagnetische Wellen

2.6.1 Allgemeine Grundlagen

Die Beobachtung eines Satelliten besteht aus der Registrierung und/oder Messung eines von einem Satelliten ausgesandten Signals (z. B. bei Richtungsbeobachtungen: Messung der Richtung, aus der das vom Satelliten stammende optische Signal kommt). Physikalisch sind die Signale der künstlichen Erdsatelliten elektromagnetische Wellen, deren wichtigste Eigenschaften in diesem Abschnitt in Erinnerung gerufen werden sollen.

2.6.1.1 Mathematische Beschreibung

Eine elektromagnetische Welle ist eine periodische Zustandsänderung (Störung) des elektromagnetischen Felds. Sie breitet sich im Vakuum mit Lichtgeschwindigkeit aus.

Die folgende Formel stellt eine mathematische Beschreibung elektromagnetischer Wellen dar:

$$Y = A \sin\left[2\pi\,(ft - f\frac{X}{v} + \Phi_0)\right] \tag{2.28}$$

mit

Y: Größe und Richtung des elektromagnetischen Felds,

A: die Amplitude (größtmöglicher Betrag) des Felds der Welle,

t: die Zeit,

f: die Frequenz, d. h. Anzahl n der Wiederholungen des Schwingungszustands in einem festen Punkt in der Zeit t,

$$f = \frac{n}{t} = \frac{1}{[\text{Zeit}]} \; , \tag{2.29}$$

X: die Entfernung zwischen dem Ort, von dem die Welle ausgestrahlt wird (Sender) und dem Ort, an dem das Signal registriert wird (Empfänger),

v: die Ausbreitungsgeschwindigkeit der Welle,

Φ_0:   die Phase (phasis = Zustand) der Welle zum Zeitpunkt t = 0.

Die in der inneren Klammer stehenden Terme der Gleichung 2.28 sind – wie man leicht erkennen kann – dimensionslos. Diese Terme kennzeichnen die *Phase der Welle*.

Die Formel beschreibt eine spezielle Wellenform, die harmonische Welle. Die in der Technik benutzten elektromagnetischen Wellen sind von diesem Typ.

Der ganzteilige Anteil der Phase gibt Auskunft darüber, um die wievielte Wiederholung der Wellenbewegung es sich handelt, die Nachkommastellen zeigen, um welchen Teil der ganzen Welle es sich zum Zeitpunkt der Betrachtung ($X = X_1$, $t = t_1$) handelt.

Wird die innere Klammer der Gleichung 2.28 mit dem Faktor 2π multipliziert, wird aus der Phase der *Phasenwinkel* in der Winkeleinheit Radiant.

Es ist typisch für Wellenerscheinungen – und damit auch für elektromagnetische Wellen –, dass sie eine Funktion des Orts (X) und der Zeit (t) sind. Dies kommt auch in Gleichung 2.28 zum Ausdruck.

Bei *konstantem Ort ($X = X_1$)* verändert sich das Feld periodisch an diesem Ort. Aus Gleichung 2.28 wird in diesem Fall

$$Y = A \sin\left[2\pi\,(ft - \Phi_{X1} + \Phi_0)\right], \tag{2.30}$$

wobei $\Phi_{X1} = -f \cdot (X_1 : v)$ eine konstante, nur vom Ort des Empfängers abhängige Phase ist, die mit der Entfernung vom Sender zunimmt. Das negative Vorzeichen der Phase erklärt sich daraus, dass die Welle sich mit endlicher Geschwindigkeit vom Sender aus ausbreitet und am Ort des Empfängers die periodischen Änderungen des Felds um so viel später beginnen, wie die Welle Zeit braucht, um die Strecke X_1 zu durchlaufen. Diese Zeit beträgt aber $X_1 : v$, wobei v die Ausbreitungsgeschwindigkeit ist. Die Phase (der Zustand) der Welle beim Empfänger stimmt also mit derjenigen des Senders zur Zeit $t - X_1 : v$ überein.

In Abbildung 2.20a ist die Welle als Funktion der Zeit bei konstantem Ort dargestellt (Abszisse = Zeitachse), wobei aus Gründen der Vereinfachung für Φ_0 der Wert „null" gewählt wurde.

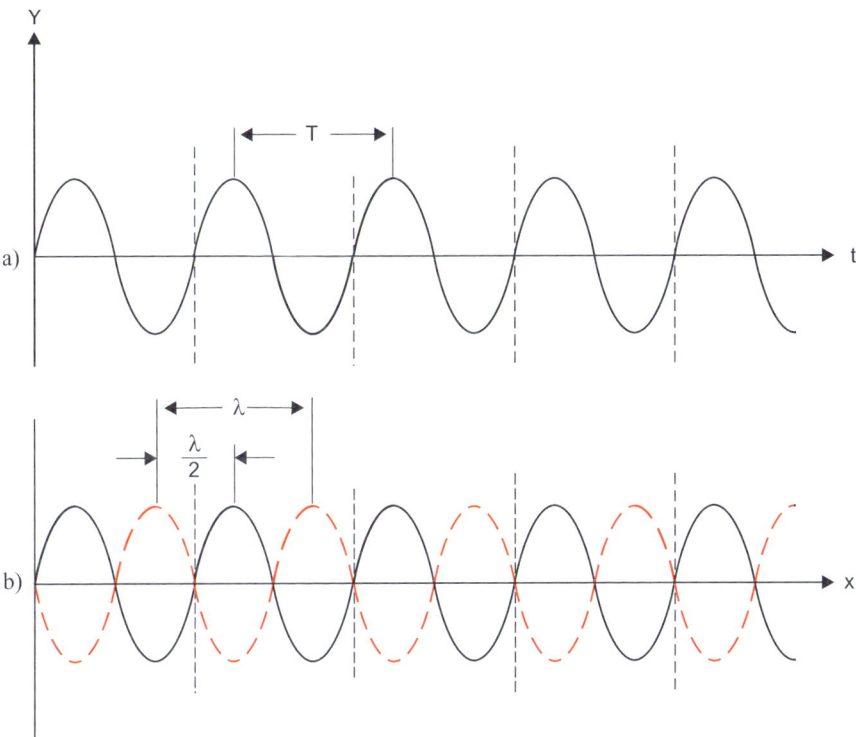

Abb. 2.20: Schwingungsdauer, Wellenlänge

Der Zeitabstand zwischen zwei im gleichen Schwingungszustand befindlichen Punkte ist die Schwingungsdauer (oder Periode) T.

Die für eine Schwingung benötigte Zeit T errechnet sich nach Gleichung 2.29 zu

$$T = \frac{t}{n} = \frac{1}{f} \quad \Rightarrow \quad f = \frac{1}{T}. \tag{2.31}$$

Bei *konstanter Zeit (t = t₁)* verändert sich das Feld periodisch mit zunehmendem Abstand vom Sender (s. Abb. 2.20b); in diesem Fall ist die Abszisse die Gerade Sender – Empfänger. Bei konstanter Zeit wird aus der Gleichung 2.28 die Gleichung

$$Y = A \sin \left[2\pi \left(\Phi_{t_1} - f \frac{X}{v} + \Phi_0 \right) \right], \tag{2.32}$$

wobei $\Phi_{t_1} = f \cdot t_1$ eine konstante – nur vom Zeitpunkt der Messung abhängige – Phase ist.

In Abbildung 2.20b ist in Kurve 1 das Momentbild der Welle zum Zeitpunkt $t = t_1$ (t_1 = ganzzahlige Vielfache der Zeiteinheit) dargestellt. Dafür ergibt sich – mit Φ_0 = null – die Funktion

$$Y = A \sin \left(2\pi \, f t_1 - 2\pi \, f \frac{X}{v} \right). \tag{2.33}$$

Unter Anwendung des Additionstheorems

$$\sin(\alpha - \beta) = \sin\alpha\cos\beta - \cos\alpha\sin\beta \tag{2.34}$$

sowie unter Berücksichtigung der Ganzzahligkeit von t_1 folgt daraus

$$Y_1 = A\sin\left(-2\pi f\frac{X}{v}\right). \tag{2.35}$$

Dies ist die gestrichelte Kurve der Abbildung 2.20b.

> *Der Abstand zwischen zwei Orten mit gleicher Phase der elektromagnetischen Welle ist ihre Wellenlänge λ.*

Zu einer um $T{:}2$ (halbe Schwingungsdauer) späteren Zeit wird aus Gleichung 2.32:

$$Y_2 = A\sin\left[\,2\pi f\,[t_1 + \frac{T}{2}] - 2\pi f\frac{X}{v}\,\right]. \tag{2.36}$$

Unter Berücksichtigung der Ganzzahligkeit von t_1 wird daraus:

$$Y_2 = A\sin\left(2\pi f\frac{T}{2} - 2\pi f\frac{X}{v}\right). \tag{2.37}$$

Wird anstelle von f gemäß Gleichung 2.31 der Ausdruck $1{:}T$ gesetzt, so folgt aus Gleichung 2.37 die Gleichung:

$$Y_2 = A\sin\left(\pi - 2\pi f\frac{X}{v}\right). \tag{2.38}$$

Mithilfe von Gleichung 2.34 wird daraus:

$$Y_2 = A\sin\left(2\pi f\frac{X}{v}\right). \tag{2.39}$$

Den Funktionsverlauf der Funktion 2.39 zeigt in Abbildung 2.20b die durchgezogene Kurve. Die Abbildung verdeutlicht, dass sich die Welle während der Zeit $T{:}2$ um $\lambda{:}2$ von links nach rechts verschoben hat. Man findet daher für die Ausbreitungsgeschwindigkeit der Welle

$$v = \frac{\dfrac{\lambda}{2}}{\dfrac{T}{2}} = \frac{\lambda}{T} = \lambda \cdot f. \tag{2.40}$$

v ist die Geschwindigkeit, mit der sich die Phase der elektromagnetischen Welle im Raum ausbreitet und wird daher

Phasengeschwindigkeit

genannt. (Die davon zu unterscheidende Gruppengeschwindigkeit wird später noch erläutert.)

Eine andere, häufig verwendete mathematische Beschreibung elektromagnetischer Wellen, die sich von Gleichung 2.28 geringfügig unterscheidet, ergibt sich mit den Definitionen

$$Kreisfrequenz: \quad \omega = 2\pi f \,, \tag{2.41}$$

$$Wellenzahl: \quad k = \frac{2\pi}{\lambda} \tag{2.42}$$

sowie der Gleichung 2.23 und nach einigen Umformungen von Gleichung 2.28 folgt:

$$Y = A \sin(\omega t - kX + \varphi_0)$$
$$(\text{mit } \varphi_0 = 2\pi \cdot \Phi_0 \,; \text{ Nullphasenwinkel})\,. \tag{2.43}$$

Das Argument der Sinusfunktion ist hier – wie auch in Gleichung 2.28 – der Phasenwinkel, der nicht mit der Phase verwechselt werden darf. Der Zusammenhang zwischen dem Phasenwinkel und der Phase ist durch die Beziehung

$$Phase = \frac{Phasenwinkel}{2\pi} \tag{2.44}$$

gegeben.

2.6.1.2 Polarisation

Elektromagnetische Wellen bestehen aus einem elektrischem und einem magnetischen Feld. Die Felder stehen senkrecht aufeinander.

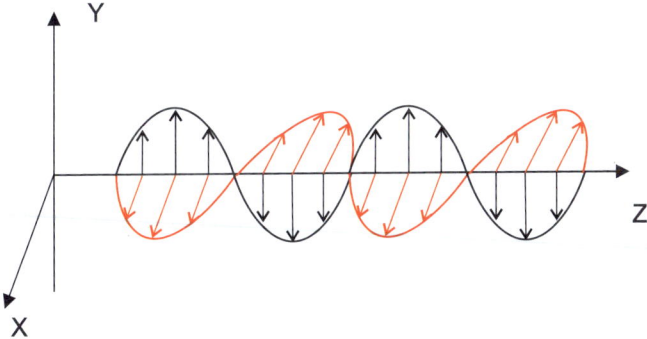

Abb. 2.21: Polarisationsebenen elektromagnetischer Wellen

Die senkrecht aufeinander stehenden Ebenen, in denen die elektromagnetischen Wellen schwingen, sind im Normalfall nicht raumfest. Z. B. besteht das natürliche Licht aus Wellen, deren Ebenen statistisch in alle Raumrichtungen verteilt sind. Elektromagnetische Wellen, die in bevorzugten Ebenen schwingen, werden polarisierte Wellen genannt. Bei Hochfrequenzwellen wird die Ebene E des elektrischen Feldes zur Definition der Polarisation benutzt (Meinke & Gundlach 2013).

Polarisation gibt es in unterschiedlichen Ausprägungen. Sofern es nur *eine* raumfeste Polarisationsebene gibt, handelt es sich um eine *linear polarisierte* Welle. Wenn sich die orthogonal zueinander angeordneten elektrischen und magnetischen Felder drehen, liegt eine *zirkular polarisierte* Welle vor (s. Abb. 2.22).

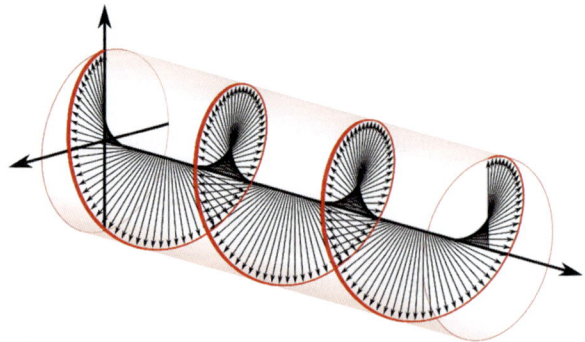

Abb. 2.22: Zirkular polarisierte Welle (Quelle: Wikimedia Commons, GNU-Lizenz für freie Dokumentation; Urheber: Dave3457; https://en.wikipedia.org/wiki/ Circular_polarization)

Die Feldstärkevektoren zirkular polarisierter Wellen drehen sich rechts- oder linksherum senkrecht zur Ausbreitungsrichtung (rechtsdrehende/linksdrehende Zirkularpolarisation)[10].

Zirkular polarisierte Wellen entstehen durch Überlagerung von zwei linear polarisierten Wellen, deren Polarisationsrichtungen senkrecht zueinanderstehen und die eine Phasenverschiebung um 90° aufweisen. Sind die Amplituden der beiden linearen Komponenten nicht gleich groß, entsteht eine *elliptische Polarisation*.

Bei den Polarisationstypen zirkular, elliptisch schraubt sich der Feldstärkevektor in einer Spirale mit Kreis- oder Ellipsenquerschnitt entlang der Ausbreitungsrichtung. Ein Spiralumlauf ist nach der Wellenlänge λ vollendet. Wenn sich die Spirale aus der Blickrichtung eines Betrachters, auf den die Welle zuläuft, nach rechts dreht, handelt es sich um eine rechts polarisierte Welle (s. dazu den Link: https://de.wikipedia.org/wiki/Polarisation).

Die von den GNSS ausgestrahlten Wellen sind nominell rechts zirkular polarisiert (Right-Hand Circularly Polarized (RHCP)). Zirkular polarisierte Signale haben die Eigenschaft, trotz der in der Ionosphäre beobachteten Faraday-Rotation[11] ihre Polarisation nicht zu verändern (Hofmann-Wellenhof u. a. 2008). Die Empfangs-Antennen können so entsprechend konzipiert werden.

Die Spezifikationen für die GNSS-Signale erlauben Abweichungen von der Zirkularität. Die dabei entstehenden leicht elliptisch polarisierten Wellen enthalten Anteile von links zirkular polarisierten Wellen (Left-Hand Circularly Polarized (LHCP)). Daraus ergibt sich die Möglichkeit, die Abweichung einer zirkular polarisierten Welle von ihrer reinen Form – den Polarisierungsgrad – auf zwei unterschiedliche Arten zu beschreiben:

1. Axial Quotient (AR): Quotient von großer und kleiner Halbachse der Polarisationsellipse.
2. Cross-Polar Quotient (XPD): Quotient aus Energie des RCHP-Signals und Energie des LHCP-Signals.

---

[10] Aus der Sicht eines Beobachters, auf den die Welle zuläuft, dreht sich eine rechtsdrehende Welle gegen den Uhrzeigersinn – nach links.

[11] Die *Faraday-Rotation* verursacht eine Drehung der Polarisationsebene einer linear polarisierten, elektromagnetischen Welle beim Durchgang durch ionisiertes, magnetisiertes Material.

Man kann zeigen, dass die beiden Parameter voneinander abhängig sind (European Tele-communications Standards Institute 2002). Bei idealer zirkularer Polarisation ist AR = 1 (0 db) – große und kleine Halbachse der Polarisationsellipse sind gleich groß – und XPD = ∞ (es gibt keine LHCP-Energie).

In den GNSS-Interface-Spezifikationen wird angegeben, in welchem Umfang die ausge-sandten Signale von der reinen Zirkularität abweichen können. Diese Angabe erfolgt nicht durch den AR oder den XPD, sondern durch Ellipsenparameter. Daraus können die mögli-chen AR leicht berechnet werden[12]. Trotz dieser zulässigen Abweichungen von der reinen Zirkularität werden die GNSS-Signale allgemein als Right-Hand Circularly Polarized (RHCP) charakterisiert.

2.6.1.3 Spektrum der elektromagnetischen Wellen

Das Spektrum elektromagnetischer Wellen reicht von den Wechselströmen mit Frequenzen im Bereich weniger Hertz bis zu den kosmischen Strahlen mit Frequenzen bis zu 10^{25} Hz (s. Abb. 2.23). Die Abbildung lässt erkennen, dass das sichtbare Licht einen nur relativ kleinen Teil dieses Spektrums bildet.

In der Satellitengeodäsie werden generell das sichtbare Licht und die zu den Radiowellen ge-hörenden Mikrowellen genutzt. Tabelle 2.1 enthält die bei den Radiowellen übliche Unter-teilung in Frequenzbänder mit den zugehörigen Frequenzen, Wellenlängen und Bezeichnungen der Frequenzbänder. Navigations- und Kommunikationssatelliten nutzen ausschließlich die Mikrowellen, die anderen Frequenzbänder (Langwelle bis Ultrakurzwelle) spielen im Zusam-menhang mit der Übertragung von Korrekturdaten von einer Referenzstation zu einem beweg-lichen Satellitenempfänger, also bei differenziellen Ortungsverfahren, eine gewisse Rolle. Die für den Mikrowellenbereich getroffene weitere Zerlegung in Frequenzbänder zeigt Tabelle 2.2.

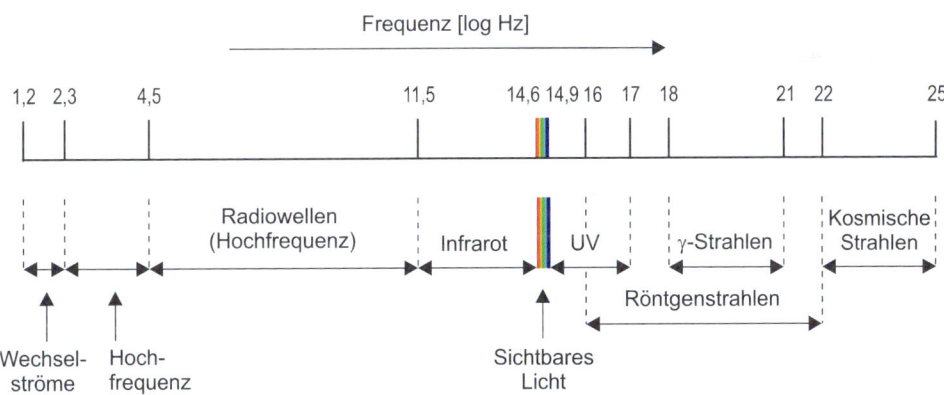

Abb. 2.23: Das Spektrum der elektromagnetischen Wellen

---

[12] Elliptizitäten (Quotient aus großer und kleiner Halbachse) zwischen 1,2 db und 2 db sind zugelas-sen (BDS 2,9 dB). Im GLONASS ICD wird ein „elliptic coefficient" (das Verhältnis von kleiner zu großer Halbachse) von bis zu 0,7 zugelassen.

Tabelle 2.1: Einteilung/Bezeichnung der Radiowellen (F: Frequency; W: Welle)

Frequenz	Wellenlänge	Internationale Bezeichnung	Deutsche Bezeichnung	Zusätzliche Bezeichnung
30 – 300 kHz	10 – 1 km	LF *Low F.*	LW *Langwelle*	
300 – 1650 kHz	1000 – 182 m	MF *Medium F.*	MW *Mittelwelle*	
1,650 – 3 MHz	182 – 100 m		*Grenzwelle*	
3 – 30 MHz	100 – 10 m	HF *High F.*	KW *Kurzwelle*	
30 – 300 MHz	10 – 1 m	VHF *Very High F.*	UKW *Ultrakurzwelle*	Meterwelle
300 – 3000 MHz	100 – 10 cm	UHF *Ultra High F.*	*Dezimeterwelle*	Mikrowelle
3 – 30 GHz	10 – 1 cm	SHF *Super High F.*	*Zentimeterwelle*	
30 – 300 GHz	10 – 1 mm	EHF *Extremely High F.*	*Millimeterwelle*	

Tabelle 2.2: Frequenzbänder im Mikrowellenbereich

Frequenz [GHz]	Wellenlänge [cm]	Band
0,23 – 1	130 – 30	P
1 – 2	30 – 15	L
2 – 4	15 – 7,5	S
4 – 8	7,5 – 3,75	C
8 – 12,5	3,75 – 2,4	X
12,5 – 18	2,4 – 1,67	K_u
18 – 26,5	1,67 – 1,13	K
26,5 – 40	1,13 – 0,75	K_a

2.6.1.4 Ausbreitung von Radiowellen

In einem Vakuum breiten sich elektromagnetische Wellen gleichmäßig mit Lichtgeschwindigkeit aus. Bei der Ausbreitung in der Erdatmosphäre bzw. auf dem Erdkörper tritt eine Dämpfung der elektromagnetischen Wellen durch Umwandlung der elektrischen Energie in Wärmeenergie (Absorption) ein. Die Dämpfung ist frequenzabhängig: Sie steigt proportional zur vierten Potenz der Frequenz.

Bei Ausstrahlung elektromagnetischer Wellen in der Nähe der Erdoberfläche bilden sich zwei unterschiedliche Anteile des elektromagnetischen Felds: das Feld der Bodenwelle und das Feld der Raumwelle.

Bei Langwelle (LF) und Mittelwelle (MF) erfolgt die Ausbreitung in erster Linie als Bodenwelle, d. h., die Signale breiten sich entlang der Erdoberfläche aus. Daher, und wegen der relativ geringen Dämpfung in diesem Frequenzbereich, können auf der Erdkugel im Langwellenbereich (LF) Entfernungen bis 700 km, im Mittelwellenbereich (MF) Entfernungen bis 300 km problemlos überbrückt werden. Die für diese Frequenzbereiche erforderlichen Sendeeinrichtungen sind aber sehr aufwendig.

Dies ist anders bei den Frequenzbereichen über 30 MHz (VHF, UHF, SHF). Die zu diesen Frequenzbereichen gehörenden Wellen breiten sich in erster Linie als Raumwellen aus. Der Signalweg ist damit in erster Näherung geradlinig. Die erforderlichen Sendeeinrichtungen sind weniger aufwendig als Sendeeinrichtungen für Lang- und Mittelwelle. Dafür sind die Reichweiten geringer. Unter Berücksichtigung von Erdkrümmung und der Brechung der Wellen in der Atmosphäre (Refraktion) ergibt sich für diese Frequenzbereiche die maximale Entfernung zwischen auf dem Erdkörper stehendem Sender und Empfänger nach der Formel

$$D[\text{km}] = 4,12 \cdot \left(\sqrt{h_1[\text{m}]} + \sqrt{h_2[\text{m}]} \right). \tag{2.45}$$

In Formel 2.45 sind h_1, h_2 die Höhen des Senders bzw. Empfängers über dem Meeresspiegel. Die tatsächlich erlangte Reichweite hängt wegen der Dämpfung der ausgestrahlten Signale in der Atmosphäre von der ausgestrahlten Energie (Senderleistung) ab.

Mit zunehmender Frequenz haben die Radiowellen Eigenschaften, die denen des Lichts ähneln. Daher spielen bei den Mikrowellen Abschattungsprobleme eine große Rolle: Sichthindernisse zwischen Sender und Empfänger verhindern den Empfang eines Mikrowellensignals. Dies ist bei einem Signalweg von einer Bodenstation zu einem Satelliten weniger problematisch als bei einem Signalweg entlang der Erdoberfläche. Die bei den Mikrowellen benötigten Sende- und Empfangsantennen können sehr klein sein. Dies ist eine der Voraussetzungen dafür, dass die Mikrowelle von Navigationssatelliten genutzt werden kann. Auf die dabei zu berücksichtigenden speziellen Ausbreitungsprobleme kommen wir in Abschnitt 2.6.4 zurück.

2.6.2 Der Doppler-Effekt

Der österreichische Physiker Chr. Doppler (1803 – 1853) machte 1842 die Entdeckung, dass Frequenz und Wellenlänge einer Wellenerscheinung sich ändern, wenn Beobachter (Empfänger) und Wellenerreger (Sender) sich relativ zueinander bewegen.

Im Alltag kann man dieses Phänomen feststellen, wenn sich z. B. ein Rettungsfahrzeug mit heulendem Signalhorn (Sender) einem Beobachter nähert und an ihm vorbeifährt. Das Ohr (Empfänger) des Beobachters registriert, dass die Tonhöhe (die empfangene Frequenz) sich bei der Vorbeifahrt des Signalhorns (des Senders) ändert. Bei der Bewegung der Schallquelle auf den Beobachter zu hört man einen relativ hohen Ton (eine hohe Frequenz), bei der Bewegung der Schallquelle vom Beobachter weg wird ein relativ niedriger Ton (eine tiefe Frequenz) wahrgenommen. Der Effekt trägt den Namen seines Entdeckers: Doppler-Effekt.

Mit den in Abschnitt 2.6.1 gegebenen Grundlagen kann eine formelhafte Beschreibung des Doppler-Effekts für den Fall der Bewegung eines Senders gegenüber dem Beobachter wie folgt hergeleitet werden (s. Abb. 2.24):

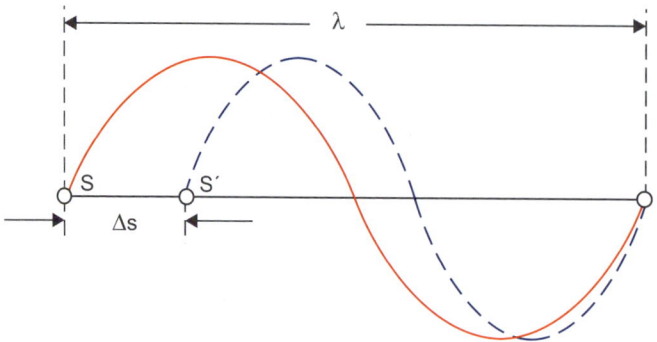

Abb. 2.24: Entstehung des Doppler-Effekts

Mit der Bezeichnung f_0 für die ausgesendete Frequenz gilt für die Schwingungsdauer $T = 1 : f_0$. Während der Schwingungsdauer bewegt sich der Sender um den Betrag Δs.

Mit der Bezeichnung u für die Geschwindigkeit des Senders gilt

$$u = \frac{\Delta S}{T}.$$
(2.46)

Daraus folgt: $\Delta s = u \cdot T$ bzw. $\Delta s = u : f_0$.

Nach Ablauf der Schwingungszeit T beträgt der Abstand zwischen der zum Zeitpunkt t_1 ausgesendeten Phase Φ_1 des Sendersignals und der zum Zeitpunkt $t_1 + T = t_2$ erneut ausgesendeten Phase Φ_2 des Sendersignals

$$\lambda' = \lambda - \Delta S = \lambda - \frac{u}{f_0}.$$
(2.47)

Mit Gleichung 2.40 wird daraus

$$\lambda' = \frac{v}{f_0} - \frac{u}{f_0} = \frac{v}{f_0} \cdot \left(1 - \frac{u}{v}\right).$$
(2.48)

Der verminderte Abstand Δs zweier identischer Phasen bleibt während des Ausbreitungsvorgangs erhalten, da die Ausbreitungsgeschwindigkeit des Signals unabhängig von der Bewegung des Senders ist. Am Ort des Beobachters wird daher die Empfangsfrequenz f_E wahrgenommen. Für f_E gilt (s. Gleichung 2.40):

$$f_E = \frac{v}{\lambda'} = \frac{v}{\dfrac{v}{f_0} \cdot \left(1 - \dfrac{u}{v}\right)} = \frac{f_0}{1 - \dfrac{u}{v}}.$$
(2.49)

Für einen sich vom Beobachter entfernenden Sender kann in analoger Weise gezeigt werden:

$$f_E = \frac{f_0}{1 + \dfrac{u}{v}} \cdot \tag{2.50}$$

Mit einer Reihenentwicklung für $1 : (1 - u : v)$ ergibt sich:

$$f_E = f_0 \cdot [1 + \frac{u}{v} + (\frac{u}{v})^2 + \ldots]. \tag{2.51}$$

Bei Vernachlässigung von Gliedern höherer Ordnung:

$$f_E = f_0 \left(1 + \frac{u}{v} \right) \quad \text{Sender bewegt sich auf den Beobachter zu,}$$

$$f_E = f_0 \left(1 - \frac{u}{v} \right) \quad \text{Sender bewegt sich vom Beobachter weg.}$$

$$\tag{2.52}$$

Ausgesendete Frequenz und empfangene Frequenz sind also unterschiedlich. Man sagt, die Frequenz unterliegt einer *Doppler-Frequenzverschiebung*.

Die Gleichungen 2.52 lassen erkennen, dass ein Beobachter, der sich in der Bahn eines sich geradlinig bewegenden Senders befindet, einen scharfen Frequenzsprung in dem Augenblick registriert, in dem der Sender den Beobachter passiert (s. Abb. 2.23). Aus der Treppenform der Doppler-Kurve wird eine mehr oder weniger steile s-förmige Kurve, wenn sich der Beobachter außerhalb der Bewegungsbahn des Senders befindet. In diesem Fall – dem Normalfall – ändert sich die Geschwindigkeit, mit der sich der Sender auf den Empfänger zubewegt, kontinuierlich.

Aus den Gleichungen 2.52 wird dann:

$$f_E = f_0 \left(1 - \frac{1}{v} \frac{ds}{dt} \right). \tag{2.53}$$

In dieser Schreibweise bezeichnet das Differenzial ds/dt die sich kontinuierlich ändernde Geschwindigkeit des Senders relativ zum Empfänger. Wenn s (der Abstand Satellit – Empfänger) kleiner wird, erhält ds ein negatives Vorzeichen, sodass die Gleichungen 2.52 und 2.53 auch in den Vorzeichen übereinstimmen.

Wie man auch geometrisch veranschaulichen kann, sind Änderungen der Relativgeschwindigkeit Sender – Empfänger bei einem Sender, der in geringer Entfernung einen Beobachter passiert, größer als bei einem Sender, der in großer Entfernung einen Beobachter passiert. Damit ergibt sich bei gleicher Geschwindigkeit des Senders ein steiler Verlauf der Doppler-Kurve, wenn der Sender in geringer Entfernung den Empfänger passiert, und ein flacher Verlauf der Doppler-Kurve, wenn der Sender in großer Entfernung den Beobachter passiert.

Im Augenblick der kleinsten Entfernung Sender – Empfänger ist in beiden Fällen die Relativgeschwindigkeit Sender – Empfänger gleich null. Damit ist in diesem Augenblick auch die empfangene Frequenz gleich der gesendeten Frequenz. Dies ist der gemeinsame Wendepunkt der Doppler-Kurven (s. Abb. 2.25).

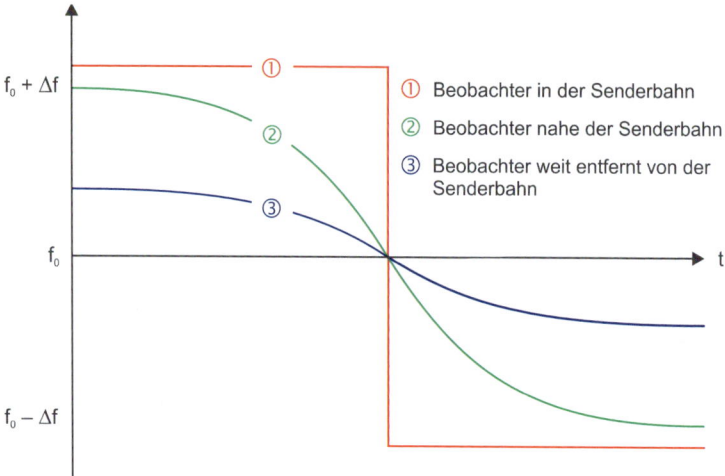

Abb. 2.25: Doppler-Kurven

2.6.3 Phasengeschwindigkeit – Gruppengeschwindigkeit

Im Gegensatz zu den bisher besprochenen elektromagnetischen Wellen *einer Frequenz* werden in der Realität *Frequenzgruppen* mit vielen Einzelfrequenzen benutzt. Der Unterschied zwischen der höchsten und der niedrigsten Frequenz einer Frequenzgruppe besteht in der Bandbreite.

Durch die laufende Überlagerung der Einzelfrequenzen bilden sich Energiezentren aus, deren Ausbreitungsgeschwindigkeit wir betrachten wollen.

Der prinzipielle Zusammenhang kann anhand einer aus zwei Frequenzen resultierenden Welle gezeigt werden. Die beiden Signale werden beschrieben durch (s. Gleichung 2.28):

$$Y_1 = A\sin\left[2\pi\left(f_1 t - f_1 \frac{X}{v}\right)\right], \tag{2.54}$$

$$Y_2 = A\sin\left[2\pi\left(f_2 t - f_2 \frac{X}{v}\right)\right]. \tag{2.55}$$

(Aus Gründen der Vereinfachung wird für beide Signale eine Nullphase des Betrags „null" unterstellt.) Unter Verwendung der Gleichung 2.40 wird daraus:

$$Y_1 = A\sin\left[2\pi\left(f_1 t - \frac{X}{\lambda_1}\right)\right], \tag{2.56}$$

$$Y_2 = A\sin\left[2\pi\left(f_2 t - \frac{X}{\lambda_2}\right)\right]. \tag{2.57}$$

Die Überlagerung (Addition) der Signale führt unter Verwendung des Additionstheorems

$$\sin\alpha + \sin\beta = 2\sin\frac{\alpha+\beta}{2}\cos\frac{\alpha-\beta}{2} \quad \text{zu}$$

$$Y_M = Y_1 + Y_2 =$$

$$A\,2\sin\left(\underbrace{2\pi\left[\frac{f_1+f_2}{2}t\right.}_{(1)} - \underbrace{\frac{X}{2}\left.\left(\frac{1}{\lambda_1}+\frac{1}{\lambda_2}\right)\right]}_{(2)}\right)\cos\left(\underbrace{2\pi\left[\frac{f_1-f_2}{2}t\right.}_{(3)} - \underbrace{\frac{X}{2}\left.\left(\frac{1}{\lambda_1}-\frac{1}{\lambda_2}\right)\right]}_{(4)}\right) \qquad (2.58)$$

Abbildung 2.26 zeigt das Momentbild der Frequenzüberlagerung: Y_m ist aufgetragen für $t = $ konst (Abszisse = X-Achse).

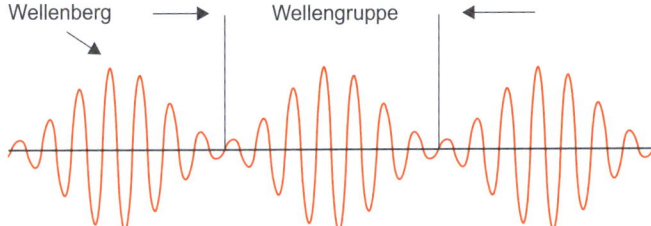

Abb. 2.26: Gruppengeschwindigkeit – Phasengeschwindigkeit

Die Frequenz f_A der Amplitudenschwankungen kommt in Term 3 der Gleichung 2.58 zum Ausdruck:

$$f_A = \frac{f_1 - f_2}{2}. \qquad (2.59)$$

Die Breite λ_A einer Wellengruppe – von einer Nullamplitude zur anderen – ist (s. Term 4 der Gleichung 2.58):

$$\frac{1}{\lambda_A} = \frac{1}{2}\left(\frac{1}{\lambda_1} - \frac{1}{\lambda_2}\right) = \frac{1}{2}\left(\frac{\lambda_2 - \lambda_1}{\lambda_1 \lambda_2}\right). \qquad (2.60)$$

Die Geschwindigkeit, mit der sich das Wellenpaket ausbreitet, ist gegeben durch

$$v_{gr} = \lambda_A f_A = 2\frac{\lambda_1 \lambda_2}{\lambda_2 - \lambda_1}\frac{f_1 - f_2}{2}. \qquad (2.61)$$

Für differenziell kleine Frequenz- bzw. Wellenlängenunterschiede erhält man:

$$v_{gr} = -\frac{df}{d\lambda}\lambda^2. \qquad (2.62)$$

Der grundlegende Zusammenhang zwischen Wellenlänge λ, Frequenz f und Ausbreitungsgeschwindigkeit v einer Welle ist gegeben durch (s. Gleichung 2.40):

$$f = \frac{v_{PH}}{\lambda}. \qquad (2.63)$$

Für den Fall, dass Frequenz und Ausbreitungsgeschwindigkeit voneinander unabhängig sind, ist v in Gleichung 2.40 eine Konstante. Dann gilt:

$$df = -\frac{v_{PH}}{\lambda^2} d\lambda \quad \text{bzw.} \quad \frac{df}{d\lambda} = -\frac{v_{PH}}{\lambda^2} \,. \tag{2.64}$$

Eingesetzt in Gleichung 2.56 ergibt sich:

$$v_{gr} = -\left(-\frac{v}{\lambda^2}\right)\lambda^2 = v_{PH} \,. \tag{2.65}$$

Demnach ist hier die Gruppengeschwindigkeit gleich der Phasengeschwindigkeit.

Für den Fall einer Abhängigkeit zwischen Frequenz und Ausbreitungsgeschwindigkeit ergibt sich aus Gleichung 2.63:

$$df = -\frac{v_{PH}}{\lambda^2} d\lambda + \frac{1}{\lambda} dv_{PH} \,. \tag{2.66}$$

Eingesetzt in Gleichung 2.62 folgt:

$$v_{gr} = -\frac{-\dfrac{v_{PH}}{\lambda^2} d\lambda + \dfrac{1}{\lambda} dv_{PH}}{d\lambda}\lambda^2 = v_{PH} - \lambda\frac{dv_{PH}}{d\lambda} \,. \tag{2.67}$$

Die Gleichungen 2.65, 2.62 zeigen, dass bei einer aus zwei Frequenzen gemischten Welle Phasengeschwindigkeit und Gruppengeschwindigkeit nur dann übereinstimmen, wenn die Phasengeschwindigkeiten der zur Mischung verwendeten Wellen unabhängig von der Frequenz sind.

Dies gilt auch für Signale, die aus mehr als zwei dicht beieinanderliegenden Frequenzen zusammengesetzt sind, und damit auch für die Signale von Navigationssatelliten.

2.6.4 Signalausbreitung in der Erdatmosphäre

Eine von einem Satelliten ausgesandte elektromagnetische Welle läuft vom Satelliten bis zum Messungsort durch die Erdatmosphäre, die die in diesem Zusammenhang „störende" Eigenschaft hat, dass es keinen für alle Teile der Atmosphäre einheitlichen Brechungsindex gibt.

Der Brechungsindex n ist wie folgt definiert:

$$n = \frac{c}{v} \quad \frac{[\text{ Geschwindigkeit des Signals im Vakuum }]}{[\text{ Geschwindigkeit des Signals im Medium }]} \,. \tag{2.68}$$

Der Weg, den ein elektromagnetisches Signal verfolgt, richtet sich nach dem Fermat'schen Satz. Dieser Satz sagt aus, dass ein elektromagnetisches Signal, welches von einem Raumpunkt zu einem anderen gelangt, stets den Weg einschlägt, welcher am schnellsten zum Ziel führt.

Wenn man ein infinitesimal kleines Inkrement des Signalwegs ds betrachtet, ist die Geschwindigkeit des Signals gegeben durch

$$v = \frac{ds}{dt} \, . \tag{2.69}$$

Mit Gleichung 2.68 folgt daraus:

$$dt = \frac{1}{c} \, n \, ds \, . \tag{2.70}$$

Die Integration von Gleichung 2.70 über einen Weg s zwischen zwei Punkten P_1 und P_2 ergibt den folgenden Ausdruck für die Laufzeit des Signals:

$$(t_2 - t_1) = \frac{1}{c} \int_{P_1}^{P_2} n \, ds \, . \tag{2.71}$$

Entsprechend dem Fermat'schen Satz folgt das Signal einem Weg, der Gleichung 2.70 zum Minimum macht. Die Umstellung von Gleichung 2.71 ergibt:

$$c(t_2 - t_1) = \int_{P_1}^{P_2} n \, ds \, . \tag{2.72}$$

Die rechte Seite der Gleichung 2.72 wird als optische Weglänge bezeichnet. Gleichung 2.72 zeigt, dass die optische Weglänge gleich der Länge des Wegs ist, den das Signal im gleichen Zeitraum im Vakuum durchlaufen würde.

In einem Medium mit konstantem Brechungsindex ist der Weg, den das Signal von einem Punkt zu einem anderen Punkt nimmt, eine Gerade, d. h. der kürzeste Weg. Dies liegt daran, dass wegen des konstanten Brechungsindexes jeder andere als der kürzeste Weg zu längeren Laufzeiten und damit zu einer Abweichung von dem Fermat'schen Satz führen würde. Wenn man in diesem Fall aus einer Laufzeitmessung eines Signals eine Streckenlänge ableiten will, muss man lediglich die in dem Medium wirksame Laufgeschwindigkeit v bzw. den Brechungsindex n kennen, um die Streckenlänge nach der Formel

$$s = \frac{c}{n}(t_2 - t_1) \tag{2.73}$$

zu berechnen.

In der Atmosphäre variiert der Brechungsindex. Als Folge davon „sucht" sich – entsprechend dem Fermat'schen Satz – ein Signal den Weg, auf dem es in kürzester Zeit von einem Punkt der Atmosphäre zu einem anderen gelangt. Dieser Weg ist keine Gerade, sondern eine Raumkurve und damit nicht der kürzeste Weg (s. Abb. 2.27).

Bei Laufzeitmessungen in der Atmosphäre stellt sich das Problem, dass der Brechungsindex in der Atmosphäre eine mit nur begrenzter Genauigkeit bekannte Funktion des Orts und der Zeit ist und dass Geschwindigkeit und Weg des Signals abhängig von den in den verschiedenen Zonen der Atmosphäre unterschiedlichen Brechungsindizes sind.

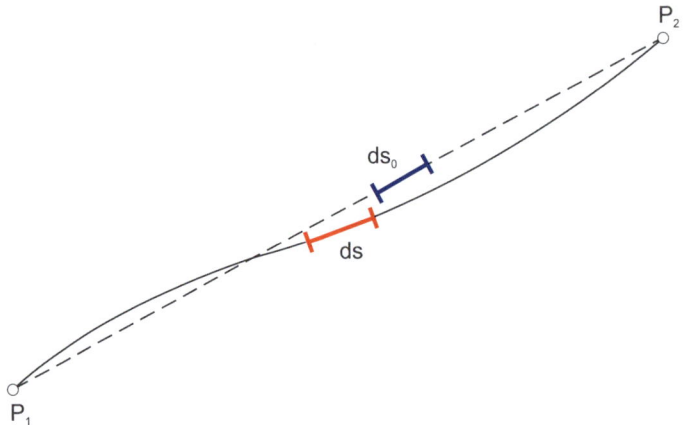

Abb. 2.27: Fermat'sches Prinzip

Grundsätzlich gilt, dass der Brechungsindex in einem Medium abhängig von der Frequenz des Signals und der Zusammensetzung des Mediums ist. Die Abhängigkeiten von den jeweils geltenden Parametern sind unterschiedlich ausgeprägt.

In Abschnitt 2.6.3 wurde gezeigt, dass bei Satellitensignalen zwischen zwei unterschiedlichen Geschwindigkeiten unterschieden werden muss: der Fortpflanzungsgeschwindigkeit der Wellengruppe (Gruppengeschwindigkeit) und des einzelnen Wellenbergs (Phasengeschwindigkeit).

Man muss daher auch zwischen zwei unterschiedlichen Brechungsindizes unterscheiden: dem Phasenbrechungsindex und dem Gruppenbrechungsindex.

Es wird definiert:

$$n_{PH} = \frac{c}{v_{PH}} \quad : \text{Phasenbrechungsindex .} \tag{2.74}$$

$$n_{GR} = \frac{c}{v_{GR}} \quad : \text{Gruppenbrechungsindex .} \tag{2.75}$$

Nun interessiert der Zusammenhang zwischen den Brechungsindizes für Phase und Gruppe. Dazu wird Gleichung 2.74 wie folgt umgestellt:

$$v_{PH} = \frac{c}{n_{PH}} . \tag{2.76}$$

Die Differenziation von Gleichung 2.76 nach n_{PH} ergibt:

$$dv_{PH} = -\frac{c}{n_{PH}^2} \cdot dn_{PH} . \tag{2.77}$$

Mit Division durch $d\lambda$ folgt:

$$\frac{dv_{PH}}{d\lambda} = -\frac{c}{n_{PH}^2} \cdot \frac{dn_{PH}}{d\lambda} . \tag{2.78}$$

Wird Gleichung 2.67 unter Beachtung von Gleichung 2.74 und Gleichung 2.75 umgestellt, ergibt sich:

$$\frac{c}{n_{GR}} = \frac{c}{n_{PH}} - \lambda \cdot \frac{dv_{PH}}{d\lambda}. \tag{2.79}$$

Unter Berücksichtigung von Gleichung 2.78 sowie Gleichung 2.79 und Gleichung 2.75 erhält man:

$$\frac{c}{n_{GR}} = \frac{c}{n_{PH}} + \lambda \cdot \frac{c}{n_{PH}^2} \cdot \frac{d\,n_{PH}}{d\lambda} \tag{2.80}$$

bzw.:

$$\frac{1}{n_{GR}} = \frac{1}{n_{PH}} \cdot \left(1 + \lambda \cdot \frac{1}{n_{PH}} \cdot \frac{d\,n_{PH}}{d\lambda}\right). \tag{2.81}$$

Unter Berücksichtigung der Näherung $(1 + \varepsilon)^{-1} \approx (1 - \varepsilon)$ folgt schließlich:

$$n_{GR} = n_{PH} \cdot \left(1 - \lambda \cdot \frac{1}{n_{PH}} \cdot \frac{d\,n_{PH}}{d\lambda}\right), \tag{2.82}$$

$$n_{GR} = n_{PH} - \lambda \cdot \frac{d\,n_{PH}}{d\lambda}. \tag{2.83}$$

Durch Differenziation der Relation $v = \lambda \cdot f$ folgt:

$$\frac{df}{d\lambda} = -\frac{f}{\lambda} \quad \Rightarrow \quad \frac{\lambda}{d\lambda} = -\frac{f}{df}. \tag{2.84}$$

In Gleichung 2.83 eingesetzt erhält man:

$$n_{GR} = n_{PH} + f \cdot \frac{d\,n_{PH}}{df}. \tag{2.85}$$

Die Gleichungen 2.83 und 2.85 beinhalten die gesuchten Beziehungen zwischen Gruppen- und Phasenbrechungsindex. Auf diese Gleichungen wird weiter unten noch verwiesen.

2.6.4.1 Aufbau der Erdatmosphäre

Die die Erde umgebende Hülle aus Gasen (Luft) wird als Erdatmosphäre bezeichnet. Ihr schichtartiger Aufbau kann anhand unterschiedlicher Kriterien, wie Temperatur, Ionisation oder Gaszusammensetzung, beschrieben werden (Tab. 2.3).

Für die Beschreibung des Verhaltens elektromagnetischer Signale in der Erdatmosphäre wird dieses Modell noch weiter vereinfacht. Man betrachtet zum einen die Wirkung der Neutrosphäre, welche Troposphäre und Stratosphäre umfasst, auf die Signale. Da der mit Abstand größte Teil des Einflusses in den ersten Kilometern über der Erdoberfläche stattfindet, spricht man vereinfachend auch vom Einfluss der „Troposphäre". Ähnlich behandelt man auch den ionisierten Teil der Atmosphäre. Der geringere Einfluss der Protonosphäre wird vereinfachend zusammen mit der Wirkung der eigentlichen Ionosphäre unter dem Begriff „Ionosphäre" behandelt.

Tabelle 2.3: Aufbau der Erdatmosphäre (nach Kertz 1971)

Höhe	Temperatur	Ionisation	Gaszusammensetzung
über 60.000 km		Interplanetarischer Raum	
über 1.000 km		Protonosphäre	
über 500 km	Exosphäre		Exosphäre
	Thermosphäre	Ionosphäre	Heterosphäre
etwa 80 km	(Mesopause)		
	Mesosphäre		
etwa 50 km	(Stratopause)	Neutrosphäre	Homosphäre
	Stratosphäre		
etwa 10 km	(Tropopause)		
	Troposphäre		
0 km		Erdoberfläche	

2.6.4.2 Ionosphäre

Die Ionosphäre unterscheidet sich von der tiefer liegenden Troposphäre dadurch, dass die Gasmoleküle der Ionosphäre in hohem Maß ionisiert sind. Die Ionisierung wird hauptsächlich durch die Ultraviolett- und Röntgenstrahlung der Sonne verursacht. Die Energie dieser Strahlung spaltet aus den Gasmolekülen der Atmosphäre Elektronen ab und es bleiben positive Ionen zurück. Negative Ionen bilden sich durch Anlagerung der freien Elektronen an neutrale Teilchen. Tagsüber konkurrieren in diesen Schichten Entstehung und Rückbildung ionisierter Teilchen, nachts entfällt die Ionisierung durch die Sonne, sodass die Ionisation zurückgeht.

Für die Ionisierung von verschiedenen Gasen werden unterschiedliche Energien (bzw. Wellenlängen) benötigt. Da die Strahlung je nach Wellenlänge in unterschiedlicher Höhe absorbiert wird, werden die einzelnen Gase in verschiedenen Höhen ionisiert. Dies führt zu einem schichtartigen Aufbau der Ionosphäre. Charakterisiert sind diese Schichten durch die Anzahl der Elektronen pro m^3 – die Elektronendichte N_e (siehe Abb. 2.28). Der Einfluss der Ionosphäre auf ein Signal ist abhängig von der entlang des Signalwegs vom Satelliten zum Empfänger integrierten Elektronendichte, dem Elektronengehalt TEC (*Total Electron Content*, siehe Abschnitt 2.6.4.3).

Der Elektronengehalt TEC unterliegt starken zeitlichen und räumlichen Variationen. Neben den schon beschriebenen tageszeitlichen treten auch jahreszeitliche Schwankungen auf. Besonders ausgeprägt ist die Abhängigkeit vom etwa elfjährigen Sonnenaktivitätszyklus. In Jahren starker Sonnenaktivität (z. B. 1998 bis 2002) kann der Elektronengehalt ein Mehrfaches von dem betragen, was in Jahren geringer Sonnenaktivität zu beobachten ist. Gleichzeitig treten dann vermehrt ionosphärische Störungen auf, die u. a. in Folge von Sonneneruptionen kleinräumige Inhomogenitäten der ionosphärischen Elektronenverteilung hervorrufen.

Diese verursachen zum einen kurzperiodische Schwankungen des ionosphärischen Laufzeitfehlers (Phasen-Szintillationen) und zum anderen Fluktuationen der Signalstärke (Amplituden-Szintillationen). Die Veränderungen des Laufzeitverhaltens elektromagnetischer Signale können dabei so heftig sein, dass Satellitenempfänger die Satellitensignale nicht mehr verarbeiten können.

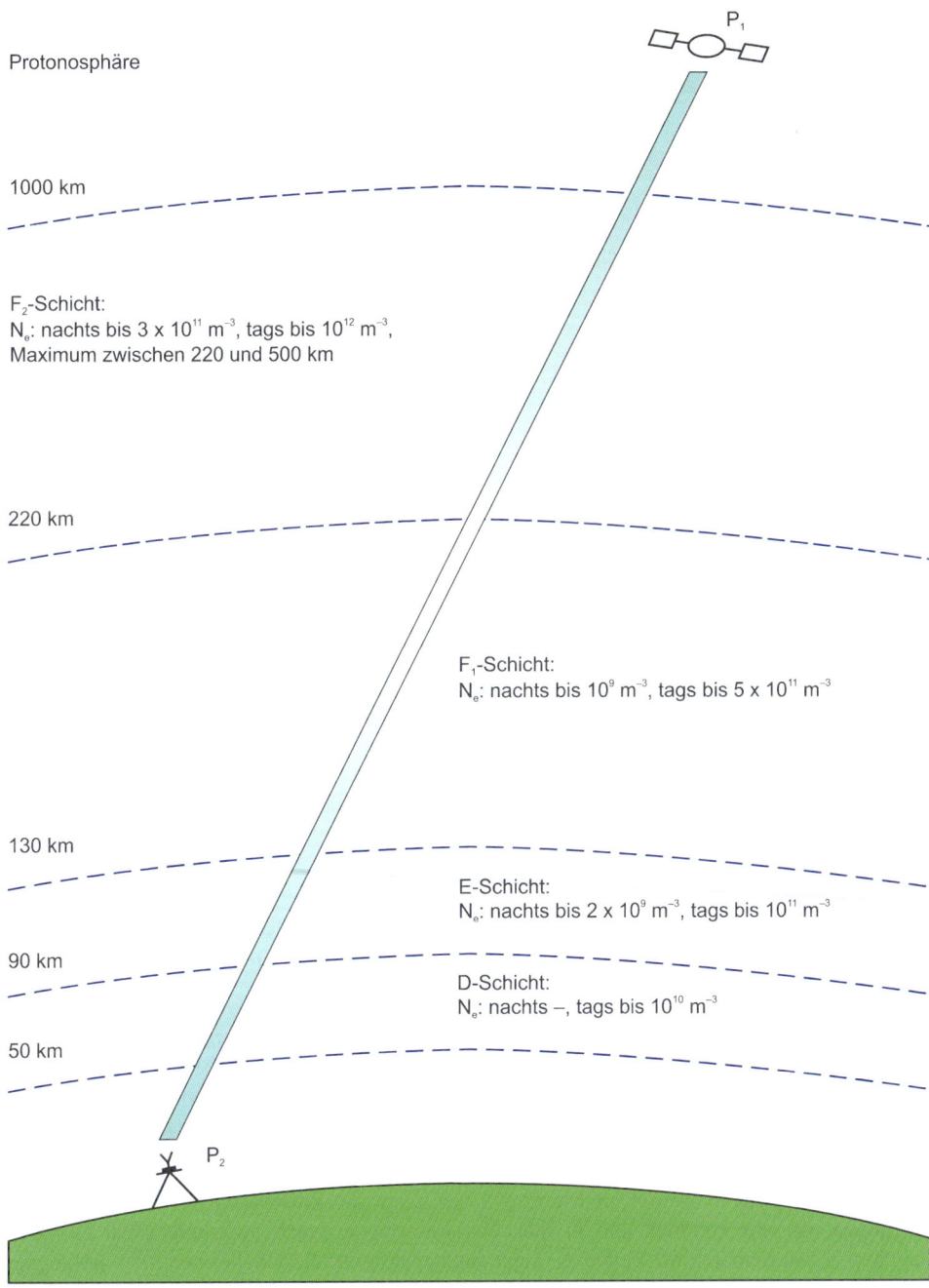

Protonosphäre

P_1

1000 km

F_2-Schicht:
N_e: nachts bis 3×10^{11} m^{-3}, tags bis 10^{12} m^{-3},
Maximum zwischen 220 und 500 km

220 km

F_1-Schicht:
N_e: nachts bis 10^9 m^{-3}, tags bis 5×10^{11} m^{-3}

130 km

E-Schicht:
N_e: nachts bis 2×10^9 m^{-3}, tags bis 10^{11} m^{-3}

90 km

D-Schicht:
N_e: nachts $-$, tags bis 10^{10} m^{-3}

50 km

P_2

Abb. 2.28: Die Schichten der Ionosphäre/integraler Elektroneninhalt (*TEC*)

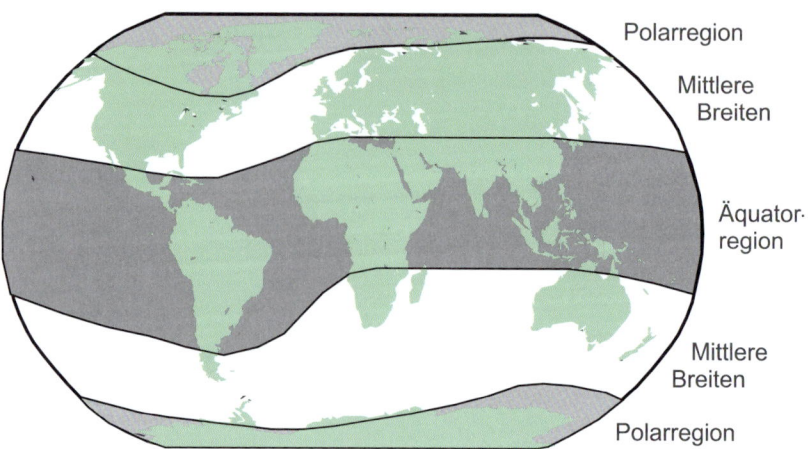

Abb. 2.29: Die geographische Ausdehnung der ionosphärischen Hauptregionen

Aus der Sicht der Ionosphäre kann die Erde in drei Hauptregionen eingeteilt werden, in denen sie ganz unterschiedliche Eigenschaften in Bezug auf Elektronengehalt und Störungen aufweist (Abb. 2.29):

1. In der *Äquatorregion* ist der stärkste Elektronengehalt anzutreffen. Sehr ausgeprägte kleinräumige Störungen treten in Abhängigkeit von Jahreszeit und geographischer Länge zwischen einer Stunde nach Sonnenuntergang und bis wenige Stunden nach Mitternacht auf.

2. Die *mittleren Breiten* stellen sowohl vom Elektronengehalt her wie auch aufgrund der Häufigkeit und Intensität von Störungen die gemäßigten Breiten dar. Hier sind die ionosphärischen Eigenschaften für die Nutzung elektromagnetischer Signale am günstigsten. Nur selten dringen ionosphärische Störungen aus den Polarregionen bis in die mittleren Breiten vor.

3. In den *Polarregionen* ist der Elektronengehalt gering, aber auch sehr inhomogen. Aufgrund der Ausprägung des Erdmagnetfelds entfaltet hier der Partikelstrom in Folge von Sonneneruptionen seine Hauptwirkung in Form von ionosphärischen Störungen (und auch Polarlichtern).

Neben kleinräumigen Störungen gibt es *Traveling Ionospheric Disturbances (TID)* – wandernde ionosphärische Störungen – mit Perioden von einigen Minuten bis zu einer Stunde. In mittleren Breiten muss mit TIDs mittlerer Größe verstärkt in den Jahren eines Sonnenaktivitätsmaximums gerechnet werden, und zwar vor allem während der Tageslichtstunden der Wintermonate November bis März (Wanninger 1993).

Die Entstehung der Ionisation im Einzelnen, vor allem die Entstehung der ionosphärischen Störungen, ist sehr komplex und in manchen Einzelheiten auch noch ungeklärt. Dennoch lassen sich insbesondere für Zeiten geringer Sonnenaktivität die langperiodischen Abhängigkeiten der Ionisation in empirischen Modellen darstellen. Gestützt auf aktuelle Messungen können Vorhersagen über den zu erwartenden Ionisationsgrad der Atmosphäre gemacht werden. Nicht möglich sind quantitative Vorhersagen über kleinräumige Inhomogenitäten des Elektronengehalts der Ionosphäre oder Störungen mittlerer Größe. Hier kann es nur „klimatische" Vorhersagen darüber geben, wo und wann mit derartigen Störungen zu rechnen ist.

2.6.4.3 Ionosphärische Refraktion

Zwei Phänomene werden unter dem Begriff *ionosphärische Refraktion* zusammengefasst. Zum einen weicht die Ausbreitungsgeschwindigkeit der Satellitensignale aufgrund der physikalischen Eigenschaften der Ionosphäre von der Lichtgeschwindigkeit im Vakuum ab. Zum anderen variiert der Brechungsindex, und damit die Ausbreitungsgeschwindigkeit, entlang des Signalwegs, weswegen der Signalweg keiner Geraden entspricht, sondern einer Raumkurve (s. Abb. 2.25). Das zweite Phänomen hat auf die Signallaufzeiten durch die Ionosphäre nur geringen Einfluss und kann deswegen im Allgemeinen vernachlässigt werden.

Von entscheidender Bedeutung ist, dass die Änderung der Ausbreitungsgeschwindigkeit in der Ionosphäre frequenzabhängig ist, dass die Ionosphäre ein *dispersives Medium* ist. Dies hat zur Folge, dass es unterschiedliche Brechungsindizes bei einem durch die Ionosphäre laufenden Signal gibt: den Phasen- und den Gruppenbrechungsindex (s. Abschnitt 2.6.4).

Der ionosphärische Brechungsindex *für die Phase* wird nach Seeber (1993) durch folgende Formel beschrieben:

$$n_{PH} = 1 + \frac{c_2}{f^2} + \frac{c_3}{f^3} + \frac{c_4}{f^4} + \dots \tag{2.86}$$

Dabei gilt:

f: Trägerfrequenz,
c_2, c_3, c_4: u. a. von der Elektronendichte N_e abhängige Koeffizienten.

Bei Vernachlässigung von Gliedern höherer Ordnung wird aus Gleichung 2.86:

$$n_{PH} = 1 + \frac{c_2}{f^2}. \tag{2.87}$$

Für Berechnungen des ionosphärischen Laufzeitverhaltens von Satellitensignalen benötigt man den Zusammenhang zwischen den Brechungsindizes und der Gruppengeschwindigkeit. Um diesen zu bekommen, differenzieren wir Gleichung 2.87 nach f und erhalten:

$$\frac{dn_{PH}}{df} = -\frac{2c_2}{f^3}. \tag{2.88}$$

Wir setzen Gleichung 2.86 und Gleichung 2.87 in Gleichung 2.85 ein und erhalten:

$$n_{GR} = 1 + \frac{c_2}{f^2} - f \cdot \frac{2c_2}{f^3} \tag{2.89}$$

und schließlich zusammengefasst:

$$n_{GR} = 1 - \frac{c_2}{f^2}. \tag{2.90}$$

In erster Näherung gilt (Hartmann & Leitinger 1984):

$$c_2 = -40{,}3 \cdot N_e. \tag{2.91}$$

123

Somit gibt es in erster Näherung nur eine Abhängigkeit von der Elektronendichte N_e, der Anzahl der Elektronen pro m^3.

Damit wird aus Gleichung 2.87

$$n_{PH} = 1 - \frac{40{,}3 \cdot N_e}{f^2} \qquad (2.92)$$

und aus Gleichung 2.90

$$n_{GR} = 1 + \frac{40{,}3 \cdot N_e}{f^2} . \qquad (2.93)$$

Unter Berücksichtigung von Gleichung 2.68 und der Näherung $(1 + \varepsilon)^{-1} \approx (1 - \varepsilon)$ folgt schließlich:

$$v_{PH} = c \cdot \left(1 + \frac{40{,}3 \cdot N_e}{f^2} \right), \qquad (2.94)$$

$$v_{GR} = c \cdot \left(1 - \frac{40{,}3 \cdot N_e}{f^2} \right). \qquad (2.95)$$

Die Gleichungen 2.94 und 2.95 zeigen, dass in der Ionosphäre Phasen- und Gruppengeschwindigkeiten in erster Näherung um den gleichen Betrag – aber mit unterschiedlichem Vorzeichen – von der Lichtgeschwindigkeit abweichen. Die *Gruppengeschwindigkeit* eines aus mehreren Einzelfrequenzen zusammengesetzten Signals ist kleiner als die Lichtgeschwindigkeit im Vakuum, während die *Phasengeschwindigkeit* eines hochfrequenten Mischsignals – die Geschwindigkeit, mit der sich die aus den Einzelwellen resultierende Phase des Mischsignals ausbreitet – *größer als die Lichtgeschwindigkeit im Vakuum* ist. Dies erscheint zunächst als Widerspruch zu der grundlegenden Aussage der Physik, dass die Lichtgeschwindigkeit im Vakuum die größte in der Natur vorkommende Geschwindigkeit ist. Die Auflösung dieses Widerspruchs ist darin zu finden, dass resultierende Felder betrachtet werden, nicht einzelne Felder. Einzelne Felder breiten sich höchstens mit Lichtgeschwindigkeit aus. Durch die in jedem Augenblick andere Überlagerung von Einzelfeldern mit unterschiedlicher Ausbreitungsgeschwindigkeit kommt es zu Phasenlagen der Mischfrequenzen, die eine Phasengeschwindigkeit repräsentieren, die größer als die Lichtgeschwindigkeit ist.

Will man nun auf den ionosphärisch bedingten Laufzeitfehler übergehen, so muss der Brechungsindex entlang des Signalwegs integriert werden. Wir vernachlässigen dabei den Unterschied zwischen der Raumkurve S des Signals und der direkten Verbindung S_0 zwischen P_1 und P_2 und integrieren über S_0 (s. Abb. 2.27). Man erhält die Gruppenlaufzeit, wenn man Gleichung 2.93 in Gleichung 2.72 einsetzt:

$$\Delta t_{gr} = \frac{1}{c} \int_{P_1}^{P_2} (1 + \frac{40{,}3 \cdot N_e}{f^2}) \, ds = \frac{1}{c} \cdot \left(S_0 + \frac{40{,}3}{f^2} \int_{P_2}^{P_1} N_e \, ds \right). \qquad (2.96)$$

In Gleichung 2.96 stellt das Integral $\int_{P_1}^{P_2} N_e\, ds$ die Anzahl der freien Elektronen zwischen

Satellit und Empfänger dar. Die integrierte Elektronendichte entspricht dem Elektronengehalt *(Total Electron Content (TEC))*. *TEC* wird folgendermaßen definiert:

> *Der Elektronengehalt TEC ist die Anzahl freier Elektronen, die sich in einer Säule mit 1 m²*
> *Querschnittsfläche, die vom Beobachter (Empfänger) bis zum Sender (Satelliten) reicht, be-*
> *finden (vgl. Abb. 2.28).*

Eine vielfach verwendete Maßeinheit für *TEC* ist TECU (Total Electron Content Unit = 10^{16} Elektronen/m², also 10^{16}m^{-2}).

Nach Gleichung 2.96 betragen die Laufzeitfehler dann für das Gruppensignal

$$\Delta t_{ion,gr} = +\frac{1}{c} \cdot \frac{40,3}{f^2} \cdot TEC \qquad (2.97)$$

und mit umgekehrtem Vorzeichen für die Phase

$$\Delta t_{ion,ph} = -\frac{1}{c} \cdot \frac{40,3}{f^2} \cdot TEC\,. \qquad (2.98)$$

Die ionosphärisch bedingten Laufzeitfehler erster Ordnung sind also allein vom Elektronengehalt der Ionosphäre (und der Ionisation der Protonosphäre) abhängig.

2.6.4.4 Erfassung der ionosphärischen Refraktion

Grundlage der Positionsbestimmung mithilfe von Satelliten sind Phasen- oder Laufzeitmessungen an den elektromagnetischen Signalen. Da diese Signale durch ionosphärische Refraktion beeinflusst werden, müssen die Messungen bezüglich dieser Einflüsse korrigiert werden. Korrekturen können entweder aus Zweifrequenzmessungen abgeleitet oder unter Verwendung von geophysikalischen Korrekturmodellen erhalten werden. Eine sehr effektive Methode der Verringerung des Einflusses ergibt sich bei der Durchführung von relativer Positionierung (z. B. DGNSS).

Zweifrequenzkorrektur

Die Abhängigkeit des ionosphärischen Brechungsindexes von der Frequenz eröffnet die Möglichkeit, die ionosphärische Refraktion zu erfassen und damit Korrekturen für gemessene Laufzeiten bzw. Strecken zu bestimmen.

Mit Gleichung 2.96 und Gleichung 2.97 erhalten wir die aufgrund der Ionosphäre verfälschte Laufzeit des Signals einer ersten Frequenz f_1 und auch einer zweiten Frequenz f_2:

$$\Delta t_{gr1} = \frac{1}{c} \cdot \left(S_0 + \frac{40,3}{f_1^2} \cdot TEC \right), \qquad (2.99)$$

$$\Delta t_{gr2} = \frac{1}{c} \cdot \left(S_0 + \frac{40,3}{f_2^2} \cdot TEC \right). \qquad (2.100)$$

Die Gleichungen 2.99 und 2.100 enthalten neben den durch die ionosphärischen Laufzeitfehler verfälschten Messgrößen die beiden Unbekannten: Raumstrecke S_0 und ionosphärischer Elektronengehalt *TEC*. Wenn wir nach den Unbekannten auflösen, erhalten wir:

125

$$S_0 = \frac{f_1^2}{f_1^2 - f_2^2} \cdot c \cdot \Delta t_{gr1} - \frac{f_2^2}{f_1^2 - f_2^2} \cdot c \cdot \Delta t_{gr2} , \tag{2.101}$$

$$TEC = \frac{1}{40,3} \cdot \frac{f_1^2 \cdot f_2^2}{f_1^2 - f_2^2} \cdot c \cdot (\Delta t_{gr2} - \Delta t_{gr1}) . \tag{2.102}$$

Wir können nun entweder die Länge der Raumstrecke mit Gleichung 2.101 als ionosphärenfreie Linearkombination der Originalmessgrößen berechnen oder mit Gleichung 2.102 den wirksamen Elektronengehalt entlang des Signalwegs bestimmen und dann mit Gleichung 2.97 den Laufzeitfehler, der die ionosphärische Korrektur der Messungen erlaubt.

Für die Phasenmessungen erfolgt die Herleitung entsprechender Gleichungen 2.99 bis 2.102 auf gleichem Wege. Dabei sind die unterschiedlichen Vorzeichen zu beachten.

Ionosphären-Modell aus Zweifrequenzmessungen

Wie aus Gleichung 2.102 erkennbar, kann der Elektronengehalt der Ionosphäre entlang des Signalwegs aus Zweifrequenzmessungen bestimmt werden. Dies gilt sowohl für die Gruppensignale wie auch für die Phasenmessungen.

Der Elektronengehalt der Ionosphäre verändert sich räumlich und zeitlich, also in vier Dimensionen. Da wir den Elektronengehalt nur entlang von Signalen aus dem Weltraum zur Erdoberfläche bestimmen, erzielen wir nur wenig Informationen über die Höhenverteilung der Elektronendichte. Von daher ist es sinnvoll, für die Modellierung des Elektronengehalts der Ionosphäre ein Ein-Schicht-Modell (*Single-Layer Model*) zu verwenden. Dabei wird der gesamte Elektronengehalt einer infinitesimal dünnen Schicht – der Ionosphärenschicht – zugeordnet, für die eine Höhe h_i über der Erdoberfläche im Bereich von 350 bis 400 km gewählt wird (Abb. 2.28). Im Modell dargestellt werden nicht die Elektronengehaltswerte *TEC* entlang des schrägen Signalwegs, sondern der vertikale Elektronengehalt *VEC*. Unter den im Ein-Schichten-Modell getroffenen Annahmen ist eine Umrechnung von *TEC* nach *VEC* und umgekehrt einfach möglich.

Wie aus den in Abbildung 2.30 gezeigten geometrischen Verhältnissen ableitbar, gilt

$$VEC = \cos Z_i \cdot TEC = \cos\left(\arcsin\left(\frac{R_E}{R_E + h_i} \cdot \cos E\right)\right) \cdot TEC , \tag{2.103}$$

wobei der Umrechnungsfaktor von der Elevation des Satelliten E und der gewählten Höhe h_i der Ionosphärenschicht bestimmt wird. Z_i ist die Zenitdistanz des Satelliten im ionosphärischen Durchstoßpunkt D_i des Satellitensignals durch die Ionosphärenschicht. Der Neigungsfaktor $\cos Z_i$ beträgt bei Signalen aus dem Zenit 1 und erreicht für niedrig stehende Satelliten Werte von fast 0,3.

Der berechnete *VEC*-Wert bezieht sich nicht auf den Elektronengehalt im Zenit über dem Beobachter, sondern auf den ionosphärischen Durchstoßpunkt bzw. auf den lotrecht darunter liegenden ionosphärischen Subpunkt S_i. Von einem Standpunkt aus können somit Elektronengehaltsbestimmungen in einem Umkreis von fast 700 km (Elevationsmaske 10°) vorgenommen werden, wenn Zweifrequenz-Satellitensignale aus allen Azimut- und Elevationsrichtungen beobachtbar sind.

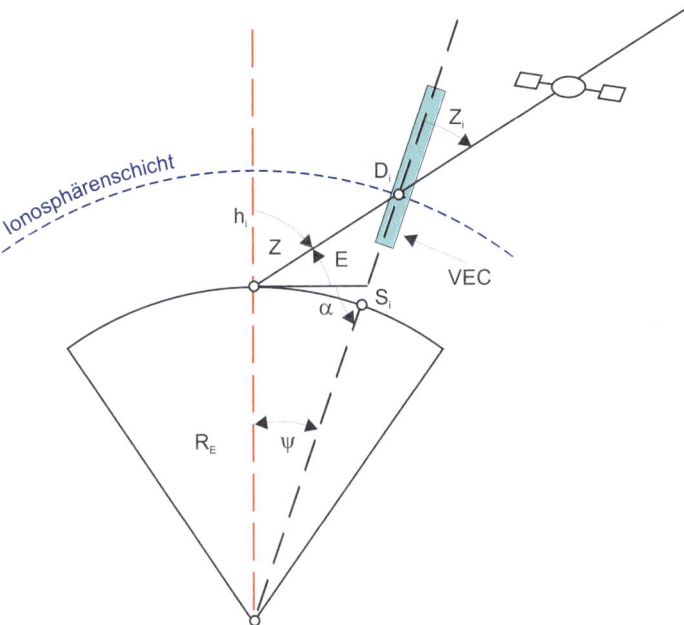

R_E: Erdradius
h_i: Höhe der Ionosphärenschicht
    (z. B. 350 km)
D_i: Ionosphärischer Durchstoßpunkt
S_i: Ionosphärischer Subpunkt

$$\sin Z_i = \frac{R_E}{R_E + h_i} \cdot \cos E$$

Abb. 2.30: Ein-Schicht-Modell der Ionosphäre

Die so bestimmten *VEC*-Werte einer oder mehrerer Stationen können nun in einem geeigneten Koordinatensystem und in geeigneter Parametrisierung zu einem Modell zusammengefasst werden. Dabei wird eine weitere Vereinfachung vorgenommen: Die geographische Länge des ionosphärischen Subpunkts und die Zeitkoordinate (in UT) werden zur Ortszeit zusammengefasst und somit wird die dominante Abhängigkeit vom Sonnenstand berücksichtigt.

Anstatt der geographischen Breite wird die geomagnetische Breite verwendet, weil sie den tatsächlichen Verhältnissen des Erdmagnetfelds näher kommt und somit auch die Breitenabhängigkeit des ionosphärischen Elektronengehalts besser wiedergibt. Geomagnetische Koordinaten beziehen sich auf die geomagnetische Dipolachse, die einen Winkel von etwa 11,5° mit der Erdrotationsachse bildet.

Der vertikale Elektronengehalt wird also als Funktion geomagnetischer Breite φ_m und Ortszeit T dargestellt. Die Parametrisierung kann z. B. mit zweidimensionalen Polynomen niedriger Ordnung erfolgen (Georgiadou & Kleusberg 1988), wobei φ_m^0 und T^0 die Koordinaten eines gewählten Polynomursprungs und a_{ij} die zu bestimmenden Modellkoeffizienten darstellen:

$$VEC(\varphi_m, T) = a_{00} + a_{10} \cdot (\varphi_m - \varphi_m^0) + a_{01} \cdot (T - T^0) + a_{11} \cdot (\varphi_m - \varphi_m^0) \cdot (T - T^0) + \dots \quad (2.104)$$

Während die Polynomdarstellung für regionale Modelle und Zeiträume bis einige Stunden Verwendung findet, sind für globale Tagesmodelle Kugelflächenfunktionen geeignet. Andere Parametrisierungsformen sind möglich.

Neben den für *Postprocessing* geeigneten Modellen ist es auch möglich, bei ausreichender Datengrundlage Prädiktionen über wenige Tage zu rechnen, ohne weitere geophysikalische Modelle einzuführen (Schaer 1999). Sie können zur Korrektur von Einfrequenz-Beobachtungen für Navigationsanwendungen dienen.

Das Klobuchar-Modell

Neben den Modellen, die direkt und ausschließlich aus Zweifrequenzbeobachtungen abgeleitet werden, gibt es auch geophysikalische Modelle, die sich stärker an den physikalischen Vorgängen in der Ionosphäre orientieren. Die Koeffizienten eines von der Parametrisierung und auch von der Anwendung her sehr einfachen Modells werden beim GPS-System den Nutzern mit der Satellitennachricht übermittelt. Dieses Modell wird nach seinem Entwickler als Klobuchar-Modell bezeichnet.

Aus einer vorgegebenen Gruppe von 370 Koeffizientendatensätzen wählt das Kontrollzentrum in Abhängigkeit von der aktuellen Sonnenaktivität und dem Tag des Jahrs den am besten geeigneten Datensatz aus. Alle zwei bis sechs Tage werden die Koeffizienten aktualisiert.

Das Klobuchar-Modell geht von einem Ein-Schicht-Modell der Ionosphäre aus. Für die Nachtzeit wird eine konstante vertikale Laufzeitverzögerung für das GPS-L2-Gruppensignal von 5 ns angenommen, welche einem vertikalen Elektronengehalt von 9 TECU entspricht. Für die Tageszeit wird die Laufzeitverzögerung als Kosinusfunktion in Abhängigkeit von der Ortszeit T des ionosphärischen Subpunkts mit dem Maximum für 14 Uhr beschrieben (Abb. 2.31).

Amplitude und Periode dieser Kosinusfunktion sind als Funktion von der geomagnetischen Breite φ_m des ionosphärischen Subpunkts gegeben. Sie werden aus jeweils vier Parametern α_i und β_i ($i = 0$ bis 3) berechnet, sodass das Gesamtmodell aus lediglich acht Parametern besteht und nur einen sehr geringen Teil der Satellitennachricht belegt.

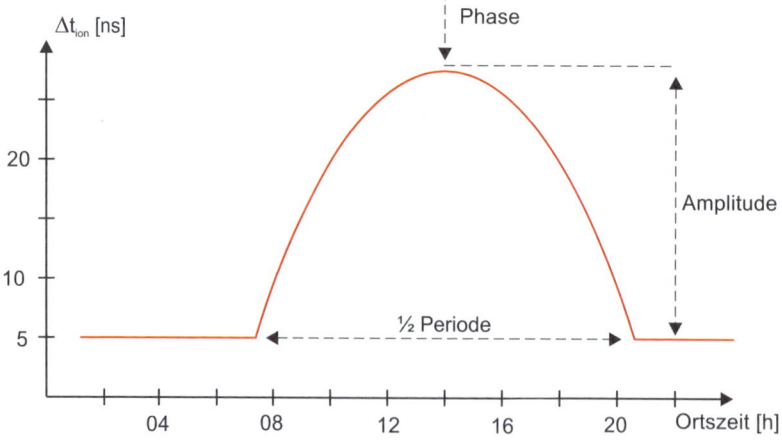

Abb. 2.31: Klobuchar-Korrekturmodell für ionosphärische Laufzeitfehler

1. Berechnung der geomagnetischen Breite φ_m und der Ortszeit T_i des ionosphärischen Subpunkts S_i eines Satellitensignals

1.1 Elevation E bzw. Zenitdistanz Z und Azimut A des Satelliten im Empfängerstandpunkt aus den näherungsweise bekannten Empfängerkoordinaten φ_u, λ_u (siehe Abschnitt 2.3.4) ableiten.

1.2 Zenitdistanz Z_i des Satellitensignals im ionospärischen Durchstoßpunkt D_i berechnen (siehe Abb. 2.28).

1.3 Sphärischer Abstand ψ des ionosphärischen Subpunkts S_i vom Empfängerstandpunkt:

$$\psi = 90^\circ - E - Z_i\,.$$

1.4 Geographische Breite φ_i und Länge λ_i des ionosphärischen Subpunkts S_i:

$$\varphi_i = \varphi_u + \psi \cdot \cos A \quad (\varphi_u < 75^\circ); \quad \varphi_i = 75^\circ, \quad \varphi_u \geq 75^\circ;$$

$$\lambda_i = \lambda_u + \psi \cdot \frac{\sin A}{\cos \varphi_i}\,.$$

1.5 Geomagnetische Breite φ_i^m und Ortszeit T_i des ionosphärischen Subpunkts S_i:

$$\varphi_i^m = \varphi_i + 11{,}6^\circ \cdot \cos(\lambda_i - 291^\circ)\,; \quad T_i = 240 \cdot \lambda_i + GPS - Zeit \; [s]\,.$$

2. Berechnung des Arguments x des Klobuchar-Modells

$$x = \frac{2\pi \cdot (T_i - \theta)}{P(\varphi_i^m)}\,, \quad \text{mit } \theta = 50.400 \text{ s } (= 14 \text{ h});$$

$$P(\varphi_i^m) = \sum_{j=0}^{3}\left[\beta_j \cdot \left(\frac{\varphi_i^m}{180}\right)^j\right], \text{ mit den Modellkoeffizienten } \beta_j,$$

wenn $P(\varphi_i^m) < 72.000$ s, dann $P(\varphi_i^m) = 72.000$ s.

3. Berechnung der ionosphärischen Laufzeitverzögerung Δt_{ion}[ns]

$$\Delta t_{ion} = 5\,/\cos Z_i \qquad\qquad\qquad \text{für } |x| > \frac{\pi}{2} \text{ (nachts),}$$

$$\Delta t_{ion} = \left[5 + A(\varphi_i^m) \cdot \left(1 - \frac{x^2}{2} + \frac{x^4}{24}\right) \cdot 10^9\right]/\cos Z_i \;\; \text{für } |x| \leq \frac{\pi}{2} \text{ (tags)}$$

unter Verwendung von

$$A(\varphi_i^m) = \sum_{j=0}^{3}\left[\alpha_j \cdot \left(\frac{\varphi_i^m}{180}\right)^j\right], \text{ mit den Modellkoeffizienten } \alpha_j,$$

wenn $A(\varphi_i^m) < 0$ s, dann $A(\varphi_i^m) = 0$ s.

Kasten 2.1: Algorithmus des Klobuchar-Modells

Die Umrechnung von vertikaler Laufzeitverzögerung (entsprechend *VEC*) auf die Schrägstreckenverzögerung (entsprechend *TEC*) erfolgt in Anlehnung an Gleichung 2.77. In Kasten 2.1 sind die Rechenschritte zur Bestimmung von Laufzeitkorrekturen aus den Koeffizienten des Klobuchar-Modells dargestellt (ICD-GPS-200 1997).

Untersuchungen zeigen, dass die Erwartungen erfüllt werden, mit diesem sehr einfachen Modell etwa 50 % der ionosphärischen Laufzeitfehler, die Nutzer in den mittleren Breiten erfahren, korrigieren zu können. Auch sehr viel komplexere physikalische Modelle können aufgrund der großen täglichen Variabilität des ionosphärischen Elektronengehalts nicht mehr als 75 % der Laufzeitfehler erfassen (Klobuchar 1996). Der Einsatz des Klobuchar-Modells bei GPS ist nur für eine absolute Positionierung sinnvoll. Die Verbesserung der Positionierungsgenauigkeit fällt zwar nur gering aus, aber der Aufwand für die Anwendung des Modells ist auch nur minimal. Wer auf eine höhere absolute Positionierungsgenauigkeit angewiesen ist, muss den Mehraufwand von Zweifrequenzbeobachtungen auf sich nehmen.

2.6.4.5 Troposphärische Refraktion

Die unter der Ionosphäre liegenden Schichten Stratosphäre und Troposphäre enthalten so gut wie keine freien Elektronen und Ionen. Ursache für Refraktion in den unteren 50 km der Erdatmosphäre sind Gasmoleküle, deren Dichte mit abnehmender Höhe stetig zunimmt. Dementsprechend ist auch der Refraktionsindex stark höhenabhängig. Für Mikrowellen ist die troposphärische Refraktion praktisch unabhängig von der Frequenz. Damit sind auch Gruppen- und Phasengeschwindigkeit identisch.

Aufgrund ihres völlig unterschiedlichen Verhaltens werden zur Betrachtung der troposphärischen Refraktion die Atmosphärenbestandteile in trockene Gase und Wasserdampfgehalt getrennt. Die Zusammensetzung der trockenen Gase ist über alle Höhenbereiche und geographische Regionen recht homogen. Der Wasserdampfgehalt, der sich auf die unteren 11 km beschränkt, variiert dagegen sowohl räumlich als auch zeitlich sehr stark. Er ist somit sehr schwer erfass- und modellierbar, trägt aber nur rund 10 % zur Gesamtlaufzeitverzögerung bei.

Im Mikrowellenbereich kann aus dem atmosphärischen Druck, dem Partialdruck des Wasserdampfs und aus der Temperatur mithilfe empirischer Formeln der Refraktionsindex ermittelt werden. So ergibt sich z. B. mit den Koeffizienten von Smith und Weintraub:

$$(n-1) \cdot 10^6 = 77{,}6 \cdot \frac{P}{T} + 3{,}73 \cdot 10^5 \cdot \frac{e}{T^2} \tag{2.105}$$

mit den Parametern Temperatur T in Kelvin, Druck P in mbar und Wasserdampfdruck e in mbar. Der erste Summand beschreibt die Trockenkomponente und der zweite die Feuchtkomponente. Der so ermittelte Refraktionsindex gilt aber nur für den Ort, für den entsprechende Parameter vorliegen. Für Satellitensignale ist eine direkte Messung dieser Einflussgrößen entlang des Signalwegs praktisch unmöglich. Auch aus Messungen an der Erdoberfläche kann ein genaues Refraktionsprofil kaum abgeleitet werden, da diese für Temperatur und Wasserdampfgehalt im Wesentlichen lokale Anomalien erfassen.

So verwendet man Standardatmosphärenparameter und -modelle, um die Messungen zu korrigieren. Die Modelle unterscheiden zwischen vertikaler Trockenkomponente und vertikaler Feuchtkomponente sowie sogenannten *Mapping*-Funktionen, die den Übergang vom Zenit auf

Standardatmosphäre

Nach DIN ISO 2533 (Normatmosphäre) gilt für Temperatur und Druck:

auf Meeresniveau: $T_0 = 288{,}15$ K, $P_0 = 1013{,}25$ mbar,

auf Stationshöhe h [m]: $T = T_0 - 6{,}5 \cdot 10^{-3} \cdot h$, $P = P_0 \cdot (T / T_0)^{5{,}256}$.

Die relative Luftfeuchte kann mit $H = 50\,\%$ angenommen werden.

Der Partialdampfdruck e ergibt sich nach McCarthy (1996) aus

$$e = H \cdot 0{,}0611 \cdot 10^{\frac{7{,}5 \cdot (T - 273{,}15)}{237{,}3 + (T - 273{,}15)}} .$$

Modell von Hopfield (vereinfacht)

Korrektur Δr_{tro} einer Entfernungsbeobachtung [m]:

$$\Delta r_{tro} = \frac{Kd}{\sin \sqrt{E^2 + 2{,}5^2}} + \frac{Kw}{\sin \sqrt{E^2 + 1{,}5^2}}$$

mit folgenden Korrekturtermen für Signale aus Zenitrichtung:

trocken: $Kd = 77{,}6 \cdot \dfrac{P}{T} \cdot \left[40.136 + 148{,}72 \cdot (T - 273{,}16) - h \right] \cdot 2 \cdot 10^{-7}$,

feucht: $Kw = 3{,}73 \cdot 10^5 \cdot \dfrac{e}{T^2} \cdot (11.000 - h) \cdot 2 \cdot 10^{-7}$.

Modell von Saastamoinen (vereinfacht)

Korrektur Δr_{tro} einer Entfernungsbeobachtung [m]:

$$\Delta r_{tro} = \frac{2{,}277 \cdot 10^{-3}}{\cos Z} \cdot \left[P + \left(\frac{1.255}{T} + 0{,}05 \right) \cdot e - B \cdot \tan^2 Z \right]$$

mit dem höhenabhängigen Korrekturwert: $B = 1{,}156 - 0{,}156 \cdot 10^{-3} \cdot h + 7{,}53 \cdot 10^{-9} \cdot h^2$.

Wobei: E – Elevationswinkel [°], Z – Zenitdistanz [°], h – Stationshöhe [m],
T – Temperatur [Kelvin], P – atmosphärischer Druck [mbar],
H – relative Luftfeuchte [%], e – Partialdampfdruck [mbar].

Kasten 2.2: Troposphärenkorrekturen

beliebige Elevationswinkel erlauben. Vielfach werden die in Kasten 2.2 dargestellten verein-fachten Modelle von Hopfield (1971) bzw. Saastamoinen (1973) zusammen mit Standard-atmosphärenparametern eingesetzt.

Schon mit diesem einfachen Ansatz, der auf keine meteorologischen Daten angewiesen ist, können die troposphärischen Fehlereinflüsse um mehr als eine Größenordnung verringert wer-den (Tabelle 2.4). Die verbleibenden Restfehler liegen in Dezimetergrößenordnung und sind somit bei absoluter Positionierung mit nur einem Empfänger ausreichend gering.

Tabelle 2.4: Troposphärischer Streckenfehler und Standardkorrektur

	Primäre Einflussfaktoren	Größe	Restfehler nach Standardkorrektur
Trockenkomponente (Meeresniveau, Zenit)	Luftdruck, Temperatur	2,1 ... 2,5 m	cm ... dm
Feuchtkomponente (Meeresniveau, Zenit)	Luftfeuchte, Temperatur	mm ... dm	cm ... dm
Mapping-Funktion	Elevation	1 ... 10	mm ... cm
Gesamtfehler		2,1 ... 30 m	cm ... dm

Bei relativer Positionierung über kurze Entfernungen verringert sich schon allein durch die Differenzbildung der Beobachtungen der troposphärische Fehler beträchtlich. Die Standardmodelle vermindern zusätzlich im Wesentlichen höhendifferenzabhängige Unterschiede von Refraktionseinflüssen. Restfehler können erfasst werden, wenn im Auswerteprozess neben den Koordinaten auch troposphärische Zenitkorrekturen geschätzt werden. Bei der Bestimmung langer Basislinien aus Trägerphasenmessungen werden standardmäßig Troposphärenunbekannte mitbestimmt.

2.6.4.6 Mehrwegeausbreitung (Multipath)

Jedes vom Satelliten ausgesendete Signal gelangt nicht nur auf direktem Weg zum Phasenzentrum der Empfangsantenne, sondern auch indirekt nach Reflexion an Objekten in der Empfangsantennenumgebung (Abb. 2.30). Es kommt dabei zur Überlagerung des auf direktem Weg einfallenden Signals mit den reflektierten Signalen.

Das bei der Überlagerung von direktem Signal und einem einzelnen indirekten Signal entstehende Summensignal kann wie folgt beschrieben werden:

$$S_D = A \cdot \cos \Phi_D$$
$$S_R = \alpha \cdot A \cdot \cos (\Phi_D + \Delta\Phi_R) \tag{2.106}$$
$$S_\Sigma = S_D + S_R = A \cdot \cos \Phi_D + \alpha \cdot A \cdot \cos (\Phi + \Delta\Phi_R) = C \cdot \cos (\Phi_D + \delta\Phi).$$

Dabei gilt:

S_D: direktes Signal,

S_R: reflektiertes Signal,

S_Σ: Summensignal,

A: Amplitude der Trägerfrequenz,

α: Dämpfung des reflektierten Signals mit $0 \le \alpha \le 1$ ($\alpha = 0$: keine Reflexion; $\alpha = 1$: reflektiertes Signal hat gleiche Stärke wie das direkte Signal),

Φ_D: Phasenlage des direkten Signals,

$\Delta\Phi_R$: Phasenverschiebung des reflektierten Signals gegenüber dem direkten Signal aufgrund seines längeren Signalwegs,

C: Amplitude des Summensignals,

$\delta\Phi$:   Phasenverschiebung des resultierenden Signals gegenüber dem direkten Signal: *der Fehler der beobachteten Trägerphase.*

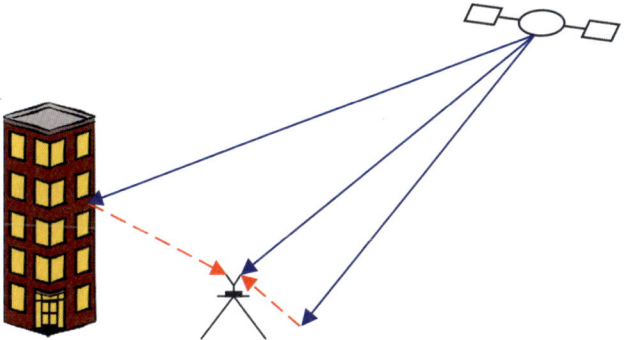

Abb. 2.32: Mehrwegeausbreitung (Multipath)

Wir interessieren uns für den Fehler der beobachteten Trägerphase – für $\delta\Phi$ – und für die Amplitude C des Summensignals. Um diese Größen zu berechnen, entwickeln wir bei Gleichung 2.106 die trigonometrischen Funktionen, ordnen nach $\cos\Phi_D$ und $\sin\Phi_D$ und erhalten:

$$\cos\Phi_D \cdot A \cdot (1 + \alpha \cdot \cos\Delta\Phi_R) - \sin\Phi_D \cdot A \cdot \alpha \cdot \sin\Delta\Phi_R$$
$$= \cos\Phi_D \cdot C \cdot \cos\delta\Phi - \sin\Phi_D \cdot C \cdot \sin\delta\Phi . \tag{2.107}$$

Gleichung 2.107 gilt für beliebige Werte für Φ_D, also auch für $\Phi_D = 0$ und $\Phi_D = \pi/2$. Setzen wir $\Phi_D = 0$, so ergibt sich:

$$A \cdot (1 + \alpha \cdot \cos\Delta\Phi_R) = C \cdot \cos\delta\Phi . \tag{2.108}$$

Setzen wir $\Phi_D = \pi/2$, so wird aus Gleichung 2.107:

$$A \cdot \alpha \cdot \sin\Delta\Phi_R = C \cdot \sin\delta\Phi . \tag{2.109}$$

Beide Gleichungen, 2.108 und 2.109, enthalten unsere gesuchten Größen. Lösen wir nach $\delta\Phi$ unter Elimination von C auf, so erhalten wir:

$$\delta\Phi = \arctan\frac{\alpha \cdot \sin\Delta\Phi_R}{1 + \alpha \cdot \cos\Delta\Phi_R} . \tag{2.110}$$

Um zu erkennen, welchen Wert $\delta\Phi$ – also der Fehler der beobachteten Trägerphase – maximal annehmen kann, tragen wir $\delta\Phi$ als Funktion von $\Delta\Phi_R$ grafisch auf (s. Abb. 2.33a). Für $\alpha = 1$ ergeben sich Maxima von $\pm\pi/2$. Der maximal mögliche Fehler der beobachteten Trägerphase beträgt also $\lambda/4$, ein Viertel der Wellenlänge des Trägersignals, was 4,8 cm für das GPS-Signal L1 und 6,1 cm für das GPS-Signal L2 bedeutet.

Durch Quadrieren und Addieren der Gleichungen 2.109 und 2.110 erhalten wir die Amplitude des Summensignals:

$$C = A \cdot \sqrt{1 + 2 \cdot \alpha \cdot \cos\Delta\Phi_R + \alpha^2} . \tag{2.111}$$

Die Auswertung der Gleichung 2.111 ergibt, dass die Amplitude des Summensignals ihre maximale Verstärkung bzw. Abschwächung genau dann erreicht, wenn der Phasenfehler null beträgt. Umgekehrt ist der Phasenfehler dann maximal, wenn nur eine geringe Veränderung der Signalamplitude auftritt (Abb. 2.33b). Aufgrund dieser Zusammenhänge ist es kaum möglich, von Variationen der Signalamplitude auf vorhandene Phasenfehler zu schließen und diese ggf. zu korrigieren.

In der Realität treten Reflexionen ohne Dämpfung ($\alpha = 1$) nicht auf. Die Dämpfung liegt im Allgemeinen deutlich unter $\alpha = 0{,}5$. Somit übersteigen in der Praxis die maximalen Mehrwegefehler 2 bis 3 cm selten. In den meisten Linearkombinationen der Originalsignale verstärken sich dagegen die Mehrwegeeffekte. So sind die Fehler in der ionosphärenfreien Linearkombination um einen Faktor von ungefähr 3 größer.

Aufgrund der Bewegung der Satelliten und der sich dadurch ständig verändernden Geometrie von Satellit, Reflektor und Empfangsantenne variiert der zusätzliche Signalweg eines indirek-

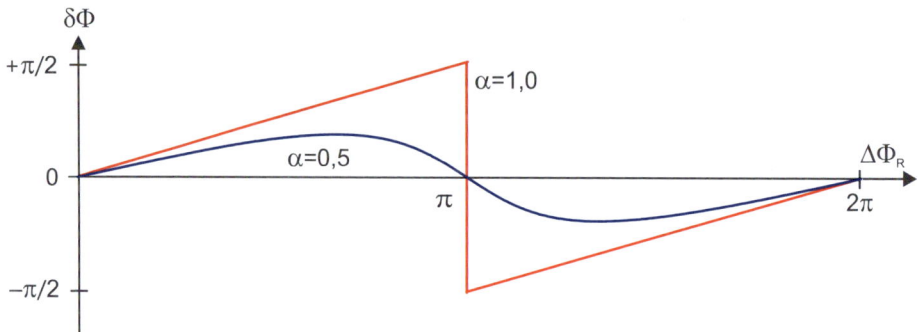

a) Fehler der beobachteten Trägerphase $\qquad \delta\Phi = \arctan \dfrac{\alpha \cdot \sin \Delta\Phi_R}{1 + \alpha \cdot \cos \Delta\Phi_R}$

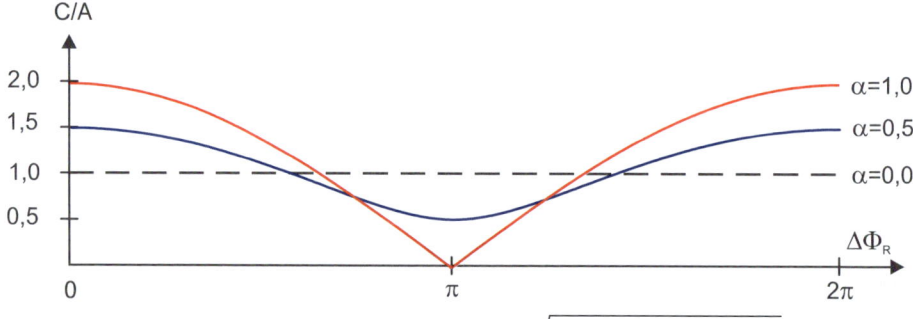

b) Amplitudenänderung des Trägersignals $\quad C/A = \sqrt{1 + 2 \cdot \alpha \cdot \cos \Delta\Phi_R + \alpha^2}$

Abb. 2.33: Mehrwegeeffekte

ten Signals im Vergleich zum direkten Signal (also $\Delta\Phi_R$) selbst bei statischer Empfangsantenne. Bei Abständen zwischen Antenne – Reflektor von weniger als 1 m ergeben sich bei GPS typische Perioden der Phasenfehler des Summensignals von Stunden. Mit Abständen von mehreren Metern dauern diese wenige Minuten. Bei statischen Vermessungsanwendungen mit Stativhöhen von ungefähr 1,5 m und den stärksten Reflexionen durch den Boden unterhalb der Antenne liegen diese Perioden im Bereich von 5 bis 30 min. Bei längerer statischer Beobachtungsdauer mitteln sich die Fehler weitgehend heraus.

2.6.4.7 Signalbeugung (Signal Diffraction)

Immer dann, wenn über dem Antennenhorizont Sichthindernisse den Empfang des direkten Satellitensignals behindern, muss auch mit Signalbeugungseinflüssen gerechnet werden. Aufgrund der Signalbeugung an der Kante des abschattenden Objekts kann ein indirektes Signal empfangen werden, während das direkte Signal die Antenne nicht erreicht (Abb. 2.32).

Das indirekte Signal weist dabei immer eine längere Laufzeit als das direkte Signal auf, das zu Messfehlern führt. Da im Gegensatz zur Mehrwegeausbreitung keine Signalüberlagerung von direktem und indirektem Signal stattfindet, entspricht der Messfehler dem tatsächlichen zusätzlichen Weg des indirekten Signals und ist nicht frequenzabhängig. Eine besondere Eigenschaft der gebeugten Signale ist ihre stark verringerte Signalamplitude. Dies eröffnet die Möglichkeit, jene zu erkennen und entsprechend zu verarbeiten. Die Gemeinsamkeiten und Unterschiede zur Mehrwegeausbreitung sind in Tabelle 2.5 zusammengefasst.

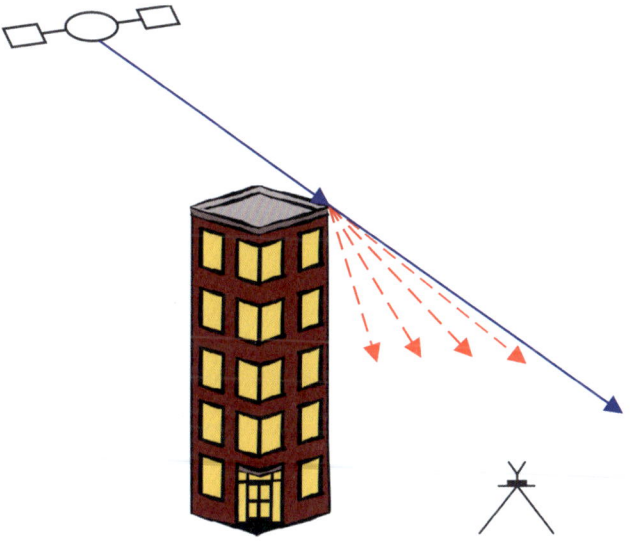

Abb. 2.34: Signalbeugung (*Signal Diffraction*)

Ein Beispiel für Signalbeugungsfehler wird in Abbildung 2.35 dargestellt (Wanninger u. a. 2000). Das beugende Objekt besteht hier aus Baumkronen, die sich in ungefähr 40 m Entfernung von der Empfangsantenne befinden. Schon bevor der Satellit hinter den Bäumen „verschwindet", verringert sich die Signalamplitude (Signal-Rausch-Verhältnis (SNR)). Zum Zeitpunkt der ersten vollständigen Abschattung des direkten Signals liegt der gemessene SNR-Wert weit unter dem für diese Elevation (38°) zu erwartenden Wert. Im weiteren Verlauf wird das Satellitensignal gebeugt und die gemessene Trägerphase weist Fehler von bis zu 8 cm auf, bis aufgrund der geringen Signalamplitude die Messungen abbrechen. Kurz danach gelingt dem GPS-Empfänger die Wiederaufnahme der Messungen, wobei die Trägerphasenmessungen stark verrauscht und weiterhin um mehrere Zentimeter verfälscht sind. Inzwischen dringt das Signal durch die Bäume hindurch, sodass hier sowohl Mehrwege wie auch Beugungserscheinungen eine Rolle spielen werden.

Tabelle 2.5: Vergleich Signalbeugung – Mehrwegeausbreitung (nach Wanninger u. a. 2000)

	Signalbeugung	**Mehrwegeausbreitung**
Unter-schiede	• „Sichtverbindung" zum Satelliten unter-brochen, nur gebeugtes Signal wird emp-fangen, • frequenzunabhängig, • maximale Fehler: dm-Größenordnung, • verringerte Signalamplitude.	• Überlagerung von direktem Signal und reflektierten (indirekten) Signalen, • frequenzabhängig, • max. Fehler: 4,8 cm L1; 6,1 cm L2, • fluktuierende Signalamplitude.
Gemein-sam-keiten	• Abhängig von Empfangsumgebung, • Wiederholung bei selber Satellitengeometrie und unveränderter Umgebung, • keine Verminderung durch relative Positionierung, • Einfluss vermindert sich bei statischer Punktbestimmung mit zunehmender Beobach-tungsdauer.	

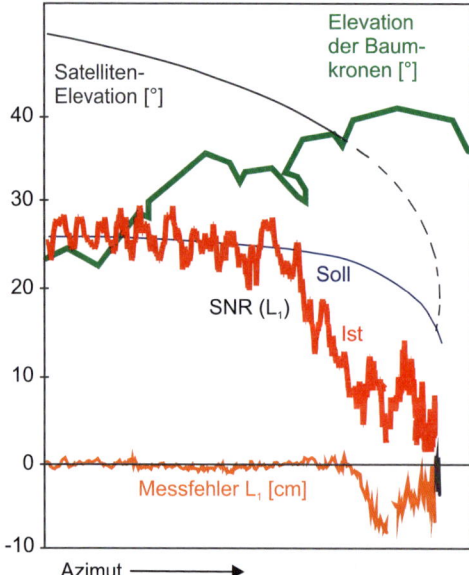

Abb. 2.35:
Signalbeugungseinflüsse durch Baumkronen

Berücksichtigt man, dass die Signalamplitude im Wesentlichen aufgrund der Antennencharak-teristik stark elevationsabhängig ist, so können Signalbeugungseinflüsse anhand von anomal niedrigen Amplituden identifiziert werden. Entsprechende Phasenbeobachtungen sollten dann mit einem verringerten Gewicht in die Auswertung eingeführt werden (Brunner u. a. 1999). Bisher ignorieren die meisten Auswerteprogramme den Informationsgehalt der Signalstärke und können deswegen insbesondere bei kinematischen Anwendungen Signalbeugungsfehler nicht eliminieren.

2.7 Elektromagnetische Signale der GNSS

2.7.1 Frequenzzuweisung – Signalbänder der GNSS

Die Übertragung von Informationen durch Radiowellen (elektromagnetische Wellen mit Wellenlängen zwischen 10 km und 1 mm) spielt im modernen Alltagsleben eine immer größere Rolle. Dabei kann nur dann mit einem störungsfreien Betrieb gerechnet werden, wenn Regeln zur Nutzung der entsprechenden Frequenzen aufgestellt und eingehalten werden. Zuständig für die Aufstellung dieser Regeln ist die *International Telecommunication Union (ITU)* mit Sitz in Genf. Sie ist eine Unterorganisation der Vereinten Nationen. Die ITU veranstaltet regelmäßig die World Radiocommunication Conference (WRC), bei der über die Zuweisung von Frequenzbändern entschieden wird, genauer: Es werden Empfehlungen ausgesprochen.

Durch die Empfehlungen werden bestimmten Frequenzbereichen – Frequenzbändern – Service-Typen zugewiesen. Die entsprechenden Zuweisungen werden dann weiter noch als „primär" oder „sekundär" eingestuft.

- Primäre Zuweisungen räumen den Diensten besondere Prioritäten bei der Nutzung des zugewiesenen Frequenzbands ein. Wenn mehrere primäre Dienste das Frequenzband nutzen wollen, hat derjenige Dienst Vorrang, der das Band zuerst benutzt hat.
- Bei einer sekundären Einstufung dürfen Dienste, die das entsprechende Frequenzband nutzen, Dienste mit primären Zuweisungen im gleichen Frequenzband nicht stören, müssen aber Störungen durch die primären Dienste hinnehmen.

In der ITU werden die GNSS den Service-Typen

- *Radio Navigation Satellite Service (RNSS),*
- *Aeronautical Radio Navigation Service (ARNS)*

zugeordnet. Für den ARNS gelten besonders strenge Regeln. Der ARNS ist daher für sicherheitskritische Anwendungen geeignet.

Den GNSS sind Frequenzen in den Bereichen 1.164 MHz bis 1.300 MHz (25,7 bis 23,1 cm; unteres L-Band) und 1.559 MHz bis 1.610 MHz (19,2 cm bis 18,6 cm; oberes L-Band) zugewiesen (s. Abb. 2.36).

Im oberen L-Band haben die GNSS den Status eines ARNS und sind „*primary services*". Sie haben dort also Vorrecht vor anderen Anwendungen. Dies gilt im unteren L-Band für Frequenzen unterhalb von 1.215 MHz. Zwischen 1.293 MHz und 1.215 MHz werden die GNSS als RNSS eingestuft.

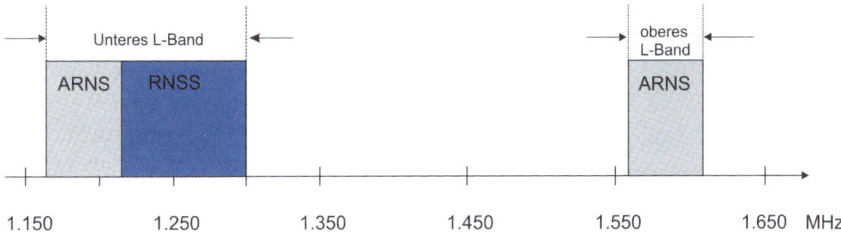

Abb. 2.36: GNSS-Frequenzbereiche

Tabelle 2.6: Zentralfrequenzen, Bandbreiten, Wellenlängen und ITU-Service-Bereiche der gegenwärtigen GNSS

System	Signal[13]	Zentralfrequenz [MHz]	Bandbreite [MHz]	Wellenlänge [cm]	ITU-Service
GPS	L1	1.575,42	30,690	19,00	ARNS
	L2	*1.227,60*	*30,690*	*24,40*	*RNSS*
	L5	1.176,45	20,460	25,50	ARNS
GLONASS	G1	1.602,00	10,457	18,70	ARNS
	G2	*1.246,00*	*17,760*	*24,10*	*RNSS*
	G3	1.202,25	20,460	25,00	ARNS
Galileo	E1	1.575,42	34,782	19,00	ARNS
	E6	*1.278,75*	*30,690*	*23,50*	*RNSS*
	E5	1.191,80	51,150	25,17	ARNS
BDS	B1	1.561,098	4,092	19,2	ARNS
	B3	*1.268,52*	*20,460*	*23,66*	*RNSS*
	B2	1.207,52	20,460	24,90	ARNS

In Tabelle 2.6 sind die den gegenwärtigen und geplanten GNSS der USA (GPS), Russlands (GLONASS), Europas (Galileo) und Chinas (BDS) zugewiesenen oder von diesen in Anspruch genommenen Zentralfrequenzen aufgelistet. Weiter enthält die Tabelle die sich aus den Zentralfrequenzen ergebenden Wellenlängen, die nach den vorgesehenen Modulationsverfahren zu erwarteten Bandbreiten und die Service-Typen, die den jeweiligen Signalen zugeordnet sind.

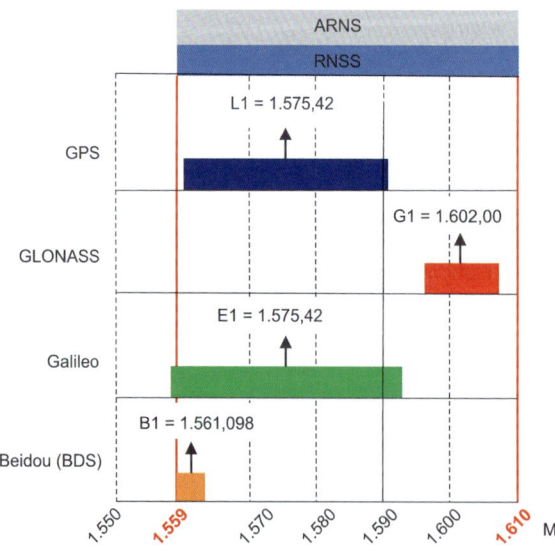

Abb. 2.37: Durch GNSS beanspruchte Frequenzbereiche im oberen L-Band

---

[13] Die Signalbezeichnungen orientieren sich an der RINEX-Nomenklatur.

Wie aus Tabelle 2.6 zu entnehmen, liegen die Zentralfrequenzen der GNSS sehr dicht beieinander. Die im oberen L-Band liegende Frequenz 1.575,42 MHz wird von zwei GNSS in Anspruch genommen (s. Abb. 2.37).

Weiter ist zu erkennen, dass jedes GNSS über zwei Signale im ARNS-Bereich und ein Signal im RNSS-Bereich verfügt. Damit ist für jedes GNSS gewährleistet, dass auch bei Verzicht auf die weniger geschützten RNSS-Signale durch die Auswertung von zwei Signalen ionosphärische Laufzeitverzögerungen berücksichtigt werden können (s. Abschnitt 2.6.4.4). Das hat zur Folge, dass alle GNSS prinzipiell für sicherheitskritische Anwendungen in der Luftfahrt genutzt werden können.

Im unteren L-Band gibt es Überschneidungen bezüglich der Inanspruchnahme der Frequenzen mit ihren jeweiligen Bandbreiten (s. Abb. 2.38).

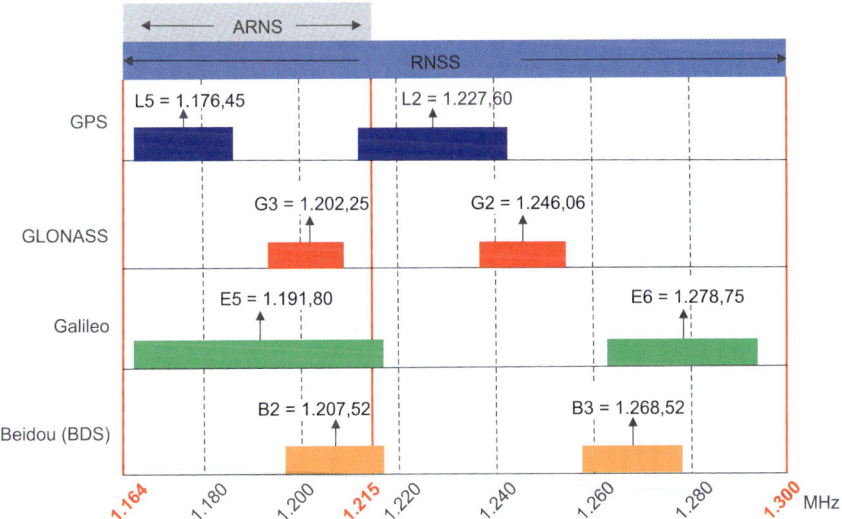

Abb. 2.38: Durch GNSS beanspruchte Frequenzbereiche im unteren L-Band

Wenn unter diesen Voraussetzungen gegenseitige Störungen der GNSS vermieden werden sollen, sind detaillierte Vereinbarungen darüber zu treffen, wie die Signale im Einzelnen zu gestalten sind.

Die Vermeidung gegenseitiger Störungen ist die an die Signalgestaltung der GNSS zu richtende Minimalforderung. Dann ist *Kompatibilität* gegeben: Die verschiedenen GNSS stören sich gegenseitig nicht und können daher getrennt oder zusammen genutzt werden.

Für die Nutzer von GNSS ist es aber noch günstiger, wenn die Signale verschiedener GNSS in einfachen, preiswerten GNSS-Empfängern gemeinsam genutzt werden können und es damit zu besseren Ergebnissen als bei der alleinigen Nutzung nur eines GNSS kommt. Dann ist *Interoperabilität* gegeben.

2.7.2 Prinzipielle Entstehung der GNSS-Signale

Die Übertragung von Information mithilfe elektromagnetischer Wellen kann nicht durch Aussendung einer durch Gleichung 2.28 beschriebenen rein sinusförmigen Welle geschehen. Vielmehr muss die Welle nach Maßgabe der zu übertragenden Informationen *moduliert* werden. Auf diese Weise wird aus der elektromagnetischen Welle ein Informationen tragendes elektromagnetisches *Signal* (Finger 1997). Durch die Verarbeitung dieses Signals in einem geeigneten Empfänger werden die in dem Signal enthaltenen Informationen gelesen und stehen zur weiteren Auswertung zur Verfügung.

Wer die Erzeugung und Verarbeitung der bei der Satellitennavigation verwendeten elektromagnetischen Signale vollständig verstehen will, benötigt umfangreiche Kenntnisse der Nachrichtentechnik. Diese Kenntnisse können und sollen hier nicht vermittelt werden. Bei den in diesem Buch beschriebenen GNSS handelt es sich im Wesentlichen um Signale, die durch eine spezielle Form der Phasenmodulation – durch Phasenumtastung (Phase Shift Keying) – erzeugt werden. Die grundlegenden Prinzipien zur Erzeugung und Verarbeitung dieses Signaltyps sollen hier in dem Umfang beschrieben werden, der zum Verständnis der Funktionsweise von Satellitennavigationsempfängern erforderlich erscheint. Dazu werden zunächst einige grundlegende Begriffe und Zusammenhänge eingeführt.

2.7.2.1 Basisbandsignal, Bandpasssignal

Bei allen Modulationsverfahren erfolgt die Modulation nach Maßgabe eines Signals niedriger Frequenz. Dieses Signal trägt in der Nachrichtentechnik die Bezeichnung *Basisbandsignal S(t)*. Das modulierte, hochfrequente Signal ist das *Bandpasssignal $S_{BP}(t)$*. Basisband- und Bandpasssignale beschreiben Strom- oder Spannungszustände in Abhängigkeit von der Zeit.

Durch die Modulation des Trägersignals nach Maßgabe des Basisbandsignals $S(t)$ können im Bandpasssignal $S_{BP}(t)$ Variationen bei der Amplitude, der Phase oder der Frequenz auftreten. Bezüglich der Modulation wird unterschieden zwischen

- Analogmodulation,
- Digitalmodulation.

Bei allen realisierten und geplanten GNSS werden spezielle Formen digitaler Phasenmodulationen verwendet. Die Ausführungen in diesem Abschnitt beschränken sich daher auf die in diesem Zusammenhang relevanten Digitalmodulationen. Die zugehörigen Basisbandsignale $S(t)$ sind Treppenfunktionen.

2.7.2.2 Spread-Spektrum-Technik (Spreizbandtechnik), spektrale Leistungsdichte

Die von Navigationssatelliten ausgestrahlten Signale sollen es einem mit einem geeigneten Empfänger ausgestatteten Nutzer primär ermöglichen, seine Position zu bestimmen. Wie noch zu zeigen sein wird, benötigt der Nutzer dazu:

- Informationen über die Position der Satelliten,
- Informationen über die geometrischen Beziehungen zwischen den Satelliten und dem Satellitenempfänger.

Diese Informationen *müssen* in den von den Satelliten ausgestrahlten Signalen enthalten sein. Es ist von *Vorteil*, wenn die Satellitensignale wenig störanfällig sind. *Wünschenswert* ist häufig, dass die Signale nur von autorisierten Nutzern genutzt werden können, z. B. bei militärischen Anwendungen.

Man kann zeigen, dass sich diese Anforderungen durch Anwendung der *Spread-Spektrum-Technik* realisieren lassen (Sklar 1988). Im Zusammenhang mit den Navigationssatelliten wird ausschließlich mit der Variante ***Direct Sequence Spread Spectrum (DSSS)*** gearbeitet. Die zurzeit installierten Satellitennavigationssysteme GPS und GLONASS und auch die im Aufbau befindlichen Systeme Galileo und BDS benutzen diese Technik. Alternativen diskutiert Thiel (1996).

Abbildung 2.39 zeigt die Modulation eines Trägers durch DSSS. Die zu übertragenden Daten werden nach Umwandlung in ein Datensignal[14] in direkter Folge (*direct sequence*) mit einem Spreizsignal verknüpft. Das so entstehende Basisbandsignal wird anschließend einem Träger aufmoduliert. So entsteht das Bandpasssignal.

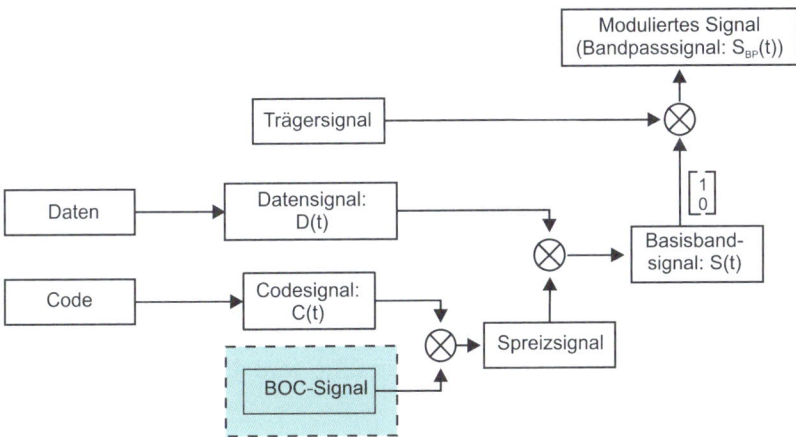

Abb. 2.39: DSSS-Modulation

Die Spreizsignale der GNSS entstehen im einfachsten Fall durch die Umwandlung einer pseudozufälligen Binärfolge – dem Code – in ein Codesignal (s. Abschnitt 2.7.5). Die einzelnen Elemente des Codes werden „Chip" genannt. Durch diese Bezeichnung soll eine Unterscheidung zwischen den Elementen der Codes – den Chips – und der Daten – den Bits – getroffen werden. Bei den neueren GNSS entsteht das Spreizsignal häufig durch die Verknüpfung des Codesignals mit einem weiteren Signal – einem BOC-Signal (in Abb. 2.39 blau hinterlegt). Darauf kommen wir später zurück.

Die Geschwindigkeit, mit der die Daten (die Bits) übertragen werden, ist die Daten- oder Bitrate, die Geschwindigkeit, mit der die Code-Elemente (die Chips) übertragen werden, ist die Chiprate. Die Chiprate ist immer um ein Vielfaches höher als die Bitrate. Z. B. beträgt bei einem Signal des US-amerikanischen GNSS (GPS) die Chiprate $1.023 \cdot 10^3$ Chip pro Sekunde (chip/s), die Datenrate 50 Bit pro Sekunde (bit/s). Da sich die zugehörige pseudozufällige Binärfolge – der Code – nach je 1.023 Chips wiederholt, wiederholt sich innerhalb eines Daten-Bit die Chipfolge zwanzigmal. Im Ergebnis wird ein Daten-Bit in ein Bitmuster umgewandelt, das zwanzigmal das Muster des Codes enthält.

---

[14] Auch das Datensignal beschreibt Strom- oder Spannungszustände in Abhängigkeit von der Zeit.

Die DSSS-Technik ist durch folgende Eigenschaften der ausgesandten elektromagnetischen Signale gekennzeichnet:

- Die Bandbreite der übertragenen Signale ist wesentlich größer als zur Übertragung der Daten notwendig; das Spektrum der ausgesendeten Signale ist gespreizt („to spread" = spreizen).
- Die Spreizung wird durch das Spreizsignal bewirkt, das unabhängig von den zu übertragenden Daten ist.

Zum Verständnis der Begriffe *Bandbreite* und *Spreizung* führen wir uns vor Augen, dass grundsätzlich bei jeder Modulation eines sinusförmigen Trägersignals weitere Frequenzen entstehen. Man kann dies erkennen, wenn man sich mithilfe eines Spektrumsanalysators anschaut, welche Frequenzen mit welcher Stärke – in der Sprache der Nachrichtentechnik: mit welcher *Leistungsdichte* – in einem Signal vor und nach einer Modulation enthalten sind. Das Spektrum einer unmodulierten Trägerwelle besteht aus einer einzelnen Linie hoher Leistungsdichte bei der Frequenz des unmodulierten Trägersignals. Nach der Modulation sieht man im Spektrumsanalysator ein kontinuierliches Frequenzspektrum mit unterschiedlichen Leistungsdichten[15] bei unterschiedlichen Frequenzen. Das modulierte Signal besteht also nicht aus nur einer Frequenz. Es nimmt das Frequenzspektrum in einer gewissen *Bandbreite* in Anspruch. Da durch die Modulation die Energie des Signals auf die in Anspruch genommenen Bandbreiten verteilt wird – eine spektrale Spreizung erfolgt –, sind die Leistungsdichten des gespreizten Signals deutlich geringer als die Leistungsdichte der einzelnen Linie des nicht modulierten Signals. Die Gesamtenergie des Signals ist jedoch die gleiche wie die des nicht modulierten Signals. Die so entstehenden Leistungsdichtespektren sind allein abhängig vom Spreizsignal, die Daten haben keinen Einfluss auf die Leistungsdichtespektren. Dieser Umstand ist zum Verständnis der Satellitensignale von wesentlicher Bedeutung und wird weiter unten noch eingehend beschrieben. In Abschnitt 2.7.6 wird dies noch ausführlicher erläutert.

2.7.3 Modulationsverfahren im Einzelnen

2.7.3.1 PSK-Modulation

PSK ist das Kürzel *für Phase Shift Keying*. Die deutsche Bezeichnung lautet *Phasenumtastung*. Bei einer PSK-Modulation werden die Phasenlagen eines Trägers moduliert. Die PSK-Modulation in der Variante BPSK-Modulation (**B**inary **P**hase **S**hift **K**eying) ist das zurzeit meist verwendete Modulationsverfahren bei den GNSS. Daneben gibt es aber auch noch die MPSK-Modulation, die mehrstufige Phasenumtastung.

BPSK-Modulation

Durch die BPSK-Modulation kommt es in dem modulierten Signal zu Phasensprüngen um 180°, anders formuliert: Es wird zwischen den Phasenlagen 0° und 180° umgetastet. Generell gilt, dass das Basisbandsignal der BPSK-Modulation eine Folge mit den Ziffern „0" und „1" – eine Bitfolge – in eine geeignete Folge von Spannungs- oder Stromzuständen abbildet. Die Bitfolge wird entweder über die Zustände „0" und „1" (unipolare Zeichen) oder „–1" und „+1" (bipolare Zeichen) abgebildet. Bei beiden Varianten kann noch zwischen der Version NRZ (non return to zero) und RZ (return to zero) unterschieden werden. Bei der

---

[15] Die Leistungsdichte hat die Dimension Watt/Hz.

NRZ-Version wird ein Bit durch einen Impuls, bei der RZ-Version wird ein Bit durch zwei Impulse repräsentiert. Dabei hat der zweite Impuls immer den Zustand „0".

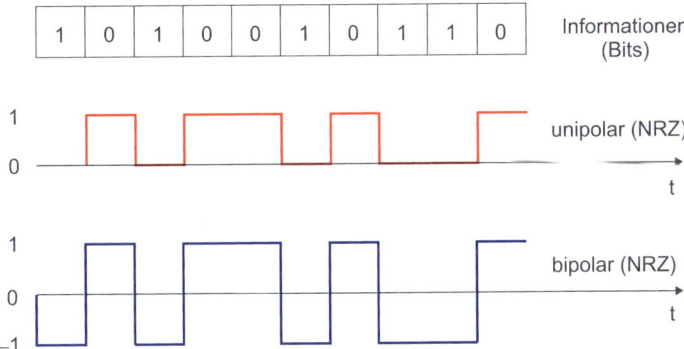

Abb. 2.40: Basisbandsignale binärer Phasenmodulationen

In Abbildung 2.40 sind zwei unterschiedliche, zu einer beispielhaften Bitfolge gehörende Formen der Basisbandsignale der BPSK-Modulation dargestellt (unipolar (NRZ) und bipolar (NRZ)). Dabei sind bei dem bipolaren Basisband binäre Nullen durch den Zustand „+1", binäre Einsen durch den Zustand „−1" abgebildet.

Die Vorschrift für die BPSK-Modulation lautet generell wie folgt:

Bei der Binärziffer Null bleibt das sinusförmige Trägersignal unverändert, bei der Binärziffer Eins wird die Phasenlage des Trägersignals um 180° verschoben.

Bei der BPSK-Modulation ist das Spreizsignal identisch mit dem Codesignal (s. Abb. 2.39). Das Basisbandsignal entsteht also aus der Verknüpfung eines Datensignals $D(t)$ mit einem Codesignal $C(t)$.

An dem fiktiven Beispiel der Abbildung 2.41 soll die Entstehung des Basisbandes eines BPSK-modulierten GNSS-Signals erläutert werden.

- Abbildung 2.41a zeigt das *Datensignal*. Dieses wird durch die Zeitfunktion $D(t)$ (mit $D(t) \in \{+1,-1\}$) beschrieben. Das gezeigte Signal repräsentiert die Binärfolge „0,1,0". Für die Übertragung eines Datenbits stehen 5 ms zur Verfügung. Die *Bitdauer* beträgt also 5 ms, die *Datenrate* beträgt 1 bit/5 ms = 200 bit/s.

- Abbildung 2.41b zeigt das *Codesignal*. Es ist hier auch das Spreizsignal. Das Signal wird durch die Zeitfunktion $C(t)$ (mit $C(t) \in \{+1,-1\}$) beschrieben. Das dargestellte Codesignal repräsentiert die sich wiederholende Binärfolge „0,1,0,0,1". Die einzelnen Elemente des Codesignals sind die *Chips*. Für die Übertragung eines *Chips* steht in dem Beispiel 1 ms zur Verfügung. Die *Chipdauer* beträgt also 1 ms, die *Chiprate* beträgt 1 chip/ms = 1.000 chip/s. Generell gilt, dass die Bitdauer ein ganzzahliges Vielfaches der Chipdauer ist.

- Abbildung 2.41c zeigt das durch die Multiplikation von Datensignal $D(t)$ und Codesignal $C(t)$ entstandene *Basisbandsignal S(t)* der BPSK-Modulation.

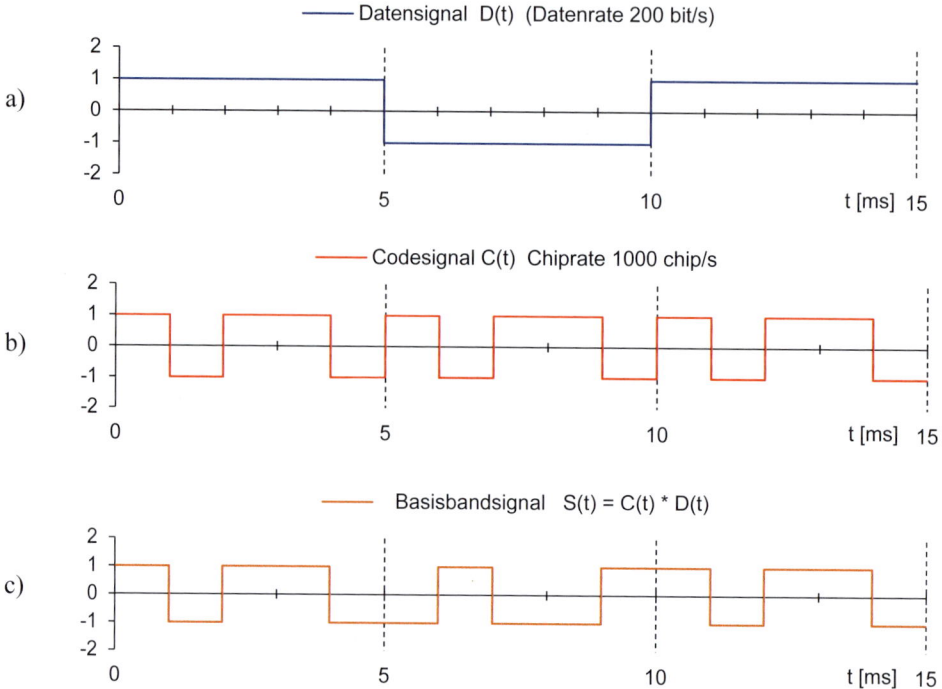

Abb. 2.41: Entstehung des Basisbandsignals der BPSK-Modulation

Für die mathematische Beschreibung des Basisbandsignals gilt:

$$S(t) = D(t) \cdot C(t) \ \text{ mit } \ S(t) \in \{+1, -1\}. \tag{2.112}$$

Aus der Chipdauer und aus der Frequenz des Trägersignals ergibt sich die für die Übertragung eines Chips zur Verfügung stehende Anzahl von Wellenzügen des unmodulierten Trägers. Je mehr Zeit für die Übertragung eines Chips zur Verfügung steht, desto höher ist die pro Chip ausgestrahlte Energie (Leistung mal Zeit) und desto sicherer kann die Binärinformation aus dem übertragenen Signal wieder herausgelesen werden. In der Sprache der Nachrichtentechnik: *Je mehr Zeit für die Übertragung eines Chips zur Verfügung steht, desto niedriger ist die von thermischem Rauschen verursachte Chipfehlerrate.* Die sich aus der Chipdauer T_{Chip} ergebende Anzahl der Chips, die in der Zeiteinheit übertragen werden, wird *Chiprate* (*chip/s*) genannt.

Abbildung 2.42 zeigt in einem vereinfachten Blockschaltbild, wie das BPSK-modulierte GNSS-Signal technisch erzeugt wird. Im Rhythmus eines Taktgebers (Oszillators) laufen folgende Vorgänge ab:

- Der Datensignalgenerator erzeugt mithilfe der in einem Speicher enthaltenen Daten das Datensignal $D(t)$.

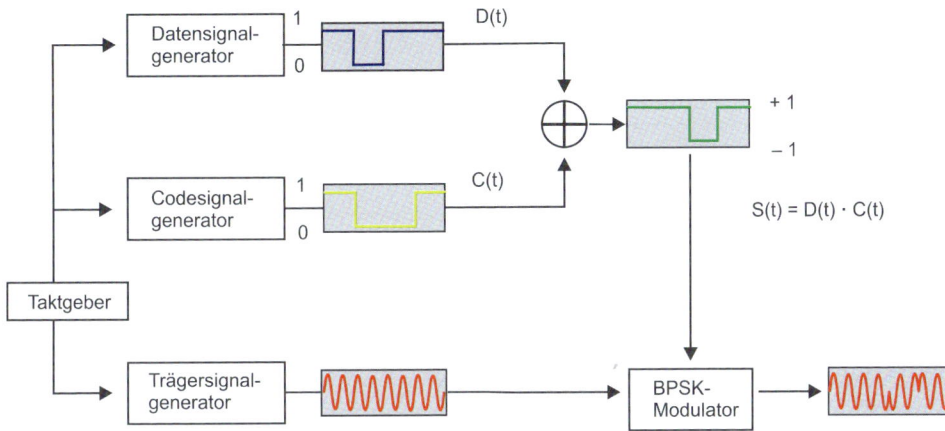

Abb. 2.42: Prinzip der BPSK-Modulation

- Der Codesignalgenerator erzeugt mithilfe des in einem Speicher vorgehaltenen bzw. durch eine elektronische Schaltung in Echtzeit erzeugten Codes das Codesignal $C(t)$.
- Durch die Multiplikation von Datensignal $D(t)$ und Codesignal $C(t)$ entsteht das Basisbandsignal $S(t) = D(t) \cdot C(t)$.
- Im *Trägersignalgenerator* wird das Trägersignal erzeugt.
- Trägersignal und Basisbandsignal werden im BPSK-Modulator zusammengeführt. Immer dann, wenn die Amplitude des Basisbandsignals den Wert +1 hat, bleibt das Trägersignal unverändert, hat das Codesignal den Wert −1, wird die Phase des Trägersignals um 180° verschoben. Das so modulierte Signal wird abgestrahlt.

Die Signalerzeugung wird durch *einen* Oszillator gesteuert. Damit ist sichergestellt, dass das Träger- und Datensignal in einer festen Beziehung zueinanderstehen, d. h. *kohärent* sind.

Die mathematische Entstehung des Bandpasssignals (des modulierten Trägers) ist in Abbildung 2.43 noch einmal vergrößert dargestellt: die Chips 1 bis 10. Zur Vermeidung von Missverständnissen sei herausgestellt, dass es in der Abbildung lediglich um das Prinzip geht.

Abbildung 2.43 zeigt:

a) das Basisbandsignal (s. Gleichung 2.112),

b) das Trägersignal. Die folgende Gleichung (2.113) beschreibt das Signal:

$$Y = A \cdot \cos(2\pi \cdot f \cdot t), \tag{2.113}$$

c) das modulierte Signal.

Das modulierte Signal kann wie folgt mathematisch beschrieben werden:

$$S_{BP} = A \cdot \cos(2\pi \cdot f \cdot t + \Theta_S(t)). \tag{2.114}$$

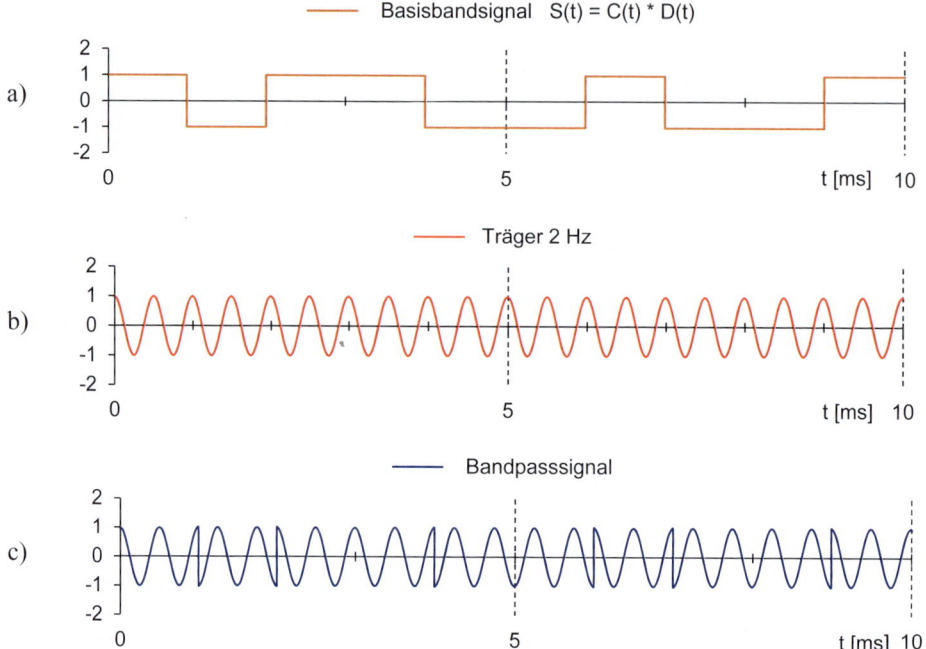

Abb. 2.43: Entstehung eines Bandpasssignals

In Gleichung 2.114 beschreibt der Term $\Theta_s(t)$ den 180°-Phasensprung, der bei dem modulierten Signal auftritt, wenn die Amplitude des Basisbandsignals den Wert „–1" annimmt. Bei einem Phasensprung von 180° behält der Kosinus des entsprechenden Winkels seinen Betrag, verändert aber sein Vorzeichen. Daher kann Gleichung 2.114 – und damit das modulierte Signal – auch wie folgt geschrieben werden (s. Gleichung 2.112):

$$S_{BP} = A \cdot S(t) \cdot \cos(2\pi \cdot f \cdot t). \tag{2.115}$$

In der GNSS-Literatur wird die bei einer BPSK-Modulation verwendete Chiprate häufig durch den Parameter n beschrieben. Das Produkt dieses Parameters mit 1,023 MHz ergibt die Chiprate. Dazu zwei Beispiele:

BPSK(1):   BPSK-Modulation mit der Chiprate 1,023 MHz,

BPSK(10):   BPSK-Modulation mit der Chiprate 10,230 MHz.

Die Bezeichnung BPSK(n)-Modulation kennzeichnet also eine BPSK-Modulation mit einer Chiprate von $n \cdot$ 1,023 MHz.

Die Festlegung auf die bei dieser Notation verwendete Frequenz von 1,023 MHz hat sich aus der für die Entwicklung aller GNSS-Systeme wichtigen Grundfrequenz der GPS-Signale ergeben.

2.7.3.2 BOC-Modulation

BOC ist das Akronym *für Binary Offset Carrier*. Die Bezeichnung bringt zum Ausdruck, dass bei dieser Modulation ein Signal entsteht, dessen Energiemaximum nicht mit der Trägerfrequenz zusammenfällt. Vielmehr entstehen zwei Signalkeulen, deren Energiemaxima *ober- **und** unterhalb ("offset")* der Trägerfrequenz liegen[16]. Der Effekt soll zunächst ohne weitere Erläuterungen anhand der Abbildungen 2.44a und 2.44b veranschaulicht werden.

Die Abbildung 2.44a zeigt das Leistungsdichtespektrum eines BPSK(5)-modulierten Signals, die Abbildung 2.44b die eines SinBOC(10,5)-modulierten Signals. Man erkennt, dass bei dem BPSK(5)-modulierten das Maximum der Leistungsdichte mit der Trägerfrequenz zusammenfällt, während es bei dem SinBOC(10,5)-Signal zwei Energiemaxima ±10 MHz neben ("offset") der Trägerfrequenz gibt (s. dazu Abschnitt 2.7.6). *Beide Keulen enthalten identische Informationen.*

Die Verwendung von BOC-Modulationen erleichtert es, dass *mehrere* Nutzer *eine* Trägerfrequenz *gleichzeitig* nutzen, ohne sich gegenseitig zu stören; z. B. wenn ein Nutzer eine BPSK-Modulation, der andere Nutzer eine BOC-Modulation verwendet. Die durch BPSK-Modulation übertragene Information liegt direkt auf der Trägerfrequenz, die durch BOC-Modulation aufmodulierte Information liegt oberhalb und unterhalb der Trägerfrequenz.

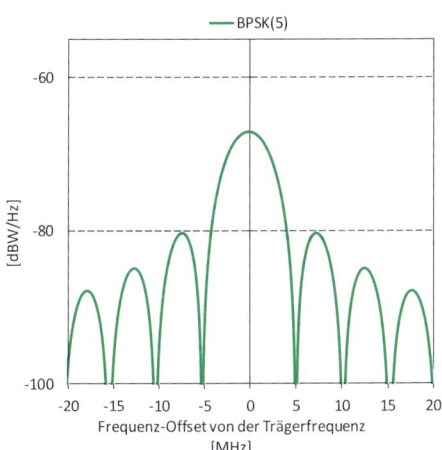

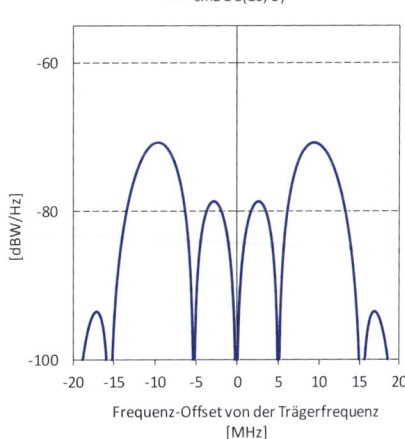

Abb. 2.44a: Leistungsdichtespektrum einer BPSK-Modulation

Abb. 2.44b: Leistungsdichtespektrum einer BOC-Modulation

BOC-Modulation für GNSS wurde von Betz (1999) im Zusammenhang mit der Modernisierung des US-amerikanischen GPS vorgeschlagen. Eines der Ziele der GPS-Modernisierung ist, zivile und militärische Nutzung voneinander zu trennen. Da Frequenzen für GNSS nur in beschränktem Umfang zur Verfügung stehen, musste nach einer Lösung gesucht werden, bei der verschiedene GNSS-Signale so weit wie möglich getrennt werden, ohne dass zusätzlich

---

[16] Das so entstandene Spektrum wird auch „Split-Spektrum" genannt.

Frequenzen in Anspruch genommen werden müssen. Dies ist – wie in den obigen Abbildungen beispielhaft dargestellt – durch die BOC-Modulation möglich.

Die BOC-Modulation kann als Sonderfall der BPSK-Modulation gesehen werden. Bei der BOC-Modulation erfolgt eine binäre Phasenmodulation nach Maßgabe eines Spreizsignals, das aus der Verknüpfung eines Rechtecksignals mit sich periodisch verändernden Amplituden und dem Codesignal entsteht (s. Abb. 2.45). Für das Rechtecksignal gilt:

„+1, +1, –1, –1, +1, +1, –1, –1, ...“ (SinBOC-Modulation)

oder

„+1, –1, –1, +1, +1, –1, –1, +1, ...“ (CosBOC-Modulation).

Die Erzeugung dieser Amplitudenfolgen wird mathematisch wie folgt beschrieben[17]:

$$SinBOC(t) = sign\left[\sin\left(2 \cdot \pi \cdot f_s \cdot t\right)\right],$$ (2.116)

$$CosBOC(t) = sign\left[\cos\left(2 \cdot \pi \cdot f_s \cdot t\right)\right].$$ (2.117)

Durch die Gleichungen 2.116 und 2.117 wird deutlich, dass die Amplitudenfolgen mit der Frequenz f_s erzeugt werden. f_s wird *Unterträgerfrequenz* genannt.

Formelhaft kann das bei einer SinBOC-Modulation eines GNSS entstehende *Basisbandsignal* zur Modulation des Trägers wie folgt beschrieben werden (s. dazu Formel 2.112):

$$S_{SinBOC}(t) = C(t) \cdot D(t) \cdot sign\left[\sin\left(2 \cdot \pi \cdot f_s \cdot t\right)\right].$$ (2.118)

In Abbildung 2.45 ist das Prinzip der Entstehung eines Basisbandsignals für die CosBOC-Modulation an einem fiktiven Beispiel dargestellt. Zum leichteren Verständnis wird nur das Codesignal berücksichtigt, nicht das Datensignal.

Abbildung 2.45 zeigt:

a) Das CosBOC-Rechtecksignal mit der Unterträgerfrequenz f_s = 1 Hz. Die Zeiteinheit der Abbildung ist „Sekunde“.

b) Das Codesignal der Code-Folge „0, 1, 1, 0, 1“. Deren Chiprate f_c stimmt mit der Frequenz des Unterträgers überein.

c) Das Spreizsignal. Es entsteht durch die Modulation des Codesignals nach Maßgabe des SinBOC-Signals. Nach Maßgabe dieses CosBOC-modulierten Rechtecksignals erfolgt die Phasenmodulation des Trägers.

Eine BOC-Modulation ist durch die Unterträgerfrequenz f_s und Chiprate f_c charakterisiert.

---

[17] Zum besseren Verständnis sei mitgeteilt, dass die Funktion *sign* (Signumfunktion) bei positivem Argument den Wert +1, bei negativem Argument den Wert –1 und beim Argument 0 den Wert 0 annimmt.

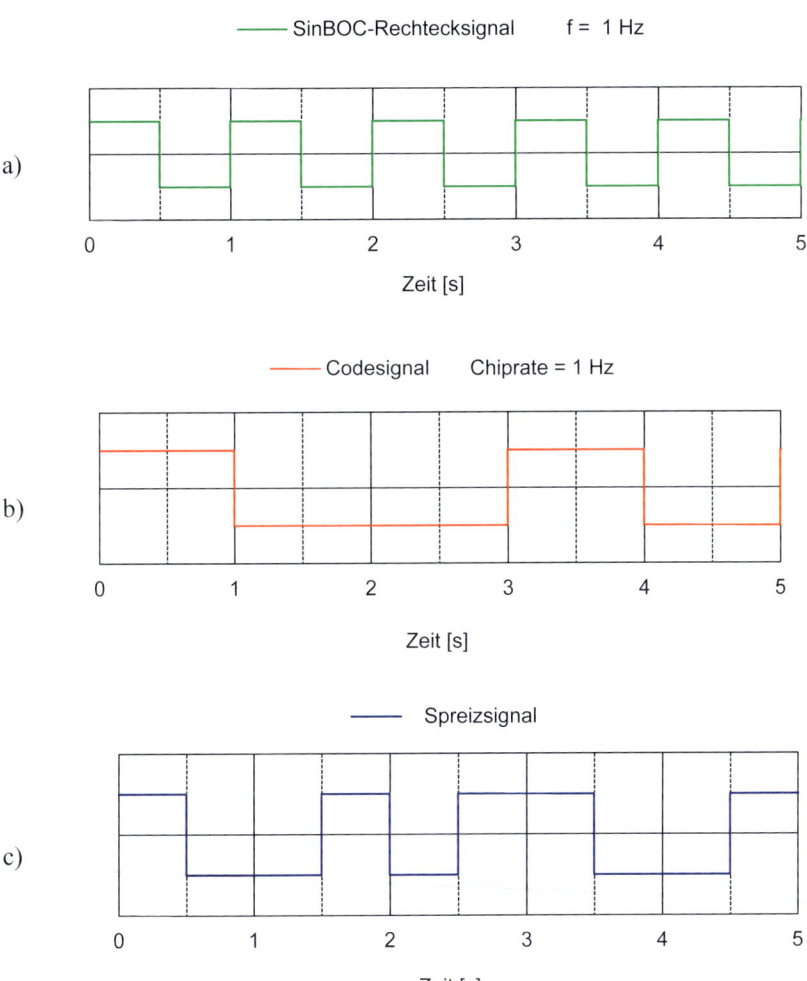

Abb. 2.45: Prinzip der BOC-Modulation

Unterträgerfrequenz und Chiprate müssen folgender Bedingung genügen:

Der *BOC-Quotient* $k = \dfrac{2\,fs}{fc}$ muss eine Ganzzahl sein.

Daraus folgt:

$$f_s \geq f_c \,. \tag{2.119}$$

In der GNSS-Literatur werden i. d. R. BOC-Modulationen durch die BOC-Parameter n und m beschrieben. Diese Parameter sind wie folgt definiert:

$$n = \frac{f_s}{1,023\ \text{MHz}}, \quad m = \frac{f_c}{1,023\ \text{MHz}}\,. \tag{2.120}$$

Aus den Gleichungen 2.119 und 2.120 ergeben sich für die Parameter m und n:

$n \geq m$.

Die Festlegung auf die in den Gleichungen 2.120 verwendete Frequenz von 1,023 MHz hat sich aus der für die Entwicklung aller GNSS-Systeme wichtigen Grundfrequenz der GPS-Signale ergeben.

In Abbildung 2.46 ist eine SinBOC(2,1)-Modulation im Sinne der obigen Konvention dargestellt. Das Unterträgersignal hat demnach die Frequenz $2 \cdot 1,023$ MHz. Die Chiprate des Codes beträgt $1 \cdot 1,023$ MHz. Aufgrund der Chiprate von 1,023 MHz ergibt sich in dieser Abbildung als Einheit für die Zeitskala die Chipbreite des Codes

$$\Delta t = \frac{1}{1,023 \text{MHz}} \approx 1\,\mu s \ .$$

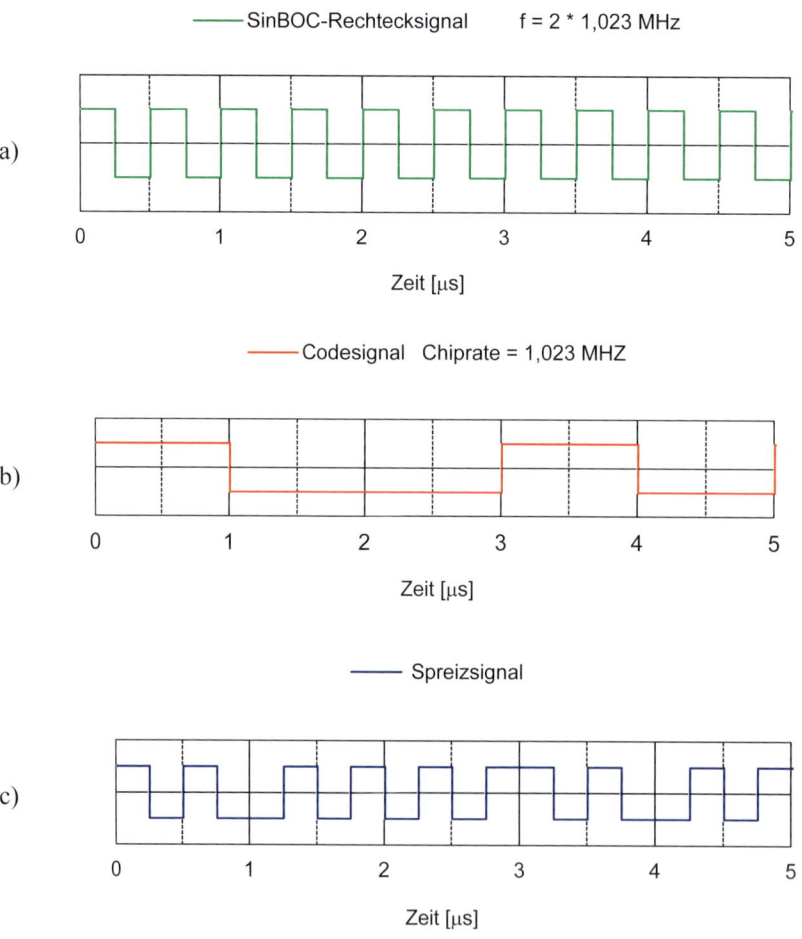

Abb. 2.46: SinBOC(2,1)-Modulation

Abbildung 2.46 zeigt weiterhin, dass bei einer SinBOC-Modulation der BOC-Quotient k gleich der Anzahl der Halbperioden des Unterträgers in einem Codechip ist.

Mithilfe der Excel-Tabellen SinBOC Visualisierung von Spreizsignal, AKF und PSD (VBA) und CosBOC Visualisierung von Spreizsignal, AKF und PSD (VBA) im Bereich „Signale" unter http://www.vermessung-und-ortung-mit-satelliten.de/excel.html kann man sich weitere BOC-Modulationen grafisch darstellen lassen.

Welche Vorzüge, aber auch welche Probleme sich bei den BOC-Modulationen im Vergleich zu den BPSK-Modulation ergeben, wird weiter unten erläutert werden.

2.7.4 Signal-Vielfachnutzung (Signal-Multiplexing)

In Abschnitt 2.7.1 wurde schon darauf hingewiesen, dass die den GNSS zugewiesenen Zentralfrequenzen bzw. Frequenzbänder sehr dicht beieinanderliegen. Da sich Frequenzen von Radiowellen nicht vervielfältigen lassen, entsteht die Notwendigkeit, die zugewiesenen Frequenzbänder möglichst effizient zu nutzen.

In den GNSS der USA (GPS), Europas (Galileo) und Chinas (BDS) können die Satelliten durch Verwendung verschiedener Codes (s. Abschnitt 2.7.5) gleiche Frequenzen nutzen. Diese Technik wird als *Code Division Multiple Access (CDMA)* bezeichnet. Im Gegensatz dazu verwendet das derzeitige russische GNSS (GLONASS) Signale mit identischen Codes, aber Frequenzen, die sich geringfügig unterscheiden. Diese Technik wird als *Frequency Division Multiple Access (FDMA)* bezeichnet[18].

Sowohl bei der Verwendung der CDMA- als auch bei Verwendung der FDMA-Technik können die GNSS-Satelliten ohne Weiteres nicht so viele Signale aussenden, wie dies von den Betreibern gewünscht wird. Durch Verwendung von Multiplexverfahren entstehen zusätzliche Möglichkeiten zur Aussendung von GNSS-Signalen.

Durch Multiplexverfahren (lat. *multiplex* „vielfach, vielfältig") werden mehrere Signale zusammengefasst (gebündelt) und gleichzeitig übertragen. Zunächst werden Daten verschiedenen Trägersignalen gleicher Frequenz aufmoduliert, dann erfolgt die Bündelung durch einen *Multiplexer* (kurz: MUX). Es entsteht ein „Composite Signal". Im Empfänger wird das Composite Signal *nach* der Entbündelung durch ein *Demultiplexer wieder* demoduliert. Die bei den GNSS verwendeten Multiplex-Verfahren werden in den folgenden Abschnitten in ihren Grundzügen beschrieben.

2.7.4.1 Quadraturmodulation

Bei einer Quadraturmodulation entsteht das Bandpasssignal aus der Summe oder Differenz eines modulierten Sinusträgers und eines modulierten Kosinusträgers gleicher Frequenz. Wegen $\sin(2 \cdot \pi \cdot f_c \cdot t) = \cos(2 \cdot \pi \cdot f_c \cdot t + 90°)$ sind Sinus- und Kosinusträger gleicher Frequenz Träger, die in ihrer Phasenlage um 90° gegeneinander verschoben sind. In der Sprache der Nachrichtentechnik:

„Der Sinusträger steht *„in Quadratur"* zu dem *„in Phase"* stehenden Kosinusträger".

Aus dieser Terminologie erklärt sich der Name des Modulationsverfahrens.

---

[18] Russland hat angekündigt, zukünftig auch bei GLONASS die CDMA-Technik anzuwenden.

Durch Quadraturmodulationen können Bandpasssignale mit modulierten Phasen und modulierten Amplituden entstehen. Bei Quadraturmodulationen im Zusammenhang mit den GNSS kommt es allerdings nur zu Phasenmodulationen. Die Energie der ausgestrahlten Signale ist dann immer konstant. Das ist eine sehr wünschenswerte Eigenschaft, da es die Verwendung von relativ einfach zu bauenden Sendeverstärkern – in der Satellitentechnologie: **High Power Amplifier** (*HPA*) – erlaubt.

Das phasenmodulierte Quadratursignal entsteht bei den GNSS aus der Summe zweier BPSK-modulierter Träger. Durch die BPSK-Modulation des Kosinusträgers nach Maßgabe des Basisbands $S_I(t)$ entsteht das *In-Phase-Signal*, durch die BPSK-Modulation des Sinusträgers nach Maßgabe des Basisbands $S_Q(t)$ entsteht das *Quadratursignal*. Mittels Addition dieser Signale entsteht das *quadraturmodulierte Signal* S_{BP} (Abb. 2.47).

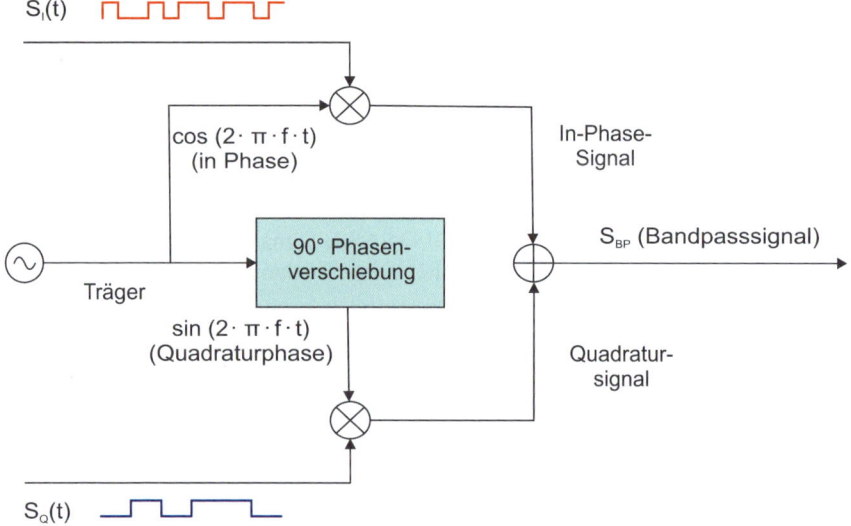

Abb. 2.47: Quadraturmodulation

Die Gleichung zur Erzeugung des entsprechenden Bandpasssignals lautet wie folgt:

$$S_{BP}(t) = S_I(t) \cdot \cos(2 \cdot \pi \cdot f \cdot t) + S_Q(t) \cdot \sin(2 \cdot \pi \cdot f \cdot t). \tag{2.121}$$

Dabei gilt:

$S_I(t)$: Basisband I,

$S_Q(t)$: Basisband Q.

Die Basisbänder $S_I(t)$ und $S_Q(t)$ können bei einer BPSK-Modulation die Werte „+1" und „–1" annehmen. Somit sind folgende vier Wertekombinationen möglich:

	Paarnummer			
	1	2	3	4
S_I	1	1	–1	–1
S_Q	1	–1	1	–1

Wenn mit diesen Werten Gleichung 2.121 ausgewertet wird, ergibt sich Folgendes:

1. $1 \cdot \cos(\alpha) + 1 \cdot \sin(\alpha) = \sqrt{2} \cdot \sin(45° + \alpha)$,

2. $1 \cdot \cos(\alpha) - 1 \cdot \sin(\alpha) = \sqrt{2} \cdot \sin(135° + \alpha)$,

3. $-1 \cdot \cos(\alpha) + 1 \cdot \sin(\alpha) = \sqrt{2} \cdot \sin(315° + \alpha)$,

4. $-1 \cdot \cos(\alpha) - 1 \div \sin(\alpha) = \sqrt{2} \cdot \sin(225° + \alpha)$.

Die Gleichungen zeigen, dass das durch die Gleichung 2.121 beschriebene Bandpasssignal ein Sinusträger ist, der in Abhängigkeit von den Werten für C_I und S_Q die Nullphasenlagen 45°, 135°, 315° oder 225° annimmt.

Bei der Quadraturmodulation repräsentiert eine Phasenlage eine von vier möglichen Informationen, die aus den potenziellen Werten von Paaren der Basisbänder bestehenden:

$$1,1 \; ; \; 1,-1 \; ; \; -1,1 \; ; \; -1,-1.\text{[19]}$$

Aus den Phasenlagen des quadraturmodulierten Signals sind jeweilige Werte des Basisbands I und des Basisbands Q ablesbar. Daher können zwei unterschiedliche Datenströme in dem QPSK-Signal übertragen werden.

In Abbildung 2.48 ist die hier beschriebene Quadraturmodulation im Einzelnen dargestellt.

Die Abbildung zeigt:
1a) den Kosinusträger (I-Träger),
1b) das Basisbandsignal für den Kosinusträger (Basisband I) mit den Amplituden: „1,1, −1,−1“,
1c) den modulierten Kosinusträger (I-Kanal),
2a) den Sinusträger (Q-Träger),
2b) das Basisbandsignal für den Sinusträger (Basisband Q) mit den Amplituden „1,−1, 1,−1“,
2c) den modulierten Sinusträger (Q-Kanal),
3) die Addition des modulierten Sinusträgers und des modulierten Kosinusträgers. (I-Kanal plus Q-Kanal) mit den Nullphasenlagen 45°, 135°, 315°, 225°.

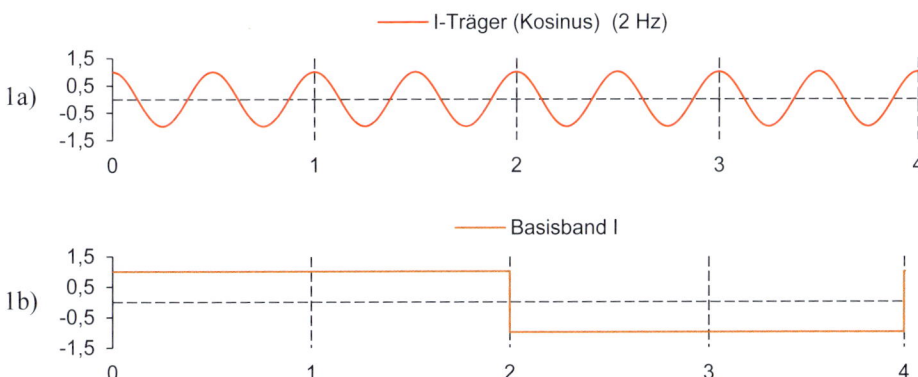

Abb. 2.48: Entstehung des Bandpasssignals bei der Quadraturmodulation

---

[19] Die Bitpaare werden auch *Dibit* genannt.

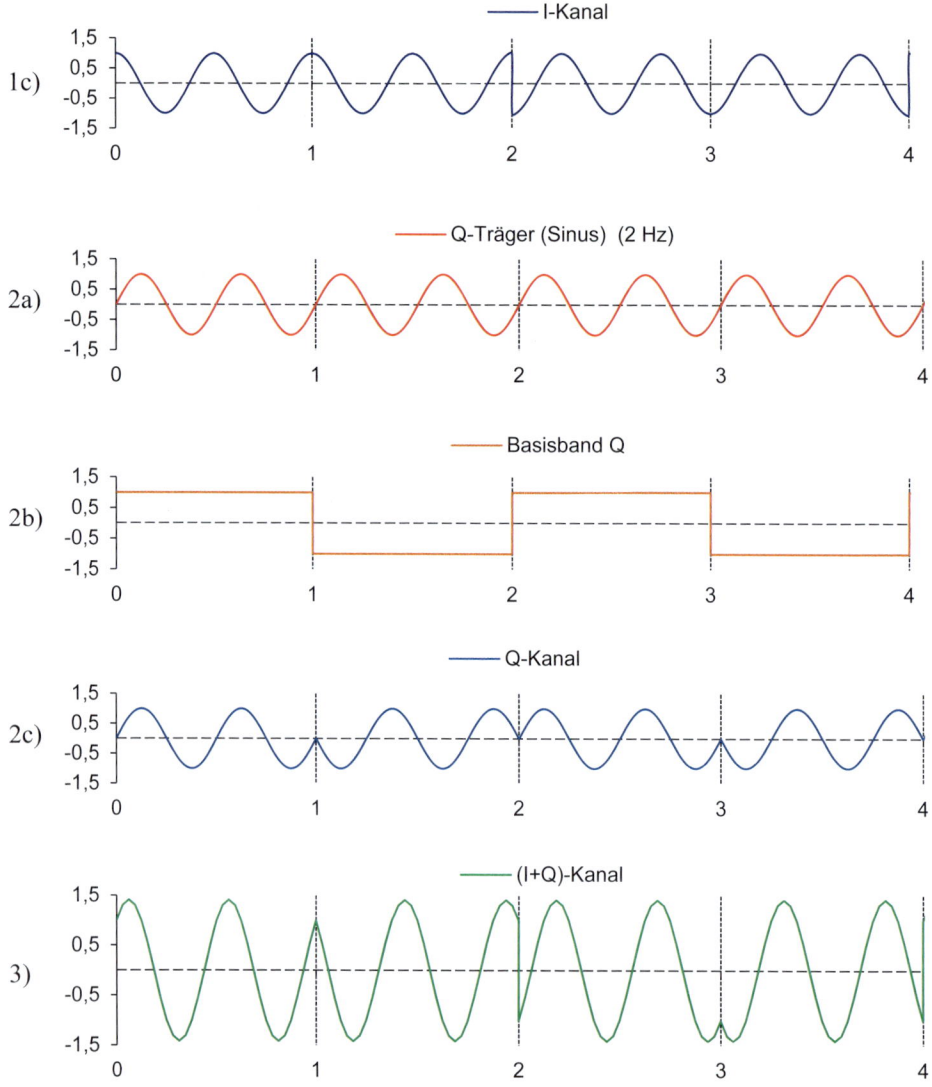

Abb. 2.48 (Fortsetzung)

Bei der hier beschriebenen Variante der Quadraturmodulation lassen sich die Nullphasenlagen des quadraturmodulierten Signals mithilfe der o. g. Gleichungen relativ leicht direkt berechnen.

Bei weniger einfachen Basisbandgleichungen ist die Berechnung der Nullphasenlagen leichter, wenn man ein Zeigerdiagramm verwendet. Dazu werden in einem rechtwinkligen I-/Q-Koordinatensystem die Werte des I-Basisbands in der I-Achse, die Werte des Q-Basisbands in die Q-Achse abgebildet (s. Abb. 2.49). Die Winkel, die den Bereich von den Vektoren vom Koordinatenursprung des Koordinatensystems zu den möglichen I-/Q-Paaren mit der I-Achse einschließen, stellen die Nullphasenlage des Quadratursignals dar. Die Längen der Vektoren sind die Amplitude des Quadratursignals.

Für den vorliegenden Fall ergibt sich diese Darstellung.

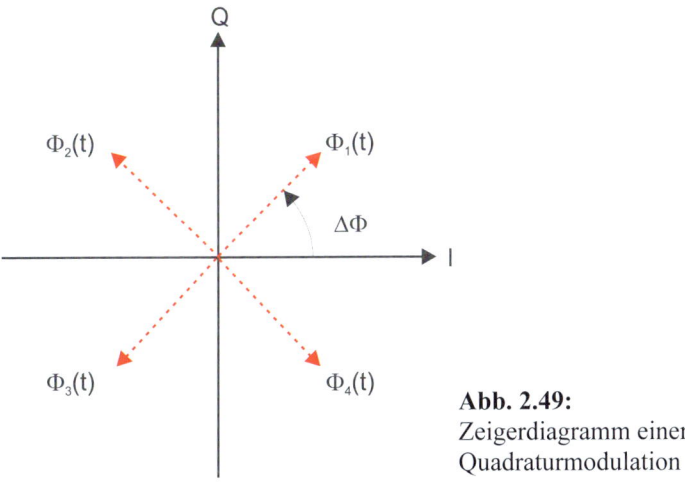

Abb. 2.49:
Zeigerdiagramm einer
Quadraturmodulation

Die Phasenverschiebungen $\Delta\Phi$ im Quadratursignal ergeben sich aus

$$\Delta\Phi = \arctan\left(\frac{Q}{I}\right). \tag{2.122}$$

In der Nachrichtentechnik wird die Quadraturmodulation im Allgemeinen unter Verwendung komplexer Zahlen und komplexer Arithmetik beschrieben. Das soll hier in dem Umfang, wie es zum weiteren Verständnis erforderlich erscheint, erläutert werden. Dazu müssen die Begriffe *komplexes Basisbandsignal* und *komplexes Bandpasssignal* eingeführt werden.

Die Gleichung für ein *komplexes Basisband* lautet in allgemeiner Schreibweise

$$\underline{s}(t) = x(t) + j \cdot y(t) .^{20} \tag{2.123}$$

Für den hier beschriebenen Fall lautet die Gleichung für das komplexwertige Basisbandsignal:

$$\underline{s}(t) = S_I(t) + j \cdot \left[S_Q(t)\right]. \tag{2.124}$$

Der erste Term der komplexen Gleichung 2.124 – die reale Komponente – ist das Basisbandsignal für den Kosinusträger (In-Phase-Signal), der zweite Term – die imaginäre Komponente – ist das Basisband für den Sinusträger (Quadratursignal).

---

[20] j ist die imaginäre Einheit $\sqrt{-1}$.

Das *komplexe Bandpasssignal* ergibt sich wie folgt:

- Definition des *komplexen Trägers*:
  Komplexer Träger $:= \underline{f}(t) = \cos(2 \cdot \pi \cdot f_c \cdot t) + j \cdot \sin(2 \cdot \pi \cdot f_c \cdot t)$. (2.125)

- Definition des *komplexen Bandpasssignals*:
  Komplexe Multiplikation des komplexen Trägers mit dem komplexen Basisband:

$$\underline{S}_{BP}(t) = \underline{f}(t) \cdot \underline{s}(t)$$
$$= \left[\cos(2 \cdot \pi \cdot f_c \cdot t) + j \cdot \sin(2 \cdot \pi \cdot f_c \cdot t)\right] \cdot \left[S_I(t) + j \cdot \{S_Q(t)\}\right]$$

(2.126)

Nach den Regeln für die Multiplikation komplexer Zahlen ergibt dies:

$$\underline{S}_{BP}(t) = \left[S_I(t) \cdot \cos(2 \cdot \pi \cdot f_c \cdot t) + S_Q(t)\sin(2 \cdot \pi \cdot f_c \cdot t)\right] +$$
$$j \cdot \left[S_I(t) \cdot \sin(2 \cdot \pi \cdot f_c \cdot t) + S_Q(t) \cdot \cos(2 \cdot \pi \cdot f_c \cdot t)\right]$$

(2.127)

Der Realteil dieser komplexen Multiplikation – die in der ersten eckigen Klammer stehenden Terme der Gleichung 2.127 – ist also die mathematische Beschreibung der obigen Quadraturmodulation (s. Gleichung 2.124).

Wir kommen auf diese Darstellung im Zusammenhang mit weiter unten beschriebenen Modulationsverfahren zurück.

2.7.4.2 Alternative BOC-Modulation

Die AltBOC-Modulation ist eine spezielle für das europäische Satellitensystem Galileo entwickelte Variante der BOC-Modulationen unter Verwendung der vorangehend beschriebenen Quadraturmodulation.

Bei der AltBOC-Modulation des Galileo-E5-Signals gilt für das komplexe Basisband der Modulation folgende Gleichung (s. ESA 2008; modifizierte Notation Wallner, Avila-Rodriguez & Hein 2007):

$$\underline{s}_{BP}(t) = \frac{1}{2 \cdot \sqrt{2}} \cdot \left[c_1(t) + j \cdot c'_1(t)\right] \cdot \left[sc_d(t) - j \cdot sc_d\left(t - \frac{T_s}{4}\right)\right] +$$
$$\frac{1}{2 \cdot \sqrt{2}} \cdot \left[c_2(t) + j \cdot c'_2(t)\right] \cdot \left[sc_d(t) + \cdot sc_d\left(t - \frac{T_s}{4}\right)\right] +$$
$$\frac{1}{2 \cdot \sqrt{2}} \cdot \left[\bar{c}_1(t) + j \cdot \bar{c}_1'(t)\right] \cdot \left[sc_p(t) - j \cdot sc_p\left(t - \frac{T_s}{4}\right)\right] +$$
$$\frac{1}{2 \cdot \sqrt{2}} \cdot \left[\bar{c}_2(t) + j \cdot \bar{c}_2'(t)\right] \cdot \left[sc_p(t) + j \cdot sc_p\left(t - \frac{T_s}{4}\right)\right]$$

(2.128)

In Gleichung 2.128 bedeuten[21]:

c_1: Die Addition von Code- und Datensignal des E5a-I-Signals (I-Kanal, 1. Code),
c_2: Die Addition von Code- und Datensignal des E5b-I-Signals (I-Kanal, 2. Code),
c'_1: Code des E5a-Q-Signals (Pilot-Kanal) (Q-Kanal, 3. Code),
c'_2: Code des E5b-Q-Signals (Pilot-Kanal) (Q-Kanal, 4. Code),
$\bar{c}_1 := c_2 c'_1 c'_2$, $\quad \bar{c}_2 := c_1 c'_1 c'_2$, $\quad \bar{c}_1' := c_1 c_2 c'_2$, $\quad \bar{c}_2' := c_1 c_2 c'_1$.

---

[21] Hinweis: Zu dem Signal gehören vier unterschiedliche Codes.

Tabelle 2.7: Rechteckfunktionen der AltBOC-Modulation des Galileo-E5-Signals

T	[0, Ts/8]	[Ts/8, 2Ts/8]	[2Ts/8, 3Ts/8]	[3Ts/8, 4Ts/8]	[4Ts/8, 5Ts/8]	[5Ts/8, Ts/8]	[6Ts/8, 7Ts/8]	[7Ts/8, Ts]
$sc_d(t)$	$(\sqrt{2}+1)/2$	0,5	−0,5	$-(\sqrt{2}+1)/2$	$-(\sqrt{2}+1)/2$	−0,5	0,5	$(\sqrt{2}+1)/2$
$sc_p(t)$	$-(\sqrt{2}-1)/2$	0,5	−0,5	$(\sqrt{2}-1)/2$	$(\sqrt{2}-1)/2$	−0,5	0,5	$-(\sqrt{2}+1)/2$

$sc_p(t)$ und $sc_d(t)$ sind Rechteckfunktionen, die die in Tabelle 2.7 dokumentierten Werte annehmen (Ts ist die Periode der Funktionen). Abbildung 2.50 zeigt die Funktionen.

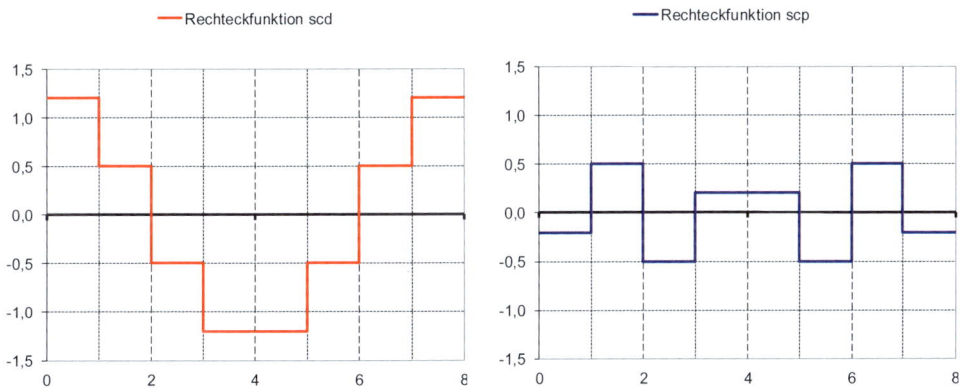

Abb. 2.50: Unterträgerfunktionen des Galileo-E5-Signals

Die Grafiken lassen erkennen, dass bei der AltBOC-Modulation ebenso wie bei der klassischen BOC-Modulation Rechtecksignale Verwendung finden. Die hier benutzten Rechtecksignale führen zu dem gewünschten Ergebnis, dass es bei dem modulierten Signal nur zu Phasenmodulationen, nicht aber zu Amplitudenmodulationen kommt. Die Amplitude ist konstant. Dies kann wie folgt gezeigt werden:

Durch Ausmultiplizieren von Gleichung 2.128[22] ergeben sich die Basisbänder für Realteil (I-Träger) und Imaginärteil (Q-Träger)

$$s_I(t) = \frac{1}{2 \cdot \sqrt{2}} \left[\begin{array}{l} sc_d(t) \cdot \big(c_1(t)+c_2(t)\big)+ sc_d(t-\frac{T_S}{4}) \cdot \big(c'_1(t)-c'_2(t)\big) \quad + \\[2mm] sc_p(t) \cdot \big(\overline{c}_1(t)+\overline{c}_2(t)\big)+ sc_p(t-\frac{T_S}{4}) \cdot \big(\overline{c}_1{}'(t)-\overline{c}_2{}'(t)\big) \end{array} \right], \quad (2.129)$$

$$s_Q(t) = \frac{1}{2 \cdot \sqrt{2}} \left[\begin{array}{l} sc_d(t) \cdot \big(c_1{}'(t)+c_2{}'(t)\big)+ sc_d(t-\frac{T_S}{4}) \cdot \big(c_2(t)-c_1(t)\big) \quad + \\[2mm] sc_p(t) \cdot \big(\overline{c}_1{}'(t)+\overline{c}_2{}'(t)\big)+ sc_p(t-\frac{T_S}{4}) \cdot \big(\overline{c}_2(t)-\overline{c}_1(t)\big) \end{array} \right]. \quad (2.130)$$

---

[22] Für die Multiplikation komplexer Zahlen $z := a + j \cdot b$ gilt:

$z_1 \cdot z_2 = \big(a_1 \cdot a_2 - b_1 \cdot b_2\big) + j \cdot \big(a_1 \cdot b_2 - b_1 \cdot a_2\big).$

Tabelle 2.8: Eingangsquadrupel und Phasenzustände der AltBOC-Modulation

		Eingangsquadrupel															
c_1		−1	−1	−1	−1	+1	−1	−1	+1	−1	+1	+1	−1	+1	+1	+1	+1
c_2		−1	−1	−1	+1	−1	−1	+1	−1	+1	−1	+1	+1	−1	+1	+1	+1
c_1'		−1	−1	+1	−1	−1	+1	−1	−1	+1	+1	−1	+1	+1	−1	+1	+1
c_2'		−1	+1	−1	−1	−1	+1	+1	+1	−1	−1	−1	+1	+1	+1	−1	+1
	t	Phasenzustand															
0	[0, Ts/8]	225	180	180	270	270	135	135	225	45	315	315	90	90	0	0	45
1	[Ts/8, 2Ts/8]	225	180	0	90	270	135	135	225	45	315	315	90	270	180	0	45
2	[2Ts/8, 3Ts/8]	45	180	0	90	270	315	135	225	45	315	135	90	270	180	0	225
3	[3Ts/8, 4Ts/8]	45	0	0	90	90	315	135	225	45	315	135	270	270	180	180	225
4	[4Ts/8, 5Ts/8]	45	0	0	90	90	315	315	45	225	135	135	270	270	180	180	225
5	[5Ts/8, Ts/8]	45	0	180	270	90	315	315	45	225	135	135	270	90	0	180	225
6	[6Ts/8, 7Ts/8]	225	0	180	270	90	135	315	45	225	135	315	270	90	0	180	45
7	[7Ts/8, Ts]	225	180	180	270	270	135	315	45	225	135	315	90	90	0	0	45

Das Ergebnis der Gleichung 2.129 bzw. der Gleichung 2.130 ist abhängig von den unterschiedlichen Werten für die Elemente des Quadrupels (c_1, c_2, c_1', c_2') und den unterschiedlichen Werten für die Rechteckfunktionen $scd(t)$ und $scp(t)$. Die Elemente des Quadrupels können lediglich die Werte +1 oder −1 annehmen. Es ergeben sich demnach insgesamt 16 unterschiedliche Kombinationen dieser Werte – also 16 unterschiedliche Quadrupel (s. Tabelle 2.8).

Bei Auswertung der Gleichungen 2.129 und 2.130 erhält man die Werte für das komplexe Basisband und damit unter Verwendung der Gleichung 2.122 die Phasenzustände und Amplituden des ausgesandten Quadratursignals in Abhängigkeit von den Eingangsquadrupeln und den Rechteckfunktionen $scd(t)$ und $scp(t)$, die insgesamt acht unterschiedliche Werte annehmen können. In Tabelle 2.8 sind die Ergebnisse dargestellt.

Es zeigt sich:

1. Für jedes der Quadrupel gibt es eine andere Abfolge der Phasenzustände im Bereich der Periode der Rechteckfunktionen $scd(t)$, $scp(t)$ (s. Tabelle 2.8).
2. Die Amplitude des Quadratursignals hat immer den Betrag 1. Es handelt sich also um eine reine Phasenmodulation.
3. Es gibt insgesamt acht unterschiedliche Phasenzustände. Die Modulation kann demnach als eine 8-PSK-Modulation verstanden werden.

Anhand der charakteristischen Abfolgen der Phasenzustände können auf der Empfangsseite die zugeordneten Informationen wieder ausgelesen werden.

2.7.4.3 Modifizierte Hexaphasen-Modulation

Bei der modifizierten Hexaphasen-Modulation[23] werden drei Signale unter Verwendung einer Quadraturmodulation kombiniert. Das Ergebnis ist ein Signal mit sechs (griechisch: hexa) möglichen Phasenlagen und konstanter Amplitude.

Die Basisbänder für Realteil (I-Träger) und Imaginärteil (Q-Träger) können wie folgt dargestellt werden (Miret 2005):

$$s_I(t) = \frac{\sqrt{2}}{3}\big(B(t) - C(t)\big), \tag{2.131}$$

$$s_Q(t) = \frac{1}{3}\big(2 \cdot A(t) + A(t) \cdot B(t) \cdot C(t)\big). \tag{2.132}$$

In den Gleichungen 2.131 und 2.132 sind A, B und C die Basisbänder BPSK-modulierter Signale.

Das Ergebnis der Gleichung 2.131 bzw. der Gleichung 2.132 ist abhängig von den unterschiedlichen Werten für die Elemente des Triplets (C_1, C_2, C_3.) Die Elemente des Triplets können lediglich die Werte +1 oder –1 annehmen. Es ergeben sich demnach insgesamt acht unterschiedliche Kombinationen dieser Werte – also acht unterschiedliche Triplets (s. Tabelle 2.9).

Tabelle 2.9: Triplets der modifizierten Hexaphasen-Modulation

	Triplet-Nr.							
	1	**2**	**3**	**4**	**5**	**6**	**7**	**8**
A	–1	–1	–1	–1	1	1	1	1
B	1	–1	1	–1	1	–1	1	–1
C	1	1	–1	–1	1	1	–1	–1

Für diese *acht* unterschiedlichen Triplets ergeben sich *sechs* unterschiedliche Phasenzustände in dem Quadratursignal.

Tabelle 2.10: Phasenzustände der Hexaphasen-Modulation

	Triplet-Nr.							
	1	**2**	**3**	**4**	**5**	**6**	**7**	**8**
Phase	270	199,5	340,5	270	90	160,53	19,5	90

Für die Triplets 1 und 4 sowie die Triplets 5 und 8 ergeben sich identische Phasenzustände im Quadratursignal. Für die Triplet-Nr. 1 und 4 ergibt sich die Phasenlage 270°, für die Triplets 5 und 8 ergibt sich die Phasenlage 90°. Dies führt zu einem Mehrdeutigkeitsproblem bei der Demodulation.

2.7.4.4 MBOC-Modulation

Das Kürzel MBOC steht für *Multiplexed Binary Offset Carrier*. Eine europäisch-amerikanische GPS-Galileo-Arbeitsgruppe hat die MBOC-Modulation speziell im Hinblick auf die

---

[23] Man findet in der Literatur für den Modulationstyp auch die Bezeichnung *Coherent Adaptive Subcarrier Modulation (CASM)*.

GPS-L1- und Galileo-E1-Signale konzipiert. Diese Signale nutzen gemeinsam die Zentralfrequenz 1.575,42 MHz. Durch die Verwendung der vereinbarten Modulation wird sichergestellt, dass sich die Signale nicht gegenseitig stören (Kompatibilität), darüber hinaus aber auch gemeinsam genutzt werden können (Interoperabilität).

Bei der MBOC-Modulation werden BOC(1,1)-Modulation und BOC(6,1)-Modulation miteinander kombiniert. Dabei werden bei Galileo und GPS geringfügig unterschiedliche Varianten verwendet. Bei GPS wird mit Time-Multiplexed BOC (TMBOC), bei Galileo mit Composite-BOC(CBOC)-Modulation gearbeitet.

Bei der Beschreibung der GPS bzw. Galileo-Signale kommen wir auf die MBOC-Modulation in ihrer jeweiligen Variante zurück.

2.7.5 PRN-Codes

Bei allen in den vorangehenden Abschnitten beschriebenen Modulationsverfahren werden Codes benutzt, die als pseudozufällig (engl.: pseudorandom) bezeichnet werden. Üblicherweise spricht man von Pseudorandom Noise[24] Code (PRN-Code) bzw. Pseudorandom Noise Signal (PRN-Signal). Welche Eigenschaften diese PRN-Codes bzw. die daraus abgeleiteten PRN-Signale haben, soll in diesem Abschnitt behandelt werden. In Anhang D wird beschrieben, welche PRN-Codes bei den GNSS benutzt und wie sie erzeugt werden.

2.7.5.1 Eigenschaften der PRN-Codes

PRN-Codes haben zwei Eigenschaften:
1. sie sind pseudozufällig,
2. sie sind periodisch.

Die Eigenschaft *pseudozufällig* bedeutet, dass es für das Aufeinanderfolgen der Werte +1 und −1 des Codes keine ohne Weiteres erkennbare Gesetzmäßigkeit gibt, dieser aber dennoch nach einem bekannten Bildungsgesetz erzeugt wird. Für jemanden, der dieses Bildungsgesetz nicht kennt, hat der Code das Erscheinungsbild einer reinen Zufallsfolge. Pseudozufällige Codes erfüllen folgende drei Kriterien (Finger 1997, Sklar 1988):

Kriterium 1: Die Differenz zwischen der Anzahl der Chips mit dem Wert +1 und der Anzahl der Chips mit dem Wert −1 hat immer den Betrag 1.

Kriterium 2: Reihen gleicher aufeinanderfolgender Chipwerte werden als „Runs" bezeichnet. Die Hälfte der Runs besteht aus einem Chipwert (Breite 1), ein Viertel der Runs besteht aus zwei Chipwerten (Breite 2), ein Achtel der Runs besteht aus drei Chipwerten (Breite 3) usw., „+1"-Runs und „−1"-Runs treten in gleicher Häufigkeit auf.

Kriterium 3: Die Autokorrelationsfunktion des Codes hat einen deutlich ausgeprägten Hauptextremwert (s. Abschnitt 2.7.5.2).

Ein Code ist *periodisch*, wenn sich nach einer Anzahl von N Code-Elementen der Code wiederholt. Mathematisch können periodische PRN-Codes wie folgt beschrieben werden:

$$a_n = f(n) \text{ für } n = 0, 1, 2 \ldots \infty$$

$$\text{mit } f(n) \in \{+1; -1\} \text{ und } a_i = a_{i+kN} \text{ für } k = \ldots -2, -1, 0, +1, +2, \ldots \tag{2.133}$$

---

[24] Noise (englisch): Rauschen.

Durch die Gleichung 2.133 soll zum Ausdruck gebracht werden, dass der Code aufgrund einer Gesetzmäßigkeit erzeugt wird und sich nach N Elementen wiederholt (s. dazu Anhang D).

2.7.5.2 Autokorrelationsfunktion

Die *Autokorrelationsfunktion* $A(k)$ einer Folge a_n mit N Elementen ist wie folgt definiert:

$$A(k) = \frac{1}{N} \cdot \sum_{n=0}^{N-1} a_n \cdot a_{n+k} \; ; \quad k: 0,1,2, \dots (N-1). \tag{2.134}$$

Zum leichteren Verständnis sei dies am folgenden Beispiel erläutert.

Gegeben sei die aus $N = 15$ Elementen bestehende Folge a_n:

n	0	1	2	3	4	5	6	7	8	9	10	11	12	13	14
a_n	-1	-1	-1	1	-1	-1	1	1	-1	1	-1	1	1	1	1

Zum Verständnis des Bildungsgesetzes für die in Gleichung 2.134 auftretenden Folgen a_{n+k} schreiben wir die Folgen a_n, a_{n+1}, a_{n+2}, a_{n+3} in eine Tabelle:

n	0	1	2	3	4	5	6	7	8	9	10	11	12	13	14
a_n	-1	-1	-1	1	-1	-1	1	1	-1	1	-1	1	1	1	1
a_{n+1}	-1	-1	1	-1	-1	1	1	-1	1	-1	1	1	1	1	-1
a_{n+2}	-1	1	-1	-1	1	1	-1	1	-1	1	1	1	1	-1	-1
a_{n+3}	1	-1	-1	1	1	-1	1	-1	1	1	1	1	-1	-1	-1

Die Folge a_{n+1} ergibt sich also durch Verschiebung der Elemente der Folge a_n um eine Stelle nach links und das erste Element ($n = 0$) der Folge a_n wird 15. Element ($n = 14$) der Folge a_{n+1}. Die Folge a_{n+2} ergibt sich durch Verschiebung der Elemente der Folge a_{n+1} um eine Stelle nach links und das erste Element ($n = 0$) der Folge a_{n+1} wird 15. Element ($n = 14$) der Folge a_{n+2} usw.

Wir bilden nun $A(0) = \dfrac{1}{N} \cdot \displaystyle\sum_{n=0}^{N-1} a_n \cdot a_{n+0}$ und schreiben dazu die Folgen a_n, a_{n+0} sowie die

Produkte von $a_n \cdot a_{n+0}$ in die folgende Tabelle:

n	0	1	2	3	4	5	6	7	8	9	10	11	12	13	14
a_n	-1	-1	-1	1	-1	-1	1	1	-1	1	-1	1	1	1	1
a_{n+0}	-1	-1	-1	1	-1	-1	1	1	-1	1	-1	1	1	1	1
$a_n \cdot a_{n+0}$	1	1	1	1	1	1	1	1	1	1	1	1	1	1	1

Wie man nachvollziehen kann, ergibt sich $A(0) = 1$.

Als Nächstes bilden wir:

$$A(1) = \frac{1}{N} \cdot \sum_{n=0}^{N-1} a_n \cdot a_{n+1} \, .$$

Die Folgen a_n, a_{n+1} sowie die Produkte von $a_n \cdot a_{n+1}$ sind in der folgenden Tabelle aufgeführt:

n	0	1	2	3	4	5	6	7	8	9	10	11	12	13	14
a_n	−1	−1	−1	1	−1	−1	1	1	−1	1	−1	1	1	1	1
a_{n+1}	−1	−1	1	−1	−1	1	1	−1	1	−1	1	1	1	1	−1
$a_n \cdot a_{n+1}$	1	1	−1	−1	1	−1	1	−1	−1	−1	−1	1	1	1	−1

Damit ergibt sich: $A(1) = \dfrac{-1}{15}$.

Wenn man auf diese Weise $A(2)$, $A(3)$ ... $A(N{-}1)$ bildet, kann man sich davon überzeugen, dass die entstehende Autokorrelationsfunktion der gegebenen Folge die nachstehende Eigenschaft hat:

$$A(k) = 1 \text{ für } k = 0, N, 2N \ldots, \text{ sonst gilt } A(k) = -\frac{1}{N}.$$

Die Autokorrelationsfunktion der gegebenen Folge hat also einen klar ausgeprägten Extremwert. Sie erfüllt damit Kriterium 3 der für PRN-Folgen geforderten Bedingungen. Auch sonst hat die Folge die oben geschilderten Eigenschaften von PRN-Folgen (s. 2.7.5.1).

Kriterium 1:   Die Folge enthält sieben Elemente mit dem Wert −1 und acht Elemente mit dem Wert +1. Das Kriterium ist erfüllt.

Kriterium 2:   Die Folge hat acht Runs. Vier Runs haben die Breite 1, zwei Runs haben die Breite 2, ein Run hat die Breite 3, ein Run hat die Breite 4. Das Kriterium ist – soweit hier möglich – erfüllt.

2.7.6 Autokorrelationsfunktion (AKF), Leistungsdichte und Bandbreite der GNSS-Signale

2.7.6.1 Autokorrelationsfunktion der GNSS-Signale

Das von dem Satelliten ausgestrahlte Bandpasssignal $S_{BP}(t)$ (s. Abb. 2.43) dient nicht nur der Datenübertragung, sondern ebenso zur Messung der Entfernung zwischen Satelliten und Satellitenempfänger. Dazu wird im Satellitenempfänger ein Signal erzeugt, das mit dem Spreizsignal des ausgestrahlten Satellitensignals übereinstimmt. Der Empfänger muss dazu das Gesetz zur Bildung des Spreizsignals kennen.

Für das bei dem Satellitenempfänger *ankommende* Bandpasssignal gilt folgende Gleichung (s. Gleichungen 2.112 und 2.115):

$$Y = A \cdot D(t_S) \cdot X(t_S) \cdot \cos\left[\left(\omega \cdot t_S + \varphi_0\right)\right]. \tag{2.135}[25]$$

Dabei ist t_S die Zeit, zu der das Satellitensignal ausgesandt wurde.

---

[25] Für den Fall einer reinen BPSK-Modulation gilt: $X(t_s) = C(t)$,

bei einer SinBOC-Modulation gilt $X(t_s) = C(t) \cdot sign\left[\sin\left(2 \cdot \pi \cdot f_s \cdot t\right)\right]$,

bei einer CosBOC-Modulation $X(t_s) = C(t) \cdot sign\left[\cos\left(2 \cdot \pi \cdot f_s \cdot t\right)\right]$.

Das durch Gleichung 2.135 beschriebene Signal wird im Satellitenempfänger nach Maßgabe des im Empfänger erzeugten Spreizsignals phasenmoduliert. Dieses Spreizsignal wird im Empfänger konzeptionell zu genau dem Zeitpunkt erzeugt, an dem das Satellitensignal *erzeugt und ausgesandt* wurde. Wegen der Laufzeit Δt, die das Satellitensignal benötigt, um vom Satelliten zum Empfänger zu gelangen, ist bei Ankunft des Satellitensignals am Empfänger die Erzeugung des Spreizsignals im Empfänger um Δt vorangeschritten. Für das im Empfänger erzeugte Spreizsignal gilt zum Zeitpunkt des Empfangs des Satellitensignals

$$S = X(t_s + \Delta t) \,. \tag{2.136}$$

Damit kann das empfangene und im Empfänger nach Gleichung 2.136 modulierte Signal wie folgt beschrieben werden:

$$Y = A \cdot D(t) \cdot X(t_s) \cdot X(t_s + \Delta t) \cdot \cos[(\omega \cdot t_S + \varphi_0)] \,. \tag{2.137}$$

Sofern es nun gelingt, den Zeitpunkt für die Signalerzeugung im Satellitenempfänger um den Betrag Δt zurückzuverlegen, wird aus 2.137

$$Y = A \cdot D(t) \cdot X(t_s) \cdot X(t_s) \cdot \cos[(\omega \cdot t_S + \varphi_0)]$$

und wegen $X(t_S) \cdot X(t_s) = 1$ folgt

$$Y = A \cdot D(t) \cdot \cos[(\omega \cdot t_S + \varphi_0)] \,.$$

Das würde bedeuten:

1. Man verfügt im Empfänger über ein Signal, das nur nach Maßgabe der Daten moduliert ist (s. Abb. 2.51).
2. Man weiß, wie viel Zeit das Satellitensignal vom Satelliten bis zum Empfänger benötigt hat[26].

Abbildung 2.51 zeigt:

a) das empfangene Bandpasssignal,
b) den im Empfänger erzeugten Code, synchronisiert mit dem im Bandpasssignal empfangenen Code,
c) das durch die Verknüpfung der Signale *a* und *b* demodulierte Bandpasssignal. Die durch den Code bewirkten Phasensprünge sind weggefallen.

Das Kriterium dafür, dass es gelungen ist, die Erzeugung des Basisbandsignals im Empfänger zeitlich um den Betrag Δt versetzt zu erzeugen, liefert die Korrelation zwischen dem empfangenen Satellitensignal und einem im Empfänger erzeugten Signal, welches mit dem empfangenen Signal bis auf die Zeitverschiebung und die nicht enthaltenen Daten übereinstimmt.

Zur Bildung der Korrelationsfunktion können wir den Datenstrom $D(t)$ außer Betracht lassen, da innerhalb der Zeit, die für die Übertragung eines Datenbit benötigt wird, der Spreizcode lediglich invertiert wird – also ein Vorzeichenwechsel stattfindet. Dies führt bei der Bildung der hier betrachteten Korrelationsfunktion zu keinerlei Konsequenzen.

---

[26] Für den Fall, dass die Uhren von Satellit und Empfänger übereinstimmen!

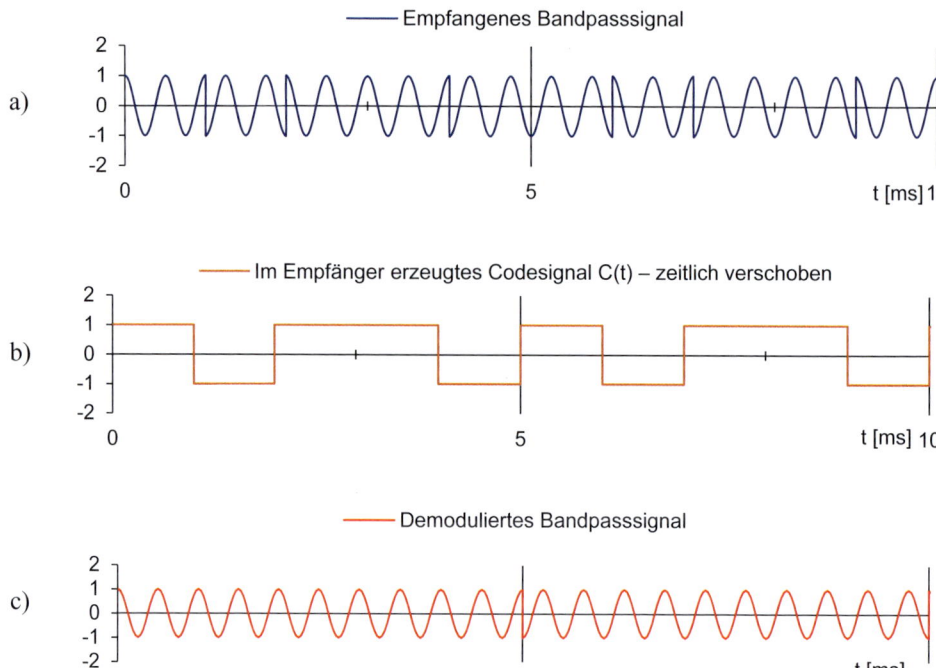

Abb. 2.51: Demodulation des Bandpasssignals

Die Korrelationsfunktion für die beiden Signale lautet unter dieser Voraussetzung:

$$R(\tau) = \frac{1}{N \cdot T_x} \int_0^{N \cdot T_x} X(t) \cdot X(t+\tau) dt \qquad (2.138)$$

mit R: Autokorrelationsfunktion,

     T_X: Zeitdauer für ein Element der Binärfolge,

     τ: Zeitverschiebung,

    $X(t)$:   Wert des Spreizcodes.

Die Funktion 2.138 ist für jede Zeitverschiebung τ und für jede Zeit t definiert. Das Wesentliche der Funktion können wir in diesem Fall auch dann erkennen, wenn wir uns auf Zeitverschiebungen und Zeiten beschränken, die ganzzahlige Vielfache der Zeitdauer T_x eines Binärelements des Spreizsignals sind (Misra & Enge 2006).

Dann wird aus Gleichung 2.138

$$R(\tau = i \cdot T_x) = \frac{1}{N \cdot T_x} \cdot \sum_{n=0}^{N-1} X(n \cdot T_x) \cdot X(n \cdot Tx + i \cdot T_X) \quad \text{mit } i: 0, 1, 2, \dots \qquad (2.139)$$

Vergleichen wir diese mit Gleichung 2.134, so zeigt sich, dass diese Funktion durch die Berechnung der Autokorrelationsfunktion der Binärfolgen des jeweiligen Spreizsignals ermittelt werden kann. Da die Binärfolgen des Spreizsignals der BPSK-Modulation PRN-Folgen sind, ergibt sich bei einer BPSK-Modulation eine AKF des Signals wie bei der entsprechenden PRN-Folge. Das bedeutet, dass die Funktion 2.138 genau dann ihren Extremwert erreicht, wenn der im Empfänger erzeugte Code und der empfangene Code zeitlich übereinstimmen.

Die nach Gleichung 2.139 gebildete Funktion ist eine Zeitfunktion. Ihr Verlauf ist abhängig von der Zeitdauer für ein Element der Binärfolge.

Für die BPSK(1)-Modulation gilt $T_X = \frac{1}{1,023\,\text{MHz}} \approx 1\,\mu\text{s}$, für eine BPSK(5)-Modulation gilt $T_X = \frac{1}{5\cdot1,023\,\text{MHz}} \approx 0,2\,\mu\text{s}$. Dementsprechend ergibt sich für die AKF des BPSK(5)-Signals ein sehr viel steilerer Verlauf im Bereich des AKF-Maximums (s. Abb. 2.52).

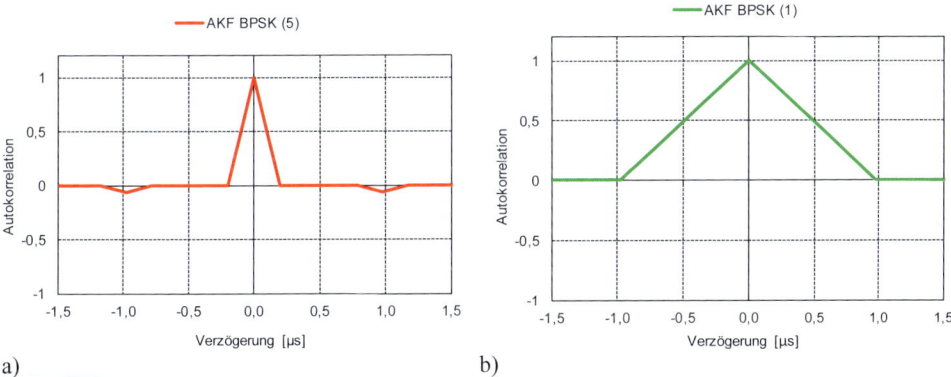

a)   b)

Abb. 2.52: AKF von a) BPSK(1)- und b) BPSK(5)-modulierten Signalen

Bei den BOC-Modulationen ergeben sich die Binärfolgen zur Bildung der Autokorrelationsfunktion aus dem Code und dem BOC-Signal. Man erhält die für die Autokorrelationsfunktion des Signals relevante Folge dadurch, dass jeder Codechip in vier Chips zerlegt wird, die dann mit dem zugehörigen Vorzeichen des BOC-Unterträgersignals multipliziert werden.

Wenn man für die so gebildeten Binärfolgen die AKF berechnet, so zeigt sich, dass die BOC-modulierten Signale neben einem Hauptmaximum mehrere Nebenmaxima haben.

Bei den SinBOC-Modulationen ergeben sich bei einem geraden BOC-Koeffizienten $k-1$ Maxima und k Minima, bei einem ungeraden BOC-Koeffizienten ergeben sich k Maxima und $k-1$ Minima. Bei den CosBOC-Modulationen ergeben sich bei einem geraden BOC-Koeffizienten $k+1$ Maxima und k Minima, bei einem ungeraden BOC-Koeffizienten k Maxima und $k+1$ Minima (s. Abb. 2.53).

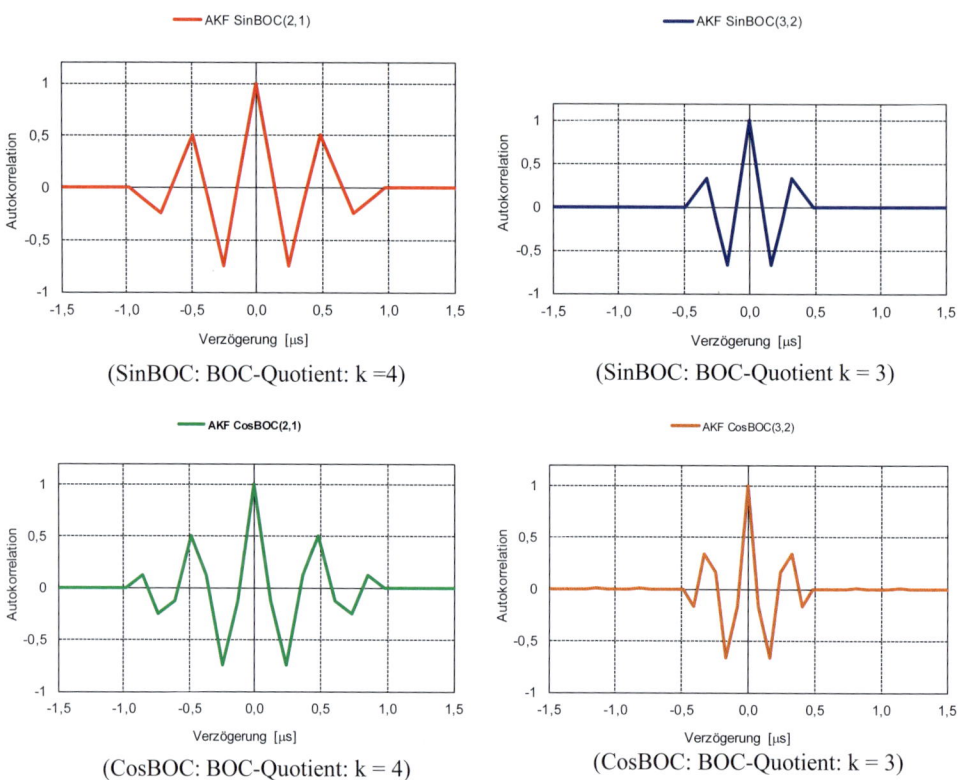

Abb. 2.53: AKF von BOC-Signalen

Bei der Bildung der Korrelation nach Gleichung 2.138 im Empfänger erfolgt die Verschiebung kontinuierlich. Dies ist u. a. deswegen notwendig, weil die Laufzeit Δt des Satellitensignals nicht ein ganzzahliges Vielfaches der Dauer eines Binärelements ist – nur unter dieser Voraussetzung ist die hier gegebene Darstellung richtig. Weiter unterliegt das einkommende Signal einer Doppler-Frequenzverschiebung. Dies wirkt sich auch auf die Trägerfrequenz und die Dauer der Binärelemente des eingehenden Signals aus. Entsprechend muss sich auch die Dauer des im Empfänger erzeugten Binärelements ändern. In Abschnitt 3.3.1 wird auf die technische Realisierung noch etwas genauer eingegangen.

Hier sei noch darauf hingewiesen, dass bei Erreichen der Synchronisation und BPSK-Modulation des empfangenen Signals nach Maßgabe des im Empfänger synchron erzeugten Basisbandsignals das gespreizte Satellitensignal entspreizt wird. Dies geschieht dadurch, dass, gesteuert durch den im Empfänger erzeugten Code, die bei der Modulation des Sendesignals mit dem Code verursachten Phasensprünge rückgängig gemacht werden. Lediglich die Phasensprünge, die von den aufmodulierten Daten stammen, bleiben übrig. Dadurch wird die Bandbreite des Signals nur noch von den aufmodulierten Daten (deren Phasensprünge nicht rückgängig gemacht werden können) bestimmt und ist demzufolge wesentlich geringer (d. h., das Spektrum des Signals wurde entspreizt). Nach der Entspreizung können die Daten mithilfe einer geeigneten Decodierschaltung gelesen werden.

2.7.6.2 Spektrale Leistungsdichte und Bandbreite der GNSS-Signale

Wie schon weiter oben ausgeführt wurde, entstehen bei allen Modulationen von hochfrequenten Trägerfrequenzen Signale, die ein gewisses Frequenzspektrum in Anspruch nehmen. Beschrieben wird dieses Phänomen durch die Leistungsdichtespektren der entsprechenden Signale. Häufig wird auch die Bezeichnung Power-Spektral-Density mit dem Kürzel PSD verwendet.

Die spektrale Leistungsdichte eines Signals gibt seine Leistung in einem infinitesimal kleinen Frequenzband an. Die Einheit ist Watt/Hertz. Wird die spektrale Leistungsdichte als Funktion der Frequenz aufgetragen, ergibt sich das Leistungsdichtespektrum.

In der Nachrichtentechnik können wir lernen, dass die Leistungsdichtespektren elektromagnetischer Signale aus ihren Autokorrelationsfunktionen berechnet werden können. In mathematischer Formulierung:

Das Leistungsdichtespektrum ist die Fourier-Transformierte der Autokorrelationsfunktion. Autokorrelation und spektrale Leistungsdichte bilden ein Fourier-Transformationspaar.

Fourier-Reihen und Fourier-Transformationen spielen in der Nachrichtentechnik eine zentrale Rolle. Ihre Beschreibung würde weit über den Rahmen dieser Darstellung hinausgehen. Leser die hier mehr lernen möchten, seien verwiesen auf Westermann (2008), Sklar (1988), Misra & Enge (2006). In Avila-Rodriguez (2008) werden die im Zusammenhang mit den GNSS-Signalen relevanten Leistungsdichtespektren detailliert abgeleitet.

Zum Verständnis der GNSS-Signale ist die spektrale Leistungsdichte jedoch von großer Bedeutung. Daher sollen hier, ohne Herleitung der entsprechenden Formeln, die Leistungsdichtespektren der GNSS-Signale betrachtet werden.

Die sich bei der BPSK-Modulation ergebende Spektraldichteverteilung kann nach Gleichung 2.140 berechnet werden (Avila-Rodriguez 2008). In der Gleichung ist f_c die Chiprate, df die Ablage (offset) von der benutzten Zentralfrequenz:

$$G(df) = \frac{1}{f_c} \cdot \left[\frac{\sin\left(\pi \cdot df \cdot \dfrac{1}{f_c}\right)}{\pi \cdot df \cdot \dfrac{1}{f_c}} \right]^2 . \tag{2.140}$$

Abbildung 2.52 zeigt den Funktionsverlauf von Gleichung 2.140 für zwei unterschiedliche Chiprates (BPSK(1): $f_{c,1} = 1 \cdot 1{,}023\,\text{MHz}$; BPSK(3): $f_{c,2} = 3 \cdot 1{,}023\,\text{MHz}$), jeweils im linearen und logarithmischen Maßstab (PSD[dB])[27].

Am Funktionsverlauf kann man ablesen:

- Die absoluten Maxima der Hauptkeulen der Spektraldichteverteilungen fallen mit der Zentralfrequenz ($df = 0$) zusammen,
- für die Frequenzen $df_i = \pm\ i \cdot f_c$ ($i = 1, 2 \ldots \infty$) ergeben sich Signalstärken gleich null,

---

[27] PSD[dB] = $10 \cdot \log_{10}$ (PSD).

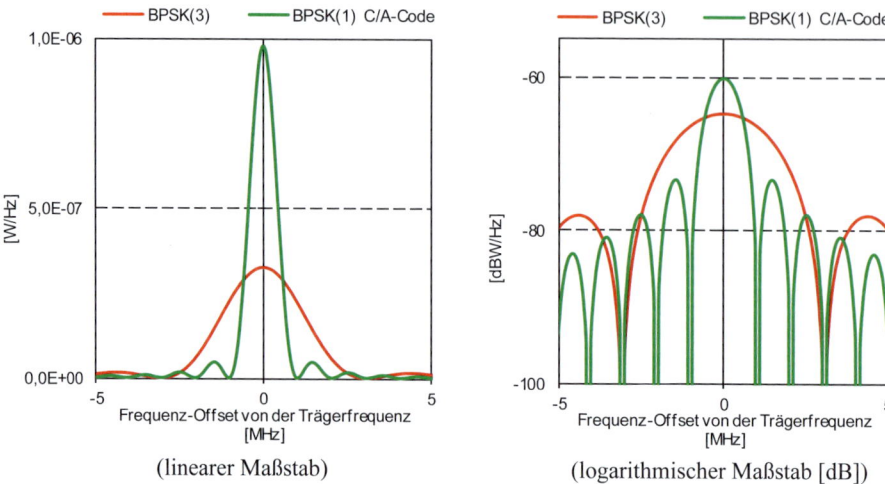

(linearer Maßstab)   (logarithmischer Maßstab [dB])

Abb. 2.54: Spektraldichteverteilung bei BPSK-Modulation

- oberhalb und unterhalb der Trägerfrequenz liegen zwischen den jeweiligen Nullstellen Nebenkeulen mit relativen maximalen Signalstärken. Diese werden mit zunehmendem Abstand von der Trägerfrequenz immer kleiner.

Dies macht deutlich, dass die Bandbreite des Signals *theoretisch* unendlich groß ist. Zwar werden die Signalstärken mit zunehmendem Abstand von der Trägerfrequenz f_c immer kleiner, ganz verschwinden sie jedoch nie. Für die Praxis bedeutet dies, dass für die Bandbreite eines Signals eine realistische Definition getroffen werden muss. Für Signale der hier beschriebenen Art wird allgemein unter der Bandbreite der Bereich zwischen den ersten Nullstellen oberhalb und unterhalb der Trägerfrequenz verstanden – also die Bandbreite der Hauptkeule. Für die Bandbreite B eines mit BPSK-modulierten Signals mit der Chiprate f_c gilt also:

$$B = 2 \cdot f_c . \tag{2.141}$$

Abbildung 2.54 sowie Gleichung 2.141 machen deutlich, dass mit einer größer werdenden Chiprate

- das Maximum der Hauptkeule kleiner wird,
- die Bandbreite des Signals größer wird.

Bei Verwendung von Codes entsprechend geringer Chipbreite (bzw. hoher Chiprate) kann die Spreizung des Signals soweit getrieben werden, dass die Leistungsdichte des Spektrums (Watt/Hertz) des Empfangssignals so gering wird, dass es nur noch als Rauschen wahrgenommen wird – das Spread-Spektrum-Signal ist quasi im Rauschen begraben (Sklar 1998). Dieses ergibt aber dennoch Sinn, weil es selbst bei einem extrem schwachen Empfangssignal möglich ist, im Empfänger durch Korrelation von empfangenem Code mit intern erzeugtem Code das verborgene Signal aus dem Rauschen zurückzugewinnen.

Die Zusammenhänge zwischen Chiprate, AKF und Spektraldichteverteilung bei BPSK-Modulationen zeigt Abbildung 2.55. Die Abbildung macht deutlich, dass eine niedrige Chiprate zu einer AKF mit flachen Flanken und zu einer PSD geringer Bandbreite führt, während bei einer hohen Chiprate die AKF steile Flanken hat, die Bandbreite der PSD jedoch relativ groß wird. Dies ist für die Konzeption von GNSS-Empfängern von elementarer Bedeutung.

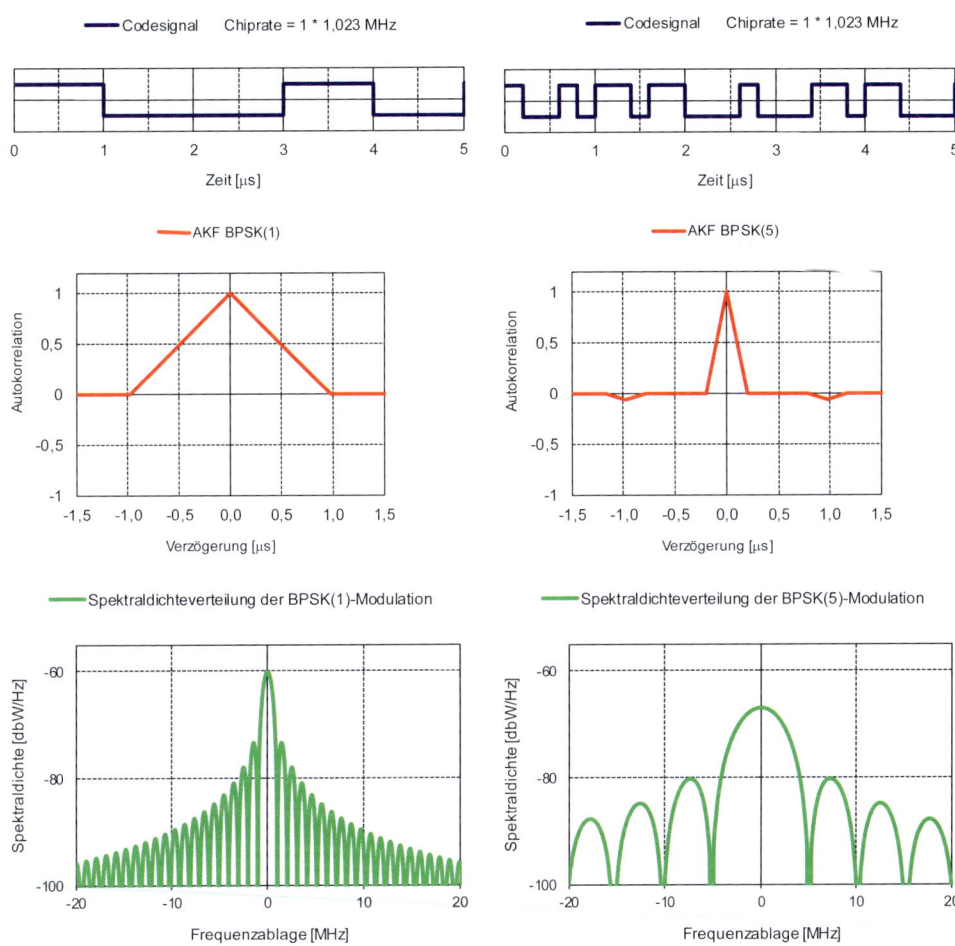

Abb. 2.55: Chiprate, AKF und PSD bei der BPSK-Modulation

Für die spektrale Leistungsdichte BOC-modulierter Signale ergeben sich andere Gleichungen (s. Anhang E).

Bei der Auswertung dieser Gleichungen wird das Besondere einer BOC-Modulation sichtbar:

Die BOC-Modulation führt zu Leistungsdichtespektren mit bis zu zwei symmetrisch zur Trägerfrequenz liegenden Hauptkeulen und weiteren Nebenkeulen. Daher auch der Name des Modulationsverfahrens (Offset Carrier). Die charakteristischen Eigenschaften der Spektraldichteverteilungen von BOC-Modulationen sind:

- Die Maxima der Hauptkeulen liegen $\pm f_s$ von der Zentralfrequenz entfernt,
- die Frequenzabstände zwischen den Nullstellen der Spektraldichteverteilung betragen bei den Hauptkeulen $2 \cdot f_c$, bei den Nebenkeulen f_c,
- die Anzahl der Nebenkeulen zwischen den Hauptkeulen ist gleich $2 \cdot \dfrac{fs}{fc} - 2$.

169

Abbildung 2.56 zeigt dies am Beispiel der SinBOC(10,2)-Modulation. Die Abbildung zeigt zusätzlich die zu einer SinBOC(10,2)-Modulation gehörige AKF.

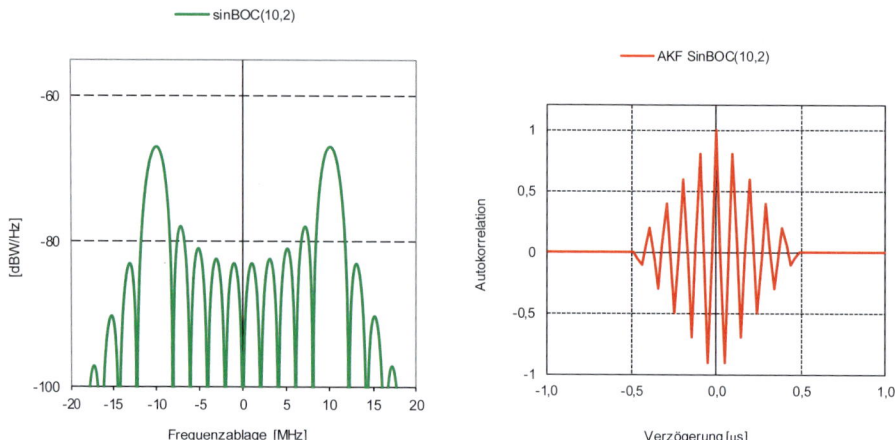

Abb. 2.56: Spektraldichteverteilung und AKF der SinBOC(10,2)-Modulation

Die Bandbreite eines BOC-modulierten Signals wird allgemein als der Bereich zwischen der unteren Nullstelle der unteren Hauptkeule und der oberen Nullstelle der oberen Hauptkeule definiert. Damit ergibt sich folgende Formel:

$$B = \pm \left(f_s - 0,5 \cdot f_c \right).$$ (2.142)

Visualisierung der Spektraldichteverteilungen (auf der Website des Autors)
Mithilfe verschiedener Excel-Tabellen, die im Bereich „Signale" bereitstehen, können Spreizsignale, AKF und PSD unterschiedlicher Modulationsverfahren visualisiert werden.

2.7.6.3 Signalqualität (SNR, C/N$_0$)

Die in den vorangegangenen Abschnitten geschilderten GNSS-Signale erreichen die GNSS-Empfänger aus unterschiedlichen Gründen nie völlig ungestört. Vielmehr ist jedes empfangene Signal eine Addition aus einem gewollten Anteil und einem unvermeidlichem, mehr oder weniger störendem Anteil. Nur der gewollte Anteil enthält die zu übermittelnden Informationen. Es muss mit Signalen gerechnet werden, die von gewollten oder ungewollten Störsignalen überlagert werden. Zu den Störsignalen gehören u. a. die in Abschnitt 2.6.4 geschilderten Störungen durch den Einfluss der Erdatmosphäre, auch Effekte durch Mehrwegeausbreitung. Ein weiterer störender Anteil ergibt sich im Empfänger aus dem thermischen Rauschen des Empfängers: kleinste Stromschwankungen, die auf die Bewegung der Ladungsträger im Empfänger zurückzuführen sind. Die Qualität eines Signals ist abhängig davon, in welchem Verhältnis die Stärke des gewollten Signals zur Stärke der Störsignale steht.

Zur Beschreibung dieses Sachverhalts werden in der GNSS-Technologie zwei unterschiedliche Größen benutzt (Joseph 2010):

1. SNR: Signal-to-Noise Ratio – Signal-zu-Rauschen-Quotient (Störabstand);
2. C/N$_0$: Carrier-to-Noise Spectral Density Ratio – Träger-zu-Rauschen-Dichte-Quotient.

- SNR: Signal-zu-Rauschen-Quotient

  SNR ist der Quotient aus der Signalstärke *S* des Empfangssignals – gewöhnlich die Signalstärke des Trägers – und der Signalstärke *N* des Störsignals, beide gemessen in der Bandbreite des Empfängers. *S* und *N* haben beide die Dimension Watt. Damit ist *SNR* eine dimensionslose Zahl, üblicherweise in dB angegeben. Das folgende Beispiel soll eine Vorstellung von der zu erwartenden Größenordnung von *SNR* geben:

  Bei der Bandbreite BW eines Empfängers von rd. 4 MHz ergeben sich für die GNSS Signalstärken des Empfangssignals *S* von rd. –160 dBW und Signalstärken des Störsignals N von rd. –138 dBW (die Signalstärke des unvermeidlichen thermischen Rauschens). Damit folgt für *SNR*[28]:

  $$SNR = \frac{S}{N} = \frac{-160\,\text{dBW}}{-138\,\text{dBW}} = -22\,\text{dB} = 0{,}006\,. \qquad (2.143)$$

  Diese Zahlen (entnommen aus http://www.northwoodlabs.com/AN101.pdf) zeigen, dass die Stärke *S* des empfangenen Satellitensignals kleiner ist als das thermische Rauschen des Empfängers. Weiter zeigt die Formel, dass mit stärker werdenden Störsignalen *SNR* kleiner wird.

- C/N_0: Träger-zu-Rauschen-Dichte-Quotient

  C/N_0 ist der Quotient aus

  C – *Träger*signalstärke des Empfangssignals (Dimension [Watt])

  und

  N_0 – Spektraldichte des Störsignals pro Hz (Dimension [Watt/Hz]).

  Für C/N_0 ergibt sich somit die Dimension [Hz].

  Auch hier soll ein Beispiel für die zu erwartende Größenordnung von C/N_0 gegeben werden:

  Bei einer Trägersignalstärke des Empfangssignals von –160 dBW und einer Spektraldichte des Störsignals von $N_0 = -204$ dBW/Hz ergibt sich für C/N_0

  $$\frac{C}{N_0} = \frac{-160\,\text{dBW}}{-204\,\frac{\text{dBW}}{\text{Hz}}} = 44\,\text{dBHz} = 25\,\text{KHz}\,.^{[29]}$$

  Auch hier gilt: Mit stärker werdenden Störsignalen wird der Träger-zu-Rauschen-Dichte-Quotient C/N_0 kleiner.

  Störsignale sind mit hohen Spektraldichten – also hohen N_0-Werten verbunden. Aber allein wegen des Empfängerrauschens sind Werte der Größenordnung –204 dBW/Hz ($4 \cdot 10^{-24}$ Watt pro Hz) für N_0 unvermeidlich.

Im Dokument Rinex 3.03 (s. Anlage H.1) wird ein Signal mit einem C/N_0-Wert von < 12 dBHz (16 Hz) als sehr schwaches Signal charakterisiert, ein Signal mit einem C/N_0-Wert von > 54 dBHz (200 KHz) wird als sehr starkes Signal eingeordnet, ein Signal mit einem C/N_0 von 33 dBHz (2 KHz) gilt als Signal mittlerer Stärke.

---

[28] Hinweis: dB-Werte sind logarithmische Werte und müssen dementsprechend behandelt werden.

[29] In der Literatur – u. a. auch in den RINEX-Dokumenten – wird C/N₀ auch verkürzt und damit irreführend als „Carrier-to-Noise-ratio" mit dem Symbol S/N bezeichnet, aber in der zutreffenden Dimension Hz angegeben.

SNR und *C/N*$_0$ korrelieren. Für den Fall, dass die Signalstärke gleich der Stärke des Trägersignals ist, gilt $SNR = \frac{C}{N} = \frac{C}{N_0 \cdot BW}$ (s. Gleichung 2.143). Für den Fall, dass Signalstärke und Trägersignalstärke unterschiedlich sind, ist eine Korrelation auch gegeben, da Signalstärke und Trägersignalstärke in einem festen Verhältnis stehen.

Streng genommen sind sowohl *SNR* als auch *C/N*$_0$ vom Breitenband abhängig. Nach Joseph (2010) gilt aber, dass für die meisten praktischen Fälle *C/N*$_0$ als breitenbandunabhängig angesehen werden kann.

SNR und *C/N*$_0$ sind geeignet, die in GNSS-Empfängern empfangenen Signalstärken zu beschreiben. Beide Größen werden nach der Korrelation der empfangenen Satellitensignale mit den lokal erzeugten Signalkopien ermittelt. Zur ihrer Bestimmung wurden unterschiedliche Verfahren vorgeschlagen (Falleti u. a. 2010). Muthuraman & Borio (2010) führen aus, dass die am häufigsten benutzten Methoden zur Bestimmung des C/N_0-Quotienten auf der Bestimmung der Energie eines engen Bandbereiches im Verhältnis zur Energie eines breiten Bandbereichs beruhen.

C/N$_0$ ist von größerer Bedeutung als *SNR*, da in den meisten Fällen *C/N*$_0$ unabhängig von der Bandbreite des Empfängers ist und im Regelfall im GNSS-Empfänger bereitgestellt wird.

Thompson u. a. (2010) zeigen, dass *C/N*$_0$ u. a. auch von der Satellitenelevation abhängig ist und dass sich bei GPS – wegen der speziellen GPS-Umlaufzeiten (1/2 Sternentag) – die C/N$_0$-Werte von Tag zu Tag wiederholen. Damit sind C/N$_0$-Werte prinzipiell vorhersehbar und unerwartete Verringerungen ein Hinweis auf eventuell „bösartige" Interferenzen.

2.7.7 Verfahren zur Sicherung der Datenübertragung

Bei der Übertragung von Binärdaten mithilfe elektromagnetischer Signale kann nicht ausgeschlossen werden, dass es zu Fehlern bei der Datenübertragung kommt. Daher werden Verfahren eingesetzt, die es dem Empfänger zumindest ermöglichen zu erkennen, dass bei der Datenübertragung Fehler aufgetreten sind, besser aber noch die Möglichkeit bieten, aus den mit Fehlern behafteten übertragenen Daten die richtigen Daten zu rekonstruieren.

Es werden zwei unterschiedliche Verfahren eingesetzt.

- Hinzufügen von Redundanz,
- Verschachteln von Daten (Interleaving).

2.7.7.1 Hinzufügen von Redundanz

Das Grundprinzip ist bei all diesen Verfahren das Gleiche: Es werden mehr Informationen (Daten) übertragen als zur eigentlichen Auswertung der Satellitensignale erforderlich. Technisch formuliert, den Daten wird Redundanz hinzugefügt. Diese Redundanz lässt im einfachsten Fall erkennen, dass die gelesene Information falsch oder richtig ist, bei aufwendigeren Verfahren kann mithilfe der redundanten Informationen die falsch übertragene Nachricht rekonstruiert werden.

Gemeinsam ist allen Verfahren, dass aus den zu sendenden Daten Prüfdaten berechnet werden, die zusätzlich mit den Daten zusammen gesendet werden. Die Prüfdaten tragen die Bezeichnung Paritäts-Bits (englisch: parity bits). Nach Übertragung der Daten und der Paritäts-Bits berechnet der Empfänger mit den empfangenen Daten seinerseits die Paritäts-Bits und vergleicht die empfangenen mit den selbst berechneten Paritäts-Bits. Stimmen diese überein, wird von einer fehlerfreien Übertragung ausgegangen.

Bei der einfachsten Form der Berechnung von Paritäts-Bits werden die Datenbits entsprechend Modulo 2 addiert und das Ergebnis der Modulo-2-Addition dem Datenwort hinzugefügt. Die Wahrscheinlichkeit, dass bei einem solch einfachen Verfahren Fehler aufgedeckt werden, ist sehr gering. Das liegt daran, dass bei zwei Fehlern während der Datenübertragung das Paritäts-Bit unverändert bleibt, ein Fehler also nicht erkannt wird. Falls aber ein Fehler erkannt wird, kann nicht herausgefunden werden, welches der übertragenen Datenbits falsch übertragen wurde.

Es gibt aber Verfahren, die es ermöglichen, falsch übertragene Daten im Empfänger zu rekonstruieren. Diese Verfahren tragen die Bezeichnung *Vorwärtsfehlerkorrektur*.

Bei den GNSS werden folgende Vorwärtsfehlerkorrekturverfahren verwendet:
- Faltungscodierung,
- Hamming-Codierung,
- Zyklischer Redundanzcheck (CRC).

Faltungscodierung (Convolutional Encoding)
Die bei den GNSS eingesetzte Faltungscodierung ist eine Faltungscodierung mit der Rate $1/2$[30]. Das Verfahren sei beispielhaft anhand der bei dem GPS-L2C-Signal verwendeten Faltungscodierung erläutert:[31]

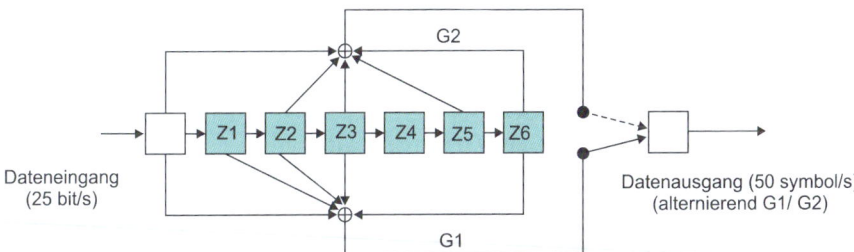

Abb. 2.57: Faltungscodierung

Das dafür verwendete Schieberegister (s. Abb. 2.57) besteht aus sechs Zellen (in der Abbildung grau hinterlegt). Zu Beginn der Codierung werden die Inhalte dieser sechs Zellen auf „0" gesetzt. Danach wird das erste Datenbit in die erste Zelle des Schieberegisters übernommen. Dieses Datenbit wird entsprechend der Abbildung einer Modulo-2-Addition unterzogen. Der dann folgende Ablauf sei an einem Beispiel erläutert.

1. **Datenbit:** *Wert 1*
   $G1 = 1 + 1 + 0 + 0 + 0 = 0$
   $G2 = 1 + 0 + 0 + 0 + 0 = 1$
   Am Ausgang wird hintereinander übertragen: „1, 0"
2. **Datenbit:** *Wert 0*
   Zellen 3 bis 6 erhalten die Werte der Zellen 2 bis 5. Zelle 2 übernimmt das zuvor übertragene Datenbit (hier „1"). Dann wird erneut gebildet:

---

[30] Für eine leicht verständliche Einführung in diese Technologie s. http://www.complextoreal.com/chapters/convo.pdf.
[31] Bei Galileo ist die Faltungscodierung ein wenig anders realisiert.

G1 = 0 + 0 + 1 + 0 + 0 = 1
G2 = 0 + 1 + 0 + 0 + 0 = 1

Am Ausgang wird hintereinander übertragen: „1, 1"

3. Datenbit: *Wert 1*

Zellen 3 bis 6 erhalten die Werte der Zellen 2 bis 5. Zelle 2 übernimmt das zuvor übertragene Datenbit (hier „0"). Dann wird erneut gebildet:

G1 = 1 + 1 + 0 + 1 + 0 = 1
G2 = 1 + 0 + 1 + 0 + 0 = 0

Am Ausgang wird hintereinander übertragen: „1, 0" usw. Für ein Datenbit werden hier also zwei Symbole übertragen. Bei einer Datenrate von 25 bit/s für die eigentliche Nachricht wird ein Signal mit 50 symbols/s übertragen. Aus dem Verhältnis von einem Nachrichtenbit zu zwei übertragenen Symbolen resultiert die Bezeichnung Rate 1/2.

Die Decodierung auf der Empfängerseite erfolgt durch einen Algorithmus, der nach seinem Erfinder Viterbi-Algorithmus genannt wird. Der 1967 veröffentlichte Algorithmus (Viterbi 1967) decodiert auf Grundlage statistischer Verfahren die beim Empfänger ankommenden Informationen und stellt damit sicher, dass empfangene und ausgesandte Informationen einander entsprechen. Das Verfahren ist relativ kompliziert und kann daher hier nicht weiter beschrieben werden.

Hamming-Codierung

Der Hamming-Code ist ein nach dem Amerikaner R. W. Hamming benannter fehlerkorrigierender Code. Bei der Hamming-Codierung werden aus den Datenbits mehrere unterschiedliche Prüfsummen mittels Modulo-2-Addition berechnet und gemeinsam mit den Datenbits an den Empfänger des Codes gesendet. Die Hamming-Codierung wird bei dem US-amerikanischen und dem russischen GNSS (GPS, GLONASS) verwendet. In den im Internet verfügbaren Interface-Control-Dokumenten ist das Verfahren dokumentiert.

Cyclic Redundancy Check (CRC)

Bei dem Verfahren der zyklischen Redundanzprüfung (Cyclic Redundancy Check (CRC)) ist die Prüfoperation im Prinzip eine Division. Die zu übertragenden Datenbits werden als eine Binärzahl aufgefasst und durch eine vorgegebene Binärzahl dividiert. Dabei handelt es sich nicht um eine Division im herkömmlichen Sinn, sondern um eine Binärarithmetik ohne Übertrag. Der bei dieser Division verbleibende „Rest" bildet die Paritäts-Bits, die dem Datenwort hinzugefügt werden[32].

Zum besseren Verständnis sei ein Beispiel gegeben: Ein Datenwort der CNAV-Navigationsnachricht des modernisierten GPS besteht – ohne die Prüfbits – aus 276 Bits. Somit entsteht für die Berechnung der Paritäts-Bits eine Binärzahl mit 276 Stellen. Diese Binärzahl wird durch eine aus 24 Stellen bestehende bekannte Binärzahl „dividiert". Das Ergebnis ist ein „Rest" von mindestens 23 Bits. Die aus diesen 23 Bits und einem zusätzlichen Paritäts-Bit gebildete Binärfolge ist die dem Datenwort hinzugefügte Binärfolge. Insgesamt umfasst ein Datenwort dann also 300 Bits.

2.7.7.2 Interleaving

Fehler bei der Datenübertragung treten meist in Bündeln (zeitlich nacheinander) auf. Um diese Fehler besser korrigieren zu können, werden die einzelnen Bits, bevor sie gesendet

---

[32] Eine Einführung in das Verfahren finden interessierte Leser unter www.ross.net/crc/.

werden, in eine andere Reihenfolge gebracht. Es wird ein *Interleaving* (= Verschachteln) der Bits durchgeführt.

Tritt nun z. B. ein Fehler über zehn Bits auf, so ist nicht ein Block von zehn zusammengehörenden Bits betroffen, sondern zehn einzelne Blöcke mit jeweils einem Bit. Aus dem einen Büschelfehler sind viele Einzelfehler geworden, die sich herkömmlichen Fehlerkorrekturverfahren (z. B. Verwendung eines Codes mit einem Hamming-Abstand größer als eins) nicht mehr verschließen.

2.7.8 Zentrale Bauteile der GNSS-Empfänger

GNSS-Empfänger sind hochkomplexe elektronische Geräte, deren vollständige Beschreibung hier nicht gegeben werden kann. Es gibt aber einige wesentliche Bauteile, die unabhängig vom Hersteller Bestandteil jedes GNSS-Empfängers sind. Deren Verständnis kann dazu beitragen, die GNSS-Technologie zu verstehen. Diese Bauteile sollen in den kommenden Abschnitten beschrieben werden.

2.7.8.1 Frequenzumsetzer, Filter

Die von den Navigationssatelliten ausgestrahlten Signale liegen meist im Mikrowellenbereich (oberhalb von 1 GHz). Die direkte Verarbeitung derartiger Signale, z. B. die Messung der Phasenlage eines derartigen Signals, ist aus technischen Gründen nur schwer beherrschbar. Aus diesem Grund werden die Signale im Empfänger meist in ihrer Frequenz herabgesetzt und die Phasenlage des so entstandenen niederfrequenten Signals gemessen.

Derartige Frequenzumsetzungen lassen sich durch Einwirken von Wechselspannungen auf nichtlineare Widerstände erreichen. Bei einem derartigen Widerstand ist der Zusammenhang zwischen der an dem Widerstand angelegten Spannung u und dem in dem Widerstand fließenden Strom i – die Strom-Spannungskennlinie – durch folgende Gleichung gegeben:

$$i_a = a_0 + a_1 \cdot u + a_2 \cdot u^2 + a_3 \cdot u^3 ... \tag{2.144}$$

Werden an einen nichtlinearen Widerstand gleichzeitig die sich additiv überlagernden Wechselspannungen

$$u_1 = A_1 \cdot \cos(2\pi \cdot f_1 \cdot t + \varphi_1) = A_1 \cdot \cos\alpha ,$$
$$u_2 = A_2 \cdot \cos(2\pi \cdot f_2 \cdot t + \varphi_2) = A_2 \cdot \cos\beta \tag{2.145}$$

angelegt, so ergibt sich unter Anwendung der Gleichung 2.143 mit $u = u_1 + u_2$

$$i_a = a_0 + a_1 \left[A_1 \cdot \cos\alpha + A_2 \cdot \cos\beta \right] + a_2 \left[A_1 \cdot \cos\alpha + A_2 \cdot \cos\beta \right]^2 + ... \tag{2.146}$$

Für das quadratische Glied von Gleichung 2.146 ergibt sich

$$a_2 \left[A_1^2 \cdot \cos^2\alpha + A_2^2 \cdot \cos^2\beta + 2 \cdot A_1 A_2 \left(\cos\alpha \cdot \cos\beta \right) \right]. \tag{2.147}$$

Es gelten die Gleichungen

$$\cos\alpha \cdot \cos\beta = \frac{1}{2} \left[\cos(\alpha - \beta) + \cos(\alpha + \beta) \right] \text{ sowie } \cos^2\alpha = \frac{1}{2} \left[1 + \cos(2\alpha) \right].$$

Damit wird aus dem in eckigen Klammern stehenden, quadratischen Term von Gleichung 2.147

$$A_1^2 \cdot \frac{1}{2}\left[1+\cos(2\alpha)\right] + A_2^2 \cdot \frac{1}{2}\left[1+\cos(2\beta)\right] + 2 \cdot A_1 A_2 \cdot \frac{1}{2}\left[\cos(\alpha-\beta)+\cos(\alpha+\beta)\right]. \quad (2.148)$$

Unter Berücksichtigung von Gleichung 2.144 wird daraus:

$$\left\{ \begin{aligned} & A_1^2\left[1+\cos\{2(2\pi \cdot f_1 \cdot t + \varphi_1)\}\right] + A_2^2\left[1+\cos\{2(2\pi \cdot f_2 \cdot t + \varphi_2)\}\right] + \\ & 2 \cdot A_1 A_2 \begin{bmatrix} \cos\{2\pi \cdot t(f_1-f_2)+(\varphi_1-\varphi_2)\} + \\ \cos\{2\pi \cdot t(f_1+f_2)+(\varphi_1+\varphi_2)\} \end{bmatrix} \end{aligned} \right\}. \quad (2.149)$$

Gleichung 2.149 zeigt, dass das quadratische Glied von 2.144 – und damit der in dem Widerstand fließende Strom – neben anderen Signalen ein Signal der Frequenz (f_1-f_2) mit der Phasenlage $(\varphi_1-\varphi_2)$ enthält. Dieses Signal kann durch *Filter* (s. u.) aus dem Frequenzgemisch herausgesiebt werden. Dieser Vorgang wird Frequenzumsetzung genannt. Von wesentlicher Bedeutung ist dabei, dass die Phasenlage des Differenzsignals gleich der Differenz der Phasen der Ausgangssignale ist. So bleiben die Phasensprünge und damit der Code und die Daten erhalten. Nur die Trägerfrequenz wird herabgesetzt (Kaplan 1996).

Die wesentlichen Elemente der *Filter*, mit denen die gewünschten Frequenzen aus dem Frequenzgemisch herausgefiltert werden können, sind Schwingkreise, die aus Spulen und Kondensatoren oder neuerdings aus piezokeramischen Schwingern bestehen. Charakterisiert werden Filter durch ihre Durchlasskurven. Sie sind die Funktion des Quotienten aus einer angelegten Spannung u_1 und der ausgehenden Spannung u_2 in Abhängigkeit von der Frequenz der Wechselspannung. Entsprechend ihres Verhaltens lassen sich die Filter vier Grundtypen zuordnen (s. Abb. 2.58).

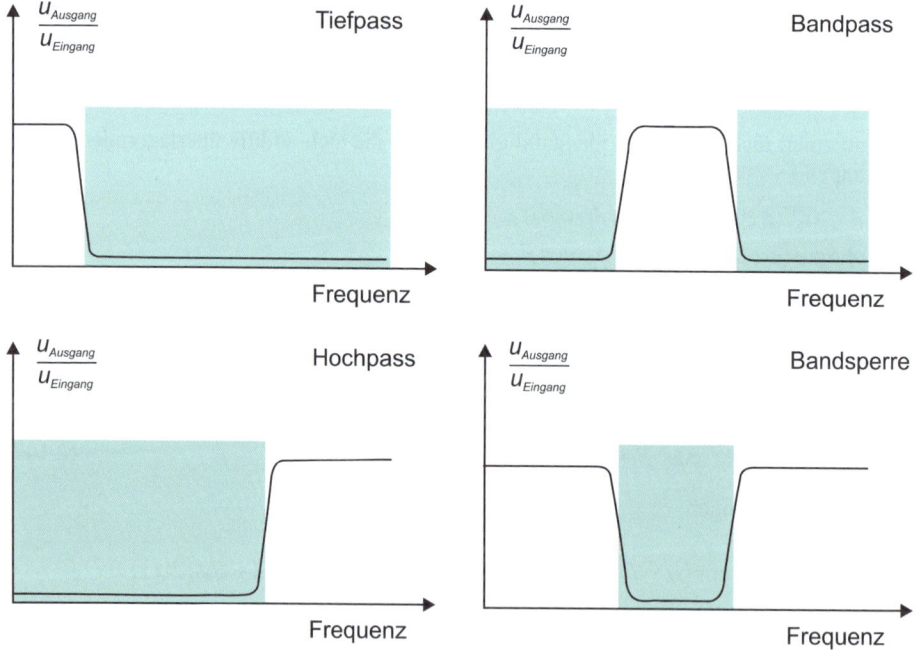

Abb. 2.58: Filtertypen

Tiefpässe lassen tiefe Frequenzen durch, *Hochpässe* lassen hohe Frequenzen durch, *Bandpass-filter* lassen einen bestimmten Frequenzbereich durch, *Bandsperrfilter* sperren einen bestimmten Frequenzbereich. Wenn der gesperrte Bereich besonders eng ist, wird der Bandsperrfilter *Kerbfilter* (engl. Notch Filter) genannt.

Zum Heraussieben der oben erwähnten Differenzfrequenz aus dem Frequenzgemisch zweier additiv überlagerter Wechselspannungen – also zur Umwandlung eines hochfrequenten Signals in ein niederfrequentes Signal – wird demnach ein geeigneter Bandpassfilter benötigt.

2.7.8.2 Rauscharmer Verstärker (Low Noise Amplifier (LNA))

Aufgabe des LNA

Nach Aufnahme der Satellitensignale durch die Antenne und deren Umwandlung in Spannungen werden die Spannungen an das Front-End des Empfängers weitergeleitet (s. Abschnitt 3.3). Zuvor aber werden die Spannungen verstärkt. Der Bauteil, mit dem diese Verstärkung durchgeführt wird, ist der rauscharme Verstärker – der Low Noise Amplifier (LNA). Bei jeder Verstärkung werden dem zu verstärkendem Signal unvermeidlich weitere Rauschanteile hinzugefügt. Verstärker, bei denen diese zusätzlichen Rauschanteile gering sind, werden „rauscharm" genannt[33].

Kennzeichen eines LNA

1. Gewinn (Gain) *G*
   Der Gewinn eines LNA ist definiert als Quotient der Energie, die dem LNA zugeführt wird, und der Energie, die nach der Verstärkung zur Verfügung steht. Der Gewinn ist also eine dimensionslose Zahl, die üblicherweise in dB angegeben wird. Typische Gain-Werte sind 30 – 40 dB.

2. Rauschzahl (Noise Figure) *F*
   Die Rauschzahl *F* beschreibt, in welchem Umfang durch die Signalverstärkung – durch den Gewinn – dem ursprünglichen Signal Rauschen hinzugefügt wurde. Sie ist definiert als Quotient aus Signal-zu-Rausch-Quotient vor der Verstärkung (SNR_{vor}) und Signal-zu-Rausch-Quotient nach der Verstärkung (SNR_{nach}). Da bei der Verstärkung das Ausgangssignal mit seinem Rauschen verstärkt wird und zusätzlich beim Verstärkungsprozess Rauschen hinzugefügt wird, ist die Rauschzahl F immer größer als 1 (ein rauschfreier Verstärker hätte $F = 1$). Die Rauschzahl der LNA für GNSS-Antennen liegt in der Größenordnung einiger dB (1,0 bis 2,5 dB).

3. Stehwellenverhältnis (Voltage Standing Wave Ratio) *VSWR*
   Wenn die Wechselstromwiderstände (Impedanzen) der Leitung zum LNA mit denen am Fußpunkt des LNA nicht übereinstimmen, kommt es dazu, dass die zum LNA hinlaufende Welle an diesem teilweise reflektiert wird. Die rücklaufende Welle überlagert sich dann mit der hinlaufenden Welle. Dabei entsteht ein Muster unterschiedlicher Spannungen auf der Übertragungsleitung. An immer den gleichen Stellen der Leitung hat die Spannung den Wert null. An anderen auch immer gleichen Stellen treten Spanungsmaxima und Spanungsminima ein. Der Quotient aus Spanungsmaximum und Spannungsminimum wird Stehwellenverhältnis (*VSWR*) genannt. Hat das *VSWR* den Wert 1.0:1, dann bedeutet dies, dass es keine rücklaufende Welle gibt und dass die Energie ohne Leistungsverlust übertragen wird.

---

[33] Rauschen: eine *Störgröße* mit breitem unspezifischen *Frequenzspektrum*.

Mithilfe des *VSWR* kann der Fehlanpassungsverlust (*Mismatch Loss (ML)*) berechnet werden und damit, wie viel Prozent der gesendeten Energie nicht übertragen wird.

Es gilt folgende Definition:

> *ML* ist der Quotient aus gesendeter Energie P_{ges} und Differenz zwischen gesendeter und reflektierter Energie (P_{refl}), dem Leitungsverlust:

$$ML = \frac{P_{ges}}{P_{ges} - P_{refl}} \cdot \tag{2.150}$$

Der Zusammenhang zwischen *ML* und *VSWR* ist durch folgende Formel gegeben:

$$ML = -\left[1 - \left(\frac{VSWR - 1}{VSWR + 1} \right)^2 \right] . \tag{2.151}$$

Damit kann bei gegebenem *VSWR ML* berechnet werden und daraus mithilfe der Formel 2.151 der prozentuale Anteil der reflektierten Energie. Die nachfolgende Tabelle soll einen entsprechenden Eindruck vermitteln.

VSWR	ML	P_{refl} [%]
1	1	0,00
1,5	1,04	4,00
2	1,13	11,11
2,5	1,23	18,37
3	1,33	25,00
3,5	1,45	30,86
4	1,56	36,00

Einen VSWR-Wert von exakt 1.0:1 gibt es in der Realität nicht. VSWR-Werte von etwa 2.0:1 sind relativ leicht möglich. Der entsprechende Fehlanpassungsverlust errechnet sich zu 1,13. Das entspricht einem Verlust von 11 %.

2.7.8.3 Analog-digital-Wandler – automatischer Verstärkungsregler

Die Verarbeitung der analogen GNSS-Signale erfolgt in den GNSS-Empfängern zunehmend digital. Dazu müssen die empfangenen Signale in digitale Signale umgewandelt werden. In den meisten Fällen wird das nach der Frequenzherabsetzung (s. Abschnitt 2.7.8.1) erhaltene Zwischenfrequenzsignal digitalisiert. Es gibt aber auch neuere Entwicklungen, bei denen die direkten Signale digitalisiert werden (Lamontagne u. a. 2012). In jedem Fall wird diese Aufgabe von Analog-digital-Wandlern durchgeführt. Auch in der deutschsprachigen Literatur wird meist der englischsprachige Begriff Analog-to-Digital Converter mit dem Akronym ADC verwendet.

Ein ADC wandelt ein zeitkontinuierliches Signal so in einzelne digitale Signale um, dass eine digitale Darstellung in einem von Rechnern verarbeitbaren Code erreicht wird. Sehr häufig wird der Binärcode verwendet. Die Analog-digital-Wandlung führt dazu, dass das zeitkontinuierliche Analogsignal in eine Stichprobe verwandelt wird. Im Englischen wird der Begriff „Sample" verwendet. Die Stichprobe muss so gestaltet sein, dass bei der Umwandlung keine unvertretbaren Informationsverluste auftreten, d. h., die Abtastung muss in genügender Häufigkeit erfolgen – es müssen ausreichend Samples per Second (S/s) gebildet werden – und die digitale Aufteilung der Signalamplituden – die Quantisierung – muss ausreichend dicht sein. Abbildung 2.59 zeigt das Grundprinzip.

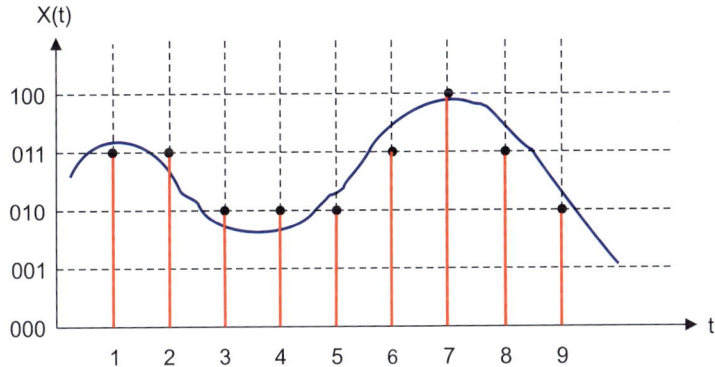

Abb. 2.59: Grundprinzip der Analog-digital-Wandlung

Das kontinuierlich anfallende analoge Signal – die blaue Linie – wird in einem festgelegten Rhythmus (in einer Sampling Rate bzw. Sampling-Frequenz f_s) in digitale Werte – die schwarzen Punkte – umgewandelt. Bei der Digitalisierung kann nicht vermieden werden, dass die „wahren" Werte des Analogsignals nur näherungsweise erfasst werden (s. Abb. 2.59). Wie genau das Analogsignal erfasst wird bzw. wie groß die Digitalisierungsverluste sind, ist abhängig von den Faktoren *Abtastrate, Quantifizierungsstufe* und *Anzahl der Quantifizierungsstufen.*

- Abtastrate
  Die Abtastrate (Samples per Second (S/s)) – oder Abtastfrequenz f_s – legt fest, in welchen zeitlichen Abständen die Digitalisierung erfolgt.

- Quantifizierungsstufe
  Die Quantifizierungsstufe definiert den Abstand von einem Digitalwert zum nächstgrößeren (oder -kleineren) Digitalwert.

- Anzahl der Quantifizierungsstufen
  Die Anzahl der Quantifizierungsstufen definiert die maximal mögliche Anzahl unterschiedlicher digitaler Signalgrößen.

Bei jedem ADC muss zur Vermeidung von Informationsverlusten die Abtastfrequenz dem Nyquist-Shannon-Abtasttheorem genügen. Das Theorem besagt, dass die Abtastfrequenz mindestens zweimal größer sein muss als die höchste in dem Signal enthaltene Frequenz. Z. B. wird eine Abtastfrequenz von mindestens 30 Hz benötigt, um ein Analogsignal von 15 Hz zu digitalisieren. Wird das Theorem nicht eingehalten, kommt es bei einer Wiederherstellung des digitalisierten Signals zu Alias-Effekten, zum Auftreten von Scheinsignalen. In der nachfolgenden Abbildung 2.60 wird das veranschaulicht.

Das kontinuierliche analoge Ausgangssignal (Frequenz f_a, blaue Linie) wird mit einer zu kleinen Abtastfrequenz f_s digitalisiert. Aus den erhaltenen digitalen Messwerten würde durch

Interpolation ein Scheinsignal mit deutlich zu kleiner Frequenz bzw. zu großer Periode entstehen (gestrichelte Linie).

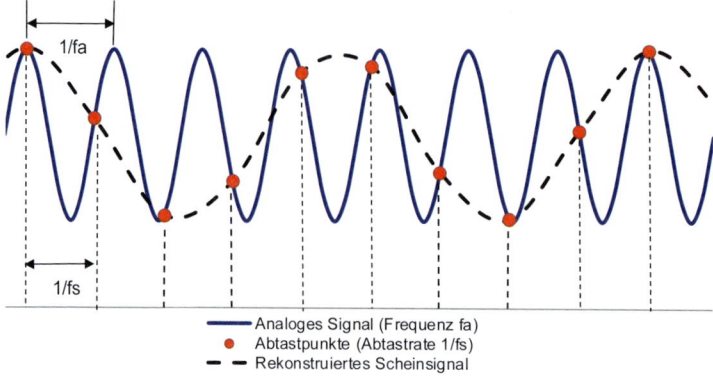

Abb. 2.60: Alias-Effekt wegen zu geringer Abtastrate

Würde man mit einer höheren Abtastfrequenz als nötig arbeiten, dann wäre das zwar mit einer Verringerung der Digitalisierungsverluste verbunden, auf der anderen Seite aber stiege der Stromverbrauch des Analog-digital-Wandlers.

Neben der Abtastrate ist die Anzahl der Quantifizierungsstufen von Bedeutung. Bei Verwendung des Binärcodes errechnet sich die Anzahl M der Quantisierungsstufen nach der Formel $M = 2^n$, wobei n die Anzahl der Bits ist, mit denen die Quantisierungsstufen codiert werden. Für n = 1 ergeben sich die Quantisierungsstufen 0 oder 1, also zwei Stufen. Man spricht dann von einem 1-Bit-ADC, für $n = 2$ – also ein 2-Bit-ADC – ergeben sich vier Quantisierungsstufen. Einfache GNSS-Empfänger können durchaus mit 1-Bit-ADC arbeiten (Stein & Nossek 2014). Zwar ist die Genauigkeit der Analog-digital-Wandlung auch abhängig von der Anzahl der Quantifizierungsstufen; Untersuchungen aber zeigen, dass bei Verwendung von mehr als acht Quantifizierungsstufen (3-Bit-ADC) kaum noch zusätzliche Genauigkeit erreicht wird. Bei ADC mit mehr als vier Bits sind Genauigkeitssteigerungen nicht mehr nachweisbar. Die meisten GNSS-Empfänger nutzen daher weniger als vier Bits in ihren ADCs (Kaplan & Hegarty 2006).

Ein typischer Wert für die zu digitalisierende Zwischenfrequenz in GNSS-Empfängern ist 10 MHz. Die Digitalisierung erfolgt mit $[(30 - 40) \cdot 10^6$ Samples]/Second, entsprechend einer Abtastrate von 30 bis 40 MHz.

Der ADC benötigt zur Erzielung optimaler Ergebnisse eine geeignete Stärke des Analogsignals. Die analogen Satellitensignale und damit auch deren vor der Digitalisierung frequenzherabgesetzten Signale – die Zwischenfrequenzsignale (ZF-Signale) – unterliegen in ihren Stärken jedoch Schwankungen, im Wesentlichen verursacht durch die sich verändernden Elevationen der Satelliten. Diese Schwankungen sind zwar relativ moderat, dennoch werden diese Veränderungen der Signalstärken so kompensiert, dass das Analogsignal den Analog-digital-Wandler in nahezu immer gleicher Stärke erreicht. Diese Anpassung übernimmt die automatische Verstärkungsregelung (Automatic Gain Control (AGC)), die unabhängig von der Stärke des empfangenen GPS-Signals die Stärke des Analogsignals am ADC konstant hält (s. dazu Abb. 2.61).

Das analoge ZF-Signal erreicht zunächst den variablen Verstärkungsregler (Variable Gain Amplifier (VGA)). Es wird dort mit einem vorgegebenen Ausgangswert verstärkt und an den Analog-digital-Wandler (Analog Digital Converter (ADC)) weitergeleitet, gleichzeitig aber auch zurück zum Verstärkungsregler (Gain Controller). Im Verstärkungsregler wird die optimale Verstärkung geschätzt (s. dazu z. B. Lotz 2008) und ein dementsprechendes Signal dem variablen Verstärkungsregler (VGA) zur Verfügung gestellt, der mit dieser Information die Verstärkung anpasst. Vom ADC geht das digitalisierte ZF-Signal weiter zum Basisprozessor des Empfängers. Auf diese Weise wird sichergestellt, dass der VGA immer eine optimale Verstärkung durchführt. Dies führt dazu, dass ein schwaches Analogsignal mehr verstärkt wird als ein starkes Analogsignal und umgekehrt.

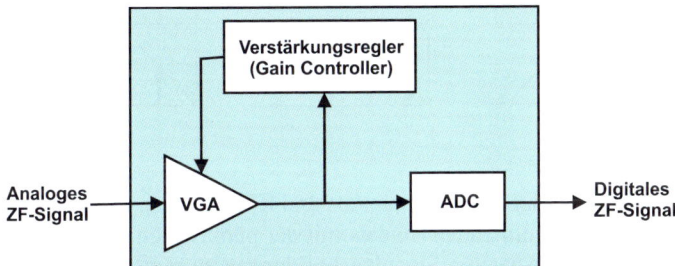

Abb. 2.61: Analog-digital-Wandlung (Analog Digital Converter (ADC)) mit variabler Verstärkungsregelung (Variable Gain Amplifier)

2.7.8.4 Korrelator

Mithilfe eines Korrelators wird der Zeitversatz zweier Signale ermittelt. Dies ist ein wesentlicher Vorgang bei der Bestimmung der GNSS-Messgrößen (s. Abschnitt 3.4).

Zur Durchführung der Korrelation verfügen die meisten GNSS-Empfänger über drei Korrelatoren.

Jedem der drei Korrelatoren wird gleichzeitig das empfangene Signal zugeführt und je eine Signalnachbildung mit den Phasenlagen „Früh", „Pünktlich" und „Spät". Die Code-Phasenlagen der Signalnachbildungen liegen bei drei Korrelatoren eine halbe Chip-Länge auseinander. Auf diese Weise erhält man zu den drei Korrelatoren drei Korrelationssignale unterschiedlicher Stärke (s. Abb. 2.62). Aus deren Vergleich kann geschätzt werden, in welchem Umfang die erzeugten Signalnachbildungen zeitlich verschoben werden müssen, um das gesuchte Korrelationsmaximum der „pünktlichen" Signalnachbildung zu finden. Dies ist dann der Fall, wenn die Korrelation des einkommenden Signals mit der frühen und späten Signalnachbildung zu gleich starken Korrelationssignalen führt und bei der pünktlichen Signalnachbildung das Korrelationssignal das Maximum erreicht (Kaplan & Hegarty 2006).

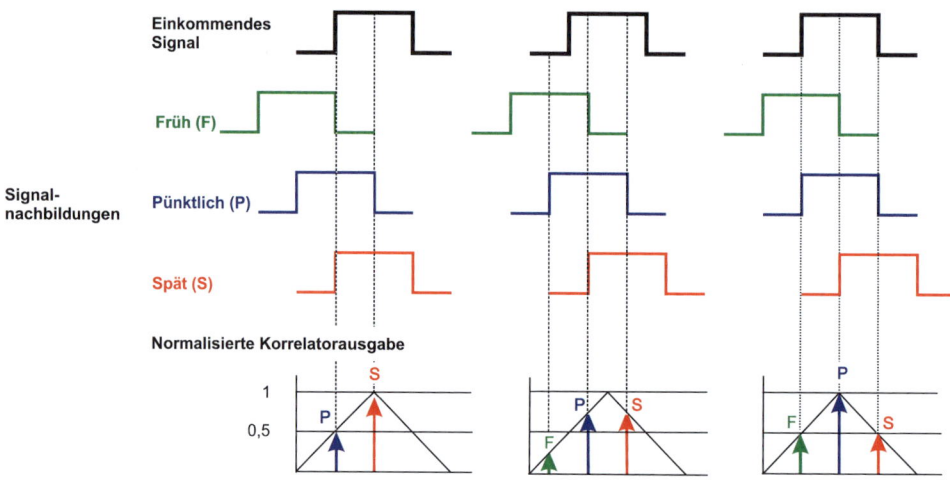

Abb. 2.62: Code-Korrelationsphasen

Multi-Korrelator-Empfänger verfügen über sehr viel mehr als drei Korrelatoren. Dies ermöglicht es, die Korrelationswerte des einkommenden Signals mit der pünktlichen Signalnachbildung und diversen verfrühten und verspäteten Signalnachbildungen zu registrieren. Mithilfe von Multikorrelatoren können GNSS-Störungen aufgedeckt werden (s. Abschnitt 4.4.1.2).

2.7.9 Merkmale der GNSS-Empfangsantennen

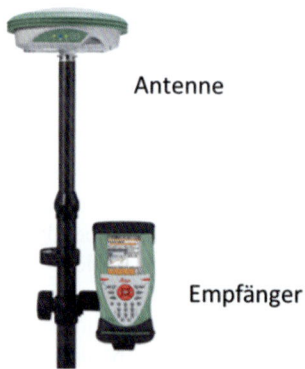

Abb. 2.63a: GPS-III-Satellit mit
Sendeantennen
(Quelle: Lockheed Martin)

Abb. 2.63b: GNSS-Empfänger mit
Empfangsantenne
(Quelle: Leica Geosystems)

Vorbemerkung

Satellitengestützte Ortung ist auf die Verwendung von Antennen angewiesen. Dabei muss unterschieden werden zwischen den Antennen, mit deren Hilfe die GNSS-Signale ausgestrahlt werden – den Sendeantennen –, und den Antennen, mit deren Hilfe die ausgestrahlten

Signale in den Empfänger gelangen, den Empfangsantennen. In den folgenden Abschnitten sollen zunächst nur die Empfangsantennen behandelt werden.

Empfangsantennen wandeln elektromagnetische Wellen in elektrische Ströme um. Wenn in einer Empfangsantenne eine Vorverstärkung des Empfangssignals vorgenommen wird – eventuell auch eine Signalfilterung – handelt es sich um eine aktive Antenne, sonst ist es eine passive Antenne.

Eine geeignete GNSS-Empfangsantenne ist Voraussetzung dafür, dass der GNSS-Empfänger die GNSS-Signale im notwendigen Umfang erfassen kann. Es gibt unterschiedliche Anforderungen an GNSS-Empfänger und damit auch unterschiedliche Anforderungen an GNSS-Empfangsantennen[34]. Diese Anforderungen können durch unterschiedlichste Antennentypen erfüllt werden (s. dazu z. B. http://www.navipedia.net/index.php/Antennas). Wichtiger als ihre Konstruktionsmerkmale sind die Eigenschaften, die Antennen haben sollten. Die wichtigsten Eigenschaften sollen in den kommenden Abschnitten beschrieben werden.

Für eine ausführliche Einführung in die Problematik der GNSS-Antennen sei verwiesen auf Rao u. a. (2012).

Die *Eigenschaften* einer Empfangsantenne können durch folgende Merkmale beschrieben werden:

1. Unterstützte Frequenzen mit ihren Bandbreiten
2. Polarisation
3. Charakteristik
4. Phasenzentrumstabilität

Aktive Antennen können zusätzlich durch die Merkmale ihrer Bauteile:

1. Bandpassfilter zu Abschwächung unerwünschter Frequenzen,
2. rauscharmer Verstärker (Low Noise Amplifier (LNA))

gekennzeichnet werden

2.7.9.1 Unterstützte Frequenzen und Bandbreiten

GNSS-Signale werden in unterschiedlichen Frequenzen mit unterschiedlichen Bandbreiten ausgestrahlt.

Daraus ergibt sich, dass man Antennen unterscheiden kann nach:

• unterstützten Frequenzen,
• unterstützten Bandbreiten.

Nicht jeder Empfänger ist darauf angewiesen, mehr als eine Frequenz zu unterstützen, auch sind die Anforderungen an die zu erfassenden Bandbreiten unterschiedlich.

Die einfachsten und günstigsten GNSS-Antennen werden in Empfängern für den Massenmarkt verwendet – eingebaut in Smartphones, Tablets usw. Sie unterstützen häufig nur eine Frequenz. In den allermeisten Fällen ist dies die von GPS und Galileo gemeinsam genutzte Frequenz 1.575,42 MHz mit den dort ausgesendeten zivilen Signalen. Hinsichtlich der allgemein üblichen Bandbreitendefinition hat das bisher dort ausgestrahlte GPS-L1-Signal die Bandbreite 2,046 MHz, bei den zukünftig auf dieser Frequenz ausgestrahlten modernen frei

---

[34] Über die Eigenschaften der GNSS-*Sendeantennen* wird im jeweiligen Abschnitt berichtet.

zugänglichen Signalen (GPS L1c, Galileo E1) sind die Bandbreiten größer (~ 4 MHz). Antennen, die das bisher ausgestrahlte GPS-L1-Signal empfangen können, wiegen häufig nur wenige Gramm und kosten nicht mehr als einige Euro (s. Abb. 2.64)

Abb. 2.64:
GPS-Patch-Antenne der Fa. SANAV
(Größe 10 mm × 10 mm × 6.25 mm; Gewicht 6 g)

Die leistungsfähigsten und teuersten Antennen haben neben anderen Eigenschaften so große Bandbreiten, dass sie alle GNSS-Signale unterstützen. Sie werden daher auch Ultra-Breitband-Antennen genannt. Sehr häufig handelt es sich dabei um Choke-Ring-Antennen, deren charakteristisches Element eine Bodenplatte konzentrischer Ringe zur Dämpfung[35] von Mehrwegesignalen ist (s. dazu z. B. Ashjaee 1998). Die eigentlich in der Mitte angeordnete Antenne kann nach unterschiedlichen Konstruktionsmerkmalen entworfen sein. Ultra-Breitband-Antennen empfangen die GNSS-Signale im unteren GNSS-Band (ca. 1.160 MHz – 1.300 MHz, Bandbreite 140 MHz) und im oberen GNSS-Band (ca. 1.560 – 1.610 MHz, Bandbreite 50 MHz). Die Antennen genügen höchsten Ansprüchen, sind dafür aber teuer (einige Tausend Euro) und sehr schwer (einige Kilo). Sie sind für Anwendungen auf Referenzstationen konzipiert, für mobile Anwendungen aber ungeeignet.

Abb. 2.65: Choke-Ring-Antenne AR25 (Fa. Leica Geosystems), Durchmesser 38 cm, Höhe 20 cm, Gewicht 7,6 kg

Zwischen diesen Extremen gibt es Antennen jedes gewünschten Merkmals im Hinblick auf die Anzahl der Frequenzbänder und die gewünschten Bandbreiten.

2.7.9.2 Polarisation, Axial Ratio (Achsenverhältnis)

Antennen können Signale in unterschiedlicher Polarisation senden bzw. zum Empfang unterschiedlich polarisierter Signale optimiert sein. Die Sendeantennen der GNSS-Satelliten senden rechts-zirkular-polarisierte Signale (Right-Hand Circularly Polarized (RHCP)), wobei ein bestimmter Wert der Polarisation – das Axial Ratio – in den Spezifikationen der GNSS-Betreiber vorgegeben ist (s. Abschnitt 2.6.1.2).

---

[35] Das englische Verb „to choke" bedeutet „ersticken, dämpfen".

Sehr häufig, aber nicht immer sind die Empfangsantennen auch RHCP-polarisiert, da sie dann möglichst viel der ausgestrahlten Sendeenergie aufnehmen können. Aber da selbst die ausgestrahlten GNSS-Signale nicht ideal RHCP-polarisiert sind, sind dies auch GNSS-Empfangsantennen nicht. Die Abweichungen von der idealen RHCP-Empfänger-Polarisation werden durch das Axial Ratio angegeben. Es liegt typischerweise zwischen 1 dB und 3 dB (Werte zwischen 1,3 und 2). Die von den Antennenherstellern angegebenen AR-Werte gelten für die Richtung zum Zenit der Antenne. Der AR ist dort am kleinsten. Mit kleiner werdenden Satellitenelevationen werden die AR größer, entfernen sich also mehr und mehr von der idealen RHCP-Polarisation. Selbst bei hochwertigen Antennen steigen bei Elevationen unter 10 Grad die AR-Werte auf 6 dB und mehr. Zu beachten ist auch, dass die AR-Werte der Antennen streng genommen abhängig von der betrachteten Frequenz sind.

Zwingend erforderlich ist die RHCP-Polarisation für GNSS-Empfänger nicht. Insbesondere aus Kostengründen werden im Bereich der Massenmarkt-Empfänger auch linear polarisierte Empfangsantennen eingesetzt (z. B. Antennen der Smartphones). Die Spezifikationen in den Interface-Dokumentationen der GNSS-Betreiber für die von den Satelliten mindestens zu empfangende Energie gehen von linear polarisierten Antennen aus.

2.7.9.3 Antennencharakteristik, Antennengewinn

Antennen strahlen bzw. empfangen in unterschiedlichen räumlichen Richtungen in unterschiedlichen Leistungen bzw. Sensibilitäten. Diagramme, die diesen Sachverhalt darstellen, werden *Antennencharakteristik* – auch Antennen-Richtdiagramm – genannt. Da Antennen gleiche Sende- und Empfangseigenschaften haben, zeigen Antennencharakteristiken sowohl die richtungsabhängige Sendeleistung als auch die richtungsabhängige Empfangsempfindlichkeit. Die Antennencharakteristik beschreibt die Richtungen, aus denen die Antenne Signale empfangen kann.

In der Antennencharakteristik werden die Empfangsempfindlichkeit bzw. Sendeleistung der Antenne durch den *Antennengewinn*[36] quantifiziert. Zur Vermeidung von Missverständnissen sei darauf hingewiesen, dass eine Antenne keine Energie gewinnen kann. Eine Antenne kann ausgestrahlte oder empfangene Energie lediglich bündeln. Insofern ist der Begriff Antennengewinn sprachlich ein wenig unglücklich. Er ist aber in der Nachrichtentechnik üblich.

Zum besseren Verständnis des Begriffs „Antennengewinn" muss die isotrope Antenne eingeführt werden. Eine isotrope Antenne ist eine Antenne, deren *Sendeleistung* P_S – Dimension Watt – in alle Richtungen in gleicher *Leistungsdichte* S_0 – Dimension Watt pro m² – ausgestrahlt wird. Durch das gleichmäßige Abstrahlen ergibt sich als Antennencharakteristik für die in der realen Welt nicht existierende isotrope Antenne die Form einer Kugel.

Die Leistungsdichte S_0 der isotropen Antenne im Abstand r vom Antennenmittelpunkt beträgt demnach:

$$S_0 = \frac{P_S}{F_{Kugel}} = \frac{P_S}{4\pi r^2} \,. \tag{2.152}$$

---

[36] Statt des Antennengewinns wird auch der Begriff Richtfaktor (directivity) verwendet. Der Unterschied ist eher von theoretischem Interesse und soll daher hier nicht weiter beachtet werden, zumal der Unterschied meist sehr gering ist.

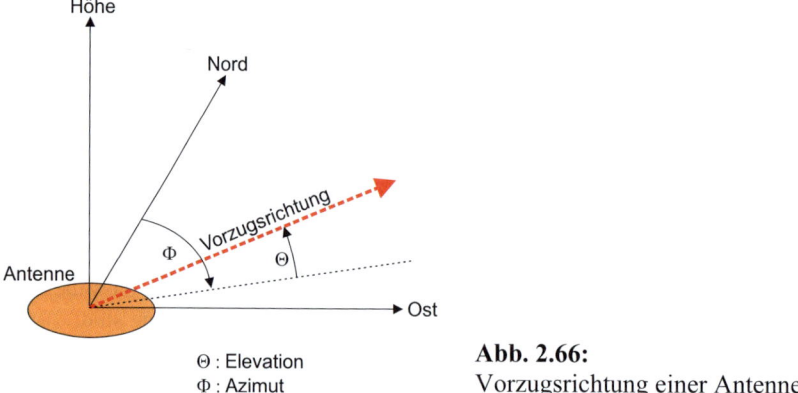

Abb. 2.66:
Vorzugsrichtung einer Antenne

Mithilfe der Leistungsdichte der isotropen Antenne wird der Gewinn einer realen Antenne wie folgt definiert:

Der Gewinn $G(\Phi, \Theta)$ einer Antenne in einer Vorzugsrichtung (Φ: Azimut; Θ: Elevation – s. Abb. 2.66) ist definiert als Quotient von tatsächlich erzeugter Strahlungsleistungsdichte $S(\Phi, \Theta)$ und der isotropen Strahlungsleistungsdichte S_0, die bei isotroper Abstrahlung der Sendeleistung im gleichem Abstand entstehen würde.

Für den Gewinn $G(\Phi, \Theta)$ ergibt sich damit die Formel

$$G(\Phi,\Theta) = \frac{S(\Phi,\Theta)}{S_0} \left[\frac{\text{Watt}}{\text{m}^2} \cdot \frac{\text{m}^2}{\text{Watt}} \right] \qquad (2.153)$$

Als Quotient von zwei Strahlungsdichten ist der Gewinn eine dimensionslose Zahl. Er wird üblicherweise in Dezibel (dB) angegeben und ist als der zehnfache Zehnerlogarithmus des Verhältnisses zweier Werte *F1* und *F2* definiert.

$$x\,dB = 10 \cdot \lg\left(\frac{F1}{F2}\right) \qquad (2.154)$$

Bei Antennen wird – s. oben – ein Bezug zum isotropen Strahler hergestellt. Die Bezeichnung für den entstehenden Wert ist dann dBi (dB oberhalb des isotropen Strahlers = dBi).

Im Fall eines isotropen Kugelstrahlers gilt *F1* = *F2*. Somit ergibt sich:

$$G = 10 \cdot \lg\left(\frac{F1}{F2}\right) = 0\ \text{dBi} \qquad (2.155)$$

Der isotrope Kugelstrahler hat also einen Gewinn von 0 dBi. Er hat keine Vorzugsrichtung, in welche die abgestrahlte Leistung gebündelt wird.

Die Charakteristik der Antennen wird meist in 2-D-Diagrammen dargestellt. Sie zeigen in einer Ebene die Antennengewinne in logarithmischem Maßstab als Funktion der Richtung des einfallenden Satellitensignals, entweder als Polar- oder als kartesisches Diagramm.

Ideale *GNSS-Empfangsantennen* für statische Vermessungen[37] haben in jeder Richtung über dem Horizont den gleichen Antennengewinn. Unterhalb des Horizonts ist der Gewinn = 0, das entspricht $-\infty$ dB. Auch würde diese Antenne nur RHCP-Signale empfangen. Sie würde

---

[37] Die Antenne mus mit horizontalem Antennenfuß starr installiert sein.

damit reflektierte Signale (Multipath-Signale) nur sehr schlecht empfangen. Für eine solche, nicht mögliche, Antenne würden sich für eine Vertikalebene Antennendiagramme wie die in Abbildung 2.67 ergeben[38].

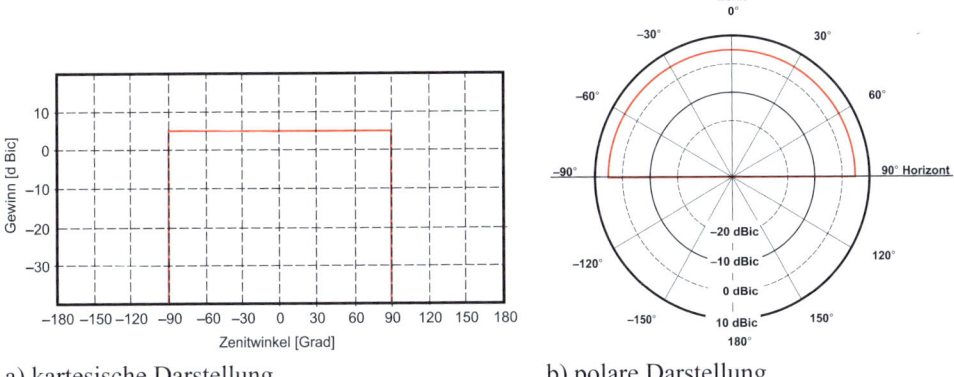

a) kartesische Darstellung   b) polare Darstellung

Abb. 2.67: Vertikale Antennendiagramme einer idealen GNSS-Empfangsantenne

Reale Empfangsantennen können diese Eigenschaften nicht haben. Abbildung 2.68 zeigt die Antennencharakteristik der GNSS-Empfangsantenne Leica AR 20 in der vollständigen Vertikalebene: als kartesisches Diagramm (Bild a) und Polardiagramm (Bild b). Die Diagramme enthalten die Charakteristik für RHCP- und LHPC-Signale. Die Charakteristik für das RHPC-Signal hat über fast den gesamten Horizont (Elevation –75 Grad bis +75 Grad) einen Antennengewinn von mehr als –5 dBic[39]. Dadurch können alle über dem Horizont stehenden Satellitensignale gut empfangen werden. Der Antennengewinn für das LHPC-Signal ist im gesamten Bereich deutlich schlechter als der Gewinn des RCHP-Signals. Dadurch werden Mehrwege-Signale weitestgehend unterdrückt.

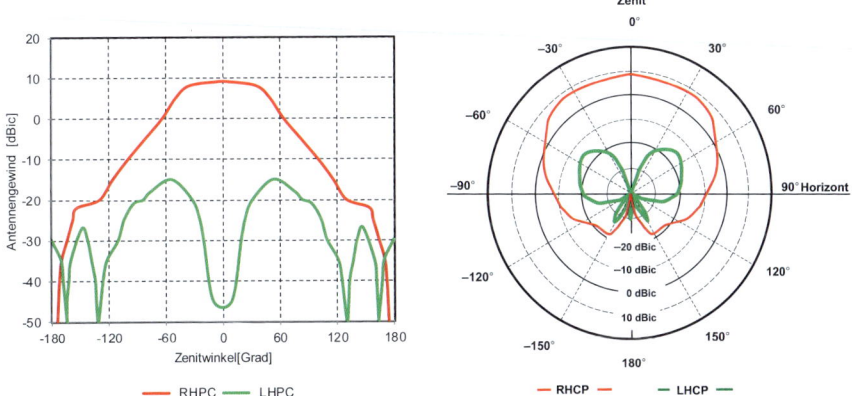

Abb. 2.68: Antennendiagramm einer GNSS-Empfangsantenne der Fa. Leica (links: kartesisches Diagramm, rechts: Polar-Diagramm

---

[38] Für andere Anwendungen (z. B. Antennen für Smartphones) können aber auch omnidirektionale Antennen vorteilhaft sein.

[39] dBic: Antennengewinn bei zirkular polarisierten Wellen.

Antennen mit variabler (adaptiver) Charakteristik (Antennengruppen)

Von besonderer Bedeutung im Zusammenhang mit dem Aufspüren und Bekämpfen von GNSS-Störern sind Antennen, die GNSS-Signale über eine Antennen*gruppe* (Antenna Array) empfangen. Die Antennengruppe verfügt über die Möglichkeit, ihre Antennencharakteristik in Echtzeit so zu verändern, dass in Richtung gewünschter Signale der Antennengewinn hoch bzw. in Richtung unerwünschter Signale der Antennengewinn niedrig ist. Damit wird erreicht, dass gewünschte Signale empfangen bzw. Störsignale unterdrückt werden. Anders formuliert: Die Antennengruppe verfügt über die Möglichkeit, sich dem Vorhandensein von Störern anzupassen. Sie wird auch „adaptive Antennen-Gruppe" genannt. Auch die Bezeichnung „Smart Antenna" wird verwendet. Adaptive Antennengruppen sind noch sehr teuer und werden überwiegend bei Softwareempfängern eingesetzt. Sie werden daher zurzeit noch überwiegend im militärischen Bereich und für sicherheitskritische Anwendungen – z. B. Flugzeugnavigation – genutzt.

Eine aus sieben Einzelantennen bestehende adaptive Antennengruppe zeigt Abbildung 2.69. Sie lässt erkennen, dass adaptive Gruppenantennen relativ groß sind. Das hängt damit zusammen, dass die einzelnen Antennenelemente aus theoretischen Gründen einen Abstand von einer halben Wellenlänge der GNSS-Signale haben sollten, also etwa 10 cm.

Abb. 2.69:
Adaptive Antennengruppe aus sieben Einzelantennen (Quelle: GPS World, 11.02.2016; http://gpsworld.com/innovation-null-steering-antennas/)

Adaptive Antennengruppen arbeiten nach zwei unterschiedlichen Prinzipien:

1. Antenne *mit schwenkbaren Nullstellen* (Null-steering Antenna) (s. Abb. 2.70)
   Es entsteht eine Antennencharakteristik, die in Richtung von Störern einen niedrigen Gewinn aufweist, in alle anderen Richtung einen hohen Antennengewinn. Damit werden die Signale der Störer unterdrückt.

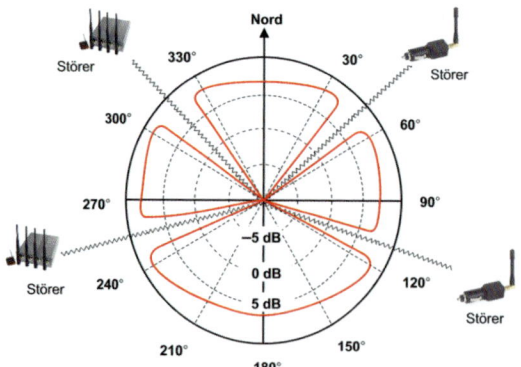

Abb. 2.70:
Vereinfachte Charakteristik einer Antenne mit schwenkbaren Nullstellen

2. Antenne mit *schwenkbaren Empfangsbereichen* (Beamforming Antenna)
   Es entsteht eine Antennencharakteristik, die in Richtung der Satellitensignale hohe An-

tennengewinne aufweist, in alle anderen Richtungen niedrige Antennengewinne (s. Abb. 2.71).

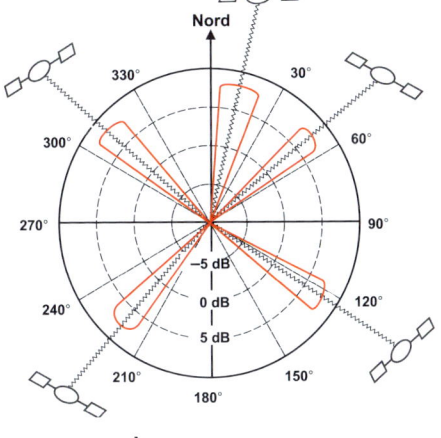

Abb. 2.71:
Vereinfachte Charakteristik einer Antenne mit schwenkbaren Empfangsbereichen

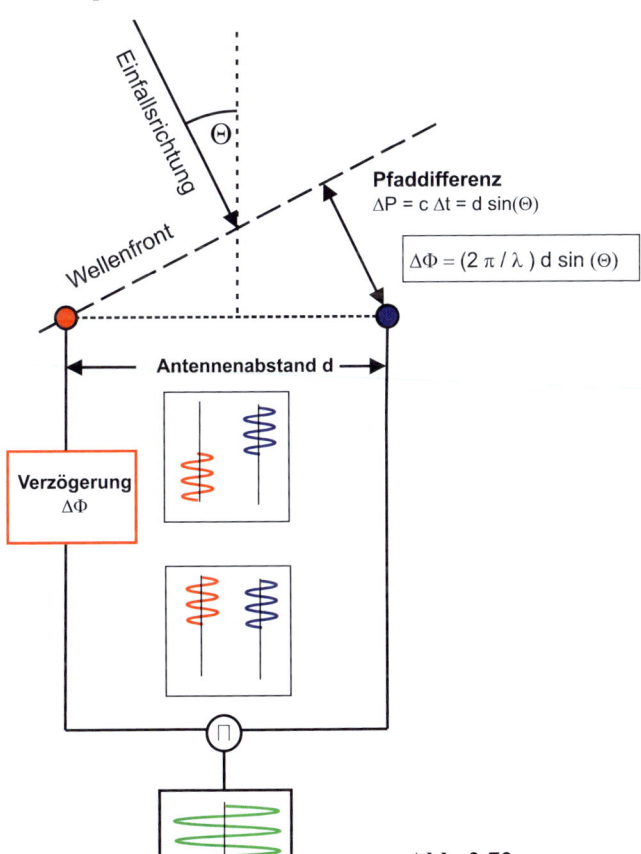

Das physikalische Grundprinzip, nach dem adaptive Gruppenantennen arbeiten, zeigt Abbildung 2.72. Eine aus der Richtung Θ einfallende Wellenfront erreicht die mit einem roten Punkt dargestellte Antenne zu einem früheren Zeitpunkt als die mit einem blauen Punkt dargestellte Antenne. Aus der Pfaddifferenz ergibt sich die Phasendifferenz der beiden Signale. Wird nun das zunächst einfallende Signal verzögert, so kann erreicht werden, dass durch die Summierung der Signale ein aus dieser Richtung einfallendes Signal verstärkt wird. Genauso kann man die Signale auch so manipulieren, dass sie sich gegenseitig aufheben.

Pfaddifferenz
$\Delta P = c \, \Delta t = d \, \sin(\Theta)$

$$\Delta\Phi = (2\pi / \lambda) \, d \, \sin(\Theta)$$

Abb. 2.72:
Grundprinzip adaptiver Gruppenantennen

189

Die Anzahl schwenkbarer Nullstellen bzw. schwenkbarer Empfangsbereiche ist abhängig von der Anzahl der Einzelantennen der Gruppenantenne. Aus je mehr Einzelantennen die Gruppenantenne besteht, desto mehr Nullstellen bzw. Stellen hohen Antennengewinns kann die Antenne bereitstellen. Eine aus N Antennen bestehende Antennengruppe kann im Allgemeinen $N-1$ unterschiedliche Nullstellen bzw. Stellen hohen Antennengewinns zur Verfügung stellen.

Dieses konzeptionell einfache Verfahren ist in der Realisierung ein komplexes Verfahren. Eine Einführung findet man bei Haynes (1998). Das Verfahren wird fast immer auf digitalem Wege durchgeführt. Daher müssen die eingehenden Signale jedes Antennenelements zunächst digitalisiert werden. Nach der Digitalisierung werden Amplitude und Phase der Signale jedes Antennenelements so manipuliert, dass sich bei der Aufsummierung der manipulierten Einzelsignale die gewünschten Effekte einstellen.

2.7.9.4 Phasenzentrumsstabilität

Die GNSS-Messgrößen beziehen sich auf die elektrischen Phasenzentren der Sende- und Empfangsantennen, nicht aber auf ihre mechanischen Zentren. Die Abweichungen zwischen diesen Zentren liegen bei den Empfangsantennen in der Größenordnung einiger Zentimeter, sind also nur für Anwendungen mit entsprechenden Genauigkeitsanforderungen relevant. Für diese Anwendungen spielt zusätzlich eine Rolle, dass die Phasenzentren der GNSS-Antennen sowohl nicht stabil als auch frequenzabhängig sind. Sie verändern sich in Abhängigkeit von der Richtung des Empfangssignals und der Empfangsfrequenz. In Abschnitt 11.2.3 wird die damit für geodätische Anwendungen erforderliche Kalibrierung der Empfangsantennen beschrieben. Daten für die Phasenzentrumsvariationen geodätischer Empfangsantennen stellen der International GNSS Service (IGS) und der US-amerikanische National Geodetic Survey (NGS) kostenfrei zur Verfügung. Die Datenblätter der Hersteller von Empfangsantennen enthalten diese Informationen im Allgemeinen nicht.

2.7.9.5 Merkmale aktiver Antennen

Abbildung 2.73 zeigt das Blockschaltbild einer aktiven Antenne mit ihren Bauteilen „Bandpassfilter" und „rauscharmer Verstärker (Low Noise Amplifier (LNA))". Deren Merkmale werden in den folgenden Abschnitten beschrieben.

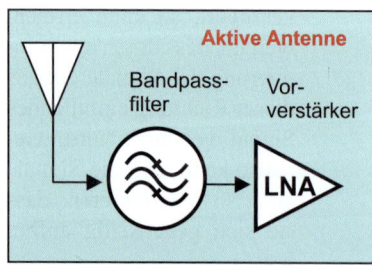

Abb. 2.73:
Blockschaltbild einer aktiven Antenne

a) Bandpassfilter für „Out-of-Band Rejection"

Ein ideale Antenne leitet nur erwünschte Signale an das Front-End des Empfängers weiter. Um dieses Ziel zu erreichen, kann eine aktive Antenne über Filter verfügen, die nur den Teil der Frequenzen an den LNA zur Verstärkung weiterleitet, der gewünscht ist. Diese Funktion leisten Bandpassfilter. Das Herausfiltern – genauer das Abschwächen – unerwünschter Frequenzen wird in der GNSS-Literatur „Out-of-Band Rejection" genannt. Bandpassfilter sind so konzipiert, dass unter- und oberhalb eines gewünschten Frequenzbereichs die einfallenden Signale durch Filter gedämpft werden. Der in dB angegebene Grad der Abschwächung liegt bei in GNSS-Antennen eingebauten Bandpassfiltern in der Größenordnung von 20 – 50 dB und größer.

b) Rauscharmer Verstärker (Low Noise Amplifier)

Bestandteil aktiver GNSS-Empfangsantennen sind rauscharme Verstärker. Diese Verstärker haben die Aufgabe, die von der Antenne aus den Satellitensignalen erzeugten Stromspannungen zu verstärken, bevor sie an das Front-End des Empfängers weitergeleitet werden. Die wichtigsten Eigenschaften der LNA wurden in Abschnitt 2.7.8.2 beschrieben.

2.8 Satellitendatum

In Anlehnung an die in Abschnitt 1.4.3 wiedergegebene Definition für das horizontale geodätische Datum kann das Satellitendatum wie folgt definiert werden:

Diejenigen Parameter, die die Orientierung des inertialen Koordinatensystems der Satellitengeodäsie zu dem globalen terrestrischen Koordinatensystem beschreiben, werden Satellitendatum genannt.

Repräsentiert wird das Satellitendatum durch die geozentrischen Koordinaten (astronomisch und/oder terrestrisch) der Satelliten bzw. der Satellitenbeobachtungsstationen. Das Koordinatensystem muss geozentrisch sein, da die Bewegungsgleichungen für die Satelliten nur in einem Inertialsystem gelten. Ein Inertialsystem kann nur als geozentrisches Koordinatensystem realisiert werden.

Ähnlich wie bei der Realisierung konventioneller geodätischer Daten müssen bei der Festlegung eines Satellitendatums eine Reihe von Vereinbarungen getroffen werden, deren Wahl keineswegs zwingend ist. Zu diesen Vereinbarungen gehören u. a.:

- ein Modell für die Erddrehung, Präzession und Nutation der Erdachse sowie die Polbewegungen zur Umrechnung der Beobachtungen in das Inertialsystem;
- ein Modell des Erdschwerefelds einschließlich des Produktes aus Gravitationskonstante und der Masse der Erde als grundlegende Größe der Kepler-Gleichungen;
- eine Vereinbarung über die Lichtgeschwindigkeit und Mess- und Modelltechniken zur Handhabung ionosphärischer und troposphärischer Ausbreitungseffekte zur Berechnung der Laufzeiten und Wege der Satellitensignale;
- Algorithmen zur Berechnung der Satellitenkoordinaten aus Beobachtungen.

Diese und andere Daten dienen der Realisierung eines Satellitendatums. Sie können nicht ohne Konventionen festgelegt werden. Daher ist ein Satellitendatum prinzipiell genauso „willkürlich" wie die Daten eines terrestrischen geodätischen Datums.

Satellitenkoordinaten sind primär kartesische Koordinaten des Inertialsystems – d. h. des astronomischen Systems. Durch den Faktor „Zeit" und das Modell über das Verhalten der Erdachse werden daraus kartesische Koordinaten in einem globalen terrestrischen System. Ein Ellipsoid wird für diese Koordinaten nicht benötigt. Nur aus praktischen Gründen wird den Navigationssatelliten ein Ellipsoid zugeordnet, damit mit dessen Hilfe die wenig anschaulichen kartesischen

Koordinaten in die vertrauten Koordinaten Länge, Breite und (ellipsoidische) Höhe umgerechnet werden können.

Prinzipiell ist die Dimension des Ellipsoids beliebig. Sein Figurenmittelpunkt ist das Geozentrum, und es ist sinnvoll, die Dimension des Ellipsoids so zu wählen, dass es sich als mittleres Erdellipsoid dem Erdkörper weltweit optimal anpasst.

2.9 Genauigkeitsmaße

Aus Satellitenbeobachtungen abgeleitete Koordinaten gewinnen ihre vollständige Aussagekraft erst dann, wenn der Nutzer weiß, mit welchen Abweichungen zwischen den aus der Messung gewonnenen Koordinaten und dem wahren Messungsort gerechnet werden muss.

Es ist offensichtlich, dass eine solche Information nur statistischer Natur sein kann, d. h. eine Aussage der Art, dass wahrer Ort und gemessener Ort nur mit einer gewissen *Wahrscheinlichkeit* übereinstimmen, und zwar in dem Maße, wie durch das Genauigkeitsmaß angegeben ist. Grundlage für die Definition von Genauigkeitsmaßen sind die mathematische Statistik, die Fehlerlehre und die Ausgleichsrechnung. Es gibt über diese Gebiete umfangreiche und leicht zugängliche Literatur (z. B. Höpcke 1980, Pelzer 1985, Niemeier 2008; alle Quellen mit weiteren Literaturhinweisen), sodass auf deren Darstellung hier verzichtet werden kann. Die im Allgemeinen üblichen Genauigkeitsmaße werden in diesem Abschnitt jedoch in dem Umfang referiert, wie es zum richtigen Umgang mit diesen Begriffen und zur Vermeidung von Missverständnissen erforderlich erscheint.

Aussagen über die Genauigkeit von gemessenen Größen können im Allgemeinen nur dann gemacht werden, wenn die statistischen Eigenschaften der gemessenen Größen bekannt sind.

Die im Vermessungswesen und bei der Ortung üblichen Maße gehen davon aus, dass die gemessenen Elemente, die zur Berechnung der Koordinaten verwendet werden, einer *„Normalverteilung"* (auch „Gauß-Verteilung" genannt) unterliegen. Zum gründlichen Verständnis dieses Begriffs sei auf die Spezialliteratur verwiesen. Hier möge folgende Erläuterung ausreichen:

Eine Messung unterliegt einer Normalverteilung, wenn bei einer großen Anzahl von Wiederholungsmessungen einer Messungsgröße große Fehler (Fehler = wahrer Wert minus gemessener Wert) relativ selten auftreten, kleine Fehler dagegen häufig, und wenn die Vorzeichen der Fehler ebenso häufig positiv wie negativ sind.

Dies ist keine vollständige Definition des Begriffs der Normalverteilung, aber sie enthält wesentliche Elemente.

Nicht eingeschlossen in diese Definition und auch nicht in diesem Abschnitt besprochene Genauigkeitsmaße sind systematische Fehler.

Ein systematischer Fehler stellt sich nach einer bestimmten – nicht dem Zufallsprinzip gehorchenden – Gesetzmäßigkeit ein und führt – im Gegensatz zu den zufälligen Fehlern – zu regelmäßigen Abweichungen der Messergebnisse vom Sollwert.

Abbildung 2.74 zeigt dafür ein Beispiel: Die Darstellung der mithilfe eines nicht bewegten GPS-C/A-Code-Empfängers durchgeführten Positionsmessung zeigt eine deutliche (in der Sprache der Statistik „signifikante") Häufung der Ergebnisse neben dem Sollpunkt (Koordinatenkreuz). Die Abbildung soll deutlich machen, dass bei dieser Messung neben zufälligen Fehlern

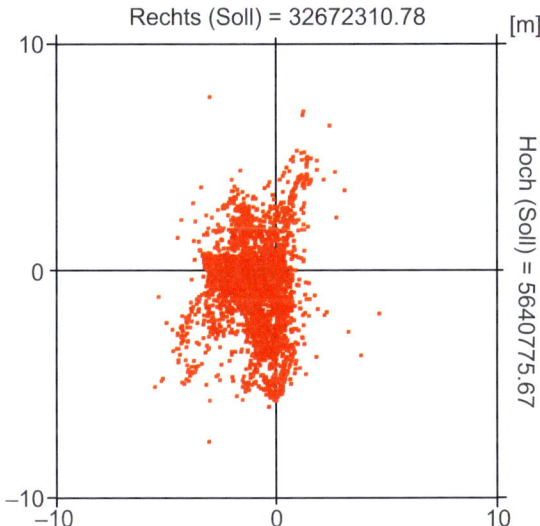

Abb. 2.74: Verteilung absoluter GPS-Positionierungsergebnisse

ein systematischer Fehleranteil eine Rolle spielt. Durch bloße Mittelbildung der Einzelergebnisse und durch die Berechnung eines Genauigkeitsmaßes aus den Abweichungen vom Mittel würde sich bei dieser GPS-Messung dann ein falsches Bild der Messgenauigkeit ergeben, wenn der systematische Anteil nicht zusätzlich erwähnt würde.

Systematische Fehleranteile müssen durch geeignete Messanordnungen aufgedeckt und eliminiert werden, bevor die im Folgenden referierten Genauigkeitsmaße angewendet werden können. Aber auch bei korrektem Umgang mit den Genauigkeitsmaßen sind diese immer nur Schätzwerte. Dies gilt auch dann, wenn sie in numerisch aufwendiger Weise berechnet wurden. Um falsche Schlüsse aus diesen Schätzwerten zu vermeiden, muss eindeutig klar sein, welches Genauigkeitsmaß gemeint ist und dass systematische Fehlereinflüsse ausgeschlossen sind. Liegen systematische Fehlereinflüsse vor, müssen diese gesondert diskutiert werden.

2.9.1 Eindimensionale Genauigkeitsmaße

Zur Charakterisierung der Genauigkeit normalverteilter Messungsgrößen werden überwiegend folgende Genauigkeitsmaße benutzt:

1. *LEP* (Linear Error Probable),
2. Standardabweichung (σ),
3. Zweifache Standardabweichung (2σ).

Im deutschen Sprachgebrauch trägt das Genauigkeitsmaß LEP die Bezeichnung *„wahrscheinlicher Fehler"*. Im Vermessungswesen wird anstelle des Begriffs der Standardabweichung auch der Begriff *„mittlerer Fehler"* verwendet. In der englischsprachigen Literatur trägt σ auch die Bezeichnung *„Root Mean Square (RMS)"*.

Die genannten Genauigkeitsmaße definieren Intervalle, in denen mit einer gewissen statistischen Wahrscheinlichkeit der wahre Wert der gemessenen Größe liegt. Tabelle 2.11 enthält die Genauigkeitsmaße mit den zugehörigen statistischen Wahrscheinlichkeiten:

Tabelle 2.11: Eindimensionale Genauigkeitsmaße und statistische Wahrscheinlichkeit

Genauigkeitsmaß	Statistische Wahrscheinlichkeit
LEP	50 %
σ	68 %
$2\,\sigma$	95 %

Zum besseren Verständnis ein Beispiel: Die Messung der Strecke von *A* nach *B* ergibt 1.034,56 m mit $\sigma = 0,10$ m. Mit der statistischen Wahrscheinlichkeit von 68 % kann davon ausgegangen werden, dass die wahre Streckenlänge im Intervall 1.034,46 m bis 1.034,66 m liegt.

Man kann zeigen, dass der Zusammenhang zwischen *LEP* und σ durch die Gleichung

$$LEP \cdot 1,48 = \sigma$$

beschrieben wird.

Die genannten Genauigkeitsmaße beziehen sich auf die Genauigkeit *einer* Messungsgröße. Sie werden daher auch als eindimensionale Genauigkeitsmaße bezeichnet.

Mithilfe des bekannten Fehlerfortpflanzungsgesetzes der Statistik ist es relativ leicht möglich abzuschätzen, wie sich die (Un-)Genauigkeit gemessener Größen auf die (Un-)Genauigkeit von aus Messungselementen berechneten Größen auswirkt. So kann z. B. die Standardabweichung (oder irgendein anderes Genauigkeitsmaß) von der Fläche eines Dreiecks berechnet werden, wenn die Standardabweichungen (oder irgendein anders Genauigkeitsmaß) der Dreiecksseiten bekannt sind. Für diese abgeleiteten Größen werden die gleichen eindimensionalen Genauigkeitsmaße verwendet wie für die direkt gemessenen Größen.

2.9.2 Zweidimensionale Genauigkeitsmaße

(Einen Einstieg in die Theorie der zweidimensionalen Fehler mit weiterführenden Literaturhinweisen findet man bei Harre 1987.)

Bei Ortungs- und Vermessungsaufgaben sind die Genauigkeiten der gemessenen Elemente meist nur von indirektem Interesse. Sie werden lediglich benötigt, um die Genauigkeit der Koordinaten bzw. der Position zu berechnen. Dies ist aus theoretischer Sicht kein Problem.

Schwierig ist aber die Formulierung und Berechnung eines zusammenfassenden Genauigkeitsmaßes im Zusammenhang mit zweidimensionalen Koordinaten: die Formulierung eines flächenhaften Genauigkeitsmaßes.

Diese Schwierigkeit liegt u. a. darin begründet, dass sich Abweichungen zwischen Soll- und Ist-Position im Allgemeinen nicht als kreisförmiger Punkthaufen mit dem Sollpunkt als Zentrum darstellen, sondern als ellipsenförmiger Punkthaufen. Abbildung 2.57 zeigt dies an einem empirischen Beispiel. Man kann aber auch theoretisch nachweisen, dass dies im Allgemeinen so ist. Als Genauigkeitsmaß für eine zweidimensionale Messungsgröße – oder einer aus Messungen abgeleiteten Größe – müsste man also die Größen der Halbachsen der „*Fehlerellipse*" und deren Richtung im jeweiligen Koordinatensystem einführen. Man hätte es dann aber nicht mehr mit *einem* Genauigkeitsmaß zu tun, sondern mit einem Satz von Daten, die das Genauigkeitsmaß definieren. Dies wird im Vermessungswesen bei der Analyse von trigonometrischen Netzen häufig gemacht, ist aber für Navigationsaufgaben meist zu wenig praktikabel.

Man versucht daher als Genauigkeitsmaße Kreise zu definieren, die die Fehlerellipsen approximieren und deren Radien so gewählt werden, dass innerhalb dieser Kreise mit einer bestimmten statistischen Wahrscheinlichkeit das wahre Messungsergebnis liegt.

Folgende Genauigkeitsmaße sind zur Charakterisierung der horizontalen (zweidimensionalen) Genauigkeit üblich:

1. *CEP* (Circular Error Probable),
2. *1dRMS* (one distance root mean square),
3. *2dRMS* (two distance root mean square).

CEP ist seiner Definition nach der Radius eines Kreises, in dem mit 50 % Wahrscheinlichkeit die wahre Position zu finden ist. Das Genauigkeitsmaß *dRMS* geht von den Halbachsen A und B der Fehlerellipsen aus. Es gilt

$$1dRMS = \sqrt{A^2 + B^2} \, .$$

Da das Verhältnis der Halbachsen der Fehlerellipsen unterschiedlich sein kann, kann *1dRMS* und *2dRMS* keine exakte statistische Wahrscheinlichkeit zugeordnet werden (Harre 1987).

Tabelle 2.12 zeigt die zweidimensionalen Genauigkeitsmaße mit den zugehörigen statistischen Wahrscheinlichkeiten (Harre 1988).

Tabelle 2.12: Zweidimensionale Genauigkeitsmaße und statistische Wahrscheinlichkeit

Genauigkeitsmaß	Statistische Wahrscheinlichkeit
CEP	50 %
1dRMS	63,2 % ... 68,3 %
2dRMS	95,4 % ... 98,2 %

Als Daumenregel zur Umrechnung von *CEP* nach *2dRMS* wird im **F**ederal **R**adionavigation **P**lan (FRP) der USA die Formel 2,5 · *CEP* = *2dRMS* angegeben.

Im Vermessungswesen wird als zweidimensionales Genauigkeitsmaß meist der *mittlere Punktfehler* m_P verwendet, der nach folgender Formel berechnet wird:

$$m_P = \sqrt{\sigma_X^2 + \sigma_Y^2} \, .$$

Dabei sind σ_x und σ_y die Standardabweichungen der X- bzw. Y-Koordinate. m_P ist identisch mit *1dRMS*, wenn σ_x gleich σ_y ist.

2.9.3 Dreidimensionale Genauigkeitsmaße

Als Genauigkeitsmaß zur Charakterisierung der dreidimensionalen Genauigkeit eines Ortungssystems wird im Allgemeinen *SEP (Spherical Error Probable)* verwendet. SEP ist der Radius für eine Kugel, innerhalb derer mit der statistischen Wahrscheinlichkeit von 50 % die wahre dreidimensionale Position zu finden ist.

2.9.4 Standardabweichung σ als zwei- oder dreidimensionales Genauigkeitsmaß

Häufig wird in der Navigationsliteratur das Genauigkeitsmaß σ (Standardabweichung) auch als zwei- oder dreidimensionales Genauigkeitsmaß benutzt. Dies ist problematisch, da im zwei- oder dreidimensionalen Fall die mit σ verbundenen Wahrscheinlichkeiten nur in Ausnahmefällen zur Verfügung stehen. Die Ausnahme ist dann gegeben, wenn die jeweiligen Standardabweichungen orthogonal zueinander stehen und gleich groß sind. Tabelle 2.13 weist für diese Ausnahmefälle die zu dem Genauigkeitsmaß σ gehörenden Wahrscheinlichkeiten aus (NATO 1988).

Tabelle 2.13: Standardabweichung σ und statistische Wahrscheinlichkeit (2-D, 3-D)

Genauigkeitsmaß	Statistische Wahrscheinlichkeit	
	2-D	**3-D**
3σ	98,9 %	97,1 %
2σ	86,4 %	78,8 %
σ	39,3 %	19,9 %

2.10 Anforderungen an Navigationssysteme

In Kapitel 1 dieses Buchs wurde erwähnt, dass die Ortung Teil der Navigation ist und dass Navigation bedeutet, den Standort eines Fahrzeugs zu bestimmen sowie seinen Kurs zu wählen und zu kontrollieren. Zur Lösung von Navigationsaufgaben wird also immer ein System, das mehrere Aufgaben gleichzeitig lösen muss, benötigt. Eine Komponente des Navigationssystems ist das Ortungssystem.

Die Genauigkeit des Ortungssystems muss der zu lösenden Navigationsaufgabe angemessen sein. Ortung mithilfe von Satelliten ist eines von vielen anderen Verfahren, die in Navigationssystemen eingesetzt werden können.

Ein Navigationssystem muss aber nicht nur genau sein. Es muss zusätzlich einer Reihe anderer Kriterien genügen, wenn es bei der Lösung von Navigationsaufgaben eingesetzt werden soll. Zur Überprüfung der Anforderungen an ein Navigationssystem ist in den letzten Jahren das Konzept „*Required Navigation Performance (RNP)*" entwickelt worden. Dieses Konzept geht davon aus, dass die Anforderungen der Nutzer an ein Navigationssystem durch die Überprüfung folgender grundlegender Eigenschaften des Navigationssystems erfolgen kann:

1. Genauigkeit,
2. Verfügbarkeit,
3. Einsatzverfügbarkeit (Kontinuität),
4. Integrität.

Diese grundlegenden Eigenschaften eines Navigationssystems sind in der Literatur nicht in jedem Detail einheitlich definiert. Die mit der Definition der Eigenschaften eines Navigationssystems zusammenhängenden Probleme kommen fast ausschließlich aus dem Bereich der Luftfahrt: aus der Avionik. In diesem Feld ist die englische Sprache dominierend. In anderen Sprachen, so auch in der deutschen Sprache, treten Begriffe aus diesem Bereich fast immer als Anglizismen auf. Dies alles macht die Behandlung dieser Probleme ohne Anglizismen fast unmöglich. Die im Folgenden gegebenen Definitionen und Erläuterungen können daher nur als ein Versuch angesehen werden, das *Required-Navigation-Performance*-Konzept (auch dies ist fast nicht übersetzbar) in seinen Grundzügen zu erläutern. Dabei wird – um ein gewisses Maß an Übereinstimmung mit der Literatur zu erzielen – die englischsprachige Terminologie mit aufgeführt. Nur unter diesen Einschränkungen können die folgenden Erläuterungen gesehen werden.

- *Genauigkeit (Accuracy):*
  Die Genauigkeit eines Navigationssystems ist ein Maß für die Fähigkeit des Systems, die Fahrzeugposition mit 95 % Wahrscheinlichkeit innerhalb vorgegebener Grenzen zu bestimmen. Eine äußere Grenze muss mit 99,9999 % Wahrscheinlichkeit eingehalten werden. Die Genauigkeit wird also durch die zwei- oder dreifache Standardabweichung des Ortungssystems beschrieben.

- *Verfügbarkeit (Availability):*
  Die Verfügbarkeit eines Ortungssystems ist eine Prozentzahl, die in Bezug auf eine Zeitperiode (z. B. ein Jahr) beschreibt, wie oft das System an einem bestimmten Ort verfügbar ist. Das Verfügbarkeitsrisiko ist die Wahrscheinlichkeit dafür, dass die gewünschte Fähigkeit des Systems zu Beginn einer Operation nicht zur Verfügung steht.

- *Einsatzverfügbarkeit (Continuity of Function):*
  Die Einsatzverfügbarkeit beschreibt, wie groß die Sicherheit dafür ist, dass bei einem Navigationssystem, wenn es einmal arbeitet, in dem Zeitabschnitt, der benötigt wird, um ein eingeleitetes Manöver zu Ende zu bringen, kein Ausfall des Systems auftritt. Die Parameter sind das Risiko – also das Verhältnis der Häufigkeit von Ausfällen zur Häufigkeit von einwandfreiem Funktionieren – und der Zeitabschnitt, für den das Risiko in Kauf genommen werden muss.

- *Integrität (Integrity):*
  Die Integrität ist die Fähigkeit des Systems, den Nutzer rechtzeitig darüber zu informieren, wann das System nicht benutzt werden sollte. Beschrieben wird die Integrität eines Systems durch folgende Einzelparameter:
  - Grenzwert:
    Das System prüft ständig, ob es die geforderte Genauigkeit erreicht oder nicht. Wird dabei ein Grenzwert überschritten, muss dies vom System angezeigt werden. Der Grenzwert ist häufig gleich der Systemgenauigkeit, er kann aber auch größer sein.
  - Zeit bis zum Alarm:
    Das System löst beim Überschreiten des Grenzwerts einen Alarm aus. Die Zeit, die zwischen dem Auftreten eines Fehlers, seiner Entdeckung durch das System und dem Auslösen eines Alarms vergehen darf, ist die „Zeit bis zum Alarm".
  - Risiko/Risiko von Fehlalarm:
    Das Risiko ist die Wahrscheinlichkeit für das Auftreten nicht aufgedeckter Fehler. Da Fehler nur mit statistischen Verfahren aufgedeckt werden können – auch wenn diese Ver-

fahren sehr genaue Fehleranalysen liefern –, müsste man ohne die Akzeptanz eines derartigen Risikos mit permanenten Fehlalarmen rechnen. Andererseits ist das Risiko eines Fehlalarms – ein Alarm wird ausgelöst, obwohl das System sicher arbeitet – auch nie auszuschließen.

Aus den Erläuterungen dieser Eigenschaften von Navigationssystemen geht hervor, dass alle Merkmale der *Required Navigation Performance* statistische Merkmale sind. Die Berechnung statistischer Merkmale ist aber grundsätzlich ohne prinzipiell willkürliche Annahmen über die bei den Berechnungsverfahren zugelassenen Wahrscheinlichkeiten und Risiken nicht möglich. Dies verkompliziert das Verfahren im konkreten Fall.

Um dennoch einmal die Parameter anhand eines konkreten Anforderungsprofils aufzuzeigen, sind in Tabelle 2.14 die Anforderungen zusammengestellt, die an ein als alleiniges Navigationsmittel (*Sole Means of Navigation*) eingesetztes Satellitennavigationssystem für die Luftfahrt bei verschieden schwierigen Landeanflügen gestellt werden müssen (Thiel 1996).

Tabelle 2.14: Anforderungen beim Landeanflug

Flug-phase	Genauigkeit		Integrität			Verfüg-barkeit	Einsatzver-fügbarkeit	
	horiz. [m]	vertik. [m]	Grenzwert [m]	Zeit bis Alarm [sek]	Risiko		Risiko	Zeit [sek]
NPA	100	–	500	10	$1 \cdot 10^{-3}$	99.00	$1 \cdot 10^{-4}$	60
CAT I	20	5,5	20/5,5	6	$2 \cdot 10^{-7}$	99.75	$8 \cdot 10^{-5}$	15
CAT II	6,5	1,2	6,5/1,2	2	$1,5 \cdot 10^{-9}$	99.85	$4 \cdot 10^{-5}$	15
CAT III	6,0	0,6	6,0/0,6	1	$1,5 \cdot 10^{-9}$	99.90	$4 \cdot 10^{-6}$	30
Die in Spalte 1 dieser Tabelle für die verschiedenen Flugphasen angegebenen Kürzel bedeuten: NPA: Non-Precision Approach (gerader, nicht präziser Anflug) CAT I: Präziser Anflug Kategorie I CAT II: Präziser Anflug Kategorie II CAT III: Präziser Anflug Kategorie III								

Die genaue Beschreibung dieser Flugphasen soll hier nicht gegeben werden. Es sei lediglich festgehalten, dass bei einem CAT-I-Anflug der Pilot in geringem Umfang nach Sicht fliegen kann und er bei einer Höhe von 200 Fuß (Entscheidungshöhe) noch die Möglichkeit hat, den Anflug zu beenden und durchzustarten. Ein CAT-III-Anflug ist ein Blindflug. Der Pilot ist dabei völlig auf seine Instrumente angewiesen (die Entscheidungshöhe zum Abbruch des Landeanflugs beträgt 0 Fuß).

Bei einem CAT-III-Anflug muss entsprechend der Tabelle 2.14 das Navigationssystem folgenden Anforderungen genügen:

- Genauigkeit:
  6 m (*2dRMS*) horizontal, 0,6 m (2σ) vertikal;
- Grenzwert, Zeit bis Alarm:
  Wenn das System schlechter als 6 m horizontal und/oder 0,6 m vertikal navigiert. muss innerhalb einer Sekunde ein Alarm ausgelöst werden;
- Risiko:

Es wird akzeptiert, dass das System einmal in $1,5 \cdot 10^9 = 1.500.000.000$ Fällen keinen Alarm bei einer Fehlfunktion auslöst;

- Verfügbarkeit:
  Ein CAT-III-Landesystem ist nur dann akzeptabel, wenn es in 99,9 % der Zeit eines Jahres mit all seinen Komponenten verfügbar ist. Es darf 8,76 h pro Jahr ausfallen;

- Kontinuität:
  Nach einem eingeleiteten CAT-III-Landeanflug darf innerhalb jedes Intervalls von 30 s ein größeres Risiko als $4 \cdot 10^{-6}$ bestehen, dass das System ausfällt. In 400.000 Intervallen von 30 s Länge ist *ein* Ausfall zulässig.

Diese extremen Anforderungen stehen im Gegensatz zu den Anforderungen für den *Non-Precision Approach*. Dabei ist das Navigationssystem nicht mehr als eine den Piloten unterstützende Hilfe, die entscheidenden Aktionen müssen vom Piloten aufgrund eigener Wahrnehmungen vorgenommen werden.

Solche oder ähnliche *Required Navigation Performances* lassen sich auch für andere Bereiche (Schifffahrt, Landverkehr) definieren. Sie sind dort natürlich weniger kritisch. Ob ein Navigationssystem mit der Komponente „Satellitenortung" diesen Anforderungen genügt, muss jeweils konkret geprüft werden. Dies kann im Allgemeinen nur durch Modellrechnungen, nicht aber durch experimentelle Verfahren getestet werden.

3 Arbeitsweise und Systemcharakteristiken

GNSS sollen ihren Nutzern – egal ob in Ruhe oder in Bewegung – genaue Informationen über ihre (dreidimensionale) *Position*, ihre *Geschwindigkeit* sowie über die *Zeit* überall auf oder nahe der Erde zur Verfügung stellen. Diese Informationen sollen die GNSS *ständig* liefern, unabhängig von Wetterbedingungen.

Alle zurzeit verfügbaren bzw. im Aufbau befindlichen GNSS erreichen diese Ziele durch Anwendung der Grundprinzipien, die die USA erstmalig bei ihrem satellitengestützten Navigationssystem *Navigation Satellite Timing and Ranging Global Positioning System (NAVSTAR-GPS)*, welches heute nur noch GPS genannt wird, angewandt haben. Diese Grundprinzipien sollen in diesem Kapitel beschrieben werden.

3.1 Die Systemkomponenten

Jedes moderne GNSS besteht aus den Komponenten

- Weltraumsegment,
- Bodensegment,
- Nutzersegment.

3.1.1 Weltraumsegment

3.1.1.1 Satellitenkonstellation

Wie schon in Abschnitt 1.5 erläutert, benötigt ein GNSS-Benutzer für eine dreidimensionale Ortung in *Echtzeit (Real-Time)* mindestens vier Satelliten gleichzeitig.

Um eine GNSS-Ortung ständig und überall zu ermöglichen, wird also eine Satellitenkonstellation benötigt, bei der man von jedem Punkt der Erde aus jederzeit mindestens vier Satelliten gleichzeitig beobachten kann.

Beim Entwurf einer Satellitenkonstellation, die dieser Forderung genügt, sind unter anderem folgende Aspekte von Bedeutung (Hartl & Thiel 1984):

- *Große Bahnhöhen* haben gegenüber kleinen Bahnhöhen den Vorzug, dass die Anzahl der benötigten Satelliten gering ist.
- *Geneigte Bahnen* haben gegenüber Polbahnen den Vorzug, dass einerseits polnahe Gebiete beobachtet werden können, aber andererseits unnötige Satellitenhäufungen an den Polen vermieden werden.
- *Gleichverteilung der Satelliten* erlaubt eine komplette Abdeckung bei minimalem Aufwand und hat zugleich den Vorzug, dass mögliche Satellitenkontakte gut überschaubar bleiben.
- *Symmetrie der Satellitenbahnen* bewirkt, dass im Mittel auf alle Satelliten die gleichen Störfaktoren wirken, sodass die Konstellation relativ stabil ist.

Die wichtigsten Systemparameter der unter Abwägung dieser und anderer Gesichtspunkte entstandenen bzw. geplanten GNSS-Satellitenkonstellationen sind in Tabelle 3.1 zusammengestellt. Zu jedem einzelnen GNSS gehören etwa 25 Satelliten mit großen Halbachsen der Satellitenbahnen zwischen 25.000 und 30.000 km. Das entspricht dem Orbit-Typ *Medium Earth Orbit (MEO)*. Aus den großen Halbachsen können nach Formel 2.8 die Umlaufzeiten berechnet werden. Diese liegen bei den GNSS in der Größenordnung zwischen 12 bis 14 Stunden. Die Satellitenbahnebenen sind zwischen 55° und 65° gegenüber der Äquatorebene geneigt. Bei GPS sind die Satelliten in den Bahnebenen ungleichmäßig verteilt. Bei den anderen GNSS ist eine gleichmäßige Verteilung innerhalb der Bahnebenen vorgesehen. Durch die gewählten Systemparameter ist sichergestellt, dass Nutzer eines der Systeme zu jedem beliebigen Zeitpunkt die Signale von mindestens vier Satelliten gleichzeitig empfangen und auswerten können.

Tabelle 3.1: Systemparameter (Sollwerte) der realisierten und geplanten GNSS

Systemparameter	GPS (USA)	GLONASS (Russland)	Galileo (Europa)	BDS (China)
Anzahl der Satelliten	24	24	27	27 + 5 + 3
Bahnebenen	6	3	3	3 / 1 / 3
Bahnneigung (Grad)	55	64,8	56	55 / 0 / 55
Große Halbachse [km]	26.560	25.508	29.601	27.480 / 42.146 / 42.146

Bei dem geplanten chinesischen System BDS gibt es eine Besonderheit. Zu BDS gehören neben 27 MEO-Satelliten fünf geostationäre Satelliten (große Halbachse 42.146 km) und drei Satelliten vom Typ Inclined Geosynchronous Orbit (IGSO) (s. Abschnitt 2.1.3).

3.1.1.2 GNSS-Satelliten

In den technischen Einzelheiten sind die GNSS-Satelliten der jeweiligen Systeme selbstverständlich sehr unterschiedlich. Betrachtet man nur das äußere Erscheinungsbild, so sind viele Ähnlichkeiten festzustellen.

Abbildung 3.1 zeigt einige GNSS-Satelliten. Alle Satelliten werden durch Sonnenpaddel mit Strom versorgt. Die um eine Achse beweglichen Sonnenpaddel werden automatisch auf die Sonne ausgerichtet, verändern also während eines Umlaufs ihre Stellung. Bei den amerikanischen und russischen Satelliten sind die Sende- und Empfangsantennen gut erkennbar. Das wichtigste und technisch anspruchsvollste Element eines Navigationssatelliten ist seine Atomuhr. Aus Sicherheitsgründen haben die Satelliten im Allgemeinen mehrere Atomuhren an Bord. Eine Vorstellung von der Größe eines GNSS-Satelliten soll Abbildung 3.1 vermitteln. Diese zeigt zwei Galileo-Satelliten in der Montagehalle.

GNSS-Satelliten haben Massen zwischen 500 kg und 1.500 kg. Die Lebenszeiten der GNSS-Satelliten sind unterschiedlich. Während die GPS-Satelliten häufig länger als zehn Jahre funktionsfähig sind, litten die GLONASS-Satelliten bisher darunter, dass sie schon nach ein bis zwei Jahren nicht mehr funktionsfähig waren. Als zu erwartende Lebensdauer der moderneren GLONASS-Satelliten (Typ M) wird von Russland sieben Jahre angegeben. Die ESA geht bei den zukünftigen Galileo-Satelliten von einer Lebensdauer von 15 Jahren aus. Dies gilt auch für die modernen GPS-Satelliten.

Die Satelliten strahlen Signale aus (s. Abschnitt 2.7), die der Nutzer des Systems auszuwerten hat.

GPS: Typ II F
(Quelle: NASA)

GLONASS: Typ M
(Quelle: LSC Academician M. F. Reshetnev
„Information Satellite Systems")

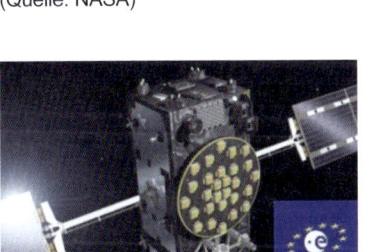

Galileo
(Quelle: DPA/Pierre Carril/ESA)

BDS
(Quelle: International Committee on GNSS)

Abb. 3.1: GNSS-Satelliten

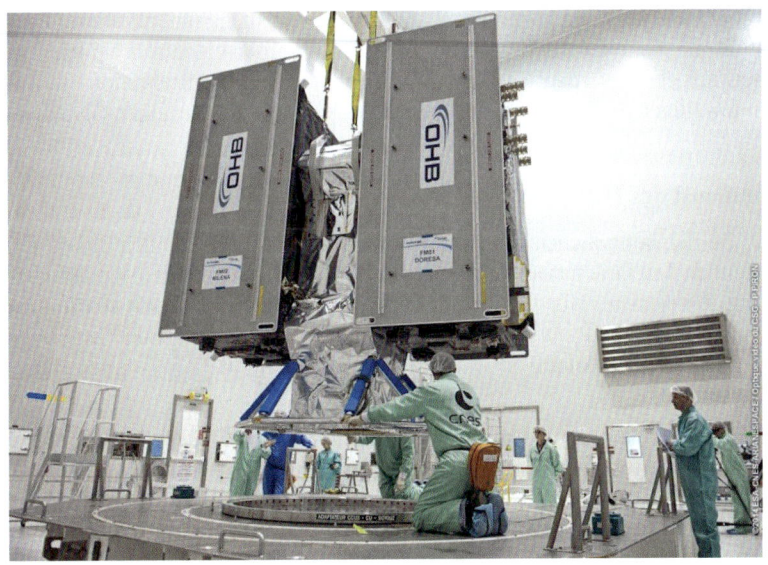

Abb. 3.2: Zwei Galileo-Satelliten in der Montagehalle (ESA/Arianespace)

3.1.2 Bodensegment

3.1.2.1 Bodensegment der Systembetreiber

Das Bodensegment hat die Aufgabe, die GNSS-Satelliten zu überwachen. Erforderlichenfalls können die Positionen der Satelliten verändert werden. Wichtigste Routineaufgabe ist, die für die Echtzeitnavigation benötigten Navigationsdaten zu erzeugen. Dabei sind folgende Teilaufgaben zu erledigen:

- Beobachtung der Satellitenorbits und Extrapolation der Bahndaten,
- Beobachtung der Satellitenuhren und Extrapolation ihres Verhaltens,
- Übersendung der Vorhersagen über Bahndaten und Uhrenverhalten an die Satelliten zur Weitergabe an das Benutzersegment.

Zur Lösung dieser Aufgaben stehen folgende Stationen zur Verfügung:

- Überwachungsstationen:
  Auf diesen Stationen werden die GNSS-Messgrößen gemessen, aufgezeichnet und an die Zentralstation weitergeleitet.
- Zentralstation:
  In der Zentralstation werden die von den Überwachungsstationen eingehenden Messgrößen analysiert und die Daten vorausberechnet, die die Nutzer des Systems für die Echtzeitnavigation benötigen.
- Sendestationen:
  Die Sendestationen übermitteln die von der Zentralstation berechneten Daten an die Satelliten.

Die Genauigkeit der von den Bodensegmenten der Systembetreiber ermittelten Bahndaten liegt zurzeit in der Größenordnung von 1 bis 2 m.

Die Anzahl der Kontrollstationen ist bei den GNSS unterschiedlich. Z. B. begnügten sich die USA bei ihrem GPS über viele Jahre mit insgesamt fünf weltweit verteilten Stationen einschließlich einer Zentralstation. Im Zuge der Modernisierung von GPS soll das Kontrollsegment auf insgesamt 17 Stationen ausgebaut werden. Schon jetzt gibt es eine zweite Zentralstation. Im Zusammenhang mit den jeweiligen Systemen werden die Bodensegmente der einzelnen GNSS beschrieben.

3.1.2.2 Ziviler Bahndienst des IGS

Die von den derzeit in Betrieb befindlichen GNSS (GPS, GLONASS) ausgestrahlten Bahndaten sind für den überwiegenden Teil ihrer tatsächlichen Anwendungen – einschließlich geodätischer Anwendungen – völlig ausreichend. Nur für großräumige Aufgabenstellungen mit sehr hohen Anforderungen an die Genauigkeit (Referenznetze, geodynamische Forschung) und für einige Spezialanwendungen (z. B. Precise Point Positioning (PPP) – s. Abschnitt 3.6.4) werden Bahndaten höherer Genauigkeit benötigt.

Seit Anfang der 1990er-Jahre bestimmt der zivile *International GNSS Service* (IGS, siehe http://igscb.jpl.nasa.gov/components/prods.html) präzise Bahndaten, die sowohl in Echtzeit als auch mit zeitlicher Verzögerung und somit für *Postprocessing*-Anwendungen zur Verfügung stehen. Als Datengrundlage dienen die Zweifrequenz-GPS/GLONASS-Beobachtungen von etwa 400 global verteilten Stationen (Abb. 3.3), die in 24-Stunden-Blöcken von den Stationen abgerufen werden. In sieben Analysezentren in Europa und Nordamerika werden die Orbits aller

Satelliten berechnet und dann zu einer gemeinsamen Lösung zusammengefasst. Die endgültigen IGS-Orbits liegen nach etwa zwei Wochen vor und weisen eine Genauigkeit von einigen Zentimetern auf. Als schnellere Lösung werden *rapid* (IGR-) Orbits nach weniger als einem Tag veröffentlicht. Ihre Genauigkeit fällt nur wenig schlechter aus als die der endgültigen Lösung.

Abb. 3.3: Zur GPS-Orbitbestimmung genutzte IGS-Stationen

Die folgende Tabelle gibt einen Überblick über die für GPS verfügbaren IGS-Produkte und deren Genauigkeit.

Tabelle 3.2: IGS-GPS-Produkte

Produkt		Ultra-Rapid (vorausberechnet)	Ultra-Rapid (beobachtet)	Rapid	Final
Verfügbarkeit		Echtzeit	3 Std.	17 Std.	13 Tage
Genauigkeit	Orbit	~ 5 cm	~ 3 cm	~ 2,5 cm	~ 2,5 cm
	Uhr	~ 3 ns	~ 0,15 ns	~ 0,075 ns	~ 0,075 ns
Intervall	Orbit	15 Min.	15 Min.	15 Min.	15 Min.
	Uhr			5 Min.	5 Min. / 30 s

Für GLONASS stellt der IGS mit 13-tägiger Verzögerung Ephemeriden in Intervallen von 15 Minuten und einer Genauigkeit von ~ 3 cm zur Verfügung. Ein dem IGS-Produkt „Final" entsprechendes Produkt mit Intervallen für die Uhrenkorrektionen von fünf Minuten gibt es vom European Space Operations Centre (ESOC) in Darmstadt.

Die Genauigkeit der vorausberechneten Orbits liegt im Dezimeterbereich und ist damit besser als die der von den Satelliten ausgesendeten *Broadcast*-Orbits.

Alle IGS-Orbittypen sind kostenlos im Internet abrufbar. Während das Internet für Postprocessing-Anwendungen das ideale Medium ist, bereitet es hinsichtlich Echtzeit-Anwendungen mit extrapolierten IGS-Orbits vielfach Probleme, diese am richtigen Ort und im geeigneten Format zur Verfügung zu stellen. Aus diesem Grund stellen IGS-Orbits nur für sehr wenige Anwendungen eine Alternative zu den *Broadcast*-Orbits dar.

Die hohen Genauigkeiten der IGS-Orbitprodukte ergeben sich in erster Linie aus folgenden Gründen:

1. Im Postprocessing lassen sich die auf die Satelliten wirkenden Störkräfte sehr viel genauer modellieren als bei der Bahnberechnung für Echzeitanwendungen, die eine Extrapolation der Bahnen notwendig macht.

2. Bei der IGS-Bahnbestimmung werden neben den Pseudostrecken die wesentlich genaueren Trägerphasen ausgewertet.

3. Bei den Berechnungen steht Datenmaterial von einer Vielzahl weltweit verteilter Beobachtungsstationen zu Verfügung.

4. Bei den extrapolierten IGS-Orbits beträgt der zeitliche Abstand zwischen letzter Messung und Anwendungszeitpunkt nur maximal 15 Stunden.

Neben den Satellitenbahndaten werden durch den IGS folgende weitere Produkte zur Verfügung gestellt:

- Code- und Phasenbeobachtungen von über 300 global verteilten Stationen,
- die Koordinaten- und Bewegungsvektoren der Mehrheit dieser Stationen (Genauigkeit 1 cm bzw. 0,5 cm pro Jahr),
- Polkoordinaten und Tageslänge (Genauigkeit 0,002 Bogensekunden bzw. 0,03 ms).

Der IGS dient in erster Linie der Unterstützung wissenschaftlicher Aktivitäten. Insbesondere die verschiedenen IGS-Orbitprodukte und die Beobachtungsdaten von Referenzstationen können aber auch für andere Anwendungen nützlich sein. Dies gilt umso mehr, da die IGS-Produkte kostenlos zur Verfügung stehen.

3.1.3 Nutzersegment

Die zivilen und militärischen GNSS-Nutzer bilden das Nutzersegment. Die Anzahl der zivilen Nutzer ist schon seit längerer Zeit um ein Vielfaches größer als die der militärischen Nutzer.

3.2 Die Navigationsnachricht

Ein GNSS-Nutzer muss bei der Ortung wissen, wo sich die GNSS-Satelliten gerade befinden. Außerdem braucht er eine hochgenaue Zeitinformation. Diese Informationen können sich die Nutzer durch die Auswertung der von den GNSS-Satelliten ausgesandten *Navigationsnachricht* beschaffen.

Die Informationen über Satellitenpositionen tragen die Bezeichnung „Ephemeriden". Bei GPS, BDS und Galileo werden die Ephemeriden in Form von Kepler-Elementen bereitgestellt. GLONASS stellt dem Nutzer Koordinaten-, Geschwindigkeits- und Beschleunigungskomponenten der Satelliten zur Verfügung.

Die Struktur der Navigationsnachrichten wird bei den jeweiligen Systemen dargestellt, die Berechnung der Satellitenpositionen aus den Daten der Navigationsnachricht ist in Anhang F beschrieben.

3.3 GNSS-Empfänger

3.3.1 Grundsätzlicher Aufbau

Der grundsätzliche Aufbau ist bei allen GNSS-Empfängern identisch. Deren wesentlichen Bauteile sind (s. Abb. 3.4):

- die Antenne
- das Front-End,
- der Basisbandprozessor,
- der Anwendungsprozessor.

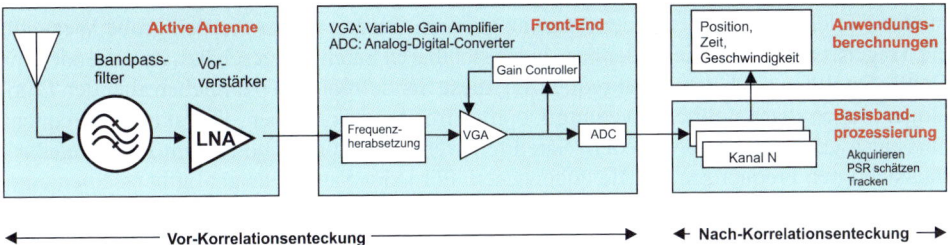

Abb. 3.4: Bauteile (Elemente) eines GNSS-Empfängers

In den folgenden Abschnitten werden diese Bauteile beschrieben.

3.3.1.1 Antennen – Antennentypen

Mithilfe der Antenne werden die Satellitensignale erfasst. Aufgabe der Antenne ist es, die einfallenden Feldstärken der GNSS-Signale in Wechselspannungen und damit in Wechselströme umzuwandeln. Ein Bandpassfilter sorgt dafür, dass nur erwünschte Wechselströme bzw. Frequenzen weiterverarbeitet werden. Diese Wechselströme werden an das Front-End weitergeleitet. Wenn in der Antenne eine Vorverstärkung des Empfangssignals vorgenommen wird, handelt es sich um eine aktive Antenne, sonst ist es eine passive Antenne. Zu den Merkmalen von GNSS-Antennen sei auf Abschnitt 2.7.9 verwiesen.

3.3.1.2 Front-End

Zum Front-End (deutsch: vorderes Ende) eines GNSS-Empfängers gehören Bauelemente, mit deren Hilfe zwei Dinge erreicht werden:

1. Das hochfrequente Satellitensignal wird auf eine deutlich niedrigere Zwischenfrequenz (ZF) herabgesetzt.
2. Das analoge Signal wird mithilfe eines Analog-digital-Wandlers (Analog-Digital Converter (ADC)) in ein digitales Signal umgewandelt und zum Basisbandprozessor weitergeleitet.

Frequenzherabsetzung

Die empfangenen GNSS-Signale liegen im Mikrowellenbereich (1,2 GHz bis 1,6 GHz). Da Signale dieses Frequenzbereichs nur sehr schwer direkt verarbeitet werden können, werden sie im Front-End mithilfe der in Abschnitt 2.7.8.1 geschilderten Methode in eine Zwischenfrequenz (ZF) (englisch: Intermediate Frequency (IF)) herabgesetzt. Die ZF liegt im Bereich einiger MHz. Die Eingangsfrequenz wird also um den Faktor 1000 herabgesetzt.

Die Vorgehensweise der Frequenzherabsetzung wurde in Abschnitt 2.7.8.1 dokumentiert. Dabei wird deutlich, dass bei der Frequenzherabsetzung ein lokaler Oszillator benötigt wird.

Digitalisierung

Nach der Frequenzherabsetzung werden die Analogsignale in Digitalsignale umgewandelt. Das geschieht mithilfe des Analog-digital-Wandlers (Analog-Digital Converter (ADC)). Zur Erzielung optimaler Ergebnisse bei der Digitalisierung müssen die zu digitalisierenden ZF-Signale dem ADC in optimaler Stärke zugeführt werden. Diese Aufgabe übernimmt der variable Verstärkungsregler (Automatic Gain Controll (AGC)) (s. Abschnitt 2.7.8.3).

3.3.1.3 Basisbandrechner

Im Basisbandrechner werden zunächst die GNSS-Signale akquiriert. Dabei wird herausgefunden, welche Satelliten von der Antenne gesehen werden und es werden grobe Werte für die Trägerfrequenz und die Codephase jedes sichtbaren Satelliten geschätzt. Zwar senden die GNSS-Satelliten auf bekannten Frequenzen, diese Sendefrequenzen erreichen aber den Empfänger wegen der Satellitenbewegung Doppler-frequenzverschoben. Die aktuelle Frequenz muss also geschätzt werden. Jedem Satelliten werden entsprechend den im Empfänger berücksichtigten Frequenzen Kanäle zugewiesen. Für jedes Satellitensignal gibt es einen eigenen Kanal. Da ein einzelner GNSS-Satellit auf mehreren Frequenzen sendet, nimmt ein Satellit im Allgemeinen mehr als einen Kanal in Anspruch – jedenfalls bei hochwertigen Mehrfrequenzempfängern[40].

Schließlich werden die GNSS-Pseudostrecken geschätzt. Hier sei lediglich darauf hingewiesen, dass die Schätzung der GNSS-Pseudostrecken auf der Bildung der Korrelation zwischen dem empfangenen Signal und einer vom Empfänger erzeugten Signalnachbildung beruht. Die Signalnachbildung entspricht bis auf die Navigationsdaten dem ausgesandten Satellitensignal. Zur Durchführung der Korrelation verfügen die Empfänger über mindestens drei Korrelatoren (s. 2.7.8.4).

Nach Abschluss der Akquirierung werden die akquirierten Satelliten „getrackt". Das bedeutet, dass durch ständiges Nachführen in den Nachführungsschleifen (Tracking Loops) dafür gesorgt wird, dass der Kontakt zu dem entsprechenden Signal nicht abreißt. Damit liegen die Voraussetzungen dafür vor, dass im Basisbandrechner ständig die GNSS-Messdaten geschätzt werden können.

Das Nachverfolgen (Tracken) der Satelliten erfolgt zurzeit überwiegend noch nach dem Verfahren der skalaren Signalverfolgung (Scalar Tracking), in modernen Softwareempfängern (s. Abschnitt 3.3.2) wird jedoch zunehmend das Verfahren der vektoriellen Signalverfolgung (Vector Tracking) angewendet.

Die Abbildungen 3.5a und 3.5b zeigen den Unterschied zwischen skalarer und vektorieller Signalverfolgung. Bei der skalaren Signalverfolgung (Abb. 3.5a) werden mithilfe der voneinander unabhängigen Nachführungsschleifen (Tracking Loops) für jeden Kanal die GNSS-Messwerte bestimmt und daraus im Navigationsrechner die Position abgeleitet. Bei der vektoriellen Signalverfolgung (Abb. 3.5b) erfolgt unter Verwendung eines Kalman-Filters[41] eine Rückkopplung der Ergebnisse des Navigationsrechners mit den Nachführungsschleifen.

---

[40] Moderne GNSS-Empfänger können über 500 Kanäle und mehr verfügen.

[41] Kalman-Filter sind in der Literatur hinreichend beschrieben. Eine von S. D. Levy (Washington and Lee University, Virginia, USA) verfasste und leicht verständliche Einführung findet man unter https://home.wlu.edu/~levys/kalman_tutorial/.

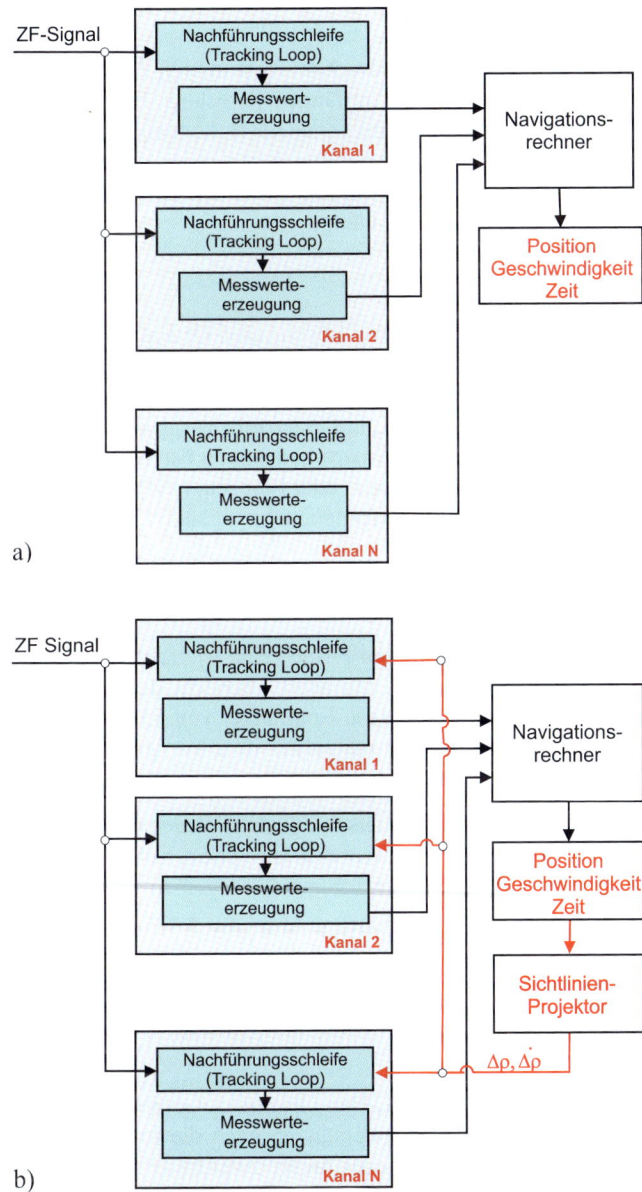

Abb. 3.5: a) skalares Nachverfolgen, b) vektorielles Nachverfolgen

Da im Kalman-Filter nicht nur die Empfängerposition berechnet wird, sondern u. a. auch dessen Geschwindigkeits- und Beschleunigungsvektoren, kann die für eine kommende Epoche zu erwartende Satellitenposition berechnet werden. Im Sichtlinien-Projektor (Line of Sight Projector) werden unter Verwendung der Satellitenephemeriden und der vorausberechneten Empfängerposition die zu erwartenden Veränderungen der Entfernungen Satellit – Empfänger für jeden Satelliten berechnet und den Nachführungsschleifen zur Verfügung gestellt. Dies führt dazu, dass relativ schwache Satellitensignale noch nachgeführt werden können, auch durch Störsender (s. Kapitel 4) beeinflusste Signale (Bhattacharyya 2012). Auch bei kurzfristigen Signalunterbrechungen können Messwerte für eine Positionsberechnung zur Verfügung gestellt werden (Won u. a. 2011).

Diesen und anderen Vorteilen stehen Nachteile gegenüber. Zu nennen sind, dass ein Fehler in einem Kanal alle anderen Kanäle ungünstig beeinflusst, aber auch die erforderlich relativ große Rechenkapazität. Zu weiteren Vor- und Nachteilen sei z. B. hingewiesen auf Lashley & Bevly (2009) sowie Samadas u. a. (2013).

3.3.1.4 Anwendungsrechner

Im Anwendungsrechner werden aus den im Basisbandrechner bestimmten GNSS-Messgrößen Position, Geschwindigkeit und Zeit des GNSS-Empfängers berechnet. Je nach Empfängertyp enthält der Rechner noch sehr viele andere Funktionen. Z. B. können die Messdaten für die nachträgliche Bearbeitung (Postprocessing) abgespeichert werden, bei Navigationsempfängern können z. B. Entfernung und Kurs zu vorgegebenen Zielen bereitgestellt werden. Diese Fähigkeiten sind keine originären GNSS-Fähigkeiten.

3.3.2 Empfängertypen

GNSS kann nicht nur für nahezu jedes Problem, zu dessen Lösung eine Ortsinformation erforderlich ist – einschließlich Vermessungsaufgaben – eingesetzt werden, sondern auch zur Zeitbestimmung, Zeitsynchronisation und Frequenzkontrolle, aber auch für so exotisch anmutende Zwecke wie Atmosphärenforschung. GNSS-Empfänger gibt es in einer unüberschaubaren Anzahl von Varianten, als Bestandteil von Smartphones, von Navigationssystemen – sei es für Landfahrzeuge („Navis"), sei es für Schiffs- oder Flugzeugnavigation. Technisch relativ einfache GNSS-Empfänger werden als hochgenaue Uhren genutzt. Man könnte diese Aufzählung fortsetzten. Die europäische GNSS-Agentur schätzt, dass weltweit etwa 4 Mrd. GNSS-Empfänger genutzt werden, über 90 % davon für standortbezogene Dienste (Location-Based Services – LBS) und im Zusammenhang mit Straßenverkehr.

Es ist daher nicht verwunderlich, dass eine große Zahl von Firmen eine Vielzahl von GNSS-Empfängern unterschiedlichster Kategorien anbietet. Eine Marktübersicht der Zeitschrift GPS-WORLD vom Januar 2017 enthielt 468 verschiedene Empfänger von 55 Herstellern. Dabei ist zu berücksichtigen, dass diese Marktübersicht nur relativ hochwertige Empfänger berücksichtigt.

Eine Kategorisierung der GNSS-Empfänger kann auf unterschiedlichen Wegen und nach unterschiedlichen Kriterien durchgeführt werden. Für die Leser dieses Buches erscheint es sinnvoll, hinsichtlich der Fähigkeiten eines GNSS-Empfängers folgende Fragen zu stellen:

1. Welche Messdaten stellt der Empfänger zur Verfügung (s. Abschnitt 3.4)?
2. Wie viele und welche Frequenzen unterstützt der Empfänger?
3. Wie viele und welche Konstellationen unterstützt der Empfänger?

Jeder Empfänger stellt Codephasen zur Verfügung, aber keine Trägerphasen: Diese werden nicht in jedem Anwendungsfall benötigt.

Jeder Empfänger unterstützt mindestens ein im oberen L-Band liegendes GNSS-Signal, fast immer das GPS-L1-Signal. Hochwertige Empfänger unterstützen auch die im unteren L-Band liegenden GNSS-Signale, aber nicht unbedingt jedes dieser zwei bzw. drei Signale. Wenn nur zwei Frequenzbereiche unterstützt werden, sollten die in den für GNSS geschützten Bereichen liegenden Signale bevorzugt werden.

Jeder Empfänger muss mindestens eine der vier GNSS-Konstellationen nutzen, meistens das US-amerikanische GPS (1-Konstellationsempfänger), es können aber zusätzlich auch GLONASS, BDS und Galileo genutzt werden. Im Vermessungswesen eingesetzte Empfänger nutzen seit vielen Jahren zusätzlich zu GPS das russische GLONASS (2-Konstellationsempfänger). Mit der Inbetriebnahme von Galileo und BDS werden auch diese Konstellationen mehr und mehr zusätzlich genutzt. Empfänger, die mehr als eine Konstellation nutzen, werden Multi-Konstellationsempfänger genannt.

Mehr von theoretischem Interesse ist die Unterscheidung zwischen Hardware- und Software-empfänger.

Hardwareempfänger zeichnen sich dadurch aus, dass die im Front-End, Basisband und Anwendungsrechner ablaufenden Prozesse durch anwendungsspezifische integrierte Schaltkreise (Application-Specific Integrated Circuits – ASICs) durchgeführt werden.

Ein Hardwareempfänger ist für seinen besonderen Zweck konzipiert und kann nach seiner Fertigstellung nur noch durch den Austausch von ASICs verändert werden. Noch sind die bei weitem überwiegende Anzahl der GNSS-Empfänger Hardwareempfänger.

Softwareempfänger (Software Defined Receiver (SDR)) gibt es seit Ende des 20. Jahrhunderts (Askos 1997). Im Gegensatz zu den Hardwareempfängern laufen bei den Softwareempfängern die nach dem Front-End ablaufenden Prozessen in frei programmierbaren Prozessoren ab. Das können FPGA (Field-Programmable Gate Array[42]), Digital-Signal-Prozessoren[43], aber auch Prozessoren zur allgemeinen Verwendung sein (general purpose processors – Allzweckprozessor)). Programme für Softwareempfänger werden in MATLB, C++, aber auch in Assembler-Sprachen geschrieben. Die entsprechenden Programme können jederzeit relativ schnell abgewandelt werden und damit sich neu ergebenden Umständen (andere GNSS-Signale, andere GNSS-Konstellationen) angepasst werden. Dies macht Softwareempfänger insbesondere für Ausbildung und Forschung attraktiv. Der Preis für die hohe Flexibilität ist ein hoher Rechenbedarf und ein relativ hoher Stromverbrauch.

Noch sind Softwareempfänger überwiegend experimentelle Empfänger, mit deren Hilfe die Industrie und wissenschaftliche Einrichtungen neue Konzepte entwickeln. Es gibt aber auch schon kommerziell verfügbare Softwareempfänger (z. B. SX3 GNSS Software Receiver der Fa. IfEN). Wegen der traditionell rasanten Entwicklungen im Bereich der Mikroprozessoren ist damit zu rechnen, dass Softwareempfänger zukünftig auch vermehrt in der Praxis eingesetzt werden. Leser, die an vertieften Informationen über Softwareempfänger interessiert sind, seien verwiesen auf Olesen u. a. (2016), Borre u. a. (2007) und Pany (2010).

3.4   GNSS-Messgrößen

Durch die Modulation und die damit verbundene Signalspreizung ist die ankommende Signalleistung der GNSS auf einen relativ breiten Frequenzbereich verteilt. Die Signalleistung liegt deutlich unter dem Rauschpegel des Empfängers. Grundlage für die Gewinnung der GNSS-Messgrößen aus diesen schwachen Signalen ist deren Entspreizung und die damit verbundene Verbesserung des Signal-Rausch-Verhältnisses der Satellitensignale. Die in GNSS-Empfängern ablaufenden Prozesse zur Bestimmung der GNSS-Messgrößen sind kompliziert. Sie können im Rahmen dieses Buchs nur in dem Umfang beschrieben werden, wie es für den Anwender erforderlich erscheint. Details findet man z. B. bei Bauersima (1983), Sklar (1988), Thiel (1996), Mansfeld (1998) und Kaplan (2006).

---

[42] Ein *Field Programmable Gate Array (FPGA)* ist ein integrierter Schaltkreis (IC) der Digitaltechnik, in den eine logische Schaltung programmiert werden kann. Die englische Bezeichnung kann übersetzt werden als im Feld (also vor Ort, beim Kunden) programmierbare (Logik-)Gatter-Anordnung.

[43] Ein *digitaler* Signalprozessor (engl. *digital signal processor, DSP*) dient der kontinuierlichen Bearbeitung von digitalen Signalen (z. B. Audio- oder Videosignale) durch die digitale Signalverarbeitung.

Folgende Beobachtungsgrößen stellen die GNSS-Empfänger zur Verfügung:

- Pseudoentfernung (Codephase),
- Trägerphase,
- Doppler-Frequenzverschiebung.

3.4.1 Messung der Pseudoentfernung (Codephase)

Gesucht wird die Zeitdifferenz ΔT zwischen dem Zeitpunkt der Abstrahlung des Satellitensignals vom Satelliten und dessen Ankunft am GNSS-Empfänger. Das Produkt dieser Zeitdifferenz mit der Geschwindigkeit v des Satellitensignals ergibt die Entfernung Satellit – Satellitenempfänger. Die im Empfänger gemessene Zeitdifferenz ΔT ist aber durch einen unvermeidlichen Fehler – den Empfängeruhrenfehler – verfälscht; wir kommen darauf zurück. Daher ist das Produkt $\Delta T \cdot v$ nicht die tatsächliche Entfernung, sondern die *Pseudoentfernung*. Wie diese Pseudoentfernung gemessen wird, soll in diesem Abschnitt beschrieben werden.

Der Satellit sendet das mit einem Spreizcode und den Daten modulierte Signal der Trägerfrequenz f_{Sat} aus. Die gesuchte Zeitdifferenz ΔT ergibt sich dadurch, dass das empfangene Signal mit einem im Empfänger erzeugten Signal, das zum nominal gleichen Zeitpunkt erzeugt wird, zu dem das Satellitensignal ausgesendet wird, „verglichen" wird. Das Basisbandsignal des im Empfänger erzeugten Signals stimmt bis auf die Daten mit dem Basisbandsignal des empfangenen Signals überein. Da die zur Übertragung einer Binärinformation zur Verfügung stehende Zeit – die Bit-Dauer – immer eine ganzzahlige Vielfache der Periode des PRN-Codes ist, stimmen innerhalb einer Periode des PRN-Codes das Basisband des empfangenen Signals und das des im Empfänger erzeugten Signals bis auf das Vorzeichen überein. Wir können so vereinfacht davon ausgehen, dass im Empfänger ein Signal erzeugt wird, dass mit dem empfangenen Signal übereinstimmt. U. a. betrachten wir dabei im Augenblick nicht, dass das Satellitensignal einer Doppler-Frequenzverschiebung unterliegt (s. dazu Anhang G).

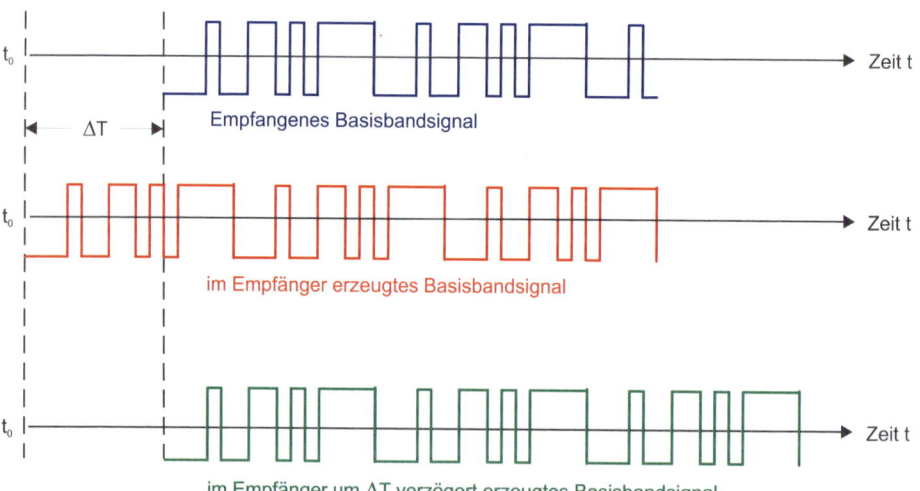

Abb. 3.6: Basisbandsignale im Empfänger

Das Satellitensignal benötigt eine gewisse Zeit, um vom Satelliten zum Empfänger zu gelangen. Der Empfänger verfügt über die Fähigkeit, die Erzeugung des Empfängersignals kontinuierlich so lange zu verlegen, bis empfangenes und im Empfänger erzeugtes Signal zeitlich übereinstimmen. Das geschieht durch Bildung der Korrelationsfunktion von empfangenem und im Empfänger erzeugtem Signal (s. Abschnitt 2.7.6). Die Korrelationsfunktion erreicht dann ihr Maximum, wenn empfangenes und im Empfänger erzeugtes – also verzögert erzeugtes – Signal übereinstimmen. Gefunden wird das Maximum dadurch, dass die Signalerzeugung im Empfänger schrittweise so lange zeitlich verlegt wird, bis die Korrelationsfunktion ihr Maximum erreicht. Der Betrag der Signalverzögerung ist die Laufzeit ΔT. Wir können dann mit der bekannten Formel $s = v \cdot \Delta T$ die Entfernung zwischen Sender und Empfänger berechnen – vorausgesetzt, Satellitenuhr und Empfängeruhr stimmen perfekt überein. Nun kann aber die Verzögerungszeit ΔT per Modulo der Periode des PRN-Codes gemessen werden. Hat der Code z. B. eine Periode von 1 ms, so haben wir mit $s = v \cdot \Delta T$ eine Strecke zwischen 0 und 300 km, also eine unvollständige Strecke Satellit – Empfänger. Gelöst wird dieses Problem dadurch, dass das Satellitensignal auch eine Zeitinformation – im Zeitrahmen des Satelliten – ausstrahlt. Aus dieser *ausgesandten Zeitinformation* und der *gemessenen Verzögerungszeit* ΔT kann schließlich die Zeit der Signalaussendung berechnet werden[44]. So stehen schließlich folgende Zeiten zur Verfügung:

1. T_S: Die Zeit der Aussendung des Satellitensignals (im Zeitrahmen des Satelliten),
2. T_E: Die Zeit des Empfangs des Satellitensignals (im Zeitrahmen des Empfängers).

Würden Satellitenuhr und Empfängeruhr exakt übereinstimmen, würde

$$(T_S - T_E) \cdot v \ (v = \text{Ausbreitungsgeschwindigkeit})$$

die Strecke Satellit – Empfänger ergeben (bis auf Einflüsse der Atmosphäre).

Um die Anforderungen an die Empfängeruhr in Grenzen zu halten, dürfen sich Satellitenuhr und Empfängeruhr um eine unbekannte Zeitkonstante Δt – den *Empfängeruhrenfehler* – unterscheiden (s. Gleichungen 1.24).

Mit den Bezeichnungen T_E und T_S für *gleichzeitig* vorgenommene Uhrenablesungen an Empfänger- und Satellitenuhr gilt:

$$\Delta t = T_S - T_E.$$

Dabei ist Δt der Empfängeruhrenfehler. Man müsste die im Weg der Kreuzkorrelation gemessene Verzögerung ΔT noch um Δt verbessern, wenn man zur tatsächlichen Laufzeit kommen wollte.

Zum leichteren Verständnis ein Beispiel:
Die Empfängeruhr geht um $\Delta t = 0{,}1$ ms „nach". Dann gilt:

$$T_E = T_S - 0{,}1 \text{ ms} \ \text{ bzw. } \ \Delta t = T_S - T_E = 0{,}1 \text{ ms}.$$

Zum nominal gleichen Zeitpunkt T_0 für Satellitenuhr und Empfängeruhr wird ein Signal im Satellit und im Empfänger erzeugt. Das Signal möge 70 ms benötigen, um den Weg Satellit – Empfänger zurückzulegen. Da die Empfängeruhr um 0,1 ms nachgeht, ist die Ankunftszeit am

---

[44] Zu Beginn der GNSS-Zeit stellten die Empfänger lediglich die gemessene Zeitdifferenz ΔT zur Verfügung. Der Algorithmus zur Berechnung der Koordinaten auf Grundlage dieser Information war etwas komplizierter.

Empfänger T_0 + 69,9 ms. Die Erzeugung des Duplikats des Signals im Empfänger wird um 69,9 ms verzögert (ΔT = 69,9 s).

Die Laufzeit τ des Satellitensignals berechnet sich nach

$$\tau = \Delta T + \Delta t = 69,9 \text{ ms} + 0,1 \text{ ms} = 70 \text{ ms}.$$

Die Strecke Satellit – Empfänger berechnet sich also nach

$$R = (\Delta T + \Delta t) \cdot c.$$

Daraus ergibt sich:

$$\Delta T \cdot c + \Delta t \cdot c = R \text{ bzw. } \Delta T \cdot c = R - \Delta t \cdot c. \tag{3.1}$$

($T_S - T_E$) multipliziert mit der Geschwindigkeit des Signals liefert also nicht die Strecke Satellit – Empfänger, sondern die Strecke Satellit – Empfänger minus einen konstanten Anteil wegen der Differenz Satellitenuhrzeit – Empfängeruhrzeit.

Die Laufzeitdifferenz ($T_E - T_S$) wird daher *Pseudo*laufzeit, das Produkt ($T_E - T_S$) $\cdot$ c (c: Lichtgeschwindigkeit im Vakuum) *Pseudo*entfernung genannt (engl. Pseudorange (PSR)).

3.4.2 Messung der Trägerphase

Mit der Pseudoentfernung (Codephase) liegt eine Messungsgröße vor, deren Genauigkeit bei modernen GNSS-Empfängern im Dezimeterbereich (< 50 cm) liegt. Wenn Genauigkeiten im Zentimeter- oder Millimeterbereich benötigt werden, müssen Messungen an der Trägerphase des Satellitensignals durchgeführt werden. Das Grundprinzip der Trägerphasenmessung soll in diesem Abschnitt beschrieben werden.

Die Satellitenempfänger verfügen über die Fähigkeit, zu im Voraus festgelegten Epochen T_i der GNSS-Zeit die Differenz folgender Größen zu bestimmen:

1. Größe
   Die Phase Φ_R einer im Empfänger erzeugten, nominell konstanten Referenzfrequenz f_R. Da von der Empfängeruhr nicht angenommen werden kann, dass ihre Zeit exakt mit der GNSS-Zeit übereinstimmt, findet die Messung tatsächlich nicht zum Zeitpunkt T_i, sondern zum Zeitpunkt $T_i + \Delta t_i$ statt.
   Betrachtet werden also die Phasen $\Phi_R(T_i + \Delta t_i)$ der Referenzfrequenz f_R.

2. Größe
   Die Phase Φ_S des rekonstruierten – und von den Phasensprüngen befreiten – *Satellitensignals.* Das entsprechende Phasenereignis wurde zum unbekannten Zeitpunkt T_{Si} (Zeit der Sendung des Signals) vom Satelliten ausgesendet.
   Betrachtet werden also die Phasen $\Phi_S(T_{Si})$ des Satellitensignals.

(Hinweis: Die Darstellung $\Phi(T)$ (in Worten „Phi von T") bezeichnet eine Funktion. Z. B. bedeutet $\Phi_R(T_i + \Delta t_i)$: die Phase des Referenzsignals zum Zeitpunkt T_i plus Δt_i.)

Remondi (1985) veranschaulicht die Gewinnung der Messgröße in folgendem Bild (s. Abb. 3.7):

- In dem GNSS-Empfänger gibt es einen Oszillator, der uns das Signal der nominellen GNSS-Trägerfrequenz zur Verfügung stellt. Das Signal wird in dem Bild durch einen sich im Empfänger befindenden Oszillografen dargestellt. In der Mitte des Oszillografen befindet sich ein „Faden", an dem man zu den Messepochen die jeweils aktuelle Phasenlage des Signals ablesen kann.

- Ein zweiter Oszillograf stellt das am Empfänger ankommende Signal – mit vorab beseitigten Phasensprüngen der Codierung und der Daten – dar. Auch zu diesem Oszillografen gehört ein „Faden" zur Ablesung der aktuellen Phasenlage des Signals.

Die Phasenlagen der Signale werde zu den Messepochen T_1, T_2, ... T_n miteinander verglichen. Ihre Differenz repräsentiert die Messgröße.

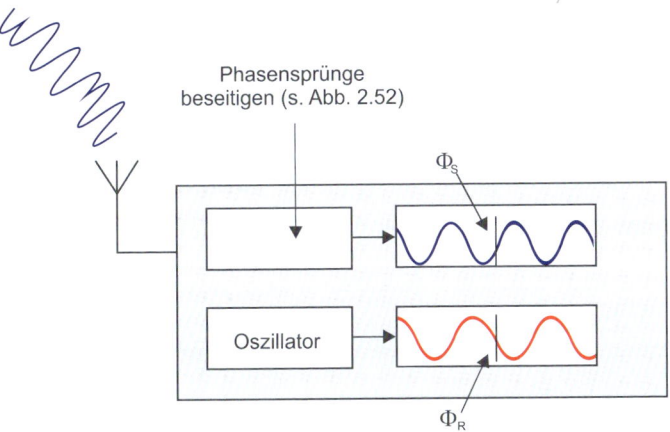

Abb. 3.7: Differenz der Phasen von Satellitensignal und Referenzsignal

Die technische Realisierung dieses Vorgangs ist im Detail ein komplexer Vorgang. Dessen Einzelheiten werden von den Empfängerherstellern aus Wettbewerbsgründen nicht veröffentlicht. In Anhang G sind die Grundzüge des Verfahrens noch ein wenig detaillierter beschrieben. Eine ausführliche Beschreibung des Grundprinzips finden interessierte Leser bei Bauersima (1983).

Physikalisch stehen für die Differenzbildung aber nicht die Phasen selbst zur Verfügung, sondern nur deren Amplituden, also die Arcussinuswerte der Phasenwinkel. Diese wiederholen sich allerdings nach Ablauf einer ganzen Phase, sie sind also mehrdeutig. Bei der beschriebenen Messung kann also nur eine Phasendifferenz zwischen 0 und 1 gemessen werden.

Mathematisch stellt sich somit die Differenz zwischen dem Satellitensignal und dem Empfangssignal demnach wie folgt dar:

$$\Phi_m = \Phi_{Sat} - \Phi_R + N .$$
(3.2)[45]

Diese Messung wird erstmalig zum Zeitpunkt T_0 durchgeführt. Wir kennzeichnen in Gleichung 3.3 diesen Zeitpunkt und schreiben Gleichung 3.2 wie folgt:

$$\Phi_m(T_0) = \Phi_{Sat}(T_0) - \Phi_R(T_0) + N(T_0) .$$
(3.3)

---

[45] Die Mehrdeutigkeitsterm N in Gleichung 3.2 ergibt sich aus der oben beschriebenen Mehrdeutigkeit der Phasendifferenzmessung.

Bei jeder zu einem späteren Zeitpunkt T_i durchgeführten neuen Messung erhalten wir eine entsprechende Gleichung und damit jedes Mal einen neuen Mehrdeutigkeitsterm. Dies würde bei der später zu behandelnden Auswertung von Gleichung 3.3 zum Zweck der Positionsbestimmung zu unlösbaren Problemen führen. Für dieses Problem aber gibt es eine konzeptionell einfache Lösung. Die Phasendifferenzen können zwar nur zwischen 0 und 1 gemessen werden, aber gleichzeitig verfügen die Empfänger über die Fähigkeit, Phasenänderungen zu messen und aufzuaddieren. Damit ergibt sich die Möglichkeit, festzustellen, um wie viel ganzzahlige Vielfache einer Phase sich die Phasendifferenz von einer Messepoche zur anderen verändert hat. Diese ganzzahligen Vielfachen der Phasenänderungen werden der Messung hinzugefügt, sodass sich nach einmaligem Beginn und nicht unterbrochener Messung der unbekannte Mehrdeutigkeitsterm nicht mehr ändert. Bei nicht gestörter Messung haben wir also für jeden Satelliten nur *einen* unbekannten Mehrdeutigkeitsterm N.

Da bei dem Satellitenempfänger von einem zu jedem Zeitpunkt unterschiedlichen Uhrenfehler Δt ausgegangen werden muss, stehen die Messungen nach Gleichung 3.3 einschließlich der aufsummierten Phasenänderungen zum Zeitpunkt $T_i + \Delta t_i$ zur Verfügung.

Somit erhalten wir die für jeden Zeitpunkt gültige Messgröße mit der Bezeichnung Trägerphase:

$$\Phi_m\left(T_i + \Delta t_i\right) = \Phi_{Sat}\left(T_i + \Delta t_i\right) - \Phi_R\left(T_i\right) + \Delta t_i + N \,. \tag{3.4}$$

3.4.3 Bestimmung der Doppler-Frequenzverschiebung

Die Doppler-Frequenzverschiebung ergibt sich zu jeder Messepoche aus der Differenz der Frequenz des Referenzsignals und der des ankommenden Satellitensignals. Diese wird im Empfänger von dem Signal repräsentiert, mit dem die PLL die Frequenz des generierten Trägersignals nachregelt (s. dazu Anhang G).

3.5 Modellierung der Messgrößen

3.5.1 Modellierung der Pseudoentfernung

3.5.1.1 Herkömmliche Navigationslösung

Wie weiter oben geschildert, stellt der Satellitenempfänger die Pseudoentfernung zwischen Satellit und Satellitenempfänger zur Verfügung.

Stehen Pseudoentfernungen zu vier verschiedenen Satelliten zur Verfügung, so ergeben sich unter der Voraussetzung, dass die Satellitenuhren exakt synchron laufen, und unter Vernachlässigung troposphärischer und ionosphärischer Laufzeitverzögerungen die Gleichungen (s. Gleichung 3.1):

$$\left(PSR_i + \Delta t \cdot c\right)^2 = \left(X_i - X_E\right)^2 + \left(Y_i - Y_E\right)^2 + \left(Z_i - Z_E\right)^2 \quad ; \quad i = 1, 2, 3, 4 \,. \tag{3.5}$$

---

[46] Der Mehrdeutigkeitsterm N in Gleichung 3.2 ergibt sich aus der oben beschriebenen Mehrdeutigkeit der Phasendifferenzmessung.

Dabei sind:

PSR_i: die gemessenen Pseudostrecken,

c: die Ausbreitungsgeschwindigkeit des Signals im Vakuum,

X_i, Y_i, Z_i: die bekannten Koordinaten der Satelliten,

X_E, Y_E, Z_E: die unbekannten Koordinaten des Empfängers,

Δt: der unbekannte Zeitfehler des Empfängers.

Die Berechnung der Empfängerkoordinaten erfolgt auf der Grundlage dieses Gleichungssystems aus vier Gleichungen mit vier Unbekannten. Dabei sind einige Besonderheiten zu beachten:

1. Die Drehung der Erde während der Satellitensignallaufzeiten darf nicht vernachlässigt werden.
2. Die troposphärischen und ionosphärischen Laufzeitverzögerungen dürfen nicht vernachlässigt werden.
3. Die Satellitenuhren laufen nicht streng synchron. Daraus resultierende Fehler dürfen nicht vernachlässigt werden.
4. Der mathematische Zusammenhang zwischen den Messgrößen und den Unbekannten (das funktionale Modell) ist nicht linear.

Ein Anwender kann davon ausgehen, dass im Auswerteprogramm des Satellitenempfängers diese Probleme gemeistert werden. Da es jedoch zum Verständnis der GNSS-Messtechnik beiträgt, soll ein möglicher Algorithmus zur Berechnung der Position aus Pseudostrecken in seinen Grundzügen hier dargestellt werden (s. dazu Abb. 3.8). Gefunden wird die Lösung in einem iterativ ablaufenden Prozess, der aus folgenden Blöcken besteht:

1. Definition des Startvektors – Einlesen der Messelemente

Wir benötigen zu Beginn der Berechnungen Näherungswerte für die Empfängerposition und den Empfängeruhrenfehler. Es ist ausreichend, den Erdmittelpunkt dafür anzusetzen (kartesische Koordinaten $X_0 = Y_0 = Z_0 = 0$). Als Näherungswert für den Empfängeruhrenfehler wählen wir $\Delta t = 0$. Als Näherungswert für die Laufzeit des Satellitensignals wählen wir $\tau_0 = T_S - T_E$.

Damit ist der Startvektor $X_0, Y_0, Z_0, \Delta t_0, \tau_0$ definiert.

Als Messelemente stehen die zum Zeitpunkt T_E gemessenen vier Pseudostrecken (*PSR*) zur Verfügung.

2. Berechnung der Satellitenkoordinaten

Zur Auflösung unseres Gleichungssystems benötigen wir die Satellitenkoordinaten X_i, Y_i, Z_i ($i = 1 \dots 4$) zum Zeitpunkt der Aussendung der Satellitensignale. Wir können den Zeitpunkt der Signalaussendung wie folgt berechnen. Aus $PSR = (T_E - T_S) \cdot c$ ergibt sich:

$$T_S = T_E \cdot c - \frac{PSR}{c} \ .$$

Wir können also die Satellitenposition jedes Satelliten zum Zeitpunkt der Signalaussendung aus den Ephemeriden berechnen.

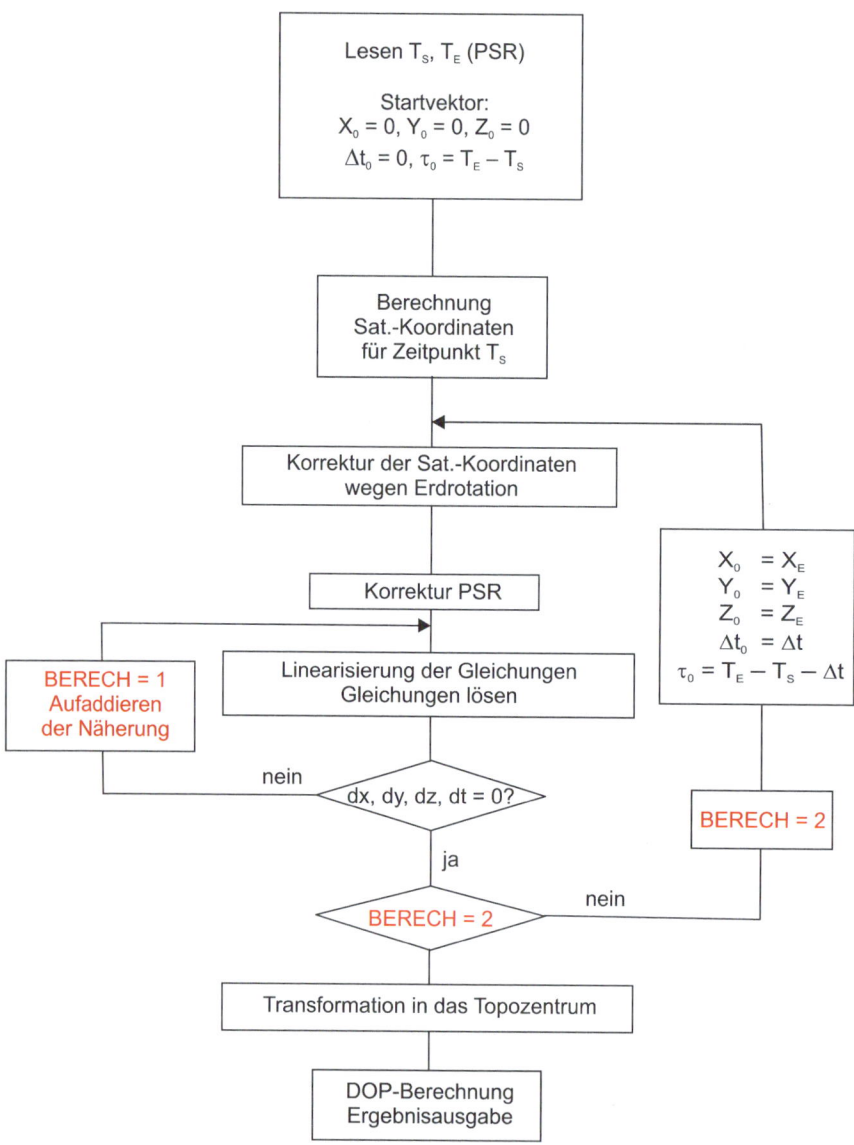

Abb. 3.8: Berechnung einer Position aus Pseudostrecken (Funktionsdiagramm)

3. Korrektur der Satellitenkoordinaten wegen der Erddrehung

Bei der Auflösung von Gleichung 3.5 müssen wir die Erddrehung während der Laufzeit der Satellitensignale berücksichtigen. Abbildung 3.9 zeigt einen Blick vom Nordpol der Erde in Richtung Äquatorebene mit den X- und Y-Achsen des WGS84-Koordinatensystems.

Während der Laufzeit τ eines Satellitensignals hat sich die Erde um den Winkel

$$\alpha = \dot{\Omega} \cdot \tau \quad ; \quad \dot{\Omega}: \textit{Rotationsgeschwindigkeit der Erde}^{47}$$

gedreht.

Wir müssen also die Satellitenkoordinaten nach den bekannten Transformationsformeln

$$X = X' \cdot \cos\alpha + Y' \cdot \sin\alpha,$$
$$Y = Y' \cdot \cos\alpha + X' \cdot \sin\alpha, \tag{3.6}$$
$$Z = Z'$$

in das mit dem Erdkörper fest verbundene kartesische WGS84-Koordinatensystem transformieren (s. Abb. 3.8: X', Y', Z': Satellitenkoordinaten zum Zeitpunkt der Signalaussendung). Die Z-Koordinaten sind von dieser Transformation nicht betroffen, da die Erdachse mit der Z-Achse des Koordinatensystems zusammenfällt.

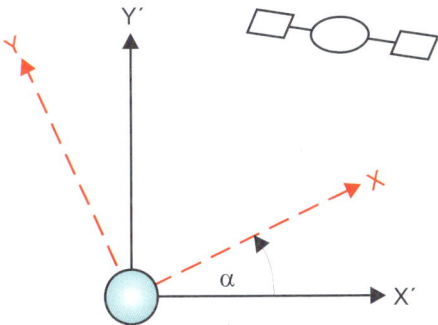

Abb. 3.9:
Korrektur der Satellitenkoordinaten
wegen Erddrehung

4. Korrektur der Pseudostrecken wegen Laufzeitverzögerungen und Satellitenuhrenfehlern

Wir müssen jetzt die Pseudostrecken von systematischen Messfehlern befreien. Die Pseudostrecken sind verfälscht durch troposphärische und ionosphärische Laufzeitverzögerungen und durch Fehler der Satellitenuhren.

Troposphärische und ionosphärische Laufzeitverzögerungen sind eine Funktion der Satellitenelevation und der Ortszeit. Dies bedeutet, dass zur Berechnung von Korrekturwerten für diese Laufzeitverzögerungen zunächst die Satellitenelevationen und die Ortszeit berechnet werden müssen.

Die Ortszeit wird aus der Empfängeruhrzeit (GNSS-Zeit) und der ellipsoidischen Länge der Koordinaten des Startvektors berechnet.

Die Satellitenelevationen werden wie folgt berechnet:

1. Berechnung der Koordinatendifferenzen zwischen den Satellitenkoordinaten und den genäherten Empfängerkoordinaten;
2. Berechnung der Satellitenelevationen (Gleichungen 2.16).

---

[47] Bei der ersten Iteration kennen wir nur einen Näherungswert für τ.

Damit haben wir die Möglichkeit, die troposphärischen und ionosphärischen Laufzeitverzögerungen zu berechnen, diese in eine Strecke umzurechnen und damit die Pseudostrecken zu korrigieren. Die so korrigierten Pseudostrecken sind dadurch zu „im Vakuum gemessenen Pseudostrecken" geworden.

Weiter sind die Pseudostrecken durch die Satellitenuhrenfehler verfälscht. Satellitenuhrenfehler führen dazu, dass die Satellitenuhren bezüglich der GNSS-Zeit vor- oder nachgehen. Bei der *PSR*-Messung geht man aber davon aus, dass alle Satelliten im Zeittakt der GNSS-Zeit ihre codierten Signale absenden. Geht z. B. eine Satellitenuhr „vor", wird vor der vereinbarten Zeit das Satellitensignal „auf seine Reise geschickt". Dies hat den Effekt, dass es „zu früh" ankommt: Die *PSR* wird um den Wert „Satellitenuhrenfehler mal Lichtgeschwindigkeit" zu kurz gemessen. Daher müssen die *PSR* bezüglich der Satellitenuhrenfehler korrigiert werden.

Zwei unterschiedliche Uhrenfehler sind von Bedeutung:

- Abweichung der Satellitenuhr von der GNSS-Zeit wegen einem *Fehler der Satellitenoszillatoren*. Diese Abweichung berechnen wir z. B. bei GPS aus Polynomen 2. Ordnung, deren Koeffizienten uns in der Navigationsnachricht mitgeteilt werden.
- *Relativistischer Uhrenfehler* (s. Abschnitt 2.5.5): Diesen Fehler berechnen wir aus den Bahnparametern große Halbachse, numerische Exzentrizität und der exzentrischen Anomalie des jeweiligen Satelliten.

5. Linearisierung des Gleichungssystems

Der übliche Ansatz besteht darin, mithilfe des bekannten Taylor-Satzes einen linearen Zusammenhang zwischen den Messgrößen und den Unbekannten herzustellen. Über die beim Taylor-Satz benötigten Näherungswerte für die Unbekannten verfügen wir bereits. (Im topozentrischen Koordinatensystem sind die Näherungswerte X_0, Y_0, Z_0 für die X-, Y-, Z-Werte alle gleich null!) Der Zusammenhang zwischen den Näherungswerten und der gesuchten Lösung wird formelhaft wie folgt formuliert:

$$
\begin{aligned}
X_E &= X_0 + dx, \\
Y_E &= Y_0 + dy, \\
Z_E &= Z_0 + dz, \\
\Delta t &= \Delta t_0 + dt.
\end{aligned}
\tag{3.7}
$$

Wir führen diese Bezeichnung in Gleichung 3.5 ein – dieses Gleichungssystem gilt jetzt aber für das topozentrische Koordinatensystem – und lösen die Gleichung jeweils nach den Beobachtungsgrößen $\Delta T_i \cdot c = PSR_i$ auf.

Wir erhalten:

$$
\Delta T_i \cdot c = \sqrt{[X_i - (X_0 + dx)]^2 + [Y_i - (Y_0 + dy)]^2 + [Z_i - (Z_0 + dz)]^2} + (\Delta t_0 + dt) \cdot c \ ; i = 1,2,3,4 .
\tag{3.8}
$$

Zum leichteren Verständnis formulieren wir diese Gleichung etwas allgemeiner:

$$
\Delta T_i \cdot c = f_i(X_0 + dx, Y_0 + dy, Z_0 + dz, \Delta t_0 + dt) .
\tag{3.9}
$$

(In Worten: Die Pseudostrecken $\Delta T_i \cdot c$ sind Funktionen der Empfängerkoordinaten und des Empfängeruhrenfehlers.)

Wir wenden auf diese Funktionen den Taylor-Satz an, verzichten auf Glieder höherer Ordnung und erhalten:

$$f_i(X_0 + dx, Y_0 + dy, Z_0 + dz, \Delta t_0 + dt) =$$
$$f_i(X_0, Y_0, Z_0, t_0) + \frac{\partial f_i}{\partial X} \cdot dx + \frac{\partial f_i}{\partial Y} \cdot dy + \frac{\partial f_i}{\partial Z} \cdot dz + \frac{\partial f_i}{\partial t} \cdot dt .$$

(3.10)

Die Berechnung der partiellen Differenziale ergibt:

$$\frac{\partial f_i}{\partial X} = - \frac{X_i - X_0}{\sqrt{(X_i - X_0)^2 + (Y_i - Y_0)^2 + (Z_i - Z_0)^2}} = a_i,$$

$$\frac{\partial f_i}{\partial Y} = - \frac{Y_i - Y_0}{\sqrt{(X_i - X_0)^2 + (Y_i - Y_0)^2 + (Z_i - Z_0)^2}} = b_i,$$

(3.11)

$$\frac{\partial f_i}{\partial Z} = - \frac{Z_i - Z_0}{\sqrt{(X_i - X_0)^2 + (Y_i - Y_0)^2 + (Z_i - Z_0)^2}} = c_i,$$

$$\frac{\partial f_i}{\partial t} = c = d_i .$$

Da alle Näherungswerte numerisch bekannt sind, sind die Koeffizienten a_i, b_i, c_i, d_i numerisch bekannte Werte. Gleichung 3.10 lautet also:

$$f_i(X_0 + dx, Y_0 + dy, Z_0 + dz, \Delta t_0 + dt) =$$
$$f_i(X_0, Y_0, Z_0, \Delta t_0) + a_i \cdot dx + b_i \cdot dy + c_i \cdot dz + d_i \cdot dt .$$

(3.12)

Die Funktion $f_i(X_0, Y_0, Z_0, t_0)$ ist numerisch bekannt. Sie stellt aus den Näherungswerten berechnete Pseudostrecken dar.

Gleichung 3.10 schreiben wir jetzt wie folgt um:

$$\Delta T_i \cdot c = f_i(X_0, Y_0, Z_0, \Delta t_0) + a_i \cdot dx + b_i \cdot dy + c_i \cdot dz + d_i \cdot dt .$$

(3.13)

Wir stellen um und erhalten:

$$\Delta T_i \cdot c - f_i(X_0, Y_0, Z_0, t_0) = a_i \cdot dx + b_i \cdot dy + c_i \cdot dz + d_i \cdot dt .$$

(3.14)

Schließlich folgt:

$$l_i = a_i \cdot dx + b_i \cdot dy + c_i \cdot dz + d_i \cdot dt .$$

(3.15)

l_i bezeichnet die Differenzen zwischen den gemessenen Pseudostrecken und den aus Näherungswerten berechneten Pseudostrecken. Sie werden „gekürzte Beobachtungen" genannt. Je besser die Näherungskoordinaten bekannt sind, desto kleiner sind diese gekürzten Beobachtungen.

Mit der Gleichung 3.15 liegt ein *lineares* Gleichungssystem von vier Gleichungen mit vier Unbekannten vor.

In Matritzenschreibweise:

$$\begin{bmatrix} l_1 \\ l_2 \\ l_3 \\ l_4 \end{bmatrix} = \begin{bmatrix} a_1 & b_1 & c_1 & d_1 \\ a_2 & b_2 & c_2 & d_2 \\ a_3 & b_3 & c_3 & d_3 \\ a_4 & b_4 & c_4 & d_4 \end{bmatrix} \cdot \begin{bmatrix} dx \\ dy \\ dz \\ dt \end{bmatrix}$$

(3.16)

bzw.: $\mathbf{l} = \mathbf{A} \cdot \mathbf{x}$.

Wenn man die Gleichungen 3.11 und 3.12 betrachtet, ist zu erkennen, dass die aus den Koeffizienten a_i, b_i, c_i, d_i bestehende Matrix **A** lediglich die Empfänger-Satellitengeometrie enthält. Sie wird allgemein als Design-Matrix bezeichnet. Wichtig ist, dass diese Design-Matrix völlig unabhängig von Messwerten ist. (Auf die Design-Matrix kommen wir im Zusammenhang mit der Berechnung hinsichtlich der Genauigkeit der Lösung noch zurück.) Das lineare Gleichungssystem 3.16 kann jetzt nach den Unbekannten dx, dy, dz, dt aufgelöst werden. (Algorithmen zur Auflösung linearer Gleichungssysteme sind in der Literatur hinreichend beschrieben. Eine Darlegung kann daher entfallen.)

Die Addition des Lösungsvektors dx, dy, dz, dt zu den Näherungswerten X_0, Y_0, Z_0, Δt_0 (s. Gleichung 3.8) ergibt die Empfängerkoordinaten und den Empfängeruhrenfehler. Zu beachten ist allerdings, dass diese Lösung wegen der Vernachlässigung Glieder höherer Ordnung bei der Linearisierung von Gleichung 3.8 nicht streng ist. Daher wird mit der gefundenen Lösung als verbesserte Näherungslösung das Problem ab Gleichung 3.8 erneut behandelt und so lange iteriert, bis die Unbekannten der Lösung bis auf Rechenungenauigkeit gleich null geworden sind.

6. Überprüfung der Lösung

In all diesen Berechnungen stecken jetzt noch Unsicherheiten, die sich aus der Unsicherheit des Startvektors – insbesondere des Empfängeruhrenfehlers und der Empfängerposition – und der ungenügenden Kenntnis der Signallaufzeit der Satelliten ergeben. Dies führt u. a. zu Fehlern der Satellitenkoordinaten. Es muss daher abschließend die Richtigkeit der Berechnung überprüft werden. Dazu führen wir in die zu berechnende Lösung den geschätzten Empfängeruhrenfehler und die geschätzten Empfängerkoordinaten als neuen Startvektor ein. Die Lösung ist richtig, wenn bei der erneuten Berechnung die Unbekannten dx, dy, dz und dt der Gleichung 3.8 bis auf Rechenungenauigkeiten gleich null sind. Ist dies nicht der Fall, wird erneut mit verbessertem Startvektor gerechnet.

7. Transformation in das topozentrische Koordinatensystem

Bei der Auflösung des Gleichungssystems und einer damit verbundenen Fehlerabschätzung für die Positionsunbekannten haben sich in der jetzigen Form die wenig anschaulichen kartesischen Koordinaten und deren Genauigkeiten ergeben. Eine Aussage über die mit der Lösung verbundene Lage- und Höhengenauigkeit ist schwierig.

Das wird sehr viel einfacher, wenn wir den Zusammenhang zwischen den Messgrößen und den Unbekannten im topozentrischen Koordinatensystem mit den nunmehr vorliegenden Empfängerkoordinaten als Topozentrum darstellen. Abbildung 2.14 lässt erkennen, dass unser Gleichungssystem 3.5 auch in diesem Koordinatensystem gilt. Wir transformieren die Satellitenkoordinaten also in das topozentrische Koordinatensystem mit den berechneten Empfängerkoordinaten als Topozentrum. Dazu bedienen wir uns der Gleichungen 2.16 aus Abschnitt 2.3.4.

Unsere Unbekannten X_E, Y_E, Z_E sind jetzt die Abweichungen des Empfängers vom Topozentrum in Lage (X, Y) und Höhe (Z). Fehlerabschätzungen zu diesen Unbekannten sind Fehlerabschätzungen über Lage- und Höhengenauigkeiten, Informationen, die anschaulich und daher nützlich sind.

8. Berechnung ellipsoidischer Empfängerkoordinaten

Wir haben die Empfängerkoordinaten jetzt noch im kartesischen Koordinatensystem vorliegen. Gesucht sind jedoch ellipsoidische Breite, Länge und Höhe des Empfängers. Die Empfängerkoordinaten müssen daher abschließend noch in ellipsoidische Breiten, Längen und Höhen umgerechnet werden.

3.5.1.2 Navigationslösung mit Hilfsdaten (A-GNSS)

Die im vorangegangenen Abschnitt beschriebene herkömmliche Navigationslösung setzt voraus, dass es dem Empfänger gelingt

1. Pseudostrecken zu messen,
2. die Navigationsnachricht aus dem Satellitensignal herauszulesen.

Insbesondere die zuletzt genannte Aufgabe gelingt nur dann, wenn das Satellitensignal die Antenne mit einer gewissen Signalstärke erreicht. Dazu muss vor allem eine direkte Sichtverbindung zwischen Empfänger und Satellit gegeben sein. Bei Abschattungen durch Gebäude, aber auch unter Bäumen erreichen die Signale die Antenne stark abgeschwächt. Bis vor wenigen Jahren galten derartige Signale als nicht auswertbar. Dies hat sich durch die Entwicklung einer Technologie mit dem Kürzel A-GNSS in den letzten Jahren geändert.

Das Akronym A-GNSS steht für Assisted GNSS (unterstütztes GNSS). Unterstützung erfahren die GNSS bei dieser Technik durch die Bereitstellung von Daten durch von den GNSS unabhängige Medien wie Mobilfunk oder WLAN[48]. Über eines dieser Medien wird der GNSS-Empfänger mit Daten versorgt, die Navigationslösungen unter schwierigen Empfangsbedingungen überhaupt erst ermöglichen, aber auch dafür sorgen, dass die Zeit zwischen dem Einschalten des GNSS-Empfängers und einer ersten Lösung (Time To First Fix (TTFF)) verringert wird.

Bei einem herkömmlichen GNSS-Empfänger kann auch unter idealen Empfangsbedingungen die Zeitspanne zwischen dem Einschalten des GNSS-Empfängers und einer ersten Positionsbestimmung einige Minuten und mehr betragen. TTFF ist vor allem abhängig von

- im Empfänger gespeicherten Daten für die Berechnung der aktuellen Satellitenpositionen,
- Näherungsposition des Empfängers,
- der Stärke des Satellitensignals.

Zwar wird in GNSS-Empfängern die zuletzt bestimmte Empfängerposition ebenso wie die zuletzt registrierten Bahndaten (Ephemeriden) und Näherungsbahndaten (Almanachdaten) im Empfänger gespeichert. War der Empfänger jedoch über eine längere Zeit (ein bis zwei Stunden) ausgeschaltet und befindet er sich nach erneutem Einschalten auf einer wesentlich anderen Position als bei der letzten Positionsbestimmung, dann können die gespeicherten Daten im Wesentlichen nicht mehr zur Positionsbestimmung herangezogen werden. Insbesondere müssen die aktuellen Bahndaten zuerst aus dem von den Satelliten ausgestrahlten Signalen herausgelesen werden. Das ist aber nur dann möglich, wenn im Empfänger das Satellitensignal erfolgreich akquiriert wurde. Dazu muss in jedem Kanal Folgendes gesucht werden:

- der Code des empfangenen Satellitensignals,
- die Doppler-Frequenzverschiebungen des Satellitensignals,
- das Maximum der Autokorrelationsfunktion des Codes.

---

[48] WLAN: Wireless Local Area Network.

Die damit verbundenen Suchvorgänge können wesentlich verkürzt werden, wenn mithilfe einer ungefähren Empfängerposition sowie ungefähren Satellitenpositionen (aus den Almanachdaten) die Bereiche, in denen die Doppler-Frequenz- und Code-Verschiebungen zu erwarten sind, eingeschränkt werden können.

Aber selbst wenn die Suchvorgänge erfolgreich waren – wenn also die Satellitensignale akquiriert sind – kann es vorkommen, dass es zu keiner Ortung kommt. Das kann damit zusammenhängen, dass das Auslesen der Bahndaten aus dem Satellitensignal voraussetzt, dass die Satellitensignale mit einer gewissen Signalstärke und über einen nicht unterbrochenen Zeitraum von z. B. 18 Sekunden (das entspricht der Dauer von drei Subframes der GPS-Navigationsnachricht) die Antenne des Empfängers erreichen. Für die Pseudostreckenmessungen reichen Signalfetzen von sehr kurzer Länge aus, da sich die GNSS-Codes nach wenigen Millisekunden wiederholen. In schwierigen Empfangsumgebungen, z. B. unter Bäumen oder in Straßenschluchten, können demnach zwar eventuell noch Pseudostrecken gemessen werden, das Auslesen der Daten – z. B. der Navigationsnachricht – kann aber eventuell nicht mehr bzw. nur noch mit großen Fehlerraten möglich sein.

Hier setzt A-GNSS an. Ein A-GNSS-Nutzer benutzt typischerweise ein Mobiltelefon mit integriertem GNSS-Empfänger. Das Gerät soll hier A-GNSS-Handy genannt werden. Sobald der Nutzer das A-GNSS-Handy einschaltet, wird mithilfe von Informationen aus dem Mobilfunknetz die Position des Empfängers näherungsweise bestimmt und dem Empfänger mitgeteilt. Gleichzeitig werden dem A-GNSS-Handy über das Mobilfunknetz die Satellitenbahndaten (Ephemeriden) mitgeteilt, sie stehen ihm also nach Einschalten des Mobiltelefons sofort zur Verfügung.

Damit können

- die Suche nach den Satellitencodes auf die über dem Horizont zu erwartenden Satelliten eingeschränkt werden,
- die zu erwartenden Doppler-Frequenzverschiebungen der Satellitensignale vorausberechnet werden,
- der Suchraum für die Autokorrelationsfunktion des Codes eingeschränkt werden.

Unter Verwendung der per Mobilfunk übermittelten Ephemeriden kann das Auslesen der Bahndaten aus dem Satellitensignal entfallen. Sofern der Empfänger Pseudostrecken messen kann, kann er innerhalb weniger Sekunden seine Position bestimmen.

Abbildung 3.10 zeigt eine mögliche A-GNSS-Architektur. Beim Einschalten des A-GNSS-Handys werden dem Handy über Mobilfunk im einfachsten Fall folgende Daten mitgeteilt:

- seine aus dem Mobilfunknetz abgeleitete ungefähre Position,
- aktuelle Satellitenbahndaten.

Die übermittelten aktuellen Satellitenbahndaten kommen von einem Location Server, der über einen permanent laufenden GNSS-Empfänger verfügt und damit immer die aktuellen Bahndaten aller Satelliten kennt.

Das A-GNSS-Handy muss also nicht mehr die Bahndaten aus dem von ihm empfangenen Signal herauslesen und wird somit in die Lage versetzt, auch unter schwierigen Bedingungen seine Position mit der Genauigkeit von einigen Metern zu bestimmen.

Die wichtigste Anwendung von A-GNSS ist das Absetzen eines Notrufs über ein A-GNSS-Handy. Bei dieser Anwendung sollte das A-GNSS-Handy in der Lage sein, innerhalb weniger Sekunden nach Einschalten eine gültige Positionsbestimmung durchzuführen, die automatisch an eine Notdienstzentrale weitergegeben wird. In den USA ist dafür der Notruf E-911, in Europa die Notrufnummer E-112 (enhanced = ergänzte 112-Nummer) vorgesehen. Bei Vorliegen der technischen Voraussetzungen erkennt die über E-911 oder E-112 angerufene Leitstelle sofort den Ort des Anrufers.

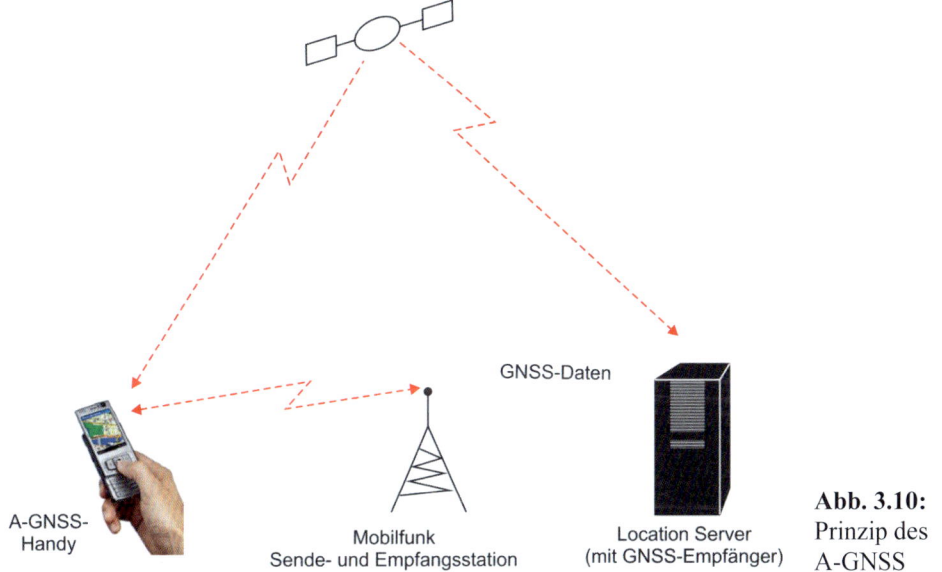

GNSS-Daten

A-GNSS-Handy

Mobilfunk
Sende- und Empfangsstation

Location Server
(mit GNSS-Empfänger)

Abb. 3.10: Prinzip des A-GNSS

Angewendet werden kann A-GNSS auch bei standortbezogenen Diensten (engl. **L**ocation-**B**ased **S**ervices – LBS). Das sind mobile Dienste, die unter Zuhilfenahme von positions-, zeit- und personenabhängigen Daten dem Endbenutzer Informationen über in der Nähe seines Standorts liegende Sehenswürdigkeiten, Restaurants und ähnliches bereitstellen.

A-GNSS kann in sehr unterschiedlichen Varianten realisiert werden. Ein wesentliches Hindernis für eine weite Verbreitung von A-GNSS ist die Tatsache, dass es für A-GNSS bis heute keinen Standard gibt (Syrjärinne & Wirola 2006). Zu den technischen Voraussetzungen von A-GNSS gehören Empfänger mit leistungsfähigen anwendungsspezifischen integrierten Schaltungen – engl. **A**pplication-**S**pecific **I**ntegrated **C**ircuit (ASIC) – mit einer Vielzahl von Korrelatoren für das Akquirieren und Tracken der Satellitensignale. Entsprechende GPS-Chipsätze sind auf dem Markt. Der SiRFStar-III^{TM}-Chip verfügt über 200.000 Korrelatoren (Eissfeller u. a. 2005). Mit dieser Technik kann auch in Gebäuden GNSS betrieben werden (Indoor-GNSS), wenngleich die dabei erreichte Genauigkeit bisher kaum Raum für praktische Anwendungen bietet. Leser, die sich für weitere Einzelheiten von A-GNSS interessieren, seien abschließend noch auf folgende im Internet abrufbare Literatur verwiesen: Su (2007), Zogg (2009).

3.5.2 Modellierung der Trägerphase

3.5.2.1 Grundgleichung

In Abschnitt 3.3.2 ergab sich die zur Beschreibung der Trägerphase für jeden Zeitpunkt – in der GNSS-Sprache: für jede Epoche – gültige Gleichung 3.4:

$$\Phi_m\left(T_i + \Delta t_i\right) = \Phi_{Sat}\left(T_i + \Delta t_i\right) - \Phi_R\left(T_i\right) + \Delta t_i + N \ .$$

Die im ersten Term dieser Gleichung beschriebenen Satellitenphasen wurden zum unbekannten Zeitpunkt T_{Si} ausgestrahlt. Somit können wir die Gleichung 3.4 wie folgt umschreiben:

$$\Phi(T_i) = \Phi_S(T_{Si}) - \Phi_R(T_i + \Delta t_i) + N;$$
$$i = 1....n_E \ ; \ n_E : \ Anzahl \ der \ Epochen. \tag{3.17}$$

Die Zeitdifferenzen

$$\tau_i = (T_i + \Delta t_i) - T_{Si} \tag{3.18}$$

sind die unbekannten Zeiten, die die Signale benötigen, um die Strecke Satellit – Empfänger zu den Zeitpunkten der jeweiligen Messungen zurückzulegen.

Die Umstellung von Gleichung 3.18 ergibt:

$$T_{Si} = \left(T_i - \Delta t_i\right) - \tau_i \ . \tag{3.19}$$

Aus Gleichung 3.17 wird damit:

$$\Phi(T_i) = \Phi_S[T_i + (\Delta t_i - \tau_i)] - \Phi_R(T_i + \Delta t_i) + N \ . \tag{3.20}$$

Da der Oszillator des Satelliten über kurze Perioden als sehr stabil angesehen werden kann, können wir die Phase des Satelliten im Zeitpunkt T_i nach Taylor entwickeln:

$$\Phi_S[T_i + (\Delta t_i - \tau_i)] = \Phi_S(T_i) + \frac{\partial \Phi}{\partial t} \cdot (\Delta t_i - \tau_i) \ . \tag{3.21}$$

Die Phasenänderung in der Zeit ist gleich der Frequenz (s. Gleichung 2.28).

Somit folgt (mit f_S = Frequenz des Satelliten):

$$\begin{aligned}\Phi_S[T_i + (\Delta t_i - \tau_i)] &= \Phi_S(T_i) + f_S \cdot (\Delta t_i - \tau_i) \\ &= \Phi_S(T_i) + f_S \cdot \Delta t_i - f_S \cdot \tau_i \ . \end{aligned} \tag{3.22}$$

Damit wird aus Gleichung 3.20 die Gleichung:

$$\Phi(T_i) = \Phi_S(T_i) + f_S \cdot \Delta t_i - f_S \cdot \tau_i - \Phi_R(T_i + \Delta t_i) + N. \tag{3.23}$$

τ_i bezeichnet die Zeiten, die die Signale benötigen, um von den Satellitenorten zu den Zeitpunkten T_{Si} (Sendezeiten der Signale) bis zum Empfänger zu den Zeitpunkten $T_i + \Delta t_i$ (Ankunftszeit des Signals am Empfänger) zu gelangen. Mit der Bezeichnung R für diese Strecke sowie der Bezeichnung c für die Geschwindigkeit des Signals gilt:

$$\tau_i = \frac{R_i}{c} \ . \tag{3.24}$$

Gleichung 3.24, eingesetzt in Gleichung 3.23, ergibt:

$$\Phi(T_i) = \Phi_S(T_i) + f_S \cdot \Delta t_i - f_S \cdot \frac{R_i}{c} - \Phi_R(T_i + \Delta t_i) + N. \tag{3.25}$$

Der Satellitenempfänger ist in der Lage, $j = 1... n_S$ Satelliten gleichzeitig zu beobachten. Damit wird aus Gleichung 3.25 die Gleichung:

$$\Phi^j(T_i) = \Phi_S^j(T_i) + f_S^j \cdot \Delta t_i - f_S^j \cdot \frac{R_i^j}{c} - \Phi_R(T_i + \Delta t_i) + N^j. \tag{3.26}$$

Werden die Messungen mit $k = 1... n_R$ Empfängern durchgeführt, so ergibt sich:

$$\Phi_k^j(T_i) = \Phi^j(T_i) + f^j \cdot \Delta t_{ik} - f^j \cdot \frac{R_{ik}^j}{c} - \Phi_k(T_i + \Delta t_{ik}) + N_k^j. \tag{3.27}$$

In Gleichung 3.27 wurden die Phasen und Frequenzen nicht mehr besonders als zum Empfänger bzw. zum Satelliten gehörig gekennzeichnet. Da sich hochgestellte Indizes auf Satelliten und niedrig gestellte Indizes auf Empfänger beziehen, ist die Bezeichnung eindeutig.

Zum leichteren Verständnis der Gleichung 3.27 seien die Indizes der einzelnen Terme dieser Gleichung erläutert:

$\Phi^j(T_i)$	Die Phasen der Satelliten zu den Zeitpunkten T_i sind abhängig von: Satellit (Index j) und Epoche (Index i).
$f^j \cdot \Delta t_{ik}$	Die Frequenz des Satelliten ist abhängig vom Satelliten (Index j). Der Zeitfehler des Empfängers ist abhängig von: Epoche (Index i), Satellitenempfänger (Index k).
f^j, R_{ik}^j	Die Entfernung Satellit – Empfänger ist abhängig von: Epoche (Index i), Satellit (Index j), Ort des Empfängers (Index k).
$\Phi_k(T_i + \Delta t_{ik})$	Die Phase der Referenzfrequenz des Empfängers ist abhängig von: Epoche (Index i), Zeitfehler des Empfängers (Index k).
N_k^j	Die unbekannte Vielfache einer Phase ist abhängig von: Satellit (Index j), Empfänger (Index k).

Die Terme 2 und 4 können in der weiteren Behandlung zu einem satellitenunabhängigen Term β_{ik} zusammengefasst werden. Dies ist möglich, weil die Frequenzabweichungen der Satellitensendungen von der Sollfrequenz so gering sind, dass der aus der Gleichsetzung

$$f_S^j \cdot \Delta t_{ik} = f_S \cdot \Delta t_{ik}$$

resultierende Fehler nicht signifikant ist (Remondi 1985)[49].

Damit wird aus Gleichung 3.27 die Gleichung:

$$
\begin{aligned}
&\Phi_k^j(T_i) = \Phi^j(T_i) + \beta_{ik} - f_S^j \cdot \frac{R_{ik}^j}{c} + N_k^j \quad \text{mit} \\
&i = 1... n_E \text{ (Anzahl der Beobachtungsepochen)}, \\
&j = 1... n_S \text{ (Anzahl der Satelliten)}, \\
&k = 1... n_R \text{ (Anzahl der Empfänger)}.
\end{aligned} \tag{3.28}
$$

Gleichung 3.28 ist eine vereinfachte Grundbeobachtungsgleichung zur Koordinatenbestimmung aufgrund von Trägerphasenmessungen. Sie gilt, solange bei der Messung kein Phasendurchgang verloren geht – z. B. durch eine zeitweilige Unterbrechung der direkten „Sichtverbindung" Satellit – Satellitenempfänger – bzw. solange kein störungsbedingter Phasensprung („Cycle Slip") vorkommt (s. dazu Abschnitt 3.5.4).

Nicht enthalten sind in dieser Beobachtungsgleichung – in diesem „funktionalen Modell"

- Refraktionserscheinungen,
- relativistische Effekte etc.

---

[49] Diese Gleichung gilt nicht für herkömmliche GLONASS.

Zur weiteren Auswertung muss noch für R_{ik}^j ein Ausdruck in kartesischen Koordinaten der bekannten Satellitenpositionen zu den Epochen T_{Si} (Zeitpunkte der Signalaussendung) und den unbekannten Koordinaten der Satellitenempfänger zu den Zeitpunkten T_i gegeben werden (zur Ermittlung der Sendezeiten T_{Si} s. Abschnitt 3.5.1.1). Die Formel lautet:

$$(R_{ik}^j)^2 = (X_i^j - X_k)^2 + (Y_i^j - Y_k)^2 + (Z_i^j - Z_k)^2 .$$

Um eine Vorstellung vom Umfang der zu bewältigenden Rechnungen zu geben, sei folgendes Beispiel angeführt:

- n_E = 100 (100 Epochen),
- s = 4 (vier Satelliten),
- n_R = 5 (fünf Empfänger).

Dies ergibt $100 \cdot 4 \cdot 5 = 2.000$ Beobachtungen. Mit deren Hilfe müssen die folgenden Unbekannten errechnet werden:

- $5 \cdot 3$ = 15 Unbekannte der Koordinaten der Empfänger,
- $100 \cdot 4$ = 400 Phasen der Satelliten zu den Epochen,
- $100 \cdot 5$ = $500\, \beta_{ik}$,
- $5 \cdot 4$ = 20 unbekannte Phasenvielfache.

Das sind zusammen 935 Unbekannte.

3.5.2.2 Linearkombinationen aus Trägerphasen einer Frequenz

Von den in Gleichung 3.28 enthaltenen Parametern beziehen sich lediglich die im dritten Term auf die gesuchten Koordinaten des Empfängers. Unter rein geodätischen Aspekten sind aber nur die Empfängerkoordinaten von Interesse, in der Navigation wird eventuell noch der Empfängeruhrenfehler benötigt.

Es liegt daher nahe, Beobachtungsgleichungen zu formulieren, die weitgehend frei von den „überflüssigen" Parametern sind. Dies kann durch Linearkombinationen der Phasenbeobachtungen einer Frequenz erreicht werden. Durch Differenzbildungen werden neben überflüssigen Parametern aber auch Fehlereinflüsse eliminiert, die auf die Phasenbeobachtungen in gleicher Weise wirken. Dies kann sowohl bei der Analyse des Datenmaterials als auch bei der Auswertung sehr hilfreich sein.

Folgende Differenzbildungen sind möglich:

- Differenz der Beobachtungen von verschiedenen Empfängern zu einem Satelliten (s. Abb. 3.11a); Bezeichnung Δ: Basis am Boden,
- Differenz der Beobachtungen eines Empfängers nach verschiedenen Satelliten (s. Abb. 3.11b); Bezeichnung ∇: Basis am Himmel,
- Differenz der Beobachtungen verschiedener Epochen (s. Abb. 3.11c); Bezeichnung δ.

Diese Differenzbildungen können weiter untereinander kombiniert werden.

Folgende Differenzbildungen sind von besonderer Bedeutung:

- Empfänger-Epochendifferenz,
- Satelliten-Einfachdifferenz,
- Empfänger-Einfachdifferenz (Single Difference),

- Empfänger-Satellit-Doppel-Differenz (Double Difference),
- Dreifachdifferenz (Triple Difference).

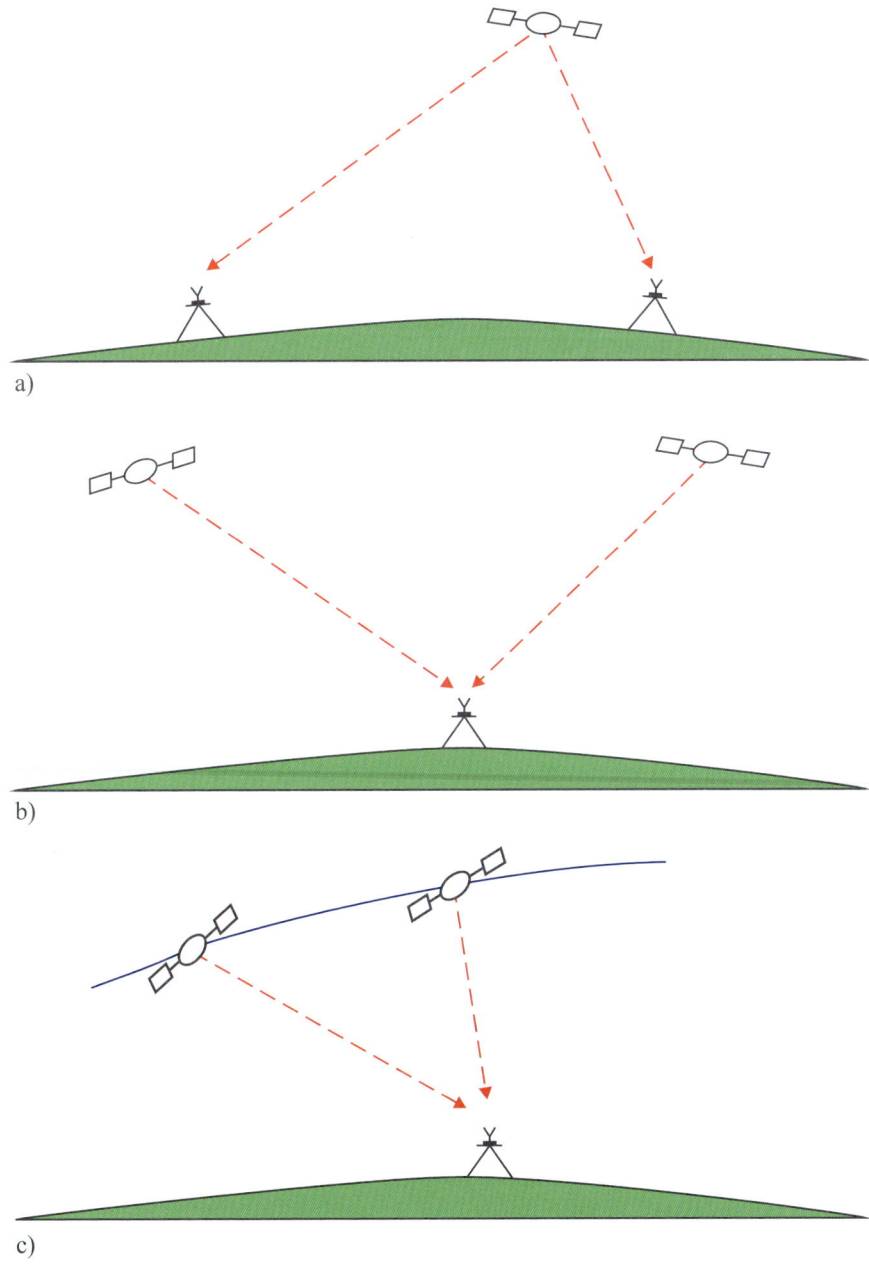

a)

b)

c)

Abb. 3.11: Differenzbildungen der GNSS-Beobachtungen

Empfänger-Epochendifferenz

> Definition:
> Die Empfänger-Epochendifferenz ist die Differenz der an einem Empfänger gemessenen Rohphasen nach Epochen.

Wir betrachten die Gleichung 3.27 zu den Epochen T_1 und T_2 und subtrahieren die beiden Beobachtungen. Wir erhalten:

$$\Phi\delta_{1,2} = \Phi^j(T_2) - \Phi^j(T_1) + f^j \cdot (\Delta t_{2k} - \Delta t_{1k}) - f^j \cdot \frac{R^j_{2k} - R^j_{1k}}{c}$$
$$- \Phi_k(T_2 + \Delta t_{2k}) + \Phi_k(T_1 + \Delta t_{1k}). \tag{3.29}$$

Es ist zu erkennen, dass Unterschiede zwischen den Epochendifferenzen in erster Linie auf die sich von Epoche zu Epoche verändernden Empfängeruhrenfehler und die sich verändernde Satellitengeometrie zurückzuführen sind. Troposphärische und ionosphärische Laufzeitverzögerungen werden weitgehend eliminiert, da sie sich unter normalen Bedingungen von Epoche zu Epoche nur geringfügig ändern. Da auch die Veränderungen in den Empfängeruhrenfehlern und der Satellitengeometrie relativ langsam eintreten, sind die Epochendifferenzen als Funktion der Zeit eine prinzipiell stetige Funktion.

Satelliten-Einfachdifferenz

> Definition:
> Die Satelliten-Einfachdifferenz ist die Differenz aus den an einem Empfänger simultan gemessenen Trägerphasen von zwei Satelliten.

Wir betrachten die Gleichung 3.27 zur Epoche $T(i)$. Der Empfänger habe die Nummer 1, die Satelliten die Nummern 8 und 9. Die Differenzbildung der nach 3.27 gebildeten Beobachtungsgleichungen ergibt:

$$\Phi\nabla^{8,9}_1(i) = \Phi^8(T_i) - \Phi^9(T_i) + \Delta t_{i1}(f^8 - f^9) - f^8 \cdot \frac{R^8_{i1}}{c} + f^9 \frac{R^9_{i2}}{c} + N^{8,9}_1. \tag{3.30}$$

(Die Mehrdeutigkeitsparameter aus Gleichung 3.27 können zu einem Parameter zusammengefasst werden.) In der Beobachtungsgleichung ist vor allem der Einfluss des Empfängeruhrenfehlers weitgehend eliminiert.

Empfänger-Einfachdifferenz (Single Difference)

> Definition:
> Die Empfänger-Einfachdifferenz ist die Differenz aus an zwei Empfängern simultan beobachteten Phasen der Signale eines Satelliten (s. Abb. 3.10a).

Wir betrachten die Gleichung 3.27 und unterstellen zum leichteren Verständnis, dass die Empfänger die Nummern 1 und 2 und der simultan beobachtete Satellit die Nummer 9 tragen.

Es gelten dann folgende Beobachtungsgleichungen für die Trägerphasen:

$$\Phi^9_1(T_i) = \Phi^9(T_i) + \beta_{i1} - f^9 \cdot \frac{R^9_{i1}}{c} + N^9_1, \tag{3.31}$$

$$\Phi_2^9(T_i) = \Phi^9(T_i) + \beta_{i2} - f^9 \cdot \frac{R_{i2}^9}{c} + N_2^9. \tag{3.32}$$

Die Differenzbildung dieser Beobachtungen führt zur Beobachtungsgleichung für die Empfänger-Einfachdifferenz:

$$\Phi \Delta_{1,2}^9 - \Phi_1^9(T_i) - \Phi_2^9(T_i) = \beta_{i1} - \beta_{i2} - \frac{f^9}{c} \cdot (R_{i1}^9 - R_{i2}^9) + N_{1,2}^9. \tag{3.33}$$

Man erkennt, dass die Phasen des Satelliten – und damit Fehler des Satellitenoszillators – herausfallen. Weiter entstehen die Differenzen $(R_{i2}^9 - R_{i1}^9)$, d. h. die Differenzen der Strecken zwischen den Empfängern und den Satelliten. Bei kleinen Entfernungen zwischen den Satellitenempfängern liegen die ionosphärischen und troposphärischen Laufzeitverzögerungen bei den Strecken R_{i2}^9, R_{i1}^9 in der gleichen Größenordnung. Sie fallen somit bei der Differenzbildung weitgehend heraus (auch hier sind die Mehrdeutigkeitsparameter aus den Gleichungen 3.31 und 3.32 zu einem Parameter zusammengefasst worden).

Empfänger-Satellit-Doppeldifferenz (Double Difference)

Definition:
Die Empfänger-Satellit-Doppeldifferenz ist die Differenz von Empfänger-Einfachdifferenzen und zwei Satelliten (s. Abb. 3.12).

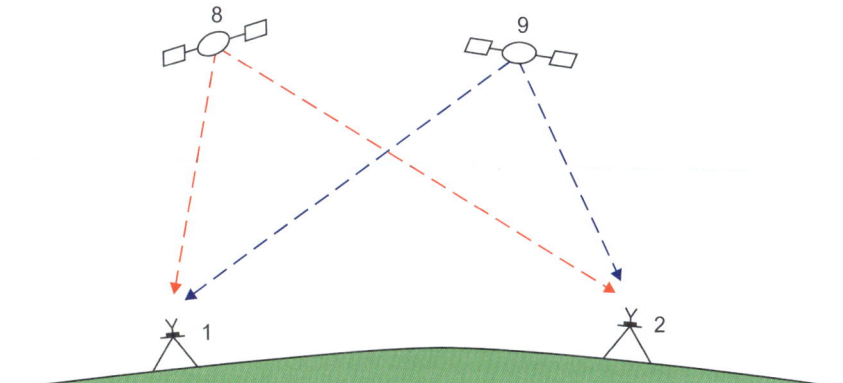

Abb. 3.12: Empfänger-Satellit-Doppeldifferenz

Mit den Empfängern Nr. 1 und Nr. 2 und den Satelliten Nr. 8 und Nr. 9 ergeben sich folgende Beobachtungsgleichungen für die Empfänger-Einfachdifferenzen:

$$\Phi \Delta_{1,2}^9 = \beta_{i1} - \beta_{i2} - \frac{f^9}{c} \cdot (R_{i1}^9 - R_{i2}^9) + N_{1,2}^9, \tag{3.34}$$

$$\Phi \Delta_{1,2}^8 = \beta_{i1} - \beta_{i2} - \frac{f^8}{c} \cdot (R_{i1}^8 - R_{i2}^8) + N_{1,2}^8. \tag{3.35}$$

Die weitere Differenzbildung führt zur Beobachtungsgleichung für die Doppeldifferenzen:

$$\Phi\nabla\Delta_{1,2}^{8,9} = -\frac{f^9}{c}\cdot(R_{i1}^9 - R_{i2}^9) + \frac{f^8}{c}\cdot(R_{i1}^8 - R_{i2}^8) + N_{1,2}^{9,8}. \tag{3.36}$$

Hier fallen die Parameter β_{ik}, d. h. die Uhrenfehler der Satellitenempfänger sowie die Phasen der Referenzsignale der Satellitenempfänger, heraus.

Dreifachdifferenz (Triple Difference)

Definition:
Dreifachdifferenzen sind Differenzen der Zweifachdifferenzen nach Epochen (Abb. 3.13).

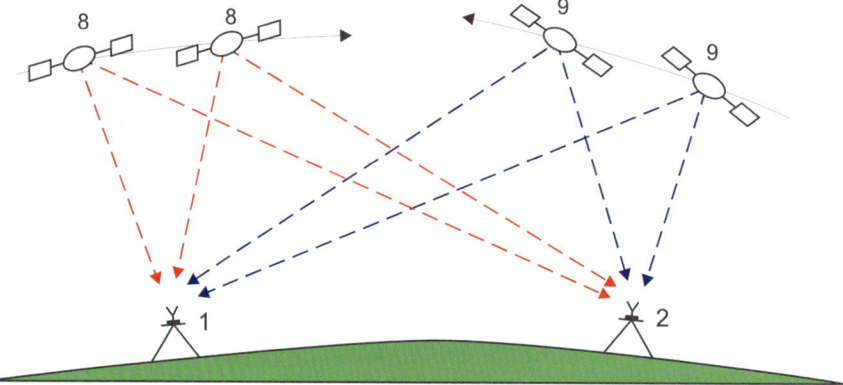

Abb. 3.13: Empfänger-Satellit-Zeit-Dreifachdifferenz

Die Beobachtungsgleichung für Zweifachdifferenzen zum Zeitpunkt $T(i)$ lautet:

$$\Phi\Delta\nabla_{1,2}^{8,9}(i) = -\frac{f^9}{c}\cdot(R_{i1}^9 - R_{i2}^9) + \frac{f^8}{c}\cdot(R_{i1}^8 - R_{i2}^8) + N_{1,2}^{9,8}. \tag{3.37}$$

Entsprechend ergibt sich für den Zeitpunkt $T(i+1)$:

$$\Phi\Delta\nabla_{1,2}^{8,9}(i+1) = -\frac{f^9}{c}\cdot(R_{i1}^9 - R_{i2}^9) + \frac{f^8}{c}\cdot(R_{i1}^8 - R_{i2}^8) + N_{1,2}^{9,8}. \tag{3.38}$$

Die aus diesen Gleichungen durch Differenzbildung gebildete Beobachtungsgleichung für Dreifachdifferenzen lautet:

$$\Phi\Delta\nabla\delta_{1,2}^{8,9} = -\frac{f^9}{c}\Big[(R_{i1}^9 - R_{i2}^9) - (R_{i+1,1}^9 - R_{i+1,2}^9)\Big] + \frac{f^8}{c}\cdot\Big[(R_{i1}^8 - R_{i2}^8) - (R_{i+1,1}^8 - R_{i+1,2}^8)\Big]. \tag{3.39}$$

Wie zu erkennen ist, fallen die unbekannten Phasenvielfachen heraus.

Die Dreifachdifferenzen enthalten also im Wesentlichen nur noch die für geodätische Anwendungen benötigten Parameter, die Strecken zwischen den Satelliten und den Satellitenempfängern.

Die Linearkombinationen zeigen, dass mit zunehmender Differenzbildung immer mehr Fehlereinflüsse eliminiert werden. Dadurch entstehen *gerechnete Beobachtungen* mit geringerem Messrauschen als bei den ursprünglichen Beobachtungen. Dies ist der wichtigste Aspekt. Man nutzt die Gleichungen zur Analyse der Daten vor den eigentlichen Koordinatenberechnungen, aber auch für die Koordinatenberechnungen selbst. Dabei ist jedoch ein Aspekt zu beachten, auf den bisher noch nicht eingegangen wurde.

Schon die ursprünglichen Phasenbeobachtungen sind statistisch nicht voneinander unabhängig, sondern *physikalisch* miteinander *korreliert*. Da die Erläuterung des Begriffs der Korrelation im Rahmen dieser Einführung nicht gegeben werden kann, möge der Hinweis genügen, dass davon ausgegangen werden muss, dass die Phasenbeobachtungen aus physikalischen Gründen gemeinsam von äußeren Parametern verfälschend beeinflusst werden (zu nennen sind hier z. B. die Laufzeitverzögerungen der Signale, aber auch Vorgänge im Satellitenempfänger). Dies muss – bei strenger Betrachtung – bei den Koordinatenberechnungen berücksichtigt werden.

Die oben beschriebenen Differenzen der Phasenbeobachtungen entstehen durch Subtraktion von ursprünglichen Beobachtungen. Diese „neuen" Beobachtungen werden also nach mathematischen Gesetzen aus den ursprünglichen Beobachtungen abgeleitet. Dies führt zusätzlich zu den physikalischen Korrelationen zu *mathematischen Korrelationen* der „Beobachtungen". Die Berücksichtigung der mathematischen Korrelationen ist zwar aus theoretischer Sicht leicht möglich, kann aber zu ernsthaften numerischen Problemen führen.

3.5.2.3 Linearkombinationen aus Trägerphasen von zwei Frequenzen[50]

Das zweite Signal des GPS war ursprünglich dafür vorgesehen, ionosphärische Laufzeitverzögerungen zu erfassen und so die Ortung zu verbessern. Schon in der Entwicklungs- und Aufbauphase des GPS wurden jedoch Auswertekonzepte entwickelt, die über diesen ursprünglichen Zweck weit hinausgehen. Diese Konzepte beruhen darauf, unterschiedlichste Linearkombinationen aus den L1- und L2-Trägerphasen zu bilden und deren besondere Eigenschaften zu nutzen.

Die grundlegende Rechenvorschrift zur Bildung dieser Linearkombinationen lautet:

$$\Phi(T_i)_{LK} = \alpha_1 \cdot \Phi(T_i)_{L1} + \alpha_2 \cdot \Phi(T_i)_{L2} . \tag{3.40}$$

Über die α_i ($i = 1,2$) wird beliebig – aber zweckmäßig – verfügt.

Zum besseren Verständnis betrachten wir die Gleichung 3.27, vernachlässigen dabei aber der Einfachheit halber den Empfängeruhrenfehler (die folgenden Ableitungen folgen einer von Goad (1985) gegebenen Darstellung).

Mit zusätzlichen Indizes $_{L1}$, $_{L2}$ zur Kennzeichnung der entsprechenden Signale erhalten wir

$$\Phi(T_i)_{L1} = \Phi_S(T_i)_{L1} - \Phi_R(T_i)_{L1} - f_{L1} \cdot \frac{R_i}{c} + N_{L1} , \tag{3.41}$$

$$\Phi(T_i)_{L2} = \Phi_S(T_i)_{L2} - \Phi_R(T_i)_{L2} - f_{L2} \cdot \frac{R_i}{c} + N_{L2} . \tag{3.42}$$

Die Satellitensignale werden durch Vervielfältigung *einer* Fundamentalfrequenz erzeugt. Dies gilt analog für die Referenzfrequenz im Satellitenempfänger. Die Beziehungen zwischen den Phasen und den Frequenzen der Satellitensignale und den Referenzsignalen in den Empfängern können daher unabhängig von eventuell vorhandenen Oszillatorfehlern durch folgende Gleichungen beschrieben werden:

$$\Phi_S(T_i)_{L1} = f_{L1} \cdot T_i \quad ; \quad \Phi_S(T_i)_{L2} = f_{L2} \cdot T_i , \tag{3.43}$$

$$\Phi_R(T_i)_{L1} = f_{RL1} \cdot T_i \quad ; \quad \Phi_R(T_i)_{L2} = f_{RL2} \cdot T_i . \tag{3.44}$$

---

[50] Die Erläuterung erfolgt anhand der GPS-Signale L1, L2; sie gilt analog für die Signale der anderen GNSS.

Aus Gleichung 3.43 folgt

$$\frac{\Phi_S(T_i)_{L1}}{f_{L1}} = \frac{\Phi_S(T_i)_{L2}}{f_{L2}} \quad \text{bzw.} \quad \Phi_S(T_i)_{L2} = \frac{f_{L2}}{f_{L1}} \cdot \Phi_S(T_i)_{L1} . \tag{3.45}$$

Analog ergibt sich aus Gleichung 3.44

$$\Phi_R(T_i)_{L2} = \frac{f_{RL2}}{f_{RL1}} \cdot \Phi_R(T)_{L1} . \tag{3.46}$$

Mit 3.45 und 3.46 wird aus Gleichung 3.42

$$\Phi(T_i)_{L2} = \frac{f_{L2}}{f_{L1}} \cdot \Phi_S(T_i)_{L1} - \frac{f_{RL2}}{f_{RL}} \cdot \Phi_R(T_i)_{L1} - f_{L2} \cdot \frac{R_i}{c} + N_{L2} . \tag{3.47}$$

Mit Gleichung 3.46 haben wir eine Gleichung, die die Trägerphasen von L2 als Funktion der Trägerphasen von L1 darstellt.

Wir bilden jetzt Linearkombinationen der Trägerphasenbeobachtungen nach Gleichung 3.40. Mit Gleichung 3.41 und Gleichung 3.42 ergibt dies:

$$\Phi(T_i)_{LK} = \alpha_1 \left(\Phi_S(T_i)_{L1} - \Phi_R(T_i)_{L1} - f_{L1} \cdot \frac{R_i}{c} + N_{L1} \right)$$
$$+ \alpha_2 \left(\frac{f_{L2}}{f_{L1}} \cdot \Phi_S(T_i)_{L1} - \frac{f_{RL2}}{f_{RL1}} \cdot \Phi_R(T_i)_{L1} - f_{L2} \cdot \frac{R_i}{c} + N_{L2} \right). \tag{3.48}$$

In Gleichung 3.48 gibt es nur noch L1-Phasen. Daher kann auf den Index L1 bei den Phasen verzichtet werden. Durch Multiplizieren und Umstellen von Gleichung 3.48 ergibt sich:

$$\Phi(T_i)_{LK} = \Phi_S(T_i) \cdot \left(\alpha_1 + \alpha_2 \cdot \frac{f_{L2}}{f_{L1}} \right) - \Phi_R(T_i) \cdot \left(\alpha_1 + \alpha_2 \cdot \frac{f_{R2}}{f_{R1}} \right)$$
$$- \frac{R_i}{c} \cdot (\alpha_1 \cdot f_{L1} + \alpha_2 \cdot f_{L2}) + \alpha_1 \cdot N_{L1} + \alpha_2 \cdot N_{L2} . \tag{3.49}$$

In Gleichung 3.49 werden die Phasen des L1-Satellitensignals und die Phasen des entsprechenden Referenzsignals mit je einem Faktor multipliziert. Es entstehen also *gerechnete Phasen*, die wir als Linear-Kombinationsphasen bezeichnen können.

Wir betrachten die Linearkombinationsphase des L1-Satellitensignals (den Term 1 aus Gleichung 3.49). Durch Ausmultiplizieren erhalten wir:

$$\Phi_{S,LK} = \Phi_S(T_i) \cdot \alpha_1 + \Phi_S(T_i) \cdot \alpha_2 \cdot \frac{f_{L2}}{f_{L1}} . \tag{3.50}$$

Wir ersetzen in Gleichung 3.50 die Phase durch das Produkt aus Frequenz und Zeit und erhalten so:

$$\Phi_{S,LK} = f_{L1} \cdot T_i \cdot \alpha_1 + f_{L1} \cdot T_i \cdot \alpha_2 \cdot \frac{f_{L2}}{f_{L1}} = (f_{L1} \cdot \alpha_1 + f_{L2} \cdot \alpha_2) \cdot T_i . \tag{3.51}$$

Unter Berücksichtigung der grundlegenden Beziehung „Phase = Frequenz mal Zeit" wird deutlich, dass Gleichung 3.51 die Phase des „künstlichen" – gerechneten – Signals ist, dessen Frequenz durch die Beziehung

$$f_{LK} = f_{L1} \cdot \alpha_1 + f_{L2} \cdot \alpha_2 \tag{3.52}$$

gegeben ist. f_{LK} ist die Frequenz des Signals der Linearkombination.

In gleicher Weise behandeln wir Term 2 aus Gleichung 3.49 und erhalten so schließlich

$$\Phi_{LK} = \Phi_{S,LK}(T_i) - \Phi_{R,LK}(T_i) - (\alpha_1 \cdot f_{L1} + \alpha_2 \cdot f_{L2}) \cdot \frac{R_i}{c} + \alpha_1 \cdot N_{L1} + \alpha_2 \cdot N_{L2} \,. \tag{3.53}$$

Gleichung 3.53 ist die – vereinfachte – Beobachtungsgleichung für Linearkombinationen der L1-, L2-Trägerphasenbeobachtungen.

Durch geeignete Wahl der Parameter α_1 und α_2 können nunmehr Kombinationsphasen berechnet werden, die besondere Eigenschaften haben. Von besonderer Bedeutung sind:

- das Wide-Lane-Signal,
- das Narrow-Lane-Signal,
- die ionosphärenfreie Linearkombination,
- die geometriefreie Linearkombination.

Das Wide-Lane-Signal

Wählen wir in Gleichung 3.51 $\alpha_1 = 1$ und $\alpha_2 = -1$, bedeutet dies, dass die ursprünglichen Signale L1 und L2 voneinander abgezogen werden. Das so entstandene Signal wird daher auch als Differenzsignal bezeichnet. Von besonderem Interesse ist bei diesem Signal die Wellenlänge. Betrachten wir Gleichung 3.52, ergibt sich als Frequenz dieses Signals

$$f_{LK} = 1.575,42 \text{ MHz} - 1.227,60 \text{ MHz} = 347,82 \text{ MHz}.$$

Mit der Beziehung $c = \lambda_{LK} \cdot f_{LK}$ errechnet sich die Wellenlänge zu

$$\lambda_{LK} = \frac{300.000 \text{ km} \cdot \text{s}^{-1}}{347,82 \cdot 10^6 \text{ s}^{-1}} = 0,86 \text{ m}.$$

Wir erhalten also ein Signal mit rund vierfacher Wellenlänge des Ausgangssignals. Dieses wird daher in der Literatur als „*Wide-Lane-Signal*" bezeichnet. Die damit berechnete Lösung heißt „*Wide-Lane-Lösung*". Durch eine größere Wellenlänge wird prinzipiell die Lösung des Mehrdeutigkeitsproblems erleichtert. Da die Faktoren α_1 und α_2 ganzzahlig sind, bleibt – wie Gleichung 3.77 zeigt – auch die Ganzzahligkeit des Mehrdeutigkeitsparameters erhalten.

Mit der bei allen GNSS neu hinzugekommenen Frequenz im unteren L-Band – bei GPS z. B. das L5-Signal mit der Frequenz $f_{L5} = 1.174,45 \text{ MHz}$ – eröffnet sich die Möglichkeit, ein „Extra-Wide-Signal" zu bilden. Wenn man das L2- mit dem L5-Signal kombiniert, ergibt sich eine Wellenlänge von 5,86 m.

Nun könnte man auf die Idee kommen, α_i so zu manipulieren, dass die Wellenlänge „beliebig" groß wird. Man hätte dann das Mehrdeutigkeitsproblem „gelöst". Hier muss man aber bedenken, dass für die Kombination der unterschiedlichen Signale ebenso ein „Preis" zu bezahlen ist wie bei der Kombination von Phasen des gleichen Signals (s. oben).

In diesem Fall besteht der „Preis" darin, dass sich das Messrauschen nach den Regeln der Fehlerfortpflanzung auf die Kombinationsphasen überträgt (Wübbena 1991). D. h. das Differenzsignal hat zwar eine größere Wellenlänge, auf der anderen Seite aber auch ein größeres Messrauschen.

Das Narrow-Lane-Signal

Das Narrow-Lane-Signal ergibt sich mit den Koeffizienten $\alpha_1 = 1$ und $\alpha_2 = 1$. Dieses Signal hat zwar eine kürzere Wellenlänge als das ursprüngliche Signal (0,106 m) – daher auch die Bezeichnung „Narrow-Lane" –, dafür aber ein geringeres Messrauschen.

Die geometriefreie Linearkombination

Wählt man

$$\alpha_1 = 1 \ ; \ \alpha_2 = -\frac{f_1}{f_2},$$

so verschwindet, wovon man sich durch Einsetzen leicht überzeugen kann, der Term in Gleichung 3.88, der die Geometrie – die Entfernungen zu den Satelliten – enthält. Die entsprechende Linearkombination trägt daher die Bezeichnung

„geometriefreie Linearkombination".

Die ionosphärenfreie Linearkombination

Die ionosphärische Laufzeitverzögerung ist in erster Näherung umgekehrt proportional zum Quadrat der Frequenz (s. Gleichung 2.97). Aus Gleichung 2.97 folgt:

$$\Delta t_{Ion} = \frac{A}{f^2}.$$

Mit $\Delta \Phi = f \cdot \Delta t$ ergibt sich:

$$\Delta \Phi_{Ion} = f \cdot \frac{A}{f^2} = \frac{A}{f}.$$

Mit Indizes für die jeweiligen Signale folgt

$$\Delta \Phi_{Ion,L1} = \frac{A}{f_{L1}} \quad ; \quad \Delta \Phi_{Ion,L2} = \frac{A}{f_{L2}}.$$

Berücksichtigt man diese Terme in der Beobachtungsgleichung 3.53, so entsteht

$$\Phi_{LK} = \Phi_{S,LK}(T_i) - \Phi_{R,LK}(T_i) - (\alpha_1 \cdot f_{L1} + \alpha_2 \cdot f_{L2}) \cdot \frac{R_i}{c} + \alpha_1 \cdot N_{L1} + \alpha_2 \cdot N_{L2}$$
$$+ \alpha_1 \cdot \frac{A}{f_{L1}} + \alpha_2 \cdot \frac{A}{f_{L2}}. \tag{3.54}$$

Wählt man jetzt

$$\alpha_1 = f_{L1}^2 \quad ; \quad \alpha_2 = -f_{L1} \cdot f_{L2}$$

und setzt diese Werte in 3.54 ein, so verschwindet der ionosphärische Anteil. Es entsteht die

„ionosphärenfreie Linearkombination".

Diese Linearkombination kann bei Messungen verwendet werden, bei denen mit starken ionosphärischen Einflüssen gerechnet werden muss. Ebenso wie bei der geometriefreien Linearkombination ist der Mehrdeutigkeitsparameter dieser Linearkombination aber nicht ganzzahlig, da die Koeffizienten α_1 und α_2 nicht ganzzahlig sind.

Die beschriebenen Linearkombinationen werden in unterschiedlichster Weise genutzt. Dazu später mehr.

3.5.2.4 Linearkombinationen aus Trägerphasen von drei Frequenzen

Zukünftig werden alle GNSS-Signale in drei Frequenzbereiche ausstrahlen. Die grundlegende Gleichung zur Bildung dieser Linearkombinationen lautet (s. dazu Gleichung 3.40)

$$\Phi(T_i)_{LK} = \alpha_1 \cdot \Phi(T_i)_{L1} + \alpha_2 \cdot \Phi(T_i)_{L2} + \alpha_3 \cdot \Phi(T_i)_{L3} \, .$$

In der Praxis spielen diese Linearkombinationen noch keine Rolle. Ob sie jemals wichtig werden, ist ungeklärt. Schüler u. a. (2007) schreiben: „Ein GPS+Galileo-Zweifrequenz-empfänger würde klar nützlicher für den Nutzer sein als ein GPS-Dreifrequenzempfänger". Linearkombinationen aus Trägerfrequenzen von drei Trägerfrequenzen sollen daher nicht weiter beschrieben werden. In der im Internet verfügbaren Dissertation von E. Schüler (2008) finden interessierte Leser eine ausführliche Beschreibung dieser Linearkombinationen.

3.5.3 Glättung der Pseudostrecken

Die Genauigkeit der Positionierung mithilfe von *Pseudostrecken (PSR)* hängt naturgemäß wesentlich von deren Genauigkeit ab. Es ist daher sinnvoll, nach Möglichkeiten zu suchen, die Genauigkeit der gemessenen Pseudostrecken zu verbessern. Eine Möglichkeit, dies mit vergleichsweise geringem technischen Aufwand zu erreichen, besteht darin, Code- und Phasenmessungen so zu kombinieren, dass die Vorteile beider Beobachtungsgrößen genutzt werden. Man kann auf diese Weise eine *PSR* berechnen, die eindeutig wie die Code-Messung ist, aber durch Mehrwegeinflüsse und Messrauschen sehr viel weniger beeinflusst wird.

Wir betrachten dazu die Beobachtungsgleichung 3.27 für die Phasenmessung und rufen uns in Erinnerung, dass bei einer ungestörten Messung der Mehrdeutigkeitsparameter N_k^j von Epoche zu Epoche gleich bleibt.

Wir schreiben Gleichung 3.27 für zwei Epochen und erhalten

$$\Phi(T_1) = \Phi_S(T_1) + f_S \cdot \Delta t_1 - f_S \cdot \frac{R_1}{c} - \Phi_R(T_1 + \Delta t_1) + N \, , \tag{3.55}$$

$$\Phi(T_2) = \Phi_S(T_2) + f_S \cdot \Delta t_2 - f_S \cdot \frac{R_2}{c} - \Phi_R(T_2 + \Delta t_2) + N \, .$$

Wir bilden jetzt die Differenz dieser Phasenbeobachtungen. Dabei stellen wir unter Beachtung von Gleichung 2.52 die Phasen als Funktion der Zeit dar. Wir erhalten

$$\Delta\Phi = \Phi(T_2) - \Phi(T_1) =$$
$$\left(f_s \cdot T_2 + f_S \cdot \Delta t_2 - f_S \cdot \frac{R_2}{c} \right) - \left(f_s \cdot T_1 + f_S \cdot \Delta t_1 - f_S \cdot \frac{R_1}{c} \right) \tag{3.56}$$
$$- f_R \cdot (T_2 + \Delta t_2) + f_R \cdot (T_1 + \Delta t_1) \, .$$

Die so gebildete Beobachtungsdifferenz ist frei vom Mehrdeutigkeitsparameter. Wir formen Gleichung 3.56 um und erhalten

$$\Delta\Phi = \Phi(T_2) - \Phi(T_1) = \ f_s \left(\cdot T_2 - \frac{R_2 - \Delta t_2 \cdot c}{c} \right) - f_s \left(T_1 - \frac{R_1 - \Delta t_1 \cdot c}{c} \right)$$
$$- f_R \cdot (T_2 + \Delta t_2) + f_R \cdot (T_1 + \Delta t_1) \, . \tag{3.57}$$

Für die Pseudostrecken gilt $PSR = R - \Delta t \cdot c$. Damit ergibt sich für Gleichung 3.57:

$$\Delta\Phi = f_s \cdot \left(T_2 - \frac{PSR_2}{c} \right) - f_s \cdot \left(T_1 - \frac{PSR_1}{c} \right) - f_R \cdot (T_2 + \Delta t_2) + f_R \cdot (T_1 + \Delta t_1) \, . \tag{3.58}$$

Nach einigen Umformungen erhalten wir

$$PSR_2 - PSR_1 = \frac{c}{f_s} \cdot \left[-(f_R - f_S) \cdot (T_2 - T_1) - f_R \cdot (\Delta t_2 - \Delta t_1) - \Delta \Phi \right]. \tag{3.59}$$

Mit Gleichung 3.59 verfügen wir über die Möglichkeit, aus den Differenzen nachfolgender Phasenmessungen und den berechneten Empfängeruhrenfehlern die *Differenz aufeinanderfolgend gemessener PSR* zu bestimmen. Diese *PSR*-Differenzen beruhen auf der Auswertung von Phasenmessungen und sind daher sehr viel genauer als die *PSR* selbst. Wir können daher die *PSR*-Differenzen mit den weniger genau gemessenen *PSR* so kombinieren, dass geglättete (smoothed) *PSR* mit sehr geringem Messrauschen entstehen. In der GPS-Terminologie wird eine so geglättete *PSR* auch als „Carrier-Smoothed Pseudorange" bezeichnet.

In Bezug auf Mehrwegeeinflüsse und Messrauschen fallen bei den Codemessungen Fehler in der Größenordnung einiger Meter an. Bei den Phasenmessungen sind diese Fehler um ungefähr zwei Größenordnungen kleiner. Weiterhin unterscheiden sich die Fehlereinflüsse aufgrund der ionosphärischen Laufzeitfehler, die zwar die gleiche Größe, aber unterschiedliche Vorzeichen haben. Je mehr Phasenbeobachtungen aufeinanderfolgender Messepochen man für die Glättung verwendet, umso weniger beeinflussen die auf die Pseudostrecken wirksamen relativ großen Fehlereinflüsse die geglättete Pseudostrecke.

Hatch (1986) schlägt zur Berechnung der „*Carrier Smoothed PSR*" folgenden Algorithmus vor:

Bezeichnungen:

$OPSR_i$: i-te beobachtete (observed) Pseudorange

$EPSR_i$: i-te erwartete (expected) Pseudorange

$SPSR_i$: i-te geglättete (smoothed) Pseudorange

$NPSR_i$: i-te Pseudorangedifferenz ($PSR_{i+1} - PSR_i$) aus der Trägerphasenmessung

1. Messung:

$SPSR_1 = OPSR_1$

2. Messung:

$EPSR_2 = SPSR_1 + NPSR_1 = SPSR_1 + (PSR_2 - PSR_1)$

$SPSR_2 = \frac{1}{2} \cdot (OPSR_2 + EPSR_2)$

3. Messung:

$EPSR_3 = SPSR_2 + NPSR_2 = SPSR_2 + (PSR_3 - PSR_2)$

$SPSR_3 = \frac{1}{3} \cdot (OPSR_3 + 2 \cdot EPSR_2)$

4. Messung:

$EPSR_4 = SPSR_3 + NPSR_3 = SPSR_3 + (PSR_4 - PSR_3)$

$SPSR_4 = \frac{1}{4} \cdot (OPSR_4 + 3 \cdot EPSR_4)$

.

.

.

n-te Messung:

$EPSR_n = SPSR_{n-1} + NPSR_{n-1} = SPSR_{n-1} + (PSR_n - PSR_{n-1})$

$SPSR_n = \frac{1}{n} \cdot (OPSR_n + (n-1) \cdot EPSR_n)$

Die geglättete *PSR* wird also als gewichtetes Mittel der jeweils gemessenen *PSR* und der zu erwartenden *PSR* gerechnet. Die zu erwartende *PSR* wird als Summe der jeweils vorangehenden geglätteten *PSR* und der aus der Phasendifferenz berechneten sehr genauen *PSR*-Differenz gebildet. Mit zunehmender Messungszahl wird das Gewicht der zu erwartenden *PSR* also höher angesetzt als das Gewicht der beobachteten *PSR*. Auf diese Weise gewinnt die genauere *PSR*-Differenz mehr und mehr Einfluss auf die geglättete *PSR*.

Zu diesem Grundprinzip gibt es zahlreiche Varianten, z. B. schlägt Hein (1990b) einen etwas anderen Gewichtsansatz vor. Auch werden bei dem Hein'schen Vorschlag die Gewichte ab der hundertsten Messung nicht mehr verändert.

Das Verfahren kann unverändert solange fortgesetzt werden, bis die Phasenmessung durch eine Signalstörung unterbrochen wird. Dann muss mit der Prozedur erneut begonnen werden. Der Mittelungsprozess kann aber nicht beliebig lang ausgedehnt werden, da sich sonst die unterschiedlichen ionosphärischen Laufzeitfehler bemerkbar machen.

3.5.4 Behandlung von Phasensprüngen

Die Beobachtungsgleichung 3.27 bzw. die daraus abzuleitenden Beobachtungsgleichungen für Linearkombinationen der Trägerphasen gelten unter der Voraussetzung, dass die Trägerphasen nicht durch Phasensprünge[51] verfälscht sind.

Phasensprünge entstehen typischerweise bei zeitweiliger Abschattung des Satellitenempfängers durch ein Sichthindernis zwischen Satellit und Satellitenempfänger. Während der Sichtunterbrechung wird prinzipiell die Messung abgebrochen. Es kann jedoch nicht immer ausgeschlossen werden, dass kurz nach einer Sichtunterbrechung im Satellitenempfänger noch eine Messung versucht wird, deren Ergebnis dann nur noch ein Zufallswert ist. Diese „Messung" muss als Fehlmessung von der weiteren Auswertung ausgeschlossen werden.

Wenn nach einer gewissen Zeit das Satellitensignal erneut empfangen wird, wird die Phasenmessung wieder durchgeführt. Wie bei Beginn der Messung ist aber auch hier der ganzzahlige Anteil des Messwerts lediglich ein Zufallswert, der mit den vorangegangenen Messungen daher allenfalls zufällig übereinstimmt. Dies muss korrigiert werden.

Phasensprünge und Fehlmessungen entstehen aber auch auf andere, weniger offensichtliche Weise; z. B. durch ionosphärische Störungen, Multipath-Effekte, Interferenz des Satellitensignals mit anderen Signalen oder Satelliten- und Empfängerfehler.

Das Aufdecken und Eliminieren von Fehlmessungen, das Aufdecken und Korrigieren von Phasensprüngen sowie die Bestimmung des Anfangs-Mehrdeutigkeits-Parameters der Phasenbeobachtungen sind die wichtigsten und zugleich schwierigsten Teile der Auswertung von GNSS-Trägerphasenmessungen.

3.5.4.1 Aufdecken von Phasensprüngen

Das Grundprinzip, welches zum Aufdecken der Phasensprünge angewendet wird, zeigt Abbildung 3.14a.

Die Abbildung zeigt eine – fiktive – Phasenmessung als Funktion über der Zeit. Solange kein Phasensprung auftritt, verläuft die Funktion mehr oder weniger glatt. Lediglich das Messrauschen sorgt für gewisse Unstetigkeiten. Ein Phasensprung verursacht in dem Graphen einen Sprung, der außerhalb des Messrauschens liegt. Damit kann einer bestimmten Messepoche ein Phasensprung zugeordnet werden. Rechnerisch wird das Verfahren so durchgeführt, dass die

---

[51] In der GNSS-Sprache: Cycle Slip.

Messreihen durch Geraden oder Polynome höherer Ordnung approximiert werden. Größere Abweichungen der Polynome von den Messwerten (größer als von den Messwerten her zu erwarten wäre) weisen auf Phasensprünge hin. Nach Identifizierung eines oder mehrerer Phasensprünge kann erneut gerechnet werden, wobei dann unterschiedliche Polynome für die unterschiedlichen Wertebereiche ohne Phasensprünge berechnet werden. So wird das Verfahren immer genauer. Dieses im Prinzip sehr einfache Verfahren ist im Detail deswegen schwierig, weil die Größenordnung eines Phasensprungs immer rein zufälliger Natur ist – völlig unabhängig von der Länge der Messunterbrechung. Das bedeutet, dass auch Phasensprünge in der Größenordnung von ein oder zwei Zyklen vorkommen. Diese können ohne Weiteres nicht von anderen für das Messrauschen verantwortlichen Fehlereinflüssen – Empfängeruhrenfehler, ionosphärische Störungen – getrennt werden.

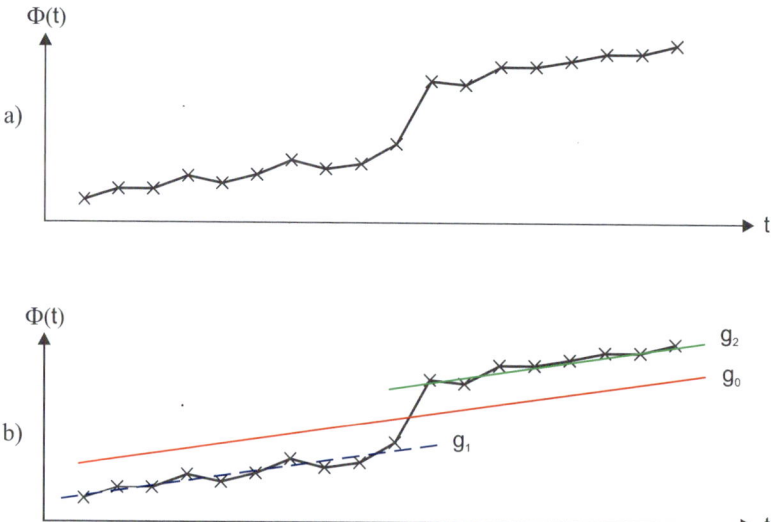

Abb. 3.14: Erkennen und Eliminieren von Phasensprüngen

Daher werden die in Abschnitt 3.5.2.2 vorgestellten Linearkombinationen dazu verwendet, um das Datenmaterial nach dem geschilderten Grundprinzip zu untersuchen. Bei diesen als Linearkombinationen der ursprünglichen Beobachtungen *gerechneten Phasen* sind gewisse Fehlereinflüsse eliminiert. Das Messrauschen der gerechneten Phasen wird so geringer als das Messrauschen der gemessenen Phasen. Dies erleichtert die Suche nach Phasensprüngen.

Für die Untersuchungen kann es auch hilfreich sein, sich zunächst Näherungskoordinaten für die Satellitenempfänger zu verschaffen. Dies können z. B. aus Pseudostreckenmessungen abgeleitete Koordinaten sein (bei den Berechnungen fallen auch Empfängeruhrenfehler an). Mithilfe der Näherungskoordinaten und den bekannten Satellitenpositionen können *Soll*-Beobachtungen berechnet werden (s. Gleichung 3.27). Diese werden den entsprechenden *Ist*-Werten, wie sie sich aus der Messung ergeben, gegenübergestellt. Die grafische Darstellung der Abweichungen zwischen Soll- und Ist-Differenzen als Funktion der Messungsepochen ergibt auch hier bei fehlerfreiem Datenmaterial (keine Phasensprünge) Graphen ohne signifikante Sprünge. Sprünge in diesen Graphen weisen auf Phasensprünge bzw. Fehlmessungen hin.

Folgende Linearkombinationen der ursprünglichen Trägerphasen werden bei der Suche nach Phasensprüngen eingesetzt:

Empfänger-Epochendifferenz (Phase Velocity Trend Methode)
Wie in Abschnitt 3.5.2.2 beschrieben, kann erwartet werden, dass sich die Trägerphase von Epoche zu Epoche relativ gleichmäßig verändert und daher Phasensprünge an den Empfänger-Epochendifferenzen zu erkennen sind.

Satellit-Einfachdifferenz
Bei dieser Differenz fällt der Empfängeruhrenfehler heraus (s. Gleichung 3.30). Damit ist das Messrauschen dieser Linearkombination sehr viel geringer als das der Trägerphase selbst und eröffnet die Chance, Phasensprünge aufzudecken. Wird auf diese Weise ein Phasensprung aufgedeckt, ist zunächst nicht klar, zu welchem der beiden Satelliten der Phasensprung gehört. Die Strategie zur Klärung dieser Frage besteht darin, alle möglichen Kombinationen von Satellit-Einfachdifferenzen zu rechnen und so herauszufinden, welcher Satellit von der Signalstörung betroffen ist.

Geometriefreie Linearkombination (ionosphärisches Residuum)
In Abschnitt 3.5.2.3 wurde eine Linearkombination der Satellitensignale L1 und L2 vorgestellt, die keine Satellitengeometrie mehr enthält. Das entsprechende Signal enthält nur noch den Ionosphäreneinfluss und wird daher auch als *„ionosphärisches Residuum"* bezeichnet. Da sich die Ionosphäre von Messepoche zu Messepoche häufig nur geringfügig ändert, ergibt die Betrachtung der Differenzen dieser Linearkombination zwischen den Epochen eine Möglichkeit, Phasensprünge aufzudecken. Das Besondere hierbei ist, dass die Chance besteht, Phasensprünge direkt einem der beiden Signale zuzuordnen. Bei Datenmaterial ohne Phasensprünge beträgt die Differenz zwischen den beiden Mehrdeutigkeitsparametern des L1- und des L2-Signals immer $N_{L1} - 1.28 \, N_{L2}$ (Parameter $\alpha_1 = 1$; $\alpha_2 = -f_{L1} / f_{L2}$ (s. Gleichung 3.53)). Verändert sich das ionosphärische Residuum um einen ganzzahligen Wert, liegt ein Phasensprung auf L1 vor; ändert sich der Wert um ein Vielfaches von 1.28, liegt ein Phasensprung auf L2 vor. Wenn beide Signale betroffen sind, ändert sich der Wert um ein Vielfaches von 0.28 (Goad 1985).

Empfänger-Satellit-Doppeldifferenz
Diese Differenzbildung führt zu einem Signal von besonders geringem Messrauschen und ist daher besonders gut geeignet, um Phasensprünge aufzudecken. Das Problem liegt hier in der Zuordnung des Phasensprungs zu einem Satelliten, da ein entdeckter Phasensprung zu zwei Satelliten gehören kann. Die Strategie zur Lösung des Problems ist die gleiche wie bei der Methode Satellit-Einfachdifferenz.

Dreifachdifferenz
Die Empfänger-Dreifachdifferenz ist von allen Linearkombinationen am sensibelsten gegenüber Phasensprüngen, da sehr viele Fehlereinflüsse eliminiert sind. Nachteilig ist, dass eine Zuordnung zu zwei Satelliten und zwei Epochen erfolgen muss. Remondi (1985) schlägt einen Algorithmus vor, der es ermöglicht, die Suche nach den Phasensprüngen zu automatisieren. Der Algorithmus beginnt mit einer Koordinatenbestimmung auf der Grundlage von Dreifachdifferenzen. Die nach dieser Berechnung verbleibenden Abweichungen zwischen den Soll-Dreifachdifferenzen und den Ist-Dreifachdifferenzen werden benutzt, um Phasensprünge in den Doppeldifferenzen aufzudecken. Durch Quervergleiche unterschiedlicher Satellitenkombinationen werden die Sprünge in den Dreifachdifferenzen den entsprechenden Doppeldifferenzen zugeordnet.

In jedem Fall sind die Dreifachdifferenzen gut geeignet, um zu erkennen, ob die Korrektur der Phasensprünge gelungen ist.

3.5.4.2 Korrigieren von Phasensprüngen

Wenn man Phasensprünge entdeckt hat, möchte man diese korrigieren, d. h., aus dem Datenmaterial die Anzahl der ganzzahligen Phasen, die zwischen zwei gestörten Messungen vom Satelliten ausgestrahlt worden sind, ermitteln und die nachfolgenden Messungen entsprechend korrigieren.

Die Strategie dazu hängt eng mit den im vorangegangenen Abschnitt geschilderten Methoden zusammen. Abbildung 3.13b zeigt das Grundprinzip.

Bei der Berechnung einer Funktion – hier vereinfacht eine Gerade –, die sich dem gesamten Wertebereich anpasst, würde man die Funktion

$$g_0 = a_0 + b_0 \cdot t$$

erhalten. Die Residuen dieser Funktion – also die Abweichung der Funktion von den Messwerten – wären deutlich größer als das Messrauschen. Dabei hätten die Vorzeichen der Residuen eine klare Systematik, in einem Wertebereich würde es nur positive Vorzeichen geben, in dem anderen Bereich nur negative Vorzeichen. Die Messperiode mit dem Vorzeichenwechsel wäre die Messperiode mit dem Phasensprung (Zeitpunkt t_j).

Man könnte jetzt unterschiedliche Funktionen für die beiden durch den Phasensprung lokalisierten Wertebereiche ansetzen:

$$g_1 = a_1 + b_1 \cdot t \ (t = t_0 \text{ bis } t_{j-1}); \ g_2 = a_2 + b_2 \cdot t \ (t = t_j \text{ bis } t_1).$$

Mit diesen Funktionen würde es keine signifikanten Abweichungen zwischen den Messwerten und den ausgleichenden Geraden mehr geben. Damit ist der Phasensprung eindeutig lokalisiert. Die Berechnung der Differenz zwischen den Funktionen g_1 und g_2 und der Epoche t_j liefert den Phasensprung zur Epoche t_j. Wichtig ist dabei, dass die Beträge der Phasensprünge statistisch gesichert sind, was nicht immer leicht zu erreichen ist. Das geschilderte Verfahren muss daher im Detail verfeinert werden (s. dazu z. B. Cross & Ahmad 1988). Die endgültige Bestätigung, dass die Prozedur gelungen ist, können die korrigierten Dreifachdifferenzen erbringen. Erst wenn die Darstellung der Abweichung zwischen Soll- und Ist-Dreifachdifferenzen über der Zeit einen „glatten" Funktionsverlauf ergibt, sind Phasensprünge erfolgreich aufgedeckt, Rohphasen richtig „repariert" und Fehlmessungen eliminiert. Es kommt durchaus vor, dass ein Phasensprung aufgedeckt wird, die Größe des Sprungs jedoch unsicher bleibt. In diesem Fall muss bei den Koordinatenberechnungen dieser Messung in Gleichung 3.27 ein neuer Anfangs-Mehrdeutigkeitsparameter als Unbekannte zugeordnet werden.

3.5.5 Verfahren zur Festlegung des Mehrdeutigkeitsparameters der Trägerphase

Sofern es mithilfe der im vorangegangenen Abschnitt geschilderten Verfahren gelungen ist, das Datenmaterial von Phasensprüngen zu befreien oder zumindest Phasensprünge zu identifizieren, bleibt als weiteres Problem die Berechnung des Anfangs-Mehrdeutigkeitsparameters für den Beginn der Messung oder für unkorrigierte Phasensprünge. Sobald dieses Problem gelöst ist, kann mit nur sehr wenigen Einzelbeobachtungen – also mit sehr kurzen Beobachtungszeiten – das hohe Genauigkeitspotenzial der GNSS genutzt werden. Verfahren zur Bestimmung des Mehrdeutigkeitsparameters sind daher seit Beginn der GNSS-Forschung von allergrößtem Interesse.

In den letzten Jahren wurden Algorithmen entwickelt, die mit Beobachtungszeiten von nur wenigen Minuten, ja sogar mit den Beobachtungen nur *einer* Messepoche auskommen, um die Berechnung des Anfangs-Mehrdeutigkeitsparameters durchführen zu können. In den folgenden Abschnitten wird ein knapper Überblick über die unterschiedlichen Verfahren zur Berechnung des Anfangs-Mehrdeutigkeitsparameters gegeben. Leser, die tiefer in diese Materie eindringen wollen, seien auf Gomez (2009) mit den dort zahlreich vorhandenen Literaturstellen verwiesen.

3.5.5.1 Lösung aus der Satellitengeometrie

Dies ist der konzeptionell einfachste Ansatz. Er besteht darin, mit verhältnismäßig langen Beobachtungszeiten zu arbeiten. Durch die Veränderung der Satellitengeometrie während der Beobachtungszeit entstehen Beobachtungsgleichungen, die eine numerisch stabile Berechnung der Phasenvielfachen zulassen. Dabei werden i. d. R. die Mehrdeutigkeiten zunächst als reelle Zahl berechnet, um dann anschließend auf einen ganzzahligen Wert festgesetzt (gerundet) zu werden. Mit diesen ganzzahligen Mehrdeutigkeitsparametern erfolgt dann abschließend die endgültige Berechnung der gesuchten Unbekannten (Koordinaten, Empfängeruhrenfehler etc.).

3.5.5.2 Lösungen mit Suchalgorithmen

Man berechnet eine Näherungslösung einschließlich einer Genauigkeitsabschätzung und erhält so einen Lösungsraum, innerhalb dessen die richtige Lösung zu finden ist. Die Anfangs-Mehrdeutigkeitsparameter werden dann durch systematisches „Ausprobieren" gefunden (trial and error). Die Probleme dieses Ansatzes liegen in der richtigen Schätzung der Größe des Lösungsraums, der Vielzahl der notwendigen Berechnungen und der sicheren Identifizierung der richtigen Lösung.

Das Prinzip und auch die Problematik der Suchverfahren kann man sich an einem zweidimensionalen Modell veranschaulichen (Abb. 3.14) (Hatch 1989):

Die Koordinaten eines Punkts sollen durch Streckenmessung im Anschluss an zwei Festpunkte bestimmt werden. Das Streckenmessgerät zeigt aber nur eine Strecke Δs (zwischen 0 und 19 cm) an. Das ganzzahlige Vielfache von 19 cm steht nicht zur Verfügung.

Dann gibt es auch in einem eingeschränkten Lösungsraum sehr viele theoretisch mögliche Lösungen (Abb. 3.13a): Die Schnittpunkte der konzentrischen Kreise – hier dargestellt als

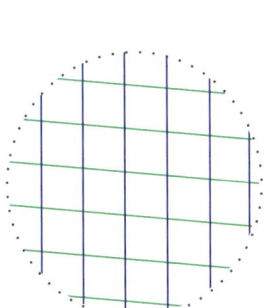

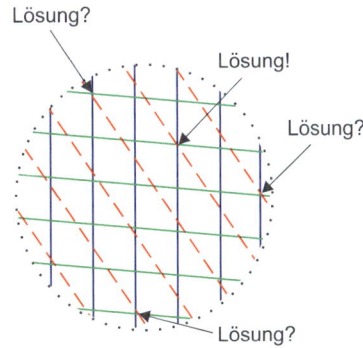

a) Viele Lösungen möglich   b) Eine Lösung gefunden.
                                    Weitere Lösungen nicht auszuschließen.

Abb. 3.15: Mehrdeutigkeitssuche mit Suchalgorithmen

Geraden um die beiden Festpunkte mit den Radien $N \cdot 19$ cm $+ \Delta s$; Δs sind für jeden Festpunkt verschieden. Die Suchfunktion soll es erlauben, die theoretisch möglichen Lösungen – die Schnittpunkte der genannten Kreise – zu finden. Da es in dem Beispiel zunächst keine Überbestimmung gibt, ist ein Herausfiltern der richtigen Lösung nicht möglich. Eine Chance dazu erhält man, wenn man einen weiteren Festpunkt mit zugehöriger Streckenmessung zur Bestimmung der Koordinaten hinzuzieht. Es gibt dann in dem Lösungsraum nur noch wenige Punkte, in denen sich drei Kreise schneiden (Abb. 3.14b). Es stellt sich dann aber ein neues Problem. Es gibt Stellen im Lösungsraum, in denen sich die Kreise „fast" schneiden. Diese müssen von einem „echten" Schnittpunkt unterschieden werden.

Eine weitere Hilfe zum Auffinden der richtigen Koordinaten kann die Einführung einer zweiten Streckenmessung zu den drei Festpunkten sein und z. B. eine Streckenmessung mit Messwerten zwischen 0 und 24 cm. Lösungskandidaten sind dann alle Punkte, in denen sich die entsprechenden Kreise dieser Messung und der anderen Messungen schneiden. Dies ist in dem Beispiel ein Punkt, in dem sich exakt sechs Kreise schneiden.

In der Literatur findet man zahlreiche Hinweise zu Suchalgorithmen zur Festlegung der Mehrdeutigkeitsparameter der GNSS-Phasenmessung, die nach diesem Grundprinzip arbeiten. Vergleiche von Verfahren finden sich bei Hatch & Euler (1994) und Han & Rizos (1997).

Gemeinsam ist den Verfahren, dass Näherungswerte – einschließlich Fehlerabschätzungen – für die Koordinaten *und die Mehrdeutigkeitsparameter* vorliegen. Um die richtige Lösung zu finden, werden mit theoretisch möglichen Kombinationen von Mehrdeutigkeitsparametern, die zu Koordinaten innerhalb des Lösungsraums führen, Lösungen berechnet. Die Plausibilität der unterschiedlichen Ansätze wird schließlich überprüft und so das richtige Ergebnis gefunden. Als Lösungskriterium dient fast immer die Quadratsumme der Beobachtungsverbesserungen nach der Ausgleichung, die zum Minimum werden muss.

Es gibt Verfahren, die mit Beobachtungszeiten von wenigen Minuten und Auswertezeiten im Sekundenbereich die Mehrdeutigkeiten fixieren. Die Verfahren funktionieren umso besser, je mehr Satelliten gleichzeitig beobachtet werden. Günstig ist, wenn Daten von Zweifrequenzgeräten zur Verfügung stehen. Bei den modernen GNSS stehen zukünftig je drei Frequenzen zur Verfügung. Die dabei zur Festlegung der Mehrdeutigkeitsparameter veröffentlichten Algorithmen tragen die Bezeichnung „**T**hree **C**arrier **A**mbiguity **R**esolution (TCAR)" (s. dazu z. B. Werner & Winkel 2003).

3.5.5.3 Mehrdeutigkeitslösungen „on-the-fly"

Zu den in den vorangegangenen Abschnitten skizzierten Verfahren zur Lösung des Mehrdeutigkeitsproblems gehört eine Prozedur, bei der durch eine statische Messung von mehr oder weniger langer Zeitdauer die Voraussetzungen dafür geschaffen werden, dass die Phasenmehrdeutigkeiten berechnet werden können. Erst nach dieser Initialisierung kann z. B. mit einer kinematischen Vermessung begonnen werden.

Dieser Initialisierungsprozess muss immer wieder neu durchgeführt werden, wenn auch nur kurzfristig während der Vermessung weniger als vier Satelliten beobachtet werden oder wenn bei einer entsprechenden Anzahl von Satelliten Phasensprünge auftreten. Dies schränkt die Durchführbarkeit kinematischer Vermessungen erheblich ein.

Anders ist dies bei Mehrdeutigkeitslösungen „on-the-fly". Dieser Terminus beschreibt lediglich den operationellen Aspekt. Er bringt zum Ausdruck, dass die Mehrdeutigkeit bei bewegtem Empfänger gelöst wird (es wird auch der Ausdruck „on-the-run" benutzt).

Als Lösungsansatz für Mehrdeutigkeitslösungen bei bewegtem Empfänger kommen vor allem die im vorangegangenen Abschnitt beschriebenen Suchverfahren mit Näherungswerten für die Phasenmehrdeutigkeiten und die Koordinaten infrage. Leser, die an einer detaillierten Darstellung der potenziell anzuwendenden Verfahren interessiert sind, seien auf Abidin (1993) verwiesen. Man findet dort neben einem Überblick über die angewandten Verfahren sowie einem weiteren Vorschlag zur Lösung des Problems zahlreiche Literaturhinweise. Abidin schreibt zu Beginn dieses Papiers sinngemäß: „On-the-fly-Mehrdeutigkeitsbestimmung ist keine einfache Aufgabe. Um schnell und zuverlässig zu einer On-the-fly-Lösung zu kommen, benötigt man einen schnellen und zuverlässigen Algorithmus, der die Auswirkungen zufälliger und systematischer Beobachtungsfehler und der Satellitengeometrie sorgfältig berücksichtigt."

3.6 Präzise GNSS-Positionierung

Ab welchem Genauigkeitsniveau eine Positionsbestimmung als „präzise" bezeichnet werden kann, kann nur im Zusammenhang mit der jeweiligen Anwendung gesehen werden. Eine etwa 10 Meter genaue Position eines Schiffs auf dem Ozean ist sicherlich eine „präzise" Position, wenn jedoch bei einer Katastervermessung eine Eigentumsgrenze in einer Wohnsiedlung auf 10 Meter genau festgelegt wird, ist das im Allgemeinen keine präzise Positionierung. In diesem Zusammenhang sollen Positionierungenauigkeiten besser als wenige Meter, also Genauigkeiten, die von einem autonom arbeitenden GNSS-Empfänger, der nur die von den GNSS-Satelliten ausgesendeten Daten verwendet, in Echtzeit *nicht* erreicht werden können, als „präzis" bezeichnet werden. Die auf einer Internetseite der US-amerikanischen Regierung angegebene Positionierungsgenauigkeit eines Smartphones mit GPS-Chip von 5 Metern soll hier als Richtwert für die Grenze zwischen „präziser" und „nichtpräziser" Positionierung angesehen werden.

Zur Durchführung einer präzisen Positionierung können unterschiedliche Verfahren angewendet werden:

- *Differenzielle Positionierung*
  Dabei wird die eigene Position in Bezug auf eine Referenzstation bzw. ein Referenzstationsnetz bekannter Koordinaten unter Verwendung der dort gemachten Beobachtungen bestimmt. Im strengen Sinne werden nur Koordinatenunterschiede bestimmt.
- *Absolute Positionierung – Precise Point Positioning (PPP)*
  Bei der absoluten Positionierung wird die Position ohne *direkten* Bezug zu einer Referenzstation bzw. zu einem Referenznetz bestimmt. Das unter dem wenig aussagekräftigen Begriff „Precise Point Positioning" mit dem Akronym PPP stehende Auswerteverfahren unterscheidet sich von der Durchführung der Navigationslösung (s. Abschnitt 3.5.1.1) dadurch, dass bei PPP u. a. auch die Trägerphase mit ausgewertet wird.

Bei beiden Verfahren können zwei Methoden zur Bereitstellung der Daten zur Durchführung der präzisen Positionierung angewendet werden (Wübbena 2001, Wübbena 2005):

- Modellierung im Beobachtungsraum (Observation State Representation (OSR)),
- Modellierung im Zustandsraum (Space State Representation (SSR)).

Bei der Modellierung im Beobachtungsraum (OSR) wird für jeden Satellit die *Summe* aller auf eine Referenzstation wirkenden Fehlereinflüsse ermittelt und als *skalarer Korrekturwert* an den Nutzer übertragen. Alternativ können auch die Originalbeobachtungen der Referenzstation übertragen werden und der Nutzer eliminiert durch Differenzbildungen die auf beiden Stationen etwa gleich wirkenden Fehlereinflüsse. Der Nutzer bestimmt also unter Verwendung von Beobachtungen der Referenzstation bzw. Beobachtungskorrekturen seine Position.

Bei der Modellierung im Zustandsraum (SSR) wird der Zustand der einzelnen Fehlerkomponenten getrennt ermittelt und dem Nutzer als *Vektor* übermittelt. Der Nutzer kann damit bei der Auswertung der Beobachtungen einzelne Fehler aus den Beobachtungen eliminieren, z. B. Orbitfehler, Fehler durch Refraktionseinflüsse.

3.6.1 Prinzip der differenziellen Positionierung

Bei der Auswertung simultan aber auf unterschiedlichen Stationen gemessenen Code- oder Phasenbeobachtungen derselben Satellitsignale können durch Differenzbildung ein Teil der Fehlereinflüsse eliminiert (Satellitenuhrfehler) und andere Einflüsse deutlich verringert werden (Refraktion, Orbitfehler). Als Ergebnis einer solchen Auswertung ergeben sich zwar nun keine absoluten Punktkoordinaten mehr, sondern dreidimensionale Basislinienvektoren, aber diese mit höherer Genauigkeit. Die Koordinaten der Nutzerstationen werden erhalten, indem die Basislinienvektoren zu den absoluten Koordinaten der Referenzstation hinzuaddiert werden.

Bei differenzieller GNSS-Positionierung besteht auch die Möglichkeit, doppelte Differenzen der Phasenmehrdeutigkeiten auf ihre ganzen (wahren) Werte festzusetzen. Dies ermöglicht die Nutzung des vollständigen Genauigkeitspotenzials der hoch auflösbaren Phasenmessungen für kinematische und kurzzeitige statische Messungen.

Bei der Übertragung der Beobachtungsinformationen zu der bzw. den Nutzerstationen werden zwei unterschiedliche Verfahren genutzt:

1. Übertragung der Original-Beobachtungsdaten:
   Hierbei werden die vollständigen auf der Referenzstation erzeugten Messdaten an die Nutzerstation übertragen. Der Nutzer benötigt die exakte Position der Referenzstation, um den von ihm berechneten Basislinienvektor daran anhängen und somit absolute Koordinaten erhalten zu können.

2. Übertragung von Beobachtungskorrekturen:
   Beobachtungskorrekturen erhält man, wenn von den Original-Beobachtungen die Entfernungen Referenzstation – Satellit subtrahiert werden. Diese Entfernungen ergeben sich aus der Referenzstationsposition und der aus den Bahndaten berechneten jeweiligen Satellitenposition. Dieser zusätzliche Rechenaufwand auf der Referenzstation steht einer Rechnersparnis auf den Nutzerstationen gegenüber. Der Nutzer bringt die empfangenen Werte als Korrekturen in seine Beobachtungen ein.

   Weiterhin sinkt die zu übertragende Datenmenge: Während für die Übertragung einer vollständigen Code-Beobachtung mit 2 cm Auflösung 32 bit benötigt werden, braucht eine entsprechende Code-Korrektur nur 16 bit. Zusätzlich zur Beobachtungskorrektur muss aber noch eine Kennzeichnung des verwendeten Ephemeridendatensatzes mitgeliefert werden, weil auf der Nutzerstation genau derselbe Ephemeridendatensatz verwendet werden muss, um Orbitfehler vermindern zu können. Diese Kennzeichnung benötigt bei GPS 8 bit, sodass sich insgesamt eine Ersparnis von 25 % ergibt. Bei höher aufgelöster

Phasenmessung fällt der Vorteil geringer aus. Die Ersparnis ist größer, wenn Code- und Phasenbeobachtungen gemeinsam übertragen werden, da dann die Ephemeridenkennzeichnung nur einmal übermittelt werden muss.

Der wesentliche Vorteil der Korrekturen gegenüber den Original-Beobachtungen liegt aber darin, dass sie sich langsamer verändern, also eine längere Gültigkeit haben, weil die Satellitenbewegung herausgerechnet wurde. In Abhängigkeit von der gewünschten Genauigkeit kann somit die zu übertragende Datenmenge weiter reduziert werden.

3.6.2 Differenzielle GNSS-Positionierung mit *einer* Referenzstation

Für eine relative Positionierung müssen die Beobachtungsdaten der Referenzstation und die der Nutzerstation einer gemeinsamen Auswertung zugeführt werden. Im Allgemeinen werden dafür die Beobachtungsinformationen der Referenzstation zu einer (oder mehreren) Nutzerstation(en) gesendet und dort ausgewertet (Abb. 3.16). Das Positionierungsergebnis liegt dann an der Nutzerstation vor. Seltener überträgt die Nutzerstation ihre Beobachtungsdaten zur Referenzstation, bei der dann die Auswertung vorgenommen wird und auch die Ergebnisse vorliegen. Bei *Postprocessing*-Anwendungen werden die Beobachtungsdaten unabhängig vom Ort der Messungen mit zeitlicher Verzögerung einer Auswertung zugeführt.

Arbeitet man mit Beobachtungskorrekturen, so ist eine Vorbehandlung der Beobachtungsdaten an der Referenzstation notwendig. Das Korrektursignal wird im Allgemeinen über Funk ausgesendet. Der Nutzer muss dementsprechend über zwei Signalempfangseinrichtungen verfügen: den GNSS-Empfänger für die Satellitensignale und eine weitere für die Korrektursignale (Abb. 3.17).

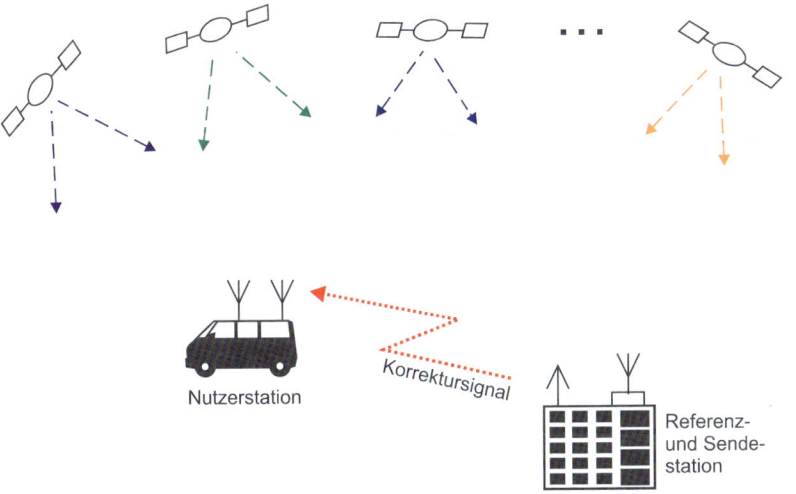

Abb. 3.16: Differenzielles GNSS (DNSS) bzw. Real-Time Kinematic (RTK)

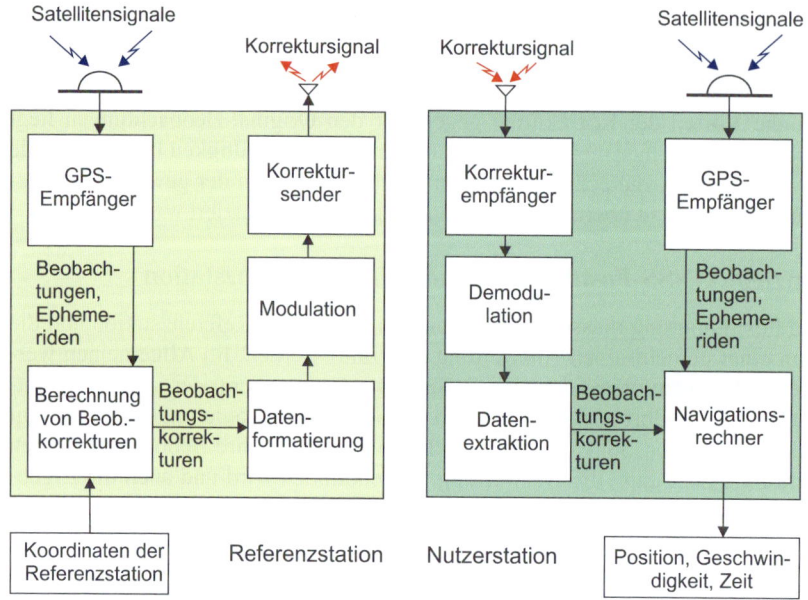

Abb. 3.17: Datenfluss bei DNSS- bzw. RTK-Positionierung

3.6.2.1 Differenzielles GNSS (DGNSS)

Mit DGNSS werden Positionsgenauigkeiten im Meterbereich angestrebt. DGNSS war bei seiner Entstehung vor allem eine Reaktion auf die bei dem GNSS der USA (GPS) bis Mai 2000 eingeschaltete Systemsicherungsmaßnahme Selective Availability (SA) (s. Abschnitt 5.6.2). Bei eingeschaltetem SA lag die Positionsgenauigkeit im Bereich von 100 m, eine auch für die Navigation häufig unzureichende Genauigkeit.

Beim differenziellen GNSS (DGNSS) werden *Code-Korrekturen* für Beobachtungen der ersten GNSS-Frequenz übertragen. Durch Einbringung dieser Korrekturen in die entsprechenden Beobachtungen auf der Nutzerstation gelingt die Elimination der Satellitenuhrfehler und eine Verringerung von ionosphärischen Laufzeitfehlern und den Einflüssen von Orbitfehlern. Mehrwegeeinflüsse und Messrauschen auf der Referenzstation werden durch Glättung mit den Phasenmessungen minimiert (vgl. Abschnitt 3.4.3.1). Entsprechende Algorithmen werden auch auf der Nutzerseite angewendet. Die Code-Korrekturen erreichen Werte bis zu einer 10er-Meter-Größenordnung und sind für tief stehende Satelliten maximal, da hier die ionosphärisch und troposphärisch bedingten Laufzeitfehler am größten ausfallen (Abb. 3.18).

Als Datenformat hat sich international das RTCM-Format (siehe Anhang H) durchgesetzt. Aufgrund dieses Standards können Geräte unterschiedlicher Hersteller problemlos kombiniert werden. Da eine Aufdatierung der Code-Beobachtungskorrekturen mit vielen Sekunden Abstand ausreichend ist, liegt das notwendige Datenübertragungsvolumen nur bei etwa 50 bit/s. Erzeugt werden die Korrektursignale fast ausschließlich von DGNSS-Diensten.

Die erzielbaren Genauigkeiten der Nutzerposition liegen im Bereich von 1 m. Übersteigt die Entfernung zur Referenzstation wenige 100 km, so ist mit größeren, insbesondere ionosphärisch bedingten Restfehlern zu rechnen.

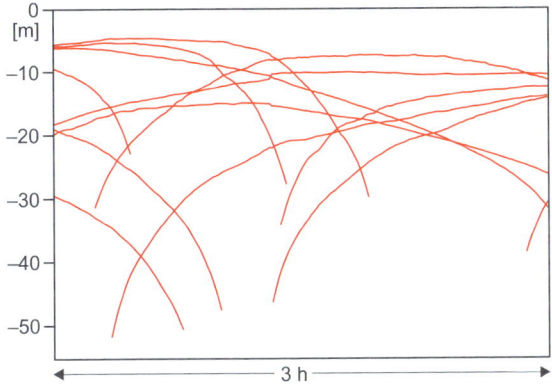

Abb. 3.18:
Code-Korrekturen einer Referenzstation

3.6.2.2 Real-Time Kinematic (RTK)

Unter dem Begriff *Real-Time Kinematic* (RTK) hat sich die Echtzeit-Positionierung unter Verwendung der Phasendaten durchgesetzt. Statische Vermessung im Sinn von Beobachtungszeiten von wenigen Minuten und Auswertung in Echtzeit ist dabei als Sonderfall kinematischer Anwendungen zu betrachten und dementsprechend mit eingeschlossen. Mit RTK wird die Genauigkeitsgrößenordnung 1 bis 2 cm erreicht.

Voraussetzung dafür ist, dass – im Gegensatz zu DGNSS – bei RTK neben den Einfrequenz-Codeinformationen auch Phaseninformationen übertragen werden. Für eine schnelle Mehrdeutigkeitslösung, die Voraussetzung für das Erreichen der Zentimetergenauigkeit ist, werden im Allgemeinen von der Referenzstation Zweifrequenz-Phasendaten ausgesendet. Für deren vollständige Nutzung ist auch auf der Nutzerstation ein Zweifrequenzempfänger notwendig. Die rasche Mehrdeutigkeitslösung und damit das Erreichen von Zentimetergenauigkeit gelingt im Allgemeinen nur bis zu einer Entfernung zur Referenzstation von maximal einigen Kilometern, da darüber hinaus besonders ionosphärisch bedingte Restfehler Probleme bereiten können.

Zwar ermöglicht auch das RTCM-Format (siehe Anhang H) die Übertragung von Phasenbeobachtungen oder -korrekturen, doch werden von den Geräteherstellern vielfach eigene Formate bevorzugt, die dieselben Informationen mit geringerem Datenvolumen übertragen können. Das minimal notwendige Datenübertragungsvolumen liegt in einer Größenordnung von 2.400 bit/s, wobei damit Code- und Phasenkorrekturen für alle sichtbaren GNSS-Satelliten im Sekundentakt übertragen werden können.

RTK-Anwendungen mit einer Referenzstation werden meist mit einer nutzereigenen Referenzstation durchgeführt. Es gibt aber auch Dienste, deren Referenzstationen Phaseninformationen über geeignete Kommunikationskanäle ausstrahlen.

Das Genauigkeitspotenzial von 1 – 2 cm wird nur erreicht, wenn es gelingt, die Phasenmehrdeutigkeiten korrekt zu lösen. Der Nachweis dafür kann im Allgemeinen nur durch Vergleich mit den Koordinatenergebnissen einer zweiten RTK-Vermessung erfolgen.

3.6.2.3 Differenzielle GNSS-Positionierung im Postprocessing

Die Auswertung von GNSS-Beobachtungsdaten im Nachhinein erfolgt im Allgemeinen nur für Anwendungen, bei denen Genauigkeiten im Zentimeter- und Millimeterbereich erreicht werden sollen. Die Lösung der Phasenmehrdeutigkeiten ist dafür Voraussetzung. Vor Einführung von RTK war die *Postprocessing*-Auswertung die einzige Möglichkeit, zentimetergenaue Koordinaten zu erzielen. Heute wird sie insbesondere noch bei Entfernungen von mehr als einigen Kilometern angewendet oder wenn keine direkte Kommunikationsverbindung – sei es aus technischen oder wirtschaftlichen Gründen – zwischen Referenzstation und Nutzer möglich ist.

Die Beobachtungsdaten von zwei simultan besetzten Stationen, die in den GNSS-Empfängern abgespeichert wurden, werden in einem Auswerterechner zusammengeführt und einer Basislinienauswertung unterzogen. Hauptproblem ist dabei das Bestimmen der wahren Werte der Phasenmehrdeutigkeiten.

Beobachtungen von Referenzstationen können vielfach von Serviceanbietern bezogen werden: z. B. vom SA*POS*®-GPPS der deutschen Landesvermessungsämter. Es werden auch zunehmend Beobachtungen virtueller Referenzstationen (VRS) für Postprocessing angeboten (s. Abschnitt 3.6.3.2).

3.6.3   Differenzielle GNSS-Positionierung im Referenzstationsnetz

Anwendungen, die mit nur einer Referenzstation arbeiten, sind räumlichen Beschränkungen unterworfen. Bei DGNSS verschlechtert sich die erzielbare Genauigkeit ab einer Entfernung von wenigen 100 km zur Referenzstation mit größer werdendem Abstand kontinuierlich. RTK ist auf maximale Entfernungen von einigen Kilometern um eine Referenzstation beschränkt, weil sonst die Lösung der Phasenmehrdeutigkeiten nicht mehr schnell und zuverlässig gelingt. Diese Beschränkung kann durch Netze von Referenzstationen überwunden werden. Bei gleichzeitiger Verwendung mehrerer Stationen eines Netzes zur relativen Positionierung kann der Referenzstationsabstand deutlich größer ausfallen, als wenn immer nur eine – die nächstgelegene – Station genutzt wird. Für einen flächendeckenden Dienst netzweiser relativer Positionierung sind somit weniger Referenzstationen notwendig als für einen flächendeckenden Dienst, der immer nur einzelne Referenzstationen verwendet.

Die Vorverarbeitung der Beobachtungen mehrerer Referenzstationen in einer Rechenzentrale ermöglicht zusätzlich noch eine durchgreifende Qualitätskontrolle aller Daten. So können Fehler frühzeitig erkannt und Einschränkungen hinsichtlich der Integrität und Verfügbarkeit des Navigationssystems dem Nutzer mitgeteilt werden.

3.6.3.1 Netz-DGNSS

Mit Netz-DGNSS werden genau wie beim DGNSS Genauigkeiten im Meterbereich angestrebt. Für den Nutzer unterscheidet sich DGNSS vom Netz-DGNSS dadurch, dass beim Netz-GNSS die Abstände zwischen einem Nutzer und der nächstgelegenen Referenzstation sehr viel größer sein können als beim DGNSS. Der Referenzstationsabstand kann beim NETZ-DGNSS bei 1.000 und mehr Kilometern liegen. Dieses DGNSS wird daher vielfach auch als WADGNSS (*Wide Area Differential* GNSS) bezeichnet. Somit können mit Netz-DGNSS auch Regionen versorgt werden, in denen keine Referenzstationen betrieben werden können, z. B. Meeresgebiete. Einführungen in die Funktionsweise von Netz-DGNSS-Positionierung geben Mueller (1994), Kee (1996) sowie Kaplan & Hegarty (2006).

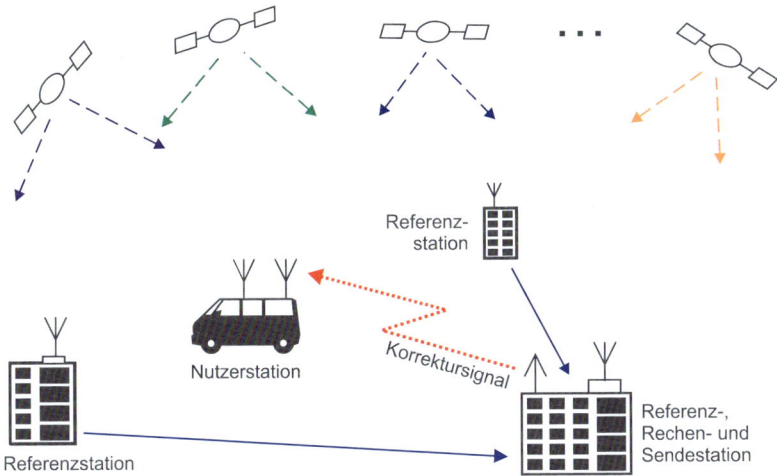

Abb. 3.19: Netz-DGNSS bzw. Netz-RTK

Netz-DGNSS wird überwiegend in zwei Varianten betrieben:
1. Berechnung gemittelter Positionen,
2. Verwendung des DGNSS-Netzes als regionales Kontrollsegment.

Berechnung gemittelter Positionen

Der Nutzer berechnet aus den Beobachtungsdaten (bzw. Korrekturdaten) von z. B. drei umliegenden Referenzstationen und aus seinen eigenen Beobachtungen drei verschiedene Neupunktkoordinaten und mittelt diese Koordinaten unter Berücksichtigung eines geeigneten Gewichtsansatzes. Der Gewichtsansatz kann sich z. B. aus den unterschiedlichen Entfernungen vom Nutzer zu den Referenzstationen ergeben.

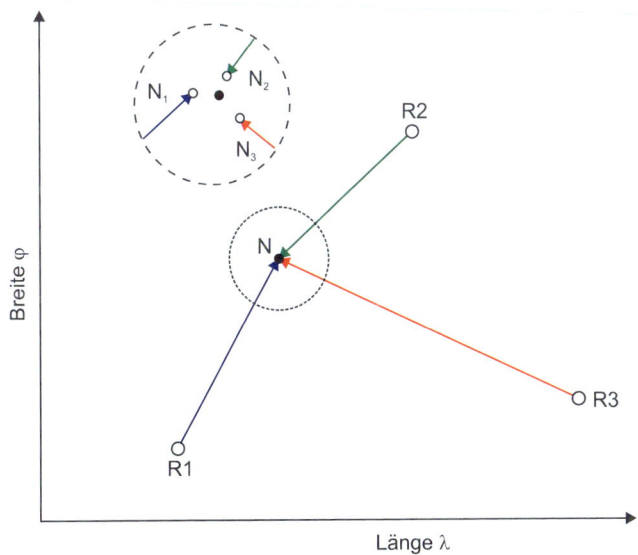

Abb. 3.20: Berechnung gemittelter Position

Verwendung des DGNSS-Netzes als regionales Kontrollsegment

Ähnlich wie bei dem GNSS-Kontrollsegment werden auf der Basis der Beobachtungen von GNSS-Zweifrequenzempfängern auf den DGNSS-Referenzstationen in einer Rechenzentrale Korrekturmodelle für Satellitenuhren, Satellitenorbits und die ionosphärischen Laufzeitfehler berechnet sowie Integritätsinformationen über das Navigationssystem erzeugt. Anders als bei dem GNSS-Kontrollsegment erfolgen hier die Berechnungen aber in Fast-Echtzeit (Near Real-Time) und sind nur für das DGNSS-Netz gültig. Die berechneten Daten – Satellitenuhrenfehler, Satellitenpositionsfehler (X-, Y-, Z-Komponenten im GNSS-Bezugsrahmen) und Parameter zur Beschreibung der Ionosphäre – werden über einen Kommunikationssatelliten ausgesendet und stehen so den Nutzern zur Verfügung[52]. Die Aufdatierungsrate für die Satellitenuhrenfehler liegt in der Größenordnung einiger Sekunden, für die anderen Parameter in der Größenordnung von 1 min bis 5 min.

3.6.3.2 Netz-RTK

Mit Netz-RTK wird genau wie bei RTK Zentimetergenauigkeit angestrebt. Für den Nutzer unterscheidet sich RTK von Netz-RTK dadurch, dass bei Netz-RTK die Abstände zwischen einem Nutzer und der nächstgelegenen Referenzstation sehr viel größer sein können als bei RTK. Voraussetzung dafür ist, dass in einer gemeinsamen Vorauswertung der Referenzstationsdaten die ganzzahligen Phasenmehrdeutigkeiten der Phasenbeobachtungen im Referenzstationsnetz in Echtzeit gelöst werden. Dabei müssen die Beobachtungen auf allen Referenzstationen auf *dasselbe Mehrdeutigkeitsniveau* gebracht werden. Dies ist dann der Fall, wenn die ganzzahligen Mehrdeutigkeiten für jedes Satellitenempfänger-Paar so gebildet worden sind, dass bei Bildung doppelter Differenzen die Mehrdeutigkeiten herausfallen (Euler u. a. 2001).

Für Beobachtungen, deren Phasenmehrdeutigkeiten nicht bestimmt werden konnten, können keine hochgenauen Korrekturmodelle berechnet werden. Diese Voraussetzung beschränkt den maximal möglichen Abstand der Referenzstationen auf 50 bis 100 km. Bei einem größeren Abstand der Referenzstationen ist es zusätzlich fraglich, ob die Korrekturmodelle die Fehlereinflüsse genau genug (1-cm-Niveau) erfassen können, um RTK-Positionierung durchführbar zu machen (Wanninger 1997, 1999).

Nach der Mehrdeutigkeitsbeseitigung im Referenzstationsnetz können unter Verwendung der Zweifrequenz-Phasendaten explizite Korrekturmodelle für entfernungsabhängig wirkende Fehlereinflüsse (ionosphärische und troposphärische Laufzeitfehler, Orbitfehlereinflüsse) berechnet werden. Mit ihnen erfasst man satellitenindividuell *die Differenz $\Delta\varepsilon$ zwischen den Fehlern, die zwischen benachbarten Stationen zu erwarten sind.*

Diese Differenz setzt sich aus zwei entfernungsabhängigen Komponenten zusammen:
- dispersive (ionosphärische) Laufzeitfehler,
- nichtdispersive (geometrische) Laufzeitfehler.

Die nichtdispersiven Laufzeitfehler resultieren aus Orbitfehlern und troposphärischen Laufzeitfehlern. Dispersive und nichtdispersive Einflüsse werden getrennt modelliert. Der Grund für diese Trennung ist, dass sich die dispersiven Einflüsse im Vergleich zu den nichtdispersiven Einflüssen relativ schnell verändern und daher sehr viel häufiger aufdatiert werden

---

[52] Es handelt sich also um eine „*Modellierung im Zustandsraum*" (s. Abschnitte 3.6.1 und 3.6.4.2).

müssen (s. Abb. 3.21). Die Beobachtungsdifferenzen werden daher in die beiden Komponenten zerlegt und so für jede Referenzstation und jeden Satelliten bereitgestellt.

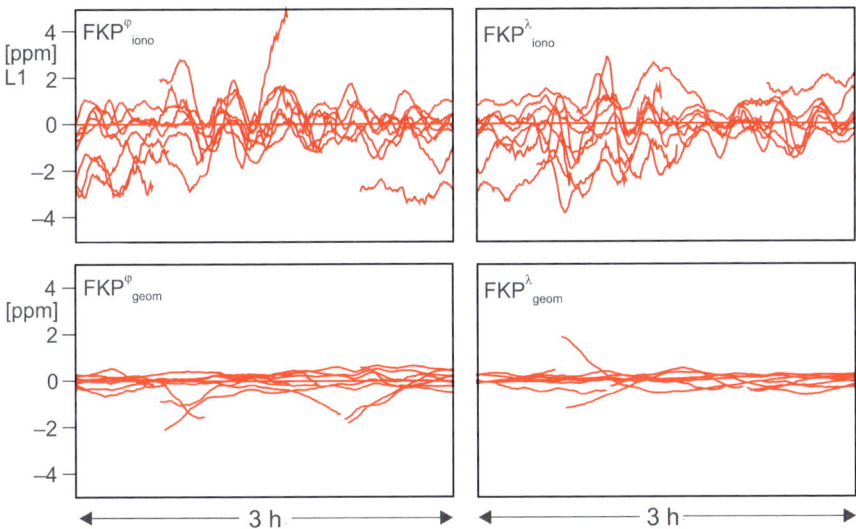

Abb. 3.21: Beispiele für ionosphärische und geometrische Flächenkorrekturparameter

Es existieren drei verschiedene Konzepte, um schließlich die Informationen bereitzustellen, mit deren Hilfe Netz-RTK verwirklicht werden kann:

- Flächenkorrekturparameter (FKP),
- Virtuelle Referenzstation (VRS),
- Master-Auxiliary Concept (MAC).

Bei allen Konzepten muss der Nutzer seine ungefähre Position einer Referenzstation mitteilen und erhält seinerseits Daten von der Referenzstation. Es wird also eine Duplex-Kommunikation benötigt.

Flächenkorrekturparameter (FKP) (s. Abb. 3.22)

Zum leichteren Verständnis des Verfahrens wird einmal davon ausgegangen, dass zwei Referenzstationen und ein Rover auf einer Geraden liegen. Durch eine Modellierung sind die Differenzen $\Delta\varepsilon_I$ der dispersiven Fehler sowie die Differenzen $\Delta\omega_0$ der nichtdispersiven Fehler zwischen den beiden Referenzstationen bekannt. Für die Roverstation liegen aus der Navigationslösung hinreichend genaue Koordinaten vor. Dann können unter Verwendung der Koordinaten der beiden Referenzstationen durch eine fast immer ausreichende lineare Interpolation die auf der Roverstation zu erwartenden Fehlerdifferenzen in Bezug auf die Referenzstationen berechnet werden (s. Abb. 3.22).

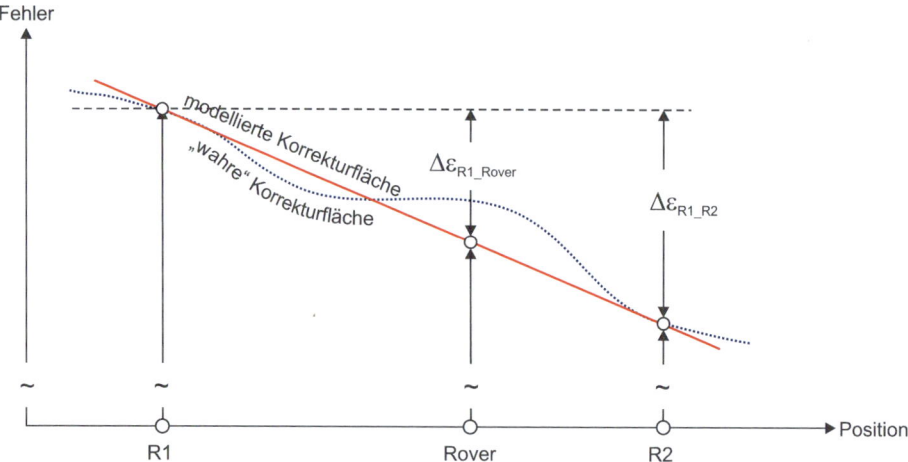

Abb. 3.22: Prinzip der FKP-Berechnung

Fügt man diese interpolierten Fehlerdifferenzen den Beobachtungen des Rovers hinzu, so weisen Referenzstation und Rover nahezu gleiche Beobachtungsfehler auf. Damit kann eine basislinienbezogene Auswertung mit den gemessenen Beobachtungen auf der Referenzstation und den korrigierten Beobachtungen der Roverstation durchgeführt werden. Die so gut wie identischen Fehleranteile auf den Basislinienendpunkten fallen dabei weitgehend heraus, und es gelingt eine schnelle Mehrdeutigkeitslösung mit zentimetergenauer Positionierung im RTK-Modus.

Zwecks Umsetzung in die praktische Anwendung muss dieses Konzept auf eine Fläche angewendet werden. Der konzeptionell einfachste Fall dafür ist ein aus drei Referenzstationen bestehendes Netz. Die innerhalb des Netzes zu erwartenden Fehlerdifferenzen in Bezug auf eine als Masterstation fungierende Referenzstation können in dem Fall aus einer Ebene, die durch die Fehlerdifferenzen an den beiden Referenzstationen aufgespannt wird, interpoliert werden. In der Realität wird diese Korrekturebene aus den Fehlerdifferenzen der umliegenden Referenzstationen über den Weg einer Ausgleichung bestimmt.

Die Korrekturebene wird durch zwei Parameter beschrieben: ihre Neigung in Nord-Süd- und in Ost-West-Richtung. Diese Neigungen werden auch als Flächenkorrekturparameter (FKP) bezeichnet. Wegen der Trennung von dispersiver und nichtdispersiver Komponente gibt es für jeden Satelliten vier verschiedene FKP, mit deren Hilfe die im Referenznetz zu erwartenden entfernungsabhängigen Fehlerdifferenzen berechnet werden können. Im Kasten 3.1 ist das dazu im SA*POS*®-Dienst der deutschen Landesvermessung anzuwendende Formelsystem aufgeführt.

Der Nutzer sendet im Rahmen des FKP-Konzepts seine Näherungsposition an die Rechenzentrale des RTK-Netzes. Diese wählt für ihn die nächstgelegene Referenzstation als Master-Referenzstation aus und übermittelt ihm die Daten dieser Master-Referenzstation mit den zugehörigen FKP. Auf der Grundlage dieser Daten kann der Nutzer seine Messdaten korrigieren.

Virtuelle Referenzstation (VRS)

Eine virtuelle Referenzstation ist eine fiktive Referenzstation mit den ungefähren Koordinaten des Nutzers. Für diese virtuelle Referenzstation wird mithilfe der realen Daten einer realen Referenzstation unter Verwendung der dort ermittelten Korrekturmodelle (z. B. FKP) *berechnet*, welche Beobachtungsdaten auf der Position der VRS zu erwarten sind. Der Nutzer meldet sich mit seinen Näherungskoordinaten bei der Rechenzentrale des RTK-Netzes. Dort werden die für die Näherungskoordinaten zu erwartenden Beobachtungen errechnet und dem Nutzer übersendet. Der Nutzer berechnet dann die wenige Meter lange Basislinie zwischen den Nährungskoordinaten und der Nutzerposition und durch Addition der Vektorkomponenten der Basislinie zu den Näherungskoordinaten seine Position. VRS werden in der Praxis in Echtzeit bereitgestellt. Man kann VRS aber auch für Auswertungen im Nachhinein rechnen lassen.

$$\delta r_0 = 6{,}37 \cdot \left[N_0 \cdot \left(\Phi - \varphi_R \right) + E_0 \cdot \left(\lambda - \lambda_R \right) \cdot \cos(\Phi_R) \right]$$

$$\delta r_I = 6{,}37 \cdot H \cdot \left[N_I \cdot \left(\Phi - \varphi_R \right) + E_I \cdot \left(\lambda - \lambda_R \right) \cdot \cos(\Phi_R) \right]$$

N_0, E_0	**FKP [ppm] in Nord-Süd- und Ost-West-Richtung für das nichtdispersive (geometrische) Signal**
N_I, E_I	**FKP [ppm] in Nord-Süd- und Ost-West-Richtung für das dispersive (ionosphärische) Signal**
φ_R, λ_R	Breite, Länge [rad] der Referenzstation
Φ, λ	Breite, Länge [rad] der Nutzerstation aus der Navigationslösung
H	$H = 1 + 16 \cdot \left(0{,}53 - E / \pi \right)^3$
E	Elevationswinkel [rad] des betrachteten Satelliten
δr_0	Der entfernungsabhängige Fehler [m] für das nichtdispersive (geometrische) Signal
δr_I	Der entfernungsabhängige Fehler [m] für das dispersive (ionosphärische) Signal

$$\delta r_2 = \delta r_0 + \left(154 / 120 \right) \cdot \delta r_I$$
$$\delta r_1 = \delta r_0 + \left(120 / 154 \right) \cdot \delta r_I$$

Die entfernungsabhängigen Fehler für die L1- und L2-GPS-Signale

$$R_k = R - \delta r$$

Aus einer aus Phasenbeobachtungen abgeleitete und bezüglich der positionsabhängigen Fehler korrigierte Pseudorange R

Kasten 3.1: Formelsystem zur Berechnung entfernungsabhängiger Fehler (SA*POS*®)

Master-Auxiliary Concept (MAC)

Auch beim Master-Auxiliary Concept sendet der Nutzer zunächst seine Näherungsposition an die Zentrale des RTK-Netzes. Dann erhält er von der nächstgelegenen Referenzstation

(Masterstation) alle dort gemessenen GNSS-Messdaten (Rohdaten). Die weiteren in der Umgebung des Nutzers liegenden Referenzstationen sind die Auxiliary-Stationen. Der Nutzer erhält für diese Auxiliary-Stationen *Koordinaten-* und *Korrekturdifferenzen* in Bezug auf die Masterstation. Aus diesen Daten errechnet der Rover durch eigene Algorithmen die Roverposition.

3.6.3.3 Netzauswertungen im Postprocessing

Die Auswertung von Beobachtungsdaten aus GNSS-Netzen im Nachhinein erfolgt im Allgemeinen nur für zentimetergenaue Anwendungen, bei denen die Lösung der Phasenmehrdeutigkeiten notwendig ist. Sollen nur einzelne Neupunkte in ein Netz von Referenzstationen mit bekannten Koordinaten eingefügt werden, so kann die Auswertung mit der von Netz-RTK (siehe Abschnitt 3.5.2.2) vergleichbar sein. Anbieter von Netz-RTK-Diensten bieten teilweise auch virtuelle Daten virtueller Referenzstationen im RINEX-Format (siehe Anhang H) für nachträgliche Datenauswertung an. Der Nutzer übermittelt z. B. über das Internet seine Näherungsposition und Beobachtungszeiten und erhält im Gegenzug Beobachtungsdaten einer virtuellen Referenzstation, die aus den archivierten Beobachtungen realer Referenzstationen mithilfe von Flächenkorrekturparametern berechnet wurden.

Eine völlig andere Form der Netzauswertung wird für geodynamische Fragestellungen oder Anlage und Kontrolle von Referenznetzen vorgenommen. Hier liegen nur wenige (oder manchmal sogar keine) Stationen vor, deren Koordinaten festgehalten werden, dafür aber viele simultan beobachtete Stationen, deren Koordinaten neu bestimmt werden sollen. Die Netzausdehnungen betragen einige 10er-Kilometer bis hin zu globalen Entfernungen. Nach der möglichst weitgehenden Mehrdeutigkeitsfestsetzung im Netz werden zusätzlich zu den unbekannten Koordinaten noch Zusatzparameter für troposphärische Restfehler geschätzt. Orbitfehler werden durch die Einführung präziser GNSS-Orbits minimiert (siehe Abschnitt 3.6.4), ionosphärische Einflüsse durch Zweifrequenzauswertung praktisch eliminiert.

3.6.4 Absolute Positionierung – Precise Point Positioning (PPP)

Das PPP-Konzept kam in den 1990er-Jahren zum Durchbruch (Zumberge u. a. 1997). Der Grundgedanke des PPP-Konzepts ist, die Genauigkeit der in Abschnitt 3.4.1.1 geschilderten Navigationslösung durch genauere Ephemeriden und unter zusätzlicher Verwendung der Phasenmessungen zu verbessern. Anfangs wurde PPP typischerweise im Postprocessing unter ausschließlicher Verwendung des GPS durchgeführt. Dies hat sich geändert. PPP kann seit einiger Zeit in Echtzeit ausgeführt werden und es können neben GPS-Signalen auch die Signale von GLONASS, Galileo und BDS unter Verwendung von je drei Frequenzen ausgewertet werden. Man kann zwei Varianten des PPP unterscheiden.

1. Standard-PPP: Hier werden die Phasenmehrdeutigkeiten nicht ganzzahlig gelöst. Längere Beobachtungszeiten sind erforderlich. Globale Lösungen sind der Normalfall.

2. PPP-RTK: Hier werden die Phasenmehrdeutigkeiten ganzzahlig gelöst. Zentimetergenaue Lösungen nach wenigen Sekunden Beobachtungszeit sind möglich. PPP-RTK ist nur regional realisierbar.

Bei beiden Varianten erfolgt die Modellierung nach dem Verfahren „Modellierung im Zustandsraum (Space State Representation (SSR))".

3.6.4.1 Standard-PPP

Die Genauigkeit der in Abschnitt 3.4.1.1 geschilderten herkömmlichen Navigationslösung ist abhängig von:

- der Genauigkeit der ausgesandten Bahndaten, einschließlich der Uhrenkorrektionen,
- der Genauigkeit der Pseudostreckenmessung (Qualität der Korrelatoren),
- der Modellierung und/oder Eliminierung von Fehlereinflüssen.

Die nachfolgende Tabelle enthält einige Fehlereinflüsse, die bei der herkömmlichen Navigationslösung nicht berücksichtigt wurden.

Tabelle 3.3: Nichtberücksichtigte Fehlereinflüsse bei herkömmlicher Navigationslösung

Ursache	Auswirkung bei Nichtberücksichtigung	
	Höhe	Lage
Satellitenantennenoffset	bis zu 10 cm	wenige cm
Erdgezeiten	einige dm	einige cm
Ozeanische Auflasten	bis zu 5 cm	–
Polbewegung	–	wenige cm
Phase wind-up[53]	einige mm	einige mm
Satellitenphasenzentrumsvariationen	max. 1 mm	–

Man erkennt, dass es sich dabei um Fehlereinflüsse handelt, deren Auswirkungen bei Lösung der Aufgaben, für die die GNSS ursprünglich konzipiert wurden, keine Rolle spielen.

Will oder muss man mit einem einzelnen Empfänger arbeiten und kann daher die in den vorangegangenen Abschnitten beschriebenen Verfahren der differenziellen Positionierung nicht anwenden, strebt man aber dennoch höchste Genauigkeiten an, so muss man diese Fehlereinflüsse berücksichtigen. Man benötigt dann auch Satellitenbahndaten – einschließlich Uhrenkorrektionen –, die genauer sind als die, die von den GNSS selbst in Echtzeit zur Verfügung gestellt werden.

In Abschnitt 3.1.2 wurde der zivile Bahndienst des IGS beschrieben. Nicht nur die erst etwa zwei Wochen nach einer Messung zur Verfügung stehenden IGS-Bahndaten des Typs „Final", sondern auch die in Echtzeit zur Verfügung stehenden Bahndaten des Typs „Ultra-Rapid, predicted" sind deutlich genauer als die ausgestrahlten GNSS-Bahndaten. Dies legt den Gedanken nahe, mithilfe von Bahndaten des IGS und relativ aufwendigen Auswertealgorithmen die als „*Precise Point Positioning (PPP)*" bezeichnete Positionsbestimmung durchzuführen.

Typische Merkmale einer Standard-PPP-Auswertung sind:

- Auswertung von über längere Zeiträume (30 – 60 Minuten, auch einige Stunden) kontinuierlich aufgezeichneten Beobachtungsdaten; die benötigten Beobachtungszeiträume werden aber immer kürzer,

---

[53] Ein Fehler, der durch Änderungen der Orientierung von GNSS-Sende- und Empfangsantenne verursacht wird.

- Auswertung von Trägerphasen auf zwei Frequenzen (Modellierung der ionosphärischen Laufzeitfehler), u. U. auch Auswertung der Codephasen,
- unterschiedliche Gewichtung der Code- und Trägerphasen,
- Schätzung der Trägerphasenmehrdeutigkeiten als reelle Werte (Float-Lösung),
- bei Uhrenkorrektion in Fünf-Minute-Intervallen und größer: Interpolation der Satellitenuhrenkorrektionen,
- Gewichtung der Beobachtungen in Abhängigkeit von der Elevation der Satelliten und dem Fehler bei der Interpolation der Satellitenuhrkorrektionen,
- verfeinerte Modellierung der Troposphäre,
- Bezugssystem ist das Bezugssystem der Satellitenbahndaten. Bei Verwendung der IGS-Bahndaten ist dies die IGS-Realisierung des International Terrestrial Reference Frame (ITRF), zurzeit ITRF 2014.

Einzelheiten und weiterführende Literatur finden interessierte Leser bei Hesselbarth (2009).

Hier sei nur darauf hingewiesen, dass im Gegensatz zur relativen Positionierung die Trägerphasenmehrdeutigkeiten nur schwer auf ihre korrekten ganzzahligen Werte geschätzt werden können, weil bei den undifferenzierten Beobachtungen der PPP-Auswertung Fehler nicht in dem Maß eliminiert werden können, wie bei der Auswertung differenzierter Beobachtungen. Dies erschwert die Festsetzung der Phasenmehrdeutigkeiten.

Mit PPP können sowohl statische als auch kinematische Messungen ausgewertet werden. Hesselbarth (2009) erreicht bei statischen Messungen nach etwa einer Stunde Messdauer die maximal beste Genauigkeit im 1- bis 2-cm-Bereich für die Lagekoordinaten und in einem Bereich von 2 bis 3 cm für die Höhenkomponente.

Da bei kinematischen Messungen bei jeder Messepoche die Koordinaten neu geschätzt werden müssen – die Phasenmehrdeutigkeiten bei ungestörter Messung auch hier nur einmal –, sind die Genauigkeiten bei kinematischen Auswertungen etwas schlechter. Vor allem benötigt man zum Erreichen der bestmöglichen Genauigkeit eine etwas längere Beobachtungszeit. Dies hängt in erster Linie damit zusammen, dass die höhere Anzahl der Unbekannten die Schätzung der Phasenmehrdeutigkeiten zu Beginn der Messung erschwert. Die bestmöglichen Genauigkeiten von ebenfalls 1 bis 2 cm für die Lagekoordinaten und 2 bis 3 cm für die Höhenkomponente erreicht Hesselbarth (2009) nach etwa 1,5 Stunden.

Neuere Untersuchungen bestätigen diese Zahlen (z. B. Abdallah 2015). Fortschritte gibt es durch die Verwendung einer dritten Frequenz und die Erweiterung des ursprünglich auf reiner GPS-Auswertung beruhenden PPP-Konzepts auf zusätzliche GNSS-Konstellationen. Laurichesse & Blot (2016) kommen unter Verwendung von L5(GPS)-, E5b(Galileo)-, B2(BDS)-Signalen schon nach 2 Minuten zu einer 20-cm-Genauigkeit. Bei Hesselbart (2009) wurden dafür noch ca. 10 Minuten gebraucht. Für das Erreichen von Zentimetergenauigkeit werden aber auch in neueren Untersuchungen noch 30 bis 60 Minuten angegeben (Reussner 2016).

3.6.4.2 PPP-RTK

PPP-RTK ist eine Weiterentwicklung von PPP. Grundidee des PPP-RTK ist, einen einzelnen Empfänger in die Lage zu versetzen, unter Verwendung ganzzahliger Phasenmehrdeutigkeiten seine Position zu berechnen, um damit zu zentimetergenauen Positionen in Echtzeit zu kommen (Wübbena u. a. 2005, Mervart u. a. 2008).

Zentimetergenauigkeit kann mit PPP-RTK erreicht werden, wenn zusätzlich zu den bei PPP verwendeten Orbit- und Uhreninformationen dem Einzelempfänger weitere Informationen zur Verfügung gestellt werden. Dies sind z. B. Informationen über

- Satellitensignalbias (systematische Satelliten*signal*fehler),[54]
- Zustand von Ionosphäre und Troposphäre.

Die benötigten Informationen über die Ionosphäre und Troposphäre können weltweit verteilte Netze wie z. B. das IGS-Netz nicht in der erforderlichen Genauigkeit zur Verfügung stellen. Vielmehr werden regionale Netzwerke benötigt, deren Dichte abhängig ist von der gewünschten Genauigkeit des PPP-RTK und der Qualität der verwendeten Software (Wübbena 2005).

Sato u. a. (2012) berichten, dass für den japanischen *„Centimeter Level Augmentation Service (CLAS)"* das gesamte Gebiet von Japan in 12 Netze eingeteilt worden ist. In jedem Netz werden die benötigten Korrekturen in Echtzeit berechnet und an die Einzelempfänger übermittelt. Damit werden bei Initialisierungszeiten im Bereich von weniger als drei Sekunden Genauigkeiten deutlich unter 2 cm (Lagegenauigkeit) erreicht.

Ein PPP-RTK-Nutzer teilt eine Position nicht mit. Er muss nur sicherstellen, dass er sich in dem Bereich befindet, für den die Korrekturfaktoren ermittelt wurden und den entsprechenden Kommunikationsweg für die Daten auswählen. Es wird also lediglich eine Simplex-Kommunikation benötigt.

Teunissen (2012) führt in seinem Bericht über das „PPP-RTK & Open Standards Symposium" in Frankfurt am Main aus, dass die Bereitstellung von Informationen über die Atmosphäre, insbesondere über die Ionosphäre, einen kritischen Aspekt (a bottleneck) für PPP-RTK darstellt und dass es von den Betreibern von PPP-RTK-Diensten nur sehr vage Angaben darüber gibt, wie groß die Netze sein dürfen, wenn man in wenigen Sekunden mit ganzzahlig gelösten Mehrdeutigkeitsparametern mithilfe von PPP-RTK Zentimetergenauigkeiten erreichen möchte. Genannt werden Stationsabstände zwischen 100 km und 200 km.

Im Gegensatz zur differenziellen Positionierung werden beim RTK-PPP die Fehlereinflüsse getrennt bestimmt und übermittelt. Die Trennung dieser hochkorrelierten Fehlereinflüsse ist ein relativ komplizierter Vorgang. Leser, die an Einzelheiten interessiert sind, seien auf Teunissen (2014) verwiesen.

Zustände von Troposphäre und Ionosphäre, Satellitenbahndaten, Satellitensignalbias ändern sich im Allgemeinen langsamer als z. B. Satellitenuhrenfehler. Daher können unterschiedliche Aufdatierungszeiten für die unterschiedlichen Korrekturen gewählt werden. In dem oben geschilderten Fall des japanischen CLAS werden die Uhrenfehler alle 5 Sekunden aufdatiert, alle anderen Korrekturen im Abstand von 30 Sekunden.

Die Übertragung der Fehlereinflüsse erfolgt bei PPP-RTK in dem relativ neuen RTCM-3.2-Format mit Multiple Signal Messages (MSM) – Multisignalnachrichten (s. Anhang H). Wegen der unterschiedlichen Aufdatierungszeiten für die einzelnen Korrekturen kommt es bei diesem Übertragungsformat, verglichen mit der Übertragung von Beobachtungskorrekturen, zu einer

---

[54] Siehe dazu http://www.aiub.unibe.ch/forschung/gnss_forschung/handling_of_gnss_ biases/index_ger.html.

insgesamt geringeren Datenübertragungsrate und damit zu einer geringeren Bandbreite für die Datenübertragung.

3.6.5 Aspekte der Datenfernübertragung

Die relative GNSS-Positionierung in Echtzeit ist auf eine Kommunikationsverbindung zwischen Referenzstation und Nutzerstation(en) angewiesen. Während für DGNSS geringe Datenübertragungsraten ausreichend sind (etwa 50 bit/s), sind die Ansprüche bei RTK-Anwendungen hoch (etwa 2.400 bit/s). Häufig reicht eine Einweg-Datenverbindung von der Referenz- zur Nutzerstation aus, sodass Simplex-Funklösungen geeignet sind. Bei einigen Realisierungen von Netz-RTK mit berechneten Beobachtungen bzw. Beobachtungskorrekturen, die in einer Rechenzentrale erzeugt werden, ist eine Zweiwege-Kommunikation notwendig, da der Nutzer seine Näherungsposition übermitteln muss.

Bei der Wahl geeigneter Funkfrequenzen oder Kommunikationsdienste für die GNSS-Datenübertragung spielen technische, wirtschaftliche und administrative Aspekte eine Rolle:

- Technische Aspekte
  Je niedriger die Frequenz, desto größer ist der mögliche Abstand zwischen dem Sender und dem Empfänger (s. Abschnitt 2.6.1.4). Gleichzeitig gilt aber auch: Je höher die Frequenz, desto höher ist die mögliche Datenübertragungsrate. Dabei ist auch zu berücksichtigen, dass bei vielen Kommunikationsdiensten GNSS-Beobachtungskorrekturen nur einen von mehreren Informationsinhalten darstellen und somit nur ein Teil der vorhandenen Datenübertragungskapazität dafür genutzt werden kann.
- Wirtschaftliche Aspekte
  Vielfach bestehen für den Nutzer die Kommunikationskosten nur aus der Anschaffung geeigneter Geräte. Bei Mobiltelefonlösungen müssen aber auch monatliche Grundgebühren und zeitabhängige Übertragungskosten berücksichtigt werden.
- Administrative Aspekte
  Radiofrequenzen sind nicht frei nutzbar. Ihre Nutzung ist durch internationale Vereinbarungen und nationale Gesetze geregelt. Im unteren Mikrowellenbereich gibt es aber Frequenzen, auf denen mit geringer Leistung genehmigungsfrei gearbeitet werden kann. Die Sendereichweite ist dabei auf wenige Kilometer begrenzt.

3.6.5.1 Datenfernübertragung durch DGNSS-spezifische Funkdienste und Frequenzen

DGNSS-Korrekturen werden in folgenden Frequenzbereichen ausgestrahlt:

- Langwelle/Mittelwelle
  Vielfach werden vorhandene Sendeeinrichtungen mitgenutzt. Die Reichweite der Langwellensender liegt bei etwa 700 km, die der Mittelwellensender bei 200 bis 300 km.
- UKW
  Im Rahmen der von Rundfunkanstalten betriebenen Datenübermittlung mithilfe des *Radio Data Systems* (RDS) werden in einigen Ländern flächendeckend DGNSS-Korrekturen ausgestrahlt.
- Mikrowellen
  Aufgrund der geringeren Reichweite von Mikrowellen über Land, ergibt in diesem Frequenzbereich die Aussendung von DGNSS-Korrekturen nur Sinn, wenn sie von Satelliten aus erfolgt.

Für *RTK-Dienste* können aufgrund der notwendigen hohen Datenübertragungskapazität nur UKW- und Mikrowellen-Frequenzbereiche genutzt werden.

3.6.5.2 Datenfernübertragung durch Mobilfunk

Von zunehmender Bedeutung für die Datenfernübertragung sind die Mobilfunksysteme *Global System for Mobile Communications (GSM)* und *Universal Mobile Telecommunications System (UMTS)* (Nachfolgesystem von GSM). Dabei muss bei GSM zwischen zwei Verfahren unterschieden werden:

- GSM/CSD
  Das Akronym CSD steht für *Circuit Switched Data*[55]. Bei GSM/CSD wird eine Datenverbindung vom Mobilfunktelefon zu einer (beliebigen) Gegenstelle hergestellt. Die Verbindung ist mit einem einfachen Telefongespräch vergleichbar. Im Unterschied dazu werden jedoch Daten mit der Übertragungsrate 9,6 kbit/s übertragen (wikipedia.org/wiki/Circuit_Switched_Data). Die Abrechnung erfolgt wie bei der Sprachtelefonie nach der Länge der Verbindungsdauer.

- GSM/GPRS
  Das Akronym GPRS steht für *General Packet Radio Service* (deutsch: *„Allgemeiner paketorientierter Funkdienst"*). Es bezeichnet den paketorientierten Dienst zur Datenübertragung in GSM- und UMTS-Netzen. GSM/GPRS ist paketorientiert. Das heißt, die Daten werden beim Sender in einzelne Pakete umgewandelt, als solche übertragen und beim Empfänger wieder zusammengesetzt. Auch bei GSM/GPRS wird eine Datenverbindung vom Mobilfunktelefon zu einer (beliebigen) Gegenstelle hergestellt. Hier ist die Verbindung ebenfalls mit einem einfachen Telefongespräch vergleichbar. Die Abrechnung erfolgt bei GSM/GPRS aber nach der Menge der übertragenen Daten.

3.6.5.3 Datenfernübertragung mithilfe des Internets und Mobilfunks

Das Internet hat eine stark zunehmende Bedeutung bei der Übertragung von Daten. Für die Übertragung von GNSS-Daten über das Internet hat das Bundesamt für Kartographie und Geodäsie (BKG, Frankfurt am Main) ein spezielles Verfahren zur Bereitstellung von GNSS-Korrekturdatenströmen in Echtzeit unter der Bezeichnung *Ntrip (Networked Transport of RTCM via Internet Protocol)* entwickelt (s. dazu http://igs.bkg.bund.de/ntrip/about).

Der Nutzer ruft bei diesem Verfahren mithilfe eines GSM/GPRS-Mobiltelefons die Daten von so genannten „Castern" (Caster = Streuer) im Internet ab.

3.7 Genauigkeit

3.7.1 Vorbemerkung

Wenn unter dem Begriff Navigationssystem ein System verstanden wird, das weltweit Personen, Flugzeugen, Schiffen und landgebundenen Fahrzeugen Ortung in Echtzeit erlaubt, dann können die an ein derartiges System zu richtenden Forderungen im Fall der GNSS im Wesentlichen nur *Pseudostreckenmessungen mit Echtzeitauswertung* erfüllen. Für diesen Fall lassen sich in relativ einfacher Weise Aussagen über die mit diesen Systemen *möglichen* Genauigkeiten machen. Die

---

[55] Circuit switched = leitungsvermittelt.

Systembetreiber können aber die mögliche Genauigkeit ihres Systems jederzeit einschränken, z. B. durch bewusst ungenau ausgestrahlte Bahndaten.

Die Koordinatenbestimmung durch Auswertung der Trägerphasen ist ein komplexer Vorgang. Aussagen über die mit diesem Verfahren möglichen Genauigkeiten lassen sich in einfacher Weise nicht machen. Es gibt jedoch umfangreiche Erfahrungen, die eine zusammenfassende Aussage zulassen.

In allgemeiner Form werden nur die die einzelne Pseudostreckenmessung beeinflussenden Faktoren und deren Einfluss auf das Gesamtergebnis einer Einzelpunktbestimmung dargestellt.

3.7.2 Genauigkeit der Pseudostreckenmessung

Der Gesamtfehler einer Pseudostrecke – der *User Equivalent Range Error (UERE)* – setzt sich aus Einzelfehlern zusammen, die folgenden Gruppen zugeordnet werden können:

- Ephemeriden- und Satellitenuhrenfehler,
- Signalausbreitungsfehler,
- Empfängerfehler.

Aus diesen Einzelfehlern ergibt sich ein Streckenfehler, der sich je nach der geometrischen Konstellation Satellit – Satellitenempfänger unterschiedlich auf den Gesamtfehler der Navigationslösung auswirkt. Der Gesamtfehler der jeweiligen Navigationslösung kann – unter der Voraussetzung, dass die Streckenfehler bei allen an der Ortung beteiligten Strecken gleich sind – durch Multiplikation des Streckenfehlers mit einem *Dilution of Precision (DOP)* genannten Faktor errechnet werden (s. Abschnitt 3.7.2.4).

3.7.2.1 Ephemeriden- und Satellitenuhrenfehler

Die Differenz der Strecken zwischen

- der mithilfe der Bahndaten *berechneten* Strecke Satellitenposition – Empfängerposition",
- der *wahren* Strecke Satellitenposition – Empfängerposition

ist der Anteil der fehlerbehafteten Bahndaten am Signal-Nutzer-Streckenfehler (s. Abb. 3.23).

Zu diesem Fehler kommt noch der Fehler aus dem Fehler der Satellitenuhr. *Uhrenfehler* – d. h. die Abweichung der Satellitenzeit von der GNSS-Zeit – verschlechtern die Bahnberechnung dadurch, dass die Ephemeriden einer falschen Zeit zugeordnet werden und dass das Navigationssignal unpünktlich ausgesendet wird. Auch ist die in Gleichung 3.27 gegebene „Konstante" Δt eine mit Fehlern behaftete Größe, da die Differenz der Zeitskala Satellit – Satellitenempfänger von Satellit zu Satellit unterschiedlich ist und in aller Strenge auch nicht als „Konstante" angesehen werden kann.

Die Summe der Fehler aus fehlerbehafteten Bahndaten und dem Uhrenfehler ergibt den Signal-Nutzer-Streckenfehler der Pseudostrecke, in der englischsprachigen Literatur *Signal-in-Space (User) Range Error (SISRE)* genannt.

SISRE liegt bei GPS und Galileo in der Größenordnung $< 0,5$ m (1 σ) vor, wobei die Galileo-Werte im Frühjahr 2017 besser waren, als die GPS-Werte[56] (GSA 2017). Bei GLONASS und

---

[56] Das liegt vor allem an den relativ alten Uhren einiger GPS-Satelliten.

BDS liegt SISRE bei 1 bis 2 m. Bei allen Systemen kann man beobachten, dass sich dieser Fehler weiter verringert (Montenbruck u. a. 2017).

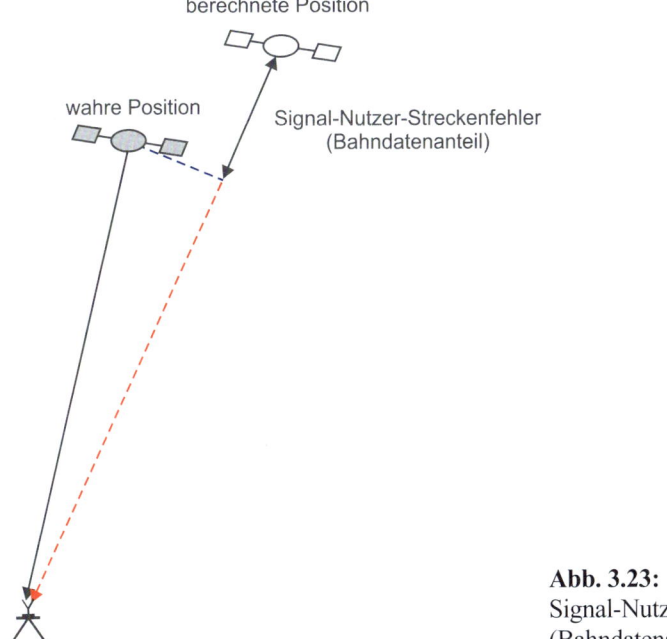

Abb. 3.23:
Signal-Nutzer-Streckenfehler
(Bahndatenanteil)

3.7.2.2 Signalausbreitungsfehler

Die unterschiedlichen Ausbreitungsbedingungen (Refraktionskoeffizienten), die das Signal auf seinem Weg vom Satelliten zum Empfänger vorfindet, führen dazu, dass das Signal einen kurvenförmigen Weg durchläuft und sich mit unterschiedlichen Geschwindigkeiten ausbreitet.

Für den Bereich der Ionosphäre (80 bis 1000 km über der Erdoberfläche) können daraus Streckenfehler in der Größenordnung von 50 m und mehr entstehen (Sonnenfleckenmaximum, Messung zur Mittagszeit, Satellit nahe dem Horizont). Da der Effekt frequenzabhängig ist, können aus Zweifrequenzmessungen ionosphärische Laufzeitkorrekturen berechnet werden, die eine praktisch vollständige Elimination des ionosphärischen Fehlers erlauben. Sofern nur eine Frequenz zur Verfügung steht, ist man auf Modelle angewiesen, die keine so gute Korrekturwirkung erbringen (s. Abschnitt 2.6.4.4).

Die ungenügende Kenntnis der Refraktionskoeffizienten im Bereich der Troposphäre führt zu Fehlern in der Größenordnung zwischen 2 m (Satellit im Zenit) und 25 m (Satellit 5° über dem Horizont). Durch einfache Troposphärenmodelle können diese Fehler in den Dezimeterbereich heruntergedrückt werden (s. Abschnitt 2.6.4.5).

Zu den Signalausbreitungsfehlern gehören weiter Fehler durch Mehrwegeausbreitungen. Diese Effekte entstehen, wenn ein Signal von geeigneten Oberflächen in der Nähe des Satellitenempfängers reflektiert und dann empfangen wird (s. Abschnitt 2.6.4.6). Für Codemessungen erreichen diese Fehler eine Meter-Größenordnung.

3.7.2.3 Empfängerfehler

Der Empfängerfehler setzt sich zusammen aus:

- Messrauschen,
- Hardware-Verzögerungen.

Messrauschen – ein Fehler mit Zufallscharakter – und Hardwareverzögerung – ein Fehler mit systematischem Charakter – können als Beeinflussung des Signals durch Vorgänge im Empfänger aufgefasst werden. Da das Messrauschen direkt proportional der Wellenlänge der Codes ist, muss mit unterschiedlichen Werten für die verschiedenen Codes gerechnet werden. Bei Anwendung neuerer Technologien gibt es hier aber kaum noch Unterschiede. Das Messrauschen liegt in der Größenordnung „dm" (Eissfeller 1993).

3.7.2.4 Gesamtfehlerhaushalt

Tabelle 3.4 zeigt zusammenfassend die o. g. Fehlereinflüsse für heutige GNSS. Daraus ergeben sich – kein Multipath, geringe Ionosphäre – Standardabweichungen der Pseudostrecken von etwa 5 m. Eine Abschätzung für den bei dem jeweiligen Betriebszustand zu erwartenden Gesamtfehler einer Pseudostrecke – der *User Equivalent Range Error (UERE)* – wird den Nutzern in der GNSS-Navigationsnachricht mitgeteilt.

Tabelle 3.4: Fehlerbudget der *PSR*-Messung[57]

Ursache		Betrag
Nutzerstreckenfehler (SISRE)	Bahndaten	0,2 – 1 m
	Uhrenfehler	0,3 – 2 m
Signal-ausbreitung	Ionosphäre (2-Frequenz)	cm – dm
	(1-Frequenz)	5 m
	Troposphäre	0,5 m
	Multipath	1 m
Empfänger	Rauschen	0,5 m
	Instr. Verzöge-rungen	dm – m

Der Tabelle kann entnommen werden, dass der größte Fehleranteil aus ungenügender Kenntnis der Ionosphäre zu erwarten ist und dass dieser Fehleranteil bei Verwendung von Zweifrequenzempfängern drastisch reduziert wird.

---

[57] Die genannten Werte können nur grobe Abschätzungen zum Aufzeigen der Größenordnung sein.

3.7.3 Genauigkeit bei Auswertung der Pseudostreckenmessung

3.7.3.1 Genauigkeit der herkömmlichen Einzelpunktbestimmung – DOP-Faktoren

In Abschnitt 3.5.1.1 wurden die Grundzüge eines Algorithmus zur Berechnung von Koordinaten aus Pseudostrecken (Codephasen) vorgestellt. Zur Abschätzung der Genauigkeit der berechneten Lösung nutzen wir Gleichung 3.16.

Nach den Regeln der Fehlerlehre kann aus den Koeffizienten von Gleichung 3.16 die Varianz-Kovarianzmatrix der Positions- und Uhrenfehlerlösung berechnet werden.

Die Formel lautet in Matrixschreibweise:

$$\mathbf{V_{XX}} = \sigma^2(r) \cdot (\mathbf{A}^T \cdot \mathbf{A})^{-1}. \tag{3.60}$$

Dabei ist $\sigma(r)$ die Standardabweichung der Codephase.

In Koeffizientenschreibweise lautet (3.60):

$$
\begin{bmatrix}
m_X^2 & m_{XY}^2 & m_{XZ}^2 & m_{Xt}^2 \\
m_{YX}^2 & m_Y^2 & m_{YZ}^2 & m_{Yt}^2 \\
m_{ZX}^2 & m_{ZY}^2 & m_Z^2 & m_{Zt}^2 \\
m_{tX}^2 & m_{tY}^2 & m_{TZ}^2 & m_t^2
\end{bmatrix}
= \sigma^2(r) \cdot
\begin{bmatrix}
q_{XX} & q_{XY} & q_{XZ} & q_{Xt} \\
q_{YX} & q_{YY} & q_{YZ} & q_{YT} \\
q_{ZX} & q_{ZY} & q_{ZZ} & q_{Zt} \\
q_{tX} & q_{tY} & q_{tZ} & q_{tt}
\end{bmatrix}
\tag{3.61}
$$

Daraus lassen sich die Varianzen/mittleren Fehler der einzelnen Unbekannten der Lösung berechnen:

$$m_X^2 = \sigma^2 \cdot q_{XX} \; ; \; m_Y^2 = \sigma^2 \cdot q_{YY} \; ; \; m_Z^2 = \sigma^2 \cdot q_{ZZ} \; ; \; m_t^2 = \sigma^2 \cdot q_{tt}. \tag{3.62}$$

(Es sei hier daran erinnert, dass die Koordinaten X, Y, Z in diesem Zusammenhang Koordinaten im topozentrischen Koordinatensystem sind (s. Abschnitt 3.5.1). Die X-/Y-Koordinaten sind also Lagekoordinaten, die Z-Koordinate ist die Höhenkoordinate.)

Fasst man einzelne Fehlerkomponenten zusammen, so ergibt sich:

1. Mittlerer Fehler der Gesamtlösung:

$$m_G = \sqrt{m_X^2 + m_Y^2 + m_Z^2 + m_t^2} = \sigma(r) \cdot \sqrt{(q_{XX} + q_{YY} + q_{ZZ} + q_{tt})}$$
$$= \sigma(r) \cdot GDOP. \tag{3.63}$$

2. Mittlerer Positionsfehler:

$$m_P = \sqrt{m_X^2 + m_Y^2 + m_Z^2} = \sigma(r) \cdot \sqrt{(q_{XX} + q_{YY} + q_{ZZ})}$$
$$= \sigma(r) \cdot PDOP. \tag{3.64}$$

3. Mittlerer Lagefehler (Horizontalfehler):

$$m_H = \sqrt{m_X^2 + m_Y^2} = \sigma(r) \cdot \sqrt{(q_{XX} + q_{YY})}$$
$$= \sigma(r) \cdot HDOP. \tag{3.65}$$

4. Mittlerer Höhenfehler (Vertikalfehler):

$$m_V = m_z = \sigma(r) \cdot \sqrt{q_{ZZ}} = \sigma(r) \cdot VDOP. \tag{3.66}$$

5. Mittlerer Fehler der Zeitbestimmung:

$$m_t = \sigma(r) \cdot \sqrt{(q_{tt})} = \sigma(r) \cdot TDOP. \tag{3.67}$$

In die Gleichungen 3.63 bis 3.67 sind die sogenannten „DOP-Faktoren" eingeführt und durch die Gleichungen definiert worden. Die entsprechenden Kürzel stehen für

GDOP: Geometrical Dilution of Precision,
PDOP: Position Dilution of Precision,
HDOP: Horizontal Dilution of Precision,
VDOP: Vertical Dilution of Precision,
TDOP: Time Dilution of Precision.

Wie aus Gleichung 3.16 abzulesen ist (s. dazu auch die Gleichungen 3.11 und 3.12), sind die Koeffizienten der Gleichung 3.60 allein von der Empfänger-Satelliten-Geometrie abhängig. Damit sind auch die verschiedenen DOP-Faktoren lediglich abhängig von der Empfänger-Satelliten-Geometrie. Sie sind so ein einfach zu handhabendes Hilfsmittel, um die Qualität einer PSR-Positionslösung zu beschreiben. Je kleiner die DOP-Faktoren sind, desto besser ist die Lösung (in wörtlicher Übersetzung bedeutet „Dilution of Precision": Verschmutzung der Genauigkeit). Die DOP-Faktoren sind in erster Linie ein Mittel dafür, bei mehr als vier gleichzeitig im Beobachtungsort verfügbaren Satelliten die jeweils geometrisch günstigste Satellitenkonstellation zu errechnen. Zur Beurteilung der tatsächlich erreichten Genauigkeit sind die DOP-Faktoren nur bedingt geeignet, da sie die Genauigkeit der Codephase nicht berücksichtigen, denn die Codephasen sind, insbesondere bei eingeschaltetem SA, unterschiedlich genau. Sie sind aber gut geeignet, bei näherungsweise bekannten Koordinaten für Beobachter und Satelliten die zu erwartende Qualität der Lösung zu berechnen bzw. bei mehr als vier Satelliten die geometrisch günstigsten vier Satelliten zu bestimmen.

Man kann zeigen, dass sich die DOP-Faktoren umgekehrt proportional zum Volumen eines Körpers verhalten, der wie folgt definiert ist:

P ist Standpunkt des Beobachters und Mittelpunkt einer Einheitskugel. Die Verbindungsgeraden von P zu den Satelliten durchstoßen die Einheitskugel in den Punkten P1, P2, P3, P4. Die Punkte P, P1, P2, P3 und P4 bilden den genannten Körper.

Das Volumen dieses Körpers wird zum Maximum und damit DOP zum Minimum, wenn ein Satellit im Zenit des Beobachters steht, die anderen drei im Azimut um 120° voneinander getrennt sind und so tief wie möglich über dem Horizont stehen (Spilker 1980). Es ist allerdings zu beachten, dass dies eine rein geometrische Betrachtung ist. Wegen Unsicherheiten bei der Erfassung der Refraktionsverhältnisse sind niedrige Stellungen der Satelliten über dem Horizont eher unerwünscht.

PDOP-Werte in der Größenordnung von drei und kleiner können bei den GNSS fast immer erreicht werden. Dies führt mit den Werten aus Tabelle 3.4 und Gleichung 3.64 zu Positionsgenauigkeiten von deutlich unter 10 m.

3.7.3.2 Genauigkeit bei differenzieller Behandlung der Pseudostrecken

In Abschnitt 3.10.3 wurden die Grundzüge dieses Verfahrens dargestellt. Welche Ortungsgenauigkeit dabei erreicht wird, hängt sehr stark von dem angewandtem Verfahren und von der Qualität der Software ab.

Unter den heutigen Bedingungen sind Genauigkeiten im Submeterbereich problemlos zu erreichen.

3.7.4 Genauigkeit der Auswertung der Trägerphasen

3.7.4.1 Genauigkeit bei differenzieller Behandlung

Anders als noch vor wenigen Jahren sind die kinematischen Messverfahren bei differenzieller Auswertung der Trägerphasen in Echtzeit die für geodätische Anwendungen wichtigsten Verfahren. Hinsichtlich der Genauigkeit muss zwischen kontinuierlich-kinematischer und STOP- und GO-Beobachtung unterschieden werden. Bei der kontinuierlich-kinematischen Beobachtung steht für die Berechnung der Empfängerposition nur ein Datensatz zur Verfügung. Bei der STOP- und GO-Beobachtung werden in der Zeit, in der der Empfänger in Ruhe ist, mehrere Datensätze zur Koordinatenbestimmung eines Punkts gesammelt.

Folgende generelle Aussagen lassen sich der Literatur entnehmen:

- Genauigkeit bei kontinuierlich kinematischer Beobachtung:
  1 – 2 dm (unter günstigen Bedingungen besser).
- Genauigkeit bei STOP- und GO-Beobachtung:
  1 – 2 cm (unter günstigen Bedingungen besser).

Die Bedeutung statischer Messungen mit Auswertung im Postprocessing für die geodätische Praxis ist rückläufig. Derartige Messungen sind erforderlich, wenn Genauigkeiten im Millimeterbereich notwendig sind, z. B. bei geodynamischen Fragestellungen oder der Anlage und Kontrolle von Referenznetzen. Für die Auswertung gibt es sehr unterschiedliche Ansätze. Aus der Sicht des Anwenders sind die Untersuchungen von Ashkenazi & Yau (1986) von Interesse. Die Autoren kommen nämlich zu dem erfreulichen Ergebnis, dass alle möglichen Auswertetechniken, wenn sie nur korrekt angewendet werden, zu dem gleichen Ergebnis führen. Eigene Erfahrungen (Bauer u. a. 1992) weisen in die gleiche Richtung. Unter dieser Prämisse kann man die generelle Aussage machen, dass die Auswertung von GPS-Trägerphasenmessungen in die

Genauigkeitsgrößenordnung
besser als 1 ppm (parts per million = 10^{-6})

führt.

Strecken von 10 km Länge können also in der Genauigkeitsgrößenordnung „cm" und besser bestimmt werden. Dass dies nicht nur im wissenschaftlichen Experiment mit hohem Auswerteaufwand, sondern auch in der Vermessungspraxis möglich ist, zeigen z. B. die Ergebnisse, die das Landesvermessungsamt Hannover seit 1988 routinemäßig bei der Messung in Netzen 3. und 4. Ordnung (Streckenlängen < 10 km) erzielt (Augath 1988).

Nach einer Analyse umfangreichen Beobachtungsmaterials aus unterschiedlichsten GPS-Kampagnen mit unterschiedlichsten Empfängern kommen Beutler u. a. (1987), zu folgender Formel zur Abschätzung der GPS-Genauigkeit bei langfristigen statischen Beobachtungen:

$$\frac{db}{b} = \sqrt{\frac{1}{2b}} \quad \text{mit}$$

db : Genauigkeit einer Basislinie [mm],

b : Streckenlänge der Basislinie [km].

Nach dieser Formel kann also bei einer Baseline-Länge von 10 km mit einer Genauigkeit von 2,2 mm gerechnet werden.

Von den zahlreichen Literaturstellen, die diese sehr generellen Aussagen bestätigen, seien hier als Beispiele genannt: Augath & Seeber (1984), Beutler & Rothacher (1986), Bock u. a. (1984), Gurtner (1986). Im Rahmen einer nicht veröffentlichten Diplomarbeit konnte an der FH Hamburg bei ein- bis zweistündiger Beobachtung unter Verwendung von Standardsoftwarepakten und Broadcast-Ephemeriden Submillimetergenauigkeit erreicht werden.

3.7.4.2 Genauigkeit von PPP-Lösungen

Das wesentliche Merkmal des Precise-Point-Positioning(PPP)-Verfahrens ist die Verwendung undifferenzierter Beobachtungen, also der Beobachtungen von nur einem Empfänger. PPP gibt es erst seit einigen Jahren und seine Entwicklung ist noch nicht abgeschlossen. Genauigkeiten im Bereich weniger Zentimeter bei Initialisierungszeiten von wenigen Sekunden wurden mit PPP-RTK realisiert (Sato u. a. 2012).

4 Verwundbarkeit der GNSS-Signale

4.1 Einleitung

Die globalen Navigationssatellitensysteme (GNSS) haben sich in den letzten Jahrzehnten weltweit zu einer der wichtigsten Technologien zur Bereitstellung von Position und Zeit entwickelt. Dies hängt vor allem damit zusammen, dass die Nutzung von GNSS relativ preiswert und unkompliziert ist – nur die Empfänger müssen bezahlt werden, die Nutzung der Signale ist bis auf wenige Ausnahmen kostenfrei. Diesem positiven Aspekt steht ein negativer Aspekt gegenüber, der erst langsam in das Bewusstsein einer breiteren Öffentlichkeit tritt. Das ist auf der einen Seite die sehr einfache Möglichkeit, GNSS-Signale regional so zu stören, dass deren Auswertung nicht mehr möglich ist, auf der anderen Seite die wesentlich komplizier-tere, aber dennoch machbare Möglichkeit, ein GNSS-gesteuertes Fahrzeug durch Fälschung von GNSS-Signalen von seinem gewollten Pfad abzulenken. Schon im Jahr 2001 hat John A. Volpe in seinem Report „Vulnerability Assessment of the Transportation Infrastructure relying on the Global Positioning System" auf die Verwundbarkeit des GPS hingewiesen.

Der wesentliche Grund für die leichte Verwundbarkeit der GNSS ist, dass GNSS-Signale extrem schwach sind. Ihre Empfangssignalstärke liegt in der Größenordnung von –160 dBW, also 0,000 000 000 000 000 1 Watt.

Diese unvorstellbar kleine Stärke führt dazu, dass Störsignale von wenigen Watt den GNSS-Empfang in großem Abstand vom Störsender empfindlich stören können.

Der Einfluss eines Störsignals auf einen GNSS-Empfänger ist unterschiedlich. In relativ na-her Entfernung vom Störer sind die Empfänger nicht mehr in der Lage, die Satellitensignale zu verfolgen, und damit nicht mehr in der Lage, eine Positionsinformation zu liefern. Mit größer werdendem Abstand können die Empfänger zwar noch eine ungenaue Position liefern, aber die Signale nicht akquirieren. In einem noch weiteren Bereich können Störer erkannt werden, ohne dass sie einen signifikanten Einfluss auf die Positionsgenauigkeit haben (s. Abb. 4.1).

Experimentell ermittelte Zahlen für diese Zusammenhänge gibt es kaum, da Feldversuche im Allgemeinen zu nicht tolerablen Störungen führen. In einem dennoch durchgeführten Feld-versuch konnte die britische Behörde *„General Lighthouse Authorities of the United King-dom and Ireland (GLA)"* im April 2008 zeigen, dass aufgrund eines Störsenders mit weniger als 1 mW Sendeleistung auf einem von dem Sender etwa 10 Meilen entfernt fahrendem Test-schiff falsche Positionen und Geschwindigkeiten angezeigt wurden (Williams u. a. 2008).

Kaplan u. a. (2006) kommen in einem theoretischen Modell zu dem Ergebnis, dass ein Stör-signal von 4 Watt den GNSS-Empfang im Umkreis von bis zu über 25 km um den Störsender (abhängig vom Typ des Störsignals und Typ des Satellitensignals) verhindern kann.

Entsprechende Störsender sind leicht zu bauen, leicht zu bedienen und können im Internet sehr leicht erworben werden (s. Abschnitt 4.2.3), wenngleich die Benutzung dieser Geräte verboten ist, kurioserweise aber nicht deren Besitz.

Abb. 4.1:
Einfluss eines Störsenders auf
GNSS-Empfänger

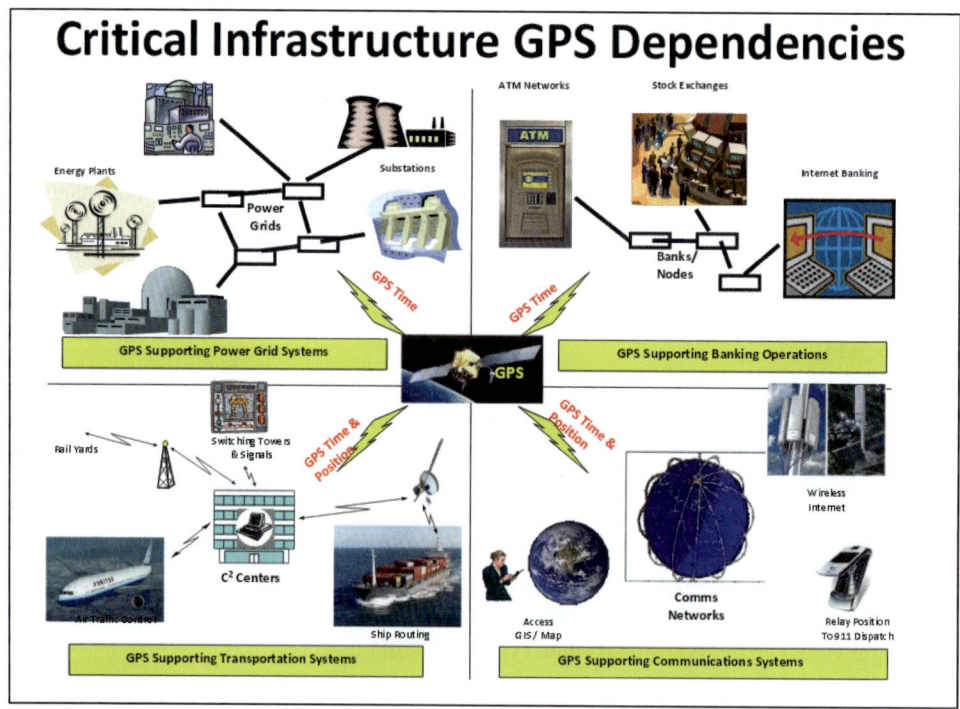

Abb. 4.2: Kritische Infrastrukturen und GNSS (Quelle: Caverly 2011)

Die Gründe für das Verbot von GNSS-Störsendern sind einfach. In vielfacher Weise sind kritische Infrastrukturen mehr und mehr abhängig von den GNSS.

In seiner Präsentation „*GPS Critical Infrastructure – Usage/Loss Impacts/Backups/Mitigation*" im April 2011 zeigte R. James Caverly mit einer eindrucksvollen Grafik die Abhängigkeit der kritischen USA-Infrastrukturen vom GPS, wobei es sehr viel um die Bereitstellung von Zeit ging.

Dass GNSS-Störungen real sind, zeigt u. a. ein Papier der International Civil Aviation Organization (ICAO), in dem berichtet wird, dass im 2. Jahresviertel 2016 der ICAO mehr als fünfzig schwerwiegende GNSS-Störungen berichtet wurden. Das gibt Veranlassung, sich mit der Verwundbarkeit der GNSS auch in diesem Buch zu befassen.

4.2 Mögliche Störungen

Für die Störung von GNSS-Signalen gibt es unterschiedliche Ursachen. In den meisten Fällen sind Interferenzen die Ursache.

Interferenzen sind Überlagerungserscheinungen, die dann auftreten, wenn zwei oder mehr Wellenzüge dasselbe Raumgebiet durchlaufen (vgl. Brockhaus 1970). Diese Definition gilt auch für die von den GNSS ausgestrahlten elektromagnetischen Wellen. Interferenzen – also die Überlagerung der ungestörten GNSS-Signale durch fremde Signale, aber im Falle von Multipath auch durch Überlagerung der eigenen Signale, sind die bei weitem häufigste Ursache für Störungen der GNSS.

Eine Systematik für GNSS-Störungen durch Interferenzen wurde auf dem Seventh Meeting of the International Committee on GNSS (ICG-7) gegeben (Zhouyi u. a. 2015).

Tabelle 4.1: GNSS-Interferenzen

GNSS-Interferenzen	Natürliche Interferenzen	Sonneneruptionen
		Solarzyklusveränderungen
	Funk Interferenzen	Unbeabsichtigte (akzeptierte) Interferenzen
		Beabsichtigte Interferenzen

Neben den Störungen durch Interferenzen kann GNSS auch noch durch Signalfälschungen beeinflusst werden. Dabei muss unterschieden werden zwischen

- Spoofing (Serviceübernahme, Täuschung),
- Meaconing (Fehlleitung).

Schließlich muss man auch noch mit gelegentlichen Systemausfällen rechnen, wenn dies bisher auch nur sehr selten vorgekommen ist.

4.2.1 Störungen durch natürliche Interferenzen

Sonneneruptionen
In einem Rhythmus von etwa elf Jahren verändert sich auf der Sonne die Anzahl der Sonnenflecken und damit die Sonnenstrahlenintensität. Der derzeitige Sonnenzyklus begann im Jahr 2008 und erreichte sein Maximum im Jahr 2013 (s. Abb. 4.3).

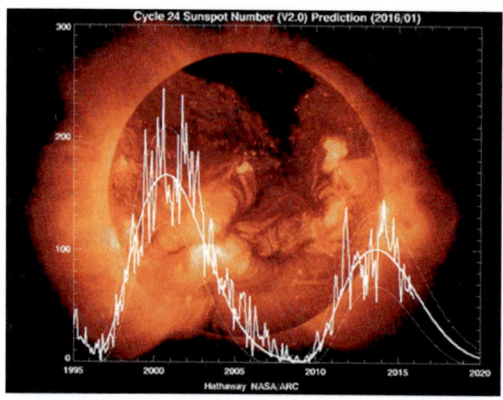

Abb. 4.3:
Sonnenzyklus
(Quelle: NASA)

Die Sonneneruptionen verursachen zum einen kurzperiodische Schwankungen des ionosphä-rischen Laufzeitfehlers (Phasen-Szintillationen) und zum anderen Fluktuationen der Signal-stärke (Amplituden-Szintillationen). Die Veränderungen des Laufzeitverhaltens elektromag-netischer Signale können dabei so heftig sein, dass Satellitenempfänger GNSS-Signale nicht mehr verarbeiten können.

Über entsprechende Effekte aus dem Jahr 2011 berichtete Orpen (2011) auf der European Navigation Conference. Im September 2011 kam es in Norwegen (Oslo) zu Unterbrechungen der GPS-Ortung auf den Frequenzen L1 und L2.

4.2.2 Störungen durch unbeabsichtigte Funkinterferenzen

Die GNSS stehen bezüglich der Nutzung von Frequenzen in Konkurrenz zu anderen Syste-men. Dies gilt insbesondere für GNSS-Signale, die im Aeronautical-Radio-Navigation-Ser-vice(ARNS)-Band ausgestrahlt werden. Betroffen sind die GPS-L5 und Galileo-E5-Signale. Sie liegen in dem Frequenzbereich, der auch durch DME (Distance Measuring Equipment) und TACAN (Tactical Air Navigation) genutzt wird.

Mithilfe von DME bestimmen Flugzeuge ihre Entfernung zu den entsprechenden Bodensta-tionen. Dazu sendet das Flugzeug Pulse im Frequenzbereich 962 – 1.213 MHz. Mithilfe von TACAN erfährt ein Flugzeug, in welcher Richtung und Entfernung es sich in Bezug zu einer Bodenstation befindet. TACAN sendet im Frequenzbereich vom 960 – 1.215 MHz Pulse.

Damit liegen DME und TACAN im Frequenzbereich der Galileo-E5- und GPS-L5-Signale (s. Abb. 4.4).

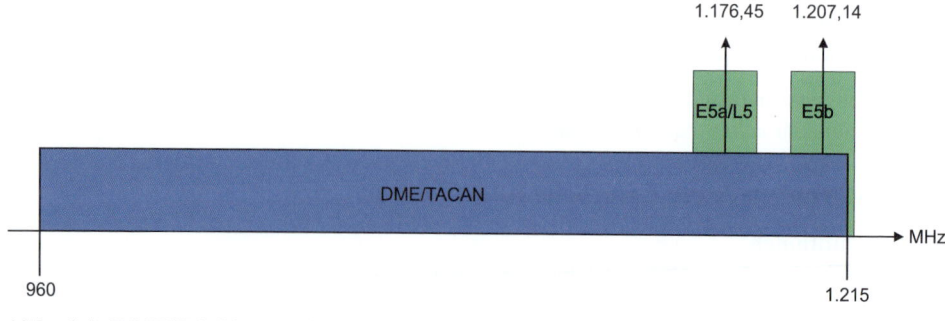

Abb. 4.4: DME/TACAN- und GNSS-Frequenzen

Die relativ starken DME- und TACAN-Signale (Sendeleistung zwischen 50 W und 1.000 W) werden im Bereich von Flughäfen ausgestrahlt. Sie sind geeignet, die Nutzung der genannten GNSS-Signale zu erschweren, auch wenn das bei GPS und Galileo angewandte CDMA-Modulationsverfahren robust gegenüber Interferenzen durch Pulse ist. Tückisch für Flugzeuge ist, dass diese Störungen besonders groß in Flughöhen sind (Yin 2007).

Die Signale Galileo E5 und GPS L5 werden noch relativ selten genutzt. Untersuchungen zu dieser Problematik arbeiten daher bisher häufig noch mit lokal erzeugten L5-/E5-Signalen (z. B. Musumeci u. a. 2014).

Ein anderer Konkurrent bei der Nutzung von GNSS-Frequenzen ist der Amateurfunk. Dem Amateurfunk ist das 23-cm-Band (1.240 – 1.300 MHz) auf sekundärer Basis zugewiesen. Funkamateure haben ihren Sendebetrieb dort so einzurichten, dass die primären Funkdienste nicht gestört werden. Sie müssen ihrerseits Störungen hinnehmen. Innerhalb des 23-cm-Bands liegen das GLONASS-G2-Signal (1.246 MHz) und das Galileo-E6-Signal (1.278,75 MHz), sehr dicht neben dem Band liegt das GPS L1-Signal (1.227,60 MHz).

Anders als Störungen durch DME/TACAN wurden Störungen durch den Amateurfunk immer wieder gemeldet (Butsch 2001, Rügamer 2014). Es kommt zu Unterbrechungen der Code- und Trägerphasenmessungen. Da die GNSS-Signale keinen primären Status benutzen, muss man diese Störungen akzeptieren. Über mögliche Gegenmaßnahem wird weiter unten berichtet.

4.2.3 Störungen durch beabsichtigte Funkinterferenzen

4.2.3.1 Störsender geringer Reichweite (Private Protection Devices (PPD))

Geräte mit der euphemistischen Bezeichnung PPD (Private Protection Device) sind handliche kleine Sender, die in den GNSS-Frequenzbändern Signale senden und so die Auswertung der GNSS-Signale verhindern. In der Fachliteratur werden sie meist „Jammer" genannt. Wenn man in eine Suchmaschine für das Internet „GPS" + „Jammer" eingibt, erhält man zahlreiche Angebote für den Erwerb dieser Geräte.

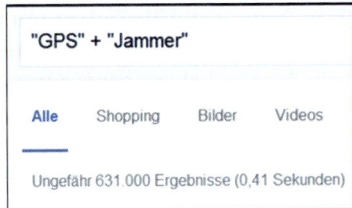

Abb. 4.5:
Jammer-Suche in Google

Die Geräte sind relativ klein und lassen sich im einfachsten Fall an den Zigarettenanzünder eines Kfz anschließen. Es gibt aber auch batteriebetriebene PPDs, die nur das GPS-L1-Signal stören, andere können aber sämtliche von den GNSS beanspruchten Frequenzbänder und darüber hinaus noch die Mobilfunkfrequenzen stören. Die Reichweite der PPDs schwankt zwischen einigen 10 m und nahezu 10 km (s. z. B. Mitch u. a. 2012).

Die Preise für diese Geräte schwanken zwischen Beträgen unter 50 € und über 500 €. In sehr vielen Fällen kommen die Geräte aus China.

Abb. 4.6: Mobile GNSS-Jammer (PPDs) (Quellen: GPS World (links); handyblocker.to (links))

Die Geräte werden zu einer zunehmenden Bedrohung für den GNSS-Einsatze – insbesondere für GNSS-Anwendungen im Straßenverkehr, aber nicht nur dort. Im Juni 2012 wurde der Detector-Bericht veröffentlicht (Sheridan u. a. 2012). Detector ist ein von der Europäischen Kommission unterstütztes Projekt welches das Ziel hatte, ein Verfahren zur **Detec**tion, evaluation and characterisation of threats **to ro**ad applications zu entwickeln. Der Detector-Bericht beschreibt GNSS-Anwendungen im Straßenverkehr, die einen robusten und zuverlässigen GNSS-Dienst benötigen, und identifiziert potentielle Bedrohungen derartiger Dienste durch Störsender und andere Interferenzen. Im Rahmen des Detector-Projekts wurde u. a. an einer französischen Landstraße nach GNSS-Störungen gesucht. Dabei kam heraus, dass täglich acht bis zehn GNSS-Störungen mit signifikanten Auswirkungen auf die GNSS-Funktionen auftraten.

Im April 2014 wurde im Rahmen des Sentinel[58]-Projekts der *„Report on GNSS Vulnerabilities"* veröffentlicht (Curry 2014). Das vom United Kingdom Technology Strategy Board (TSB) geförderte Sentinel-Projekt prüfte die verschiedenen Aspekte der wachsenden Bedrohung von GNSS durch billige, leicht verfügbare GPS-Jammer. Im Sentinel-Projekt wurden an verschiedenen Plätzen Englands fünf bis zehn GNSS-Störungen pro Tag registriert.

PPDs zum vermeintlichen Selbstschutz

Durch die Verwendung der PPDs wird der eigene GNSS-Empfänger mit dem Ziel gestört, die Überwachung des eigenen Standorts zu verhindern. Da die Geräte typischerweise in Kfz im Zusammenhang mit deren Überwachung und damit auch der des Kfz-Fahrers benutzt werden, kann man Verständnis dafür haben. Zulässig ist die Verwendung dieser Geräte aber dennoch nicht. Dies liegt darin begründet, dass entgegen den von Herstellern gemachten Angaben die Geräte nicht nur im eigenen Fahrzeug die Auswertung der GNSS-Signale blockieren, sondern darüber hinaus mehr oder weniger weit vom Jammer entfernte andere GNSS-Empfänger. Das kann dramatische Folgen haben.

Ein Beispiel dafür ist ein Ereignis aus den USA. Gegen Ende des Jahres 2009 traten bei dem bodengestützten GPS-Erweiterungssystem[59] des US-amerikanischen Flughafens Newark Störungen (Ausfälle) auf, für die es zunächst keine Erklärungen gab. Nach monatelangen Recherchen wurde schließlich der Grund für die Störungen gefunden: Der Fahrer eines LKW, der täglich über eine Autobahn in unmittelbarer Nähe des Flughafens fuhr, betrieb einen

---

[58] Sentinel steht für: GNSS **S**ervices **n**eeding **t**rust **i**n **n**avigation, **e**lectronics, **l**ocation and timing.

[59] GBAS: Ground-Based Augmentation System.

GPS-Störsender (PPD) in seinem Fahrzeug und störte damit unbewusst das GBAS. Der Fahrer wurde zu einer empfindlichen Strafe verurteilt. Grabowsky (2012) beschreibt die PPDs, die im Zusammenhang mit der Untersuchung der Newark-Störungen identifiziert wurden.

PPDs in bösartiger Absicht

Mit den gleichen Geräten wie im obigen Abschnitt kann der eigene Empfänger auch in bösartiger Absicht gestört werden. Das Motiv kann sein, eine GNSS-abhängige Erhebung von Gebühren zu sabotieren. Dies gilt z. B. für die LKW-Maut in Deutschland, deren Gebühr bei gestörtem GPS nicht automatisch erhoben werden kann. Weiter gibt es Kfz-Autoversicherungen, bei denen per GNSS der Standort, die Geschwindigkeit und andere Kfz-Parameter ermittelt werden. Diese Angaben werden per Funk an eine Datensammelstelle gesendet und daraus der aktuelle Versicherungstarif berechnet. Schließlich sei erwähnt, dass durch den versteckten Einbau von GNSS-Empfängern in Verbindung mit einem Mobilfunkgerät PKW, LKW, Baumaschinen usw. online überwacht werden können. Bei einem Diebstahl kann durch PPDs – die auch die Telekommunikation verhindern – diese Funktion ausgeschaltet werden.

4.2.3.2 Störsender größerer Reichweite

Die im vorangegangenen Abschnitt beschriebenen Störungen des eigenen Empfängers sind so gut wie immer mit der Störung anderer Empfänger verbunden. Sie werden als Kollateralschäden in Kauf genommen, in vielen Fällen eher unbewusst.

Man kann aber sehr leicht auch eine bewusste Störung anderer GNSS-Empfänger erreichen. Dies hat die britische Behörde „*General Lighthouse Authorities of the United Kingdom and Ireland (GLA)*" im April 2008 in Versuchen demonstriert (Williams u. a. 2008).

Mit einem Störsender mit weniger als 1 Milliwatt Sendeleistung (Abb. 4.7) wurden auf einem von dem Sender etwa 10 Meilen entfernt fahrendem Testschiff falsche Positionen und Geschwindigkeiten angezeigt und der Autopilot änderte seinen Kurs. Alarmmeldungen gab es von dem Navigationssystem nicht.

Abb. 4.7:
Stationärer 1-mWatt-GNSS-Störsender
(Quelle: Williams u. a. 2008)

Die russische Firma AVIACONVERSIA stellte im Jahr 1997 einen 4-Watt-Jammer aus. Die Firma behauptete, dass mit dem 12 kg schwerem Gerät in bis zu 200 km Entfernung GPS und GLONASS gestört werden könnten.

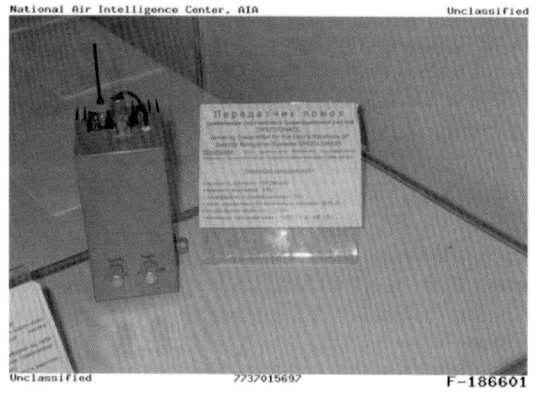

Abb. 4.8:
4 Watt Jammer
(Quelle: QSL.net)

Den Beweis dafür, dass großräumige Störungen realisiert werden können, hat Nordkorea geliefert (Seo 2013). Die in den Jahren 2010, 2011 und 2012 durch Nordkorea verursachten Störungen sind in Tabelle 4.2 dokumentiert.

Tabelle 4.2: GNSS-Störungen 2010 – 2012 in Südkorea, die durch Nordkorea verursacht wurden

Jahr	Datum	Gestörte Objekte		
		Sendemasten	**Flugzeuge**	**Schiffe**
2010	23. – 26. August	181	15	1
2011	3. – 14. Mai	145	106	10
2012	28. April – 13. Mai	–	1.016	254

Im April 2016 hat Südkorea im UNO-Sicherheitsrat über weitere großräumige GNSS-Störungen durch Nordkorea berichtet (vgl. http://www.reuters.com/article/us-northkorea-southkorea-gps-idUSKCN0X81SN).

Bei einem „Inside GNSS"-Webinar im Februar 2012 führte Logan Scott (LS Consulting) aus, dass mit einer Sendeleistung von 10 Watt GNSS-Signale in bis zu 180 Meilen Entfernung gestört werden können (vgl. http://www.insidegnss.com/pdf/InsideGNSS_Webinar_082212_web.pdf).

Diese sehr pauschalen Angaben in dem vorangegangenen Abschnitt sollen lediglich deutlich machen, dass mit geringem technischen Aufwand GNSS-Signale auch großräumig gestört werden können; siehe auch den Bericht von 2016 über russische Störsender (https://sputnik news.com/russia/201608251044633778-russia-jammer-electronics/).

4.2.4 Störung unter Verwendung ge- bzw. verfälschter Signale

Der Einsatz von Störsendern der oben beschriebenen Art ist technisch wenig anspruchsvoll. Wesentlich schwieriger ist es, GNSS-Empfänger durch gefälschte Signale in die Irre zu führen. Dazu gibt es zwei Varianten:

- Spoofing,
- Meaconing.

4.2.4.1 Spoofing

Das englische Verb „to spoof" bedeutet „schwindeln", „täuschen". Beim Spoofing werden Signale auf GNSS-Frequenzen ausgesendet. Die Signale haben die gleiche Struktur wie Original-GNSS-Signale. Das bedeutet, die Codes sind Original-GNSS-Codes, die Navigationsnachrichten haben die gleiche Struktur wie die Originalnachrichten. Lediglich die Inhalte der Navigationsnachrichten sind gefälscht. Wenn ein Empfänger diese Signale verarbeitet, kommt es zu Navigationslösungen, die mit dem tatsächlichen Empfängerstandorten nicht übereinstimmen. Man kann auf diese Weise ein mit Autopilot navigierendes Fahrzeug an die Stelle führen, an der man das Fahrzeug gerne hätte. Die Umsetzung dieses Konzepts ist technisch anspruchsvoll, aber möglich (Humphreys u. a. 2008, Kerns u. a. 2014).

Professor Todd Humphreys von der Universität Texas at Austin hat im Juni 2012 mit seinem Team Spoofing realisiert. Es gelang, einen unbemannten Modellhubschrauber von außerhalb zu kontrollieren (http://www.engr.utexas.edu/features/humphreysspoofing). Im August 2013 gelang es dem gleichen Team, im Mittelmeer eine 65 Meter lange Yacht unter ihre Kontrolle zu bringen (http://www.gizmag.com/gps-spoofing-yacht-control/28644/).

Im Dezember 2011 zwang das iranische Militär eine unbemannte US-amerikanische Aufklärungsdrohne zur Landung auf einem iranischen Flugplatz. Es gibt keine zuverlässigen Informationen darüber, wie dies gelingen konnte. Meist aber wird von einem Fall von Spoofing ausgegangen (s. dazu https://en.wikipedia.org/wiki/Iran%E2%80%93U.S._RQ-170_inci dent mit zahlreichen Quellen).

4.2.4.2 Meaconing

Das Kunstwort „Meaconing" ist aus der Zusammenfügung der beiden Wörter „mislead" und „beacon" entstanden. In dem im Internet verfügbaren Dokument „*08 February 2012 Electronic WarfareJoint Publication 3-13.1*" wird Meaconing wie folgt definiert:

> *Meaconing besteht daraus, Signale von Funkfeuern zu empfangen und sie auf gleicher Frequenz wieder auszusenden, um die Navigation durcheinanderzubringen.*

Im Gegensatz zu Spoofing ist Meaconing relativ einfach. Das Verfahren ist nicht auf GNSS beschränkt. Es wurde schon im Zweiten Weltkrieg angewandt (http://fly.historicwings.com/2013/07/meacon-and-the-dawn-of-electronic-warfare/).

Bei dem GNSS-Meaconing werden Original-GNSS-Signale von einem Empfänger aufgezeichnet und zeitversetzt so ausgesendet, dass sie von dem zu täuschenden Empfänger als Original-Signale verarbeitet werden. Um dies zu erreichen, werden die zeitversetzten Signale mit einer im Vergleich zu den Originalsignalen höheren Energie ausgestrahlt. So wird erreicht, dass der Empfänger die zeitversetzten Signale auswertet. Da die GNSS auf der Messung der Zeitdifferenz zwischen dem Zeitpunkt der Aussendung der Satellitensignale und deren Ankunft beim Empfänger beruhen – auf der Messung von Pseudostrecken – führt die Auswertung der zeitversetzten Signale zu falschen Positionen.

Es hat Fälle von unbeabsichtigtem Meaconing durch in Flugzeughallen benutzte GNSS-Repeater gegeben (vgl. http://elib.dlr.de/93975/). Die Repeater-Signale erreichten unbeabsichtigt startende Flugzeuge und lösten in dem Bodenannäherungs-Warnsystem der Flugzeuge Alarm aus.

Ende 2016 berichtete die Süddeutsche Zeitung davon, dass auf dem Roten Platz in Moskau die in Mobiltelefone eingebauten GNSS-Empfänger einen um rd. 30 km falschen Standort anzeigten. Die Ursache dafür konnte nicht geklärt werden. Vieles spricht dafür, dass es sich um einen Fall von Meaconing handelte. Die Absicht könnte gewesen sein, die automatische Steuerung von Drohnen über dem Kreml unbrauchbar zu machen.

4.2.5 Störung durch Systemausfall

Auch ein Systemausfall kann nicht ausgeschlossen werden, wie die folgenden Beispiele zeigen.

Am 1. April 2014 sendeten alle GLONASS-Satelliten falsche Navigationsdaten. Dies führte zu Koordinatenfehlern von bis zu ±200 km in allen X-, Y-, Z-Koordinaten des ECEF-Koordinatensystems. Das Problem bestand bis zu zehn Stunden.

Am 26. Januar 2016 stellte GPS mehr als fünf Stunden eine um 13 Mikrosekunden falsche Zeit zur Verfügung. Die Ortungsfähigkeit war nicht beeinträchtigt (http://www.insidegnss. com/node/4831). Der Fehler führte zwar zu zahlreichen „Alarmen", etwas Schlimmes wurde aber nicht berichtet.

4.3 Nachrichtentechnische Klassifikation der störenden Interferenzen

4.3.1 Klassifikation nach Frequenzbändern

In-Band-Interferenzen

Die überwiegende Anzahl von GNSS-Störsignalen tritt in den Frequenzbereichen auf, in denen auch die GNSS-Signale selbst ausgestrahlt werden. Sie tragen die Bezeichnung *In-Band-Signale*.

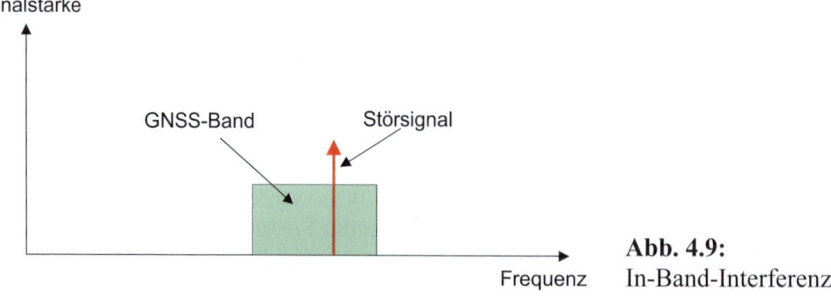

Abb. 4.9:
In-Band-Interferenz

Near-Band(Nachbarband)-Interferenzen

Derartige Störsignale werden von Einrichtungen erzeugt, deren Frequenz sehr nahe bei einer GNSS-Frequenz liegt. Ein prominentes Beispiel dafür ist die LightSquared-Story. Die US-amerikanische Firma LightSquared (heute: Ligado Network) beabsichtigte, im Bereich von 1.525 – 1.559 MHz einen terrestrischen Funkdienst einzurichten. Dieser liegt 16 MHz neben der von allen GNSS benutzten Frequenz im L-Band (1.575,42 MHz). Dieses Projekt führte in den USA zu einer heftigen Debatte darüber, ob dies ohne GNSS-Störungen möglich sei (http://www.gps.gov/spectrum/lightsquared/).

Out-of-Band-Interferenzen

Auch Signale, deren Frequenz nicht unmittelbar im Bereich eines GNSS-Frequenzbands liegt, können Störungen verursachen. Diese *Out-of-Band*-Störsignale werden typischerweise durch die ganzzahligen Vielfachen von Frequenzen eines unterhalb eines GNSS-Bands liegenden Signals erzeugt (harmonische Frequenz).

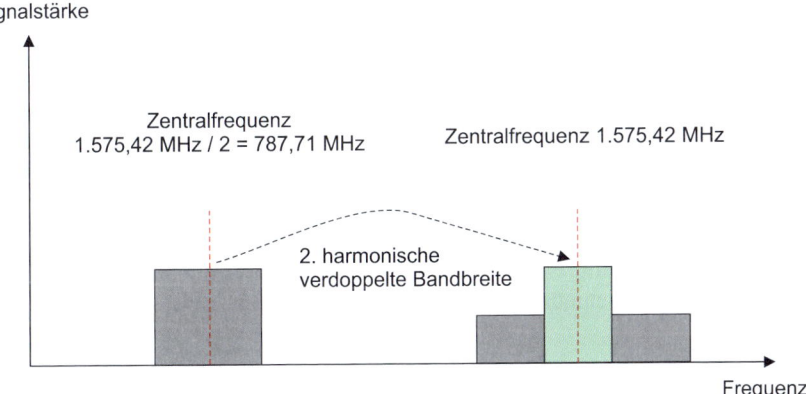

Abb. 4.10: Out-of-Band-Interferenz

Das kann ein DVBT-Signal (Digital Video Broadcasting – Terrestrial), ein DAB-Signal (Digital Audio Broadcasting)[60] sein. In Deutschland wird mit der Mittenfrequenz 786 MHz und der Bandbreite 8 KHz eine DVBT-Signal ausgesendet. Die 2. Harmonische dieser Frequenz (786 · 2 MHz = 1.572 MHz) liegt im Frequenzband des GPS-L1-Signals und ist damit geeignet, es zu stören. Im Allgemeinen sind die so verursachten Störungen moderat und nur in wenigen hundert Metern Entfernung von den Sendemasten nachweisbar (Motella 2008).

4.3.2 Klassifikation nach Signaltypen

Bei einer Klassifikation nach Signaltypen wird im Allgemeinen folgende Unterscheidung vorgenommen:

Wide Band Signal (Breitbandsignal)
  Das Signal hat eine Bandbreite ähnlich der Bandbreite des GNSS-Signals – also zwischen 20 MHz und 50 MHz.

---

[60] Siehe http://www.saschateichmann.de/tvfreqs.html zu DVBT-Frequenzen für Deutschland.

Narrow Band Signal (Schmalbandsignal)
Die Bandbreite ist deutlich kleiner als die Bandbreite der GNSS-Signale (ein paar MHz).

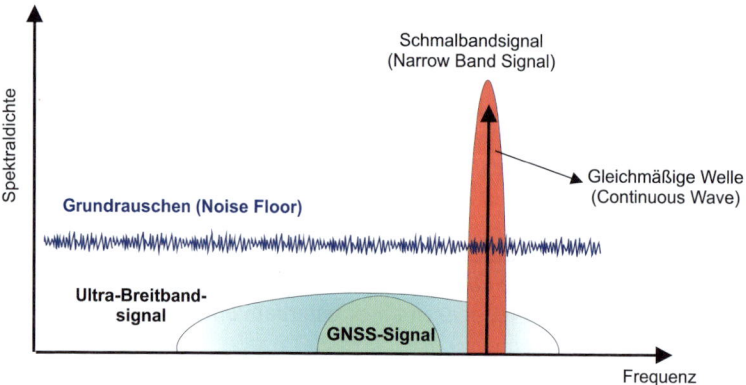

Nach: Interference Mitigation in the E5a Galileo Band Using an Open-Source Simulator

Abb. 4.11: Verschiedene Interferenztypen (nach Alonso u.a. 2016)

Continuous Wave Signal (CW) (gleichmäßige Welle)
Das Signal ist eine reine Sinusschwingung mit gleichbleibender Frequenz und Amplitude, die nur eine Frequenz in Anspruch nimmt. Die Bandbreite geht also gegen Null.

Gepulste Signale (s. Abb. 4.12)
Ein gepulstes Signal wird mit einer bestimmten Frequenz ein- und ausgeschaltet. Die Bandbreite kann sehr unterschiedlich sein. DME- und TACAN-Signale sind gepulste Signale (s. Abschnitt 4.2.2).

Swept (chirped)[61] Signale (s. Abb. 4.13 und Abb. 4.14)
Die Signale verändern kontinuierlich in einem bestimmten Intervall ihre Frequenz. Dieses Intervall definiert die Bandbreite des Signals. Dieser Signaltyp wird überwiegend in PPDs verwendet.

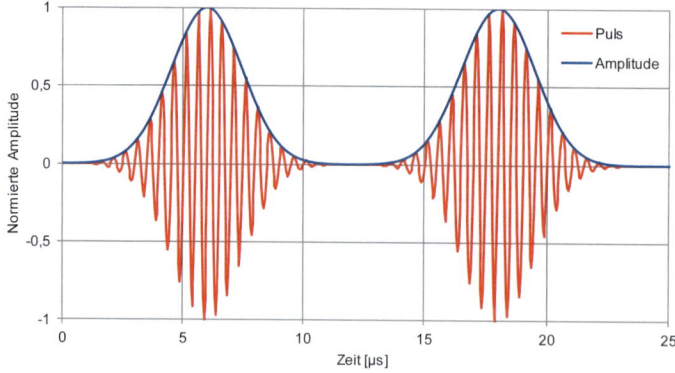

Abb. 4.12: TACAN-Puls-Paar (Abstand zwischen zwei Puls-Paaren: mindestens 60 μs)

---

[61] To chirp: zwitschern, to sweep: schweifen.

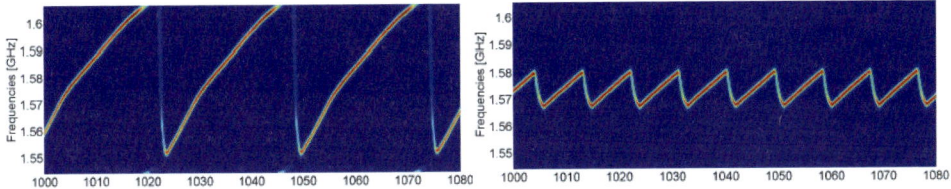

Abb. 4.13: Chirp-Signale (aus Mitch u. a. 2011)

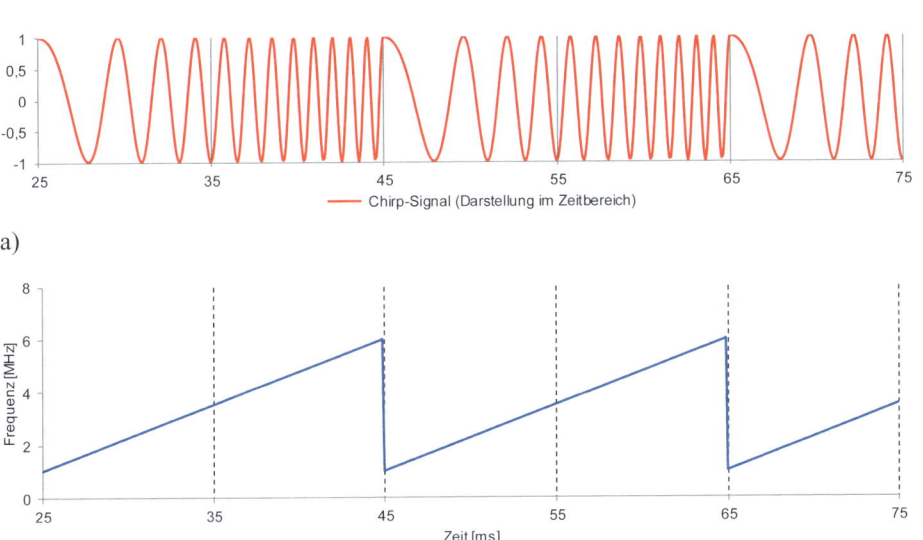

Abb. 4.14: Darstellung eines Chirp-Signals: a) Frequenzvariation, b) Sägezahnfunktion zur Frequenzvariation

4.4 Strategien zur Erkennung und Bekämpfung von Störungen

4.4.1 Erkennung

Das vorrangige Ziel bei der Behandlung von GNSS-Störungen ist deren Erkennung. Wenn die Störung erkannt ist, kann versucht werden, den Einfluss des Störsignals auf die Empfängerlösung so weit wie möglich zu reduzieren, eventuell den Störer zu lokalisieren. Störsignalerkennung und Minderung der Störung durch ein Störsignal können in unterschiedlicher Weise erreicht werden. Sie sind in den verschiedenen Bereichen des Empfängers angesiedelt.

Damit dies verstanden werden kann, sei an den in Abschnitt 3.3.1 beschriebenen prinzipiellen Aufbau eines modernen GNSS-Empfängers mit seinen wesentlichen Bauteilen erinnert: Antenne, Front-End, Basisbandprozessor, Anwendungsrechner (s. Abb. 3.3).

Mögliche Störungen können im Front-End (vor der Korrelation) oder im Basisbandprozessor (nach der Korrelation) analysiert werden.

4.4.1.1 Front-End-Auswertungen (Präkorrelation)

Im Front-End geschieht Folgendes:

1. Das hochfrequente Satellitensignal wird auf eine deutlich niedrige Zwischenfrequenz (ZF) herabgesetzt.
2. Das analoge Signal wird mithilfe eines Analog-digital-Wandlers (*Analog-Digital Converter (ADC)*) in ein digitales Signal umgewandelt und zum Basisbandprozessor[62] weitergeleitet.

Für dieses Stadium der Signalauswertung – vor der Korrelation, Präkorrelation – ergeben sich zwei Möglichkeiten zur Suche nach Interferenzen:

- Suche während der Digitalisierung,
- Suche nach der Digitalisierung.

Suche während der Digitalisierung

Überwachung der Signalstärken

Zum besseren Verständnis sei daran erinnert, dass ungestörte GNSS-Signale schwächer als das Grundrauschen (Noise Floor[63]) des Empfängers sind, das Satellitensignal ist quasi „versteckt" im Noise Floor (s. Abb. 4.15).

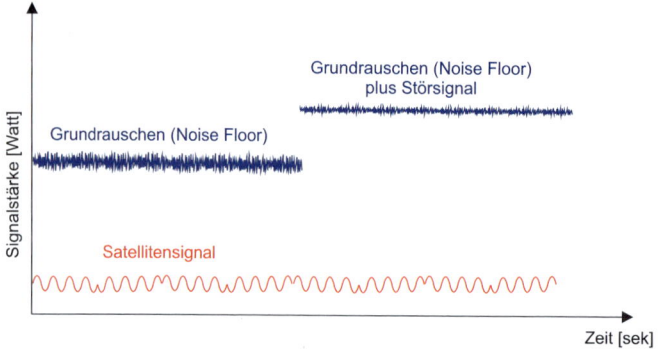

Abb. 4.15: Noise Floor und Satellitensignal/der Einfluss eines Störsignals

Die den Empfänger erreichenden ungestörten Satellitensignale sind also so gering, dass sie vom Rauschen des Empfängers nicht zu unterscheiden sind. Damit sind Signale über diesem Leistungspegel ein Indiz für eine Störung. Die Überwachung der Signalstärken kann mit einen Power Law Detector durchgeführt werden (Lehtomäki 2005, Jafarinia-Jahromi u. a. 2016). Die in Stufen gemessenen Signalstärken werden mit einem Grenzwert verglichen, bei dessen Überschreitung von einer Signalstörung ausgegangen werden kann. Das Verfahren ist besonders geeignet, Störsignale, die über ein konstantes Leistungsdichtespektrum mit einer Gauß'schen Normalverteilung (weißes Gauß-Signal) verfügen, aufzudecken.

---

[62] Im Basisbandprozessor werden die Pseudostrecken geschätzt.

[63] Der Noise Floor ergibt sich aus der Summierung aller unerwünschten, aber unvermeidlich verrauschter Signale des Empfängers.

Automatic-Gain-Control(AGC)-Monitoring
Die Umwandlung der Zwischenfrequenz-Analogsignale in Digitalsignale übernimmt der Analog-digital-Wandler (*Analog-Digital Converter (ADC)* (s. Abschnitt 2.7.8.3).

Bei ungestörten GNSS-Signalen sind die Signalstärkeschwankungen der GNSS-Signale gering. Ist den Satellitensignalen jedoch ein starkes Störsignal übergelagert, führt dies zu einer signifikanten Erhöhung des Signalpegels. Dies bedingt, dass diese Signale vor der Analog-digital-Wandlung weniger verstärkt werden als die ungestörten Signale.

Plötzliche und ungewöhnliche Absenkungen der Signalverstärkungen durch den automatischen Verstärkungsregler sind also ein Hinweis auf eine Signalstörung (s. Abb. 4.16).

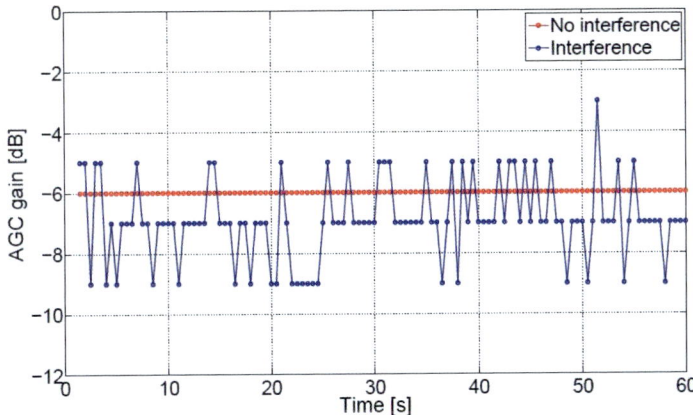

Abb. 4.16: Veränderung der Signalverstärkung durch AGC (Quelle: Musumeci 2014)

Suche nach der Digitalisierung

Suche durch Analyse der Analog-digital-Wandlung
Eine andere Möglichkeit *zur Entdeckung* von Signalstörungen im Front-End ergibt sich aus

- den unterschiedlichen statistischen Eigenschaften eines ungestörten und eines gestörten Empfangssignals,
- den Eigenschaften des Analog-Digitalwandlers.

Wie schon erwähnt, sind die ungestörten GNSS-Signale schwächer als das Grundrauschen (Noise Floor) des Empfängers.

Das Grundrauschen hat weitestgehend die statistischen Eigenschaften eines additiven weißen gaußschen Rauschens, kurz AWGR oder AWGN (engl. Additive White Gaussian Noise). Das heißt, die Häufigkeit der auftretenden Signalamplituden unterliegt einer Gauß'schen Normalverteilung. Die Digitalisierung ändert dies nicht. Damit unterliegen die Amplituden der ungestörten digitalisierten Signale einer Normalverteilung. Eine Möglichkeit, gestörte GNSS-Signale aufzuspüren, besteht darin, ein Histogramm der digitalisierten Signalamplituden zu erstellen und zu testen, ob das Histogramm eine Normalverteilung widerspiegelt.

Welches Histogramm abgeleitet werden kann, ist abhängig von den Eigenschaften des ADC, insbesondere davon, wie viele Quantisierungsstufen der ADC zur Verfügung stellt, in andern Worten: wie groß die Auflösung des ADC ist (s. Abschnitt 2.7.8.3).

Bei einem 2-Bit-ADC ergeben sich vier Quantisierungsstufen. Die digitalisierten Signale können also je nach Quantisierungsstufe einem von vier Bins[64] (Behältern) zugeordnet werden. Dann kann bestimmt werden, in welcher Häufigkeit in jedem Bin Signale auftreten und daraus ein Histogramm berechnet werden. Im Fall eines 2-Bit-ADC besteht das Histogramm aus vier Häufigkeitsklassen.

Bei ungestörtem Analogsignal eines GNSS ergeben sich wegen dessen Eigenschaften normalverteilte Häufigkeiten, bei einem Störsignal sind die Signalamplituden im Allgemeinen nicht normalverteilt. Damit ist ein Histogramm der Amplituden der digitalisierten Signale also auch nicht normalverteilt (s. dazu Abb. 4.17). Dies kann ein Hinweis auf eine Signalstörung sein. Dieses Verfahren ist besonders geeignet zur Erkennung von Störungen durch Continuous-Wave-Signalen, da bei diesen Signalen die Häufigkeit von Amplituden in der Nähe der Maxima/Minima deutlich größer ist als in der Nähe der Nullstellen. Dies zeigt sich auch in der die Wahrscheinlichkeitsdichtefunktion eines Sinussignals (s. Abb. 4.18).

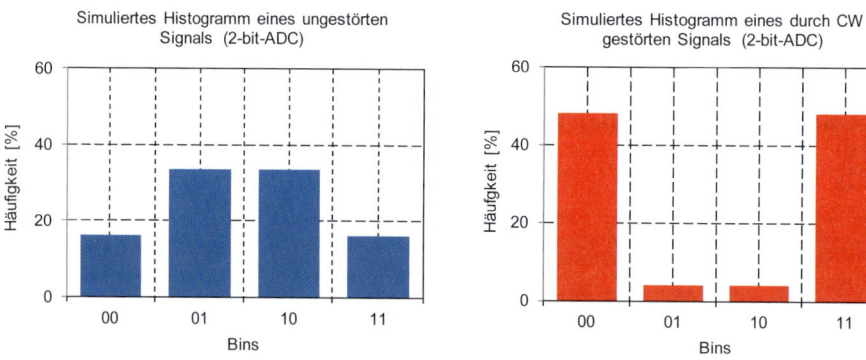

Abb. 4.17: Der Einfluss eines Störsignals auf ein ADC-Amplitudenhistogramm (aus: PHD 2013, Abdizadeh)

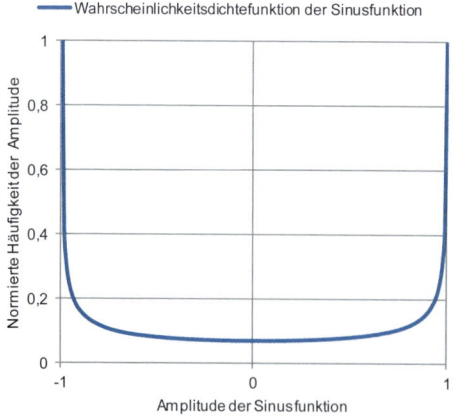

Abb. 4.18:
Wahrscheinlichkeitsdichtefunktion eines Sinussignals

---

[64] Bin ist eine Abkürzung von „Binning", was im Englischen für Klasseneinteilung steht.

Abbildung 4.19 zeigt die sich bei ungestörtem GNSS-Signal a) und gestörtem Signal b) er-gebenden Histogramme eines 3-Bit-ADC.

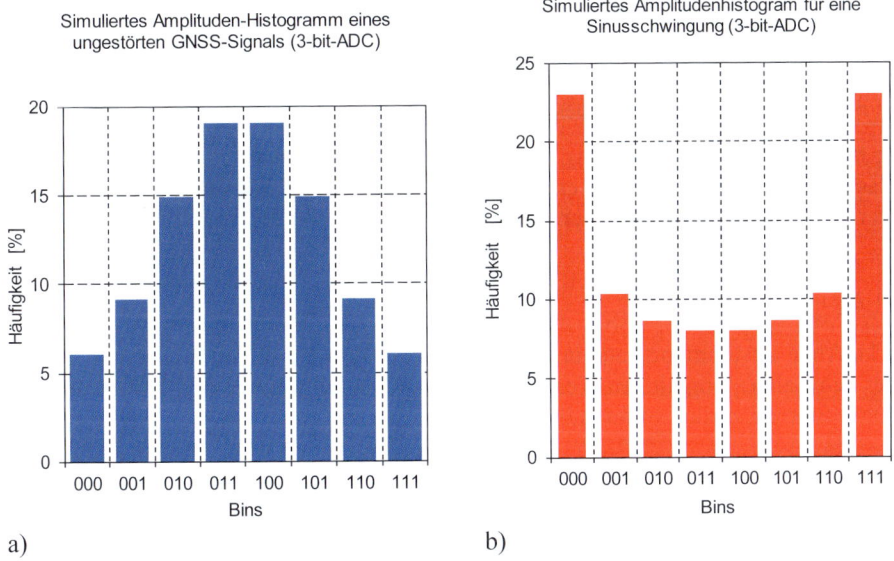

a)   b)

Abb. 4.19: Amplituden-Histogramms eines a) ungestörten und b) gestörten GNSS-Signals (3-Bit-ADC)

Suche durch Spektralanalysen mithilfe einer Fast-Fourier-Transformation (FFT) (s. Diplomarbeit Lotz (2008)
Der Grundgedanke dieser Methode beruht darauf, dass es zu jedem im Zeitbereich darge-stelltem Signal ein charakteristisches Frequenzspektrum gibt. Der Satellitenempfänger regis-triert die Satellitensignale im Zeitbereich – die Signalamplituden – als Funktion der Zeit. Durch mathematische Verfahren – meist durch Fourier-Transformation – kann das Signal in den Frequenzbereich transformiert werden, es kann also abgeleitet werden, aus welchen Ein-zelfrequenzen das Signal besteht. Somit ist es theoretisch möglich, das Frequenzspektrum des empfangenen Satellitensignals zu bestimmen und mit dem erwartetem Frequenzspektrum zu vergleichen. Bei einem gestörten Satellitensignal kann man die Frequenz des Störsignals herausfinden, um danach mit geeigneten Methoden die störenden Signale zu eliminieren oder zumindest abzuschwächen.

Theoretisch muss bei der Transformation vom Zeitbereich in den Frequenzbereich das Zeit-signal über einen unendlichen Zeitraum betrachtet werden. In der Praxis kann jedoch nur eine bestimmte Zeitperiode betrachtet werden. Welche Probleme sich dabei ergeben, beschreibt Moussa 2015.

Eine leicht verständliche Einführung in die Problematik der FFT findet man in dem White Paper vom Mai 2016 der Firma National Instruments mit dem Titel: „Schnelle Fourier-Trans-formation und Fensterung" (http://www.ni.com/white-paper/4844/de/).

4.4.1.2 Auswertungen im Basisbandprozessor (Postkorrelation)

Überwachung (Auswertung) der Signalqualität

Die Parameter SNR (Signal-to-Noise Ratio) und C/N_0 (Carrier-to-Noise Density Ratio), mit denen die Signalqualität beurteilt werden kann, wurden in Abschnitt 2.7.6.3 beschrieben. Diese Parameter können erst im Basisbandprozessor nach Korrelation der empfangenen Satellitensignale mit den lokal erzeugten Signalkopien ermittelt werden, wobei der C/N_0-Wert von den meisten Empfängern bereitgestellt wird.

Wichtig ist in diesem Zusammenhang in erster Linie, dass C/N_0 durch Interferenzen kleiner wird. Nach Ávila Rodríguez (2011) errechnet sich der effektive C/N_0-Wert bei Vorhandensein einer Interferenz I nach folgender Formel:

$$\left(\frac{C}{N_0}\right)_{eff} = \frac{C}{N_0 + I} \quad \text{(nach: Ávila Rodríguez 2011)}$$

Dessen konkrete Bestimmung kann in unterschiedlicher Weise erfolgen (Falleti u. a. 2010), sodass es keine allgemeingültigen Werte dafür geben kann, ab wann ein C/N_0-Wert auf eine signifikante Störung zurückzuführen ist.

Ying u. a. (2012) schlagen daher vor, mit stationären GNSS-Empfängern entsprechende Messungen über einen längeren Zeitraum (ein bis zwei Tage) unter normalen Bedingungen durchzuführen, um C/N_0-Werte für ungestörte Signale zu bekommen. Diese Vorgehensweise ist auch deswegen sinnvoll, da – wie Thompson u. a. (2010) zeigen – die C/N_0-Werte u. a. auch von der Satellitenelevation abhängig sind und sich bei GPS – wegen der speziellen GPS-Umlaufzeiten (1/2 Sternentag) – die C/N_0-Werte von Tag zu Tag wiederholen.

Daher können auf der Grundlage entsprechender Messungen Kriterien dafür erarbeitet werden, wann niedrige C/N_0-Werte auf Störungen hinweisen.

Damit sind C/N_0-Werte prinzipiell vorhersehbar und unerwartete Verringerungen ein Hinweis auf eventuell „bösartige" Interferenzen.

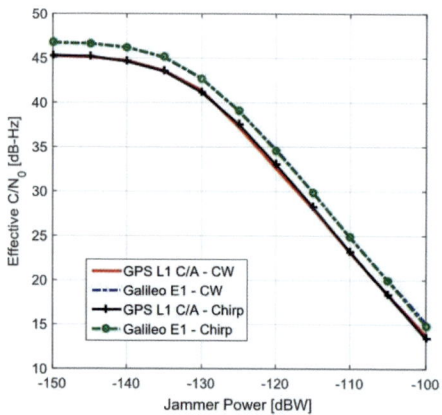

Abb. 4.20: C/N_0 von Galileo- und GPS-Signalen als Funktion der Störsignalstärke (Quelle: Jafarnia-Jahromi u. a. 2015)

Überwachung der Korrelatorwerte bei Multikorrelator-Empfängern

Die Schätzung der GNSS-Pseudostrecken beruht auf der Bildung der Korrelation zwischen dem empfangenen Signal und einer vom Empfänger erzeugten Signalnachbildung, einem Signal, das bis auf die Navigationsdaten dem ausgesandten Satellitensignal entspricht. Zur Durchführung der Korrelation verfügen die meisten Empfänger über drei Korrelatoren (s. Abschnitt 2.7.8.4).

Multi-Korrelator-Empfänger verfügen über sehr viel mehr als drei Korrelatoren. Dies ermöglicht es, die Korrelationswerte des einkommenden Signals mit der pünktlichen Signalnachbildung und diversen verfrühten und verspäteten Signalnachbildungen zu registrieren. Macabiau u. a. (2001) konnten zeigen, dass bei der dabei entstehenden Korrelatorfunktion im Fall einer Überlagerung des GNSS-Signals mit einem CW-Signal davon ausgegangen werden muss, dass das Korrelationssignal von einem sinusoidalen Signal überlagert wird. Abbildung 4.21 zeigt den Zusammenhang.

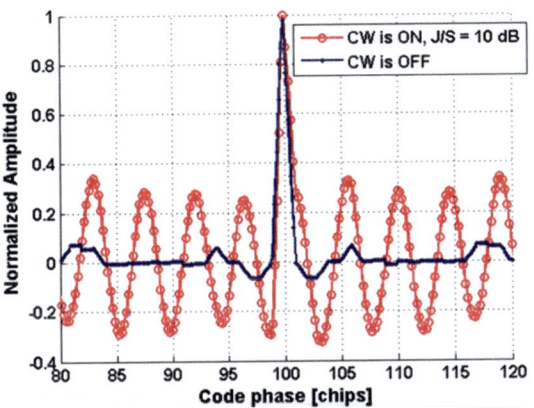

Abb. 4.21: Überlagerung eines Korrelationssignals (Quelle: Krasovski 2015)

Im Fall einer Störung durch ein CW-Signal wird die Korrelatorfunktion von einem deutlich sichtbaren Sinus-Cosinus-Signal überlagert. Die Amplitude des Sinus-Cosinus-Signals ist u. a. abhängig von der Signalstärke des Jammers und von dessen Frequenz.

Man kann das registrierte Korrelator-Signal einer FFT unterziehen und erhält dann bei einer Signalstörung mit geeigneten Verfahren Frequenz, Amplitude und Bandbreite des Jammers.

Abbildung 4.21 ist durch eine MATLAB-Simulation entstanden die folgenden Abbildungen 4.22a und 4.22b durch reale Messungen. Auch hier kann man erkennen, dass die beobachteten Korrelationsfunktionen im Fall von Abbildung 4.22b von sinusoidalen Signalen überlagert sind.

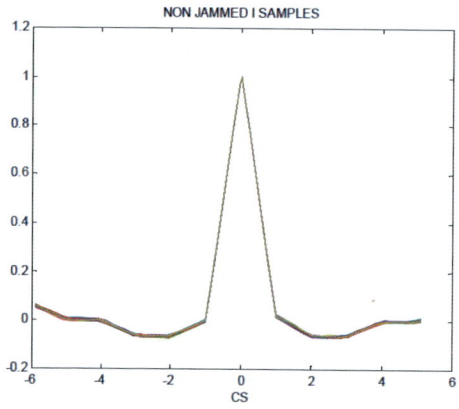
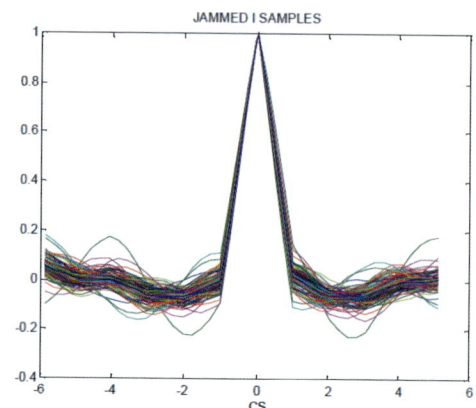

Beobachtete Korrelationsfunktionen in
Abwesenheit eines Jammers

Beobachtete Korrelationsfunktionen bei
Anwesenheit eines Jammers

Abb. 4.22: Beobachtete Korrelationsfunktionen (Quelle: Macabiau u. a. 2001)

Bei den entsprechenden Experimenten wurden 46 Korrelatoren mit einem Abstand von 0,25
Chips eingesetzt. So konnte der Bereich von –5,9 Chips bis +5,1 Chips beobachtet werden,
also ein Bereich von 11 Chips.

Nach Ouzeau u. a. (2008) gilt, je größer der Chip-Ausschnitt ist, der durch die Korrelatoren
erfasst wird, desto sicherer kann ein CW-Jammer identifiziert werden. Eine Anzahl von bis
fast 100 Korrelatoren kann mit den heutigen Mitteln bereitgestellt werden.

4.4.2 Abwehr von GNSS-Störungen

4.4.2.1 Vorhalten eines Parallelsystems (Back-up-System)

Die konzeptionell einfachste Möglichkeit, sich gegen GNSS-Störungen zu schützen, besteht
darin, neben einem GNSS ein weiteres System zu benutzen, dessen Störung so gut wie ausgeschlossen ist. Ein Kandidat dafür ist das terrestrische Ortungssystem eLORAN (Bauer
2014). Der als „Vater des GPS" bezeichnete Brad Parkinson hat sich verschiedentlich öffentlich dafür ausgesprochen, eLORAN als Back-up-System für GPS zu etablieren (s. dazu z. B.
www.gps.gov/governance/advisory/meetings/2015-06/ sowie Parkinson 2014). Seit September 2016 ist in den USA unter dem Stichwort *National Positioning, Navigation, and Timing
Resilience and Security Act of 2016* die Einrichtung von eLORAN Gegenstand parlamenta-
rischer Beratungen. Im Mai 2016 meldete die Zeitschrift GPS-World auf ihrer Internetseite,
dass Südkorea als Reaktion auf wiederholte Störungen der GPS-Navigation durch Nordkorea
eLORAN als Back-up einrichten wird. Bestrebungen Englands, eLORAN als Back-up zu
etablieren, sind dahingegen gescheitert. Ein für England schon weitestgehend aufgebauter
eLORAN-Prototyp (s. Bauer 2014) musste am 30.12.2015 seinen Betrieb einstellen, weil die
für den Betrieb notwendigen LORAN-Stationen in Frankreich und Norwegen abgeschaltet
wurden.

4.4.2.2 Integration von GNSS und INS

Das Kürzel INS steht für Inertialsystem. Die grundlegenden Sensoren des INS sind Beschleunigungsmesser und Drehratensensoren. Die Drehratensensoren messen, mit welchen Geschwindigkeiten sich ein Körper um drei orthogonal zueinanderstehende Achsen dreht. Mithilfe von Inertialsystemen kann bei bekannter Anfangsgeschwindigkeit und bei bekanntem Startort unabhängig von elektromagnetischen Signalen durch Koppelnavigation navigiert werden.

Durch die Integration der Beschleunigungswerte- und drehungen werden die aktuelle Position, Kurs und Geschwindigkeit in Bezug auf die Ausgangsdaten bestimmt (Strang u. a. 2003).

Die wesentlichen Aspekte der INS-Messungen sind:

1. Die Genauigkeit der INS unterliegt einer starken Drift, die Genauigkeit verändert sich also mit zunehmender Zeit. Die Driftrate ist stark abhängig von der Qualität und damit dem Preis des INS.
2. INS haben eine hohe Positionierungsrate.
3. INS sind unverwundbar in Bezug auf elektromagnetische Signale.
4. INS können auch in Gebäuden und Tunneln genutzt werden.

Demgegenüber stehen die wesentlichen GNSS-Merkmale:

1. GNSS haben zeitlich weitestgehend konstant eine hohe Genauigkeit.
2. GNSS sind anfällig gegen störende elektromagnetische Signale.
3. GNSS benötigen Sichtverbindung zu den Satelliten.

Diese komplementären Eigenschaften legen es nahe, GNSS und INSS zu integrieren. Die Integration kann in unterschiedlichen Varianten durchgeführt werden.

Alban u. a. (2003) unterscheiden die Integrationsstufen:

- *Lockere (loose) Integration*
  Die Navigationslösungen (Position, Geschwindigkeit, Kurs) der Einzelsysteme werden gemeinsam ausgewertet. Die Sensoren selbst sind aber vollständig unabhängig voneinander, es erfolgt lediglich eine Aufdatierung des INS durch das GNSS.
- *Enge (tight) Integration*
  Die GNSS-Messgrößen (Pseudostrecken (Code, Phase), Dopplerfrequenzverschiebungen) werden gemeinsam mit den INS-Messgrößen ausgewertet. Es ist möglich, mit weniger als vier Satelliten zu einer Navigationslösung zu kommen (Angrisano 2010).
- *Ultra-enge (ultra-tight) Integration*
  GNSS-Lösungen werden genutzt, um das INS zu kalibrieren, das INS unterstützt die Regelschleifen des GNSS.

Eine detailliertere Übersicht der unterschiedlichen Integrationsstufen findet man u. a. bei Gao u. a. 2016.

Mit zunehmender Integrationsstufe werden integrierte GNSS/INS-Empfänger unempfindlicher gegen elektromagnetische Störsignale, eine vollständige Störtoleranz kann jedoch nicht erreicht werden.

Ein in diesem Zusammenhang positiver Nebeneffekt ist, dass die GNSS/INS-Empfänger genauer als GNSS-Empfänger sind und über die Fähigkeit verfügen, die Bahndaten von Fahrzeugen mit hoher Geschwindigkeit sehr genau zu erfassen.

4.4.2.3 Filtern der Signale

Das Grundkonzept zur Vermeidung von GNSS-Störungen durch Filtern der Signale ist einfach, seine Realisierung aber zum Teil recht anspruchsvoll. Es wird versucht, störende Signale so auszufiltern, dass die Empfänger von diesen Signalen nicht gestört werden können. Der Realisierung dieses Grundprinzips kann man drei Typen zuordnen:

1. Räumliches Filtern,
2. Zeitliches Filtern,
3. Frequenz Filtern.

Räumliches Filtern

Die GNSS-Empfänger sind auf Antennen zum Empfang der Satellitensignale angewiesen. In den meisten Fällen haben diese Antennen eine einmal definierte Empfangscharakteristik, häufig mit sehr geringen Antennengewinnen für niedrig über dem Horizont auftretende Signale. Damit haben sie einen gewissen Schutz gegen Störsignale, da diese häufig von am Boden stehenden Störsendern ausgestrahlt werden. Der generelle Ansatz, störende Interferenzen zu unterdrücken, ist unter dem Stichwort „Nulling-Antennen-System" bekannt. Ein darüber hinausgehender Ansatz ist in Antennen mit schwenkbaren Empfangsbereichen (beamforming Antenna) realisiert. Bei diesem Antennentyp besteht die Möglichkeit die Antennencharakteristik in Echtzeit so zu verändern, dass in Richtung gewünschter Signale hohe Antennengewinne entstehen. Dazu muss statt einer Antenne eine Antennengruppe (antenna array) verwendet werden. In Abschnitt 2.7.9.2 wurden diese Antennentypen beschrieben.

Zeitliches Filtern

In Abschnitt 4.2.2 wurden GNSS-Störungen durch die terrestrischen Ortungssysteme DME und TACAN vorgestellt. Zwar haben die GNSS in den Bereichen, in denen sich die DME-/TACAN- und GNSS-Frequenzen überlappen, den Status eines Primary Service, dennoch muss in diesem Bereich damit gerechnet werden, dass die GNSS durch DME/TACAN gestört werden. Diese Störungen können durch ein Verfahren mit der Bezeichnung „Pulse Blanking" (Pulsausblenden) gemildert werden. Das Grundprinzip zeigt Abbildung 4.23.

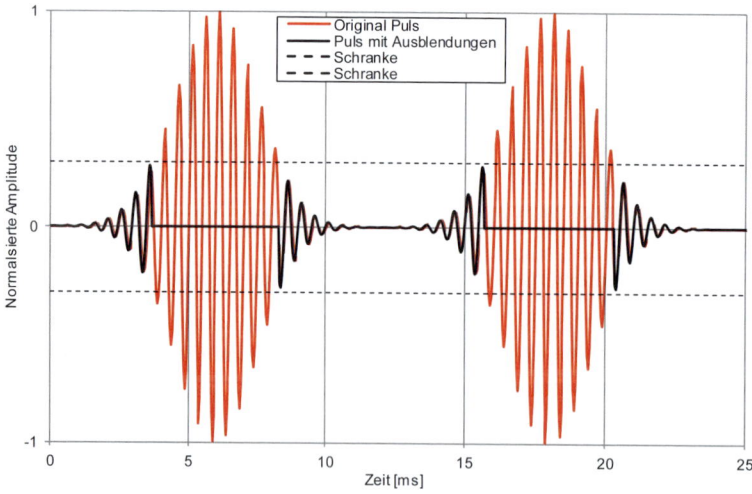

Abb. 4.23: Grundprinzip des Pulse Blanking

Sofern die Pulsamplituden eine vorgegebene Schranke überschreiten, werden die entsprechenden Pulsanteile ausgeblendet. Prinzipiell ist Pulse Blanking leicht zu realisieren (Hegarty u. a. 2000), hat aber u. a. den Nachteil, dass zusammen mit dem DME-/TACAN-Puls Teile des entsprechenden GNSS-Signals mit ausgeblendet werden (Gao 2007). Auch muss damit gerechnet werden, dass DME-/TACAN-Pulse von unterschiedlichen Flughäfen Flugzeuge in sehr dichter Folge erreichen. Das kann dazu führen, dass beim Ausblenden dieser Pulse große Teile des GNSS-Signals gelöscht werden. Um dies zu vermeiden, haben Gao u. a. (2013) vorgeschlagen, bei der Bekämpfung der DME-/TACAN-Interferenz Puls Blanking mit dem Ausfiltern von Frequenzen zu kombinieren.

Frequenzfiltern

Eine weitere Methode zur Eliminierung von Störungen ist das Herausfiltern der Störfrequenzen. Das dazu verwendete Instrument ist der Kerbfilter, in der englischsprachigen Literatur „Notch Filter" genannt.

Ein Kerbfilter lässt alle Frequenzen passieren, bis auf die Frequenzen einer bestimmten Bandbreite um eine Zentralfrequenz. Der Kerbfilter fügt also eine Kerbe in das Frequenzspektrum ein. Er wird durch zwei Parameter beschrieben:

1. Die Kerbfrequenz
2. Die Bandbreite

Kerbfilter können als besonders schmalbandige Bandsperren (s. Abschnitt 2.7.8) aufgefasst werden. Die Verwendung von Kerbfiltern zur Eliminierung von Störsignalen ist besonders geeignet bei Störungen durch gleichmäßige Wellen einer Frequenz (Continuous Wave) und Schmalband-Störsignalen.

Im Allgemeinen ist die Frequenz der Störsignale aber nicht bekannt. Auch kann es sein, dass sich die störende Frequenz ändert, wie dies z. B. bei dem in Abschnitt 4.3.2 beschriebenen „Chirp-Signalen" der Fall ist. Daher muss vor Anwendung eines Kerbfilters die störende Momentanfrequenz (instantaneous frequency) herausgefunden werden und der Kerbfilter muss sich den Frequenzvariationen anpassen können. Kerbfilter, die diese Fähigkeiten haben, tragen die Bezeichnung „adaptive Kerbfilter". Adaptive Kerbfilter sind prinzipiell in der Lage, Frequenzvariationen zu verfolgen – zu tracken –, sogar bei Frequenzsprüngen (Borio u. a. 2012). Auf die Grenzen der Verwendung adaptiver Kerbfilter weisen z. B. Gao (2007) und Pashain u. a. (2016) hin.

Das Grundprinzip, nach dem adaptive Kerbfilter die störenden Frequenzen suchen, beruht darauf, dass es zu jedem im Zeitbereich dargestelltem Signal ein charakteristisches Frequenzspektrum gibt. Der Satellitenempfänger registriert die Satellitensignale als kontinuierliches Signal im Zeitbereich – die Signalamplituden als Funktion der Zeit. Das entsprechende Analogsignal wird danach digitalisiert. Im Kerbfilter wird dieses digitalisierte Signal in sich zeitlich überlappende Blöcke zerlegt. Für jeden dieser Blöcke kann durch mathematische Verfahren abgeleitet werden, aus welchen Einzelfrequenzen jeder Signalblock besteht. In diesem Zusammenhang geschieht die Spektralanalyse sehr häufig durch die Fast-Fourier-Transformation (FFT), ein schnelles Verfahren zur Berechnung einer *diskreten Fourier-Transformation (DFT)*. Auf diese Weise erhält man eine Darstellung der Frequenzanteile des Signals als Funktion der Zeit. Eine anschauliche Darstellung dieses als Short-Time-Fourier-Transformation (STFT) bezeichnetes Verfahrens findet man in diesem Dokument: ftp://ftp.ifn-magdeburg.de/pub/MBLehre/sv08_030609-ftp.pdf.

Mithilfe der nunmehr vorliegenden Darstellung der in dem empfangenen Signal enthaltenen Frequenzanteile in Abhängigkeit von der Zeit können durch den Kerbfilter die störenden Frequenzen so abgeschwächt werden, dass sie bei der weiteren Verarbeitung unberücksichtigt bleiben können.

Das Kriterium dafür, dass es sich um einen störenden Frequenzanteil handelt, ergibt sich daraus, dass die Störfrequenzen größere Spektraldichten als die GNSS-Frequenzen haben. Wenn die störende Frequenz gefunden ist, können die entsprechenden Frequenzbins gelöscht werden (zeroing) oder auf den Level des Nachbarbins bzw. auf einen Höchstwert (clipping) gesetzt werden. Danach kann eine Rücktransformation aus dem Frequenzbereich in den Zeitbereich durchgeführt werden.

Bauernfeind u. a. (2012) haben gezeigt, dass dies möglich ist.

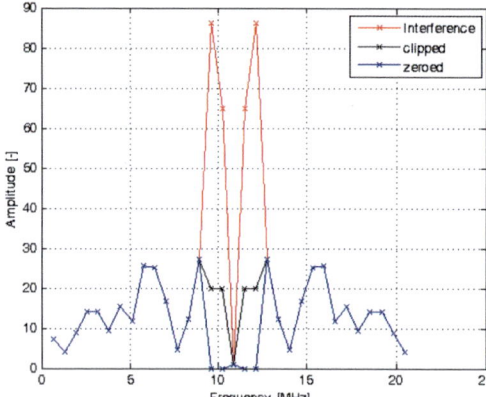

Abb. 4.24:
Herausfiltern eines Störsignals
(Quelle: Bauernfeind u. a. 2012)

4.4.2.4 Detektieren und Lokalisieren der GNSS-Jammer

Eine erfolgreiche Abwehr von GNSS-Störungen ist im Allgemeinen nur mit relativ hochwertigen GNSS-Empfängern möglich. Daher besteht ein Interesse daran, GNSS-Jammer durch speziell dafür konzipierte Überwachungseinrichtungen aufzuspüren, sie zu lokalisieren, um danach deren Betrieb, wenn möglich, durch Behörden zu unterbinden. Daher wurde in den letzten Jahren vielfach geforscht mit dem Ziel

- im einfachsten Fall GNSS-Störer aufzuspüren (zu detektieren),
- im Idealfall GNSS-Störer zu lokalisieren.

Detektion von Störern

Das Grundkonzept der Detektion von Störern besteht darin, an Orten, an denen GNSS-Störungen zu Komplikationen führen können – z. B. in der Umgebung von Flughäfen aber auch an Fernverkehrstraßen –, GNSS-Empfänger als Überwachungsstationen einzurichten. Meist werden hochwertige softwarebasierte Empfänger verwendet, die im Fall eines Störers im Front-End und/oder im Basisbandprozessor Unregelmäßigkeiten beim Empfang der Satellitensignale erkennen und melden können. Hinweise auf Störungen sind z. B. ungewöhnliche Absenkungen der Signalverstärkungen im automatischen Verstärkungsregler oder ungewöhnliche Absenkungen des C/N_0 (s. Abschnitt 4.4.1.2), eventuell kann die Ortung komplett ausfallen. Erkannte Störereignisse, je nach Ausbauzustand der Überwachungsstation auch die Signaltypen, werden dann an eine zentrale Stelle weitergeleitet.

Ein entsprechendes System hat z. B. die Deutsche Flugsicherung für Flughäfen entwickelt (Butsch u. a. 2011), um Flugzeuge, die mithilfe eines GBAS im Landeanflug sind, im Fall einer GNSS-Störung zu warnen. Im Rahmen des von der EU geförderten Forschungsprojektes Detector (**Detec**tion, **e**valuation and characterisation of threats **to** road applications) wurden Verfahren zur Identifizierung und Klassifizierung von GNSS-Störungen entwickelt und getestet (s. dazu z. B. Pölöskey u. a. 2014 und http://www.gnss-detector.eu/ [65]). Ein ähnliches Projekt mit dem Namen Sentinel (**S**ervices **n**eeding **t**rust **i**n **n**avigation, **e**lectronics, **l**ocation & timing) wurde in England durchgeführt (Curry 2014).

Lokalisierung der Störer

Bei der Lokalisierung werden unterschiedliche Konzepte verfolgt. In sehr vielen Fällen wird mit mindestens drei Monitorstationen und einer Kontrollstation gearbeitet. Die Monitorstationen müssen zunächst über die Fähigkeit verfügen, Störungen zu erkennen. Weiter müssen sie Informationen darüber zur Verfügung stellen können, in welcher Entfernung von der Monitorstation sich der Störer befindet und/oder aus welcher Richtung das Störsignal die Monitorstation erreicht. Diese Informationen werden von den Monitorstationen an die Kontrollstation weitergeleitet. Dort wird aus diesen Daten die Position des Störers berechnet.

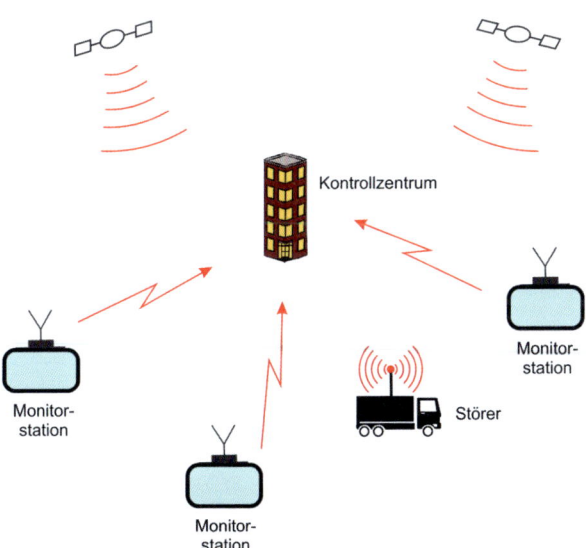

Abb. 4.25: Grundprinzip der GNSS-Störer-Detektierung

Sofern die Monitorstationen Entfernungen zu den Störern ermittelt beruht die Positionsberechnung fast immer darauf, dass in der Kontrollstation Differenzen zwischen den auf den Monitorstationen gewonnenen Strecken gebildet werden. Durch die Differenzbildung werden – wie noch weiter unten gezeigt werden wird – wesentliche Fehler der Streckenmessung eliminiert.

---

[65] Weiterführende Literatur: http://www.aic-aachen.org/detector/detector.downloads_007.php.

Mathematisch kann diese Positionsberechnung wie folgt beschrieben werden (s. Abb. 4.26).

Mit (x_1, y_1), den bekannten Koordinaten der Monitorstation 1, (x_2, y_2) den bekannten Koordinaten der Monitorstation 2, und den unbekannten Koordinaten (Y, X) des Störers gelten die Gleichungen:

$$S_1 = \sqrt{(x_1 - X)^2 + (y_1 - Y)^2}, \quad S_2 = \sqrt{(x_2 - X)^2 + (y_2 - Y)^2}. \tag{4.1}$$

Für die Streckendifferenz gilt

$$S_1 - S_2 = \Delta S_{1,2} = S_1 = \sqrt{(x_1 - X)^2 + (y_1 - Y)^2} - \sqrt{(x_2 - X)^2 + (y_2 - Y)^2}. \tag{4.2}$$

Mit Gleichung 4.2 liegt bei bekannten Strecken *eine* Hyperbel als geometrischer Ort des Störers vor. Die Brennpunkte der Hyperbel sind die beiden Monitorstationen. Gibt es eine weitere Monitorstation, kann eine weitere Hyperbel definiert werden[66]. Der Schnittpunkt der beiden Hyperbeln ist der Standort des Störers.

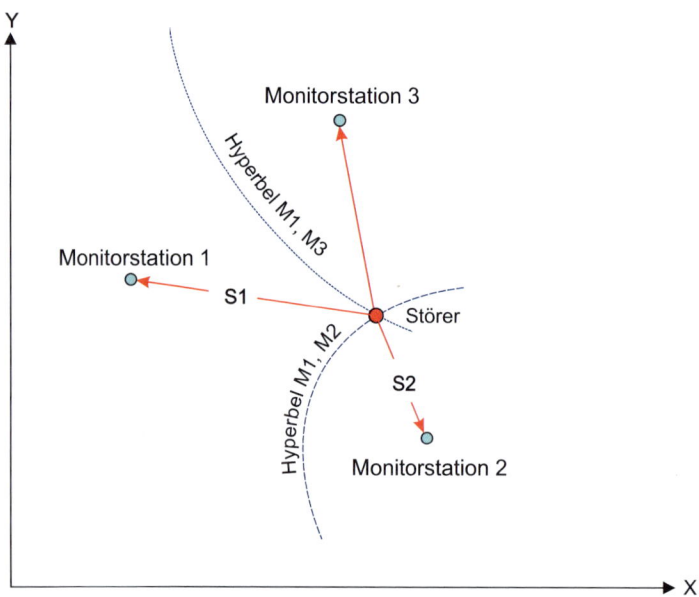

Abb. 4.26: Berechnung der Position eines GNSS-Störers

Die erforderlichen Berechnungen werden in der Kontrollstelle durchgeführt. Daher müssen die Monitorstationen über eine Telemetrie mit der Zentrale in Verbindung stehen. Eine weitere Voraussetzung für das Gelingen des Verfahrens ist, dass die Monitorstationen über hochgenau synchronisierte Uhren verfügen (Cetin u. a. 2011).

---

[66] Die Gleichungen sind nicht unabhängig. Besser ist, zwei weitere Stationen zu verwenden, also insgesamt vier Stationen.

Es gibt unterschiedliche Umsetzungen dieses Ansatzes. In dem österreichischen GAIMS-Projekt[67] (Bartl 2015) werden aus den bei den Monitorstationen gemessenen unterschiedlichen Signalstärken die Streckendifferenzen abgeleitet.

Die auch von anderen Autoren verwendete Beobachtungsgleichung für die empfangene Signalstärke P_R^i bei der Monitorstation i lautet in dB:

$$P_R^i = P_0 - 10 \cdot \alpha \cdot \log 10 (S_i).$$

(4.3)

mit P_0: Sendeleistung, α: Dämpfungsfaktor, S_i: Entfernung Monitorstation – Störer.

Durch Differenzbildung wird daraus

$$P_R^i - P_R^j = \Delta P_R^{i,j} = 10 \cdot \alpha \cdot \log 10 \left(\frac{S_i}{S_j} \right).$$

(4.4)

Wie zu erkennen ist, entfällt in Gleichung 4.4 die unbekannte Sendeleistung des Störers.

Gleichung (4.4) enthält drei Unbekannte: die Koordinaten (X, Y) des Störers und den Dämpfungsfaktor α. Man benötigt also mindestens drei Gleichungen dieses Typs. Das kann – bei Verzicht auf Unabhängigkeit der Gleichungen – mit drei Monitorstationen erreicht werden.

Im australischen GEMS[68]-Projekt wird der Ansatz verfolgt, die Differenz der Ankunftszeiten der Störsignale bei den Monitorstationen zu bestimmen, um daraus die entsprechenden Streckendifferenzen zu berechnen.

Das Grundprinzip dieser Zeitdifferenzschätzung zeigt Abbildung 4.27. Die digitalisierten Störsignale werden einer Kreuzkorrelation unterzogen und das Maximum der entstehenden Funktion gesucht. Das Korrelationsmaximum zeigt mit welcher zeitlichen Differenz das Störsignal den Empfänger erreicht. Die konkret anzuwendenden Algorithmen beschreiben Cetin u. a. (2011).

Beim GEMS-Projekt wird zusätzlich der Ansatz verfolgt, mithilfe von Empfängern mit Beamforming-Antennen die Richtung eines einfallenden Störsignals zu bestimmen, um daraus die Störerposition zu berechnen.

Neben den maßgeblich von Universitäten entwickelten Systemen gibt es auch kommerziell vertriebene Lokalisierungssysteme (s. z. B. Coffed 2015).

---

[67] GAIMS: **G**NSS **A**irport **I**nterference **M**onitoring **S**ystem
(https://open4innovation.at/de/highlights/weltraumtechnologie/gnss.php).
[68] GEMS: **G**NSS **E**nvironmental **M**onitoring **S**ystem.

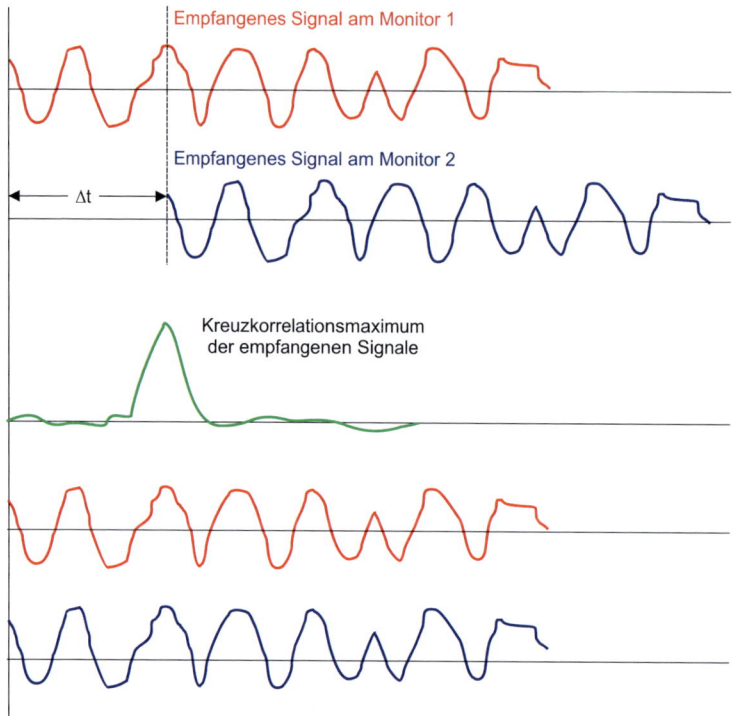

Abb. 4.27: Korrelationsmaximum von Störsignalen

Zukünftig könnte auch schwarmbasiertes Lokalisieren (Crowd-Sourcing Location) eine Lösung zum Aufspüren von GNSS-Störern sein. Dabei melden relativ einfache GNSS-Empfänger (z. B. Smartphones) automatisiert Meldungen über entdeckte GNSS-Störungen an eine Zentrale. Entsprechende Strukturen beschreiben Bauernfeind u. a. (2012).

5   GPS – das US-amerikanische GNSS

5.1   Einleitung

GPS ist das von den Streitkräften der USA für militärische Zwecke entwickelte GNSS. Seine Entwicklung begann in den 1970er-Jahren. Am 17. April 1973 bündelte die Regierung der USA in einem *Memorandum issued by Deputy Secretary of Defense* die Aktivitäten ihrer Teilstreitkräfte zur Entwicklung von Ortungssystemen. Dies war die Geburtsstunde des damals als

NAVigation Satellite Timing And Ranging – Global Positioning System
NAVSTAR-GPS

bezeichneten Systems. Die Zuständigkeit für dessen Entwicklung erhielt die amerikanische Luftwaffe. Seit einiger Zeit wird das System nicht mehr als NAVSTAR-GPS, sondern nur noch als GPS bezeichnet.

Die Forderungen der USA an das zu entwickelnde GPS können wie folgt zusammengefasst werden:

> Einem GPS-Nutzer – egal ob in Ruhe oder in Bewegung – sollen extrem genaue Informationen über seine (dreidimensionale) *Position*, seine *Geschwindigkeit* sowie über die *Zeit* überall auf oder nahe der Erde zur Verfügung gestellt werden. Diese Informationen soll das System *ständig* liefern, unabhängig von Wetterbedingungen.

Am 27. Juni 1977, 8 Uhr 17 UTC wurde der erste zum NAVSTAR-Programm gehörige Satellit gestartet. Man unterscheidet drei Phasen beim Aufbau von GPS[69]:

- *Phase I: 1974 bis 1979 – Überprüfungsphase*
  In dieser Phase wurde untersucht, ob die vorgesehene Konzeption geeignet wäre, die Forderungen an das System zu erfüllen. Es wurden Testsatelliten gestartet, mit deren Hilfe der militärische Wert des Systems überprüft wurde. Auch wurden Kostenrechnungen angestellt.
- *Phase II: 1979 bis 1985 – Entwicklungsphase*
  In dieser Phase konzentrierte man sich auf die technische Entwicklung des Systems. Es wurden weitere Prototypsatelliten gestartet und Entwicklungsarbeiten für die Empfangssysteme geleistet.
- *Phase III: 1985 bis 1995 – Ausbauphase*
  Das System wurde nach und nach voll ausgebaut. Im Februar 1989 wurde der erste operationelle „Block-II-Satellit" in seine Umlaufbahn geschossen. Am 17. Juli 1995 teilte die Luftwaffe der USA mit,
  > „... that today the Global Positioning System satellite constellation has met all requirements for Full Operational Capability".

GPS wurde von Beginn an als Dual-Use-System konzipiert, als System, das sowohl militärisch als auch zivil genutzt werden kann. Schon bevor die US-amerikanischen Behörden erklärten,

---

[69] Im Dokument http://www.cs.cmu.edu/~sensing-sensors/readings/GPS_History-MR614.appb.pdf finden interessierte Leser Details zur Geschichte von GPS.

dass GPS voll funktionsfähig sei (Final Operational Capability (FOC)), wurde es von ziviler Seite genutzt. Vermessungsingenieure nutzten GPS schon zu einem Zeitpunkt, zu dem nur wenige Satelliten im Umlauf waren. Bis zu seinem Vollausbau konnte GPS ohne Einschränkung von zivilen Anwendern genutzt werden – auch die für das Militär konzipierten Signale. Garantien dafür, dass GPS auf Dauer genutzt werden könnte, gab es aber zunächst nicht.

Dies änderte sich 1983. Unter dem Eindruck des Abschusses einer koreanischen Verkehrsmaschine über sowjetischem Territorium wegen eines Navigationsfehlers erklärte der US-amerikanische Präsident Reagan, dass GPS nach seiner Inbetriebnahme auch auf Dauer zivil genutzt werden könne. 1996 – ein Jahr nach der offiziellen Inbetriebnahme von GPS – kündigte Präsident Clinton an, dass die USA auch in Zukunft die GPS-Signale weltweit *kostenfrei* zur Verfügung stellen würden. Dies hat die Akzeptanz von GPS durch zivile Anwender weltweit gefördert. Die US-amerikanische Industrie wurde führend im Bereich der Entwicklung von GPS-Empfängern. Vor allem in den USA – aber nicht nur dort – entstand eine neue Industrie – die Satellitennavigationsindustrie – mit Tausenden von neuen Arbeitsplätzen. GPS wurde Basis für diese neue Industrie und ein De-facto-Standard. Swiek (2008) schätzte im März 2008 den globalen jährlichen Umsatz von diesem Markt auf 15 bis 20 Mrd. US $.

Aber trotz aller Erfolge und trotz seines Potenzials war die zivile Nutzung des GPS lange Zeit nur eingeschränkt möglich – auch wenn etwa 80 % aller GPS-Anwendungen ziviler Natur waren. Einschränkungen gab es u. a. deswegen, weil GPS, dessen technische Konzepte auf Technologien der 1970er-Jahre beruhen, nur ein ziviles Signal zur Verfügung stellte. Zweifrequenzmessungen waren daher nur in beschränktem Maß möglich.

Daher wurde von ziviler Seite u. a. gefordert, eine Signalstruktur bereitzustellen, die auch zivilen Nutzern uneingeschränkte Zweifrequenzmessungen ermöglicht. Aber auch die US-amerikanischen Streitkräfte wünschten Verbesserungen des Systems. Als 1995 GPS voll funktionsfähig wurde, gab es für die USA folgende Gründe, über eine Weiterentwicklung ihres GPS nachzudenken:

- Verbesserung der zivilen Nutzung von GPS – vor allem im wirtschaftlichen Interesse der USA,
- Anpassung an veränderte militärische Anforderungen.

Als am 10. Januar 1999 die europäische Kommission erklärte, ein von den USA unabhängiges und speziell für zivile Anwendungen konzipiertes GNSS zu entwickeln, wurden die USA mit einem ernst zu nehmenden Konkurrenzsystem konfrontiert. Dies erhöhte den Druck, GPS weiterzuentwickeln.

Spätestens seit September 2005 wurde mit dem Start des ersten Block-IIR-M-Satelliten die GPS-Weiterentwicklung unter der Bezeichnung *Modernisierung* aktiv betrieben.

Die zum modernisierten gehörenden Satelliten Block-IIR-M ermöglichen mit dem neuen L2C-Signal uneingeschränkt Zweifrequenzmessungen für zivile Anwendungen. Im Jahre 2010 wurde in einem weiteren Modernisierungsschritt der erste Block-II-F-Satellit gestartet. Dieser Satellitentyp sendet zusätzlich ein weiteres ziviles Signal auf einer weiteren Frequenz (L5-Signal). Damit konnte mit der Entwicklung von Dreifrequenzmessungen begonnen werden.

Im Frühjahr 2017 gehören von den 31 im Orbit befindlichen GPS-Satelliten 19 Satelliten zum modernisierten GPS, die restlichen zwölf gehören zum herkömmlichen GPS. Noch gibt es also beide GPS-Typen, das herkömmliche und das modernisierte GPS. Aus diesem Grund wird GPS in diesem Buch in zwei Abschnitten beschrieben.

5.2 GPS-Dienste

5.2.1 Terrestrial Service – Space Service

GPS wurde ursprünglich für Nutzer auf oder nahe der Erdoberfläche konzipiert. Aber schon in den 1980er-Jahren begann man damit, GPS auch im erdnahen Weltraum einzusetzen. Der erste im Weltraum eingesetzte GPS-Empfänger flog 1982 auf dem in rd. 700 km Höhe kreisenden Landsat-4-Satelliten. Seit dieser Zeit wurden GPS-Weltraumempfänger in vielen anderen Missionen eingesetzt, bis in Höhen weit über den Höhen der GPS-Satelliten.

Im Jahr 2000 gab die US-amerikanische Luftwaffe ein Dokument heraus, in dem erstmals die Begriffe „*Terrestrial Service Volumen*" und „*Space Service Volumen*" eingeführt wurden (Bauer u. a. 2006). Das Space-Service-Volumen beschrieb zunächst einen Raum zwischen 3.000 und 8.000 km über der Erdoberfläche. Später wurde es auf die Höhe von GEO-Satelliten ausgedehnt. Der Raum unter dem Space-Service-Volumen – von 0 – 3000 km über der Erdoberfläche – ist das Terrestrial-Service-Volumen (s. Abb. 5.1).

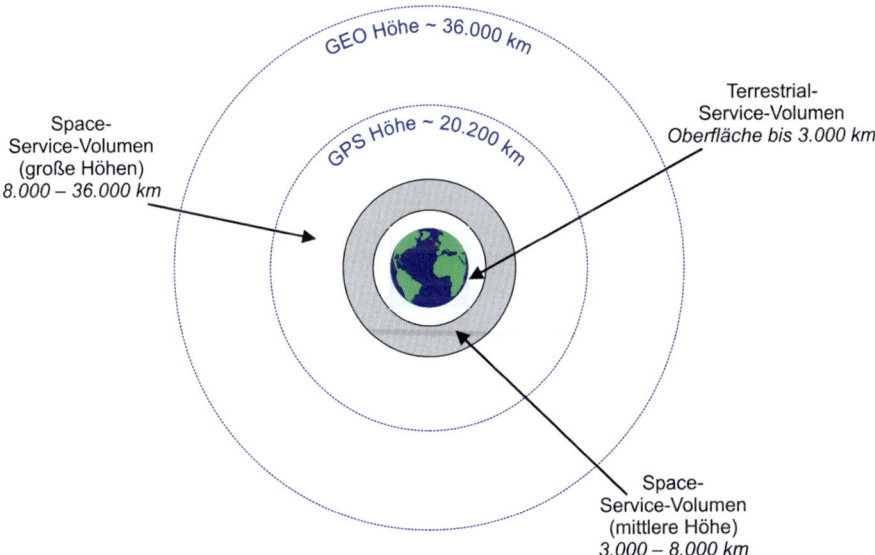

Abb. 5.1: GPS-Terrestrial-Service-Volumen und Space-Service-Volumen

Für beide Bereiche sind Mindestsignalstärken spezifiziert. Sie liegen für das Terrestrial-Service-Volumen bei ca. –160 dBW (für Nutzer auf der Erdoberfläche) für das Space-Service-Volumen bei ca –185 dBW (für Nutzer in 36.000 km Höhe über der Erdoberfläche).

GPS-Navigation im Space-Service-Volumen ist aus zwei Gründen schwierig:

1. Durch die Abschattung der Erdkugel können nur wenige Satelliten gleichzeitig empfangen werden.

2. Wegen der großen Entfernung zum GPS-Satelliten sind die empfangenen Signale besonders schwach.

Auf der anderen Seite aber sind die Anforderungen an die Navigationsgenauigkeit nicht sehr hoch. Die derzeitig erreichbare Genauigkeit liegt im Bereich einiger Meter (Miller 2017).

5.2.2 Militärischer Dienst – ziviler Dienst

Wie alle anderen GNSS ist GPS ein Dual-Use-System. Es bietet zwei Dienste an:

*   einen Dienst für militärische Nutzer,
*   einen Dienst für zivile Nutzer.

Der militärische Dienst trägt die Bezeichnung „Precise Positioning Service (PPS)". Da die im PPS benutzten Codes nicht veröffentlicht sind, kann dieser Dienst nur von den US-amerikanischen Streitkräften und deren Verbündeten genutzt werden.

Der zivile Dienst ist der „Standard Positioning Service (SPS)". Da die in diesem Dienst benutzten Codes veröffentlicht sind, kann er von jedermann kostenfrei genutzt werden. Der zivile GPS-Dienst war der erste von inzwischen vier frei verfügbaren GNSS-Diensten. Durch den SPS entwickelte sich die satellitengestützte Navigation zu einem in der ganzen Welt genutzten Werkzeug mit Anwendungen weit über die Navigation hinaus. Nicht zu Unrecht bezeichnen nicht nur US-amerikanische Autoren diesen GPS-Dienst als den Gold-Standard für „Positioning, Navigation, Timing (PNT)". Schätzungen gehen davon aus, dass es weltweit 3 Mrd. zivile GPS-Empfänger gibt (Cameron 2017 (zum Vergleich: es leben etwa 7,5 Mrd. Menschen auf der Erde)).

5.3   Segmente

5.3.1   Weltraumsegment

5.3.1.1 Satellitenkonstellation

Die nominelle GPS-Satellitenkonstellation besteht aus 24 Satelliten (21 Satelliten plus drei aktive Reservesatelliten). Sie sind in sechs Bahnebenen (Bezeichnung A – F) angeordnet. Die Verteilung der Satelliten in den Bahnebenen ist ungleichmäßig (s. Abb. 5.2).

Die aufsteigenden Knoten der Bahnebenen sind nominell um je 60° getrennt. Die Bahnneigung beträgt 55°. Die große Halbachse der Satellitenbahnen ist 26.609 km lang. Dies entspricht einer Umlaufzeit von genau einem halben *Sternentag*. An einem Sternentag dreht sich die Erde exakt einmal um 360° (s. Abb. 2.19). Nach zwei Umrundungen nehmen die Satelliten also immer wieder die gleiche Position relativ zum Erdkörper ein. Da der Sternentag aber vier Minuten kürzer als ein Sonnentag ist, erscheinen sie jeden Tag um je vier Minuten früher über dem Beobachter.

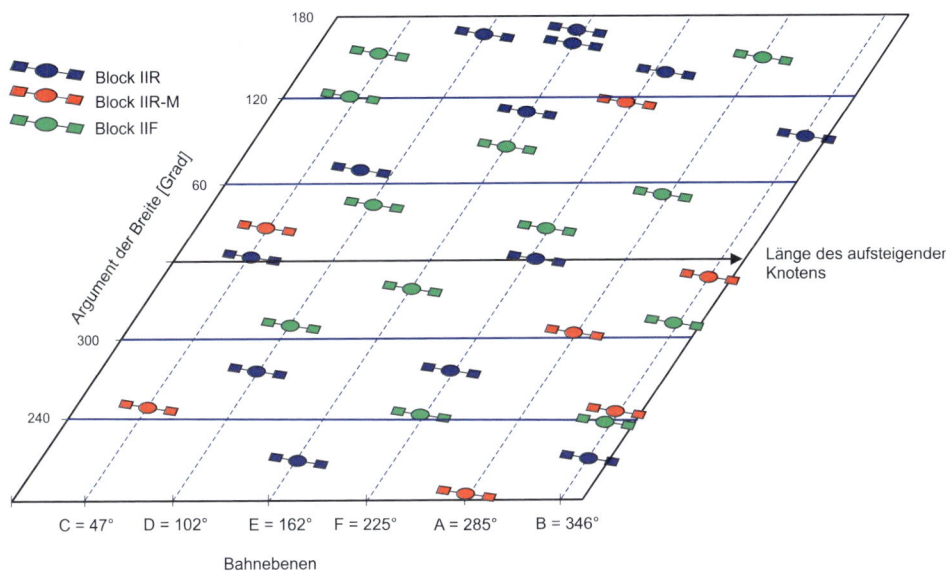

Abb. 5.2: GPS-Satellitenkonstellation am 26. März 2017

5.3.1.2 Satelliten

Abbildung 5.3 zeigt die im Frühjahr 2017 aktiven GPS-Satellitentypen (IIR, IIR-M, IIF). Bei allen drei Satellitentypen sind die Sende- und Empfangsantennen sowie die der Stromversorgung dienenden Sonnenpaddel gut erkennbar. Die um eine Achse beweglichen Sonnenpaddel werden automatisch auf die Sonne ausgerichtet, verändern also während eines Umlaufs ihre Stellung. Die kleinen Antennenstäbe – direkt am Satellitenkörper – sind L-Band-Antennen zur Ausstrahlung der Satellitensignale, der lange Antennenstab ist eine S-Band-Antenne, die als Sende- und Empfangsantenne den Kontakt zum Kontrollzentrum herstellt. Auffällig bei dem Block-IIR-M-Satelliten sind die ein wenig vom Satellitenkörper entfernt angeordneten Low-Band- (10,7 bis 17 GHZ) und High-Band- (11,7 bis 12,75 GHZ) Antennen.

GPS herkömmlich   *GPS modernisiert*

Block IIR   Block IIR-M   Block IIF
(Quelle: Lockheed Martin) (Quelle: Lockheed Martin) (Quelle: NASA)

Abb. 5.3: Aktiver herkömmlicher GPS-Satellit, aktive modernisierte GPS-Satelliten

Über die Ausmaße und andere Merkmale der Satelliten findet man in Quellen unterschiedliche Angaben. Die für den Block-IIR-Satelliten in Tabelle 5.1 genannten Zahlen wurden einer offiziellen Internetseite der Luftwaffe der USA entnommen[70]. Quelle für die Herstellungskosten pro Stück dieses Satellitentyps ist Misra & Enge (2006).

Tabelle 5.1: Merkmale der GPS-Satelliten

	Block IIR	**Block IIR-M**	**Block IIF**
Entwurfslebensdauer (Jahre)	10	10	12
Masse (kg)	2.217	2.217	1.705
Höhe (m)	1,7	2,5	2,4
Breite (m)	11,4	11,4	35,5
Energieerzeugung (Watt)	700	800	
Atomuhren	Rubidium	Rubidium	Rubidium/Cäsium
Herstellungskosten pro Stück	30 Mio. US-$	?	122 Mio. US-$[71]

Die Entwurfslebensdauer der Satelliten bestimmt den Zeitplan für deren Ersatz. Wenn sie außer Betrieb genommen werden, werden sie mit bordeigenen Mitteln in eine Friedhofsumlaufbahn oberhalb oder unterhalb der Bahn der aktiven Satelliten gebracht.

Im Juni 2017 gehören zur GPS-Konstellation zwölf Block IIR, sieben Block IIR-M und zwölf Block IIF, insgesamt also 31 Satelliten (s. Abb. 5.2). Die Block IIF sind die ersten zum modernisierten GPS zählenden Satelliten (s. Abschnitt 5.8).

5.3.1.3 Merkmale der GPS-Sendeantennen

Antennencharakteristiken

GNSS-Sendeantennen sind Richtantennen. Sie sind also so konzipiert, dass die meiste Sendeenergie in einen Kegel eines bestimmten Öffnungswinkels ausgestrahlt wird. Damit soll erreicht werden, dass mit einem Satelliten ein ausreichend großer Bereich der Erdoberfläche erreicht wird. Ein weiteres Merkmal der GNSS-Sendeantennen ist, dass sie rechtszirkular polarisierte Wellen aussenden.

Abbildung 5.4 zeigt die Antennen eines GPS-Block-IIR-M-Satelliten. Die dünnen Antennen sind Sendeantennen für die GPS-Signale, die dicken Antennen sind Sende- und Empfangsantennen für die Kommunikation des Satelliten mit den Bodenstationen. Beide Antennentypen sind Wendelantennen, auch Helix-Antenne genannt. Helix-Antennen bestehen aus schraubenförmig gewundenen Leitern. Sie sind prädestiniert, um zirkular polarisierte Wellen zu senden und/oder zu empfangen.

---

[70] http://www.af.mil/information/factsheets/factsheet_print.asp?fsID=119&page=1.
[71] http://www.space.com/28926-air-force-launches-gps-satellite.html.

Abb. 5.4: Antennen eines GPS-Block-IIR-M-Satelliten (Quelle: Inside GNSS)

Im Einzelnen sind die Charakteristiken der GPS-Sendeantennen unterschiedlich (s. Marquis 2014). Abbildung 5.5 zeigt als Beispiel die Richtdiagramme von einem Block-IIR-Satelliten und einem Block-IIR-M-Satelliten. Bei beiden Antennen kann man erkennen, dass im Bereich des Earth Service die Antennengewinne deutlich größer sind als im Bereich des Space Service. Die Gewinnmaxima im Grenzbereich des Earth Service führen dazu, dass knapp über dem Horizont des Beobachters sichtbare Satelliten noch mit relativ guter Empfangsstärke empfangen werden können.

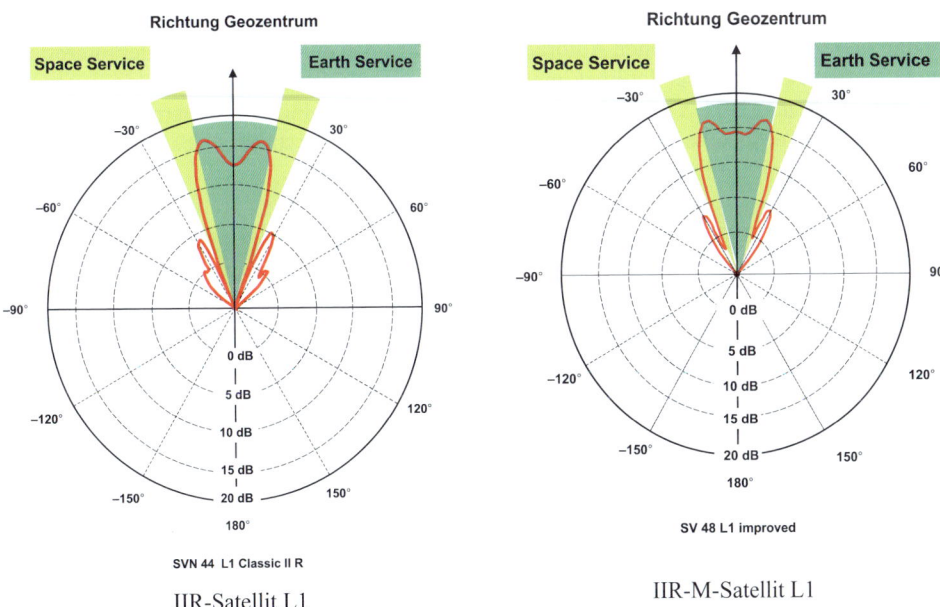

Abb. 5.5: Richtdiagramme von GPS-Block-IIR- und GPS-Block-IIR-M-Sendeantennen

303

In den GPS-Interface-Control-Dokumenten wird eine auf der Erdoberfläche zu empfangende Sendeenergie für eine Satellitenelevation von mindestens 5 Grad angegeben. Wenn man einen Erdradius von 6.370 km unterstellt und von einer großen Halbachse der GPS-Satellitenbahn von 26.560 km ausgeht, so kann man daraus errechnen (s. Abb. 5.6 (unmaßstäblich)), dass ein in der Äquatorebene fliegender GPS-Satellit im Bereich von 71 Grad südlicher und 71 Grad nördlicher Breite von einem Beobachter mit einer Elevation von 5 Grad „gesehen" werden kann. Das entspricht in etwa einem Öffnungswinkel von ca. 27,6 Grad für die Sendeantenne.

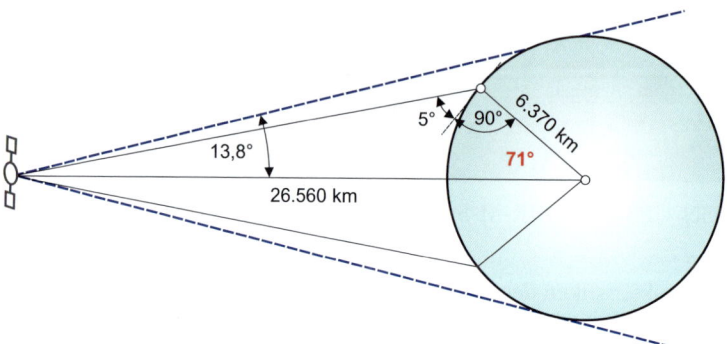

Abb. 5.6: Überdeckung der Erde durch ein GPS-Satellitensignal

Phasenzentrumsvariationen

Bei Vermessungen über Kontinente hinweg müssen – bei höchsten Genauigkeitsansprüchen – auch die Phasenzentrumsveränderungen der GNSS-Sendeantennen berücksichtigt werden (s. Abb. 5.7). Die für die Bestimmung dieser Daten notwendigen Messungen wurden in den letzten Jahren von verschiedenen Autoren und Institutionen durchgeführt und der interessierten Öffentlichkeit durch den International GNSS Service (IGS) kostenfrei in einem bestimmten Datenformat (ANTEX) zur Verfügung gestellt (s. z. B. Universität Bern – Astronomisches Institut, Technische Universität München – Institut für Astronomische und Physikalische Geodäsie (mit Literaturangaben und relevanten Links)).

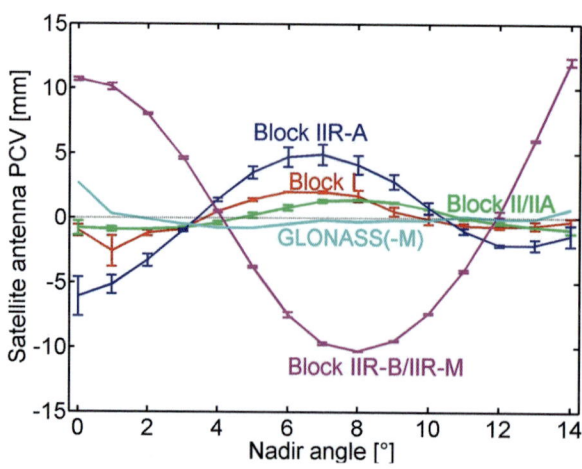

Abb. 5.7:

Phasenzentrumsvariationen in Abhängigkeit vom Nadirwinkel (gesehen vom Satellit) für verschiedene GPS- und GLONASS-Satelliten (Quelle: Universität Bern)

Unter allen Einsendern verlosen wir quartalsweise zwei attraktive Geschenke:

(Bitte kreuzen Sie Ihren Wunschgewinn an)

☐ 4 GB-USB-Stick

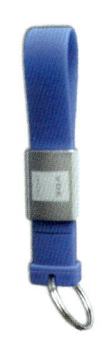

☐ Umhängetasche

Firma | Abteilung

Name | Vorname

Straße | PLZ | Ort

Land | E-Mail

Telefon | Fax

VDE VERLAG GMBH
Wichmann Verlag
Beate Knittel
Bismarckstr. 33
10625 Berlin

Das Porto
übernimmt der
VDE VERLAG
für Sie!

Ihre Meinung zählt!

Bitte beantworten Sie die beiliegenden Fragen und senden Sie die Karte kostenfrei an uns zurück.
Alle Einsender nehmen an der quartalsweisen Verlosung teil.

Erfüllt das Buch Ihre Erwartungen?

☐ Ja

☐ Nein. Anmerkung: _____

Gibt es weitere Themen zu denen Sie Informationen benötigen?

_____

Welchem Buch haben Sie diese Karte entnommen?

_____

Möchten Sie monatlich unseren E-Mail-Newsletter über neue Produkte erhalten?

☐ Ja

E-Mail: _____

Auf welchem Weg haben Sie das Buch erworben?

☐ www.vde-verlag.de

☐ Buchhandel

☐ Sonstige: _____

Oder möchten Sie per Fax informiert werden?

☐ Ja   Fax: _____

_____
Datum/Unterschrift

⊕ Wichmann

Welche Fachgebiete interessieren Sie speziell?

☐ Geoinformatik/GIS

☐ Geodäsie/Vermessung

☐ Photogrammetrie/Fernerkundung

☐ Verkehrsplanung

Artikel-Nr. 950198 / Werb-Nr. 140638

www.wichmann-verlag.de/newsletter

5.3.2 Bodensegment

Beim Bodensegment des GPS muss zwischen zwei verschiedenen Typen unterschieden werden.

1. Das Bodensegment für das herkömmliche GPS mit der Bezeichnung „*Operational Control System (OCS)*".
2. Das Bodensegment für das geplante GPS III mit der Bezeichnung „*Global Positioning System Next Generation Operational Control System (GPS OCX)*".

Zur Lösung ihrer Aufgaben stehen beiden Typen weltweit verteilte Stationen mit folgenden Bezeichnungen zur Verfügung:

- Master Control Station,
- Monitorstation,
- Ground Antenna.

Die *Monitorstationen* führen zu den jeweils sichtbaren Satelliten Code- und Phasenmessungen durch (s. Abschnitt 3.4), korrigieren diese bezüglich troposphärischer und ionosphärischer Refraktion und verringern durch Glättung mit den Phasendaten das Messrauschen und die Mehrwegeeinflüsse auf die Codemessungen. Die so vorbehandelten Pseudostrecken werden an die *Master Control Station* weitergeleitet.

Die *Master Control Station* ruft bei den Monitorstationen die gesammelten Daten ab, berechnet und extrapoliert daraus die Satellitenbahndaten (Orbitdaten) und das Verhalten der Satellitenuhren. Diese berechneten Daten werden zu einer Navigationsnachricht (*Navigation Message*) zusammengestellt.

Die *Ground Antenna* (Bodenantenne) übermittelt die Navigationsnachricht an die entsprechenden Satelliten.

Auf die Unterschiede zwischen OCS und GPS OCX wird weiter unten eingegangen.

5.4 Referenzsysteme

5.4.1 Positionsangaben

Das Referenzsystem für GPS ist das *World Geodetic System 1984* (WGS84). Es ist durch die Koordinaten der Stationen des weltweit verteilten Bodensegments gegeben (s. Abb. 5.8). Diese bilden mit ihren geozentrischen Koordinaten das Referenznetz für GPS. Seit der GPS-Woche 1150 (Beginn: 20. Januar 2002) werden WGS84-Koordinaten verwendet, die den im Rahmen der Arbeiten des zivilen Internationalen Erdrotationsdienstes (IERS) veröffentlichten ITRF-Koordinaten bis auf wenige Zentimeter angepasst sind. Das Bezugsystem heißt seit dieser Zeit genauer *WGS84 (G1150)*. Die Genauigkeit der Koordinaten des GPS-Bodensegments liegen in der für die Satellitenortung mehr als ausreichenden Größenordnung „Subdezimeter". Aus diesen Koordinaten und den vom Kontrollsystem durchgeführten Beobachtungen zu den Satelliten werden die Satellitenbahndaten (Ephemeriden) berechnet. Sie liegen im Jahr 2014 in der Genauigkeitsgrößenordnung von etwa 1 m (Beer u. a. 2014).

Mithilfe dieser Ephemeriden und seiner eigenen Beobachtungen berechnet ein GPS-Nutzer seine Position. Diese wird damit auch im Referenznetz des Bodensegments erhalten. Sie kann daher –

absolut, ohne Zusatzinformationen – niemals genauer als 1 bis 2 dm sein. Höhere Genauigkeiten können bei allen GNSS nur im differenziellen Modus oder durch PPP-Verfahren erreicht werden (s. Abschnitt 3.6).

Das WGS84-Referenznetz ist lediglich ein *Teil* des WGS84. Neben der geometrischen Festlegung dieses Koordinatensystems gehören zu WGS84 u. a.:

- ein mathematisches Modell des Schwerefelds der Erde,
- die Lichtgeschwindigkeit im Vakuum,
- das Produkt aus der Gravitationskonstante und der Masse der Erde.

Eine detaillierte Beschreibung des WGS84 findet man bei NIMA (2000).

5.4.2 Zeit

GPS-Systemzeit wird ausschließlich von den Atomuhren des GPS-Bodensegments erzeugt (Seeber 1993). Damit hat GPS sein eigenes Zeitsystem mit eigener kontinuierlicher Zeitskala. Die Zeit wird durch Angabe einer Wochennummer (Week Number) und die Zahl der Sekunden innerhalb der Woche angegeben. Anfangsepoche für die GPS-Systemzeit ist der 5. Januar 1980, 0 UTC. Die GPS-Woche beginnt um Mitternacht zwischen Samstag und Sonntag. Seit 1. Januar 2017 beträgt die Differenz zwischen der GPS-Zeit und UTC 18 Sekunden (die GPS-Uhr „geht vor"). Die genaue Differenz GPS-Systemzeit minus UTC ist mit einer Genauigkeit von 100 µs bekannt. Sie wird in der GPS-Nachricht dem GPS-Benutzer mitgeteilt. Damit liegen die Voraussetzungen vor, GPS auch als Zeitnormal hoher Genauigkeit zu nutzen.

5.5 Herkömmliches GPS

5.5.1 Weltraumsegment

Zum Raumsegment des herkömmlichen GPS gehören die Block-IIR-Satelliten, von denen im März 2017 zwölf im Orbit sind.

Die jüngste Satellitengeneration des *herkömmlichen GPS* trägt die Bezeichnung IIR (der Buchstabe „R" steht für Replenishment = Auffüllung). Lieferant dieses Satellitentyps ist die Firma Lockheed Martin Astro Space. Der erste Block-IIR-Satellit wurde im Januar 1997 gestartet, erreichte aber wegen eines Raketenfehlstarts nicht seine vorgesehene Position. Der erste erfolgreiche Start eines Block-IIR-Satelliten gelang im Juli 1997. Im November 2004 wurde der letzte IIR-Satellit erfolgreich in seine Umlaufbahn geschossen.

Nach GPSW (2010) können die Block-IIR-Satelliten mindestens 60 Tage ohne Kontakt zu Bodenstationen ihre Bahndaten autonom bestimmen. Dies ist besonders aus militärischer Sicht von Bedeutung (Lohmar 1990). Im Normalfall werden die Satelliten jedoch alle acht Stunden mit neu berechneten Daten versorgt.

Block-IIR-Satelliten strahlen unter Verwendung von zwei Frequenzen drei unterschiedliche Signale aus.

5.5.2 Bodensegment

Zur Lösung seiner Aufgaben stehen dem Bodensegmnt im herkömmlichen GPS folgende Stationen zur Verfügung:

1. Eine Masterstation
2. Eine alternative Masterstation
3. Elf Command-and-Control-Stationen (Ground Antennas)
   Vier spezielle GPS-Stationen, sieben Air-Force-Satellite-Control-Network(AFSCN)-Stationen
4. 15 Monitorstationen
   Sechs Air-Force-Stationen, neun National-Geospatial-Intelligence-Agency(NGA)-Stationen

Mit den 15 Monitorstationen ist gewährleistet, dass jeder Satellit von mindestens zwei Monitorstationen gleichzeitig beobachtet werden kann.

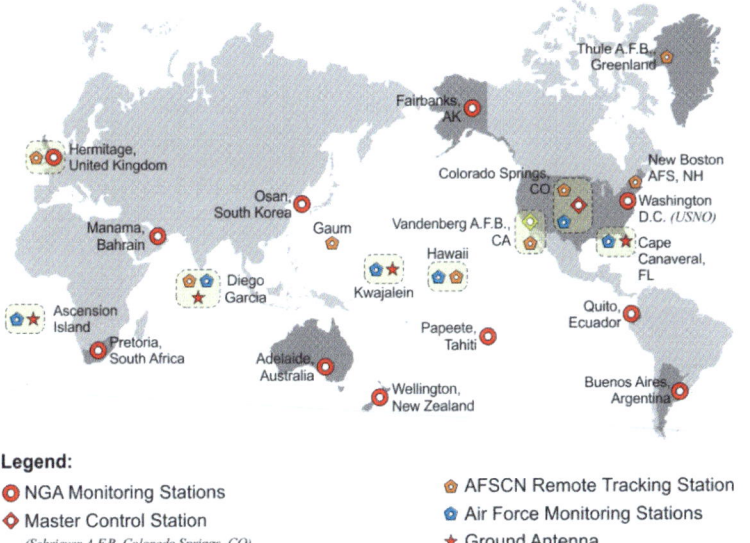

Abb. 5.8: GPS-Bodensegment (Operational Control System) (Quelle: The Pennsylvania State University, College of Earth and Mineral Sciences)

Monitorstationen und Ground Antennas sind unbemannt. Sie werden von der Master Control Station überwacht. Eine Monitorstation besteht aus einem Zweifrequenzempfänger, der mit einem hochpräzisen Frequenznormal (Cäsium-Frequenznormal) ausgestattet ist, sowie Sensoren zur Sammlung meteorologischer Daten. Die Monitorstation führt zu den jeweils sichtbaren Satelliten Code- und Phasenmessungen durch (s. Abschnitt 3.4), korrigiert sie bezüglich troposphärischer und ionosphärischer Refraktion und verringert durch Glättung mit den Phasendaten das Messrauschen und die Mehrwegeeinflüsse auf die Codemessungen. Die so vorbehandelten Pseudostrecken werden an die *Master Control Station* weitergeleitet.

Die *Master Control Station* ruft bei den Monitorstationen die gesammelten Daten ab, berechnet und extrapoliert daraus die Satellitenbahndaten (Orbitdaten) und das Verhalten der Satellitenuhren. Diese berechneten Daten werden zu einer Navigationsnachricht (*Navigation Message*) zusammengestellt.

Die *Ground Antenna* (Bodenantenne) übermittelt die Navigationsnachricht an die entsprechenden Satelliten (s. den nachfolgenden Abschnitt).

5.5.3 Navigationsnachricht

Die wesentlichen Quellen für die nachfolgenden Darstellungen sind Van Dierendonk u. a. (1980) sowie Wells (1986).

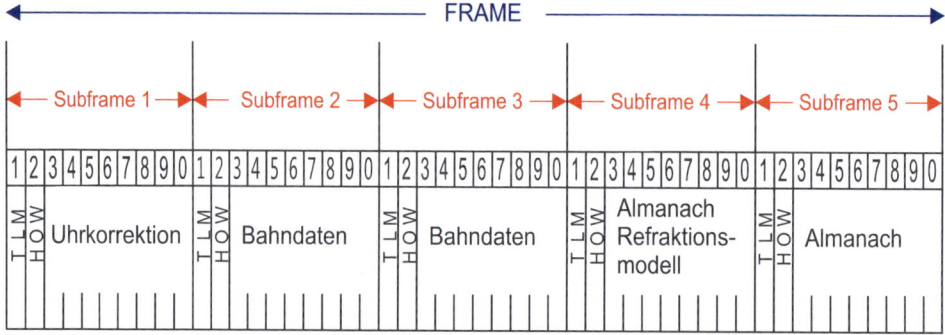

Abb. 5.9: GPS-Nachricht – Grobstruktur eines Frames

5.5.3.1 Struktur der Navigationsnachricht

Die für die Ortsbestimmung in Echtzeit benötigte Nachricht besteht aus 1.500 bit. Sie wird in 30 s übertragen:

$$\frac{1.500 \text{ bit}}{30 \text{ s}} = \frac{50 \text{ bit}}{1 \text{ s}} \quad (\text{Takt} = 50 \text{ Hz}) \ .$$

Die 1.500 bit bilden einen „*Frame*" (Rahmen), der in fünf „*Subframes*" à zehn Wörter von je 30 bit (= 300 bit pro Subframe) aufgeteilt ist. Abbildung 5.9 zeigt die Grobstruktur der Nachricht.

5.5.3.2 Inhalt der Navigationsnachricht

Jeder Subframe beginnt mit zwei Spezialwörtern: *Telemetry Word (TLM)* und *Hand-over Word (HOW)*.

- Telemetry Word (TLM)
  Das Wort enthält eine festgelegte 8-bit-Struktur zur Synchronisation und eine 14-bit-Nachricht, die Auskunft darüber gibt, ob gerade neue Ephemeriden an den Satelliten übersandt oder ob andere Satellitenoperationen ausgeführt werden.
- Hand-over Word (HOW)
  Das Wort enthält die Satellitenzeit des Beginns der nachfolgenden Subsequenz. Diese Zeitangabe ermöglicht den Zugang zum P-Code (s. Abschnitt 5.7.2). Die eigentliche Nachricht ist in den Wörtern drei bis zehn der Subframes enthalten.

Inhalt von Subframe 1

- AODC (Age of Data Clock):
  Information über das Alter der Uhrendaten.
- Parameter zur Berechnung des Satellitenuhrenfehlers:
  Zweck der Parameter ist es, den Benutzer zu einer Information über die Differenz

  Satellitenzeit – GPS-Zeit

  zu verhelfen. Diese Differenz ist eine Funktion der Zeit und des Orts des Satelliten.
  Anmerkung zu den Uhrenparametern: Die Oszillatoren der Satelliten haben bestimmte charakteristische *Drifteigenschaften*, die Frequenz- und Phasenveränderungen zur Folge haben. Beschrieben werden diese Veränderungen durch ein Polynom zweiter Ordnung. Die Koeffizienten a_0, a_1, und a_2 und deren Referenzzeit t_{oc} werden in der Navigationsnachricht mitgeteilt und versetzen den Benutzer so in die Lage, die korrekte GPS-Zeit aus der Satellitenzeit zu berechnen.
- Zustand (Health) der Satelliten, GPS-Wochennummer, weitere Informationen.

Inhalt von Subframe 2

- AODE (Age of Data Ephemeris)
  Information über das Alter der Bahndaten.
- Bahndaten des Satelliten (s. Tabelle 5.2).

Inhalt von Subframe 3

- Bahndaten des Satelliten (s. Tabelle 5.2).

Inhalt von Subframe 4

- Almanach und Informationen über den technischen Zustand der (zuezeit nicht vorgesehenen) Satelliten Nr. 25 bis 32.
  Der Almanach enthält die Bahndaten der GPS-Satelliten in vereinfachter Form. Er wird benutzt, um vorauszuberechnen, wann welche Satelliten für die Ortung zur Verfügung stehen.

Tabelle 5.2: Parameter der Satellitenbahn

M_0	Mittlere Anomalie
Δn	Korrekturglied zur mittleren Winkelgeschwindigkeit
E	Exzentrizität der Bahnellipse
$\sqrt{a}$	Quadratwurzel der großen Halbachse der Bahnellipse
Ω_0	Parameter für die Rektaszension des aufsteigenden Knotens
I_0	Bahnneigung zur Referenzzeit $t(r)$
ω	Argument des Perigäums
$\dot{\Omega}$	Zeitliche Änderung der Rektaszension des aufsteigenden Knotens
i	Zeitliche Änderung der Bahnneigung
c_{uc}, c_{us}	Korrekturglieder zum Argument der Breite
c_{rc}, c_{rs}	Korrekturglieder zum Radiusvektor
c_{ic}, c_{is}	Korrekturglieder zur Bahnneigung
$t(r)$	Referenzzeit für die Ephemeriden

- Ionosphärisches Refraktionsmodell:
  Benutzern, die nicht über die Möglichkeit verfügen, beide Signale L1 und L2 zu empfangen, um daraus das Laufzeitverhalten der Signale abzuleiten, wird ein Refraktionsmodell übermittelt, mit dessen Hilfe Korrekturen zum Laufzeitverhalten des empfangenen Signals berechnet werden können (s. Abschnitt 2.6.4.4).
- UTC-Daten:
  Informationen zur Berechnung von UTC aus der GPS-Zeit.
- Informationen darüber, bei welchem Satelliten der P-Code durch den P(Y)-Code ersetzt wurde.
- Information über die derzeitige Satellitenkonfiguration.
- Weitere Informationen.

Inhalt von Subframe 5
- Almanach und Informationen über den technischen Zustand der Satelliten Nr. 1 bis 24.

Zur Übermittlung der Inhalte der Subframes 4 und 5 ist *eine* Nachricht (ein Frame) nicht ausreichend. Benötigt werden 25 Subframes, die die Bezeichnung „*Page*" = Seite tragen. Das bedeutet, dass 25 Nachrichten (Frames) ausgestrahlt werden müssen, bei denen die Subframes 1, 2 und 3 jeweils unverändert bleiben. Bei den Subframes 4 und 5 werden 25 Pages unterschiedlichen Inhalts ausgestrahlt (s. Abb. 4.5).

Zur Übertragung der Gesamt-GPS-Nachricht (*Masterframe*) werden also $25 \cdot 30$ s $= 12,5$ min benötigt. Die für die Ortung unbedingt erforderlichen Bahndaten der Satelliten stehen jedoch alle 30 s zur Verfügung.

Mithilfe der Parameter der Satellitenbahn können für jeden Zeitpunkt die Satellitenkoordinaten berechnet werden. In Anhang F ist dies im Einzelnen dargestellt.

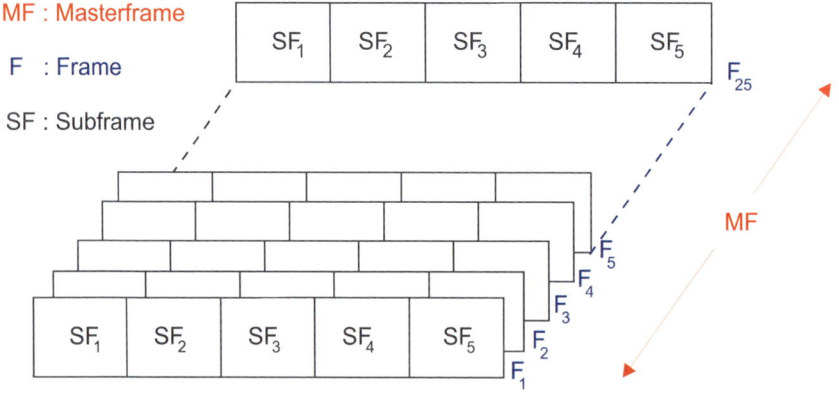

Abb. 5.10: GPS-Nachricht – Grobstruktur des Masterframes

5.5.4 Signalstrukturen

Die in diesem Abschnitt gegebenen Darstellungen stützen sich im Wesentlichem auf Spilker (1980), Milliken & Zoller (1980) und Bauersima (1982). Dort sind Einzelheiten zu finden, die über die hier gegebene Beschreibung hinausgehen.

5.5.4.1 Einleitung

Alle Frequenzen, die in den GPS-Satelliten benötigt werden, werden aus der

$$Grundfrequenz\ f_0 = 10{,}23\ MHz\ (\lambda_0 = 29{,}3\ m)$$

des Satellitenoszillators abgeleitet.

Jeder zum herkömmlichen GPS zählende Satellit sendet permanent Signale auf zwei Frequenzen:

Signal L1: Frequenz f_1 = 1.575,42 MHz (λ_1 = 0,19 m),
Signal L2: Frequenz f_2 = 1.227,60 MHz (λ_2 = 0,24 m).

Das L1-Signal liegt im Bereich des ARNS – ist damit für die Luftfahrt prinzipiell geeignet –, das L2-Signal liegt im weniger geschützten RNSS-Bereich.

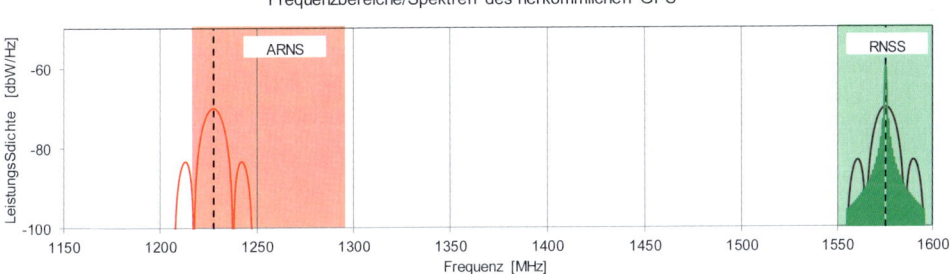

Abb. 5.11: Frequenzbereiche/Spektren des herkömmlichen GPS

5.5.4.2 L1-Signale

Die Trägerfrequenz f_1 der L1-Signale entsteht durch Multiplikation der Grundfrequenz f_0 mit dem Faktor 154. Dieser Träger wird einer BPSK-Quadraturmodulation unterzogen (s. Abschnitte 2.7.3.1 und 2.7.4.1). Das In-Phase-Signal (L1-P(Y)-Signal) ist für den militärischen Dienst „Precise Positioning Service (PPS)" konzipiert, das Quadratursignal (L1-C/A-Signal) für den zivilen Dienst („Standard Positioning Service").

P(Y)-Codesignal (In-Phase-Signal)
- Code
  Der verwendete Code ist der P- oder P(Y)-Code. Das Kürzel „P" steht für „Precise". Es handelt sich um einen Code, dessen Kenntnis in den Anfängen von GPS Voraussetzung für eine besonders genaue Ortung in Echtzeit (Real Time) war. Der Code wird unter Verwendung von insgesamt vier Schieberegistern erzeugt. Würde man mit diesen vier Schieberegistern den vollständigen Code erzeugen, ergäbe sich damit eine Codeperiode von über 267 Tagen. Daher wird der P-Code so geteilt, dass jedem Satellit ein sieben Tage dauernder Teil der Periodendauer des P-Codes zugeteilt wird. Der P-Code ist allgemein bekannt (ICD-GPS-200). Bei Einschalten der Systemsicherungsmaßnahme A-S wird dieser Code nach dem geheimen W-Code verschlüsselt. So entsteht der geheime P(Y)-Code (s. Abschnitt 5.6).
- Modulation
  Das Signal wird einer BPSK(10)-Modulation unterzogen. Die sich daraus ergebende Chiprate von 10,23 MChip/s entspricht damit der Grundfrequenz f_0 = 10,23 MHz des Satellitenoszillators. Aus dem Verhältnis von Trägerfrequenz zu Chiprate ergibt sich beim P-Code,

dass nach je 154 Wellen der Trägerfrequenz ein Wechsel der Modulation erfolgen kann. Mit der Wellenlänge der Trägerfrequenz (λ = 0,19 m) ergibt sich daraus eine „Wellenlänge" des P-Codes von 0,19 m · 154 = 29,3 m.

Bei einer Periode des P-Codes von sieben Tagen ist die Messung der Pseudostrecke mithilfe des P-Codesignals eindeutig. Maßgeblich für die mit dem P-Code zu erzielende höhere Genauigkeit ist der schnellere Takt der Phasenmodulation, der tendenziell eine genauere Zeitmessung ermöglicht und dadurch eine größere Genauigkeit bei der Entfernungsmessung liefert (s. dazu Abschnitt 3.6.2).

- Daten

  Die übertragenen Daten bilden die Navigationsnachricht (s. Abschnitt 5.5.3). Diese besteht aus einer mit der Bitrate von 50 bit/s übertragenen Binärfolge. Zur Übertragung einer „(ja = +1)/(nein = −1)-Information" – zur Übertragung eines Bit – steht also 1/50 s = 20 ms zur Verfügung. Daraus folgt, dass nach 31.508.400 Wellenstücken der Trägerfrequenz zusätzlich zur P-Code-Modulation eine BPSK-Modulation erfolgt. Daraus ergibt sich weiter, dass zur Übertragung eines Bit 31.508.400/154 = 204.600 Chips benötigt werden.

  Bei einer Gesamtübertragungszeit von 30 s für die Navigationsnachricht werden 1.500 bit (Gesamtumfang der Navigationsnachricht) übertragen.

C/A-Codesignal (Quadratursignal)

- Code

  Der verwendete Code gehört zur Familie der „GOLD-Codes". Er wird unter Verwendung von zwei Schieberegistern erzeugt (s. Anhang D.4). Das Kürzel C/A für den Code steht für „Clear/Acquisition", „Clear/Access" oder „Coarse/Access". Im deutschen Sprachgebrauch spricht man vom Grob-Code. Der C/A-Code hat die Länge 1.023.

- Modulation

  Das Signal wird einer BPSK(1)-Modulation unterzogen. Die sich daraus ergebende Chiprate von 1,023 MChip/s entspricht damit einem Zehntel der Grundfrequenz f_0 = 10,23 des Satellitenoszillators. Aus der Länge des Codes und seiner Chiprate ergibt sich, dass für die einmalige Übertragung der 1.023 Chips des Codes 1 ms benötigt wird. Der Code hat also eine *Periode* von 1 ms. Das bedeutet, dass es bei der Entfernungsmessung mithilfe des C/A-Codes nach dem in Abschnitt 3.8.1 geschilderten Prinzip ein Mehrdeutigkeitsproblem gibt: Man erhält nur Pseudostrecken zwischen 0 und 300 km (s. dazu Abschnitt 4.7.1).

  Aus dem Verhältnis von Trägerfrequenz zu Chiprate ergibt sich, dass nach je 1.540 Wellen der Trägerfrequenz ein Wechsel der Modulation erfolgen kann. Mit der Wellenlänge der Trägerfrequenz (λ = 0,19 m) ergibt sich daraus eine „Wellenlänge" des C/A-Codes von 0,19 m · 1.540 = 293 m.

  Jeder C/A-Codechip ist durch die spezielle Folge der Modulationen nach jeder 1.540. Welle der Trägerfrequenz einzeln identifizierbar. Da sich der C/A-Code stets nach Ablauf von 1 ms wiederholt, liegt ein Mehrdeutigkeitsproblem vor, das aber z. B. durch das in Abschnitt 4.7.1 geschilderte Verfahren gelöst werden kann.

- Daten

  Übertragene Daten und die Bitrate sind identisch mit den im In-Phase-Signal übertragenen Daten. Daraus folgt, dass nach 31.508.400 Wellenstücken der Trägerfrequenz zusätzlich zur C/A-Code-Modulation eine BPSK-Modulation erfolgt. Daraus ergibt sich beim

C/A-Code, dass zur Übertragung eines Bits 31.508.400/1.540 = 20.460 Chips benötigt werden.

Daten- und C/A-Code sind synchronisiert. Der Anfang eines Datenbits fällt mit dem Beginn einer C/A-Code-Sequenz zusammen.

Abgestrahlt wird die Addition der modulierten Sinus- und Kosinuswellen (das Quadratursignal). Die Kosinuswelle ist um 3 bis 6 dB stärker als die Sinuswelle. Das Signal-/Rausch-Verhältnis ist für den C/A-Code also deutlich besser.

Abbildung 5.12 zeigt die nach Gleichung 2.140 berechneten normierten Leistungsdichtespektren des GPS-L1-Signals. Sie lässt erkennen, dass die Bandbreite der durch BPSK(10)-Modulation erzeugten In-Phase-Komponente (Kosinusträger mit P(Y)-Code) zehnmal größer ist als die Bandbreite der durch BPSK(1) erzeugten Quadraturphase-Komponente (Sinusträger mit C/A-Code).

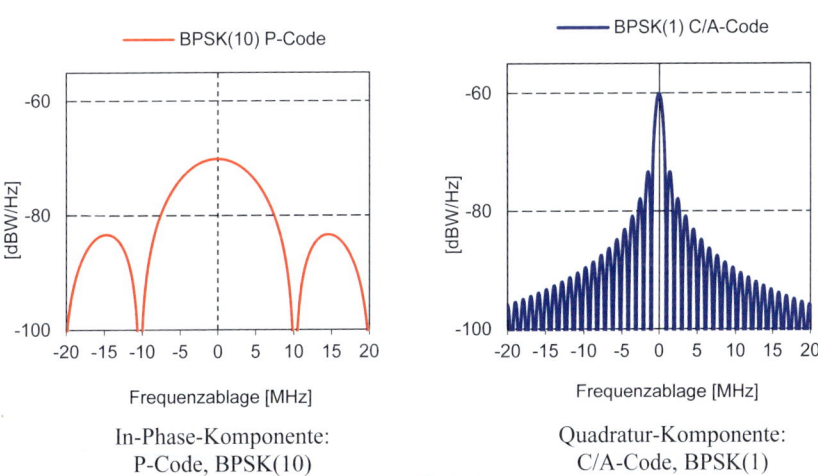

Abb. 5.12: Normierte Leistungsdichtespektren des herkömmlichen GPS-L1-Signals

5.5.4.3 L2-Signal

Die Trägerfrequenz f_2 entsteht durch Multiplikation der Grundfrequenz f_0 mit dem Faktor 120. Das L2-Signal entsteht durch die BPSK-Modulation des Kosinusträgers (In-Phase-Signal).

- Code
  Der verwendete Code ist identisch mit dem Code des In-Phase-Signals des L1-Trägers (P(Y)-Code).
- Modulation
  Das L2-Signal wird BPSK(10)-moduliert. Abbildung 5.13 zeigt das daraus abgeleitete normierte Leistungsdichtespektrum des herkömmlichen L2-Signals.
- Daten
  Übertragene Daten und die Bitrate sind identisch mit den Daten des L1-Signals.

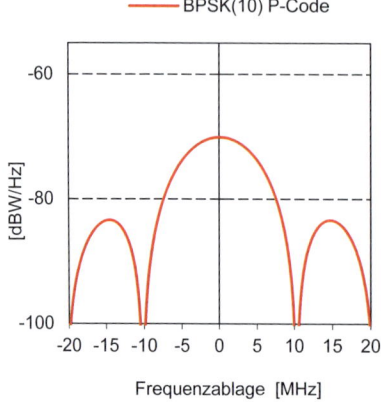

Abb. 5.13:
Normiertes Leistungsdichtespektrum
des herkömmlichen GPS-L2-Signals

5.5.4.4 Formelhafte Darstellung der Signale

In einer geschlossenen mathematischen Schreibweise stellen sich die von dem i-ten GPS-Satelliten abgestrahlten Signale wie folgt dar:

$$L1_i = A_P \cdot P_i(t) \cdot D_i(t) \cdot \cos\left(\omega_1 t + \varphi_1(t)\right) + A_G \cdot G_i(t) \cdot D_i(t) \cdot \sin\left(\omega_1 t + \varphi_1(t)\right),$$

$$L2_i = B_P \cdot P_i(t) \cdot D_i(t) \cdot \cos\left(\omega_2 t + \varphi_2(t)\right).$$

(5.1)

Dabei bedeuten:

$\omega_1 = 2\pi f_1$, $f_1 = 1.575,42$ MHz ; $\omega_2 = 2\pi f_2$, $f_2 = 1.227,60$ MHz;

t:	die Zeitangabe der Atomuhr des i-ten Satelliten,
$\varphi(t)$:	Summe aus Kreisfrequenzabweichung und Phasenrauschen der Frequenzen,
$P_i(t)$:	P-Code-Modulationssignal,
$G_i(t)$:	C/A-Code-Datensignal,
$D_i(t)$:	Daten-Code-Modulationssignal,
A_P, A_G:	die relativen (dimensionslosen) Amplituden von $P_i(t)$ und $G_i(t)$ an der Trägerfrequenz f,
B_P:	die relative (dimensionslose) Amplitude des $P_i(T)$-Modulationssignals der Trägerfrequenz f;

(vgl. Bauersima 1982, Spilker 1980).

5.6 Die Systemsicherungsmaßnahmen Selective Availability (SA) und Anti-Spoofing (A-S)

GPS ist in erster Linie ein Navigationssystem der *US-amerikanischen Streitkräfte*. Dies bedeutet, dass allein die USA entscheiden, ob und in welchem Umfang GPS der Allgemeinheit zur Verfügung steht.

Bei dieser Entscheidung steht die Regierung der USA in einem Interessenkonflikt:

1. Die Streitkräfte der USA möchten durch den alleinigen Zugriff auf GPS gegenüber einem militärischen Gegner im Vorteil sein.
2. Die Finanzverwaltung der USA möchte die GPS-Industrie fördern, um über den Verkauf ziviler GPS-Technologie Steuereinnahmen zur Refinanzierung des Systems zu erzielen.

Zu Beginn der Entwicklung von GPS gab es keinerlei Einschränkung bei der Nutzung des Systems. Alle relevanten Informationen über das System wurden veröffentlicht. Diese Politik hat maßgeblich dazu beigetragen, dass Ingenieure und Wissenschaftler aus aller Welt zur Entwicklung des Systems in all seinen Facetten beigetragen haben.

Etwa ein Jahr vor Erreichen der vollständigen Betriebsbereitschaft von GPS wurde nach vorheriger Ankündigung der Zugang zu GPS am 1. Januar 1994 eingeschränkt. Dabei wurden zwei Techniken verwendet: *Selective Availability* und *Anti-Spoofing*.

5.6.1 Anti-Spoofing (A-S)

Die militärischen PPS-Nutzer sollen in erster Linie davor geschützt werden, ein von einem feindlichen Sender ausgestrahltes Signal mit falschen Informationen als GPS-Signal zu interpretieren, da dies zu einer falschen Ortung führen würde. Erreicht wird dies beim herkömmlichen GPS durch eine Maßnahme mit der Bezeichnung „Anti-Spoofing (A-S)". Die Bezeichnung „Anti-Spoofing" ist auf das englische Verb „to spoof: beschwindeln, reinlegen" zurückzuführen. Ein GPS-Empfänger wird beschwindelt, wenn ein feindlicher Sender ein Signal mit falschen Informationen ausstrahlt, welches vom Empfänger als Satellitensignal aufgefasst wird. Dies führt zu einer falschen Ortung. Anti-Spoofing (A-S) ist eine Maßnahme, die eine derartige Störung des Systems durch einen militärischen Gegner verhindern soll.

Durch A-S wird der vom herkömmlichen GPS genutzte P-Code verschlüsselt und damit zum P(Y)-Code. PPS-Nutzer haben die Möglichkeit, auch die verschlüsselten GPS-Signale in vollem Umfang nutzen zu können. Dies führt dazu, dass PPS-Nutzer die drei vom herkömmlichen GPS in zwei Frequenzbereichen ausgestrahlten Signale uneingeschränkt nutzen können. Somit können Zweifrequenzmessungen durchgeführt werden. Zivile SPS-Nutzer können uneingeschränkte Messungen nur auf einer Frequenz durchführen. Es gibt aber seit längerer Zeit Techniken, um auch die mit dem verschlüsselten Code ausgestrahlten Signale in zivile Messungen einzubeziehen. Somit können auch zivile Nutzer Zweifrequenzempfänger nutzen. Das eigentliche Ziel von A-S ist dadurch nicht gefährdet. Ein ziviler Nutzer kann lediglich leichter getäuscht werden.

5.6.2 Selective Availability (SA)

In wörtlicher Übersetzung bedeutet „Selective Availability" ausgewählte Verfügbarkeit: Der Systembetreiber wählt aus, welcher Anteil des Genauigkeitspotenzials von GPS zur Verfügung gestellt wird. *Durch verfälschte Satellitenbahndaten sowie künstliches Verrauschen der Trägersignale (dithering) wurde die potenzielle Genauigkeit der absoluten Ortsbestimmung in Echtzeit verschlechtert.* Durch SA wurde die Navigationsgenauigkeit (absolut) für einen zivilen Nutzer auf etwa 100 m eingeschränkt.

Die Systemsicherungsmaßnahme SA war vor allem in den USA immer sehr umstritten. So z. B. auch für die Federal Aviation Administration (FAA), bei der *„SA so populär ist wie Straßenkriminalität"* (Montgomery 1991). Nicht umstritten war hingegen A-S, da durch A-S in erster Linie autorisierte Nutzer lediglich besonders geschützt werden.

Am 2. Mai 2000 wurde SA ausgeschaltet. Die Navigationsgenauigkeit (absolut) wurde damit deutlich verbessert. Im September 2008 veröffentlichte das Verteidigungsministerium der USA das Dokument „Global Positioning System – Standard Positioning Service Performance Standard, 4th Edition" (www.navcen.uscg.gov). Dort ist definiert, welche Leistungsmerkmale GPS zivilen Nutzern durch den GPS Standard Positioning Service (SPS) zur Verfügung stellt. Eines der Leistungsmerkmale betrifft die Genauigkeit der Ortung. Bei einem Einfrequenzempfänger, der alle an seinem Ort zu beobachtenden Satellitensignale auswertet, kann nach dem zitierten Service Performance Standard mit einer Genauigkeit von besser als 9 m (2 dRMS) für die Lage und besser als 15 m (2σ) für die Höhe gerechnet werden. Im schlechtesten Fall liegen die entsprechenden Werte bei 17 m bzw. 37 m (Tabelle 3.8.3 des Dokuments).

In zahlreichen Untersuchungen (z. B. Renfro u. a. 2015, Hughes 2015) konnte nachgewiesen werden, dass diese Genauigkeiten in der Realität bei weitem unterschritten werden. Selbst mit einfachen Einfrequenzempfängern kann mit einer Lagegenauigkeit von 2 – 3 Meter und einer Höhengenauigkeit von 6 – 9 Meter gerechnet werden.

Jeder GPS-Nutzer kann bei *ausgeschaltetem SA* und *eingeschaltetem A-S* mit praktisch gleicher Genauigkeit orten. SA kann aber jederzeit wieder eingeschaltet werden.

5.7 Besonderheiten der GPS-Messgrößenerzeugung

In Kapitel 2 wurde beschrieben, wie die GNSS-Messgrößen erzeugt werden. Bei GPS gibt es einige Besonderheiten, die in den folgenden Abschnitten beschrieben werden.

5.7.1 Messung der Pseudostrecke (Codephase) beim C/A-Code

Wie bei allen anderen GNSS wird die Pseudostrecke durch eine schrittweise Anpassung des intern erzeugten Signals an das heruntergemischte Signal ermittelt. Da die Periode des C/A-Codes nur 1 ms lang ist, liegt eine Mehrdeutigkeit der gewonnenen Pseudoentfernung von $1 \text{ ms} \cdot c \approx 300 \text{ km}$ vor. Diese Mehrdeutigkeit kann nach Misra & Enge (2006) wie folgt aufgelöst werden (s. Abb. 5.14):

Die Messungsepoche tritt typischerweise in der Mitte eines C/A-Code-Chips auf. Die Satellitenzeit, zu der dieser Chip vom Satelliten ausgestrahlt wurde, wird in einem Prozess bestimmt, der dem Prozess ähnelt, mit dem man die Uhrzeit von einer Analoguhr bestimmt, durch Ablesen des Stundenzeigers, des Minutenzeigers und des Sekundenzeigers.

Die Satellitenzeit wird in Form des Z-Count angegeben. Der Z-Count ist eine Ganzzahl, die bei Multiplikation mit 1,5 die Satellitenzeit ergibt. Jeder Subframe enthält den Z-Count im HOW. Um die Satellitenzeit für das ausgesandte und beim Empfänger empfangene Satellitensignal zu bestimmen, benötigen wir den Z-Count des zugehörigen Subframes plus die Satellitenzeit, die seit Beginn des Subframes vergangen ist. Diese Zeit kann in ihren Komponenten wie folgt bestimmt werden:

- Gezählt wird die ganze Anzahl N der Bits der Navigationsnachricht im laufenden Subframe.
- Gezählt wird die ganze Anzahl M von C/A-Codeperioden seit Beginn des laufenden Bits der Navigationsnachricht.
- Mithilfe von Korrelatoren (DLL, PLL) wird die Zeit Δt bestimmt, um die der empfängerintern gebildete C/A-Code gegenüber dem empfangenen C/A-Code zu verschieben ist, damit die KKF vom empfangenen und empfängerintern erzeugten Code das Korrelationsmaximum erreicht (s. dazu Anhang G).

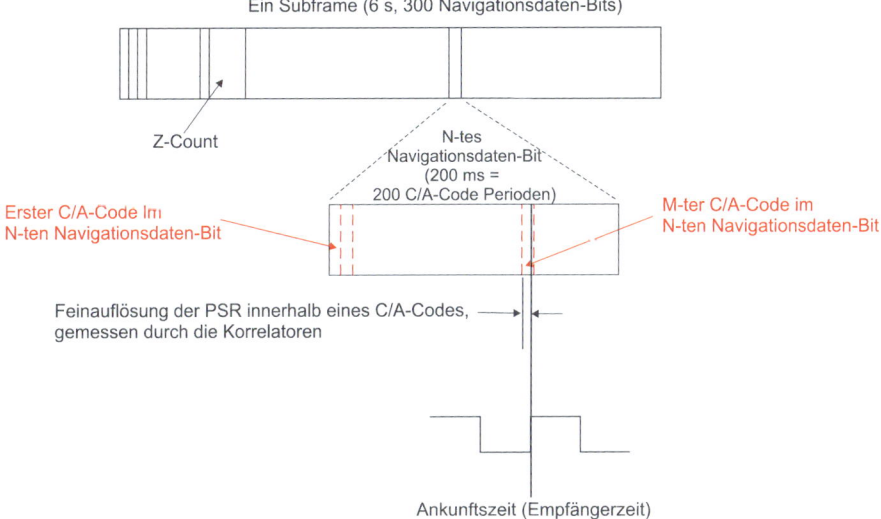

Abb. 5.14: Bestimmung der Zeit der Signalaussendung

Dann kann die Zeit der Signalaussendung wie folgt berechnet werden:

t^S =   Z-Count · 1,5

   +   Anzahl N der übermittelten Bits der Navigationsnachricht · $10 \cdot 10^{-3}$

   +   Anzahl M der C/A-Codewiederholungen · 10^{-3}

   + Δt.

Der Z-Count wird aus den Navigationsdaten gelesen. Die Anzahl N der Bits der Navigationsnachricht im übermittelten Subframe und die Anzahl M der C/A-Codeperioden im laufenden Bit der Navigationsnachricht werden in der Empfängersoftware gezählt. Δt wird mithilfe von Korrelatoren ermittelt.

Damit liegen zu jedem Messzeitpunkt die Zeit t^E – im Empfängeruhrenrahmen –, zu der das Satellitensignal empfangen wurde, und die Zeit t^S – im Satellitenuhrenrahmen –, zu der das Satellitensignal ausgesendet wurde, vor. Mit $PSR = (t^E - t^S) \cdot c$ ist also die PSR eindeutig bestimmt.

5.7.2 Messung der Pseudostrecke (Codephase) beim P(Y)-Code

Sofern der GPS-Nutzer über die Möglichkeit verfügt, den P(Y)-Code zu nutzen, tritt das Problem der Mehrdeutigkeit nicht auf. Der individuelle P(Y)-Code jedes Satelliten hat eine Periode von sieben Tagen. Diese Periode ist also größer als die Signallaufzeit vom Satelliten zum Beobachter. Die Kreuzkorrelation des P-Codes führt deshalb zu einer eindeutigen Pseudostrecke, die außerdem noch zehnmal genauer ist als die Pseudoentfernung aus dem C/A-Code, da die P-Code-Frequenz zehnmal größer ist als die C/A-Code-Frequenz.

Hier stellt sich aber ein anderes Problem: die lange Dauer des Suchvorgangs. Die Chiprate des P(Y)-Codes ist $10.230 \cdot 10^3$ chip/s. Bei einer angenommenen mittleren Laufzeit des Signals vom Satelliten zum Beobachter von 0,07 s, die etwa gleich der zu bestimmenden Verzögerung ist, hat der Codegenerator bereits $7,1 \cdot 10^5$ Chip erzeugt, bevor der erste Chip des Satellitensignals am

Empfänger ankommt. Bei einer Suchfrequenz von 50 chip/s würde man rund vier Stunden benötigen, bis der P-Code „eingerastet" wäre. Dieser Zeitbedarf verhindert die Synchronisation. Die Synchronisation wird zwar nicht verhindert, aber eine sinnvolle Nutzung ist schwer möglich. Gelöst wird das Problem mithilfe des HOW (Hand-over Word)[72].

Zunächst erfolgt die Messung mithilfe des C/A-Codes. P(Y)-Code und C/A-Code sind zeitlich miteinander verknüpft. Folglich wird die Erzeugung des P(Y)-Code-Duplikats im Empfänger um den gleichen Betrag verzögert wie die Erzeugung des C/A-Codes. Wegen der Mehrdeutigkeit der C/A-Code-Verzögerung ist der P(Y)-Code damit noch nicht eingerastet. Hier hilft das HOW.

Das HOW enthält die Satellitenzeit einer wohldefinierten Stelle der GPS-Nachricht (Abb. 4.4). Wenn der Empfänger die Satellitenzeit des HOW registriert und die Empfängerzeit der o. g. wohldefinierten Stelle der GPS-Nachricht misst, liegt die gesuchte Zeitdifferenz vor. Die Codeerzeugung im Empfänger wird um diesen Betrag verzögert, und es bleibt dann nur noch die Feinabstimmung des P(Y)-Codes, die nur Bruchteile von Sekunden in Anspruch nimmt.

5.7.3 Messung der L2-Trägerphase bei eingeschaltetem Anti-Spoofing (A-S)

Zielsetzung der Systemsicherungsmaßnahme A-S ist, die potenzielle Gefahr eines fremden GPS-*Täuschungssignals* abzuwenden. Sofern es gelingt, durch geeignete Maßnahmen in einem Empfänger die A-S-Effekte ohne Kenntnis des geheimen P(Y)-Code wieder aufzuheben, ist das Ziel von A-S nicht gefährdet. (Die Genauigkeit der GPS-Ortung wird durch Selective Availability (SA) gesteuert und ist von A-S völlig unabhängig.)

So ist es nicht weiter verwunderlich, dass die USA als Systembetreiber keine Einwände gegen Technologien haben, die die Auswirkungen von A-S in dem einzelnen GPS-Empfänger ohne Kenntnis des Y-Codes weitgehend überwinden. Entsprechende Technologien werden in verschiedenen Empfängern angeboten. Gemeinsam ist diesen Technologien, dass die Qualität der Messdaten aus Verfahrensgründen immer schlechter sein muss als die Qualität der Messdaten, die bei Kenntnis des Y-Codes gewonnen werden können. Der Grad der Verschlechterung ist unterschiedlich, bei einigen Techniken ist die Datenqualität fast so gut wie bei Messungen mit Kenntnis des Y-Codes. Die folgende Darstellung dieser Technologien folgt weitgehend einer Veröffentlichung von Breuer u. a. (1993). Dort sind weitere Einzelheiten zu finden.

Autokorrelation des Signals („squaring")

Autokorrelation ohne Code-Unterstützung
Diese Technik wurde in dem ersten zivil verfügbaren geodätischen GPS-Empfänger angewendet und später von nahezu allen anderen Herstellern geodätischer Empfänger als Option für den Fall der Umschaltung vom P-Code auf den P(Y)-Code mit angeboten. Das empfangene P(Y)-Code-verschlüsselte Signal wird dabei in zwei Ströme aufgeteilt und mit sich selbst multipliziert. Das Ergebnis ist eine Verdoppelung der Frequenz und die Beseitigung aller Phasensprünge, also auch der Datencodierung (Wells 1986). Danach kann die Prozedur der Bildung einer Schwebungsfrequenz und der Feststellung der Phasendifferenz durchgeführt werden. Bei der Auswertung der Messung muss von einer Satellitenfrequenz ausgegangen werden, die der doppelten der tatsächlich ausgesandten Frequenz entspricht. Das Signal-Rausch-Verhältnis der gemessenen Trägerphase ist deutlich schlechter als bei Messungen mit rekonstruiertem Signal.

---

[72] Neuere militärische Empfänger lösen das Problem durch eine Vielzahl parallel arbeitender Korrelatoren sowie durch hochgenaue Empfängeruhren und benötigen das HOW nicht mehr.

Die Technologie erlaubt also Messungen von Trägerphasen (bei halber Wellenlänge) mit schlechterem Signal-Rausch-Verhältnis. Messungen der Codephase sind nicht möglich. Empfänger, die mit dieser Technologie arbeiten, können unter A-S folgende Messgrößen zur Verfügung stellen:

- Codephase (Pseudorange) auf L1-C/A-Code,
- Trägerphase auf L1-C/A-Code (volle Wellenlänge),
- Trägerphase auf L2 (halbe Wellenlänge – Datenqualität verschlechtert).

Autokorrelation mit Code-Unterstützung („code aided squaring")
Es ist bekannt, dass der P(Y)-Code aus der Multiplikation des P-Codes mit einem unbekannten Verschlüsselungscode – dem W-Code – entsteht. Bekannt ist vom W-Code jedoch, dass er eine um 20-mal niedrigere Taktrate hat als der bekannte P-Code. Dies führt dazu, dass der P(Y)-Code Abschnitte mit $20 \cdot 154 = 3.080$ Wellen enthält (zeitliche Länge >2 μs), in denen der P(Y)-Code mit dem P-Code übereinstimmt (s. Abschnitt 5.5.4.2). Daher ist es prinzipiell möglich, den P(Y)-Code durch Korrelation mit dem empfängerintern erzeugten P-Code teilweise aufzuheben und erst danach den Autokorrelationsprozess zu beginnen. Das Messrauschen des so gewonnenen quadrierten Signals ist besser als das Messrauschen des nicht teilweise decodierten Signals.

Empfänger, die mit dieser Technologie arbeiten, können unter AS die gleichen Messgrößen zur Verfügung stellen wie Empfänger, die mit Autokorrelation ohne Codeunterstützung arbeiten (squaring). Die Datenqualität der L2-Trägerphase ist bei ebenfalls halber Wellenlänge jedoch besser.

Kreuzkorrelation

Das Grundprinzip dieser Technologie beruht darauf, dass

- beide GPS-Signale (L1- und L2-Signal) mit dem gleichen Y-Code verschlüsselt sind,
- L1-Signal und L2-Signal auf Grund ionosphärischer Einflüsse zu unterschiedlichen Zeitpunkten am Empfänger ankommen (s. 2.6.4.4).

Die empfangenen L1- und L2-Signale werden in einer Regelschleife um eine Zeitdifferenz Δt solange empfängerintern gegeneinander verschoben, bis die Phasensprünge – also die Verschlüsselung – bestmöglich übereinstimmen; technisch formuliert: bis das Korrelationsmaximum erreicht ist. Die Messgröße Δt ist die Laufzeitdifferenz aus den unterschiedlichen Gruppengeschwindigkeiten der L1-, L2-Signale. Die Phase des bei der Kreuzkorrelation entstehenden Mischsignals liefert die durch ionosphärische Einflüsse erzeugte Phasendifferenz $\Delta \Phi_{ion} = \Phi_{L2} - \Phi_{L1}$.

Damit stehen bei diesem Verfahren folgende Messgrößen zur Verfügung:

- Codephase (Pseudostrecke) auf L1,
- Codephase (Pseudostrecke) auf L2 = Pseudostrecke auf L1 $+ \Delta t \cdot c$,
- Phase auf L1 (volle Wellenlänge),
- Phase auf L2 = Phase auf L1 $+ \Delta \Phi_{ion}$ (volle Wellenlänge, Datenqualität verschlechtert).

Auch hier muss davon ausgegangen werden, dass die Datenqualität schlechter ist als bei Messungen mit Kenntnis des Y-Codes, sie ist jedoch besser als bei den Autokorrelationstechniken. Von großem Vorteil ist, dass die Phase auf L2 bei voller Wellenlänge zur Verfügung steht.

Ähnlich wie bei den Autokorrelationstechniken besteht auch bei der Kreuzkorrelation die Möglichkeit, Abschnitte im L2-Signal vor Anwendung der Kreuzkorrelation mithilfe des empfängerintern erzeugten P-Codes von Phasensprüngen zu befreien. Dies führt zu noch besseren Daten. Man spricht dann von einer *Kreuzkorrelation mit Codeunterstützung*.

P-W-Tracking („Ashtech technique")

Die im Y-Code enthaltenen ungestörten P-Code-Abschnitte werden beim P-W-Tracking in Relation zu dem bekannten P-Code gebracht, d. h., empfängergenerierter P-Code und empfangener Y-Code werden so lange gegeneinander verschoben, bis diese Abschnitte gefunden sind. Über den Betrag der zeitlichen Verschiebung liegt dann sofort die Codephase vor. Innerhalb der etwa 2 ms langen Abschnitte kann die Phasenmessung durchgeführt werden.

Damit können bei diesem Verfahren alle Messgrößen zur Verfügung gestellt werden, die auch bei Kenntnis des Y-Codes gewonnen werden können:

- Codephase (Pseudostrecke) auf L1- C/A-Code,
- Codephase (Pseudostrecke) auf L1-Y-Code,
- Pseudostrecke auf L2-Y-Code,
- Phase auf L1-C/A-Code (volle Wellenlänge),
- Phase auf L1-Y-Code (volle Wellenlänge),
- Phase auf L2-Y-Code (volle Wellenlänge).

Die mit dieser Technologie zu erwartende Datenqualität kommt der Datenqualität bei Messung mit Kenntnis des Y-Codes am nächsten.

5.8 Modernisiertes GPS

5.8.1 Einleitung

Das US-amerikanische GPS wurde in den 1970er-Jahren konzipiert. Zwar war es von Anfang an ein Dual-Use-System, militärische Aspekte und Einflüsse waren aber zunächst dominierend.

Als 1995 GPS den Regelbetrieb aufnahm (Full Operational Capability (FOC)), gab es jedoch weit mehr zivile als militärische Nutzer. In den USA hatte sich eine GPS-Industrie etabliert, die ihre Umsätze vorwiegend im zivilen Sektor machte. Zivile Nutzer äußerten sehr deutlich, dass sie an einer Verbesserung der zivilen Nutzungsmöglichkeiten interessiert seien. Das damals noch aktivierte SA und das Fehlen eines zweiten zivilen Signals zur Durchführung ionosphärischer Laufzeitkorrekturen wurden als hinderlich für eine noch weitergehende Nutzung des Systems angesehen. Aber auch das Militär stellte neue Anforderungen an GPS. Daher kündigte im März 1998 das Weiße Haus an, GPS zu modernisieren.

Im Frühjahr 2017 können die geplanten und zum Teil schon in Angriff genommenen Modernisierungsmaßnahmen wie folgt zusammengefasst werden:

- Modernisierung des Weltraumsegments (neue Satelliten, neue Signale),
- Modernisierung des Bodensegments (zusätzliche Bodenstationen, neue Hard- und Software zur Kommunikation innerhalb des Bodensegments, neue Software zur Erzeugung der Navigationsnachricht).

Sowohl aus militärischer als auch aus ziviler Sicht sind insbesondere die neuen GPS-Signale von Bedeutung. Politisch ist von Bedeutung, dass, anders als beim herkömmlichen GPS, beim modernisierten GPS zivile und militärische Nutzung voneinander unabhängig sind. Die zivile Nutzung kann jederzeit ohne Beeinträchtigung der militärischen Nutzung unterbunden werden. Unter den technischen Gesichtspunkten ist hervorzuheben, dass die modernisierten zivilen Signale zwei generelle Verbesserungen gegenüber den herkömmlichen Signalen erfahren haben. Durch *Forward Error Correction* (*FEC* – Vorwärtsfehlerkorrektur, s. Abschnitt 2.7.7) wird die Übertragung der Navigationsnachricht sicherer, durch datenfreie Kanäle – Bezeichnung *Pilot-Kanal* – wird die Akquisition der Signale sowie die Bildung der Autokorrelationsfunktion erleichtert.

Für die neuen Signale müssen an Bord der Satelliten neue Hardwarekomponenten vorhanden sein. Daher stehen die modernisierten GPS-Signale in unmittelbarem Zusammenhang mit den neuen Satelliten.

Deshalb werden im kommenden Abschnitt die neuen Signale in der zeitlichen Reihenfolge beschrieben, in der auch mit den neuen Satelliten zu rechnen sein wird.

5.8.2 Weltraumsegment

Zum modernisierten Raumsegment gehören die Satellitentypen:

- Block IIR-M (Abb. 5.3),
- Block IIF (Abb. 5.3),
- Block III (Abb. 5.15).

Abb. 5.15: Block-III-Satellit
(Quelle: GPS.gov – U. S. Air Force)

Im Frühjahr 2017 sind sieben Block-IIR-M- und zwölf Block-IIF-Satelliten in ihren Orbits. Sie senden zusätzlich zu den herkömmlichen Signalen ein zweites ziviles Signal auf L2 und zusätzlich je ein neues militärisches Signal auf L1 und L2. Damit senden die Block-IIR-M-Satelliten auf zwei Frequenzen sechs Signale, davon sind zwei Signale für den zivilen Gebrauch bestimmt.

Im Frühjahr 2018 soll nach langen Verzögerungen der erste Block-III-Satellit gestartet werden. Die ersten zehn Block-III-Satelliten wurden bei der Fa. Lockheed Martin in Auftrag gegeben. Insgesamt 32 Block-III-Satelliten sollen gebaut werden.

Sie senden zusätzlich zu den herkömmlichen und modernisierten Signalen ein neues ziviles Signal im Frequenzbereich L1, das L1C-Signal. Das L1C-Signal wird in zwei Kanälen ausgestrahlt. Damit senden die Block-III-Satelliten auf drei Frequenzen zehn Signale, davon sind sechs Signale für den zivilen Gebrauch bestimmt (s. Abb. 5.16).

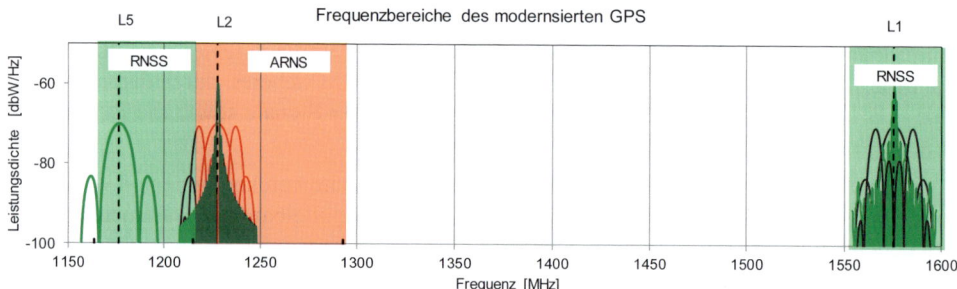

Abb. 5.16: Frequenzbereiche/Spektren des GPS III

5.8.3 Bodensegment

Das derzeitige herkömmliche GPS-Bodensegment – in der GPS-Terminologie *Operational Control Segment (OCS)* – ist im Laufe der Jahre immer weiterentwickelt worden. Schritte zum heutigen, in Abschnitt 5.5.2 beschriebenen Status, waren:

1. Legacy Accuracy Improvement Initiative (L-AII)
    Durch diese im Jahr 2008 abgeschlossene Maßnahme wurde die Anzahl der Monitorstationen auf 16 erhöht.
2. Architecture Evolution Plan (AEP)
    Im Zuge dieser Maßnahme wurde die Informationstechnik des OCS komplett erneuert. Weiter wurde eine alternative Master Control Station eingerichtet. Die Technik aller Bodenstationen wurde erneuert. Im April 2011 war die Maßnahme abgeschlossen.
3. Launch and early orbit, Anomal resolution, and Disposal Operations (LADO)
    Die GPS Master Station kann maximal 32 Satelliten kontrollieren. Mit der im Jahr 2007 begonnenen LADO-Maßnahme erlangte das OCS die Fähigkeit, GPS-Satelliten außerhalb der 32-Konstellation zu betreuen. LADO benutzt dazu nur die Bodenstationen des Air Force Satellite Control Network (AFCN).

Aber auch mit diesen Modernisierungsmaßnahmen hat das OCS nicht die Fähigkeit, alle Varianten des GPS III mit seinen neuen Signalen zu unterstützen. Daher wird seit 2008 daran gearbeitet, ein völlig neues Bodensegment zu entwickeln. Es trägt die Bezeichnung „*Next Generation Operational Control Segment (OCX)*“. Aufgabe des OCX ist, die Block-III-Satelliten mit ihren modernisierten Signalen zu kontrollieren, aber gleichzeitig auch die weitere Verwendung der Block-II-Satelliten sicherzustellen. Mit OCX sollen es u. a. möglich sein, die modernen Nachrichtentypen (CNAV, CNAV-2, MNAV) zu nutzen. Weiterhin soll es möglich werden, die Zahl der zu kontrollierenden Satelliten von derzeit 32 auf 63 heraufzusetzen (s. dazu: http://www.globalsecurity.org/space/systems/gps_3-ocx.htm). Ein anderer wichtiger Aspekt bei der Entwicklung des OCX ist der Schutz vor Cyber-Angriffen.

Die Entwicklung des OCX hat die US Air Force im Jahr 2010 in Auftrag gegeben. Für seine Entwicklung sind drei Stufen vorgesehen:

Stufe 1: *OCX Block 0 (Start- und Test-System)*
OCX Block 0 unterstützt den Start und den frühen Weltraumtest der Block-III-Satelliten. OCX Block 0 wurde im Dezember 2016 abschließend getestet. Es soll 2017 in Betrieb genommen werden.

Stufe 2: *OCX Block 1 (Unterstützung der zivilen GPS-III-Funktionen)*
OCX Block 1 ersetzt das herkömmliche OCS-Bodensegment. Block 1 wird die GPS-II- und GPS-III-Satelliten kontrollieren und das zivile L1C-Signal[73] aussenden. Die derzeitigen Planungen gehen davon aus, dass OCX Block 1 frühestens Ende 2021 in Betrieb genommen werden kann.

Stufe 3: *OCX Block 3 (Unterstützung der militärischen GPS-III-Funktionen, Überwachen der Qualität der zivilen Signale)*
Unterstützung weiter entwickelter M-Code-Funktionen für militärische Nutzer, Überwachung der Performance der zivilen Signale.

Die Entwicklung des OCX erwies sich als schwieriger als zunächst vermutet. Es kam zu unerwarteten Verzögerungen (Stand 2016: sechs Jahre Verzögerung und Kostensteigerungen (zunächst geschätzte Kosten 1,5 Mrd. $, Stand 2016: Kosten 5,5 Mrd. $) (Divis 2016).

Da die GPS-III-Satelliten mit dem derzeitigen Bodensegment ihre vollen Fähigkeiten nicht erreichen können und da das für GPS III benötigte OCX nicht vor 2021 zur Verfügung stehen wird, hat die US-Luftwaffe im Dezember 2015 der Fa. Lockheed Martin den Auftrag erteilt, für 96 Millionen Dollar das vorhandene Bodensegment so zu erweitern, damit GPS III schon vor Fertigstellung von OCX genutzt werden kann (s. dazu: http://www.insidegnss.com/node/4945).

5.8.4 Navigationsnachricht

Seit 2010 senden die Block-IIR-M-Satelliten auf L2C eine neue Navigationsnachricht, die „Civil Navigation (CNAV) Message". An die Stelle der Frame/Subframe-Architektur der herkömmlichen Navigationsnachricht ist ein neues Format getreten, das aus unterschiedlichen Datenpakten von je 300 bit besteht. Die Übertragung eines Datenpakets dauert 12 s. Jedes Datenpaket enthält individuelle Nachrichtentypen in individuellen Strukturen. Vorgesehen sind bis zu 63 verschiedene individuelle Nachrichtentypen. Davon sind zurzeit 15 Typen definiert.

Ein wesentliches Element des CNAV-Datenformats ist eine genauere Darstellung der Satellitenorbits. Zwar werden die Satellitendaten wie bisher durch Kepler-Elemente beschrieben, gegenüber der bisherigen Darstellung soll aber durch zusätzliche Parameter eine höhere Genauigkeit erreicht werden (s. Tabelle 5.3).

Weitere Elemente der CNAV-Message sind

- Differenzial-Korrekturen ähnlich denen der satellitengestützten DGNSS;
- eine Information darüber, ob die Daten des Satelliten zuverlässig sind. Diese Information ist nicht älter als 6 s;
- GPS/GNSS-Offsets;
- das neue Format unterstützt 63 Satelliten (altes Format 32 Satelliten).

All diese Elemente sind insbesondere für eine autonome Ortung von Bedeutung.

---

[73] Das L1C-Signal ist mit dem offenen Galileo-E1-Signal abgestimmt (Hein u. a. 2006).

Tabelle 5.3: Parameter der Satellitenbahn CNAV

M_0	Mittlere Anomalie
Δn	Korrekturglied zur mittleren Winkelgeschwindigkeit
$\Delta \dot{n}$	Zeitliche Änderung der mittleren Winkelgeschwindigkeit
e	Exzentrizität der Bahnellipse
ΔA	Differenz der großen Halbachse der Bahnellipse zu A_{Ref}
$\dot{A}$	Änderung der großen Halbachse
Ω_0	Parameter für die Rektaszension des aufsteigenden Knotens
$\Delta\dot{\Omega}$	Änderung der Rektaszension
i_0	Bahnneigung zur Referenzzeit $t(r)$
ω	Argument des Perigäums
$\dot{\Omega}$	Zeitliche Änderung der Rektaszension des aufsteigenden Knotens
$\dot{i}$	Zeitliche Änderung der Bahnneigung
c_{uc}, c_{us}	Korrekturglieder zum Argument der Breite
c_{rc}, c_{rs}	Korrekturglieder zum Radiusvektor
c_{ic}, c_{is}	Korrekturglieder zur Bahnneigung
$t(r)$	Referenzzeit für die Ephemeriden

5.8.5 Die modernisierten Signale

Alle modernisierten GPS-Satelliten (Block IIR-M, Block III) werden weiterhin zusätzlich zu den in den folgenden Abschnitten beschriebenen modernisierten Signalen die herkömmlichen GPS-Signale (C/A-Code auf L1, P(Y)-Code auf L1 und L2) ausstrahlen. GPS wird dann in drei Frequenzbereichen Signale ausstrahlen. Es wird zivile (kostenfreie) Signale in drei Frequenzbereichen geben. Tabelle 5.4 stellt die von den jeweiligen Satelliten abgestrahlten Signale dar. Die Signale, die bei den modernisierten Satelliten zusätzlich zu den bei den herkömmlichen Satelliten ausgestrahlten Signalen ausgesendet werden, sind grau hinterlegt.

Tabelle 5.4: Überblick über die Entwicklung der GPS-Satellitentypen und Signale

Signal		Satellitentyp			
		herköm.	modernisiert		
		IIR	IIR-M	IIF	III
L1	C/A	●	●	●	●
	P(Y)	●	●	●	●
	M		●	●	●
	C Daten				●
	Pilot				●
L2	P(Y)	●	●	●	●
	C		●	●	●
	M		●	●	●
L5	Daten			●	●
	Pilot			●	●
		1995 bis 2005	2005 bis 2016	2009 bis 2016	2018 bis 2021
		Inbetriebnahme (~)			

5.8.5.1 M-Codesignal

Das M-Codesignal wird von den Block-IIR-M- und Block-IIF-Satelliten auf den GPS-Frequenzen L1 und L2 ausgestrahlt. Mitte 2017 sind sieben Block-IIR-M- und zwölf Block-IIF-Satelliten in ihren Umlaufbahnen.

Das M-Codesignal ist ausschließlich für den militärischen Gebrauch bestimmt. Eventuell soll der M-Code den herkömmlichen P(Y)-Code ersetzen. Während der Übergangsphase soll es für militärische Anwendungen YMCA-Empfänger geben, Empfänger, die P(Y)-Code, M-Code und C/A-Code gemeinsam nutzen können.

Das Modulationsverfahren für das M-Signal ist die SinBOC(10,5)-Modulation (s. Abb. 5.17). Daraus ergibt sich ein Leistungsdichtespektrum mit zwei Maxima, die 10 MHz oberhalb und unterhalb der jeweiligen Zentralfrequenz liegen. Damit können die M-Signale zusätzlich zu den vorhandenen militärischen L1-P(Y)-Signalen und zivilen L1-, L2-Signalen ausgesendet werden, ohne dass es zu gegenseitigen Störungen kommt.

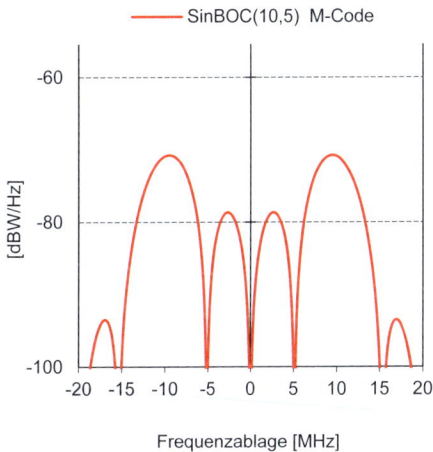

Abb. 5.17:
Leistungsdichtespektrum des
M-Codesignals

Leser, die an weiteren Einzelheiten interessiert sind, seien auf folgende Literatur verwiesen: Barker u. a. (2006), Julien & Macabiau (2006).

5.8.5.2 L2C-Signal

Das zivile L2C-Signal wird auf L2 (1.227,60 MHz) von den Block-IIR-M-und Block-IIF-Satelliten ausgestrahlt.

Das L2C-Signal wird dazu führen, dass zivile Anwender ohne Einschränkungen Zweifrequenzmessungen durchführen können. Da so ionosphärische Laufzeitverzögerungen bestimmt und berücksichtigt werden können, ist mit dem L2C-Signal, insbesondere bei absoluter Navigation, mit einer Erhöhung der Navigationsgenauigkeit zu rechnen. Weiter dient das L2C-Signal für den Fall lokaler Störungen als redundantes Signal für das L1-Signal.

Das Modulationsverfahren für das L2C-Signal ist die BPSK(1)-Modulation. Daraus ergibt sich die spektrale Leistungsdichte bzw. die Bandbreite ±2 MHz.

Anders als bei dem ebenfalls BPSK(1)-modulierten C/A-Signal werden zwei unterschiedliche PRN-Codes verwendet: CM-Code und CL-Code.

- CM-Code
  CM steht für *Civilian Moderate*. Das Kürzel drückt aus, dass es sich um einen Code von „moderater" Länge handelt. Der Code ist 10.230 bit lang. Er wiederholt sich alle 20 ms.
- CL-Code
  CL steht für *Civilian Long*. Das Kürzel drückt aus, das es sich um einen Code großer Länge handelt. Der Code ist 767.250 bit lang. Er wiederholt sich alle 1,5 s.

Beide Codes werden durch Galois-Schieberegister mit 27 Zellen erzeugt (s. Abb. 5.18 und Anhang D). Die Startvektoren des Schieberegisters sind abhängig von der Satellitennummer und davon, ob ein CM- oder ein LM-Code erzeugt werden soll.

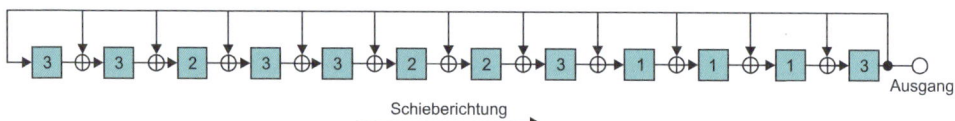

Abb. 5.18: CM- und CL-Codeerzeugung

Mit einem aus 27 Zellen bestehenden Galois-Schieberegister entstehen Maximalfolgen der Länge $2^{27} - 1 = 134.217.727$. Da derartige Folgen zu lang sind, werden sie bei dem L2C-Signal in abgekürzter Form benutzt. Bei dem CM-Code beginnt die Code-Erzeugung nach 10.230 Codes, bei dem CL-Code nach 767.250 Codes wieder von vorne.

In der Abbildung ist das Register in verkürzter Form dargestellt. Mithilfe der Excel-Tabelle GPS L2C mit AKF bzw. KKF (VBA) kann man die Erzeugung des CM-Codes nachvollziehen.

Da die L2C-Codes länger sind als der bisherige C/A-Code, können bessere Autokorrelations- und Kreuzkorrelationseigenschaften erwartet werden. Dies kann unter schwierigen Empfangsbedingungen von Vorteil sein. Konzeptionell aber nimmt der Korrelationsvorgang auch mehr Zeit in Anspruch.

Die dem CM-Code aufmodulierte Navigationsnachricht wird einer Vorwärtsfehlerkorrektor (Forward Error Correction (FEC) durch Faltungscodierung (engl. „convolution encoding") mit der Rate 1/2 unterzogen.

Das ausgestrahlte L2C-Signal wird durch die chipweise Verknüpfung des CM-Codes – mit aufmodulierten Daten – mit dem CL-Code gebildet (s. Abb. 5.19). Das bedeutet, dass nach einem Chip des CM-Codes ein Chip des CL-Codes und dann immer so weiter ausgestrahlt wird.

Beide Codes werden mit einer Chiprate von $511,5 \cdot 10^3$ chip/s übertragen. Da sie chipweise hintereinander ausgestrahlt werden, ergibt sich eine Symbolrate von $2 \cdot 511,5 \cdot 10^3 = 1.023 \cdot 10^3$ s/s. Das Signal wird also, wie schon oben erwähnt, BPSK(1)-moduliert.

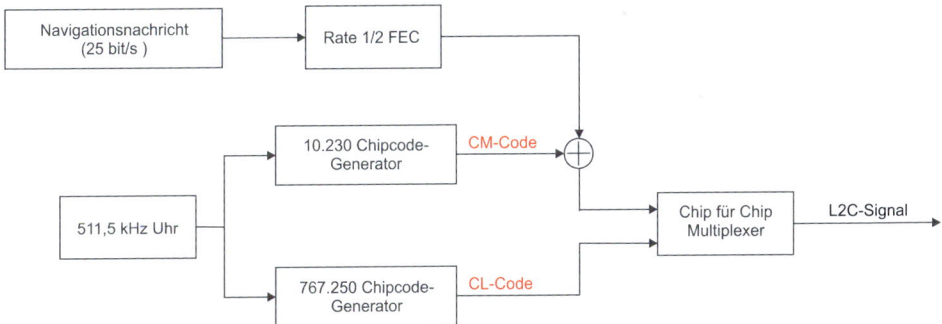

Abb. 5.19: L2C-Basisbandgenerator

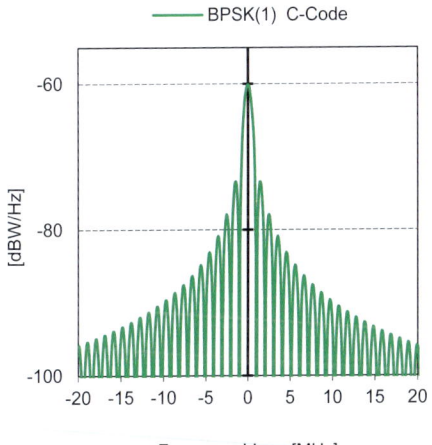

Frequenzablage [MHz]

Abb. 5.20:
Leistungsdichtespektrum des L2C-Signals

5.8.5.3 L5-Signal

Das für den zivilen Gebrauch konzipierte L5-Signal ist für sicherheitskritische Anwendungen vorgesehen. Es sollte ursprünglich erst von Block-IIF-Satelliten ausgestrahlt werden. Zur Sicherstellung des von der ITU zugeteilten Frequenzbands wird seit dem 10. April 2009 das Signal auch von einem Block-IIR-M-Satelliten ausgestrahlt.

Die Zentralfrequenz des L5-Signal liegt bei 1.176,45 MHz. Dieses liegt im besonders geschützten ARNS-Bereich. Mit dem L5-Signal werden GPS-Signale in drei unterschiedlichen Frequenzbereichen ausgestrahlt.

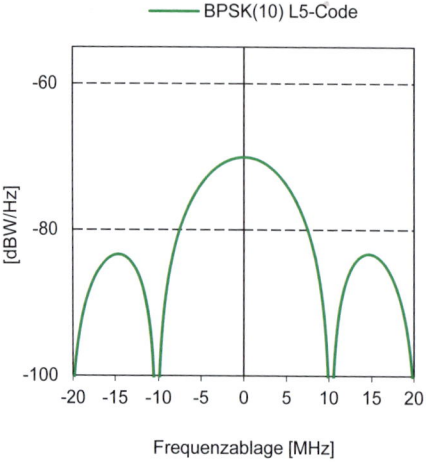

Abb. 5.21:
Spektrale Leistungsdichte des L5-Signals

Ein Multiplexverfahren für das neue L5-Signal ist die Quadraturmodulation (s. Abschnitt 2.7.4.1). Die in Quadratur stehenden Träger werden jeweils BPSK(10)-moduliert, haben also eine Chiprate von 10,23 MHz. Beide Träger haben eigene Codes mit der Bezeichnung I5- bzw. Q5-Code (IS-GPS-705). Beide Codes haben mit je 10.230 Chips die gleiche Länge. Aus der Chiprate ergibt sich damit eine Periode von einer Millisekunde für jede Codesequenz. In Abschnitt D.4.4 des Anhangs D ist die Erzeugung der Codes beschrieben. Abbildung 5.21 zeigt das Leistungsdichtespektrum des Signals.

Dem in Phase stehenden Teil des L5-Signals (I-Kanal) wird neben dem Code die Navigationsnachricht aufmoduliert, der in Quadratur stehende Signalteil (Q-Kanal) wird ohne Navigationsnachricht ausgestrahlt. Beide Signalteile werden zusätzlich mit Neuman-Hofman-Bitfolgen – auch NH-Codes genannt – moduliert (s. Abb. 5.22 und Anhang D9). Im I-Kanal besteht der NH-Code aus zehn Bits, im Q-Kanal aus 20 Bits. Die Bitrate beträgt für beide NH-Codes 1 kHz.

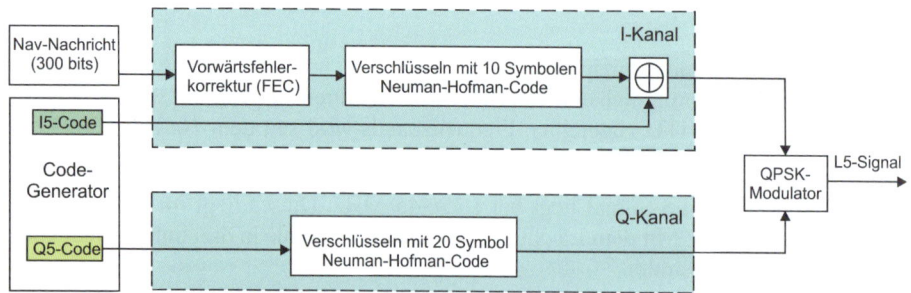

Abb. 5.22: Modulationsschema für das L5-Signal

Die für jeden Satelliten gleichen – für I- und Q-Kanal aber unterschiedlichen NH-Codes – tragen dazu bei, die Störanfälligkeit der Signale zu verringern und die Kreuzkorrelationseigenschaften der Signale zu verbessern (Van Dierendonk & Hegarty 2000). Der Verzicht auf die Navigationsnachricht im Q-Kanal führt dazu, dass im Empfänger die Korrelation von empfangenem und im Empfänger erzeugten Signal und damit die Entfernungsmessung leichter, schneller und besser durchgeführt werden kann. Bei der Übertragung der Navigationsnachricht kann nie ausgeschlossen werden, dass durch Störungen einzelne Bits verfälscht werden. Damit dies im Fall einer tatsächlichen Störung der Übertragung eines Bits im Empfänger erkennbar wird und damit der Fehler korrigiert werden kann, werden bei der Übertragung der Navigationsnachricht beim L5-Signal die Techniken Cyclic Redundancy Check (CRC) und Vorwärtsfehlerkorrektur (FEC) angewendet (s. Abschnitt 2.7.7).

Cyclic Redundancy Check (CRC) beim L5-Signal

Die L5-Navigationsnachricht wird in Blöcken von je 300 Bits ausgestrahlt. Die eigentliche Nachricht besteht jedoch nur aus 276 Bits. Mithilfe eines CRC-Algorithmus werden aus diesen 276 Bits weitere 24 Bits erzeugt und der Nachricht hinzugefügt. Beim Empfang des aus 300 Bits bestehenden Nachrichtenblocks wird auf die ersten 276 Bits der empfangenen Nachricht ebenfalls der CRC-Algorithmus angewendet. Dann wird geprüft, ob die im Empfänger gebildeten CRC-Bits mit den übertragenen CRC-Bits übereinstimmen. So kann überprüft werden, ob die Daten richtig übertragen wurden.

Der zeitliche Zusammenhang zwischen den einzelnen Elementen der Signale (Daten, NH-Bits, PRN-Chips) ist in den Abbildungen 5.23 (I-Kanal) und 5.24 (Q-Kanal) dargestellt.

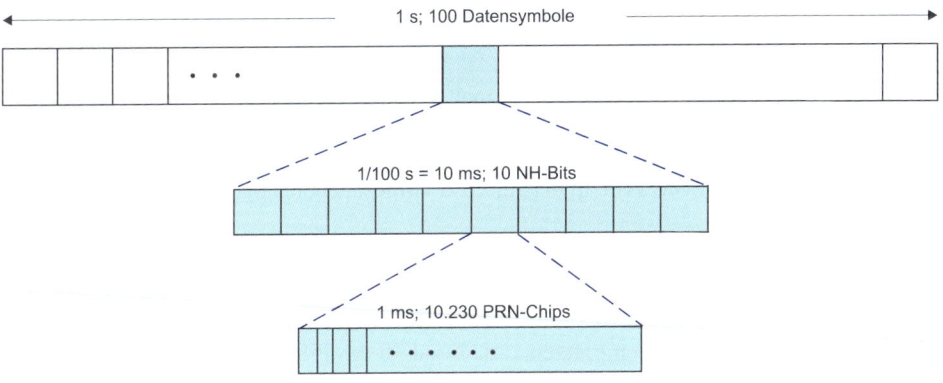

Abb. 5.23: Datensymbole, NH-Bits und PRN-Chips des L5-I-Signals

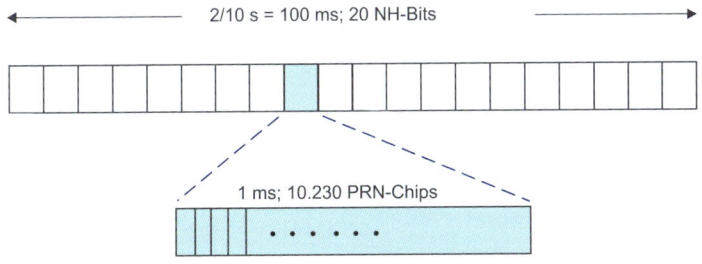

Abb. 5.24: NH-Bits und PRN-Chips des L5-Q-Signals

5.8.5.4 L1C-Signal

Das für den zivilen Gebrauch konzipierte L1C-Signal soll von den Block-III-Satelliten auf der Frequenz L1 ausgestrahlt werden. Der erste Satellit dieses Typs wird für 2018 erwartet. Sieben Jahre später soll eine aus 24 Block-III-Satelliten bestehende vollständige GPS-III-Konstellation operabel sein.

Das bisher, aber auch bis auf weiteres auf L1 ausgestrahlte C/A-Codesignal beruht auf Technologien der 1970er-Jahre. Aus heutiger Sicht hat das Signal Schwächen. U. a. muss unter schwierigen Bedingungen (z. B. bei Mehrwegeeinflüssen) mit Genauigkeitseinbußen und/oder der Fehlortungen gerechnet werden. Unter Anwendung neuerer Technologien können diese Schwächen deutlich verringert werden. Aus diesem Grund, aber auch unter der durch das geplante europäische GNSS Galileo entstandenen Konkurrenzsituation wurde das L1C-Signal entworfen.

Das L1C-Signal besteht aus zwei Komponenten:

- Das mit den Daten modulierte $L1C_D$-Signal,
- Das datenfreie $L1C_P$-Signal (Pilot-Signal).

Die L1C-PRN-Codes der Signalkomponenten haben jeweils eine Länge von 10.230 und eine Periode von 10 ms. Die Codefolgen selbst sind unterschiedlich[74]. Das $L1C_P$-Signal wird zusätzlich noch mit einem für jeden Satelliten eigenen Überlagerungscode (Länge von 1.800, Periode 18 s) moduliert.

Das Modulationsverfahren für das L1C-Signal trägt die Bezeichnung Time-Multiplexed-BOC-Modulation (TMBOC-Modulation). Es wurde von einer US-amerikanischen/europäischen Arbeitsgruppe für die gemeinsame Nutzung der Frequenz 1.575,42 MHz durch Galileo und GPS vorgeschlagen. Das Prinzip der für GPS vorgesehenen TMBOC-Variante zeigt die Abbildung 5.25.

Das L1-C-Datensignal wird ausschließlich BOC(1,1)-moduliert, bei dem Pilotsignal werden vier von 33 Chips BOC(6,1)-moduliert, 29 von 33 Chips werden BOC(1,1)-moduliert. Die Modulation wird auch TMBOC(6,1,4/33)-Modulation genannt. In der Abbildung sind die BOC(6,1)-Modulationen auf den Plätzen 1, 5, 7 und 30 des Pilotsignals angeordnet. Bei der PRN-Länge 10.230 kann dieses Muster 310-mal wiederholt werden. Die endgültige Anordnung der BOC(6,1)-modulierten Chips ist noch nicht festgelegt. Auch ist noch nicht entschieden, in welcher Stärke und Phase die beiden Komponenten ausgestrahlt werden. Die USA und Europa haben sich lediglich auf die normierten Leistungsdichtespektren der L1-C(Galileo)- bzw. E1(Galileo)-Signale verständigt. Das Leistungsdichtespektrum soll zu 10/11 aus dem BOC(1,1)-Spektrum und zu 1/11 aus dem BOC(6,1)-Spektrum bestehen (s. dazu die Excel-Tabelle TMBOC(6,1,4/33) Visualisierung von Spreizsignal, AKF, PSD (VBA).

---

[74] Die Erzeugung dieser auf Weil-Codes basierenden Codes ist in Abschnitt D.6 des Anhangs D beschrieben.

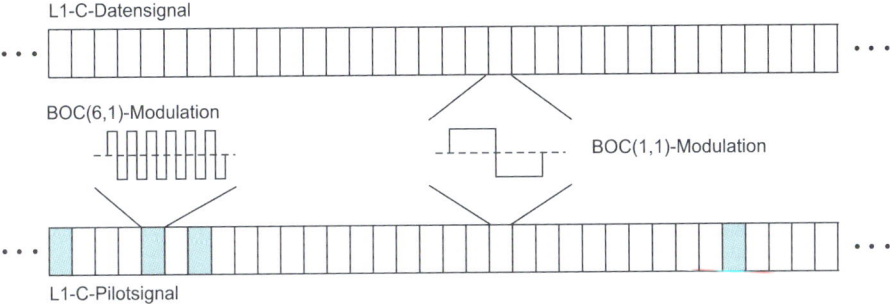

L1-C-Datensignal

BOC(6,1)-Modulation

BOC(1,1)-Modulation

L1-C-Pilotsignal

Abb. 5.25: Modulationsschema der GPS-TMBOC-Modulation

Weitere Besonderheiten des L1C-Signals sind:

- eine neue Struktur für die Navigationsnachricht (CNAV-2). Die Satellitenbahn soll auf 2 cm genau berechnet werden können,
- aufwendige Verfahren sollen sicherstellen, dass bei der Übertragung der Navigationsnachricht keine Fehler auftreten.

Abbildung 5.26 zeigt die mit der TMBOC(6,1,4/33) zu erwartende Spektraldichteverteilung.

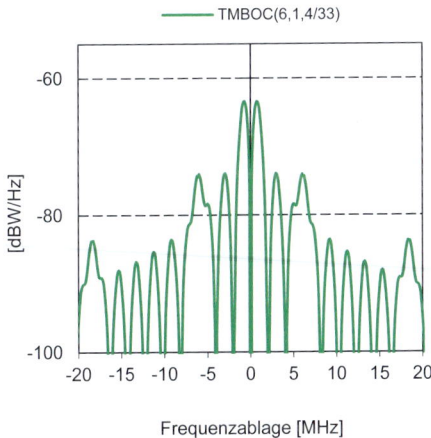

Abb. 5.26:
Spektraldichteverteilung des L1C-Code-Pilotsignals

5.9 GPS-Signale im Überblick

Bei Umsetzung aller von den USA angekündigten Maßnahmen wird GPS III-Signale in drei Frequenzbereichen aussenden (s. Abb. 5.15):

Zwei dieser Frequenzbereiche (L1 und L5) gehören zu den besonders geschützten ARNS-Bereichen.

Im Folgenden werden die Daten und die Leistungsdichtespektren der L1-, L2- und L5-Signale dokumentiert.

Frequenzband L1 (Zentralfrequenz 1.575,420 MHz)

Kanal		Dienst	Modulation	Bandbreite [MHz]	Multiplex
Komponente	Typ				
C/A	Daten	SPS	BPSK(1)	2,04	Quadratur
P(Y)	Daten	PPS	BPSK(10)	20,46	
C_P	Daten	SPS	TMBOC(6,1,4/33)	14,32	
C_D	Pilot	SPS	TMBOC(6,1,4/33)	14,32	?
M	Daten	PPS	BOCs(10,5)	30,60	

Kanal	Datenrate	Code			
		Periode [ms]	Länge		Familie
			Primärcode	Overlaycode	
C/A	50 d/s	1	1023	–	GOLD-Code
P(Y)	50 d/s	7 Tage	$6,2 \cdot 10^{12}$	–	Max-Folge
C_P	250 s/s	10	1.0230	1.800	Weil-Folge
C_D	–	10	1.0230	1.800	Weil-Folge
M	geheim	geheim	geheim	geheim	geheim

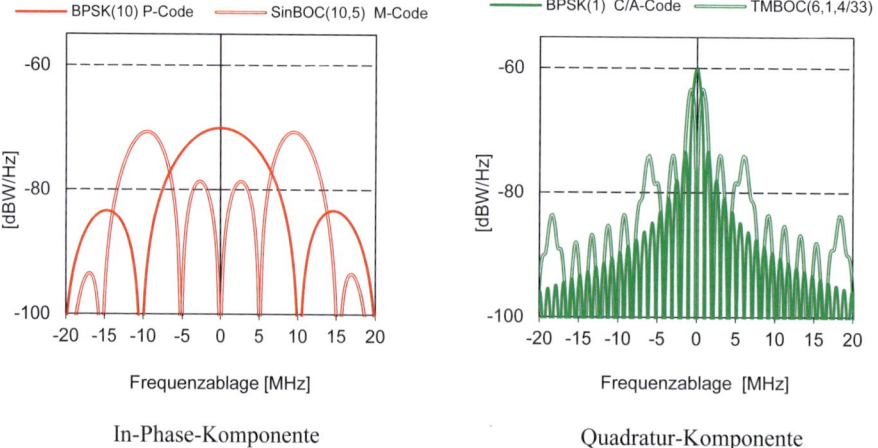

In-Phase-Komponente   Quadratur-Komponente

Abb. 5.27: Normierte Leistungsdichtespektren der GPS-L1-Signale

Frequenzband L2 (Zentralfrequenz 1.227,600 MHz)

Kanal		Dienst	Modulation	Bandbreite [MHz]	Multiplex
Komponente	Typ				
P(Y)	Daten	PPS	BPSK(10)	20,46	
M	Daten	PPS	BOCs(10,5)	30,69	?
CM	Daten	SPS	BPSK(1)	2,04	
CL	Pilot	SPS	BPSK(1)	2,04	

Kanal	Datenrate	Code			
		Periode [ms]	Länge		Familie
			Primärcode	Overlaycode	
P(Y)	50 d/s	7 Tage	$6,2 \cdot 10^{12}$	–	GOLD-Code
M	geheim	geheim	geheim	geheim	Max-Folge
CM		20	10.230	–	Max-Folge
CL		1.500	767.250	–	Max-Folge

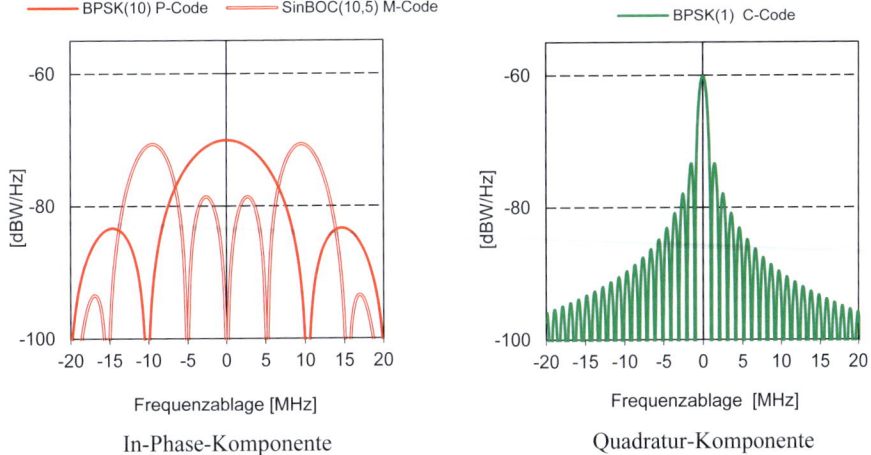

Abb. 5.28: Normierte Leistungsdichtespektren der GPS-L2-Signale

Frequenzband L5 (Zentralfrequenz 1.176,450 MHz)

Kanal		Dienst	Modulation	Bandbreite [MHz]	Multiplex
Komponente	Typ				
I 5	Daten	SPS	BPSK(10)	20,46	Quadratur
Q 5	Pilot	SPS	BPSK(10)	20,46	

Kanal	Datenrate	Code			
		Periode [ms]	Länge		Familie
			Primärcode	Overlaycode	
I 5	100 s/s	1	10.230	–	Max-Folge
Q 5	–	1	10.230	–	Max-Folge

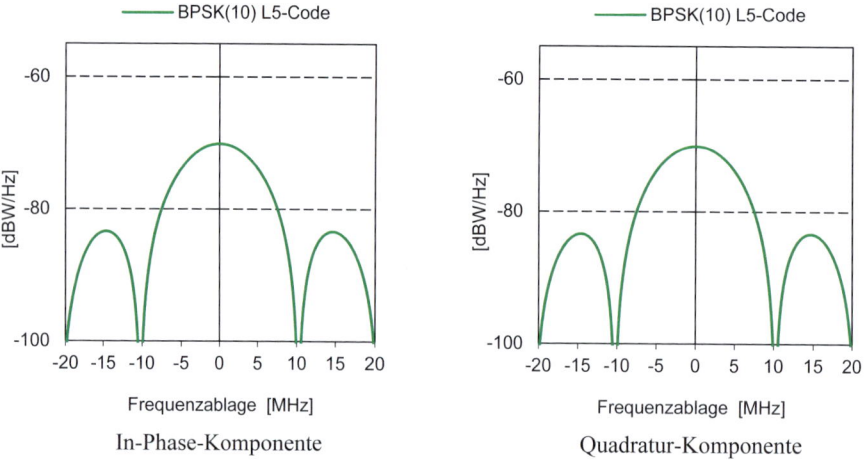

In-Phase-Komponente   Quadratur-Komponente

Abb. 5.29: Normierte Leistungsdichtespektren der GPS-L5-Signale

6 GLONASS – das russische GNSS

GLONASS ist das von den Streitkräften der ehemaligen UdSSR entwickelte GNSS Russlands. Das russische Akronym GLONASS steht für

GLObal'naya NAvigatsioannaya Sputnikovaya Sistema,

in deutscher Übersetzung: globales Navigationssatellitensystem. GLONASS ist ein Dual-Use-System. Es wurde aus militärischen Gründen entwickelt, eine zivile Nutzung ist aber seit einigen Jahren ausdrücklich vorgesehen.

Hier in Kapitel 6 dieser Einführung sollen die Grundzüge von GLONASS beschrieben werden. Inhalt und Terminologie der in den folgenden Abschnitten gegebenen Beschreibung von GLONASS richten sich weitgehend nach dem im Jahr 2008 vom *Russian Institute of Space Device Engineering* herausgegebenen: „GLONASS Interface Control Document" bzw. dessen vorausgehenden Ausgaben. Weitere Quellen sind: ISDE (1993) sowie Zarraoa & Engler (1996).

6.1 Einleitung

Mit der Entwicklung des GLONASS wurde 1972 in der damaligen UdSSR begonnen. Die Motive zur Entwicklung eines GNSS in der UdSSR waren identisch mit den Motiven der US-Amerikaner.

Der erste experimentelle GLONASS-Satellit wurde am 12. Oktober 1982 in seine Umlaufbahn geschossen. GLONASS wurde ursprünglich als rein militärisches System angesehen. Dies war für die UdSSR der Grund dafür, Informationen über GLONASS nicht zu veröffentlichen. Diese Informationspolitik hat die UdSSR anlässlich eines Treffens der International Civil Aviation Organisation (ICAO) – Special Committee on Future Air Navigation Systems (FANS) – am 2. Mai 1988 geändert. Bei diesem Treffen wurde erstmalig von der UdSSR ein Papier mit technischen Einzelheiten über GLONASS vorgelegt. Spätestens seit diesem Zeitpunkt ist GLONASS genau wie GPS ein System, dessen technische Spezifikationen weitgehend offengelegt sind.

Am 18. Januar 1996 war die geplante GLONASS-Konstellation erstmals vollständig verfügbar. Die Lebenszeit der GLONASS-Satelliten der ersten Generation lag zwischen drei und fünf Jahren[75]. Diese relativ kurzen Lebenszeiten verbunden mit den ökonomischen Schwierigkeiten der russischen Föderation führten dazu, dass die Anzahl der verfügbaren GLONASS-Satelliten nach 1996 schnell wieder abnahm. Anfang 2006 ordnete Präsident Putin an, dass GLONASS bis Ende 2009 mit 24 Satelliten den Regelbetrieb aufnehmen solle, und stellte die dafür benötigten finanziellen Mittel zur Verfügung. Dies hat dazu geführt, dass GLONASS seit 2011 mit 24 Satelliten wieder voll operabel ist. Im Frühjahr 2017 sind 24 aktive GLONASS-Satelliten (23 vom Typ GLONASS M, einer vom Typ GLONASS K) in ihren Umlaufbahnen[76]. Die beiden ältesten Satelliten wurden am 26.12.2006, der jüngste am 07.02.2016, in ihre Umlaufbahnen geschossen.

---

[75] Block-II-GPS-Satelliten waren für eine Lebensdauer von 7,5 Jahre konzipiert, erreichen im Allgemeinen aber eine längere Lebensdauer.

[76] Quelle: http://www.glonass-ianc.rsa.ru/pls/htmldb/f?p=202:1:12476601698714808614.

Die Signalgenauigkeit (Signal in Space Range Error (SISRE)) der GLONASS-M-Signale liegt unter 2 m (Montenbruck u. a. 2015). Messung und Auswertung der GLONASS-Trägerphasen sind problemlos möglich. Das Vertrauen in GLONASS ist in den letzten Jahren deutlich gewachsen. So gut wie alle hochwertigen geodätischen Empfänger nutzen GPS- und GLONASS-Signale gleichzeitig. Die Erzeugung und Aussendung von GLONASS-Korrektursignalen für RTK-Anwendungen ist weitverbreitet. Auf dem Massenmarkt konnte sich GLONASS bisher noch nicht durchsetzen – auch nicht in Russland. Wir kommen darauf zurück.

6.2   GLONASS-Dienste

GLONASS bietet als Dual-Use-System zwei Dienste an:
- einen autorisierten Dienst,
- einen offenen Dienst.

Der autorisierte Dienst ist im Wesentlichen für russische Sicherheitskräfte (Militär, Polizei) gedacht, der offene Dienst kann weltweit von jedermann kostenfrei genutzt werden. GLONASS-Satelliten haben früher als die GPS-Satelliten zwei frei verfügbare zivile Signale gesendet, die so auch im offenen Dienst Zweifrequenzmessungen ermöglicht haben.

6.3   Segmente

6.3.1   Weltraumsegment

6.3.1.1   Satellitenkonstellation

Das vollständig ausgebaute Raumsegment besteht aus 24 Satelliten, die in 19.100 km Höhe die Erde umkreisen. Für einen Umlauf benötigen sie 11 Stunden 15 Minuten 44 Sekunden.

Die Satelliten sind in drei Bahnebenen angeordnet, die um 64,8° gegenüber der Äquatorebene geneigt sind. In jeder Bahnebene sind Plätze (Slots) für acht Satelliten vorgesehen. Die aufsteigenden Knoten der drei Bahnebenen sind um jeweils 120° voneinander getrennt; die Nummerierung der Bahnebenen ist aufsteigend in Richtung der Erddrehung. In der Bahnebene 1 befinden sich die Slots 1 bis 8, in der Bahnebene 2 die Slots 9 bis 16 und in der dritten Bahnebene die Slots 17 bis 24. Die Nummerierung der Slots in den Bahnebenen verläuft entgegen der Satellitenbewegung.

Die nominelle GLONASS-Konstellation ist am Stichtag 1. Januar 1983 (0^h 00^{min} 00^s Moskauer Zonenzeit) durch folgende weiteren Werte charakterisiert (s. Abb. 2.3 und Anhang D2.12):
- Länge der aufsteigenden Knoten der idealen Bahnebenen:
  $\beta_i = 252° \, 15' \, 00'' + 120° \cdot (i - 1)$ mit $i = 1, 2, 3$ (Nummern der Bahnebenen).
- Argument der Breite der idealen Satellitenpositionen:
  $u_j = 145° \, 26' \, 37'' + 15° \, (27 - 3j + 25 \, j^*)$;
    j: Slot Nummer der Satelliten ($j = 1 ... 24$);
    j^*: der ganzzahlige Teil von $(j - 1) / 8$.

Daraus ergibt sich die in Tabelle 6.1 dokumentierte Satellitenkonstellation.

Innerhalb der Bahnebenen sind die Satelliten um je 45° getrennt. Das Argument der Breite jedes Satelliten ist so gewählt, dass in benachbarten Bahnebenen fliegende Satelliten ein jeweils um 15° größeres Argument der Breite haben.

Tabelle 6.1: GLONASS-Soll-Konstellation am 1. Januar 1983
(0^h 0^{min} 00^s Moskauer Zonenzeit)

Bahnebene					
1; $\beta = 252°$		2; $\beta = 12°$		3; $\beta = 132°$	
Slot-Nr.	u [°]	Slot-Nr.	u [°]	Slot-Nr.	u [°]
1	145	9	160	17	175
2	100	10	115	18	130
3	55	11	70	19	85
4	10	12	25	20	40
5	325	13	340	21	355
6	280	14	295	22	310
7	235	15	250	23	265
8	190	16	205	24	220

Die in Abbildung 6.1 dargestellte Satellitenkonstellation vom März 2017 lässt erkennen, dass die innerhalb der Bahnebenen angestrebte Trennung von 45° zwar nicht immer, aber dennoch einigermaßen regelmäßig eingehalten wird. Außerdem zeigt sich, dass sich wegen der durch die Gleichungen 2.10 und 2.11 beschriebenen Veränderungen der Rektaszension der aufsteigenden Knoten und der Argumente des Perigäums die Bahnebenen verschoben haben und die Positionen der Satelliten in den Ebenen – die Positionen der Slots – sich geändert haben.

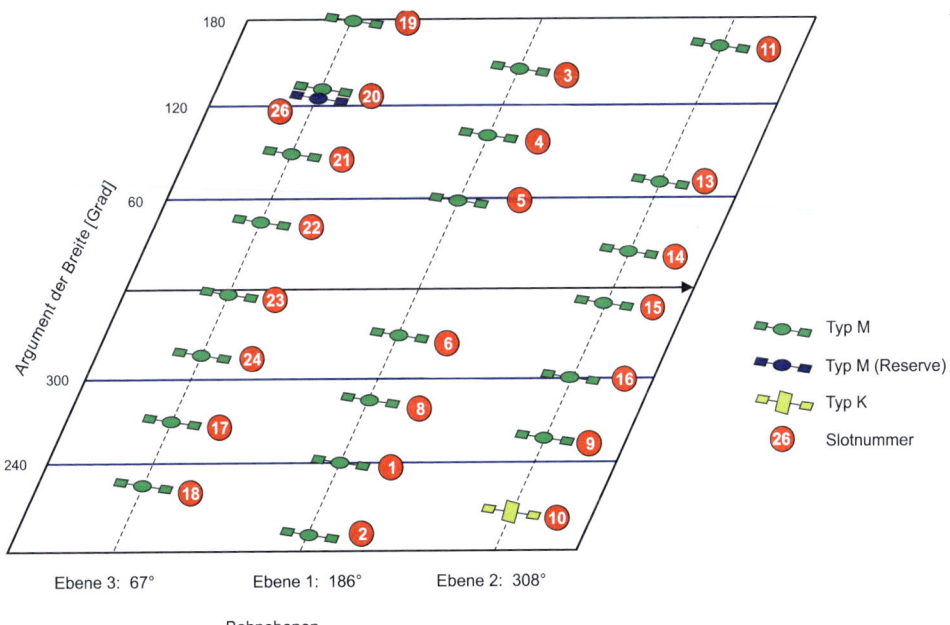

Abb. 6.1: Aktive GLONASS-Satelliten am 6. März 2017

6.3.1.2 Satelliten

Bei GLONASS gibt bzw. gab es drei unterschiedliche Satellitentypen:

- GLONASS   (Satelliten der 1. Generation),
- GLONASS-M   (Satelliten der 2. Generation),
- GLONASS-K   (Satelliten der 3. Generation).

GLONASS-Satelliten der ersten Generation sind nicht mehr im Dienst. Im Frühjahr 2017 sind 22 GLONASS-M-Satelliten und ein GLONASS-K-Satellit operabel (s. Abb. 6.1). GLONASS-M-Satelliten sind für eine Lebenszeit von fünf bis sieben Jahren konzipiert (Jonson 1994). In der derzeitigen Konstellation gibt es zwölf Satelliten, die länger als sieben Jahre im Umlauf sind, drei davon mehr als zehn Jahre. Die GLONASS-K-Satelliten (Entwurfslebenszeit: zehn Jahre) sollen die GLONASS-M-Satelliten ersetzen; der erste GLONASS-K-Satellit nahm Anfang 2011 seinen Probebetrieb auf.

Abbildung 6.2a zeigt einen GLONASS-M-Satelliten. Der Satellitenkörper hat eine zylindrische Gestalt von etwa 3 m Höhe. Die der Stromversorgung dienenden Sonnenpaddel haben eine Spannweite von über 7 m. Die Masse der Satelliten wird mit 1.400 kg angegeben. Der modernere GLONASS-K-Satellit (Abb. 6.2b) hat mit 935 kg eine deutlich kleinere Masse.

Abb. 6.2a: GLONASS-M-Satellit   **Abb. 6.2b:** GLONASS-K-Satellit

(Quelle: LSC Academician M. F. Reshetnev „Information Satellite Systems")

Tabelle 6.2: Einige Merkmale der GLONASS-Satelliten

	GLONASS-M	**GLONASS-K**
Entwurfslebensdauer (Jahre)	7	10
Masse (kg)	1.400	900
Höhe (m)	3,7	4
Breite (m)	7,2	8
Atomuhren	Cäsium	2 Cäsium, 2 Rubidium
Uhrenstabilität	$1 \cdot 10^{-13}$	$1 \cdot 10^{-14}$

Jeder GLONASS-Satellit verfügt über folgende, jeweils mehrfach vorhandene Bordsysteme:

- Navigations- und Steuerungssysteme,
- Orientierungssystem,

- thermisches Kontrollsystem,
- Stromversorgungssystem.

Weiterhin sind die Satelliten mit optischen Reflektoren ausgerüstet.

Die wichtigsten Elemente des Navigations- und Steuerungssystems sind: Signalgenerator, Synchronizer (Referenzoszillator[77], Referenzsignalgenerator), Empfänger und Übertragungssystem, Telemetrie sowie Bordcomputer.

Das Orientierungssystem sorgt dafür, dass die Achse des Satelliten immer zum Erdmittelpunkt zeigt; das thermische Kontrollsystem regelt die Betriebstemperatur im Satellitenkörper. Weitere Einzelheiten findet man bei Kaplan & Hegarty (2006).

Die GLONASS-K-Satelliten haben zusätzlich noch einen Transponder für das COSPAS-SARSAT-System an Bord.

Die von den Satelliten ausgesandten Signale werden in Abschnitt 6.6 beschrieben.

Im Frühjahr 2017 stehen Russland noch sieben fertige GLONASS-M-Satelliten zur Verfügung. Sie sollen in den kommenden Jahren bei Bedarf ausfallende Satelliten ersetzen. Demnach kann damit gerechnet werden, dass noch weitere zehn Jahre GLONASS-M-Satelliten aktiv sein werden.

6.3.2 Bodensegment

Das in Abbildung 6.3 dargestellte Bodensegment hat im Wesentlichen folgende Aufgaben:

- Versorgung der Satellitenbordsysteme mit Bahndaten und Zeit-/Frequenzkorrekturen,
- allgemeine Systemüberwachung.

Das Bodensegment besteht nach Revnivykh u. a. (2017) aus folgenden Stationen (mit den jeweils in englischer Sprache genannten Funktionen):

- Krasnoznamensk:
  System Control Center; Telemetry, TT&C Station[78]
- Schelkovo, Komsomolsk:
  Monitor Station; TT&C Station; Uplink Station; Central Clock; SLR Station[79]
- Yenniseik:
  Monitor Station, TT&C, Uplink Station
- St. Petersburg, Ussuriysk:
  Telemetry, TT&C, SLR Station, Monitor Station
- Vorkuta, Petropavlosk:
  Monitor Station, Uplink Station
- Barnaul, Ulan Ude, Yakustk;
  Monitor Station, SLR Station
- Komsomolsk:
  Central Clock, SLR Station, Uplink Station, TT&C

---

[77] Zwei Cäsium- und zwei Rubidium-Atomuhren.
[78] TT&C: Telemetry, Tracking and Control.
[79] SLR: Satellite Laser Ranging.

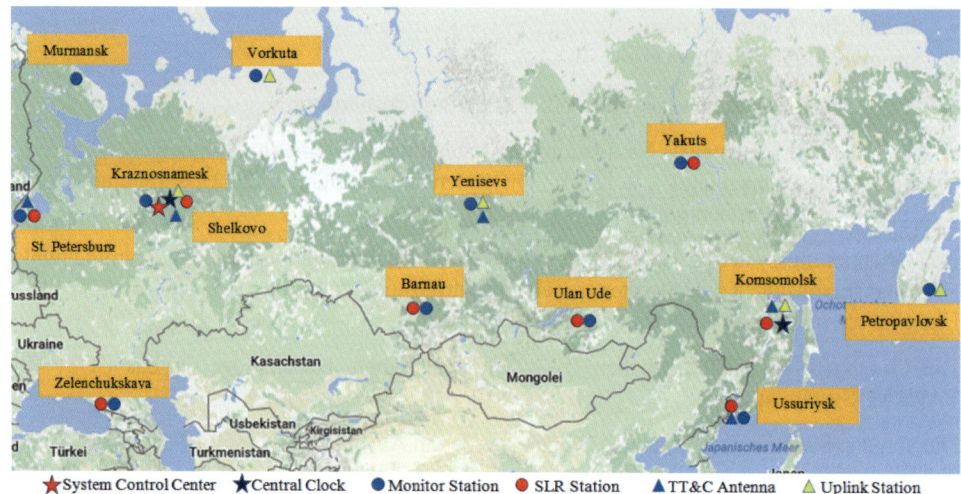

Abb. 6.3: Stationen des GLONASS-Bodensegments

Das Bodensegment war längere Zeit örtlich auf das Territorium Russlands beschränkt (s. Abb. 6.3). Damit sind Nachteile verbunden:

- Die Satellitenbahnen können nur in Teilen überwacht werden. Dies erschwert die Berechnung der Bahndaten und der Frequenzkorrekturen.
- Die Funktionalität der Satelliten außerhalb des russischen Territoriums kann nicht überwacht werden. Dies setzt die Zuverlässigkeit des Systems als Ganzes herab und erhöht die Zeit, die gebraucht wird, um Nutzer des Systems über eventuelle Fehlfunktionen zu informieren.

Im Februar 2014 meldete das Magazin GPS World, dass Russland beabsichtigt, im Jahr 2014 sieben Bodenstationen in Gebieten außerhalb des russischen Staatsgebietes zu errichten. Nach Internetquellen gibt es im Sommer 2017 je eine Bodenstation im Nordosten und Süden von Brasilien (Bundesstaaten Pernambuco, Rio Grande do Sul) und eine Bodenstation in Südafrika. Weitere Stationen sind geplant, u. a. in Mittelamerika (Managua) und China. Insgesamt sollen Bodenstationen in mehr als 30 Ländern errichtet werden[80]. Von offizieller russischer Seite liegen dem Verfasser dazu keine Bestätigungen vor.

6.4 Navigationsnachricht

6.4.1 Navigationsnachricht des offenen Diensts

Struktur der Nachricht

Die gesamte Navigationsnachricht wird in Form eines sich alle 2,5 Minuten wiederholenden *Superframes* übertragen (s. Abb. 6.4). Der Superframe selbst ist unterteilt in fünf *Frames*, jeder Frame besteht aus 15 *Zeilen*.

---

[80] https://de.sputniknews.com/technik/20170407315246847-von-brasilien-ueber-suedafrika-bis-antarktis-russland-glonass/.

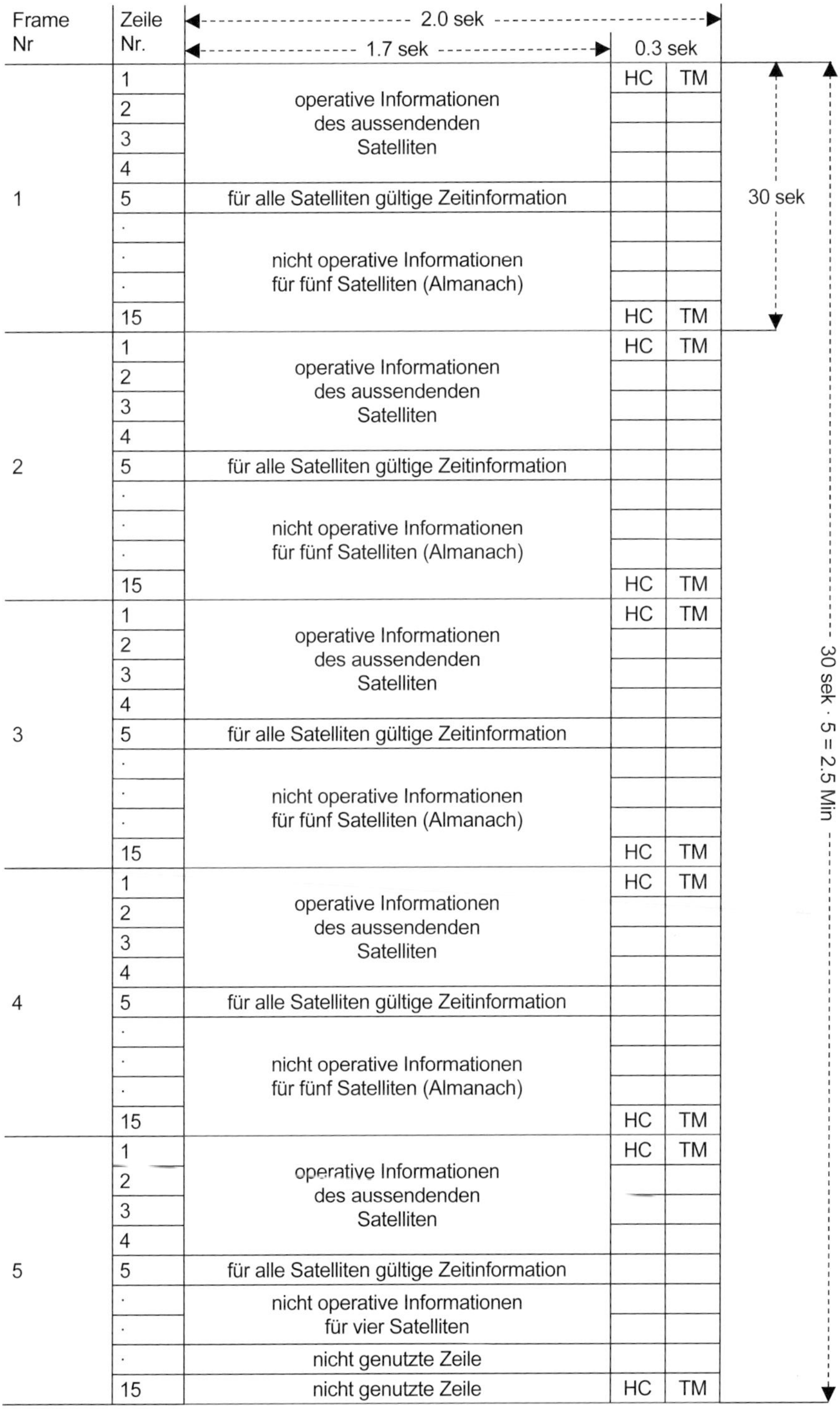

Frame Nr	Zeile Nr.	◄------------ 2.0 sek ------------►		
		◄-------- 1.7 sek --------►	0.3 sek	
	1	operative Informationen des aussendenden Satelliten	HC	TM
	2			
	3			
	4			
1	5	für alle Satelliten gültige Zeitinformation		
	·			
	·	nicht operative Informationen für fünf Satelliten (Almanach)		
	·			
	15		HC	TM
	1	operative Informationen des aussendenden Satelliten	HC	TM
	2			
	3			
	4			
2	5	für alle Satelliten gültige Zeitinformation		
	·			
	·	nicht operative Informationen für fünf Satelliten (Almanach)		
	·			
	15		HC	TM
	1	operative Informationen des aussendenden Satelliten	HC	TM
	2			
	3			
	4			
3	5	für alle Satelliten gültige Zeitinformation		
	·			
	·	nicht operative Informationen für fünf Satelliten (Almanach)		
	·			
	15		HC	TM
	1	operative Informationen des aussendenden Satelliten	HC	TM
	2			
	3			
	4			
4	5	für alle Satelliten gültige Zeitinformation		
	·			
	·	nicht operative Informationen für fünf Satelliten (Almanach)		
	·			
	15		HC	TM
	1	operative Informationen des aussendenden Satelliten	HC	TM
	2			
	3			
	4			
5	5	für alle Satelliten gültige Zeitinformation		
	·	nicht operative Informationen für vier Satelliten		
	·			
	·	nicht genutzte Zeile		
	15	nicht genutzte Zeile	HC	TM

30 sek

30 sek · 5 = 2.5 Min

Abb. 6.4: Struktur der GLONASS-Nachricht

Innerhalb einer Zeile stehen an erster Stelle 85 Informationen, die mit 50 bit/s übertragen werden (s. Abb. 6.5). Für deren Übertragung werden also 1,7 Sekunden benötigt. Die letzten 0,3 s enthalten eine Zeitmarke. Die dafür gewählte Codierung ist eine gekürzte PRN-Sequenz mit einer Übertragungsrate von 100 bit/s.

Von den 85 Binärinformationen, die mit 50 bit/s übertragen werden, bilden 77 Bits die eigentliche Navigationsnachricht. Die verbleibenden acht Binärinformationen sind Prüfbits. Sie stehen in der Position 1 bis 8 (gezählt von rechts nach links) des Teils der Zeile, die zur Übertragung der Navigationsnachricht genutzt wird. Sie geben dem Nutzer die Möglichkeit, die Richtigkeit der Datenübertragung zu prüfen. Verwendet wird bei der Datenübertragung der nach dem Amerikaner R. W. Hamming benannten „Hamming-Code" mit „Hamming-Abstand 4". Zusammen mit den 77 Informationsbits nimmt die Übertragung dieser Informationen 1,7 s in Anspruch.

Die für die Ortung mit dem jeweiligen Satelliten erforderlichen Informationen (die operativen Informationen) stehen in den ersten vier Zeilen eines Frames. Sie werden alle 30 s erneut ausgestrahlt. In den verbleibenden neun Zeilen jedes Frames sind die Almanachdaten untergebracht (s. u.). Zeile 5 enthält Zeitinformationen, die für alle Almanachdaten gelten. Die speziellen Almanachdaten benötigen pro Satellit zwei Zeilen. Das bedeutet, dass pro Frame die Almanachdaten von fünf Satelliten ausgestrahlt werden und dass bei 24 Satelliten im letzten Frame zwei Zeilen nicht genutzt werden.

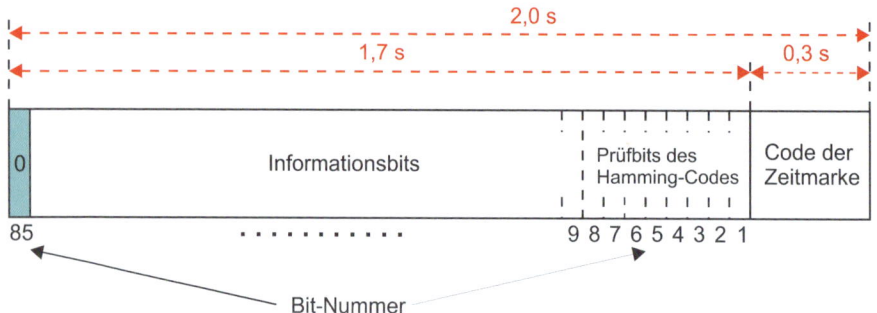

Abb. 6.5: Zeilenstruktur der GLONASS-Navigationsnachricht

Inhalt der Nachricht

Die GLONASS-Navigationsnachricht unterscheidet zwei Gruppen von Informationen:

1. Informationen zur Durchführung der Navigation (operative Informationen),
2. nichtoperative Informationen (Almanach).

1. Operative Informationen

Die operativen Informationen benötigt der Nutzer des Systems zur Berechnung der Satellitenposition zum Zeitpunkt seiner Messung. In Tabelle 6.3 sind diese Informationen und deren Bedeutung aufgelistet.

Tabelle 6.3: Parameter der GLONASS-Navigationsnachricht

Parameter	Bedeutung
t_k	Tageszeit des Frame-Beginns
t_b	Referenzzeit (Tageszeit) für die Ephemeriden
$\gamma(t_b)$	Relative Differenz zwischen der vorhergesagten und der nominellen Frequenz zum Zeitpunkt t_b
$\tau(t_b)$	Zeitdifferenz zwischen der Satellitenuhr und der Systemzeit zum Zeitpunkt t_b
$X(t_b)$, $Y(t_b)$, $X(t_b)$	Position des Satelliten zum Zeitpunkt t_b
$\dot{X}(t_b)$, $\dot{Y}(t_b)$, $\dot{Z}(t_b)$	Geschwindigkeitskomponenten des Satelliten zum Zeitpunkt t_b
$\ddot{X}(t_b)$, $\ddot{Y}(t_b)$, $\ddot{Z}(t_b)$	Durch Sonne und Mond bewirkte Beschleunigungskomponenten des Satelliten zum Zeitpunkt t_b
E	Alter der Daten

Alle in der Tabelle aufgelisteten Zeitangaben sind in der Zeitskala des jeweiligen Satelliten in Moskauer Zonenzeit angegeben.

Der Parameter $\gamma(t_b)$ in Tabelle 6.3 ist wie folgt definiert:

$$\gamma(t_b) = \frac{f(t_b) - f_H}{f_H} \tag{6.1}$$

mit

$f(t_b)$: vorhergesagter Wert der ausgestrahlten Trägerfrequenz des Satelliten unter Berücksichtigung gravitativer und relativistischer Effekte zum Zeitpunkt t_b,

f_H: nominaler Wert des Trägersignals.

Die eigentlichen Bahndaten (Position, Geschwindigkeit und Beschleunigung des Satelliten) werden vom Überwachungs- und Kontrollsystem aus Beobachtungen von acht Tagen Dauer abgeleitet. Das Vorhersageintervall hat eine Länge von 24 Stunden. Alle halbe Stunde wechseln die Referenzzeit und die Positionsdaten. Bei der Berechnung der aktuellen Satellitenposition über den Weg einer numerischen Integration (s. Anhang F) kann es also zu einer Integrationszeit von maximal 15 min kommen.

Die Zeit-/Frequenzkorrekturen beruhen auf Messungen von je 2,5 Tagen Dauer. Das Vorhersageintervall hat eine Länge von zwölf Stunden.

2. Nichtoperative Informationen (Almanach)

Bei den nichtoperativen Informationen kann man zwischen den Daten zur Berechnung der groben Satellitenposition und weiteren Daten unterscheiden. Tabelle 6.4 enthält die Almanachdaten (s. dazu Anhang F). Tabelle 6.5 enthält weitere Elemente der nichtoperativen Informationen.

Tabelle 6.4: Almanachdaten der GLONASS-Navigationsnachricht

Parameter	Bedeutung
N^A	Zahl der Tage zwischen dem zurückliegenden Schaltjahr und dem Almanach-Tag
t_β	Tageszeit, zu dem am Almanach-Tag der Satellit erstmalig die Äquatorebene durchläuft
β	Länge des aufsteigenden Knotens am Almanach-Tag zur Zeit t_β
ω	Argument des Perigäums am Almanach-Tag zur Tageszeit t_β
Δi	Korrekturwert für die Bahnneigung
ΔT	Korrekturwert für die Umlaufzeit
$\Delta \dot{T}_N^A$	Änderung der Umlaufzeit
E	Exzentrizität der Bahnellipse

Tabelle 6.5: Elemente der nichtoperativen GLONASS-Navigationsnachricht

Parameter	Bedeutung
N	Satellitennummer
H	Frequenzkennung für die Trägerfrequenz
τ_c	Zeitdifferenz „Systemzeit – UTC(SU)" zum Zeitpunkt t_β
C	Kennung des Satellitenzustands (brauchbar, nicht brauchbar)

6.4.2 Navigationsnachricht des autorisierten Diensts

Die russischen Behörden haben keine Einzelheiten über die GLONASS-Navigationsnachricht des autorisierten Diensts veröffentlicht. Es gibt dazu aber Untersuchungen unabhängiger Organisationen (s. Kaplan & Hegarty 2006).

6.5 GLONASS-Referenzsysteme

6.5.1 Positionsangaben

Die mit GLONASS bestimmten Positionen sind Positionen im Conventional Terrestrial System (CT-System). Die bei GLONASS seit Dezember 2013 benutzte CT-Realisierung trägt die Bezeichnung PZ90.11 (Parametri Zemli = Erdparameter). PZ90 – zunächst als SGS90 eingeführt, dann in PZ90 umbenannt – ist eine Weiterentwicklung des früheren sowjetischen Referenzsystems SGS85 (Sowjetisches Geodätisches System 1985). Die wesentlichen Systemdefinitionen, wie Erdmasse, Erdumdrehungsgeschwindigkeit, Lichtgeschwindigkeit und andere mehr, stimmen bei SGS85 mit den entsprechenden Parametern des WGS84 überein. Dies gilt auch für die Ellipsoidparameter. Bei der voneinander unabhängigen Realisierung von WGS84 und SGS85 haben sich aber geringfügige Unterschiede ergeben.

PZ90.11 stimmt nach Koseno (2015) millimetergenau mit ITRF überein.

6.5.2 Zeit

Die GLONASS-Systemzeit wird von den Atomuhren (Wasserstoff-Maser-Oszillatoren) des Bodensegments (Central Clock) erzeugt. Die täglichen Instabilitäten der Uhren liegen unter $2 \cdot 10^{-15}$; sie erzeugen damit eine in hohem Maß gleichförmige Zeit. Anders als bei GPS wird bei GLONASS die gleichförmige GLONASS-Zeitskala regelmäßig auf UTC(SU) – die Zeitskala des russischen Zeitdienstes – abgeglichen. Dies geschieht typischerweise einmal im Jahr. GLONASS-Nutzer werden mindestens drei Monate vor einer geplanten Anpassung auf die Umstellung hingewiesen. Der Unterschied zwischen der GLONASS-Zeit und der UTC(SU)-Zeit bleibt damit unter einer Millisekunde. Mithilfe von GLONASS kann UTC(SU) mit einer Genauigkeit von 20 Nanosekunden bestimmt werden (Goncharow u. a. 2015). Zusätzlich gibt es aber noch einen konstanten Unterschied von drei Stunden zwischen der GLONASS-Zeit und der UTC(SU)-Zeit:

$$t_{GLONASS} = \text{UTC(SU)} + 3\,\text{h}\,00\,\text{min}\,00\,\text{s}.$$

Die GLONASS-Zeit ist also Moskauer Zonenzeit.

Die Differenz zwischen GPS-Zeit und GLONASS-Zeit ist Bestandteil der GLONASS-Navigationsnachricht. Weitere Einzelheiten sind Ziffer 3.3.3 des ICD-2008 zu entnehmen.

6.6 GLONASS-Signale

6.6.1 Signale der GLONASS-M-Satelliten

6.6.1.1 Allgemeine Informationen

Alle derzeit (Sommer 2017) aktiven GLONASS-M-Satelliten senden permanent Signale auf zwei Zentralfrequenzen (s. Abb. 6.6):

    Signal G1: Frequenz $g_1 = 1.602$ MHz ($\lambda_1 = 0{,}19$ m),

    Signal G2: Frequenz $g_2 = 1.246$ MHz ($\lambda_2 = 0{,}24$ m).

Das G1-Signal liegt im Bereich des ARNS – ist damit für die Luftfahrt prinzipiell geeignet –, das G2-Signal liegt im weniger geschützten RNSS-Bereich.

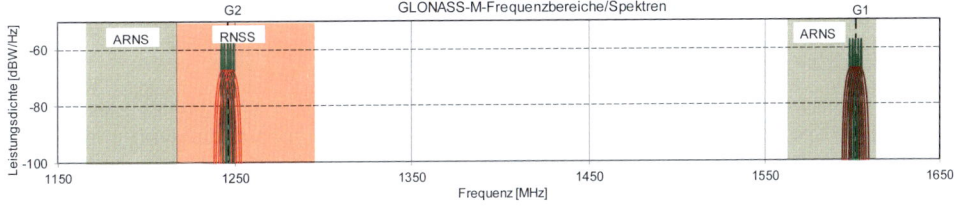

Abb. 6.6: Frequenzbereiche/Spektren der im Sommer 2017 aktiven GLONASS-Satelliten

Im Gegensatz zu allen anderen GNSS senden die GLONASS-M-Satelliten die G1- und G2- Signale in FDMA(Frequency Division Multiple Access)-Technologie. Das bedeutet, dass zur Unterscheidung der Satelliten gering unterschiedliche Frequenzen verwendet werden, nicht wie bei den anderen GNSS unterschiedliche Codes.

Für die nominalen Werte der Trägerfrequenzen dieser GLONASS-Signale gelten folgende Formeln[81]:

$$f_{k1} = f_{01} + k \cdot \Delta f_1; \quad f_{01} = 1.602 \text{ MHz}; \quad \Delta f_1 = 562,5 \text{ KHz};$$
$$f_{k2} = f_{02} + k \cdot \Delta f_2; \quad f_{02} = 1.246 \text{ MHz}; \quad \Delta f_2 = 437,5 \text{ KHz}; \tag{6.1}$$
$$k = -7 \dots + 6.$$

Die Variable k steht in diesen Formeln für die 24 Satelliten. Die Signale unterscheiden sich also um je 562,5 KHz (G1) bzw. 437,5 KHz (G2). Um zu vermeiden, dass mit $k = -7 \dots +6$ alle 24 Satelliten einen eigenen Frequenzbereich haben, bekommen Satelliten, die sich auf der jeweils anderen Seite der Erdkugel in ihren Umlaufbahnen befinden (antipodische Position), einen gleichen Wert für die Variable k.

Welcher Satellit welche Frequenz aussendet, also welchem Satellit welcher Wert für k der Formel 6.1 zugeordnet ist, wird dem Nutzer in der Navigationsnachricht mitgeteilt.

Drei der derzeit im Orbit befindlichen Satelliten senden ein Signal im ARNS-Bereich (Signal G3: Frequenz 1.202,25 MHz, s. Abb. 6.6). Einer dieser Satelliten ist ein modifizierter M-Satellit, die beiden anderen sind Satelliten der neuesten Generation (GLONASS-K). Das Besondere der Signale dieser drei Satelliten ist, dass sie in Code-Division-Multiple-Access-Technologie (CDMA) ausgesendet werden (unter Verwendung einer BPSK(10)-Modulation) (s. Abschnitt 6.6.2).

6.6.1.2 Modulationen/Codes

Die GLONASS-M-Signale werden einer BPSK-Quadraturmodulation unterzogen. Für die beiden Komponenten gelten folgende Charakteristika.

In-Phase-Komponente (Kosinusträger)
- Präziser Code (Pinpoint Accuracy Code):
  Der Code ist prinzipiell ein geheimer Code, über den von russischer Seite keine Informationen vorliegen. Der Code wurde jedoch von verschiedenen Stellen analysiert. Aus diesen Analysen geht Folgendes hervor:
  - Codetyp: Maximalfolge (25-Bit-Register) (s. dazu Anhang D.2),
  - Coderate: 5,11 MChips/s,
  - Codelänge: 33.554.431 Chips,
  - Periode: 1 s (gekürzte Folge, 6.110.000 Chips).

  Es handelt sich also um eine BPSK(5)-Modulation.

  Der präzise Code wird auch in zivilen Empfängern genutzt. Er kann jedoch jederzeit auf einen anderen (geheimen) Code umgestellt werden. Das russische Verteidigungsministerium empfiehlt daher, diesen Code ohne Erlaubnis des russischen Verteidigungsministeriums nicht zu benutzen.
- Daten:
  Dem Signal wird eine Navigationsnachricht mit der Datenrate 50 bits/s aufmoduliert.

Quadratur-Komponente (Sinusträger)
- Grober Code (Standard Accuracy Code):
  Einzelheiten dieses Codes sind im Interface-Kontroll-Dokument veröffentlicht.

---

[81] Die Kanäle $k = +5$ und $k = +6$ werden nur in Ausnahmefällen benutzt.

   –   Codetyp: Maximalfolge (9-Bit-Register) (s. dazu Anhang D.2),
   –   Coderate: 0,511 MChips/s,
   –   Codelänge: 511 Chips,
   –   Periode: 1 ms.

Es handelt sich also um eine BPSK(0,511)-Modulation.
Der Standard Accuracy Code ist zur Benutzung uneingeschränkt freigegeben.

- Daten
  Dem Signal wird eine Navigationsnachricht mit der Datenrate 50 bits/s aufmoduliert.

Mit diesen Modulationen und den nach Gleichung 6.1 in Anspruch genommenen Frequenzen ergeben sich für das L1- und L2-Signal die in Abbildung 6.7 dargestellten identischen Leistungsdichtespektren. Aus Gründen der Übersicht sind in Abbildung 6.7 nur die jeweiligen Hauptkeulen der Leistungsdichtespektren dargestellt.

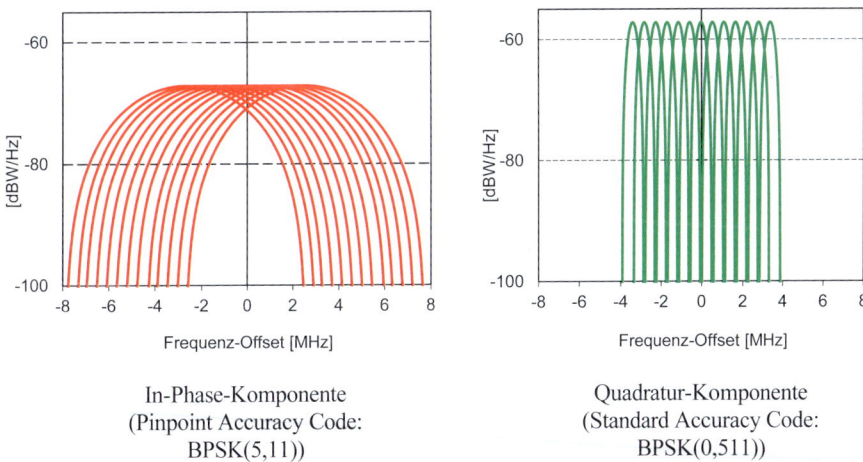

In-Phase-Komponente
(Pinpoint Accuracy Code:
BPSK(5,11))

Quadratur-Komponente
(Standard Accuracy Code:
BPSK(0,511))

Abb. 6.7: Normierte Leistungsdichtespektren der G1- und G2-Signale von GLONASS-M

6.6.2 Signale der GLONASS-K-Satelliten

6.6.2.1 Allgemeine Informationen

Das von russischer Seite formulierte Ziel, GLONASS in den Massenmarkt zu bringen, konnte bisher noch nicht erreicht werden. Das kann anders werden, wenn GLONASS wie angekündigt zukünftig CDMA-Signale ausstrahlen wird. Dies soll mit den neuen GLONASS-K-Satelliten möglich sein, von denen ein erster am 26.02.2011 zu Testzwecken in seine Umlaufbahn geschossen wurde.

GLONASS-K-Satelliten werden auf drei Zentralfrequenzen senden (s. Abb. 6.8).

1. Signal G1: 1.600,995 MHz
2. Signal G2: 1.248,060 MHz
3. Signal G3: 1.202,025 MHZ

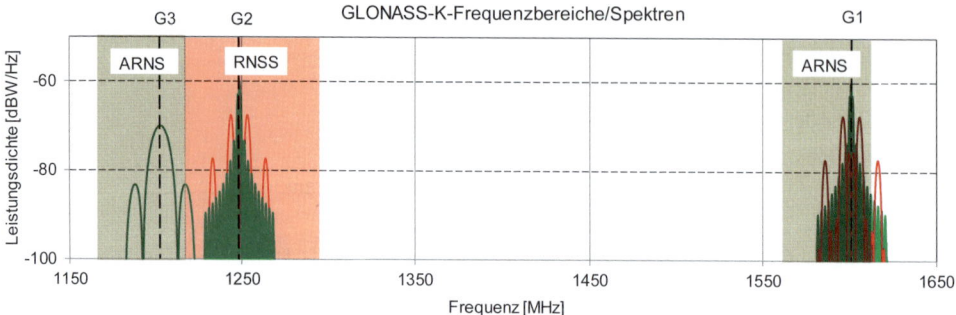

Abb. 6.8: Frequenzbereiche/Spektren der GLONASS-K-Satelliten

Die G1- und G3-Signale liegen in den für GNSS besonders geschützten ARNS-Bereichen und sind daher geeignet für sicherheitskritische Anwendungen. Das G2-Signal muss Störungen durch andere Nutzer dieses Frequenzbereichs dulden.

Neben den neuen Signalen sollen die GLONASS-K-Satelliten folgende Informationen bereitstellen:

- GNSS-Integritätsinformationen,
- Submeter-Echtzeitgenauigkeit für mobile Nutzer durch globale differenzielle Ephemeriden- und Zeitkorrektionen,
- Such- und Rettungsdienst (Ausbau des COSPAS-SARSAT-Diensts).

Sofern alle angekündigten Maßnahmen umgesetzt werden, wird GLONASS zehn verschiedene Signale in fünf Frequenzbändern zur Verfügung stellen. Zivile Signale wird es in allen drei Frequenzbändern geben.

6.6.2.2 Modulationen/Codes

In Tabelle 6.6 sind die GLONASS-K-Signale mit ihren Bezeichnungen, Frequenzen, maximalen Bandbreiten und Modulationsverfahren aufgelistet, in Tabelle 6.7 sind die Codetypen, Codelängen und Codeperioden dokumentiert.

Tabelle 6.6: Merkmale der GLONASS-K-CDMA-Signale

Signal	G3 O	G2 S	G2 O	G1 S	G1 O
fc [MHz]	1.202,025	1.248,060		1.600,995	
Max. Bandbreite [MHz]	20,5	15,4	4,1	15,4	4,1
Datensignal	BPSK(10)	BOC(5, 2.5)	BPSK(1)	BOC(5, 2.5)	BPSK(1)
Pilotsignal	BPSK(10)	BOC(5, 2.5)	BOC(1,1)	B0C(5, 2.5)	BOC(1, 1)
O: Open Signal			S: Secured Signal		

Tabelle 6.7 Merkmale der GLONASS-K-Codes

Signal	Codetyp	Codelänge	Codeperiode [ms]
L1	Goldcode	1.023	2
L2	Kasami (reduziert)	10.230	20
L3	Kasami (reduziert)	10.230	1

In den in russischer Sprache veröffentlichten, frei zugänglichen Interface-Control-Dokumenten sind alle Einzelheiten zu den Signalen der GLONASS-K-Satelliten veröffentlicht. Für das L3-Signal gibt es eine detaillierte Beschreibung in englischer Sprache (Urilichich u. a. 2011).

6.7 GLONASS-Signale im Überblick

6.7.1 GLONASS-M-Signale

Signal G1 (Zentralfrequenz 1.602,0 MHz)

Kanal		Dienst	Modulation	Bandbreite [MHz]	Multiplex
Komponente	Typ				
I-Kanal	Daten	militär.	BPSK(5,11)	10,46	Quadratur (FDMA)
Q-Kanal	Daten	zivil	BPSK(0,511)	1,04	

Kanal	Datenrate	Code			
		Periode	Länge		Familie
			Primärcode	Sekundärcode	
I-Kanal	50 b/s	geheim	geheim	geheim	Maximalfolge
Q-Kanal	50 b/s	1 ms	511	–	Maximalfolge

Die normierten Leistungsdichtespektren sind in Abb. 6.7 dargestellt.

Signal G2 (Zentralfrequenz 1.246,0 MHz)

Kanal		Dienst	Modulation	Bandbreite [MHz]	Multiplex
Komponente	Typ				
I-Kanal	Daten	militär.	BPSK(6.11)	10,46	Quadratur (FDMA)
Q-Kanal	Daten	zivil	BPSK(0.511)	1,04	

Kanal	Datenrate	Code				
		Periode	Länge			Familie
			Primärcode	Sekundärcode		
I-Kanal	50 b/s	geheim	geheim	–		Maximalfolge
Q-Kanal	50 b/s	1 ms	511	–		Maximalfolge

Die normierten Leistungsdichtespektren sind in Abb. 6.7 dargestellt.

6.7.2 GLONASS-K-Signale

Signal G1 (Zentralfrequenz 1.600.995 MHz)

Kanal		Dienst	Modulation		Bandbreite [MHz]	Multiplex
Komponente	Typ					
I-Kanal	Daten	militär.	BOC(5,2.5)		15,34	Quadratur (FDMA)
Q-Kanal	Pilot	zivil	BOC(1,1)	Zeit Multiplex	4,092	
	Daten		BPSK(1)		2,046	

Kanal	Datenrate	Code				
		Periode	Länge			Familie
			Primärcode	Sekundärcode		
I-Kanal	50 b/s	geheim	1.023	?		Gold Code
Q-Kanal	50 b/s	1 ms		?		

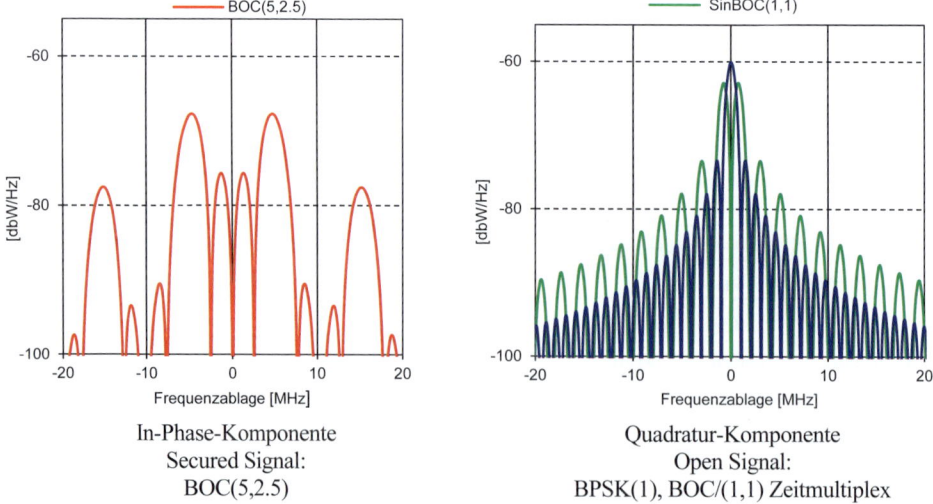

In-Phase-Komponente
Secured Signal:
BOC(5,2.5)

Quadratur-Komponente
Open Signal:
BPSK(1), BOC/(1,1) Zeitmultiplex

Abb. 6.9: Normierte Leistungsdichtespektren des GLONASS-K-G1-Signals (1.201,0 MHz)

Signal G2 (Zentralfrequenz 1.248,06 MHz)

Kanal		Dienst	Modulation		Bandbreite [MHz]	Multiplex
Komponente	Typ					
I-Kanal	Daten	militär.	BOC(5, 2.5)		15,34	Quadratur (CDMA)
Q-Kanal	Pilot	zivil	BOC(1,1)	Zeit Multiplex	4,092	
	Daten		BPSK(1)		2,046	

Kanal	Datenrate	Code			
		Periode	Länge		Familie
			Primärcode	Sekundärcode	
I-Kanal	50 b/s	geheim	geheim	geheim	Kasami (redzuiert)
Q-Kanal	50 b/s	20 ms	10.230	?	

Normierte Leistungsdichtespektren wie Abb. 6.9.

Signal G3 (Zentralfrequenz 1.202,025 MHz)

Kanal		Dienst	Modulation	Bandbreite [MHz]	Multiplex
Komponente	Typ				
I-Kanal	Daten	zivil	BPSK(10)	20,46	Quadratur (CDMA)
Q-Kanal	Pilot	zivil	BPSK(10)	20,46	

Kanal	Datenrate	Code			
		Periode	Länge		Familie
			Primärcode	Sekundärcode	
I-Kanal	100 b/s	1 ms	10.230	5	Kasami (reduziert)
Q-Kanal	–	1 ms	10.230	10	

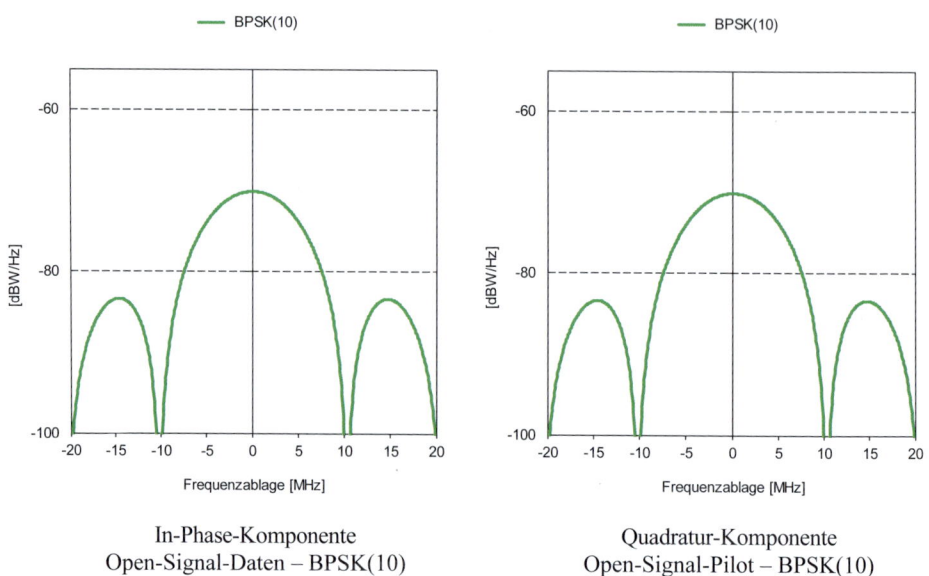

In-Phase-Komponente
Open-Signal-Daten – BPSK(10)

Quadratur-Komponente
Open-Signal-Pilot – BPSK(10)

Abb. 6.10: Normierte Leistungsdichtespektren des GLONASS-K-G3-Signals (1.201,0 MHz)

7 BDS – das chinesische GNSS

BDS (BeiDou Navigation Satellite System) ist das geplante GNSS der Volksrepublik China. BeiDou ist der chinesische Name für das Sternbild des Großen Wagens. Ebenso wie die GNSS der USA (GPS) und Russlands (GLONASS) wird BDS vor allem aus geostrategischen Gründen gebaut. Aber ebenso wie bei GPS und GLONASS ist für BDS eine kostenfreie zivile Nutzung vorgesehen.

7.1 Einleitung

China unterscheidet drei Entwicklungsstufen für BDS (nach State Council Information Office 2017):

1. BDS-1 (1994 – 2003)
Das in diesem Zeitraum entstandene System war für regionale Dienste konzipiert. Es bestand aus vier geostationären Satelliten und konnte nur im Gebiet 70 Grad Ost – 140 Grad Ost und 5 Grad Nord, 55 Grad Nord genutzt werden.

Die Ortung beruht bei BDS-1 auf einer iterativen Bestimmung der Höhe des Nutzers. Dazu werden zwei geostationäre Satelliten genutzt. Die Satelliten senden Signale im S-Band (2,492 MHz). Die Nutzer empfangen die Signale und schicken ihrerseits ein Signal im L-Band (1,717 MHz) zu einem der Satelliten zurück, der dies wiederum an die Bodenkontrollstation weiterleitet. Dort wird die Nutzerposition berechnet und über die Satelliten an den Nutzer weitergeleitet.

Aus militärischer Sicht ist mit einem Nutzer, der selbst ein Signal aussendet, ein großer Nachteil verbunden: Er kann relativ leicht aufgespürt werden. Ein weiterer Nachteil des BDS-1-Systems ist die ausschließliche Verwendung geostationärer Satelliten. Damit kann eine globale Abdeckung nicht erreicht werden.

Dies kann dazu beigetragen haben, dass sich China entschloss, zur Wahrung seiner geopolitischen Interessen ein eigenes *globales* satellitengestütztes Navigationssystem aufzubauen. Zwar hat China im Oktober 2003 mit der EU ein Abkommen zur Zusammenarbeit beim Aufbau von Galileo getroffen[82], die EU verweigerte allerdings – auch auf Druck der USA – China die Verwendung des nur den europäischen Behörden vorbehaltenen PRS-Signals[83]. Dies mag mit dazu beigetragen haben, dass China sein eigenes GNSS mit dem Namen Compass, später umbenannt in BDS, entwickelt hat.

2. BDS-2 (2004 – 2012)
Mit BDS-2 wurde im Jahr 2004 begonnen. Es war kompatibel zu BDS-1, verwendete aber zusätzlich die bei den anderen GNSS übliche Ortung durch Ein-Weg-Messung. Ein Nutzer sendet dabei keine Signale. BDS-2 bestand Ende 2012 aus insgesamt 14 Satelliten (5 GEO,

---

[82] http://register.consilium.eu.int/pdf/en/03/st13/st13845.en03.pdf.

[83] http://positivity.wordpress.com/2007/07/18/eu-china-partnership-on-the-galileo-satellite-system-competing-with-the-us-in-space/.

5 IGSO, 4 MEO). Eine Besonderheit im Vergleich zu den anderen GNSS ist, dass bei BDS Nutzer die Möglichkeit haben, Kurznachrichten zu senden und zu empfangen. BDS-2 konnte ab 2012 in der Asien-Pazifik-Region genutzt werden.

3. BDS (seit 2009)
In der dritten Entwicklungsstufe soll nach und nach ein global verfügbares System aufgebaut werden. Bis etwa 2020 soll eine aus 35 Satelliten bestehende Konstellation errichtet werden. Der erste BDS-Satellit wurde Mitte 2015 gestartet.

Im Dezember 2012 hatte BDS für China und benachbarte Gebiete „Full Operational Capability" erreicht (s. Abb. 7.1) (China Satellite Navigation Office 2013):

- Bereich des Service: Längenausbreitung: 84° Ost bis 170° Ost
                         Breitenausbreitung: ±55°
- Positionsgenauigkeit: 10 m horizontal und 10 m vertikal
- Geschwindigkeitsgenauigkeit: 0,2 m/s
- Zeitgenauigkeit: 50 ns

Abb. 7.1:
BDS-Verfügbarkeit in China und benachbarten Gebieten (Quelle: China Satellite Navigation Office 2013)

Dieser regionale Dienst stützt sich in erster Linie auf die geostationären und die Inclined-Geosynchronous-Orbit(IGSO)-Satelliten.

Im Jahr 2015 begann in China mit dem Start eines Satelliten einer neuen Satellitengeneration der Übergang in ein global verfügbares System. Die jüngsten BDS-Satelliten wurden im Februar, März und Juni 2016 in ihre Umlaufbahnen geschossen.

Derzeit (Frühjahr 2017) sind fünf BDS-Satelliten der jüngsten Generation in ihren Umlaufbahnen. Im Frühjahr 2017 gibt es zusammen mit den noch aktiven Satelliten der BDS-2-Generation 20 operationelle chinesische Navigations(BDS)-Satelliten (s. Tabelle 7.1): sieben vom Typ GEO, acht vom Typ IGSO, sieben vom Typ MEO.

Tabelle 7.1: Operable BDS-Satelliten (März 2017)

Stufe	Typ	Frequenzen	Satellitenzahl	
2	GEO	B1, B2	6	20
	MEO		4	
	IGSO		5	
3	MEO	B1, B2, B3	2	
	ISGO		3	

Nach Wang (2016) sollen im Laufe des Jahres 2017 weitere drei bis vier Satelliten gestartet werden.

Die globale Verfügbarkeit soll ab dem Jahr 2020 erreicht sein. Dabei legt China Wert auf die Feststellung, das *„um Risiken zu vermeiden, BDS Schritt für Schritt auf der Basis der Technologie und Ökonomie Chinas entwickelt werden wird."* (In order to control risks, BDS will be developed step by step based on technology and economy of China.)

Aktuelle Informationen über den Status der aktiven BDS-Satelliten findet man unter den Links: https://en.wikipedia.org/wiki/List_of_BeiDou_satellites, http://mgex.igs.org/IGS_MGEX_Status_BDS.html.

Abbildung 7.2 zeigt die Bodenspuren der IGSO-Satelliten und die Positionen der GEO-Satelliten.

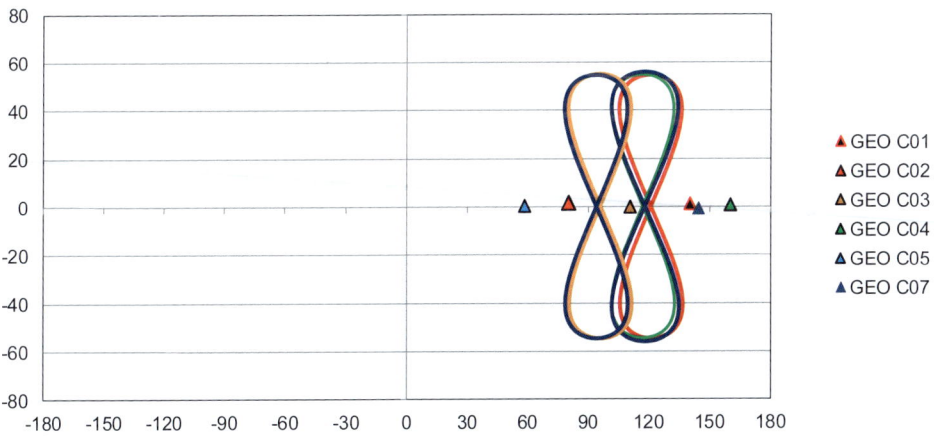

Abb. 7.2: Bodenspuren der BDS-IGSO-Satelliten und Positionen der BDS-GEO-Satelliten

7.2 BDS-Dienste

BDS wird im Endausbau zwei globale und zwei regionale Dienste zur Verfügung stellen:

- Die globalen Dienste
    - Offener Dienst (Open Service (OS))
    - Autorisierter Dienst (Authorised Service (AS))

- Die regionalen Dienste
  - Bereitstellung großräumiger differenzieller Korrekturen (Wide Area Differential Service)
  - Kurznachrichten-Dienst(Short Message Service)-Kommunikationsservice

Für den offenen, für alle Nutzer freien Dienst liegen folgende Spezifikationen vor (China Satellite Navigation Office 2013):

- Positionsgenauigkeit 10 m,
- Zeitgenauigkeit 20 ns,
- Geschwindigkeitsgenauigkeit 0,2 m/s.

Der autorisierte Dienst soll auch in „komplexen" Situationen zuverlässig funktionieren. Weitere Angaben liegen dazu nicht vor. Bei Verwendung des Wide Area Differential Service soll eine Positionsgenauigkeit von 1 m erreicht werden.

7.3 Segmente

7.3.1 Weltraumsegment

7.3.1.1 Satellitenkonstellation

Das Weltraumsegment wird im Endausbau aus 35 Satelliten bestehen. Davon sind:

- 27 Medium-Earth-Orbit(MEO)-Satelliten in drei Bahnebenen (Bahnneigung 55°, große Halbachse 27.840 km), Zeit für einen Umlauf: 12 Std. 53 Min. 24 Sek.,
- drei Inclined-Geosynchronnous-Orbit(IGSO)-Satelliten mit Bahnneigung 55° und Äquatorüberquerung bei 118° östlicher Länge,
- fünf geostationäre (GEO-)Satelliten in den Positionen: 58,75°, 80°, 110,5°, 140°, 170° östlicher Länge.

Mit dieser Konstellation ist eine weltweite Abdeckung sichergestellt. Durch die IGSO- und GEO-Satelliten sollen in engen Städten und Waldgebieten des Asien-Pazifik-Gebiets günstige Empfangsbedingungen erreicht werden.

Abb. 7.3:
BDS-Weltraumsegment
(Quelle: Spaceflight101)

7.3.1.2 Satelliten

Bei BDS gibt es drei Satellitentypen: BDS-G (GEO), BDS-IGSO (Inclined Geosynchronous Orbit) und BDS-M (MEO) (https://directory.eoportal.org/web/eoportal/satellite-missions/c-missions/cnss).

Abbildung 7.4 zeigt diese Satellitentypen, wobei die äußere Erscheinung der GEO und IGSO-Satelliten identisch ist.

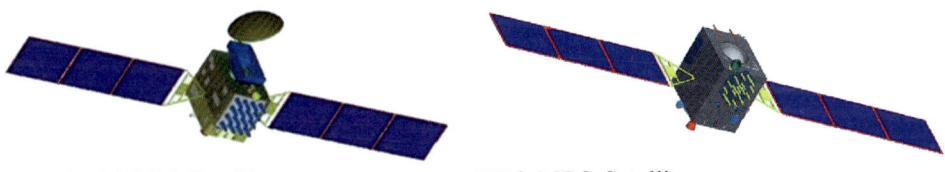

BDS-GEO/IGSO-Satellit   BDS-MEO-Satellit

Abb. 7.4: BDS-Satelliten (Quelle: China Satellite Navigation Project Center, Präsentation von 2008)

Über die Ausmaße und Merkmale der BDS-Satelliten liegen dem Verfasser nur wenig belastbare Informationen vor. Die in Tabelle 7.2 zusammengestellten Daten stammen u. a. aus Teunissen & Montenbruck (2017) und einer Webseite des „Multi-GNSS Experiment and Pilot Project (MGEX)" (http://mgex.igs.org/IGS_MGEX_Status_BDS.html).

Tabelle 7.2: Merkmale der BDS-Satelliten

		BDS 2			BDS
		GEO	IGS0	MEO	MEO
Entwurfslebensdauer [Jahre]		8	8	8	5
Startgewicht [kg]		ca. 2.500			?
Satelliten-körper	Länge [m]	2,4	2,0	2,0	?
	Breite [m]	1,7	2,7	2,7	?
	Höhe [m]	1,7	1,7	1,7	?
Spannweite [m]		17,7	17,7	17,7	?
Energieerzeugung [Watt]		2.500	2.000	2.000	?

7.3.2 Bodensegment

BDS verfügt wie alle anderen GNSS über ein Bodensegment, welches verantwortlich für die BDS-Operationen ist. Es besteht aus:

- Master Control Station,
- Zeitsynchronisation/Upload-Stationen,
- Monitorstationen.

Nach Yang u. a. (2017) besteht das Bodensegment aus einer Master Control Station, sieben Monitorstationen zur Überwachung der Bahndaten und der Ionosphäre, 22 Stationen zur Integritätsüberwachung sowie zwei Stationen zur Synchronisation des Systems.

7.4 Referenzsysteme[84]

7.4.1 Positionsangaben

Das BDS-Koordinatensystem trägt die Bezeichnung *China Geodetic System (CGS 2009)*. Es stimmt mit ITRF bis auf wenige Zentimeter überein. Für die meisten Anwendungen können die Unterschiede zwischen ITRF und CGS 2000 also vernachlässigt werden. Weitere Systemparameter wie Ellipsoidparameter, Erdumdrehungsgeschwindigkeit, Erdmasse stimmen mit WGS84 perfekt überein.

7.4.2 Zeit

Die BDS-Zeit wird „BeiDou Navigation Satellite System Time (BDT)" genannt. BDT ist eine am 1. Januar 2007, 0 Uhr beginnende kontinuierliche Zeitskala ohne Schaltsekunden. Die Differenz zwischen UTC und BDT ist in einer Genauigkeitsgrößenordnung von 100 ns bekannt.

7.5 Navigationsnachricht

7.5.1 Nachrichtentypen und ihre Inhalte

Die BDS-Navigationsnachricht für den offenen BDS-Dienst ist in dem vom China Satellite Navigation Office im Jahr 2016 veröffentlichten *BeiDou Navigation Satellite System Signal In Space Interface Control Document Open Service Signal (Version 2.1)* dargestellt. Demnach gibt es zwei unterschiedliche Typen von Navigationsnachrichten:

- Typ D1: Die Navigationsnachricht der MEO- und IGSO-Satelliten,
- Typ D2: Die Navigationsnachricht der GEO-Satelliten.

Struktur der Navigationsnachrichten

In beiden Nachrichtentypen wird unterschieden zwischen
- Superframe,
- Frame,
- Subframe,
- Word.

Inhalte der Navigationsnachrichten

Beide Nachrichtentypen enthalten die für die Navigation unverzichtbaren Daten wie Bahndaten, Uhrenfehler usw. Der wesentliche Unterschied zwischen den Typen ist, dass die GEO-Satelliten zusätzlich zu den eigentlichen Navigationsdaten differenzielle Korrekturen, ein Ionosphärenmodell und Integritätsinformationen übersenden. Die Größe der Navigationsnachrichten ist damit unterschiedlich, aber auch die Übertragungsgeschwindigkeit. Die Strukturen weisen aber große Ähnlichkeiten auf.

Die Bahndaten (Ephermeriden, Almanachdaten)
Wie bei GPS und Galileo beruhen die Bahndaten auf Kepler-Elementen. Die verwendeten Parameter und Formeln zur Berechnung der Satellitenpositionen im China Geodetic

---

[84] Siehe China Satellite Navigation Office (2016).

Coordinate System (CGCS) 2000 entsprechen weitestgehend den bei GPS und Galileo angewendeten Formeln.

Daten zur Interoperabilität mit anderen GNSS

Die BDS-Navgationsnachricht enthält die Zeitdifferenzen zu den Zeitskalen von UTC, GPS, GLONASS und Galileo. Das BDS-Koordinatensystem – CGCS 2000 – stimmt innerhalb weniger Zentimeter mit dem International Terrestrial Reference Frame (ITRF) überein.

7.5.2 D1-Navigationsnachricht (s. Abb. 7.5)

Ähnlich wie bei GPS gibt es hier einen aus 1.500 Bits bestehenden Frame, der alle für die eigentliche Navigation erforderlichen Daten enthält. Dieser Frame wird alle 30 Sekunden gesendet. Die Übertragungsgeschwindigkeit beträgt also 50 Bit pro Sekunde.

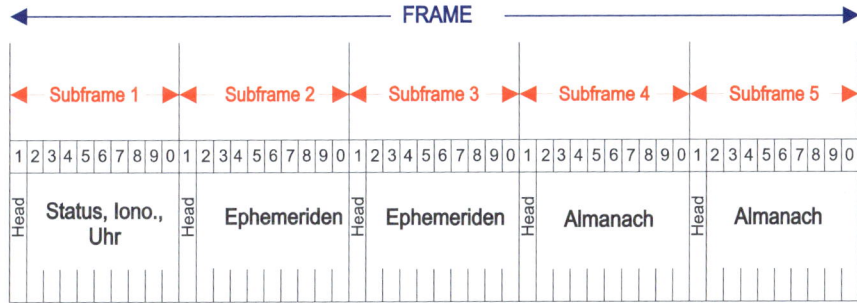

Abb. 7.5: BDS-Frame-Struktur

Der Frame ist in fünf Subframes von je 300 Bits unterteilt, jeder Subframe enthält zehn Wörter von je 30 Bit. Das Word 1 des Subframes 1 hat 26 Informationsbits und 4 Prüfbits, die Wörter 1 der restlichen Subframes haben je 22 Informations- und 8 Prüfbits. Da mit einem Frame nur Almanachdaten von zwei Satelliten übertragen werden können, wird der Frame 24-mal mit den unveränderten Subframes 1, 2 und 3 gesendet und beginnt dann wieder von vorn. Es gibt also 24 unterschiedliche *pages*. Theoretisch könnten damit Almanachdaten von 24 · 2 = 48 Satelliten übertragen werden. Da aber nur 30 Almanachdaten gesendet werden müssen – Almanachdaten der fünf geostationären Satelliten werden nicht benötigt –, haben die Wörter bzw. Bits des Subframes 5 der Pages 6 – 24 den Status „reserved", enthalten also keine Informationen.

Mit 24 · 1.500 Bit hat die D1-Gesamtnachricht – in BDS-Terminologie der *Superframe* – einen Umfang von 36.000 Bits, für ihre Übertragung werden zwölf Minuten benötigt. Die für die Navigation wesentlichen Daten (Status, Ionosphäre, Ephemeriden) stehen jedoch alle 30 Sekunden zur Verfügung.

7.5.3 D2-Navigationsnachricht

Die Grundstruktur der D2-Navigationsnachricht ist wie bei der D1-Nachricht die Frame-Subframe-Struktur. Während es bei dem D1-Typ 24 *page*s gibt, gibt es bei dem D2-Typ 120 *pages*. In einer Gesamtnachricht werden also 120 · 5 · 300 Bit = 180.000 Bit übertragen Die Übertragungsgeschwindigkeit beträgt 500 Bits pro Sekunde. Das ist zehnmal schneller als bei dem D1-Typ. Für eine D2-Gesamtnachricht werden also sechs Minuten benötigt.

In Abbildung 7.6[85] ist der zeitliche Ablauf der Nachrichtenübertragung dargestellt. Jedes Kästchen repräsentiert einen Subframe, jede Spalte einen Frame. Die Übertragung beginnt mit der Übertragung des Subframes 1 aus Frame 1, danach folgt Subframe 2 aus Frame 1 usw. Nach Übertragung von sechs Frames wiederholen sich die Inhalte der Frames zwei bis vier, nach dem Übertragen von zehn Frames wiederholen sich die Inhalte des Subframes 1.

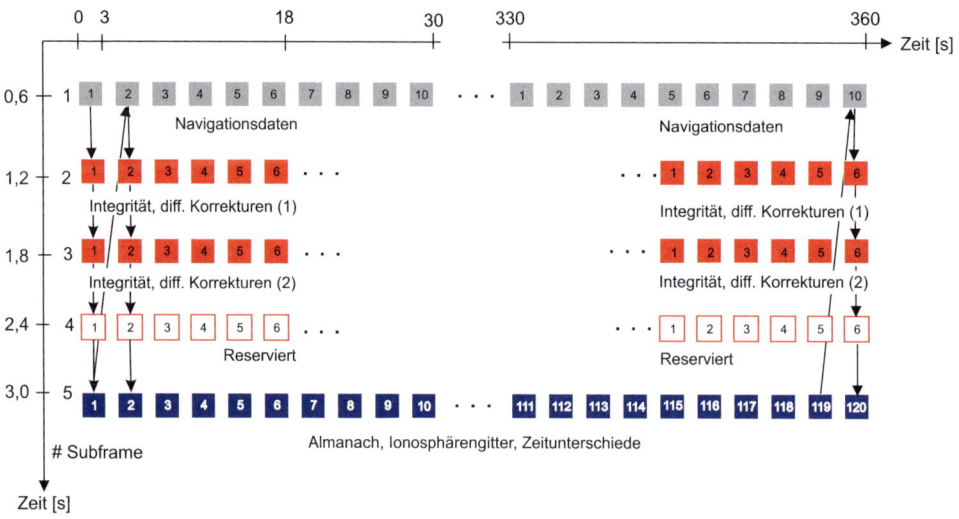

Abb. 7.6: BDS-D2-Nachrichtenstruktur

Die für die Positionierung wesentlichen Daten sind jeweils im Subframe 1 von 10 aufeinanderfolgenden Frames enthalten. Ein Frame mit 1.500 Bits wird in drei Sekunden übertragen. Das hat die Konsequenz, dass ebenso wie bei dem D1-Nachrichtentyp die für die Positionierung wesentlichen Daten alle 30 Sekunden zur Verfügung stehen.

7.6 Signalstrukturen

7.6.1 Einleitung

Die BDS-2-Satelliten senden Signale auf drei Frequenzen (s. Tabelle 7.3 und Abb. 7.7).

---

[85] Die Abbildung entspricht Figure 2 aus Montenbruck u. a. (2013).

Tabelle 7.3: Merkmale der BDS-Signale

Signal	Frequenz [MHz]	Wellenlänge [cm]	Bandbreite [MHz]
B1	1.561,098	19,2	4,092
B2	1.207,140	24,9	20,46
B3	1.268,52	23,6	20,46

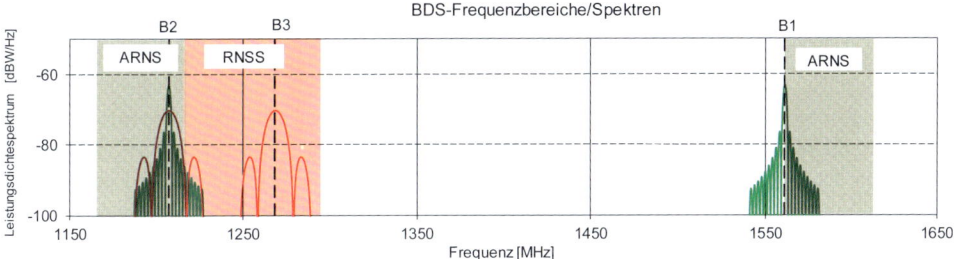

Abb. 7.7: BDS-Frequenzbereiche/Frequenzspektren

Die B1- und B2-Signale liegen im ARNS-Bereich und sind damit prinzipiell besser geschützt als das im RNSS liegende B3-Signal.

Einzelheiten zu den B1- und B2-Signale wurden in dem ICD von 2016 veröffentlicht.

Über das B3-Signal gibt es von chinesischer Seite keine Informationen. Einer Forschergruppe der US-amerikanischen Stanford-Universität ist es aber schon kurz nach dem Start des ersten BDS-MEO-Satelliten (April 2007) gelungen, unter Verwendung von Parabolantennen (high-gain directional antenna) auch das B3-Signal zu entschlüsseln (Gao u. a. 2007, 2009).

Auf dieser Grundlage haben schon vor Veröffentlichung des BDS-ICD verschiedene Firmen Empfänger gebaut, die über die Fähigkeit verfügen, die BDS-Signale zu tracken. Im Datenblatt zu dem B1-, B2-, B3-fähigen TRIMBLE-NetR9-GNSS-Empfänger wird dazu ausgeführt:

At the time of this publication, no public Compass ICD was available. The current capability in the receivers is based on publicly available information. As such, Trimble cannot guarantee that these receivers will be fully compatible with a future generation of Compass satellites or signals.

7.6.2 B1-Signale

Das B1-Signal wird auf zwei in Quadratur stehenden Kanälen (I-Kanal, Q-Kanal) ausgesendet. Der I-Kanal ist für den öffentlichen Dienst vorgesehen, der Q-Kanal für den autorisierten Dienst.

In-Phase-Signal

- **Code**

  Es werden Gold-Codes der Länge $N = 2.046$ verwendet. Sie werden unter Verwendung von Schieberegistern, bestehend aus elf Zellen, gebildet. Dies führt zu einer Codelänge von $N = (10^{11} - 1) = 2.047$. Um zu der gewünschten Länge $N = 2.046$ zu kommen, wird der letzte mögliche Code nicht verwendet. Es handelt sich also um einen gekürzten Gold-Code. Im ICD-Dokument ist die Code-Erzeugung detailliert beschrieben, einschließlich der Zuordnung der Codes zu bestimmten Satellitennummern (SV PRN).

- **Modulation** (s. Abb. 7.8 und 7.9)

  Das Signal wird einer BPSK(2)-Modulation unterzogen. Zusätzlich erfolgt bei den MEO/IGSO-Satelliten eine Modulation nach einem Neuman-Hofman-Code (s. Anhang D 9). Zur Sicherung der Datenübertragung werden die Signale noch mit einem fehlerkorrigierenden BCH-Code (Bose-Chaudhuri-Hocquenghem-Code) moduliert (https://de.wikipedia.org/wiki/BCH-Code). Mit dem BCH-Code können einzelne Bit-Fehler in jedem Wort korrigiert und nicht nur Fehler entdeckt werden (http://www.insidegnss.com/node/3712).

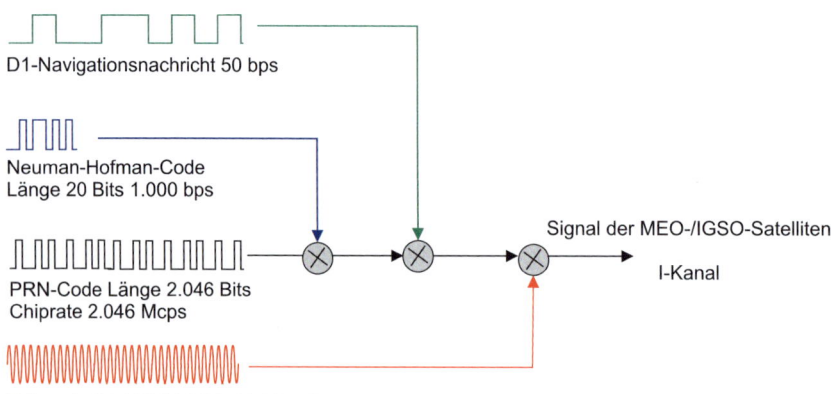

Abb. 7.8: Typ D1-Signalstruktur des offenen BDS-Signals für MEO-/IGSO-Satelliten

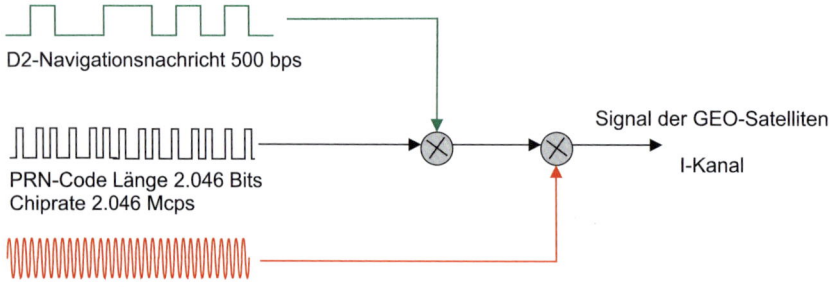

Abb. 7.9: Typ D2-Signalstruktur des offenen BDS-Signals für GEO-Satelliten

- **Daten**
  Die Navigationsnachricht wird unterschiedlich übertragen (s. Abschnitt 7.5). Bei der Übertragungsrate des D1-Typs von 50 bps erfolgt nach 31.221.960 Wellenstücken der Trägerfrequenz zusätzlich zur BPSK-Code-Modulation (erfolgt nach 76.300 ganzen Wellenstücken) eine BPSK-Daten-Modulation.

Quadratur-Signal

- **Code**
  Der Code ist nicht veröffentlicht.

- **Modulation**
  Das Signal wird einer BPSK(2)-Modulation unterzogen. Weitere Einzelheiten sind nicht bekannt.

- **Daten**
  Einzelheiten sind nicht bekannt.

Abgestrahlt wird die Addition der in Quadratur stehenden Signal. Abbildung 7.9 zeigt die normierten Leistungsdichtespektren des B1-Signals.

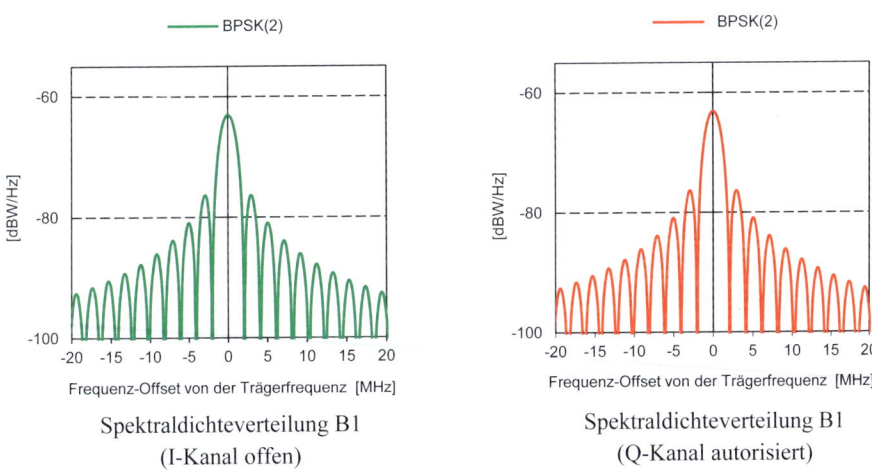

Spektraldichteverteilung B1
(I-Kanal offen)

Spektraldichteverteilung B1
(Q-Kanal autorisiert)

Abb. 7.10: Spektraldichterverteilung des B1-Signals

7.6.3 B2-Signale

Das B2-Signal wird auf zwei in Quadratur stehenden Kanälen (I-Kanal, Q-Kanal) ausgesendet. Der I-Kanal ist für den öffentlichen Dienst vorgesehen, der Q-Kanal für den autorisierten Dienst.

In-Phase-Signal

Code, Modulation und Daten sind identisch mit den Code-Modulationen des B1-Signals.

Quadratur-Signal

- **Code**
  Der Code ist nicht veröffentlicht.

- **Modulation**

  Das Signal wird einer BPSK(10)-Modulation unterzogen. Weitere Einzelheiten sind nicht bekannt.

- **Daten**

  Einzelheiten sind nicht bekannt.

Abgestrahlt wird die Addition der in Quadratur stehenden Signale. Abbildung 7.11 zeigt die normierten Leistungsdichtespektren des B2-Signals.

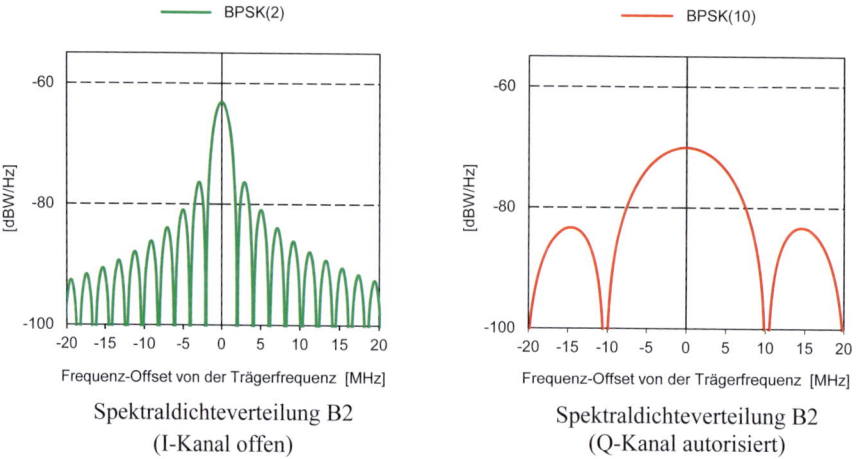

Spektraldichteverteilung B2
(I-Kanal offen)

Spektraldichteverteilung B2
(Q-Kanal autorisiert)

Abb. 7.11: Spektraldichteverteilung des B2-Signals

7.6.4 Das nicht veröffentlichte B3-Signal

Die Bildung des B3-Codes haben Gao u. a. (2009) analysiert. Demnach werden die Signale der I- und Q-Kanäle BPSK(10)-moduliert. Die 10.230 langen Codes werden durch Modulo-2-Addition der Ausgänge von zwei aus je 13 Zellen bestehenden Schieberegistern erzeugt (Abb. 7.12). Beide Schieberegister können Maximalfolgen erzeugen. Die B3-Codes werden also durch die Addition von je zwei Maximalfolgen erzeugt. Das ergibt ebenso wie bei den B1-, B2-Signalen Gold-Codes.

Zu Beginn der Code-Erzeugung werden die 13 Zelleninhalte der Register mit ihren Startvektoren aufgefüllt. Der Startvektor des Schieberegisters G1 enthält nach Gao u. a. (2009) in den Zellen 1 – 12 je die Binärziffer „1". Die Zelle 13 enthält die Binärziffer „0". Der Startvektor des Schieberegisters G2 enthält einheitlich die Binärziffer „1".

Mit einem aus 13 Zellen bestehendem Schieberegister kann eine Maximalfolge der Länge $M = 2^{13} - 1 = 8.191$ erzeugt werden. Um zu der bei den Codes gewünschten Länge von 10.230 zu kommen, wird mit einem „Trick" gearbeitet, wie er ähnlich auch bei dem GPS-L5-Signal angewandt wird (s. Anhang D 4.4). Die in den Schieberegistern G1 und G2 erzeugten Binärfolgen werden auf die Länge von 8.190 gekürzt. Für die Erzeugung der Codes Nr. 8.191 – 10.230 werden die Registerzellen mit neuen Binärziffernfolgen belegt und damit die Codebildung fortgesetzt. Nach insgesamt 10.230 Zyklen werden die Zellen aller Register wieder auf den Anfangsstatus gesetzt und der Vorgang beginnt wieder von vorne.

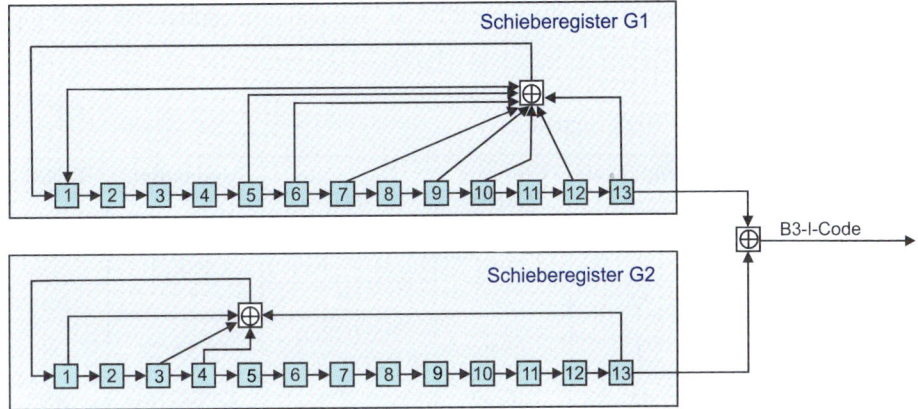

Abb. 7.12: Erzeugung der Codes des B3-Signals

Zur Erzeugung unterschiedlicher B3-Codes müssen die entsprechenden Startvektoren unterschiedlich definiert sein. Die Hersteller von B3-fähigen Empfängern geben darüber keine Auskunft. Man kann aber davon ausgehen, dass es den Empfängerherstellern gelungen ist, durch systematisches Experimentieren mit unterschiedlichen Startvektoren die Codes zu ermitteln (Montenbruck 2013).

Abbildung 7.13 zeigt die normierten Leistungsdichtespektren des B3-Signals.

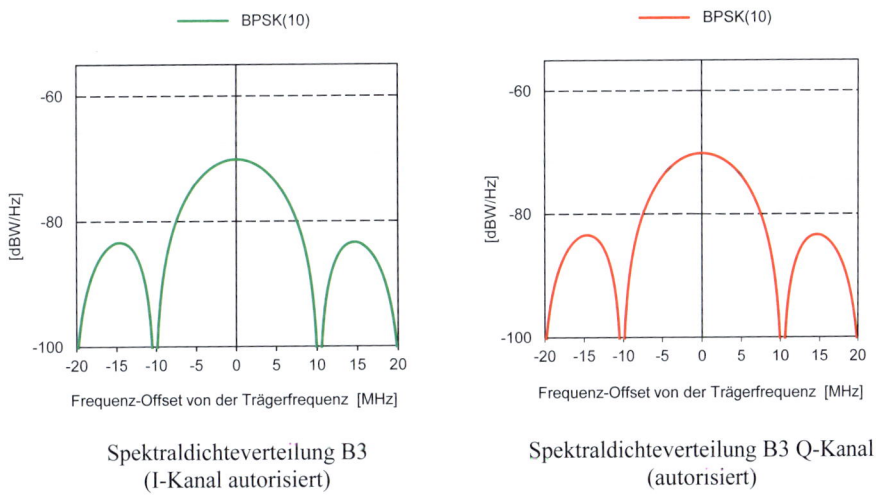

Abb. 7.13: Spektraldichteverteilung des B3-Signals

Tabelle 7.4 enthält zusammengefasst die wesentlichen Modulationsmerkmale der BDS-Signale.

Tabelle 7.4: Merkmale der BDS-Signale

Signal	Frequenz [MHz]	Komponente	Chiprate [Mc/s]	Datenrate [b/s]	Modulation	Dienst
B1	1.571,098	I	2.046	500 (GEO) 50 (MEO, IGSO)	QPSK(2)	OS
		Q		??		AS
B2	1.207,1410	I	2.046	500 (GEO) 50 (MEO, IGSO)	QPSK(2)	OS
		Q	10.230	??	QPSK(10)	AS
B3	1.278,520	I	10.230	??	QPSK(10)	AS
		Q		??		AS

8 Galileo – das europäische GNSS

Galileo ist die Bezeichnung für das von der europäischen Union (EU) derzeit (2017) aufgebaute GNSS Europas. Die EU begründet die Notwendigkeit zum Aufbau eines eigenen, von anderen Staaten – auch von dem Verbündeten USA – unabhängigen GNSS damit, dass Souveränität und Sicherheit Europas gefährdet seien, wenn Navigationssysteme, deren Funktionsfähigkeit relevant für die Sicherheit von Leib und Leben ist, außerhalb europäischer Kontrolle sind (European Commission 1999).

Im Gegensatz zu GPS, GLONASS und BDS wird Galileo das weltweit erste speziell für zivile Zwecke konzipierte und unter ziviler Kontrolle stehende GNSS werden. Der zivile Charakter von Galileo wird durch die Zusammenarbeit mit einer Vielzahl von Staaten unterstrichen (https://de.wikipedia.org/wiki/Galileo_(Satellitennavigation)).

8.1 Historische Entwicklung – Ausbauzustand

Schon bevor 1995 das US-amerikanische GPS den Regelbetrieb aufnahm, wurde deutlich, dass die USA mit GPS eine Technologie entwickelt hatten, die weit über den ursprünglich vorgesehenen Zweck hinaus weltweit und vor allem zivil genutzt werden konnte. In den USA wurde GPS als „fifth utility" bezeichnet: neben Wasser, Elektrizität, Gas und Telefon.

Unter tatkräftiger Mithilfe europäischer Raumfahrtkonzerne, wie Alcatel, Thales, Alenia Aerospazio, Daimler-Benz Aerospace (Dornier Satellitensysteme (DSS)) und anderer, begann daher in den frühen 1990er-Jahren auf EU-Ebene eine Diskussion über die Notwendigkeit, ein eigenständiges europäisches satellitengestütztes Navigationssystem zu etablieren. Im Jahr 1998 analysierte das von der Europäischen Kommission eingerichtete GNSS-2-Forum, in dem potenzielle Nutzer, Regierungsstellen, Universitäten und die Industrie mitwirkten – so die Formulierung der EU –, juristische, technische, finanzielle, sicherheits- und verteidigungspolitische Aspekte eines derartigen Systems.

Im Ergebnis nahm am 10. Februar 1999 die Europäische Kommission die Kommunikation „Galileo – Involving Europe in a new generation of satellite navigation services" an (COM 1999, 54 Final). In dieser Kommunikation wird ausgeführt:

> The central recommendation is that Europe should develop a new satellitenavigation constellation, combined with appropriate terrestrial infrastructure: Galileo.

Die 27 Mitgliedsstaaten der EU können in wesentlichen Fragen nur einvernehmlich handeln. Das macht die Willensbildung auch im Zusammenhang mit der Errichtung von Galileo zu einem komplizierten Prozess. Daher gab es bei der Umsetzung der Empfehlung vom Februar 1999 vielerlei Rückschläge. Bis heute sind wichtige Einzelheiten von Galileo ungeklärt.

Gestützt auf ein von der Firma PricewaterhouseCoopers im Jahr 2001 erstelltes Gutachten (PricewaterhouseCoopers 2001) ging die EU bezüglich der Finanzierung von Galileo zunächst von einer wesentlichen Beteiligung des Privatsektors im Rahmen einer Public Private Partnership (PPP) aus. Dieses Vorhaben wurde im April 2007 aufgegeben, da sich Industrie und EU nicht auf die Modalitäten einer PPP einigen konnten.

Als die Verhandlungen über eine PPP abgebrochen wurden, waren bereits etwa 2 Mrd. € öffentlicher Mittel in Galileo investiert worden. Mithilfe von Studien im Auftragsvolumen von etwa 100 Mio. € waren das System und seine Dienste definiert worden. Durch den Bau und die Inbetriebnahme des experimentellen Satelliten GIOVE[86] A (Start 28. Dezember 2005) und den Bau eines zweiten experimentellen Satelliten, GIOVE B, der am 7. Mai 2008 in die Umlaufbahn geschossen wurde, hatte die Validierungsphase (In-Orbit-Validierung) begonnen. Hätte zu diesem Zeitpunkt Europa den Aufbau von Galileo abgebrochen, so hätten diese Mittel abgeschrieben werden müssen.

So war es nur konsequent, dass sich Europa entschloss, Galileo allein mit öffentlichen Mitteln aufzubauen, also den Weg zu gehen, den auch die Betreiber der anderen GNSS gegangen waren bzw. gehen. So wurde bzw. wird:

- die Entwicklungs- und Validierungsphase von der Europäischen Gemeinschaft und der Europäischen Weltraumorganisation (ESA) finanziert,
- die Errichtungsphase (2014 bis 2020) von der Europäischen Gemeinschaft finanziert (7 Mrd. €),
- für die Betriebsphase im Dezember 2016 ein Vertrag mit einer Laufzeit von zehn Jahren (Volumen 1,5 Mrd. €) mit der Firma Spaceopal[87] geschlossen.

Der Ausbauzustand von Galileo stellt sich im Oktober 2017 wie folgt dar:

- 18 Satelliten sind in ihren Umlaufbahnen, davon sind 15 operationell (zwei fliegen in ungeeigneten Umlaufbahnen – s. unten; einer ist seit Mai 2014 nicht verfügbar).
- Galileo hat am 15.12.2016 den Status *Initial Operational Capability* erreicht. (http://www.insidegnss.com/node/5268). In dieser Phase wird Galileo vorwiegend zusammen mit anderen GNSS genutzt.
- Das Bodensegment ist operationell.

Der Aufbau der derzeit nutzbaren Konstellation aus 15 Satelliten verlief nicht immer ohne Rückschläge. Am 22. August 2014 wurden durch eine Sojus-Rakete der fünfte und sechste FOC-Satellit gestartet. Wegen einer Fehlfunktion der Startrakete erreichten sie nicht ihre vorgesehenen Umlaufbahnen. Sie flogen in einer stark elliptischen Umlaufbahn mit Höhen von 25.900 km und 13.713 km über der Erdoberfläche, mit einer nicht vorgesehenen Bahnneigung. Es gelang aber durch eine Reihe von Manövern, die Satellitenbahnen soweit zu korrigieren, dass sie nun mehr auf nahezu kreisförmiger Bahn (Exzentrizität der Bahnellipse 0,162) in 28.000 km Höhe mit der Bahnneigung 49,85 Grad fliegen. Sie können theoretisch für Ortungszwecke genutzt werden, ihr Status ist aber auf „unhealthy" gesetzt.

Im Januar 2017 berichtete die ESA von Problemen mit den Atomuhren an Bord der Galileo-Satelliten. (http://www.insidegnss.com/node/5297). Betroffen sind drei Rubidium-Uhren an den FOC[88]-Satelliten, fünf Hydrogen Maser Uhren an IOV Satelliten, eine Hydrogen-Maser-Uhr an einem FOC-Satelliten, zusammen also neun Fehlfunktionen. Die Hydrogen Maser Uhren gelten als die genauesten Atomuhren, waren zuvor aber noch nicht auf Satelliten erprobt worden. Sie sollten dazu beitragen, Galileo genauer als jedes andere GNSS zu machen.

---

[86] GIOVE: Galileo In-Orbit Validation Element.
[87] Spaceopal ist ein von der italienischen Firma Telespazion (Telespazio, a joint venture between Finmeccanica (67 %) and Thales (33 %)) und der deutschen Firma DLR gegründetes Gemeinschaftsunternehmen. Die DLR ist zu 100 % in deutschem Staatsbesitz.
[88] FOC: Final Operational Capability (endgültige Einsatzfähigkeit).

Da alle Galileo-Satelliten je vier Atomuhren an Bord haben – zwei Rubidium- und zwei Hydrogen-Maser-Uhren – sind trotz der bisher (Frühjahr 2017) ungeklärten Fehler die Satelliten voll funktionsfähig.

8.2 Das Galileo-Dienste-Konzept

Die grundlegende Funktion eines GNSS gibt dem Nutzer die Möglichkeit, zu jeder Tageszeit auf oder über der Erde seinen Ort und die Uhrzeit zu bestimmen. Ausschließlich diese Funktion stellen GPS, GLONASS und BDS zur Verfügung, jedoch in unterschiedlichen Ausprägungen. Bei GPS gibt es einen Standard Positioning Service (SPS) und einen Precise Positioning Service (PPS). Der SPS steht jedermann kostenfrei zur Verfügung, der PPS im Wesentlichen dem amerikanischen Militär – einschließlich der Verbündeten (z. B. den Streitkräften der NATO-Mitglieder). Anders als die Bezeichnung der Dienste vermuten lässt, werden sich die Leistungsparameter der Dienste (z. B. die Genauigkeit) in der Praxis einander immer ähnlicher. Dies hängt mit der Entwicklung der GNSS-Empfänger zusammen. Bei GLONASS und BDS sind die Verhältnisse ähnlich. Es gibt neben einem militärischen Dienst einen für jedermann frei verfügbaren zivilen Dienst.

In einer von der europäischen GNSS-Aufsichtsbehörde (GSA) im Jahr 2008 herausgegebenen Broschüre *„Die europäischen Satellitennavigationsprogramme Galileo und EGNOS"* wird ausgeführt:

> *„Die vielleicht wichtigste Innovation von Galileo ist jedoch die Bereitstellung von High-End-Diensten mit spezifizierter Qualitätsgarantie."*

Die GSA weist mit dieser Aussage auf die für Galileo vorgesehenen vier unterschiedlichen Ortungsdienste und den Such- und Ortungsdienst[89] hin. Der Grund dafür, dass Galileo, anders als die anderen GNSS, vier unterschiedliche Ortungsdienste anbietet, hängt damit zusammen, dass die EU mit Galileo betriebswirtschaftliche Gewinne erzielen und damit zu einer Amortisation des eingesetzten Kapitals und zur Finanzierung des laufenden Betriebs von Galileo kommen möchte. Dies soll dadurch geschehen, dass in einigen der Dienste zusätzlich zu den Informationen zur Berechnung von Position und Zeit weitere Daten zur Verfügung stehen. Dies können Daten sein, die die Zuverlässigkeit und Genauigkeit der Navigation verbessern, es können aber auch Daten sein, die mit der Navigation nur in einem indirekten Zusammenhang stehen. Wir kommen darauf noch zurück.

Folgende Dienste sind bei Galileo vorgesehen:

1. Offener Dienst (Open Service – OS),
2. Kommerzieller Dienst (Commercial Service – CS),
3. Sicherheitskritischer Dienst (Safety-of-Life Service – SoL),
4. Öffentlich regulierter Dienst (Public Regulated Service – PRS),
5. Such- und Rettungsdienste (Search and Rescue Service – SAR).

Dazu einige Erläuterungen:

- Offener Dienst (Open Service – OS):
  Der Dienst ist primär für den Massenmarkt gedacht. *Er steht dem Nutzer kostenlos und unverschlüsselt zur Verfügung*, ähnlich den zivilen Signalen der anderen GNSS. Für den OS sollen Signale in zwei Frequenzbereichen abgestrahlt werden.

---

[89] Einen Such- und Ortungsdienst gibt es auch bei GLONASS.

- Kommerzieller Dienst (Commercial Service – CS):
Der Dienst ist für professionelle Anwendungen gedacht. Zusätzlich zu den Orts- und Zeitinformationen des OS sollen im CS dem Nutzer kostenpflichtige Mehrwertdienste angeboten werden. Als Beispiel wird in dem Dokument ESA 2001 unter Ziffer 13.5.2 aufgeführt: *„Wetterwarnungen; Verkehrsinformationen und Unfallwarnungen"*. In dem Dokument ESA 2002 wird weiter ausgeführt: *„Für den kommerziellen Dienst sind als Anwendungen u. a. ... die Optimierung der Signalgenauigkeit bei Anwendungen mit differenzieller Korrektur vorgesehen."* Die konkreten Anwendungen sollen von Dienstanbietern entwickelt werden. Sie müssen die Rechte zur Nutzung der kommerziellen Signale von der Galileo-Betreibergesellschaft erwerben. *Der Dienst ist kostenpflichtig.* Über die Höhe der Gebühren ist noch keine Entscheidung getroffen. Inzwischen zeichnet sich ab, dass im CS nach dem Precise-Point-Positioning-Verfahren (s. Abschnitt 3.6.4) gearbeitet werden soll.

- Sicherheitskritischer Dienst (Safety of Life Service – SoL):
Der Dienst ist für Anwendungen geplant, bei denen eine Verschlechterung der Navigationslösung ohne eine entsprechende Echtzeit-Warnung zu sicherheitskritischen und ggf. lebensbedrohenden Situationen führen kann: z. B. beim Landeanflug eines Flugzeugs. Der SoL ist technisch der um eine Integritätsinformation erweiterte offene Dienst. Angestrebt wird eine Garantie für die Kontinuität dieses Diensts. Einzelheiten sind noch nicht geklärt. *Der Dienst ist kostenpflichtig.* Über die Höhe der Gebühren ist noch keine Entscheidung getroffen.

- Öffentlich regulierter Dienst (Public Regulated Service – PRS):
Der PRS ist ein verschlüsselter, vom Grundsatz her für staatliche Anwendungen gedachter Dienst. Er ist besonders störresistent und soll daher auch dann noch betriebsbereit sein, wenn die anderen Galileo-Dienste gestört sein könnten. Er soll in erster Linie von staatlichen zivilen Organisationen wie Polizei und Feuerwehr genutzt werden. In ESA 2005 wird auch ein Einsatz für strategisch wichtige Infrastrukturen (z. B. Energie, Telekommunikation, Finanzwesen) erwähnt. Der Einsatz des PRS durch das Militär ist politisch umstritten, bis zum heutigen Zeitpunkt noch ungeklärt, aber keineswegs ausgeschlossen. Staaten, die den PSR nutzen wollen, müssen Behörden einrichten, die für den Zugang zum PRS und die Kontrolle über den PRS in ihrem Staatsgebiet verantwortlich sind. Diese Behörden werden *Competent PRS Authorities (CPAs)* genannt, in Deutschland PRS-Behörde. Diese ist beim Bundesministerium für Verkehr und digitale Infrastruktur (BMVI) angesiedelt. *Der Dienst ist kostenpflichtig.*

- Such- und Rettungsdienst (Search & Rescue Service – SAR):
Ein Dienst zur weltweiten Aufnahme und Weiterleitung von Notsignalen einschließlich Ortungsinformation zur Einleitung von Rettungsaktionen im Rahmen des internationalen COSPAS-SARSAT[90]-Dienstes. Der Galileo SAR soll Reaktionszeiten in Notfallsituationen deutlich reduzieren.

---

[90] Die russische Abkürzung *Kocnac* (COSPAS) steht für *Kosmitscheskaja Sistema Poiska Awarinych Sudow* (Weltraumsystem für die Suche nach Schiffen in Seenot); die englische Abkürzung *SARSAT* bedeutet *search and rescue satellite-aided tracking* (Satellitenortungssystem für den Such- und Rettungsdienst).

Die EU hat in einer Vielzahl von Anwenderkonferenzen versucht, Interessenten dafür zu finden, die kostenpflichtigen Galileo-Dienste zu vermarkten. Dies scheint wenig erfolgreich gewesen zu sein. So ist es nur konsequent, wenn im derzeitigen IOC-Status auf den kostenpflichtigen CS-Dienst noch verzichtet wird.

8.3 Segmente

8.3.1 Weltraumsegment

8.3.1.1 Satellitenkonstellation

Das Weltraumsegment von Galileo soll aus 30 Satelliten bestehen (27 plus drei aktive Ersatzsatelliten). Sie umkreisen in einer Höhe von rd. 23.200 km in Bahnebenen mit einer Neigung von 56° die Erdkugel. In jeder Bahnebene kreisen neun Satelliten mit einem nominellen Abstand von 40°. Die Bahnebenen sind um 120° gegeneinander getrennt. Aus der Bahnhöhe ergibt sich eine Umlaufzeit von 14 Stunden und vier Minuten. Die Bodenspur der Satelliten wiederholt sich nach zehn Tagen bzw. 17 Umläufen.

Im Vergleich zum GPS-Weltraumsegment ergibt sich mit dieser Konstellation eine gering bessere Sichtbarkeit in nördlichen und südlichen Breiten.

Abbildung 8.1 zeigt die Konstellation mit dem im Frühsommer 2017 operablen 15 Satelliten; ein Satellit ist seit Mai 2014 nicht verfügbar.

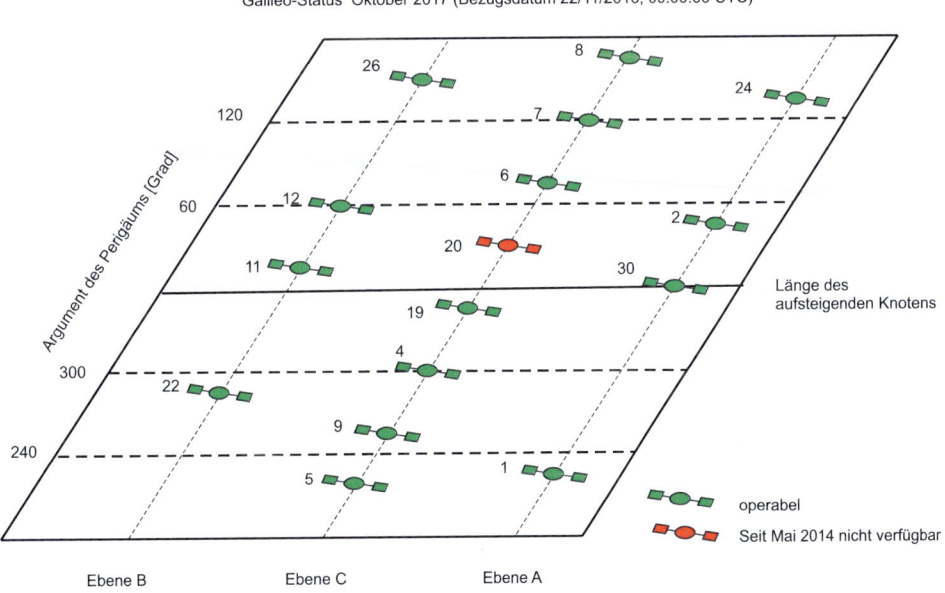

Abb. 8.1: Nutzbare Galileo-Satelliten im Oktober 2017 mit 15 Satelliten

8.3.1.2 Satelliten

Die Galileo-Satelliten haben eine Masse von 680 kg. Sie erzeugen mithilfe ihrer Sonnenpaddel 1.500 W. Der eigentliche Satellitenkörper hat eine Ausdehnung von 2,7 × 1,2 × 1,1 m³. Die ausgebreiteten Sonnenpaddel sind 13 m lang. Eine Besonderheit sind die an den Satelliten angebrachten Reflektoren für Laserstrahlen, mit deren Hilfe die Bahn des Satelliten vom Boden aus zentimetergenau bestimmt werden kann.

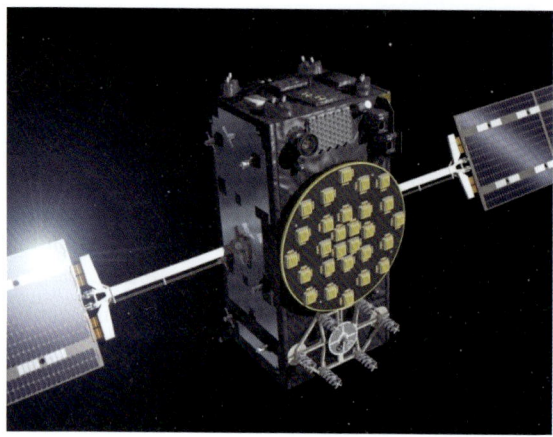

Abb. 8.2:
Galileo-Satellit
(Quelle: ESA)

Die Satelliten haben vier Atomuhren an Bord: zwei passive Hydrogen-Maser-Uhren und zwei Rubidium-Uhren. Die dadurch erreichte Redundanz soll gewährleisten, dass jederzeit die Navigationssignale erzeugt werden können. Die Entwurfslebensdauer wird mit 15 Jahren angegeben.

8.3.2 Bodensegment

Das Herzstück des Galileo-Bodensegments sind die beiden in Oberpfaffenhofen (bei München) und Fucino (bei Rom) befindlichen redundanten Ground Control Center (GGC). In den GCC sind die anfallenden Aufgaben zwei Organisationseinheiten zugeordnet:

- Ground Control Segment (GCS),
- Ground Mission Segment (GMS).

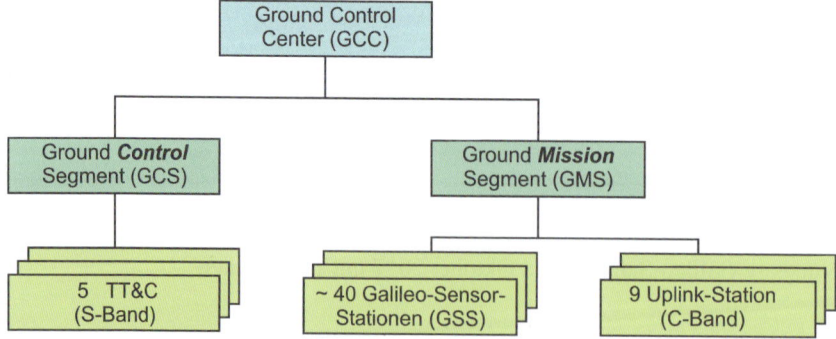

Abb. 8.3: Struktur des Galileo-Bodensegments

Das *Ground Control Segment* führt alle Aufgaben durch, die zur Einrichtung und zum Erhalt der Satellitenkonstellation erforderlich sind. Dazu gehören die mittel- und langfristigen Planungen zum Erhalt der globalen Abdeckung und der Kontinuität des Satellitensignals. Sofern erforderlich, kann vom Ground Control Segment die Veränderung einer Satellitenposition veranlasst werden. Zur Erledigung dieser Aufgaben stehen fünf Telemetry, Tracking and Telecommand Stations zur Verfügung. Sie nutzen 13-Meter-Antennen zur Kommunikation mit den Satelliten im S-Band (2,6 GHz bis 3,95 GHz).

Das *Ground Mission Segment* ist für den Routinebetrieb des Systems zuständig. Etwa 40 global verteilte Galileo-Sensorstationen (Galileo-Empfänger) registrieren auf Punkten mit bekannten Koordinaten die dort einfallenden Satellitensignale. Aus diesen Daten werden im Ground Control Center die aktuellen Ephemeriden- und Uhrendaten für jeden Satelliten berechnet und Integritätsinformationen abgeleitet. Ephemeriden- und Uhrendaten werden nominell alle 100 Min. mittels neun Uplink-Stationen an die Satelliten übermittelt.

Die Integritätsinformation sorgt dafür, dass spätestens 5,2 s nach Eintritt einer Satellitenfehlfunktion der Nutzer darüber informiert wird. Die Integritätsinformation wird ausgewählten Galileo-Satelliten übermittelt. Die weitere Verbreitung durch diese Satelliten stellt sicher, dass jeder Nutzer mindestens zwei Integritätsinformationen gleichzeitig empfangen kann.

Abbildung 8.4 zeigt den Ausbauzustand des Bodensegments im Jahr 2016.

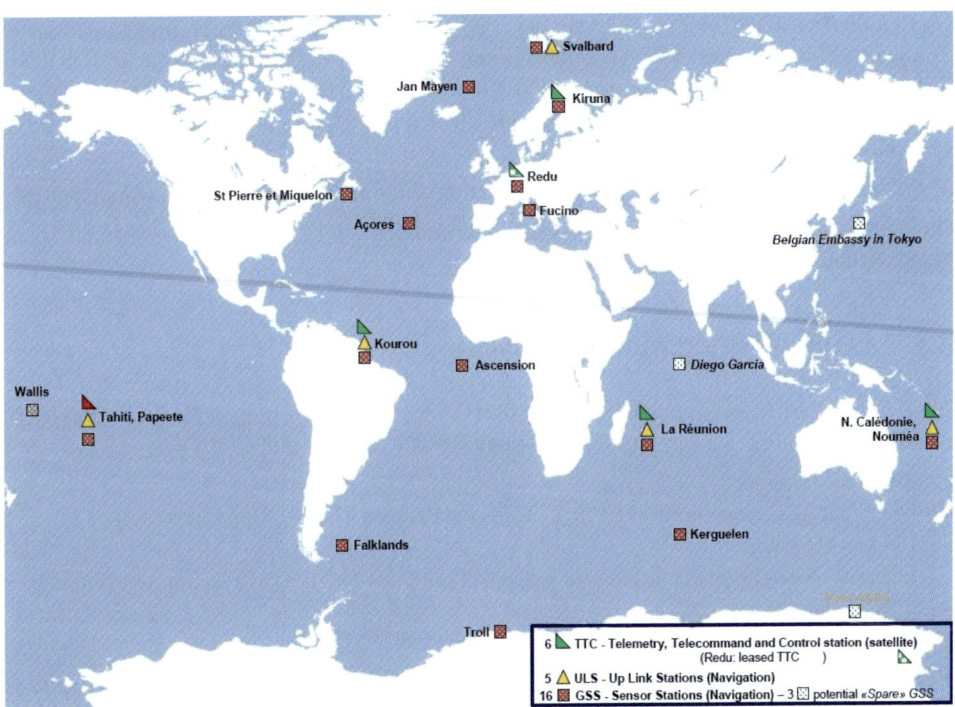

Abb. 8.4: Galileo-Bodensegment 2016 (Quelle: European „GNSS": status update H2020 Space Information Day Lisboa – 16 Septembre 2016)

373

8.4 Referenzsysteme

Einzelheiten zu den Referenzsystemen von Galileo sind in dem Dokument „*European GNSS (Galileo) initial services open service Service definition Document – First Issue Dezember 2016*" (Galileo Initial OS SDD) dokumentiert.

8.4.1 Position

Das geodätische Bezugssystem trägt die Bezeichnung **Galileo Terrestrial Reference Frame** (GTRF). GTRF ist eine eigenständige Realisierung des ITRS, abgeleitet aus den Koordinaten der weltweit verteilten 16 Galileo-Sensorstationen.

GTRF ist so spezifiziert, dass es immer mit dem vom International Earth Rotation and Reference Systems Service (IERS) definiertem ITRF übereinstimmt.

8.4.2 Zeit

Die Galileo-System-Zeit (**Galileo System Time** (GST)) wird vom Galileo-Bodensegment erzeugt. Galileo hat also sein eigenes Zeitsystem mit einer kontinuierlichen Zeitskala. GST wird mit TAI mit einer nominalen Differenz von 50 ns synchronisiert. Anfangsepoche für GST ist 00:00 UT für Sonntag, 22. August 1999 (Mitternacht zwischen 21. und 22. August). Zu diesem Zeitpunkt lag die TAI-Zeitskala und damit auch die GST-Zeitskala 13 Schaltsekunden vor der UTC-Zeitskala (die Galileo-Uhr „geht vor"). Da seit 1999 drei weitere Schaltsekunden eingelegt wurden, beträgt im Jahr 2017 die Differenz zwischen GST und UTC 16 Sekunden.

Mithilfe von Galileo steht UTC mit einer Genauigkeit von 26 ns und besser zur Verfügung.

Der Unterschied zwischen der GPS-Systemzeit und GST wird in der Navigationsnachricht beider Systeme enthalten sein.

8.5 Galileo-Navigationsnachricht

Bei Galileo werden entsprechend dem Galileo-Dienste-Konzept unterschiedliche Navigationsnachrichten ausgestrahlt. Es gibt die Typen F/NAV, I/NAV und C/NAV.

- F/NAV-Message:
  frei zugängliche Navigationsnachricht für den offenen Dienst (Open Service),
- I/NAV-Message:
  Integrity-Navigationsnachricht zur Unterstützung des Safety-of-Live(SoL)-Service,
- C/NAV-Message:
  Navigationsnachricht für den Commercial Service.

F/NAV-Message und I/NAV sind im *Galileo Open Service Signal in Space Interface Control Document (OS SIS ICD)* beschrieben (Issue 1.3, Dezember 2016). Für die C/NAV-Message gibt es noch keine Spezifikation.

Die *Strukturen* der F/NAV-Message und der I/NAV-Message sind identisch. Die Gesamtnachricht ist in einem Frame (Rahmen) enthalten, der sich aus Subframes (Unterrahmen) zusammensetzt. Die Subframes setzen sich aus Pages (Seiten) zusammen.

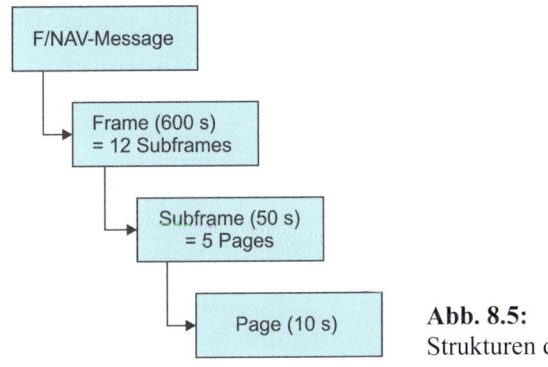

Abb. 8.5:
Strukturen der F/NAV-Navigationsnachricht

Für den weitaus größten Teil der Anwender von Galileo ist nur die F/NAV-Nachricht von Bedeutung. Nur diese Nachricht wird daher ein wenig genauer beschrieben. Sie setzt sich wie folgt zusammen (s. Abb. 8.5):

- Frame (600 s = 6 min) bestehend aus zwölf Subframes,
- Subframe (50 s) bestehend aus fünf Pages (Seiten),
- Page (10 s).

Jede Seite beginnt mit einer festgelegten 12-bit-Struktur (101101110000), dem Synchronisationswort mit der Bezeichnung *Unique Word (UW)* (s. Abb. 8.6). Danach folgen 488 Bits, die die eigentliche Nachricht enthalten. Diese Bits entstehen aus einer Vorwärtsfehlerkorrektur von

- sechs Bits   zur Kennzeichnung des Seitentyps,
- 208 Bits   für die eigentliche Nachricht,
- 24 Bits   für die Vorwärtsfehlerkorrektur (CRC-Bits),
- sechs Bits   Tail-Bits[91]: eine Folge von Nullen zum Gebrauch bei der Viterbi-Decodierung.

Sync.	F/NAV Symbols
12	488

Total (symb)
500

F/NAV Word			Tail
Page type	Navigationsdaten	CRC	
6	208	24	6

Total (bits)
244

Abb. 8.6: Layout der F/NAV-Seite

Die 24 CRC-Bits werden aus den sechs Bits für den Seitentyp und den 208 Nachrichtenbits berechnet (Einzelheiten s. OS SIS ICD Ziffer 5.1.9.4).

24 CRC-Bits, 208 Navigationsbits und sechs Tail-Bits ergeben zusammen 244 Bits. Daraus werden durch Faltungscodierung 488 Symbole. Diese 488 Symbole werden einem Interleaving-Verfahren unterzogen und dann zusammen mit dem Synchronisationswort ausgesendet. Zusammen mit dem Synchronisationswort besteht eine Seite aus 500 Bits, die hier die

---

[91] Tail-Bits: eine Folge von Bits am Ende (tail) eines Datenblocks. Hier dienen die Tail-Bits zur Festlegung der Inhalte der Zellen des Schieberegisters für die Faltungscodierung (convolution encoding).

Bezeichnung Symbol tragen. Zur Übertragung der 500 Symbole werden 10 s benötigt. Die Datenübertragungsrate beträgt also 50 Symbole pro Sekunde.

Es gibt sechs verschiedene Seitentypen (Page type) mit folgenden Inhalten:

Typ 1:
Satellitennummer (*SVID*), Parameter zur Berechnung des Satellitenuhrenfehlers, Genauigkeit des Signals (*Signal In Space Accuracy (SISA)*), Parameter zur Berechnung ionosphärischer Korrekturen, ausgestrahlte (vorhergesagte) Gruppenlaufzeit (*Broadcast Group Delay (BGD)*), Status des Signals (*Signal Health Status*), Galileo-System-Zeit (*Galileo System Time (GST)*) und Status der Datenvalidität.

Typ 2
Satellitenephemeriden (1/3), GST.

Typ 3
Satellitenephemeriden (2/3), GST.

Typ 4
Satellitenephemeriden (3/3), Parameter zur Umrechnung von GST- nach UTC- und von GST- nach GPS-Zeit, Zeit seit Beginn der Woche (*Time of Week (TOW)*).

Typ 5
Almanachdaten für Satelliten (k) and Almanachdaten für Satelliten ($k+1$) Teil 1.

Typ 6
Almanachdaten für Satelliten (k) and Almanachdaten für Satelliten ($k+1$) Teil 2.

Die Typen 5 und 6 werden in jedem zweiten Subframe ausgestrahlt.

Nach dem Lesen von vier Seiten (= 40 s) verfügt der Empfänger über die aktuellen Ephemeriden.

Die Almanachdaten von drei Satelliten stehen in zwei aufeinanderfolgenden Subframes ($2 \times 50 = 100$ s). Für die Almanachdaten aller 30 Satelliten werden 1.000 s, für 36 Satelliten – das ist die Standard-Nachrichtenstruktur – 1.200 s (20 min) benötigt.

Ephemeriden und Almanachdaten beruhen auf Kepler-Elementen. Die Algorithmen zur Berechnung der Satellitenpositionen aus diesen Daten ist identisch mit dem bei GPS angewandten Algorithmus.

8.6 Signale

Galileo wird zehn Signalkomponenten unter Verwendung von drei Trägerfrequenzen ausstrahlen (s. Tabelle 8.1 und Abb. 8.7).

Tabelle 8.1: Galileo-Signale, Trägerfrequenzen, Bandbreiten und Dienste

Bezeichnung	Trägerfrequenz [MHz]	Wellenlänge [cm]	Bandbreite [MHz]	Dienst
E1	1.575,420	19	35,80	PRS/OS
E6	1.278,750	23	30,69	CS/PRS
E5	1.191,795	25	51,15	OS/CS/SoL

Durch die beim E5-Signal verwendete AltBOC(15,10)-Modulation kommt es im E5-Signal zu zwei Signalkeulen mit Maxima bei 1.176,45 MHz und 1.207,14 MHz. Die entsprechenden Signale werden E5a- bzw. E5b-Signal genannt.

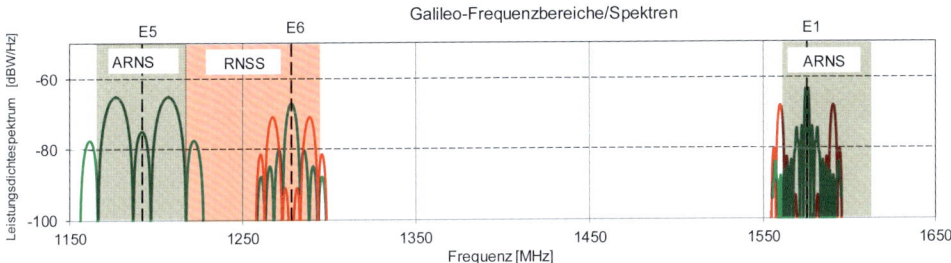

Abb. 8.7: Galileo-Frequenzbereiche/Spektren

8.6.1 Signal E1

Unter Verwendung der modifizierten Interplex-Modulation entsteht ein aus drei Komponenten (Kanälen) bestehendes Signal. Davon sind zwei Komponenten für den offenen Dienst (OS), eine Komponente für den staatlichen Dienst (PRS) vorgesehen.

Die nachfolgenden Tabellen enthalten die wesentlichen Merkmale des Signals.

Kanal		Dienst	Modulation	Bandbreite	Multiplex
Komponente	Typ				
A	Daten	PRS	BOC$_C$(15, 2.5)	35,805	modified Hexaphase
B	Daten	OS	CBOC(6,1,1/11), in Phase	14,322	
C	Pilot	OS	CBOC(6,1,1/11), Anti-Phase		

Kanal	Datenrate	Codeperiode	Codelänge	
	[Symbole/s]	[ms]	Primärcode [Chips]	Sekundärcode [Bits]
A	?	?	?	?
B	250	4	4.092	–
C	–	100	4.092	25

Das für die Modulation des Open Service (OS) aufgeführte Kürzel CBOC steht für **Compo**site **BOC** (zusammengesetzter BOC). Bei einer CBOC-Modulation entsteht das Unterträgersignal durch die gewichtete Summe zweier unterschiedlicher BOC-Rechtecksignale (s. Abb. 8.8).

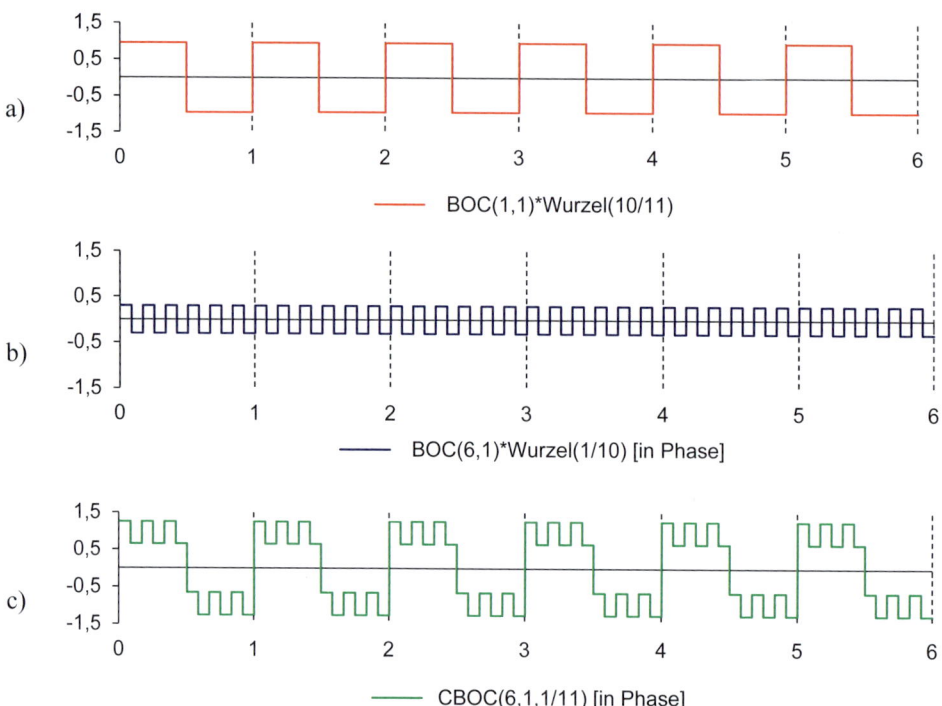

Abb. 8.8: Entstehung des CBOC(6,1,1/11)-Unterträgers [Variante „in Phase"]

Bei der CBOC(6,1,1/11)-Modulation des Galileo-E1-Signals wird die gewichtete Summe eines BOC(1,1)-Rechtecksignals und eines BOC(6,1)-Rechtecksignals gebildet. Für die Gewichte gilt:

Gewicht P des BOC(1,1)-Rechtecksignals $P = \sqrt{\dfrac{10}{11}}$,

Gewicht Q des BOC(6,1)-Rechtecksignals $Q = \sqrt{\dfrac{1}{11}}$.

Abbildung 8.8 zeigt beispielhaft die Bildung des CBOC(6,1,1/11)-Unterträgersignals (In-Phase-Signal).

Die Abbildung zeigt

a) das mit P gewichtete BOC(1,1)-Signal,
b) das mit Q gewichtete BOC(6,1)-Signal (in Phase),
c) das durch Summenbildung entstandene CBOC(6,1,1/11)-Unterträgersignal.

Das Multiplexverfahren führt dazu, dass die PRS-Komponente des E1-Signals in Quadratur zu dem OS-Signal steht (Avila-Rodriguez 2008). Abbildung 8.9 zeigt die zu erwartenden Spektraldichteverteilungen.

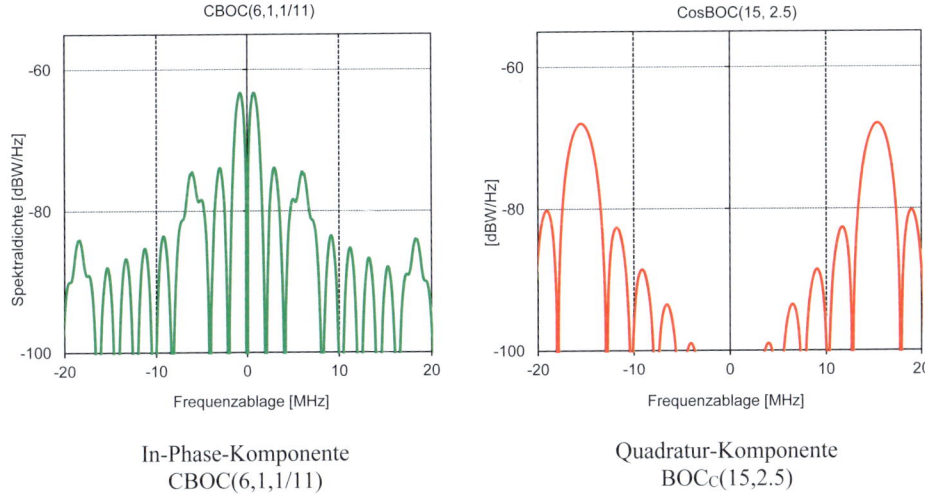

In-Phase-Komponente
CBOC(6,1,1/11)

Quadratur-Komponente
BOC$_C$(15,2.5)

Abb. 8.9: E1-Spektrum

8.6.2 Signal E6

Unter Verwendung der modifizierten Interplex-Modulation entsteht ein aus drei Komponenten (Kanälen) bestehendes Signal. Davon sind zwei Komponenten für den kommerziellen Dienst (CS), eine Komponente für den staatlichen Dienst (PRS) vorgesehen.

Die nachfolgende Tabelle enthält die wesentlichen Merkmale des Signals.

Kanal		Dienst	Modulation	Bandbreite [MHz]	Multiplex
Komponente	Typ				
B	Daten	CS	BPSK(5)	10,23	modified Hexaphase
C	Pilot	CS	BPSK(5)		
P	Daten	PRS	BOC$_C$(10,5)	30,69	

Kanal	Datenrate [Symbole/s]	Codeperiode [ms]	Codelänge	
			Primärcode [Chips]	Sekundärcode [Bits]
B	1.000	1	5.115	?
C	–	100	5.115	–
P	?	?	?	?

Das Modulationsverfahren führt dazu, dass das PRS-Signal in Quadratur zu dem CS-Signal steht (Rodriguez 2008). Abbildung 8.10 zeigt die zu erwartende Spektraldichteverteilung.

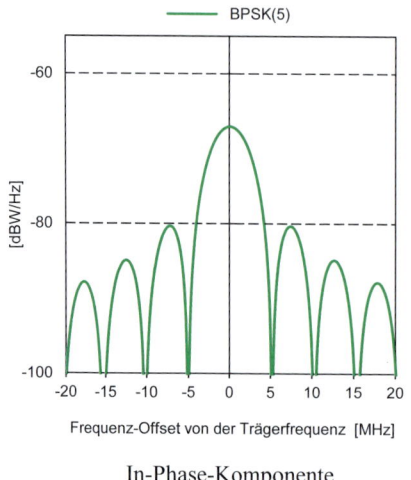

In-Phase-Komponente
BPSK(5)

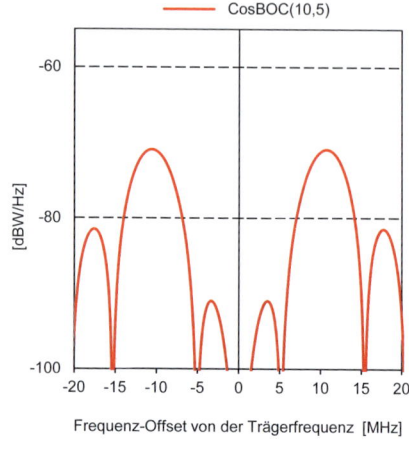

Quadratur-Komponente
BOC$_C$(10,5)

Abb. 8.10: E6-Spektrum

8.6.3 Signal E5

Unter Verwendung der AltBOC-Modulation entsteht ein aus vier Komponenten (Kanälen) bestehendes Signal. Davon sind zwei Komponenten für den offenen Dienst (OS) und zwei Komponenten für die Dienste OS, SoL und CS (PRS) vorgesehen.

Kanal		Dienst	Modulation	Bandbreite [MHz]	Multiplex
Komponente	Typ				
a_I	Daten	OS/CS	BPSK(10)		
a_Q	Pilot	OS/CS	BPSK(10)	51,15	AltBOC (15,10)
b_I	Daten	OS/CS/SOL	BPSK(10)		
b_Q	Pilot	OS/CS/SOL	BPSK(10)		

Kanal	Datenrate	Codeperiode	Codelänge	
	[Symbole/s]	[ms]	Primärcode [Chips]	Sekundärcode [Bits]
a_I	50	20	10.230	20
a_Q	–	100	10.230	100
b_I	250	4	10.230	4
b_Q	–	100	10.230	100

Die Modulation führt zu Spektraldichten, die ähnlich den um 15 MHz von der Zentralfrequenz versetzten BPSK(10)-Signalen sind. Die jeweiligen Maxima liegen bei 1.176,45 MHz (E5a-Signal) und 1.207,14 MHz (E5b-Signal).

Das Modulationsverfahren führt dazu, dass das PRS-Signal in Quadratur zu dem CS-Signal steht (Avila-Rodriguez 2008). Abbildung 8.11 zeigt die zu erwartende Spektraldichteverteilung.

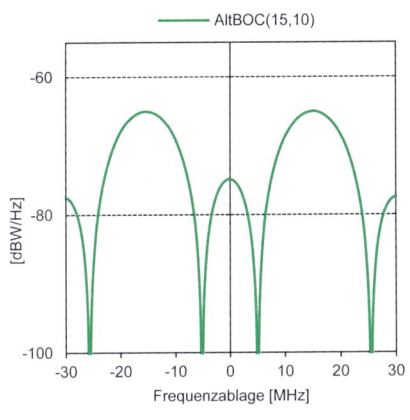

In-Phase-Komponente
AltBOC(15,10)

Quadratur-Komponente
AltBOC(15,10)

Abb. 8.11: E5-Spektrum

9 NAVIC – das indische regionale Navigationssatellitensystem

9.1 Einleitung

Das Kürzel NAVIC steht für *Navigation with Indian Constellation*. NAVIC ist ein unabhängig betriebenes, regionales, satellitengestütztes Navigationssystem. Es wurde im Zeitraum von Juli 2013 bis April 2016 aufgebaut. NAVIC wurde bis April 2016 IRNSS (*Indian Regional Navigation Satellite System*) genannt. NAVIC wurde von Indien vor allem eingerichtet, um unabhängig von den USA über die Fähigkeiten eines satellitengestützten Navigationsverfahrens zu verfügen.

9.2 NAVIC-Dienste

Wie die GNSS stellt NAVIC einen für jedermann freien Navigationsdienst (Standard Positioning Service) und einen Navigationsdienst für autorisierte Nutzer (Restricted Service) bereit. Darüber hinaus können mit NAVIC-Kurznachrichten übertragen werden. Diese sollen in erster Linie zur Warnung vor Katastrophen eingesetzt werden.

NAVIC unterscheidet zwei Abdeckungsgebiete (s. Abb. 9.1). Ein „Primary-Service"-Gebiet für die indische Landmasse und ihre Umgebung (1.500 km entfernt von den geopolitischen Grenzen) und ein „Secondary-Service"-Gebiet zwischen den Breiten 30 Grad Süd, 50 Grad Nord und den östlichen Längen 30, 130 Grad. Über Indien sind immer sieben Satelliten gleichzeitig sichtbar.

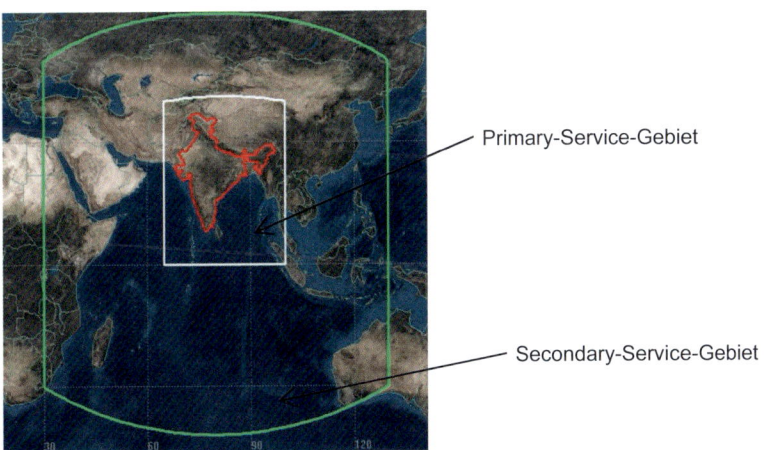

Abb. 9.1: Gebiete mit NAVIC-Empfang (Quelle: Indian Space Research Organisation)

9.3 Segmente

9.3.1 Weltraumsegment

9.3.1.1 Satellitenkonstellation

Die Konstellation besteht aus sieben Satelliten (s. Abb. 9.2). Drei davon sind GEO-Satelliten mit den Positionen 34°, 83° und 132° östlicher Länge. Die restlichen vier Satelliten sind IGSO-Satelliten mit einer Bahnneigung von 29°. Sie überqueren den Äquator in 55° bzw. 111° östlicher Länge. Wenn zwei der vier IGSO-Satelliten über dem Äquator stehen, befinden sich die beiden anderen Satelliten in ihrer nördlichsten bzw. südlichsten Position (30° Nord, 30° Süd).

Abb. 9.2: NAVIC-Konstellation (Quelle: Prof. Dr.-Ing. Stefan Brunthaler, Technische Hochschule Wildau)

9.3.1.2 Satelliten

Abbildung 9.3 zeigt einen NAVIC-Satelliten. Der eigentliche Satellitenkörper hat die Ausmaße 1,58 × 1,50 × 1,50 Meter. Die beiden Sonnenpaddel erzeugen 1.600 Watt. Die Entwurfslebensdauer beträgt für die älteren Satelliten zehn für die jüngeren oder zwölf Jahre.

An Bord des Satelliten befinden sich u. a. drei Rubidium-Atomuhren, eine als Primäruhr (primary), die anderen als Ersatzuhren (back-up). Zusätzlich zu den Elementen zur Erzeugung der Navigationsnachricht (Navigation Payload) hat der Satellit einen Transponder an Bord, der bei Entfernungsmessungen von Bodenstationen zu den Satelliten genutzt wird (Ranging Payload). Die dabei genutzten Frequenzen sind 6.172 MHz (Uplink) und 3.412 MHz (Downlink). Weiter ist an dem Satelliten ein Reflektor angebracht, der bei Zwei-Wege-Streckenmessungen vom Bodensegment zum Satelliten genutzt wird.

Abb. 9.3:
NAVIC-Satellit
(Quelle: Indian Space
Research Organisation)

9.3.2 Bodensegment

Das auf dem indischen Subkontinent stationierte Bodensegment besteht aus den Elementen
(s. Abb. 9.4):

1. ISRO Navigation Centre (INC)
   Im INC laufen alle Informationen zusammen; u. a. wird die Navigationsnachricht erzeugt.

2. IRNSS Range & Integrity Monitoring Stations (IRIMS)
   Die insgesamt 15 Stationen messen Pseudostrecken zu den Satelliten und überwachen
   damit u. a. die Zuverlässigkeit (Integrität) des Systems.

3. IRNSS CDMA Ranging Stations (IRCDR)
   Mithilfe dieser drei Stationen werden im C-Band präzise Zwei-Wege-Streckenmessungen zu den Satelliten durchgeführt, mit deren Hilfe die Bahndaten der Satelliten geschätzt
   werden.

4. IRNSS Network Timing Facility (IRNWT)
   In dieser Einrichtung wird die NAVIC-Zeit mithilfe eines Ensembles aus Hydrogen-Mas-
   sen und Cäsium-Uhren festgelegt und verteilt.

5. IRNSS Spacecraft Control Facility (IRSCF)
   Zwei IRSCF überwachen und kontrollieren die Satelliten. Weiter übermitteln sie den Satelliten die Navigationsnachricht.

Der Kontakt zwischen den Bodenstationen wird durch das IRNSS Data Communication Network (IRDCN) gehalten.

Schließlich werden internationale Laser-Ranging-Stationen genutzt, um die durch andere Techniken durchgeführten Bahndaten zu kalibrieren. Dazu werden die an Bord der Satelliten befindlichen Reflektoren benutzt.

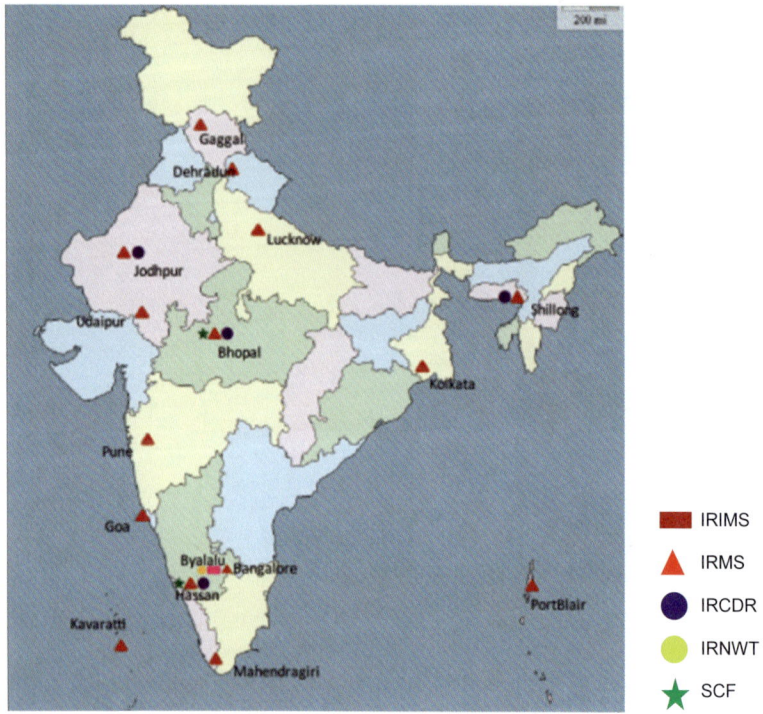

Abb. 9.4: NAVIC-Bodensegment (Quelle: Indian Space Research Organisation)

9.4 Navigationsnachricht

Die Navigationsnachricht hat die Struktur eines aus vier Subframes bestehenden Master Frame. Der Master Frame enthält 2400 Symbole, jeder Subframe besteht aus 600 Symbolen[92]. Jedes Symbol besteht aus zwei Bits, das bedeutet, dass im Masterframe 1.200 Informationsbits und in den Subframes je 300 Informationsbits enthalten sind, abzüglich des Synchronisationsworts ergibt dies 292 Informationsbits pro Subframe. Die Übertragungsrate für die Symbole beträgt 50 Symbole pro Sekunde (50 bps). Daraus ergibt sich, dass für die Übertragung eines Subframes 12 Sekunden benötigt werden.

Die Subframes 1 und 2 enthalten die primären Navigationsparameter, u. a.

* Ephemeriden, Uhrenparameter.

Diese Daten werden mindestens alle 48 Sekunden übertragen.

---

[92] Die Symbole entstehen durch die angewandte Faltungscodierung der Rate ½ (s. dazu Abschnitt 2.7.7).

Die Subframes 4 und 5 übermitteln die sekundären Navigationsparameter, u. a.

- Almanachdaten,
- differenzielle Korrekturen,
- ionosphärische Korrekturen,
- Zeitunterschiede zwischen IRNSS-Zeit und UTC sowie zu den GNSS-Zeiten,
- Textnachrichten.

Die Rhythmen, in denen diese Daten übertragen werden, sind unterschiedlich.

Der Algorithmus zur Berechnung der Satellitenposition aus den Ephemeriden ist identisch mit dem bei GPS verwendeten Algorithmus, einschließlich der erforderlichen physikalischen Konstanten.

9.5 Referenzsysteme

9.5.1 Position

NAVIC benutzt das WGS84-Koordinatensystem zur Positionsberechnung.

9.5.2 Zeit

NAVIC hat sein eigenes Zeitsystem, realisiert durch IRNSS Network Timing Facility (IRNWT) (s. Abschnitt 9.3.2). Die Startepoche für die kontinuierliche Zeitskala ist wie bei Galileo Mitternacht zwischen dem 21. und 22. August 1999 (s. Abschnitt 8.4.2.).

Die Zeitunterschiede zwischen der NAVIC-Zeit zu UTC und den GNSS sind Teil der Navigationsnachricht.

9.6 Signale

9.6.1 Frequenzen

NAVIC sendet Signale auf den Frequenzen 1.176,45 MHz (L5-Signal) und 2.942,08 MHz (S-Signal). Tabelle 9.1 enthält die wesentlichen Merkmale der Signale.

Tabelle 9.1: Merkmale der NAVIC-Signale

Signal	Frequenz [MHz]	Wellenlänge [cm]	Komponente	Service	Modulation
L5	1.176,45	25	I	SPS	BPSK(1)
			Q	Restricted	BOC(5,2)
S	2.492,08	12	I	SPS	BPSK(1)
			Q	Restricted	BOC(5,2)

Eine Besonderheit von NAVIC ist die Verwendung eines im S-Band (2 – 4 GHz) gelegenen Signals. Der relativ große Abstand zwischen dem von NAVIC verwendeten Frequenzen ermöglicht die Berechnung besonders genauer ionosphärischer Korrekturen. Nachteilig ist beim S-Band die vergleichsweise hohe Dämpfung des Signals durch die Troposphäre.

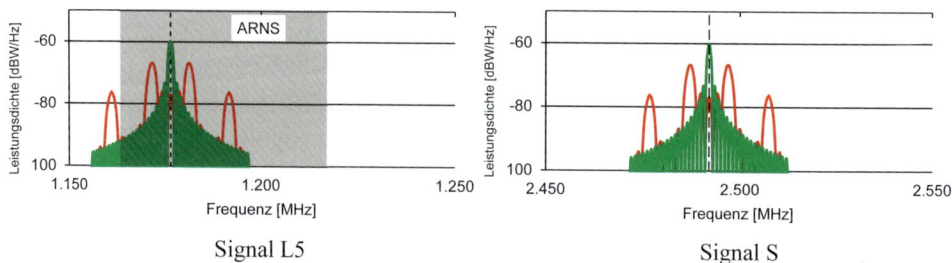

Signal L5   Signal S

Abb. 9.5: NAVIC-Frequenzen, Spektraldichten

9.6.2 Codes

Für den offenen Dienst werden wie bei GPS Gold-Codes mit einer Länge von 1.023 Chips verwendet. Die Codes sind in dem im Internet verfügbaren Interface Control Document (Isro Satellite Centre 2014) veröffentlicht.

10 Erweiterungssysteme

Die sich bei gemeinsamer Nutzung verschiedener GNSS ergebenden Leistungsmerkmale sind naturgemäß günstiger als die Leistungsmerkmale der einzelnen Systeme. Sie reichen aber dennoch noch nicht für alle Anwender aus. Dies gilt insbesondere für die zivile Luftfahrt. Daher wird angestrebt, durch die Bereitstellung zusätzlicher Elemente – in englischer Terminologie: durch *„augmentation"* (Zusatz, Vergrößerung) – die Leistungsmerkmale weiter zu verbessern. Insbesondere sollen Integrität, Verfügbarkeit und Genauigkeit verbessert werden. Dies geschieht durch die Bereitstellung zusätzlicher Komponenten. Man unterscheidet Weitbereichserweiterung (*Wide Area Augmentation (WAA)*) und lokale Erweiterung (*Local Area Augmentation (LAA)*). Bei den Weitbereichserweiterungen soll in diesem Buch zwischen globalen und regionalen Weitbereichserweiterungssystemen unterschieden werden.

Weitbereichserweiterungen werden fast immer durch über größere Gebiete verteilte GNSS-Referenznetze in Verbindung mit Einrichtungen zur Kommunikation zwischen den GNSS-Referenznetzen und den GNSS-Nutzern realisiert[93]. Sehr häufig werden geostationäre Kommunikationssatelliten verwendet. Die entsprechenden Erweiterungen werden daher *Satellite-Based Augmentation System (SBAS)* genannt. Der Begriff SBAS wird allerdings im Allgemeinen für eine spezielle Form der Weitbereichserweiterung verwendet, für den für die zivile Luftfahrt entwickelten Standard der International Civil Aviation Organisation (ICAO) (Kaplan & Hegarty 2006). Satellitengestützte Erweiterungen gibt es aber auch in anderer Form.

Lokale Erweiterungen werden durch Einsatz von GNSS-Referenzstationen realisiert, die für ein begrenztes Umfeld Korrektursignale erzeugen. Im einfachsten Fall ermittelt *eine* GNSS-Referenzstation Korrekturdaten für GNSS-Empfänger, die in unmittelbarer Umgebung der GNSS-Referenzstation Ortungen durchführen. Weit verbreitet sind aber auch über größere Gebiete (Nationalstaaten) verteilte, *vernetzte* Referenzstationen, mit deren Hilfe zentimetergenaue Ortung in Echtzeit realisiert wird (Netz-RTK).

Auch bei den lokalen Erweiterungssystemen gibt es einen Standard für die zivile Luftfahrt: das *Ground-Based Augmentation System (GBAS)* nach ICAO-Standard.

Die Anzahl der weltweit zur Verfügung stehenden Erweiterungssysteme ist unüberschaubar. Daher sollen in diesem Buch im Wesentlichen nur Erweiterungssysteme beschrieben werden, die von staatlichen oder halbstaatlichen Institutionen betrieben werden.

10.1 Globale Erweiterungssysteme

Das gemeinsame Merkmal globaler Erweiterungssysteme ist, dass sie sich auf weltweit verteilte GNSS-Stationen stützen. Diese Stationen übermitteln permanent die dort gemessenen GNSS-Daten zur Rechenzentrale. In den Rechenzentralen werden in Echtzeit Korrekturin-

---

[93] Eine Ausnahme ist das japanische QZSS.

formationen bereitgestellt und auf unterschiedlichen Wegen den Nutzern zur Verfügung gestellt. Bei den Korrekturinformationen kann es sich handeln um

- präzise Ephemeriden (10 bis 20 cm),
- Satellitenuhrenkorrektionen (< 1 ns),
- Ionosphären- und Troposphärenmodelle

und anderes.

Beispielhaft sei das von der der US-amerikanischen NASA (*National Aeronautics and Space Administration*) entwickelte *NASA Global Differential GPS (GDGPS)* kurz beschrieben.

Zur Unterstützung der NASA-Aktivitäten hat das zur NASA gehörende **J**et **P**ropulsion **La**boratory (JPL) ein System entwickelt, mit dem weltweit in Echtzeit Dezimetergenauigkeit erreicht werden soll. Der Dienst nutzt ein Netzwerk von mehr als 100 weltweit verteilten GNSS-Stationen (s. Abb. 10.1).

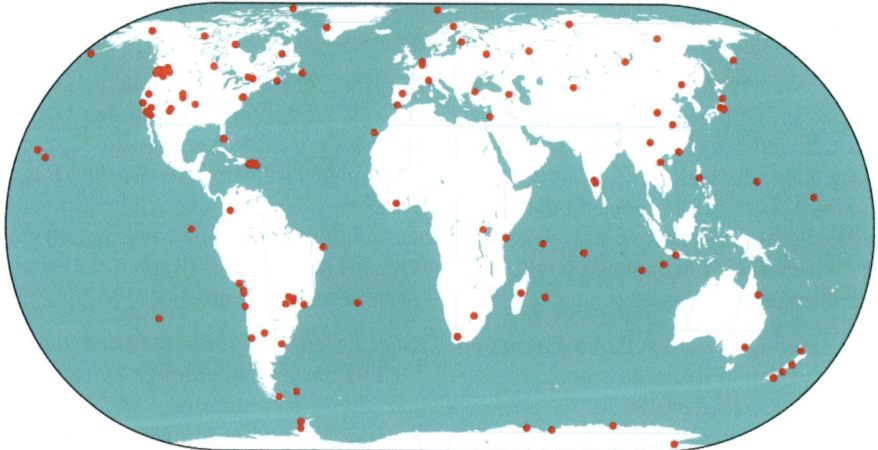

Abb. 10.1: GNSS-Stationen des NASA-GDGPS-Diensts (Quelle: NASA JPL)

Diese Stationen senden im Takt von 1 Hz ihre GNSS-Messungen zu zwei GDGPS-Rechenzentren, in denen die Daten in Echtzeit prozessiert und analysiert werden. Das Ergebnis dieser Analyse sind Korrekturdaten für die von den Satelliten ausgesendeten Navigationsdaten (Ephemeriden, Uhrenkorrektionen, Ionosphären-Daten etc.). Diese Daten werden den Nutzern über verschiedene Kanäle (Funk, Internet, geostationäre Satelliten) gegen Entgelt zur Verfügung gestellt. Die Auswertung der Korrekturdaten zusammen mit den durch den Nutzer selbst ermittelten GNSS-Rohdaten erfolgt im Allgemeinen nach dem Prinzip des Precise Point Positioning.

Einen nach ähnlichen Prinzipien arbeitenden globalen Dienst stellt auch die Firma Fugro zur Verfügung. Untersuchungen haben gezeigt, dass mit diesen globalen Diensten die Genauigkeitsgrößenordnung Dezimeter in Echtzeit unter günstigen Bedingungen tatsächlich erreicht wird, sowohl bei statischer als auch bei kinematischer Messung (Kechine u. a. 2003, Heister u. a. 2010). Eines der Probleme dieser Dienste ist, dass es für die Korrekturdatenübertragung noch keine Standards gibt (Wübbena u. a. 2005).

10.2 Regionale Erweiterungssysteme

10.2.1 QZSS – das satellitengestützte Erweiterungssystem Japans

Das Akronym QZSS steht für *Quasi-Zenith Satellite System*. QZSS wird von Japan entwickelt, um insbesondere in den Großstädten und den Gebirgsgegenden Japans die Qualität der GNSS Ortung zu verbessern. Dies wird vor allem dadurch erreicht, dass zusätzlich zu den vorhandenen GNSS-Satelliten weitere vier Navigationssatelliten bereitgestellt werden, die in Japan fast senkrecht über einem Beobachter stehen. Daher die Bezeichnung *Quasi-Zenith System*.

Tabelle 10.1: QZSS-Navigations-Signale

Signal-Name	Zentralfrequenz [MHz]	Modulation	Bemerkung
QZS-L1-C/A		BPSK(1)	
QZS-L1C	1.575,42	BOC(1,1)	Modulation und Codes entsprechen weitestgehend denen der GPS-Signale.
QZS–L1S		BPSK(1)	
QZS-L2C	1.227,60	BPSK(1)	
QZS-L5	1.176,45	BPSK(10)	
QZS-L6	1.278,75	BPSK(5)	

Mithilfe der QZSS-Satelliten und ihrer Signale (s. Tabelle 10.1) werden folgende Ziele angestrebt:

1. *Erhöhung der Zahl verfügbarer Satelliten über Japan für Standardnavigationsaufgaben*
   Diesem Zweck dienen die auf L1, L2 und L5 ausgestrahlten Signale L1-C/A, L1C, L2C, L5.

2. *Submetergenauigkeit (Sub-meter Level Augmentation Service – SLAS)*
   Dazu dient ein besonderes auf L1 (1.575,42 MHz) ausgestrahltes BPSK(1)-moduliertes Signal mit der Bezeichnung QZ-L1S[94]. Es wird über eine besondere, nur für dieses Signal genutzte Antenne ausgestrahlt, um Konflikte mit den anderen auf L1 ausgestrahlten Signalen zu vermeiden. Das Signal enthält DGPS-Korrekturdaten.

3. *Zentimetergenauigkeit (Centimeter Class Augmentation Service – CLAS)*
   Dazu dient das auf L6 (1.278,75 MHz) ausgestrahlte BPSK(5)-modulierte Signal[95]. Das Signal enthält die Daten, die zur Durchführung der PPP-RTK-Ortung erforderlich sind, z. B. Zustand von Ionosphäre und Troposphäre aus regionalen Netzen (s. Abschnitt 3.6.4.2).

4. *Übertragung von Kurznachrichten für Disaster- und Krisenmanagement (DC-Report)*
   Die entsprechenden Daten werden über das QZS-L1S-Signal (s. Ziffer 2) übertragen.

Abbildung 10.2 zeigt die von QZSS genutzten Frequenzbereiche und Spektren.

---

[94] Das Signal wurde früher L1-SAIF genannt. SAIF stand für „*Submeter class augmentation with integrity function*".

[95] Das Signal trug früher die Bezeichnung LEX.

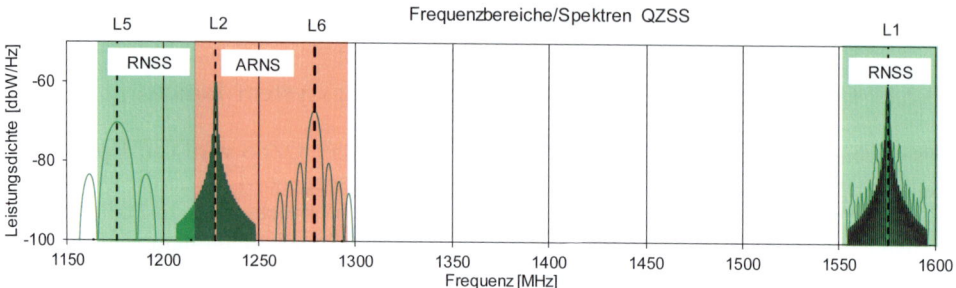

Abb. 10.2: Frequenzbereiche/Spektren der QZSS-Signale

Erreicht wird die hohe Elevation der QZSS-Satelliten über Japan durch die besondere Wahl ihrer Bahnparameter. Drei Satelliten sind vom Typ HEO, ein Satellit ist ein GEO-Satellit mit der Position 127° östlicher Länge.

Die Parameter der HEO-Satellitenbahnen sind in Tabelle 10.2 zusammengestellt.

Tabelle 10.2: Sollkonstellation der QZSS HEO-Satelliten (31.12.2009 12:00 UTC)

Parameter	Werte		
Große Halbachse a	42.164 km		
Exzentrizität e	$0{,}075 \pm 0{,}015$		
Bahnneigung i	$43° \pm 4°$		
Rektaszension d. aufsteigenden Knotens Ω	90°	210°	330°
Argument der Breite u	340°	200°	85°
Argument des Perigäums ω	270°		
Länge des aufsteigenden Knotens β	146,3°		

Mit diesen Daten ergeben sich Bahnen mit der in Abbildung 10.3 dargestellten Fußpunktkurve und dem Höhenprofil aus Abbildung 10.4. Die durchschnittliche geographische Länge der Fußpunktkurve beträgt 136° östlicher Länge.

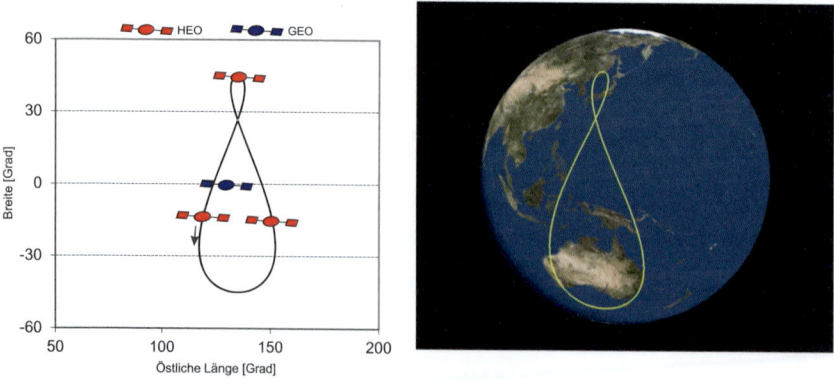

Abb. 10.3: Fußpunktkurve der HEO-QZSS-Satelliten (Quelle Bild rechts: JAXA)

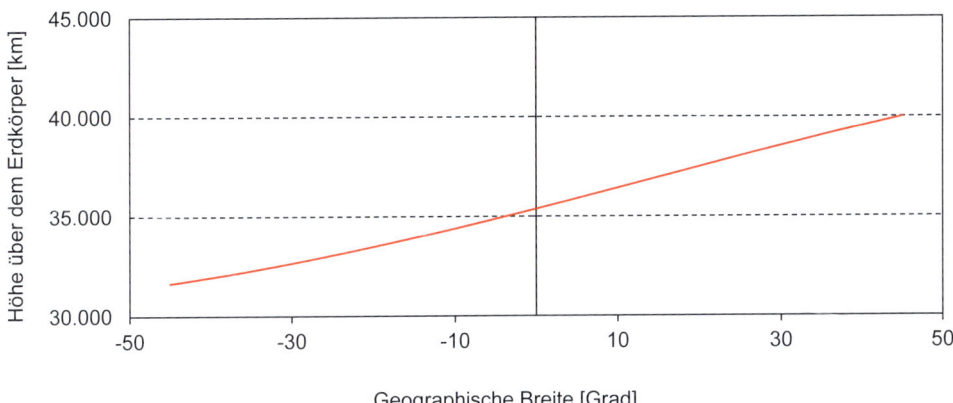

Abb. 10.4: Höhenprofil der QZSS-Satelliten

Die QZSS-Satelliten stehen in ihrem nördlichsten Punkt 39.982 km über dem Erdkörper, in ihrem südlichsten Punkt 31.634 km über dem Erdkörper.

Aus Höhenprofil und Fußpunktkurve ergibt sich, dass die QZSS-Satelliten über Japan fast senkrecht in etwa 38.000 km Höhe stehen. Dies gewährleistet einen weitestgehend ungestörten Empfang der von den QZSS ausgestrahlten Signale in mit Hochhäusern eng bebauten Großstädten und in Gebirgsgegenden.

Der erste QZSS-Satellit (QZS-1) wurde im September 2010 gestartet, zwei weitere Satelliten (QZS-2, QZS-3) im Juni bzw. August 2017. QZS-3 fliegt anders als die übrigen QZSS-Satelliten in einer geostationären Umlaufbahn in 127 Grad östlicher Länge. Ende 2017 soll ein vierter Satellit folgen und damit die Konstellation vervollständigen (Langley u. a. 2017). Ab 2018 sollen erste QZSS-Dienste mit vier Satelliten zur Verfügung stehen. Bis zum Jahr 2023 sollen weitere vier Satelliten das System ergänzen.

Einzelheiten zum QZSS sind z. B. auf der Internetseite http://qzss.go.jp/en/ der japanischen Regierung zu finden. Dort findet man auch die entsprechenden Interface-Control-Dokumente. Informationen zu den QZSS-Satelliten findet man unter dem Link: https://igscb.jpl.nasa.gov/projects/mgex/Status_QZSS.htm.

10.2.2 SBAS – satellitengestütztes Erweiterungssystem nach ICAO-Standard

10.2.2.1 Einführung

Das Akronym SBAS steht für *„Satellite-Based Augmentation System"*. Mit dem SBAS nach ICAO-Standard sollen Landeanflüge ermöglicht werden. Die SBAS sollen langfristig das für jeden Flughafen sonst nötige Anflugverfahren ILS (*Instrument Landing System*) ersetzen.

Abbildung 10.5 zeigt die weltweit existierenden oder geplanten SBAS.

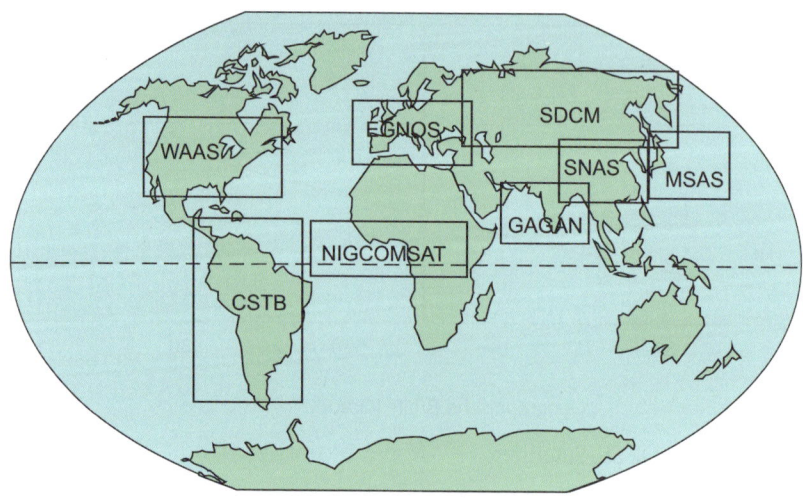

Abb. 10.5: Existierende und geplante SBAS

Die in Abbildung 10.5 aufgeführten Kürzel stehen für:

- WAAS — *Wide Area Augmentation System* (USA),
- EGNOS — *European Geostationary Navigation Overlay System* (Europa),
- GAGAN — *GPS Aided Geo Augmented Navigation* (Indien),
- MSAS — *Multi-Transport Satellite-Based Augmentation System* (Japan),
- SDCM — *System for Differential Correction and Monitoring* (Russland),
- CSTB — *Caribbean and South American Test Bed* (Südamerika),
- SNAS — *Chinese Satellite Navigation Augmentation System* (China),
- NIGCOMSAT *Nigerian Communication Satellite* (Nigeria).

Nach Kenntnis des Verfassers sind das WAAS der USA, das EGNOS Europas, das GAGAN Indiens und das MSAS Japans die bisher realisierten voll funktionsfähigen SBAS nach ICAO-Standard.

10.2.2.2 EGNOS – das SBAS Europas

Die Funktionalität eines SBAS sei anhand des europäischen SBAS EGNOS (*European Geostationary Navigation Overlay System*) erläutert (s. Abb. 10.6).

Gleichmäßig über Europa, aber auch weltweit verteilte *Ranging and Integrity Monitoring Stations (RIMS)* sammeln sekündlich Rohdaten der GPS- und GLONASS-Satelliten sowie das entsprechende *GPS-ähnliche Signal* zur Entfernungsmessung der beteiligten geostationären Satelliten. Die geostationären Satelliten befinden sich in den Positionen 15,5° West, 21,5° Ost und 25° Ost.

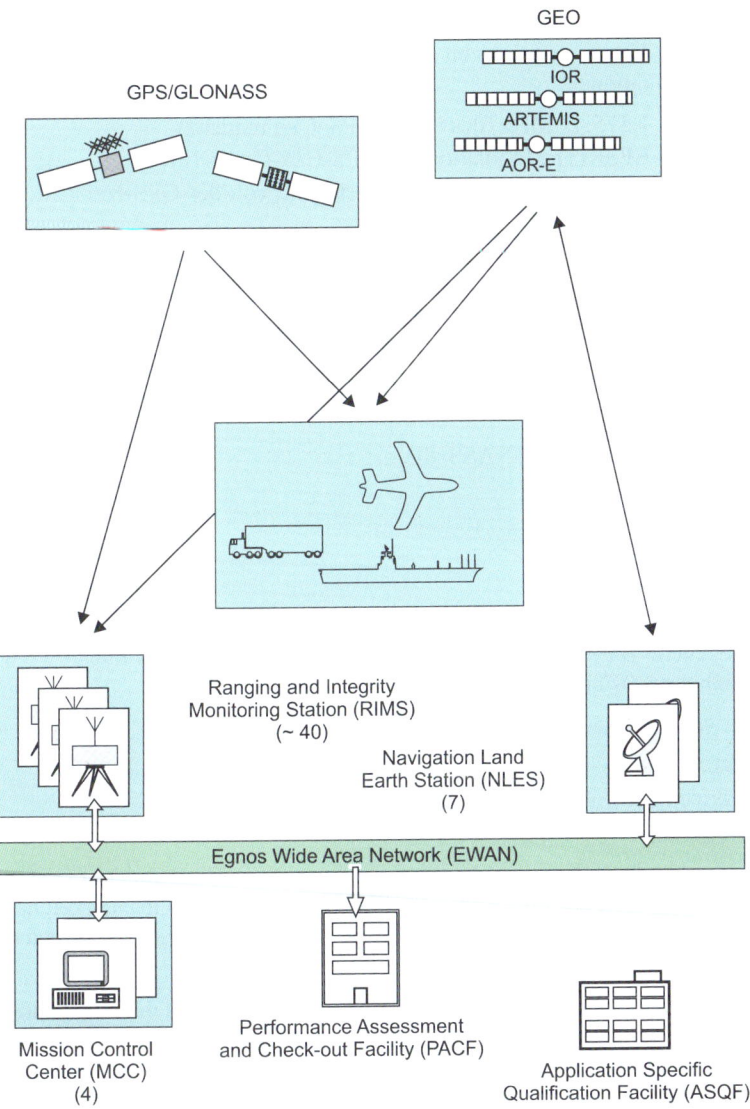

Abb. 10.6: EGNOS-Systemarchitektur

Die RIMS-Daten werden über das *Egnos Wide Area Network (EWAN)* an vier *Mission Control Center (MCC)* weitergeleitet. Dort wird eine *„augmentation message"* berechnet. Inhalt dieser Message sind DGNSS-Korrekturen (Korrekturen für die Satellitenuhren, Korrekturen für die GPS/GLONASS-Ephemeriden und Parameter zur Durchführung ionosphärischer Korrekturen, Ephemeriden der EGNOS-Satelliten) sowie eine Integritätsinformation. Die *„augmentation message"* wird über *Navigation Earth Land Stations (NELS)* an die geostationären Satelliten weitergeleitet und von dort an die Nutzer von EGNOS. Zusätzlich generieren die NELS ein *GPS-ähnliches Signal* zur Entfernungsmessung und senden es an die geostationären Satelliten. Diese stellen das Signal den Nutzern als zusätzliche geometrische Information zur Verfügung. Für die von den von geostationären Satelliten ausgesandten Signale gelten folgende Spezifikationen:

- Frequenz: 1.575,42 MHz (das ist die GPS-L1-Frequenz),
- Modulation: BPSK(1)-Modulation mit GPS-C/A-Codes (PRN 120 – 138),
- Navigationsnachricht: Inhalt und Format sind abweichend von der GPS-Navigationsnachricht. Einzelheiten findet man z. B. im Internet unter http://pnt.gov/public/docs/2008/waasps2008.pdf.

Wie bei allen anderen SBAS ist Hauptzielgruppe für EGNOS die Luftfahrt. Dennoch wird in Europa von politischer Seite Wert darauf gelegt, dass die von EGNOS erreichten Verbesserungen (EGNOS ADDED VALUE) auch anderen Verkehrsträgern zugutekommen. Mit EGNOS sollen *„multimodal transport applications"* möglich sein. Folgendes wird mit EGNOS angestrebt:

- bessere Genauigkeit als mit GPS/GLONASS allein,
- garantierte Verfügbarkeit,
- hohe Integrität,
- hohe Einsatzverfügbarkeit.

10.2.2.3 Besonderheiten von EGNOS

Quelle für die hier gegebene Darstellung von EGNOS sind die Internetseiten https://www.gsa.europa.eu/egnos/what-egnos und http://www.esa.int/esaNA/ .

Für EGNOS sind drei verschiedene Servicetypen vorgesehen:

- Open Service (OS),
- Safety-of-Life Service (SoL),
- EGNOS Data Access Server (EDAS).

Der Open Service entspricht den offenen/zivilen Signalen der GNSS. Die mit dem EGNOS-OS-Signal im Zusammenspiel mit den übrigen GNSS-Signalen angestrebte Genauigkeit liegt in der Größenordnung von rd. 1 m. Zielgruppen für die Signalnutzung sind nach EU-Angaben Fußgänger und die Fahrzeugnavigation[96].

Im SoL wird die gleiche Genauigkeit wie beim OS erreicht. Zusätzlich erhält der Nutzer noch eine Integritätsinformation. Das Signal entspricht ICAO-Standards und soll zertifiziert werden. Zielgruppe für das SoL-Signal sind nach EU-Angaben Luftfahrt, Schifffahrt und Eisenbahn. Vonseiten der Schifffahrtsbehörden gibt es allerdings Aussagen darüber, EGNOS nicht zu unterstützen, da die Schifffahrt über einen eigenen DGNSS-Dienst verfügt (s. Abschnitt 10.3).

Im Servicetyp EDAS werden die von EGNOS ermittelten Korrekturdaten durch terrestrische Netze an die Nutzer übermittelt. Dies ist u. a. deswegen sinnvoll, weil die geostationären EGNOS-Satelliten in Europa mit nur geringer Elevation sichtbar sind und daher insbesondere für Nutzer in den Straßenschluchten von Städten häufig gestört bzw. gar nicht zu empfangen sind.

---

[96] Die Sinnhaftigkeit dieser Intention erschließt sich dem Verfasser deswegen nicht, weil das EGNOS-Signal in den Städten Europas so gut wie immer abgeschattet ist.

Seit dem 1. Oktober 2009 ist das kostenfreie offene EGNOS-Signal freigegeben. Seit Juli 2010 ist EGNOS zum Gebrauch in der Luftfahrt (Landeanflüge nach CAT1) zertifiziert. Das ebenfalls kostenfreie Signal für sicherheitskritische Anwendungen (*Safety-of-Life*-Anwendungen – SoL-Signal) ist seit dem 1. März 2011 zertifiziert.

Für das EGNOS-SoL-Signal gelten folgende Spezifikationen:

- Genauigkeit: 1 bis 3 m horizontal, 2 bis 4 m vertikal;
- Integrität: Warnung innerhalb von 6 s, wenn die Genauigkeit nicht erreicht wird;
- Kontinuität: Das System arbeitet während der nächsten 150 s von Beginn jeder beabsichtigten Operation (z. B. Landeanflug) an.

10.3 Lokale Erweiterungssysteme

10.3.1 Marine-DGNSS

Der Internationale Verband der Seezeichenverwaltungen (*International Association of maritime aids to Navigation and Lighthouse Authorities (IALA)*) hat einen Standard für die Bereitstellung eines Marine-DGNSS entwickelt. International wird das Verfahren „*Radiobeacon DGNSS*", „*MF-Beacon*" oder „*IALA Beacon*" genannt.

Das Marine-DGNSS stellt in Küstennähe, aber auch im Binnenland Referenzstationen für DGNSS zur Verfügung. Der Dienst ist gebührenfrei.

Die Korrektur- und Integritätsdatenübertragung erfolgt beim Marine-DGNSS im Mittelwellenbereich (283,5 bis 315 kHz). Dies hat den Vorteil, dass für eine nahezu flächendeckende Versorgung nur wenige Stationen errichtet werden müssen. Die Aussendung folgt einem Übertragungsprotokoll der International Telecommunication Union (ITU). Tabelle 10.3 enthält die betrieblichen Kenngrößen des IALA-DGNSS-Diensts.

Tabelle 10.3: Kenngrößen des Marine-DGNSS (Zahlen aus IMO-Resolution A.915(2))

Genauigkeit	besser als 10 m
Reichweite der DGNSS-Stationen	200 bis 300 km (Europa) 300 bis 500 km (USA, Russland)
Verfügbarkeit	> 99,8 % über 30 Tage
Kontinuität	> 99,97 % über drei Stunden
Integrität	Zeit bis zum Alarm: 10 s

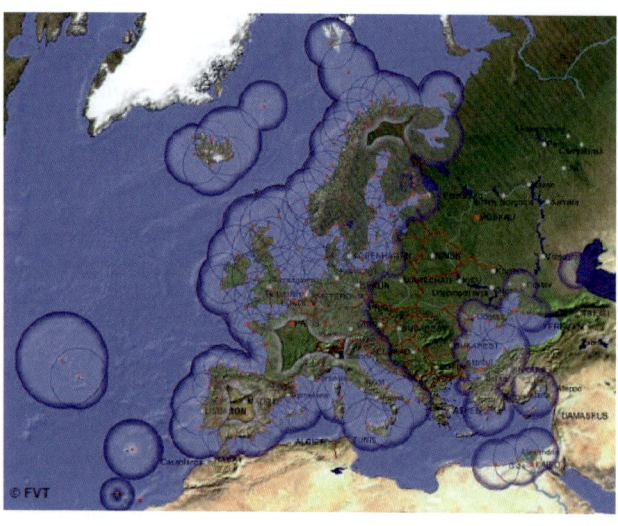

Abb. 10.7:
Marine-DGNSS in Europa
(Quelle: Fachstelle der
WSV für Verkehrstechnik)

Das Marine-DGNSS ist weltweit verbreitet. Abbildung 10.7 vermittelt einen Eindruck von der Verbreitung in Europa. In Deutschland stellen sieben gleichmäßig über Deutschland verteilte Stationen sicher, dass das Marine-DGNSS auf allen See- und Binnenwasserstraßen Deutschlands verfügbar ist.

Leser, die sich für weitere Einzelheiten des Marine-DGPS interessieren, seien auf folgende Internetseite verwiesen: http://www.fvt.wsv.de/dgps/pdf/technische_daten.pdf.

10.3.2 GBAS – bodengestütztes Erweiterungssystem nach ICAO-Standard

GBAS steht für *„Ground-Based Augmentation System"*. Ebenso wie SBAS ist GBAS ein Standard der ICAO. GBAS wird entwickelt, da SBAS voraussichtlich nicht allen Anforderungen, die bei Landeanflügen zu stellen sind, gerecht werden kann.

Ein GBAS besteht aus den Komponenten:

- GBAS-Bodenstation im Flughafenbereich,
- zwei oder mehr GNSS-Empfänger im Flughafenbereich,
- VHF-Sendeantenne.

Die von den GNSS-Empfängern empfangenen Rohdaten (Pseudostrecken, Ephemeriden, Zeit etc.) werden in Echtzeit an die GBAS-Bodenstation weitergeleitet. Dort werden aus den GNSS-Rohdaten DGNSS-Korrekturdaten berechnet, die über die VHF-Antenne ausgestrahlt werden. Format und Inhalt der ausgesandten Daten sind in dem Dokument *„SARPS Annex 10 (International Standards and Recommended Practices International Standards regarding radio navigation devices issued by ICAO (International Civil Aviation Organization)"* spezifiziert.

Beim GBAS wird angestrebt, die Anflugrouten mittels 3D-Wegpunkten beliebig im Raum anzuordnen. Es sollen variable, nur durch Sicherheits- und Komfortanforderungen begrenzte Anflugrouten geflogen werden können, die es unter anderem ermöglichen, geographische Besonderheiten zu berücksichtigen. Durch GBAS zu entwickelnde, besonders steile oder gekrümmte Anflugrouten („Steep" beziehungsweise „Curved Approaches") sollen zu einer Reduzierung des Fluglärms beitragen. Ein erstes GBAS wurde im Herbst 2009 in den USA zertifiziert. In Deutschland gibt es seit 2012 ein GBAS in Bremen und seit 2014 eine GBAS in Frankfurt/Main. Einzelheiten zu GBAS findet man hier: http://flygls.net/.

10.3.3   Vernetzte Referenzstationen

Weltweit gibt es eine unüberschaubare Anzahl vernetzter GNSS-Referenzstationen, mit deren Hilfe zentimetergenaue Ortung in Echtzeit erreicht wird. In der angelsächsischen Literatur wird dafür der Begriff *Continuously Operating Reference Stations* mit dem Kürzel CORS verwendet.

Vernetzte GNSS-Referenzstationen werden vor allem zur Lösung von Vermessungsaufgaben verwendet und häufig von den Vermessungsverwaltungen der Nationalstaaten betrieben. Unter diesem Aspekt könnte man vernetzte Referenzstationen auch dem Begriff „Weitbereichserweiterung" zuordnen. Da aber die jeweiligen Korrektursignale aus den Daten der in der Nähe des GNSS-Empfängers liegenden Referenzstationen abgeleitet werden, erscheint dem Verfasser die hier vorgenommene Einordnung plausibler.

In Deutschland – aber auch in anderen Ländern – gibt es mehrere Anbieter von Netz-RTK: den Dienst SA*POS*® der Vermessungsverwaltung und die von kommerziellen Anbietern betriebenen Dienste ascos, VRS und SmartNet (s. dazu Anhang I).

11 Andere satellitengestützte Ortungssysteme

Die vorhandenen und geplanten GNSS (GPS, GLONASS, BDS, Galileo) sind zwar die wichtigsten, aber nicht die einzigen satellitengestützten Ortungsverfahren. ARGOS bietet neben der Ortung auch die Möglichkeit der Kommunikation, während DORIS im Wesentlichen für präzise Satellitenbahnbestimmung konzipiert ist. In den folgenden Abschnitten sollen die Möglichkeiten und Prinzipien dieser weiteren satellitengestützten Ortungssysteme kurz beschrieben werden. Leser, die an weitergehenden Informationen interessiert sind, seien auf die angegebenen Quellen verwiesen.

11.1 ARGOS

Das französisch-amerikanische ARGOS (*Advanced Research and Global Observation Satellite*) ist ein satellitengestütztes System zur Positionsbestimmung und Datenübertragung. ARGOS wird meist auf Bojen zur Erfassung und Übertragung meteorologischer und ozeanographischer Daten, an Tieren zur Beobachtung von Wanderbewegungen und an Fahrzeugen oder Frachten betrieben. Nach Angaben von ARGOS werden 2017 etwa 8.000 Tiere mit ARGOS überwacht.

ARGOS entstand Ende der 1970er-Jahre in Kooperation der französischen Weltraumbehörde CNES (*Centre National d'Etudes Spatiales)* und den US-amerikanischen Behörden NASA *(National Aeronautics and Space Administration)* und NOAA *(National Oceanic and Atmospheric Administration).* ARGOS wird von der französischen Firma CLS (*Collecte, Localisation, Satellites)* und ihrer amerikanischen Tochtergesellschaft Service Argos, Inc. betrieben. Informationen über ARGOS findet man ausführlich im Internet unter http://www.argos-system.org/ und http://www.noaasis.noaa.gov/ARGOS/index.html.

ARGOS-Nutzer verwenden kleine Sender, die ein Signal mit einer Frequenz von nominal 401,65 MHz aussenden. Dem Signal können 256-Bit-Daten aufmoduliert werden, die z. B. Informationen von Umweltsensoren enthalten. Es gibt eine große Auswahl von ARGOS-Sendern, die sich in Signalstärke, Stromverbrauch, Gewicht und Betriebsdauer unterscheiden. Die kleinsten Sender wiegen etwa 20 Gramm und werden mit Solarenergie betrieben.

ARGOS-Empfänger werden auf US-amerikanischen NOAA[97]- und europäischen MetOp[98]-Wetter-Satelliten geflogen, die die Erde auf polaren Bahnen mit einer Umlaufzeit von etwa 100 Minuten umkreisen. Wegen der Bewegung des Satelliten wird das von den ARGOS-Sendern ausgestrahlte Signal am Satelliten mit einer Doppler-Frequenzverschiebung empfangen. Der ARGOS-Empfänger integriert die im Zeitraum einer Nutzernachricht (90 Sekunden) auftretende Doppler-Frequenzverschiebung und erhält damit den sogenannten Doppler-Count, aus dem sich die Entfernungsänderung Sender – Empfänger für diesen Zeitraum ableiten lässt. Innerhalb eines Satellitendurchgangs, der durchschnittlich 10 Minuten dauert, können bis zu

---

[97] **NOAA**: **N**ational **O**ceanic and **A**tmospheric **A**dministration.
[98] **MetOp**: **Met**eorological **Op**erational Satellit.

sechs solcher Messungen durchgeführt werden. Diese Messungen (und die Inhalte der Nutzer-nachrichten) werden an Auswertezentren am Boden übermittelt und dort zu Positions- und Ge-schwindigkeitsinformationen verarbeitet.

Jede gemessene Entfernungsänderung definiert einen Hyperboloid, auf dessen Oberfläche sich der Sender befindet. Aus zwei Messungen und bekannter Höhe des Senders über der Erdober-fläche ergeben sich zwei mögliche Positionen (Schnittpunkte), von denen die korrekte oft durch Vergleich mit vorherigen Positionen identifiziert werden kann. Ab drei Messungen ergibt sich im Allgemeinen eine eindeutige Positionslösung.

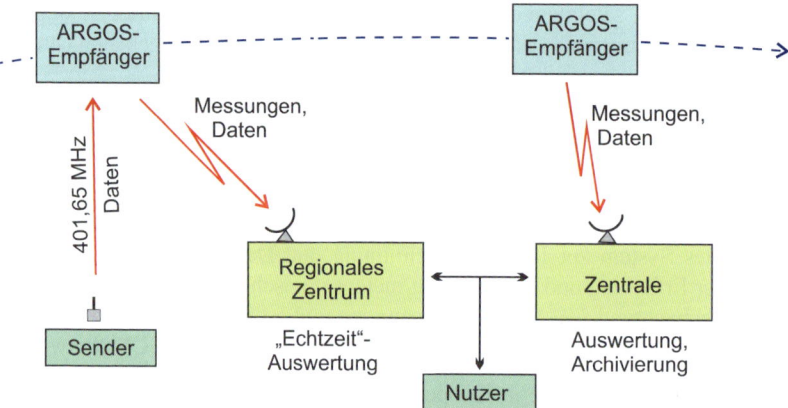

Abb. 11.1: Prinzip des ARGOS-Systems

ARGOS-Positionen beruhen auf mindestens vier gemessenen Entfernungsänderungen. Daraus werden nicht nur die zweidimensionale Position des Senders und dessen exakte Aussendefre-quenz bestimmt, sondern auch die Positionsgenauigkeit abgeschätzt. Geschwindigkeitsinforma-tionen ergeben sich aus der Differenz zeitlich aufeinanderfolgender Positionen.

Positions-, Geschwindigkeitsinformationen und Daten stehen schon wenige Minuten nach der Messung zur Verfügung, wenn sich der Satellit im Einzugsbereich einer regionalen Empfangs-antenne befindet (s. Abb. 11.2).

Alle Informationen werden in zentralen Datenzentren gesammelt, ausgewertet und archiviert. Der Nutzerzugriff ist über das Internet möglich.

Die Genauigkeit einer mit ARGOS bestimmten horizontalen Position liegt in der Größenord-nung von 350 m. Die Häufigkeit, mit der die beiden NOAA-Satelliten Signale eines ARGOS-Senders empfangen können, ist breitenabhängig. Die Signale von Sendern in Äquatornähe wer-den sechs- bis siebenmal täglich, Sender in Polnähe 28-mal täglich empfangen. Die Häufigkeit der Positionierung kann erhöht werden, wenn weitere Satelliten mit ARGOS-Empfängern (ins-besondere ältere NOAA-Satelliten) zusätzlich genutzt werden.

Eine Positionsbestimmung mit ARGOS ist nur möglich, wenn auch die Satellitenbahnen ausrei-chend genau bekannt sind. Zu diesem Zweck befinden sich einige ARGOS-Sender auf koordi-natenmäßig bekannten Stationen. Die zugehörigen Messungen werden zur Orbitbestimmung der NOAA-Satelliten verwendet.

Abb. 11.2: Positionen und Bereiche der ARGOS-Empfangsstationen
(Quelle: CNES-CLS; http://www.argos-system.org)

Werden Positionen mit höherer Genauigkeit und größerer Häufigkeit verlangt, so kann der Einsatz kombinierter GNSS-ARGOS-Sender sinnvoll sein, die aber in Anschaffung und Betrieb (höherer Energieverbrauch) teurer sind. Die GNSS-Position wird dann als ARGOS-Nachricht übermittelt, also wird primär die Kommunikationsfunktion des ARGOS-Systems genutzt.

Im Jahr 2017 gibt es mehr als 21.000 aktive ARGOS-Sender, mit deren Hilfe Daten aus über 2.000 verschiedenen Projekten in mehr als 100 Ländern gesammelt werden.

11.2 DORIS

DORIS (*Détermination d'Orbite et Radiopositionnement Intégrés par Satellite*) ist ein französisches System, welches in erster Linie zur Satellitenbahnbestimmung Verwendung findet, mit dem aber auch Koordinaten von Bodenstationen bestimmt werden können (Willis u. a. 1990; http://ids.cls.fr).

Von koordinatenmäßig bekannten Punkten auf der Erdoberfläche werden zwei Signale unterschiedlicher Frequenz (401,25 MHz und 2.036,25 MHz) ausgesendet und im DORIS-Empfänger an Bord eines Satelliten zur Dopplerzählung verwendet und aus ihnen werden Entfernungsänderungen abgeleitet (Abb. 11.3). Aufgrund der Laufzeitdifferenzen zwischen beiden Signalen ist eine ionosphärische Korrektur möglich. Die Bodenstationen bestimmen meteorologische Parameter, die sie an den DORIS-Empfänger mitsenden und die einer troposphärischen Korrektur dienen. Im DORIS-Empfänger wird eine Echtzeit-Orbitbestimmung mit einer Genauigkeit von einigen Metern durchgeführt. Die präzise Orbitbestimmung erfolgt nach der Übermittlung der Messdaten an die zentrale Auswertestation in Toulouse. Hierbei werden Genauigkeiten von wenigen Dezimetern erreicht. Das DORIS-Bodensegment besteht aus etwa 50 recht gleichmäßig global verteilten Sendestationen (s. Abb. 11.4).

DORIS wird im Juni 2017 auf sechs Satelliten eingesetzt.

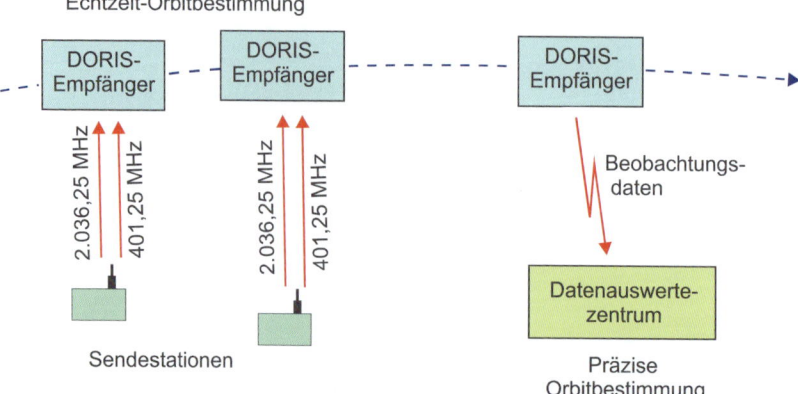

Abb. 11.3: Prinzip des DORIS-Systems

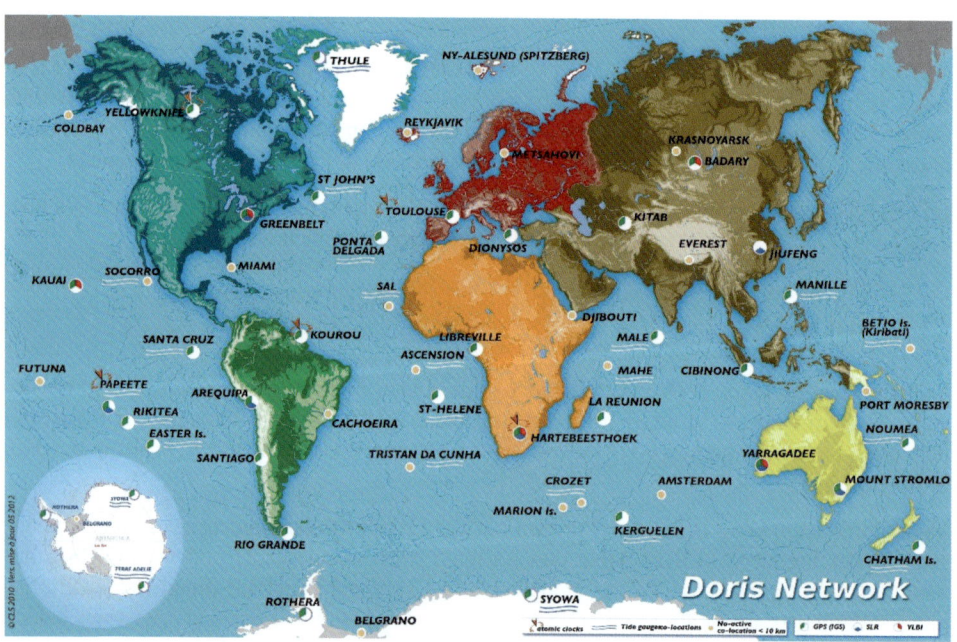

Abb. 11.4: DORIS-Bodensegment (Quelle: CNES-CLS – International DORIS Service)

12　*Vermessung* mit Satelliten in der Praxis

In Abschnitt 1.1 wurde Vermessung als ein Verfahren definiert, bei dem die Koordinaten von Punkten, die sich in Ruhelage relativ zum Erdkörper befinden, bestimmt werden. Die dabei angestrebten Genauigkeiten liegen meist im Zentimeterbereich, gelegentlich unter einem Zentimeter. Dieser Genauigkeitsbereich konnte bis vor kurzem nur im *differenziellen Modus* unter Auswertung der Trägerphase erreicht werden. Das Verfahren trug bzw. trägt die Bezeichnung „*Präzises Differenzielles GNSS (PDGNSS)*".

PDGNSS unter Verwendung von GPS wird im Vermessungswesen seit mehr als 25 Jahren erfolgreich eingesetzt, wenn auch nicht unter dieser Bezeichnung. Der Schwerpunkt der Anwendungen lag zunächst bei Grundlagenvermessungen (Lagenetze der verschiedenen Ordnungen), also bei der Durchführung von Vermessungen, die von staatlichen Stellen als Bestandteil von den aufgetragenen Aufgaben durchgeführt wurden (hoheitliche Vermessungen). Trotz anfänglich sehr hoher Gerätekosten war dort das Verfahren nicht nur technisch, sondern auch wirtschaftlich konventionellen Verfahren gegenüber im Vorteil (Augath 1992). Dabei trat ein für hoheitliche Vermessungen typisches Problem auf: Die Ergebnisse der hochgenauen GNSS-Messungen mussten in die vorhandenen, weniger genauen, aber historisch gewachsenen Lage- und Höhenfestpunktfelder eingepasst (eingezwängt) werden. Dies wird auf absehbare Zeit ein wesentlicher Aspekt hoheitlicher Vermessungen sein.

Seit vielen Jahren wird PDGNSS aber auch bei der Durchführung ingenieurgeodätischer Aufgaben (Industrievermessungen) genutzt. Bei ingenieurgeodätischen Aufgaben kommt es in erster Linie darauf an, eine vorgegebene Geometrie unverzerrt in die Örtlichkeit zu übertragen oder aufzumessen und die Ergebnisse ohne Zwänge in Koordinaten oder Karten abzubilden. Das führt bei der Planung, Durchführung und Auswertung von GNSS-Messungen zu Konsequenzen (s. dazu Abschnitt 12.2.7).

Seit wenigen Jahren kann Zentimetergenauigkeit auch im *absoluten Modus* unter Auswertung der Trägerphase erreicht werden. Das dabei angewandte Verfahren wird „Precise Point Positioning", mit dem Akronym PPP, genannt (s. Abschnitt 3.6.4).

Immer noch ist Vermessung mit Satelliten in der Praxis, wie zum Zeitpunkt der Drucklegung der vorangegangenen Auflage dieses Buchs, überwiegend Vermessung mit GPS und GLONASS. Sofern die Planungen Chinas und der EU umgesetzt werden, werden in Kürze (2020?) zusätzlich die voll ausgebauten globalen Systeme BDS und Galileo zur Verfügung stehen. Dann wird man die entsprechenden Satelliten additional zu GPS und GLONASS nutzen können. Für das PDGNSS werden diese zusätzlichen Systeme nur geringe Auswertungen haben. Anders ist dies für das PPP, bei dem Multi-Konstellations-Auswertungen unter Verwendung von je drei Frequenzen die Effektivität des Verfahrens deutlich erhöhen (Laurichesse & Blot 2016). Die Entwicklung ist hier noch nicht abgeschlossen.

Die Methodik von Vermessung und Ortung mit Satelliten ist jedoch unabhängig von den genutzten Systemen. Daher sollen die praktischen Aspekte in diesem Kapitel, soweit dies sinnvoll erscheint, getrennt von den möglichen Systemen dargestellt werden.

12.1 Besonderheiten satellitengestützter Vermessung

Der wichtigste Unterschied zwischen satellitengestützter und terrestrischer Vermessung ist, dass bei satellitengestützter Vermessung Sichtverbindung zwischen den zu vermessenden Punkten nicht erforderlich ist. Es muss lediglich Sichtverbindung zwischen den Satelliten und den GNSS-Empfängern gegeben sein. Dadurch entfallen Punkte, die bei terrestrischen Netzen nur dazu dienen, größere Entfernungen zu überbrücken, die mit dem eigentlichen Vermessungszweck aber nicht in Zusammenhang stehen. Zwar führt die Notwendigkeit der Sichtverbindung zu den Satelliten auch zu gewissen Einschränkungen, gegenüber den Zwängen herkömmlicher Vermessungsverfahren ist dies jedoch eine enorme Erleichterung.

Die *Durchführung der Vermessung im Feld* – d. h. die Bedienung der Geräte – ist einfach. Nach seinem Aufbau muss das Gerät meist lediglich eingeschaltet werden. Die Datenregistrierung beginnt dann automatisch. Zwar kann es erforderlich sein, Beobachtungsparameter zu definieren oder zu ändern, die dazu notwendigen Handgriffe sind jedoch innerhalb weniger Minuten zu erlernen. Auch die Überwachung des Geräts während der Datenregistrierung ist – sofern überhaupt erforderlich – sehr schnell zu erlernen.

Dies gilt insbesondere für das Netz-RTK, welches heute in der Vermessungspraxis bei Weitem am häufigsten angewandte GNSS-Verfahren[99] ist. Es handelt sich um ein Blackbox-System, dessen Einfachheit in Bezug auf die Durchführung der Netz-RTK-Messung im Gegensatz zu den komplexen Algorithmen steht, die das Ergebnis erzeugen. Dies führt gelegentlich dazu, dass elementare Regeln, die generell bei GNSS-Messungen, bei RTK-Messungen aber noch mehr zu beachten sind, nicht eingehalten werden. Wir kommen darauf noch zurück.

Die *Organisation einer GNSS-Messung* erfordert jedenfalls dann ein Umdenken gegenüber herkömmlichen Verfahren, wenn die Messung ohne Unterstützung vernetzter Referenzstationen durchgeführt wird. Dann müssen von dem Nutzer mindestens zwei Empfänger *gleichzeitig* betrieben werden. Die erforderlichen Beobachtungszeiten liegen bei den hier betrachteten Anwendungen in der Größenordnung von 30 Minuten – eher weniger[100]. Das bedeutet, dass nach einer kurzen Beobachtungszeit die Empfänger umgesetzt werden müssen. Bei dem Standardbeobachtungsverfahren „*statische Beobachtung*" werden optimale Ergebnisse erzielt, wenn alle an der Messung beteiligten Empfänger gleichzeitig registrieren. Ein paar Minuten Zeitunterschied spielen dabei allerdings keine besondere Rolle. Im Einzelfall kann die Organisation einer derartigen Messkampagne durchaus anspruchsvoll sein (s. dazu Abschnitt 12.2.6). Je mehr Empfänger beteiligt sind, desto komplizierter wird die Organisation. Funkkontakte zwischen dem Einsatzleiter und den beteiligten Messtrupps sind dabei hilfreich.

GNSS-Messungen können mit Auswertung in Echtzeit oder mit Auswertung im Postprocessing durchgeführt werden. Für den Nutzer ist die Echtzeitauswertung die leichtere Variante. Man erhält in Echtzeit die gewünschten Koordinaten, von deren Richtigkeit man sich im Allgemeinen durch eine zweite, kontrollierende Messung zu überzeugen hat. Dazu werden später noch Ausführungen gemacht. Die dabei zu erreichenden Genauigkeiten liegen im Bereich von 1 bis 2 cm.

Dies ist anders bei der Auswertung im Postprocessing. In diesem Fall ist der aufwendigste Arbeitsschritt einer GNSS-Messung die *Auswertung*. Im Gegensatz zu dem, was gelegentlich von

---

[99] Vgl. http://cdl.niedersachsen.de/blob/images/C12155639_L20.pdf.

[100] Bei allerhöchsten Genauigkeitsansprüchen (besser als 1 mm) können auch zwei bis drei Stunden Beobachtungszeit erforderlich sein.

Empfängerherstellern in Prospekten und bei Gerätevorführungen suggeriert wird, muss immer noch damit gerechnet werden, dass eine Postprocessingauswertung einer GNSS-Messung per Knopfdruck häufig nicht zu einem akzeptablen Ergebnis führt. Zwar kann nicht übersehen werden, dass die Bedienungsfreundlichkeit der auf dem Markt verfügbaren Auswertesoftware immer besser wird. Dennoch muss, wer mit allen Varianten des GNSS arbeiten will, bereit sein, sich in die Auswerteproblematik intensiv einzuarbeiten. Dann allerdings ist GNSS ein hocheffizientes Werkzeug zur Lösung von Vermessungsaufgaben.

12.2 Auswahl von Hard- und Software

12.2.1 Auswahl der Auswertesoftware

Schon das einfache Beispiel aus Abschnitt 3.5.2.1 zeigt, dass die Auswertung der Trägerphasen ein rechenintensiver Prozess ist. Tabelle 12.1 enthält eine Übersicht über wesentliche Fehlereinflüsse und Möglichkeiten zu deren Elimination bzw. Korrektion bei GNSS-Messungen.

Tabelle 12.1: Fehlereinflüsse auf relative GNSS-Positionierung und Möglichkeiten ihrer Verringerung

Möglichkeiten der Verringerung: 1. Einführung von externen Korrekturen, Modellen 2. Statische Messungen längerer Dauer 3. Besondere Mess- und Auswerteverfahren 4. Kalibrierung	(1)	(2)	(3)	(4)
Stationsabhängige Einflüsse:				
• Mehrwegeausbreitung		×	(×)	(×)
• Signalbeugung		×	×	(×)
• Antennenphasenzentrum	×		×	×
• Messrauschen		×		
Entfernungsabhängig wirkende Einflüsse:				
• Ionosphärische Laufzeitfehler		(×)	×	
• Troposphärische Laufzeitfehler	×	(×)	×	
• Orbitfehlereinflüsse	×	(×)		

Tabelle 12.1 soll deutlich machen, dass zur Ausschöpfung des Genauigkeitspotenzials der Trägerphasen mit sehr genauen Modellansätzen gearbeitet werden muss; dies ist das eigentliche Problem einer GNSS-Software. In einem Erfahrungsbericht über GNSS schrieb Collins (1986):

„Software is the critical component of the GNSS operation."

Dieser vor mehr als 30 Jahren zu GNSS veröffentlichte Satz hat auch im Zeichen vernetzter GNSS-Referenzstationen nichts von seiner Gültigkeit verloren.

Bei den Modellen zur Auswertung der GNSS-Messgrößen gibt es zwei prinzipiell unterschiedliche Ansätze:

• die Auswertung der Originalmessgröße,
• die Auswertung abgeleiteter Messgrößen, vorwiegend der Doppeldifferenzen.

12.2.1.1 Auswertung von Originalbeobachtungen

Mit der Beobachtungsgleichung für die Originaldaten gehen zwei Probleme einher:

1. Sie enthält Unbekannte, die geodätisch nicht relevant sind.
2. Die Feinmodellierung der Parameter ist schwierig.

Mit dem Konzept der Auswertung der Originaldaten wird überwiegend bei wissenschaftlichen Fragestellungen gearbeitet (z. B. in dem Softwarepaket GEONAP[101] der Universität Hannover (Wübbena 1991), dem Softwarepaket EPOS des Geoforschungszentrums Potsdam (Gendt u. a. 1995). Das Ergebnis einer damit durchgeführten Auswertung umfasst die *Koordinaten* einschließlich der voll besetzten Varianz-Kovarianz-Matrix aller an der Session beteiligten Punkte. Das Konzept ist prädestiniert für Multistationsmessungen.

Bei der Auswertung der Originalbeobachtungen können GNSS-Daten unterschiedlichster Empfängertypen in einer gemeinsamen Auswertung behandelt werden. Das ist deswegen möglich, weil aus jeder Beobachtung *eines* Empfängers zu *einem* Satelliten *eine* Gleichung zur Berechnung der Empfängerkoordinaten und der anderen zu bestimmenden Parameter gebildet wird (s. Abschnitt 3.5.2). Um eine exakte *absolute* Lage der Koordinaten zu erreichen, muss dabei über die Koordinaten *eines* Netzpunkts verfügt werden.

12.2.1.2 Auswertung von Doppeldifferenzen (Baseline-Auswertung)

Der Vorteil der Doppeldifferenz gegenüber der Originalbeobachtungsgröße ist, dass wesentliche Parameter, die als Ergebnis nicht benötigt werden, vorab eliminiert werden. Das reduziert die Anzahl der Unbekannten, erleichtert die Modellbildung und verringert die Rechenzeit.

Vor allem deswegen wird dieses Verfahren bei der überwiegenden Zahl der kommerziellen Softwarepakete angewendet. Seine theoretischen Grundlagen sind in der Literatur ausführlich dokumentiert (siehe z. B. Hofmann-Wellenhof u. a. 2008, Teunissen & Kleusberg 1991, Leick 1995).

Programme für die Auswertung von GNSS-Beobachtungen werden von allen Empfängerherstellern angeboten. Darüber hinaus gibt es aber auch Firmen und Hochschulinstitute, die empfängerunabhängige Auswerteprogramme vermarkten[102]. Sie sind häufig ausgereifter als die Programme der Empfängerhersteller und vor allem auch dann noch verwendbar, wenn in Messkampagnen Empfänger unterschiedlicher Hersteller eingesetzt werden.

Bei der Wahl eines Softwareprodukts sollte unbedingt darauf geachtet werden, dass eine Einarbeitung in das Programm vom Softwarehersteller gegeben wird. Für Anwender ohne GNSS-Erfahrungen sind derartige Schulungen unverzichtbar. Aber auch nach einer entsprechenden Schulung werden bei der Anwendung des Programms immer mal wieder Fragen auftreten. Auch können Softwarefehler nie ausgeschlossen werden. Daher muss nach Kauf eines Softwareprodukts eine Betreuung durch den Hersteller gesichert sein.

12.2.2 Empfängerauswahl

Die auf dem Markt befindlichen geodätischen *Empfänger* sind hinsichtlich ihrer Fähigkeit, die GNSS-Beobachtungsgrößen zu gewinnen, nahezu gleichwertig – jedenfalls bei Geräten der glei-

---

[101] GEONAP wird heute von der Firma Geo++ vertrieben.
[102] Firmen Geo++, Universität Bern (Schweiz).

chen Preiskategorie. Die Empfängerauswahl ist demnach weniger ein Problem der Hardwareauswahl, sondern ein Problem der in den Empfängern installierten Software (Firmware).

Bei der Auswahl eines Empfängers ist zu klären, ob er in der Lage ist, mit den Korrektursignalen der etablierten DGNSS-Netzdienste zu arbeiten. Weiter ist zu beachten, dass die in den Empfängern installierten RTK-Algorithmen bei den einzelnen Herstellern unterschiedlich sind. Es kann daher auch nicht ausgeschlossen werden, dass sie von unterschiedlicher Qualität sind.

Ein anwendungsorientierter GNSS-Nutzer sollte sich zunächst überlegen, welche *Zielsetzung* er mit dem GNSS verfolgt und ob er seine Messungen autonom oder unter Verwendung permanenter Referenzenstationen durchführen möchte. Daraus ergeben sich Ausschlusskriterien für die Auswahl der Empfänger. Sind RTK-Vermessungen geplant, kommt im Allgemeinen nur ein Zweifrequenzgerät infrage. Wegen der unterschiedlichen RTK-Algorithmen sollte man aber gerade bei geplanten RTK-Messungen die Empfängerauswahl auf der Grundlage eigener Testmessungen durchführen.

Bei statischen Beobachtungen mit Punktabständen unter 10 km oder Beobachtungen in Referenzstationsnetzen und Auswertung im Postprocessing ist in Gebieten mit geringen ionosphärischen Störungen (mittlere geographische Breiten) ein Ein-Frequenzgerät meist völlig ausreichend; möglicherweise sind sogar Low-Cost-GNSS-Module ausreichend (Schwieger 2009). Bei Messungen in Äquatornähe oder in den Polgebieten sollte selbst in kleinräumigen Netzen nicht auf die zweite Frequenz verzichtet werden.

Moderne geodätische GNSS-Empfänger (Abb. 12.1) sind bedienungsfreundlich, wenig störungsanfällig und praktisch wartungsfrei. Aber dennoch kommt es auch bei derartigen Geräten manchmal zu Ausfällen (Kabelbrüche, defekte Steckverbindungen etc.). Bei solchen Vorfällen ist der Anwender auf einen schnell reagierenden Kundendienst angewiesen. Daher sollte bei der Hardwareauswahl der Kundendienst eine wichtige Rolle spielen.

  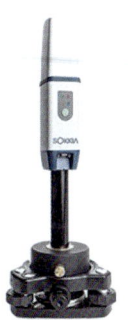

a) Trimble NetR9:
   GPS/GLONASS/Galileo/BDS
   je 3 Frequenzen, 440 Kanäle

b) Leica Viva GS16:
   GPS/GLONASS/Galileo/BDS
   je 3 Frequenzen, 555 Kanäle

c) Sokkia GCX3:
   GPS/GLONASS je 2 Frequenzen, Galileo 1 Frequenz, 226 Kanäle

Abb. 12.1: Geodätische GNSS-Empfänger

12.3   Antennenkalibrierung

Das mechanische Zentrum der GNSS-Antennen fällt nicht exakt mit dem elektrischen Phasenzentrum zusammen. Auch der vertikale Abstand von der Höhenbezugsfläche, die für die Antennenhöhenbestimmung Verwendung findet, bis zum Phasenzentrum ist nicht exakt bekannt. Darüber hinaus ist das wirksame elektrische Phasenzentrum eine Funktion der Richtung, aus der das Satellitensignal eintrifft. Für präzise GNSS-Messungen müssen also Korrekturwerte für Phasenzentrumsoffset (PZO) und Phasenzentrumsvariationen (PZV) bestimmt werden (Abb. 12.2). Konstruktionsbedingt weisen die meisten geodätischen GNSS-Antennen eher eine Elevations- als eine Azimutabhängigkeit des Phasenzentrums auf. Elevations- *und* azimutabhängige PZV-Korrekturwerte werden vor allem bei den Antennen stationärer Referenzstationen berücksichtigt. Veränderungen von PZO und PZV durch Alterungserscheinungen der Antennen sind bisher nicht bekannt geworden.

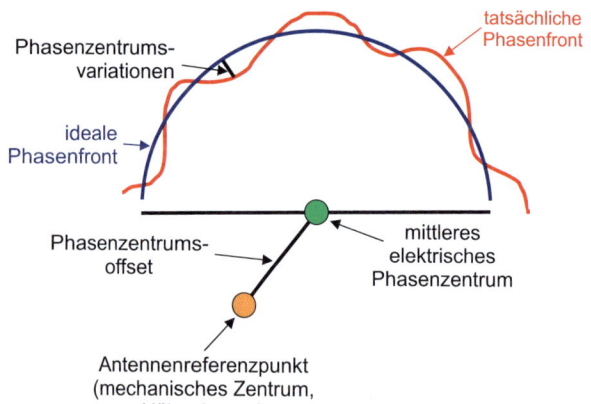

Abb. 12.2:
Antennenphasenzentrumsoffsets und -variationen

Für Antennen einer Baugruppe kann vielfach von ähnlichen Antennencharakteristika ausgegangen werden, sodass bei gleicher Antennenausrichtung die Antenneneinflüsse (s. o.) durch Relativmessungen weitgehend herausfallen. Da trotzdem innerhalb einer Baugruppe Schwankungen im Millimeterbereich und auch Ausreißer vorkommen können, müssen GNSS-Antennen in jedem Fall geprüft und bei höchsten Genauigkeitsansprüchen auch individuell kalibriert werden. Es muss außerdem berücksichtigt werden, dass Veränderungen des Antennennahfelds (z. B. Veränderungen an der Antennengrundplatte, Verwendung einer Antennenabdeckung) zu Veränderungen des Empfangsverhaltens führen.

Antennenkalibrierungen werden seit den 1990er-Jahren durchgeführt. Im Laufe der Jahre wurden drei verschiedene Kalibrierungsverfahren entwickelt:

- relative Kalibrierung im Felde,
- absolute Kalibrierung im Felde,
- absolute Kalibrierung im Hochfrequenzlabor.

Vergleiche der verschiedenen Verfahren haben ergeben (nach Zeimetz u. a. 2009):

- die Unterschiede in den Lagekomponenten sind vernachlässigbar,
- die Unterschiede in den Höhenkomponenten betragen teils bis zu viele Millimeter,
- keinem der existierenden Kalibrierverfahren kann eine übergeordnete Genauigkeit zugeschrieben werden.

Leser, die zu diesem Thema mehr als in den folgenden Abschnitten dargestellt erfahren möchten, seien auf Görres (2009) verwiesen.

12.3.1 Relative Kalibrierung im Feld

Das am längsten angewandte Kalibrierverfahren ist die relative Feldkalibrierung (Breuer u. a. 1995, Rothacher u. a. 1995, Wanninger 2002). Dabei werden Messungen mit geringem Abstand zwischen Referenz- und zu kalibrierender Antenne vorgenommen, um das Einwirken von entfernungsabhängigen Einflüssen (z. B. Atmosphäre, Satellitenbahn) zu minimieren (s. Abb. 12.3). Es ist sinnvoll, 24 Stunden zu beobachten, um die maximale Satellitenüberdeckung zu nutzen und Ergebnisse mit Millimetergenauigkeit zu erzielen. Die Hauptfehlerquelle stellt die Mehrwegeausbreitung dar.

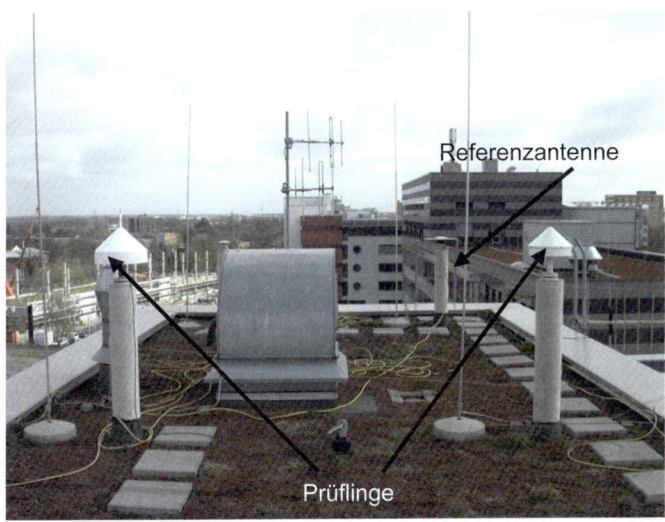

Abb. 12.3: Relative Kalibrierung im Felde (LGN Niedersachsen (1999-2003)) (Quelle: Feldmann-Westendorff 2003)

Ist der dreidimensionale Basislinienvektor zwischen Referenz- und der zu kalibrierenden Antenne bekannt, dann werden alle Messungsabweichungen als Phasenzentrumsvariationen interpretiert. Je nach Modellierungsansatz können so Phasenzentrumsoffsets als Koordinatenkorrekturen, elevationsabhängige Variationen (z. B. mit einem Polynomansatz) oder elevations- und azimutabhängige Variationen (mit einem Kugelfunktionsansatz) bestimmt werden.

Der National Geodetic Service in Maryland, USA führt seit vielen Jahren relative Antennenkalibrierungen durch und veröffentlicht die Ergebnisse baugruppenweise (Mader 2001). Die Phasenzentrumsoffsets betragen dabei für die Originalbeobachtungen in Nord und Ost einige Millimeter (Abb. 12.4a). Die elevationsabhängigen Korrekturen lassen Variationen bis auf Zentimeterniveau erkennen (Abb. 12.4b). Da die Antennenphasenzentren für die verschiedenen Frequenzen weitgehend unabhängig voneinander sind, erreichen die Korrekturwerte für die ionosphärenfreie Linearkombination noch deutlich größere Werte. Verwendet man also

411

die Zweifrequenz-Ionosphärenkorrektur, so muss mit einem stärkeren Einfluss der Antennenphasenzentrumsvariationen gerechnet werden (bis etwa Faktor 3).

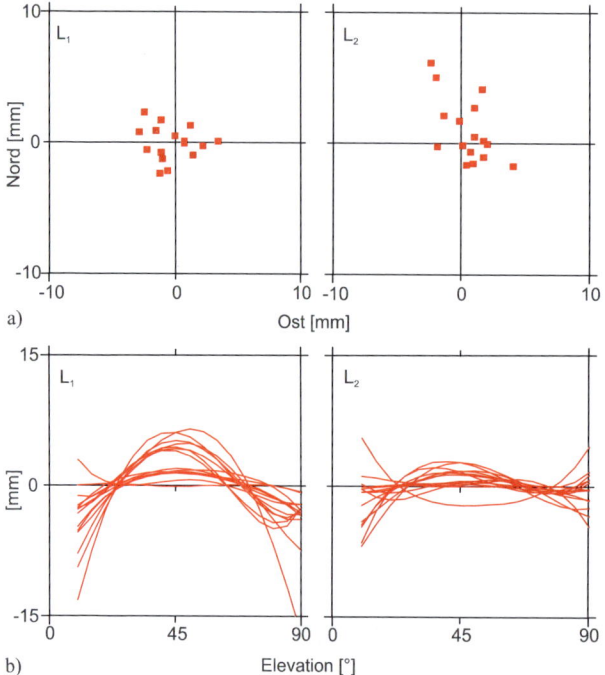

Abb. 12.4: Phasenzentrumsoffsets (a) und elevationsabhängige Phasenzentrumsvariationen (b)

Das Ergebnis relativer Feldkalibrierung sind relative Korrekturwerte, die sich auf die Referenzantenne beziehen. Werden für die Referenzantenne aber eigene Korrekturwerte eingeführt, die z. B. eine absolute Korrektur der Referenzantenne ermöglichen, so ergeben sich für die kalibrierte Antenne Korrekturwerte auf demselben Niveau, also z. B. absolute Korrekturwerte.

12.3.2 Absolute Kalibrierung im Feld

Absolute Kalibrierungswerte aus Feldmessungen bei gleichzeitiger weitgehender Elimination von Mehrwegeeffekten erhält man, wenn die zu kalibrierende Antenne nach einem festen Plan gedreht und insbesondere auch gekippt wird. Der Einfluss der Referenzantenne wird durch diese besondere Messungsanordnung eliminiert (Menge u. a. 1998)[103]. Außerdem beobachtet die zu prüfende Antenne die Satelliten unter „Azimuten" und „Zenitdistanzen", die bei einer festen Aufstellung nicht beobachtet werden können. Die Kalibrierung ist damit auch unabhängig von dem Ort der Kalibrierung. Das Verfahren wurde in Zusammenarbeit von Universität Hannover (Institut für Erdmessung (ife)) und der Firma Geo++ entwickelt. Ein

---

[103] Umfangreiche Literatur über absolute Antennen-Kalibrierung findet man bei Geo++ (geo++>Publikationen).

wesentlicher Aspekt dabei war die Entwicklung eines Roboters zur kontrollierten Kippung und Drehung der zu prüfenden Antenne (s. Abb. 12.5).

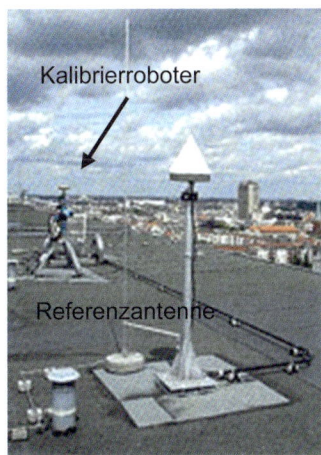

a) Kalibrierroboter mit Prüfling   b) Kalibrierroboter und Referenzantenne

Abb. 12.5: Absolute Kalibrierung im Feld (Quelle: Senatsverwaltung für Stadtentwicklung Berlin)

Absolute Korrekturen sind notwendig, wenn die bei der Messung verwendeten Antennen nicht gleichermaßen ausgerichtet werden können. Dies ist insbesondere bei globalen GNSS-Netzen der Fall, bei denen die Antennen in lokaler Lot- und Nordausrichtung montiert werden und somit gegeneinander verkippt und verdreht sind. Ähnliches kann bei kinematischen Messungen passieren, bei denen die mobile Antenne gedreht (und vielleicht sogar gekippt) wird. Nach Anbringung von absoluten Korrekturen weisen die Messungen keine Phasenzentrumsvariationen mehr auf. Man spricht dann von einer Nullantenne.

12.3.3 Absolute Kalibrierung im Hochfrequenzlabor

Absolute Antennenkalibrierungen können nicht nur im Feld, sondern auch in reflexionsarmen Absorberräumen (anechoic chamber) durchgeführt werden.

Bei diesem Laborverfahren wird die zu testende Empfangsantenne in Relation zu einer Sendeantenne um zwei Achsen kontrolliert gedreht (s. Abb. 12.6). Die Empfangsantenne „sieht" damit die Sendeantenne unter unterschiedlichen Azimuten und Elevationen.

Als Testsignal wird statt des GNSS-Satellitensignals ein von einem Netzwerkanalysator erzeugtes Signal verwendet. Dieses wird über eine Koaxialverbindung an den Sender geleitet und als zirkular polarisiertes Signal abgestrahlt. Die zu kalibrierende GNSS-Antenne empfängt das Mikrowellensignal und leitet dieses als leitungsgebundenes Signal über ein Antennenkabel zurück an den Netzwerkanalysator. Dort wird die Phasendifferenz zwischen dem vom Netzwerkanalysator ausgesandten und dem empfangenen Signal in Abhängigkeit von der Einstrahlrichtung (Azimut und Elevation) gemessen. Nach diesem Prinzip kann die gesamte Antennenhemisphäre abgetastet werden, wobei der Drehstand die automatisierte Änderung der Einstrahlrichtung realisiert. Nach Abzug bekannter geometrischer Einflüsse entsprechen die gemessenen Phasenverschiebungen dem Einfluss der GNSS-Antenne. Somit ergeben sich Phasenkorrekturen in Abhängigkeit davon, aus welcher Richtung das Signal auf die Empfangsantenne eingefallen ist (im Koordinatensystem der Empfangsantenne). Für Einzelheiten sei auf Zeimetz (2010) verwiesen.

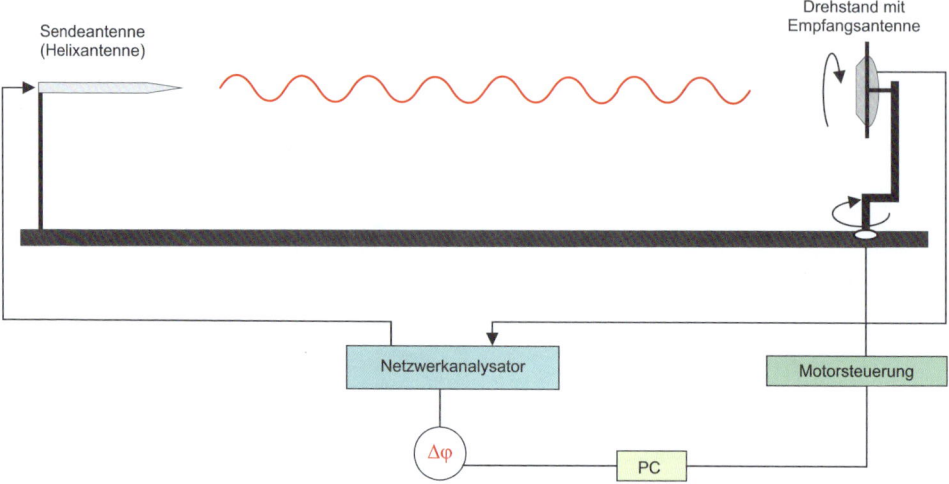

Abb. 12.6: Antennenkalibrierung im Hochfrequenzlabor (Funktionsprinzip)

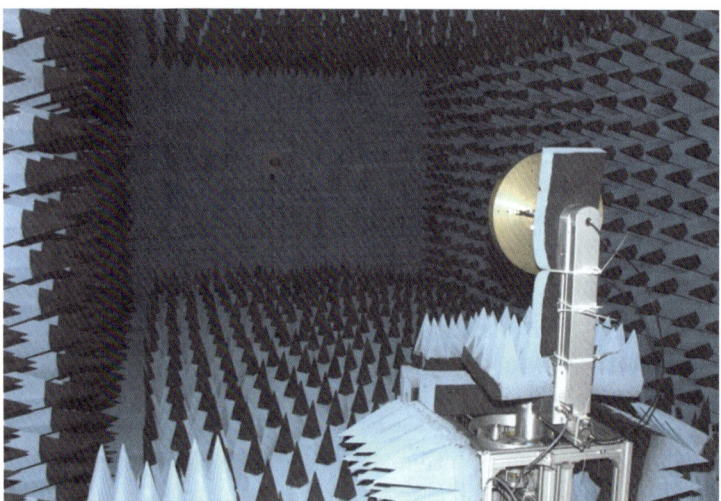

Abb. 12.7: Blick auf Drehstand und Absorber der Antennenmesskammer
Bonn (Quelle: Zeimetz 2010)

Eine speziell für die Kalibrierung von GNSS-Antennen konzipierte Antennenmesskammer wurde in Kooperation von der Bezirksregierung Köln – GEObasis.nrw (ehemals Landesvermessungsamt NRW) – und der Universität Bonn (Institut für Geodäsie und Geoinformation) entwickelt.

12.4 Vorbereitung der Feldmessungen

12.4.1 Erkundung der Punktlagen

Mit Satelliten kann nur gemessen werden, wenn auf den Beobachtungspunkten die Satellitensignale ohne Störungen empfangen werden können. Dies bedeutet zunächst, dass Sicht zu den Satelliten gegeben sein muss. Da die Signale von Satelliten mit Elevationen unter $10°$ meist von schlechter Qualität sind und somit nicht in die Auswertung einbezogen werden, können Sichthindernisse unter $10°$ in Kauf genommen werden.

Aber auch bei freier Sichtverbindung von der Beobachtungsstation zu den Satelliten können Punktlagen für GNSS-Messungen ungeeignet sein. Dafür gibt es folgende Gründe:

1. Multipath (s. Abschnitt 2.6.4.6)
   Mit diesem Effekt muss in der Nähe von Flächen mit geringer Oberflächenrauigkeit (< 2 cm) gerechnet werden. Insbesondere kommen infrage: metallische Flächen, Häuserfassaden, Felswände, Wasseroberflächen. Auch in der Nähe von Hecken, bewachsenen Erdwällen (Knicks) muss mit derartigen Effekten gerechnet werden. Ähnliches gilt für die Oberfläche eines Kfz. Daher sollte ein Beobachtungspunkt immer so weit weg wie möglich von derartigen Strukturen sein – auch dann, wenn sie keine Abschattungen verursachen. Zwischen einem geparkten Kfz und der Antenne des Empfängers sollte ein Mindestabstand von 10 m eingehalten werden.

2. Interferenz mit Mikrowellen
   Die Überlagerung der GNSS-Signale mit Signalen benachbarter Frequenzen kann dazu führen, dass die Satellitensignale so stark gestört sind, dass sie nicht ausgewertet werden können. Mit diesem Effekt muss bei Beobachtungspunkten in unmittelbarer Nähe von Sendeeinrichtungen gerechnet werden. Auch Sprechfunk sollte in unmittelbarer Nähe eines GNSS-Empfängers vermieden werden.

Auf Punkten, bei denen man mit derartigen Störungen rechnen muss, sind längere Beobachtungszeiten notwendig. Die Auswertung dort gemachter Beobachtungen wird sehr häufig nur unter Verwerfung gestörten Datenmaterials möglich sein, die Auswertung erfordert also einen erfahrenen Auswerter. In der geodätischen Praxis sind Punktlagen, die wegen Abschattungen GNSS-untauglich sind, nicht immer vermeidbar. Man muss aber auf solchen Punkten nicht messen. Die Koordinierung von Exzentren mit GNSS und anschließender terrestrischer Bestimmung der Koordinaten der Zentren ist fast immer ein besseres Verfahren als eine GNSS-Messung auf einem GNSS-untauglichen Punkt.

Bei der Erkundung der Punkte sollte ein Erkundungsfeldbuch (s. Abb. 12.8) erstellt werden, in das die GNSS-relevanten Aspekte eingetragen werden können (u. a. auch Informationen über die Dauer von Anfahrtszeiten). Mithilfe eines derartigen Feldbuchs können dann u. a. die Zeitpunkte bestimmt werden, zu denen trotz gewisser Abschattungen Beobachtungen auf dem Punkt möglich sind (s. Abschnitt 12.2.5.2).

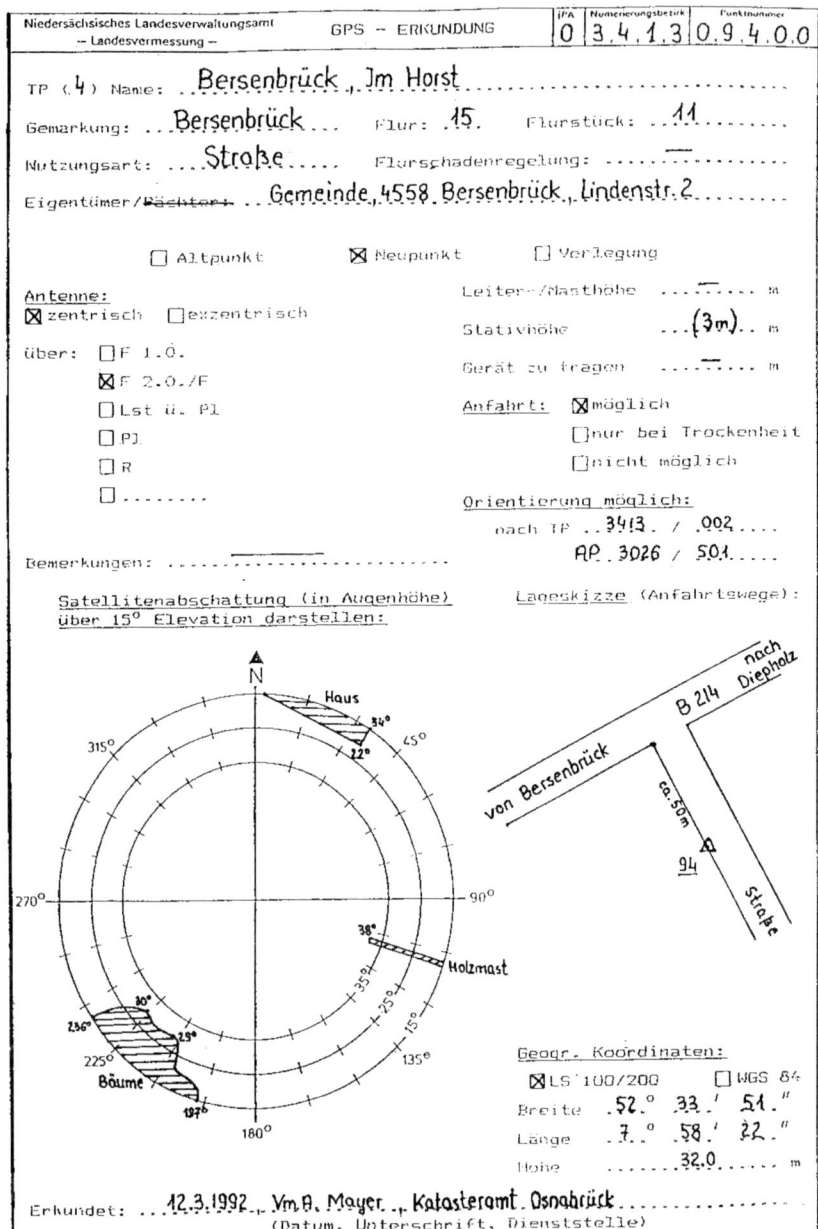

Abb. 12.8: Erkundungsblatt für GNSS-Beobachtungspunkt

12.4.2 Auswahl des Beobachtungsverfahrens

Nach Erkundung und Festlegung der Punktlagen stellt sich die Frage, durch welches Beobachtungsverfahren die geplanten Punkte koordiniert werden sollen. Folgende Beobachtungsverfahren sind denkbar:

- statisches Verfahren,
- kinematisches Verfahren.

Beide Verfahren können autonom, mit permanenten Referenzstationen und mit virtuellen Referenzstationen durchgeführt werden.

12.4.2.1 Statisches Beobachtungsverfahren

Sofern die Koordinatengenauigkeit 1 cm und besser sein soll, kommt nur ein statisches Beobachtungsverfahren infrage.

Das Verfahren ist dadurch charakterisiert, dass sich die beteiligten Satellitenempfänger während der Datenregistrierung in Ruhe befinden und nach Abschluss der Beobachtungszeit ausgeschaltet werden. In der Literatur und auch in den Broschüren der Empfängerhersteller wird das statische Beobachtungsverfahren häufig noch weiter unterteilt in:

- langzeitstatische Beobachtungen (mehr als 30 Minuten),
- kurzzeitstatische Beobachtungen (weniger als 30 Minuten).

Das langzeitstatische Verfahren wird in der englischsprachigen GNSS-Terminologie als *Static* bezeichnet, für die kurzzeitstatischen Verfahren findet man die Bezeichnungen *Rapid Static* und *Fast Static*. Die hier gewählte Zeitgrenze „30 Minuten" zur Unterscheidung der beiden Verfahren ist willkürlich. Es gibt dafür keine zwingenden Kriterien. Der Autor ist daher der Auffassung, dass die Unterscheidung „Langzeit – Kurzzeit" überhaupt nicht sinnvoll ist. Vielmehr sollte man lediglich von statischer Beobachtung sprechen.

12.4.2.2 Kinematische Beobachtungsverfahren

Bei kinematischen Beobachtungsverfahren muss davon ausgegangen werden, dass Koordinatengenauigkeiten unter 1 cm nicht erreichbar sind.

Bei den Verfahren sind die beteiligten Satellitenempfänger während der Datenregistrierung in Bewegung. Die Auswertung kann im Postprocessing oder in Echtzeit erfolgen. Auf die Genauigkeit hat dies im Allgemeinen keinen wesentlichen Einfluss. Bei der Auswertung im Postprocessing gewinnt ein erfahrener Auswerter jedoch zusätzliche Informationen über die Qualität der Messung. Außerdem besteht die Möglichkeit, das Ergebnis zu optimieren.

Je nach Durchführung der Beobachtungen kann man unterscheiden zwischen:

- Kontinuierlich kinematischem Beobachtungsverfahren:
  Der Empfänger ist in permanenter Bewegung. Es wird die Bahn der Empfängerantenne eingemessen.
- STOP-and-GO-Verfahren (Pseudokinematik)
  Der Empfänger verweilt für wenige Minuten auf dem Punkt und registriert dort für wenige Messepochen die Satellitendaten. Danach wird der nicht ausgeschaltete und weiter Daten registrierende Empfänger zum nächsten Punkt transportiert. Dort registriert er wieder für wenige Minuten die Satellitendaten. Die Auswertung wird erleichtert, wenn beim Transport von Punkt zu Punkt der Kontakt zu den Satelliten nicht abreißt.

Wenn bei kinematischen Beobachtungsverfahren die Auswertung in Echtzeit erfolgt, spricht man generell von *Real-Time Kinematic (RTK)*. Die mit RTK zu erreichende Genauigkeit liegt in der Größenordnung von 1 bis 2 cm. Ohne vernetzte Referenzstationen mit der Möglichkeit zur Nutzung der in Echtzeit erzeugten Korrekturdaten wird diese Genauigkeit aber nur erreicht, wenn der Abstand zwischen dem zu vermessenden Punkt und der Referenzstation unter 10 km bleibt (Jahn & Feldmann-Westendorff 1999). Immer aber ist eine RTK-Lösung geometrisch ein räumliches polares Anhängen, bei dem Nachbarschaftsbeziehungen zwischen den zu vermessenden Punkten nicht mit erfasst werden. Ob dies von Bedeutung ist, hängt von den konkreten Umständen ab. Die Kriterien, nach denen dies zu beurteilen ist, haben mit dem Messverfahren nichts zu tun.

12.4.3 Kontrolle einer GNSS-Messung

Eine allgemein anerkannte Regel im Vermessungswesen besagt, dass ein Vermessungsergebnis erst dann vollständig ist, wenn die Richtigkeit und Zuverlässigkeit einer Messung durch die Auswertung „überschüssiger" oder kontrollierender Beobachtungen nachgewiesen ist. Das Ergebnis einer einzelnen GNSS-Session[104] kommt durch die Ausgleichung hochredundanter Messdaten zustande (s. Abschnitt 3.4.2). Insofern stellt – bei rein theoretischer Betrachtung – eine Sessionslösung ein durch überschüssige Beobachtungen kontrolliertes Ergebnis dar. Im Gegensatz zu konventionellen Messungen unterliegen GNSS-Messungen jedoch einer Vielzahl von Einflüssen, die nicht selten zu Fehlern in den Messgrößen führen, die während der Beobachtungen so gut wie nie und im Auswerteprozess nicht immer sicher erkannt werden. Dies kann z. B. dazu führen, dass die im Auswerteprozess geschätzten Standardabweichungen der Koordinaten zwar sehr klein sind, sich aber bei einer Kontrollmessung dennoch als grob falsch erweisen. Insoweit ist die *Zuverlässigkeit* eines durch GNSS gewonnenen Ergebnisses ein ernsthaftes Problem. In der Praxis herrscht daher Übereinstimmung darin, die Ergebnisse einer GNSS-Session als Ergebnis einer *Einzelmessung* aufzufassen. Als kontrolliert gilt eine GNSS-Messung erst dann, wenn jeder zu vermessende Punkt in mindestens zwei GNSS-Sessionen beobachtet wurde. Erst durch die Zusammenführung verschiedener Sessionsergebnisse und die Beurteilung der dabei auftretenden Widersprüche gilt eine reine GNSS-Messung als „kontrolliert"[105]. Dies muss bei der Entwicklung eines Messkonzepts berücksichtigt werden.

12.5 Differenzielle Vermessung

12.5.1 RTK-Vermessung

12.5.1.1 Voraussetzungen

Wie in Abschnitt 12.4.2.2 erwähnt, fällt unter den Terminus „RTK-Vermessung" sowohl ein Beobachtungsverfahren zum kontinuierlichem Erfassen der Bahn der Empfängerantenne als auch das STOP-and-GO-Verfahren zum Einmessen von Einzelpositionen. In diesem Abschnitt wollen wir uns nur mit dem STOP-and-GO-Verfahren befassen.

Bei einer derartigen RTK-Vermessung werden Genauigkeiten von 1 bis 2 cm (Lagegenauigkeiten) erreicht. Damit ist RTK z. B. geeignet für Stückvermessungen, topographische Geländeaufnahmen, Absteckungen.

Grundsätzliche Voraussetzung für die RTK-Vermessung ist die Eignung der zu vermessenden Punkte für den ungestörten Empfang der Satellitensignale. Nur dann ist es möglich, aus

---

[104] In der GNSS-Terminologie ist eine Session der Zeitraum, in dem mindestens zwei Empfänger gleichzeitig Daten sammeln.

[105] Die Kontrolle kann auch durch terrestrische Messelemente erfolgen.

den über einen Zeitraum von wenigen Minuten registrierten Satellitensignalen die Mehrdeutigkeitsparameter der Phasenmessung zuverlässig in Echtzeit zu berechnen, um damit zu einer zentimetergenauen Positionierung zu kommen. Mehrwegeeffekte mitteln sich erst nach einer Beobachtungszeit von etwa zehn Minuten heraus, können also RTK-Vermessungen verfälschen. Die Anforderungen an die Punktlagen sind bei RTK-Vermessungen daher höher als bei statischen Vermessungen.

Aus den gleichen Gründen sollte die Anzahl der verfügbaren Satelliten im Allgemeinen größer sein als bei statischen Messungen. Allgemein wird empfohlen, dass die Zahl der verfügbaren Satelliten nicht unter sechs liegen sollte. Schließlich ist es von Vorteil, Zweifrequenzempfänger einzusetzen, da mit steigender Anzahl von Beobachtungen die Mehrdeutigkeitslösungen schneller und zuverlässiger berechnet werden können.

Die zu einer RTK-Vermessung erforderlichen Hardwarekomponenten sind

- eine Referenzstation oder ein Netz von Referenzstationen,
- der bewegliche Empfänger (Rover),
- Kommunikationseinrichtungen zum Austausch von Daten zwischen Referenzstation/dem Referenznetz und Rover.

Diese Hardwarekomponenten benötigen Software, die nicht notwendigerweise beim Hardwarehersteller zu erwerben ist. Mit der Software muss, unabhängig von der Realisierung im Einzelnen, die Referenzstation in genügender Schnelligkeit die für RTK benötigten Daten aufbereiten und sie dem Rover über ein geeignetes Medium in einem geeigneten Datenformat zur Verfügung stellen. Der Rover muss über die Fähigkeit verfügen, diese Daten zusammen mit seinen eigenen Messdaten genügend schnell und sicher auszuwerten. Der schwierigste Teil der Auswertung ist die schnelle und zuverlässige Lösung der Mehrdeutigkeiten der Phasenmessungen vor der eigentlichen Koordinatenbestimmung. Dieser Vorgang wird als *Initialisierung* bezeichnet. Die Initialisierung kann bei ruhendem Empfänger, aber auch bei bewegtem Empfänger durchgeführt werden (Mehrdeutigkeitslösung „on-the-fly"). Ist die Initialisierung einmal gelungen und bleibt beim Transport des Rovers von Punkt zu Punkt der Kontakt zu den Satelliten erhalten, bleiben die Mehrdeutigkeitsparameter unverändert. Es reicht dann schon das Datenmaterial von einer Messepoche, um die Koordinaten mit Zentimetergenauigkeit zu bestimmen.

RTK ist ein *Basislinienverfahren*. Es kann vermessungstechnisch als dreidimensionale polare Aufnahme/Absteckung angesehen werden. Das bedeutet, dass bei RTK nachbarschaftliche Bezüge der aufgemessenen oder abgesteckten Punkte nicht berücksichtigt werden.

Dies ist kein Problem, wenn

- die Genauigkeit ausreichend ist,
- keine Einpassung in ein vorhandenes Referenznetz erfolgen muss.

Im Gegensatz zur Methode der „freien Stationierung" bei terrestrischen Messungen müssen die Koordinaten der Referenzstation genügend genau bekannt sein. Die GNSS-Navigationslösung ist seit Ausschalten von SA dafür ausreichend genau. Bei Nutzung permanenter GNSS-Referenzstationen gibt es dieses Problem nicht.

12.5.1.2 Varianten der RTK-Vermessung

a) Netz-RTK

Netz-RTK setzt voraus, dass ein Anbieter ein Netz von GNSS-Permanentstationen betreibt, die permanent in Echtzeit ihre Rohdaten austauschen und auf dieser Grundlage für das Gebiet einer Netzmasche Korrekturdaten rechnen. Die Korrekturdaten werden Nutzern in einem bekannten Datenformat zur Verfügung gestellt. In vielen Industrieländern sind diese Voraussetzungen heute gegeben. In Entwicklungsländern liegen diese Voraussetzungen meist nicht vor.

Netz-RTK wird in Deutschland von den Vermessungsverwaltungen (SA*POS*®) und den Firmen AXIO-NET (ascos), Trimble (VRS Now) und Hexagon (HxGN SmartNet) betrieben. Die entsprechenden Dienste werden in Anhang I detailliert beschrieben.

Das Medium zur Datenübertragung ist überwiegend das Datentelefon nach dem GSM-Standard; von zunehmender Bedeutung ist das Internet („Networked Transport of RTCM via Internet Protocol – Ntrip").

Netz-RTK hat sich in den letzten Jahren zum wichtigsten RTK-Verfahren entwickelt. Erfahrungen aus fast zwanzig Jahren zeigen, dass innerhalb einer Masche vernetzter GNSS-Referenzstationen mit Abständen bis zu 50 km Netz-RTK überall dort operationell ist, wo die Satellitensignale *und* die Korrektursignale ungestört empfangen werden. Die Vermessungsverwaltungen Deutschlands haben daraus die Konsequenz gezogen, die traditionellen Trigonometrischen Festpunktfelder weitestgehend aufzugeben (Rieken 2010), teilweise werden TP-Vermarkungen entfernt[106]. Schätzungen gehen davon aus, dass 80 bis 90 % der herkömmlichen Festpunktfelder nicht mehr benötigt werden (Jahn 2001, Faulhaber 2008).

Bei Punktlagen mit gestörtem Empfang der Satellitensignale durch Abschattungen und/oder Multipath-Einflüsse kann die Zuverlässigkeit einer Lösung zu einem Problem werden. Auch extreme Sonnenaktivitäten können die Auswertungen erschweren. Lange Initialisierungszeiten (länger als 3 min) sind ein Indiz dafür, dass die Lösung unsicher ist. Immer dann, wenn es auf die Richtigkeit jedes einzelnen Punkts ankommt, ist eine zweifache Punktaufmessung unverzichtbar.

Netz-RTK ist in drei unterschiedlichen Konzepten realisiert. Man arbeitet entweder mit *virtuellen Referenzstationen (VRS), mit Flächenkorrekturparametern (FKP)* oder nach dem *Master-Auxiliary Concept (MAC)* (s. Abschnitt 3.6.3.2).

Aus Sicht der Nutzer ergeben sich die Unterschiede der Konzepte in erster Linie aus den unterschiedlichen Einrichtungen zum Empfang der Korrekturdaten.

Bei den Konzepten VRS und MAC wird eine Zweiwegekommunikation benötigt: Die benötigten Korrekturdaten werden in der Zentrale berechnet. Dazu muss der Rover seine aus Pseudostrecken berechnete Position an die Zentrale übermitteln. Von dort erhält der Rover seine individuellen RTK-Daten. Realisiert wird dies über mobile Datentelefone nach dem GSM-Standard. Die Daten werden unverschlüsselt empfangen. Die Gebührenabrechnung erfolgt nach Maßgabe der Zeitdauer, während der das mobile Telefon mit der Zentrale verbunden war.

Beim Konzept der Flächenkorrekturparameter (FKP) werden lediglich die Flächenkorrekturparameter empfangen, deren weitere Verarbeitung liegt beim Empfänger. Man benötigt daher nur eine Einwegekommunikation.

---

[106] https://secure.wittich.de/nc/produkte/online-lesen/ihr-mitteilungsblatt/detailartikel/titel/2537/artikel/180031263121/.

b) Temporäre Referenzstation

Ein Referenzempfänger und beliebig viele Rover *eines Herstellers* bilden technisch eine Einheit. Zu dieser Einheit gehören neben den GNSS-Empfängern

- Software für Referenzstation und Rover,
- ein Sender zum Aussenden,
- Empfänger zum Empfang der für RTK benötigten Daten.

Temporäre Referenzstationen werden zunehmend für die Steuerung von Maschinen im Tiefbau und der Landwirtschaft eingesetzt. Im Vermessungswesen können sie z. B. bei der Anlage von lokalen Festpunktfeldern in vermessungstechnisch nicht erschlossenen Gebieten verwendet werden.

Alle Hersteller geodätischer GNSS-Empfänger bieten derartige Systeme an. Für den Nutzer haben jene den Vorteil, dass dieser sich um Kompatibilitätsprobleme nicht zu kümmern braucht. Der Nachteil ist, dass der Nutzer mindestens zwei Empfänger vorrätig halten muss. Weiter muss in fast allen praktischen Fällen die Referenzstation täglich neu aufgebaut und aus Sicherheitsgründen (Diebstahl) während des Betriebs überwacht werden. Als Medium für die Datenübertragung wird der UHF-Bereich (400 bis 500 MHz) verwendet. Die ohne besondere Zulassungsverfahren einsetzbaren Telemetrieeinrichtungen haben bei idealen Bedingungen Reichweiten bis zu 10 km, in Siedlungsgebieten jedoch nur bis zu 2 bis 3 km.

Abbildung 12.9 zeigt eine temporäre DGNSS-Referenzstation. Zu sehen ist der Satellitenempfänger mit seiner Antenne und dem im Empfänger integrierten Rechner. Daneben steht die Telemetrieantenne zum Aussenden der Korrekturdaten.

Bei den temporären Referenzstationen verwenden die Empfängerhersteller ihre eigenen firmenspezifischen Datenformate und firmenspezifische Software. Einzelheiten werden aus Wettbewerbsgründen nicht veröffentlicht, sodass man es mit Blackbox-Systemen zu tun hat. Bezüglich der verwendeten Algorithmen ist lediglich bekannt, dass zur Koordinatenberechnung das Verfahren „Bildung doppelter Differenzen" verwendet wird. Weiter werden Algorithmen zur Mehrdeutigkeitslösung „on-the-fly" verwendet.

Die Lösung des Mehrdeutigkeitsproblems ist umso leichter, je kürzer der Abstand zwischen dem Referenzempfänger und dem Rover ist. Dieser Abstand liegt bei lokalen Lösungen immer unter 10 km, meist unter 5 km. Diese Abstände können

Abb. 12.9:
Temporäre DGNSS-Referenzstation

als kurz angesehen werden. Damit liegen gute Voraussetzungen dafür vor, die Phasenmehrdeutigkeiten zu lösen. Fehlereinflüsse durch Laufzeitfehler (Ionosphäre, Troposphäre) und Ephemeridenfehler führen zu entfernungsabhängigen Fehlern. Sie spielen bei Basislinien der hier betrachteten Größenordnung so gut wie keine Rolle.

12.5.2 Statische Vermessung mit Auswertung im Postprocessing

Wenn durch eine GNSS-Messung Genauigkeiten von unter 1 cm sicher erreicht werden sollen, kommt nur das statische differenzielle Verfahren mit Auswertung im Postprocessing infrage. Im Regelfall sollen durch das statische Verfahren für eine Vielzahl von Stationen Koordinaten bestimmt werden. Die Zahl der zur Verfügung stehenden GNSS-Empfänger ist dabei fast immer kleiner als die Anzahl der Stationen. Das bedeutet, dass der aus den Stationen des gesamten Projekts bestehende Punkthaufen in sinnvoller Weise abgearbeitet werden muss. Unter Berücksichtigung der Zahl der zur Verfügung stehenden Empfänger sowie der gestellten Anforderungen muss also ein Konzept entwickelt werden, bei dessen Umsetzung die Geometrie der zu dem Projekt gehörenden Punkte unter Beachtung der wesentlichen geodätischen Aspekte

- Zuverlässigkeit,
- Genauigkeit (einschließlich Nachbarschaftsprinzip)

erfasst wird. Im folgenden Abschnitt werden Varianten beschrieben, die bei statischen Beobachtungsverfahren angewendet werden können.

12.5.2.1 Varianten der statischen Beobachtung

Bei allen Varianten der statischen Beobachtung sind folgende Teilaspekte von Bedeutung:

- Beobachtungsanordnung,
- Beobachtungsdauer,
- zu erwartende Genauigkeit und Zuverlässigkeit,
- Beobachtungsanordnung.
  Es gibt folgende Möglichkeiten zur Anordnung der beteiligten Empfänger:
  a) Basislinienbeobachtung,
  b) Stern-, Doppelsternbeobachtung,
  c) Mehrstationsbeobachtung.

a) Basislinienbeobachtung

Die Basislinienbeobachtung (s. Abb. 12.10) kann als „Urform" der GNSS-Beobachtung bei hohen Genauigkeitsanforderungen angesehen werden. Unter Verwendung von zwei Satellitenempfängern werden durch simultane Beobachtung auf zwei Standpunkten hochgenaue *3-D-Koordinatendifferenzen* zwischen den Empfängerstandpunkten bestimmt. Die Koordinaten eines Empfängerstandpunkts müssen dabei bekannt sein (s. dazu 3.5.1.3).

b) Stern-, Doppelsternbeobachtung

Die Stern- bzw. Doppelsternbeobachtung ist die logische Weiterentwicklung der Basislinienbeobachtung. Bei der Sternbeobachtung (s. Abb. 12.11) bleibt ein Empfänger als Referenzempfänger permanent auf einem Punkt stehen. Ein anderer Empfänger (in der GNSS-Terminologie der Rover) verweilt für eine kurze Messperiode auf einem zu vermessenden Punkt und „wandert" dann zu einem anderen Punkt (Rover = Herumtreiber, Wanderer). Während der „Wanderung" wird der Rover ausgeschaltet, der Referenzempfänger bleibt aber in Betrieb. Da bei der Auswertung immer nur die Koordinatendifferenzen zwischen Referenzempfänger und Rover bestimmt

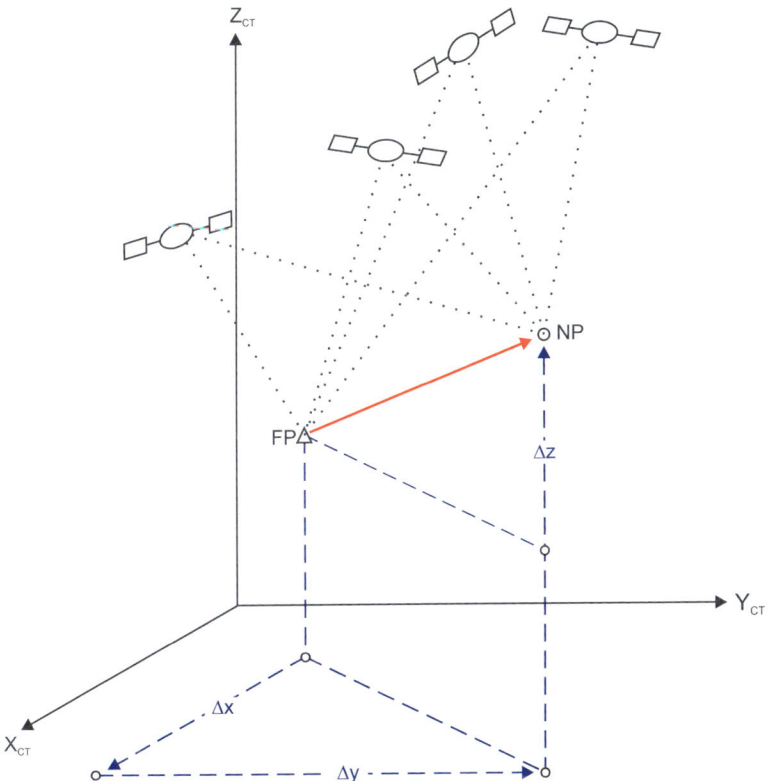

Abb. 12.10: Basislinienbeobachtung

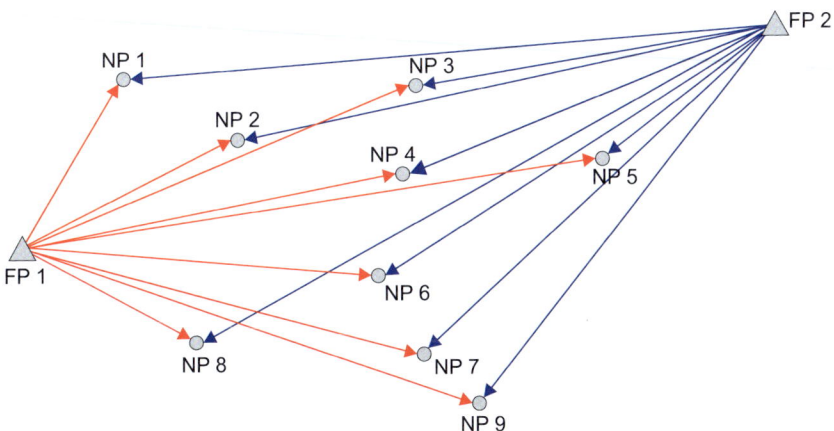

Abb. 12.11: Doppelsternbeobachtung

werden, können mehrere voneinander unabhängig agierende Empfänger an der Messung beteiligt sein. Es handelt sich also um nichts anderes als um die Beobachtung vieler, voneinander unabhängiger Basislinien.

Bei der Sternbeobachtung wird jeder Messpunkt nur einmal erfasst, die Messungen sind also unkontrolliert. Dieses Problem kann in Grenzen durch das Verfahren der Doppelsternbeobachtung gelöst werden (s. Abb. 12.11). Wie die Abbildung zeigt, wird bei der Doppelsternbeobachtung ein zweiter Empfänger auf einem bekannten Punkt aufgebaut und so simultan eine „zweifache" Punktbestimmung durchführt. Wenn ein zweiter „bekannter" Punkt nicht zur Verfügung steht, muss er vorab durch die Basislinienmessung von dem ersten Punkt aus koordiniert werden (s. dazu unter 12.5.2.5 den Abschnitt „Lagerung einer GNSS-Messung").

Für die eigentliche Doppelsternbeobachtung eröffnen sich zwei Varianten:

1. Steht nur *ein Referenzempfänger* zur Verfügung, müssen nach Umbau des Referenzempfängers alle Punkte ein zweites Mal mit einem Rover besetzt werden. Man erhält so eine Kontrolle bezüglich der Koordinatenbestimmung *und* der Aufstellungsfehler. Mit geringem Geräteeinsatz aber hohem Arbeitsaufwand erhält man also eine voll kontrollierte Messung.

2. Stehen *zwei Referenzempfänger* zur Verfügung, ist die zweifache Besetzung der zu vermessenden Punkte nicht unbedingt erforderlich. Mit erhöhtem Geräteeinsatz, aber geringem Arbeitsaufwand wird eine im Hinblick auf die Koordinatenbestimmung, *nicht aber auf Aufstellungsfehler* kontrollierte Messung erreicht.

In Hessen wird von der Landesvermessung in kleinräumigen Netzen folgende Variante der Sternbeobachtung angewendet (Heckmann 1994):

Die Messung wird konzeptionell in zwei Teile zerlegt:

Teil 1: Ein Referenzempfänger (permanent registrierender Empfänger) wird auf einem *Neupunkt* aufgebaut. Dessen Position wird durch Beobachtung der Basislinien von mehreren Anschlusspunkten zu dem Neupunkt bestimmt. Daran anschließend werden die Basislinien von der Referenzstation zu den übrigen Neupunkten bestimmt.

Teil 2: Die Referenzstation wird auf einem zweiten Neupunkt aufgebaut. Danach erfolgt die gleiche Messprozedur wie in Teil 1.

Man erhält so eine vollständig kontrollierte Messung (Doppelbesetzung, Anschluss an mehrere „Altpunkte").

Generell wird bei der Sternbeobachtung das Nachbarschaftsprinzip nicht eingehalten. Der Vorteil des Verfahrens liegt darin, dass die Organisation der Messung sehr leicht ist, da bei den Beobachtungen so gut wie keine Absprachen zwischen den beteiligten Beobachtern erforderlich sind.

c) Mehrstationsbeobachtung

Bei der Mehrstationsbeobachtung (s. Abb. 12.12) werden *auf mehreren Stationen gleichzeitig* Messungen durchgeführt. n Empfänger auf n Punkten registrieren simultan die Daten. Nach Abschluss einer Session werden weitere n Stationen besetzt. Zur Übertragung der Koordinaten muss mindestens ein Stationspunkt der vorangegangenen Session an der neuen Session teilnehmen. Aus Gründen der Kontrolle (Aufstellungsfehler) sollte auf diesem Anschlusspunkt der Satellitenempfänger neu aufgebaut werden. Um insgesamt zu einer kontrollierten Messung zu kommen, müssen alle Neupunkte des Netzes mindestens zweimal unabhängig besetzt werden.

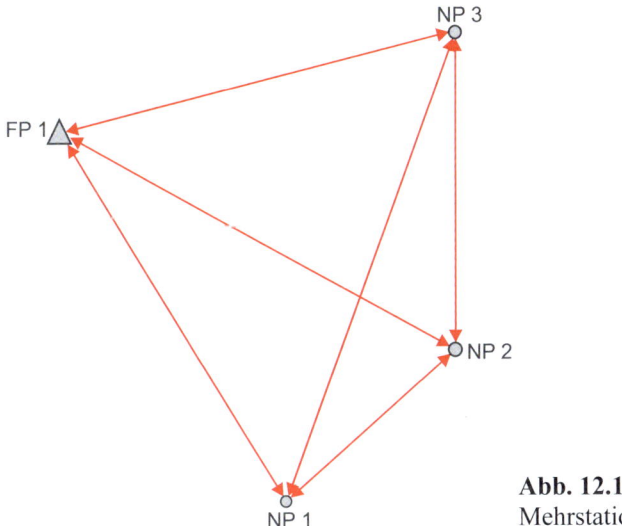

Abb. 12.12:
Mehrstationsbeobachtung

Im Vergleich zur Stern-, Doppelsternbeobachtung ist die Mehrstationsbeobachtung mit einem erhöhten Aufwand für die Messungsorganisation verbunden. Durch die Doppelbesetzung der Stationen kann aber leicht erreicht werden, dass die Forderung nach der Nachbarschaftsbeziehung erfüllt wird. Dies ist der wesentliche Gewinn dieses Verfahrens gegenüber den anderen Verfahren.

Alle beschriebenen Beobachtungsanordnungen können auch unter Einschluss permanenter Referenzstationen realisiert werden. Für die Sternbeobachtung benötigt man dann nur einen eigenen Empfänger. Besondere wirtschaftliche Vorteile ergeben sich dabei dann, wenn in vernetzten Referenznetzen vom Betreiber Daten virtueller Referenzstationen zur Verfügung gestellt werden. Die Beobachtungsdauer kann dann relativ kurz sein.

12.5.2.2 Beobachtungsdauer

Unabhängig von der gewählten Beobachtungsanordnung muss entschieden werden, wie lange beobachtet werden soll.

Mit einer langen Beobachtungszeit werden zwei Ziele verfolgt:

1. Genauigkeit
   Wenn man in den Genuss einer hohen Genauigkeit der Phasenmessung kommen will, müssen die Mehrdeutigkeiten der Phasenmessungen sicher aufgelöst werden. Es gibt nach Kenntnis des Verfassers keine wirklich sichere Aussage darüber, wie lange eine Messungsperiode unter den jeweiligen Umständen einer Messung sein muss, damit die Mehrdeutigkeiten sicher aufgelöst werden können. Zwar gibt es eine Vielzahl von Algorithmen, die über die Fähigkeit verfügen, in sehr kurzer Zeit die Mehrdeutigkeiten aufzulösen. Es kann aber keine Garantie dafür geben, dass dies in jedem Einzelfall auch gelingt. Dies zeigt sich immer erst während der Auswertung.

2. Zuverlässigkeit
   Auch bei Auflösung der Phasenmehrdeutigkeit bleibt das Problem hinsichtlich der Zuverlässigkeit des Ergebnisses. GNSS-Messungen können Einflüssen unterliegen, die zwar die Auf-

lösung der Mehrdeutigkeiten zulassen, aber zu einer systematischen Verfälschung des Auswerteergebnisses führen (Multipath, ionosphärische Störungen (TID), s. dazu Wanninger 1993). Vor diesen Einflüssen kann man sich nur dadurch schützen, indem man länger als wenige Minuten beobachtet. In Untersuchungen an der FH Hamburg hat sich ergeben, dass man in kleinräumigen Netzen auch bei nicht immer idealen GNSS-Punktlagen mit einer Beobachtungszeit von 20 min in nahezu allen Fällen ein gutes Ergebnis erzielt. Bei kürzeren Beobachtungszeiten führen Fehlmessungen bzw. signifikante Genauigkeitseinbußen zu Nachmessungen, die die Wirtschaftlichkeit des GNSS-Verfahrens fraglich werden lassen (s. dazu auch Müller 1996).

Aus diesen Gründen rät der Verfasser dazu, kurzen Beobachtungszeiten gegenüber skeptisch zu sein. Je höher der Genauigkeitsanspruch liegt und je mehr eventuelle Nachmessungen teurer sind als von vornherein eingeplante längere Messungsperioden, desto mehr sollten Beobachtungszeiten unter 15 bis 20 min vermieden werden. Es sei allerdings vermerkt, dass es dazu auch andere Auffassungen gibt.

12.5.2.3 Zu erwartende Genauigkeit und Zuverlässigkeit

Bei terrestrischen Messungen wird heute routinemäßig vor einer Messung abgeschätzt, ob Vorgaben zur Genauigkeit und Zuverlässigkeit bei Durchführung eines Messkonzepts eingehalten werden können. Programme, die mithilfe von Informationen über die *geplanten Beobachtungen* – welche Elemente (Strecke, Richtung) mit welcher Genauigkeit gemessen werden – die zu erwartende Punktgenauigkeit und Zuverlässigkeit der Messung abschätzen (unbestimmte Auflösung der Designmatrix) und die es ermöglichen, das Netz unter wirtschaftlichen und messtechnischen Aspekten zu optimieren, sind weit verbreitet.

Für GNSS-Messungen gibt es zwar derartige Programme, sie stehen aber nicht generell zur Verfügung. Daher ist der Planer einer GNSS-Messung meist auf seine Intuition und Erfahrung angewiesen. Dies ist jedoch kein sonderlich kompliziertes Problem.

Bei einer Sternbeobachtung kann man davon ausgehen, dass die mit GNSS bestimmten Koordinatendifferenzen bei Basislängen unter 10 km, gelösten Phasenmehrdeutigkeiten und ausgemittelten Multipath-Effekten genauer als 1 cm (Lagefehler) bestimmt werden.

Bei einer Mehrstationsbeobachtung werden ähnlich wie bei einer terrestrischen Messung geometrische Beziehungen zwischen den Netzpunkten hergestellt. Dabei kann man auch hier davon ausgehen, dass bei einer erfolgreichen Session die gegenseitigen geometrischen Verbindungen der Sessionspunkte mit Subzentimetergenauigkeit bestimmt werden, und darauf seine Planung abstützen. Wenn man eine so „intuitiv" erstellte Netz- und Messplanung einmal als terrestrisches Streckennetz durchrechnet (Vorausgleichung), hat man eine gute Näherung für die zu erwartende Genauigkeit.

Wie schon unter 12.4.3 ausgeführt, kann man bei zweifacher Besetzung aller Punkte eines Netzes von einer ausreichenden *Zuverlässigkeit* der Koordinatenbestimmung ausgehen.

Es hängt von den Umständen des Einzelfalles und von den damit verbundenen Anforderungen ab, wie eine GNSS-Messung geplant und gemessen werden sollte. Lesern, die sich vertiefend mit dieser Problematik befassen wollen, finden in einem Beitrag von Klees & Illner (1991) wertvolle Hinweise. Aufgrund eigener Erfahrungen wird empfohlen, bei Punktabständen über 5 km Netze mit Nachbarschaftsverbindungen aufzubauen (Mehrstationsbeobachtung). Bei geringeren Punktabständen und unter der Voraussetzung eines spannungsfreien Anschlussnetzes können die Vorzüge des Stern- oder Doppelsternverfahrens genutzt werden. Bei Netzverdichtungen (z. B. Erstellen von AP-Netzen) sollte das Anschlussnetz immer vorab durch Mehrstationsbeobachtung und -auswertung kontrolliert werden.

12.5.2.4 Aspekte der Messungsdurchführung

Wie weiter unten noch erklärt werden wird, erhält man eine endgültige Kontrolle über die Richtigkeit einer GNSS-Messung und ihrer Auswertung durch die Zusammenfassung der Sessionsergebnisse. In diese Zusammenfassung gehen dann auch die Fehler ein, die mit den GNSS-Daten nichts zu tun haben: Zentrierfehler, Punktverwechslungen, Fehler in den von Hand gemessenen Antennenhöhen. Derartige Fehler sind nicht immer zu vermeiden, können aber die Auswertung einer größeren GNSS-Messung sehr erschweren oder gar unmöglich machen. Daraus ergeben sich Konsequenzen für die Messungsdurchführung, die eigentlich selbstverständlich für alle geodätischen Messungen sein sollten, auf die aber hier – gestützt auf Erfahrungen in studentischen Projekten und aus der Zusammenarbeit mit der Praxis – dennoch einmal hingewiesen werden soll:

- Zur Vermeidung von Zentrierfehlern müssen die optischen Lote sorgfältig überprüft werden.
- Zur Vermeidung von Punktverwechslungen müssen exakte Absprachen über die Punktlagen (zentrisch oder exzentrisch, falls exzentrisch: welches Exzentrum) getroffen werden.
- Die Antennenhöhen müssen zweimal sorgfältig gemessen werden: zu Beginn und zum Ende einer Session. Die zweimalige Messung dient nicht der Genauigkeitssteigerung, sondern der Steigerung der Zuverlässigkeit der Messung.

Auswahl der Beobachtungszeitpunkte

Mit zur Software für GNSS-Messungen gehört heute standardmäßig ein Planungsprogramm. Das Programm berechnet die zu erwartende Satellitenkonstellation auf der Basis der Almanachdaten. Die Software liefert Grafiken und Tabellen, mit deren Hilfe geeignete Beobachtungsperioden herausgefunden werden können. Die Vorausberechnungen geben u. a. auch an, in welchem Azimut und unter welcher Elevation die Satelliten zu erwarten sind. Man kann also anhand dieser Unterlagen in Verbindung mit den Erkundungsfeldbüchern überprüfen, ob, wann und welche Satelliten eventuell durch Sichthindernisse abgeschattet werden, und die Beobachtung dementsprechend planen. Derartige Vorausberechnungen sind naturgemäß bei Messungen in städtischen Umgebung von Bedeutung. Das wichtigste Kriterium für die richtige Beobachtungszeit ist: *„So viele Satelliten wie möglich."*[107] (Moderne geodätische Empfänger verfügen über die dazu notwendige Anzahl unabhängiger Kanäle.) Kleine DOP-Werte spielen bei statischer Beobachtung eine untergeordnete Rolle. Beobachtungsperioden mit weniger als vier Satelliten sollten vermieden werden.

Bei Beobachtungszeiten unter 15 min wird allgemein empfohlen, mindestens sechs Satelliten gleichzeitig zu beobachten. Dies ermöglicht selbst bei einer kurzfristigen Signalunterbrechung zu einem oder zwei Satelliten eine zuverlässige Mehrdeutigkeitslösung.

---

[107] Wenn neben GNSS und GLONASS auch BDS und Galileo zur Verfügung stehen, kann sich dieser Satz in das Gegenteil verkehren.

GPS-Beobachtungsblatt

Verfahren:	**Bersenbrück**
Beobachter:	**Vendt**
Datum:	**25.7.1992**

Institution: **Niedersächsisches Landesverwaltungsamt**
– Landesvermessung –
Dezernat B 1

Punktname: **Bersenbrück, Im Horst**
Amtliche Punktnummer: **3413 / 094.00**
Stationsvermarkung: **Pfeiler**

	Station/GPS-Nr.	Tag im Jahr	Session
File-Name:	**3941**	**187**	**1**

Empfänger-Typ: **SST-P (Trimble)** Firmware: **4.64.**
Empfänger-Nr.: **2274** Datenformat: **Comp.**
Antennen-Nr.: **13428**
Kabellänge: **10 m**
Stromquelle: **Akku**
Stativ: ohne / norm. / 2 m / **3 m** / —

Höhe der Antenne über: **Pfeiler**

	i_{gem}	Verbess.	i	i eingegeben	Zentrierung überprüft
zu Beginn:	2,653	-1	2,652	2,652	V
zum Ende:	2,653	-1	2,652	—	V

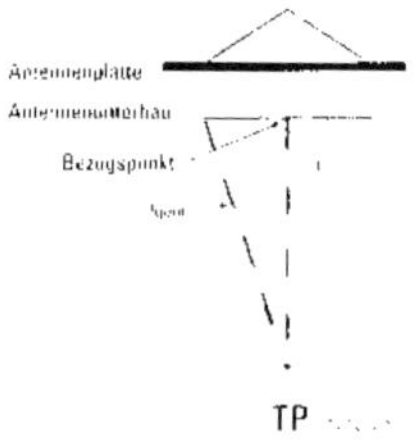

Elevationsmaske: **15°**
Satellitenauswahl: <u>autom.</u> / manuell
Satelliten-Healthy: **18 Satell. i.O.**

Beginn der Aufwärmphase: **10⁰⁴**
Beginn der Aufzeichnung: **10²⁰**
Ende der Aufzeichnung: **11⁰⁵**

Antennenplatte
Antennenoberbau
Bezugspunkt

TP

WGS 84-Koordinaten	Breite	Länge	Höhe
	52°33'47"	7°58'19"	76.0

Zeit	Kanäle / Satelliten-Nr					OF/F	PDOP	Breite	Länge	Höhe	Bemerkungen	Temp trocken °C	Temp feucht °C	Luft-druck Hektopasc
10²⁰	3	12	20	13	24	—	—	—	2,1	47"	19" 77.4	L1/2 – keine Ausfälle	—	—	—
10³⁰	3	—	20	13	24	—	—	—	4,0	48"	19" 75.3	— " —	—	—	—
10⁴⁰	3	17	20	13	24	—	—	—	2,8	47"	19" 77.0	— " —	—	—	—
10⁵⁰	3	17	20	—	24	—	—	—	3,3	47"	20" 76.5	— " —	—	—	—
11⁰⁰	3	17	20	16	24 25	—	—	—	1,7	47"	19" 76.7	— " —	—	—	—

Abb. 12.13: GNSS-Beobachtungsfeldbuch

Messungsablauf

Organisatorische Probleme gibt es vor allem bei der Mehrstationsmessung. Hier müssen zu Beginn eines Messtags die GNSS-Beobachter eine schriftliche Festlegung der geplanten Beobachtungszeiten (Sessionszeiten) erhalten. Bei allen anderen Beobachtungsverfahren sind die Beobachter weitgehend voneinander unabhängig. Lediglich bei Punktlagen mit eingeschränkten Beobachtungsfenstern **müssen** Informationen über diese zeitlichen Fenster vorliegen und berücksichtigt werden. Nach Aufbau des Geräts muss der Beobachter zunächst die Antennenhöhe über dem Messpunkt messen und notieren. Danach wird das Gerät eingeschaltet und ein vorab vereinbarter Dateiname, unter dem die Daten einer Session abgespeichert werden sollen, eingegeben. Während der Messung sollten in regelmäßigen Abständen Daten am Gerät abgelesen und notiert werden (s. Abb. 12.13).

Dies zwingt den Beobachter zur Überwachung des Geräts. Bei einem eingespielten GNSS-Team können auf der Grundlage dieser Daten auch die Beobachtungszeiten den örtlichen Verhältnissen angepasst werden, z. B. durch Verlängerung vorgesehener Beobachtungszeiten bei beobachteten Signalstörungen. Die notierten Daten und die anderen protokollierten Informationen können bei der Auswertung nützlich sein. Messung und Registrierung von Wetterdaten ist in kleinräumigen Netzen nicht erforderlich. Nach Abschluss der Messung wird das Gerät abgeschaltet und zur Kontrolle wird noch einmal die Antennenhöhe gemessen. Dies ist sehr wichtig, da ein Antennenhöhenfehler bei der Auswertung nur sehr schwer aufzudecken ist.

12.5.2.5 Durchführung der Auswertung

Die Auswertung einer geodätischen GNSS-Messung besteht im Allgemeinen aus zwei Teilen:

1. Erzeugen der Basislinien- bzw. der Sessionslösungen
   Dies ist die eigentliche GNSS-Auswertung. Bei einer Anzahl von n Empfängern pro Session erhält man für jede Session – je nach Auswerteprogramm – $(n-1)$ dreidimensionale Vektoren oder dreidimensionale Koordinaten der n besetzten Punkte.
2. Netzausgleichung
   Durch die Netzausgleichung werden die Koordinaten aller an dem Projekt beteiligten Punkte durch eine in der Regel dreidimensionale Ausgleichung der im ersten Schritt erzeugten Vektoren oder Koordinaten erzeugt. Dieser Teil ist nicht GNSS-spezifisch.

Für beide Teile gilt, dass die erreichbare Genauigkeit abhängig ist von der Genauigkeit der Datenqualität. Auch ein erfahrener GNSS-Auswerter ist nicht in der Lage, aus schlechten Daten ein gutes Ergebnis zu erzeugen. Bei einer GNSS-Auswertung besteht jedoch mehr als bei der Auswertung von terrestrischen geodätischen Messungen die Möglichkeit, und die Notwendigkeit, das Ergebnis zu optimieren.

Bei der Erzeugung der Sessionslösung gibt es im Vergleich zu der Auswertung von terrestrischen Messdaten drei Besonderheiten:

1. Beobachtungsfehler im eigentlichen Sinn gibt es nicht.
2. Die Qualität des Beobachtungsmaterials kann von Standpunkt zu Standpunkt und von einem Standpunkt zu jedem Satelliten von unterschiedlicher Qualität sein.
3. Die Anzahl der Beobachtungen ist im Allgemeinen so groß, dass es fast immer verantwortbar ist, schlechtes Datenmaterial von der Auswertung auszuschließen. Die Kunst der Auswertung besteht darin, gutes und schlechtes Datenmaterial im Auswerteprozess zu erkennen und entsprechend zu behandeln.

Informationen über die Datenqualität liegen schon vor der Auswertung vor und sollten auch von vornherein genutzt werden. Anhand dieser Informationen kann ein erfahrener Auswerter einen Eindruck darüber gewinnen, mit welchem Ergebnis er rechnen kann. Im Extremfall kann er Punkte von vornherein aus der Auswertung ausschließen. Enthalten sind diese Informationen in

- den Punkteinmessungen im Zusammenhang mit den Satellitenvorhersagen aus den Almanachdaten,
- den bei den Beobachtungen geführten Feldbüchern.

Bei der Netzausgleichung spielen auch Beobachtungsfehler eine Rolle. Insbesondere sind dies

- Zentrierfehler,
- falsch gemessene Antennenhöhen.

Auch mit Punktverwechslungen muss gerechnet werden.

Derartige Fehler sind nicht immer zu vermeiden, können aber die vollständige Auswertung einer größeren GNSS-Messung sehr erschweren, eventuell sogar unmöglich machen.

Bei der Netzausgleichung mischen sich diese Fehler mit den GNSS-Unsicherheiten. Das Problem besteht darin, dass beide Fehlerarten nicht voneinander getrennt werden können. Weiter ist in fast allen Fällen bei der Netzausgleichung die Redundanz nicht so groß, dass auf einzelne Sessionen verzichtet werden kann. Dennoch muss es das Ziel der Auswertung sein, schlechte Sessionen oder schlecht bestimmte Punkte zu erkennen und von der weiteren Auswertung auszuschließen bzw. eine gezielte Nachmessung zu veranlassen.

Folgende Unterlagen können dabei helfen:

- Netzskizzen der Sessionen/Basislinien mit der erreichten inneren GNSS-Genauigkeit,
- Punkteplots der Punktlagen aus den Sessionslösungen,
- Punktbeschreibungen,
- Informationen darüber, welcher Beobachter auf welchem Punkt gestanden hat.

Im Idealfall ist der Auswerter auch an der Messung beteiligt. Ein geringer zeitlicher Abstand zwischen Messung und Auswertung erleichtert meist die Fehlersuche. Ideal ist, noch am gleichen Tage auszuwerten. Dies erleichtert auf jeden Fall das Erkennen eventueller Punktverwechslungen.

Je größer ein Netz ist, desto mehr vermischen sich GNSS-spezifische Fehler mit den genannten Beobachtungsfehlern. Es empfiehlt sich daher bei großen Netzen, die Session schrittweise zusammenfassen. Diese Vorgehensweise eröffnet bei Problemen die Chance, zu erkennen, welches Sessionsergebnis fehlerbehaftet ist.

Für den Nutzer ist der generelle Ablauf einer Auswertung bei den verfügbaren Programmen sehr ähnlich. Zunächst einmal muss dafür Sorge getragen werden, dass die Auswertung im Datum des GNSS durchgeführt wird: die Messung muss „gelagert" werden.

Lagerung einer GNSS-Messung

Die bei GNSS-Messungen gewonnenen Daten sind nichts anderes als Strecken zwischen den Satellitenempfängern und den Satelliten; dies gilt auch für die Trägerphasen. Diese Strecken sind durch zahlreiche systematische Fehler verfälscht. Sie werden daher als Pseudostrecken bezeichnet (s. Abschnitt 3.4). Die Auswertung einer GNSS-Messung kann also als Auswertung eines dreidimensionalen Streckennetzes aufgefasst werden. Die im *WGS84 Coordinate System* gegebenen Satelliten dienen dabei als „Anschlusspunkte" für die Messung. Dabei sind in kleinräumigen Netzen die ausgestrahlten Satellitenbahndaten ausreichend genau.

Dennoch können wegen der Ungenauigkeit der Satellitenkoordinaten, vor allem aber wegen der unvermeidlichen systematischen Fehler der GNSS-Messelemente, geodätische Genauigkeiten mit den Satelliten als alleinige Anschlusspunkte nicht erreicht werden. Vielmehr muss neben den Satelliten noch ein Bodenpunkt als Anschlusspunkt (Referenzpunkt) in die Berechnung eingeführt werden. Dies ist das Prinzip des DGNSS. Erst damit werden die gewünschten hohen Genauigkeiten als relative Genauigkeiten in Bezug auf diesen Bodenpunkt erreicht. Der Referenzpunkt sorgt zusammen mit den Satellitenkoordinaten für die Lagerung der GNSS-Messung. Er wird daher auch als *Lagerungspunkt* bezeichnet. Genau wie die Satellitenkoordinaten muss der Lagerungspunkt im System des GNSS gegeben sein, bei GNSS im WGS84-System. Das Ergebnis der Berechnung liegt dann auch im WGS84-System vor.

Fehler in den Koordinaten der Referenzstation führen zu systematischen Fehlern in den Auswerteergebnissen. Ein Fehler in der Höhe von 10 m bewirkt einen Maßstabsfehler von 0,4 ppm. Fehler in den Lagekoordinaten wirken sich in erster Linie in einer Rotation des Netzes aus. Ein Fehler von 1" in der horizontalen Lage bewirkt eine Drehung um 0,1" um eine horizontale Achse, senkrecht zur Richtung der Verfälschung (Illner & Klees 1991). Diese Zahlen zeigen, dass die richtige Lagerung des Netzes wichtig ist. Die Berechnung der Koordinaten des Referenzpunkts aus einer Navigationslösung (PSR-Berechnung) ist in kleinräumigen Netzen im Allgemeinen genau genug ist.

Eine andere Lösung zur Bestimmung der Koordinaten des Lagerungspunkts besteht darin, als Referenzpunkt einen Punkt mit bekannten Koordinaten im örtlichen geodätischen Datum zu wählen und diesen in WGS84-Koordinaten zu überführen. Dieses Verfahren funktioniert natürlich nur in geodätisch erschlossenen Gebieten mit bekannten Transformationsparametern für die Datumstransformation. Im Internet findet man für Europa unter www.crs-geo.eu > CRS Description > national CRS entsprechende Transformationsparameter. Die Genauigkeit der Transformation liegt im Bereich weniger Meter.

Sofern diese Möglichkeit nicht gegeben ist, kann man über das Internet Koordinaten und Messdaten einer Station des IGS-Netzes abfragen und sich mit diesen Daten und seinen eigenen Messdaten im WGS84 Coordinate System positionieren. Da die Genauigkeitsansprüche an eine derartige Koordinatenbestimmung nicht hoch sind (s. o.), können die erforderlichen Berechnungen mit Standardprogrammen durchgeführt werden.

Die Lagerung der GNSS-Messung wird vor der eigentlichen Auswertung durchgeführt. Die eigentliche Auswertung folgt bei allen Auswerteprogrammen entsprechend dem Funktionsdiagramm der Abbildung 12.14.

Berechnung von Näherungskoordinaten

Ausgehend von den Messdaten und den Ephemeriden werden Näherungskoordinaten berechnet. Dazu können die Pseudostrecken allein, die Pseudostrecken in Kombination mit den Trägerphasen (Carrier-smoothed Pseudorange) oder Dreifachdifferenzen der Trägerphasen genutzt werden. Dreifachdifferenzen sind hier deswegen besonders geeignet, da Lösungen nach dieser Methode auch ohne Berücksichtigung mathematischer Korrelationen sehr robust sind (Remondi 1985). Fehlerhafte Daten beeinflussen das Ergebnis also nicht allzu sehr.

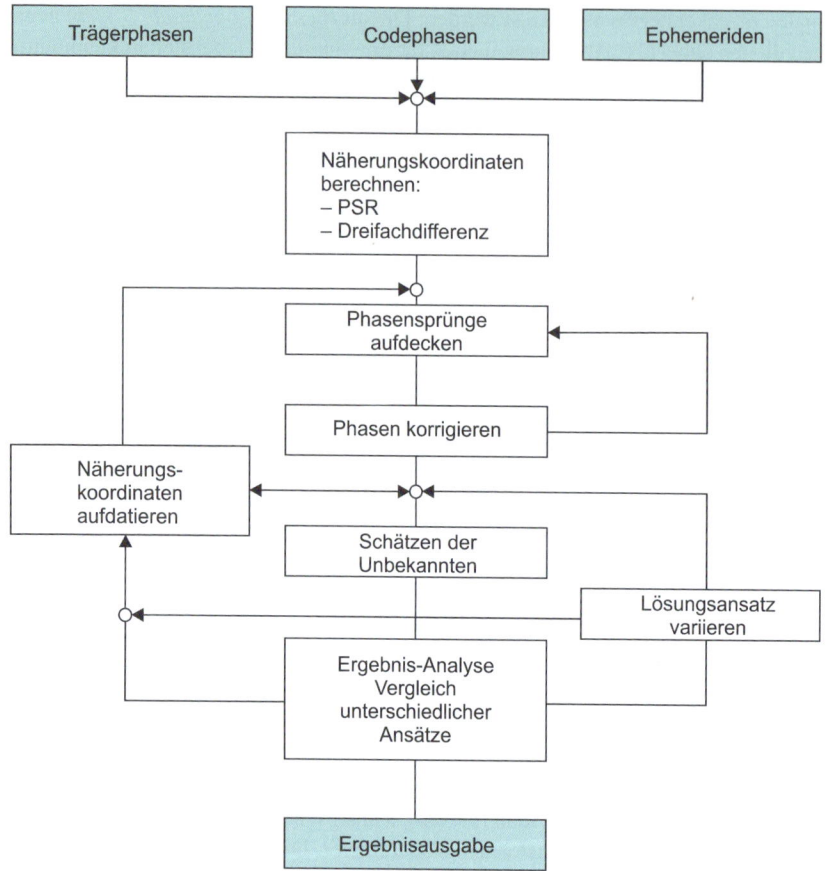

Abb. 12.14: Funktionsdiagramm Auswertung Trägerphasen

Datenkontrolle

- Untersuchung auf Fehlmessungen und Phasensprünge,
- Festsetzen der Phasensprünge,
- Eliminierung gestörter Messdaten.

In einer iterativen Arbeitsweise werden nach den im Abschnitt 3.10.3 beschriebenen Verfahren die Trägerphasen auf Fehlmessungen bzw. Phasensprünge untersucht. Weiter wird versucht, die Größe der Phasensprünge zu ermitteln und das Datenmaterial entsprechend zu korrigieren. Soweit dies nicht möglich ist, müssen an den Stellen, an denen Phasensprünge vermutet werden, neue Phasenmehrdeutigkeitsparameter eingeführt werden. Sehr stark gestörtes Datenmaterial kann von der weiteren Auswertung ausgeschlossen werden.

Parameterschätzung (Berechnung der Unbekannten) – Analyse der Resultate

Mit dem bereinigten Datensatz wird jetzt eine Lösung berechnet und analysiert. Dabei kann sich herausstellen, dass ein erstes Ergebnis den Anforderungen noch nicht genügt. Man kann dann versuchen, mit anderen Lösungsansätzen zu rechnen – z. B. Berechnung einer „Wide-Lane-Lösung" – um zunächst einmal nur zu besseren Näherungskoordinaten zu kommen – oder um das

Datenmaterial besser analysieren zu können – z. B. durch Berechnung einer Lösung mit ionosphärenfreier Linearkombination. Die Analyse der Beobachtungsverbesserungen kann Hinweise auf die Datenqualität geben – eventuell müssen weitere Daten von der Berechnung ausgeschlossen werden. Mit den aus der ersten Berechnung und Ergebnisanalyse gewonnenen Erkenntnissen und mit verbesserten Näherungskoordinaten kann man dann versuchen, das Datenmaterial erneut zu untersuchen, um bisher nicht aufgedeckte Fehler in den Daten zu finden.

Zwischen der Auswertung einer GNSS-Messung und der Auswertung terrestrischer Messungen gibt es wesentliche Unterschiede. Während bei terrestrischen Messungen gesicherte Informationen über die Datenqualität die Regel sind und Fehlmessungen fast immer schon während der Messung erkannt und von der weiteren Bearbeitung ausgeschlossen werden können, ist dies bei GNSS-Messungen eher umgekehrt. Dies erfordert eine völlig andere Vorgehensweise bei der Auswertung.

Bei der Auswertung doppelter Differenzen werden die Koordinaten eines Empfängerstandpunkts festgehalten. Als Ergebnis erhält man die *Koordinatendifferenzen* zwischen dem festgehaltenen Empfängerstandpunkt und dem Empfängerstandpunkt, dessen Beobachtungen zur Bildung der Doppeldifferenzen genutzt wurden. Das Ergebnis enthält Informationen über die Genauigkeit der Koordinatendifferenzen und über die gegenseitigen statistischen Abhängigkeiten der Koordinatendifferenzen (Varianz-Kovarianzmatrix).

Zwei Lösungstypen werden von den Programmen gerechnet: In einer ersten Lösung werden neben den Koordinatendifferenzen die Phasenvielfachen als reelle Zahlen berechnet und deren Genauigkeit abgeschätzt. Daran anschließend werden die Phasenvielfachen in einem ihrer Genauigkeit entsprechenden Bereich systematisch als *Ganzzahlen* variiert und damit neue Lösungen für die Koordinatendifferenzen berechnet. Das Kriterium für die Richtigkeit dieser Koordinatendifferenzen ergibt sich aus den Quadratsummen der nach den jeweiligen Ausgleichungen verbleibenden Beobachtungsverbesserungen. Die beste Lösung ist diejenige, bei der die Quadratsumme der Verbesserungen am kleinsten ist. Diese Lösung gilt als statistisch gesichert, wenn der Quotient aus der Quadratsumme der zweitbesten Lösung und der Quadratsumme der besten Lösung einen bestimmten Wert überschreitet. Dann ist diese Lösung mit den Phasenvielfachen als Ganzzahlen sehr viel genauer als die Lösung mit reellen Mehrdeutigkeitsparametern.

Sind mehr als zwei Empfänger an einer Messung beteiligt, gibt es bei n_R Empfängern $n_R(n_R - 1)/2$ Möglichkeiten, Doppeldifferenzen zu berechnen; davon sind jedoch nur $(n_R - 1)$ Doppeldifferenzen „unabhängig". Doppeldifferenzen, die aus schon benutzten Doppeldifferenzen durch Linearkombinationen berechnet werden können, sind „abhängig". Sie dürfen nicht zur Berechnung verwendet werden. Da die unabhängigen Basislinien unterschiedlich gewählt werden können, ist die Auswahl prinzipiell willkürlich und vom jeweiligen Auswerter abhängig (s. Abb. 12.15).

Der Ablauf einer Auswertung mit Originalbeobachtungen stellt sich für den Auswerter nicht anders dar als bei der Auswertung doppelter Differenzen. Er ist lediglich davon befreit, Basislinien zu definieren.

Sehr viel mehr als bei terrestrischen Messungen muss das Ergebnis einer Auswertung kritisch daraufhin analysiert werden, ob das Optimum aus dem Datenmaterial herausgeholt wurde und ob die Ergebnisse – u. a. auch die berechneten Genauigkeiten – zuverlässig sind. Die für die Auswertung typische Elimination schlechter Messdaten ist dem Vermessungsingenieur fremd – zumindest aber immer suspekt –, da man auf diese Weise jede Messung „richtig" im Sinn „frei von Widersprüchen" machen kann. Die Auswertung von GNSS-Trägerphasen erfordert also

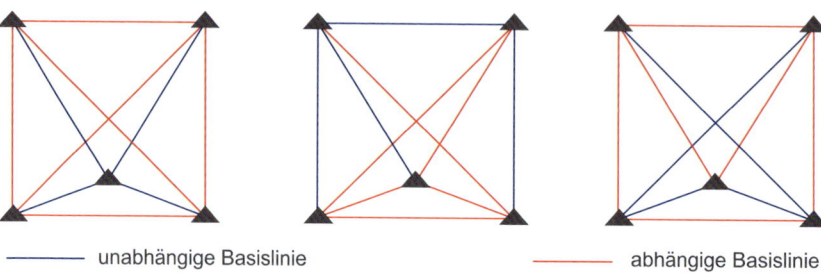

—— unabhängige Basislinie   —— abhängige Basislinie

Abb. 12.15: Unabhängige und abhängige Basislinien (fünf simultan arbeitende Empfänger)

GNSS-Sachverstand und Hintergrundwissen über die in der Auswertesoftware verwendeten Algorithmen. Dies gilt insbesondere dann, wenn die verwendete Software ohne Eingriffsmöglichkeiten für den Benutzer zu einem Ergebnis führt. Unabhängig davon kann die Leistungsfähigkeit eines Programms aber erst dann beurteilt werden, wenn man mit dem Programm gewisse Erfahrungen gesammelt hat, wobei erst Auswertungen mit schwierigem Datenmaterial wirklich Aufschluss über die Qualität des Programms geben (Bauer u. a. 1992).

Ergebniskontrolle/Netzausgleichung

Mithilfe der jeweils zur Verfügung stehenden GNSS-Auswertesoftware erhält man das Ergebnis der GNSS-Messung. Dies sind für jede Session:

- entweder 3D-Vektoren (Koordinatendifferenzen)
- oder 3D-Koordinaten.

Es bleibt die Frage, nach welchen Kriterien diese Ergebnisse zu beurteilen sind. Die Sessionsergebnisse aller Programme geben nur innere Genauigkeiten wieder. Sie sind im Hinblick auf die Koordinatengenauigkeit unrealistisch. Die Schätzungen liegen bei einem „normalen" Ergebnis im völlig unrealistischen 1/10-mm-Bereich. Im Umkehrschluss lässt sich andererseits sagen, dass GNSS-Auswerteergebnisse mit inneren Genauigkeiten im Zentimeterbereich nicht der bei GNSS zu erwartenden GNSS-Genauigkeit entsprechen. Ein solches Ergebnis muss zunächst als kritisch angesehen werden.

Zur qualitativen Beurteilung einer GNSS-Auswertung stellen die Auswerteprogramme aber noch detailliertere Informationen zur Verfügung. Dies sind:

- Informationen über das Messrauschen (Standardabweichung der Gewichtseinheit),
- eine Kenngröße dafür, mit welcher statistischen Sicherheit die ganzzahligen Phasenmehrdeutigkeiten geschätzt werden konnten.

Diese Informationen erlauben eine Beurteilung der Qualität des erzielten Auswerteergebnisses.

Die endgültige Kontrolle über die Richtigkeit der Auswertung sowie eine realistische Genauigkeitsabschätzung wird nur über eine Zusammenfassung der Sessionsergebnisse zu einem Gesamtergebnis erreicht. In der Regel werden die Sessionsergebnisse zu einem Gesamtnetz zusammengestellt und einer Ausgleichung unterzogen. Erst diese GNSS-unspezifische Ausgleichung erbringt den endgültigen Nachweis darüber, ob die GNSS-Messung gelungen ist. Man sollte sie – um eventuell auftretende Probleme zuordnen zu können – im System der Satellitenmessung (*WGS84 Coordinate System*) ohne Anschlusszwang durchführen. Das Ergebnis dieser Ausgleichung ist nach den bei Ausgleichungen allgemein üblichen Kriterien zu beurteilen. Bei unbefriedigenden Ergebnissen kann man versuchen, durch Fehlersuchverfahren Sessionen mit signifikanten Fehlern aufzuspüren. Diese müssen dann eliminiert und erforderlichenfalls durch Nachmessungen ersetzt werden. Dazu wurden zu Beginn dieses Abschnitts einige Anmerkungen gemacht.

12.6 Absolute Vermessung (PPP-Vermessung)

Die PPP-Vermessung ist ein relativ junges Verfahren, dessen Entwicklung noch nicht abgeschlossen ist. In verschiedenen Untersuchungen konnte gezeigt werden, dass mit statischer PPP-Vermessung bei maximal zweistündiger Beobachtungszeit eine Positionsgenauigkeit (absolut) von ca. 1 – 2 Zentimeter erreicht wird. Dieses Ergebnis kann sowohl in Echtzeit als auch im Postprocessing erreicht werden. Für das Postprocessing stehen weltweit qualitativ hochwertige PPP-Dienste kostenfrei zur Verfügung stehen (Afifi & El-Rabbany 2016, Malinowski & Kwiecien 2016). Die Koordinaten der PPP-Auswertung stehen in dem Referenzsystem zur Verfügung, in dem die PPP-Korrekturdaten bereitgestellt werden, im Allgemeinen eine ITRF-Realisierung. Das muss beachtet werden, wenn in Gebieten mit hohen tektonischen Driftraten (Bodenbewegungen) PPP angewandt wird und Koordinatenvergleiche durchgeführt werden.

Auch mit dieser Einschränkung ist die PPP-Vermessung mit Postprocessing-Auswertung eine Alternative zum differenziellen GNSS für Länder, in denen permanente Referenzstationen wirtschaftlich nicht betrieben werden können. Dies gilt, wie das Beispiel Kanada zeigt, nicht nur für Entwicklungsländer. Kanada hat PPP als das wirtschaftlichste Verfahren zum Ersatz der traditionellen bodengestützten Netze ausgewählt und PPP zur Versorgung von Positionsdiensten im ganzen Land etabliert. Kanada verwendet dabei seinen eigenen PPP-Auswertedienst *CSRS-PPP* (MacLeod & Tétreaul 2014), der aber auch Nutzern aus anderen Staaten weltweit kostenfrei zur Verfügung steht.

Auf einer der Internetseite http://www.nrcan.gc.ca/earth-sciences/geomatics/geodetic-reference-systems/tools-applications/10925 schlägt die kanadische Behörde *Natural Resources Canada* folgende Vorgehensweise für eine PPP-Vermessung vor:

Man koordiniere mit PPP zwei in Sichtweite stehende GNSS-Empfänger, anschließend messe man zur Kontrolle der Koordinatenbestimmung mit terrestrischen Verfahren die Strecke zwischen den per PPP koordinierten Punkten. Danach können ausgehend von diesen Punkten RTK-Messungen mit einer temporären Referenzstation durchgeführt werden.

12.7 Besonderheiten amtlicher GNSS-Messungen

Die Besonderheiten amtlicher Messungen gegenüber beispielsweise Ingenieurvermessungen sind

1. Messungsdurchführung:
   Das Nachbarschaftsprinzip[108] muss eingehalten werden.
2. Auswertung:
   Die Koordinaten der angemessenen Punkte müssen in das amtliche Bezugssystem transformiert werden.

---

[108] Das *Nachbarschaftsprinzip* bedeutet: Alle unmittelbar benachbarten – koordinatenmäßig vorhandenen – Punkte sind bei einer Messung einzubeziehen.

Die Auswertung einer GNSS-Messung ist immer mit einer Datumsfestlegung verbunden. Sie ergibt sich aus den Koordinaten des Lagerungspunkts der Auswertung und den Satellitenbahndaten (Müller 1992). Wenn die Koordinaten des Lagerungspunkts mit genügender Genauigkeit im Datum des GNSS gegeben sind, liegt das Ergebnis im GNSS-Datum vor.

Dieses Datum ist bei amtlichen Vermessungen in den meisten Fällen nicht das Datum des Gebrauchssystems. Daher muss bei amtlichen GNSS-Vermessungen fast immer eine Transformation der Ergebnisse in das Datum des Gebrauchssystems durchgeführt werden; dabei sind länderspezifische Vorschriften zu beachten.

Konzeptionell ist eine solche Datumstransformation leicht durchzuführen. Das Problem ist die Beschaffung der benötigten Transformationsparameter. Ein Problem ist dies deswegen, weil die geodätischen Netze lokale Unregelmäßigkeiten (Netzspannungen) aufweisen und daher Transformationsparameter nur für kleinere Gebiete gültig sind. Daraus ergeben sich Konsequenzen.

Die konzeptionell einfachste Lösung zur Beschaffung von Transformationsparametern besteht darin, bei jeder GNSS-Messung mindestens vier Punkte mitzubestimmen, deren Koordinaten auch in dem System bekannt sind, in das die Messung transformiert werden soll. Auf diese Weise kann man in dem jeweiligen Projekt die Parameter für eine 7-Parameter-Transformation berechnen und damit die Ergebnisse in das Datum des Gebrauchsnetzes überführen.

GNSS-Ergebnisse sind zunächst immer dreidimensionale geozentrische Koordinaten im GNSS-Datum, die durch eine 7-Parameter-Datumstransformation in dreidimensionale Koordinaten des Gebrauchsdatums überführt werden können. Daran anschließend können diese kartesischen Koordinaten in ellipsoidische Lagekoordinaten und ellipsoidische Höhen umgerechnet werden. Die Einpassung einer GNSS-Messung in die Gebrauchsnetze ist also immer ein dreidimensionales Problem. Dennoch ergeben sich bei der Durchführung der erforderlichen Transformationen Unterschiede zwischen einer Transformation mit dem Ziel der Einpassung von Lagekoordinaten und bei der Einpassung von Höhen.

12.7.1   Einpassen von Lagekoordinaten (allgemeiner Fall)

Datumstransformation

Wie schon erwähnt, benötigt man zur Berechnung der für die Datumstransformation benötigten Parameter identische Punkte, also Punkte, deren Koordinaten im GNSS-Datum und im Gebrauchsdatum bekannt sind. Dabei ist zu beachten, dass bei der Berechnung der Parameter für eine 7-Parameter-Transformation nach Gleichung 1.20 in beiden Systemen ellipsoidische Höhen bekannt sein müssen. Die ellipsoidischen Höhen des Gebrauchssystems können aus den Gebrauchshöhen unter Verwendung der Gleichung 2.17 berechnet werden, wenn die Geoidhöhen bekannt sind (s. auch Abb. 1.19). Solange es das Ziel der Datumstransformation ist, lediglich die Lagekoordinaten der GNSS-Messung in das Gebrauchssystem umzurechnen, sind die Anforderungen an die Genauigkeit der Geoidhöhen gering. Sie können aus Standardgeoidmodellen mit ausreichender Genauigkeit entnommen werden. Somit ist die Beschaffung der Koordinaten identischer Punkte für die Überführung von Lagekoordinaten in das Gebrauchsnetz kein ernsthaftes Problem.

Einhaltung des Nachbarschaftsprinzips

Nach einer Datumstransformation ist die Einpassung der Lagekoordinaten in das Gebrauchsnetz noch nicht abgeschlossen. Durch eine überbestimmte Transformation wird der Punkthaufen der GNSS-Messung lediglich so verschoben, verdreht und gestreckt oder gestaucht, dass bei den

Punkten, die zur Berechnung der Transformationsparameter benutzt wurden, die Abweichungen zwischen den **transformierten** Koordinaten und den ursprünglichen Koordinaten – die Restklaffen – zum Minimum werden. Ansonsten bleibt die innere Geometrie des „GNSS-Punkthaufens" unverändert.

Die Genauigkeit einer geodätischen GNSS-Messung liegt im Allgemeinen im Zentimeterbereich. Damit kann man GNSS-Koordinaten – jedenfalls in kleinräumigen Bereichen – als spannungsfrei, wenn man so will, auch als „fehlerfrei" ansehen. Mit zur Einpassung von GNSS-Koordinaten in das Gebrauchsnetz gehört die Aufgabe, die „fehlerfreien" GNSS-Koordinaten in Gebrauchsnetze zu überführen, deren Koordinaten im Allgemeinen nicht als fehlerfrei angesehen werden können, die aber dennoch nicht aufgegeben werden können. Ziel der Überführung ist es, eine ausreichende *Nachbarschaftsgenauigkeit* zwischen den mit GNSS bestimmten Neupunkten und den vorhandenen Anschlusspunkten zu erreichen.

Die prinzipielle Situation nach einer GNSS-Auswertung und Durchführung einer Datumstransformation zeigt Abbildung 12.16 in einem fiktiven Beispiel. Die Kreise stellen die aus der GNSS-Auswertung mit anschließender Helmert-Transformation hervorgegangenen Lagen der Neupunkte dar, die TP-Signaturen stellen die Lage der Anschlusspunkte dar. Sofern die Restklaffungen – die Vektoren in Abbildung 12.16 – im Bereich der GNSS-Genauigkeit liegen (cm, mm), können die „GNSS-Koordinaten" für die Neupunkte ohne weitere Änderungen übernommen werden. Sofern dies nicht gegeben ist, muss eine nachbarschaftstreue Einpassung der Neupunkte durchgeführt werden.

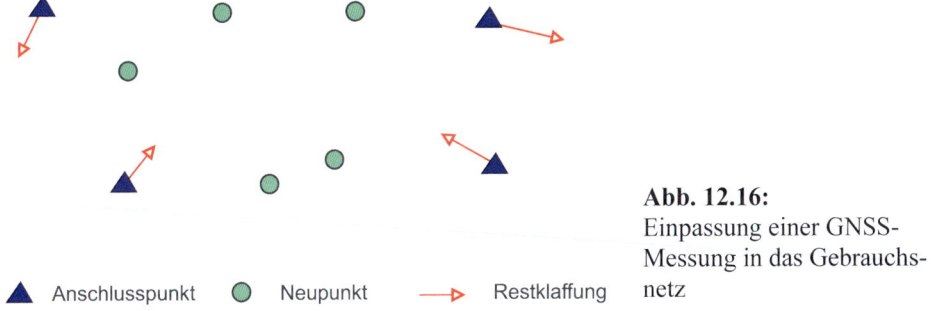

▲ Anschlusspunkt   ◯ Neupunkt   ⟶ Restklaffung

Abb. 12.16:
Einpassung einer GNSS-Messung in das Gebrauchsnetz

In der „Anweisung für die technischen Arbeiten im Liegenschaftskataster" des Landes Schleswig-Holstein vom 1.2.1994 findet man in der Anlage 16(3) folgendes Formelsystem für eine „Verbesserung der Neupunkte nach Abstandsgewichten":

$$v_{R_n} = \frac{\sum \frac{1}{S_i} \cdot dR_i}{\sum \frac{1}{S_i}} \quad v_{H_n} = \frac{\sum \frac{1}{S_i} \cdot dH_i}{\sum \frac{1}{S_i}}.$$

Darin bedeuten:

v_{R_n} :   Verbesserung des Rechtswerts am Neupunkt n,

v_{H_n} :   Verbesserung des Hochwerts am Neupunkt n,

dR_i :   Restklaffe des Rechtswerts am Anschlusspunkt i,

dH_i :   Restklaffe des Hochwerts am Anschlusspunkt i,

S_i :   Strecke vom anzupassenden Neupunkt n zum Anschlusspunkt i.

Diese Anpassung führt nach Erfahrungen, die in verschiedenen Projekten (AP-Netze) an der Fachhochschule Hamburg gemacht wurden, zu sehr guten Ergebnissen.

Andere Konzepte zur Lösung des Einpassungsproblems findet man u. a. bei Illner & Jäger (1993), Niemeier (1992), Scherer (1993). Allen Konzepten ist gemeinsam, dass sie von plausiblen, aber keineswegs zwingenden Vorstellungen ausgehen und so zu unterschiedlichen Koordinaten führen. Somit ist festzuhalten, dass es zur Überführung von GNSS-Ergebnissen in das System der Landeskoordinaten unterschiedliche Auffassungen und Verfahren gibt (s. z. B. auch Strauss & Walter (1993).

12.7.2 Einpassen von Lagekoordinaten in das Bezugssystem ETRS89

Deutschland hat im Rahmen der EU-Initiative *Infrastructure for Spatial Information in Europe (INSPIRE)* ETRS89 als amtliches Bezugssystem eingeführt (s. Anhang A). Da ETRS89 mit dem Bezugssystem von GNSS übereinstimmt, könnte man meinen, dass damit in Europa zukünftig GNSS-Ergebnisse direkt übernommen werden könnten[109]. Dies ist auf absehbare Zeit aber eher nur in Ausnahmefällen gegeben.

Zwei Voraussetzungen müssen erfüllt sein, damit ein GNSS-Ergebnis direkt in das ETRS89-Bezugssystem übernommen werden kann:

1. Die GNSS-Messung muss einen Lagerungspunkt mit ETRS89-Koordinaten haben.
2. Die Geometrie aller relevanten Geodaten (Vermessungspunkte, Grenzpunkte, Gebäudeecken etc.) muss homogen, nachbarschaftstreu, spannungsfrei – quasi „fehlerfrei" – im ETRS89-System vorliegen.

Voraussetzung 1 kann durch die ETRS89-Koordinierung einzelner Bezugspunkte relativ leicht geschaffen werden und ist in Europa überall gegeben. Voraussetzung 2 liegt nicht immer vor.

Dies liegt daran, dass bei einer Überführung der Koordinaten der Gebrauchsnetze mit nur einem Satz von Transformationsparametern nach ETRS89 die Netzspannungen der Gebrauchsnetze nicht beseitigt sind. Die Beseitigung der Netzspannungen ist aber mit großem Arbeitsaufwand verbunden und stellt die Vermessungsverwaltungen der Länder Europas vor große Herausforderungen (siehe z. B. Rückwart (2009), Krüger u. a. (2008).

Nach Kenntnisstand des Autors gehen in Deutschland bisher nur die Bundesländer Hamburg und Brandenburg daraus aus, dass Voraussetzung 2 für ihren gesamten Zuständigkeitsbereich vorliegt. Die Konsequenz davon ist, dass in diesen Bundesländern etwa bei der Teilung eines Grundstücks lediglich die Koordinaten der neuen Grenzpunkte berechnet und dann mithilfe von Netz-RTK abgesteckt werden. Das Nachbarschaftsprinzip wird hier durch die hohe Genauigkeit und Zuverlässigkeit der ETRS89-Koordinaten aller Vermessungs- und Grenzpunkte realisiert.

Andere Bundesländer mit nach ETRS89 überführten und dabei homogenisierten Koordinaten gehen zur Sicherstellung der Qualität der amtlichen Vermessungen noch nicht diesen Weg. Vielmehr schreiben sie in irgendeiner Form vor, dass zur Überprüfung der durch Transformation realisierten ETRS89-Koordinaten Kontrollmessungen in irgendeiner Form durchzuführen sind. Man muss z. B. die bekannten ETRS89-Koordinaten eines im Messgebiet liegenden Vermessungspunkts neu durch eine eigene Messung bestimmen. Sofern dabei auftretende Differenzen innerhalb vorgegebener Grenzen bleiben, wird davon ausgegangen, dass die ETRS89-

---

[109] Die Unterschiede zwischen dem Datum von ETRS89 und den Daten der anderen GNSS sind bekannt und werden in den Auswerteprogrammen berücksichtigt.

Koordinaten der relevanten Geodaten im Vermessungsgebiet „fehlerfrei" im ETRS89-System vorliegen. Einzelheiten sind in den Vermessungsvorschriften der Länder geregelt, auch die Vorgehensweise bei auftretenden Widersprüchen (siehe z. B. Anlage 5 Ziffer 2 des Erlasses zur Erhebung von Geobasisdaten durch Liegenschaftsvermessungen von Niedersachsen: www.lgln.niedersachsen.de/download/108989/NaVKV_2015_1_2.pdf).

So bleibt überwiegend, dass noch über längere Zeit GNSS-Ergebnisse durch entsprechende Messungen nachbarschaftlich in die im ETRS89 gegebenen Gebrauchskoordinaten eingepasst werden müssen. Wie dies im Einzelnen zu bewerkstelligen ist, hängt naturgemäß von der Qualität der im alten Datum gegebenen Netze und deren Überführung nach ETRS89 ab. Es werden also nach wie vor Transformationsparameter gebraucht, die zu einer *nachbarschaftstreuen* Einpassung der GNSS-Messung in das Gebrauchsnetz führen. Da aber die Beschaffung von Transformationsparametern durch Aufnahme von Passpunkten für jedes Projekt die Wirtschaftlichkeit von GNSS durchaus infrage stellen kann, ist für Deutschland geplant –, teilweise auch schon umgesetzt – lokale Transformationsparameter zur nachbarschaftstreuen Einpassung gemeinsam mit den RTK-Korrekturen abzustrahlen.

12.7.3 Höheneinpassung

GNSS-Messverfahren werden in der Praxis vorwiegend zur Bestimmung von Lagekoordinaten eingesetzt. GNSS-Ergebnisse sind aber immer Ergebnisse mit einer Höheninformation. Es gibt vorwiegend zwei Gründe, aus denen die Höheninformation in der Praxis bisher noch wenig genutzt wird:

1. Die Genauigkeit der Höhenbestimmung ist etwa um den Faktor 1,5 schlechter als die Genauigkeit der Lagebestimmung.
2. GNSS-Höhen sind geometrisch definierte ellipsoidische Höhen, benötigt werden aber in den meisten Fällen physikalisch definierte Gebrauchshöhen.

In Abschnitt 2.4 wurde beschrieben, wie ellipsoidische Höhen in Gebrauchshöhen umgerechnet werden können. Die Umrechnungen stützen sich auf Informationen bezüglich der Form der Höhenbezugsfläche für die Gebrauchshöhen[110] und deren Lagerung relativ zum GNSS-Referenzellipsoid. Ähnlich wie bei der Lageeinpassung werden diese Informationen u. a. aus Passpunkten abgeleitet. Im Gegensatz zur Lageeinpassung sind bei der Höheneinpassung Passpunkte allein aber nicht ausreichend, jedenfalls dann nicht, wenn Höheneinpassungen über größere Gebiete mit bestmöglicher Genauigkeit durchgeführt werden sollen. Man benötigt dann zusätzlich noch Geoidinformationen. Die letztendlich durchzuführenden Berechnungen sind komplex (s. Abschnitt 2.4).

Daher wurde an der Fachhochschule Karlsruhe ein Konzept zur Berechnung einer *Digitalen Finite Element Höhenbezugsfläche (DFHBF)* entwickelt, mit dem für einen Nutzer in einem größeren Vermessungsgebiet die passpunktfreie Höheneinpassung möglich ist. Die DFHBF wird aus Passpunkten, die über das gesamte Vermessungsgebiet in der erforderlichen Dichte vorliegen, und aus einem geeigneten Geoidmodell abgeleitet und in einer Datenbank abgelegt. Der Nutzer greift mit einer geeigneten Software auf die auf CD-ROM abgelegte DFHBF-Datenbank

---

[110] Im Idealfall ist dies eine Äquipotenzialfläche des Schwerefelds der Erde.

zu und berechnet gestützt darauf aus seinen ellipsoidischen GNSS-Höhen die Gebrauchshöhen[111].

Das DFHBF-Konzept haben die deutschen Bundesländer Baden-Württemberg, Saarland, Rheinland-Pfalz und Hessen umgesetzt. Mit seiner GNSS-3-D-Position als Eingangsparameter greift der Nutzer auf die entsprechende DFHBF-Datenbanken zu und rechnet seine ellipsoidische Höhen in die Gebrauchshöhe um. Der Nutzer benötigt also keine eigenen Passpunkte zur Einpassung seiner GNSS-Höhe in das System der Landeshöhen. Die Umrechnung kann in Echtzeit im Feld oder bei der häuslichen Auswertung (Postprocessing) erfolgen.

Die Genauigkeit der DFHBF für Baden-Württemberg wird vom zuständigen Landesvermessungsamt mit besser als 1 cm angegeben.

Seit 2016 gibt es für das Gebiet der Bundesrepublik Deutschland als Höhenbezugsfläche weiter das Quasigeoid *GCG2016* (*G*erman *C*ombined *Q*uasi*G*eoid *2016*) (s. Anhang A). Auch mithilfe des GCG2016 können die mit GNSS gewonnenen ellipsoidischen Höhen in die neuen amtlichen Gebrauchshöhen Deutschlands (DHHN92) umgerechnet werden. Die Genauigkeit des Geoids liegt bei etwa 1 cm.

Für das Gebiet der Bundesrepublik Deutschland stehen demnach zwei gleichwertige Höhenbezugsflächen für den praktischen Gebrauch zur Verfügung. Das Bundesamt für Kartographie und Geodäsie (BKG) hat eine Internetseite eingerichtet, auf der online Normalhöhen aus ellipsoidischen Höhen mit dem Modell GCG2016 berechnet werden können (http://gibs.bkg. bund.de/geoid/gscomp.php?p=g).

Die Höhenkomponente einer GNSS-Messung ist bekanntlich etwa um den Faktor 1,5 weniger genau als die Lagekomponente. Lagemessungen mit Zentimetergenauigkeit sind zum heutigen Zeitpunkt jederzeit möglich. Mit der DFHBF oder dem GCG2016 können demnach in Deutschland Gebrauchshöhen in der Genauigkeitsgrößenordnung von deutlich besser als 5 cm problemlos mit RTK-Verfahren bestimmt werden. Dies ist für sehr viele Anwender völlig ausreichend.

12.8   Kombination von GNSS mit terrestrischen Messelementen

In der 4. Auflage dieses Buchs wurde Ingensand (1996) zitiert: *„Die Konfiguration „Tachymeter – Messgehilfe" wird auch weiterhin eine der universellsten Messmethoden bleiben, welche unabhängig von übergeordneten Systemen in nahezu allen Bereichen operabel ist. GPS als eines der effizientesten Messverfahren wird die Fixpunktbestimmung bis hin zu Aufnahmepunkten übernehmen und in offenem Gelände, z. B. bei Straßenbauprojekten, als Real-Time-GNSS Absteckungsaufgaben völlig übernehmen können."*

Wesentlicher Grund dafür, dass die Konfiguration „Tachymeter – Messgehilfe" auch im Zeichen von Netz-RTK die bei Weitem am meisten eingesetzte Messmethode bleiben wird, ist, dass in

---

[111] Zur Berechnung der DFHBF für Baden-Württemberg benutzten Jäger & Schneid (2001, S. 192) identische Punkte (h_{GNSS}, H_{NN}) und das EGG97-Geoidmodell. Zur Feineinpassung des Geoidmodells wurde das Gebiet in 211 Geoid-Patches unterteilt, zur Vermaschung wurde eine Maschengröße von 7 × 7 km sowie ein quadratischer Flächenapproximationsansatz innerhalb der Maschen gewählt. Entlang der Maschenkanten wurde C_0-Stetigkeit gefordert (s. dazu Abschnitte 2.4.3 u. 2.4.4).

nur ganz wenigen Einzelfällen alle in Vermessungsprojekten zu beobachtende Punkte GNSS-tauglich sind. Da aber mit Netz-RTK die Bestimmung von Festpunktfeldern – in Schweizer Terminologie die Fixpunktbestimmung – zukünftig an Bedeutung verlieren wird, wird im Vermessungswesen die Kombination von GNSS-Verfahren mit terrestrischen Messverfahren an Bedeutung gewinnen, möglicherweise zum Normalfall werden. Dabei sind zwei unterschiedliche Szenarien zu erwarten:

1. Schaffung und Überwachung vermarkter Festpunktfelder,
2. Detailaufnahme ohne vermarkte Festpunktfelder.

12.8.1 Schaffung und Überwachung vermarkter Festpunktfelder

Mit Netz-RTK werden Genauigkeiten im Zentimeterbereich erreicht. Damit sind die Anforderungen, die in Deutschland und anderen Ländern an amtliche Vermessungen gestellt werden, erreicht, und so ergibt es in Zukunft keinen Sinn mehr, amtliche Festpunktfelder vorzuhalten. Anders ist dies, wenn z. B. zur Absteckung und/oder Überwachung von Ingenieurbauwerken ein Bezugssystem – besser Bezugsrahmen – besser als 1 cm benötigt wird. Genauigkeiten besser als 1 cm werden mit GNSS in erster Linie durch statische Beobachtungsverfahren (Multistationsbeobachtung) und Beobachtungszeiten von einer Stunde und mehr erreicht. Die dafür erforderlichen Beobachtungen und Auswertungen rechtfertigen es dann fast immer, ein entsprechend sicher vermarktes Festpunktfeld – Beobachtungspfeiler – zu schaffen und zu erhalten. Es ist dabei aber auch hier unmittelbar einsehbar, dass immer damit gerechnet werden muss, dass eine Vielzahl von Punkten derartiger Netze mit GNSS-Verfahren nicht beobachtet werden kann. Auch wenn man eine Erkundung der Punktlagen unter GNSS-Gesichtspunkten durchführt, wird es in einem solchen Netz Punkte geben, die nicht GNSS-fähig sind. Hier muss dann also GNSS mit terrestrischen Verfahren kombiniert werden.

Das bedeutet, dass Punkte, die nicht GNSS-fähig sind bzw. deren GNSS-Vermessung mit organisatorischen Schwierigkeiten verbunden ist (Einhalten exakter Zeitplanungen), mit terrestrischen Messelementen (Richtungen, Strecken, Zenitdistanzen) erfasst werden.

Wie bei anderen Messungen auch, müssen die terrestrischen Messungen (Richtungen, Zenitdistanzen und Entfernungen) so gestaltet werden, dass die Zuverlässigkeit der Messung gewährleistet ist; anders formuliert, dass die Teilredundanzen der terrestrischen Messelemente groß genug sind. Zur Erfüllung dieser Forderungen ist es hilfreich, wenn Polygonzüge zur terrestrischen Bestimmung von Koordinaten aus nicht mehr als zwei oder drei Neupunkten bestehen und über beidseitige Richtungsanschlüsse verfügen. Diese Überlegung führt dazu, bei einer GNSS-Messung, die terrestrisch zu ergänzen ist, möglichst viele GNSS-Zwillingspunkte zu schaffen: Punkte, zwischen denen Sichtverbindung besteht. An diese Zwillingspunkte können dann terrestrische Messungen relativ gut kontrolliert angeschlossen werden. Damit ist verbunden, dass eine Doppelbesetzung der GNSS-Zwillingspunkte bei der GNSS-Messung verzichtbar ist; diese werden durch die terrestrischen Elemente kontrolliert.

Theoretisch bieten sich bei derartigen Messungen zwei Wege der Bearbeitung der Vermessungsergebnisse an:

1. Hierarchische Punktbestimmung
   Die GNSS-Messungen werden für sich gemessen und ausgewertet. Die dabei gewonnenen Koordinaten dienen als „fehlerfreie" Anschlusspunkte für die terrestrischen Vermessungen. GNSS ist besonders dafür geeignet, einen stabilen großräumigen Rahmen zu schaffen, in den die weiteren Elemente einberechnet werden können.

2. Gemeinsame Ausgleichung von GNSS-Sessionslösungen und terrestrischen Elementen.

Der letzte Weg ist der theoretisch richtigere. Man kann aber davon ausgehen, dass sich die Ergebnisse bei dieser oder jener Vorgehensweise nicht signifikant unterscheiden. Der wesentliche Vorteil der gemeinsamen Auswertung besteht im Gewinn von detaillierteren Informationen über die Genauigkeit und Zuverlässigkeit der Messung.

Für die gemeinsame Auswertung von GNSS und terrestrischen Messelementen wurden von verschiedenen Stellen Programme entwickelt. Zu nennen sind hier:

- NETZCG (Autoren: Geodätisches Institut, Karlsruher Institut für Technologie (KIT), Ingenieurbüro COS, Karlsruhe; Literatur: Illner & Jäger (1993), Illner & Jäger (1995)),
- NETZ3D (Autor: Geodätisches Institut, Karlsruher Institut für Technologie (KIT); Literatur: Heck, Illner & Jäger (1995)),
- JAG3D (Autor: Lösler; Literatur: Lösler (2017)),
- GOCA (Autor: Institut für Angewandte Forschung (IAF), Hochschule Karlsruhe – Technik und Wirtschaft (HSKA); Literatur: Jäger (2014, 2017), www.goca.info),
- PANDA (Autor: Niemeier; Literatur: Niemeier (1992)),
- NEPTAN/GNSS (Autor: Gründig; Literatur: Aschoff (1996)).

Allen diesen Programmen ist gemeinsam, dass die Ergebnisse von reinen GNSS-Auswertungen (diverse Programme) als „Beobachtungen" behandelt werden, die mit weiteren Beobachtungen kombiniert werden können. Das heißt aber auch, dass sie als allgemeine Auswerteprogramme (Auswertung konventioneller Messungen) verwendet werden können.

12.8.2 Detailaufnahme ohne vermarkte Festpunktfelder

Mit der Einführung von flächendeckendem Netz-RTK wird es in Deutschland nach dem Willen der zuständigen Behörden zukünftig keine TP- und AP-Netze mehr geben. Sofern bei Vermessungsaufgaben der Bezug zum amtlichen geodätischen Bezugssystem hergestellt werden muss, ist dies mithilfe von GNSS-Referenzstationen prinzipiell leicht möglich. Auszuschließen ist allerdings, dass die Masse der bei derartigen Vermessungsaufgaben anfallenden Punkte GNSS-fähig sind. Hier muss dann GNSS mit terrestrischen Verfahren kombiniert werden.

In diesem Fall bietet es sich an, durch eine kontrollierte Netz-RTK-Vermessung (Doppelaufnahme aller Punkte) ein temporäres – durch Tagesmarken zu vermarkendes – „Festpunktfeld" zu schaffen und so den Anschluss an das amtliche geodätische Bezugssystem zu schaffen. Im Anschluss an dieses projektgebundene „Festpunktfeld" wird mit dem terrestrischen Polarverfahren die Masse der aufzunehmenden Objektpunkte vermessen. Im Idealfall werden die RTK-Koordinaten in Echtzeit automatisch in entsprechenden Speichermedien abgelegt, und der Tachymeter greift auf diese Daten zur Berechnung der Koordinaten der Objektpunkte oder der Absteckelemente zurück. Hier handelt es sich also um eine rein hierarchische Berechnungsmethode. Diese ist dabei völlig ausreichend. Die entsprechenden Hard- und Softwareelemente stehen schon heute von einigen Herstellern zur Verfügung.

13 *Ortung* mit Satelliten in der Praxis

In Abschnitt 1.1 wurde ausgeführt: „Ziel einer *Ortung* ist es, den momentanen Ort eines beweglichen Fahrzeugs auf dem Wasser, in der Luft oder auf dem Land zu bestimmen". In erster Linie wurden die GNSS für genau diesen Zweck konzipiert – mit dem Schwerpunkt auf militärischen Anwendungen. Tatsächlich werden die GNSS mehr zivil als militärisch genutzt. Dabei steht Ortung in dem zuvor definierten Sinn an erster Stelle der GNSS-Ortung, wobei es nicht nur um Fahrzeuge geht, sondern um Objekte verschiedenster Art.

Ortung mit Satelliten in der Praxis bedeutet für Europa auch heute (2017) noch Ortung mit GPS und GLONASS. Die zusätzliche Nutzung von BDS und Galileo ist aber absehbar. Diese zusätzlichen Systeme werden dazu führen, dass es in engen Straßenschluchten so gut wie immer genügend Signale für die Ortung geben wird.

Die Methodik der Ortung mit Satelliten ist unabhängig von den genutzten Systemen. Daher sollen die praktischen Aspekte der Ortung in diesem Kapitel, soweit dies sinnvoll erscheint, unabhängig von den möglichen Systemen dargestellt werden.

13.1 Administrative Aspekte

GPS und GLONASS sind seit Beginn ihrer Entwicklung Ortungssysteme, die prinzipiell jedermann frei zugänglich sind und für deren Nutzung keine Gebühren erhoben werden. Die USA haben verschiedentlich erklärt, dass GPS-Nutzer von folgenden Voraussetzungen ausgehen können:

1. Der **S**tandard **P**ositioning **S**ervice (SPS) des GNSS wird für die absehbare Zukunft (*foreseeable future*) weltweit gebührenfrei zur Verfügung stehen.
2. Die USA werden alle notwendigen Maßnahmen ergreifen, um die Integrität (*integrity*) und Betriebssicherheit (*reliability*) des Systems zu gewährleisten.
3. Falls die USA GPS nicht weiter betreiben wollen, werden sie dies mindestens sechs Jahre vor Außerdienststellung ankündigen.

Vereinfacht heißt dies, dass ein autonomer GPS-Empfänger seine Position im Bezugssystem WGS84 auf absehbare Zeit entsprechend den für den Standard Positioning Service (SPS) geltenden Spezifikationen bestimmen kann. Dabei stellt sich heraus, dass der in diesem Zusammenhang wichtige Parameter „**S**ignal-in-**S**pace **R**ange **E**rror (SISRE)" in den Spezifikationen mit < 6 m angegeben ist, tatsächlich aber in der Größenordnung von 0,5 Meter liegt. Die mit einem einzelnen GPS-Empfänger erreichte Genauigkeit liegt daher heute in der Größenordnung ±5 m, sehr häufig auch besser. Dies gilt ähnlich für GLONASS. Auch BDS und Galileo werden für jedermann frei verfügbare Signale für Ortungsgenauigkeiten im Meterbereich zur Verfügung stellen. Eine einklagbare Garantie dafür, dass diese Leistungsmerkmale von den GNSS bereitgestellt werden, gibt es aber nicht.

Nicht jeder potenzielle Nutzer eines Ortungssystems ist frei in seiner Entscheidung, ein Ortungssystem zu nutzen oder nicht. Im Bereich der allgemeinen Luftfahrt und der Seeschifffahrt muss zwischen vorgeschriebenen und zugelassenen Hilfsmitteln für die Navigation (*aids to naviga-*

tion) unterschieden werden. Vorgeschriebene Hilfsmittel *müssen*, zugelassene Hilfsmittel *dürfen* genutzt werden. Die Entscheidung darüber, in welche Kategorie welche Navigationshilfe fällt, unterliegt der nationalen Gesetzgebung jedes Landes. Die Länder unterwerfen sich jedoch in der Regel den Empfehlungen internationaler Organisationen. Deren Empfehlungen werden zu nationalen Vorschriften. Die maßgebliche internationale Organisation für die Zivilluftfahrt ist die *International Civil Aviation Organization (ICAO)*, für die Schifffahrt die *International Maritime Organization (IMO)*. Die Umsetzung der von diesen Organisationen ausgesprochenen Empfehlungen ist die Angelegenheit nationaler Behörden. In Deutschland sind dies für die Schifffahrt das Bundesamt für Seeschifffahrt und Hydrographie (BSH), für die Luftfahrt das Luftfahrt-Bundesamt (LBA), wobei das LBA sich meist den Empfehlungen der Eurocontrol[112]-Behörde anschließt.

Aus der Analyse der Fähigkeiten der vorhandenen Satellitennavigationssysteme GNSS und GLONASS und der Anforderungen, die an ein Navigationssystem zu stellen sind, haben die zuständigen Stellen für den Bereich der *Schifffahrt* und der *allgemeinen Luftfahrt* folgende Konsequenzen gezogen (Stand 2017):

- Schifffahrt
  Alle nach dem 1. Juli 2002 in Dienst gestellten Schiffe müssen u. a. mit einem GNSS-Empfänger *oder* einem terrestrischen Radionavigationssystem ausgerüstet sein. Für ältere Schiffe gibt es Übergangsvorschriften. Aus wirtschaftlichen Gründen bedeutet dies de facto, dass alle seegängigen Schiffe heute mit GNSS-Empfängern ausgerüstet sind.
  GNSS im Sinne von GPS/GLONASS ist also im Bereich der allgemeinen Schifffahrt so gut wie *ausrüstungspflichtig*. Dabei muss aber beachtet werden, dass die Positionsangaben der GNSS-Empfänger in Entwicklungsländern sehr häufig nicht mit genügender Genauigkeit mit den Positionsangaben in den Seekarten in Einklang gebracht werden können, da die Bezugsysteme der Seekarten nicht immer eindeutig zu ermitteln sind (Callsen-Bracker 2001). Auch muss damit gerechnet werden, dass es Seekarten gibt, die auf unzuverlässigen hydrographischen Vermessungen beruhen.

- Luftfahrt
  GNSS ist ein für alle Flugphasen prinzipiell zugelassenes Navigationsmittel, also für den Streckenflug nach Wegepunkten (Flächennavigation) sowie für Anflug- und Abflugverfahren. Das als Ergänzung zu GNSS für Europa entwickelte EGNOS ist seit März 2011 für Luftfahrtanwendungen offiziell zugelassen. Mit EGNOS liegen die Voraussetzungen dafür vor, ohne bodengebundene Infrastruktur allein auf Satellitennavigation basierende Anflugverfahren bis zu niedrigen Entscheidungshöhen auszuführen (AOPA Letter 02/2011).
  Im April 2017 gibt es in Europa 205 Flughäfen, die mit LPV angeflogen werden können (Aguilera 2017). Mit LPV-Verfahren (*Localizer Performance with Vertical Guidance*) erhält der Pilot eine allein auf GNSS/EGNOS gestützte Information über die horizontale und vertikale Lage des Flugzeugs. Damit können auch an kleineren Flughäfen Präzisionsanflüge realisiert werden. LPV-Verfahren sind für unterschiedliche Anforderungen realisiert. Die anspruchsvollste Stufe ist das LPV-200 Verfahren. Der Pilot wird dabei bis zu einer Höhe von 200 Fuß (60 Meter) mittels Satelliten sowohl horizontal als auch vertikal präzise geführt. Sieht er dann die Piste, kann er sicher landen.

---

[112] Eurocontrol ist eine internationale Organisation, die die Luftverkehrskontrolle in Europa koordiniert.

Genutzt werden dürfen in der Luftfahrt nur die Frequenzen, die in dem besonders geschützten Bereich des *Aeronautical Radio Navigation Service (ARNS)* liegen (s. Abschnitt 2.7.1). Das ist derzeit (2017) für die 41 Mitgliedstaaten von Eurocontrol lediglich das GPS-L1-Signal. In Russland strebt man an, dass für russische Flughäfen zusätzlich auch das entsprechende GLONASS-Signal vorgeschrieben wird (International Civil Aviation Organization 2016). Eurocontrol schlägt seinen 41 Mitgliedsstaaten vor, zukünftig auch die in dem entsprechenden Band liegenden GLONASS-, BDS- und Galileo-Signale sowie die neuen im unteren L-Band im ARNS-Bereich liegenden GNSS-Signale zuzulassen (Fuller 2017).

Wenn GNSS-Empfänger auf Schiffen und in Luftfahrzeugen eingesetzt werden sollen, müssen sie eine erfolgreiche behördliche Baumusterprüfung durchlaufen. Voraussetzung für die Zulassung von Satellitennavigationsempfängern als Luftfahrtempfänger ist, dass sie über RAIM[113]-Fähigkeiten verfügen (Bauer & Mink 2012). Weiterhin müssen beim *Einbau* der Empfänger in das Schiff bzw. das Flugzeug besondere Spezifikationen eingehalten werden.

13.2 Ortung im absoluten Modus

13.2.1 Auswertung der Codephasen (Navigationslösung)

Nutzer, für die eine Ortungsgenauigkeit von etwa 5 m ausreichend ist, benötigen lediglich einen Ein-Frequenz-Navigationsempfänger – in erster Linie einen GPS-Empfänger. Im einfachsten Fall kann dies ein Handgerät mit integrierter Antenne und Stromversorgung durch Batterien sein. Zur Feststellung der Position richtet der Nutzer das eingeschaltete Gerät mit seiner integrierten Antenne zum Zenit. Nach wenigen Sekunden – unterschiedlich bei den einzelnen Empfängern – zeigt das Gerät dann die Position an.

Sehr häufig verfügen die Empfänger über die Fähigkeit, die Position in unterschiedlichen geodätischen Referenzsystemen sowie in unterschiedlichen Darstellungen (z. B. geographische Koordinaten oder abgebildete Koordinaten (Gauß-Krüger, UTM)) anzuzeigen.

Die Anzeige der Positionsinformation in Form von Koordinaten ist bei vielen Anwendungen wenig hilfreich. Vielmehr möchte der Nutzer eines derartigen Geräts seinen Standpunkt in einer Karte wiederfinden, um sich so leicht orientieren zu können. Daher werden die kleinen GNSS-Handgeräte mit grafischer Ausgabe in Form einer elektronischen Karte angeboten (Abb. 13.1a).

Bei den Handgeräten kann zusätzlich angezeigt werden, wie weit man von einer vorab eingegebenen oder mit dem Empfänger gemessenen Position eines Zielpunkts entfernt ist und in welcher Richtung dieses Ziel liegt. Dazu wird im Empfänger die aktuelle Position mit dem Zielpunkt verglichen und die daraus berechnete Richtung und Entfernung zum Zielpunkt grafisch oder digital angezeigt. Man kann so sehr einfach verfolgen, wie weit man sich von einem Punkt entfernt bzw. sich auf ihn zu bewegt. Dies kann für Schiffs- und Flugzeugführer, aber auch für einen Wanderer eine große Hilfe sein.

Während in den 1990er-Jahren die GNSS-Nutzung auf Handys noch undenkbar war, ist die aktuelle Smartphone-Generation standardmäßig mit einem GNSS-Empfänger ausgestattet. Mithilfe von Navigationssoftware können auf diesen Geräten – analog zu den portablen GNSS-Geräten – auch Routenberechnungen und -führungen durchgeführt werden.

---

[113] RAIM: Receiver Autonomous Integrity Monitoring.

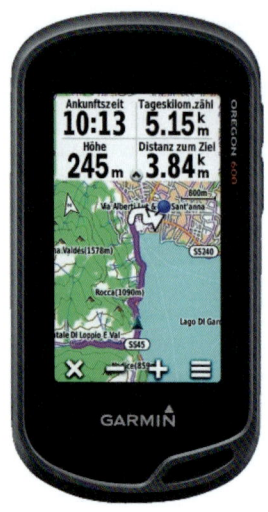

a) GNSS-Handgerät (Quelle: Garmin) b) Kfz-Navigationssystem (Quelle: TomTom)
   11,4 × 6,1 × 3,3 cm, ca. 210 g   13,4 × 9,3× 2,0 cm, ca. 216 g

Abb. 13.1: Portable GNSS-Geräte

GNSS-Handgeräte sind also mehr oder weniger komfortable *Navigationssysteme.* Die Handhabung dieser Geräte ist leicht erlernbar. Kenntnisse über Abschattungsprobleme, Mehrwegeausbreitung und Ähnliches sind sicher nützlich, aber keineswegs Voraussetzung zur Nutzung der Empfänger. Daher sieht der Verfasser das Problem im Umgang mit diesen Geräten nicht in technischer Hinsicht, sondern in der Gefahr, dass sich ungeübte Freizeitnavigatoren an Land, zu Wasser oder in der Luft vollständig auf dieses Hilfsmittel verlassen. Davor kann nicht dringend genug gewarnt werden. Auch ein noch so technisch perfekter Satellitennavigationsempfänger kann einmal ausfallen, meist aus sehr einfachen Gründen – Stromversorgungsprobleme, Kabelbrüche und dergleichen. Wenn diese Probleme eintreten und ein Nutzer auf hoher See oder in einer unwegsamen Wüste nicht auch konventionelle Ortungsverfahren beherrscht, kann dies tödlich sein.

Für den Gebrauch der Satellitennavigation in der Schifffahrt und in der Luftfahrt haben die Empfängerhersteller spezielle, auf die Bedürfnisse dieser Nutzer zugeschnittene Geräte entwickelt. Diese Geräte sind zum festen Einbau in die Fahrzeuge konzipiert. Die Ortung unterscheidet sich dabei nicht von der einfacher Satellitenempfänger. Jedoch können in das Navigationssystem weitere Navigationssensoren wie Kompass, Geschwindigkeitssensoren (Log) integriert sein. Besonderen Wert wird auf die Ausgestaltung der grafischen Anzeigen gelegt. Sie ermöglichen im einfachsten Fall die Darstellung von Positionsangaben mit Angaben über Kurs und Entfernung zu einem Ziel, aber auch die Darstellung elektronischer Seekarten (**E**lectronic **C**hart **D**isplay and **I**nformation **S**ystem (**ECDIS**; deutsch: elektronisches Kartendarstellungs- und Informationssystem). Das Leistungsspektrum dieser Geräte ist sehr groß, entsprechend auch das Preisspektrum. Es wurde schon ausgeführt, dass der Gebrauch dieser Geräte insbesondere in der Luftfahrt und der Schifffahrt an Voraussetzungen geknüpft ist. Vornehmlich im Freizeitbereich werden diese Voraussetzungen häufig außer Acht gelassen und – verstärkt durch die Hochglanz-Broschüren der Empfängerhersteller – die Leistungsfähigkeit der Geräte überschätzt (s. dazu z. B. Berking 1995).

Weitverbreitet sind auf Satellitenortung beruhende *Kfz-Navigationssysteme*. Sie sind meist fest in das Fahrzeug eingebaut, werden aber auch als portable Systeme angeboten (Abb. 13.1b). Sie berechnen aus der gemessenen Position des Autos und dem angegebenen Ziel eine optimale Route. Bestandteile eines Kfz-Navigationssystems sind neben dem Rechner eine zentrale Steuer- und Anzeigeneinheit für die Kommunikation mit dem Fahrer sowie ein Speichermedium für digitale Straßenkarten und die benötigten Programme und Datenbanken. Das System gibt dem Fahrer durch optische oder akustische Signale Anweisungen, wie er sein Ziel am besten erreicht. Die auf dem Markt befindlichen Kfz-Navigationssysteme nutzen gelegentlich neben der Satelliten-Ortung terrestrische Navigationssensoren wie Radsensoren und Magnetfeldsonden für die Koppelnavigation sowie Map-Matching-Techniken zur Ortsbestimmung (Retscher & Koppensteiner 1996).

Einfache Satellitenempfänger werden auch im Zusammenhang mit der Überwachung und Steuerung von Landfahrzeugflotten (Flottenmanagement) eingesetzt (z. B. Lkw-Flotten, Taxi-Flotten, Rettungsfahrzeuge). Die Fahrzeugführer können mit GNSS zwar auch navigieren, vor allem aber sollen die aktuelle Fahrzeugposition sowie andere Fahrzeugparameter in der Einsatzzentrale zur Verfügung stehen. Daher muss die Möglichkeit des Datenaustauschs zwischen den Fahrzeugen und der Einsatzzentrale gegeben sein. Dies kann z. B. mithilfe von Mobiltelefonen oder Kommunikationssatelliten realisiert werden. Derartige Flottenmanagementsysteme auf der Grundlage einfacher GNSS-Ortung werden auf dem Markt von unterschiedlichen Herstellern angeboten. Die Deutsche Bahn (DB) hat einen großen Teil ihrer Güterwaggons mit Satellitenempfängern ausgerüstet, um eine europaweite Disposition aller Cargo-Transporte in Echtzeit durchführen zu können.

13.2.2 Auswertung der Phasenbeobachtungen (PPP-Verfahren)

Für die absolute Ortung nach dem PPP-Verfahren (s. Abschnitt 3.6.4) werden Zwei-Frequenzempfänger und eine spezielle Software benötigt. Die dabei erreichte Genauigkeit von 5 – 10 cm im Fall der kinematischen Ortung ist für die in der Landwirtschaft erforderliche „Spur-zu-Spur-Genauigkeit"[114] ausreichend. Entsprechende Dienste werden von verschiedenen Firmen kostenpflichtig angeboten (s. Anhang I).

13.3 Ortung im differenziellen Modus

Das Grundprinzip des differenziellen GNSS (DGNSS) wurde in Abschnitt 3.6.2.1 beschrieben. Das Grundprinzip von DGNSS wird in der Praxis unterschiedlich realisiert: Entweder es wird nur *eine Referenzstation* oder es werden *mehrere Referenzstationen* genutzt. Zur Unterscheidung wird in diesem Buch differenzielle Ortung mit einer Referenzstation als DGNSS, differenzielle Ortung mit Nutzung mehrerer Referenzstationen als Netz-DGNSS bezeichnet (s. dazu auch Abschnitt 3.6).

DGNSS-Techniken müssen angewendet werden, wenn Genauigkeiten besser als 5 m angestrebt werden. Liegt die Genauigkeitsanforderung im Dezimeter-/Zentimeterbereich werden die in Abschnitt 3.6. beschriebenen Techniken benötigt. Dazu wurden in Kapitel 12 (*Vermessung* mit Satelliten) Ausführungen gemacht.

---

[114] Spur-zu-Spur-Genauigkeit gibt den Genauigkeitskorridor neben einer Fahrspur an, der innerhalb von 15 Minuten nicht verlassen wird (DLG e. V. 2016).

13.3.1 DGNSS

Beim DGNSS werden auf *einer* Referenzstation nach den in Abschnitt 3.5 beschriebenen Methoden Korrekturdaten ermittelt und einer unbeschränkten Anzahl von Nutzern über Funk zur Verfügung gestellt. In der Praxis gibt es dabei heute nur noch das Verfahren der Entfernungskorrektur. Daher müssen die auf der Referenzstation eingesetzten Empfänger über die Fähigkeit verfügen, alle von der Referenzstation aus „sichtbaren" Satelliten zu beobachten. Um die Integrität des Systems zu erhöhen, gehören zu dem DGNSS-System meist mindestens ein weiterer DGNSS-Empfänger einschließlich eines Empfängers zum Empfang der Korrekturdaten (Monitorstation). Idealerweise befindet sich diese Monitorstation am Rand des Überdeckungsgebiets des DGNSS-Systems. Er muss mit der Referenzstation über eine geeignete Datenübertragungseinrichtung (z. B. eine Telefonstandleitung) verbunden sein. So können das Korrekturverfahren und das Funktionieren der Referenzstation ständig kontrolliert werden. Bei eventuellen Fehlern können Störmeldungen erzeugt werden. Je höher die Anforderungen an die Zuverlässigkeit und die Systemverfügbarkeit sind, desto mehr müssen die Systemkomponenten redundant vorgehalten werden und sich automatisch gegenseitig überwachen.

Die Reichweite eines DGNSS-Diensts hängt theoretisch in erster Linie von der Entfernung Referenzstation – Nutzer und der gewünschten Ortungsgenauigkeit ab. In der Praxis ergibt sich die Reichweite aber meist durch das zur Übertragung der Korrekturdaten verwendete Medium. Die Genauigkeit des DGNSS hängt in erster Linie von Hard- und Firmware des Mobilempfängers ab. Genauigkeiten im Meterbereich sind problemlos erreichbar. Es gibt jedoch Grenzen. Besonders bei der Landnavigation muss mit Abschattungsproblemen (Sichthindernisse) und Störungen durch Multipath-Effekte gerechnet werden – vor allem in Siedlungsräumen und Waldgebieten. Mit DGNSS allein ist unter diesen Umständen die Nutzeranforderung durch GNSS allein nicht immer gewährleistet. Die Stützung der GNSS-Ortung durch andere Sensoren kann notwendig werden.

Seit Ausschalten von SA und der immer besser werdenden Positionierungsgenauigkeit von 5 Metern und besser ist die Bedeutung von DGNSS-Diensten für die Praxis rückläufig. Nach Kenntnis des Autors wird es im deutschsprachigen Raum zukünftig keinen DGNSS-Dienst mehr geben.

13.3.2 Netz-DGNSS

DGNSS im Sinne einer Nutzung mit nur einer Referenzstation hat eine eingeschränkte Reichweite (abhängig von der Genauigkeitsforderung). Sofern DGNSS nach einheitlichem Standard über größere Gebiete genutzt werden soll, müssen mehrere Referenzstationen betrieben werden. Im einfachsten Fall nutzt dann der Nutzer die jeweils am nächsten gelegene Referenzstation. Effektiver werden mehrere Referenzstationen aber genutzt, wenn sie miteinander vernetzt sind. Der Nutzer muss sich dabei i. d. R. mit einer Näherungsposition in das Netz einwählen. Ihm werden dann auf unterschiedlichen Wegen – z. B. über Kommunikationssatelliten – Korrekturdaten zur Verfügung gestellt. In Deutschland stellt die Wasser- und Schifffahrtsverwaltung des Bundes (WSV) für den Küstenbereich und die Bundeswasserstraßen im Binnenland derzeit ihren bisherigen DGNSS-Dienst nach IALA-Spezifikation unter Verwendung virtueller Referenzstationen (VRS) auf einen Netz-DGNSS-Betrieb um (Hoppe & Bäckstedt 2014, Hoppe 2017). Eine Besonderheit ist dabei, dass Position und Anzahl der VRS festgelegt sind, der Nutzer muss sich also nicht mit seiner Position in das Netz einwählen. Er sucht sich lediglich die nächstgelegene VRS aus.

Anhang A: Der integrierte geodätische Raumbezug – das geodätische Referenzsystem für Deutschland

A.1 Einleitung

Traditionell muss bei geodätischen Referenzsystemen zwischen einem Referenzsystem für Lagevermessungen und einem Referenzsystem für Höhenvermessungen unterschieden werden (s. Abschnitt 1.4). Deutschland hat seit dem 1. Dezember 2016 diese klassische Zweiteilung überwunden und den *integrierten geodätischen Raumbezug* eingeführt. Die bisher getrennt bestimmten und getrennt betrachteten Höhen- und Lagefestpunktfelder werden im integrierten geodätischen Raumbezug durch *ein* Festpunktfeld ersetzt, dessen

a) ellipsoidische Lagekoordinaten und ellipsoidische Höhen,
b) physikalische Höhen,
c) Schwerewerte

durch epochengleiche Messungen bestimmt wurden. Ziel war, unter Verwendung verschiedener Messverfahren für jeden Punkt Deutschlands die Lage, Position, Höhe und Schwere in einem einheitlichen geodätischen System festlegen zu können.

Als Ergebnis der zwischen den Jahren 2006 und 2012 durchgeführten Messungen und den sich daran anschließenden Auswertungen (Feldmann-Westendorff u. a. 2016) liegt nunmehr für alle Bundesländer Deutschlands ein bundeseinheitliches Festpunktfeld vor. Es setzt sich aus folgenden vier Punktkategorien zusammen:

- den Geodätischen Grundnetzpunkten (GGP), die das Geodätische Grundnetz (GGN) bilden[115],
- den Höhenfestpunkten 1. Ordnung (HFP 1.O.), die das Deutsche Haupthöhennetz (DHHN) bilden,
- den Schwerefestpunkten 1. Ordnung (SFP 1.O.), die das Deutsche Hauptschwerenetz (DHSN) bilden,
- den Referenzstationspunkten (RSP)[116], die das Referenzstationsnetz (RSN) bilden.

Dieses Festpunktfeld stellt dar:

- den Raumbezug für ellipsoidische Koordinaten und Höhen mit der Bezeichnung ETRS89/DREF (Realisierung 2016),
- den Raumbezug für physikalische Höhen mit der Bezeichnung DHNN 2016,
- die Referenz für Schweremessungen mit der Bezeichnung DHSN2016.

ETRS89/DREF (Realisierung 2016), DHNN 2016 sowie das zugehörige Geoidmodell sollen in den kommenden Abschnitten ein wenig genauer erläutert werden.

---

[115] Geodätische Grundnetzpunkte verankern den Raumbezug auf der Erdoberfläche. Auf ihnen werden Lage- und Höhenkoordinaten sowie Schwerewerte mit höchster Präzision bestimmt.

[116] Dort befinden sich GNSS-Referenzstationen.

A.2 Raumbezug für ellipsoidische Koordinaten und Höhen: ETRS89/DREF91 (Realisierung 2016)

Um ein europaweit einheitliches, d. h. allen europäischen Staaten gemeinsames Bezugssystem für jede Art von geographischen und navigatorischen Informationssystemen, einzuführen, hat die AdV[117] schon im Mai 1991 die Einführung des neuen geodätischen Referenzsystems

European Terrestrial Reference System 1989 (ETRS89)

für die Bereiche Landesvermessung und Liegenschaftskataster beschlossen. ETRS89 ist die Definition eines geozentrischen Referenzsystems, dessen erste Realisierung ist das ETRF89 (*DVW-Merkblatt 5-2012*).

Die Einführung dieses Referenzsystems hat folgenden Hintergrund: Mit dem US-amerikanischen Navigationssatellitensystem GPS stand erstmals ein System zur Verfügung, mit dem es mit verhältnismäßig einfachem Aufwand möglich ist, ein für einen ganzen Kontinent gültiges einheitliches geodätisches Bezugssystem mit hoher Genauigkeit zu realisieren. Außerdem ist GPS auch bei kleinräumigen Messungen ein hochgenaues und gleichzeitig wirtschaftliches Vermessungsverfahren. GPS-Messungen liefern geodätische Genauigkeiten (dm und besser) aber nur als *relative Genauigkeiten*, d. h. geodätische GPS-Messungen mit hoher Genauigkeit sind auf Referenzpunkte angewiesen. Deren Koordinaten müssen im Referenznetz des GPS vorliegen. Das Referenznetz für GPS ist durch die Koordinaten der weltweit verteilten Stationen des Kontrollsegments gegeben (s. Abb. 5.8). Die Genauigkeit dieser Koordinaten lag bis zum Jahr 1994 in der für die Satellitenortung ausreichenden Größenordnung „Meter". Diese Genauigkeit ist jedoch unzureichend für geodätische Zwecke. Man benötigt also einerseits für GPS-Messungen Referenzpunkte mit Koordinaten im WGS84-System, andererseits sind WGS84-Koordinaten zu ungenau für ein geodätisches Referenznetz. Aus diesem Dilemma gibt es einen Ausweg.

Seit 1988 werden durch die Raumtechniken Satellite Laser Ranging (SLR) und Very Long Baseline Interferometry (VLBI) im Rahmen der Messungen des *International Earth Rotation Service (IERS)* Koordinaten von weltweit über hundert Stationen im *IERS Terrestrial Reference Frame (ITRF)* bestimmt.

Mithilfe der über hundert weltweit verteilten Stationen des IERS werden Erkenntnisse über das Verhalten der tektonischen Platten der Erde und der Erdrotation gesammelt. Mit dem ITRF steht eine weitere Realisierung des geozentrischen Referenzsystems zur Verfügung, jedoch mit einer erheblich größeren Genauigkeit als bei der des Referenznetzes des GPS: Die Koordinatengenauigkeit des ITRF liegt derzeit (2017) in der Größenordnung „Subzentimeter", 1991 lag sie noch in der Größenordnung „Dezimeter". Die hier wichtige Besonderheit des ITRF war damals, aber auch noch heute, dass ITRF und das Referenznetz für GPS (WGS84-Koordinatensystem) im Rahmen ihrer jeweiligen Genauigkeiten übereinstimmen (s. Abb. A.1). Damit konnte das ITRF an die Stelle des WGS84-Koordinatensystems treten.

Wegen der Bewegungen der Erdkrustenplatten ändern sich die ITRF-Koordinaten aber ständig. Daher werden die jährlich berechneten ITRF-Koordinatensätze mit Jahreskennungen versehen.

---

[117] AdV: Arbeitsgemeinschaft der Vermessungsverwaltungen der Länder. Die AdV formuliert Empfehlungen für die Durchführung der im Zuständigkeitsbereich der Bundesländer liegenden Vermessungsaufgaben.

Um ein für Europa zeitlich invariantes Referenzsystem zu erhalten, wurden die auf der eurasischen Platte liegenden Punkte des ITRF – ergänzt durch weitere mobile VLBI-Stationen – als **European Terrestrial Reference System** *1989 (ETRS89)* definiert und als **European Terrestrial Reference Frame** *1989 (ETRF89)* bestimmt. Schätzungen gehen davon aus, dass die dreidimensionalen ETRF89-Koordinaten etwa um ±5 cm genau waren. Damit lag für Europa ein hochgenaues dreidimensionales Referenznetz vor.

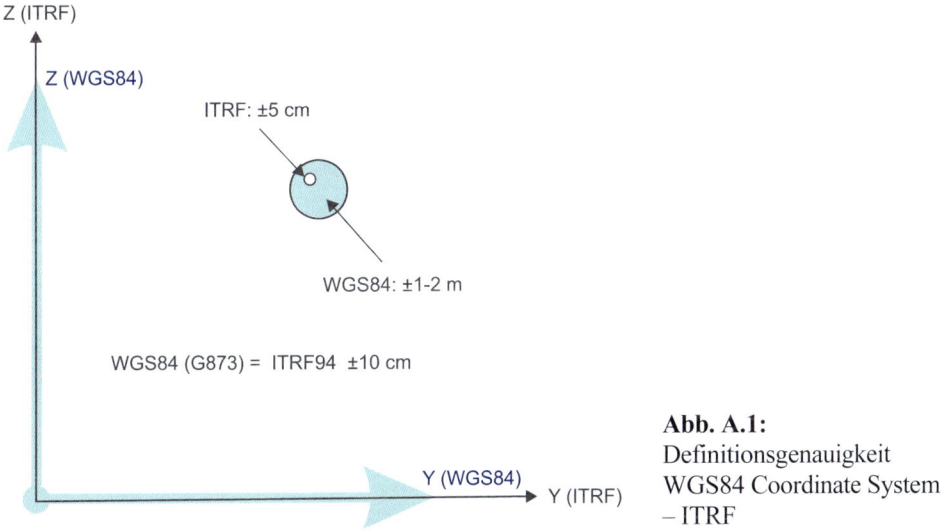

Abb. A.1:
Definitionsgenauigkeit
WGS84 Coordinate System
– ITRF

Ausgehend von den ETRF-Stationen wurden 1989 im Rahmen einer EUREF-Messkampagne weitere Stationen durch GPS-Messungen in ETRF89 eingebunden.

Im Rahmen nationaler Messkampagnen wurde das EUREF-Netz mehrmals weiter verdichtet. Seit einigen Jahren wird ETRS89 durch die Koordinaten des EUREF Permanent Network (EPN) realisiert. Eine in Deutschland im Jahr 1991 durchgeführte GPS-Kampagne wird als DREF91 bezeichnet, das Ergebnis war das DREF91-Netz.

In einer für Deutschland im Jahr 2008 durchgeführten GNSS-Kampagne wurden über 250 Punkte beobachtet, die unmittelbar mit Höhenfestpunkten, Schwerefestpunkten und Referenzstationspunkten verbunden sind. Es entstand das Netz der Geodätischen Grundnetzpunkte (GGP-Netz), dieses führte zu „ETRS89/DREF91 – Realisierung 2016".

Die Bezeichnung *ETRS89/DREF91 – Realisierung 2016* geht darauf zurück, dass die theoretischen Grundlagen auf ETRS89 (*System* 89!) basieren, dass Punkte des DREF91-Netzes zur Lagerung[118] des Netzes benutzt wurden und dass die Realisierung (Datenauswertung) im Jahr 2016 abgeschlossen wurde (Einzelheiten bei Feldmann-Westendorff u. a. 2016).

---

[118] Zum Problem der Lagerung eines GNSS-Netzes s. „Lagerung einer GNSS-Messung" in Abschnitt 12.2.6.3.

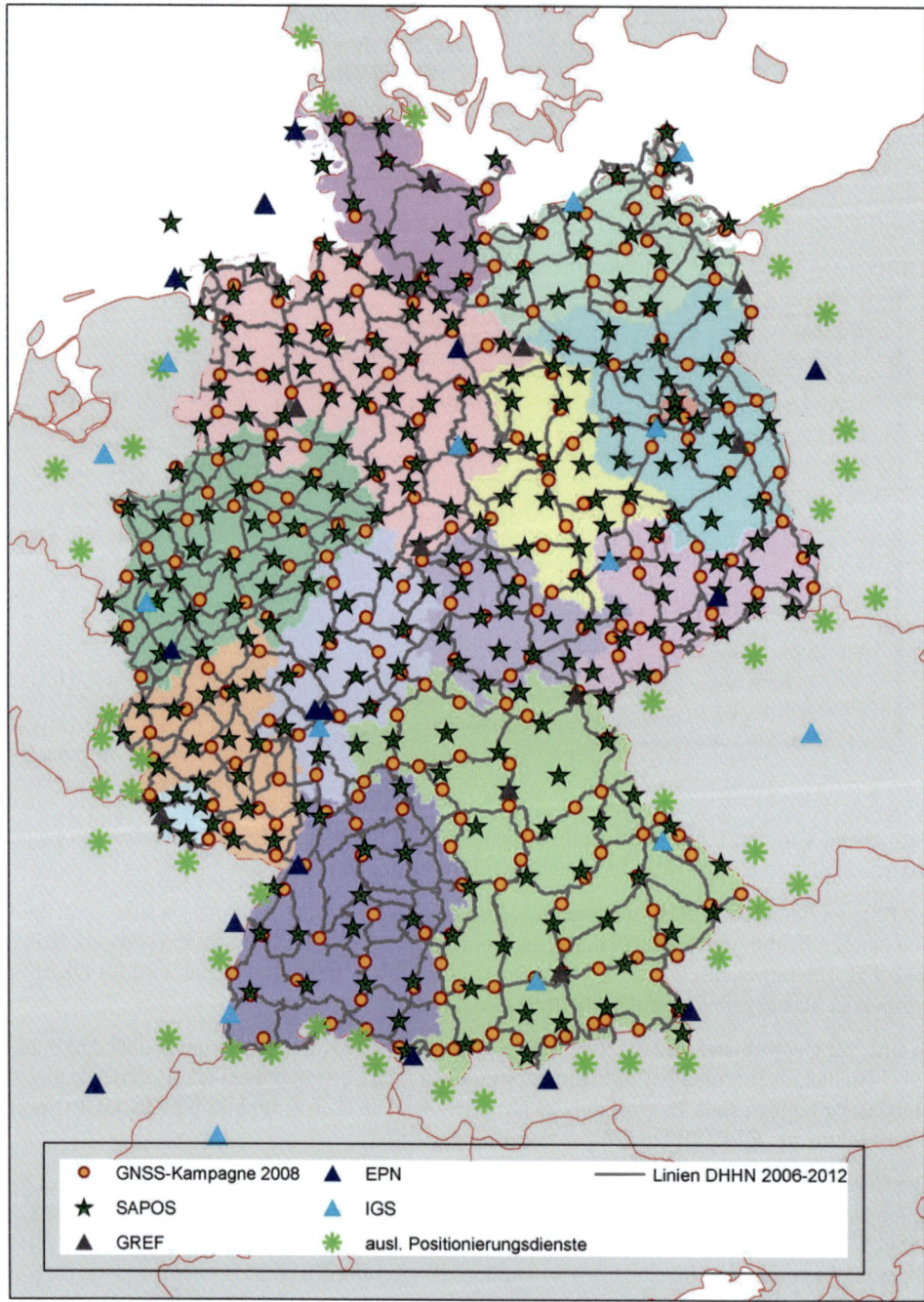

Abb. A.2: Das Netz der geodätischen Grundnetzpunkte (GGP-Netz) (Quelle: Arbeitsgemeinschaft der Vermessungsverwaltungen der Länder der Bundesrepublik Deutschland (AdV) 2017)

Abb. A.2 zeigt u. a. die im Rahmen dieser Kampagne beobachteten Grundnetzpunkte. Mit in das Netz eingebunden waren Punkte des integrierten Geodätischen Referenznetzes (GREF) der Bundesanstalt für Geodäsie und Kartographie – einer Bundesbehörde –, Punkte des EU-REF Permanent Network (EPN), Punkte des International GNSS Service (IGS) und Punkte ausländischer Positionierungsdienste. Für die Berechnung geographischer Koordinaten und (ellipsoidischer) Höhen im ETRS89 werden die Dimensionen des von der International Union of Geodesy and Geophysics definierten Geodetic Reference System 1980 (GRS80) verwendet. Die innere Genauigkeit der ETRS89/DREF91-Koordinaten (Realisierung 2016) liegt für Nord- und Ostkomponente im Bereich besser als 1 mm, für die ellipsoidischen Höhen im Bereich besser als 2 mm.

A.3   Raumbezug für physikalische Höhen: Deutsches Haupt-höhennetz 2016 (DHHN2016)

Höhenfestpunkte realisieren und sichern die vertikale Komponente des Landesbezugssystems. Das amtliche, bundesweit einheitliche Höhenbezugssystem Deutschlands ist durch die Normalhöhen der Höhenfestpunkte 1. Ordnung des Deutschen Haupthöhennetzes 2016 (DHHN2016) realisiert. Dieser Bezugsrahmen ist über identische Punkte mit dem europäischen Höhenreferenzrahmen EVRF2007 (European Vertical Reference Frame 2007) verknüpft. DHNN 2016 beruht auf der Auswertung eines von 2006 – 2012 durchgeführten Wiederholungsnivellements. Datumspunkte für das DHHN2016 sind 72 ausgewählte Höhenfestpunkte 1. Ordnung des Vorgänger-Höhenbezugsystems – dem DHHN92 – auf deren Höhen das DHHN2016 zwangsfrei vermittelnd gelagert wurde.

Ausgleichung und Berechnung des Netzes wurden nach zwei unterschiedlichen Konzepten durchgeführt. Zum einen wurden Höhenunterschiede mit Normalhöhenkorrekturen ausgeglichen, zum anderen wurden Geopotenzialunterschiede ausgeglichen und anschließend aus den geopotenziellen Koten die Normalhöhen berechnet. Die so berechneten Normalhöhen sind von den Bundesländern bis spätestens 30. Juni 2017 als amtliche Höhen mit der Bezeichnung „Höhen über Normalnull (NHN) im DHHN2016" einzuführen.

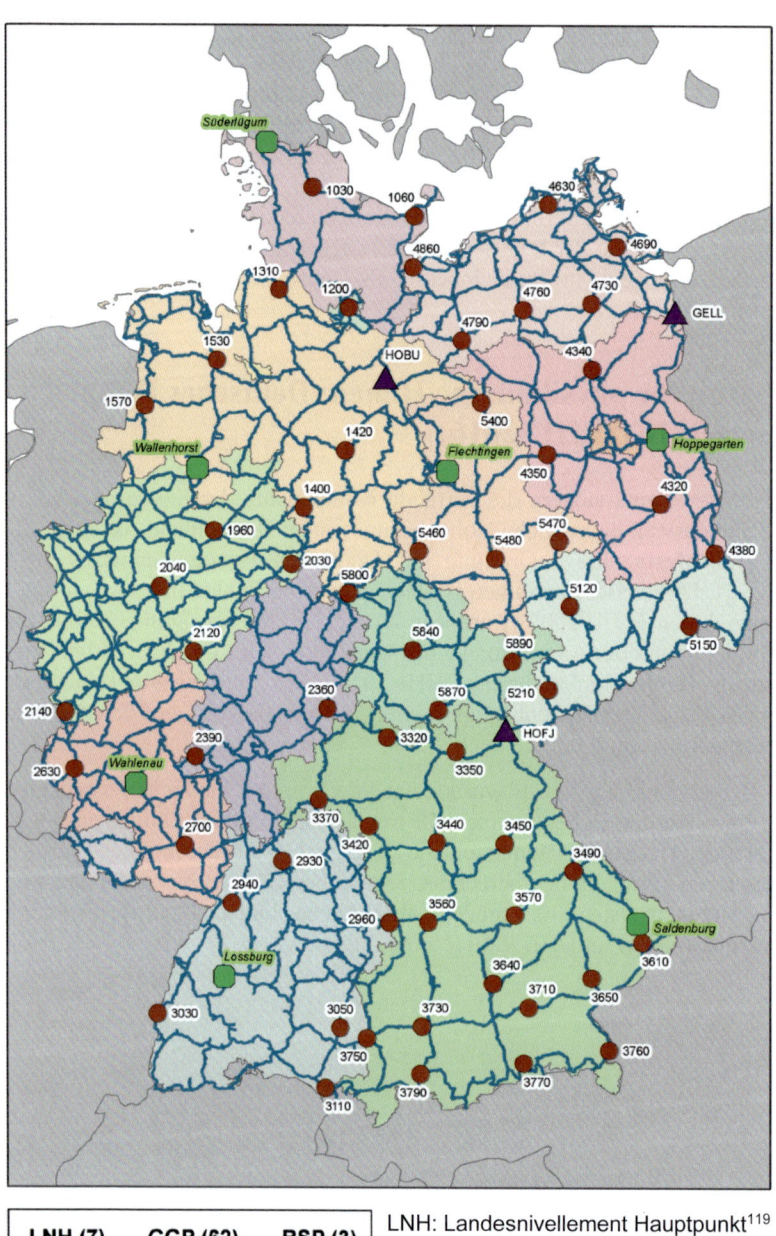

Abb. A.3: Deutsches Haupthöhennetz 2016 (DHHN2016) mit 72 Datumspunkten (Quelle: Arbeitsgemeinschaft der Vermessungsverwaltungen der Länder der Bundesrepublik Deutschland (AdV) 2017)

---

[119] Ein LNH ist eine Gruppe von Höhenfestpunkten, die als unterirdische Festlegung vermarkt sind.

A.4 Das Quasigeoid GCG2016 der Bundesrepublik Deutschland, Bindeglied zwischen ellipsoidischen und physikalischen Höhen

Sofern bei GNSS-Messungen neben den ellipsoidischen Höhen auch physikalische Höhen bestimmt werden sollen, wird ein wie auch immer geartetes Geoidmodell benötigt. Es ermöglicht die Transformation zwischen durch GNSS bestimmten ellipsoidischen Höhen und nivellitisch bestimmten physikalischen Höhen. Für die Bundesrepublik wurde ein entsprechendes Modell, das **GCG2016** (**G**erman **C**ombined Quasi**G**eoid **2016**), im Zuge der Erstellung des integrierten geodätischen Raumbezugs erstellt. Datengrundlage für die Berechnungen waren

- Höhenanomalien aus GNSS-Messungen und Nivellements (Abstand ~ 30 km),
- Globale Schwerefeldmodelle (räumliche Auflösung ~ 100 km),
- Gravimetrische Daten (Abstand ~ 2 … 4 km),
- Digitale Geländemodelle (räumliche Auflösung 25 m).

Das Ergebnis umfangreicher Berechnungen (BKG 2016) ist ein Quasigeoid, das im Süden Deutschlands Geoidhöhen von ca. 50 Meter, im Norden Deutschlands von ca. 40 Meter aufweist (s. Abb. A.4). Seine Genauigkeit wird wie folgt abgeschätzt:

- im Landbereich 1 cm,
- in den Hochgebirgen 2 cm,
- im Meeresbereich 5 cm.

Mit GNSS können durch entsprechende Beobachtungsverfahren Höhengenauigkeiten im Millimeterbereich erreicht werden. Somit sind die Zahlen für die Geoidhöhengenauigkeit gleichzeitig die Genauigkeitsgrenzen für die mit GNSS mögliche Bestimmung physikalischer Höhen.

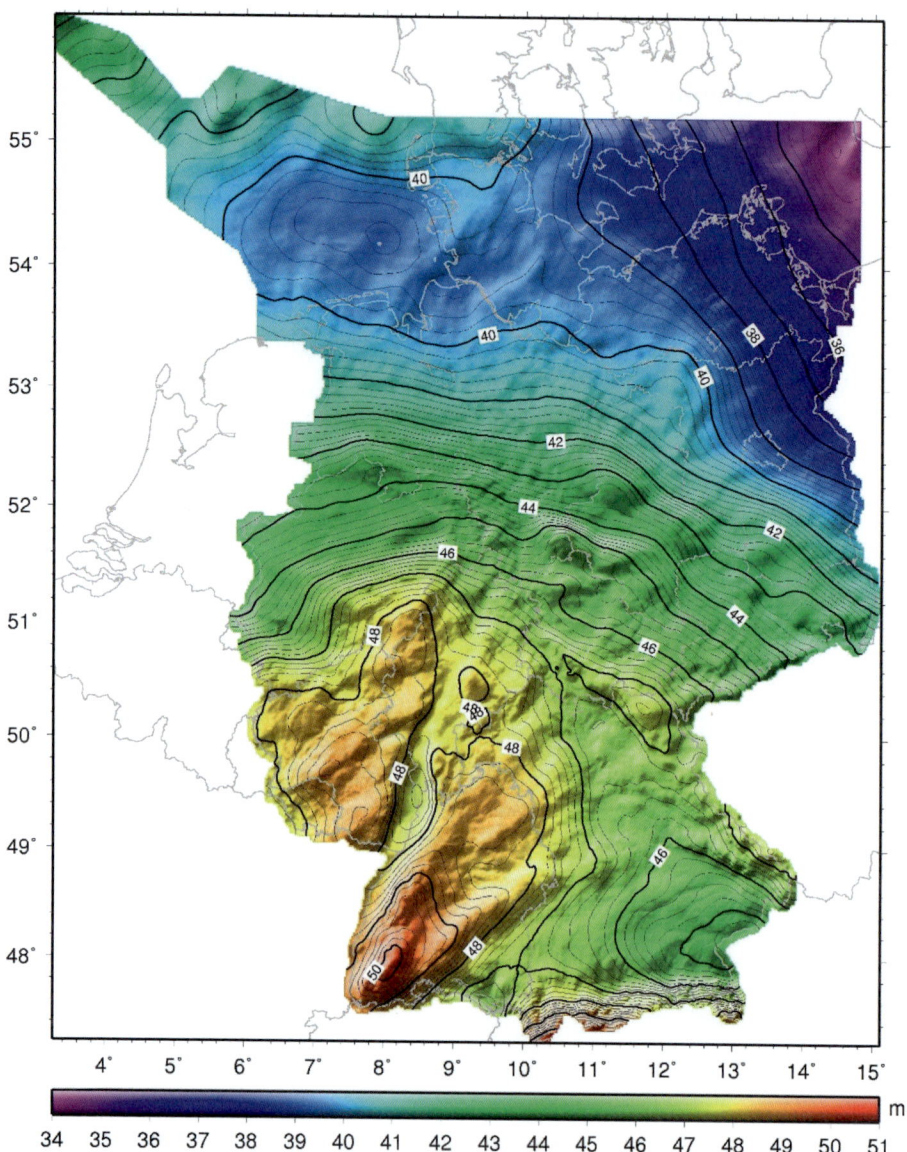

Abb. A.4: Quasigeoid GCG2016 der Bundesrepublik Deutschland (Quelle: Bundesamt für Kartographie und Geodäsie (BKG) 2017)

Anhang B: Finite-Element-Darstellung der Höhenbezugsfläche

Wenn durch bivariate Polynome eine Höhenbezugsfläche modelliert (Abschnitt 2.4.3.2) wird, ist dies immer nur für Gebiete mit begrenzter Ausdehnung möglich. Wie groß dieses Gebiet im Einzelfall sein kann, hängt von den jeweiligen Umständen ab. In Gebieten mit ausgeprägten Massenunregelmäßigkeiten – z. B. Gebirgsgegenden – wird die Flächengröße tendenziell kleiner sein als in Gegenden mit gleichmäßiger Massenverteilung. Wenn man eine Höhenbezugsfläche für größere Gebiete schaffen will, ist es zweckmäßig, das zu modellierende Gebiet in Teilgebiete zu unterteilen (s. Abb. B.1). Dann steht man vor dem Problem, dass sich an den Rändern der Teilgebiete unterschiedliche Höhenbezugsflächen – und damit unterschiedliche Höhen – ergeben.

Das Problem lässt sich durch eine Finite-Element-Darstellung der Höhenbezugsfläche lösen. Zur Erläuterung betrachten wir die Gleichung 2.25 aus Abschnitt 2.4.3.2 als das einfachste Modell zur Anwendung dieses Verfahrens.

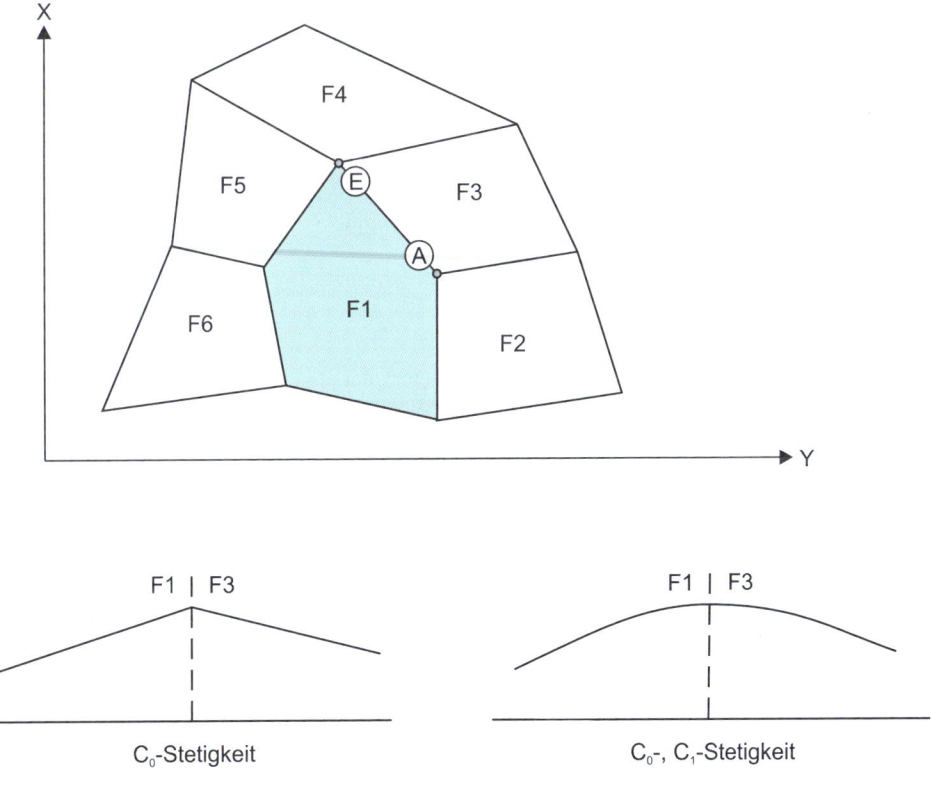

Abb. B.1: Finite-Element-Darstellung von Flächen – Stetigkeitsbedingungen

Für zwei benachbarte Flächen F_m, F_n ergibt sich folgende Darstellung:

$$N_m(y,x) = a_{00,m} + (a_{10,m} \cdot y + a_{01,m} \cdot x) + (a_{20,m} \cdot y^2 + a_{11,m} \cdot y \cdot x + a_{02,m} \cdot x^2),$$ (B.1)

$$N_n(y,x) = a_{00,n} + (a_{10,n} \cdot y + a_{01,n} \cdot x) + (a_{20,n} \cdot y^2 + a_{11,n} \cdot y \cdot x + a_{02,n} \cdot x^2).$$ (B.2)

Unterschiedliche Höhen an den Gebietsgrenzen treten nicht auf, wenn die Differenz der Geoidhöhen N_n, N_m an den Gebietsgrenzen gleich null ist. Wir betrachten zunächst einmal die Geoidhöhendifferenz der benachbarten Flächen. Dazu werden die Gleichungen B.1 und B.2 voneinander abgezogen.

Wir erhalten:

$$\Delta N_{m,n} = N_m - N_n$$
$$= a_{00,m} + (a_{10,m}y + a_{01,m}x) + (a_{20,m}y^2 + a_{11,m}y \cdot x + a_{02,m}x^2) -$$ (B.3)
$$a_{00,n} + (a_{10,n}y + a_{01,n}x) + (a_{20,n}y^2 + a_{11,n}y \cdot x + a_{02,n}x^2).$$

Aus Gründen der Vereinfachung vereinbaren wir die Abkürzungen:

$$da_{ij} = a_{ij,n} - a_{ij,m}.$$

Dann wird aus Gleichung B.3

$$\Delta N_{m,n} = N_m - N_n$$
$$= da_{00} + (da_{10}y + da_{01}x) + (da_{20}y^2 + da_{11}y \cdot x + da_{02}x^2).$$ (B.4)

Wir vereinbaren, dass die Gebietsgrenzen Geraden sein sollen. Unterschiedliche Höhen an den Gebietsgrenzen treten dann nicht auf, wenn Gleichung B.4 für die Koordinaten, die auf der Verbindungsgeraden zwischen dem Anfangs- und Endpunkt der Gebietsgrenze liegen, gleich null werden – also für alle $(Y,X) \in \overline{AE}$.

Die Geradengleichung zwischen A und E ist gegeben durch

$$\begin{aligned} y(t) &= y_A + t \cdot (y_E - y_A) \\ x(t) &= x_A + t \cdot (x_E - x_A) \end{aligned} \quad \text{für } 0 \leq t \leq 1.$$ (B.5)

In Gleichung B.5 ist t ein freier Zahlenwert (Parameter), der jeweils einen Punkt auf der Gebietsgrenze beschreibt. Punkt A beinhaltet $t = 0$, E den Wert $t = 1$.

Wir setzen Gleichung B.5 in Gleichung B.4 ein und erhalten:

$$\Delta N_{m,n} = N_m - N_n$$
$$= da_{00} + da_{10}\left[y_A + t \cdot (y_E - Y_A)\right] + da_{01}\left[x_A + t \cdot (x_E - x_A)\right] +$$
$$da_{20}\left[y_A + t \cdot (y_E - y_A)\right]^2 +$$ (B.6)
$$da_{11}\left[y_A + t \cdot (y_E - y_A)\right] \cdot \left[x_A + t \cdot (x_E - x_A)\right] + da_{02}\left[x_A + t \cdot (x_E - x_A)\right]^2.$$

Auch hier vereinfachen wir Gleichung B.4 durch die Vereinbarung $dy = y_A - y_E$, $dx = x_A - x_E$.

Dann wird aus Gleichung B.6

$$\Delta N_{m,n} = N_m - N_n$$

$$= da_{00} + da_{10}\left[y_A + t \cdot dy\right] + da_{01}\left[x_A + t \cdot dx\right] + da_{20}\left[y_A + t \cdot dy\right]^2 + \quad \text{(B.7)}$$

$$da_{11}\left[y_A + t \cdot dy\right] \cdot \left[x_A + t \cdot dx\right] + da_{02}\left[x_A + t \cdot dx\right]^2.$$

Wir multiplizieren Gleichung B.7 aus und ordnen nach steigenden Potenzen von t. Damit ergibt sich:

$$\Delta N_{m,n} = \left[da_{00} + da_{10}y_A + da_{01}x_A + da_{20}y_A^2 + da_{11}y_A \cdot x_A + da_{02}x_A^2\right] +$$

$$t \cdot \left[\begin{array}{l} da_{10}dy + da_{01}dx + 2da_{20} \cdot dy_A + \\ da_{11}\left(y_A \cdot dx + x_A \cdot dy\right) + 2 \cdot da_{02}x_A \cdot dx \end{array}\right] + \quad \text{(B.8)}$$

$$t^2 \cdot \left[da_{20} \cdot dy^2 + da_{11} \cdot dy \cdot dx + d_{02} \cdot dx^2\right].$$

Gleichung B.6 beschreibt die Differenz der Geoidhöhen auf der Gebietsgrenze. Die Differenzen $\Delta N_{m,n}$ werden für alle Punkte auf der Gebietsgrenze null, wenn die in den eckigen Klammern von Gleichung B.8 stehenden Ausdrücke alle den Wert null annehmen. Es muss also gelten:

$$\left[da_{00} + da_{10}y_A + da_{01}x_A + da_{20}y_A^2 + da_{11}y_A \cdot x_A + da_{02}x_A^2\right] = 0, \quad \text{(B.9)}$$

$$\left[da_{10}dy + da_{01}dx + 2da_{20} \cdot dy_A + da_{11}\left(y_A \cdot dx + x_A \cdot dy\right) + 2 \cdot da_{02}x_A \cdot dx\right] = 0, \quad \text{(B.10)}$$

$$\left[da_{20} \cdot dy^2 + da_{11} \cdot dy \cdot dx + d_{02} \cdot dx^2\right] = 0. \quad \text{(B.11)}$$

Es ergeben sich also für jede Gebietsgrenze drei Bedingungsgleichungen für die Koeffizienten benachbarter Felder. Diese Bedingungen müssen bei der Bestimmung – Ausgleichung – der Koeffizienten eingehalten werden. Die so erreichte Stetigkeit der Funktionswerte wird als C_0-Stetigkeit bezeichnet.

Bei Vorliegen der C_0-Stetigkeit muss an den Gebietsgrenzen von Knicken ausgegangen werden. Durch die Forderung nach einer gemeinsamen Tangentialebene für den Rand benachbarter Flächen wird dies vermieden. Für diese C_1-Stetigkeit ergeben sich weitere Bedingungsgleichungen. C_2-Stetigkeit ist gegeben, wenn es zusätzlich keine Unstetigkeiten bezüglich der Krümmungsradien auf den Raumkurven der Gebietsgrenzen gibt. Auch hier ergeben sich weitere Bedingungsgleichungen.

Werden bei der Berechnung der Koeffizienten der bivariaten Polynome die entsprechenden Stetigkeitsbedingungen eingehalten, kann für beliebig große Gebiete eine einheitliche Höhenbezugsfläche ohne Unstetigkeiten berechnet werden. Sofern man über eine genügende Anzahl identischer Punkte verfügt, ist dies mithilfe der Ausgleichungsrechnung lösbar. Zu prüfen ist dann natürlich auch, wie genau die so berechnete Höhenbezugsfläche ist. Neben anspruchsvollen statistischen Prüfverfahren bietet es sich z. B. an, Berechnungen unter Ausschluss je eines identischen Punkts durchzuführen und diesen Punkt mit seiner als gemessen angesehenen ellipsoidischen Höhe in die als unbekannt angesehene Gebrauchshöhe zu überführen. Wenn man dieses für jeden der identischen Punkte durchführt, erhält man eine durchgreifende Kontrolle bezüglich der berechneten Höhenbezugsfläche.

Anhang C: Datumstransformation von Geoidmodellen

Im Gegensatz zu der in Abschnitt 1.4.4 gegebenen Gleichung 1.20 zur Datumstransformation erweist sich hier ein Formelansatz als nützlich, bei dem eine direkte Umrechnung der ellipsoidischen Länge, Breite und Höhe von einem geodätischen Datum in das andere erfolgt (Heck 1995, Jäger 1998). Für die Höhenumrechnung gilt:

$$
\begin{aligned}
h_L = h_{GNSS} &+ \Delta h_{GNSS}(\Delta X_L, \Delta Y_L, \Delta Z_L, \Omega_{XL}, \Omega_{YL}, \Delta a_L, \Delta f_L, \Delta m_L) \\
= h_{GNSS} &+ \left[\cos(\lambda_{GNSS}) \cdot \sin(\varphi_{GNSS})\right] \cdot \Delta X_L + \left[\cos(\varphi_{GNNS}) \cdot \sin(\lambda_{GNSS})\right] \cdot \Delta Y_L + \\
&\left[\sin(\varphi_{GNSS})\right] \cdot \Delta Z_L + \\
&\left[e^2 \cdot N \cdot \sin(\varphi_{GNSS}) \cdot \cos(\varphi_{GNSS}) \cdot \sin(\lambda_{GNSS})\right] \cdot \Omega_{XL} + \\
&\left[-e^2 \cdot N \cdot \sin(\varphi_{GNSS}) \cdot \cos(\varphi_{GNSS}) \cdot \cos(\lambda_{GNSS})\right] \cdot \Omega_{YL} + \\
&\left[h_{GNSS} + W^2 \cdot N\right] \cdot \Delta m_L + \left[\frac{-N \cdot W^2}{a}\right]_{GNSS} \cdot \Delta a_L + \left[\frac{W^2 \cdot M \cdot \sin^2(\varphi_{GNSS})}{1-f}\right]_{GNSS} \cdot \Delta f_L .
\end{aligned}
\tag{C.1}
$$

In Gleichung C.1 bezeichnet der Index L das *Zieldatum* („Landesdatum"), der Index *GNSS* das *Quelldatum* „GNSS-Datum" der ellipsoidischen Höhen. Die Translationsparameter werden wie üblich (s. Gleichung 1.20) mit ΔX_L, ΔY_L, ΔZ_L bezeichnet, die Rotationsparameter mit Ω_{XL}, Ω_{YL}. Δm_L ist der Maßstabsunterschied zwischen den Systemen, Δa_L die Differenz zwischen der großen Halbachse des GNSS-Ellipsoids und des lokalen Ellipsoids, Δf_L die Differenz von den Abplattungen des GNSS-Ellipsoids und denen des lokalen Ellipsoids. Mit N und W werden die aus der Landesvermessung bekannten breitenabhängigen Größen des Quer- bzw. Meridiankrümmungshalbmessers bezeichnet.

Zur Vereinfachung schreiben wir Gleichung C.1 wie folgt:

$$
\begin{aligned}
h_L = h_{GNSS} &+ \Delta h_{GNSS}(d) = h_{GNSS} + \Delta h_{GNSS}(\Delta X_L, \Delta Y_L, \Delta Z_L, \Omega_{XL}, \Omega_{YL}, \Delta a_L, \Delta f_L, \Delta m_L) \\
= h_{GNSS} &+ a_{1GNSS} \cdot \Delta X_L + a_{2GNSS} \cdot \Delta Y_L + a_{3GNSS} \cdot \Delta Z_L + \\
&a_{4GNSS} \cdot \Omega_{XL} + a_{5GNSS} \cdot \Omega_{YL} + a_{6GNSS} \cdot \Delta m_L + a_{7GNSS} \cdot \Delta a_L + a_8 \cdot \Delta f_L .
\end{aligned}
\tag{C.2}
$$

Aus Gleichung C.1 ist erkennbar, dass die Koeffizienten $a_{1GNSS} - a_{5GNSS}$ aus Gleichung C.2 abhängig von den Ortskoordinaten λ_{GNSS}, φ_{GNSS} – im GNSS-Datum – sind, der Koeffizient a_{6GNSS} zusätzlich von der ellipsoidischen Höhe h_{GNSS}, die Koeffizienten a_{7GNSS}, a_{8GNSS} von den Ortskoordinaten und den Ellipsoidparametern (GNSS-Ellipsoid). Δa, Δf sind bekannte Größen. Es gibt also sechs zu bestimmende Transformationsparameter.

Die Geoidhöhen N_G eines Geoidmodells sind ellipsoidische Höhen über dem zu dem Geoidmodell gehörigem Referenzellipsoid. Die Gleichung C.1 kann also auch zur Transformation der Geoidhöhen in ein anderes geodätisches Datum genutzt werden, so auch für eine in das Datum der Landesvermessung. Es ergibt sich:

$$N_L(\lambda_L, \varphi_L) = N_G(\lambda_G, \varphi_G) + \Delta N_G(\Delta X_G, \Delta Y_G, \Delta Z_G, \Omega_{XG}, \Omega_{YG}, \Delta a_G, \Delta f_G, \Delta m_G)$$

$$= N_G(\lambda_G, \varphi_G) + \left[\cos(\lambda_G) \cdot \sin(\varphi_G)\right] \cdot \Delta X_G + \left[\cos(\varphi_G) \cdot \sin(\lambda_G)\right] \cdot \Delta Y_G + \left[\sin(\varphi_G)\right] \cdot \Delta Z_G +$$

$$\left[e^2 \cdot N \cdot \sin(\varphi_G) \cdot \cos(\varphi_G) \cdot \sin(\lambda_S)\right] \cdot \Omega_{XG} + \left[-e^2 \cdot N \cdot \sin(\varphi_G) \cdot \cos(\varphi_G) \cdot \cos(\lambda_G)\right] \cdot \Omega_{YG} +$$

$$\left[N_G(\lambda_G, \varphi_G) + W^2 \cdot N\right] \cdot \Delta m_G + \left[\frac{-N \cdot W^2}{a}\right]_G \cdot \Delta a_G + \left[\frac{W^2 \cdot M \cdot \sin^2(\varphi_G)}{1-f}\right]_G \cdot \Delta f_G. \qquad \text{(C.3)}$$

In Analogie zur Gleichung C.1 gelten folgende Vereinbarungen in Gleichung C.3: Der Index L steht für das „Landesdatum", der Index G für das „Geoiddatum".

In vereinfachter Schreibweise lautet C.3:

$$N_L(\lambda_L, \varphi_L) = N_G(\lambda_G, \varphi_G) + \Delta N_G(d)$$

$$= N_G(\lambda_G, \varphi_G) + \Delta N_G(\Delta X_G, \Delta Y_G, \Delta Z_G, \Omega_{XG}, \Omega_{YG}, \Omega_z, \Delta a_G, \Delta f_G, \Delta m_G)$$

$$= N_G(\lambda_G, \varphi_G) + a_{1G} \cdot \Delta X_G + a_{2G} \cdot \Delta Y_G + a_{3G} \cdot \Delta Z_G +$$

$$a_{4G} \cdot \Omega_{XG} + a_{5G} \cdot \Omega_{YG} + a_{6G} \cdot \Delta m_G + a_{7G} \cdot \Delta a_G + a_{8G} \cdot \Delta f_G. \qquad \text{(C.4)}$$

Auch hier ist zu erkennen, dass die Koeffizienten $a_{1G} - a_{5G}$ aus Gleichung C.4 abhängig von den Ortskoordinaten λ_G, φ_G – im Geoiddatum – sind, der Koeffizient a_{6G} zusätzlich von der Höhenanomalie N_G, die Koeffizienten a_{7G}, a_{8G} von den Ortskoordinaten und den Ellipsoidparametern. Auch hier sind Δa und Δf bekannt, sodass zur Durchführung dieser Transformation sechs Transformationsparameter zu bestimmen sind.

Mit den Gleichungen C.1 und C.2 bzw. C.2 und C.3 sind wir in der Lage, eine Umrechnung der ellipsoidischen GNSS-Höhen in die Gebrauchshöhe der Landesvermessung unter Verwendung eines Geoidmodells durchzuführen.

Generell gilt $H_L = h_L - NG_L$ (s. Gleichung 2.17).

Zur Durchführung dieser Berechnung stehen folgende Ausgangsdaten zur Verfügung:

- ellipsoidische GNSS-Höhen h_{GNSS},
- Geoidhöhen eines Geoidmodells N_G.

Um aus diesen Daten die Gebrauchshöhen zu berechnen, schreiben wir die ellipsoidische GNSS-Höhen unter Verwendung der Gleichung C.1 als ellipsoidische Höhen der Landesvermessung. Von den so dargestellten ellipsoidischen Höhen der Landesvermessung werden die mithilfe von Gleichung C.2 im Datum der Landesvermessung dargestellten Geoidhöhen abgezogen.

Somit ergibt sich

$$H_L = h_L - NG_L$$

$$= \begin{pmatrix} h_{GPS} + a_{1GNSS} \cdot \Delta X_L + a_{2GNSS} \cdot \Delta Y_L + a_{3GNSS} \cdot \Delta Z_L + \\ a_{4GNSS} \cdot \Omega_{XL} + a_{5GNSS} \cdot \Omega_{YL} + a_{6GNSS} \cdot \Delta m_L + a_{7GNSS} \cdot \Delta a_L + a_8 \cdot \Delta f_L \end{pmatrix} -$$

$$\begin{pmatrix} N_G(\lambda_G, \varphi_G) + a_{1G} \cdot \Delta X_G + a_{2G} \cdot \Delta Y_G + a_{3G} \cdot \Delta Z_G + \\ a_{4G} \cdot \Omega_{XG} + a_{5G} \cdot \Omega_{YG} + a_{6G} \cdot \Delta m_G + a_{7G} \cdot \Delta a_G + a_{8G} \cdot \Delta f_G \end{pmatrix}. \qquad \text{(C.5)}$$

461

Das für Europa genaueste Geoidmodell EGG97 hat eine Auflösung von 2 km. Fehler in den Ortskoordinaten von mehreren 100 m führen also zu keiner signifikanten Verfälschung der Geoidhöhe dieses Modells. Da das EGG97-Geoidmodell das GRS80-Ellipsoid in ITRF-Lagerung verwendet, können als Eingangsparameter für das Geoidmodell ohne Genauigkeitsverlust GNSS-Koordinaten verwendet werden. Daher sind die Koeffizienten $a_1 - a_5$ und $a_7 - a_8$ in beiden Teilen der Gleichung C.3 gleich. Die Translations- und Rotationsparameter können also zusammengefasst werden. Damit wird aus Gleichung C.5

$$
\begin{aligned}
H_L &= h_L - NG_L \\
&= h_{GNSS} + a_1 \cdot d\Delta X + a_2 \cdot d\Delta Y + a_3 \cdot d\Delta Z + a_4 \cdot d\Omega_X + a_5 \cdot d\Omega_Y + \\
&\quad a_{6GNSS} \cdot \Delta m_L + a_7 \cdot d\Delta a + a_8 \cdot d\Delta f - N_G\left(\lambda_G, \varphi_G\right) - a_{6G} \cdot \Delta m_G .
\end{aligned}
\tag{C.6}
$$

Da im Satelliten- und Geoiddatum große und kleine Halbachse des Ellipsoids identisch sind, sind die Transformationsparameter $d\Delta f$ und $d\Delta a$ gleich null. Damit wird aus Gleichung C.6

$$
\begin{aligned}
H_L &= h_L - NG_L \\
&= h_{GNSS} + a_1 \cdot d\Delta X + a_2 \cdot d\Delta Y + a_3 \cdot d\Delta Z + \\
&\quad a_4 \cdot d\Omega_X + a_5 \cdot d\Omega_Y + a_{6GNSS} \cdot \Delta m_L - N_G\left(\lambda_G, \varphi_G\right) - a_{6G} \cdot \Delta m_G .
\end{aligned}
\tag{C.7}
$$

Für die Koeffizienten a_6 gilt

$$
a_{6GNSS} = \left[h_{GNSS} + W^2 \cdot N \right], \qquad a_{6G} = \left[N_G\left(\lambda_G, \varphi_G\right) + W^2 \cdot N \right].
\tag{C.8}
$$

Damit gilt

$$
a_{6GNSS} \cdot \Delta m_L - a_{6G} \cdot \Delta m_G = \Delta m_{GNSS} \cdot \left(h_{GNSS} + W^2 \cdot N \right) - \Delta m_G \cdot \left(N_G\left(\lambda_G, \varphi_G\right) + W^2 \cdot N \right).
\tag{C.9}
$$

Somit wird schließlich aus Gleichung C.5

$$
\begin{aligned}
H_L &= h_L - NG_L \\
&= h_{GNSS} - N_G\left(\lambda_G, \varphi_G\right) + a_1 \cdot d\Delta X + a_2 \cdot d\Delta Y + a_3 \cdot d\Delta Z + \\
&\quad a_4 \cdot d\Omega_X + a_5 \cdot d\Omega_Y + \Delta m_{GNSS} \cdot \left(h_{GNSS} + W^2 \cdot N \right) - \Delta m_G \cdot \left(N_G\left(\lambda_G, \varphi_G\right) + W^2 \cdot N \right).
\end{aligned}
\tag{C.10}
$$

In ausführlicher Schreibweise:

$$
\begin{aligned}
H_L &= \\
&= h_{GPS} - N_G\left(\lambda_{GNSS}, \varphi_{GNSS}\right) + \\
&\quad \left[\cos\left(\lambda_{GNSS}\right) \cdot \sin\left(\varphi_{GNSS}\right) \right] \cdot d\Delta X + \left[\cos\left(\varphi_{GNSS}\right) \cdot \sin\left(\lambda_{GNSS}\right) \right] \cdot d\Delta Y + \left[\sin\left(\varphi_{GNSS}\right) \right] \cdot d\Delta Z + \\
&\quad \left[e^2 \cdot N \cdot \sin\left(\varphi_{GNSS}\right) \cdot \cos\left(\varphi_{GNSS}\right) \cdot \sin\left(\lambda_{GNSS}\right) \right] \cdot d\Omega_X + \\
&\quad \left[-e^2 \cdot N \cdot \sin\left(\varphi_{GNSS}\right) \cdot \cos\left(\varphi_{GNSS}\right) \cdot \cos\left(\lambda_{GNSS}\right) \right] \cdot d\Omega_Y + \\
&\quad \Delta m_{GNSS} \cdot \left(h_{GNSS} + W^2 \cdot N \right) - \Delta m_G \cdot \left(N_G\left(\lambda_G, \varphi_G\right) + W^2 \cdot N \right).
\end{aligned}
\tag{C.11}
$$

Die zur Berechnung von Gebrauchshöhen aus ellipsoidischen GNSS-Höhen zu bestimmenden Transformationsparameter sind also

drei Translationen, zwei Drehwinkel, zwei Maßstabsunbekannte.

Zur Bestimmung dieser sieben Parameter werden theoretisch sieben identische Punkte benötigt.

Bestimmt man mit diesem Ansatz unter Verwendung identischer Punkte für ein größeres Gebiet die Transformationsparameter, so ergeben sich allerdings relativ große Restklaffungen. Jäger & Kälber (2000) erhielten bei Berechnungen über ganz Baden-Württemberg (~ 150 km × 150 km) eine mittlere Klaffung von 2,1 cm und eine maximale Klaffung von 5 cm. Dies verbesserte sich deutlich, als das Gebiet verkleinert wurde. Bei einer Unterteilung des Untersuchungsgebiets in sieben Teilflächen verringerten sich die Restklaffungen auf eine mittlere Klaffung von 1,1 cm bei einer maximalen Klaffung von 2,6 cm. Bei dieser Methode entstehen an den jeweiligen Gebietsrändern Unstetigkeiten, die nach dem in Anhang B beschriebenem Konzept behandelt werden können.

Anhang D: Erzeugung von PRN-Folgen

D.1   Allgemeines

Bei den GNSS werden unterschiedliche Typen von pseudozufälligen Binärfolgen (PRN-Folgen) verwendet. In diesem Anhang sollen die verwendeten Typen beschrieben werden. Dies sind:

- Maximalfolgen (GLONASS, GPS),
- Gold-Codes (GPS),
- Weil-Codes (GPS, Galileo),
- Kasami-Codes (GLONASS),
- Random-Codes (Galileo).

Die auf der Website http://www.vermessung-und-ortung-mit-satelliten.de bereitgestellten Excel-Tabellen mit interaktiv zu bedienenden Programmen und dabei entstehenden Grafiken sollen zum besseren Verständnis bezüglich der Erzeugung dieser Binärfolgen beitragen.

D.2   Schieberegister

PRN-Folgen können mithilfe linear rückgekoppelter Schieberegister (*Linear Feedback Shift Registers – LFSR*) erzeugt werden. LFSR gibt es in zwei Varianten:
- Fibonacci-LFSR (*Simple Shift Register Generator – SSRG*),
- Galois-LFSR (*Modular Shift Register Generator – MSRG*).

Fibonacci- und Galois-LFSR sind äquivalent. D. h., mit beiden Schieberegistertypen können gleiche PRN-Folgen erzeugt werden.

D.2.1   Fibonacci-Schieberegister

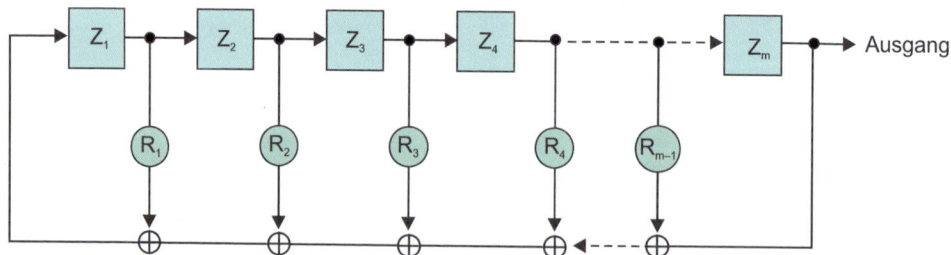

Abb. D.1: Fibonacci-Schieberegister

Ein Fibonacci-Schieberegister besteht aus folgenden elektronischen Bauteilen:
- einer Uhr (Impulsgeber – in der Abbildung nicht dargestellt),
- den Registerzellen $Z_1 – Z_m$ zur Aufnahme von je einer Binärziffer,

- Modulo-2-Addierern,
- Rückführungen ($R_1 - R_m$) von den Registerzellen $Z_1 - Z_m$ zu den Modulo-2-Addierern,
- einem Rückkoppelungspfad von den Modulo-2-Addierern zu Zelle Z_1,
- einem nach einer beliebigen Registerzelle angeordneten Ausgang.

Die Erzeugung der Binärfolge beginnt mit der Definition des Startvektors: Die Registerzellen werden wahlweise mit Ziffer 1 oder Ziffer 0 belegt. Danach werden bei einem Uhrenimpuls die Inhalte der Registerzellen in die benachbarte rechte Zelle bzw. in den Ausgang verschoben. Gleichzeitig werden die Inhalte einiger Zellen durch Auswahl von zu aktivierenden Rückführungen dem Modulo-2-Addierer zugeführt und dort nach Modulo-2 addiert. Das Ergebnis der Modulo-2-Addition wird in Zelle 1 geschrieben. Dann beginnt der Vorgang wieder von vorn. Auf diese Weise entsteht am Ausgang eine Folge von Binärziffern. Sie ist abhängig von den Inhalten der Zellen bei Beginn der Operationen – dem Startvektor – und der Auswahl der Rückführungen.

Die Rückführungspfade der Schieberegister werden durch sogenannte „Generatorpolynome" gekennzeichnet. Wenn zum Beispiel bei einem aus acht Zellen bestehenden Register die Rückführungen 8, 6, 5 und 4 aktiviert sein sollen, sieht das Generatorpolynom wie folgt aus:

$$G = X^8 + X^6 + X^5 + X^4 + 1.$$

D.2.2 Galois-Schieberegister

Das Galois-Schieberegister besteht aus folgenden elektronischen Bauteilen:
- eine Uhr (Impulsgeber – nicht dargestellt),
- den Registerzellen $Z_1 - Z_m$ zur Aufnahme von je einer Binärziffer,
- ($m - 1$) zwischen den Zellen angeordneten Modulo-2-Addierer,
- Rückkopplungspfade $R_1 - R_{m-1}$ von Zelle Z_m zu den Modulo-2-Addierern und zu Zelle Z_1. Die Rückkopplungspfade zu den Modulo-2-Addierern werden zu Beginn wahlweise aktiviert/deaktiviert,
- Ausgang.

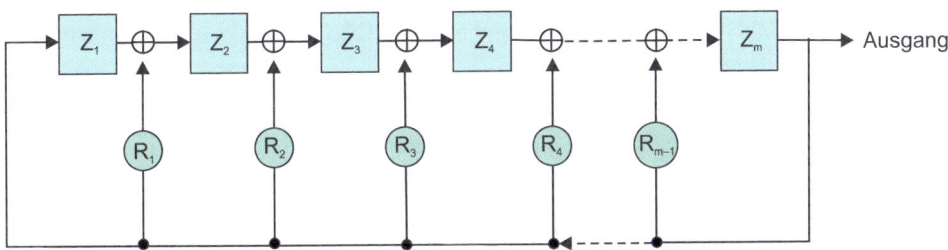

Abb. D.2: Galois-Schieberegister

Die Erzeugung der Binärfolge beginnt mit der Definition des Startvektors: Alle Registerzellen werden mit Ziffer 1 oder Ziffer 0 belegt. Bei einem Uhrenimpuls werden die Inhalte der Zellen jeweils in die benachbarten rechten Modulo-2-Addierer und der Inhalt von Zelle Z_n mithilfe der aktivierten Rückkopplungspfade in die Modulo-2-Addierer geschoben. Das Ergebnis der jeweiligen Modulo-2-Additionen:

(Inhalt von Z_1) + (Inhalt von Z_m),

(Inhalt von Z_2) + (Inhalt von Z_m),

(Inhalt von Z_{m-1}) + (Inhalt von Z_m).

wird anschließend in die rechts vom jeweiligen Modulo-2-Addierer liegende Zelle geschoben. Bei nicht aktiviertem Rückkopplungspfad wird der jeweilige Zelleninhalt einfach nach rechts verschoben. Dann beginnt der Vorgang wieder von vorn. Auf diese Weise entsteht am Ausgang – der auch hier an jeder beliebigen Zelle stehen kann – eine Folge von Binärziffern. Diese ist abhängig von den Inhalten der Zellen bei Beginn der Operationen – dem Startvektor – und den aktivierten Rückkopplungsstellen.

D.3   Maximalfolgen

Siehe Excel-Tabellen:
- Maximalfolgen mit AKF (VBA)
- GLONASS_CA Visualisierung (VBA)
- GPS_L2C mit AKF bzw. KKF (VBA)

Die mithilfe der oben beschriebenen Schieberegister erzeugten Binärfolgen sind dann Maximalfolgen, wenn sie eine Länge von $2^N - 1$ haben und wenn nach $2^N - 1$ Elementen die Binärfolge wieder von vorn beginnt. Dabei ist N die Anzahl der Registerzellen des Schieberegisters.

Anhand der Excel-Tabelle Maximalfolgen mit AKF (VBA) kann man sich davon überzeugen, dass bei einem aus acht Zellen bestehenden Fibonacci-Schieberegister unter Verwendung des Generatorpolynoms

$$G = X^8 + X^6 + X^5 + X^4 + 1$$

eine Maximalfolge entsteht.

Der C/A-Code des russischen GLONASS und die L2C-Codes des US-amerikanischen GPS sind Maximalfolgen.

Der GLONASS-C/A-Code wird mithilfe eines Fibonacci-Registers (neun Registerzellen) erzeugt. Die neun Registerzellen führen zu einer Maximalfolge mit $2^9 - 1 = 511$ Elementen. Verwendet wird das Generatorpolynom

$$G = X^9 + X^5 + 1.$$

Die GPS-L2C-Codes werden mithilfe eines Galois-Registers erzeugt (27 Registerzellen). 27 Registerzellen führen zu einer Maximalfolge von $2^{27} - 1 = 134.217.727$ Elementen. Da diese Folge länger ist als benötigt (10.230 Elemente), beginnt die Erzeugung des L2CM-Codes nach jeweils 10.230 erzeugten Elementen mit einem spezifischen Startvektor wieder von vorn.

D.4   Gold-Codes

D.4.1   Vorbemerkung

Die C/A-Codes, die I5-Codes des US-amerikanischen GPS und die E5-Codes des europäischen Galileo sind Gold-Codes.

D.4.2 Erzeugung der Gold-Codes

Die nach ihrem Erfinder Robert Gold benannten Gold-Codes entstehen durch Modulo-2-Addition von zwei Maximalfolgen gleicher Länge. Zu ihrer Erzeugung werden zwei lineare Schieberegister (LFSR) mit gleicher Anzahl von m Zellen benutzt. Der Gold-Code entsteht durch die Modulo-2-Addition der Schieberegisterausgänge. Der Länge der Gold-Folge ist daher gleich der Länge der Maximalfolge des durch die einzelnen LFSR erzeugten Codes $(2^m - 1)$.

Dabei entstehende Codes werden nur dann als Gold-Codes bezeichnet, wenn sie die Eigenschaft haben, dass in ihren Autokorrelationsfunktionen $A(k)$ neben dem Maximum nur noch Nebenmaxima mit folgenden Eigenschaften auftreten:

$$A(k) \cdot N = \begin{cases} -1 & \text{oder} \\ -t(k) & \text{oder} \quad \text{mit} \quad t(k) = 1 + 2^{floor(0,5 \cdot (m+2))} \\ t(k) - 2. \end{cases}$$

Hinweis: Die Funktion *floor(x)* liefert die größte ganzzahlige Zahl kleiner oder gleich x.

Gold hat nachgewiesen, dass mit geeigneten Maximalfolgen derartige Codes erzeugt werden können. Jede Kombination von Maximalfolgen, mit der dies gelingt, wird „bevorzugtes Paar" genannt. Die Anzahl der bevorzugten Paare ist bei einer vorgegebenen Zahl m für die Anzahl der Zellen der Schieberegister begrenzt.

Hält man bei einem bevorzugten Paar den Anfangszustand eines Schieberegisters fest und verändert bei dem zweiten Schieberegister durch eine geeignete Auswahl die Abgriffe so, dass es zu einer zyklischen Verschiebung der zugehörigen Maximalfolge kommt („Phasenauswahl"), so ergeben sich $2^m - 1$ neue Codefolgen. Zusammen mit den Maximalfolgen der beiden Schieberegister ergeben sich insgesamt $2^m + 1$ Folgen. Sie bilden eine Gold-Code-Familie.

Wenn man die Kreuzkorrelationsfunktionen der Codes einer Gold-Code-Familie bildet, kann man sich davon überzeugen, dass die Kreuzkorrelationsfunktionen nur Werte aufweisen, die deutlich unter dem Maximum der Autokorrelationsfunktionen liegen. Dies hat zur Folge, dass bei Zuteilung unterschiedlicher Gold-Codes für jeden Satelliten die Satelliten auch dann unterschieden werden können, wenn sie die gleiche Trägerfrequenz benutzen.

D.4.3 Codes des GPS-L1-Signals

> Siehe Excel-Tabellen
> - GPS_CA mit AKF oder KKF (VBA)
> - GPS_CA (PRN 1) Visualisierung (VBA)

Die Schieberegister zur Erzeugung des C/A-Codes haben zehn Zellen (s. Abb. D.3). Daraus ergibt sich die gewünschte Länge der erzeugten GPS-C/A-Codes zu $N = (2^{10} - 1) = 1.023$.

Zu Beginn der Codeerzeugung werden die Zellen beider Schieberegister mit der Binärziffer „1" aufgefüllt. Unterschiedliche Codes werden dadurch erzeugt, dass im Schieberegister G2 die Abgriffe für den Registerausgang variiert werden. In Abbildung D.3 erfolgt der Abgriff an den Zellen 2 und 6 (s. die gestrichelte Linie). Dies führt zu dem Code PRN 1. Die zur Erzeugung der anderen Codes zu verwendenden Abgriffe sind in dem im Internet verfügbaren Dokument „Interface Specification IS-GPS-200" spezifiziert.

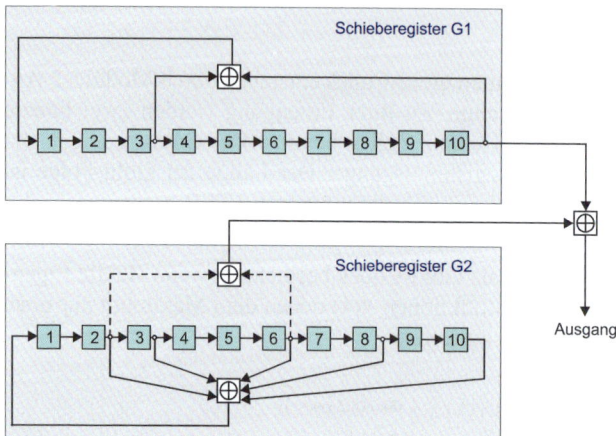

Abb. D.3: Erzeugung des GPS-C/A-Codes (PRN 1)

D.4.4   Codes des GPS-L5-Signals

> Siehe Excel-Tabelle
> • GPS_L5 mit AKF bzw. KKF (VBA)

Die GPS-I5-Codes und GPS-Q-5-Codes werden durch Modulo-2-Addition der Ausgänge von drei aus je 13 Zellen bestehenden Schieberegistern erzeugt. Der I5-Code entsteht aus der Modulo-2-Addition der Ausgänge von Schieberegister A und Schieberegister BI. Der Q5-Code entsteht aus der Modulo-2-Addition der Ausgänge von Schieberegister A und Schieberegister BQ (s. Abb. D.4). Die Codes werden also auch hier durch die Addition von je zwei Maximalfolgen erzeugt.

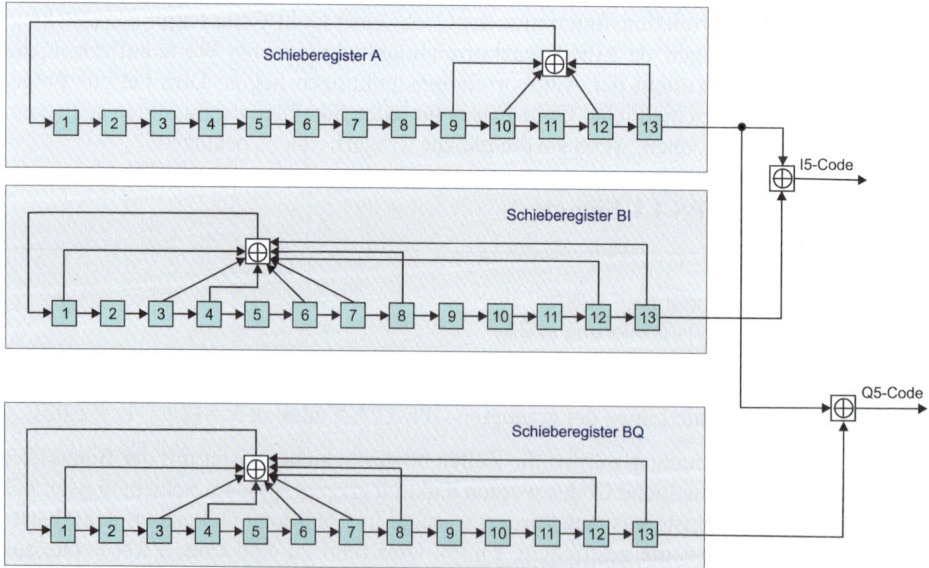

Abb. D.4: Erzeugung der Codes des GPS-L5-Signals

Zu Beginn der Codeerzeugung werden die 13 Zelleninhalte der Register mit ihren Startvektoren aufgefüllt. Der Startvektor des Schieberegisters A enthält nur die Binärziffern „1". Die Startvektoren der Schieberegisterzellen BI und BQ sind unterschiedlich. In IS-GPS-705 sind sie in Abhängigkeit von der Satellitennummer definiert.

Mit einem aus 13 Zellen bestehendem Schieberegister kann eine Maximalfolge der Länge $M = 2^{13} - 1 = 8.191$ erzeugt werden. Um zu der bei den I5- und Q5-Codes gewünschten Länge von 10.230 zu kommen, wird mit einem „Trick" gearbeitet (s. Tabelle D.1). Die im Schieberegister A erzeugte Binärfolge wird auf die Länge von 8.190 gekürzt. Nach 8.190 Zyklen werden in die Registerzellen des Schieberegisters A wieder die Werte des Startvektors übernommen. In den beiden anderen Schieberegistern wird der natürliche Ablauf der Maximalfolgenerzeugung nicht abgebrochen, die in den Schieberegistern BI und BQ erzeugten Binärfolgen beginnen also nach 8.191 Elementen „von allein" wieder von vorn. Damit könnte eine PRN-Folge erzeugt werden, die sehr viel länger als die gewünschte Länge 10.230 ist. Hier werden nach insgesamt 10.230 Zyklen die Zellen aller Register wieder auf den Anfangsstatus gesetzt und der Vorgang beginnt wieder von vorn (s. dazu Tabelle D.1).

Tabelle D.1: Schieberegister bei der GPS-I5-Code-Erzeugung

Nr.	Schieberegister A													Schieberegister BI												
1	1	1	1	1	1	1	1	1	1	1	1	1	1	1	0	1	1	0	0	0	1	0	0	1	1	0
2	0	1	1	1	1	1	1	1	1	1	1	1	1	1	1	0	1	1	0	0	0	1	0	0	1	1
3	0	0	1	1	1	1	1	1	1	1	1	1	1	0	1	1	0	1	1	0	0	0	1	0	0	1
4	0	0	0	1	1	1	1	1	1	1	1	1	1	1	0	1	1	0	1	1	0	0	0	1	0	0
8190	1	1	1	1	1	1	1	1	1	1	1	0	1	1	1	0	0	0	1	0	0	1	1	0	1	1
8191	1	1	1	1	1	1	1	1	1	1	1	1	1	0	1	1	0	0	0	1	0	0	1	1	0	1
8192	0	1	1	1	1	1	1	1	1	1	1	1	1	1	0	1	1	0	0	0	1	0	0	1	1	0
8193	0	0	1	1	1	1	1	1	1	1	1	1	1	1	1	0	1	1	0	0	0	1	0	0	1	1
10230	0	1	1	0	0	1	0	0	1	0	0	0	1	1	0	0	0	0	1	0	1	0	0	0	0	1
10231	1	1	1	1	1	1	1	1	1	1	1	1	1	1	0	1	1	0	0	0	1	0	0	1	1	0
10232	0	1	1	1	1	1	1	1	1	1	1	1	1	1	1	0	1	1	0	0	0	1	0	0	1	1
10233	0	0	1	1	1	1	1	1	1	1	1	1	1	0	1	1	0	1	1	0	0	0	1	0	0	1

D.4.5 Codes der Galileo-E5-Signale

Siehe Excel-Tabelle
- Galileo_E5a_b mit AKF bzw. KKF (VBA)

Die Codes der Galileo-E5-Signale werden durch Modulo-2-Addition der Ausgänge von zwei aus je 14 Zellen bestehenden Schieberegistern erzeugt (s. Abb. D.5).

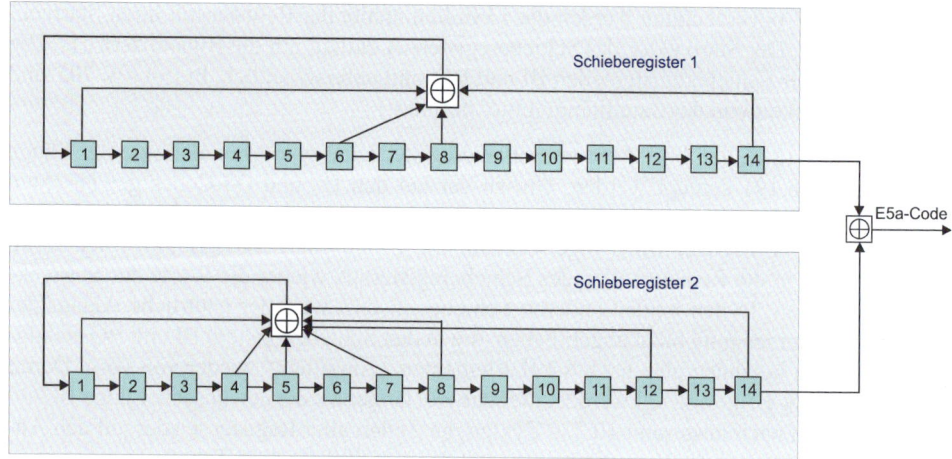

Abb. D.5: Erzeugung der Galileo-E5a-I- und E5a-Q-Codes

Mit einem aus 14 Zellen bestehendem Schieberegister kann eine Maximalfolge der Länge $M = 2^{14} - 1 = 16.383$ erzeugt werden. Um die gewünschte Länge von 10.230 zu erhalten, werden bei den Galileo-E5-Signalen nach Erzeugung von 10.230 Codes die Inhalte der Schieberegisterzellen wieder auf die Startwerte gesetzt. Man erhält auf diese Weise gekürzte Gold-Codes.

Das Galileo-E5-Signal besteht aus vier Komponenten (E5a-I, E5a-Q, E5b-I, E5b-Q). Für jede Komponente werden eigene Codes erzeugt. Dies wird auf folgende Weise erreicht:

1. Verwendung unterschiedlicher Generatorpolynome:

 E5a: G1 = $\quad$ $1 + X^1 + X^6 + X^8 + X^{14}$
 $\quad$ G2-I = G2-Q = $\quad$ $1 + X^1 + X^4 + X^5 + X^7 + X^8 + X^{12} + X^{14}$
 E5b: G1 = $\quad$ $1 + X^4 + X^{11} + X^{13} + X^{14}$
 $\quad$ G2-I = $\quad$ $1 + X^2 + X^5 + X^8 + X^9 + X^{12} + X^{14}$
 $\quad$ G2-Q = $\quad$ $1 + X^1 + X^5 + X^6 + X^9 + X^{10} + X^{14}$

2. Verwendung unterschiedlicher Startvektoren für die Schieberegister G2 in Abhängigkeit von den Satellitennummern.

In Abbildung D.5 ist die Erzeugung der E5a-Signale dargestellt. Die unterschiedlichen Startwerte für die Register 2 sind im Dokument „Galileo Open Service; Signal-In-Space Interface Control Document" festgelegt.

D.5 Legendre-Folgen

> Siehe Excel-Tabelle
> • Legendre-Folgen (VBA)

Legendre-Folgen können nach folgendem Algorithmus erzeugt werden (s. Tabelle D.2):
- Wähle eine Primzahl L (hier 11).
- Berechne $N_i = i^2 \bmod L$ für $i = 0 \dots L - 1$ (Spalte 2 in Tabelle D.2).
 Die so entstehenden Zahlen N_i (Spalte 2) werden quadratische Reste genannt.
- Sortiere die quadratischen Reste der Größe nach (Spalte 3).

- Füge innerhalb der sortierten Folge der quadratischen Reste an den Stellen, an denen zur Bildung der Folge der natürlichen Zahlen $I = 1, 2, 3, 4, \ldots N - 1$ Zahlen fehlen, eine „Null" ein (Spalte 4).
- Ersetze die Nullen der Spalte 4 durch „–1", die anderen Zahlen durch „1" (Spalte 5).

Tabelle D.2: Bildung einer Legendre-Folge

(1)	(2)	(3)	(4)	(5)
Primzahl	11	Legendre-Folge der Klasse		1
I	Q_Reste	Q_Reste sortiert	Legendre-Folge	
0	0	0	0	−1
1	1	1	1	1
2	4	3	0	−1
3	9	4	3	1
4	5	5	4	1
5	3	9	5	1
6	3		0	−1
7	5		0	−1
8	9		0	−1
9	4		9	1
10	1		0	−1

Nach diesem Algorithmus entstehende Folgen werden Legendre-Folgen genannt. Sie werden zwei Klassen zugeordnet:

Klasse-1-Legendre-Folge:
- Für die Primzahl L gilt: $L = 3 \bmod 4$.
- Das ist in dem vorliegenden Beispiel der Fall ($11 = 3 \bmod 4$).

Klasse-2-Legendre-Folge:
- Für die Primzahl L gilt $L = 1 \bmod 4$.
- Das ist z. B. bei der Primzahl $L = 13$ der Fall ($13 = 1 \bmod 4$).

Der in diesem Zusammenhang wesentliche Unterschied zwischen einer Legendre-Folge der Klasse 1 und einer Legendre-Folge der Klasse 2 besteht darin, dass die Autokorrelationsfunktion einer Klasse-1-Legendre-Folge nur zwei Werte annimmt:

$$A(k) = \begin{cases} 1 & \text{für } k = 0, \quad \text{sonst} \\ \dfrac{-1}{L} \end{cases}.$$

Bei einer Legendre-Folge der Klasse 2 nimmt die Autokorrelationsfunktion drei Werte an:

$$A(k) = \begin{cases} 1 & \text{für } k = 0, \\ -\dfrac{L}{3} & \text{wenn } k \text{ quadratrischer Rest,} \\ \dfrac{1}{L} & \text{wenn } k \text{ kein quadratischer Rest.} \end{cases}$$

Das bedeutet, dass vor allem Klasse-1-Legendre-Folgen geeignet sind, PRN-Code-Folgen zu bilden.

D.6 Weil-Codes/L1C-Codes

Siehe Excel-Tabellen
- GPS_L1C mit AKF (VBA)
- GPS_L1C mit AKF bzw. KKF (VBA)

Weil-Codes werden bei der Erzeugung des GPS-L1C-Signal genutzt. Weil-Codes sind nach André Weil benannt. Sie entstehen nach folgendem Algorithmus:

- Man bilde mithilfe der Primzahl 10.223 eine Legendre-Folge.
- Man führe eine Modulo-2-Addition dieser Folge mit einer um einen Betrag versetzten Version der Folge durch[120].

Damit liegt der Weil-Code vor. Er hat eine Länge von 10.223 Chips. Da aus technischen Gründen eine Codelänge von 10.230 Chips gebraucht wird, wird der Weil-Code noch um eine Binärfolge mit sieben Elementen (+1, −1, −1, +1, −1, +1, +1) erweitert. Die Erweiterungsfolge wird für jeden Satelliten an einer anderen Stelle eingefügt. Damit liegt der L1C-Code vor. Die Stelle, an der die Erweiterungsfolge eingefügt wird, wird durch den Erweiterungsindex gekennzeichnet.

D.7 Kasami-Codes

Die nach dem Japaner Tadao Kasami benannten Kasami-Codes können generiert werden, indem man eine Maximalfolge bildet, sie dezimiert und die dezimierte Folge mit der Maximalfolge durch Modulo-2-Additionen verknüpft.

Es gibt zwei Gruppen von Kasami-Codes:

1. die große Gruppe,
2. die kleine Gruppe.

Im Folgenden dokumentieren wir nur die Erzeugung von Kasami-Codes der kleinen Gruppe, denn nur diese spielen in der GNSS-Welt eine Rolle. Die Beschreibung erfolgt zunächst anhand eines konkreten Beispiels unter Einbezug der nachstehenden Tabelle D.3.

D.7.1 Erzeugen eines Kasami-Codes (ein Beispiel)

Schritt 1: Bildung einer Maximalfolge a

Maximalfolgen haben bekanntlich die Länge

$$N_{max} = 2^m - 1.$$

Dabei bezeichnet m die Anzahl der zum Erzeugen der Maximalfolge benötigten Zellen eines rückgekoppelten Schieberegisters. Im Fall der Generierung von Kasami-Codes muss m eine gerade Zahl sein.

Für unser Beispiel soll $m = 4$ sein. Damit gilt: $N = 2^4 - 1 = 15$. Wir bilden die entsprechende Folge unter Verwendung des Generatorpolynoms

$$G = X^4 + X^3 + 1$$

---

[120] Der Betrag, um den die Folge versetzt ist, heißt Weil-Index. Er ist für jeden Satelliten festgelegt.

mit dem Startvektor 1,1,1,1 und der Ausgabe der Folge aus Zelle 4 des Schieberegisters. In Spalte 2 der Tabelle D.3 ist diese Folge dokumentiert.

Schritt 2: Bildung der dezimierten Maximalfolge b

Die dezimierte Folge **b'** wird aus dem ersten und jedem weiteren $\left(2^{\frac{m}{2}} + 1\right)$-ten Element der Maximalfolge **a** gebildet, im Beispiel neben Element Nr. 1 jedes weitere $\left(2^{\frac{4}{2}} + 1 = 5\right)$-te Element, also die Elemente Nr. 1, 6, 11 (in der Tabelle rot hinterlegt). Diese drei Elemente der Maximalfolge bilden die dezimierte Folge (Spalte 4). Für ihre Länge gilt $N = 2^{\frac{4}{2}} - 1 = 3$. Verallgemeinert gilt: die dezimierte Folge **b'** hat die Länge $N = 2^{\frac{m}{2}} - 1$.

Schritt 3: Bildung neuer Folgen

- *1. neue Folge*
  Wir bilden durch fünfmalige Wiederholung der dezimierten Folge **b'** eine weitere Folge **b** der Länge $N = 15$ (Spalte 6). (verallgemeinert gilt: durch $\left(2^{\frac{m}{2}} + 1\right)$-malige Wiederholung der dezimierten Folge **b'** wird eine neue Folge **b** gebildet.)
  Durch Modulo-2-Addition der ursprünglichen Maximalfolge **a** (Spalte 2) mit der Folge **b'** (Spalte 6) entsteht eine neue Folge (Spalte 7).

- *2. neue Folge*
  Die dezimierte Folge **b'** wird einmal zyklisch vertauscht (Spalte 9). Durch deren fünfmalige Wiederholung wird eine weitere Folge der Länge $N = 15$ gebildet (Spalte 11). Durch Modulo-2-Addition dieser Folge mit der Maximalfolge entsteht eine weitere Folge (Spalte 12).

- *3. neue Folge*
  Die dezimierte Folge wird ein weiteres Mal zyklisch vertauscht (Spalte 14). Analog zur Bildung der zweiten neuen Folge wird eine dritte Folge gebildet (Spalte 17).

Tabelle D.3: Bildung von Kasami-Codes (Beispiel)

1	2	3	4	5	6	7	8	9	10	11	12	13	14	15	16	17
1	1	1			1	0		1		1	0		0		0	1
2	1	0			0	1		1		1	0		1		1	0
3	1	1			1	0		0		0	1		1		1	0
4	1				1	0				1	0				0	1
5	0				0	0				1	1				1	1
6	0				1	1				0	0				1	1
7	0				1	1				1	1				0	0
8	1				0	1				1	0				1	0
9	0				1	1				0	0				1	1
10	0				1	1				1	1				0	0
11	1				0	1				1	0				1	0
12	1				1	0				0	1				1	0
13	0				1	1				1	1				0	0
14	1				0	1				1	0				1	0
15	0				1	1				0	0				1	1

Würde man die dezimierte Folge noch einmal zyklisch vertauschen, entstünde die in Spalte 4 stehende Folge erneut und damit der in Spalte 7 entstehende Code ein zweites Mal.

Einschließlich der Maximalfolge haben wir jetzt vier unterschiedliche Folgen. Diese Folgen werden Kasami-Codes genannt.

Verallgemeinert bedeutet dies: Mit einer Maximalfolge der Länge $N = 2^m - 1$ können maximal $2^{\frac{m}{2}}$ unterschiedliche Kasami-Codes erzeugt werden.

D.7.2 Verallgemeinerung des Algorithmus

* Mithilfe einer Maximalfolge **a** – gebildet mittels eines aus m Zellen bestehenden Schieberegisters – bilden wir die dezimierte Maximalfolge **a'**, deren Elemente jedes q. Element von **a** sind. Für q gilt:

$$q = 2^{\frac{m}{2}} + 1.$$

* Durch q-maliges Wiederholen von **a'** bilden wir eine neue Folge **b**.
* Mithilfe der Folgen **a** und **b** formen wir einen neuen Satz von Folgen, indem wir **a** und **b** sowie **a** und die $\left(2^{\frac{m}{2}} - 2\right)$-mal zyklisch vertauschte Folgen von **b** Modulo-2-Additionen unterziehen. Die so entstehenden $\left(2^{\frac{m}{2}} - 1\right)$-Folgen sowie die Maximalfolge **a** bilden eine „kleine Gruppe" von Kasami-Codes.

D.7.3 Wesentliche Eigenschaften der Kasami-Codes (kleine Gruppe)

Es kann Folgendes gezeigt werden:

* Auch die dezimierte Folge ist Maximalfolge.
* Die Werte der AKF und der KKF der Kasami-Codes nehmen nur folgende vier Werte an:

$$1, -\frac{1}{N}, \frac{-2^{m/2}-1}{N}, \frac{2^{m/2}-1}{N}.$$

D.7.4 Bildung eines Kasami-Codes mithilfe rückgekoppelter Schieberegister

Da die dezimierte Folge auch Maximalfolge ist, können Kasami-Codes mithilfe der Ausgänge von zwei Schieberegistern mit geeigneten Rückkopplungsstellen generiert werden. Das soll an folgendem Beispiel erläutert werden.

Wenn in dem in Abbildung D.6 dargestellten Schieberegister im Schieberegister A der Startvektor die Werte 0,0,1 und im Schieberegister B der Startvektor die Werte 1,1,1,1,1,1 annimmt, dann ergibt sich durch die Modulo-2-Addition der beiden Registerausgänge ein Kasami-Code. Man kann sich von der Richtigkeit dieser Aussage dadurch überzeugen, in dem man mit der Excel-Tabelle Maximalfolgen mit AKF(VBA) Binärfolgen nach Maßgabe der Schieberegisters A und B erzeugt.

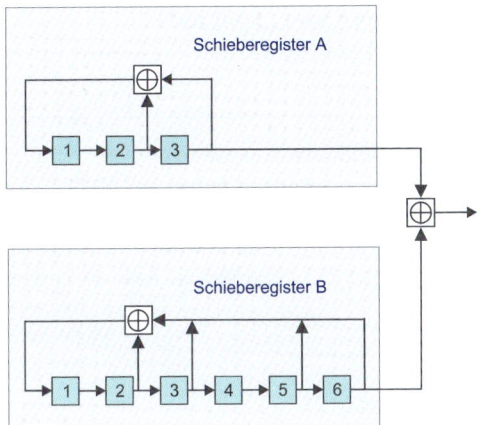

Abb. D.6:
Schieberegister zur Erzeugung eines
Kasami-Codes

Ein Schieberegister mit drei Zellen generiert eine Maximalfolge der Länge $N = 2^3 - 1 = 7$. Tabelle D.4 enthält die durch Schieberegister A mit Startvektor 0,0,1 erzeugte Folge.

Tabelle D.4: Maximalfolge der Länge $N = 7$

1	2	3	4	5	6	7
1	0	0	1	0	1	1

Ein Schieberegister mit sechs Zellen erzeugt eine Maximalfolge der Länge $N = 2^6 - 1 = 63$. Tabelle D.5 enthält die mithilfe des Schiebregisters B mit dem Startvektor 1,1,1,1,1,1 generierte Folge.

Tabelle D.5: Maximalfolge der Länge $N = 63$ (dezimierte Folge rot hinterlegt)

1	2	3	4	5	6	7	8	9	10	11	12	13	14	15
1	1	1	1	1	1	0	0	1	0	1	0	1	0	0
16	17	18	19	20	21	22	23	24	25	26	27	28	29	30
0	1	1	0	0	1	1	1	1	0	1	1	1	0	1
31	32	34	35	36	37	38	39	40	41	42	43	44	45	46
0	1	1	0	0	0	1	1	0	1	1	0	0	0	1
47	48	49	50	51	52	53	54	55	56	57	58	59	60	61
0	0	1	0	0	0	0	1	1	1	0	0	0	0	0
62	63													
1	0													

Die dezimierte Folge wird aus dem ersten und jedem ($q = 2^{\frac{6}{2}} + 1 = 9$)-ten Element der Folge gebildet, also aus den Elementen 1, 10, 19, 28, 37, 46 und 55. Die entsprechende Folge lautet: 1, 0, 0, 1, 0, 1, 1. Dies ist die Folge aus Tabelle D.5. Mithilfe der obigen Schieberegister wird demnach ein Kasami-Code erzeugt, da der Ausgang von Schieberegister B mit der durch Schieberegister A erzeugten dezimierten Folge Modulo-2 addiert wird. In der Excel-Tabelle Kasami-Code-Beispiel (VBA) wird die Entstehung weiterer Kasami-Codes der Länge $N = 63$ Schritt für Schritt erläutert und dokumentiert.

D.7.5   Entstehung der Kasami-Codes des GLONASS-G3-Signals

Siehe Excel-Tabelle
Kasami-Code-Glonass(VBA)

Die GLONASS-G3-Codes werden durch Modulo-2-Addition der Ausgänge von drei parallel arbeitenden Schieberegistern erzeugt. Die Schieberegister G1 und G3 haben je 7 Zellen, der Schieberegister G2 hat 14 Zellen. Der Pilot-Code entsteht aus der Modulo-2-Addition der Ausgänge der Schieberegister G1 und G2, der Daten-Code wird aus der Modulo-2-Addition der Ausgänge von Schieberegister G2 und Schieberegister G3 generiert (s. Abb. D.7). Die dabei entstehenden Codes sind Kasami-Codes.

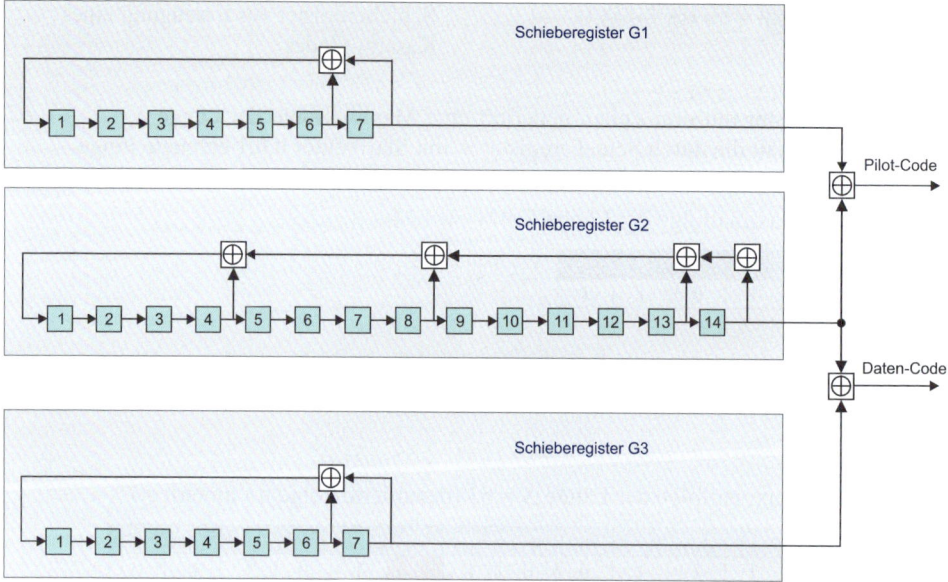

Abb. D.7: Erzeugung der Codes des GLONASS-L3-Signals

Zu Beginn der Code-Erzeugung werden die Zelleninhalte der Register mit ihren Startvektoren aufgefüllt. Die Startvektoren der Schieberegisters G1 und G3 ergeben sich aus den dual dargestellten Satellitennummern (G1: Startvektor = n, G3: Startvektor = $n + 32$). Der Startvektor des Schieberegisters enthält eine für jeden Satelliten gleiche Binärziffernfolge $(0,0,1,1,0,1,0,0,1,1,1,0,0,0)$.

Mit diesen Registern können Kasami-Folgen der Länge $M = 2^{14} - 1 = 16.383$ erzeugt werden. Um die gewünschte Länge von 10.230 zu erhalten, werden die Kasami-Codes gekürzt. Nach dem Generieren von 10.230 Codes beginnt die Erzeugung der Codes wieder von vorne.

D.8 Random-Codes

Die Erzeugung von Codes durch einfache Algorithmen – ähnlich denen, die in den vorange-gangenen Abschnitten beschrieben wurden – hat Grenzen. Mit erheblich höherem Rechen-aufwand können Codes erzeugt werden, die noch besser sind. In diesem Fall ist es technisch sinnvoller, die so entstandenen Codes direkt in die entsprechenden Speicher der Satelliten bzw. Satellitenempfänger zu speichern und bei Bedarf aus den Speichern zu lesen. Zwar wird dafür Speicherkapazität in Anspruch genommen, das ist aber mit zunehmend preiswerter werdenden Speichermedien kein Problem. Es ist vorgesehen, derartige Codes bei Galileo zu benutzen.

D.9 Tiered-Codes

Tiered-Codes spielen eine Rolle bei dem geplanten europäischen Galileo. Sie entstehen durch Modulo-2-Addition eines Primärcodes mit großer Länge (N_P) und großer Chiprate und eines Sekundärcodes mit kleiner Länge (N_S) und kleiner Chiprate. Ein Chip des Sekundärcodes wird Modulo-2 zu den zu einer Periode des Primärcodes gehörenden Chips addiert (s. Abb. D.8). Der resultierende Tiered-Code hat die Länge $N_P \cdot N_S$.

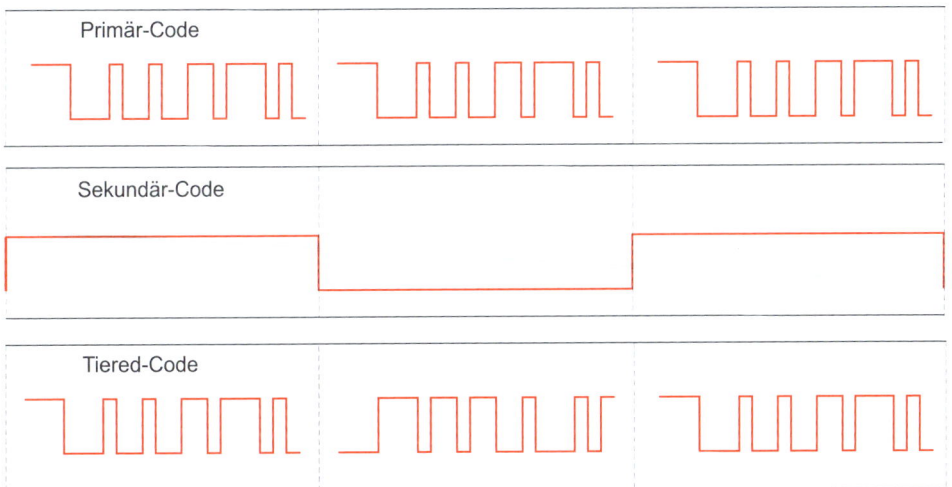

Abb. D.8: Erzeugung eines Tiered-Codes

Das folgende Beispiel soll den Zusammenhang deutlich machen:
Bei der Länge 4.092 des Primärcodes und der Länge 25 des Sekundärcodes beträgt die Länge des resultierenden Tiered-Codes 4.092 · 25 = 12.300.

D.10 Neuman-Hofman-Codes

Neuman-Hofman-Codes werden bei dem GPS-L5-Signal verwendet.

Die Codes sind nach ihren Erfindern F. Neuman und L. Hofman benannt. Ihre besonderen Eigenschaften tragen dazu bei, dass die Synchronisation zwischen ausgesandtem und im Empfänger erzeugten GPS-Signal beschleunigt wird.

Zwei Neuman-Hofman-Codes werden verwendet:

- 10-bit-Neuman-Hofman-Code (s. Abb. D.9),
- 20-bit-Neuman-Hofman-Code (s. Abb. D.10).

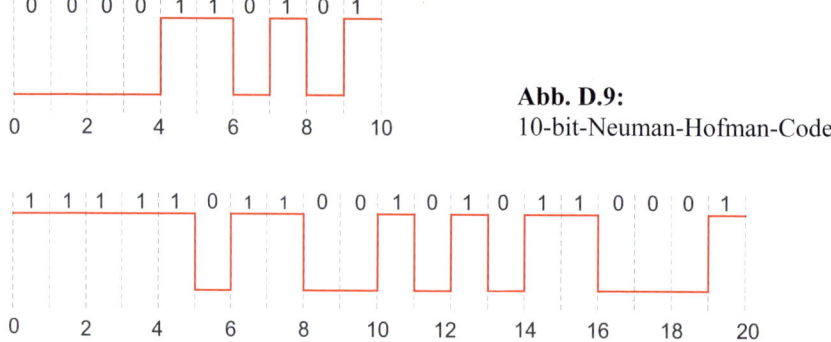

Abb. D.9: 10-bit-Neuman-Hofman-Code

Abb. D.10: 20-bit-Neuman-Hofman-Code

Anhang E: Berechnung der Spektraldichteverteilung bei BOC-Modulationen[121]

SinBOC-Modulation

$$G(df)_{SinBOC} = f_c \cdot \left[\frac{\sin\left(\dfrac{\pi \cdot df}{2f_s}\right) \cdot \sin\left(\dfrac{\pi \cdot df}{f_c}\right)}{\pi \cdot df \cdot \cos\left(\dfrac{\pi \cdot df}{2f_s}\right)} \right]^2 \qquad \frac{2 \cdot f_s}{f_c} = k \text{ gerade,} \tag{E.1}$$

$$G(df)_{SinBOC} = f_c \cdot \left[\frac{\sin\left(\dfrac{\pi \cdot df}{2f_s}\right) \cdot \cos\left(\dfrac{\pi \cdot df}{f_c}\right)}{\pi \cdot df \cdot \cos\left(\dfrac{\pi \cdot df}{2f_s}\right)} \right]^2 \qquad \frac{2 \cdot f_s}{f_c} = k \text{ ungerade.} \tag{E.2}$$

CosBOC-Modulation

$$G(df)_{CosBOC} = f_c \cdot \left[\frac{\sin\left(\dfrac{\pi \cdot df}{2f_s}\right)}{\pi \cdot df \cdot \cos\left(\dfrac{\pi \cdot df}{2f_s}\right)} \cdot \left\{ \cos\left(\pi \cdot df \cdot \frac{1}{2 \cdot f_s}\right) \right\} - 1 \right]^2 \qquad \frac{2 \cdot f_s}{f_c} = k \text{ gerade,} \tag{E.3}$$

$$G(df)_{CosBOC} = f_c \cdot \left[\frac{\cos\left(\dfrac{\pi \cdot df}{2f_s}\right)}{\pi \cdot df \cdot \cos\left(\dfrac{\pi \cdot df}{2f_s}\right)} \cdot \left\{ \cos\left(\pi \cdot df \cdot \frac{1}{2 \cdot f_s}\right) \right\} - 1 \right]^2 \qquad \frac{2 \cdot f_s}{f_c} = k \text{ ungerade.} \tag{E.4}$$

AltBOC-Modulation

$$G(df)_{AltBOC} = \frac{8 \cdot f_c}{\pi^2 \cdot df^2} \cdot \frac{\cos\left(\dfrac{\pi \cdot df}{f_c}\right)^2}{\cos\left(\dfrac{\pi \cdot df}{2f_s}\right)^2} \cdot \left\{ 1 - \cos\left(\pi \cdot df \cdot \frac{1}{2 \cdot f_s}\right) \right\} \qquad \frac{2 \cdot f_s}{f_c} = k \text{ ungerade.} \tag{E.5}$$

---

[121] Quelle: Rebeyrol u. a. (2005).

Multiplexed SinBOC-Modulation (MBOC-Modulation)

$$G(df)_{MBOC} = \frac{10}{11} \cdot G(df)_{SinBOC(1,1)} + \frac{1}{11} \cdot G(df)_{SinBOC(6,1)} \qquad (E.6)$$

Visualisierung der Spektraldichteverteilungen

Zur Visualisierung der Spektraldichteverteilungen nach den Gleichungen E.1 bis E.6 wurden drei Excel-Mappen erstellt, die auf der Webseite http://www.vermessung-und-ortung-mit-satelliten.de/excel.html im Bereich „Signale" zur Verfügung stehen.

1. **Spektraldichten der GNSS**
   In dieser Mappe werden in einzelnen Grafiken die Dichteverteilungen nach den Gleichungen E.1 bis E.5 visualisiert. Die BPSK- bzw. BOC-Parameter sind frei wählbar. Man erkennt so die Abhängigkeit der Spektraldichteverteilungen von den gewählten Parametern.

2. **Spektraldichte der Multiplexed-BOC-Modulation**
   Hier wird die von den USA und Europa gemeinsam entwickelte Multiplexed-BOC-Modulation visualisiert (s. Gleichung E.6). Es besteht die Möglichkeit, die Anteile der BOC(1,1)- und die Anteile der BOC(6,1)-Modulation zu variieren.

3. **Spektraldichten auf L1 (GPS, Galileo)**
   In der mit zu dieser Tabelle erzeugten Grafik soll demonstriert werden, wie zukünftig das L1-Frequenzband gemeinsam von Galileo und GPS genutzt wird. Dabei wird in der Grafik zwischen der Signalausstrahlung „in Phase" und der Signalausstrahlung „in Quadratur" unterschieden.

Anhang F: Berechnung der Satellitenposition

F.1 Berechnung der Satellitenposition aus Kepler-Elementen

In Tabelle F.1 sind die Kepler-Elemente aufgelistet, die bei GPS und Galileo Bestandteil der Navigationsnachricht sind. Mit ihrer Hilfe werden aktuell die Satellitenpositionen berechnet.

Tabelle F.1: Parameter der Satellitenbahn (GPS, Galileo)

M_0	Mittlere Anomalie
Δn	Korrekturglied zur mittleren Winkelgeschwindigkeit
e	Exzentrizität der Bahnellipse
$\sqrt{a}$	Quadratwurzel der großen Halbachse der Bahnellipse
Ω_0	Parameter für die Rektaszension des aufsteigenden Knotens
i_0	Bahnneigung zur Referenzzeit $t(r)$
ω	Argument des Perigäums
$\dot{\Omega}$	Zeitliche Änderung der Rektaszension des aufsteigenden Knotens
$\dot{i}$	Zeitliche Änderung der Bahnneigung
c_{uc}, c_{us}	Korrekturglieder zum Argument der Breite
c_{rc}, c_{rs}	Korrekturglieder zum Radiusvektor
c_{ic}, c_{is}	Korrekturglieder zur Bahnneigung
$t(r)$	Referenzzeit für die Ephemeriden

Die Position des Satelliten im konventionellen terrestrischen Koordinatensystem wird nach den nachstehend aufgeführten Gleichungen berechnet. In der auf der Webseite http://www.vermessung-und-ortung-mit-satelliten.de/excel.html im Bereich „Bahninformationen" zur Verfügung gestellten Excel-Tabelle Satellitensichtbarkeit aus Ephemeriden-Daten (GPS) ist der Algorithmus dokumentiert.

In den Gleichungen bezeichnet (k) den Beobachtungszeitpunkt, (r) die Referenzzeit für die Ephemeriden.

1. **Zeitdifferenz Δt zwischen Beobachtungszeit und Referenzzeit:**
   $t(r)$:   Referenzzeit für die Ephemeriden (Bestandteil der Navigationsnachricht),
   $t(k)$:   Beobachtungszeit,
   $$\Delta t = t(k) - (r).\tag{F.1}$$

2. **Mittlere Winkelgeschwindigkeit $n(k)$:**
   (s. D 2.13 sowie Gleichung 2.9)
   $G \cdot M$: das bekannte Produkt aus Gravitationskonstante und Masse der Erde,
   A: große Halbachse der Satellitenellipse (Bestandteil der Navigationsnachricht),
   $$n_0 = \frac{2\pi}{U} = \sqrt{\frac{GM}{a^3}}\ ,\tag{F.2}$$
   $n(k) = n_0 + \Delta n\ ,$

481

Δn : Korrekturglied für die mittlere Winkelgeschwindigkeit (Bestandteil der Navigations-nachricht).

3. **Mittlere Anomalie $M(k)$:**
   (s. D 2.14)
   $M(r)$: Mittlere Anomalie zur Referenzzeit (Bestandteil der Navigationsnachricht),
   $$M(k) = M(r) + n(k)\Delta t. \tag{F.3}$$

4. **Exzentrische Anomalie $E(k)$:**
   (s. Gleichung 2.7 – Kepler-Gleichung)
   e: Exzentrizität der Bahnellipse (Bestandteil der Navigationsnachricht),
   $$M(k) = E(k) - e \cdot \sin E(k). \tag{F.4}$$
   Die Gleichung wird durch Iteration nach E(k) aufgelöst.

5. **Wahre Anomalie $v(k)$:**
   (s. Gleichung 2.4 und Abb. 2.1)
   $$v(k) = \arctan\left(\frac{\sqrt{1-e^2} \cdot \sin E(k)}{\cos E(k) - e}\right). \tag{F.5}$$

6. **Argument der Breite $u(k)$:**
   (s. D 2.12)
   ω: Argument des Perigäums (Bestandteil der Navigationsnachricht),
   C_{uc}, C_{us}: Korrekturglieder zur Berechnung des Arguments der Breite (Bestandteil der GPS-Nachricht),
   $$u_0 = v(k) + \omega,$$
   $$\Delta u = C_{uc} \cos 2u_0 + C_{us} \sin 2u_0, \tag{F.6}$$
   $$u(k) = u_0 + \Delta u.$$

7. **Radiusvektor r(k):**
   (s. Gleichung 2.3)
   C_{rc}, C_{rs}: Korrekturglieder zur Berechnung des Radiusvektors (Bestandteil der Naviga-tionsnachricht),
   $$r_0 = a(1 - e \cos E),$$
   $$\Delta r = C_{rc} \cos 2u_0 + C_{rs} \sin 2u_0, \tag{F.7}$$
   $$\mathbf{r(k)} = r_0 + \Delta r.$$

8. **Satellitenkoordinaten im Koordinatensystem des Knotens:**
   (s. Gleichungen 2.5)
   $$X_{Kn} = r(k) \cos u(k),$$
   $$Y_{Kn} = r(k) \sin u(k). \tag{F.8}$$

9. **Länge des aufsteigenden Knotens $\beta(k)$:**
   Es gilt die Gleichung (s. Abb. 2.3, 2.10 und F.11)
   $$\beta(k) = \Omega(k) - GAST(k). \tag{F.9}$$

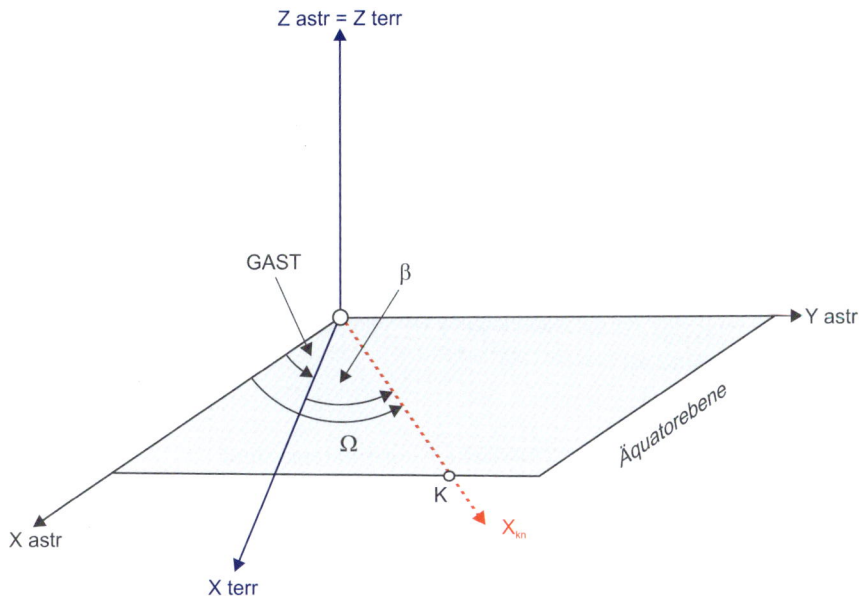

Abb. F.1: Länge des aufsteigenden Knotens

Mit $\dot{\Omega}$ (Geschwindigkeit der Rektaszension des aufsteigenden Knotens; Bestandteil der Navigationsnachricht) gilt:

$$\Omega(k) = \Omega(r) + \dot{\Omega} \cdot [t(k - t(r)]. \qquad (F.10)$$

Mit der als bekannt vorausgesetzten mittleren Rotationsgeschwindigkeit der Erde ω_e gilt:

$$GAST(k) = GAST(w) + \omega_e \cdot [t(k) - t(w)]. \qquad (F.11)$$

In dieser Gleichung bezeichnet (w) den Zeitpunkt des Beginns einer Woche der Zeitskala (Samstag/Sonntag – Mitternacht).

Der in der Navigationsnachricht mitgeteilte Parameter Ω_0 ist wie folgt definiert:

$$\Omega_0 = \Omega(r) - GAST(w). \qquad (F.12)$$

Nach Umstellung:

$$GAST(w) = \Omega(r) - \Omega_0. \qquad (F.13)$$

Gleichung F.13 eingesetzt in Gleichung F.11:

$$GAST(k) = \Omega(r) - \Omega_0 + \omega_e[t(k) - t(w)]. \qquad (F.14)$$

Mit Gleichung F.9, Gleichung F.10 und Gleichung F.14 folgt:

$$\beta(k) = \left[\Omega(r) + \dot{\Omega}(t(k) - t(r))\right] - \left[\Omega(r) - \Omega_0 + \omega_e(t(k) - t(w))\right]. \qquad (F.15)$$

Beobachtungszeit und Referenzzeit sind Zeiten im GPS-Zeitsystem, deren Nullpunkt der Beginn einer Woche ist. Somit kann $t(w)$ – die GPS-Zeit zu Beginn der Woche – gleich null gesetzt werden.
Damit wird aus Gleichung F.15:

$$\beta(k) = \dot{\Omega}\left[t(k) - t(r)\right] + \Omega_0 - \omega_e t(k). \qquad (F.16)$$

Aus formalen Gründen erfolgt eine Erweiterung der Gleichung:

$$\beta(k) = \dot{\Omega}\left[t(k) - t(r)\right] + \Omega_0 - \omega_e t(k) + \omega_e t(r) - \omega_e t(r).$$ (F.17)

Die Zusammenfassung von Gleichung F.17 ergibt schließlich:

$$\boxed{\beta(k) = \Omega_0 + \left[\dot{\Omega} - \omega_e\right] \cdot \left[t(k) - t(r)\right] - \omega_e t(r).}$$ (F.18)

10. Bahnneigung $i(k)$:

i_0:   Bahnneigung zur Referenzzeit (Bestandteil der Navigationsnachricht),

$\dot{i}$:   Geschwindigkeit der Bahnneigung (Bestandteil der Navigationsnachricht),

C_{ic}, C_{is}:   Korrekturglieder für die Bahnneigung (Bestandteil der Navigationsnachricht),

$$\Delta i = C_{ic} \cos 2\,u_0 + C_{is} \sin 2\,u_0,$$
$$i(k) = i_0 + \dot{i}\Delta t + \Delta i.$$ (F.19)

11. Transformation in das globale terrestrische Koordinatensystem:
(s. Gleichung 2.13):

$$X_{CT} = X_{Kn} \cos \beta - Y_{Kn} \cos i \sin \beta,$$
$$Y_{CT} = X_{Kn} \sin \beta + Y_{Kn} \cos i \cos \beta,$$ (F.20)
$$Z_{CT} = Y_{Kn} \sin i.$$

F.2   Berechnung der Satellitenposition aus Koordinaten-, Geschwindigkeits- und Beschleunigungsvektor

Bei GLONASS erfolgt die Berechnung der Satellitenkoordinaten und der Satellitengeschwindigkeit zum Zeitpunkt t_i durch Auswertung der in der Satellitennachricht mitgeteilten Information über die Position und Geschwindigkeit des Satelliten sowie den Beschleunigungskomponenten, die sich aus dem Einfluss der von Sonne und Mond ausgehenden Schwerefelder für den Satelliten ergeben. Die Angaben werden im Conventional Terrestrial System (CT-System) gemacht: hier im System PZ90.02.

Diese Informationen werden mithilfe eines Systems von Differenzialgleichungen ausgewertet, die die Gesamtbeschleunigung des Satelliten in seinen Komponenten in Abhängigkeit von seinen Koordinaten beschreiben. Zur Vereinfachung der Schreibweise und zum leichteren Verständnis ist es sinnvoll, die Komponenten der Koordinaten, Geschwindigkeiten und Beschleunigungen als Vektoren darzustellen:

X (Koordinatenvektor):   Bestandteil der Navigationsnachricht,

V (Geschwindigkeitsvektor):   Bestandteil der Navigationsnachricht,

a (Beschleunigungsvektor):   Bestandteil der Navigationsnachricht.

Dann gilt:

$$\mathbf{X} = \begin{bmatrix} X \\ Y \\ Z \end{bmatrix} \; ; \quad \mathbf{V} = \dot{\mathbf{X}} = \begin{bmatrix} V_x \\ V_y \\ V_z \end{bmatrix} \; ; \quad \mathbf{a} = \dot{\mathbf{V}} = \begin{bmatrix} a_x \\ a_y \\ a_z \end{bmatrix}.$$ (F.21)

Die Beschleunigungen, denen die Satelliten in dem CT-System unterliegen, werden durch folgende Gleichungen beschrieben:

$$\dot{\mathbf{V}} = f = \begin{bmatrix} f_x \\ f_y \\ f_z \end{bmatrix} = \begin{bmatrix} -\dfrac{GM}{r^3}x + \dfrac{3}{2}\,C_{20}\,\dfrac{GM\cdot a_e^2}{r^5}\,x\left(1-\dfrac{5\cdot z^2}{r^2}\right) + \omega_E^2 x + 2\omega_E\,V_y + a_{xs} \\[2ex] -\dfrac{GM}{r^3}y + \dfrac{3}{2}\,C_{20}\,\dfrac{GM\cdot a_e^2}{r^5}\,y\left(1-\dfrac{5\cdot z^2}{r^2}\right) + \omega_E^2 y - 2\omega_E\,V_x + a_{ys} \\[2ex] -\dfrac{GM}{r^3}z + \dfrac{3}{2}\,C_{20}\,\dfrac{GM\cdot a_e^2}{r^5}\,z\left(3-\dfrac{5\cdot z^2}{r^2}\right) + \qquad\qquad a_{zs} \end{bmatrix}. \quad \text{(F.22)}$$

In diesen Gleichungen sind als *Konstanten* des PZ90.02 gegeben:

GM: Produkt aus Erdmasse und Gravitationskonstante,

a_e: Äquatorradius der Erde,

C_{20}: Koeffizient zur Beschreibung der durch die Erdabplattung hervorgerufenen Störung der Satellitenbahn (zonale Harmonische 2. Ordnung),

ω_E: Winkelgeschwindigkeit der Erdrotation.

Aus der Satellitennachricht stehen als *Konstanten* zur Verfügung:

a_{xs}, a_{ys}, a_{zs}: Beschleunigungskomponenten (verursacht durch Sonne und Mond).

Die Gleichungen F.22 beschreiben die Komponenten der momentanen Beschleunigung – also die zeitliche Änderung der jeweiligen Geschwindigkeitskomponenten – in Abhängigkeit von den Koordinaten $\mathbf{X}$ des Satelliten und seinen Geschwindigkeitskomponenten v_x und v_Y. r ist die Entfernung des Satelliten vom Koordinatenursprung. Es gilt:

$$r = \sqrt{x^2 + y^2 + z^2}\;.$$

Wir betrachten die auf der rechten Seite der Gleichungen F.22 stehenden Terme. Der jeweils erste Term ist die Beschleunigung, der ein Satellit bei einer ungestörten Kepler-Bewegung unterliegt. Der zweite Term beschreibt die Störung der Kepler-Bewegung bzw. die daraus resultierende Beschleunigung durch die ellipsoidische Erdfigur. Die nur in den ersten beiden Gleichungen auftretenden Terme mit der Winkelgeschwindigkeit der Erdrotation (ω_e) stellen die aus der Drehung des terrestrischen Koordinatensystems gegenüber dem astronomischen Koordinatensystem rührenden scheinbaren Beschleunigungen der Satelliten dar; da die z-Achsen in beiden Systemen zusammenfallen, treten diese Beschleunigungen in der letzten Gleichung – Differenzialgleichung für die z-Komponente – nicht auf. Die in allen drei Gleichungen jeweils auftretenden Beschleunigungskomponenten a_{xs}, a_{ys}, a_{zs} beschreiben die durch Sonne und Mond ausgeübten Kräfte auf die Satellitenbewegung. Sie werden bei der Auswertung dieser Gleichungen als konstant angesehen.

Die Herleitung dieser Gleichungen ist nicht einfach und kann im Rahmen dieser Einführung nicht gegeben werden. Interessierte Leser seien auf Rossbach (2000) verwiesen.

Die Gleichungen F.22 sind ein System von Differenzialgleichungen erster Ordnung. Sie beschreiben die Geschwindigkeitsänderungen in Abhängigkeit von den Koordinaten und den Geschwindigkeiten. Dieses System von Differenzialgleichungen kann numerisch integriert werden. Das Ergebnis der numerischen Integration von Gleichung F.22 liefert den Geschwindigkeitsvektor $\mathbf{V}$ nach Ablauf eines Zeitintervalls Δt, wobei der Koordinatenvektor $\mathbf{X}$ und der Geschwindigkeitsvektor $\mathbf{V}$ am Beginn des Zeitintervalls bekannt sein müssen. In gleicher Weise ist die mittlere Gleichung von Gleichung F.21 ein System von Differenzialgleichungen erster Ordnung, das durch Integration den Koordinatenvektor $\mathbf{X}$ nach jedem Zeitschritt ermittelt.

Das Grundkonzept, welches bei der Auswertung dieser Gleichungen verfolgt wird, ist im Kasten F.1 skizziert. Dabei ist zu beachten, dass die fett gedruckten Symbole Vektoren bezeichnen.

Wenn man so verfährt, erhält man für den Zeitpunkt $t_1 = t_0 + \Delta t$ neue Koordinaten und Geschwindigkeiten. Mit diesen Koordinaten und Geschwindigkeiten zum Zeitpunkt t_1 errechnet man in gleicher Weise Koordinaten und Geschwindigkeiten zum Zeitpunkt $t_2 = t_1 + \Delta t$.

Dieses Grundkonzept führt jedoch nur dann zu genügend genauen Ergebnissen, wenn es wesentlich verfeinert wird. Dazu gibt es verschiedene Möglichkeiten. In ISDE wird als Verfahren die Integration nach dem klassischen vierstufigen Runge-Kutta-Verfahren vorgeschlagen und beschrieben. Die Herleitung dieses Verfahrens kann hier nicht gegeben werden (s. dazu z. B.: Schwarz 1993). Der sich ergebende Algorithmus ist jedoch relativ einfach und wird in Kasten F.2 dargestellt.

---

1. *Wahl eines Zeitintervalls Δt*

2. *Berechnung der Beschleunigung zum Zeitpunkt t_0*
   Auswertung von Gleichung F.22 für die Koordinaten $\mathbf{X}_0$ und Geschwindigkeiten $\mathbf{V}_0$ zum Zeitpunkt t_0. Das Ergebnis

   $$\mathbf{k}_a = \mathbf{f}(\mathbf{X}_0, \mathbf{V}_0)$$

   stellt den Vektor der Beschleunigung zur Zeit t_0 dar.
   (Buchstabe a: Acceleration (Beschleunigung), Buchstabe V: Velocity (Geschwindigkeit).

3. *Berechnung der Geschwindigkeit zum Zeitpunkt $t_1 = t_0 + \Delta t$*
   Nimmt man an, dass die Beschleunigung im Intervall Δt konstant bleibt, so berechnet sich die Geschwindigkeit $\mathbf{V}_1$ zum Zeitpunkt $t_1 = t_0 + \Delta t$ zu

   $$\mathbf{V}_1 = \mathbf{V}_0 + \mathbf{k}_a \cdot \Delta t$$

   (Dimension: $\Delta t \cdot$ ka = Zeit $\cdot$ Beschleunigung = Geschwindigkeit!).

4. *Berechnung der Koordinaten zum Zeitpunkt $t_1 = t_0 + \Delta t$*
   Die mittlere Gleichung von Gleichung F.21 wird integriert. Setzt man die Anfangsgeschwindigkeiten $\mathbf{V}_0$ zum Zeitpunkt t_0 ein, so entsteht

   $$\mathbf{k}_v = \mathbf{V}_0,$$

   und unter der Annahme, dass dieser Wert in Δt konstant bleibt, ergibt sich der Vektor der Koordinaten zum Zeitpunkt $t_1 = t_0 + \Delta t$:

   $$\mathbf{X}_1 = \mathbf{X}_0 + \mathbf{k}_v \cdot \Delta t$$

   (Dimension: $\Delta t \cdot$ kv = Zeit $\cdot$ Geschwindigkeit = Weg!).

Kasten F.1: Grundkonzept numerischer Integration

Im Gegensatz zu dem in Kasten F.1 beschriebenen „einstufigen" Integrationsverfahren werden im Runge-Kutta-Verfahren $\mathbf{k}_a$ und $\mathbf{k}_v$ viermal an verschiedenen Stellen innerhalb eines Zeitintervalls ausgewertet und daraus ein geeigneter Mittelwert gebildet, um Geschwindigkeiten und Koordinaten nach einem Zeitschritt zu berechnen (s. Kasten F.2).

Setze Startvektoren $X_0 = X(0)$, $V_0 = V(0)$; setze Startzeit $t_0 = t(b)$; setze Intervalllänge Δt.

Berechne n: Anzahl der Intervalle zwischen t_0 und t_i (Messungszeit).

Von $k = 0$ bis $(n-1)$ mit Schrittweite 1 führe aus:

Berechnen der Vektoren k_{a1}, k_{v1}:
Setze Koordinatenvektor $X = X_k$,
setze Geschwindigkeitsvektor $V = V_k$,
berechne Beschleunigungsvektor k_{a1} nach Gleichungssystem 4.4,
setze als Geschwindigkeitsvektor k_{v1} Geschwindigkeitsvektor V.

Berechnen der Vektoren k_{a2}, k_{v2}:
Setze Koordinatenvektor $X = X_k + 1/2 \cdot \Delta t \cdot k_{v1}$,
setze Geschwindigkeitsvektor $V = V_k + 1/2 \cdot \Delta t \cdot k_{a1}$,
berechne Beschleunigungsvektor k_{a2} nach Gleichungssystem 4.4,
setze als Geschwindigkeitsvektor k_{v2} Geschwindigkeitsvektor V.

Berechnen der Vektoren k_{a3}, k_{v3}:
Setze Koordinatenvektor $X = X_k + 1/2 \cdot \Delta t \cdot k_{v2}$,
setze Geschwindigkeitsvektor $V = V_k + 1/2 \cdot \Delta t \cdot k_{a2}$,
berechne Beschleunigungsvektor k_{a3} nach Gleichungssystem 4.4,
setze als Geschwindigkeitsvektor k_{v3} Geschwindigkeitsvektor V.

Berechnen der Vektoren k_{a4}, k_{v4}:
Setze Koordinatenvektor $X = X_k + \Delta t \cdot k_{v3}$,
Setze Geschwindigkeitsvektor $V = V_k + \Delta t \cdot k_{a3}$,
Berechne Beschleunigungsvektor k_{a4} nach Gleichungssystem 4.4,
Setze als Geschwindigkeitsvektor k_{v4} Geschwindigkeitsvektor V.

Berechne Mittelwerte k_a und k_v durch
$$k_a = 1/6 \cdot (k_{a1} + 2 \cdot k_{a2} + 2 \cdot k_{a3} + k_{a4}),$$
$$k_v = 1/6 \cdot (k_{v1} + 2 \cdot k_{v2} + 2 \cdot k_{v3} + k_{v4}).$$

Berechne neue Koordinaten:
$$X_{k+1} = X_k + \Delta t \cdot k_v.$$
Berechne neue Geschwindigkeit:
$$V_{k+1} = V_k + \Delta t \cdot k_a.$$
Berechne zugehörige Zeit:
$$t_{k+1} = t_k + \Delta t.$$

Kasten F.2: Runge-Kutta-Verfahren zur Berechnung der Satellitenkoordinaten bei GLONASS

Mit der auf der Webseite http://www.vermessung-und-ortung-mit-satelliten.de/excel.html im Bereich „Bahninformationen" zur Verfügung gestellten Excel-Tabelle Satellitenkoordinaten durch Runge-Kutta-Integration (GLONASS) kann die Berechnung Schritt für Schritt verfolgt werden.

F.3 Berechnung der Satellitenposition mithilfe der Almanachdaten (GLONASS)

Der Algorithmus zur Berechnung der Satellitenposition aus den Almanachdaten basiert auf einer Beschreibung der Satellitenbahnen durch Kepler-Elemente. Bei der Auswertung der in der Navigationsnachricht gegebenen Parameter (s. Abschnitt 6.4.1) werden die mittlere Bahnneigung i_{Mittel} der Satellitenbahnen und die mittlere Umlaufzeit T_{Mittel} der Satelliten als bekannt vorausgesetzt ($i_{Mittel} = 63°$, $T_{Mittel} = 12$ Stunden). Dies gilt auch für die aus PZ90 bekannten Konstanten GM (Erdgravitationskonstante) und ω_e (Erdrotationsgeschwindigkeit).

Mit N_T (Anzahl der Tage zwischen Beginn des zurückliegenden Schaltjahrs und dem Berechnungstag) und t_{Ber} (Tageszeit am Berechnungstag) wird die Satellitenposition wie folgt berechnet:

- Bahnneigung i (Δi aus den Almanachdaten):
$$i = i_{Mittel} + \Delta i ; \tag{F.23}$$

- Umlaufzeit T (ΔT aus den Almanachdaten):
$$T = T_{Mittel} + \Delta T ; \tag{F.24}$$

- mittlere Winkelgeschwindigkeit (s. D 2.13):
$$n = \frac{2\pi}{T} ; \tag{F.25}$$

- große Halbachse a (s. Gleichung 2.9):
$$a = \sqrt[3]{\frac{GM}{n^2}} ; \tag{F.26}$$

- Zeitdifferenz zwischen Berechnungszeit und Bezugszeit in Sekunden (t_Δ, N^A aus den Almanachdaten):
$$\Delta t_{KN} = (N_T - N^A) \cdot 86.400 + t_{Ber} - t_\beta ; \tag{F.27}$$

- Geschwindigkeit der Änderung der Rektaszension des aufsteigenden Knotens $\dot{\Omega}$: Gleichung 2.10;

- Geschwindigkeit der Änderung des Arguments des Perigäums $\dot{\omega}$: Gleichung 2.11;

- Länge des aufsteigenden Knotens zum Berechnungszeitpunkt (β aus den Almanachdaten):
$$\beta = \beta + (\dot{\Omega} - \omega_e) \cdot \Delta t_{KN} ; \tag{F.28}$$

- Argument des Perigäums zum Berechnungszeitpunkt (ω aus den Almanachdaten):
$$\omega = \omega + \dot{\omega} \cdot \Delta t_{KN} ; \tag{F.29}$$

- exzentrische Anomalie des Knotens (e aus der Navigationsnachricht):
Mithilfe des Zusammenhangs zwischen wahrer und exzentrischer Anomalie – hier: ω (Argument des Perigäums = wahre Anomalie des Knotens) und E_{KN} (exzentrische Anomalie des Knotens) – wird gerechnet:

$$E_{KN} = 2 \cdot \arctan\left[\tan\frac{\omega}{2} \cdot \sqrt{\frac{1-e}{1+e}} \right];$$ (F.30)

- Zeitdifferenz zwischen Knotendurchgang und Perigäumdurchgang:
  (s. Gleichungen 2.7, D 2.14)

$$\Delta T_{KN} = \frac{E_{KN} - e \cdot \sin E_{KN}}{n};$$ (F.31)

- mittlere Anomalie:
  (s. Gleichung D 2.14). Aus der Zeitdifferenz zwischen Perigäumdurchgang und betrachtetem Zeitpunkt wird berechnet:

$$M = n \cdot (\Delta t_{KN} - \Delta T_{KN});$$ (F.32)

- exzentrische Anomalie der Satellitenposition aus Kepler-Gleichung:
  Gleichung 2.7;

- kartesische Satellitenkoordinaten (System des Perigäums):
  Gleichungen 2.4;

- Geschwindigkeit des Satelliten in den Koordinatenachsen (System des Perigäums):
  Formelherleitung s. Leick (1995):

$$\dot{X} = -\frac{n \cdot a \cdot \sin E}{1 - e \cdot \cos E},$$

$$\dot{Y} = -\frac{n \cdot a \cdot \sqrt{1 - e^2} \cdot \cos E}{1 - e \cdot \cos E};$$ (F.33)

- Transformation nach CTS mit den Drehwinkeln ω, β, i;
  Gleichungen 2.12, 2.13.

Anhang G: Messgrößenbestimmung

G.1 Messung der Codephase (Pseudoentfernung)

G.1.1 Messprinzip im Überblick

Gesucht wird für jeden einzelnen Satelliten die Zeitdifferenz zwischen dem Zeitpunkt der Abstrahlung des Satellitensignals vom Satelliten und seiner Ankunft am GNSS-Empfänger.

Der Satellit sendet das mit einem Spreizcode modulierte Signal der Trägerfrequenz f_{Sat} aus. Wegen der Freiraumdämpfung auf der Strecke zwischen Satellit und Antenne ist die Leistung des Empfangssignals äußerst gering. Damit die Dämpfung im Antennenkabel nicht eine weitere Verringerung des Signal-zu-Rausch-Leistungsverhältnisses verursacht, wird das Signal zunächst durch einen in der Antenne integrierten Vorverstärker mit Filter sowie durch weitere Verstärkungsstufen im Hauptgehäuse des Empfängers verstärkt.

Um die weitere Verarbeitung des Signals, z. B. die Digitalisierung, zu erleichtern, wird das empfangene und danach verstärkte Satellitensignal mithilfe eines Frequenzumsetzers (Mischers) in einen Bereich mit niedrigerer Frequenz umgesetzt. Der Mischer bekommt seine Umsetzfrequenz f_0 von einem stabilen Referenzoszillator. Bei der Frequenzumsetzung bleiben alle im empfangenen Satellitensignal enthaltenen Phasenlagen und damit auch die durch den Spreizcode bewirkten Phasensprünge erhalten. Das heruntergemischte Signal ist also in seinen wesentlichen Eigenschaften identisch mit dem empfangenen Signal.

Aus dem heruntergemischten Signal kann die gesuchte Zeitdifferenz abgeleitet werden, wenn es dem Empfänger gelingt, eine Kopie des heruntergemischten Signals mit folgenden Eigenschaften zu erzeugen:

- Die Kopie hat einen Träger gleicher Frequenz und Phasenlage wie das heruntergemischte Satellitensignal,
- die Kopie ist mit dem gleichen Spreizcode moduliert wie das empfangene Signal,
- die Modulation ist synchron zur Modulation des empfangenen Signals (Modulation in gleicher Codephase).

Zur Erzeugung dieser Signalkopie muss der Empfänger von zweierlei ausgehen:

1. Das empfangene Signal ist um einen unbekannten Betrag aufgrund der Doppler-Frequenz verschoben.
2. Der Spreizcode des empfangenen Signals ist – wegen der Laufzeit des Signals – zeitverschoben gegenüber einem im Empfänger erzeugten Signal, das zu dem Zeitpunkt erzeugt wird, zu dem auch das Satellitensignal erzeugt wird.

Größe und Wert der Frequenzverschiebung sind abhängig von der Geschwindigkeit, mit der sich der Satellit auf den Empfänger zubewegt, und von einer eventuellen Bewegung des Empfängers. Zusätzlich verursacht ein Abweichen des Empfängeroszillators von seiner Sollfrequenz eine scheinbare Doppler-Verschiebung. Butsch (2001) bezeichnet die Änderung der Frequenz des Referenzoszillators, z. B. durch Temperaturdrift, als Pseudo-Doppler.

Diese drei Einflüsse

- relative Geschwindigkeit des Satelliten,
- Geschwindigkeit des Empfängers,
- Pseudo-Doppler

führen dazu, dass mit einer Frequenzverschiebung von etwa ±8 kHz gerechnet werden muss. Der Empfänger muss also innerhalb eines 16-kHz-Bands nach einem Signal mit den oben beschriebenen Eigenschaften suchen.

Der Wert der Codeverschiebung ist abhängig von der Laufzeit des Satellitensignals.

Die Suche im Frequenzbereich wird in sogenannten Frequenz-Bins durchgeführt. Ein Frequenz-Bin umfasst üblicherweise einen Bereich von 500 Hz. Zunächst wird im Frequenz-Bin mit den Grenzen [−250 Hz, +250 Hz] gesucht. Danach erfolgt die Suche in den Bins [+250 Hz, +500 Hz] und [−250 Hz, −500 Hz] usw. Das führt dann dazu, dass damit gerechnet werden muss, dass 33 verschiedene Frequenzbereiche zu durchsuchen sind. Gleichzeitig muss aber auch die Codeverschiebung ermittelt werden.

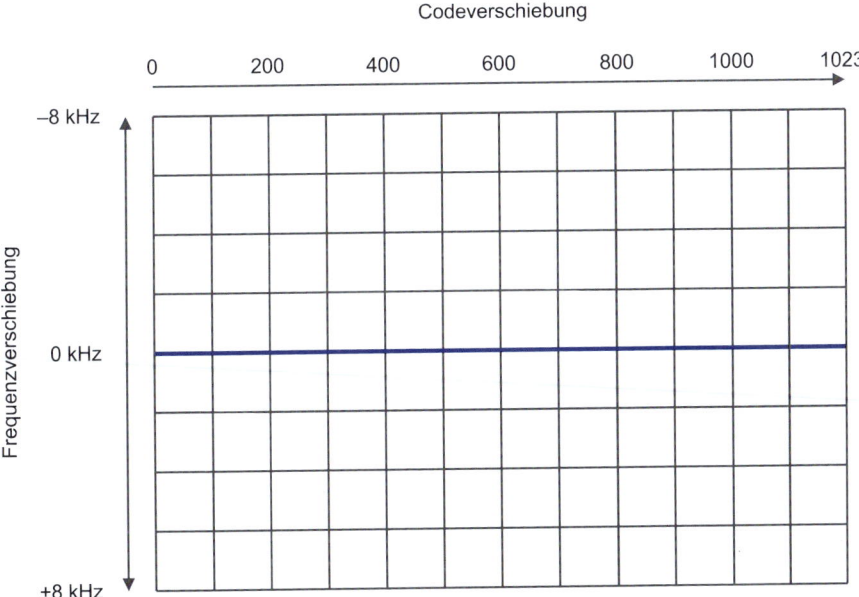

Abb. G.1: Frequenz-/Code-Verschiebungsraum

Die Suche im Zeitbereich wird üblicherweise in Intervallen von einem halben Chip des Codes durchgeführt. Die Anzahl der möglichen Codeverschiebungen ist abhängig von der Länge des Codes. Der C/A-Code des GPS-Signals hat die Länge 1.023. Üblicherweise erfolgt die Suche in Intervallen von einem halben Chip. Damit ergeben sich für diesen Fall insgesamt $1.023 \cdot 2 \cdot 33 = 67.518$ mögliche Suchvorgänge im Frequenz-/Code-Verschiebungsraum. Würde sich der Empfänger mit einer Übereinstimmung von empfangenem Spreizsignal und empfängererzeugtem Signal im Bereich eines halben Chips begnügen, so ergäbe sich beim C/A-Code eine Genauigkeit der daraus abgeleiteten Pseudostrecke von etwa 150 m. Daher ist der beschriebene Vorgang nur geeignet, eine erste Näherung zu finden. Die Suche muss deshalb noch verfeinert werden (s. Abschnitt G.1.1.2).

Eingeschränkt werden kann dieser Suchvorgang, wenn der Empfänger auf der Grundlage von Näherungskoordinaten für den Empfänger und den Satelliten die zu erwartende Doppler-Frequenzverschiebung des Satellitensignals und die zu erwartende Codeverschiebung vorausberechnen kann.

G.1.1.2 Verfeinerung der Messung

Abbildung G.2 ist ein vereinfachtes Blockschaltbild *eines* Kanals. In ihm wird das Signal *eines* Satelliten verarbeitet. Da zur Positionsbestimmung die Signale von mindestens vier Satelliten verarbeitet werden müssen, gibt es in modernen Satellitenempfängern mindestens vier, meistens aber mehr derartiger Empfangskanäle. Der Referenzoszillator wird von allen Kanälen gemeinsam genutzt, ist somit nicht Bestandteil des jeweiligen Kanals.

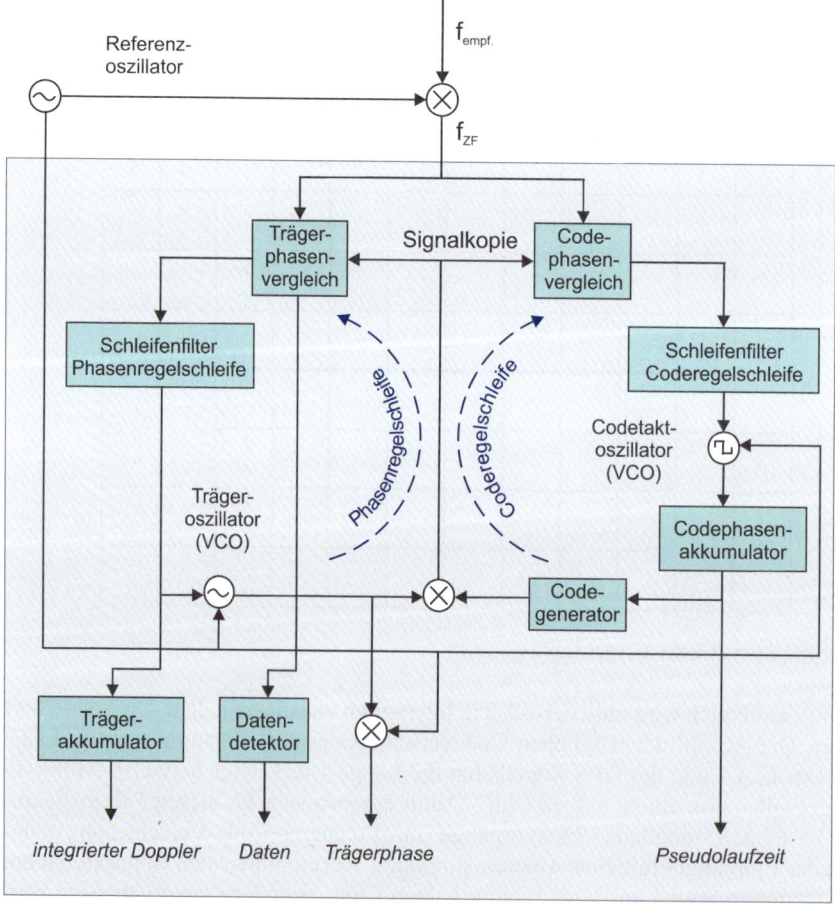

Abb. G.2: Kanal zur Gewinnung der GNSS-Messgrößen

Zum leichteren Verständnis wird hier nur das mit einem Spreizcode modulierte Signal eines Satelliten betrachtet. Dabei verzichten wir auf die Darstellung der Amplitude des Signals und der Summe von Phasenrauschen und Frequenzabweichung. Zur Darstellung der Zeit verwenden wir die Zeitskala der Satellitenuhr, von der wir zunächst einmal annehmen, dass sie fehlerfrei ist.

Zum Zeitpunkt T kommen die Daten bzw. Spreizcodechips am Satellitenempfänger an, die zum Zeitpunkt $(T - \tau)$ vom Satelliten ausgestrahlt wurden. Dabei ist τ die unbekannte Zeitdauer, die das Signal braucht, um die Strecke R vom Satelliten bis zum Satellitenempfänger mit der Ausbreitungsgeschwindigkeit v zu durchlaufen. Somit kann das zum Zeitpunkt T am Empfänger ankommende Empfangssignal wie folgt beschrieben werden (s. Gleichungen 2.28 bzw. 2.135):

$$L = X(T - \tau) \cdot D(T - \tau) \cdot \cos\big(2\pi \cdot (f \cdot T - f \cdot \tau)\big). \tag{G.1}$$

Dieses Signal wird mit einem im Satellitenempfänger erzeugten Referenzsignal f_0 gemischt. Da bei dem Satellitenempfänger von einem zu jeder Messepoche unterschiedlichen Uhrenfehler Δt ausgegangen werden muss, wird bei Verwendung der Zeitskala der Satellitenuhr das im Empfänger erzeugte Referenzsignal wie folgt beschrieben:

$$U = \cos\big(2\pi \cdot f_0 \cdot \{T + \Delta t\}\big) = \cos\big(2\pi \cdot \{f_0 \cdot T + f_0 \cdot \Delta t\}\big). \tag{G.2}$$

Anhand der Gleichung 2.28 kann abgelesen werden, dass das Produkt aus Frequenz und Zeit einem Phasenwert entspricht. Damit wird aus Gleichung G.2:

$$U = \cos\big(2\pi \cdot \{f_0 \cdot T + \Delta\varphi\}\big). \tag{G.3}$$

Für das heruntergemischte Signal ergibt sich[122] somit:

$$M = X(T - \tau) \cdot D(T - \tau) \cdot \cos\big(2\pi \{f \cdot T - f \cdot \tau - f_0 \cdot T - \Delta\varphi\}\big). \tag{G.4}$$

Wie aus dem Vergleich der Gleichungen G.1 und G.2 ablesbar, ist das heruntergemischte Signal zu jedem Zeitpunkt um den Betrag des Uhrenfehlers phasenversetzt gegenüber dem Eingangssignal.

Im Empfänger wird eine Nachbildung des heruntergemischten Empfangsignals erzeugt. Dafür erzeugt ein Codegenerator den Spreizcode sowie ein Trägeroszillator näherungsweise die Frequenz des heruntergemischten Empfangssignals. So entsteht eine erste Signalkopie. Wegen der Doppler-Verschiebung des Empfangssignals unterscheiden sich bei der Signalkopie der Takt des Spreizcodes sowie dessen Trägerfrequenz von den Takten des Empfangssignals[123]. Außerdem ist der Zeitpunkt, zu dem das am Empfänger ankommende Satellitensignal vom Satelliten ausgestrahlt wurde, unbekannt, sodass empfangene Spreizcodesequenz und die im Empfänger erzeugte Spreizcodesequenz zeitlich zueinander versetzt sind. Ziel der nun im Empfänger folgenden Vorgänge ist, eine exakte Kopie des Empfangssignals zu erzeugen und daraus die GNSS-Messgrößen abzuleiten. Dazu wird die Signalkopie einer Coderegelschleife und einer Phasenregelschleife zugeführt, die die Synchronisation von Empfangssignal und Signalkopie bewerkstelligen.

Die *Coderegelscheife* ermittelt durch Korrelation die zeitliche Verschiebung der Spreizcodes von Empfangssignal und Signalkopie und gewinnt daraus ein Fehlersignal, das die Frequenz des Codetakt-Oszillators so variiert, dass beide Codes synchron werden (s. dazu Abschnitt 2.7.6.1).

---

[122] Die Gleichung kann analog zu Gleichung 2.148 in Abschnitt 2.7.8 hergeleitet werden.
[123] Im Folgenden verstehen wir unter Empfangssignal immer das heruntergemischte Empfangssignal.

Wenn wir zunächst einmal unterstellen, dass die Entfernung zwischen Satellit und Satellitenempfänger konstant ist, wenn wir also Doppler-Effekte ausschließen, ist es zum Auffinden des Maximums der Korrelationsfunktion lediglich erforderlich, den *Zeitpunkt der Erzeugung des Codes* im Codegenerator des Empfängers auf die Zeit $T - \tau$ zu legen. Es muss also lediglich die Codeerzeugung im Empfänger entsprechend der Laufzeit des Satellitensignals verzögert erzeugt werden. Tatsächlich unterliegt die am Empfänger wahrgenommene Codetaktfrequenz des Satellitensignals aber noch einer Doppler-Verschiebung. Diese Doppler-Verschiebung muss zusätzlich bei der Erzeugung des Codesignals im Empfänger berücksichtigt werden.

In der *Phasenregelschleife* werden *Frequenz und Phasenlage* des Träges der Signalkopie auf die Frequenz und Phasenlage des Empfangssignals synchronisiert. Dies geschieht dadurch, dass zunächst ein Phasenvergleich stattfindet und abhängig vom Phasenunterschied die Trägerfrequenz der Signalkopie solange variiert wird, bis die Signale synchron sind. Wenn dies gelungen ist, liegt eine bestmögliche Kopie des empfangenen Signals vor. Damit ist die *Signalakquisition* abgeschlossen. Diesen Zeitpunkt nennen wir T_0. Zum Zeitpunkt T_0 liegt dann als erste Messgröße die Zeit ΔT vor, die das Codesignal entsprechend der Empfängeruhr benötigt, um vom Satelliten zum Satellitenempfänger zu gelangen.

Nach erfolgreicher Signalakquisition erfolgt die Erzeugung des Codes im Empfänger synchron zu dem Code, der auf dem heruntergemischten Signal liegt. Mit diesem empfängergenerierten Code wird das empfangene Signal demoduliert. Dies führt dazu, dass die auf der Codierung beruhenden Phasensprünge im empfangenen Signal rückgängig gemacht werden (s. Abschnitt 2.7.6). Das heruntergemischte Signal enthält dann nur noch die Phasensprünge, die aufgrund der übertragenen Daten in dem Signal enthalten sind. Ein Datendetektor liest aus diesem Signal den Wert des aktuell empfangenen Daten-Bits. Diese Daten werden dem Navigationsrechner zur Verfügung gestellt.

Nach der Signalakquisition wird durch ständige Nachführung der im Empfänger hergestellten Signalkopie an das empfangene Signal dafür gesorgt, dass die Verzögerung ΔT ständig zur Verfügung steht und beide Signale in Frequenz und Phase übereinstimmend bleiben. Daraus werden dann die weiteren Messgrößen abgeleitet (s. Abschnitt G.2).

G.2   Messung der Trägerphase

Mit der Codephase liegt eine Messungsgröße vor, deren Genauigkeit bei modernen GPS-Empfängern im Dezimeterbereich (< 50 cm) liegt. Wenn Genauigkeiten im Zentimeter- oder Millimeterbereich benötigt werden, müssen Messungen an der Trägerphase des Satellitensignals durchgeführt werden.

Die Satellitenempfänger verfügen über die Fähigkeit, zu im Voraus festgelegten Epochen T_i der GPS-Zeit die Differenz folgender Größen zu bestimmen:

1. Größe

   Die Phase Φ_R einer im Empfänger erzeugten, nominell konstanten Referenzfrequenz f_R. Da von der Empfängeruhr nicht angenommen werden kann, dass ihre Zeit exakt mit der GPS-Zeit übereinstimmt, findet die Messung tatsächlich nicht zum Zeitpunkt T_i, sondern zum Zeitpunkt $T_i + \Delta t_i$ statt.
   Betrachtet werden also die Phasen $\Phi_R(T_i + \Delta t_i)$ der Referenzfrequenz f_R.

2. Größe

Die Phase Φ_S des rekonstruierten – und von den Phasensprüngen befreiten – Satellitensignals. Das entsprechende Phasenereignis wurde zum unbekannten Zeitpunkt T_{Si} (Zeit der Sendung des Signals) vom Satelliten ausgesendet.

Betrachtet werden also die Phasen $\Phi_S(T_{Si})$ des Satellitensignals.

[Hinweis: Die Darstellung $\Phi(T)$ (in Worten „Phi von T") bezeichnet eine Funktion. Z. B. bedeutet $\Phi_R(T_i + \Delta t_i)$: die Phase des Referenzsignals zum Zeitpunkt T_i plus Δt_i.]

Remondi (1985) veranschaulicht die Gewinnung der Messgröße in folgendem Bild (s. Abb. G.3):

- In dem GPS-Empfänger gibt es einen Oszillator, der das Signal der nominellen GPS-Trägerfrequenz zur Verfügung stellt. Das Signal wird in dem Bild durch einen in dem Empfänger befindlichen Oszillographen dargestellt. In der Mitte des Oszillographen befindet sich ein „Faden", an dem man zu den Messepochen die jeweils aktuelle Phasenlage des Signals ablesen kann.
- Ein zweiter Oszillograph stellt das am Empfänger ankommende Signal – mit vorab beseitigten Phasensprüngen der Codierung und der Daten – dar. Auch zu diesem Oszillographen gehört ein „Faden" zur Ablesung der aktuellen Phasenlage des Signals.

Die Phasenlagen der Signale werde zu den Messepochen T_1, T_2, ... T_n miteinander verglichen. Ihre Differenz repräsentiert die Messgröße.

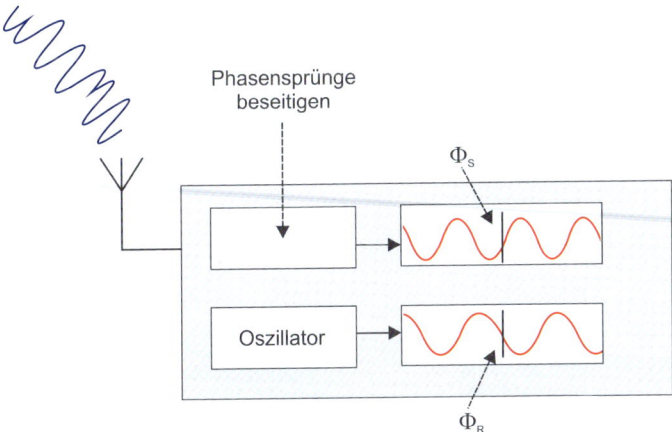

Abb. G.3: Differenz der Phasen von Satellitensignal und Referenzsignal

Die technische Realisierung dieses Vorgangs ist im Detail ein komplexer Vorgang. Dessen Einzelheiten werden von den Empfängerherstellern aus Wettbewerbsgründen nicht veröffentlicht. Eine detaillierte Beschreibung des Grundprinzips finden interessierte Leser bei Bauersima (1983). Hier kann und soll dieses Grundprinzip nur in sehr vereinfachter Form dargestellt werden.

Die Messungsgröße wird unter Verwendung der in Abbildung G.4 als Phasenregelschleife bezeichneten Schaltung des GPS-Empfängers gewonnen. Die etwas genauere Bezeichnung für diese Schaltung lautet *phasengesteuerte* Regelschleife. In der nachrichtentechnischen Literatur wird allgemein die englische Bezeichnung Phase Locked Loop mit der Abkürzung PLL verwendet.

Eine PLL hat die Funktion, einen Träger zu erzeugen, der in Frequenz und Phase mit der Frequenz und Phase eines vorgegebenen Trägers übereinstimmt. In den Empfangskanälen der GPS-Empfänger werden durch PLLs Signale erzeugt, die in Frequenz und Phase mit dem vom Satelliten ausgesandten, vom Empfänger wahrgenommenen und danach heruntergemischten Signal übereinstimmen. Wie in Abschnitt G.1 beschrieben, ist dieses Signal durch die Vorgänge in der Coderegelschleife von dem Spreizcode befreit. Das Signal enthält nur noch die durch die Daten verursachten Phasensprünge.

Es gibt PLLs unterschiedlicher Ausprägung. Wenn das in der PLL zu behandelnde Eingangssignal Phasensprünge enthält, die z. B. als Binärdaten aufzufassen und auszulesen sind, wird eine PLL nach Costas benötigt (Butsch 2001). Wir berücksichtigen diesen hier zutreffenden Aspekt zunächst nicht. Vielmehr gehen wir mit Sklar (1988) davon aus, dass *jede* PLL prinzipiell aus den drei Komponenten Phasenkomparator, Tiefpassfilter und spannungsgesteuerter Oszillator (**V**oltage **C**ontrolled **O**scillator: VCO) besteht (s. Abb. G.4). Dem Phasenkomparator werden die Signale s(t) und r(t) zugeführt.

Im GPS-Empfänger ist das Signal $s(t)$ das heruntergemischte, Doppler-verschobene und vom Code befreite Satellitensignal. Das Signal $r(t)$ hat zunächst die vom Referenzoszillator zur Verfügung gestellte Frequenz eines heruntergemischten, nicht Doppler-verschobenen Satellitensignals.

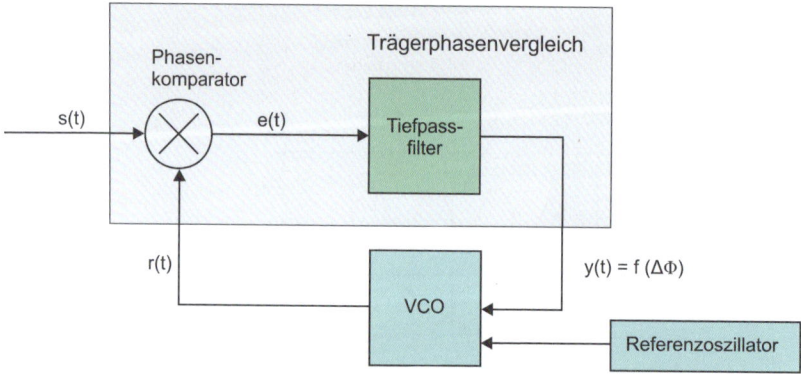

Abb. G.4: Blockschaltbild einer PLL

Im Phasenkomparator der PLL wird ein Vergleich der Phase des vorgegebenen Trägers $s(t)$ mit der Phase des Trägers $r(t)$ durchgeführt. Dies geschieht durch Mischung der Träger $s(t)$ und $r(t)$. Durch Filterung des Mischsignals $e(t)$ mittels eines Tiefpassfilters wird das in dem Mischsignal enthaltene Signal hoher Frequenz eliminiert (s. Abschnitt 2.7.8). Die Phasenlage des herausgefilterten Signals der niedrigen Frequenz ist gleich der Differenz von den Phasenlagen des Signals $s(t)$ und des VCO-Signals $r(t)$. Aus dieser Phasendifferenz wird ein Steuersignal $y(t)$ für den VCO abgeleitet. Dieses Steuersignal ist proportional zu der festgestellten Phasendifferenz. Bei nacheilender Phase des VCO erhöht sich die Frequenz des erneut vom VCO erzeugten Signals $r(t)$, bei voreilender Phase wird die Frequenz des im VCO erzeugte Signals $r(t)$ verringert.

So wird bei nicht übereinstimmender Phase der Signale $s(t)$ und $r(t)$ durch den VCO die Frequenz des Trägers $r(t)$ verändert. Dieser veränderte Träger wird erneut dem Phasenkomparator zugeführt und erneut mit dem Signal $s(t)$ gemischt. So wird ein neues Steuersignal für den VCO erzeugt. Dieser permanent ablaufende Vorgang führt nach einer gewissen Einschwingzeit der PLL dazu, dass Frequenz und Phasenlagen der Signale $s(t)$ und $r(t)$ bis auf einen unvermeidlichen Nachführfehler übereinstimmen. Dies ist auch dann möglich, wenn sich die Frequenz des Signals $s(t)$ ständig verändert, z. B. durch eine Doppler-Frequenzverschiebung des Satellitensignals.

Dabei ist noch zu beachten, dass bei zwei Signalen mit unterschiedlicher Frequenz, aber zu einem bestimmten Zeitpunkt mit gleicher Phasenlage die gleiche Phasenlage nur für genau diesen Zeitpunkt vorliegt. Nach diesem Zeitpunkt haben die Signale wieder unterschiedliche Phasenlagen. Damit ist sichergestellt, dass in der PLL nicht nur unterschiedliche Phasenlagen, sondern auch unterschiedliche Frequenzen erkannt und berücksichtigt werden.

Zusammenfassend ist festzustellen, dass es nach einer gewissen Einschwingzeit der PLL gelingt, eine von Phasensprüngen befreite Kopie des Satellitensignals zu erzeugen. Bei der Kopie ist das Messrauschen des Satellitensignals weitestgehend eliminiert. Der Zeitpunkt, zu dem die Herstellung der Signalkopie zum ersten Mal gelingt, bezeichnen wir als den Zeitpunkt T_0.

Zu diesem Zeitpunkt kann auch erstmalig die Differenz der Phase der Signalkopie gegenüber der Phase des im Empfänger erzeugten Referenzträgers gemessen werden. Dazu wird die Signalkopie mit dem Referenzträger gemischt und die Phase des dabei entstehenden niederfrequenten Mischsignals kann gemessen werden. Für die so gemessene Phase Φ_m gilt dann

$$\Phi_m = \Phi_{Sat} - \Phi_R. \tag{G.5}$$

Wir formulieren diese Differenzbildung einmal mathematisch. Dazu rufen wir uns in Erinnerung, dass für die im Empfänger erzeugten Phasen gilt

$$\Phi_R = f \cdot t \tag{G.6}$$

Für die Phasen des am Empfängerort ankommenden Satellitensignals gilt

$$\Phi_{Sat} = f \cdot t - \frac{X}{v} \cdot f. \tag{G.7}$$

In Gleichung G.7 stellt der Term $\frac{X}{v}$ die Zeit dar, den das Satellitensignal benötigt, um vom Satelliten zum Empfänger zu gelangen: die Signallaufzeit τ.

Da wir davon ausgehen müssen, dass die Signallaufzeit keine ganzzahlige Vielfache der Schwingungsdauer T des vom Satelliten kommenden Signals ist, gilt für die Laufzeit τ des Satellitensignals:

$$\tau = \frac{X}{V} = N \cdot T + \Delta t. \tag{G.8}$$

Mit $\Delta\Phi = f \cdot \Delta t$ bzw. $\Delta t = \dfrac{\Delta\Phi}{f}$ wird daraus

$$\tau = \frac{X}{V} = N \cdot T + \frac{\Delta\Phi}{f} \,. \tag{G.9}$$

Wir bilden jetzt die Differenz von den im Empfänger gebildeten und den empfangenen Phasen (Gleichungen G.6 und G.7) und erhalten

$$\Phi_{Sat} - \Phi_R = -\frac{X}{v} \cdot f \,. \tag{G.10}$$

Wir setzen Gleichung G.9 in Gleichung G.10 ein und erhalten unter Berücksichtigung der Beziehung $T = \dfrac{1}{f}$ die Gleichung

$$\Phi_{Sat} - \Phi_R = -(N + \Delta\Phi) \tag{G.11}$$

und schließlich

$$-\Delta\Phi = \Phi_{Sat} - \Phi_R + N \,. \tag{G.12}$$

Mathematisch stellt sich also die Differenz zwischen dem Satellitensignal und dem Empfangssignal wie folgt dar:

$$\Phi_m = -\Delta\Phi = \Phi_{Sat} - \Phi_R + N \,. \tag{G.13}$$

Physikalisch stehen für die Differenzbildung aber nicht die Phasen selbst zur Verfügung, sondern nur deren Amplituden, also die Arcussinuswerte der Phasenwinkel. Diese wiederholen sich aber nach Ablauf einer ganzen Phase, sie sind also mehrdeutig. Bei der Messung nach Gleichung G.5 kann also nur eine Phasendifferenz zwischen 0 und 1 gemessen werden.

Um dies zu verdeutlichen, stellen wir in Abbildung G.5 die Amplituden des Referenzsignals und die des empfangenen Signals am Empfängerort als Funktion der Zeit dar. Die Zeitskala beginnt in diesem fiktiven Beispiel zum Zeitpunkt „null". Die Signalerzeugung möge in diesem Beispiel im Satelliten und im Empfänger zu diesem Zeitpunkt beginnen.

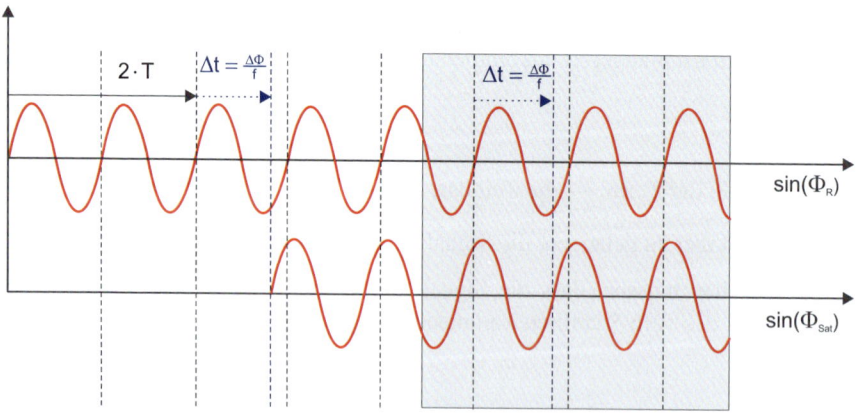

Abb. G.5: Satellitenphasen und Referenzphasen am Empfängerort

Wegen der Zeit, die das Satellitensignal benötigt, um vom Satelliten bis zum Empfänger zu gelangen, wird am Empfänger das Satellitensignal zum Zeitpunkt τ wahrgenommen. Zu diesem Zeitpunkt ist die Erzeugung der Phasen der Referenzfrequenz schon fortgeschritten.

Bei einer vollständigen Bestimmung der Differenz der Phasen dieser Signale ergäben sich in diesem fiktiven Beispiel zwei ganze Phasen und ein Phasenbruchteil $\Delta\Phi$. In der Realität gibt es die Situation nicht, dass ein Satellit zu dem Zeitpunkt, zu dem der Satellitenempfänger eingeschaltet wird, mit der Erzeugung seines Signals beginnt. Vielmehr erzeugt er sein Signal permanent, der Empfänger wird irgendwann eingeschaltet. Der Empfänger „sieht" nur die Phasen zweier gegeneinander phasenverschobener Signale – die in dem grau hinterlegten Kasten der Abbildung G.5 dargestellte Situation. Dort ist nur erkennbar, um welchen Phasenbruchteil $\Delta\Phi$ sich die beiden Wellenzüge unterscheiden. Die Anzahl der ganzzahligen Phasen, um die sich die beiden Wellenzüge unterscheiden, ist unbekannt. Die nach Gleichung G.5 gemessene Größe ist daher lediglich die Phasenverschiebung, die notwendig ist, um das im Empfänger erzeugte Signal mit dem empfangenen Signal in Bezug auf *einen* Wellenzug zur Deckung zu bringen.

Wir müssen der gemessenen Phasendifferenz einen unbekannten Mehrdeutigkeitsterm N hinzufügen, um den Zusammenhang zwischen der vollständigen Phasendifferenz der Signale und der gemessenen Phasengröße zu bekommen. Aus Gleichung G.5 wird so also

$$\Phi_m = \Phi_{Sat} - \Phi_R + N \; . \tag{G.14}$$

Diese Messung wird erstmalig zum Zeitpunkt T_0 durchgeführt. Wir kennzeichnen in Gleichung G.14 diesen Zeitpunkt und schreiben Gleichung G.14 wie folgt:

$$\Phi_m\left(T_0\right) = \Phi_{Sat}\left(T_0\right) - \Phi_R\left(T_0\right) + N\left(T_0\right) \; . \tag{G.15}$$

Bei jeder zu späteren Zeitpunkten T_i durchgeführten neuen Messung erhalten wir eine entsprechende Gleichung und damit jedes Mal einen neuen Mehrdeutigkeitsterm. Dies würde bei der später zu behandelnden Auswertung von Gleichung G.5 zum Zweck der Positionsbestimmung zu unlösbaren Problemen führen. Hier hilft der in Abbildung G.2 dargestellte Trägerakkumulator.

In den GPS-Empfängern werden nach dem Zeitpunkt T_0 – dem Abschluss der Signalakquisition – laufend die während eines sehr kleinen Zeitintervalls dt, der von der Empfängeruhr bestimmt wird, die durch die Frequenz- und Phasenanpassung verursachten Frequenzänderungen Δf des Signals $r(t)$ registriert. In dem als Trägerakkumulator bezeichneten Bauteil werden die Produkte $dt \cdot \Delta f_i = \Delta\Phi_i$ aufsummiert bzw. akkumuliert.

Phasenmessungen nach Gleichung G.15 werden zu Zeitpunkten vorgenommen, die jeder Nutzer vorgeben kann. Bei Durchführung dieser Messung wird gleichzeitig der Trägerakkumulator ausgelesen. Da bei dem Satellitenempfänger von einem zu jedem Zeitpunkt unterschiedlichen Uhrenfehler Δt ausgegangen werden muss, werden die aufsummierten Phasenänderungen zum Zeitpunkt $T_i + \Delta t_i$ aus dem Doppler-Akkumulator ausgelesen. Damit liegt zu jedem Zeitpunkt $T_i + \Delta t_i$, folgende weitere *Phasen*messgröße vor:

$$\Phi_{Akk}\left(T_i + \Delta t_i\right) = \sum_{i=1}^{\frac{(T_i + \Delta t_i) - T_0}{dt}} \Delta f_{Dopp}\left(i\right) \cdot dt = \sum_{i=1}^{\frac{(T_i + \Delta t_i) - T_0}{dt}} \Delta\Phi_i \; . \tag{G.16}$$

Um den Betrag dieser Messgröße hat sich die Phase des Signals $s(t)$ nach dem Zeitpunkt T_0 – nach Abschluss der Signalakquisition – verändert.

Die Messgrößen nach Gleichung G.15 und Gleichung G.16 werden nunmehr in folgender Weise in Verbindung gebracht (Wells u. a. 1986):

$$\Phi\left(T_i + \Delta t_i\right) = \Phi_m\left(T_i + \Delta t_i\right) + \left\{N\left(T_0\right) + \text{Int}\left[\Phi_{Akk}\left(T_i + \Delta t_i\right)\right]\right\} = \Phi_m\left(T_i + \Delta t_i\right) + N . \qquad \text{(G.17)}$$

In Gleichung G.17 bedeuten

$\Phi_m(T_i + \Delta t_i):$ gemessener Phasenbruchteil zum Zeitpunkt T_i,

$N\left(T_0\right):$ unbekannter Mehrdeutigkeitsterm zum Zeitpunkt T_0,

$\text{Int}\left[\Phi_{Akk}\left(T_i + \Delta t_i\right)\right]:$ *ganzzahlige* Phasenänderungen zwischen T_0 und T_i.

Somit erhalten wir die für jeden Zeitpunkt gültige Messgröße

$$\Phi_m\left(T_i + \Delta t_i\right) = \Phi_{Sat}\left(T_i + \Delta t_i\right) - \Phi_R\left(T_i\right) + \Delta t_i + N . \qquad \text{(G.18)}$$

Bei nicht gestörter Messung haben wir also für jeden Satelliten nur *einen* unbekannten Mehrdeutigkeitsterm N.

Gleichung G.18 ist die aus Messungen an dem heruntergemischten Signal hervorgehende Phasenmessgröße. Sie stellt die Differenz der Phasenlage des empfangenen Satellitensignals gegenüber der Phasenlage der im Empfänger erzeugten nominellen Satellitenfrequenz dar.

In einem Gedankenexperiment gehen wir einmal davon aus, dass sich ab dem Zeitpunkt T_0 – also zum Ende der Akquisitionsphase – die Entfernung Satellit – Satellitenempfänger nicht mehr ändert. Dann tritt bei dem einkommenden Signal kein Doppler-Effekt auf. Unter dieser Voraussetzung ist die Frequenz des empfangenen Satellitensignals konstant. Eine weitere Nachführung des VCO-Signals an das Satellitensignal findet nicht mehr statt und die im Trägerakkumulator stehende Messgröße ist gleich „null", die Differenz der Phasen zwischen dem heruntergemischten Signal und dem Referenzsignal ist konstant. Die Phasenmessgröße ist konstant.

Durch die Bewegung des Satelliten und ggf. auch des Empfängers ändert sich aber die Entfernung Satellit – Satellitenempfänger. Wird die Strecke kürzer – nähert sich der Satellit also dem Empfänger – wird die ankommende Welle gleichsam in den Empfänger hinein geschoben. Es kommt zu einer Doppler-Frequenzverschiebung im Sinne einer Erhöhung der Empfangsfrequenz des Empfangssignals. An diese Frequenz und Phase wird in der PLL das VCO-Signal ständig angepasst und der Trägerakkumulator nimmt ständig neue Werte an. Außerdem ist die Differenz der Phasen zwischen dem heruntergemischten Signal und dem Referenzsignal zu jedem Zeitpunkt verschieden. Die Phasenmessgröße ändert sich also von Messzeitpunkt zu Messzeitpunkt.

Bedingt durch die Doppler-Verschiebung aufgrund der Relativbewegung zwischen Satellit und Empfänger kommt das Signal beim Empfänger mit der leicht geänderten Trägerfrequenz f_{empf} an (mit $|f_{Sat} - f_{empf}| \leq 4{,}5$ kHz).

Autokorrelation ist der Prozess, die ganze Folge (den Code) mit einer „verzögerten" Version von sich selbst zu multiplizieren und dann das Ergebnis aufzusummieren. Wenn die Verzögerung „null" ist, werden alle +1 und –1 miteinander multipliziert, und man bekommt ein Korrelationsmaximum (correlation peak). Wenn man das normiert, in dem man die aufsummierten Werte durch die Anzahl der Werte (samples) dividiert, hat das Maximum den Wert 1.

Anhang H: Datenformate

Für den Austausch von Rohdaten und Ergebnissen verwendet fast jeder Hersteller innerhalb seiner Produktpalette, die vom Satellitenempfänger über die Auswertesoftware bis zur grafischen Darstellung der Ergebnisse reichen kann, eigene Datenformate. Um aber die Produkte unterschiedlicher Hersteller ohne große Probleme gemeinsam nutzen zu können, sind Datenformate notwendig, die zum einen präzise definiert und veröffentlicht sind und zum anderen auch allgemein akzeptiert und von möglichst allen Produktanbietern unterstützt werden.

Im Bereich der satellitengestützten Navigationssysteme haben sich in den letzten zehn Jahren drei Datenformate für unterschiedliche Anwendungen durchgesetzt. Das RINEX-Format dient der Speicherung und dem Austausch von Rohdaten für nachträgliche Datenverarbeitung. Das RTCM-Format wird zur Echtzeitübertragung der Beobachtungen verwendet. Und das NMEA-Format wird insbesondere für die Übertragung von Positionsinformationen eingesetzt.

Das RINEX-Format wurde vorwiegend vom International GNSS Service (IGS) – also von wissenschaftlicher Seite – entwickelt, das RTCM-Format hat seinen Ursprung in der Marine – im Radio Technical Commission for Maritime Services – Special Committee 104 (RTCM-SC104). Da es bei beiden Gruppen ein hohes Maß an übereinstimmenden Interessen gibt, arbeiten die Institutionen seit spätestens 2009 eng zusammen und wirken gemeinsam in einer Arbeitsgruppe an der Fortentwicklung der entsprechenden Datenformate.

H.1   RINEX

Das *Receiver Independent Exchange Format* (RINEX, empfängerunabhängiges Austauschformat) wurde erstmals 1989 definiert. Es dient der Speicherung und dem Austausch von Beobachtungen und Ephemeriden von GPS, GLONASS und ähnlichen (zukünftigen) Systemen. Es ist ein ASCII-Format, welches den Datenaustausch zwischen verschiedenen Rechnersystemen vereinfacht. Das RINEX-Format hat sich international allgemein durchgesetzt. So gut wie alle Hersteller von GPS-Empfängern stellen Programme zur Verfügung, die ihre binär abgelegten Rohdaten in das RINEX-Format umwandeln. Ebenso können fast alle Auswerteprogramme Rohdaten, die in diesem Format vorliegen, importieren. Das RINEX-Format wurde ursprünglich von Werner Gurtner (gest. 2009), Universität Bern, entwickelt und nach Diskussionen mit den Nutzern aktuellen Gegebenheiten angepasst.

Seit Januar 2017 liegt RINEX in der Version 3.03 vor. Die RINEX-3-Version wurde insbesondere als Reaktion auf die Einführung von Galileo und das verbesserte GPS mit neuen Frequenzen und Beobachtungstypen entwickelt. Eine ausführliche, 95 Seiten lange Beschreibung steht im Internet kostenfrei zur Verfügung.

Das grundlegende Konzept hat sich auch in den neueren Versionen nicht geändert. Der wesentliche Unterschied zwischen den Versionen 2.11 und der Version 3.x ist, dass in Version 3.x die kompletten Beobachtungen aller GNSS unterstützt werden. Im SA*POS*®-Dienst der deutschen Landesvermessung wird zurzeit noch die Version 2.11 verwendet. Diese Version soll im Folgenden beschrieben werden.

Das RINEX-Format unterscheidet insbesondere zwei Dateitypen: Beobachtungsdatei (*Observation Data File*) und Satellitenbahndateien (*Navigation Message Files*). Jede Datei besteht aus einem Kopf (*Header*) mit Informationen, die für die gesamte Datei gültig sind, und den eigentlichen Daten. Die Beobachtungsdatei kann folgende Beobachtungsgrößen enthalten:

- den Zeitpunkt der Messung (die Epoche) im Zeitrahmen des Empfängers,
- Code-Pseudostrecken (in Metern),
- Trägerphasen (in Zyklen, d. h. in der Anzahl Wellenlängen),
- Doppler-Frequenzverschiebung (in Hertz),
- Signal-Rausch-Verhältniswerte (in empfängerspezifischen Einheiten).

Folgendes Beispiel zeigt

1. den Dateikopf mit Angaben zum Beobachter, Empfängertyp, Antennentyp, Beobachtungsgrößen etc.;
2. die erste Zeile einer Beobachtungsepoche, die u. a. die Zeitangabe und die Satelliten-PRN-Nummern enthält;
3. einen Beobachtungsblock mit einer Zeile mit Beobachtungen für jeden Satellit, hier in der Reihenfolge Code auf der ersten und zweiten Frequenz, Trägermischphase auf der ersten und zweiten Frequenz, Doppler-Frequenzverschiebung auf der ersten Frequenz;
4. den Anfang eines zweiten Beobachtungsblocks.

```
     2.10           OBSERVATION DATA   GPS            RINEX VERSION / TYPE
WATRIM 2.0           LWa               2001-02-02     PGM / RUN BY / DATE
7281                                                  MARKER NAME
Sympi                                                 OBSERVER / AGENCY
220127281           TRIMBLE 4700       1.30 / 1.43    REC # / TYPE / VERS
23442               TRM33429.00+GP                    ANT # / TYPE              (1)
   4245140.8366   823652.7772  4673350.5082           APPROX POSITION XYZ
        1.1300         0.0000          0.0000          ANTENNA: DELTA H/E/N
     1     1                                           WAVELENGTH FACT L1/2
     5    C1    P2    L1    L2    D1                    # / TYPES OF OBSERV
    15.000                                             INTERVAL
  2000     9    28    11    21    45.0000000           TIME OF FIRST OBS        (2)
                                                       END OF HEADER
 00  9 28 11 21 45.0000000  0  9  1  4  8 10 13 19 24 27 28
23681858.641   23681860.504   5180562.262 5  4021989.44344   -2571.000
22804411.875   22804414.562   5008548.217 5  3888859.65344   -2743.438
21213162.320   21213162.137  -6169977.937 7 -4799090.86147    2958.125
22316962.320   22316961.789  -6057877.341 6 -4700683.35446    3074.609        (3)
21283501.344   21283499.918   2414665.162 7  1873866.65647   -1353.516
21097677.203   21097676.652   1628467.738 7  1262584.71247   -1150.609
21995993.039   21995994.449    821467.549 7   635665.48446    -850.422
20767624.469   20767623.687  -2205949.196 9 -1711395.77348     813.609
23657582.441   23657582.441   -788133.660 4  -613372.22944       3.562
 00  9 28 11 22  0.0000000  0  9  1  4  8 10 13 19 24 27 28                    (4)
23689194.789   23689197.383   5219115.849 5  4052031.10444   -2569.672
22812245.953   22812248.121   5049713.266 5  3920936.21944   -2745.359
21204724.406   21204724.199  -6214319.221 7 -4833642.48947    2953.812
22308188.062   22308187.664  -6103985.771 6 -4736611.98946    3072.969
21287367.500   21287365.898   2434979.945 7  1889696.34447   -1355.281
   :
   :
```

Es können sich beliebig viele weitere Beobachtungsepochen anschließen.

Bei den Navigationsdateien existieren individuelle Formate für GPS, GLONASS und für geostationäre Satelliten mit GPS-Transpondern entsprechend den unterschiedlichen Orbitrepräsentationen. Bei GPS sind die vollständigen Satellitenephemeriden und die Satellitenuhrinformationen der Navigationsnachricht in der RINEX-Navigationsdatei enthalten.

Folgendes Beispiel zeigt

1. den Dateikopf,
2. einen Ephemeridenblock, hier vom Satelliten mit der PRN-Nummer 1,
3. den Anfang eines weiteren Ephemeridenblocks.

```
     2.10           NAVIGATION DATA                    RINEX VERSION / TYPE
WATRIM 2.0                              2001-02-02     PGM / RUN BY / DATE    (1)
                                                       END OF HEADER
 1 00  9 28 11 59 44.0 0.146239064634D-03 0.159161572810D-11 0.000000000000D+00
    0.630000000000D+02-0.205625000000D+02 0.497735008764D-08-0.176920074675D+01
   -0.108778476715D-05 0.490695564076D-02 0.291503965855D-05 0.515365841484D+04
    0.388784000000D+06 0.577419996262D-07 0.181326884979D+01 0.614672899246D-07   (2)
    0.961432599755D+00 0.321968750000D+03-0.173572142324D+01-0.848642489615D-08
   -0.202865599319D-09 0.100000000000D+01 0.108100000000D+04 0.000000000000D+00
    0.200000000000D+01 0.000000000000D+00-0.325962901115D-08 0.630000000000D+02
    0.388800000000D+06 0.000000000000D+00
 4 00  9 28 12  0  0.0 0.455766450614D-03 0.293312041322D-10 0.000000000000D+00
    0.122000000000D+03-0.822812500000D+02 0.412695744245D-08-0.235706784351D+01   (3)
   -0.416859984398D-05 0.523770216387D-02 0.123344361782D-04 0.515356706047D+04
    :
    :
```

Es können sich beliebig viele weitere Ephemeridenblöcke anschließen.

RINEX-Daten brauchen aufgrund ihrer ASCII-Codierung sehr viel Speicherplatz. Sie werden deswegen häufig mit Packprogrammen (z. B. compress) auf ungefähr ein Drittel ihres Originalvolumens verkleinert. Eine weitere Speicherplatzreduzierung ermöglicht die von Yuki Hatanaka, Geographical Survey Institute, Tsukuba, Japan, entwickelte und nach ihm benannte Kompression. Anstatt der vollständigen Beobachtungen speichert sie, wo möglich, Differenzen zwischen Epochen ab. Mit ihr ist eine weitere Reduzierung des Datenvolumens auf etwa ein Drittel erzielbar. Mit der Hatanaka-Kompression und der Anwendung eines Packprogramms kann die Größe einer Beobachtungsdatei auf ungefähr 10 % ihres Originalvolumens reduziert werden.

Im Internet findet man folgende Informationen und Programme:

Formatbeschreibung RINEX 2.11:

https://igscb.jpl.nasa.gov/igscb/data/format/rinex211.txt

Formatbeschreibung RINEX 3.03:

http://kb.igs.org/hc/en-us/articles/115003682128-RINEX-3-03-Update-1-Documentation

Software zur Wandlung ins RINEX-Format:

http://facility.unavco.org/software/teqc/teqc.html

Software für Hatanaka-Kompression:

http://facility.unavco.org/software/preprocessing/preprocessing.html#hatanaka

H.2 RTCM SC-104

RTCM Version 2.3 (2001)

Die US-amerikanische Organisation *Radio Technical Commission for Maritime Services* (RTCM) beschäftigt sich innerhalb ihres *Special Committee No. 104* (SC-104) mit Standards zur Echtzeitübertragung von Beobachtungen satellitengestützter Navigationssysteme für differenzielle Anwendungen. Die erste Version dieses Standards wurde 1985 veröffentlicht. Die Version 2.3 stammt aus dem Jahr 2001. Während der Standard ursprünglich hauptsächlich für marine Anwendungen gedacht war, hat er sich inzwischen zu einem allgemein akzeptierten Standard für alle Arten von Echtzeitanwendungen etabliert.

Der von RTCM SC-104 empfohlene Standard (kurz RTCM-Standard oder -Format) orientiert sich in seinem Format sehr stark an dem der GPS-Navigationsnachricht (s. Abschnitt 5.5.3). So wurde auch hier die ungewöhnliche Wortlänge von 30 bit gewählt und die Anzahl der Prüfbits, die zur Überprüfung der korrekten Datenübertragung dienen, sowie der anzuwendende Überprüfungsalgorithmus sind mit denen der GPS-Navigationsnachricht identisch. Dies erklärt sich aus der ursprünglich starken Orientierung an Pseudolite-Anwendungen. Pseudolites (Pseudo-Satelliten) im Sinn des RTCM-Standards sind Sender am Boden, die auf oder nahe der GPS-Frequenzen nicht nur DGPS-Korrekturen senden, sondern auch ein Messsignal, das von Nutzern für zusätzliche Pseudostreckenmessungen genutzt werden kann. Die ursprüngliche Idee war, den Aufwand des Nutzers bei der Verarbeitung dieser zusätzlichen Signale dadurch möglichst gering zu halten, dass für die Pseudolites GPS-ähnliche Frequenzen, Signalcodierungen und eben auch eine GPS-ähnliche Formatierung der mitgesendeten Informationen Verwendung finden.

Das RTCM-Format definiert einige Dutzend Nachrichtentypen. Die wichtigsten sind in Tabelle H.1 aufgeführt. Es werden dabei endgültig festgelegte (*fixed*) Nachrichtentypen, bei denen keine Veränderungen in absehbarer Zeit vorgenommen werden sollen, und vorläufige (*tentativ*) unterschieden. Letztere sind meist jüngeren Ursprungs und sollen sich in der Praxis bewähren. Veränderungen sind bei einer kommenden Versionsüberarbeitung nicht ausgeschlossen.

Die Übertragung jedes Nachrichtentyps beginnt mit einem aus zwei Wörtern bestehenden Kopf (*header*), der u. a. die Art des Nachrichtentyps (*message type*), die Referenzstationsidentifikation, die Referenzzeit und die Anzahl der dem Kopf folgenden Datenwörter (*length of frame*) enthält (siehe Abb. H.1). Dem folgt die eigentliche Nachricht, die ja nach Typ aus einem bis zu vielen 30-bit-Wörtern bestehen kann.

Als Beispiel sei der Nachrichtentyp 1 detaillierter beschrieben (s. Abb. H.2). Er enthält Korrekturen der Pseudostrecken für alle Satelliten, die in einer Epoche von der Referenzstation aus beobachtet werden konnten. Sie bestehen neben der Satellitennummer (*Satellite ID*) und der Referenzzeit (*Issue of Data*) aus der Pseudostreckenkorrektur zur Referenzzeit (*Pseudorange Correction*) und der Änderungsrate der Pseudostreckenkorrektur (*Range-Rate Correction*).

Tabelle H.1: Die wichtigsten RTCM-SC-104-Nachrichtentypen (Version 2.3)

Typ	Inhalt
1	DGPS Pseudostrecken-Korrekturen (L1; C/A-Code)
2	Delta DGPS Pseudostrecken-Korrekturen (für alte Ephemeriden)
3	Koordinaten der GPS-Referenzstation
4	Geodätisches Datum der GPS-Referenzstationskoordinaten
5	Zustand der GPS-Satellitenkonstellation
7	Koord., Frequenz, Reichweite der Sender eines DGPS-Netzes
14	GPS-Woche und Stunde
16	GPS-ASCII-Informationen (maximal 90 Zeichen)
18	Für RTK: unkorrigierte Trägerphase
19	Für RTK: unkorrigierte, trägerphasengeglättete Pseudostrecken
20	Für RTK: Korrekturen für Trägerphase
21	Für RTK: Korrekturen für Pseudostrecken
22	Exzentrizitäten, Antennenphasenkorrekturen der Referenzstation
23	Antenneninformationen
24	Antennenkoordinaten und -höhe
31	DGLONASS Pseudostrecken-Korrekturen (L1)
32	Koordinaten der GLONASS-Referenzstation
33	Zustand der GLONASS-Satellitenkonstellation
35	Koord., Frequenz, Reichweite der Sender eines DGLONASS-Netzes
36	GLONASS-ASCII-Informationen (maximal 90 Zeichen)
37	Zeitsystemdifferenzen zwischen GPS und GLONASS
59	Sondernachrichten eines Serviceanbieters an seine Nutzer

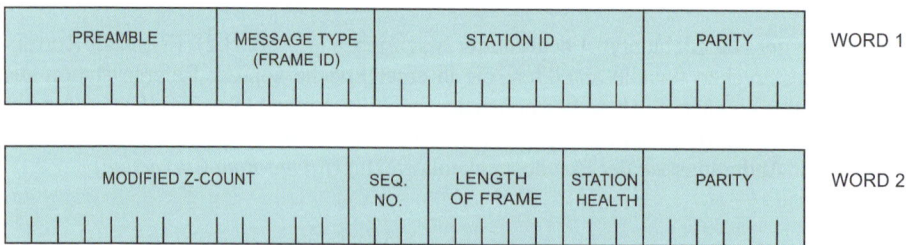

Abb. H.1: Format der Kopfzeilen einer RTCM-SC-104-Nachricht (Version 2.3)

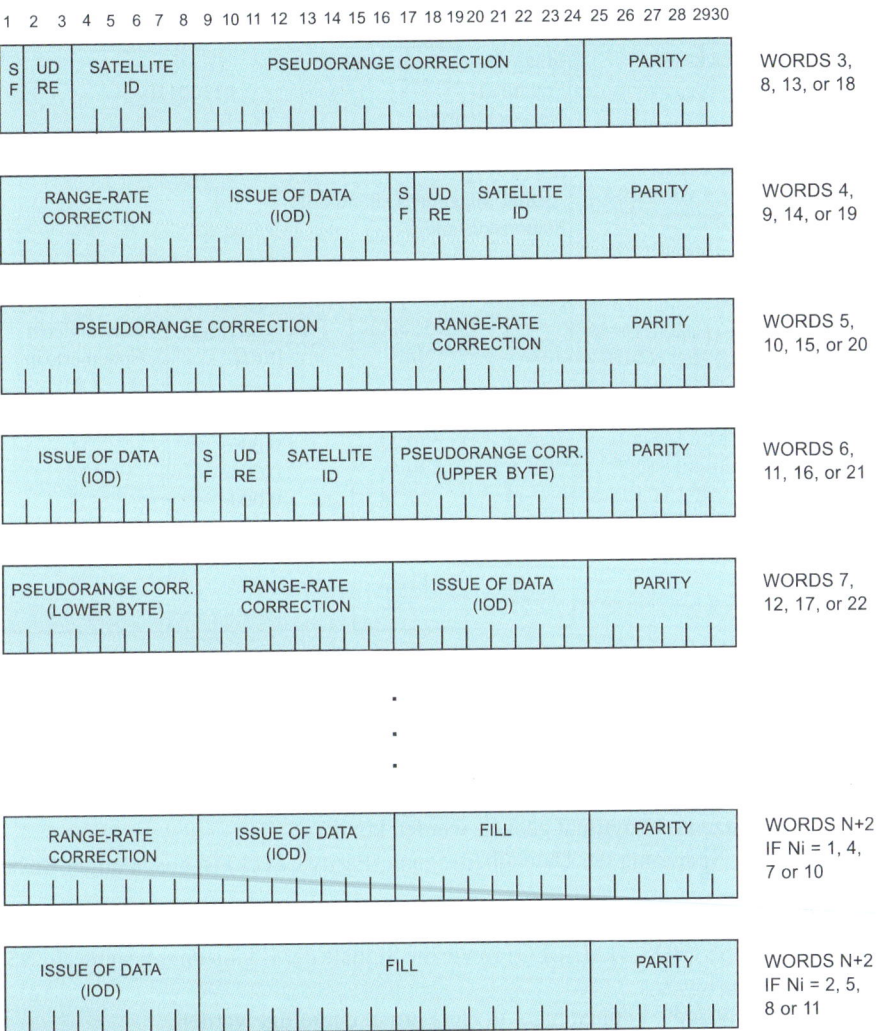

Abb. H.2: Format des RTCM-SC-104-Nachrichtentyps 1 (Version 2.3)

Für jeden Satelliten werden 40 Nachrichtenbits benötigt, sodass in fünf Datenwörtern die Korrekturen von drei Satelliten Platz finden. Ist die Anzahl der Satelliten nicht durch drei teilbar, werden die restlichen Bits aufgefüllt.

Nachrichtentyp 1 wird für DGPS-Anwendungen mit Metergenauigkeit am häufigsten gesendet. Für *Real-Time Kinematic* (RTK) mit Zentimetergenauigkeit sind dagegen die Nachrichtentypen 18 und 19 (unkorrigierte Beobachtungen) bzw. 20 und 21 (Beobachtungskorrekturen) vorgesehen. Je nach Serviceanbieter werden Zweifrequenz-Code- und Zweifrequenz-Phasenmessungen maximal entweder mit 18/19 oder mit 20/21 gesendet. Da die Pseudostreckenmessung auf der zweiten Frequenz vielfach nicht gebraucht wird, kann für RTK auch Nachrichtentyp 1 für L1-Pseudostreckenkorrekturen mit z. B. Nachrichtentyp 20 kombiniert werden, wobei letzterer Phasenkorrekturen für beide Frequenzen enthält.

Tabelle H.2: Beispiel für RTCM-Nachrichtentyp 1 mit Entschlüsselung (Version 2.3)

Bitstrom einer RTCM-Nachricht vom Typ 1:	Inhalt der zwei Kopfzeilen:			
	Präambel		01100110	
	Nachrichtentyp		1	
011001100000010001000110	Stationsnummer		70	
101110011000000001110100	Referenzzeit		3561,6 s	
000000011111111001100000	Anzahl folgender Datenwörter		14	
000000011101001000000100	Stationszustand		o. k.	
111111100010100100000000				
000010110000100011111010	Nachrichteninhalt der 14 folgenden Datenwörter:			
001110111111111001111111	Sat.-Nr.	PSR-Korrektur [m]	Änderungsrate der PSR-Korrektur [m/s]	Kennziffer der verwendeten Ephemeriden (IOD)
000011011111111001111011				
000000000000001100010100				
111111000010100100000001				
000001000001011011111100	1	−8.32	0.002	210
100010110000000010011010	4	−9.42	0.000	11
000110001111110111001111	8	−29.54	−0.004	127
000000011011001000011011	13	−7.78	0.000	3
111111100111011000000000	20	−19.66	0.002	4
111001001010101010101010	22	−17.70	0.000	154
	24	−11.22	0.002	178
	27	−7.88	0.000	228

RTCM-Version 3.x (2006)

Die RTCM-Version 2.3 ist weit verbreitet und wird noch immer genutzt. Es gibt aber Einschränkungen mit diesem Format.

- Die 30-bit-Wort-Struktur ist Ursache dafür, dass bei der Codierung der Daten die vorhandenen Speicherplätze nicht optimal genutzt werden können.
- Das Verfahren zur Sicherung der Datenübertragung (Parity Check) ist aus heutiger Sicht unzureichend.
- Das Verfahren ist nicht flexibel genug, um neue Signale wie GPS L2C, L5 und die Signale der neuen GNSS (BDS, GALILEO) sowie die Signale der Ergänzungssysteme QZSS und SBAS zu integrieren.
- Netzwerk-RTK-Konzepte können nicht in das Format eingefügt werden.

Daher wurde die Version 3 entwickelt und erstmalig im Jahr 2004 eingeführt. Seit Februar 2013 gibt es die Version RTCM 3.2 mit Ergänzungen vom Juli und November 2013.

Die Struktur der RTCM-3.x-Nachricht zeigt Tabelle H.3.

Tabelle H.3: Struktur der RTCM-3.X-Nachricht

Präambel	Reserviert	Nachrichtenlänge	Variable Länge für die Nachrichten	CRC
8 bit	6 bit	10 bit	Ganzzahlige Anzahl von Bytes	24 bit
11010011	000000	Nachrichtenlänge in Bytes	0 bis 1.023 Bytes	

Alle RTCM-3.x-Nachrichten beginnen mit einer festgelegten 8-bit-Folge (11010011), gefolgt von 6 auf „0" gesetzten Reserve-Bits. Danach wird durch 10 bit die Länge der nachfolgenden Nachricht (in der Einheit Byte) beschrieben. Dem schließt sich die eigentliche Nachricht an. Die Länge der Nachricht ist variabel. Maximal darf sie aus 1.023 Byte, also 1.023 ×

8 bit = 8.184 bit bestehen. Den Abschluss der Gesamtnachricht bildet eine aus 24 bit beste-hende CRC-bit-Folge.

Die nachfolgenden Tabellen H.4 bis H.6 enthalten die wichtigsten im RTCM-3.1-Format de-finierten Nachrichtentypen (Quelle: Geo++, Garbsen).

Tabelle H.4: Nachrichten RTCM 3.0

Nr.	Nachricht
	GPS-RTK-Beobachtungen
1001	GPS-L1-Beobachtungen
1002	GPS-L1-Beobachtungen, weitere Informationen[124]
1003	GPS-L1+L2-Beobachtungen
1004	GPS-L1+L2-Beobachtungen, weitere Informationen[120]
	Stationary Antenna Reference Point
1005	ARP-Stationskoordinaten, ECEF XYZ
1006	ARP-Stationskoordinaten, ECEF XYZ und weitere Informationen[125]
	Antennenbeschreibung
1007	Antennentyp
1008	Antennentyp, weitere Informationen[126]
	GLONASS-RTK-Beobachtungen
1009	GLONASS-L1-Beobachtungen
1010	GLONASS-L1-Beobachtungen, weitere Informationen[127]
1011	GLONASS-L1+L2-Beobachtungen
1012	GLONASS-L1+L2-Beobachtungen, weitere Informationen[123]
1013	Systemparameter, Liste der gesendeten Messagetypen, Übertragungsintervalle

Tabelle H.5: Nachrichten RTCM 3.1

Nr.	Netzwerk-Nachrichten für MAC-Konzept
1014	Network Auxiliary Station Data Koordinatendifferenzen zwischen einer Aux-Station und der Masterstation
1015	GPS-ionosphärische Korrekturdifferenzen für alle Satelliten zwischen einer Aux-Station und der Masterstation
1016	GPS-geometrische Korrekturdifferenzen für alle Satelliten zwischen einer Aux-Station und der Masterstation
1017	GPS-kombinierte geometrische und ionosphärische Korrekturdifferenzen für alle Satelliten zwischen einer Aux-Station und der Masterstation (gleicher Informationsgehalt wie die beiden Typen 1015 und 1016 zusammen, aber geringere Größe)
	Ephemeriden
1019	GPS-Ephemeriden
1020	GLONASS-Ephemeriden
1045	Galileo-Ephemeriden

---

[124] Weitere Informationen: Signal-to-Noise (C/N$_0$), volle Millisekunden für Code-Beobachtungen.

[125] Weitere Informationen: Antennenhöhe.

[126] Weitere Informationen: Seriennummer der Antenne.

[127] Weitere Informationen: Signal-to-Noise (C/N$_0$) und volle Millisekunden für Code-Beobachtun-gen.

Tabelle H.6: Nachrichten RTCM 3.1 (Ergänzungen 1, 2)[128]

Nr.	Ergänzung 1 Transformationsparameter (Mai 2007)
1021	Parameter für 7-Parameter-Helmert- oder 3-Parameter-Molodenski-Transformation; Gebietsdeklaration bzgl. Mittelpunkt und Ausdehnung im Ausgangssystem
1022	Parameter für Molodenski-Badekas-Transformation. Gebietsdeklaration bzgl. Mittelpunkt und Ausdehnung im Ausgangssystem
1023	Ellipsoidische Residuen von 16 Gitterpunkten im Zielsystem
1024	Residuen verebneter Koordinaten von 16 Gitterpunkten im Zielsystem
1025	Projektionsparameter (Typen außer spezieller Lambert-Projektion)
1026	Projektionsparameter (Lambert-Projektion mit zwei Parallelkreisen)
1027	Projektionsparameter (Mercator-Abbildung mit „schiefem" Nullmeridian)
Ergänzung 2 Vernetzungsbetrieb (August 2007)	
1030	GPS-Netz-Residuen
1031	GLONASS-Netz-Residuen
1032	ARP-Stationskoordinaten, ECEF XYZ der realen Referenzstation

RTCM-Version 3.2 (2013)

Mit der Version 3.2 wurden ab Februar 2013[129]

- Multiple Signal Messages (MSM) – Multi-Signalnachrichten,
- State-Space-Representation(SSR)-Nachrichten

eingeführt. Sie werden nachfolgend skizziert:

Multiple Signal Messages (MSM) – Multi-Signalnachrichten

Das MSM-Format ist so konzipiert, dass alle im RINEX-3.0-Format definierten GNSS-Signale unterstützt werden. Dadurch wird es möglich, zusätzlich zu GPS- und GLONASS-Daten auch BDS-, Galileo-, QZSS- und SBAS-Daten zu übertragen. Den MSM-Nachrichtentyp gibt es in sieben Stufen (s. Tabelle H.7).

Tabelle H.7: RTCM-3.2-MSM-Nachrichtentypen

Die sieben bei jedem GNSS verwendeten MSM-Typen	
MSM1	Code-Pseudorange
MSM2	Phasen-Pseudorange
MSM3	Pseudorange (Code) und Phaserange (Träger)
MSM4	Pseudorange, Phaserange, CNR
MSM5	Pseudorange, Phaserange, Doppler, CNR
MSM6	Pseudorange, Phaserange CNR, in hoher Auflösung
MSM7	Pseudorange, Phaserange, Doppler, CNR, in hoher Auflösung

---

[128] Wahlweise ist entweder 1021 oder 1022 bzw. 1023 oder 1024 zu senden.

[129] Auf der Internetseite von RTCM (http://www.rtcm.org/press-releases.html) findet man kurze Pressemitteilungen zur Version 3.2. Eine etwas ausführlichere Beschreibung geben Boriskin u. a. (2012). Das Papier ist im Internet verfügbar.

Für normale RTK-Anwendungen im Rahmen von Positionierungsdiensten werden bevorzugt die Typen MSM4 und MSM5 verwendet[130].

Den sieben Message-Typen sind für jedes GNSS Nachrichten-Nummern zugeordnet (s. Tabelle H.8).

Tabelle H.8: RTCM 3.2: Nummern der MSM-Nachrichtentypen für die GNSS

MSM-Typ	Nachrichten-Nummer					
	GPS	**GLONASS**	**Galileo**	**SBAS**	**QZSS**	**BDS**
1	1071	1081	1091	1101	1111	1121
2	1072	1082	1092	1102	1112	1122
3	1073	1083	1093	1103	1113	1123
4	1074	1084	1094	1104	1114	1124
5	1075	1085	1095	1105	1115	1125
6	1076	1086	1096	1106	1116	1126
7	1077	1087	1097	1107	1117	1227

State-Space-Representation(SSR)-Nachrichten

Die SSR-Nachrichten sind zur Verwendung mit PPP- bzw. PPP-RTK-Anwendungen konzipiert. Die wichtigsten SSR-Nachrichten enthält Tabelle H.9.

Tabelle H.9: RTCM-3.2-SSR-Nachrichten

Nr.	Inhalt
1057	GPS-Orbit-Korrekturen für Broadcast-Ephemeriden
1058	GPS-Uhren-Korrekturen für Broadcast-Ephemeriden
1059	GPS-Code-Bias
1060	Kombinierte Orbit- und Uhren-Korrekturen für die GPS-Broadcast-Ephemeriden
1061	GPS User Range Accuracy (URA)
1062	Dichte Folge von GPS-Uhren-Korrekturen für die Broadcast-Ephemeriden
1063	GLONASS-Orbit-Korrekturen für Broadcast-Ephemeriden
1064	GLONASS-Uhren-Korrekturen für Broadcast-Ephemeriden
1065	GLONASS-Code-Bias
1066	Kombinierte Orbit- und Uhren-Korrekturen für GLONASS-Broadcast-Ephemeriden
1067	GLONASS User Range Accuracy (URA)
1068	Dichte Folge von GLONASS-Uhren-Korrekturen für die Broadcast-Ephemeriden

Die RTCM-SC-104-Formatbeschreibungen können bei RTCM käuflich erworben werden: http://www.rtcm.org.

Eine vollständige Liste aller 2017 definierten RTCM-Nachrichtentypen findet man unter dem Link https://www.use-snip.com/kb/knowledge-base/rtcm-3-message-list/.

---

[130] Im SA*POS*®-Dienst der deutschen Landesvermessung wird derzeit (2017) auf MSM-Nachrichtentypen umgestellt.

H.3   NMEA-0183

Die US-amerikanische *National Marine Electronics Association* (NMEA) hat 1983 die erste Version des *Standard for Interfacing Marine Electronic Devices* NMEA-0183 veröffentlicht. Dieser definiert Anforderungen an das Übertragungssignal, das Datenübertragungsprotokoll und Datensätze für den Informationsaustausch zwischen Instrumenten für marine Anwendungen. Aktuell ist die im Juni 2012 erschienene Version 4.10 sowie die High-Speed-Erweiterung NMEA 0183-HS (High-Speed) V 1.0. Die Version 3.01 vom Januar 2002 ist jedoch nach wie vor weit verbreitet. NMEA-0183 hat weit über den maritimen Bereich hinaus Verbreitung gefunden. Viele GPS-Empfänger sind fähig, Positionierungsergebnisse entsprechend dieses Standards über ihre seriellen Schnittstellen auszugeben.

NMEA-0183 verwendet ausschließlich druckbare ASCII-Zeichen, einschließlich *Carriage Return* (CR) und *Line Feed* (LF). Jeder Datensatz besteht aus maximal 82 Zeichen. Er startet mit einem $, gefolgt von einer Kennung für den sendenden Instrumententyp (z. B. GP für GPS-Empfänger) und einer Kennung für den Datensatztyp (siehe Beispiele in Tabelle H.10). Es schließen sich die eigentlichen Daten in variabler Länge an, die jeweils mit Kommas voneinander getrennt werden. Das Ende bildet eine optionale Prüfsumme und CR/LF.

Tabelle H.10: Einige für die satellitengestützte Navigation wichtige NMEA-0183-Datensatztypen

Typ	Inhalt
GGA	Uhrzeit und Koordinaten einer GPS- oder DGPS-Positionsbestimmung
GSA	PRN-Nummern der genutzten GPS-Satelliten und DOP-Werte
GSV	PRN-Nummer, Elevation, Azimut und Signalstärke der sichtbaren Satelliten
RMB	Minimale Navigationsinformation: Richtung, Entfernung, Position eines Wegepunkts
RMC	Minimale Navigationsinformation: Zeit, Position, Geschwindigkeit

Folgendes Beispiel zeigt das Resultat einer GPS-Positionierung in der Form eines GGA-Datensatzes:

```
$GPGGA,103712.47,5101.7349,N,01344.7571,E,1,06,1.3,171.2,M,39.5,M,,*6D
      |          |              |         | |  |   |     | |    |
      UTC-Zeit  ell. Breite  ell. Länge  | HDOP|      Geoidhöhe|
      HHMMSS.SS DDMM.MMMM    DDDMM.MMMM   |     Höhe    Prüfsumme
                                   Anzahl Satelliten
```

Die NMEA-0183-Dokumentation kann nur in gedruckter Form bezogen werden. Informationen hierzu findet man im Internet unter http://www.gpsinformation.org/dale/nmea.htm. Als Einführung in NMEA-0183 eignen sich die Internetseiten http://www.kowoma.de/gps/zusatzerklaerungen/NMEA.htm und http://gpsworld.com/what-exactly-is-gps-nmea-data/. Auf den Webseiten einiger Instrumentenhersteller finden sich Erläuterungen zu den von ihnen verwendeten NMEA-0183-Datensatztypen.

Anhang I: In Deutschland verfügbare DGNSS-Dienste für hochgenaue Echtzeit-Positionierung

Vorbemerkung: Unter „hochgenauer Positionierung" soll eine Positionierungsgenauigkeit verstanden werden, die mit den von den GNSS ausgestrahlten Navigationsnachrichten allein nicht erreicht werden kann. Im Allgemeinen ist dies der Genauigkeitsbereich „Meter" und besser.

I.1   DGNSS-Verfahren: Genauigkeitsniveau „Meter"
(s. auch Abschnitt 12.1.3)

Bezeichnung	Übertragung der Korrekturdaten	Frequenz/ Medium	Verfügbarkeit	Info (www. ...)
OmniSTAR	Satellit	L-Band	weltweit	omnistar.nl
EGNOS	Satellit	L-Band	Europa	esa.int
IALA-DGNSS	terrestrisch	MW	Europa	wsv.de/fvt
SA*POS*®-EPS	terrestrisch	GPRS	BRD	sapos.de
Trimble dGNSS	terrestrisch	GSM/Ntrip	BRD	mapping-gis.de/inhalt/trimble-vrs-now

I.2   PPP-Verfahren: Genauigkeitsbereich „Dezimeter"

Kommerzielle, gebührenpflichtige Echtzeit PPP-Verfahren werden weltweit von den Firmen Fugro, John Deere, Trimble und Hexagon angeboten. Sie sind auch in Europa verfügbar. Die für das Verfahren benötigten präzisen Bahn- und Satellitenuhrenparameter werden bei allen Anbietern aus je ca. 100 weltweit verteilten Bodenstationen abgeleitet und über geostationäre Satelliten verbreitet. Zur Erreichung von Dezimetergenauigkeit nach Initialisierungszeiten von ca. 5 – 10 Minuten werden Zweifrequenzempfänger benötigt. Mit einer Verbesserung der Genauigkeit bei verkürzten Beobachtungszeiten kann zukünftig gerechnet werden.

Bezeichnung	Betreiber	GNSS	Info (www.....)
Starfix	Fugro	GPS, GLONASS, Galileo, BDS	fugro.com/our-services/marine-asset-integrity/satellite-positioning/starfix
StarFire	John Deere	GPS, GLONASS	navcomtech.com/navcom_en_US/products/equipment/cadastral_and_boundary/starfire/starfire.page
Center Point RTX	Trimble	GPS, GLONASS, Galileo, BDS	trimble.com/Positioning-Services/CenterPoint-RTX.aspx
OmniStar XP		GPS, GLONASS	omnistar.com/
Apex	Hexagon (Veripos)	GPS, GLONASS, Galileo, BDS, QZSS	veripos.com/services/apex-services/
Ultra		GPS, GLONASS	veripos.com/services/ultra-services/

I.3 RTK-Verfahren: Genauigkeitsniveau „Zentimeter"

I.3.1 Allgemeines

In Deutschland wird Echtzeit-DGNSS im Genauigkeitsniveau „Zentimeter" von den Vermessungsverwaltungen der Länder der Bundesrepublik Deutschland und den Firmen AXIO-NET, Leica Geosystems und Trimble angeboten. Wegen der zentralen Bedeutung dieser Dienste für das Vermessungswesen sollen sie in diesem Anhang besonders beschrieben werden. Nach den Ergebnissen einer Untersuchung von Müller (2009) weisen die Dienste bezüglich ihrer Positionsqualität nahezu die gleichen Genauigkeiten und Zuverlässigkeiten auf.

I.3.2 SAPOS®-HEPS: Hochpräziser Echtzeit-Positionierungs-Service der Vermessungsverwaltungen

I.3.2.1 Einführung

Die in der Arbeitsgemeinschaft der Vermessungsverwaltungen der Länder der Bundesrepublik Deutschland (AdV) zusammengeschlossenen Behörden betreiben auf dem Gebiet der Bundesrepublik Deutschland DGNSS-Dienste mit der Bezeichnung SAPOS® (Satelliten-Positionierungsdienst der deutschen Landesvermessung). Mit SAPOS® wird das Ziel verfolgt, Nutzern aus allen Bereichen – nicht nur aus dem Vermessungswesen – ein einheitliches dreidimensionales geodätisches Bezugssystem in einer den heutigen Bedürfnissen entsprechenden Form zur Verfügung zu stellen. Dazu gibt es in SAPOS® drei unterschiedliche Servicebereiche (s. Tabelle I.1), wobei der Servicebereich HEPS ein Echtzeitdienst im Genauigkeitsniveau „Zentimeter" ist.

Mit SAPOS®-HEPS sollen insbesondere die hoheitlichen Aufgaben „Vermessungen im Liegenschaftskataster" und „Landesvermessung" gelöst werden.

Tabelle I.1: Servicebereiche in SAPOS®

Servicebereich	Bezeichnung	Genauigkeit [m]
EPS	Echtzeit-Positionierungs-Service	0,5 – 3
HEPS	Hochpräziser Echtzeit-Positionierungs-Service	0,01 – 0,02
GPPS	Geodätischer Postprocessing-Positionierungs-Service	< 0,01

Landesvermessung und Liegenschaftskataster fallen nach dem Grundgesetz der Bundesrepublik Deutschland in die Zuständigkeit der Länder, die die dabei einzuhaltenden Standards länderspezifisch festlegen. Dies steht in einem gewissen Gegensatz dazu, dass aus technischer Sicht in einem so dicht besiedelten Raum wie Deutschland bei amtlichen Vermessungen weitestgehend einheitliche Standards wünschenswert sind. Dies gilt insbesondere für überregional arbeitende DGNSS-Dienste.

Daher haben sich die Vermessungsverwaltungen der Länder in der Arbeitsgemeinschaft der Vermessungsverwaltungen der Bundesrepublik Deutschland (AdV) zusammengeschlossen, um fachliche Angelegenheiten von grundsätzlicher und überregionaler Bedeutung mit dem Ziel einer einheitlichen Regelung zu behandeln. Die AdV kann aber immer nur Empfehlungen aussprechen, die für die Mitgliedsverwaltungen der AdV nicht verbindlich sind.

Zur Realisierung eines für Deutschland lückenlosen Echtzeit-DGNSS-Diensts im Genauigkeitsniveau „Zentimeter" haben sich die Mitgliedsverwaltungen der AdV in einem AdV-Beschluss vom November 2001 darauf geeinigt, alle SA*POS*®-Referenzstationen zu vernetzen. Dieser Beschluss ist seit einigen Jahren umgesetzt. Zur Sicherstellung einheitlicher Standards in SA*POS*®-HEPS wurde in der AdV beschlossen, für SA*POS*®-HEPS die Varianten SA*POS*®-Standardpflicht und SA*POS*®-Standardoption einzuführen. SA*POS*®-Standardpflicht *muss* von allen SA*POS*®-Anbietern eingehalten werden, SA*POS*®-Standardoption *kann* als zusätzlicher Standard angeboten werden.

I.3.2.2 Systembeschreibung SA*POS*®-HEPS[131]

Die Referenzstationen

Die SA*POS*®-Stationen werden von den Mitgliedsverwaltungen der AdV eingerichtet, betrieben und unterhalten. Dabei sollen folgende technische Spezifikationen eingehalten werden:

- Referenzpunkt
  Koordinierung im ETRS89 und im jeweiligen Landesbezugssystem. Stabile Aufstellung (Zwangszentrierung mit Sicherung), sodass lokale Positionsänderungen ausgeschlossen sind. Über Sicherungsmarken wird die Stabilität regelmäßig überprüft. Der Standort wird so ausgewählt, dass Fremdeinflüsse (Interferenzen mit Fremdsignalen, Reflexionen) weitgehend ausgeschlossen sind.
- GNSS-Empfänger
  Es werden hochwertige geodätische Zweifrequenzempfänger genutzt, die alle GPS- und GLONASS-Messgrößen auf je zwei Frequenzen bestimmen können.
- Antennen
  Verwendung von Antennen mit kalibrierten elevations- und azimutabhängigen Phasenzentrumsvariationen (AdV-Nullantenne).
- Funktionalität der Stationssoftware
  Kontrolle der Funktionssicherheit des GNSS-Empfängers, Datenregistrierung, Datenqualitätsprüfung, Datenaufbereitung der Korrekturwerte, Datenkonvertierung, Abgabe der Daten an verschiedene Übertragungsmedien in den festgelegten Formaten, Datenarchivierung.

---

[131] Für den Stand vom Juli 2017 siehe „Produktdefinition SA*POS*®, Version 7.1, Stand: 02.06.2017" (im Internet frei verfügbar).

Rechenzentralen-Vernetzung

In von den Landesvermessungsämtern betriebenen Rechenzentralen werden die eingehenden Messdaten entweder mithilfe des Softwareprodukts GNSMART (Fa. Geo++; Wübbena u. a. 2001), des Softwareprodukts GPSNet (Fa. Trimble TerraSat; Landau 2000) oder des Softwareprodukts SpiderNET von Leica weiterverarbeitet. Von den Rechenzentralen werden RTCM-Korrekturdaten mit den Vernetzungsrepräsentationen VRS, FKP oder MAC angeboten.

Datenübertragung – Datenempfang

Zur *Übertragung* der Korrekturdaten werden der Mobilfunk (GSM) und das (mobile) Internet genutzt. Bei der internetgestützten Übertragung wird Ntrip (Networked Transport of RTCM via Internet Protocol) verwendet (s. Abschnitt 3.6.5.3).

Zum *Empfang* der über Mobilfunk übertragenen Daten wird ein GSM-Mobiltelefon oder GSM/GPRS-Mobiltelefon benötigt. Zum Empfang der über das mobile Internet bereitgestellten Daten wird ein GSM/GPRS- oder UMTS-Mobiltelefon benötigt.

Datenformate[132]

Die SA*POS*®-Korrekturdaten werden in den Formaten

- RTCM 2.3,
- RTCM 2.11,
- RTCM 3.x

bereitgestellt.

Das von allen AdV-Mitgliedsverwaltungen unterstützte Format für den HEPS-Dienst ist RTCM 3.1 (VRS, FKP und MAC).

RTCM-2.3-Daten werden über das mobile Internet (Ntrip) bereitgestellt, RTCM-3.x-Daten werden meist über das mobile Internet, von einigen Verwaltungen auch „klassisch" über GSM (CSD) ausgestrahlt (s. dazu Abschnitt 3.5.3.2).

Gebühren

Gebühren werden prinzipiell nach der Menge der in Anspruch genommenen Daten berechnet. In einigen Bundesländern ist aufgrund länderspezifischer Regelungen die Nutzung von HEPS für amtliche Vermessungen gebührenfrei möglich.

Ausbauzustand

Mehr als 270 SA*POS*®-Referenzstationen sowie 30 Referenzstationen aus Nachbarstaaten sind miteinander vernetzt (s. Abb. I.1).

Alle Stationen strahlen GPS- und auch GLONASS-Korrekturdaten aus (Stand Juli 2017). Die Ausstrahlung von Galileo-Korrekturdaten wird derzeit (August 2017) vorbereitet.

---

[132] http://www.sapos.de/files/SAPOS-Bestandsaufnahme_2017_96tq63v2.pdf.

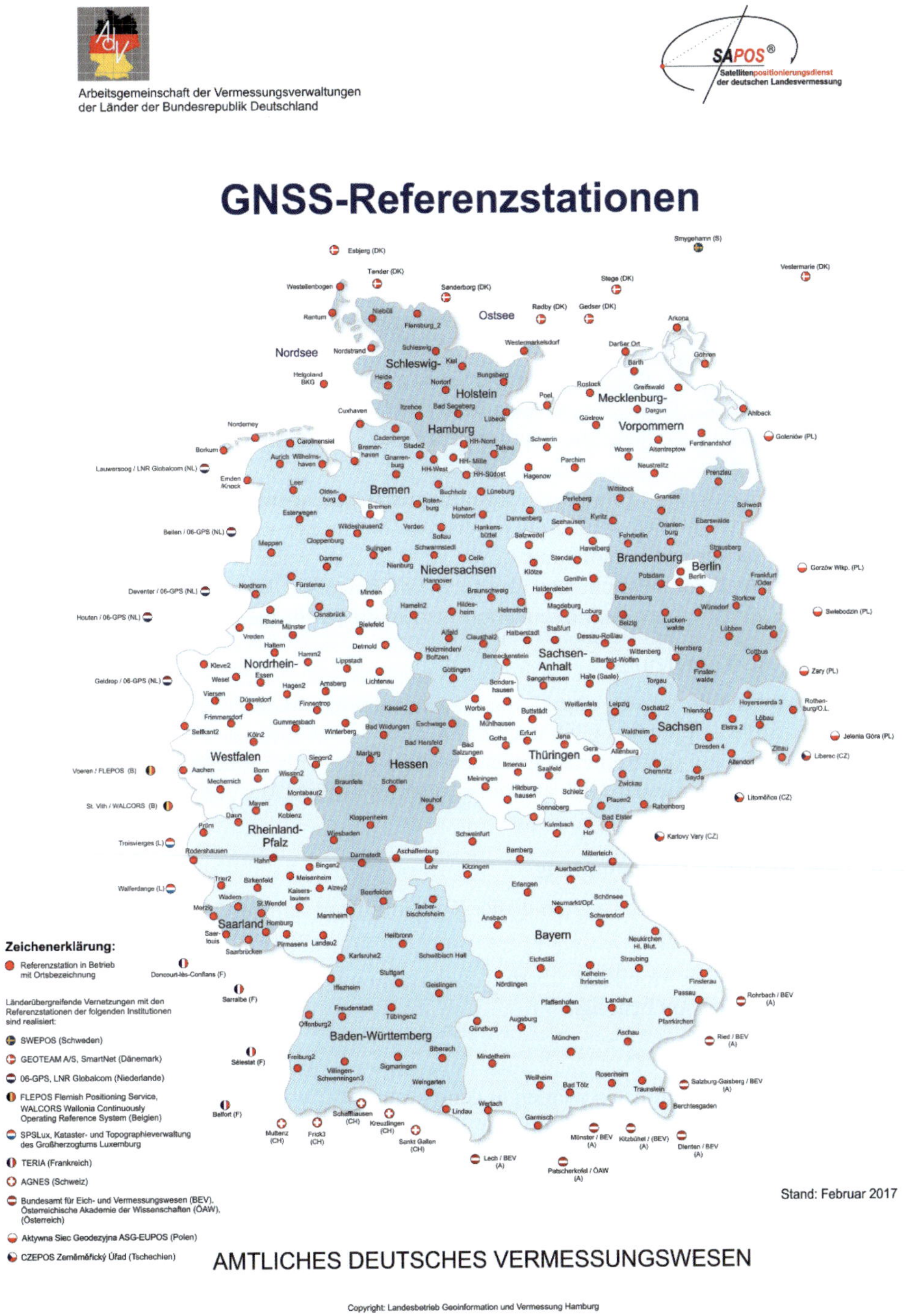

Arbeitsgemeinschaft der Vermessungsverwaltungen
der Länder der Bundesrepublik Deutschland

Abb. I.1: Standorte der SA*POS*®-Referenzstationen (Quelle: Landesbetrieb Geoinformation und Vermessung Hamburg)

I.3.3 AXIO-NET[133]: Präziser Echtzeitdienst (PED) der AXIO-NET GmbH

I.3.3.1 Einführung

Der von der Fa. AXIO-NET betriebene AXIO-NET-Dienst bietet Korrekturdaten für GPS und GLONASS an. AXIO-NET bietet mit PED Echtzeit-Positionierung in der Genauigkeitsklasse von 2 cm an. Die entsprechenden Daten werden auch für Auswertungen im Postprocessing angeboten. Hier wird nur der präzise Dienst beschrieben.

I.3.3.2 Systembeschreibung PED

Die Referenzstationen

Es werden folgende technische Spezifikationen eingehalten:

- Referenzpunkt
  Die Antenne ist im ETRS89 koordiniert. Sie ist an standsicheren Gebäuden befestigt. Das Bundesamt für Kartographie und Geodäsie (BKG) wertet täglich die Daten aller Referenzstationen aus und kontrolliert auf diese Weise die Koordinaten der Referenzpunkte.
- GPS-Empfänger
  Es werden hochwertige geodätische Zweifrequenzempfänger genutzt, die alle GPS- und GLONASS-Messgrößen auf je zwei Frequenzen bestimmen können.
- Funktionalität der Stationssoftware
  Kontrolle der Funktionssicherheit des GPS-Empfängers, Übermittlung der Messdaten über das Ruhrgas eigene Kommunikationsnetz an die Rechenzentrale.

Rechenzentrale-Vernetzung

In der Rechenzentrale werden aktuell die eingehenden Messdaten aller Referenzstationen mithilfe des Softwareprodukts GNSMART (Fa. Geo++; Wübbena u. a. 2001) weiterverarbeitet. Die Ergebnisse der Vernetzung werden überwiegend als virtuelle Referenzstationen bereitgestellt. Nutzer, die nur GPS auswerten, können auch MAC-Vernetzungsnachrichten empfangen.

Datenübertragung – Datenempfang

Kommunikationsmittel zur *Übertragung* der Korrekturdaten sind der Mobilfunk (GSM) und das mobile Internet (Ntrip).

Zum *Empfang* der über Mobilfunk übertragenen Daten wird ein *GSM-Mobiltelefon* oder ein *GSM/GPRS-Mobiltelefon* benötigt.

Datenformate

Die AXIO-NET-Korrekturdaten werden in den Formaten

- RTCM 2.3,
- RTCM 3.1,
- CMR[134]

bereitgestellt.

---

[133] AXIO-Net gehört zum Trimble-Konzern.

[134] CMR: Compact Measurement Record Format der Fa. Trimble (*gpsd.googlecode.com/files/Trimble-CMR.pdf*).

Für Anfang 2018 ist RTCM 3.2 zur zusätzlichen Übertragung von Galileo-Daten geplant.

Alle drei Formate werden wahlweise über GSM oder über GSM/GPRS zur Verfügung gestellt. Einzelheiten findet man im Internet unter http://www.axio-net.eu.

Gebühren

Gebühren werden nach Nutzungsdauer, aber auch als Flatrate berechnet.

Ausbauzustand

Mitte 2017 sind bei AXIO-NET in Deutschland 200 miteinander vernetzte Referenzstationen in Betrieb.

I.3.4 Trimble®VRS™: RTK-Service der Firma Trimble

I.3.4.1 Einführung

Der Hersteller von Vermessungsgeräten und Positionierungslösungen Trimble betreibt weltweit vernetzte Referenzstationen unter der Bezeichnung Trimble® VRS Now™. Seit 2007 gibt es ein entsprechendes Netz in Deutschland. Zu dem Netz gehören 175 flächenhaft über Deutschland und das benachbarte Ausland verteilte Stationen.

Folgende Servicebereiche bietet Trimble VRS Now an:

Bezeichnung	Genauigkeit
Trimble dGPS	0,5 – 1 m
VRS	1 – 2 cm
Trimble VRS Now H-Star	10 – 30 cm

Bei allen Servicebereichen können Nutzer auf Echtzeitkorrekturdaten und Postprocessing-Daten zugreifen. Hier wird nur der Echtzeitdienst beschrieben.

I.3.4.2 Systembeschreibung VRS

Die Referenzstationen

Es werden folgende technische Spezifikationen eingehalten:
- Referenzpunkt
  Die Antennen sind im amtlichen Koordinatenrahmen ETRS89 koordiniert. Sie sind an standsicheren Gebäuden befestigt. Zur Kontrolle der Koordinaten der Referenzpunkte werden die Daten aller Referenzstationen täglich ausgewertet.
- GNSS-Empfänger
  Es werden geodätische Empfänger der Firma Trimble verwendet. Trimble NetR9 (440-Kanal-Multi-Konstellation-Empfänger; Unterstützung aller GNSS, aller Frequenzen).
- Funktionalität der Stationssoftware
  Kontrolle der Funktionssicherheit des GNSS-Empfängers, Übermittlung der Messdaten über das Internet an die Rechenzentrale.

Rechenzentralen-Vernetzung

In der Rechenzentrale (in München) werden die eingehenden Messdaten aller Referenzstationen mithilfe des Softwareprodukts Trimble Pivot Platform weiterverarbeitet. Die Ergebnisse der Vernetzung werden als virtuelle Referenzstationen bereitgestellt.

Datenübertragung

Das Kommunikationsmittel zur Übertragung der Korrekturdaten ist der Mobilfunk nach dem GSM-Standard oder das mobile Internet (Ntrip). Zum Empfang der über Mobilfunk übertragenen Daten wird ein GSM-Mobiltelefon benötigt. Zum Empfang der über das mobile Internet bereitgestellten Daten wird ein GSM/GPRS- oder UMTS-Mobiltelefon benötigt.

Datenformate

Die Daten werden in verschiedenen Formaten abgegeben, um unterschiedliche Anforderungen zu unterstützen. Nutzer können zwischen den RTCM-Formaten 2.3, 3.1, 3.2 und CMRx[135] wählen. Die Vernetzungsinformation wird über die VRS-Technologie breitgestellt. Hinzu kommen Transformationsnachrichten. Es besteht die Wahlmöglichkeit zwischen AdV-Daten (s. www.adv-online.de > Geotopographie > TransformationBeTA2007) mit einer Genauigkeitsspezifikation von besser als 10 cm und DFLBF-Transformationsdaten[136] mit einer Genauigkeitsspezifikation von 2 bis 5 cm. Für die Höhentransformation wird das Quasigeoid vom BKG – das GCG2016 – mit einer Genauigkeitsspezifikation von 1 bis 2 cm verwendet.

Gebühren

VRS bietet gestaffelte Gebührenpauschalen an:
- Tarif Deutschland Unlimited: Unbegrenzte Nutzung/12 Monate,
- Tarif Deutschland 200:   200 Stunden in 12 Monaten,
- Tarif Deutschland 100:   100 Stunden in 24 Monaten.

I.3.5   HxGN SmartNet – Positionierungsdienst von Hexagon[137]

I.3.5.1   Einführung

HxGN SmartNet ist ein GNSS-Korrektur-Service, der auf einem weltweiten Referenzstationsnetzwerk aufgebaut ist und GNSS-fähigen Geräten ermöglicht, schnell präzise Positionen bis hin zum Zentimeter zu bestimmen

HxGN SmartNet ist ein Open-Standard-Korrektur-Service, der von jedem GNSS-Gerät verwendbar ist und ständig auf Integrität, Verfügbarkeit und Genauigkeit überwacht wird. Das System beruht auf der Basis der Leica-Geosystems-Technologie.

Die Genauigkeitsklasse „cm-Genauigkeit" wird angeboten.

I.3.5.2   Systembeschreibung HxGN SmartNet

Die Referenzstationen

Der Dienst fußt auf sämtlichen SA*POS*®-Referenzstationen der amtlichen deutschen Vermessungsverwaltung.

---

[135] CMRx: Compact Measurement Recordx Format (Fa. Trimble).
[136] DFLBF: Digitale Finite Element Lagebezugsfläche (Lagetransformation von ETRS89 nach DHDN).
[137] Die schwedische Firma HEXAGON ist seit dem Jahr 2005 Mehrheitsaktionär bei Leica Geosystems.

Rechenzentralen-Vernetzung

Die Berechnung der Korrekturdaten erfolgt zentral in einem Leica-eigenen Processing Centre. Die Datenströme der SA*POS*®-Referenzstationen werden in der Leica eigenen Referenzstationssoftware „Leica GNSS Spider" zusammengeführt. Basierend auf den Koordinaten und Rohdaten der SA*POS*®-Stationen werden in der Vernetzungskomponente der Leica-Referenzstationssoftware „SpiderNet" die Rohdaten zu Netzwerkkorrekturen weiterverarbeitet. Es werden RTCM-Korrekturdaten mit den Vernetzungsrepräsentationen iMAX, MAC und VRS angeboten.

Datenübertragung

Die Übertragung der Korrekturdaten erfolgt über das standardisierte Ntrip-Verfahren über das Mobilfunknetz. Zwischen Leica Geosystems und Vodafone besteht ein Rahmenvertrag zu vergünstigten Mobilfunknetzleistungen und damit ein kostengünstiger Zugang zum HxGN-SmartNet-Positionierungsdienst.

Datenformate

Die Korrekturdaten werden in Formaten

- RTCM 3,
- CMR+

bereitgestellt.

Gebühren

SmartNet bietet gestaffelte Gebührenpauschalen an. Informationen findet man auf http://hxgnsmartnet.com/de-de/.

Anhang J: Excel-Tabellen und -Grafiken

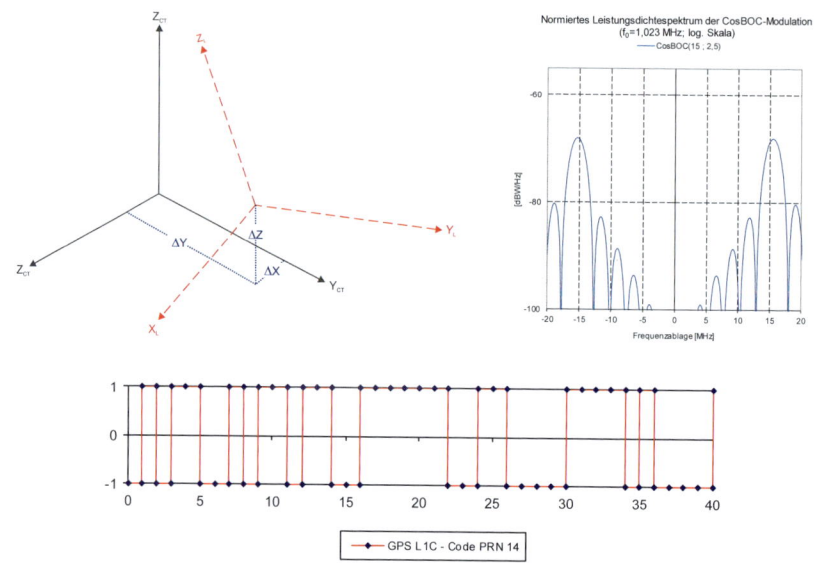

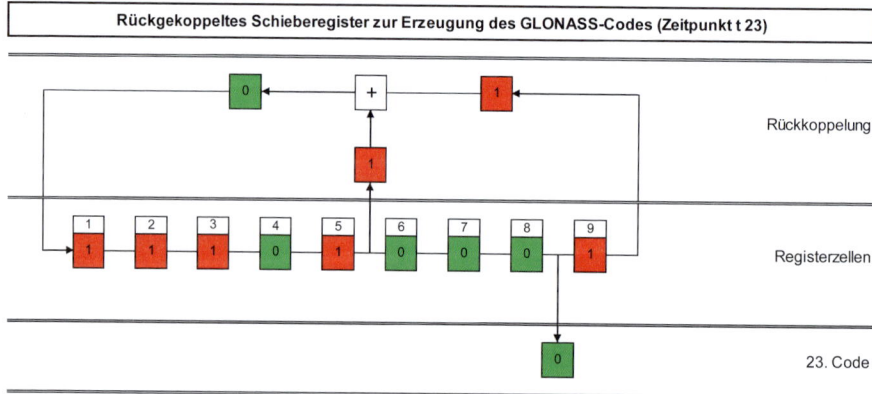

J.1   Einführung

Bei der Nutzung globaler Navigationssatellitensysteme (GNSS) fallen eine Vielzahl von Berechnungen an, um die sich der Nutzer des GNSS in der Regel nicht zu kümmern hat, sie werden durch das GNSS selbst, durch den Satellitenempfänger oder durch die weiterverarbeitenden Programme erledigt. Damit ist die Versuchung groß, sich um die Hintergründe dieser Systeme nicht zu kümmern. Wer dies konsequent verweigert, muss schließlich zu dem

Ergebnis kommen: *„Bei solchen Messinstrumenten – gemeint sind RTK-Empfänger – kann man nicht nachmessen, nichts kontrollieren, nichts prüfen – nur hoffen und glauben."*

Auf der Website http://www.vermessung-und-ortung-mit-satelliten.de stehen Excel-Tabellen und -Grafiken zur Verfügung, die einen Beitrag dazu leisten, Hintergründe von GNSS zu veranschaulichen. Der Autor hat in seiner aktiven Zeit als Lehrender an einer Fachhochschule die Erfahrung gemacht, dass eine gut strukturierte Excel-Tabelle hervorragend geeignet ist, relativ komplizierte Formelsysteme verständlich zu vermitteln. Dieses Ziel könnte man auch mit anderen Programmen verfolgen, Excel hat jedoch den Vorteil, dass es sehr weit verbreitet ist.

Mit Excel-Tabellen entstehen selbstverständlich nur „Kochrezepte". Wer aber ein derartiges Kochrezept mit Verstand durchliest, besser noch das Rezept nachkocht – also seine eigene Tabelle schreibt – hat z. B. die Chance, die hinter der Umwandlung von GK-Koordinaten in ellipsoidische Koordinaten stehende Differenzialgeometrie auf dem Ellipsoid besser zu verstehen, als wenn er nur zur Formelsammlung greift. Dies gilt ähnlich für andere Berechnungen im Zusammenhang mit den GNSS.

Die zur Verfügung stehenden Tabellen und Programme werden im nachfolgenden Text mit einigen Erläuterungen dokumentiert. Nach dem Öffnen der Excel-Grafiken und -Programme muss die Ausführung von Makros aktiviert werden. Bei einigen Tabellen sind auch Visual Basic Programme (VBA) integriert. In den entsprechenden Mappen/Tabellen ist vermerkt, durch welche Tastenkombination die Programme aufgerufen werden.

J.2 Auflistung der Tabellen

J.2.1 Bahninformationen

- Satellitensichtbarkeit aus Almanachdaten (GPS)
- Satellitenkoordinaten aus Ephemeriden-Daten (GPS)
- Satellitenkoordinaten durch Runge-Kutta-Integration (GLONASS)
- Bodenspuren der GNSS (GPS, GLONASS, BDS, Galileo)
- Bodenspuren des japanischen Quasi-Zenith-Satelliten-Systems (QZSS)
- Bodenspuren des indischen regionalen Navigationssatellitensystems (IRNSS)

J.2.2 PRN-Folgen

J.2.2.1 Gold-Codes

- GPS_CA (PRN 1) Visualisierung (VBA)
- GPS_CA mit AKF bzw. KKF (VBA)
- GPS_L5 mit AKF bzw. KKF (VBA)
- Galileo_E5a_b mit AKF bzw. KKF (VBA)

J.2.2.2 Maximalfolgen

- GLONASS_CA Visualisierung (VBA)
- GPS_L2C mit AKF bzw. KKF (VBA)
- Maximalfolgen mit AKF (VBA)

J.2.2.3 Weil-Codes

- GPS_L1C mit AKF (VBA)
- GPS_L1C mit AKF bzw. KKF (VBA)
- Legendre-Folgen (VBA)

J.2.2.4 Kasami-Codes

- Berechnung von Kasami-Codes der Länge N=63 (vba)
- Berechnung der GLONASS-CDMA-Codes (vba)

J.2.3 Signale

- SinBOC-Visualisierung der Phasensprünge (VBA)
- SinBOC-Visualisierung von Spreizsignal, AKF und PSD (VBA)
- CosBOC-Visualisierung von Spreizsignal, AKF und PSD (VBA)
- CBOC(6,1,1_11)-Visualisierung von Spreizsignal, AKF und PSD (VBA)
- TMBOC(6,1,4_33)-Visualisierung von Spreizsignal, AKF und PSD (VBA)
- Spektraldichten der GNSS
- Spektraldichte der Multiplexed-BOC-Modulation
- Spektraldichten auf L1 (GPS, Galileo)

J.2.4 Transformationen

J.2.4.1 Datumstransformationen

- GK (DHDN) transformiert nach UTM (ETRS)
- UTM (ETRS) transformiert nach GK (DHDN)

J.2.4.2 Koordinatentransformationen

- GK-Koordinaten aus ellipsoidischen Koordinaten und umgekehrt
- UTM-Koordinaten aus ellipsoidischen Koordinaten und umgekehrt

J.3 Erläuterung der Tabellen

J.3.1 Bahninformationen

Die im Bereich „Bahninformationen" zur Verfügung gestellten Tabellen werten die Bahndaten verschiedener GNSS aus.

- Satellitensichtbarkeit aus Almanachdaten (GPS)
  Unter Verwendung von GPS-Almanachdaten wird berechnet, unter welchem Azimut und unter welcher Zenitdistanz ein GPS-Satellit in Abhängigkeit vom Standort des Beobachters und der Beobachtungszeit gesehen wird. Der eingegebene Beobachtungsstandort und der berechnete Satellitensubpunkt werden grafisch dargestellt. Man kann zwischen drei unterschiedlichen Satelliten auswählen. Dateneingaben und Ergebnisausgaben erfolgen im Tabellenblatt „Sat-Sichtbarkeit".

- Satellitenkoordinaten aus Ephemeriden-Daten (GPS)
Mithilfe von GPS-Ephemeriden werden die geozentrischen/kartesischen Koordinaten eines GPS-Satelliten in Abhängigkeit von der Beobachtungszeit berechnet. Die Einzelschritte der Berechnung werden dokumentiert. Man kann zwischen drei unterschiedlichen Satelliten auswählen. Dateneingaben und Ergebnisausgaben erfolgen im Tabellenblatt „Sat-Koordinate".

- Satellitenkoordinaten durch Runge-Kutta-Integration (GLONASS)
Unter Verwendung von GLONASS-Bahndaten werden durch ein VBA-Programm die geozentrischen/kartesischen Koordinaten eines GLONASS-Satelliten in Abhängigkeit von der Beobachtungszeit berechnet. Man kann zwischen vier unterschiedlichen Satelliten auswählen. Die Eingaben der Berechnungsparameter erfolgen im Dialog. Einzelschritte der Berechnung und das Endergebnis werden in den Tabellenblättern „Ergebnis" und „Protokoll" dokumentiert.

- Bodenspuren der GNSS (GPS, GLONASS, Compass, Galileo)
Durch ein interaktives VBA-Programm werden wahlweise die Bodenspuren (Groundtracks) der GNSS *GPS, GLONASS, COMPASS* und *Galileo* berechnet und geplottet. Die Auswahl des Systems sowie die Festlegung der Anzahl der „Beobachtungstage" erfolgt im Dialog.

- Bodenspuren des japanischen Quasi-Zenith-Satelliten-Systems (QZSS)
Durch ein VBA-Programm werden die Bodenspuren (Groundtracks) der japanischen QZSS-Satelliten berechnet und geplottet.

- Bodenspuren des indischen regionalen Navigationssatellitensystems (IRNSS)
Berechnung und Erstellung eines Plots der Bodenspuren der Satelliten des indischen IRNSS. Die Bodenspuren *eines* Satellitenumlaufs werden geplottet.

J.3.2 PRN-Folgen

Die im Bereich „PRN-Folgen" (mit vier Unterbereichen) zur Verfügung gestellten VBA-Programme dienen der Erläuterung der bei den verschiedenen GNSS verwendeten PRN-Folgen (s. dazu auch Anhang D).

J.3.2.1 Gold-Codes

- GPS_CA (PRN 1) Visualisierung (VBA)
Die Entstehung des GPS-C/A-Codes (PRN 1) wird durch Anwendung eines interaktiven VBA-Programms Schritt für Schritt grafisch dargestellt und erläutert.

- GPS_CA mit AKF bzw. KKF (VBA)
Die 32 GPS-C/A-Codes können durch Anwendung eines VBA-Programms berechnet und grafisch dargestellt werden (einschließlich der AKF bzw. KKF).

- GPS_L5 mit AKF bzw. KKF (VBA)
Die 32 GPS-L5-Codes können durch Anwendung eines VBA-Programms berechnet und grafisch dargestellt werden (einschließlich ihrer AKF).

- Galileo_E5a_b mit AKF bzw. KKF (VBA)
Die vier Galileo-E5-Codes (einschließlich der AKF) von 25 Galileo-Satelliten können durch ein VBA-Programm berechnet und grafisch dargestellt werden (einschließlich ihrer AKF).

J.3.2.2 Maximalfolgen

- Maximalfolgen mit AKF (VBA)
  Binäre Maximalfolgen werden durch ein interaktives VBA-Programm unter Verwendung der Simulation eines Fibonacci-Schieberegister erzeugt. Die Binärfolgen werden geplottet und ihre AKF berechnet und geplottet.
  Tabelle J.1 enthält eine Auswahl von zu aktivierenden Rückkopplungsstellen, die zu Maximalfolgen führen.

Tabelle J.1: Auswahl von Parametern zur Erzeugung von Maximalfolgen

Anzahl Register- zellen	Rückkopplungszellen								
	1	2	3	4	5	6	7	8	9
4	0	0	1	1					
5	0	1	1	1	1				
5	0	1	0	0	1				
6	0	0	0	1	0	1			
7	0	0	1	0	0	0	1		
8	1	0	0	0	1	1	0	1	
9	0	0	0	1	1	0	0	1	1

- GLONASS_CA Visualisierung (VBA)
  Die Entstehung des GLONASS-C/A-Codes wird durch Anwendung eines interaktiven VBA-Programms Schritt für Schritt grafisch dargestellt und erläutert.
- GPS_L2C mit AKF bzw. KKF (VBA)
  32 GPS-L2CM-Codes werden durch Anwendung eines VBA-Programms berechnet und geplottet (einschließlich ihrer AKF).

J.3.2.3 Weil-Codes

- Legendre-Folgen (VBA)
  Legendre-Folgen und ihre AKF werden durch Anwendung eines VBA-Programms berechnet und geplottet.
- GPS_L1C mit AKF (VBA)
  32 GPS-L1C-Codes und ihre AKF können durch Anwendung eines VBA-Programms berechnet und geplottet werden.
- GPS_L1C mit AKF bzw. KKF (VBA)
  Je zwei von 32 GPS-L1C-Codes und ihre KKF bzw. AKF werden durch Anwendung eines VBA-Programms berechnet und geplottet.

J.3.2.3 Kasami-Codes

- Berechnung von Kasami-Codes der Länge N=63 (vba)
  Es können sieben unterschiedliche Kasami-Codes durch Anwendung eines VBA-Programms berechnet und geplottet werden.
- Berechnung der GLONASS-CDMA-Codes (vba)
  Es können 31 unterschiedliche GLONASS-CDMA-Codes durch Anwendung eines VBA-Programms berechnet und geplottet werden.

J.3.3 Signale

Die in dem Bereich „Signale" zur Verfügung gestellten VBA-Programme und Tabellen dienen der Erläuterung der BOC- und BPSK-Modulation und ermöglichen die Erstellung von Plots der bei den GNSS entstehenden Spektraldichten und AKF.

- SinBOC-Visualisierung der Phasensprünge (VBA)
  Die Entstehung der bei SinBOC-Modulationen im Trägersignal vorkommenden Phasensprünge wird mithilfe eines VBA-Programms anhand von interaktiv entstehenden Plots aufgezeigt.

- SinBOC-Visualisierung von Spreizsignal, AKF und PSD (VBA)
  Anhand von interaktiv entstehenden Plots wird die Entstehung des Basisbandsignals einer SinBOC-Modulation erläutert. Die bei der Modulation entstehenden AKF mit ihren mehrfach auftretenden Extremwerten und die zugehörige Spektraldichteverteilungen werden geplottet.

- CosBOC-Visualisierung von Spreizsignal, AKF und PSD (VBA)
  Anhand von interaktiv entstehenden Plots wird die Entstehung des Basisbandsignals einer CosBOC-Modulation erläutert. Die bei dieser Modulation entstehende AKF mit ihren mehrfach auftretenden Extremwerten und die zugehörige Spektraldichteverteilung werden geplottet.

- CBOC(6,1,1_11)-Visualisierung von Spreizsignal, AKF und PSD (VBA)
  Mithilfe eines VBA-Programms wird das bei der CBOC(6,1,1/11)-Modulation des Galileo-E1-Signals entstehende Spreizsignal, dessen AKF und PSD geplottet.

- TMBOC(6,1,4_33)-Visualisierung von Spreizsignal, AKF und PSD (VBA)
  Mithilfe eines VBA-Programms wird das bei der TMBOC(6,1,1/11)-Modulation des GPS-L1C-Pilotsignals entstehende Spreizsignal, seine dessen und PSD geplottet.

- Spektraldichten der GNSS
  In vier Tabellenblättern werden die zu den Modulationen
  - BPSK,
  - SinBOC,
  - CosBOC,
  - AltBOC

  gehörenden normierten Leistungsdichten im logarithmischen und linearen Maßstab geplottet. Die die Modulationen beschreibenden Parameter sind frei wählbar.

- Spektraldichte der Multiplexed-BOC-Modulation
  Das normierte Leistungsdichtespektrum der für GPS und Galileo geplanten Multiplexed-BOC-Modulation wird geplottet. Zur Veranschaulichung können die Parameter für die Modulation in der Tabelle verändert werden, auch wenn sie von den USA und Europa festgelegt sind.

- Spektraldichten auf L1 (GPS, Galileo)
  Mit der interaktiv zu erzeugenden Grafik soll demonstriert werden, wie zukünftig das L1-Frequenzband gemeinsam von Galileo und GPS genutzt wird. Durch Aktivieren bzw. Deaktivieren von Kontrollkästchen wird gesteuert, welche der insgesamt sieben Kanäle geplottet werden. Dabei wird zwischen der Signalausstrahlung „in Phase" und der Signalausstrahlung „in Quadratur" unterschieden.

J.3.4   Transformationen

Die im Bereich „Transformationen" (mit zwei Unterbereichen) zur Verfügung gestellten Tabellen ermöglichen die Berechnung gängiger Datums- und Koordinatentransformationen.

J.3.4.1   Datumstransformation

- GK (DHDN) transformiert nach UTM (ETRS)
  Gauß-Krüger-Koordinaten des DHDN werden in UTM-Koordinaten im System ETRS89 umgerechnet. Die erforderlichen Parameter zur Datumstransformation können verändert werden.

- UTM (ETRS) transformiert nach GK (DHDN)
  UTM-Koordinaten des Systems ETRS89 werden in Gauß-Krüger des DHDN umgerechnet. Die erforderlichen Parameter zur Datumstransformation können verändert werden.

J.3.4.2   Koordinatentransformation

- GK-Koordinaten aus ellipsoidischen Koordinaten und umgekehrt
  Umrechnung ellipsoidische Koordinaten in Gauß-Krüger-Koordinaten bzw. Umrechnung von Gauß-Krüger-Koordinaten in ellipsoidische Koordinaten. Es können vier unterschiedliche Ellipsoide ausgewählt werden.

- UTM-Koordinaten aus ellipsoidischen Koordinaten und umgekehrt
  Umrechung ellipsoidischer Koordinaten in UTM-Koordinaten bzw. Umrechnung von UTM-Koordinaten in ellipsoidische Koordinaten. Es können vier unterschiedliche Ellipsoide ausgewählt werden.

Kleines geodätisches Glossar

Astronomische Koordinaten: → Geographische Koordinaten.

Bessel-Ellipsoid: Das → Referenzellipsoid des → Potsdamer Datums mit den Parametern $a = 6.377{,}397$ km und $f = 1:299{,}15$.

Breite: *Astronomische B.*: Astronomisch gemessener Winkel zwischen der → Lotrichtung und der Äquatorebene. *Ellipsoidische B.*: Winkel zwischen dem Lot auf das → Referenzellipsoid und der Äquatorebene des Referenzellipsoids. *Geographische B.*: Synonym für astronomische B.

CIO: **C**onventional **I**nternational **O**rigin. International vereinbarter Pol. Der durch die mittlere Lage der Erdachse zwischen den Jahren 1900 und 1905 definierte Nordpol (→ Polbewegung).

CIS: **C**onventional **I**nertial **S**ystem. Vereinbartes → inertiales Koordinatensystem. CIS ist das inertiale dreidimensionale kartesische Koordinatensystem der Satellitengeodäsie. Definition: Koordinatenursprung: → Geozentrum, Z-Achse: Erddrehachse zu einem vereinbarten Zeitpunkt, X-Achse: Gerade Geozentrum – Frühlingspunkt, Y-Achse: Drehung der X-Achse um 90° gegen den Uhrzeigersinn. Die Vereinbarung eines Zeitpunkts zur Definition der Z-Achse ist erforderlich, da die Erdachse nicht raumfest ist (→ Präzession). Die Bewegung der Erde um die Sonne – also die nichtlineare Bewegung des Koordinatenursprungs von CIS – wird vernachlässigt, da daraus resultierende Kräfte auf die Satelliten unbedeutend sind. Für CIS gelten die → Kepler-Gesetze.

CTS: **C**onventional **T**errestrial **S**ystem. Vereinbartes terrestrisches Koordinatensystem, auch globales terrestrisches Koordinatensystem genannt. CTS ist das dreidimensionale kartesische Koordinatensystem der Geodäsie. Definition: Koordinatenursprung: → Geozentrum. Z-Achse: Erdachse. Die X-Z-Ebene steht senkrecht auf der Äquatorebene und enthält die Sternwarte von Greenwich. Y-Achse: Drehung der X-Achse um 90° gegen den Uhrzeigersinn. Die instabile Lage der Umdrehungsachse im Erdkörper (→ Polbewegung) macht eine Vereinbarung über die Lage der Drehachse im Erdkörper erforderlich (→ CIO). CTS ist nach seiner Definition geozentrisch gelagert und mit dem Erdkörper fest verbunden. Es wird im Englischen auch als **E**arth **C**entered **E**arth **F**ixed **S**ystem (ECEFS) bezeichnet.

Datumstransformation: Die Umrechnung von Koordinaten eines → Geodätischen Datums in ein anderes Geodätisches Datum.

ECEFS: → CTS.

Ellipsoidische Höhe: Die Länge h des Lots vom Punkt P auf ein → Referenzellipsoid. Höhenangaben, die mithilfe von Satelliten gewonnen werden, sind ellipsoidische Höhen – im Gegensatz zu den → Höhen der herkömmlichen Geodäsie. In erster Näherung ist die Summe aus → Geoidundulation N und herkömmlicher geodätischer Höhe H gleich der ellipsoidischen Höhe h.

Ellipsoidische Koordinaten: → Breite, → Länge und → Höhe eines Punkts bezüglich eines Referenzellipsoids.

Ephemeriden: (griechisch „Tagebücher"). Die Positionen von Satelliten (oder anderer Himmelskörper) als Funktion der Zeit. Die Ephemeriden der GPS-Satelliten werden als → Kepler-Elemente mit zeitlich variablen Parametern, die Ephemeriden der GLONASS-Satelliten als dreidimensionale → kartesische Koordinaten mit Geschwindigkeits- und Beschleunigungskomponenten dargestellt.

Erdellipsoid: → Referenzellipsoid.

ETRF89: European Terrestrial Reference Frame 1989. Ein als Untermenge des → ITRF für Europa definiertes dreidimensionales geodätisches Referenznetz, fixiert auf den Jahresbeginn 1989. ETRF89-Koordinaten stimmen innerhalb der Definitionsgenauigkeit der WGS84-Koordinaten mit WGS84-Koordinaten überein. ETRF89 ist das zukünftige einheitliche Referenznetz der europäischen Staaten.

ETRS89: European Terrestrial Reference System 1989. ETRS89 ist das zum ETRF89 zugehörige → geodätische Bezugssystem. ETRS89 ist das zukünftige einheitliche geodätische Bezugssystem aller europäischen Staaten.

Gauß-Krüger-Koordinaten: Die bisherigen ebenen rechtwinkligen Koordinaten der Deutschen Landesvermessung. G-K-K. der deutschen Landesvermessung entstehen durch eine konforme (d. h. winkeltreue) Abbildung der ellipsoidischen Koordinaten des → Bessel-Ellipsoids in eine Rechenebene. G-K-K. werden in Deutschland zurzeit durch → UTM-Koordinaten bezogen auf das Ellipsoid des → Geodetic Reference System 1980 ersetzt.

Geodätisches Bezugssystem: Die Summe aller Vereinbarungen zur Definition eines → Geodätischen Datums.

Geodätisches Datum: *Horizontales G. D.*: Ein Satz von Daten, die die Lagerung sowie Dimension eines → Referenzellipsoids im Erdkörper beschreiben. *Vertikales G. D.*: Die Bezugsfläche für Höhenangaben. In der Regel eine Realisierung des → Geoids. Koordinaten von Punkten, die in unterschiedlichen G. D. gegeben sind, können nicht direkt miteinander verglichen werden. Koordinaten identischer Punkte unterschiedlicher G. D. können sich um mehrere Kilometer voneinander unterscheiden. Der Übergang von einem Geodätischen Datum zu einem anderen erfolgt durch eine → Datumstransformation.

Geographische Koordinaten: Geographische → Breite und → Länge.

Geoid: Die physikalisch definierte Figur der Erde. Das G. ist diejenige → Niveaufläche des Schwerefelds der Erde, die die mittlere – von Gezeiten freie – Meeresoberfläche enthält. Wegen der ungleichmäßigen Dichteverteilung im Erdkörper ist das G. eine unregelmäßige Fläche und zur Durchführung von geodätischen Berechnungen ungeeignet. Man wählt daher eine Ersatzfläche: ein → Referenzellipsoid.

Geoidhöhe: → Geoidundulation.

Geoidundulation: Die Höhe eines Geoidpunkts relativ zu einem → Referenzellipsoid. Geoid-undulationen bez. eines → mittleren → Referenzellipsoids erreichen Beträge bis ca. 80 m.

Geozentrum: Der Schwerpunkt des Erdkörpers.

GCG16: German Combined QuasiGeoid 2016. In Deutschland seit dem Jahr 2017 im amt-lichen Vermessungswesen verwendete Höhenbezugsfläche. Sie weicht im Bereich der Ost-see um 34 Meter und im Bereich der Alpen um 50 m von → GRS80-Ellipsoid ab. Grundlage für die Berechnung der Fläche waren Vermessungen der Erdanziehungskraft, Digitale Ge-ländemodelle und globale Erdschwerefeldmodelle unter Einbeziehung von Satellitenschwe-refeldmissionen.

GRS80: Geodetic Reference System 1980. Die Ellipsoidparameter des GRS80 (u. a. $a =$ 6.378,137 km und $f =$ 1:298,257222101) werden im → ETRS89 verwendet und sind praktisch identisch mit denen des → WGS84.

Höhe: Der Abstand eines Punkts von einer Bezugsfläche. In der herkömmlichen Geodäsie ist die Höhenbezugsfläche das → Geoid. Die entsprechenden Höhen werden meist durch Nivelle-mentsmessungen gewonnen. Diese sind nur dann eindeutig, wenn bei Auswertung der Messun-gen Schweremessungen berücksichtigt wurden. Dies ist in weiten Teilen der Erde nicht gesche-hen. Darüber hinaus sind bei der Realisierung der H. Vereinbarungen zu treffen. Dies geschieht in unterschiedlichster Weise. Es gibt also unterschiedliche Typen von H. Die wichtigsten Typen sind die *orthometrische Höhe* (Länge der → Lotlinie vom Geländepunkt bis zum Geoid) und die *Normalhöhe* (die Höhe des Geländepunkts über dem → Quasigeoid). Höhen der Satellitengeo-däsie sind → *ellipsoidische Höhen*.

Höhennull (HN): Das bisherige → vertikale Geodätische Datum der Deutschen Landesvermes-sung (neue Bundesländer). HN ist eine erste Näherung an das → Geoid. Ausgangshöhe ist der langjährig gemittelte Wasserstand eines Ostseepegels bei Kronstadt (s. auch Normalnull).

Inertiales Koordinatensystem: Ein Koordinatensystem, dessen Ursprung in Ruhelage ist oder eine lineare Bewegung ausführt und dessen Achsen richtungsstabil sind.

Integrierter geodätischer Raumbezug: Das im Jahr 2017 eingeführte Festpunktfeld der amtlichen deutschen Vermessung. Das besondere dieses Raumbezugs ist die ganzheitliche Betrachtung und Darstellung der traditionell getrennten geometrisch und physikalisch defi-nierten Komponenten Lage, 3D-Position, Höhe bzw. geopotenzielle Kote und Schwere in einem für alle Komponenten *einheitlichen*, gleichzeitig gemessenen Festpunktfeld.

Internationales Ellipsoid: Das von der Internationalen Union für Geodäsie und Geophysik 1924 empfohlene mittlere Ellipsoid mit den Parametern $a =$ 6.378,388 km, $f =$ 1:297,0. Das I. E. ist → Referenzellipsoid des Europäischen Datums.

ITRF: International Terrestrial Reference Frame. Ein dreidimensionales globales geodätisches Referenznetz. ITRF ist eine Realisierung des → CTS. Das → ETRF wurde von ITRF abgeleitet.

ITRS: International Terrestrial Reference System. International getroffene Vereinbarungen zur Definition eines → CTS, speziell zur Realisierung des → ITRF.

Kartesische Koordinaten: Koordinaten eines rechtwinkligen Koordinatensystems. Dreidimensionale K. K. der Geodäsie sind die Koordinaten von → CTS und → CIS.

Kepler-Elemente: Ein Satz von Parametern, mit dem die Position eines Satelliten in einem → inertialen Koordinatensystem als Funktion der Zeit angegeben werden kann.

Kepler-Gesetze: Die nach ihrem Entdecker J. Kepler benannten Gesetze, die die Bewegung der Planeten um die Sonne beschreiben. Die K.-G. gelten auch für Satellitenbewegungen.

Länge: *Astronomische L.* eines Punkts: Der Winkel zwischen der astronomischen → Meridianebene im Punkt und der astronomischen Meridianebene durch Greenwich. *Ellipsoidische L.* eines Punkts: Der Winkel zwischen der ellipsoidischen Meridianebene des Referenzellipsoids im Punkt und einem Bezugsmeridian (Nullmeridian). *Geographische L.*: Synonym für astronomische L.

Lotabweichung: Winkel zwischen → Lotrichtung und Ellipsoidnormalen.

Lotlinie: Eine Linie des Schwerefelds der Erde. Die L. ist eine Raumkurve, die die Schar der → Niveauflächen des Erdschwerefelds senkrecht schneidet. Die Tangente im Punkt P an die L. ist die → Lotrichtung im Punkt P.

Lotrichtung: Die Richtung des Schwerevektors. Sie kann z. B. mit einem Schnurlot realisiert werden.

Meridianebene: *Astronomische* M.: Die durch die → Lotrichtung im Punkt P und eine Parallele zur Erdachse durch P aufgespannte Ebene. *Ellipsoidische* M.: Die durch eine Linie gleicher ellipsoidischer → Breite und die Rotationsachse des Ellipsoids aufgespannte Ebene. Wegen der → Lotabweichung stimmen ellipsoidische M. und astronomische M. nicht überein.

Niveaufläche: Eine Fläche, die die Linien eines physikalischen Felds überall senkrecht schneidet (allgemein). Eine Fläche im Schwerefeld der Erde, die senkrecht auf den Lotlinien steht (in der Geodäsie). *Eine* der unendlich vielen aus der Schar der Niveauflächen des Schwerefelds der Erde ist das → Geoid.

Normalhöhe: → Höhe.

Normalhöhen-Null (NHN): Das neue → vertikale Geodätische Datum aller Deutschen Bundesländer. NHN ist ein → Quasigeoid mit dem langjährig gemittelten Wasserstand eines Nordseepegels bei Amsterdam (**N**ormal **A**msterdams **P**eil (NAP)) als Bezugspunkt (→ Höhennull).

Normalnull (NN): Das bisherige → vertikale Geodätische Datum der Deutschen Landesvermessung (alte Bundesländer). NN ist eine erste Näherung an das → Geoid. Ausgangshöhe ist der langjährig gemittelte Wasserstand eines Nordseepegels bei Amsterdam (→ Höhennull).

Orthometrische Höhe: → Höhe.

PD: Potsdamer Datum. Das bisherige → horizontale Geodätische Datum der westlichen Länder der Bundesrepublik Deutschland. → Referenzellipsoid ist das → Bessel-Ellipsoid.

Polbewegung: Die Verlagerung der Pole auf dem Erdkörper wegen Verlagerung der Erdrotationsachse *im Erdkörper*. Beim Erdkörper fallen Hauptträgheitsachse und Rotationsachse nicht zusammen. Nach den Kreiselgesetzen resultiert daraus eine ständige Verlagerung der Rotationsachse im Erdkörper. Die Periode der P. hat eine Dauer von rd. 430 Tagen. Die Größenordnung der P. liegt bei 3 bis 6 m pro Periode. Bei der Definition eines mit dem Erdkörper festverbundenem globalen terrestrischen Koordinatensystems mit der Rotationsachse der Erde als Z-Achse muss daher eine bestimmte Lage des Pols (→ CIO) vereinbart werden.

Präzession: Die Veränderung der Erdachsenrichtung. Sie entsteht nach den Kreiselgesetzen aufgrund der Gravitationskräfte, die von der Sonne auf den am Äquator aufgewölbten Erdkörper einwirken. Die Periode der P. ist 25.700 Jahre (1 Platonisches Jahr).

PZ90: **P**arametri **Z**emli **90**. Das geodätische Bezugssystem, zu dem neben Anderem das → Geodätische Datum der Staaten der ehemaligen Sowjetunion gehört. Die Koordinaten der GLONASS-Satelliten sind im Geodätischen Datum PZ90 gegeben.

Quasigeoid: Eine physikalisch definierte Ersatzfläche für das → Geoid. Das Q. kann im Gegensatz zum Geoid direkt aus Schweremessungen bestimmt werden. Das Q. unterscheidet sich vom Geoid i. Allg. weniger als 1 m.

Referenzellipsoid: Ein → Rotationsellipsoid, dessen Dimension und Lagerung so gewählt wird, dass es sich dem → Geoid im Vermessungsgebiet optimal anpasst. Als glatte Fläche, auf der Berechnungen verhältnismäßig leicht durchgeführt werden können, ist das R. die Bezugsfläche für die Lagekoordinaten im Vermessungswesen. Wegen der unregelmäßigen Ausformung des Geoids werden in unterschiedlichen Gebieten der Erde unterschiedliche R. gewählt. Diese unterschiedlichen R. tragen die Bezeichnung „lokal bestanschließende R.". Ein R., welches sich dem Geoid weltweit optimal anpasst, wird „mittleres R." oder auch „mittleres Erdellipsoid" genannt.

Rotationsellipsoid: Die bei der Rotation einer Ellipse um eine der Achsen entstehende Fläche. Die Dimension des R. ist durch die Größen der Halbachsen a und b der Ellipse definiert. In der Geodäsie wird die Dimension durch die Halbachse a und die Abplattung $f = (a - b)/a$ angegeben (f von englisch „flattening").

Triangulation: Verfahren zur Bestimmung der Koordinaten geodätischer Punkte durch die Ausmessung von Dreieckswinkeln (angulus (lateinisch)) = Winkel; tria (griechisch) = drei).

Trilateration: Verfahren zur Bestimmung der Koordinaten geodätischer Punkte durch die Ausmessung der Länge von Dreiecksseiten (latus (lateinisch)) = Seite; (tria (griechisch) = drei).

UTM-Koordinaten: *Universale-Transversale-Mercator-Koordinaten*. Ebene rechtwinklige Koordinaten, die aus einer konformen (d. h. winkeltreuen) Abbildung von → ellipsoidischen Koordinaten in eine Rechenebene hervorgehen. UTM-Koordinaten sind im Bereich der NATO in Gebrauch und werden als einheitliche Koordinaten in Europa eingeführt.

WGS84: **W**orld **G**eodetic **S**ystem 1984. Ein geodätisches Bezugssystem, zu dem neben Anderem ein → Geodätisches Datum gehört. U. a. Ellipsoidparameter: a = 6.378,137 km und f = 1:298,257223563. Die Koordinaten der GPS-Satelliten sind Koordinaten im Geodätischen Datum des WGS84.

Abkürzungsverzeichnis

AdV	Arbeitsgemeinschaft der Vermessungsverwaltungen der Länder der Bundesrepublik Deutschland		CIS	Conventional Inertial System
AEP	Architecture Evolution Plan		CLAS	Centimeter Level Augmentation Service
AFCN	Airforce Control Network		CMBOC	Composite-Multiplexed BOC
AKF	Autokorrelationsfunktion		CNAV	Civil Navigation Message
AltBOC	Alternative BOC		C/N$_0$	Carrier-to-Noise Spectral Density Ratio
AMF	Ambiguity Function			
AODC	Age of Data Clock		CORS	Continuously Operating Reference Station
AODE	Age of Data Ephemeris			
AOR-E	Atlantic Ocean Region – East		CRC	Cyclic Redundancy Check
			CRPA	Controlled Reception Pattern Antenna
AOR-W	Atlantic Ocean Region – West			
			CS	Commercial Service
ARGOS	Advanced Research and Global Observation Satellite		CTS	Conventional Terrestrial System
ARNS	Aeronautical Radio Navigation Service		DFHBF	Digitale Finite Höhenbezugsfläche
ARP	Antennenreferenzpunkt		DGNSS	Differenzielles GNSS
A-S	Anti-Spoofing		DGPS	Differenzielles GPS
ASCII	American Standard Code for Information Interchange		DHDN	Deutsches Hauptdreiecksnetz
ASIC	Application-Specific Integrated Circuits		DHHN	Deutsches Haupthöhennetz
			DOP	Dilution of Precision
BKG	Bundesamt für Kartographie und Geodäsie		DORIS	Détermination d'Orbite et Radiopositionnement Intégrés par Satellite
BOC	Binary Offset Carrier Modulation			
			DREF	Deutsches Referenznetz
BPSK	Binary Phase Shift Keying		DRMS	Distance Root Mean Square
C/A	Coarse/Acquisition		DSSS	Direct Sequence Spread Spectrum
CDMA	Code Division Multiple Access			
			ECDIS	Electronic Chart Display and Information System
CEP	Circular Error Probable			
CIO	Conventional International Origin		ECEF	Earth Centered Earth Fixed
			ED	Europäisches Datum

EDAS	EGNOS Data Access Server	GNSS	Global Navigation Satellite System
EGNOS	European Geostationary Navigation Overlay System	GPPS	Geodätischer Präziser Positionierungsservice
EHF	Extremely High Frequency		
EPS	Echtzeit Positionierungsservice	GPRS	General Packet Radio Service
ESA	European Space Agency	GPS	Global Positioning System
ESOC	European Space Operations Center	GRS	Geodetic Reference System
		GSM	Global System for Mobile Communication
ETRF	European Terrestrial Frame		
ETRS	European Terrestrial System	HDOP	Horizontal DOP
EUREF	European Reference Frame	HEPS	Hochpräziser EPS
EWAN	EGNOS Wide Area Network	HEO	Highly Elliptical Orbit
		HF	High Frequency
FAA	Federal Aviation Administration	HN	Höhennull
		HOW	Hand-over Word
FDMA	Frequency Division Multiple Access	HPA	High Power Amplifier
FKP	Flächenkorrekturparameter	IALA	International Association of Lighthouse Authorities
FPGA	Field Programmable Gate Array	ICAO	International Civil Aviation Organisation
FRP	Federal Radionavigation Plan	ICD	Interface Control Document
GAST	Greenwich Apparent Sidereal Time	IERS	International Earth Rotation Service
GBAS	Ground-Based Augmentation System	IGS	International GNSS Service
		IGSO	Inclined Geosynchron Orbit
GCG05	German Combined Quasigeoid 2005	INMARSAT	International Maritime Satellite Organization
GDGPS	Global Differential GPS	INSPIRE	Infrastructure for Spatial Information in Europe
GDOP	Geometrical DOP		
GEO	Geostationary Earth Orbiter	IODC	Issue of Data: Clock
GHPS	Geodätischer Hochpräziser Positionierungsservice	IODE	Issue of Data: Ephemeris
		IOR	Indian Ocean Region
GK	Gauß-Krüger	ITRF	International Terrestrial Reference Frame
GGP	Geodätischer Grundnetzpunkt	ITU	International Telecommunication Union
GLONASS	Global´naya Navigatsioannaya Sputinkovaya Sistema	KW	Kurzwelle
		LAA	Local Area Augmentation

LAN	Local Area Network	OCX	[GPS] Next Generation Operational Control System
LBS	Location-Based Services		
LEO	Low Earth Orbit	OEM	Original Equipment Manufacturer
LEP	Linear Error Probable		
LF	Low Frequency	OS	Open Service
LFSR	Linear Feedback Shift Register	OSR	Observation State Representation
LHCP	Left-Hand Circularly Polarized	OTF	on-the-fly
		PCO	Phasenzentrumsoffset
LPV	Localizer Performance with Vertical Guidance	PCV	Phasenzentrumsvariation
		PD	Potsdamer Datum
LVA	Landesvermessungsamt	PDF	Probality Density Function
LW	Langwelle	PDGNSS	Präzises DGNSS
MAC	Master-Auxilary Concept	PDGPS	Präzises DGPS
MCC	Mission Control Center	PDOD	Position DOP
MF	Medium Frequency	PLL	Phase Locked Loop
MEO	Medium Earth Orbit	POR	Pacific Ocean Region
MNAV	Military Navigation Message	ppm	parts per million
		PPP	Precise Point Positioning
MSTID	Medium-Scale Travelling Ionospheric Disturbance	PPS	Precise Positioning Service
		PRS	Public Regulated Service
MTSAT	Multifunctional Transport Satellite	PRN	Pseudo-Random Noise
		PSD	Power-Spectral-Density
MUX	Multiplexer	PSK	Phase Shift Keying
MW	Mittelwelle	PZ	Parameter Zemli
NAVIC	Navigation with Indian Constellation	PZO	Phasenzentrumsoffset
		PZV	Phasenzentrumsvariationen
NAP	Normaal Amsterdams Peil	QZSS	Quasi-Zenith Satellite System
NHN	Normal Höhennull		
NLES	Navigation Land Earth Station	RAIM	Receiver Autonomous Integrity Monitoring
NMEA	National Marine Electronics Association	RDS	Radio Data System
		RHPC	Right-Hand Circularly Polarized
NN	Normalnull		
Ntrip	Networked Transport of RTCM via Internet Protocol	RIMS	Ranging and Integrity Monitoring Station
NOAA	National Oceanic and Atmospheric Administration	RINEX	Receiver Independent Exchange Format
NRZ	Non Return to Zero		
OCS	Operational Control System	RMS	Root Mean Square

RNSS	Radio Navigation Satellite Service
RSP	Referenzstationspunkt
RTCM	Radio Technical Commission for Maritime Service
RTK	Real-Time Kinematic
RZ	Return to Zero
SA	Selective Availability
SA*POS*®	Satellitenpositionierungs-dienst der deutschen Landesvermessungen
SBAS	Satellite-Based Augmentation System
SDR	Software Defined Receiver
SEP	Spherical Error Probable
SHF	Super High Frequency
SISRE	Signal-in-Space Range Error
SLR	Satellite Laser Ranging
SNN	Staatliches Nivellementnetz
SNR	Signal-to-Noise Ratio
SoL	Safety-of-Live Service
SPS	Standard Positioning Service
SSR	Space State Representation
SV	Space Vehicle
TAI	Temps Atomic International
TCAR	Three Carrier Ambiguity Resolution
TDOP	Time DOP
TEC	Total Electron Content
TECU	Total Electron Content Unit
TID	Travelling Ionospheric Disturbance
TLM	Telemetry Word
TMBOC	Time-Multiplexed BOC
TTFF	Time To First Fix
UELN	United European Levelling Network

UERE	User Equivalent Range Error
UHF	Ultra High Frequency
UKW	Ultrakurzwelle
UTM	Universelle Transversale Mercatorprojektion
URA	User Range Accuracy
UT	Universal Time
UTC	Universal Time Coordinated
UMTS	Universal Mobile Communication System
VCO	Voltage Controlled Oscillator
VDOP	Vertical DOP
VEC	Vertical Electron Content
VLBI	Very Long Baseline Interferometry
VRS	Virtuelle Referenzstation
VSWR	Voltage Standing Wave Ratio
WAAS	Wide Area Augmentation System
WADGPS	Wide Area DGPS
WLAN	Wireless local Area Network
ZF	Zwischenfrequenz

Literaturverzeichnis

Zitierte Literatur[*]

Abdallah, A. (2015): The Effect of Convergence Time on the Static-PPP Solution. 2nd International workshop on "Integration of Point- and Area-wise Geodetic Monitoring for Structures and Natural Objects", March 23-24, 2015, Stuttgart.

Abdizadeh, M. (2013): GNSS Signal Acquisition in The Presence of Narrowband Interference. PhD Thesis, University of Calgary, Alberta, Canada.

Abidin, H. Z. (1993): On-the-fly resolution: formulation and results. Manuscripta Geodaetica.

Afifi, A. & El-Rabbany, A. (2016): Precise Point Positioning Using Triple GNSS Constellations in Various Modes. Sensors 2016, 16, 779. doi:10.3390/s16060779.

Aguilera, C. (2017): LPV implementation to non-instrument runways. Combined GA TeB& GA Sectorial Committee. Cologne, June 1st, 2017.

Akos, D. M. (1997): A software radio approach to global navigation satellite system receiver design. PhD Thesis, Ohio University.

Alban, S., Akos, D. M., Rock, S. M. & Gebre-Egziabher, D. (2003): Performance Analysis and Architectures for INS-Aided GPS Tracking Loops. http://web.stanford.edu/group/scpnt/gpslab/pubs/papers/Alban_IONNTM_2003.pdf.

Alonso, D., Ferrara, G., Nurmi, J. & Lohan. E. S. (2016): Interference Mitigation in the E5a Galileo Band Using an Open-Source Simulator. Inside GNSS, July/August 2016.

Angrisano, A. (2010): GNSS/INS Integration Methods. PhD Thesis, Universita' degli Studi di Napoli "Parthenope".

Arnold, K. (1970): Methoden der Satellitengeodäsie. Akademie, Berlin.

Aschoff, B. (1996): Integrierte Ausgleichung und Analyse von GPS und terrestrischen Messungen mit NEPTAN/GPS. Leipziger Bildmeßtage 1996, Veröffentlichung der KAZ BILDMESS GmbH, Band 5. Leipzig.

Ashjaee, J. (1998): First Dual Depth Dual Frequency Choke Ring Design; IGS Session 8 – GPS Instrumentation Overview.

Ashkenazi, V. & Yau, J. (1986): Significance of Discrepancies in the Processing of GPS Data with Different Algorithms. Proc. 1986.

Augath, W. (1988): Experiences with TRIMBLE receivers in the control network of the F. R. G. Workshop 1988.

Augath, W. (1992): Zur Wirtschaftlichkeit des GPS-Einsatzes in der präzisen Positionierung der Landesvermessung. SPN.

Augath, W., Lang H. & Sacher, M. (1996): UELN-95. Ein neues einheitliches Höhensystem für kartographische Datenbanken. DVW-Schriftenreihe, 24/1996.

Augath, W. & Seeber, G. (1984): Die Überprüfung der Neukoordinierung der niedersächsischen TP-Netze 1. und 2. Ordnung mit Meßverfahren der Satellitengeodäsie. NVermKat.

---

[*] Die Erläuterung von häufig verwendeten Abkürzungen erfolgt am Ende des Verzeichnisses ab S. 556.

Avila-Rodriguez, J. A. (2008): On Generalized Signal Waveforms for Satellite Navigation. Dissertation, Universität der Bundeswehr München, Neubiberg. http://137.193.200.7:8081/doc/86167/86167.pdf.

Barker, B. C., Betz, J. W., Clark, J. E., Correira, J. T., Gillis, J. T., Lazar, S., Rehborn, K. A. & Straton, J. R. (2006): Overview of the GPS M Code Signal. http://www.mitre.org/work/tech_papers/tech_papers_00/betz_overview/betz_overview. pdf.

Bartl, S. (2015): Detektion und Lokalisierung von GNSS Störsendern zur Sicherung kritischer Infrastruktur im Alpenraum. Präsentation, November 2015. http://www.ion-ch.ch/media/AHORN2015-PDF/02-Session1/AHORN2015_Bartl_TCA.pdf.

Bauer, F. H., Moreau, M. C., Dahle-Melsaether, M. E., Petrofski, W. P., Stanton, B. J., Thomason, S., Harris, G. A., Sena, R. P. & Parker Temple III, L. (2006): The GPS Space Service Volumen. NASA (https://archive.org/details/nasa_techdoc_20060026278).

Bauer, M. (2014): eLORAN – Renaissance eines Ortungsverfahrens. Hydrographische Nachrichten, 31 (97, 98).

Bauer, M., Bruns, P. & Miller, A. (1992): Erfahrungen bei der Einrichtung von Lagefestpunktfeldern auf Kap Verde mit Hilfe von NAVSTAR-GPS. SPN.

Bauer, M. & Mink, M. (2012): Wofür steht das Akronym RAIM. GNSS-gestützte Navigation in der Luftfahrt. VDVmagazin.

Bauernfeind, R., Kraus, T., Sicramaz Ayaz, A., Dötterböck, D. & Eissfeller, B. (2012): Analysis, Detection and Mitigation of Incar GNSS Jammer Interference in intelligent Transport Systems. Deutscher Luft- und Raumfahrtkongress 2012.

Bauersima, I. (1982): Navstar/Global Positioning System GPS (I). Mitt. Zimmerwald, 7.

Bauersima, I. (1983): Navstar/Global Positioning System (GPS) (III) – Erdvermessung durch radiointerferometrische Satellitenbeobachtungen. Mitt. Zimmerwald, 12.

Beer, S., Sumaya, H. & Wanninger, L. (2014): Die Broadcast-Ephemeriden der vier GNSS im Qualitätsvergleich. Präsentation Geodätische Woche 2014, Berlin.

Berking, B. (1995): Satellitennavigation und GPS. Funktion, Anwendungsmöglichkeiten und Leistungsgrenzen. up to date – Weiterbildung an Bord Nr. 50. Hg. v. Sozialwerk für Seeleute e. V. Hamburg.

Beser, J. (1992): GPS and GLONASS Visibility Characteristics and Performance Data of the 3S Navigation R-100 Integrated GPS/GLONASS Receiver, ION GPS-92.

Betz, J. W. (1999): The offset Carrier Modulation for GPS Modernisation. Proceedings of ION 1999 Technical Meeting, 639-648.

Betz, J. W. (2000): Design and Performance of Code Tracking for the GPS M Code Signal. ION GPS 2000.

Beutler, G., Bauersima, I., Botton, S. Gurtner, W., Rothacher, M. & Schildknecht, S. (1987): Accuracy and Biases in the Geodetic Application of the Global Positioning System. Paper presented at the 19th IUGG, General Assembly, Vancouver, Canada.

Beutler, G., Gurtner, W., Bauersima, I. & Langley, R (1985): Modelling and estimating the orbits of GPS satellites. Proc. 1985.

Beutler, G. & Rothacher, M. (1986): Auswertung der 1984-Alaska GPS-Kampagne. VPK/ MPG.

Bhattacharyya, S. (2012): Performance and Integrity Analysis of the Vector Tracking Architecture of GNSS Receivers. PhD Thesis, University of Minnesota, USA.

Bialas, V. (1982): Erdgestalt, Kosmologie und Weltanschauung – Die Geschichte der Geodäsie als Teil der Kulturgeschichte der Menschheit. Wittwer, Stuttgart.

Bock, Y., Abbot, R. I., Counselman, C. C., Gourevitch, S. A., King, R. W. & Paradis, A. R. (1984): Geodetic accuracy of the Macrometer model V-1000. Bulletin Géodésique, 58.

Boljen, J. (1995): Höhenbestimmung mit Hilfe des GPS. SPN.

Borio, D., O'Driscoll, C. & Fortuny, J. (2012): GNSS Jammers: Effects and Countermeasures. Proc. of the 6th ESA Workshop on Satellite Navigation Technologies and European Workshop on GNSS Signals and Signal Processing, Dec. 2012, 1-7.

Boriskin, A., Kozlov, D. & Zyryanov, G. (2012): The RTCM Multiple Signal Messages: A New Step in GNSS Data Standardization. Proceedings 25th International Technical Meeting of The Satellite Division of the Institute of Navigation (ION GNSS 2012), Nashville, TN, September 2012, 2947-2955.

Borre, K., Akos, D. M., Bertelsen, N., Rinder, P. & Jensen, S. H. (2007): A Software-Defined GPS and Galileo Receiver. A Single-Frequency Approach. Birkhäuser, Basel.

Brauner, C. (2001): DFHBF-Realisierung Saarland. 2. Tagesseminar GPS-Höhenbestimmung – Online und Passpunktfrei – mittels DFHBF. Landesvermessungsamt Baden-Württemberg, Karlsruhe.

Breuer, B., Campbell, J., Görres, B., Hawig, J. & Wohlleben, R. (1995): Kalibrierung von GPS-Antennen für hochgenaue geodätische Anwendungen. SPN, 49-59.

Breuer, B., Campbell, J. & Müller, A. (1993): GPS-Meß- und Auswerteverfahren unter operationellen GPS-Bedingungen. SPN.

Brunner, F. K., Hartinger, H. & Troyer, L. (1999): GPS Signal Diffraction Modelling: the Stochastic Sigma-Δ model. Journal of Geodesy, 73, 259-267.

Butsch, F. (2001): Untersuchungen zur elektromagnetischen Interferenz bei GPS. Schriftenreihe der Institute des Studiengangs Geodäsie und Geoinformatik, Universität Stuttgart, Report 2001.1.

Butsch, F., Weber, O. & Dunkel, W. (2011): GNSS Interference Monitoring System GIMOS. DFS Deutsche Flugsicherung GmbH.

Callsen-Bracker (2001): persönliche Mitteilung.

Cameron, A. (2010): The System: Galileo PRS Delivery in Question. GPS World.

Cameron, A. (2017): Top-level updates from Munich summit on four GNSS. GPS World.

Castleden, N., Hu, D. A., Abbey, D. A., Weihing, D., Øvstedal, O., Earls, C. J. & Featherstone, W. E. (2004): First results from Virtual Reference Station (VRS) and Precise Point Positioning (PPP). Journal of Global Positioning Systems, 3 (1-2), 79-84.

Cetin, E., Thompson, R. J. R. & Dempster, G. (2011): Interference Localisation within the GNSS Environmental Monitoring System (GEMS). IGNSS Symposium 2011. University of New South Wales, Sydney, NSW, Australia.

China Satellite Navigation Office (2013): BeiDou Navigation Satellite System Open Service Performance Standard (Version 1.0).

China Satellite Navigation Office (2016): BeiDou Navigation Satellite System Signal In Space Interface Control Document. Open Service Signal (Version 2.1).

Chong, C., Jing, G. & Luo, M. (2008): COMPASS Satellite Navigation System Development. Symposium Nov. 5-6, 2008, Stanford University, 'PNT Challenges and Opportunities'.
http://scpnt.stanford.edu/pnt/PNT08/Presentations/8_Cao-Jing-Luo_PNT_2008.pdf.

Coffed, J. & Rolli, J. (2015): Sentry Stands on Jammer Alert. GPS World.

Collins, J. (1986): FGCC Test Results Trimble 4000S. Proc. 1986, 529-534.

Collins, J. & Leick, A. (1985): Analysis of Macrometer networks with emphasy on the Montgommety (PA) County survey. Proc. 1985, 677-693.

Counselmann, C. C. & Gourevitch, S. A. (1981): Miniature Interferometer Terminals for Earth Surveying: Ambiguity and Multipath with Global Positioning System. IEEE Transaction on Geoscience and Remote Sensing, Ge-19, 4.

Cross, P. A. & Ahmad, N. (1988): Field Validation of GPS Phase Measurements. Workshop 1988.

Curry, C. (Ed.) (2014): SENTINEL Project – Report on GNSS Vulnerabilities. http://www.chronos.co.uk/files/pdfs/gps/SENTINEL_Project_Report.pdf.

Czuczor, E. & Lux, P. (1987): Hauptschwerenetz der Bundesrepublik 1982 (DHSN) fertig gestellt. zfv.

Dinter, G., Illner, M. & Jäger, R. (1996): A synergetic approach for the transformation of ellipsoidal heights into standard heigth refrence system (HRS). Veröffentlichung der Bayerischen Kommission für die internationale Erdmessung der Bayerischen Akademie der Wissenschaften, 57. Beck, München.

Divis, D. A. (2016): GAO: New GPS Ground System, Not GPS III Engineering, Primary Cause for Delays. Inside GNSS News.

DLG e. V. (Hrsg.) (2016): Merkblatt 388. Satellitenortungssysteme (GNSS) in der Landwirtschaft.

Draheim, H. (1960): Die Verwendung von Satelliten in der Geodäsie. AVN.

Draheim, H. (1971): Die Geodäsie ist die Wissenschaft von der Ausmessung und Abbildung der Erdoberfäche. Eine Umfrage zur heutigen Situation der Geodäsie. AVN.

Eissfeller, B., Teubner, A. & Zucker, P. (2005): Indoor-GPS: Ist der Satellitenempfang in Gebäuden möglich? zfv.

ESA – Joint Board on Communication Satellite Programmes (1997a): EGNOS AOC Implementation Plan, Paris.

ESA (2008): Galileo Open Service. Signal in Space Interface Control Document OS SIS ICD, Draft 1.

European Commission (1999): Communication 54: Galileo: Involving Europe in a New Generation of Satellite Navigation Services, Brüssel.

European Telecommunications Standards Institute (2002): Fixed Radio Systems; Point-to-point and point-to-multipoint equipment; Use of circular polarization in multipoint systems; Part 2: Antenna parameters.

Falleti, E., Pini, M. & Presti, L. (2010): Carrier- to-Noise Algorithms. Are C/N0 Algorithms Equivalent in All Situations? Inside GNSS.

Faulhaber, U. (2008): Auswirkungen der Satellitentechnologie auf den geodätischen Raumbezug und die Festpunktfelder. Tagung DVW BW, Mühlheim, 30.04.2008. www.lgl-bw.de/lgl-internet/web/sites/default/de/05_Geoinformation/Galerien/Dokumente/080430_Vortrag_Auswirkungen_der_Satellitentechnologie_Muellheim.pdf.

Feldmann-Westendorff, U. (2003): Vergleichstest der Kalibrierverfahren für GPS-Antennen Teil 2. Interner Bericht, Hannover.

Feldmann-Westendorff, U. (2009): Von der See bis zu den Alpen: Die GNSS-Kampagne 2008 im DHHN 2006 – 2011. Schriftenreihe des DVW, 57.

Finger, A. (1997): Pseudorandom-Signalverarbeitung. Teubner, Stuttgart.

Fischer, K. I. (1977): The Geoid. Defense Mapping School Fort Belvoir. Virginia, USA.

Fontana, R. D., Cheung, W. & Stansell, T. (2001): The modernized L2 Civil Signal. GPS World, Sep. 2001, 28-34.

Fröhlich, H. (1985): Die Bedeutung der Schweremessung in der Landesvermessung. NÖV.

Fuller, S. L. (2017): Eurocontrol CONOPS for Next Generation GNSS Awaits Stakeholder Feedback. http://www.aviationtoday.com/2017/04/11/eurocontrol-conops-next-generation-gnss-awaits-stakeholder-feedback/.

Gao, G. X. (2007): DME/TACAN interference and its mitigation in L5/E5 bands. Proc. 20th Int. Tech. Meeting Satell. Div. Inst. Navig. (ION GNSS), Fort Worth, TX, USA.

Gao, G. X, Chan, A., Lo, S., De Lorenzo. D. & Enge, P. (2007): GNSS over China, the Compass MEO satellite codes. Inside GNSS, Juli/Aug. 2007, 36-43.

Gao, G. X, Chan, A., Lo, S., De Lorenzo, D., Walter, T. & Enge. P. (2009): Compass-M1 broadcast codes in E2, E5b, and E6 frequency bands. IEEE Journal of selected Topics in Signal Processing, 3 (4). https://web.stanford.edu/group/scpnt/gpslab/pubs/papers/Gao_IEEE_2009_CompassM1Codes.pdf.

Gao, G. X., Heng, L., Hornbostel, A., Denks, H., Meurer, M., Walter, T. & Enge, P. (2013): DME interference mitigation based on flight test data over European hot spot. GPS Solutions, 17 (1).

Gao, G. X., Sgammini, M., Lu, M. & Kubo, N. (2016): Protecting GNSS Receivers from Jamming and Interference. Proceedings of the IEEE, 104 (6).

Gendt, G., Dick, G. & Reigber, C. (1995): Das IGS-Analysezentrum am GFZ Potsdam: Verarbeitungssystem und Ergebnisse. zfv.

George, U. (1977): In den Wüsten der Erde. Faszinierende Entdeckungen und Erkenntnisse eines Naturforschers. Knauer, München.

Georgiadou, Y. & Kleusberg, A. (1988): On the Effect of Ionospheric Delay on Geodetic Relative GPS Positioning. Manuscripta Geodetica, 13, 1-8.

Giesen, C. (2010): EU-Projekt Galileo. Wie China Europa den Himmel klaute. http://www.faz.net/s/Rub0E9EEF84AC1E4A389A8DC6C23161FE44/Doc~E0D897CF5A0444474B630840A61C06BA3~ATpl~Ecommon~Scontent.html.

Goad, C. C. (1985): Precise Phase Measurements in a Nondifference Mode. Proc. 1985.

Gold, R. (1967): Optimal binary sequences for spread spectrum multiplexing (Corresp.). IEEE Transactions on Information Theory, 13 (4), 619-621.

Gomez, V. (2009): Partial ambiguity fixing for precise point positioning with multiple frequencies in the presence of biasis. Master thesis, TUM München. http://www.nav.ei.tum.de/joomla/documents/up/masterarbeit_victor_gomez_31.03.09.pdf.

Goncharov, A., Norets, I., Tiuliakov, A., Silvestrov, I. & Bogdanov, P. (2015): National time scale UTC(SU) and GLONASS system time scale: current status and perspectives. International Committee on GNSS (ICG) ICG, 4. November 2015.

Görres, B. (2009): Aktueller Stand der GNSS-Antennenkalibrierung. GNSS 2009: Systeme, Dienste, Anwendungen. 83. DVW-Seminar in Dresden. Wißner, Augsburg.

GPSW – Global Positioning System Wing (2010): Interface Specification IS-GPS-200 Revision E.

GSA – European Global Navigation Satellite Systems Agency (2017): Galileo Initial Open Service (IS OS) Public Performance Report. https://www.gsc-europa.eu/system/files/galileo_documents/Galileo-IS-OS-Quarterly-Performance_Report-Q1-2017.pdf.

Gurtner, W. (1986): GPS-Testmessungen auf dem CERN-LEP-Kontrollnetz. VPK/MPG.

Han, S. & Rizos, C. (1997): Comparing GPS Ambiguity Resolution Techniques. GPS World, October 1997, 54-61.

Harre, I. (1987): Modellieren von Navigationsfehlern – Fehlertypen und Entwicklung eines Fehlerkreismodells. Ortung und Navigation, Köln.

Harre, I. (1988): Genauigkeitsbetrachtungen zur Polarortung am Beispiel der POLARFIX-Anlage. DHyG-Info, Stade.

Hartl, P. & Thiel, K-H. (1984): Das NAVSTAR Global Positioning System (GPS). Schriftenreihe HsBw, 15.

Hartl, P. & Wlaka, M. (1996): The European contribution to a global civil navigation satellite system. Space Policy. London (UK).

Hartmann, G. K. & Leitinger, R. (1984): Range Errors due to Ionospheric and Tropospheric Effects for Signal Frequencies above 100 MHz. Bulletin Géodésique, 58, 109-136.

Hartmann, R., Brenner, M., Kant, N. & Fowler, B. (1991): Results from GPS/GLONASS Flight and Static Tests. DGPS`91. First International Symposium Real Time Differential Applications of the Global Positioning System. Verlag TÜV Rheinland, Köln.

Hatch, R. (1986): Dynamic Differential GPS at Centimeter Level. Proc. 1986.

Hatch, R. (1989): Ambiguity Resolution in the fast Lane. ION GPS 89.

Hatch, R. & Euler, H.-J. (1994): Comparison of Several AROF Kinematic Techniques. ION GPS-94, 363-370.

Haynes, T. (1998): A Primer on Digital Beamforming. Spectrum Signal Processing.

Heck, B. (2003): Rechenverfahren und Auswertemodelle der Landesvermessung. 3. Auflage. Wichmann, Heidelberg.

Heck, B., Illner, M. & Jäger, R. (1995): Deformationsanalyse zum Testnetz Karlsruhe auf der Basis der terrestrischen Messungen und aktueller GPS-Messungen. Festschrift Draheim – Kuntz – Mälzer. Universität Karlsruhe.

Heckmann, B. (1994): Anwendung der GPS-Technik im Kataster. SPN.

Hegarty, C., Van Dierendonck, A. J., Bobyn, D., Tran, M. & Grabowski, J. (2000): Suppression of Pulsed Interference through Blanking. Proceedings of the IAIN World Congress and the 56th Annual Meeting of The Institute of Navigation (2000), San Diego, CA, June 2000, 399-408.

Hein, G. W. (1990a): Bestimmung orthometrischer Höhen durch GPS und Schweredaten. Schriftenreihe UniBwM, 38.

Hein, G. W. (1990b): Präzise Positionierung. (Near) Real Time Differential GPS-Anwendungen. DGON, Düsseldorf.

Hein, G. W. u. a. (2006): MBOC: The new Optimized Spreading modulation. Recommended for Galileo L1 OS and GPS L1C.

Heiskanen, W. A. & Moritz, H. (1985): Physical Geodesy (Reprint). TU Graz.

Heitz, S. (1983): Geometrische Modelle der Geodäsie, Mitteilungen des Instituts für theoretische Geodäsie der Universität Bonn.

Heßelbarth, A. (2009): GNSS-Auswertung mittels Precise Point Positioning (PPP). zfv.

Hoar, J. G. (1982): Satellite Surveying. Theory, Geodesy, Map-Projections. Application: Equipment, Operations. Magnavox Advanced Products and Systems Company, Torrance, USA.

Hofmann, W. (1963): Erdnahe Satelliten im Dienste der Geodäsie. Ergebnisse und Möglichkeiten. zfv.

Hofmann-Wellenhof, B., Lichtenegger, H. & Wasle, E. (2008): GNSS. Global Navigation Satellite Systems. GPS, GLONASS, Galileo & more. Springer, Wien/New York.

Hofmann-Wellenhof, B. & Remondi. B. W. (1988): The Antenna Exchange. One Aspect of High-Precision GPS Kinematic Survey. Workshop 1988.

Hopfield, H. (1971): Tropospheric Effect on Electromagnetically Measured Range: Prediction from Surface Weather Data. Radio Science, 6, 357-367.

Höpcke, W. (1980): Fehlerlehre und Ausgleichsrechnung. W. de Gruyter, Berlin/New York.

Hoppe, M. (2017): persönliche Mitteilung.

Hoppe, M. & Bäckstedt, J. (2014): Recapitalization of the MF radio beacon system based on VRS. Paper presented 18th IALA-Konferenz 2014.

Hughes, W. J – Technical Center WAAS T&E Team (2015): Global Positioning System (GPS) Standard Positioning Service (SPS) Performance Analysis Report.

ICD-GPS-200 (1997): Navstar GPS Space Segment/Navigation User Interfaces, Revision C. ARINC Research Corporation, EL Segundo (www.navcen.uscg.gov/pubs).

Illner, M. & Jäger, R. (1993): Ein Konzept zur Integration von GPS in Verdichtungsnetze – Modellbildungen und Ableitung von zugehörigen Genauigkeits- und Zuverlässigkeitsmaßen. zfv.

Illner, M. & Jäger, R. (1995): Integration von GPS-Höhen in das Landesnetz – Konzept und Realisierung im Programm HEIDI. AVN.

Ingensand, H. (1996): Die Geodätische Meßtechnik im Zeitalter der Geoinformatik. Deutscher Geodätentag in Dresden. Kongressdokumentation.

International Civil Aviation Organization (2016): The current Status and further Development of the GLONASS orbital grouping in Support of Multi-Constellation GNSS Implementation. Working Paper presented by the Russian Federation.

ISDE – Institute of Space Device Ingeneering (1993): Information Materials Global Satellite Radionavigation System GLONASS, Moskau.

Isro Satellite Centre (2014): Indian Regional Satellite System: Signal in Space ICD for Standard Positioning Service. Version 1.0.

Ivanov, N. E. & Salistchev, V. (1991): GLONASS and GPS: Prospects for a Partnership. GPS World.

Jäger, R. (1998): Ein Konzept zur selektiven Höhenbestimmung für SAPOS. 1. SAPOS-Symposium, Hamburg.

Jäger, R. (2014): GNSS/LPS based Online Control and Alarm System (GOCA) – Konzept, Modellbildung und Realisierung eines Systems zum Geomonitoring in Bauwesen, Geotechnik und Naturkatastrophenschutz. Proceedings, 9. Kolloquium „Bauen in Boden und Fels", Technische Akademie Esslingen (TAE), Januar 2014, 359-368.

Jäger, R. (2017): GNSS/TPS/LS based Online Control and Alarm System (GOCA). Integrierte 3D-Ausgleichung als Schlüssel zum multisensorischen Geomonitoring im Geometrie- und Schwereraum. In: Hanke, K. & Weinold, T. (Hrsg.): 19. Internationale Geodätische Woche 2017. Wichmann, Berlin/Offenbach, 270-275.

Jäger, R. & Kälber, S. (2000): Konzepte und Softwareentwicklungen für aktuelle Aufgabenstellungen für GPS und Landesvermessung. Mitteilungen DVW BW.

Jäger, R. & Schneid, S. (2001): Online and Postprocessed GPS-heighting based on the Concept of a Digital Height Reference Surface. Proc. Symp. of the IAG Subcommission for Europe. European Refererence Frame – EUREF 2001.

Jafarnia-Jahromi, A., Fadaei, N., Daneshmand, S., Broumandan, A. & Lachapelle, G. (2015): A Review of Pre-Despreading GNSS Interference Detection Techniques. 5th ESA International Colloquium Scientific and Fundamental Aspects of the Galileo Programme. Physikalisch-Technische Bundesanstalt, Braunschweig.

Jafarnia-Jahromi, A., Fadaei, N., Daneshmand, S., Broumandan, A. & Lachapelle, G. (2016): Listening for RF Noise. An Analysis of Pre-Despreading GNSS Interference Detection Techniques. Inside GNSS, May/June 2016.

Jahn, C.-H. (2001): Ein neues aktives dreidimensionales Bezugssystem für Niedersachsen. Wiss. Arb. Han., 239 (www.ife.uni-hannover.de).

Jahn, C.-H. (2010): Das DHHN-Projekt: Ein Weg zum integrierten Raumbezug. www.inter-geo.de/archiv/2010/jahn.pdf.

Jahn, C.-H., Ballmann, T. & Feldmann-Westendorff, U. (2001): Ergebnisse des Vernetzungs-tests in Niedersachsen 2001. www.vkv-ni.de.

Jahn, C.-H. & Feldmann-Westendorff, U. (1999): SAPOS für Liegenschaftsvermessungen. 2. SAPOS-Symposium, Hg. Senatsverwaltung für Bauen, Wohnen und Verkehr, Berlin.

Joekel, R. (1983): Instrumentelle Voraussetzungen zur freien Stationierung. DVW BW, 1/1983.

Jonson, N. L. (1994): GLONASS Spacecraft. GPS World.

Joseph, A. (2010): Measuring GNSS Signal Strength. What is the difference between SNR and C/N0? Inside GNSS.

Julien, O. & Macabiau, C. (2006): New GNSS frequencies, advantages of M-Code, and the benefits of a solitary Galileo satellite. Inside GNSS, May/June 2006.

Kaplan, E. D. (1996): Understanding GPS: Principles and Applications. Artech House Pub-lisher, Boston.

Kaplan, E. D. & Hegarty, C. J. (Eds.) (2006): Understanding GPS. Principles and Applica-tions (second Edition). Artech House. Norwood, MA, USA.

Kasties G. & Jeske, R. (1992): Erfahrungen mit GLONASS. DGON Seminar: Satellitenna-vigationssysteme. DGON, Düsseldorf.

Kaula, W. (1966): Theory of Satellite Geodesy: Applications of Satellites to Geodesy. Blais-dell Publ. Comp., Waltham, MA, USA.

Kechine, M. O., Tiberius C. C. J. M. & van der Marel, H. (2003): Experimental verification of Internet-based Global Differential GPS. ION GPS/GNSS 2003, Portland, OR, USA.

Kee, C. (1996): Wide Area Differential GPS. In: Parkinson, B. & Spilker, J. J. (Eds.): Global Positioning System: Theory and Applications (Vol. 2). Progress in Astronautics and Ae-ronautics, 164, 81-115. American Institute of Aeronautics and Astronautics.

Kertz, W. (1971): Einführung in die Geophysik, Band II: Obere Atmosphäre und Magneto-sphäre. BI Hochschultaschenbücher, 535. Mannheim.

Klees, R. & Illner, M. (1991): Aspekte der Planung von GPS-Projekten. DVW BW: „GPS und Integration von GPS in bestehende geodätische Netze".

Klobuchar, J. A. (1996): Ionospheric Effects on GPS. In: Parkinson, B. & Spilker, J. J. (Eds.): Global Positioning System: Theory and Applications (Vol. 1). Progress in Astronautics and Aeronautics, 163, 485-515. American Institute of Aeronautics and Astronautics.

Koch, K. R. (1969): Schwerefeld und Figur der Erde aus Satellitenbeobachtungen und Schweremessungen. AVN.

Koch (2001): Nutzung von SAPOS-HEPS mit FKP auf der Unter- und Außenelbe durch die WSV. Unveröff. Bericht des Amts für Geoinformation und Vermessung, Hamburg.

Krüger, M. D. & von Stillfried, I. (2008): Gauß-Krüger-Koordinaten sind Geschichte Praxis-bericht der Einführung von ETRS89/UTM in Dortmund. NÖV.

Lachapelle, G., Cannon, M. E. & Erickson, C. (1992): High Precision C/A Code Technology for Rapid Static DGPS Surveys. SPN.

Lamontagne, G., Landry, R. Jr & Kouki, A. B. (2012): Direct RF Sampling GNSS Receiver Design and Jitter Analysis. Positioning, 3/2012, 46-61.

Landau, H. (1988): Zur Nutzung des Global Positioning Systems in Geodäsie und Geodyna-mik: Modellbildung, Software-Entwicklung und Analyse. Schriftenreihe UniBwM, 36.

Landau, H. (2000): Die Implementierung des „Virtuellen Referenzstationskonzeptes" für die RTK Vermessung mit GPS und GLONASS. 3. SAPOS-Symposium (www.sapos.de).

Langemeyer, G. (1985): Museumshandbuch. Teil 2: Vermessungsgeschichte. Dortmund.

Langley, B. R. (1991): Time, Clocks and GPS. GPS World.

Langley, R. B., Hauschild, A., Steigenberger, P., Montenbruck, O. & Thoelert, S. (2017): QZS-2 signal analysis, QZS-3 launched. GPS World.

Lasheley, M. & Beyly, D. M. (2009): What are vector tracking loops and what are their benefits and drawbacks? Inside GNSS.

Laurichesse D. & Blot, A. (2016): Fast PPP Convergence Using Multi-Constellation and Triple-Frequency Ambiguity Resolution. ION GNSS 2016, September 12-16, 2016, Portland, Oregon, USA.

Lehtomäki, J. (2005): Analysis of energy based signal detection, PhD Thesis, Faculty of Technology, University of Oulu, Finnland.

Leick, A. (1995): GPS Satellite Surveying. 2. Auflage. John Wiley & Sons, New York.

Li, J. (2009): GPS Interference Mitigation for small UAV Application. Master Thesis, University of Adelaide, Australia.

Liebsch G., Schirmer, U., Ihde, J., Denker, H. & Müller, J. (2006): Quasigeoidbestimmung für Deutschland. DVW-Schriftenreihe, 49, 127-146.

Lohmar, F. J. (1990): Aktuelle Informationen aus dem GPS-Planungsbüro. Schriftenreihe UniBwM, 38.

Lotz, T. (2008): Adaptive Analog-to-Digital Conversion and pre-correlation Interference Mitigation Techniques in a GNSS receiver. Diplomarbeit, TU Kaiserslautern.

Macabiau, C., Julien, O. & Chatre, E. (2001): Use of Multicorrelator Techniques for Interference Detection. ION NTM 2001, National Technical Meeting, Jan 2001, Long Beach, USA, 353-363.

MacLeod, K. & Tétreault, P. (2014): NRCan Precise Point Positioning (PPP) Service. Canadian Geodetic Survey (CGS) Surveyor General Branch Civil GPS Service Interface Committee.

Mader, G. L. (1990): Ambiguity Function Techniques for GPS Phase Initialization and Kinematic Solutions. Proc. 1990.

Mader, G. L. (2001): GPS Antenna Calibration, Geoscience Research Division, National Geodetic Survey (www.ngs.noaa.gov/ANTCAL).

Malinowski, M. & Kwiecien, J. (2016): A comparative Study for precise Point Positioning (PPP) accuracy using online services. Reports on Geodesy and Geoinformatics, 102/2016.

Mansfeld, W. (1998): Satellitenortung und Navigation. Grundlagen und Anwendungen globaler Satellitennavigationssysteme. Vieweg, Braunschweig/Wiesbaden.

Marcos, E. M., Konovaltsev, A., Cuntz, M. & Meurer, M. (2016): STAP as a solution for imperfections in Multi-Antenna GNSS Receivers. NAVITEC 2016, Dec 14-16, 2016. The Netherlands.

Marquis, W. A. (2014): The GPS Block IIR/IIR-M Antenna Panel Pattern. Appendix A – SV-Specific Patterns, Plots. Lockheed Martin Space Systems Company.

Marquis, W. A. & Reigh, D. L. (2015): The GPS Block IIR and IIR-M Broadcast L-Band Antenna Panel: Its Pattern and Performance. Lockheed Martin Space Systems Company.

McCarthy, D. (1996): IERS Conventions. IERS Technical Note 21.

Meichle, H. (2001): Digitale Finite Element Höhenbezugsfläche (DFHBF) für Baden-Württemberg. DVW BW, 48/2.

Meinke, H. H. & Gundlach, F. W. (1986): Taschenbuch der Hochfrequenztechnik (Hrsg. Lange, K. & Löcherer, K. H.). Springer, Berlin/Heidelberg.

Melbourne, W. G. (1985): The Case for Ranging in GPS-Based Geodetic Systems. Proc. 1985.

Menge, F., Seeber, G., Völksen, C., Wübbenau, G. & Schmitz, M. (1998): Results of Absolute Field Calibration of GPS Antenna PCV. Proceedings of the International Technical Meeting, ION GPS-98, Nashville, Tennesse, 31-38.

Mevart, L., Zdnek, L., Rocken, C. & Iwabuchi, I. (2008): Precise Point Positioning with ambiguity resolution in real time. Proc. ION GNSS 2008.
http://www.ngsc.co.jp/products/kansoku/paper/2008/PPP-AR-Realtime.pdf.

Miller, J. J. & Parker, J. J. K. (2017): GNSS Space Service Volume. NASA User Perspectives. Munich Satellite Navigation Summit, March 16, 2017.

Milliken, R. J. & Zoller, C. J. (1980): Principle of Operation of NAVSTAR and System Characteristics. Red Books, Band I.

Miret, E. A. (2005): Galileo Signal-In-Space Design.
http://www.galileoic.org/la/files/SignalPresentation_MasterPolito_9thMay2005.pdf.

Misra, P. & Enge, P. (2006): Global Positioning System. Signals, Measurements, and Performance. Ganga-Jamuna Press, Lincoln, MA 01773.

Moernaut, G. J. K. & Orban, D. (2009): GNSS Antennas. An Introduction to Bandwidth, Gain Pattern, Polarization, and All. GPS World.

Montenbruck, O. & Steigenberger, P. (2013): The BeiDou Navigation Message. Proceedings of IGNSS 2013.

Montenbruck, O., Steigenberger, P. & Hauschild, A. (2015): Broadcast versus precise ephemerides: a multi-GNSS perspective. GPS Solutions, 19 (2), 321-333.

Montenbruck, O. u. a. (2017): The Multi-GNSS Experiment (MGEX) of the International GNSS Service (IGS) – Achievements, Prospects and Challenges. Advances in Space Research, 59 (7), 1671-1697.

Montgomery, H. (1991): GPS takes off. GPS-World.

Moritz, H. (1962): Das Problem der geodätischen Bezugsflächen und der normalen Erdgestalt. zfv.

Moritz, H. (1977): Der Begriff der mathematischen Erdgestalt seit Gauß. AVN.

Mösler, M. (2017): Freie Netzausgleichungssoftware Java Graticule 3D.
http://derletztekick.com/software/netzausgleichung.

Moussa, M. (2015): High resolution jamming detection in global navigation satellite systems. PhD Thesis, Department of Electric and Computer Engineering, Queen's University Kingston, Ontario, Canada.

Müller, A. (1992): GPS-Meßverfahren und Bezugssysteme. DGON-Seminar: Satellitennavigationssysteme. DGON, Düsseldorf.

Müller, A. (1993): Bestehende und künftige geodätische Bezugssysteme in Europa und im wiedervereinigten Deutschland. Schriftenreihe, UniBwM, 45, 185 ff.

Müller, G. (1996): GPS-typische Einsatzbereiche. Beitrag in VDV-Schriftenreihe „Der Vermessungsingenieur in der Praxis", 13 (Vermessungspraxis mit GPS). Wiesbaden.

Mueller, I. (1990): Keynote Address: Satellite Positioning and the International Association of Geodesy. Proc. 1990.

Müller, M. (2009): SAPOS®, ascos, VRS Now™ – Ein Qualitätsvergleich in Rheinland-Pfalz. VDVmagazin, 2/2009.

Mueller, T. (1994): Wide Area Differential GPS, GPS World, June 1994, 36-44.

Musumeci, L. (2014): Advanced signal processing techniques for interference removal in Satellite Navigation Systems. PhD Thesis. Politecnico di Torino.

Muthuraman, K. & Borio, D. (2010): C/N_0 Estimation for Modernized GNSS Signals: Theoretical Bounds and a Novel Iterative Estimator. Journal of the Inst. of Navig., 57 (4).

NATO – North Atlantic Treaty Organisation (1988): Introduction to NAVSTAR GPS User Equipment.

Niemeier, W. (1992): Zur Nutzung von GPS-Meßergebnissen in Netzen der Landes- und Ingenieurvermessung. zfv.

Niemeier, W. (2008): Ausgleichungsrechnung. W. de Gruyter, Berlin/New York.

NIMA (2000): Department of Defense World Geodetic System 1984 – Its Definition and Relationship with Local Geodetic Systems, National Imagery and Mapping Agency (NIMA), TR 8350.2, 3. Aufl. Jan. 2000 (http://www.nima.mil/GandG/tr8350_2.html).

NOAA – National Oceanic and Atmospheric Administration (1983): Geodesy for the Layman (5th Edition 1983, Reprinted 1985), Rockville, D, USA.

Olesen, D. M., Jakobsen, J., von Benzon, H-H. & Knudsen, P. (2016): GNSS Software Receiver for UAVs. European Journal of Navigation, June.

Ouzeau, C., Macabiau, C., Roturier, B. & Mabilleau, M. (2008): Performance Assessment of Multi correlators Interference Detection and Repair Algorithms for Civil Aviation. Presented at ENC'GNSS 2008.

Ovstedal, O., Kjorsvik, N. S. & Gjevestad, G. O. (2006): Surveying using GPS Precise Point. Positioning Papier, XXIII FIG Congress, Munich, October 2006.
http://www.fig.net/pub/fig2006/papers/ts43/ts43_03_ovstedal_etal_0612.pdf.

Pany, T. (2010): Navigation Signal Processing for GNSS Software Receivers. Artech House GNSS Technology and Applications, Boston/London.

Parkinson, B. (2014): Assured PNT for Our Future: PTA. Actions Necessary to Reduce Vulnerability and Ensure Availability. GPS World.

Pashaian, M., Mosavi, M. R., Moghaddasi, M. S. & Rezaei, M. J. (2016): A Novel Interference Rejection Method for GPS Receivers. Iranian Journal of Electrical & Electronic Engineering, 12 (1).

Pellinen, L. P. & Deumlich, F. (1982): Theoretische Geodäsie. VEB Verlag für Bauwesen, Berlin.

Pelzer, H. (Hrsg.) (1985): Geodätische Netze in der Landes- und Ingenieurvermessung II. Wittwer, Stuttgart.

Pölöskey, M., Hoelper, C. & Sheridan, K. (2014): Detection of Dysfunction of Satnav-based Automotive systems by GPS- or Galileo-Jammers. FISITA, Maastricht, 2014.

PricewaterHouse Coopers (2001): Inception Study to Support the Development of a Business Plan for the GALILEO Progamme. TREN/B/23-2001. Brüssel.

Raby, P. & Daly, P. (1994): Surveying with GLONASS: Calibration, Error Sources and Results. DSNS 94. London, UK.

Rama Rao, B., Kunysz, W., Fante, R. & McDonald, K. (2012): GPS/GNSS Antennas. Artech House.

Ramsayer, K. (1966): Satellitengeodäsie und Satellitennavigation. zfv.

Rebeyrol, E., Macabiau, C., Lestarquit, L., Ries. L., Issler, J.-L, Bouchert, M.-L & Bousquet, M. (2005): BOC Power Spectrum Densities. Proceedings of ION 2005 San Diego CA.

Remondi, B. W. (1984): Using the Global Positioning System (GPS) phase obversable for relative geodesy: Modelling, processing and results. Doctoral Dissertation, The University of Texas at Austin, TX, USA.

Remondi, B. W. (1985): Global Positioning System Carrier Phase: Description and Use. NOAA Technical Memorandum NOS NGS-42, Rockville, MD, USA.

Renfro, B. A., King, J., Terry, A., Kammerman, J., Munton, D. & York, J. (2015): An Analysis of Global Positioning System (GPS) Standard Positioning System (SPS) Performance for 2013. Space and Geophysics Laboratory. Applied Research Laboratories, The University of Texas at Austin, TX, USA.

Retscher, G. & Koppensteiner, J. M. (1996): Die Rolle von GPS in europäischen Autonavigationssystemen. VR.

Reußner, N. (2016): Die GLONASS-Mehrdeutigkeitslösung beim Precise Point Positioning (PPP). Dissertation, TU Dresden.

Revnivykh, S. (2008): GLONASS Status and Progress. Präsentation The Swedish Radio Navigation Board GNSS Symposium Stockholm, Sweden, October 21, 2008.
http://www.geoforum.se/_files/rnn_gnss-08_02.ppt.

Revnivykh, S., Bolkunov, A., Serdyukov, A. & Montenbruck, O. (2017): GLONASS. In: Springer Handbook of Global Navigation Satellite Systems. Springer, Berlin/Heidelberg.

Roßbach, U. (2000): Positioning and Navigation Using the Russian Satellite System GLONASS. Dissertation, UniBwM.
http://ub.unibw-muenchen.de/dissertationen/ediss/rossbach-udo/inhalt.pdf.

Rossbach, U., Habrich, H. & Zarraoa, N. (1996): Transformationsparameters between PZ 90 and WGS 84. ION GPS-96.

Rossbach, U. & Hein, G. W. (1996): Treatment of Integer Ambiguities in DGPS/DGLONASS Double Difference Carrier Phase Solutions. ION GPS-96.

Rothacher, M., Schaer, S., Mervart, L. & Beutler, G. (1995): Determination of Antenna Phase Center Variations using GPS Data. Proc. 1995 IGS Workshop, Potsdam, 205-220.

Rückwart, G. (2009): Umstellung des Lagebezugssystems auf ETRS89/UTM in der Stadt Köln – Abschlussbericht. NÖV.

Ruopp, M. (1971): Genauigkeitsbetrachtungen zur polaren Punktbestimmung mit elektronischen Tachymetern bei freier Standpunktwahl. AVN.

Saastamoinen, J. (1973): Contributions to the Theory of Atmospheric Refraction, Part II. Bulletin Géodésique, 107, 13-34.

Sacher, M. & Liebsch, G. (2015): The European height reference system and its realizations. EUREF Symposium 2015.

Sarnadas, R. u. a. (2013): Trade-off Analysis of Robust Carrier Phase Tracking Techniques in Challenging Environments. Proceedings 26th International Technical Meeting ION Sat. Division.

Sato, Y., Saito, M., Miya, M., Shima, M., Omura Y. & Takiguchi J. (2012): Centimeter-class Positioning Augmentation Utilizing Quasi-Zenith Satellite System.

Schaer, S. (1999): Mapping and Predicting the Earth's Ionosphere Using the Global Positioning System. Geodätisch-geophysikalische Arbeiten in der Schweiz, 59.

Scherer, B. (1993): Die Behandlung von GPS-Netzen als freie Netze und ihre Einpassung in hierarchisch aufgebaute, nicht homogene Netzstrukturen. Schriftenreihe UniBwM, 15.

Schlehuber (1977): Die Grundstücksdatenbank. zfv.

Schmidt, R. (1991): Zur Terminologie und Klarstellung: Was sind NN-Undulationen? zfv.

Schmidt, R. (1995): Referenz- und Koordinatensysteme in der deutschen Grundlagenvermessung. NÖV, 1/1995, 23 ff.

Schmitz, M., Wübbena, G. & Propp, M. (2008): Absolute Robot-Based GNSS Antenna Calibration – Features and Findings – Presentation at the International Symposium on GNSS, Space-based and Ground-based Augmentation Systems and Applications, November 11-14, 2008, Berlin.
http://www.geopp.de/media/docs/pdf/gpp_gnss08_antenna_f.pdf.

Schneider, M. (Hrsg.) (1982): Sonderforschungsbereich der Technischen Universität München. Abschlußberichte zu den Teilprojekten. DGK, Reihe B, 261.

Schneider, M. (1988): Satellitengeodäsie. Wissenschaftsverlag, Mannheim.

Schüler, E. & Schüler, T. (2007): Active GNSS Networks and the Benefits of combined GPS+Galileo Positioning. Inside GNSS. http://www.insidegnss.com/auto/igm_WP.pdf.

Schüler, E. (2008): Schnelle präzise Positionierung mit GPS und Galileo unter Nutzung aktiver Referenzwerke. Dissertation, Universität der Bundeswehr Neubiberg. http://137.193.200.7:8081/doc/86088/86088.pdf.

Schwarz, H. R. (1993): Numerische Mathematik. Teubner, Stuttgart.

Scott, L. (2006): Adaptive Antenna Arrays. What is adaptive Nulling vs. adaptive Beamforming? What are the advantages and disadvantages? Inside GNSS.

Seeber, G. (1993): Satellite Geodesy. W. de Gruyter, Berlin.

Seo, J. & Kim, M. (2013): eLoran in Korea – Current Status and Future Plans. Proceedings of the European Navigation Conference 2013, Vienna, Austria.

Sigl, R. (1983): Geodätische Astronomie. Wichmann, Karlsruhe.

Sigl, R. (1984): Der Beitrag der Satellitengeodäsie für die Geowissenschaften. Mitteilungsblatt des DVW Bayern, München.

Sklar, B. (1988): Digital Communications. Fundamentals and Applications. Prentice-Hall International, London.

Sklar, J. R. (2003): Interference Mitigation Approaches for the Global Positioning System. Lincoln Laboratory Journal, 14 (2).

Spilker, J. J. (1980): Signal Structure and Performance Characteristics. Red Books, Band I.

State Council Information Office of the People's Republic of China (2016): China's BeiDou Navigation Satellite System. White Paper.

Stein, M. & Nossek, J. A. (2014): Will the 1-bit GNSS receiver prevail? Position, Location and Navigation Symposium – PLANS 2014, 2014 IEEE/ION.

Stoyko, A. (1966): Die Erde verlangsamt sich jetzt. Umschau in Wissenschaft und Technik, Frankfurt/Main.

Strang, T., Schubert F., Thölert, S., Oberweis, R. et al. (2008): Lokalisierungsverfahren. Hrsg. Deutsches Zentrum für Luft- und Raumfahrt (DLR) Institut für Kommunikation und Navigation.

Strauß, R. & Walter, H. (1993): Die Ausgleichung von GPS-Beobachtungen im System der Landeskoordinaten. AVN.

Strerath, M, (1999): Überführung des LS 100 nach ETRS 89 in Niedersachsen. NVermKat, 4/1999, 220-233.

Su, C. (2007): Anwendungspotenzial der mobilfunkgestützten Satellitenpositionierung (A-GNSS) zur Frühwarnung und Rettung bei Hochwasser und Eisstoßkatastrophen. Dissertation, TU München. http://deposit.d-nb.de/cgi-in/dokserv?idn=988199173&dok_var=d1&dok_ext=pdf&filename=988199173.pdf.

Swiek, F. M. (2008): An American Success. A US Industry View on the GPS Policy Framework. www.uschamber.com/NR/rdonlyres/.../SWIEKAnAmericanSuccess.ppt.

Syrjärinne, J. & Wirola. L. (2006): Setting a new Standard. Assisting GNSS Receivers that use wireless Networks. Inside GNSS.

Teunissen, P. J. G. (2012): Report PPP-RTK & Open Standards. Symposium Frankfurt/M. http://www.eurogeographics.org/sites/default/files/PPP_Report%20%282%29.pdf.

Teunissen, P. J. G. & Khodabandeh, A. (2014): Review and prinziples of PPP-RTK methods. Journal of Gedodesy November 2014.

Teunissen, P. J. G. & Kleusberg, A. (Eds.) (1998): GPS for Geodesy. 2. Auflage. Springer, Berlin/Heidelberg.

Teunissen, P. J. G. & Montenbruck, O. (Eds.) (2017): Springer Handbook of Global Navigation Satellite Systems. Springer International Publishing AG.

Teunissen, P. J. G., Odijk, D. & Zhang, B. (2010): PPP-RTK: results of CORS network-based PPP with integer ambiguity resolution. International Symposium on GPS/GNSS Taipei, Taiwan. October 26-28, 2010.

Thiel, K.-H. (1996): Konzeptionelle Untersuchung für ein ziviles Satellitennavigationssystem. DGK, Reihe C, 470.

Thompson, R. J. R., Wu, J. & Dempster, A. G. (2010): Detection of RF interference to GPS using day-to-day C/No differences. International Symposium on GPS/GNSS Taipei, Taiwan.

Torge, W. (2001): Geodesy – An Introduction. W. de Gruyter, Berlin/New York.

Trinkle, M. & Gray, D. (2001): GPS Interference Mitigation; Overview and experimental Results; Proceedings of the 5th International Symposium on Satellite Navigation Technology & Applications.

Urlichich, Y., Subbotin, V., Stupak, G., Dvorkin, V., Povalyaev, A. Karutin, S. & Bakitko, R. (2011): GLONASS Modernization. GPS World.

Van Dierendonck, A. J., Russel, S. S., Kopitzke, E. R. & Birnbaum, M. (1980): The GPS Navigation Message. Red Books, Band I.

Van Dierendonck, A. J. & Hegarty, C. (2000): The New L5 Civil GPS Signal. GPS World.

Vanicek, P. & Krakiwsky, E. (1986): Geodesy: The Concepts. Elsevier Science B. V., Amsterdam.

Viterbi, A.: (1967): Error bounds for convolutional codes and an asymptotically optimum decoding algorithm. IEEE Transactions on Information Theory, 13 (2).

Wallner, S., Avila-Rodriguez, J. A. & Hein, G. (2007): Receiver Development, Signal, Codes and Interference, Presentation for 14th GNSS Workshop November 2007 Korea. http://forschung.unibw-muenchen.de/papers/1mnspdyymyvdbbv1ra48vwpz0j1deu.pdf.

Wang, L. (2016): Directions 2017: BeiDou's road to global service. GPS World.

Wanninger, L. (1993): Der Einfluß ionosphärischer Störungen auf präzise GPS-Messungen in Mitteleuropa. zfv, 118, 25-36.

Wanninger, L. (1997): Virtuelle Referenzstationen in regionalen GPS-Netzen. 46. DVW-Schriftenreihe, 35/1999, 199-212.

Wanninger, L. (1999): Der Einfluß ionosphärischer Störungen auf die präzise GPS-Positionierung mit Hilfe virtueller Referenzstationen. zfv, 124, 322-330.

Wanninger, L. (2002): Möglichkeiten und Grenzen der relativen GPS-Antennenkalibrierung. zfv, 127, 51-58.

Wanninger, L. (2009): Code- und Phasenmessungen zu SBAS-Satelliten für die Positionsbestimmung. DVW-Schriftenreihe, 57/2009, 39-50.

Wanninger, L., Frevert, V. & Wildt, S. (2000): Der Einfluß der Signalbeugung auf die präzise Positionierung mit GPS. zfv, 125, 8-16.

Weber, D. (1991): Die Vereinheitlichung der Höhen- und Schwerenetze in Deutschland. AVN.

Weber, D. (1994): Das neue gesamtdeutsche Haupthöhennetz DHHN 92. AVN.

Wells, D. (Ed.) (1986): Guide to GPS Positioning. Canadian GPS Associates, Fredericton, NB, Kanada.

Wells, D. (1987): GPS-Terminologie. VPK/MPG.

Werner, W. & Winkel, J. (2003): TCAR and MCAR Options with Galileo and GPS. Proceedings of GPS ION 2003, 790-800.
http://www.ifen.com/content/publications/2003/ION2003_Paper_TCARMCAR.pdf.

Westermann, T. H. (2008): Mathematik für Ingenieure. Ein anwendungsorientiertes Lehrbuch. Springer, Berlin/Heidelberg.

Williams, P., Grant, A., Ward, N. & Basker, S. (2008): Reliable GPS: Interference, Jamming
and the Case for eLoran. Proceedings of the Royal Institute of Navigation (RIN) NAV08/
International Loran Association 37th Annual Meeting, London.

Willis, P. u. a. (1990): Positioning with the DORIS System: Present Status and first Results.
Proc. 1990, 131-144.

Wolf, H. (1963): Dreidimensionale Geodäsie – Herkunft, Methodik und Zielsetzung. zfv.

Wolf, H. (1974): Über die Einführung von Normalhöhen. zfv.

Wolf, H. (1987): Datumsbestimmungen im Bereich der deutschen Landesvermessung. zfv.

Won, J-H., Eissfeller, B. & Pany, T. (2011): Implementation, Test and Validation of a Vec-
tor-Tracking-Loop with the ipex Software Receiver. Proceedings of the 24th International
Technical Meeting of the Satellite Division of the Institute of Navigation.

Wübbena, G. (1988): GPS-Carrier Phases and Clock Modeling. Workshop 1988.

Wübbena, G. (1991): Zur Modellierung von GPS-Beobachtungen für die hochgenaue Positionsbestimmung. Wiss. Arb. Han., 168.

Wübbena, G. (2001): Zur Modellierung von GNSS-Beobachtungen für die hochgenaue Po-
sitionsbestimmung. Wissenschaftliche Arbeiten Fachrichtung Vermessungswesen an der
Universität Hannover 239 (Festschrift Prof. G. Seeber zum 60. Geburtstag), 143-155.
Hannover.

Wübbena, G., Bagge, A., Seeber, G., Böder, V. & Hankemeier, P. (1996): Reducing Distance
Dependent Errors for Real-Time Precise DGPS Applications by Establishing Reference
Station Networks. ION GPS-96.

Wübbena, G., Schmitz, M., Menge, F., Böder, V. & Seeber, G. (2000): Automated Absolute
Field Calibration of GPS Antennas in Real-Time. ION GPS 2000, 2512-2522.

Wübbena, G., Bagge, A. & Schmitz, M. (2001): Network-Based Techniques for RTK Applications. GPS Symposium GPS Society, Japan Institute of Navigation.

Wübbena, G., Schmitz, M. & Bagge, A. (2005): PPP-RTK: Precise Point Positioning Using
State-Space Representation in RTK Networks.18th International Technical Meeting, ION
GNSS-05, September 13-16, 2005, Long Beach, CA, USA.

Ying, Y., Whitworth, T. & Sheridan, K. (2012): GNSS Interference Detection with Software
Defined Radio. http://www.aic-aachen.org/detector/downloads/ION2012_Paper.pdf.

Zarraoa, N. & Engler, E. (1996): GLONASS. Russian Global Navigation Satellite System.
Deutsche Forschungsanstalt für Luft- und Raumfahrt e. V., Fernerkundungsstation
Neustrelitz.

Zeimetz, P. (2010): Zur Entwicklung und Bewertung der absoluten GNSS-Antennenkalibrierung im HF-Labor. Dissertation, Universität Bonn.

Zeimetz, P., Kuhlmann, H., Wanninger, L., Frevert, V., Schön, S. & Strauch, K. (2009):
Ringversuch 2009. Präsentation aus Anlass des Antennenworkshop 2009 Dresden.
http://tu-dresden.de/geo/gi/aws09.

Zogg, J. M. (2009): GPS und GNSS: Grundlagen der Ortung und Navigation mit Satelliten.
http://www.zogg-jm.ch/Dateien/Update_Zogg_Deutsche_Version_Jan_09_
Version_Z4x.pdf.

Zumberge, J. F., Heftin, M. B., Jefferson, D. C., Watkins, M. M. & Webb, F. H. (1997): Precise point positioning for the efficient and robust analysis of GPS data from large networks. Journal of Geophysical Research, 102 (B3), 5005-5017.

Ergänzende Literatur

Ein alle Bedürfnisse befriedigendes Buch über eine so vielschichtige Materie wie Ortung und Vermessung mit Satelliten kann es nicht geben. Aber auch wenn Autoren den gleichen Leserkreis ansprechen, führen unterschiedliche Sichtweisen zu unterschiedlichen Darstellungen. Diese unterschiedlichen Darstellungen helfen Lernenden häufig, Sachverhalte zu verstehen. Daher wird diesem Buch die folgende Liste ergänzender Literatur beigefügt. Zusätzlich zum Quellenverzeichnis soll es dem Leser helfen, die Informationen oder Erklärungen zu finden, die er in diesem Buch nicht oder nur unzulänglich gefunden hat. Den Literaturangaben sind Anmerkungen beigefügt. Damit wird der Versuch unternommen, die Besonderheit jeder Literatur herauszustellen. Wertungen können und sollen mit diesen Anmerkungen nicht gegeben werden. Auch erhebt die Literaturauswahl keinen Anspruch auf Vollständigkeit.

Ackroyd, N. & Lorimer, R. (1994): Global Navigation – A GPS User's Guide. 2nd Ed. Lloyd's of London Press, London.

Das Buch beschreibt in erster Linie Anwendungen des GPS im marinen Bereich und das System INMARSAT.

Hofmann-Wellenhof, B., Kienast, G. & Lichtenegger, H. (1994): GPS in der Praxis. Springer, Wien/New York.

Praxis meint hier Vermessungspraxis. Der größte Teil des Buchs widmet sich der Auswertung. Eine Besonderheit des Buchs ist eine Einführung in die Theorie der Kombination von GPS mit terrestrischen Messungen.

Hofmann-Wellenhof, B., Lichtenegger, H. & Wasle, E. (2008): GNSS. Global Navigation Satellite System. GPS, GLONASS, Galileo & more. Springer, Wien, New York.

Eine breit angelegte, geodätisch orientierte Einführung in GNSS. Die Autoren charakterisieren ihr Buch „a university-level introductory textbook and is intended to serve as a reference for students as well as for professionals and scientists in the fields of geodesy, surveying engineering, navigation, and related disciplines".

Kaplan, E. D. & Hegarty, C. J. (Eds.) (2006): Understanding GPS. Principles and Applications. 2nd Ed. Artech House, London/Boston.

Das Buch ist aus einem Kurs des Institute of Electrical and Electronic Engineers (IEEE) hervorgegangen. 25 Autoren (Physiker, Mathematiker, Elektroniker, Avioniker, Nachrichtentechniker, Geodäten) beschreiben schwerpunktmäßig die nachrichtentechnischen Aspekte von GPS, Galileo, GLONASS, Beidou (Compass) und QZSS.

Leick, A., Rapoport, L. & Tatarnikov, D. (2015): GPS Satellite Surveying. 4th Edition. John Wiley & Sons, New York.

Ein Buch über GPS (aber auch GLONASS, Galileo, BDS) und Ausgleichungsrechnung. Mehr als in jeder anderen Literatur werden Aspekte der Auswertung von GPS-Messungen behandelt.

Misra, P. & Enge, P. (2006): Global Positioning System. Signals, Measurements, and Performance. 2nd Ed. Ganga-Jamuna Press. Lincoln, MA (USA).

Ein in die Tiefe gehendes Lehrbuch über GPS, aber auch über GLONASS und Galileo. Überwiegend werden nachrichtentechnische Aspekte behandelt. Zum Verständnis des Buchs werden Kenntnisse in linearer Algebra, Wahrscheinlichkeitstheorie und lineare Systeme benötigt. Der Lehrbuchcharakter wird durch die nach jedem der insgesamt 13 Kapitel gestellten „Homework Problems" unterstrichen.

Parkinson, B. W. & Spilker, J. J. (Eds.) (1996): Global Positioning System: Theory and Applications. Progress in Astronautics and Aeronautics, Bde 163 und 164, American Institute of Aeronautics and Astronautics, Washington.

Umfangreiches Grundlagenwerk (mehr als 1.410 Seiten in zwei Bänden) über fast alle Aspekte der GPS-Grundlagen und -Anwendungen.

Seeber, G. (2003): Satellite Geodesy: Foundations, Methods, and Applications. 2nd Ed. W. de Gruyter, Berlin/New York.

Das Buch behandelt anwendungsbezogen das gesamte Spektrum der Satellitengeodäsie. Detailliert wird u. a. die Theorie der Satellitenbewegung dargestellt. Etwa ein Drittel des Buches ist GPS gewidmet. Das Buch nimmt eine Mittelstellung zwischen einem Lehrbuch und einem Nachschlagewerk ein.

Teunissen, P. J. G. & Kleusberg, A. (Eds.) (1998): GPS for Geodesy. 2nd Ed. Springer, Berlin/Heidelberg.

Das Buch enthält die überarbeiteten Vorlesungen, die 1995 und 1997 in der International School *GPS for Geodesy* in Delft von einer internationalen Gruppe von GPS-Wissenschaftlern gehalten wurden. Der Leser findet in anspruchsvoller Darstellung eine aktuelle Zusammenfassung der Grundlagen von GPS.

Teunissen, P. J. G. & Montenbruck, O. (Eds.) (2017): Handbook of Global Navigation Satellite Systems. GPS Form Geodesy. Springer, Berlin/Heidelberg.

Mehr als 60 Autoren stellen auf etwa 1.400 Seiten in 41 Kapiteln alle denkbaren Aspekte der GNSS-Technologie dar. Das Buch ist das bisher weltweit umfangreichste Werk zum Thema GNSS. Im Vorwort schreiben die Herausgeber zu Recht: „Overall, we are confident that the Handbook offers invaluable source of knowledge for scientists, engineers, students and institutions."

Deutscher Verein für Vermessungswesen e. V. (DVW): Einige Bände seiner Schriftenreihe sammeln die Beiträge der vom DVW veranstalteten GPS-Seminare, Wittwer, Stuttgart (Bde. 2 – 41), Wißner, Augsburg (Bde. 49 – 87):

Band 2/1992: Anwendungen des Global Positioning Systems
Band 11/1993: GPS – eine universelle geodätische Methode
Band 18/1995: GPS-Bilanz ′94
Band 28/1997: GPS-Anwendungen und Ergebnisse ′96
Band 35/1999: GPS Praxis und Trends ′97
Band 41/2001: GPS-Trends und Realtime-Anwendungen
Band 49/2006: GPS und GALILEO. Methoden, Lösungen und neuste Entwicklungen
Band 57/2009: GNSS 2009: Systeme, Dienste, Anwendungen
Band 63/2010: GNSS 2010 –Vermessung und Navigation im 21. Jahrhundert
Band 70/2013: GNSS 2013 – Schneller. Genauer. Effizienter
Band 87/2017: GNSS 2017 – Kompetenz für die Zukunft

Verband Deutscher Vermessungsingenieure e. V. (VDV): einige Bände seiner Schriftenreihe sammeln die Beiträge der vom VDV veranstalteten GPS-Seminare, Chmielorz, Wiesbaden:

Band 6 (1993): Aktuelle GPS-Messungen
Band 13 (1995): Vermessungspraxis mit GPS
Band 19 (2001): GPS-Referenzstationsdienste

„GPS Red Books": Global Positioning System: Papers Published in Navigation. Vol. I (1980), Vol. II (1984), Vol. III (1986), Vol. IV (1993), Vol. V (1998), Vol. VI (1999), Institute of Navigation, Washington.

Sonderbände mit Artikeln, die in der Zeitschrift „Navigation" des Institute of Navigation, Washington erschienen sind. Die Bände enthalten wichtige, immer wieder zitierte GPS Originalliteratur. Bezugsquelle und Inhaltsverzeichnis der Hefte findet man im Internet unter http://www.ion.org.

Häufig verwendete Abkürzungen

AVN	Allgemeine Vermessungs-Nachrichten, Wichmann, Berlin/Offenbach
DGK	Deutsche Geodätische Kommission, München
DGON	Deutsche Gesellschaft für Ortung und Navigation e. V., Bonn
DLG	Deutsche Landwirtschafts-Gesellschaft
DVW BW	Mitteilungen des Deutschen Vereins für Vermessungswesen (DVW) – Landesverband Baden-Württemberg e. V., Stuttgart
GPS World	GPS World – GNSS – Position – Timing, North Coast Media, Cleveland, OH, USA
HsBW	Ehemals Hochschule der Bundeswehr München, Neubiberg; ab 1985 Universität der Bundeswehr München
Inside GNSS	Inside GNSS – Engineering Solutions from the Global Navigation Satellite System Community, Eugene, OR, USA
ION GPS	Proceedings of ION GPS, Institute of Navigation, Washington, USA (jährlich seit 1989)
Mitt. Zimmerwald	Mitteilungen der Satellitenbeobachtungsstation Zimmerwald, Universität Bern, Schweiz
NÖV	Nachrichten aus dem öffentlichen Vermessungsdienst Nordrhein-Westfalen, Düsseldorf
NVermKat	Nachrichten der Niedersächsischen Vermessungs- und Katasterverwaltung, Hannover
Proc. 1985	Proceedings of the 1st International Symposium on Precise Positioning with the GPS, Rockville, MD, USA
Proc. 1986	Proceedings of the 4th International Geodetic Symposium on Satellite Positioning, Austin, TX, USA
Proc. 1990	Proceedings 2nd International Symposium on Precise Positioning with the GPS, Ottawa, Kanada
Red Books	Sonderbände mit Artikeln der Zeitschrift *Navigation*, Institute of Navigation, Washington (mehrere Bände)
SPN	Zeitschrift für Satellitengestützte Positionierung, Navigation und Kommunikation, Wichmann, Karlsruhe
TR	Technical Report
UniBwM	Universität der Bundeswehr München, Neubiberg
VPK/MPG	Vermessung, Photogrammetrie, Kulturtechnik/Mensuration, Photogrammetry, Genierural, Baden-Dätwill, Schweiz

VR   Vermessungstechnische Rundschau, Dümmler, Bonn

Wiss. Arb. Han.   Wissenschaftliche Arbeiten der Fachrichtung Vermessungswesen der
                    Universität Hannover

Workshop 1988   Groten, E. & Strauß, R. (Eds.): GPS-Techniques Applied to Geodesy
                    and Surveying. Proceedings of the International GPS Workshop
                    Darmstadt, 10.-13. April, Springer, Berlin

zfv   ehemals Zeitschrift für Vermessungswesen, Wittwer, Stuttgart; ab
                    2002 Zeitschrift für Geodäsie, Geoinformatik und Landmanagement,
                    Wißner, Augsburg

Stichwortverzeichnis

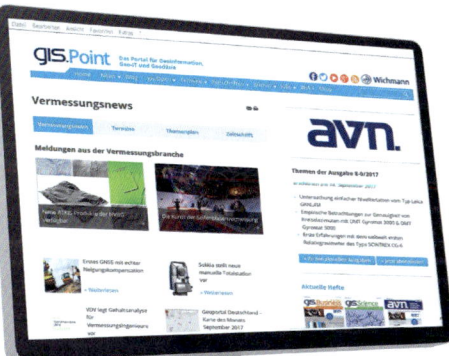